머리말

안녕하세요, 이 책은 승강기 산업에 관심이 있는 분들과 승강기기능사 자격증 취득을 목표로 하시는 분들을 위해 만들었습니다.

승강기는 현대 건축물에서 필수적인 요소로 자리 잡았습니다. 우리의 생활에서 더 이상 빼놓을 수 없는 존재로서, 승강기의 설치, 유지보수, 안전관리는 절대 무시할 수 없는 중요한 과제입니다. 이 책은 그런 승강기의 기본 개념부터 심화적인 내용까지 포괄적으로 다루고 있습니다.

승강기의 작동 원리, 구조, 유지보수 절차, 안전 규정 등을 자세하게 설명하고, 실제 사례와 예시를 통해 실무에 적용하는 방법을 담음으로써 승강기기능사를 준비하는 분들과 승강기 업무에 관심 있는 모든 분들에게 유익한 정보를 제공하기 위해 노력했습니다.

이 책을 통해 승강기에 대한 이해를 높이고, 승강기기능사 자격증을 취득하여 여러분의 건물과 시설물에 안전하고 효율적인 승강기를 유지하는 데 도움이 되길 진심으로 바랍니다. 또한 지속적인 성장과 배움의 시간이 되어 승강기기능사와 관련된 질문에 대한 해답을 찾을 수 있기를 기대합니다.

■ **이 책의 특징**

> 1. 필수 핵심문제를 제공하여 단원마다 중요문제를 점검할 수 있게 구성하였습니다.
> 2. 과년도 문제와 CBT 기출복원문제를 수록하여 시험에 대비할 수 있게 구성하였습니다.
> 3. 실무적인 내용과 실제 현장 사진을 첨부하여 이해를 돕도록 구성하였습니다.
> 4. 직관적인 설명과 그림으로 이해하기 쉽게 구성하였습니다.
> 5. 전 과목 무료동영상을 예문사 홈페이지에서 시청 가능합니다.
> 6. 핵심요약집 제공으로 휴대하여 편하게 복습할 수 있습니다.

끝으로 이 책의 출판을 위해 애써주신 예문사 직원분들께 감사드립니다.

저 자 김 진 만

수험정보

개요

엘리베이터나 에스컬레이터, 주차용 기계장치 등 승강기는 일단 설치가 끝나면, 좋은 작동 상태를 유지하기 위해 지속적인 점검 및 보수작업을 해야 한다. 이러한 작업을 위해서는 기계, 전자, 전기에 대한 기초적인 지식과 기능을 필요로 한다. 이에 따라 산업현장에서 필요로 하는 기능인력의 양성을 통해 승강기 이용 시 안전을 도모하고자 자격제도를 제정하게 되었다.

수행직무

주로 각종 승강기 보수용 장비 및 공구를 사용하여 건축물 또는 기타 구조물에 설치되어 있는 엘리베이터, 에스컬레이터, 덤웨이터, 수평보행기 등의 승강기를 검사, 점검 및 보수하고 시운전하는 업무를 수행한다.

시험정보

시행기관	한국산업인력공단
관련학과	공업계 고등학교의 기계, 전기 관련학과

시험과목	• 필기 : 1. 승강기 설치
	        2. 유지관리
	        3. 안전관리
	• 실기 : 승강기 설치 및 유지관리 실무

검정방법	• 필기 : 전과목 혼합, 객관식 60문항(60분) • 실기 : 작업형(3시간 30분 정도)
합격기준	필기 · 실기 : 100점을 만점으로 하여 60점 이상

승강기기능사 검정현황(11개년)

- 필기시험

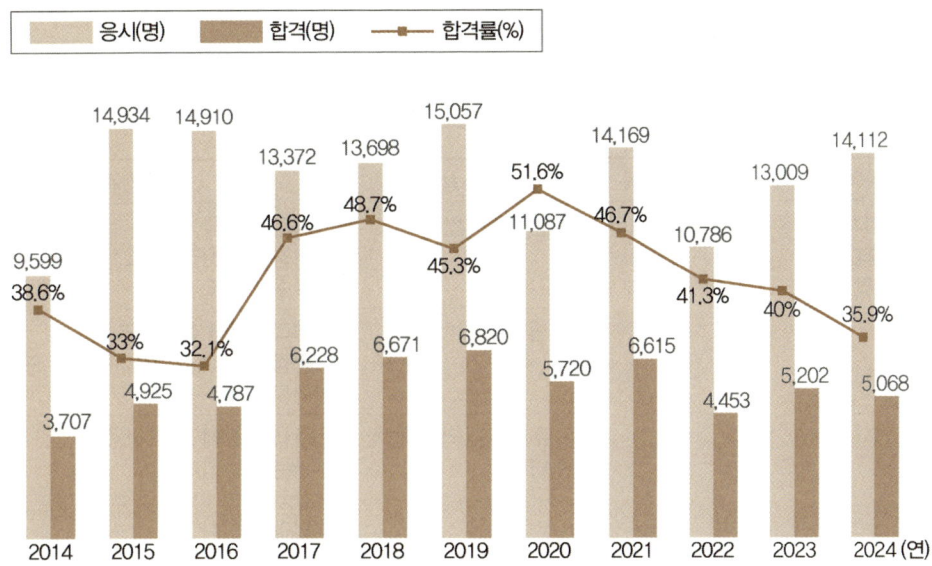

- 실기시험

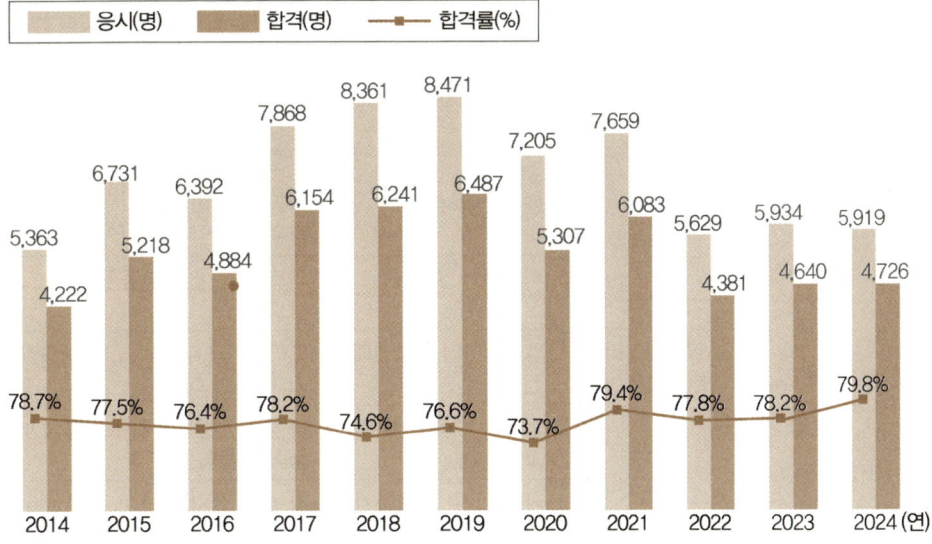

승강기기능사 출제기준

▶▶ 승강기기능사 필기 출제기준

직무분야	기계	중직무분야	기계장비설비·설치	자격종목	승강기기능사	적용기간	2025.1.1.~2027.12.31.

○ 직무내용 : 숙련기능을 바탕으로 승강기를 설치 및 점검하는 직무이다.

필기검정방법	객관식	문제수	60	시험시간	1시간

필기과목명	문제수	주요항목	세부항목	세세항목
승강기 설치, 유지관리, 안전관리	60	1. 엘리베이터 기계 설치 및 부품 교체	1. 승강기 일반	1. 승강기 종류 2. 승강기의 원리 및 조작방식 3. 특수승강기
			2. 형판 설치하기	1. 엘리베이터 설치도면 2. 승강로, 기계실, 출입구 건축 도면 3. 형판 설치
			3. 주행안내 레일 설치하기	1. 주행안내 레일, 고정용 브래킷 설치 2. 완충기 받침대 3. 설치 공법 4. 레일 게이지
		2. 엘리베이터 점검	1. 기계실 및 기계류 공간에서 점검	1. 기계실 환경 점검 2. 기계실 기계, 전기 부품 및 장치
			2. 카에서 점검	1. 카의 주행상태 2. 카 내부, 상부 점검 및 조정 능력 3. 안전장치
			3. 승강로에서 점검	1. 승강로 벽의 균열, 누수 등 청결상태 2. 승강로 기계, 전기부품 및 장치 3. 각종 매다는 장치 및 체인
			4. 승강장에서 점검	1. 승강장문 및 장치 2. 승강장 버튼 및 표시기
			5. 피트에서 점검	1. 피트 기계, 전기부품 및 장치 2. 피트 누수
		3. 엘리베이터 부품 설치 및 교체	1. 엘리베이터 부품상태 진단하기	1. 엘리베이터 부품의 노후, 마모상태 진단 2. 기계, 전기 측정기
			2. 승강장 부품 설치 및 교체하기	1. 각 부품별 설치위치에 승강장 부품 설치 2. 승강장 출입문 조정
			3. 카 설치 및 교체하기	1. 카 슬링 설치 2. 카 벽, 카 천장, 카 조작반 조립

필기과목명	문제수	주요항목	세부항목	세세항목
승강기 설치, 유지관리, 안전관리	60	3. 엘리베이터 부품 설치 및 교체	3. 카 설치 및 교체하기	3. 카 출입문와 관련된 부품, 카 상부 설치 부품 4. 카 심출, 카 밸런스 작업
		4. 엘리베이터 전기 설치 및 부품 교체	1. 엘리베이터 전기 배선	1. 엘리베이터 전기 부품
			2. 전기부품 교체	1. 전기부품 교체 2. 전기회로도 결선 확인
		5. 기계 전기 기초	1. 승강기 주요 기계요소 별 구조와 원리	1. 링크기구 2. 운동기구와 캠 3. 도르래(활차)장치 4. 베어링 5. 기어
			2. 승강기 동력원의 기초 전기	1. 정전기와 콘덴서 2. 직류회로 및 교류회로 3. 자기회로 4. 전자력과 전자유도 5. 전기보호기기
			3. 승강기 구동 기계 기구 작동 및 원리	1. 전동기의 종류 및 특성
			4. 승강기 제어 및 제어 시스템의 원리 및 구성	1. 제어의 개념 2. 제어계의 요소 및 구성 3. 시퀀스제어 4. 전자회로 및 반도체
		6. 승강기 안전 관리	1. 안전관리 장구 준비하기	1. 안전 장비, 장구, 용품
			2. 전기안전 준수하기	1. 전기안전용품
			3. 환경관리하기	1. 환경검사 장비 2. 안전작업 절차
		7. 승강기 안전 검사 수검	1. 안전검사 수검	1. 승강기 부품의 기능별 점검(전기, 제어, 기계) 2. 오버밸런스율
		8. 에스컬레이터 (무빙워크) 설치 및 부품 교체	1. 에스컬레이터 부품 상태 진단하기	1. 에스컬레이터 부품의 노후, 마모상태 진단
			2. 현장 확인 양중하기	1. 에스컬레이터 설치 도면 2. 에스컬레이터 양중
			3. 트러스 조립하기	1. 트러스 조립 2. 레일 조립 3. 데크, 스커트 가드 등 설치

필기과목명	문제수	주요항목	세부항목	세세항목
승강기 설치, 유지관리, 안전관리	60	8. 에스컬레이터 (무빙워크) 설치 및 부품 교체	4. 디딤판	1. 디딤판 설치 2. 디딤판 교체 3. 디딤판 보수
			5. 손잡이 설치 및 부품 교체	1. 손잡이 설치 2. 손잡이 장력 3. 난간 상부의 손잡이 가이드
			6. 체인 설치 및 부품 교체	1. 체인 설치 2. 체인 규격
			7. 전기장치 조립하기	1. 모터, 감속기, 브레이크 2. 손잡이 구동 장치 조립 3. 각종 전기 안전장치 조정
			8. 설치 조정하기	1. 프레임과 건물 중심선 작업 2. 상·하부 터미널 기어 조정
		9. 에스컬레이터 (무빙워크) 점검	1. 구동부 점검하기	1. 구동기, 구동체인, 구동장치 2. 브레이크시스템
			2. 안전장치 점검하기	1. 기계적, 전기적 안전장치
			3. 손잡이 점검하기	1. 손잡이 및 구성품 2. 디딤판과 손잡이 속도 측정
			4. 상부 기계실 점검하기	1. 디딤판, 트레드, 스커트가드 2. 제어반
			5. 하부 기계실 점검하기	1. 디딤판 체인 상태 및 장력 2. 콤, 오일받이

〉〉〉 승강기기능사 실기 출제기준

직무 분야	기계	중직무 분야	기계장비 설비·설치	자격 종목	승강기기능사	적용 기간	2025.1.1.~2027.12.31.

○ 직무내용 : 숙련기능을 바탕으로 승강기를 설치 및 점검하는 직무이다.
○ 수행준거 : 1. 엘리베이터가 지정된 위치에 정확하게 설치될 수 있도록 형판을 설치하고 기계실 부품, 주행안내 레일을 설치할 수 있다.
　　　　　　2. 에스컬레이터 설치현장에 필요한 사항을 준비하여 트러스, 디딤판, 손잡이 등 기계적 부품과 전기적 부품을 설치하고 조정할 수 있다.
　　　　　　3. 엘리베이터가 고장 없이 원활히 동작되도록 점검 계획을 수립하여 엘리베이터 각 부위를 점검할 수 있다.
　　　　　　4. 에스컬레이터가 고장 없이 원활히 동작되도록 점검 계획을 수립하여 에스컬레이터 각 부위를 점검할 수 있다.
　　　　　　5. 승강기 설치와 정비에 관련된 작업 시 기계, 전기, 환경 안전에 대해 기준을 정하고 현장에 적용할 수 있다.
　　　　　　6. 엘리베이터가 정상적으로 작동할 수 있도록 기계실, 승강로, 카 상부에 해당하는 전기장치를 배선, 결선하고 시운전을 통해 정밀하게 조정할 수 있다.

실기검정방법	작업형	시험시간	3시간 30분 정도

실기과목명	주요항목	세부항목	
승강기 설치 및 유지관리 실무	1. 엘리베이터 기계 설치	1. 형판 설치하기 2. 기계실 부품 설치하기 3. 주행안내 레일 설치하기	
	2. 에스컬레이터(무빙워크) 설치	1. 현장 확인 양중하기 3. 디딤판 장착하기 5. 전기장치 조립하기	2. 트러스 조립하기 4. 손잡이 설치하기 6. 설치 조정하기
	3. 엘리베이터 점검	1. 엘리베이터 점검 계획하기 2. 기계실 및 기계류 공간 점검하기 3. 카 점검하기 5. 승강장 점검하기	 4. 승강로 점검하기 6. 피트 점검하기
	4. 에스컬레이터 점검	1. 구동부 점검하기 3. 손잡이 점검하기 5. 하부 기계실 점검하기	2. 안전장치 점검하기 4. 상부 기계실 점검하기
	5. 승강기 안전관리	1. 안전관리사항 확인하기 3. 전기안전 준수하기	2. 안전관리 장구 준비하기 4. 환경관리하기
	6. 엘리베이터 전기 설치	1. 기계실 배선결선 작업하기 3. 카 지붕 배선결선 작업하기 5. 고속 시운전하기	2. 승강로 배선결선 작업하기 4. 저속 시운전하기

차례

제1편 승강기 설치

01 승강기 개요 ·· 2
02 승강기 구조 및 원리 ·· 8
03 승강기 도어 시스템, 승강로, 기계실 ·· 28
04 승강기의 제어 방식 ·· 35
05 승강기의 안전 및 기타 장치 ·· 38
06 유압식 승강기 ·· 42
07 에스컬레이터 ·· 50
08 특수승강기 ··· 56
09 입체 주차설비 ·· 58
10 엘리베이터 설치 ··· 63
11 에스컬레이터 설치 ·· 73

제2편 유지관리

01 승강기 자체 점검기준 ··· 78
02 승강기 재료의 특성 ·· 95
03 승강기 기계요소별 구조 및 원리 ·· 98
04 승강기 요소 측정 및 시험 ·· 103
05 승강기 전기이론 ··· 109
06 승강기 전동기의 종류 및 특성 ··· 129
07 승강기 제어시스템 원리 ··· 142

제3편 안전관리

- 01 승강기 안전관리법 ··· 162
- 02 안전관리 ·· 170
- 03 승강기 안전기준 ·· 180
- 04 에스컬레이터 안전기준 ·································· 200

제4편 과년도 기출문제

- 01 2014년 1회 기출문제 ····································· 210
- 02 2014년 2회 기출문제 ····································· 221
- 03 2014년 5회 기출문제 ····································· 231
- 04 2015년 1회 기출문제 ····································· 242
- 05 2015년 2회 기출문제 ····································· 252
- 06 2015년 4회 기출문제 ····································· 262
- 07 2015년 5회 기출문제 ····································· 273
- 08 2016년 1회 기출문제 ····································· 284
- 09 2016년 2회 기출문제 ····································· 293
- 10 2016년 4회 기출문제 ····································· 302
- 11 2017년 1회 기출문제 ····································· 311
- 12 2017년 2회 기출문제 ····································· 322
- 13 2017년 5회 기출문제 ····································· 334
- 14 2018년 1회 기출문제 ····································· 345
- 15 2018년 2회 기출문제 ····································· 356
- 16 2018년 5회 기출문제 ····································· 368
- 17 2019년 1회 기출문제 ····································· 379
- 18 2019년 2회 기출문제 ····································· 391

> 승강기기능사

19	2019년 5회 기출문제	402
20	2020년 1회 기출문제	414
21	2020년 2회 기출문제	427
22	2020년 5회 기출문제	438
23	2021년 1회 기출문제	449
24	2021년 2회 기출문제	461
25	2021년 3회 기출문제	474
26	2021년 4회 기출문제	486
27	2022년 1회 기출문제	497
28	2022년 2회 기출문제	509
29	2022년 3회 기출문제	520
30	2023년 1회 기출문제	531
31	2023년 2회 기출문제	543
32	2023년 3회 기출문제	556
33	2023년 4회 기출문제	567
34	2024년 1회 기출문제	578
35	2024년 2회 기출문제	589
36	2024년 3회 기출문제	601
37	2024년 4회 기출문제	612
38	2025년 1회 기출문제	624
39	2025년 2회 기출문제	636
40	2025년 3회 기출문제	649

부록

실 기 661

PART 01

승강기 설치

CHAPTER 01 승강기 개요
CHAPTER 02 승강기 구조 및 원리
CHAPTER 03 승강기 도어 시스템, 승강로, 기계실
CHAPTER 04 승강기의 제어 방식
CHAPTER 05 승강기의 안전 및 기타 장치
CHAPTER 06 유압식 승강기
CHAPTER 07 에스컬레이터
CHAPTER 08 특수승강기
CHAPTER 09 입체 주차설비
CHAPTER 10 엘리베이터 설치
CHAPTER 11 에스컬레이터 설치

CHAPTER 01 승강기 개요

SECTION 01 승강기 종류

>>> 출처 : 「승강기 안전관리법 시행규칙」 별표 1 '승강기의 구조별·용도별 세부 종류'

▼ 구조별 승강기의 세부 종류(「승강기 안전관리법 시행규칙」 별표 1)

구분	승강기의 세부 종류	분류기준
엘리베이터	전기식 엘리베이터	로프나 체인 등에 매달린 운반구(運搬具)가 구동기에 의해 수직로 또는 경사로를 따라 운행되는 구조의 엘리베이터
	유압식 엘리베이터	운반구 또는 로프나 체인 등에 매달린 운반구가 유압잭에 의해 수직로 또는 경사로를 따라 운행되는 구조의 엘리베이터
에스컬레이터	에스컬레이터	계단형의 발판이 구동기에 의해 경사로를 따라 운행되는 구조의 에스컬레이터
	무빙워크	평면형의 발판이 구동기에 의해 경사로 또는 수평로를 따라 운행되는 구조의 에스컬레이터
휠체어리프트	수직형 휠체어리프트	휠체어의 운반에 적합하게 제작된 운반구(이하 "휠체어운반구"라 한다) 또는 로프나 체인 등에 매달린 휠체어운반구가 구동기나 유압잭에 의해 수직로를 따라 운행되는 구조의 휠체어리프트
	경사형 휠체어리프트	휠체어운반구 또는 로프나 체인 등에 매달린 휠체어운반구가 구동기나 유압잭에 의해 경사로를 따라 운행되는 구조의 휠체어리프트

▼ 용도별 승강기의 세부 종류

구분	승강기의 세부 종류	분류기준
엘리베이터	승객용 엘리베이터	사람의 운송에 적합하게 제조·설치된 엘리베이터
	전망용 엘리베이터	승객용 엘리베이터 중 엘리베이터 내부에서 외부를 전망하기에 적합하게 제조·설치된 엘리베이터
	병원용 엘리베이터	병원의 병상 운반에 적합하게 제조·설치된 엘리베이터로서 평상시에는 승객용 엘리베이터로 사용하는 엘리베이터
	장애인용 엘리베이터	「장애인·노인·임산부 등의 편의증진 보장에 관한 법률」 제2조제1호에 따른 장애인 등(이하 "장애인 등"이라 한다)의 운송에 적합하게 제조·설치된 엘리베이터로서 평상시에는 승객용 엘리베이터로 사용하는 엘리베이터

구분	승강기의 세부 종류	분류기준
엘리베이터	소방구조용 엘리베이터	화재 등 비상시 소방관의 소화활동이나 구조활동에 적합하게 제조·설치된 엘리베이터(「건축법」 제64조제2항 본문 및 「주택건설기준 등에 관한 규정」 제15조제2항에 따른 비상용승강기를 말한다)로서 평상시에는 승객용 엘리베이터로 사용하는 엘리베이터
	피난용 엘리베이터	화재 등 재난 발생 시 거주자의 피난활동에 적합하게 제조·설치된 엘리베이터로서 평상시에는 승객용으로 사용하는 엘리베이터
	주택용 엘리베이터	「건축법 시행령」 별표 1 제1호가목에 따른 단독주택 거주자의 운송에 적합하게 제조·설치된 엘리베이터로서 왕복 운행거리가 12m 이하인 엘리베이터
	승객화물용 엘리베이터	사람의 운송과 화물 운반을 겸용하기에 적합하게 제조·설치된 엘리베이터
	화물용 엘리베이터	화물의 운반에 적합하게 제조·설치된 엘리베이터로서 조작자 또는 화물취급자가 탑승할 수 있는 엘리베이터(적재용량이 300kg 미만인 것은 제외한다)
	자동차용 엘리베이터	운전자가 탑승한 자동차의 운반에 적합하게 제조·설치된 엘리베이터
	소형화물용 엘리베이터 (Dumbwaiter)	음식물이나 서적 등 소형 화물의 운반에 적합하게 제조·설치된 엘리베이터로서 사람의 탑승을 금지하는 엘리베이터(바닥면적이 0.5m² 이하이고, 높이가 0.6m 이하인 것은 제외한다)
에스컬레이터	승객용 에스컬레이터	사람의 운송에 적합하게 제조·설치된 에스컬레이터
	장애인용 에스컬레이터	장애인 등의 운송에 적합하게 제조·설치된 에스컬레이터로서 평상시에는 승객용으로 사용하는 에스컬레이터
	승객화물용 에스컬레이터	사람의 운송과 화물 운반을 겸용하기에 적합하게 제조·설치된 에스컬레이터
	승객용 무빙워크	사람의 운송에 적합하게 제조·설치된 에스컬레이터
	승객화물용 무빙워크	사람의 운송과 화물의 운반을 겸용하기에 적합하게 제조·설치된 에스컬레이터
휠체어리프트	장애인용 수직형 휠체어리프트	운반구가 수직로를 따라 운행되는 것으로서 장애인 등의 운송에 적합하게 제조·설치된 수직형 휠체어리프트
	장애인용 경사형 휠체어리프트	운반구가 경사로를 따라 운행되는 것으로서 장애인 등의 운송에 적합하게 제조·설치된 경사형 휠체어리프트

>>> **피난용 엘리베이터**

평상시 승객용으로 사용되며, 화재 등의 재난 발생 시 인명의 피난 활동에 적합하게 제조 및 설치된 엘리베이터

>>> **권상식과 권동식의 구분**

권상식은 균형추가 있고 권동식은 균형추가 없음

핵심문제 ★★★

엘리베이터의 구동 방식에 의한 분류가 아닌 것은?
① 전기식 엘리베이터
② 유압식 엘리베이터
③ 스크루(Screw)식 엘리베이터
❹ 전망용 엘리베이터

[해설] 동력 매체별 분류
- 전기식(로프식) 엘리베이터
- 유압식 엘리베이터
- 스크루식 엘리베이터

1. 동력원별 분류

① **전기식(로프식)** : 와이어로프와 도르래(시브, Sheave) 시스템으로 카를 움직이는 방식
  예 권상식 엘리베이터, 권동식 엘리베이터
② **유압식** : 압력 펌프 유닛으로 유체의 압력을 이용해 카를 이동시키는 방식
  예 직접식, 간접식, 팬터그래프식

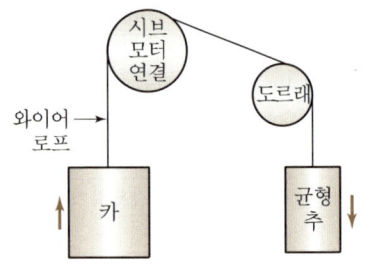
∥로프식∥

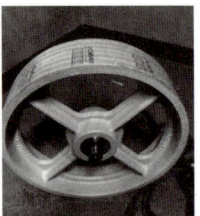
도르래(시브, Sheave)

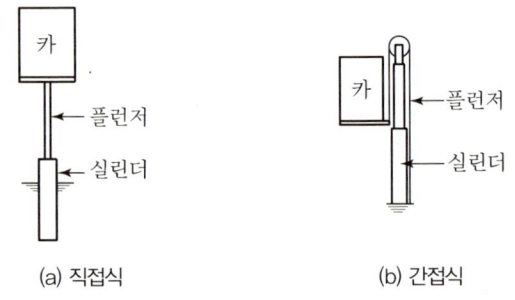
(a) 직접식   (b) 간접식
∥유압식∥

③ **스크루(Screw)식** : 기둥에 나사형태(Screw)의 홈을 가공하여 회전시켜서 카를 승강시키는 방식
④ **랙 & 피니언식** : 레일에 랙 기어를 설치하고 카에는 피니언을 설치하여 카를 승강시키는 방식

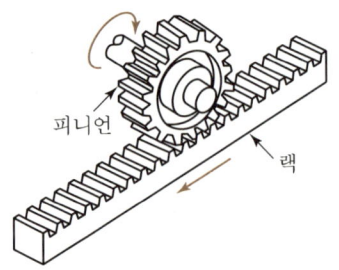
∥랙 & 피니언식 구성∥

2. 용도에 의한 분류

1) 승객용 엘리베이터

① 승객용 : 승객의 이동
② 병원용 : 환자용 침대를 운반
③ 승객 · 화물용 : 승객 및 화물을 운송
④ 소방구조용 : 상시 승객용으로 이용되며 화재 시 소방활동에 이용
⑤ 장애인용 : 장애인(휠체어 사용자 포함)의 운송에 이용
⑥ 전망용 : 카 내부에서 외부를 볼 수 있도록 구성

2) 화물용 엘리베이터

① 화물용 : 화물 운반 전용(운전자 1인 탑승)
② 자동차용 : 주차장 또는 유사장소에서 자동차를 운반
③ 덤웨이터(Dumb Waiter) : 사람 탑승 불가, 적재용량이 300kg 이하

3) 승객 및 화물용 에스컬레이터

① 에스컬레이터 : 디딤판(스텝)을 동력으로 상행 및 하행운전하여 승객을 이동(계단형)
② 수평 보행기 : 수평디딤판을 동력으로 상행 및 하행운전하여 승객이나 화물의 운송(평면형)

3. 속도에 따른 분류

① 고속엘리베이터 : 4m/s 초과(유지관리업 등록기준)
② 중저속엘리베이터 : 4m/s 이하(유지관리업 등록기준)
③ 소방활동 목적의 소방구조용 승강기 : 1m/s 이상

핵심문제 ★★★

승객용 엘리베이터의 분류가 아닌 것은?
① 승객 · 화물용 엘리베이터
② 병원용 엘리베이터
③ 전망용 엘리베이터
❹ 덤웨이터

해설 승객용 엘리베이터
- 승객용
- 병원용
- 피난용
- 전망용
- 장애인용
- 승객 · 화물용
- 소방구조용

핵심문제 ★★★

덤웨이터 적재용량은?
① 100kg 이하　② 200kg 이하
❸ 300kg 이하　④ 400kg 이하

해설 덤웨이터
- 적재용량 300kg 이하
- 사람 탑승 불가

핵심문제 ★★★

고속엘리베이터의 속도는?
❶ 4m/s 초과　② 5m/s 초과
③ 6m/s 초과　④ 7m/s 초과

해설 승강기 속도 분류
- 고속엘리베이터 : 4m/s 초과
- 소방구조용 엘리베이터 : 1m/s 이상

핵심문제 ★★★

소방구조용 승강기의 속도기준은?
❶ 1m/s 이상　② 2m/s 이상
③ 3m/s 이상　④ 4m/s 이상

SECTION 02 승강기 제어 방식

핵심문제 ★★★

다음 중 직류(DC) 엘리베이터 제어 방식은?
① 교류 1단 제어
② 교류 2단 제어
③ 귀환제어
❹ 워드 레오나드 방식

[해설] **직류제어**
• 워드 레오나드   • 정지 레오나드

>>> MG(Motor - Generator) Set

전동기와 발전기가 직접 연결된 형태로 주파수, 전압, 위상 등이 다른 전력 형태로 변환하는 데 사용하는 장치

핵심문제 ★★★

교류(AC) 엘리베이터의 속도제어 방식이 아닌 것은?
① 교류 1단 제어
② 교류 2단 제어
③ 귀환제어
❹ 워드 레오나드 방식

[해설] **교류(AC) 속도제어**
• 교류 1단 제어   • 교류 2단 제어
• 귀환제어   • VVVF 제어

>>> VVVF 제어(인버터 제어)

VVVF(인버터)는 교류전동기의 1차 주파수를 전압과 함께 바꿔 전동기를 컨트롤하는 방식으로 교류 입력 전원을 직류로 변환(AC → DC)하여 평활시킨 후 인버터부에서 임의의 주파수인 교류 전력으로 변환(DC → AC)

핵심문제 ★★★

먼저 눌려진 호출에만 응답하고, 운전 완료 전에는 다른 호출에 응답하지 않는 방식은?
❶ 단식 자동식
② 하강 전자동식
③ 승강 전자동식
④ 군 승합자동식

[해설] **단식 자동식**
먼저 눌린 호출에만 응답

1. 제어 방식에 의한 분류

1) 로프식

(1) 직류(DC) 엘리베이터
　① 직류 전원으로 구동하는 엘리베이터
　② 속도제어
　　㉠ 워드 레오나드(Ward-Leonard) 방식(MG Set 이용)
　　㉡ 정지 레오나드(사이리스터) 방식

(2) 교류(AC) 엘리베이터
　① 권상 전동기를 교류 전원에 의해 직접 구동하는 엘리베이터
　② 속도제어
　　㉠ 교류(AC) 1단 속도제어
　　㉡ 교류(AC) 2단 속도제어
　　㉢ 귀환제어(Feed Back Control)
　　㉣ 가변전압가변주파수(VVVF)제어

2) 유압식

① 유량제어
② 가변전압 가변 주파수(VVVF) 제어

2. 조작 방식에 의한 분류

1) 1대 조작 방식

(1) 반자동식
　① 카 스위치 방식 : 운전 및 정지를 운전자가 조작
　② 신호 방식 : 도어개폐는 운전자가 조작, 카의 운전은 카 내부 버튼이나 승강장 버튼에 의해서 조작

(2) 전자동식
　① 단식 자동식
　　㉠ 가장 먼저 누른 호출에만 응답하고, 운전이 완료되기 전 다른 호출에는 응답하지 않음
　　㉡ 화물용, 리프트용

② 하강 승합 전자동식
　㉠ 아파트와 같이 도중의 층으로부터 상승 승객이 적은 곳에 적용
　㉡ 상승 시에는 정지하지 않고 하강 시 호출신호에 응답하며 운전
③ 승합 전자동식
　㉠ 승객이 운전하는 엘리베이터로 목적층을 눌러 이동하거나 승강장으로부터 호출신호로 운전하는 방식
　㉡ 한 대를 운용하는 승용 엘리베이터는 이 방식을 적용

2) 다수 엘리베이터의 조작 방식

(1) 군 승합자동식
　① 2~3대가 병설되었을 때 사용하는 조작 방식
　② 한 층의 승강장 호출에 대하여 한 대의 엘리베이터만 응답

(2) 군 관리 방식
　① 엘리베이터를 3~8대 병설할 때 각 엘리베이터를 효율적으로 운영하는 조작 방식
　② 수요의 변화에 따라 엘리베이터의 운전내용을 변화시켜 대응 (출퇴근 시, 점심시간, 회의 종료 시 등)
　③ 운영 시 서비스 효율을 높일 수 있고, 불필요한 에너지 낭비 방지

핵심문제 ★★★

2~3대 엘리베이터를 병설할 경우 적당한 조작 방법은?
① 단식 자동식
② 하강 전자동식
③ 승강 전자동식
❹ 군 승합자동식

해설 군 승합자동식
엘리베이터가 2~3대일 때 적용

핵심문제 ★★★

3~8대의 승강기를 병설할 경우 적당한 조작 방식은?
① 단식자동식
② 하강 전자동식
③ 군 승합자동식
❹ 군 관리 방식

해설 군 관리 방식
• 엘리베이터의 3~8대 병설 시
• 수요에 따라 운전대응
• 운영서비스 효율 향상
• 에너지 절약

승강기 구조 및 원리

- 로프식 엘리베이터는 권상기 도르래(시브, Sheave)에 로프를 감아 카를 이동시키는 방식
- 권상기, 주 로프, 주행안내 레일, 추락방지안전장치, 과속조절기, 완충기, 카, 균형추, 균형체인 및 균형 로프 등으로 구성

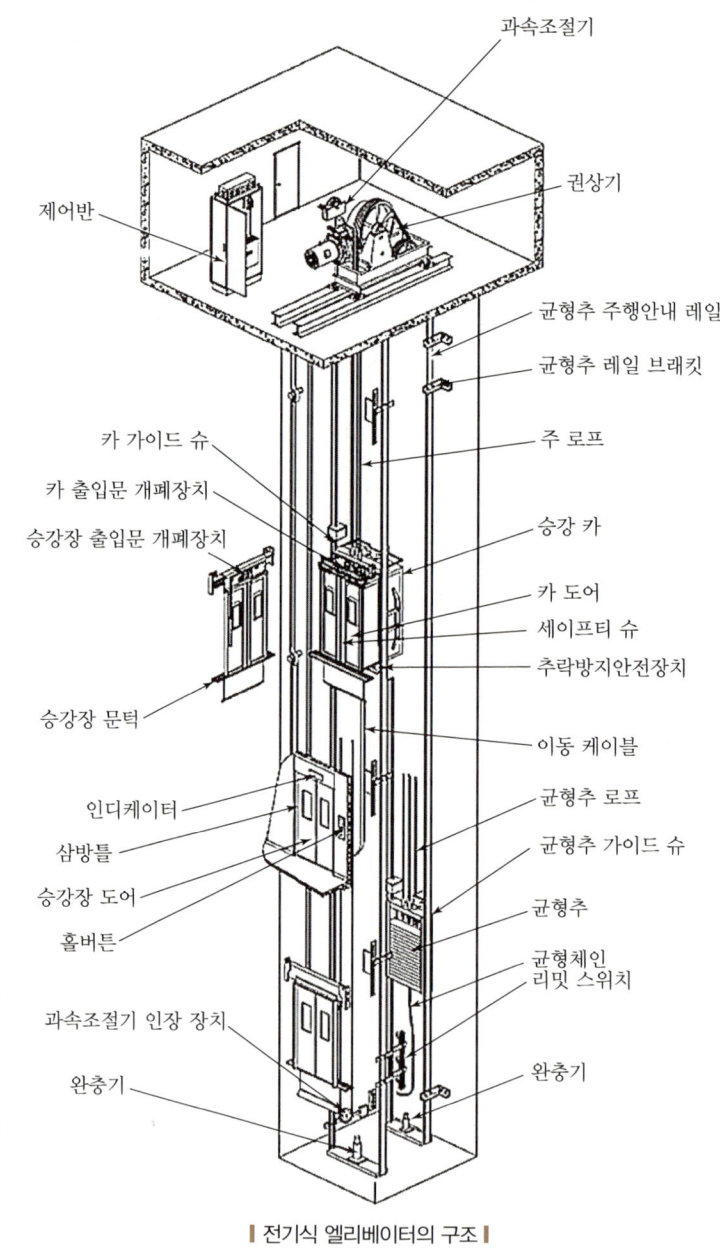

┃ 전기식 엘리베이터의 구조 ┃

SECTION 01 권상기

1. 권상기 개념
① 개념 : 로프를 이용하여 카를 상하 이동시키는 장치
② 구성 : 전동기, 제동기(브레이크), 구동 시브(도르래), 감속기(기어박스) 등
③ 승강기 기계실에 설치

2. 권상기의 형식

(1) 기어(Geared)식
① 전동기의 회전을 감속시키기 위하여 기어를 부착
  ㉠ 웜 기어(Worm Gear)
   • 부하용량이 큼
   • 큰 감속비를 얻을 수 있음
   • 소음과 진동이 적음
   • 웜휠은 연삭할 수 없음
  ㉡ 헬리컬 기어(Helical Gear)
   • 운전이 원활하여 진동 및 소음이 적음
   • 고속 또는 큰 동력을 요구하는 곳에 사용
   • 물림이 좋음
   • 추력 발생
   • 제작 및 검사가 어려움

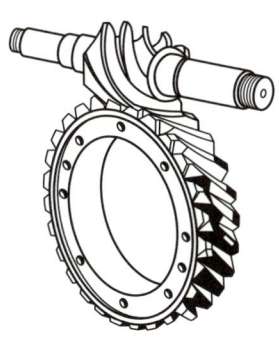
┃웜 기어┃

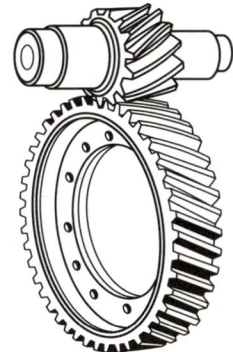
┃헬리컬 기어┃

② 기어 방식 : 기어(Geared)식 감속기에는 웜 기어 또는 헬리컬 기어를 사용

핵심문제 ★★★

엘리베이터 권상기의 주요 구성품이 아닌 것은?
❶ 완충기   ② 웜 및 웜 기어
③ 전동기   ④ 브레이크 장치

해설 완충기
카가 피트로 떨어졌을 때 충격을 완화시키는 장치

┃기계실 권상기┃

핵심문제 ★★★

웜 기어의 특징이 아닌 것은?
① 효율이 낮다.
② 소음이 비교적 작다.
❸ 효율이 높다.
④ 역회전이 어렵다.

해설 웜 기어
• 효율이 낮음
• 소음이 작음
• 역회전이 어려움

(2) 무기어(Gearless)식

기어를 사용하지 않고 전동기의 회전축에 권상도르래를 부착시킨 방식

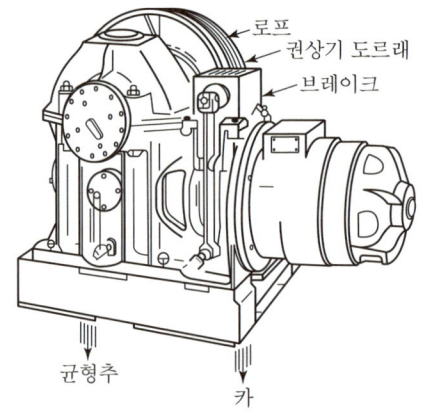

┃기어식 권상기┃

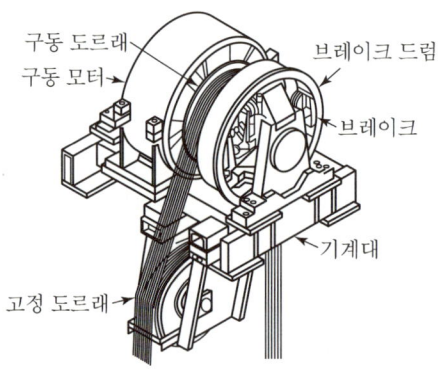

┃무기어식 권상기┃

3. 전동기의 용량

1) 엘리베이터용 전동기 구비조건

① 기동빈도가 높으므로 발열을 고려할 것
② 제동력이 충분할 것
③ 정격속도에 맞는 회전특성(토크)을 가질 것
④ 진동과 소음이 작을 것

2) 전동기 용량(P)

$$P = \frac{M \cdot V \cdot S}{6{,}120\eta}[\text{kW}]$$

핵심문제 ★★★

승강기용 전동기의 구비조건이 아닌 것은?

❶ 기동빈도가 높으므로 발열이 높을 것
② 제동력이 충분할 것
③ 정격속도에 맞는 회전특성(토크)을 가질 것
④ 진동과 소음이 작을 것

해설 전동기 구비조건
• 발열 고려(발열이 낮을 것)
• 제동력 충분할 것
• 정격에 맞는 회전특성이 있을 것
• 진동과 소음이 작을 것

여기서, P : 전동기 용량(kW)
M : 정격적재하중(kg)
V : 정격속도(m/min)
S : 오버밸런스율은 균형추의 중량을 결정할 때 사용하는 계수[$S = 1 - F$(오버밸런스율(%))]
η : 종합효율

3) 균형추 중량

$$\text{균형추 중량} = \text{카 중량} + L \cdot F$$

여기서, L : 정격하중(kg)
F : 오버밸런스율(%)
(문제조건에서 없을 경우 50% 적용)

4) 권상기 효율

$$\text{종합효율}(\eta) = \eta_1 \cdot \eta_2 \cdot \eta_3$$

여기서, η_1 : 권상기 효율로 기어에 따라 결정됨(웜 기어 55~75% 정도)
η_2 : 로프의 거는 방법에 의한 효율
η_3 : 가이드 슈 등 카의 주행 손실에 따라 결정되는 효율

4. 제동기

1) 제동기의 능력

① 승용 엘리베이터 125%의 부하(화물용 엘리베이터 등은 120%) 조건에서 하강 운전 중 위험 없이 감속, 정지가 가능한 구조
② 감속도가 크면 승차감이 떨어지거나 로프 슬립을 일으킬 수 있음

2) 제동기의 구조

① 브레이크 : 제동력은 상시 모터 전원이 흐르는 기간 동안 전자 코일에 의해 개방되며, 이상 시 스프링 힘에 의해 제동
② 브레이크 슈 : 높은 동작 빈도에 견딜 것
③ 브레이크 라이닝 : 청동 철사와 석면사로 구성

핵심문제 ★★★

정격속도 60m/min, 적재하중 700kg, 오버밸런스율 50%, 전체효율이 0.9인 엘리베이터의 용량은?

❶ 약 3.8kW   ② 약 5.2kW
③ 약 6.1kW   ④ 약 7.1kW

해설 전동기의 소요동력

$$P = \frac{M \cdot V \cdot S}{6,120\eta}$$
$$= \frac{700 \times 60 \times (1 - 0.5)}{6,120 \times 0.9}$$
$$\fallingdotseq 3.8\text{kW}$$

》 오버밸런스율

균형추의 총 중량을 결정할 때 카의 자중에 적재하중의 가산 비율을 %로 나타낸 것

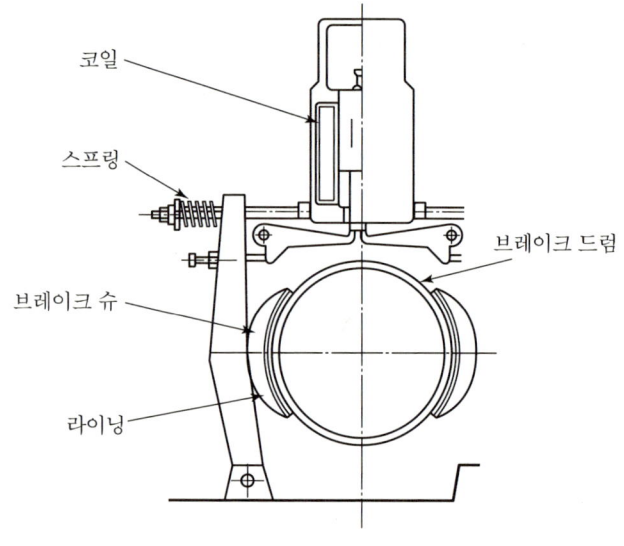

| 제동기의 구조 |

5. 도르래 홈(컷)의 종류별 특징

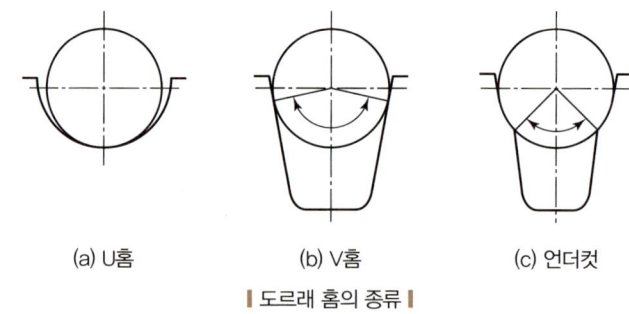

(a) U홈　　　(b) V홈　　　(c) 언더컷

| 도르래 홈의 종류 |

1) 도르래 홈의 형태

마찰력이 클수록 견인력이 좋지만 마찰력이 크면 로프와 도르래 홈의 접촉면 압력이 크기 때문에 로프와 도르래가 쉽게 마모될 수 있음

2) 홈의 종류별 특징

구분	U홈	V홈	언더컷
마찰력	작음	큼	중간
면압	작음	큼	중간
로프 마모	작음	큼	중간
로프 수명	긺	짧음	중간

핵심문제 ★★★

도르래 홈(Cut)의 마찰력 크기 순서를 올바르게 나타낸 것은?

❶ U홈 < 언더컷홈 < V홈
② 언더컷홈 < U홈 < V홈
③ V홈 < U홈 < 언더컷홈
④ U홈 < V홈 < 언더컷홈

[해설] 도르래 홈의 마찰력 크기
U홈 < 언더컷 < V홈

3) 로프의 미끄러짐(Slip) 발생 원인

구분	Slip 조건	대책
권부각	작을수록 Slip	크게
카의 가속과 감속	클수록 Slip	작게
카와 균형추의 중량비	클수록 Slip	작게
로프 및 도르래의 마찰계수	작을수록 Slip	크게

*권부각 : 로프가 감기는 각도

> **핵심문제** ★★★
> 엘리베이터의 트랙션 능력에 대한 설명으로 틀린 것은?
> ① 가속도가 클수록 미끄러지기 쉽다.
> ❷ 와이어로프의 권부각이 클수록 미끄러지기 쉽다.
> ③ 와이어로프와 도르래의 마찰계수가 작을수록 미끄러지기 쉽다.
> ④ 카 측과 균형추 측의 중량비가 트랙션 능력에 근접할수록 미끄러지기 쉽다.
>
> **해설** 로프의 미끄러짐 방지 대책
> • 권부각을 크게
> • 가속 및 감속을 작게
> • 균형체인 및 균형로프 적용
> • 큰 마찰계수 적용

SECTION 02 와이어로프

1. 와이어로프의 구조

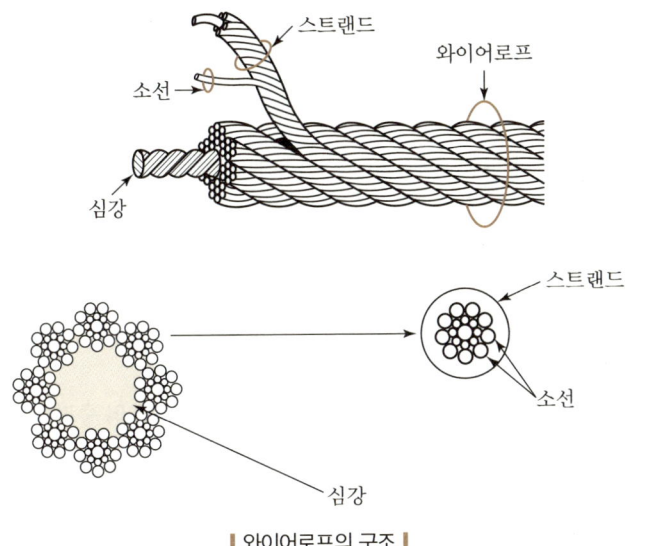

▎와이어로프의 구조 ▎

① **소선** : 와이어로프를 구성하는 개개의 강선
② **스트랜드** : 다수의 소선을 꼬아 합친 구성
③ **심강** : 로프의 중심부에 마닐라, 삼 등 천연섬유 또는 합성섬유를 꼬아 로프 모양으로 만들고 구리스(윤활유)를 함유시켜 소선의 방청효과와 운전 시 소선끼리 마찰력을 작게 하여 마모를 방지
④ 보통 Z 꼬임을 주로 사용

>>> **심강의 목적**
• 와이어로프 형태 유지
• 윤활유를 저장해 마모 및 부식 방지

핵심문제 ★★★

와이어로프의 꼬는 방법 중 보통꼬임의 특징을 설명한 것은?

❶ 스트랜드의 꼬는 방향과 로프의 꼬는 방향이 반대인 것
② 스트랜드의 꼬는 방향과 로프의 꼬는 방향이 같은 것
③ 스트랜드의 꼬는 방향과 로프의 꼬는 방향이 일정 구간 같은 것
④ 스트랜드의 꼬는 방향과 로프의 꼬는 방향이 일정 구간 반대인 것

해설 보통꼬임의 특징
- 꼬임의 방향이 다름
- 풀기기 어려움

▶▶▶ 소선의 강도

E종 < G종 < A종 < B종

(a) 보통 Z꼬임   (b) 보통 S꼬임   (c) 랭 Z꼬임   (d) 랭 S꼬임

∥ 로프의 꼬는 방법 ∥

⑤ 꼬임 방법별 특징

종류	소선과 스트랜드 꼬임 방향	꼬임 특징
보통꼬임	꼬임 방향이 다름	풀기기 어려움
랭꼬임	꼬임 방향이 같음	풀기기 쉬움

⑥ 소선 강도별 특징

구분	특징	인장강도
E종	일반 엘리베이터의 사용환경에 따라 제작	1,320N/mm^2
G종	• 소선 표면에 아연도금을 시공 • 습기가 많은 환경에 적합	1,470N/mm^2
A종	• E종에 비해 강도가 높음 • 도르래의 마모대책을 고려 • 초고층 엘리베이터에 적용	1,620N/mm^2
B종	• 강도가 A종보다 높음 • 엘리베이터에는 거의 적용하지 않음	1,770N/mm^2

2. 와이어로핑 방법

1) 1 : 1 로핑

① 일반적인 승객용으로 사용
② 로프 장력 = 카(또는 균형추)의 중량 + 로프의 중량
③ 카의 속도와 로프의 속도가 같음

▶▶▶ 와이어로핑

와이어를 승강기에 거는 것

핵심문제 ★★★

로프의 로핑 방법 중 1 : 1 로핑의 특징이 아닌 것은?

① 일반적으로 승객용으로 사용된다.
② 카의 속도와 로프의 속도가 같다.
❸ 대용량의 화물용으로도 사용된다.
④ 로프에 걸리는 장력은 카의 중량과 균형추 중량의 합이다.

해설 1 : 1 로핑 방식
- 일반적으로 승객용으로 사용
- 카의 속도와 로프의 속도가 같음
- 로프장력 = 카중량 + 로프중량

2) 2 : 1 로핑

① 1 : 1 로핑 장력의 1/2
② 도르래에 걸리는 부하도 1 : 1 로핑의 1/2

3) 3 : 1, 4 : 1, N : 1 로핑

① 대용량 저속의 화물용 엘리베이터에 사용
② 와이어로프의 총 길이가 길어짐
③ 와이어로프의 수명이 짧아짐

④ 종합 효율이 낮아짐

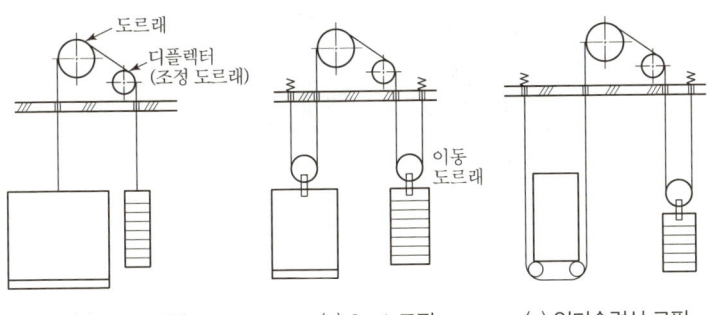

┃와이어로핑 방법┃

3. 와이어로프의 단말 처리

1) 와이어로프의 단말 처리 방법

① 로프 풀림방지를 위해 바인드(Bind)선으로 로프 둘레를 감아서 로프 절단선 양쪽에 매듭을 만듦
② 매듭 길이는 로프 직경의 2배 이상
③ 매듭은 바인드선의 한쪽 끝단을 매듭 길이＋로프 직경의 5배 이상 로프에 붙여 매듭 길이만큼 감아 바인드선의 다른 한쪽 끝단과 로프 가닥의 꼬임 틈새에 끼워 넣음

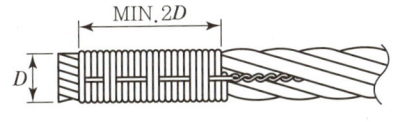

┃로프의 단말 처리┃

2) 와이어로프의 클립 체결 방법

① 클립(Clip) 체결 시 클립 수는 3개 이상
② 클립 사이의 거리는 로프직경의 5배 이상
③ 클립 체결 시 클립의 U-볼트 부분이 반드시 절단된 로프 쪽에 있도록 체결

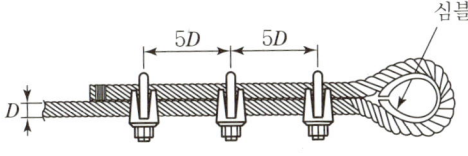

┃와이어로프의 클립체결 방법┃

핵심문제 ★★★

로프의 로핑 방법 중 2 : 1 로핑의 특징이 아닌 것은?

① 대용량의 화물용으로 사용된다.
❷ 카의 속도와 로프의 속도가 같다.
③ 와이어로프가 1 : 1 로핑보다 길게 된다.
④ 효율이 1 : 1 로핑보다 떨어된다.

해설 2 : 1 로핑 방식
• 대용량 또는 화물용으로 사용
• 로프에 걸리는 장력 1/2
• 카의 속도는 로프 속도의 1/2
• 종합효율이 떨어짐

┃카 상부 도르래 로핑┃

핵심문제 ★★★

와이어로프 클립(Wire Rope Clip)의 체결 방법으로 옳은 것은?

①
❷
③
④

해설 클립 체결 방법
• 3개 이상 체결
• 클립 사이 거리 로프직경의 5배 이상
• U-볼트 부분이 절단된 로프 쪽에 있도록 체결

| U-볼트(Bolt) |

4. 와이어로프의 직경 측정 방법

① 버니어 캘리퍼스로 로프 직경을 측정
② 로프의 직경을 측정할 수 있는 넓이를 가진 버니어 캘리퍼스 이용
③ 측정 시 와이어로프의 끝단 최곳값을 측정

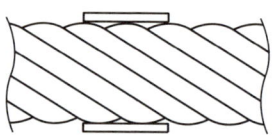

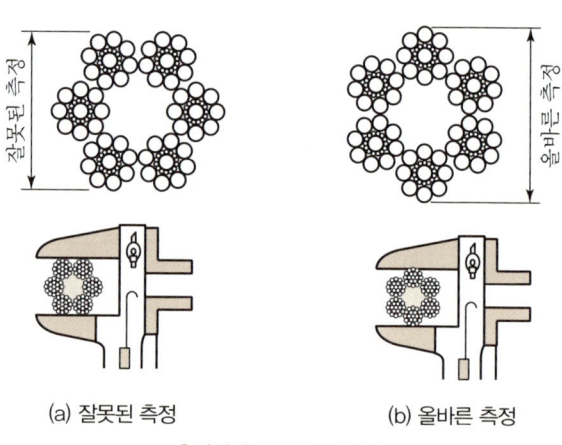

(a) 잘못된 측정   (b) 올바른 측정

| 버니어 캘리퍼스 측정 |

SECTION 03 주행안내 레일

1. 주행안내 레일의 설치 목적

주행안내 레일은 승강로 내부에 설치되며 설치 목적은 다음과 같음

① 카와 균형추의 승강로 내의 평면 위치를 규제
② 카의 자중이나 화물 편하중에 의한 카의 기울어짐을 방지
③ 추락방지안전장치가 작동할 때의 수직 하중을 유지

2. 주행안내 레일의 규격

① 레일 규격은 마무리 가공 전 소재의 1m당 중량으로 하며 레일의 표준 길이는 5m
② T형 레일의 공칭규격은 8, 13, 18, 24, 30K 등이 있음

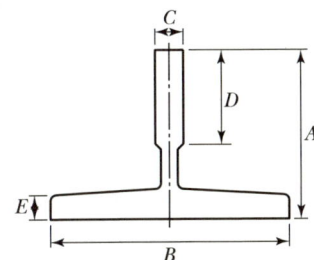

| 주행안내 레일의 단면도 |

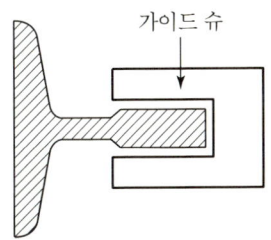

| 가이드 슈와 주행안내 레일 |

▼ 주행안내 레일의 치수 [단위 : mm]

구분	8K	13K	18K	24K	30K
A	56	62	89	89	108
B	78	89	114	127	140
C	10	16	16	16	19
D	26	32	38	50	51
E	6	7	8	12	13

3. 주행안내 레일의 규격 결정 시 유의사항

① 비상정지 시 레일에 인가되는 좌굴하중 고려
② 지진 발생 시 수평지진력으로 인한 휘어짐 고려
③ 화물 적재 시 발생하는 회전모멘트 고려

핵심문제 ★★★

주행안내 레일의 규격 호칭 중 규격에 해당하지 않는 것은?
① 8K ② 13K
❸ 16K ④ 24K

해설 주행안내 레일의 규격
• 1m당 중량으로 표시
• 레일의 표준길이는 5m
• 공칭규격 : 8, 13, 18, 24, 30K

핵심문제 ★★★

주행안내 레일을 8K, 13K, 18K 등으로 분류하는 기준은?
❶ 단위길이의 중량
② 인장강도
③ 가공정밀도
④ 단면적

핵심문제 ★★★

주행안내 레일의 규격을 결정하는 데 관계가 가장 적은 것은?
❶ 과속조절기의 속도
② 지진 발생 시 건물의 수평지진력
③ 추락방지안전장치 작동 시 작용할 수 있는 좌굴하중
④ 불균형한 큰 하중이 적재될 때 작용하는 회전모멘트

해설 주행안내 레일의 규격 결정 시 고려사항
• 비상정지 시 좌굴하중 고려
• 수평지진력 고려
• 화물 적재 시 회전모멘트 고려

> 주행안내 레일 강도상향 대책

패킹을 설치하고 강도를 높임

4. 주행안내 레일 부속장치

① 패킹 : 레일의 강도를 올리기 위해 레일에 보조강제를 시공

┃패킹 시공의 예┃

② 가이드 슈 : 카(Car) 또는 균형추에 부착하여 레일을 따라 움직이는 카 또는 균형추를 지지하며, 저속용은 슬라이딩 가이드 슈, 고속용은 롤러 가이드 슈를 사용

핵심문제 ★★★

카(Car)가 주행 중 레일에서 이탈하지 않도록 하는 것은?

❶ 가이드 슈
② 제동기
③ 균형추
④ 리밋 스위치

해설 **가이드 슈**
- 카의 레일 이탈을 방지
- 저속용 : 슬라이딩 가이드 슈
- 고속용 : 롤러 가이드 슈

┃슬라이딩 가이드 슈┃   ┃롤러 가이드 슈┃

SECTION 04 추락방지안전장치

1. 추락방지안전장치 설치 목적

엘리베이터의 속도가 규정속도 이상으로 하강하는 경우에 대비하여 추락방지안전장치를 설치함. 이 장치는 로프식 엘리베이터 또는 간접적 유압 엘리베이터에서는 카 측에 설치해야 하는데, 승강기 피트 하부가 사무실이나 통로로 사용되어, 사람이 출입하는 곳이면 균형추에도 설치해야 함

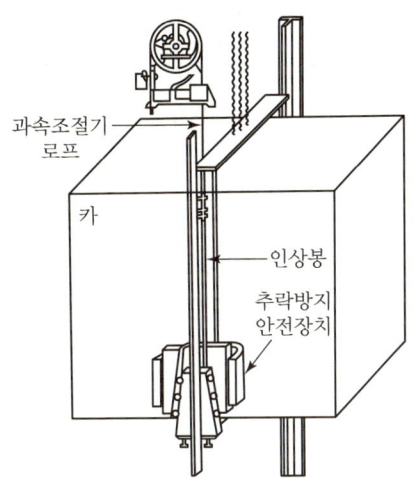

▮ 추락방지안전장치 ▮

2. 추락방지안전장치의 종류(승강기 안전부품 안전기준)

추락방지안전장치의 종류는 즉시 작동하는 순간식과 순차적으로 작동되는 점진식이 있으며, 점진식은 플렉시블 가이드 클램프(FGC)와 플렉시블 웨지 클램프(FWC)가 있음

1) 즉시 작동형(순간식) 추락방지안전장치

① 로프의 파단 등으로 인해 카가 자유낙하하는 것을 방지
② 급속한 순간 제동
③ 저속의 엘리베이터에 이용

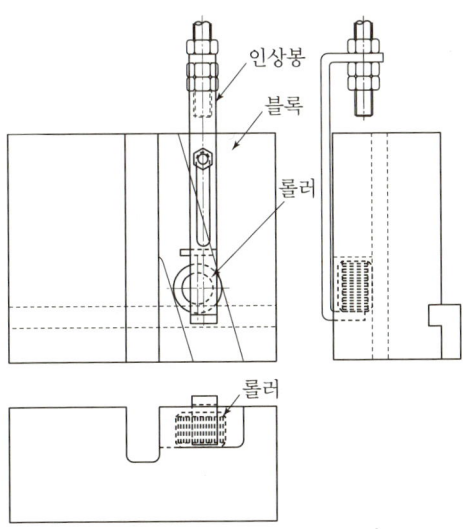

▮ 즉시 작동형 추락방지안전장치 구조 ▮

핵심문제 ★★★

추락방지안전장치의 종류가 아닌 것은?
① 즉시 작동형
② FGC
③ FWC
❹ 비상 동작형

해설 추락방지안전장치의 종류
• 순간식(즉시 작동)
• 점진식(순차적 작동)

핵심문제 ★★★

즉시 작동형 추락방지안전장치의 특징이 아닌 것은?
① 로프의 파단 등으로 인해 카가 자유낙하하는 것을 방지
② 저속의 엘리베이터에 이용
③ 급속한 순간제동
❹ 고속의 엘리베이터에 이용

해설 즉시 작동형(순간식)
• 저속에 사용
• 급속히 순간 제동

> **핵심문제** ★★★
>
> FGC(Flexible Guide Clamp)형 추락방지안전장치에 관한 설명 중 틀린 것은?
>
> ① 순차적 추락방지안전장치이다.
> ② 레일을 죄는 힘은 동작부터 정지 시까지 일정하다.
> ③ 구조가 간단하며 복구가 쉽다.
> ❹ 레일을 죄는 힘은 처음에는 약하고 하강함에 따라 강해진다.
>
> [해설] 플렉시블 가이드 클램프(FGC)
> • 레일 죄는 힘이 정지 시까지 일정
> • 구조가 간단

> **핵심문제** ★★★
>
> FWC형의 추락방지안전장치에 관한 설명 중 맞는 것은?
>
> ❶ 순차적 추락방지안전장치이다.
> ② 구조가 간단하다.
> ③ 레일을 죄는 힘은 동작부터 정지 시까지 일정하다.
> ④ 급정지장치이다.
>
> [해설] 플렉시블 웨지 클램프(FWC)
> • 레일 죄는 힘이 강해지다가 일정하게 유지
> • 구조가 복잡

2) 점진식(순차적) 추락방지안전장치

(1) 플렉시블 가이드 클램프(FGC : Flexible Guide Clamp)형
   ① 카가 정지할 때 추락방지안전장치가 레일을 죄는 힘이 동작 시부터 정지 시까지 일정
   ② 구조가 간단하고 설치 면적이 작으며 복귀가 쉬움

(2) 플렉시블 웨지 클램프(FWC : Flexible Wedge Clamp)형
   ① 카가 정지할 때 추락방지안전장치가 레일을 죄는 힘이 처음에는 약하고 하강함에 따라 강해지다가 시간이 지난 후 일정하게 유지
   ② 구조가 복잡하여 거의 사용하지 않음

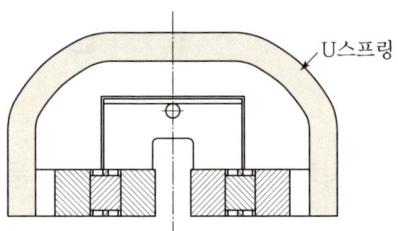

| A–A′ 단면도 |

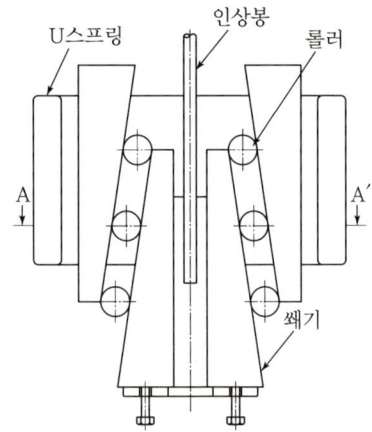

| 점진식 추락방지안전장치 구조 |

(3) 카에 다수의 추락방지안전장치가 설치되어 있는 경우는 모두 점진식 추락방지안전장치를 사용해야 함

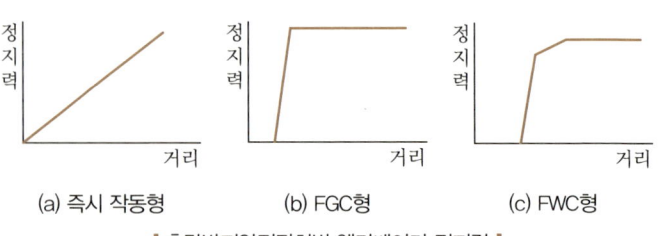

| 추락방지안전장치별 엘리베이터 정지력 |

SECTION 05 과속조절기(조속기)

1. 과속조절기 기능

① 카의 속도를 검출하는 장치로 과속조절기 로프에 의해 카 속도와 동일하게 회전하여 카의 속도 및 가속도를 검출하는 장치
② 과속조절기는 정격속도의 115% 이상의 속도에서 카 추락방지안전장치를 동작

2. 과속조절기의 종류 및 구조

과속조절기는 링크로 연결된 추(Weight)를 회전시키고, 원심력을 이용하여 속도를 검출

1) 디스크형(Disk Governor)

① 카가 설정속도에 도달 시 원심력에 의해 진자가 움직여 정지
② 추 방식과 슈(Shoe) 방식이 있음
③ 구조가 간단하며 저속 엘리베이터에 이용

┃디스크형 과속조절기┃

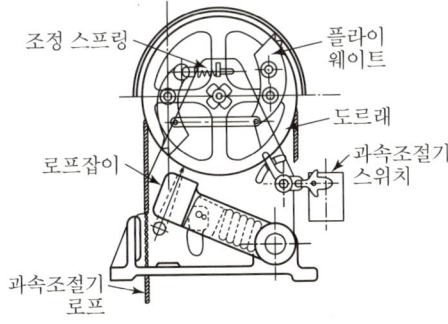

┃디스크형 과속조절기 구성┃

핵심문제 ★★★

과속조절기가 추락방지안전장치를 작동시키는 속도는 정격속도의 몇 %인가?

① 정격속도의 110%
❷ 정격속도의 115%
③ 정격속도의 120%
④ 정격속도의 125%

핵심문제 ★★★

엘리베이터 카의 속도를 검출하는 장치는?

① 추락방지안전장치
② 완충장치
❸ 과속조절기
④ 균형체인

해설 과속조절기 기능
• 카의 속도 검출
• 정격속도 115% 이상 시 동작
• 카의 속도 및 가속도 검출
• 추락방지안전장치 동작

핵심문제 ★★★

다음 중 과속조절기의 종류가 아닌 것은?

① 디스크형   ② 마찰정지형
③ 플라이 볼형 ❹ 비상정지형

해설 과속조절기의 종류
• 디스크형
• 마찰정지형(롤 세이프티형)
• 플라이 볼형

2) 마찰정지형(롤 세이프티, Roll Safety)

① 카가 과속된 경우 과속스위치 전원 차단 후 과속조절기 도르래 홈과 로프의 마찰력으로 비상정지시킴
② 저속 엘리베이터에 이용

▎마찰정지형 과속조절기 ▎

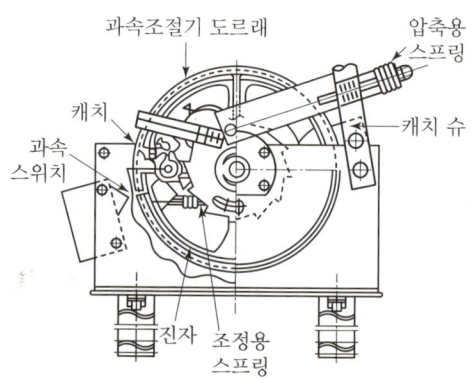

▎마찰정지형 과속조절기 구성 ▎

3) 플라이 볼형(Fly Ball Governor)

① 과속조절기에 연결된 베벨 기어로 회전축을 변환하여 상부에 연결된 플라이 볼의 원심력으로 정지시키는 방식
② 검출 감도가 높고 고속의 엘리베이터에 많이 적용

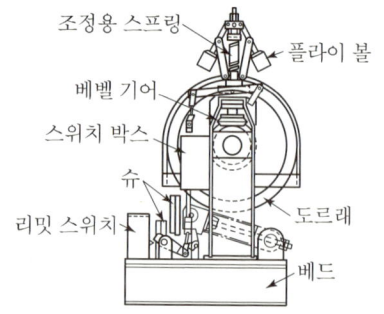

▎플라이 볼형 과속조절기 ▎

핵심문제 ★★★

다음 중 플라이 볼 과속조절기의 특징이 아닌 것은?

① 플라이 볼의 원심력을 이용해 과속을 검출한다.
② 일반적으로 고속 승강기에 적용한다.
③ 검출 감도가 높다.
❹ 과속조절기 로프는 가늘어도 적용이 가능하다.

해설 플라이 볼형 과속조절기
• 플라이 볼의 원심력 이용
• 검출 감도 높음
• 고속 승강기에 적용

3. 과속조절기의 동작원리

① 승강기 카가 움직이면 과속조절기 로프에 의해 과속조절기가 회전
② 실시간으로 카의 속도 및 가속도를 감지
③ 이상 현상으로 카가 규정 이상 가속되면 과속을 감지
④ 과속 감지는 과속조절기에 설치된 추의 원심력에 의해 동작
⑤ 규정속도 이상 시 과속조절기는 추락방지안전장치를 작동시켜서 엘리베이터를 정지시킴

4. 기계실의 과속조절기 위치 예

┃권상기 세트와 과속조절기 설치의 예┃

SECTION 06 완충기 및 균형추

1. 완충기의 설치목적

승강기의 카 또는 균형추의 고장으로 최하층을 통과하여 피트로 떨어졌을 때 충격을 완화하기 위하여 설치

2. 완충기의 종류

1) 스프링 완충기(Spring Buffer)

① 엘리베이터의 행정이 짧은 경우 적용
② 카 측 완충기는 카 자중과 정격하중을 더한 무게를 견뎌야 함
③ 균형추 측 완충기는 균형추 무게를 견뎌야 함

핵심문제 ★★★

카 또는 균형추가 피트 하부 바닥에 충돌할 경우 충격을 완화하기 위해 설치하는 것은?
① 비상정지장치
❷ 완충기
③ 과속조절기
④ 균형체인

해설 완충기의 설치목적
승강기의 카 또는 균형추가 최하층을 통과하여 피트로 떨어졌을 때 충격을 완화

핵심문제 ★★★

완충기의 종류가 아닌 것은?

① 우레탄 완충기
❷ 매트 완충기
③ 스프링 완충기
④ 유압 완충기

해설 완충기의 종류
• 스프링 완충기
• 우레탄 완충기
• 유압 완충기

| 스프링 완충기 구조 | | 스프링 완충기의 예 |

2) 우레탄 완충기

① 저속 엘리베이터에 사용
② 작동 후 완충기의 영구적인 변형이 없어야 함

3) 유압 완충기(Oil Buffer)

① 엘리베이터의 속도에 상관없이 설치가 가능
② 카가 하강하면서 플런저를 누르게 되면 실린더 내부의 기름이 오리피스 틈새로 이동하면서 발생하는 유체저항에 의해 완충작용을 함
③ 복귀는 압축스프링에 의해 이루어짐

핵심문제 ★★★

오리피스의 틈에 의한 유체저항으로 완충작용을 하는 것은?

① 우레탄 완충기
② 매트 완충기
③ 스프링 완충기
❹ 유압 완충기

해설 유압 완충기
• 승강기 속도에 관계없이 설치
• 유체저항에 의해 완충
• 복귀는 스프링에 의함

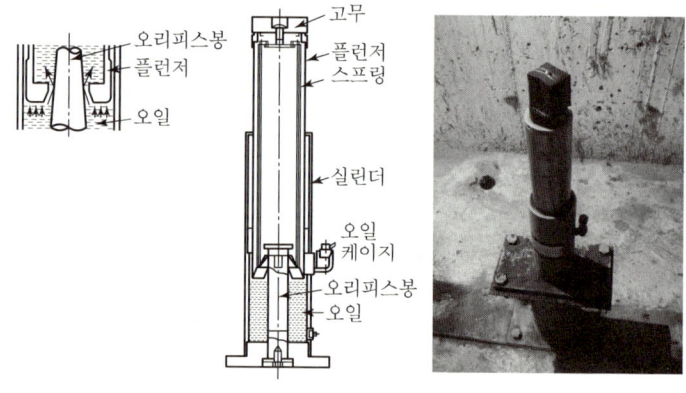

| 유압 완충기 구조 | | 유압 완충기 설치의 예 |

3. 균형추

엘리베이터 카(Car)의 무게를 보상하기 위하여 카 측과 반대편에 콘크리트 또는 주물로 만들어 균형을 유지하는 균형추를 설치

1) 균형추 역할

① 전동기에서 소비되는 동력에너지가 감소되어 에너지 절약(Energy-saving)을 할 수 있음
② 운전 및 제동 시 요구되는 힘이 작아짐
③ 로프의 수명 연장

2) 오버밸런스(Over Balance)율

① 균형추 무게 선정 시 카 정격하중의 가산비율을 오버밸런스율이라고 함
② 균형추의 총 중량은 카의 자중에 정격하중의 약 35~50%의 중량을 더한 값이 일반적

$$\text{균형추의 총 중량} = \text{카 자체하중} + (L \times F)$$

여기서, L : 정격하중(kg)
F : 오버밸런스율(35~50%)

3) 견인비(Traction Ratio)

$$\text{견인비} = \frac{\text{균형추 측 중량}}{\text{카 측 중량}}$$

① 권상기 시브를 기준으로 카 측 로프가 매달고 있는 중량과, 균형추 로프가 매달고 있는 중량의 비를 견인비 또는 트랙션비라고 함
② 전부하 시 또는 무부하 시, 카의 위치에 따라 견인비가 달라짐
③ 견인비가 낮게 선택되면 로프와 도르래 사이의 마찰력이 작아도 되며 로프의 수명 연장

4) 견인비 보상 방법

트랙션비를 보상하기 위해 균형체인 또는 균형 로프를 설치

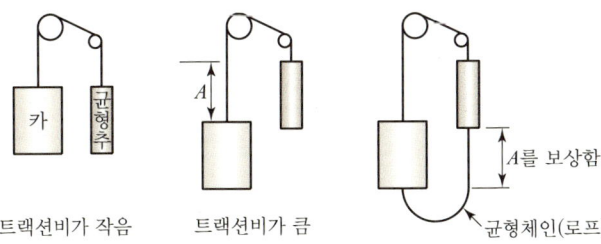

| 견인비 보상 방법 |

| 콘크리트 균형추 |

핵심문제 ★★★

균형추의 중량을 결정하는 계산식 중 올바른 것은?(단, L은 정격하중, F는 오버밸런스율)

① 균형추의 중량=카 자체하중×$(L \times F)$
② 균형추의 중량=카 자체하중+$(L + F)$
③ 균형추의 중량=카 자체하중+$(L - F)$
❹ 균형추의 중량=카 자체하중+$(L \times F)$

해설 균형추 중량
균형추의 총 중량=카 자체하중+$(L \times F)$
여기서, L : 정격하중(kg)
F : 오버밸런스율

핵심문제 ★★★

견인비(트랙션비, Traction Ratio) 보상 방법 중 바른 것은?

① 카 측 로프에 걸린 중량과 균형추 측 로프에 걸린 중량의 합을 말한다.
❷ 균형체인 및 로프를 설치해서 보상한다.
③ 카 측과 균형추 측의 중량 차이를 크게 한다.
④ 트랙션비가 작으면 전동기의 용량을 작게 할 수 있다.

해설 견인비 보상 방법
카 하부에서 균형체인(저속) 또는 균형 로프(고속)를 설치하여 보상

SECTION 07 카(Car)의 구조

핵심문제 ★★★
다음 중 카 틀의 구성요소가 아닌 것은?
① 카(Car)　❷ 층 선택기
③ 상부 체대　④ 브레이스 로드

해설 카 틀의 구성
카, 카주, 상/하부 체대, 브레이스 로드 등

1. 카 틀(Frame)의 구조

① 카(Car) : 승객이 탑승하거나 화물을 적재시키는 공간
② 카주 : 하부 프레임과 상부 체대를 연결하는 구조체
③ 상부 체대 : 카주 위에 프레임을 연결하여 로프에 하중을 전달하는 구조체
④ 하부 체대 : 카 바닥에서 카의 하중을 지탱하는 구조체
⑤ 브레이스 로드 : 카 바닥의 분포하중을 담당, 하중의 2/3를 분담

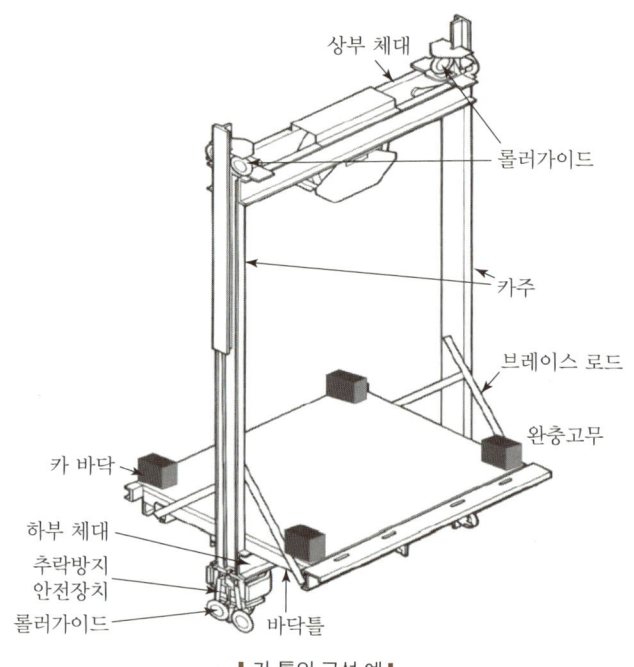

▎카 틀의 구성 예 ▎

핵심문제 ★★★
다음 중 카 실내 설비의 구성요소가 아닌 것은?
① 조작반　② 위치표시기
③ 비상구출구　❹ 도어머신

해설 카 실내 설비
• 조작반　• 위치표시기
• 조명등, 정전등　• 비상구출구 등

2. 카 실내 설비

엘리베이터 카(Car)의 내부에는 위치표시기, 명판, 인터폰, 운전조작반, 카 도어, 조명 등이 설치되어 있음

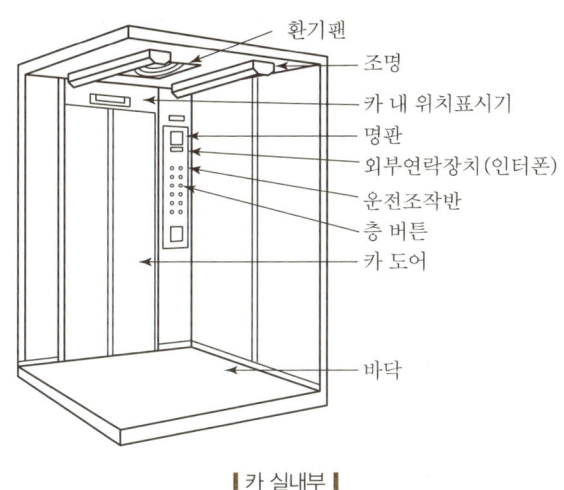

┃ 카 실내부 ┃

┃ 카 내부 운전조작반 ┃

3. 카 상부 구조

엘리베이터 카(Car)의 상부에는 착상 스위치함, 조명 전원, 상부 조작반, 도어 머신(도어 모터 + 도어 스위치) 등이 있음

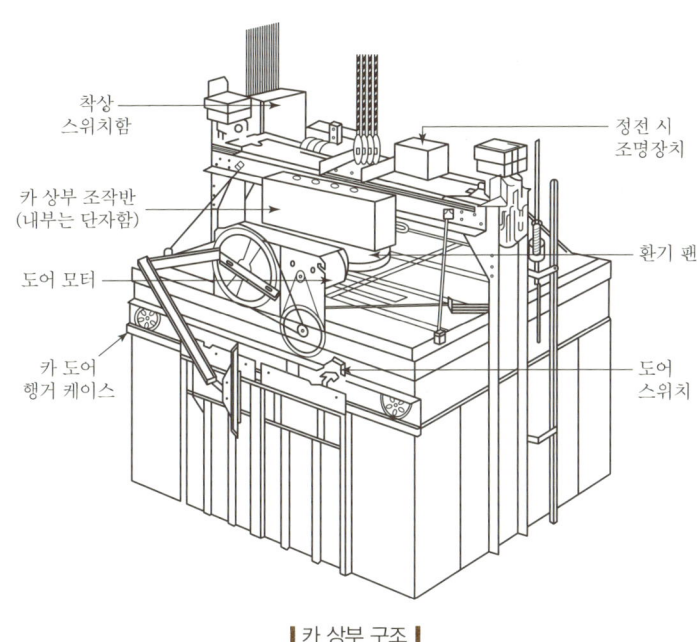

┃ 카 상부 구조 ┃

핵심문제 ★★★

다음 중 카 상부 설비의 구성요소가 아닌 것은?

① 카 상부 조작반
② 비상구출구
❸ 위치표시기
④ 착상 스위치함

해설 **카 상부 설비**
• 카 상부 조작반
• 착상 스위치함
• 조명등, 정전등
• 비상구출구 등

┃ 엘리베이터 카 상부 ┃

CHAPTER 03 승강기 도어 시스템, 승강로, 기계실

SECTION 01 승강기 도어 시스템

핵심문제 ★★★

다음 중 개폐 방식이 다른 것은?
① 1S ❷ 2P−CO
③ 3S ④ 2S

[해설] **도어 시스템의 종류**
- 중앙 개폐 방식 : CO(Center Open)
- 가로 개폐 방식 : S(Side Open)
- 상하 개폐 방식 : 2UP(DN)

1. 도어 시스템의 종류

1) **중앙 개폐(CO : Center Open)**
   ① 가운데서 양쪽으로 개폐되며 승객용에 주로 적용
   ② 종류 : 2P−CO, 4P−CO

2) **가로 개폐(S : Side Open)**
   ① 한쪽 끝에서 반대쪽으로 개폐되며 화물용 또는 병원(침대)용에 주로 적용
   ② 종류 : 1S, 2S, 3S

3) **상하 개폐**
   자동차용 또는 대형화물용 엘리베이터에 적용

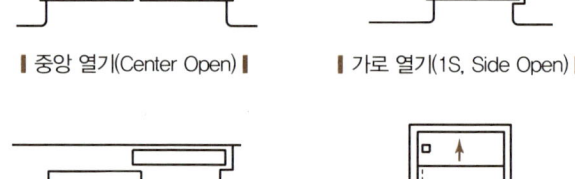

| 중앙 열기(Center Open) | 가로 열기(1S, Side Open) |
| 가로 열기(2S, Side Open) | 상하 열기(Vertical Sliding Type) |

≫ 도어 머신

승강기 카 상부에 설치되며 도어를 개폐시키는 장치

핵심문제 ★★★

도어 머신의 성능 요구조건이 아닌 것은?
❶ 동작이 원활하며 소음이 커야 한다.
② 카 상부에 설치하므로 소형 경량이어야 한다.
③ 보수가 용이해야 한다.
④ 가격이 저렴해야 한다.

[해설] **도어 머신 요구조건**
- 작은 소음   • 소형 경량
- 보수 용이   • 가격 저렴

2. 도어 머신의 요구조건

① 동작이 원활하며 소음이 작아야 함
② 카 상부에 설치하므로 소형 경량이어야 함
③ 동작이 엘리베이터 기동횟수의 2배로 많으므로 보수가 쉬워야 함
④ 가격이 저렴해야 함

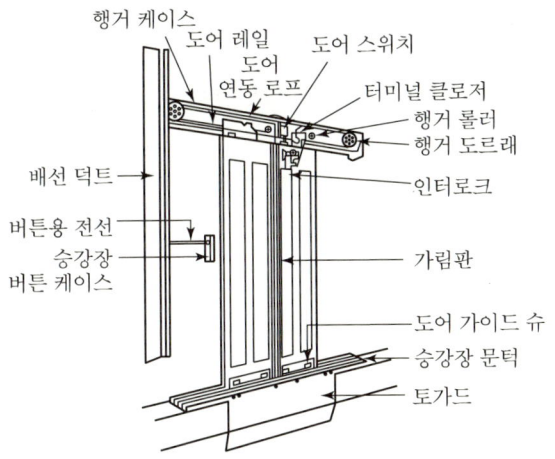
┃ 승강장 도어 구조 ┃

>>> 도어 행거

도어가 레일을 벗어나는 것을 방지하기 위해 설치

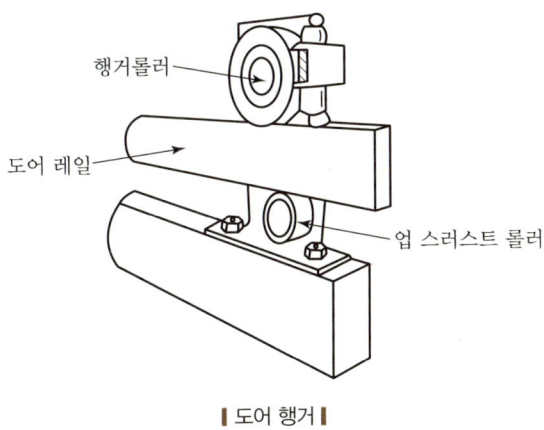
┃ 도어 행거 ┃

3. 도어 인터로크(Door Interlock)

도어 인터로크는 도어 로크와 도어 스위치로 구성

① **도어 로크(Door Lock)** : 카가 정지하지 않는 층의 도어는 전용 열쇠를 사용하지 않으면 열리지 않도록 하는 장치
② **도어 스위치(Door Switch)** : 승강장 문이 닫혀 있지 않으면 운전이 불가능하도록 하는 장치

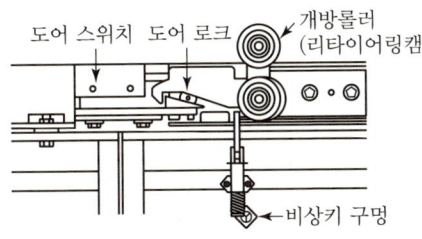
┃ 도어 인터로크 구성 ┃

핵심문제 ★★★

도어 인터로크의 설명으로 바르지 못한 것은?
① 도어 로크와 도어 스위치로 구성되어 있다.
② 도어 로크는 전용의 키로 열 수 있다.
❸ 승강장 도어의 개방을 방지한다.
④ 도어 스위치는 도어가 열려 있으면 운전을 불가능하도록 한다.

[해설] **도어 인터로크**
• 도어 로크+도어 스위치
• 승강장 도어가 열렸을 때는 카가 운행할 수 없으며 카가 정지하지 않는 층에서는 전용 열쇠가 없으면 외부에서 도어를 열 수 없도록 하는 장치

> **핵심문제** ★★★
>
> 승강장 문이 닫히지 않으면 운전이 불가능하도록 하는 것은?
>
> ① 도어 로크　❷ 도어 스위치
> ③ 도어 머신　④ 도어 인터로크

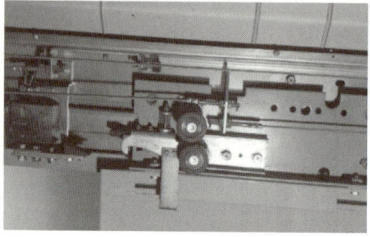
┃도어 인터로크┃

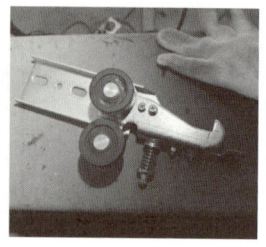
┃도어 로크┃

③ 도어 이탈방지장치 : 외부의 충격으로 인해 승강장 도어가 이탈하여 승객이 승강로로 추락하는 것을 방지하는 장치

┃도어 이탈방지장치┃

4. 도어 클로저(Door Closer)

① 승강장의 문이 열린 상태에서 모든 제약이 해제되면 자동적으로 닫히게 하여 문의 개방 상태에서 생기는 2차 재해를 방지하는 안전장치
② 추형과 스프링형이 있음

> **핵심문제** ★★★
>
> 카가 없을 때 승강장 문이 닫히게 하는 장치는?
>
> ① 도어 로크　② 도어 스위치
> ❸ 도어 클로저　④ 도어 인터로크
>
> **해설** 도어 클로저
> • 카가 없을 때는 승강장 문이 스스로 닫히게 하여 2차 재해를 방지
> • 추형, 스프링형

┃도어 클로저┃

5. 도어 안전장치(문닫힘 안전장치)

도어가 닫히는 순간에 승객이 출입하는 경우 충돌사고의 원인이 되므로 도어 끝단에 검출장치를 부착하여 도어를 반전시키는 장치

① 세이프티 슈(Safety Shoe) : 승강기 도어에 설치하여 사람이나 물체가 접촉하면 도어의 닫힘을 중지하여 도어를 반전시키는 접촉식 보호장치

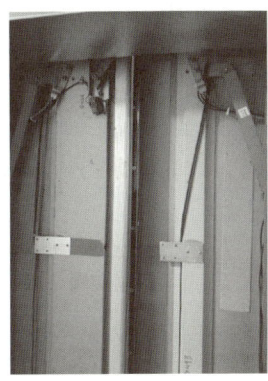 

| 세이프티 슈 |

② 세이프티 레이(Safety Ray) : 빛을 발사하는 발광부와 수광부가 있으며 중간에 빛을 차단하는 물체를 감지하여 검출하는 비접촉식 보호장치

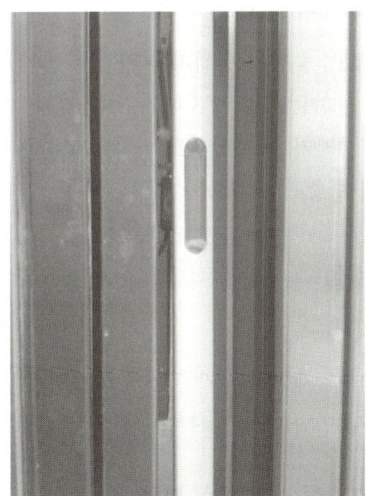

| 세이프티 레이 |

③ 초음파 센서 : 초음파의 감지 각도를 조절하여 카 쪽의 사람이나 화물을 검출하여 도어를 반전시키는 비접촉식 보호장치

핵심문제 ★★★

다음 중 문닫힘 안전장치가 아닌 것은?
① 세이프티 슈
② 세이프티 레이
③ 초음파 방식
❹ 도어 안전장치

해설 문닫힘 안전장치 종류
- 세이프티 슈 : 접촉식
- 세이프티 레이 : 광전식(비접촉식)
- 초음파 센서 : 초음파식(비접촉식)

SECTION 02 승강로와 기계실의 구조

1. 승강로

1) 개념
엘리베이터 카가 상하로 움직이는 공간 또는 통로

2) 승강로 내부장치
① 주행안내 레일
② 주 로프, 과속조절기 로프
③ 이동케이블
④ 리밋 스위치, 파이널 리밋 스위치
⑤ 균형추

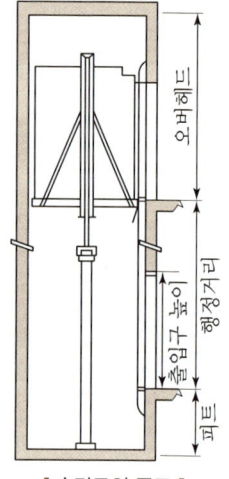

▮ 승강로의 구조 ▮

2. 승강로의 구비조건
① 주벽이나 개구부는 방화구조로 할 것
② 승강기와 관계없는 기계 배관 및 전선관 등을 설치하지 않을 것
③ 승강로 내에는 각 층을 나타내는 표기가 있을 것
④ 화재 시 승강로를 통해 연소확대가 되지 않을 것

3. 승강로의 꼭대기 틈새와 피트 깊이
① 꼭대기 틈새 : 승강기 점검자가 카 상부에서 운전 작업 시 승강로 천장에 충돌하는 것을 방지하기 위한 거리
② 피트 깊이 : 카가 사고로 피트 바닥에 추락 시 카를 안전하게 감속 및 정지하여 충격을 완화하기 위해 규정된 거리

4. 승강기 기계실

1) 개념
엘리베이터를 제어하는 각종 기계와 안전장치가 설치된 공간으로 일반인이 출입할 수 없도록 잠금장치를 설치해야 함

2) 승강기 기계실 설치장소 분류
① 기계실 상부 설치 : 오버헤드 머신 방식
② 기계실 중간 설치 : 사이드 머신 방식
③ 기계실 하부 설치 : 베이스먼트 방식
④ 기계실 없는 방식(MRL : Machine Room Less)

핵심문제 ★★★

다음 중 승강로 내부에 설치된 장치가 아닌 것은?
① 주행안내 레일
② 과속조절기 로프
③ 이동케이블
❹ 과속조절기

해설 승강로 내부장치
• 주행안내 레일 • 과속조절기 로프
• 균형추   • 이동케이블
• 리밋 스위치

핵심문제 ★★★

다음 중 승강로 구비조건이 아닌 것은?
① 방화구조로 할 것
② 각 층을 나타내는 표기가 있을 것
❸ 급수 및 기계배관을 설치할 것
④ 승강로를 통해 연소확대가 되지 않을 것

해설 승강로 구비조건
• 방화구조
• 승강기 관련 없는 설비 제외
• 각층 표시
• 연소확대 방지

핵심문제 ★★★

승강기 카 상부 점검자를 보호하기 위한 여유 거리는?
① 오버헤드
② 피트 깊이
❸ 꼭대기 틈새
④ 기계실 유효 높이

❚ MRL 적용 예 ❚

3) 구성

권상기, 전동기, 과속조절기, 제어반, 환기장치 등으로 구성

❚ 승강기 기계실 전경 ❚

핵심문제 ★★★

승강기 기계실의 조명 기준은?

① 100lx 이상
❷ 200lx 이상
③ 300lx 이상
④ 400lx 이상

[해설] 승강로 기계실 구비조건
- 내화 및 방화구조
- 유효 높이는 2.1m
- 200lx 이상
- 5~40℃
- 출입문 0.7m×1.8m 이상
- 잠금장치 설치
- 유지보수용 콘센트 설치

핵심문제 ★★★

승강기 기계실의 온도 기준은?

① −5~40℃ ❷ 5~40℃
③ 4~50℃   ④ 5~50℃

핵심문제 ★★★

승강기 기계실 작업공간의 유효 높이는?

① 1.5m 이상
② 1.8m 이상
❸ 2.1m 이상
④ 2.5m 이상

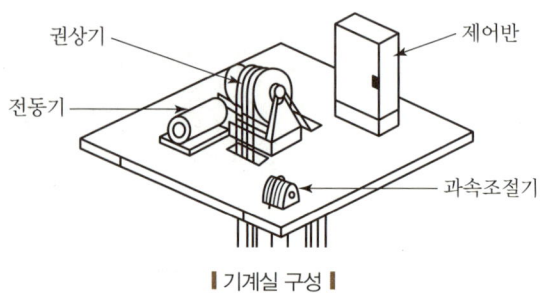

┃기계실 구성┃

5. 승강기 기계실의 구비조건

① 내화구조 또는 방화구조로 구획
② 작업구역에서의 유효 높이는 2.1m 이상
③ 바닥에서 200lx 이상을 비출 수 있는 영구적인 조명 설치
④ 기계실 온도는 5~40℃
⑤ 출입문 크기는 폭 0.7m 이상, 높이 1.8m 이상
⑥ 출입문은 외부로 열릴 것
⑦ 출입문은 잠금장치가 있을 것
⑧ 1개 이상의 유지보수용 콘센트가 있을 것

CHAPTER 04 승강기의 제어 방식

SECTION 01 승강기의 직류제어 방식

1. 워드 레오나드 방식(DC)

① 발전기의 계자 전류를 계자 저항으로 조절함으로써 발전기 전압을 변화시켜 모터 속도를 제어하는 방식(MG Set)
② 계자 회로에 계자 저항을 접속한 후 계자 전류를 제어해서 자속에 따른 전압제어를 수행

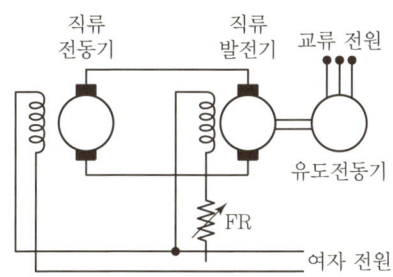

┃워드 레오나드 방식 회로┃

2. 정지 레오나드 방식(DC)

① 사이리스터(SCR)를 사용하여 교류를 직류로 변환시킴과 동시에 점호각을 제어함으로써 출력을 변환하는 방식
② 워드 레오나드 방식에 비해 손실이 적음
③ 보수가 비교적 간단

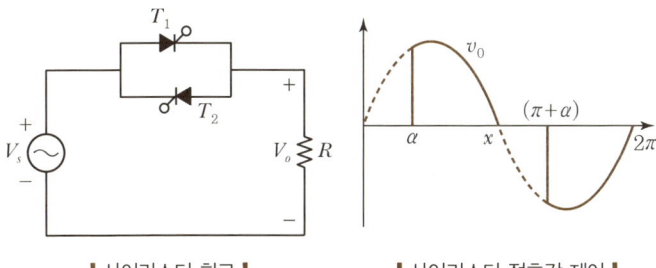

┃사이리스터 회로┃ ┃사이리스터 점호각 제어┃

핵심문제 ★★★

다음 중 승강기의 직류(DC)제어 방식은?

❶ 워드 레오나드 방식
② VVVF 제어 방식
③ 교류(AC) 1단 속도제어 방식
④ 교류(AC) 귀환 속도제어 방식

해설 승강기 직류제어 방식
• 워드 레오나드 방식
• 정지 레오나드 방식

핵심문제 ★★★

워드 레오나드 방식의 속도제어장치는?

❶ MG Set
② 사이리스터(SCR)
③ Feedback 제어
④ VVVF 인버터

핵심문제 ★★★

정지 레오나드 방식의 속도제어장치는?

① MG Set
❷ 사이리스터(SCR)
③ Feedback 제어
④ VVVF 인버터

SECTION 02 승강기의 교류제어 방식

핵심문제 ★★★

다음 중 승강기의 교류(AC)제어 방식은?

① 워드 레오나드 방식
② 정지 레오나드 방식
❸ VVVF 제어 방식
④ 정지제어 방식

[해설] 승강기 교류제어 방식
• 교류(AC) 1단 속도제어 방식
• 교류(AC) 2단 속도제어 방식
• 교류(AC) 귀환 속도제어 방식
• VVVF 제어 방식

>>> 피드백(Feedback) 제어

되먹임제어라고도 하며 제어를 위해 입력과 출력을 비교하는 장치

핵심문제 ★★★

되먹임제어를 하는 승강기의 교류(AC)제어 방식은?

① 워드 레오나드 방식
② 정지 레오나드 방식
③ 교류(AC) 1단 속도제어 방식
❹ 교류(AC) 귀환 속도제어 방식

1. 교류(AC) 1단 속도제어 방식

① 교류 단속도 모터에 전원을 공급하는 방식
② ON/OFF로 기동과 정속 운전
③ 정지 시 전원 차단 후 기계적 브레이크로 제동
④ 착상 오차가 큼
⑤ 저속 승강기 적용

2. 교류(AC) 2단 속도제어 방식

① 기동과 주행은 고속 권선으로 운전하고 감속과 착상은 저속 권선으로 운전하는 방식
② 교류 1단 속도제어 방식보다 착상 오차가 작음

3. 교류(AC) 귀환 속도제어 방식

① 피드백(Feedback) 제어에 의해 카(Car)의 지령 속도와 실제 속도를 비교하여 사이리스터(SCR)의 점호각을 제어
② 지령 속도에 따라 정확하게 제어
③ 승객의 승차감 및 착상 정확도가 교류 1 · 2단 제어 방식에 비해 우수

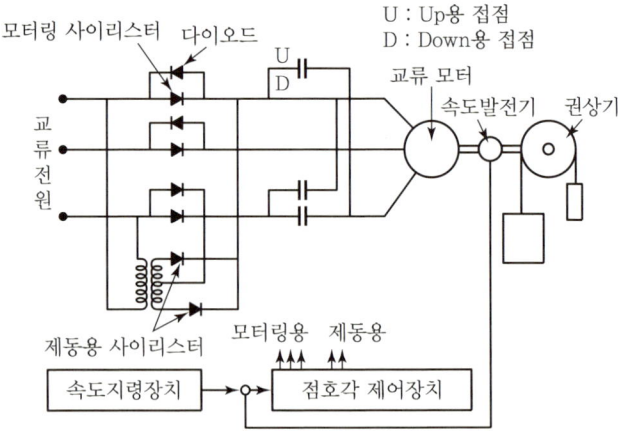

| 교류 귀환 속도제어 회로 |

4. VVVF(Variable Voltage Variable Frequency) 제어 방식

① 전동기에 인가되는 전압(V)과 주파수(F)를 동시에 변환시켜 속도를 제어
② 회생 전력을 발생시켜 에너지 절감
③ 승강기의 승차감과 성능이 크게 향상
④ 일반적으로 승강기에 인버터 제어 방식을 적용
⑤ 에너지 절약계획서 의무사항

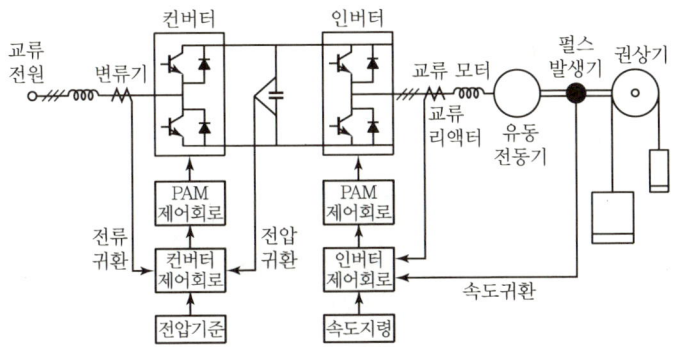

┃가변 전압, 가변 주파수 제어회로┃

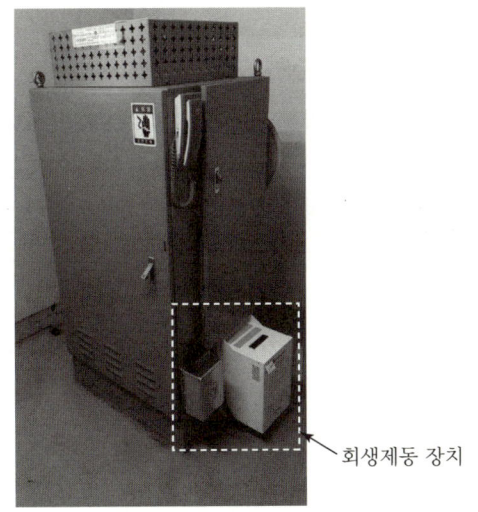

┃승강기 제어반 회생제동 장치┃

핵심문제 ★★★

VVVF 제어방식에 대한 설명으로 틀린 것은?

① 전동기에 인가되는 전압(V)과 주파수(F)를 동시에 변환시켜 속도를 제어
② 회생 전력을 발생시켜 에너지 절감
❸ 저속 승강기에만 적용 가능
④ 일반적으로 승강기에 인버터 제어 방식을 적용

해설 VVVF 제어방식
• 전압과 주파수를 동시에 제어
• 회생 전력 발생
• 승강기 성능이 좋음

CHAPTER 05 승강기의 안전 및 기타 장치

SECTION 01 승강기의 안전장치

핵심문제 ★★★

과부하 감지장치의 설명으로 옳지 못한 것은?

① 승강기 카에 과부하 발생 시 운행을 정지하는 장치이다.
② 정격하중의 10%(최소 75kg)를 초과하기 전에 과부하가 검출된다.
❸ 카가 운행 시 과부하 감지장치는 정상 동작해야 한다.
④ 과부하 발생 시 음향 및 시각신호에 의해 승객에게 알린다.

[해설] **과부하 감지장치**
- 정격하중의 10%(최소 75kg) 검출
- 운행 시 무효화
- 시각 및 음향으로 경보

1. 과부하 감지장치

① 승강기 카에 과부하 발생 시 운행을 정지하는 장치
② 정격하중의 10%(최소 75kg)를 초과하기 전에 과부하 검출
③ 카 운행 시 과부하 감지장치는 무효화되어야 함
④ 과부하 발생 시 음향 및 시각신호에 의해 승객에게 알림

▎과부하 감지장치 모듈 ▎

2. 슬로 다운 스위치(SDS)

① 승강기 카가 이상 원인으로 최상 및 최하 착상층에서 감속하지 못하고 지나칠 경우 검출하여 카를 감속 정지시키는 장치
② 승강기 카 주행 방향 기준으로 리밋 스위치 전에 설치

3. 리밋 스위치(LS)

① 엘리베이터 운행 시 승강로 최상 또는 최하층을 지나쳐 상하부 충돌하는 것을 방지하기 위해 설치
② 리밋 스위치 접촉 시 접점의 신호로 카를 정지
③ 승강기 프레임의 검출부가 리밋 스위치 접점에 접촉하면 접점이 동작하는 기계식 센서

▎리밋 스위치 ▎

4. 파이널 리밋 스위치(FLS)

① 리밋 스위치 고장 시 카가 승강로 최상 또는 최하층을 지나쳐 상하부에 충돌하는 것을 방지하기 위해 설치
② 카의 주행 방향 기준으로 리밋 스위치 후단에 설치
③ 하부 리밋 스위치는 카가 완충기에 충돌하기 전에 검출해야 함

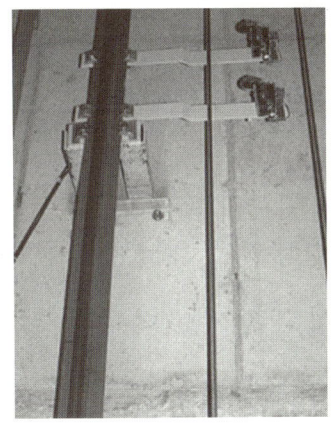
┃상부 리밋 스위치┃

┃하부 리밋 스위치┃

5. 피트 정지 스위치

① 피트 내부로 보수점검 및 검사를 하기 위하여 들어가기 전에 피트 정지 스위치 위치를 정지에 둠으로써 작업 중 카가 움직이는 것을 방지
② 승강기의 전동기 및 제동기에 전력 차단
③ 수동조작장치

┃피트 정지 스위치┃

핵심문제 ★★★

파이널 리밋 스위치의 설명으로 옳지 못한 것은?

① 카가 승강로 최상 또는 최하층을 지나쳐 상하부 충돌을 방지하기 위해 설치한다.
❷ 카의 주행 방향 기준으로 리밋 스위치 전단에 설치한다.
③ 하부 리밋 스위치는 카가 완충기에 충돌하기 전에 검출한다.
④ 카의 주행 방향 기준으로 리밋 스위치 후단에 설치한다.

해설 파이널 리밋 스위치
• 완충기 충돌 전 카를 정지
• 리밋 스위치 후단 설치

핵심문제 ★★★

카가 최상 및 최하층 충돌방지를 위해 주행 방향 기준 리밋 스위치 후단에 설치하는 것은?

① 슬로 다운 스위치
② 리밋 스위치
❸ 파이널 리밋 스위치
④ 파킹 스위치

해설 파이널 리밋 스위치
리밋 스위치 고장 등의 원인으로 카가 승강로 상·하부에 충돌하는 것을 방지하기 위해 설치하며 카의 주행 방향 기준으로는 리밋 스위치 후단에 설치

핵심문제 ★★★

피트 정지 스위치의 설명으로 옳지 못한 것은?

① 피트 내부로 보수점검 및 검사를 위하여 사용된다.
② 승강기의 전동기에 전력이 차단된다.
❸ 수동 및 자동으로 동작이 가능하다.
④ 승강기의 제동기에 전력이 차단된다.

해설 피트 정지 스위치
피트 작업 전 수동 조작

6. 로프 이완 감지장치

로프의 장력을 검출하여 이완된 경우 동력을 차단하는 장치

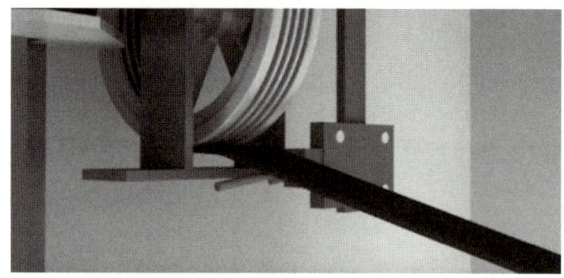

| 로프 이완 감지장치 |

7. 파킹(Parking) 스위치

① 주기적인 점검 시 카를 지정된 층으로 이동시키고 카의 정상운전 장치는 무효화해야 함
② 파킹 스위치는 승강장, 관리실, 경비실 등에 설치

> **핵심문제** ★★★
> 로프의 장력을 검출하여 동력을 차단하는 것은?
> ① 슬로 다운 스위치
> ❷ 로프 이완 감지장치
> ③ 파이널 리밋 스위치
> ④ 파킹 스위치

SECTION 02 승강기의 기타 장치

1. 비상등

① 카에는 자동으로 재충전되는 비상전원공급장치에 의해 5lx 이상의 조도로 1시간 동안 전원이 공급되는 비상등이 있어야 함
② 정상 조명 전원이 차단되면 즉시 자동으로 점등되어야 함
③ 비상등은 다음과 같은 장소에 조명
 ㉠ 카 내부 및 카 지붕에 있는 비상통화장치의 작동 버튼
 ㉡ 카 바닥의 1m 지점의 카 중심부(승객용)
 ㉢ 카 지붕 바닥의 1m 지점의 카 지붕 중심부(유지보수용)

2. 비상전원

① 정전 시 60초 이내에 엘리베이터 운행에 필요한 전력을 발생시킬 것
② 2시간 이상 운행시킬 수 있어야 함

> **핵심문제** ★★★
> 승강기 비상등의 설명으로 바르지 못한 것은?
> ❶ 2lx 이상의 조도로 1시간 동안 전원이 공급된다.
> ② 정상 조명 전원이 차단되면 즉시 자동으로 점등되어야 한다.
> ③ 카 내부 및 카 지붕에 있는 비상통화장치의 작동 버튼을 조명한다.
> ④ 카 바닥의 1m 지점의 카 중심부를 조명한다.
>
> **해설** 비상등
> • 5lx 이상, 1시간
> • 정전 시 자동조명

3. BGM(Back Ground Music)

   승강기 카 내부에 음악을 방송하기 위한 장치

4. 인터폰

   ① 비상시(승강기 고장, 화재 등)에 카 내부에서 외부로 연결하는 통신장치
   ② 상용전원 및 비상전원이 필요
   ③ 카 내부에서 관리실, 경비실, 기계실과 통화가 가능할 것

5. 위치표시기

   ① 승강장이나 카 내에서 현재 카의 위치를 알게 해주는 장치
   ② 디지털식이나 램프 점멸식 사용

6. 홀 랜턴

   ① 승강장에서 여러 대의 엘리베이터 중에서 곧 도착 예정인 엘리베이터를 표시
   ② 카의 도착을 예보함과 동시에 도착 후 운전 방향도 표시

7. 각 층 강제 운전장치

   ① 카가 목표 층까지 이동할 때 층마다 정지하며 이동
   ② 범죄 예방 운전 방식

핵심문제 ★★★

정전 시 승강기 비상전원은 몇 초 이내에 공급해야 하는가?

① 30초 ② 50초
❸ 60초 ④ 90초

[해설] 비상전원
• 정전 시 60초 이내
• 2시간 이상 공급

핵심문제 ★★★

정전 시 비상전원은 승강기에 몇 시간 동안 공급을 해야 하는가?

① 30분 ② 1시간
❸ 2시간 ④ 3시간

핵심문제 ★★★

비상시 카 외부로 통신하는 장치는?

❶ 인터폰 ② 위치표시기
③ 홀 랜턴 ④ BGM

핵심문제 ★★★

승강장 및 카 내부에서 층을 표시하는 장치는?

① 인터폰 ❷ 위치표시기
③ 홀 랜턴 ④ BGM

핵심문제 ★★★

군 관리 방식 적용 시 승강장에서 카의 운전 방향을 나타내는 것은?

① 인터폰 ② 위치표시기
❸ 홀 랜턴 ④ BGM

CHAPTER 06 유압식 승강기

SECTION 01 유압식 승강기 개념

1. 유압식 승강기의 구조 및 원리

유압식 승강기는 유압 파워 유닛 내 유압 펌프에서 토출된 작동유를 실린더로 보내 플런저를 동작시켜 카를 작동시킴

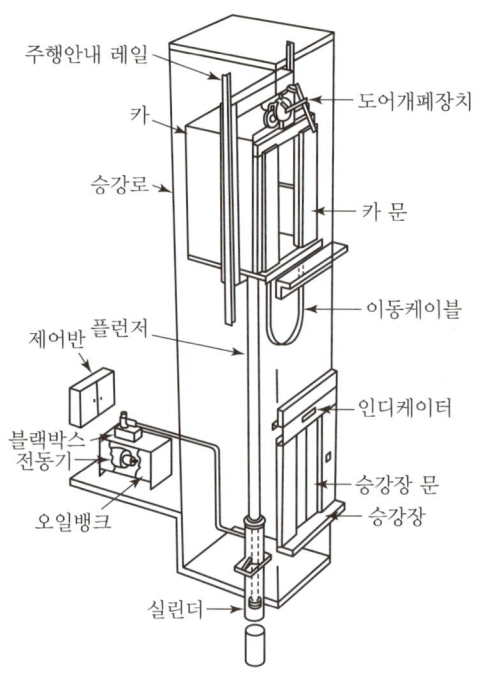

▎유압식 엘리베이터 구조▕

2. 유압식 승강기의 특징

1) 장점

① 기계실의 배치가 자유로움
② 하부 기계실 설치 시 건물 상부에 하중이 걸리지 않음
③ 승강로 상부의 꼭대기 틈새가 작아도 됨

2) 단점

① 기계식 실린더를 사용하기 때문에 행정거리 한정
② 속도가 비교적 느림

핵심문제 ★★★

유압식 승강기 특징이 아닌 것은?
① 기계실 배치가 비교적 자유롭다.
② 건물 상부 하중이 줄어든다.
③ 행정거리가 한정된다.
❹ 속도가 비교적 빠르다.

해설 유압식 승강기의 특징
• 기계실 배치 자유로움
• 건물 상부 하중이 없음
• 행정거리 한정
• 속도가 느림

3. 유압식 승강기의 종류

1) 직접식 유압 승강기

① 플런저 상부에 카를 설치해서 승강시킴
② 추락방지안전장치가 필요하지 않음
③ 지중에 실린더를 매설하므로 보호관 필요
④ 승강로 면적이 작음
⑤ 부하에 의한 카 바닥 빠짐이 적음

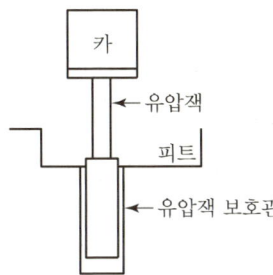

| 직접식 유압 승강기 |

2) 간접식 유압 승강기

① 플런저에 도르래를 설치하고 로프를 이용해 승강시킴
② 로프를 사용하므로 추락방지안전장치가 필요
③ 실린더가 노출되므로 보호관이 필요하지 않음
④ 실린더 노출로 승강로 면적이 증가
⑤ 부하에 의한 카 바닥 빠짐이 많음

| 간접식 유압 승강기 실린더 |

핵심문제 ★★★

유압식 승강기 종류가 아닌 것은?
① 직접식 유압 승강기
② 간접식 유압 승강기
③ 팬터그래프식 유압 승강기
❹ 사이드식 유압 승강기

해설 유압식 승강기의 종류
• 직접식 유압 승강기
• 간접식 유압 승강기
• 팬터그래프식 유압 승강기

핵심문제 ★★★

직접식 유압 승강기의 특징이 아닌 것은?
① 플런저 상부에 카를 설치해서 승강시킨다.
❷ 추락방지안전장치가 필요하다.
③ 지중에 실린더를 매설하므로 보호관이 필요하다.
④ 부하에 의한 카 바닥 빠짐이 적다.

해설 직접식 유압 승강기의 특징
• 플런저 상부에 카를 설치
• 추락방지안전장치 불필요
• 실린더 보호관 필요
• 승강로 면적 작음
• 카 바닥 빠짐이 적음

핵심문제 ★★★

간접식 유압 승강기의 특징이 아닌 것은?
① 부하에 의한 카 바닥 빠짐이 많다.
② 실린더 노출로 승강로 면적이 증가한다.
❸ 지중에 실린더를 매설하므로 보호관이 필요하다.
④ 플런저에 도르래를 설치하고 로프를 이용해 승강시킨다.

해설 간접식 유압 승강기의 특징
• 플런저에 도르래 설치 후 로프 이용
• 추락방지안전장치 필요
• 실린더 보호관 불필요
• 승강로 면적 큼
• 카 바닥 빠짐이 많음

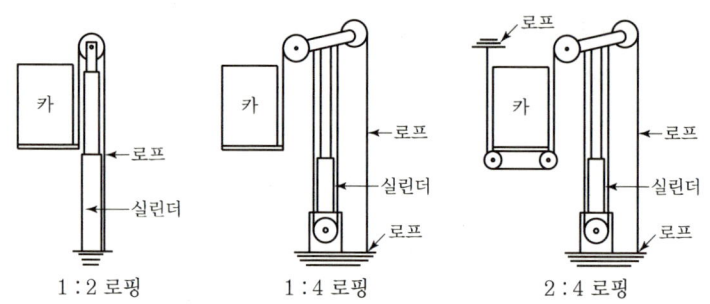

┃ 간접식 유압 승강기 ┃

3) 직접식 · 간접식 유압 승강기의 비교

구분	직접식	간접식
추락방지안전장치	불필요	필요
보호관	필요(지중시설)	불필요
실린더 점검	어려움(지중시설)	쉬움
승강로 면적	작음(지중시설)	큼
부하에 의한 카 바닥 빠짐	적음	많음

4) 팬터그래프식 유압 승강기
① 팬터그래프의 상부에 카를 설치하여 승강시킴
② 유압실린더에 의해 팬터그래프를 동작시킴
③ 공장 및 창고의 작업용으로 사용

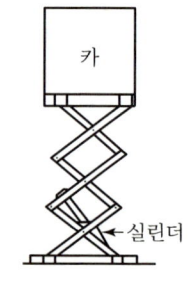

┃ 팬터그래프식 유압 승강기 ┃

핵심문제 ★★★

추락방지안전장치가 필요한 유압식 승강기는?

① 직접식 유압 승강기
❷ 간접식 유압 승강기
③ 팬터그래프식 유압 승강기
④ 사이드식 유압 승강기

SECTION 02 유압회로 구성요소

1. 유압 파워 유닛(Power Unit)

① 유압 엘리베이터에서 유압 펌프, 전동기, 오일탱크, 제어반, 밸브류 등을 하나의 패키지로 만든 것
② 압력배관이나 고압 고무호스를 이용하여 작동유를 실린더로 이송시키거나 제어 후 남은 오일은 탱크로 되돌림

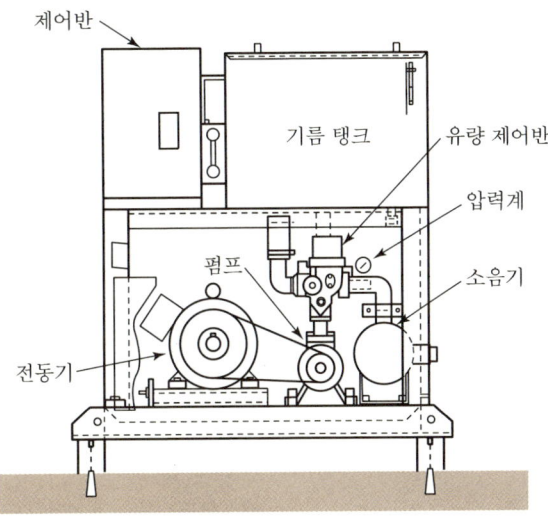

┃유압 파워 유닛의 구성┃

> **핵심문제** ★★★
>
> 유압 파워 유닛 구성이 아닌 것은?
> ① 유압 펌프   ② 전동기
> ❸ 실린더   ④ 제어반
>
> **해설** 유압 파워 유닛
> 유압 펌프, 전동기, 오일탱크, 제어반, 밸브류 등을 하나의 패키지로 만든 것

┃유압 파워 유닛┃

┃유닛 상부┃

> **핵심문제** ★★★
> 유압 펌프 중 많이 사용되는 것은?
> ① 기어 펌프 ② 베인 펌프
> ❸ 스크루 펌프 ④ 파워 펌프
>
> [해설]
> 맥동이 작고 진동과 소음이 작은 스크루 펌프를 많이 사용

2. 유압 펌프(Pump)

① 액체 또는 기체를 높은 압력으로 이송시키는 장치
② 종류 : 기어 펌프, 베인 펌프, 스크루 펌프
③ 맥동이 작고 진동과 소음이 작은 스크루 펌프를 많이 사용

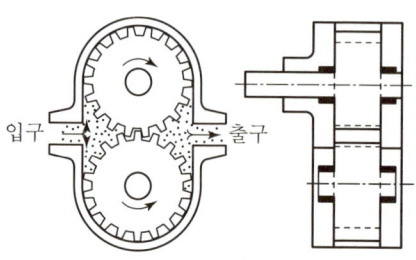

(a) 기어 펌프

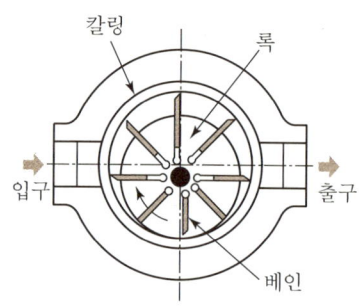

(b) 베인 펌프

(c) 스크루 펌프

｜ 강제 송유식 펌프의 종류 ｜

3. 실린더와 플런저

1) 실린더

① 오일을 밀폐한 원통용기
② 실린더는 카의 행정길이에 여유길이를 더한 길이어야 함
③ 실린더의 상부에는 패킹을 설치하여 작동유의 유출을 방지

④ 더스트 와이퍼(Dust Wiper) 설치로 실린더 내 이물질 유입을 방지

2) 플런저
① 이음매가 없는 탄소강 사용
② 총 하중이 크면 클수록 그 단면은 커짐
③ 플런저의 이탈을 막기 위해 한쪽 끝단에 스토퍼 설치

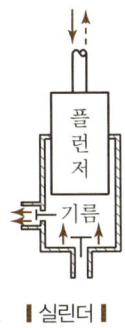

∎ 실린더 ∎

4. 유압 밸브

1) 스톱(차단) 밸브
① 실린더의 기름이 파워 유닛으로 역류하는 것을 방지
② 유압 파워 유닛의 보수, 점검 시 사용
③ 파워 유닛과 실린더 사이의 압력 배관에 설치
④ 게이트 밸브라고도 함

2) 체크 밸브(Check Valve)
① 작동유가 한쪽 방향으로 흐르게 하며 역류를 방지
② 카의 상승 방향으로는 흐르나 역 방향으로는 흐르지 못함
③ 정전 또는 기타 사고로 펌프의 작동유 압력이 낮아져 역류 방지
④ 동작 시 정격하중을 실은 카가 정지해야 함
⑤ 스윙타입의 밸브 적용

3) 릴리프 밸브(Relief Valve)
① 압력배관을 보호하기 위해 압력을 제한하는 밸브
② 압력이 상용압력의 125% 이상 상승하면 바이패스(Bypass) 회로를 열어 기름을 탱크로 돌려보내 추가 압력상승을 방지
③ 전 부하 압력의 140%까지 제한

핵심문제 ★★★

유압식 승강기 유지보수 시 사용되는 밸브는?
❶ 스톱 밸브 ② 럽처 밸브
③ 체크 밸브 ④ 유량제어 밸브

해설 **스톱(차단) 밸브**
• 유압식 승강기 유지보수 시 사용
• 작동유 역류방지
• 게이트 밸브

핵심문제 ★★★

릴리프 밸브의 설명으로 바른 것은?
① 유량을 조절하고 정지시키는 밸브
❷ 상용압력 이상으로 압력이 계속 높아질 때 폭발을 방지하는 안전 밸브
③ 기름을 통과시키거나 방향을 바꾸는 밸브
④ 유압 모터가 실린더의 움직이는 속도를 바꾸는 밸브

해설 **릴리프 밸브**
• 상용압력의 125% 동작
• 압력회로 압력상승 방지
• 전 부하압력의 140% 제한

핵심문제 ★★★

릴리프 밸브의 동작 압력으로 바른 것은?
① 115% ❷ 125%
③ 135% ④ 140%

핵심문제 ★★★
럽처 밸브의 설명으로 옳은 것은?
① 실린더에 이물질이 들어가는 것을 방지
❷ 압력배관 파손 시 하강하는 정격하중의 카를 정지
③ 하강 시 탱크로 되돌아오는 유량을 제어
④ 작동유가 한쪽 방향으로 흐르게 하며 역류를 방지

해설 럽처 밸브
- 압력배관 파손 시 카를 정지
- 실린더 측 설치

핵심문제 ★★★
유압식 승강기 정전 시 카를 이동시킬 수 있는 장치는?
① 스톱 밸브
② 럽처 밸브
③ 체크 밸브
❹ 하강용 유량제어 밸브

핵심문제 ★★★
실린더에 이물질이 들어가는 것을 방지하며 펌프 흡입 측에 설치하는 장치는?
① 라인필터　② 럽처 밸브
③ 체크 밸브　❹ 스트레이너

해설 이물질 유입 방지 장치
- 펌프 흡입 측 : 스트레이너
- 압력배관 : 라인필터

핵심문제 ★★★
작동유의 압력맥동을 감소시켜 소음과 진동을 저감하는 장치는?
① 스톱 밸브　② 럽처 밸브
❸ 사일런서　④ 스트레이너

4) 럽처 밸브(Rupture Valve)
① 압력배관 파손 시 하강하는 정격하중의 카를 정지시키고 정지 상태를 유지해야 함
② 실리더 측에 설치

5) 하강용 유량제어 밸브
① 하강 시 탱크로 되돌아오는 유량을 제어
② 정전 또는 기타 원인으로 카가 층 중간에 정지된 경우에 수동으로 밸브를 열어 카를 하강시킴

6) 스트레이너, 라인필터
① 실린더에 이물질이 들어가는 것을 방지
② 탱크와 펌프 사이의 회로에 설치
③ 일반적으로 펌프의 흡입 측에 스트레이너, 배관 중간에 라인필터를 설치

7) 사일런서(Silencer)
작동유의 압력 맥동을 흡수하여 진동·소음을 감소시키는 역할

SECTION 03 유압식 승강기 속도제어

1. 유량제어 밸브를 이용한 속도제어

① 펌프에서 발생한 작동유를 유량제어 밸브로 직접 또는 간접으로 제어
② 유량 제어 시 남는 작동유를 탱크로 돌려보낸다.
③ 제어 방식은 미터인 회로, 블리드오프 회로가 있음

2. 미터인 회로

① 유량제어 밸브를 주 회로에 직접 삽입하여 유량을 제어
② 직접 제어하기 때문에 정확한 속도제어가 가능
③ 효율이 낮음

3. 블리드오프 회로

① 유량제어 밸브를 주 회로에서 분기된 바이패스(Bypass) 회로에 삽입
② 바이패스(Bypass)를 통한 작동유는 탱크로 이동
③ 부하에 필요한 압력 이상의 압력을 발생시킬 필요가 없어 효율이 높음
④ 정확한 속도제어가 어려움

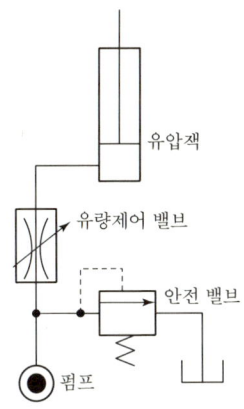

| 미터인(Meter-in) 회로 |

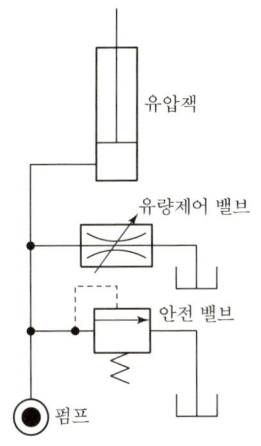

| 블리드오프(Bleed-off) 회로 |

▼ 미터인 회로와 블리드오프 회로의 비교

구분	미터인	블리드오프
유량제어	직접제어	간접제어
속도제어	정확함	정확하지 않음
효율	낮음	높음

핵심문제 ★★★

유압식 승강기의 배관 도중에 직접 설치하여 속도를 제어하는 것은?

❶ 미터인 회로
② 블리드오프 회로
③ VVVF 제어
④ 전압 적접제어

해설 미터인 회로
• 유량제어 밸브 직접 설치
• 유량 직접제어
• 정확한 속도제어 가능
• 효율이 낮음

핵심문제 ★★★

미터인 회로의 설명으로 바르지 못한 것은?

① 유량제어 밸브를 주 회로에 직접 삽입하여 유량을 제어한다.
② 직접 제어하기 때문에 정확한 속도제어가 가능하다.
③ 효율이 낮다.
❹ 정확한 속도제어가 어렵다.

핵심문제 ★★★

블리드오프 회로의 설명으로 바르지 못한 것은?

① 유량제어 밸브를 주 회로에서 분기된 바이패스(Bypass) 회로에 삽입한다.
② 바이패스(Bypass)를 통한 작동유는 탱크로 이동한다.
③ 정확한 속도제어가 어렵다.
❹ 효율이 낮다.

해설 블리드오프 회로
• 유량제어 밸브 간접 설치
• 유량 간접제어
• 정확한 속도제어 불가
• 효율이 높음

CHAPTER 07 에스컬레이터

SECTION 01 에스컬레이터의 구조 및 분류

1. 에스컬레이터의 구조

철골구조의 트러스를 상하층 바닥에 설치하고 일정한 간격을 두고 스텝을 부착하여 스텝체인 구동으로 스텝을 순환시켜 사람을 이동시키는 수단

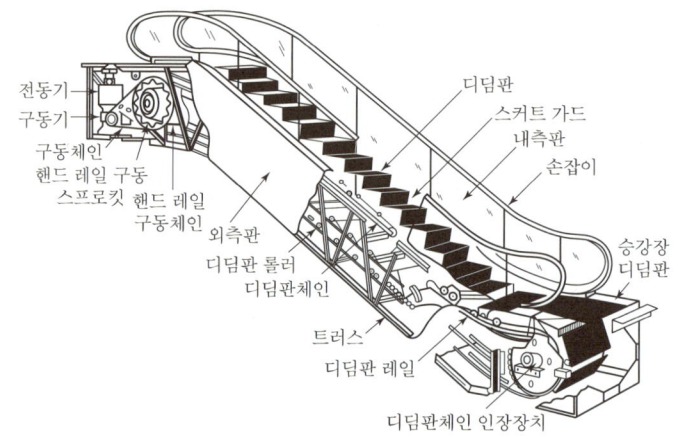

┃에스컬레이터┃

1) 구동기(Driving Machine(Unit))

① 에스컬레이터 전동기, 제동기, 감속기 일체형의 장치
② 스텝과 손잡이를 연동하여 구동
③ 역회전 방지를 위해 감속기 사용
④ 감속기 종류는 웜 기어 또는 헬리컬 기어를 사용
⑤ 전동기 용량

$$P = \frac{G \cdot V \cdot \sin\theta}{6{,}120 \cdot \eta} \times \beta \,[\text{kW}]$$

여기서, P : 전동기 용량(kW)
G : 적재하중(kg)
V : 속도(m/min)
θ : 경사각(°)
η : 에스컬레이터 총 효율
β : 승객 승입률(일반적으로 0.85)

핵심문제 ★★★

에스컬레이터 구동기의 설명으로 틀린 것은?

① 전동기, 제동기, 감속기 일체형의 장치
❷ 스텝과 손잡이를 별도로 구동
③ 역회전 방지를 위해 감속기 사용
④ 감속기 종류는 웜 기어 또는 헬리컬 기어를 사용

2) 스텝(Step)
① 발판과 라이저(Riser)를 조합한 구조
② 사람을 이동시키는 계단의 유닛을 말함
③ 스텝면 둘레에 황색의 주의선(Demarcation Mark)을 표시

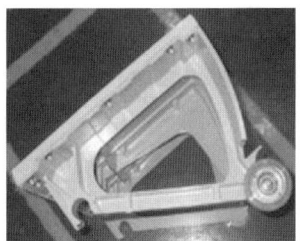
┃스텝┃

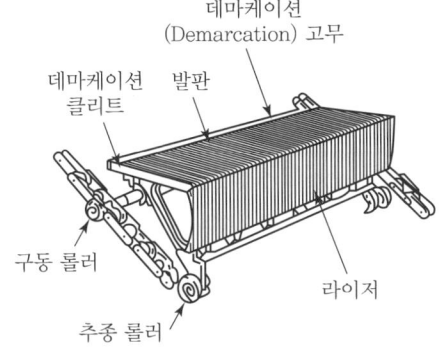
┃스텝의 구성┃

┃스텝체인┃

3) 스텝체인(Step Chain)
① 에스컬레이터의 좌우에 설치
② 스텝을 이송시키는 장치

4) 제어반
① 에스컬레이터 운전을 위한 장치
② 차단기, 릴레이, 전자접촉기, 제어회로 등으로 구성

┃체인 구동기┃

5) 손잡이
① 에스컬레이터 난간 위에 설치되며 승객이 잡고 이동
② 스텝의 이동속도와 손잡이의 이동속도는 같아야 함

6) 트러스
에스컬레이터 철골구조 프레임으로 상하층에 걸쳐 설치

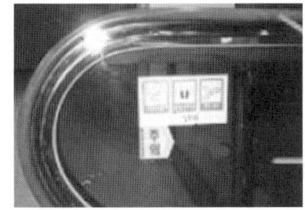
┃손잡이┃

7) 스커트 가드
에스컬레이터 내측 스텝에 인접한 부분으로 스테인리스 판으로 제작

8) 콤
에스컬레이터 스텝이 홈에 맞물리는 각 승강장의 갈라진 부분

┃에스컬레이터 콤 및 클리트┃

9) 클리트
에스컬레이터 스텝면에 만들어져 있는 홈

핵심문제 ★★★

에스컬레이터 특징이 아닌 것은?

① 대기시간이 거의 없고 엘리베이터에 비해 약 10배의 연속수송이 가능하다.
② 점유면적이 작다.
❸ 기계실로 별도의 공간이 필요하다.
④ 부하 전류의 변화가 작아 전원 설비 부담이 비교적 작다.

해설 에스컬레이터의 특징
• 대기시간이 짧음
• 점유면적이 작음
• 기계실이 필요 없음
• 부하전류가 비교적 일정

핵심문제 ★★★

에스컬레이터 난간 폭의 분류로 바른 것은?

❶ 800형   ② 900형
③ 1,000형   ④ 1,100형

해설 난간 폭에 의한 분류
• 800형 : 6,000명/h
• 1,200형 : 9,000명/h

핵심문제 ★★★

에스컬레이터 난간 폭 1,200형의 시간당 수송 인원은?

① 6,000명/h   ② 7,000명/h
③ 8,000명/h   ❹ 9,000명/h

핵심문제 ★★★

에스컬레이터 경사도가 30° 이하일 때 속도로 바른 것은?

❶ 0.75m/s 이하
② 0.8m/s 이하
③ 0.9m/s 이하
④ 1.0m/s 이하

해설 경사도에 따른 속도
• 30° 이하 : 0.75m/s 이하
• 30° 초과 35° 이하 : 0.5m/s 이하

2. 에스컬레이터의 특징

① 대기시간이 거의 없고 엘리베이터에 비해 약 10배의 연속수송 가능
② 점유면적이 작음
③ 별도의 기계실 공간이 필요 없음
④ 부하 전류의 변화가 작아 전원 설비 부담이 비교적 작음

3. 에스컬레이터의 분류

1) 난간 폭에 의한 분류

① 난간 폭 800형 : 수송능력 6,000명/h
② 난간 폭 1,200형 : 수송능력 9,000명/h

2) 경사도와 속도에 따른 분류

경사도	공칭속도
30° 이하	0.75m/s 이하
30° 초과 35° 이하	0.5m/s 이하

4. 에스컬레이터 배열의 종류

구분	복열 승계형	교차 승계형
특징	• 교통이 연속됨 • 승객의 시야가 넓어짐 • 승강구 찾기가 용이 • 외관이 화려함 • 대형 백화점에 적합	• 교통이 연속됨 • 승객의 시야가 좁음 • 승강구 찾기가 어려움 • 대형 백화점에 적합

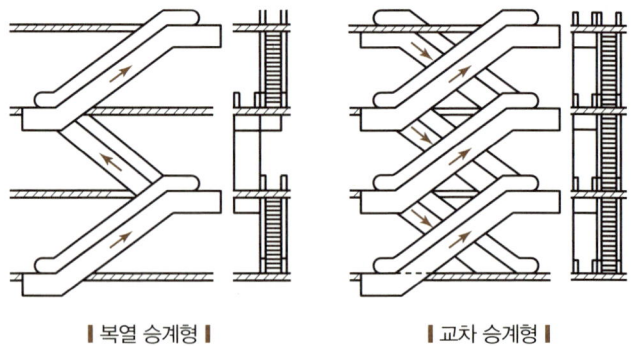

| 복열 승계형 | | 교차 승계형 |

5. 수평 보행기(무빙워크)

① 공항이나 지하철에서 이동거리가 긴 통로에 설치하며 승객의 보행을 돕는 목적으로 설치
② 금속제 스텝과 고무 벨트 스텝을 적용
③ 경사도 12° 이하 공칭속도 0.75m/s 이하로 설치

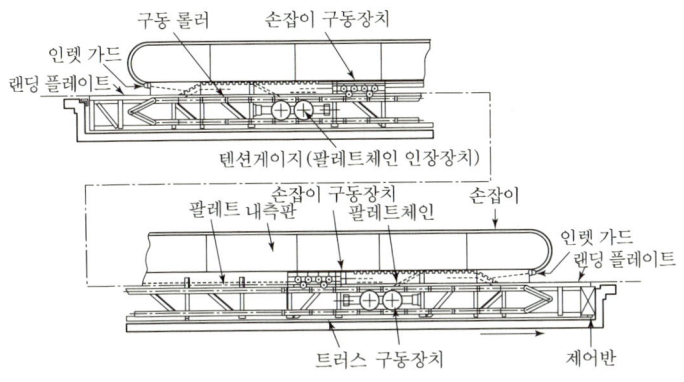

▮ 수평 보행기의 구조 ▮

핵심문제 ★★★

수평 보행기의 경사각은 몇 이하로 해야 하는가?
❶ 12° 이하   ② 30° 이하
③ 35° 이하   ④ 22° 이하

해설 수평보행기 경사도와 속도
• 12° 이하
• 0.75m/s 이하

SECTION 02 에스컬레이터의 안전장치

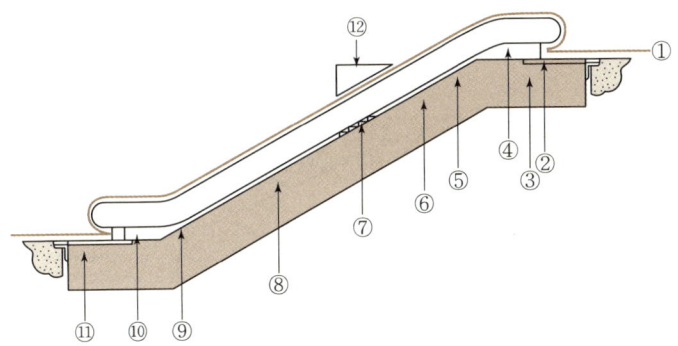

① 손잡이 인입구 안전장치   ② 콤 플레이트 스위치
③ 구동체인 절단 안전장치   ④ 비상정지스위치
⑤ 스커트가드 스위치 (상부)   ⑥ 손잡이 이상검출 스위치
⑦ 데마케이션 마크(안전마크) ⑧ 스텝 파손 감지 스위치
⑨ 스커드가드 스위치 (하부)   ⑩ 비상정지스위치
⑪ 스텝체인 이완감지 스위치   ⑫ 삼각부 보호대

▮ 에스컬레이터 안전장치의 구성 ▮

핵심문제 ★★★

에스컬레이터 손잡이 인입구에 설치하는 안전장치는?

① 손잡이 이상검출 스위치
❷ 손잡이 인입구 안전장치
③ 스텝체인 이완감지 스위치
④ 스커트가드 스위치

해설 손잡이 인입구 안전장치
- 물건이 걸려들어 가는 사고를 방지
- 인렛 스위치(Inlet Switch)

핵심문제 ★★★

에스컬레이터의 구동체인이 파손된 경우 감지하는 장치는?

① 손잡이 이상검출 스위치
❷ 구동체인 절단 안전장치
③ 비상정지스위치
④ 스커트가드 스위치

핵심문제 ★★★

에스컬레이터를 정지시키는 수동 스위치는?

① 손잡이 이상검출 스위치
② 손잡이 인입구 안전장치
❸ 비상정지스위치
④ 스커트가드 스위치

---

1. 손잡이 인입구 안전장치

① 손잡이의 인입구에 설치하며, 이물질이 끼거나 물건이 걸려들어가는 사고를 방지하는 장치
② 인렛 스위치(Inlet Switch)

2. 콤 플레이트 스위치

콤 플레이트에 물질이 걸릴 경우 감지하여 정지

3. 구동체인 절단 안전장치

에스컬레이터 구동체인이 늘어나거나 파손되었을 때 하강 운전을 하면 사상사고가 발생하므로 감지 즉시 정지시켜 사고를 방지하는 장치

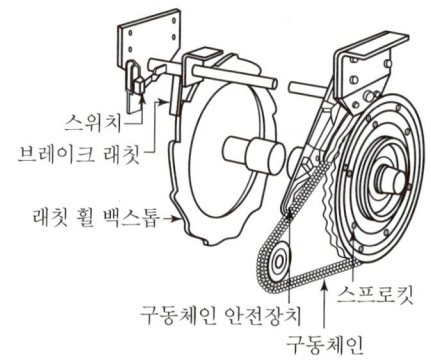

(a) 조립도

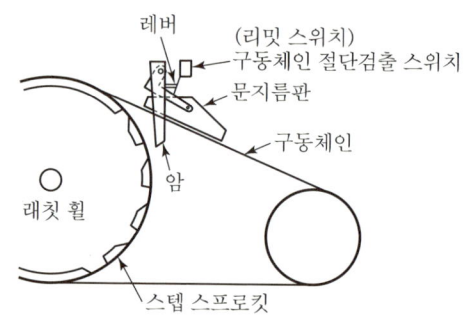

(b) 안전장치 상세도

| 구동체인 안전장치 |

4. 비상정지스위치

에스컬레이터를 정지시키는 수동 스위치

5. 스커트가드 스위치

에스컬레이터 스커트가드판과 스텝 사이에 물체 및 신체의 일부 등이 끼어 걸려들어 가는 것을 방지하는 장치

6. 손잡이 이상검출 스위치

손잡이가 과도하게 늘어나거나 파손되었을 경우 작동을 정지

7. 더마케이션 마크

스텝 둘레에 황색선을 표시해 안전한 디딤 부분을 표시

8. 스텝 파손 감지 스위치

스텝이 파손되거나 정상궤도를 이탈할 경우 에스컬레이터를 정지

9. 스텝체인 이완감지 스위치

스텝체인이 절단되거나 심하게 늘어날 경우 구동기 모터의 전원을 차단하여 에스컬레이터를 정지시키는 장치

10. 삼각부 보호대

건물의 바닥부분이 이루는 삼각부에서 사람의 신체 일부가 끼이는 것을 방지하기 위한 보호대

핵심문제 ★★★

스커트가드판과 스텝 사이에 물체 및 신체의 일부 등이 끼어 걸려들어 가는 것을 방지하는 장치는?
① 삼각부 보호대
② 더마케이션 마크
③ 비상정지스위치
❹ 스커트가드 스위치

핵심문제 ★★★

스텝 둘레에 황색선을 표시해 안전한 디딤 부분을 표시하는 것은?
① 삼각부 보호대
❷ 더마케이션 마크
③ 비상정지스위치
④ 스커트가드 스위치

핵심문제 ★★★

건물 삼각부에서 사람의 신체 일부가 끼이는 것을 방지하는 장치는?
❶ 삼각부 보호대
② 구동체인 절단 안전장치
③ 비상정지스위치
④ 스커트가드 스위치

CHAPTER 08 특수승강기

핵심문제 ★★★

덤웨이터의 정격 하중은?

① 100kg 이하
② 200kg 이하
❸ 300kg 이하
④ 3,000kg 이하

[해설] 덤웨이터
- 300kg 이하
- 1m/s 이하
- 1m² 이하

핵심문제 ★★★

덤웨이터의 정격 속도는?

① 0.5m/s 이하
② 0.75m/s 이하
❸ 1.0m/s 이하
④ 1.2m/s 이하

1. 덤웨이터

① 사람이 탑승하지 않으면서 적재용량 300kg 이하이고 정격속도가 1m/s 이하인 소형 화물 엘리베이터
② 경사도 15° 이하의 경사진 주행안내 레일 사이에서 권상기 또는 유압 장치에 의해 로프(체인)로 이동하는 소형화물을 수송하기 위해 설치
③ 종류 : 테이블 타입, 플로어 타입 등
④ 덤웨이터 치수
　㉠ 바닥면적 : 1m² 이하
　㉡ 깊이 : 1m 이하
　㉢ 높이 : 1.2m 이하
⑤ 안전장치
　㉠ 모든 출입구 문이 닫혀 있지 않으면 카를 승강시킬 수 없는 안전장치를 설치
　㉡ 레일은 카와 균형추에 별도로 설치

2. 휠체어리프트

① 장애인의 편의를 위해 제작된 승강기
② 종류 : 수직형 휠체어리프트, 경사형 휠체어리프트
③ 이용 수칙
　㉠ 출입문에 충격을 가하지 않아야 함
　㉡ 출입문에 손이나 발을 대지 않아야 함
　㉢ 휠체어리프트 보호대를 강제로 열지 않아야 함
　㉣ 출입문이 완전히 열린 후에 타거나 내려야 함
　㉤ 휠체어리프트에는 화물을 싣지 않아야 함
　㉥ 임의로 조작하지 않아야 하며, 승강기 안전관리자 등 관리자의 도움을 받아 이용해야 함

3. 기계실 없는 엘리베이터(MRL)

① 승강기 기계실의 장비를 샤프트 상단 및 샤프트 측면으로 이동하여 설치한 형태의 엘리베이터로 상부 기계실이 없음
② 기계실 없는 엘리베이터의 특징
  ㉠ 기계실이 없어 공간 절약이 가능
  ㉡ 제어반을 슬림하게 제작하여 출입구 측면이나 승강로 벽면에 설치 가능
  ㉢ 승강로 내부에 기계실이 있기 때문에 소음과 진동 발생
  ㉣ 건축물 내부 공간을 효율적으로 이용 가능

> **핵심문제** ★★★
>
> 기계실 없는 엘리베이터의 특징이 아닌 것은?
> ① 기계실이 없어 공간 절약이 가능하다.
> ❷ 소음과 진동이 적다.
> ③ 건축물 내부 공간을 효율적으로 이용할 수 있다.
> ④ 제어반을 슬림하게 제작하여 효과적으로 배치한다.
>
> **해설** MRL 특징
> • 기계실이 없어 공간 절약
> • 제어반을 출입구 측면이나 승강로 벽면에 설치
> • 소음과 진동 발생
> • 공간을 효율적으로 이용 가능

CHAPTER 09 입체 주차설비

핵심문제 ★★★

입체 주차설비의 특징이 아닌 것은?
① 주차장 바닥면적이 절약된다.
② 시공비가 비교적 많이 든다.
③ 운영 및 유지비용이 든다.
❹ 차량통행이 많은 곳에 적합하다.

해설 입체 주차설비의 특징
- 주차장 바닥면적 절약
- 시공비가 비교적 많이 듦
- 운영 및 유지비용이 듦
- 주차를 위한 대기공간 필요
- 통행이 많은 곳 적합하지 않음

핵심문제 ★★★

주차공간을 2단으로 적용하여 주차면적을 2배로 이용하는 설비는?
① 다단식 주차설비
❷ 2단식 주차설비
③ 승강기식 주차설비
④ 승강기 슬라이드식 주차설비

해설 2단식 주차설비
- 주차공간을 2단으로 적용
- 주차면적을 2배로 이용

1. 입체 주차설비

① 개요 : 제한된 공간에 주차공간을 확보하기 위해 기계식 자동 주차설비를 적용하여 효율적인 주차관리가 되도록 설치
② 특징
  ㉠ 주차장 바닥면적의 절약
  ㉡ 시공비가 비교적 많이 듦
  ㉢ 운영 및 유지비용이 듦
  ㉣ 주차를 위한 대기 공간이 필요
  ㉤ 차량통행이 많은 곳은 적합하지 않음

2. 2단식 주차설비

① 개요 : 주차공간을 2단으로 적용하여 주차면적을 2배로 이용하는 설비
② 종류 : 단순 승강식, 경사 피트식, 승강 피트식, 승강 횡행식

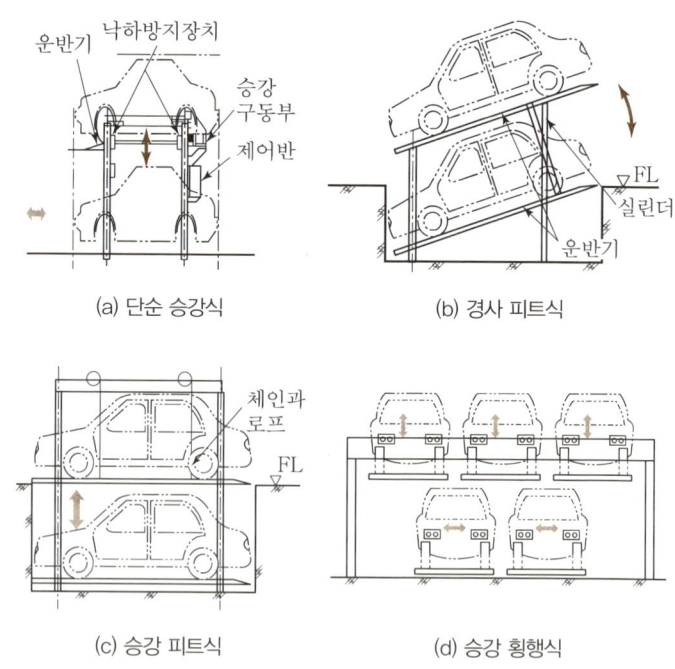

(a) 단순 승강식   (b) 경사 피트식

(c) 승강 피트식   (d) 승강 횡행식

| 2단식 주차설비 |

3. 다단식 주차설비

① 개요 : 주차장을 3단 이상으로 한 방식으로 출입구가 있는 층의 모든 주차구획을 주차장치 출입구로 사용할 수 있는 구조
② 종류 : 승강식, 승강 횡행식 등

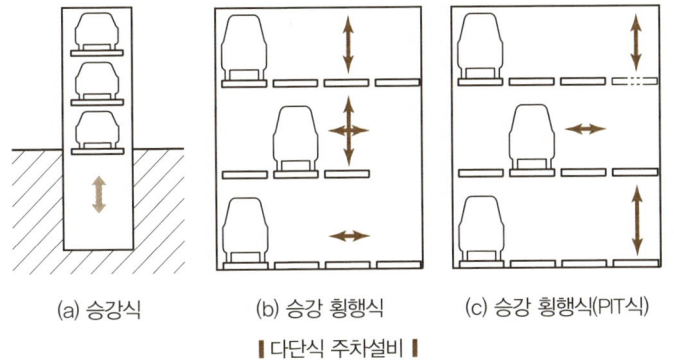

(a) 승강식　　(b) 승강 횡행식　　(c) 승강 횡행식(PIT식)

▌다단식 주차설비 ▌

4. 수직 순환식 주차설비

① 개요 : 자동차가 들어간 후 주차구획을 수직으로 순환 이동하여 자동차를 주차하는 구조로 일반적인 주차 타워의 형태
② 종류 : 차량의 진입 부분에 따라 하부 승입식, 중간 승입식, 상부 승입식 등으로 구분
③ 특징
　㉠ 승강로 면적이 작고 입출고 시간이 짧음
　㉡ 주차 수용 대수 한정
　㉢ 운용 유지비가 높음
　㉣ 진동과 소음 발생
　㉤ 체인 및 동력부 고장 시 적재차량 전부 파손 또는 입출차 불가능

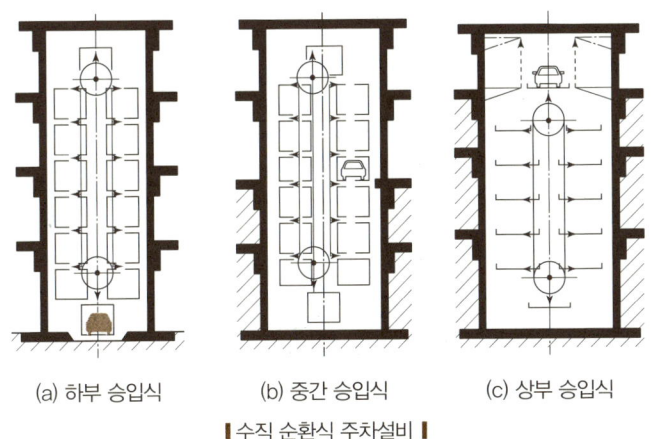

(a) 하부 승입식　　(b) 중간 승입식　　(c) 상부 승입식

▌수직 순환식 주차설비 ▌

핵심문제 ★★★

수직 순환식 주차설비의 특징이 아닌 것은?

① 주차 수용 대수가 한정된다.
❷ 운용 유지비가 낮다.
③ 진동과 소음이 발생한다.
④ 고장 시 적재차량 전부 파손 또는 입출차가 불가능하다.

해설 수직 순환식 주차설비의 특징
• 승강로 면적이 작음
• 입출고 시간이 짧음
• 유지비가 높음
• 진동과 소음 발생
• 고장 시 적재차량 전부 파손 또는 입출차 불가능

핵심문제 ★★★

수직 순환식 주차설비 승입 방법의 종류가 아닌 것은?

① 하부 승입식　❷ 측면 승입식
③ 중간 승입식　④ 상부 승입식

해설 수직 순환식 주차설비의 종류
• 하부 승입식
• 중간 승입식
• 상부 승입식

5. 수평 순환식 주차설비

① 개요 : 여러 개의 주차 플레이트를 2열 혹은 이상으로 배치하여 수평으로 순환시켜 주차하는 방식
② 종류 : 원형순환식, 각형 순환식 등
③ 특징
　㉠ 출구가 제한된 빌딩의 지하 등에 설치하여 공간을 효율적으로 이용 가능
　㉡ 주차 플레이트가 수평이동하며 수직이동하지 않음
　㉢ 입출고에 시간이 필요

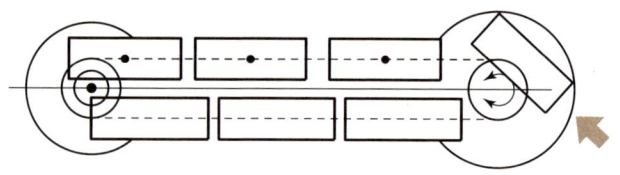

(a) 원형 순환 방식

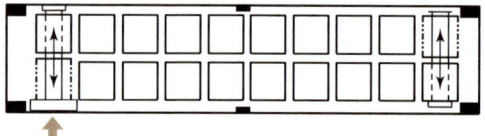

(b) 각형 순환 방식

▌수평 순환식 주차설비 ▌

핵심문제 ★★★
여러 개의 주차 플레이트를 2층 또는 그 이상으로 배열하여 수평으로 순환시키며 임의의 층간에 수직 운반기로 수직 이동하여 순환시키는 방식은?

① 다단식 주차설비
② 2단식 주차설비
❸ 다층 순환식 주차설비
④ 승강기 슬라이드식 주차설비

6. 다층 순환식 주차설비

① 개요 : 여러 개의 주차 플레이트를 2층 또는 그 이상으로 배열하여 수평으로 순환시키며 임의의 층간에 수직 운반기로 수직 이동하여 순환시키는 방식
② 종류 : 원형 순환식, 각형 순환식 등

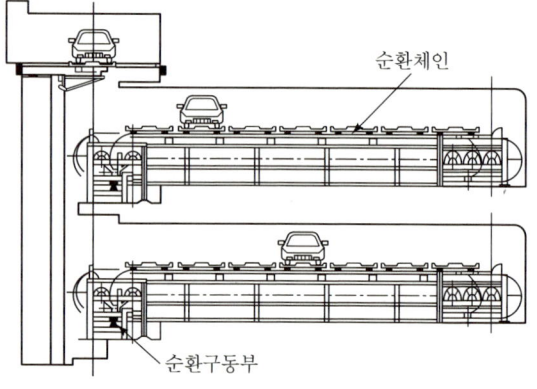

(a) 원형 순환 방식 상부 승입식

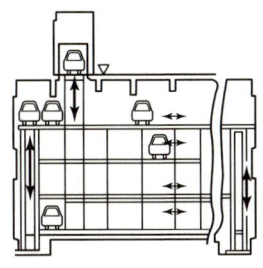

(b) 각형 순환 방식 상부 승입식

❙ 다층 순환식 주차설비 ❙

7. 승강기식 주차설비

① 개요 : 다수의 층으로 설치되어 있는 고정된 주차구획에 승강기로 차량을 자동 운반하여 주차하는 방식
② 종류 : 횡식, 종식, 승강 선회식 등

> **핵심문제** ★★★
>
> 다수의 층으로 설치되어 있는 고정된 주차구획에 주차 플레이트를 상하로 이동할 수 있는 승강기로 차량을 운반하여 주차하는 설비는?
>
> ① 다단식 주차설비
> ② 2단식 주차설비
> ③ 다층 순환식 주차설비
> ❹ 승강기식 주차설비

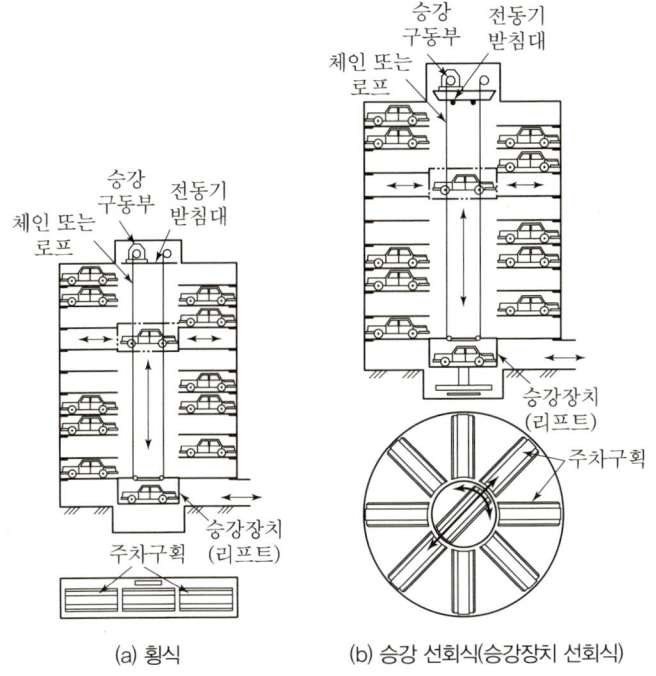

(a) 횡식   (b) 승강 선회식(승강장치 선회식)

❙ 승강기식 주차설비 ❙

8. 승강기 슬라이드식 주차설비

① 개요 : 주차 플레이트가 목표 층에 도착하여 종횡 방향으로 이동하여 주차하며 연면적이 넓은 곳에 적용. 시설비가 많이 듦
② 종류 : 횡식, 종식 등

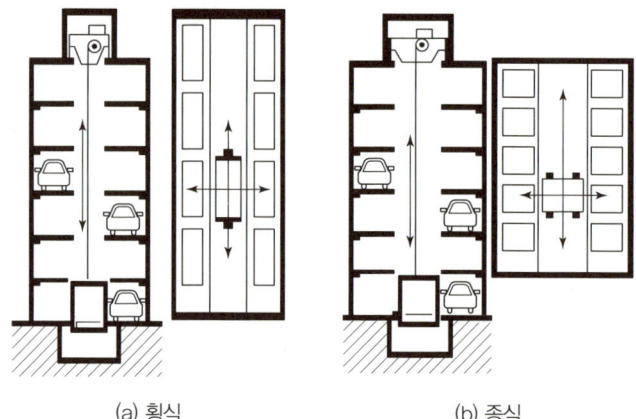

(a) 횡식　　　　　　(b) 종식

┃승강기 슬라이드식 주차설비┃

9. 평면 왕복식 주차설비

① 개요 : 각 층에 평면으로 배치되어 있는 주차구획에 주차 플레이트에 의하여 자동차를 운반 이동하여 주차하도록 설계한 주차장치
② 종류 : 운반식, 운반격납식 등

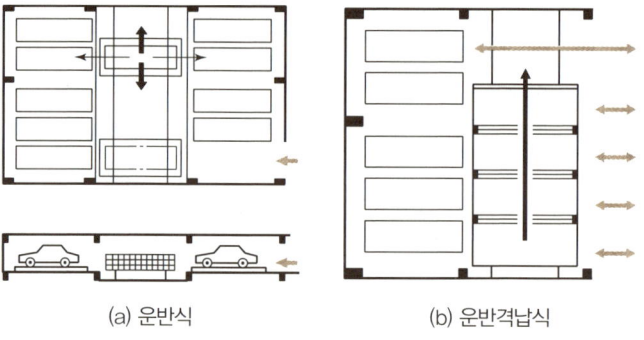

(a) 운반식　　　　　　(b) 운반격납식

┃평면 왕복식 주차설비┃

CHAPTER 10 엘리베이터 설치

SECTION 01 형판 설치

1. 엘리베이터 설치순서

작업 순서	작업 내용
형판작업	피아노선을 이용하여 승강로의 기울기 측정 후 상부 및 하부 형판을 설치
기계실 설치	형판을 기준으로 제어반, 권상기, 과속조절기 등 기계실 부품을 설치
체대 설치	완충기, 1단 레일, 카 체대, 카 바닥을 설치
로프 걸기	기계실, 카 측, 균형추 측 로프 설치
주행안내 레일 설치	엘리베이터 이동 안내 역할을 하는 레일을 승강로 내부에 설치
출입구 설치	승강장 문턱, 삼방틀, 도어장치, 승강장 도어 설치
카 조립	카 패널, 천장판, 카 도어 등으로 구성
배선 및 결선	엘리베이터 운전제어를 위한 제어반, 카 내/외부, 각 층의 승강장 부품을 배선 및 결선
시운전	엘리베이터 설치가 완료되면 시운전을 실시
자체 및 설치검사	엘리베이터 품질 확보를 위한 자체검사 실시, 공인 검사 기관의 승강기 완성검사 실시

2. 엘리베이터 설치도면

1) 승강로 평면도

주행안내 레일, 균형추 주행안내 레일, 출입구 부품, 피트 내부 부품 등 승강로 내부의 부품 설치 위치와 크기 등을 승강로 평면 상에 나타내는 도면

핵심문제 ★★★

엘리베이터 설치순서 중 가장 먼저 수행되는 작업은?

❶ 형판작업
② 기계실 설치
③ 카 조립
④ 시운전

핵심문제 ★★★

엘리베이터 설치도면 중 승강로 평면도에 포함되지 않는 것은?

① 주행안내 레일
② 균형추 주행안내 레일
❸ 제어반
④ 피트 내부 부품

[해설] **승강로 평면도**
• 주행안내 레일
• 균형추 주행안내 레일
• 출입구 부품
• 피트 내부 부품

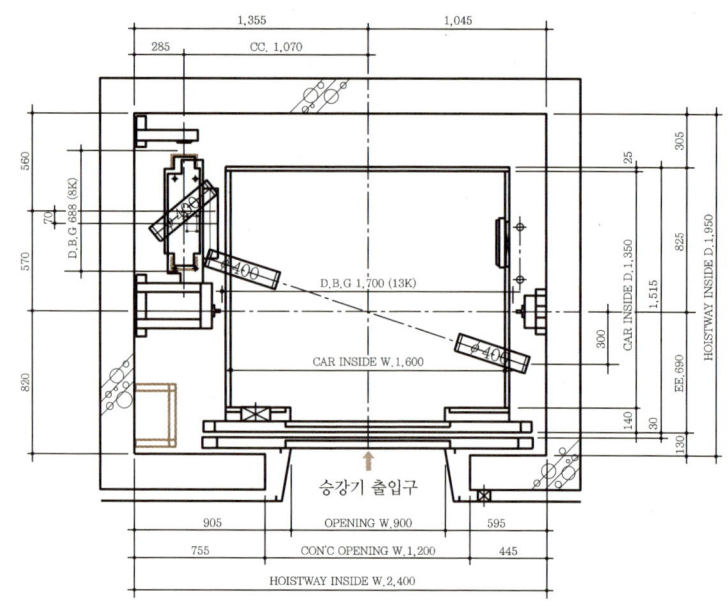

❚ 승강로 평면도 ❚

2) 출입구 부품 설치도

각 층 출입구 전면에 설치되는 문틀, 호출 버튼, 위치 표시기, 홀 랜턴 등 관련 부품의 설치 위치를 나타내는 도면

3) 기계실 평면도

제어반, 분전반, 기계대, 구동기, 과속조절기 등의 설치 위치를 나타내는 도면

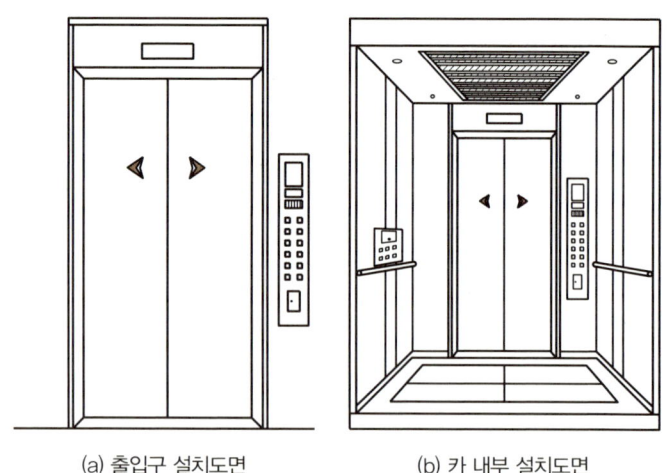

(a) 출입구 설치도면   (b) 카 내부 설치도면

❚ 출입구 및 카 내부 설치도면 ❚

3. 형판 설치

1) 외부로부터 추락 사고 방지를 위하여 각 층의 출입구를 차폐

2) 상부 형판 설치
① 가공된 형판재를 도면에 맞게 위치와 치수를 확인하면서 고정
② 작업 중 피아노선이 간섭되거나 걸린 부분이 있는지 확인

3) 하부 형판 설치
① 피아노선을 이용하여 상부 형판재와 수직 상태를 확인하여 고정
② 상·하부 형판에서 각 구간의 치수를 측정하여 기록

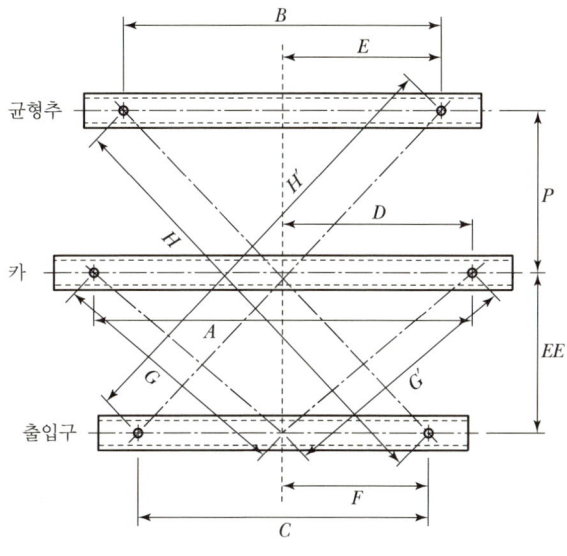

| 형판 설치 치수 확인도 |

> **핵심문제** ★★★
> 형판 설치 작업에 대한 설명으로 옳지 않은 것은?
> ① 형판재를 도면에 맞게 치수를 확인하며 고정
> ❷ 작업 시 출입을 위해 각 층 출입구를 개방
> ③ 피아노선이 간섭되거나 걸린 부분이 있는지 확인
> ④ 각 구간 치수를 측정하여 기록
>
> **해설** 형판 설치
> 각 층 출입구는 외부로부터 추락 사고 방지를 위해 반드시 차폐해야 함

SECTION 02 주행안내 레일 설치

1. 주행안내 레일 부품

1) 주행안내 레일
카와 균형추의 승강로 평면 내의 위치를 규제하는 역할

2) 클립과 볼트
① 주행안내 레일을 브래킷에 고정하기 위해 사용
② 종류 : 주물 고정형, 슬라이딩형(고층용)

> **핵심문제** ★★★
>
> 다음 중 주행안내 레일 부품의 종류로 옳지 않은 것은?
>
> ① 클립과 볼트
> ② 주행안내 레일 브래킷
> ③ 완충기 받침대
> ❹ 구동기
>
> [해설] **주행안내 레일 부품**
> • 주행안내 레일
> • 클립과 볼트
> • 주행안내 레일 브래킷
> • 완충기 받침대
>
> ④ 구동기는 기계실에 설치되는 부품

3) 주행안내 레일 브래킷

① 주행안내 레일을 정확하게 고정하기 위하여 구조물에 설치
② 1차 브래킷은 앵커 볼트를 사용하여 승강로 벽면이나 건축 구조물에 고정
③ 2차 브래킷은 1차 브래킷에 용접 또는 볼트로 고정

4) 완충기 받침대

카와 균형추용 완충기를 설치하기 위한 받침대로 카와 균형추용 주행안내 레일을 받쳐 주는 역할

2. 임시 카 주요부품

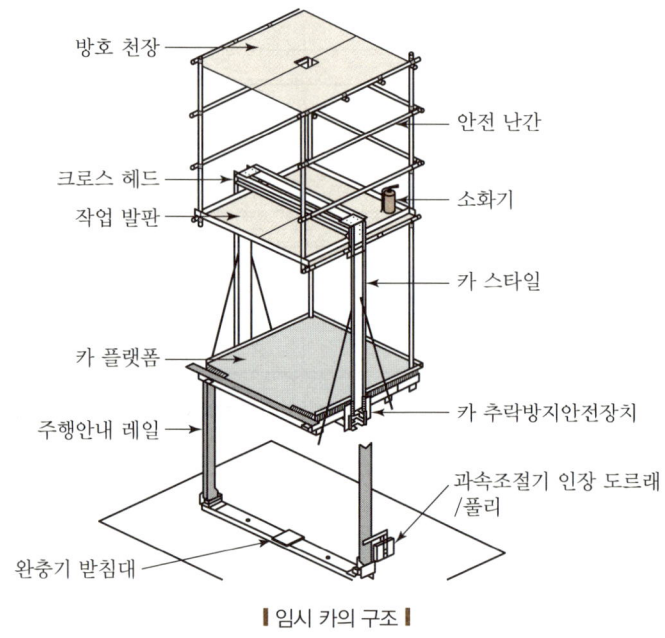

| 임시 카의 구조 |

1) 설치 공법의 종류

① 폴스 카 : 엘리베이터 설치를 위해 승강로 안을 오르내릴 수 있도록 제작된 임시 카
② 곤돌라 : 곤돌라를 승강로 안에 설치하고 여기에 탑승하여 전동 윈치로 구동하면서 설치하는 방식
③ 본 자재 사용 : 해당 현장의 엘리베이터 카 프레임류와 구동기를 사용하는 방식

2) 임시 카 부품의 종류

① 추락방지안전장치 블록 : 임시 카에 탑승하여 작업 중 추락을 예방하기 위한 장치로 과속조절기와 연계됨
② 카 스타일 : 카 프레임 구조 중 좌우의 카 기둥
③ 임시 카 가이드 슈 : 피아노선이 간섭되지 않도록 제작된 임시 가이드 슈
④ 경광등 및 부저 : 임시 카가 주행 중임을 알려주는 장치
⑤ 균형추 : 균형추와 웨이트를 임시로 탑재
⑥ 매다는 장치 : 임시 카와 균형추를 연결하는 장치

3) 주요 사용 장비

① 주행안내 레일 게이지 : 주행안내 레일의 마주보는 각도를 측정하여 조정하기 위함
② G 클램프 : 용접 전 2차 주행안내 레일 브래킷을 임시로 고정
③ 전기 용접기 세트 : 주행안내 레일 브래킷을 용접
④ 엔드리스 윈치 : 주행안내 레일을 승강로로 반입하여 올리기 위해 사용
⑤ 스트레이트 에지 : 주행안내 레일 연결부의 갭(Gap)과 직진도 측정
⑥ 티크니스 게이지 : 주행안내 레일 연결부의 갭(Gap)을 측정

핵심문제 ★★★

임시 카 부품 중에서 카 프레임의 좌우 카 기둥으로 사용되는 것은?
① 추락방지안전장치 블록
❷ 카 스타일
③ 임시 카 가이드 슈
④ 균형추

핵심문제 ★★★

다음 중 주행안내 레일의 마주보는 각도를 측정하여 조정하기 위한 장비는?
❶ 주행안내 레일 게이지
② G 클램프
③ 엔드리스 윈치
④ 티크니스 게이지

해설 사용 장비
② 주행안내 레일 브래킷을 임시 고정
③ 주행안내 레일을 승강로로 반입하여 올리기 위함
④ 주행안내 레일 연결부의 갭 측정

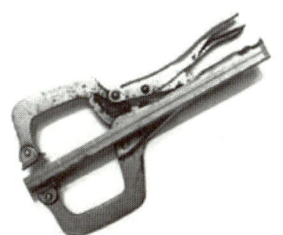 

(a) 주행안내 레일 게이지   (b) G 클램프

┃ 주요 사용 장비 ┃

SECTION 03 부품 설치

1. 기계실 부품

1) 기계부품

① 기계대(Machine beam) : 카와 균형추의 전체 하중이 승강로 양단의 수직 구조물에 걸리도록 기계실 바닥에 설치하는 철재 구조물
② 방진 고무 : 구동기가 회전할 때 발생하는 소음과 진동이 건축물에 전달되는 것을 차단
③ 구동기 : 전동기, 풀리, 주 도르래, 제동기로 구성
④ 과속조절기 : 카의 속도가 정격속도의 115% 초과 시 검출하여 안전장치를 작동시키는 역할

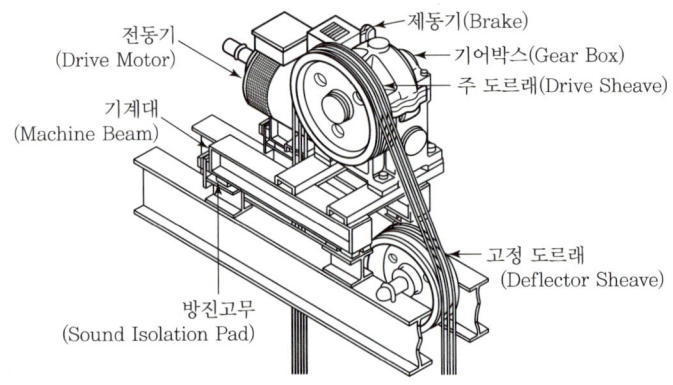

▮기계실 부품 구성도▮

2) 전기부품

① 제어반 : 인버터, 계전기(Relay, M/C 등), 스위치 등으로 구성
② 분전반 : 엘리베이터 구동 전원을 공급하기 위해 기계실에 설치
③ 구동기 모터, 엔코더, 솔레노이드 밸브, 전선, 케이블 등으로 구성

2. 승강장 부품

1) 기계부품

① 승강장 실(Sill) : 각 층 승강장 출입구 바닥에 설치되어 승강장 문 하부의 가이드 역할. 승강장 실은 건축 바닥 마감면보다 5~10mm 높게 설치
② 승강장 문 구동장치 : 승강장 문의 개폐 역할
③ 승강장 문 : 각 층에 설치되는 엘리베이터의 출입문
④ 승강장 인터록 장치 : 승강장 문의 안전을 위해 설치하는 장치

핵심문제 ★★★

기계실 부품 중 카와 균형추의 전체 하중이 걸리는 철재 구조물로 되어 있는 부품은?
① 구동기   ② 기어박스
❸ 기계대   ④ 도르래

해설 기계실 기계부품
• 기계대
• 방진 고무
• 구동기(전동기, 제동기, 풀리 등)
• 과속조절기

핵심문제 ★★★

기계실 부품 중에서 제어반의 전기 부품으로 옳지 않은 것은?
① 인버터   ② 계전기
③ 스위치   ❹ 엔코더

해설 기계실 전기부품
④ 엔코더 : 전동기의 위치 또는 속도를 검출하는 장치로 기계실 내부 전동기에 설치됨

2) 전기부품

카 위치 표시기, 승강장 카 호출 버튼, 홀 랜턴 등

SECTION 04 카 설치

1. 카 케이지 구성

1) 카 벽

카 플랫폼 4면으로 조립된 벽체로 조작반 및 후면 벽에는 주행안내 레일이 설치됨

2) 카 천장

① 카 벽 4면 상부에 조립
② 비상 구출구, 조명, BGM 등이 설치

3) 카 문

행거 롤러에 조립되어 매달린 상태로 개폐됨

4) 카 조작반

카 내부에서 엘리베이터를 조작하기 위해 전면 또는 측면에 주로 설치됨

> **핵심문제** ★★★
>
> 다음 중 카에서 비상 구출구, BGM 등이 설치되는 곳은?
> ① 카 벽　　❷ 카 천장
> ③ 카 문　　④ 카 조작반
>
> **해설** 카 천장
> 카 상부에 조립되며 비상 구출구, 조명, BGM 등이 설치

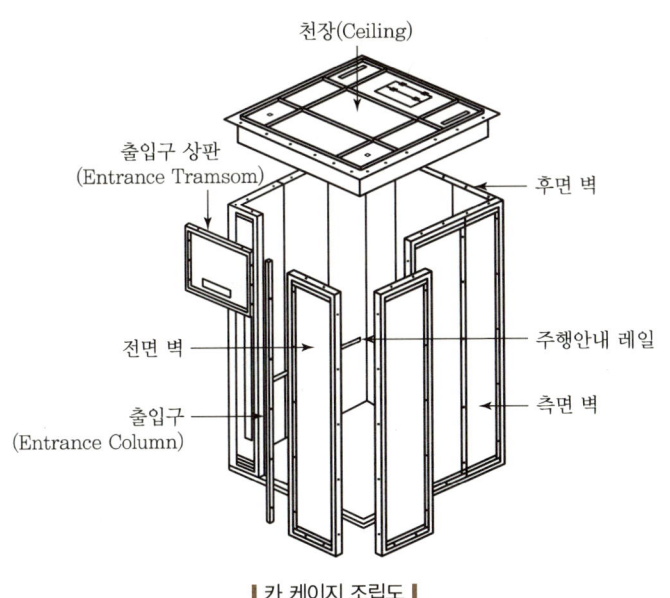

| 카 케이지 조립도 |

SECTION 05 전기 설치

1. 전기 배선

1) 가닥수에 따른 전선의 종류

① 단선 : 도체가 한 가닥으로 구성되어 있는 것
② 연선 : 도체가 여러 가닥으로 구성되어 있는 것

2) 전선과 케이블

구분	절연전선(Wire)	케이블(Cable)
구조	도체 / 단심도체 / 절연체	선심 / 시스(외장)
특징	도체 바깥에 피복을 한 번 입힌 전선(도체+절연체)	도체 바깥에 피복을 두 번 이상 입힌 전선[도체+절연체+외부 보호(시스)]
종류	450/750 비닐절연전선, HFIX, GV, OW, OC, DV	난연성 CV, FR-8, HFCO 등

3) 통신용 케이블

① UTP(Unshielded Twisted Pair : 비차폐연선) : 비차폐 케이블로서 전자 유도에 의한 노이즈를 억제하기 위해 서로 꼬여져 있는 케이블
② FTP(Foiled Twisted Pair) : 서로 꼬여있는 4쌍의 케이블을 알루미늄으로 실드 처리한 케이블
③ STP(Shielded Twisted Pair : 차폐연선) : 서로 꼬여있는 4쌍의 케이블을 각각 알루미늄으로 실드 처리하고 이중·삼중으로 차폐한 케이블

구분	UTP	FTP	STP
구조			
적용	일반적인 랜 케이블에 사용	공장 등의 배선용으로 사용	노이즈가 심한 환경에 사용

핵심문제 ★★★

다음 중 전기 배선에 대한 설명으로 옳지 않은 것은?

① 도체가 한 가닥으로 구성된 것을 단선이라 한다.
② 도체가 여러 가닥으로 구성되어 있는 것을 연선이라 한다.
❸ 도체와 절연체로 구성된 것을 나동선이라 한다.
④ 도체 바깥에 피복을 두 번 이상 입힌 전선을 케이블이라 한다.

해설 전기 배선
③ 나동선은 BC Wire라고도 하며 도체로만 구성되어 절연체가 없는 전선을 말하며 피뢰 시스템의 인하도선 또는 접지극으로 주로 사용됨

핵심문제 ★★★

통신용 케이블 중에서 비차폐 케이블로서 전자 유도에 의한 노이즈를 억제하기 위해 서로 꼬여져 있는 케이블은?

❶ UTP
② FTP
③ STP
④ BTP

해설 통신용 케이블
• UTP : 차폐 X, 서로 꼬여 있음
• FTP : 알루미늄 실드, 서로 꼬여 있음
• STP : 이중 차폐, 서로 꼬여 있음

3) 이동 케이블

① 개념 : 제어반과 상하 이동하는 카 사이에 결선되는 케이블
② EVVF-L : 텐션 멤버 없는 타입(저층 건물에 사용)
③ EVVF-H : 텐션 멤버 있는 타입(고층 건물에 사용)

2. 전기 공급방식의 종류

1) 단상 2선식

단상 교류 전력을 2가닥의 전선으로 배전하는 방식

2) 단상 3선식

단상 교류 전력을 2가닥의 선도체와 1가닥의 중성선으로 배전하는 방식

3) 3상 3선식

3상 교류 전력을 3가닥의 전선으로 배전하는 방식

4) 3상 4선식

3상 교류 전력을 3가닥의 선도체와 1가닥의 중성선으로 배전하는 방식

구분	단상 2선식	단상 3선식	3상 3선식	3상 4선식
결선도	220V	110V / 110V	380V / 380V / 380V (L_1, L_2, L_3)	220V / 220V / 220V, 380V (L_1, N, L_2, L_3)
특징	• 110V 또는 220V로 공급 • 전등, 전열 부하 등	110V 및 220V 동시 사용 가능	• 380V 공급 가능 • 전동기 등 부하에 공급	• 220V 및 380V 동시 사용 가능 • 가장 일반적인 분전반의 공급 방식

> **핵심문제** ★★★
>
> 전기 공급방식에 대한 설명으로 옳지 않은 것은?
>
> ① 단상 2선식은 2가닥으로 배전하는 방식이다.
> ❷ 단상 3선식은 선도체 3가닥으로 배전하는 방식이다.
> ③ 3상 3선식은 전동기 부하에 공급하는 방식이다.
> ④ 3상 4선식은 220V, 380V 두 가지의 전압을 사용할 수 있다.
>
> **해설** 전기 공급방식의 종류
> ② 단상 3선식은 선도체 2가닥과 중성선 1가닥으로 배전하는 방식임

3. 차단기의 종류

1) 개념

통상 사용상태의 전로를 수동으로 개폐할 수 있고 과부하 및 단락, 지락 등 사고 시 자동적으로 전로를 차단하는 기구

2) 종류

구분	MCCB(산업용 배선차단기)	CBR(산업용 누전차단기)
구조		
기능	• 과부하 보호 • 단락 보호	• 과부하 보호 • 단락 보호 • 지락(감전) 보호
적용 장소	분전반 메인 차단기 또는 전동기 부하	전등, 전열 부하 등
표준	KS C 8321	KS C 4613

핵심문제 ★★★

차단기의 종류 중에서 과부하 및 지락 보호 기능을 가진 차단기는?
① 배선차단기 ❷ 누전차단기
③ 누전경보기 ④ 진공차단기

해설 차단기 종류
• 배선차단기 : 과부하, 단락 보호
• 누전차단기 : 과부하, 단락, 지락 보호

CHAPTER 11 에스컬레이터 설치

1. 에스컬레이터 설치순서

작업 순서	작업 내용
양중	에스컬레이터 부품을 지상으로부터 설치 장소로 올려 옮기는 행위
트러스 조립	에스컬레이터의 기구물이 설치되는 트러스를 조립
기계실 조립	상·하부 구동부와 브레이크 장치 등을 조립
승강로 조립	스텝이 회전하는 통로의 기구물을 조립
난간 조립	손잡이 지지대 역할을 하는 난간을 조립
데크 조립	승강로와 난간의 연결 부위 내·외부 막음판 조립
스텝 조립	승객이 탑승하는 스텝을 조립
손잡이 조립	승객 탑승 시 손으로 잡는 손잡이 기구물 조립
전기 장치 조립	조명, 안전 스위치 등 각종 전기 장치를 조립
조정	설비의 수평, 안전 스위치 간격 등 조정
확인	설치 계획서와 작업 결과의 일치 여부 확인
검사	자체 검사 및 완성 검사의 수검

핵심문제 ★★★
에스컬레이터 설치 작업 순서로 옳은 것은?

❶ 양중 → 조립 → 조정 → 확인 → 검사
② 양중 → 조립 → 조정 → 검사 → 확인
③ 조립 → 양중 → 확인 → 조정 → 검사
④ 조립 → 양중 → 조정 → 확인 → 검사

[해설] 에스컬레이터 설치순서
양중 → 조립(트러스, 기계실, 승강로 등) → 조정(수평, 간격 등) → 확인 → 검사

2. 현장 확인 양중

1) 개념
양중이란 무거운 물체를 위로 들어 올리는 것을 말함

2) 양중이 필요한 부품
① 승강로 부품 : 트러스, 레일, 난간, 스텝, 데크, 손잡이
② 기계실 부품 : 구동기, 스텝체인 스프라켓 등

3) 설치도면 확인

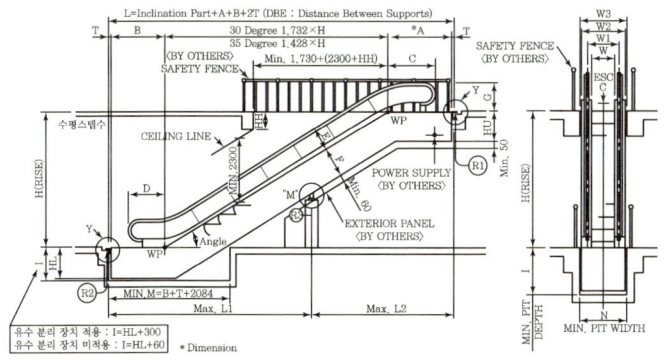

| 에스컬레이터 설치도면 |

핵심문제 ★★★
다음 중 양중이 필요한 승강로 부품으로 옳지 않은 것은?

① 트러스 ② 레일
③ 스텝 ❹ 스프라켓

[해설] 에스컬레이터 양중
④ 스프라켓은 기계실 부품임

3. 트러스 조립

철골 구조로 에스컬레이터의 총 하중을 부담하여 지탱하는 역할

1) 에스컬레이터 레일

구성 : 스텝체인 상·하부 레일, 스텝롤러 상·하부 레일로 구성

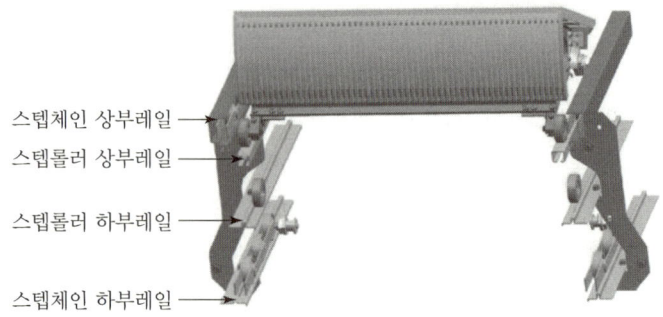

┃에스컬레이터 레일┃

2) 난간과 손잡이

승객이 떨어지지 않도록 설치한 측벽을 난간이라 하며, 상부에 손잡이를 설치

3) 스커트 가드

난간 하부에 스텝과 인접하여 설치하는 측면 판

┃스커트 가드┃

4. 디딤판 장착

1) 스텝

직접 승객을 태우는 부품으로 스텝체인에 의해 순환

2) 스텝체인

① 개념 : 에스컬레이터 좌우 양측에 설치되며 스텝을 주행시키는 역할

② 링크 간격을 일정하게 유지하기 위해 스텝 체인 축으로 연결

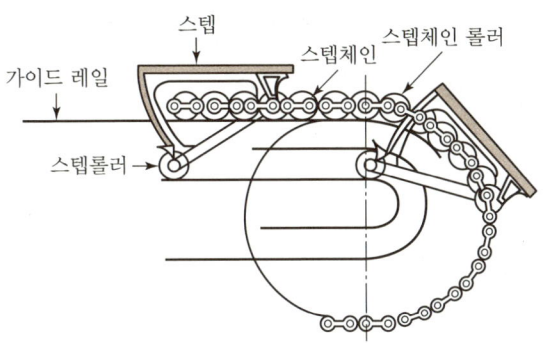

┃스텝체인과 스텝┃

3) 디딤판 설치

① 스텝 규격 확인 : 난간 형태 및 폭, 스텝 폭 확인
② 스텝 설치 : 하부 기계실에서 스텝을 조립
③ 스텝 콤 치수 측정 : 기준값과 측정값을 비교
④ 스텝과 스커트 가드 간격 측정

5. 손잡이 설치

1) 손잡이 구조

고무, 코팅부, 스틸코드, 보강층 등으로 구성

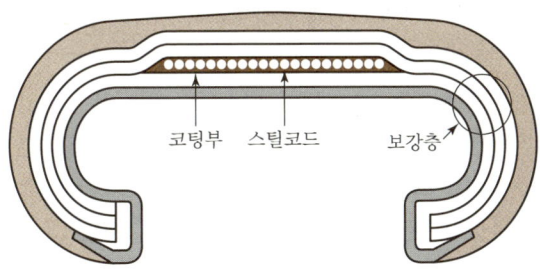

┃손잡이 구조┃

2) 손잡이 구동 원리

구동기의 동력을 구동 스프라켓과 구동체인을 통해 전달하여 손잡이 구동 롤러가 회전함

핵심문제 ★★★

다음 중 디딤판 설치에 대한 설명으로 옳지 않은 것은?

① 난간의 형태 및 스텝 폭 등을 확인한다.
❷ 상부에서 스텝을 조립한다.
③ 스텝 콤 치수를 측정한다.
④ 스텝과 스커트 가드 간격을 측정한다.

해설 에스컬레이터 양중
② 스텝은 하부 기계실에서 조립함

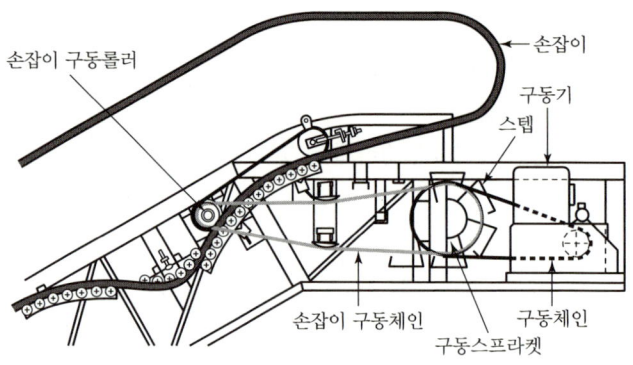

▎손잡이 구동 체계 ▎

3) 손잡이 구동 방식

① **가압 롤러 방식** : 손잡이가 구동 롤러와 가압 롤러 사이에 위치하여 마찰력에 의해 이동하는 방식
② **가압 벨트 방식** : 손잡이 구동 휠과 가압 벨트 사이의 마찰력에 의해 손잡이가 이동하는 방식

4) 손잡이 조립

① 손잡이 프레임 설치
② 손잡이 설치
③ 상하부 손잡이 장력 조정
④ 손잡이 시험 구동 및 구동 상태 점검

6. 전기장치 조립

1) 구동장치

에스컬레이터의 스텝과 손잡이를 구동하는 장치

① **구동기** : 전동기, 브레이크, 감속기로 구성
② **브레이크 종류** : 드럼형, 디스크형, 밴드형
③ **스텝체인 구동장치** : 구동기에서 동력을 전달하는 구동체인이 걸리는 스프라켓
④ **손잡이 구동장치** : 손잡이를 이동시키는 장치

2) 손잡이 구동장치 조립

① 전기장치 설치 및 조정
② 손잡이 구동장치 조립
③ 구동체인 파단 감지장치 설치
④ 스텝체인 파단 감지장치 설치
⑤ 안전장치 및 조명 설치

핵심문제 ★★★

에스컬레이터 구동장치 중에서 브레이크 종류로 옳지 않은 것은?
① 드럼형 ② 디스크형
③ 밴드형 ❹ 체인형

해설 브레이크 종류
• 드럼형
• 디스크형
• 밴드형

PART 02 유지관리

- **CHAPTER 01** 승강기 자체 점검기준
- **CHAPTER 02** 승강기 재료의 특성
- **CHAPTER 03** 승강기 기계요소별 구조 및 원리
- **CHAPTER 04** 승강기 요소 측정 및 시험
- **CHAPTER 05** 승강기 전기이론
- **CHAPTER 06** 승강기 전동기의 종류 및 특성
- **CHAPTER 07** 승강기 제어시스템 원리

CHAPTER 01 승강기 자체 점검기준

SECTION 01 엘리베이터 자체 점검기준

>>> 「승강기 안전운행 및 관리에 관한 운영규정」 제13조(승강기의 자체 점검)

1. 자체 점검기준에 적합한 경우 : 양호
2. 자체 점검기준에 부적합하거나, 그 부적합한 내용이 승강기의 안전운행에 직접 관련이 없는 경미한 사항으로 주의 관찰이 필요한 경우 : 주의 관찰
3. 자체 점검기준에 부적합하여 긴급 수리 또는 승강기부품의 교체가 필요한 경우 : 긴급 수리

1. 기계류 공간

점검 항목	점검 내용	점검 방법	점검 주기 (회/월)
(1) 일반사항			
주개폐기	설치 및 작동 상태	육안	1/3
접근	피트 및 기계류 공간 등의 접근	육안	1/3
안전표시	기계류 공간 등의 안전표시	육안	1/6
오일쿨러	오일쿨러 설치 및 작동 상태	육안	1/6
비상운전 및 작동시험을 위한 장치	조명의 점등 상태 및 조도	측정	1/3
	기능 및 작동 상태	시험	1/1
	수동 비상운전수단의 설치 및 작동 상태	시험	1/1
	자동구출운전의 설치 및 작동 상태	시험	1/1
통신	승강로(피트) 비상통화장치의 설치 및 작동 상태	시험	1/1
환경	누수 및 청결 상태	육안	1/3
감속기	윤활유의 유량 및 노후 상태	육안	1/3
	감속기 및 관련 부품의 노후 및 작동 상태	육안	1/1
	이상 소음 및 진동 발생 상태	육안	1/3
도르래	도르래 및 관련 부품의 마모 및 노후 상태	육안	1/1
	도르래 홈의 마모 상태	측정	1/3
베어링	베어링 및 관련 부품의 노후·작동 상태	육안	1/1
	이상 소음 및 진동 발생 상태	육안	1/3
전동기	전동기 및 관련 부품의 노후·작동 상태	육안	1/1
	이상 소음 및 진동 발생 상태	육안	1/3

> **핵심문제** ★★★
> 엘리베이터 자체 점검 항목 중 기계류 공간에서의 감속기에 대한 점검 내용이 아닌 것은?
> ① 윤활유의 유량 및 노후 상태
> ② 감속기 및 관련 부품의 노후 및 작동 상태
> ③ 이상 소음 및 진동 발생 상태
> ❹ 베어링 및 관련 부품의 노후 및 작동 상태
>
> [해설]
> ④ 베어링 및 관련 부품의 노후 및 작동 상태는 베어링에 대한 점검 내용임

점검 항목	점검 내용	점검 방법	점검 주기 (회/월)
(2) 기계실 내의 기계류			
기계실 내의 기계류	용도 이외의 설비 비치 여부	육안	1/3
	출입문의 설치 및 잠금 상태	육안	1/3
	바닥 개구부 낙하방지수단의 설치 상태	육안	1/6
	환기 상태	육안	1/3
	조명 점등 상태 및 조도	측정	1/3
	콘센트의 설치 상태	육안	1/3
	양중용 지지대 및 고리에 허용하중 표시 상태	육안	1/6
(3) 승강로 내의 기계류			
승강로 내 작업공간	작업공간의 확보 상태	육안	1/6
카 내 또는 카 상부 작업공간	기계적인 장치의 설치 및 작동 상태	시험	1/1
	점검문의 설치 및 작동 상태	시험	1/1
피트 내 작업공간	기계적인 장치의 설치 및 작동 상태	시험	1/1
	피트 출입문의 경우, 전기안전장치 작동 상태	시험	1/1
	피트 탈출 수직틈새의 확보 상태	측정	1/1
플랫폼 위의 작업공간	플랫폼 전기안전장치의 설치 및 작동 상태	시험	1/1
	플랫폼 접근 점검문의 설치 및 작동 상태	시험	1/1
	점검운전 조작반의 설치 및 작동 상태	시험	1/1
	플랫폼에 최대 허용하중 표시 상태	육안	1/6
승강로 외부 작업공간	점검문의 설치 및 작동 상태	시험	1/1
	조명의 점등 상태 및 조도	측정	1/3
	양중용 지지대 및 고리에 허용하중 표시 상태	육안	1/6
(4) 승강로 외부의 기계류 공간	엘리베이터와 관계없는 타 설비의 비치 여부	육안	1/6
	출입문의 잠금 및 설치 상태	육안	1/3
	환기 상태	육안	1/6
	조명의 점등 상태 및 조도	시험	1/3
	콘센트의 설치 상태	육안	1/3

핵심문제 ★★★

엘리베이터 자체 점검 항목 중 승강로 내의 기계류에서 피트 내 작업공간에 대한 점검 내용이 아닌 것은?
① 기계적인 장치의 설치 및 작동 상태
② 피트 출입문의 경우, 전기안전장치 작동 상태
③ 피트 탈출 수직틈새의 확보 상태
❹ 양중용 지지대 및 고리에 허용하중 표시 상태

해설
④는 승강로 외부 작업공간에 대한 점검 내용임

> **핵심문제** ★★★
>
> 엘리베이터 자체 점검 항목 중 풀리 공간의 풀리실 점검 내용이 아닌 것은?
>
> ① 출입문의 잠금 및 작동 상태
> ❷ 조작반의 작동 상태
> ③ 바닥 개구부 낙하방지수단의 설치 상태
> ④ 조명의 점등 상태 및 조도

점검 항목		점검 내용	점검 방법	점검 주기 (회/월)
(5) 풀리 공간				
	풀리실	출입문의 잠금 및 작동 상태	시험	1/3
		바닥 개구부 낙하방지수단의 설치 상태	육안	1/3
		정지장치의 설치 및 작동 상태	시험	1/1
		조명의 점등 상태 및 조도	측정	1/3
		콘센트의 설치 상태	육안	1/3

2. 승강로

> **핵심문제** ★★★
>
> 엘리베이터 자체 점검 항목 중 승강로 피트 내 설비의 점검 내용이 아닌 것은?
>
> ① 점검운전 조작반의 작동 상태
> ② 피트 내 정지장치의 설치 및 작동 상태
> ❸ 상부공간, 피난공간 확보 상태
> ④ 튀어오름 방지장치의 설치 및 작동 상태
>
> **해설**
> ③은 승강로 틈새 및 여유거리 점검 내용임

점검 항목		점검 내용	점검 방법	점검 주기 (회/월)
(1) 피트 내 설비		점검운전 조작반의 작동 상태	시험	1/1
		피트 내 정지장치의 설치 및 작동 상태	시험	1/1
		피트 점검운전스위치 작동 후 복귀 상태	시험	1/3
		튀어오름 방지장치의 설치 및 작동 상태	시험	1/3
		피트 내 누수 및 청결 상태	육안	1/3
(2) 틈새 및 여유거리		상부공간, 피난공간 확보 상태	육안	1/6
		하부공간, 피난공간 확보 상태	육안	1/6
		피난공간 자세 유형 표지 부착 상태	육안	1/3
(3) 완충기				
	카 측 완충기	고정 및 설치 상태	육안	1/1
		전기안전장치 작동 상태	시험	1/1
	균형추 측 완충기	고정 및 설치 상태	육안	1/1
		전기안전장치 작동 상태	시험	1/1
(4) 완충기 받침대		완충기 받침대 고정 및 설치 상태	육안	1/1
(5) 승강로 내의 보호		밀폐식 승강로 개구부 등 설치 상태	육안	1/3
		균형추(평형추) 칸막이 설치 상태	육안	1/3
		피트 내 카간 칸막이 설치 상태	육안	1/3
		반-밀폐식 승강로 접근방지 및 보호수단	육안	1/3
		승강로 환기 상태	육안	1/3
		풀리의 로프 고정장치 설치 상태	측정	1/6

점검 항목	점검 내용	점검 방법	점검 주기 (회/월)
(5) 승강로 내의 보호	도르래, 풀리 및 스프라켓의 보호 조치 상태	육안	1/3
	균형추(평형추) 추락방지안전장치 작동 상태	육안	1/3
	타 설비 비치 여부	육안	1/6
	출입문·비상문 및 점검문의 설치 및 작동 상태	육안	1/1
	편향 도르래 등의 추락방지안전장치 설치 상태	육안	1/6
(6) 승강장 문	문짝과 문짝, 문틀 또는 문턱 사이의 틈새	측정	1/1
	승강장 문 유리 사용 시 손상 상태	육안	1/3
	어린이 손끼임방지 수단 설치 상태	육안	1/1
	승강장 문 및 관련 부품의 설치 및 작동 상태	육안	1/1
(7) 조명 및 콘센트	승강로 내 조명의 점등 상태 및 조도	측정	1/3
	피트 콘센트 설치 상태	육안	1/3
(8) 주행안내 레일	주행안내 레일의 고정 및 설치 상태	육안	1/3
(9) 균형추	균형추의 고정 및 설치 상태	육안	1/3

3. 카, 점검운전 및 접근허용

점검 항목	점검 내용	점검 방법	점검 주기 (회/월)
카	유리가 사용된 카 벽의 손잡이 고정 설치 상태	육안	1/3
	카 내부의 표기 상태	육안	1/3
	비상통화장치의 작동 상태	시험	1/1
	조명의 점등 상태 및 조도	측정	1/3
	비상등 조도 및 작동 상태	측정	1/1
	과부하감지장치 설치 및 작동 상태	시험	1/1
	에이프런 고정 및 설치 상태	육안	1/3
	카 내 버튼의 설치 및 작동 상태	시험	1/1
	카 내 층 표시장치 등 작동 상태	육안	1/1
카 상부	점검운전 조작반, 정지장치 및 콘센트의 작동 상태	시험	1/1
	점검운전 제어시스템 작동 상태	시험	1/1

핵심문제 ★★★

엘리베이터 카의 자체 점검 항목 중 육안에 의한 점검 방법이 아닌 것은?
① 카 내부의 표기 상태
❷ 조명의 점등 상태 및 조도
③ 에이프런 고정 및 설치 상태
④ 카 내 층 표시장치 등 작동 상태

해설
②는 측정에 의한 점검 방법임

핵심문제 ★★★

엘리베이터 카의 자체 점검 항목 중 카 문의 점검 내용이 아닌 것은?
① 문짝과 문짝, 문틀 또는 문턱 사이의 틈새
② 카 문턱과 승강장 문턱 사이의 거리
❸ 승강장의 층 표시 상태
④ 문의 개폐 방식이 조합된 경우 문간 틈새

[해설]
③은 승강장 점검 내용임

점검 항목	점검 내용	점검 방법	점검 주기 (회/월)
카 상부	비상등의 조도 및 작동 상태	측정	1/1
	보호난간의 고정 상태 및 청결 상태	육안	1/3
카 문	문짝과 문짝, 문틀 또는 문턱 사이의 틈새	측정	1/1
	어린이 손끼임방지 수단 설치 상태	측정	1/1
	카 문턱과 승강장 문턱사이의 거리	측정	1/3
	문의 개폐 방식이 조합된 경우 문간 틈새	측정	1/3
	카문 및 관련 부품의 설치 및 작동 상태	육안	1/1
승강장 문 및 카 문의 시험	문닫힘안전장치의 설치 및 작동 상태	시험	1/1
	문 열림버튼의 작동 상태	시험	1/1
	문 벌어짐 틈새의 설치 상태	시험	1/1
	승강장 점등 상태 및 조도	시험	1/1
	승강장 문 비상해제장치 작동 상태	시험	1/1
	승강장 문닫힘 확인장치 설치 및 작동 상태	시험	1/1
	승강장 문 잠금장치 설치 및 작동 상태	시험	1/1
	카 문 잠금장치 설치 및 작동 상태	시험	1/1
	카 문닫힘 확인장치 설치 및 작동 상태	시험	1/1
	수동개폐식 문의 "카 있음" 표시	육안	1/6
승강장	승강장의 층 표시 상태	육안	1/1
	승강장 호출버튼의 작동 상태	시험	1/1

4. 매다는 장치, 보상수단, 제동 및 권상

핵심문제 ★★★

엘리베이터 자체 점검 항목 중 매다는 장치의 로프(벨트) 점검 내용이 아닌 것은?
❶ 매다는 장치의 이완감지 작동 상태
② 로프(벨트)의 마모 및 파단 상태
③ 로프(벨트) 단말부의 고정 및 설치 상태
④ 로프(벨트) 간 장력 균등 상태

[해설]
①은 이완감지 점검 내용임

점검 항목	점검 내용	점검 방법	점검 주기 (회/월)
(1) 매다는 장치			
로프(벨트)	로프(벨트)의 마모 및 파단 상태	측정	1/3
	로프(벨트) 단말부의 고정 및 설치 상태	육안	1/3
	로프(벨트) 간 장력 균등 상태	시험	1/3
체인	체인의 결합 상태(핀, 링크 등)	육안	1/3
	체인 끝 부분의 지지대 고정 상태	육안	1/3
	체인 간 장력 균등 상태	시험	1/3
(2) 이완감지	매다는 장치의 이완감지 작동 상태	시험	1/1

점검 항목	점검 내용	점검 방법	점검 주기 (회/월)
(3) 보상수단	보상수단의 고정 및 설치 상태	육안	1/3
	인장 또는 튀어오름 방지장치의 설치 상태	육안	1/3
(4) 권상/제동	권상도르래의 마모 상태	측정	1/1
	브레이크의 권상/제동 상태	시험	1/1
	브레이크 및 관련 부품의 설치 및 작동 상태	육안	1/1

5. 안전회로

점검 항목	점검 내용	점검 방법	점검 주기 (회/월)
안전접점 및 회로	파이널 리밋 스위치의 설치 및 작동 상태	시험	1/1
	정지장치의 설치 및 작동 상태	시험	1/1
	강제감속장치의 설치 및 작동 상태	시험	1/1
	전기안전장치 작동 상태	시험	1/1

6. 카 및 균형추의 추락방지안전장치와 과속에 대한 보호

점검 항목	점검 내용	점검 방법	점검 주기 (회/월)
카 추락방지 안전장치	추락방지안전장치 설치 및 작동 상태	시험	1/1
	추락방지안전장치 작동 시 카의 수평도	측정	1/3
	전기안전장치 설치 및 작동 상태	시험	1/1
카 측 과속조절기	과속조절기 전기안전장치 작동 상태	시험	1/1
	인장 풀리 설치 상태	육안	1/1
	로프 마모 및 파단 상태	측정	1/3
균형추(평형추) 추락방지안전장치	균형추(평형추) 추락방지안전장치 설치 및 작동 상태	시험	1/1
균형추/평형추 과속조절기	과속조절기 전기안전장치 작동 상태	시험	1/1
	인장 풀리 설치 상태	육안	1/1
	로프 마모 및 파단 상태	측정	1/3

핵심문제 ★★★

엘리베이터 자체 점검 항목 중 카 추락방지안전장치 점검 내용이 아닌 것은?

① 추락방지안전장치 설치 및 작동 상태
❷ 과속조절기 전기안전장치 작동 상태
③ 추락방지안전장치 작동 시 카의 수평도
④ 전기안전장치 설치 및 작동 상태

해설
②는 카 측 과속조절기 점검 내용임

핵심문제 ★★★

엘리베이터 자체 점검 항목 중 카 측 과속조절기 점검 내용이 아닌 것은?

① 과속조절기 전기안전장치 작동 상태
② 인장 풀리 설치 상태
❸ 전기안전장치 설치 및 작동 상태
④ 로프 마모 및 파단 상태

해설
③은 카 추락방지안전장치 점검 내용임

점검 항목	점검 내용	점검 방법	점검 주기 (회/월)
멈춤 쇠 장치	멈춤 쇠 장치 설치 및 작동 상태	시험	1/1
	멈춤 쇠 장치와 각 층의 지지대 설치 상태	시험	1/1
전기적 크리핑 방지시스템	전기적 크리핑 방지시스템의 작동 상태	시험	1/1
카의 상승과속 방지장치	상승과속방지장치 설치 및 작동 상태	시험	1/1
	상승과속방지장치 전기안전장치 작동 상태	시험	1/1
카의 문열림출발 방지장치	문열림출발방지장치 설치 및 작동 상태	시험	1/1
	문열림출발방지장치 전기안전장치 작동 상태	시험	1/1

7. 주행성능 측정

점검 항목	점검 내용	점검 방법	점검 주기 (회/월)
일반적인 주행시험	카의 주행 속도	측정	1/3
	승강장에 정지 시 착상정확도	측정	1/1
유압 시스템의 점검	유압 시스템 관련 밸브 설치 및 작동 상태	시험	1/1
	로프, 체인 이완감지장치 설치 및 작동 상태	시험	1/1
	유압유의 온도감지장치 작동 상태	육안	1/1
	유압탱크 설치 상태 및 유량 상태	육안	1/6
	배관, 밸브 등의 이음/고정 및 부식/누유 상태	육안	1/1
	수동 펌프 설치 및 작동 상태	시험	1/1
	소화설비 비치 및 표기 상태	육안	1/6
	잭 및 관련 부품의 설치 및 작동 상태	시험	1/1

핵심문제 ★★★

엘리베이터 자체 점검 항목에서 유압시스템의 점검 내용 중 점검 주기가 가장 긴 것은?

① 유압 시스템 관련 밸브 설치 및 작동 상태
② 로프, 체인 이완감지장치 설치 및 작동 상태
❸ 유압탱크 설치 상태 및 유량 상태
④ 유압유의 온도감지장치 작동 상태

[해설]
• 유압 시스템 관련 밸브 설치 및 작동 상태(1회/1개월, 시험점검)
• 로프, 체인 이완감지장치 설치 및 작동 상태(1회/1개월, 시험점검)
• 유압탱크 설치 상태 및 유량 상태(1회/6개월, 육안점검)
• 유압유의 온도감지장치 작동 상태(1회/1개월, 육안점검)

8. 보호장치

점검 항목	점검 내용	점검 방법	점검 주기 (회/월)
전동기의 보호	전동기 과열보호장치 작동 상태	시험	1/3
전동기 구동시간 제한장치	전동기 구동시간 제한장치 작동 상태	시험	1/3
조명 및 콘센트의 보호	조명 및 콘센트의 과전류 보호 상태	시험	1/3

9. 전기적 보호

점검 항목	점검 내용	점검 방법	점검 주기 (회/월)
접지에 의한 절연저항	전동기 및 조명의 절연저항	측정	1/1
전기배선	전기배선(이동케이블 등) 설치 및 손상 상태	육안	1/3
전기배선	모든 접지선의 연결 상태	육안	1/3
전기배선	카 문 및 승강장 문의 바이패스 기능	시험	1/3

10. 장애인용 엘리베이터 추가요건

점검 항목	점검 내용	점검 방법	점검 주기 (회/월)
승강장의 공간	승강장 문턱과 카 문턱 사이의 거리	측정	1/3
조작설비	호출버튼, 조작반, 통화장치 등의 작동 상태	시험	1/1
조작설비	조작반, 통화장치 등에 점자표시 여부	육안	1/3
기타 설비	손잡이, 거울 등의 설치 상태	육안	1/3
기타 설비	신호장치, 표시장치 등의 작동 상태	시험	1/1
기타 설비	문열림 대기시간	측정	1/1
기타 설비	카 내 및 승강장의 조명 점등 상태 및 조도	측정	1/3

핵심문제 ★★★

엘리베이터 자체 점검 항목 중 전기적 보호의 전기배선 점검 내용이 아닌 것은?

① 전기배선(이동케이블 등) 설치 및 손상 상태
❷ 전동기 및 조명의 절연저항
③ 모든 접지선의 연결 상태
④ 카 문 및 승강장 문의 바이패스 기능

해설
②는 접지에 의한 절연저항 점검 내용임

> **핵심문제** ★★★
>
> 엘리베이터 자체 점검 항목 중 소방구조용 엘리베이터의 제어 시스템 점검 내용이 아닌 것은?
> ① 소방운전 스위치의 설치 및 작동 상태
> ② 소방운전 작동 시 안전장치 작동 상태
> ❸ 모든 출입구마다 정지되는지 여부
> ④ 소방통화시스템의 작동 상태
>
> [해설]
> ③은 건축물의 요건 점검 내용임

11. 소방구조용 엘리베이터 추가요건

점검 항목	점검 내용	점검 방법	점검 주기 (회/월)
건축물의 요건	모든 출입구마다 정지되는지 여부	시험	1/3
전기장치의 물에 대한 보호	피트 침수 방지수단 설치 및 작동 상태	육안	1/3
소방관의 구출	카 외부 구출수단	육안	1/3
	자체 구출수단	육안	1/3
제어 시스템	소방운전 스위치의 설치 및 작동 상태	시험	1/3
	소방운전 작동 시 안전장치 작동 상태	시험	1/3
	1단계, 2단계 소방운전 시 작동 상태	시험	1/3
	소방통화시스템의 작동 상태	시험	1/3

12. 피난용 엘리베이터 추가요건

점검 항목	점검 내용	점검 방법	점검 주기 (회/월)
건축물의 요건	통제자의 직접 조작 여부	시험	1/3
전기장치의 물에 대한 보호	피트 침수 방지수단 설치 및 작동 상태	육안	1/3
탑승자의 구출	카 외부 구출수단	육안	1/3
	자체 구출수단	육안	1/3
제어 시스템	피난운전 스위치의 설치 및 작동 상태	시험	1/3
	피난운전 스위치 작동 시 엘리베이터 관련 설비의 작동 상태	시험	1/3
	피난통화시스템 작동 상태 적합성	시험	1/3

SECTION 02 에스컬레이터(무빙워크) 자체 점검기준

1. 일반사항

점검 항목	점검 내용	점검 방법	점검 주기 (회/월)
안전표시	사용표지판 및 안내문 등 표시 상태	육안	1/3
수동핸들 지침	수동핸들의 사용지침서 비치 상태	육안	1/3
	수동핸들의 운행 방향 표시 상태	육안	1/3

점검 항목	점검 내용	점검 방법	점검 주기 (회/월)
기계류 접근 출입문 안내	구동 및 순환장소 출입문 안내문구의 표시 상태	육안	1/3
추락방지안전장치 표시	추락방지안전장치의 표시 상태	육안	1/3
유지보수 및 점검 중 접근 방지 수단	유지보수 등을 위한 접근방지수단의 비치 상태	육안	1/3
운행 방향 표시 장치	운행 방향 표시장치의 설치 및 작동 상태	육안	1/1

> **핵심문제** ★★★
> 에스컬레이터 자체 점검 항목 중 1개월에 1회 점검해야 하는 항목은?
> ① 안전표시
> ② 추락방지안전장치 표시
> ③ 미끄럼 방지장치
> ❹ 운행 방향 표시장치
>
> [해설]
> ① 안전표시(1회/3개월, 육안점검)
> ② 추락방지안전장치 표시(1회/3개월, 육안점검)
> ③ 미끄럼 방지장치(1회/3개월, 측정점검)

2. 주변장치

점검 항목	점검 내용	점검 방법	점검 주기 (회/월)
접근금지 장치	접근금지 장치의 설치 및 고정 상태	측정	1/3
미끄럼 방지장치	미끄럼 방지장치의 설치 및 고정 상태	측정	1/3
인접한 손잡이 및 장애물로부터의 보호	막는 조치 및 안전보호판 설치 상태	측정	1/1
	수직 디플렉터 설치 상태	육안	1/1
승강장 공간	출구 자유공간의 확보여부	측정	1/6
	진입방지대, 고정 안내 울타리 등의 설치 상태	측정	1/6
방화셔터 인근의 에스컬레이터	에스컬레이터와 방화셔터의 연동 작동 상태	시험	1/6
연속되는 에스컬레이터 사이 공간	에스컬레이터/무빙워크 사이의 공간이 충분하지 않은 경우, 추가 추락방지안전장치의 작동 상태	육안	1/3
손잡이 바깥쪽 건물난간	승강장 추락위험 예방조치의 설치 및 고정 상태	측정	1/1
조명	콤 교차점 바닥에서의 조도	육안	1/1
	구동·순환 장소 및 기기 공간의 조명 점등 상태 및 조도	측정	1/3

3. 조명, 절연 및 접지

점검 항목	점검 내용	점검 방법	점검 주기 (회/월)
조명 절연저항	조명 관련 절연저항값	측정	1/1
접지 연속	제어반 접지 상태	육안	1/3
	정전기 방지조치	육안	1/3

4. 틈새

점검 항목	점검 내용	점검 방법	점검 주기 (회/월)
디딤판 주행안내	주행안내 시스템의 설치 상태	측정	1/1
디딤판	연속되는 2개의 스텝/팔레트의 틈새	측정	1/1
	디딤판과 스커트 각 측면의 틈새	측정	1/1
	트레드 홈의 설치 상태	측정	1/1
손잡이	손잡이 측면과 가이드 측면 사이의 틈새	측정	1/3
	손잡이의 설치 상태	측정	1/3

5. 전기안전장치

점검 항목	점검 내용	점검 방법	점검 주기 (회/월)
유지점검/보수용 정지스위치	구동 및 순환장소의 정지스위치 설치 및 작동 상태	시험	1/1
승강장의 추락방지안전장치	정지스위치 설치 상태 및 작동 상태	시험	1/1
과부하	전류/온도 증가 시 전동기 전원 차단 상태	시험	1/1
안전장치의 감지	과속 감지의 작동 상태	시험	1/1
	의도되지 않은 운행 방향 역전 감지의 작동 상태	시험	1/1
	보조 브레이크 미-작동 감지의 작동 상태	시험	1/1
	디딤판을 직접 구동하는 부품의 파손 또는 늘어짐 감지의 작동 상태	시험	1/1
	디딤판체인 인장장치의 움직임 감지의 작동 상태	시험	1/1

핵심문제 ★★★

에스컬레이터의 자체 점검 항목 중 전기안전장치의 안전장치의 감지 점검 내용이 아닌 것은?

❶ 전류/온도 증가 시 전동기 전원차단 상태
② 과속 감지의 작동 상태
③ 의도되지 않은 운행 방향 역전 감지의 작동 상태
④ 디딤판을 직접 구동하는 부품의 파손 또는 늘어짐 감지의 작동 상태

[해설]
①은 과부하에 해당하는 점검 내용임

점검 항목	점검 내용	점검 방법	점검 주기 (회/월)
안전장치의 감지	콤 끼임 감지의 작동 상태	시험	1/1
	연속되는 에스컬레이터/무빙워크의 정지 감지의 작동 상태	시험	1/1
	손잡이 인입구 끼임 감지의 작동 상태	시험	1/1
	스텝/팔레트 처짐 감지의 작동 상태	시험	1/1
	스텝/팔레트 누락 감지의 작동 상태	시험	1/1
	주 브레이크 미-작동 감지의 작동 상태	시험	1/1
	손잡이의 속도 편차 감지의 작동 상태	시험	1/1
	점검용 덮개 열림 감지의 작동 상태	시험	1/1
	수동핸들의 설치 감지의 작동 상태	시험	1/1
	유지보수 정지장치 감지의 작동 상태	시험	1/1
	점검운전 제어반에서 정지장치의 작동 감지	시험	1/1
	쇼핑 카트 및 수하물 카트 접근 방지를 위한 이동식 진입방지대 감지장치의 작동 상태	시험	1/1

6. 운전장치

점검 항목	점검 내용	점검 방법	점검 주기 (회/월)
점검운전 제어반	작동 및 운행 방향 표시 상태	육안	1/3
	이동케이블 연결 콘센트의 설치 상태	육안	1/3
수동 기동운전	작동 및 운행 방향 표시 상태	시험	1/3
자동 기동운전 - 미리 정해진 방향으로 기	준비운전에 의한 자동 기동 작동 상태	시험	1/1
	시각 신호시스템(표시)의 작동 상태	육안	1/1
	반대 방향 출입 감지의 작동 상태	시험	1/1
	승강장의 이용자를 감지하는 수단의 작동 상태	육안	1/1

> **핵심문제** ★★★
>
> 에스컬레이터 자체 점검 항목 중 운전장치의 점검 내용이 아닌 것은?
>
> ① 작동 및 운행 방향 표시 상태
> ② 이동케이블 연결 콘센트의 설치 상태
> ❸ 점검용 덮개 열림 감지의 작동 상태
> ④ 준비운전에 의한 자동 기동 작동 상태
>
> **해설**
> ③은 전기안전장치의 점검 내용임

7. 디딤판, 손잡이, 난간 및 주변보호

점검 항목	점검 내용	점검 방법	점검 주기 (회/월)
디딤판 주행	디딤판과 구조 부품과의 간섭 여부	육안	1/1
손잡이 주행	손잡이와 구조 부품과의 간섭 여부	육안	1/1
끼임방지수단	스커트 디플렉터 설치 상태	육안	1/3
추락방지수단	기어오름 방지장치 설치 상태	육안	1/1
추락방지수단	접근금지 장치 설치 상태	육안	1/1
추락방지수단	미끄럼 방지장치 설치 상태	육안	1/1
쇼핑카트	진입방지를 위한 접근방지대 설치 상태	육안	1/1
옥외용 추가요건	지지설비의 부식 상태	육안	1/6
옥외용 추가요건	강수에 대한 보호조치 설치 및 작동 상태	육안	1/6
옥외용 추가요건	난방시스템의 작동 상태	육안	1/6
옥외용 추가요건	배수 및 정화시설의 작동 상태	육안	1/6
옥외용 추가요건	야간조명의 작동 상태	육안	1/6

> **핵심문제** ★★★
> 에스컬레이터 자체 점검 항목 중 추락방지수단의 점검 내용이 아닌 것은?
> ❶ 난방시스템의 작동 상태
> ② 기어오름 방지장치 설치 상태
> ③ 접근금지 장치 설치 상태
> ④ 미끄럼 방지장치 설치 상태
>
> [해설]
> ①은 옥외용 추가요건 점검 내용임

8. 주행성능 및 정지거리

점검 항목	점검 내용	점검 방법	점검 주기 (회/월)
속도, 전류 및 정지거리	무부하 상태의 디딤판 및 손잡이의 속도 및 전류 정지거리의 적합성	시험	1/1
보조 브레이크	보조 브레이크의 설치 및 작동 상태	시험	1/1

SECTION 03 소형 화물용 엘리베이터 자체 점검기준

1. 기계실

점검 항목	점검 내용	점검 방법	점검 주기 (회/월)
주개폐기	설치 및 작동 상태	육안	1/6
접근 및 출입	구동기 및 관련 설비의 접근 및 출입 상태	육안	1/3
안전표시	주의사항 부착 및 표시 상태	육안	1/3
누수	누수 및 청결 상태	육안	1/3

점검 항목	점검 내용	점검 방법	점검 주기 (회/월)
비상운전	수동비상운전 수단의 설치 및 작동 상태	시험	1/1
감속기	윤활유의 유량 및 노후 상태	육안	1/3
	감속기 및 관련 부품의 노후 및 작동 상태	육안	1/1
도르래	도르래 및 관련 부품의 마모 및 노후 상태	육안	1/3
전동기	전동기 및 관련 부품의 노후 및 작동 상태	육안	1/1
기계실의 내부	용도 이외의 설비 비치 여부	육안	1/3
	출입문의 설치 및 잠금 상태	육안	1/6
	조명의 점등 상태 및 조도	측정	1/3
	콘센트의 설치 상태	육안	1/3
	양중용 지지대 및 고리에 허용하중 표시 상태	육안	1/6

2. 승강로

점검 항목	점검 내용	점검 방법	점검 주기 (회/월)
피트 내 장치	기계적인 장치의 작동 상태	시험	1/1
틈새 및 여유거리	카 및 균형추 주행안내 레일 여유길이 확보 상태	측정	1/6
완충기	카 측 및 균형추 측 완충기의 고정 상태	시험	1/6
승강로 내의 보호	밀폐식 승강로의 개구부 등 설치 상태	육안	1/6
	균형추(평형추) 칸막이 설치 상태	육안	1/6
	도르래, 풀리 및 스프라켓의 보호 조치 상태	육안	1/3
	승강로의 벽, 바닥 및 천장 등의 상태	육안	1/6
	타 설비 등의 비치 여부	육안	1/6
	점검문 설치 상태	육안	1/3
승강장 문	문짝과 문짝, 문틀 또는 문턱 사이 틈새	육안	1/1
	자동동력 작동식 문의 표면 함몰/돌출 상태	측정	1/3
주행안내 레일	카, 균형추(평형추) 주행안내 레일의 고정 상태	육안	1/6

핵심문제 ★★★

소형 화물용 엘리베이터 자체 점검 항목 중 기계실의 점검 내용이 아닌 것은?

❶ 카 측 및 균형추 측 완충기의 고정 상태
② 누수 및 청결 상태
③ 전동기 및 관련 부품의 노후 및 작동 상태
④ 출입문의 설치 및 잠금 상태

해설
①은 승강로 완충기의 점검 내용임

핵심문제 ★★★

소형 화물용 엘리베이터 자체 점검 항목 중 승강로의 점검 항목이 아닌 것은?

① 피트 내 장치
② 완충기 고정 상태
③ 승강장 문의 틈새
❹ 양중용 지지대 허용하중 표시 상태

3. 카, 점검운전 및 접근허용

점검 항목	점검 내용	점검 방법	점검 주기 (회/월)
카	카의 재질 및 변형 상태	육안	1/1
	에이프런의 설치 상태	육안	1/3
	자동 받침대 문턱이 설치된 경우 작동 상태	육안	1/3
	승강로 벽과 충돌방지 수단의 설치 상태	육안	1/1
카 문	문닫힘의 설치 상태	육안	1/1
승강장 문 및 카 문의 시험	문닫힘안전장치가 설치된 경우 작동 상태	시험	1/1
	문 틈새의 설치 상태	측정	1/3
	승강장 점등 상태 및 조도	측정	1/3
	비상해제장치 작동 상태	시험	1/3
	수직 개폐식 문 현수의 작동 상태	시험	1/3
	닫힘을 입증하는 전기장치의 작동 상태	시험	1/1
	기계적 잠금장치의 작동 상태	시험	1/1
	카 문 잠금장치 작동 상태	시험	1/1
	수동식문의 경우 "카 있음" 표시	육안	1/6

4. 매다는 장치, 제동 및 권상

1) 매다는 장치

점검 항목	점검 내용	점검 방법	점검 주기 (회/월)
로프 (벨트)	로프(벨트) 마모 및 파단 상태	측정	1/3
	로프(벨트) 단말부의 고정 및 설치 상태	육안	1/3
	로프(벨트) 간 장력 균등 상태	육안	1/3
체인	체인의 결합 상태(핀, 링크 등)	육안	1/3
	체인 끝부분의 지지대 체결 상태	육안	1/3
	체인 간 장력 균등 상태	육안	1/3
이완	매다는 장치의 이완감지 작동 상태	육안	1/1

2) 제동 및 권상

점검 항목	점검 내용	점검 방법	점검 주기 (회/월)
권상 /제동	권상도르래의 마모 상태	시험	1/1
	브레이크 권상/제동 상태	시험	1/1
	브레이크 및 관련 부품의 설치 및 작동 상태	시험	1/1

핵심문제 ★★★

소형 화물용 엘리베이터 자체 점검 항목 중 권상 및 제동부의 점검 내용이 아닌 것은?
① 권상도르래의 마모 상태
❷ 로프(벨트) 마모 및 파단 상태
③ 브레이크 권상/제동 상태
④ 브레이크 및 관련 부품의 설치 및 작동 상태

[해설]
②는 매다는 장치의 점검 내용임

5. 안전회로

점검 항목	점검 내용	점검 방법	점검 주기 (회/월)
안전접점 및 회로	파이널 리밋 스위치의 작동 상태	시험	1/1
	정지장치의 설치 및 작동 상태	시험	1/1
	전기안전장치 작동 상태	시험	1/1

> **핵심문제** ★★★
>
> 소형 화물용 엘리베이터 자체 점검 항목 중 안전접점 및 회로의 점검 내용이 아닌 것은?
>
> ① 파이널 리밋 스위치의 작동 상태
> ② 정지장치의 설치 및 작동 상태
> ③ 전기안전장치 작동 상태
> ❹ 과속조절기 전기안전장치 작동 상태
>
> **해설**
> ④는 카 측 과속조절기의 점검 내용임

6. 카 및 균형추의 추락방지안전장치와 과속에 대한 보호

점검 항목	점검 내용	점검 방법	점검 주기 (회/월)
카 추락방지 안전장치	추락방지안전장치 설치 및 작동 상태	시험	1/1
	전기안전장치 설치 및 작동 상태	시험	1/1
카 측 과속조절기	과속조절기 전기안전장치 작동 상태	시험	1/1
	로프 마모 및 파단 상태	측정	1/6
균형추(평형추) 추락방지안전장치	균형추(평형추) 추락방지안전장치 설치 및 작동 상태	시험	1/1
균형추/균형추 측 과속조절기	과속조절기 전기안전장치 작동 상태	시험	1/1
	로프 마모 및 파단 상태	측정	1/6
멈춤쇠장치	멈춤 쇠 장치의 작동 상태	시험	1/3
전기적 크리핑 방지시스템	전기적 크리핑 방지시스템의 작동 상태	시험	1/1

7. 주행성능 측정

점검 항목	점검 내용	점검 방법	점검 주기 (회/월)
일반적인 주행시험	카의 주행 속도	시험	1/3
유압시스템의 점검	유압시스템 관련 밸브 설치 및 작동 상태	시험	1/1
	로프 또는 체인 이완감지장치 작동 상태	시험	1/1
	유압유의 온도감지장치의 작동 상태	시험	1/3
	배관, 밸브 등의 이음 및 누유 상태	육안	1/1
	유압탱크 설치 상태 및 유량의 적정성	육안	1/6
	잭 및 관련 부품의 설치 및 작동 상태	육안	1/3

> **핵심문제** ★★★
>
> 소형 화물용 엘리베이터 자체 점검 항목 중 보호장치의 점검 내용이 아닌 것은?
>
> ① 전동기 보호장치의 작동 상태
> ❷ 전기배선(이동케이블 등) 설치 및 손상 상태
> ③ 전동기 구동시간 제한장치 작동 상태
> ④ 조명 및 콘센트 과전류 보호 상태
>
> [해설]
> ②는 전기적 보호의 전기배선 점검 내용임

8. 보호장치

점검 항목	점검 내용	점검 방법	점검 주기 (회/월)
전동기의 보호	전동기 보호장치의 작동 상태	시험	1/3
전동기 구동시간 제한장치	전동기 구동시간 제한장치 작동 상태	시험	1/3
조명 및 콘센트의 보호	조명 및 콘센트 과전류 보호 상태	시험	1/3

9. 전기적 보호

점검 항목	점검 내용	점검 방법	점검 주기 (회/월)
절연저항	전동기 및 조명의 절연저항 상태	측정	1/1
전기배선	전기배선(이동케이블 등) 설치 및 손상 상태	육안	1/3
전기배선	모든 접지선의 연결 상태	육안	1/3

CHAPTER 02 승강기 재료의 특성

1. 하중

물체의 무게 또는 물체에 작용하는 외부의 힘을 말하며, 하중의 종류는 다음과 같음

1) 시간에 따른 하중의 분류

종류		특징
정하중		정지 상태의 하중으로 속도가 변하지 않음
동하중	충격하중	짧은 시간에 가해지는 하중
	반복하중	크기와 방향이 일정하게 반복되는 하중
	교번하중	크기와 방향이 변하면서 반복되는 하중

> **핵심문제** ★★★
> 다음 중 동하중의 분류가 아닌 것은?
> ① 충격하중　② 반복하중
> ❸ 전단하중　④ 교번하중
> **[해설]** 시간에 따른 하중
> • 정하중
> • 동하중(충격하중, 반복하중, 교번하중)

2) 분포 상태에 따른 하중의 분류

종류	특징
집중하중	좁은 면적에 집중적으로 작용하는 하중
분포하중	넓은 면적에 분포하여 작용하는 하중

3) 작용 상태에 따른 분류

종류	특징
인장하중	물체의 방향으로 늘어나게 하는 하중
압축하중	물체를 누르는 하중
전단하중	물체를 가위로 자르는 방향의 하중
휨하중	물체가 휘어지도록 작용하는 하중
비틀림하중	물체가 비틀어지도록 작용하는 하중
좌굴하중	기둥에 가한 압력에 의해 굽힘이 일어나는 하중

> **핵심문제** ★★★
> 다음 중 작용 상태에 따른 하중의 분류가 아닌 것은?
> ① 인장하중　② 전단하중
> ③ 비틀림하중　❹ 교번하중
> **[해설]** 작용 상태에 따른 하중
> • 인장하중　• 압축하중
> • 전단하중　• 휨하중
> • 비틀림하중　• 좌굴하중

2. 응력

외부에서 가해지는 힘에 대한 물체 내부의 저항력

1) 응력의 종류

인장응력, 압축응력, 전단응력, 굽힘응력, 비틀림응력

핵심문제 ★★★
다음 중 응력의 단위로 바른 것은?
① kg/cm² ② kg/cm
③ kg·cm ④ kg

해설 응력
외부에서 가해지는 힘에 대한 물체 내부의 저항력
$\sigma = \dfrac{P[\text{kg}]}{A[\text{cm}^2]}$

핵심문제 ★★★
다음 중 변형률의 종류가 아닌 것은?
① 가로변형률 ② 세로변형률
❸ 인장변형률 ④ 전단변형률

해설 변형률의 종류
가로변형률, 세로변형률, 전단변형률

핵심문제 ★★★
높이 50mm의 봉이 인장하중을 받아 0.004의 변형률이 생겼다고 가정하면, 이 봉의 길이는 얼마인가?
① 48.8mm ② 49.8mm
❸ 50.2mm ④ 51.2mm

해설 변형률
변형된 길이와 원래 길이와의 비
• 인장길이 = 50 × 0.004 = 0.2mm
• 총길이 = 50 + 0.2 = 50.2mm

핵심문제 ★★★
훅의 법칙에서 응력을 제거하면 원래로 돌아오는 구간은?
❶ 탄성한계 ② 비례한계
③ 항복점 ④ 종국응력

핵심문제 ★★★
훅의 법칙을 바르게 표현한 식은?
(단, 탄성계수 : E, 변형률 : ε)
❶ $\sigma = E \cdot \varepsilon$ ② $\sigma = \dfrac{E}{\varepsilon}$
③ $\sigma = \dfrac{\varepsilon}{E}$ ④ $\sigma = T \cdot \varepsilon$

---

2) 응력 관계식

$$\sigma = \dfrac{P[\text{kg}]}{A[\text{cm}^2]}$$

여기서, σ : 응력(kg/cm²)
P : 축하중(kg)
A : 단면적(cm²)

3. 변형률
재료에 하중이 가해지면 재료는 변형(늘어나거나 줄어든다)되며, 이 변형량을 원래의 길이로 나눈 값을 말함

1) 변형률의 종류
가로변형률, 세로변형률, 전단변형률

2) 변형률 관계식

$$변형률 = \dfrac{변형된\ 길이}{원래\ 길이}$$

3) 훅의 법칙(Hooke's Law)
① 비례한도 내에서는 응력과 응력에 의해 생기는 변형률은 비례함
  ㉠ 탄성한계 : 응력을 제거하면 원래로 돌아오는 구간
  ㉡ 비례한계 : 응력과 변형률 사이 비례관계가 성립하는 최대점
  ㉢ 항복점 : 응력을 제거해도 변형이 남아 있는 구간
  ㉣ 종국응력 : 재료가 파단되기 전 견디는 최대 응력
  ㉤ 파괴점 : 재료가 파괴되는 지점

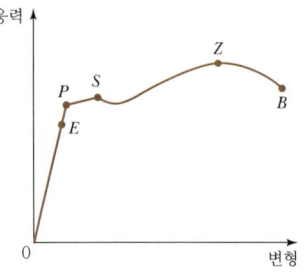

E : 탄성한계
P : 비례한계
S : 항복점
Z : 종국응력(인장 최대하중)
B : 파괴점(재료에 따라서는 E와 P가 일치)

| 응력-변형률 곡선 |

② 관계식

$$응력도(\sigma) = 탄성계수(E) \times 변형률(\varepsilon)$$

4) 푸아송 비

① 재료에 어느 방향으로든 수직 변형력을 작용시키면, 그 방향에 세로 변형과 동시에 가로 변형이 생기는데, 이들 사이의 비를 말함
② 관계식

$$\text{푸아송 비} = \frac{\text{가로변형률}}{\text{세로변형률}}$$

4. 탄성과 소성

① 탄성 : 외력을 받아 변형된 물체가 그 외력을 제거하면, 원래의 모양으로 되돌아가는 성질
② 소성 : 외력을 제거한 후에도 영구 변형이 남게 되어 본래의 모양으로 되돌아가지 않는 성질

5. 안전율

① 재료의 파단강도와 허용응력의 비로, 외부의 하중에 견딜 수 있는 정도를 수치화한 것
② 관계식

$$\text{안전율} = \frac{\text{인장(파단)강도}}{\text{허용응력}}$$

③ 와이어로프의 안전율 관계식

$$\text{안전율} = \frac{\text{로프 가닥 수} \times \text{파단강도}}{\text{허용하중}}$$

핵심문제 ★★★

다음에서 푸아송 비를 바르게 표현한 식은?

① $\dfrac{\text{세로변형률}}{\text{가로변형률}}$ ❷ $\dfrac{\text{가로변형률}}{\text{세로변형률}}$
③ $\dfrac{\text{가로변형률}}{\text{부피변형률}}$ ④ $\dfrac{\text{세로변형률}}{\text{부피변형률}}$

해설 푸아송 비
가로 방향 변형률과 세로 방향 변형률의 비

핵심문제 ★★★

다음에서 안전율을 바르게 표현한 식은?

① $\dfrac{\text{허용응력}}{\text{인장강도}}$ ② $\dfrac{\text{허용응력}}{\text{단면적}}$
❸ $\dfrac{\text{인장강도}}{\text{허용응력}}$ ④ $\dfrac{\text{단면적}}{\text{허용응력}}$

해설 안전율
재료의 파단강도와 허용응력의 비

CHAPTER 03 승강기 기계요소별 구조 및 원리

>>> 링크 구성 및 운동

- 크랭크 : 회전운동
- 레버 : 요동운동
- 슬라이더 : 미끄럼운동
- 고정 링크 : 고정

핵심문제 ★★★

4절 링크의 구성요소가 아닌 것은?

① 크랭크   ② 레버
③ 슬라이더   ❹ 베어링

[해설] **링크의 구성요소**
크랭크, 레버, 슬라이더, 고정 링크

핵심문제 ★★★

링크 구성요소의 운동으로 틀린 것은?

① 크랭크 : 회전운동
❷ 레버 : 원운동
③ 슬라이더 : 미끄럼운동
④ 고정 링크 : 고정

[해설]
② 레버 : 요동운동

핵심문제 ★★★

다음 중 평면 캠이 아닌 것은?

① 판 캠   ② 홈 캠
❸ 구면 캠   ④ 직동 캠

[해설]
- 평면 캠 : 판 캠, 홈 캠, 확동 캠, 직동 캠
- 입체 캠 : 경사판 캠, 원통 캠, 원뿔 캠, 구면 캠

1. 링크(Link) 기구

① 다수의 막대를 핀으로 연결하고 회전할 수 있도록 만든 기구
② 크랭크, 레버, 슬라이더, 고정 링크로 구성

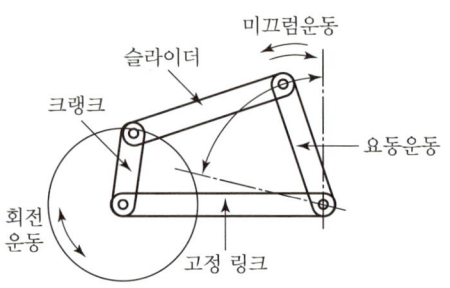

| 4절 링크 기구 |

2. 캠(Cam) 기구

캠은 회전운동을 직선운동, 왕복운동, 진동 등으로 변환하는 장치로 평면 캠과 입체 캠이 있음

① **평면 캠** : 판 캠, 홈 캠, 확동 캠, 직동 캠
② **입체 캠** : 경사판 캠, 원통 캠, 원뿔 캠, 구면 캠

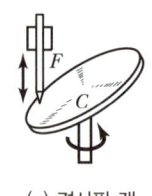 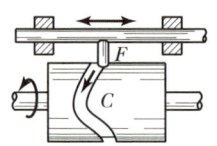

(a) 경사판 캠   (b) 원통 캠

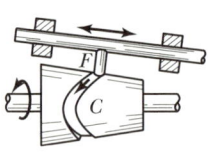 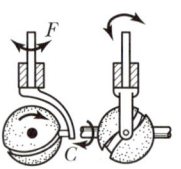

(c) 원뿔 캠   (d) 구면 캠

| 입체 캠의 종류 |

3. 도르래(활차)

도르래는 로프를 사용하여 힘의 방향을 바꾸거나 큰 힘을 얻을 수 있게 구성한 장치

1) 단활차

도르래를 한 개만 사용한 것으로 정활차와 동활차가 있음

① 정활차(고정 도르래) : 힘의 방향만 바꿈
② 동활차(움직 도르래) : 1/2의 힘으로 하중을 위로 올릴 수 있음

$$하중 \quad W = F \times 2$$

여기서, W : 하중(kg), F : 인장력(kg)

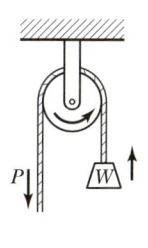
(a) 정활차

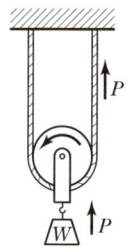
(b) 동활차

❘ 단활차 ❘

2) 복활차

정활차와 동활차를 조합하여 작은 힘으로 몇 배의 큰 하중도 들어 올릴 수 있음

$$하중 \quad W = F \times 2^n$$

여기서, W : 하중(kg), F : 인장력(kg), n : 동활차의 수

4. 기어

회전축 사이에 회전이나 동력을 전달하기 위해 축에 끼운 원판 모양의 회전체에 같은 간격의 이를 만들어 서로 물리면서 회전하여 미끄럼이나 에너지의 손실 없이 운동이나 동력을 전달할 수 있는 기계장치

1) 기어의 특징

① 동력 전달이 확실함
② 정밀도가 높음
③ 기계적 강도가 큼
④ 호환성이 높음

핵심문제 ★★★

다음 도르래의 힘과의 크기 및 방향에 대한 설명으로 옳은 것은?

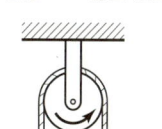

❶ 힘의 방향 변환, 힘의 크기는 $F = W$
② 힘의 방향 변환, 힘의 크기는 $F = \dfrac{W}{2}$
③ 힘의 방향 일정, 힘의 크기는 $F = W$
④ 힘의 방향 일정, 힘의 크기는 $F = \dfrac{W}{2}$

해설 단활차 하중
• 정활차 : $W = F$
• 동활차 : $W = F \times 2$

핵심문제 ★★★

다음 중 복활차의 하중을 구하는 식으로 올바른 것은?

❶ $W = F \times 2^n$
② $W = 2F \times 2n$
③ $W = 3F \times 2n$
④ $W = 3PF \times 3n$

해설 복활차 하중
$W = F \times 2^n$

핵심문제 ★★★

다음 중 기어의 특징이 아닌 것은?

① 동력 전달이 확실하다.
② 정밀도가 높다.
❸ 기계적 강도가 작다.
④ 호환성이 높다.

해설
③ 기계적 강도가 크다.

>>> **헬리컬 기어의 장단점**

- 장점
  - 운전이 원활
  - 진동 및 소음이 적음
  - 고속 및 동력 전달에 사용
  - 물림 상태가 좋음
  - 큰 회전비를 얻을 수 있음
  - 전동효율(98~99%)이 높음
- 단점
  - 축 방향으로 추력이 발생
  - 국부적인 접촉이 생기며 치면의 압력이 크게 됨
  - 제작 및 검사가 어려움

핵심문제 ★★★

다음 중 헬리컬 기어의 장점이 아닌 것은?

❶ 진동 및 소음이 크다.
② 고속동력 사용이 가능하다.
③ 큰 회전비를 얻을 수 있다.
④ 효율이 높다.

[해설]
① 진동 및 소음이 작음

핵심문제 ★★★

다음 중 두 축이 평행한 기어가 아닌 것은?

① 평 기어   ② 내접 기어
③ 헬리컬 기어   ❹ 웜 기어

[해설] 평행축 기어의 종류
- 평 기어
- 내접 기어
- 헬리컬 기어

2) 기어의 종류

(1) 평행축 기어

① 평 기어 : 일반적으로 사용되며, 이가 기어 축과 평행
② 내접 기어 : 원통의 내접하는 부분에 이가 있으며, 감속비가 큰 경우 사용
③ 헬리컬 기어 : 바퀴 주위에 비틀린 이가 절삭되어 있는 원통 기어
④ 랙 기어 : 직선상에 이가 있으며, 피니언의 회전운동에 따라서 랙이 직선운동을 함

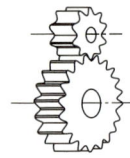  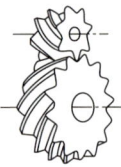 

(a) 평 기어   (b) 내접 기어   (c) 헬리컬 기어   (d) 랙 기어

▎평행축 기어의 종류▎

(2) 교차축 기어

① 스퍼 베벨 기어 : 이가 원뿔면에 평행하게 형성된 기어
② 헬리컬 베벨 기어 : 이가 원뿔면에 나선으로 구성된 기어
③ 스파이럴 베벨 기어 : 이가 선회하는 형태로 곡선을 이루는 기어
④ 제롤 베벨 기어 : 나선각이 0°인 한 쌍의 스파이럴 베벨 기어
⑤ 크라운 기어 : 피치면이 평면인 베벨 기어

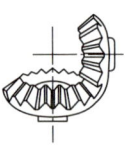 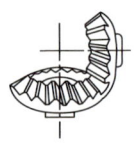 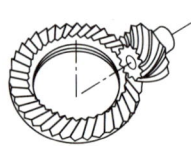

(a) 스퍼 베벨 기어   (b) 헬리컬 베벨 기어   (c) 스파이럴 베벨 기어

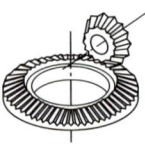 

(d) 제롤 베벨 기어   (e) 크라운 기어

▎교차축 기어의 종류▎

(3) 어긋난 기어

① 나사 기어 : 헬리컬 기어의 두 축을 엇갈리게 제작한 기어
② 하이포이드 기어 : 기어의 이를 쌍곡선으로 제작한 기어
③ 웜 기어 : 직교하는 두 축 사이에서 동력을 전달하는 기어

(a) 나사 기어　　(b) 하이포이드 기어　　(c) 웜 기어

▎어긋난 기어의 종류▎

5. 베어링

회전하고 있는 기계의 축을 일정한 위치에 고정시키고 축의 자중과 축에 걸리는 하중을 지지하면서 축을 회전시키는 역할을 하는 기계요소

1) 베어링 구비 조건

① 축과의 마찰계수가 작고 내구성이 클 것
② 열변형이 작고 열전도율이 우수할 것
③ 강도가 크고 충격하중에 강할 것
④ 가공이 쉽고 내식성이 우수할 것

2) 베어링의 종류

(1) 미끄럼 베어링

① 접촉면에 금속판과 오일을 사용하는 베어링
② 축과 면 접촉을 하기 때문에 큰 힘에 견딤
③ 구름 베어링보다 마찰 손실이 큼

▎미끄럼 베어링▎

>>> 웜 기어의 장단점

- 장점
  - 큰 부하용량
  - 큰 감속비
  - 소음·진동 작음
  - 역전 방지 가능
- 단점
  - 미끄럼이 크고 교환성이 없음
  - 진입각이 작으면 효율이 낮음
  - 웜 휠은 연삭 가능
  - 추력 발생
  - 고가

핵심문제 ★★★

다음 중 웜 기어의 장점이 아닌 것은?

❶ 부하용량이 작다.
② 큰 감속비를 얻을 수 있다.
③ 소음이 작다.
④ 진동이 작다.

[해설]
① 부하용량이 크다.

핵심문제 ★★★

다음 중 베어링의 구비조건이 아닌 것은?

① 마찰계수가 작을 것
② 내구성이 클 것
❸ 열전도율이 작을 것
④ 내식성이 우수할 것

[해설] 베어링의 구비조건
- 마찰계수가 작을 것
- 내구성이 클 것
- 열변형이 작을 것
- 열전도율이 클 것
- 가공이 쉬울 것
- 내식성이 우수할 것

(2) 구름 베어링

① 접촉면에 볼 또는 롤러를 사용하는 베어링
② 미끄럼 베어링보다 마찰 손실이 적음
③ 윤활이나 보수가 용이
④ 큰 하중 및 충격에 약함

(a) 롤러 베어링

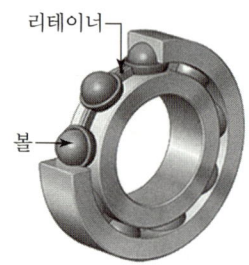
(b) 볼 베어링

| 구름 베어링 |

핵심문제 ★★★

다음 중 구름 베어링의 특징이 아닌 것은?

① 구조가 복잡하다.
② 동력손실이 작다.
③ 소음이 크다.
❹ 가격이 저렴하다.

[해설]
④ 고가이다.

3) 베어링의 특성 비교

구분	미끄럼 베어링	구름 베어링
구조	간단	복잡
동력손실	큼	작음
마찰저항	큼	작음
소음 및 진동	작음	큼
보수점검	어려움	쉬움
회전속도	저속 대응	고속 대응
윤활성	나쁨	좋음
가격	저렴	고가

CHAPTER 04 승강기 요소 측정 및 시험

SECTION 01 기계요소 계측 및 원리

1. 측정 및 오차의 종류

1) 측정
측정기구를 이용하여 측정한 결과를 수치화하는 것(길이, 온도, 무게, 압력 등)

2) 오차
측정 시 참값과 측정값 사이에 발생하는 차이

3) 오차의 종류
① 계통오차
  ㉠ 계기(기기)오차 : 측정계기의 특성 때문에 발생하는 오차
  ㉡ 환경오차 : 외부환경의 영향으로 발생하는 오차
  ㉢ 개인오차 : 측정자의 습관이나 선입견으로 발생하는 오차
② 절대오차 : 계산 결과에서 나온 직접적인 오차의 절댓값
③ 과실오차 : 측정자의 취급 부주의로 인해 발생하는 오차
④ 우연오차 : 예상할 수 없는 원인으로 불가피하게 발생하는 오차

핵심문제 ★★★
다음 중 계통오차가 아닌 것은?
① 계기오차   ② 환경오차
③ 개인오차   ❹ 절대오차

해설 계통오차의 종류
• 계기(기기)오차
• 환경오차
• 개인오차

2. 정밀측정기의 종류

1) 버니어 캘리퍼스
① 어미자와 아들자를 사용하여 두 눈금을 조합하여 측정
② 측정 방법 예시
  ㉠ 그림에서, 아들자의 0을 지난 어미자 수치가 12mm를 지시
  ㉡ 아들자의 눈금이 어미자와 일치하는 곳의 아들자는 0.75mm를 지시
  ㉢ 어미자와 아들자의 측정 값을 합산하면 12.75mm

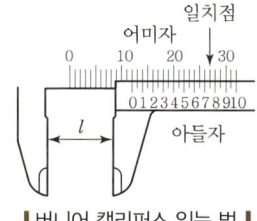

▎버니어 캘리퍼스 읽는 법 ▎

핵심문제 ★★★
다음에 제시된 버니어 캘리퍼스의 측정값은?

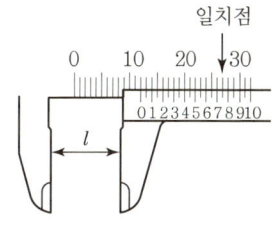

① 9.75mm   ② 10.75mm
③ 11.75mm   ❹ 12.75mm

해설
12 + 0.75 = 12.75mm

③ 측정 용도 : 바깥지름, 안지름, 깊이

④ 측정 범위 : $\frac{1}{20}$mm, $\frac{1}{50}$mm

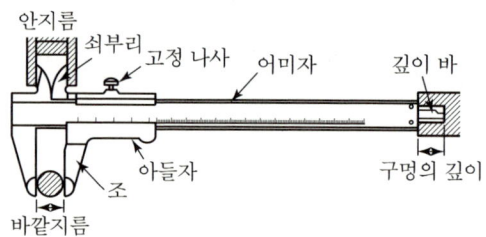

| 버니어 캘리퍼스의 각부 명칭 |

2) 마이크로미터

① 슬리브와 딤블을 이용하여 정밀한 측정을 요구하는 곳에 사용

② 측정 방법 예시

다음 그림에서 슬리브의 눈금은 7.5이고, 딤블의 눈금은 슬리브의 가로 눈금과 35에서 만나므로 측정된 두께는 7.5(슬리브 눈금)+0.35(딤블 눈금)=7.85mm

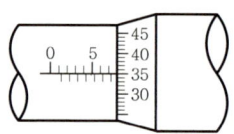

| 마이크로미터 읽는 법 |

③ 측정 용도 : 외경, 안지름, 깊이

④ 측정 범위 : $\frac{1}{100}$mm

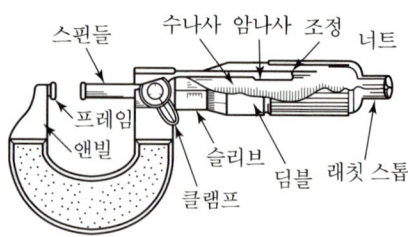

| 마이크로미터의 구조 |

핵심문제 ★★★

다음에 제시된 마이크로미터의 측정값은?

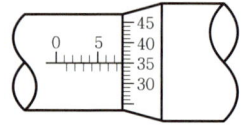

❶ 7.85mm ② 9.85mm
③ 10.85mm ④ 11.85mm

[해설]
7.5+0.35=7.85mm

3) 하이트 게이지

정반 위에 설치하며, 선 긋기 또는 높이 측정

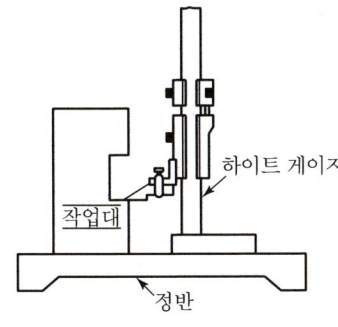

▮ 높이 측정 방법 ▮

4) 다이얼 게이지

대상물의 면 부분 요철 또는 축의 진폭 등 미세한 길이를 측정

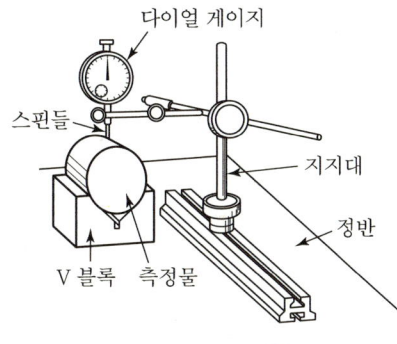

▮ 다이얼 게이지 ▮

핵심문제 ★★★

다음 중 높이를 측정하는 기구는?

① 버니어 캘리퍼스
② 마이크로미터
❸ 하이트 게이지
④ 다이얼 게이지

SECTION 02 전기 계측기 및 측정 방법

1. 전압계
① 회로에 걸리는 전압을 측정하는 계측기
② 측정 방법 : 회로의 전원 또는 부하에 병렬로 접속
③ 결선 방법

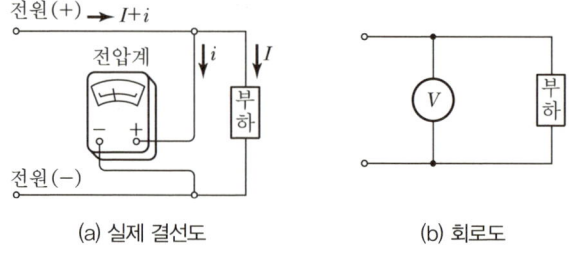

(a) 실제 결선도　　　(b) 회로도

┃ 전압계의 결선 ┃

2. 전류계
① 회로에 흐르는 전류를 측정하는 계측기
② 측정 방법 : 회로에 직렬로 접속
③ 결선 방법

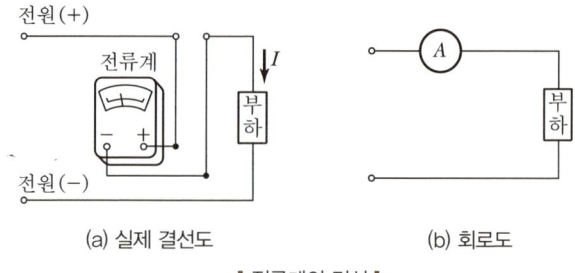

(a) 실제 결선도　　　(b) 회로도

┃ 전류계의 결선 ┃

핵심문제 ★★★

다음 중 설명이 옳지 않은 것은?
① 전압계는 회로에 병렬로 연결한다.
② 전류계는 회로에 직렬로 연결한다.
❸ 배율기는 전압계에 병렬로 연결한다.
④ 분류기는 전류계에 병렬로 연결한다.

[해설]
③ 배율기는 전압계에 직렬로 연결

---

3. 배율기
① 전압계에 직렬로 접속하여 전압의 측정 범위를 넓게 하는 저항기
② 측정 원리

- 배율기 저항 : $R_m = (n-1)r\,[\Omega]$
- 측정 배율 : $n = \dfrac{R_m}{r} + 1$

여기서, n : 배수 $= \dfrac{V_0}{V}$, r : 전압계 내부저항(Ω)
V_0 : 최대측정전압(V), V : 전압계 지시전압(V)

③ 결선 방법

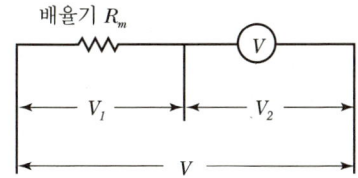

4. 분류기

① 전류계에 병렬로 접속하여 전류의 측정 범위를 넓게 하는 저항기

② 측정 원리

- 분류기 저항 : $R_s = \dfrac{r}{n-1}[\Omega]$
- 측정 배율 : $n = \dfrac{r}{R_s} + 1$

여기서, n : 배수 $= \dfrac{I_0}{I}$
I_0 : 최대측정전류(A)
I : 전류계 지시전류(A)
r : 전류계 내부저항(Ω)

③ 결선 방법

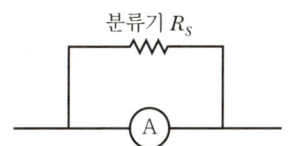

5. 절연저항계

① 전로와 전로 또는 전로와 대지 사이의 저항을 측정하는 계측기로 절연 열화나 감전 등을 예방하기 위해 측정

② 절연저항 기준

공칭회로 전압(V)	시험 전압/직류(V)	절연저항(MΩ)
SELV 및 PELV	250	≥ 0.5
FELV, 500V 이하	500	≥ 1.0
500V 초과	1,000	≥ 1.0

핵심문제 ★★★

배율기 저항으로 바른 것은?
❶ $(n-1)r$ ② $(n-2)r$
③ $\dfrac{r}{n-1}$ ④ $\dfrac{r}{n-2}$

해설 배율기
$R_m = (n-1)r\,[\Omega]$
$n = \dfrac{R_m}{r} + 1$

핵심문제 ★★★

전류의 측정 범위를 넓게 하기 위해 설치하는 것은?
① 전압계 ② 전류계
③ 배율기 ❹ 분류기

해설 분류기
전류계에 병렬로 접속하여 전류의 측정 범위를 넓게 하는 저항기

핵심문제 ★★★

회로전압이 400V인 회로의 절연저항은?
① 0.1MΩ ② 0.5MΩ
❸ 1.0MΩ ④ 1.5MΩ

▶▶▶ 절연저항 관련 약어

- SELV(Safety Extra Low Voltage)
- PELV(Protective Extra Low Voltage)
- FELV(Functional Extra Low Voltage)

6. 접지저항 측정기

① 대지와 접지된 접지극의 저항을 측정
② **측정 방법** : 전위강하법(3전극법)으로 측정
  ㉠ E극 : 측정 접지극
  ㉡ P극 : 전압 보조극
  ㉢ C극 : 전류 보조극

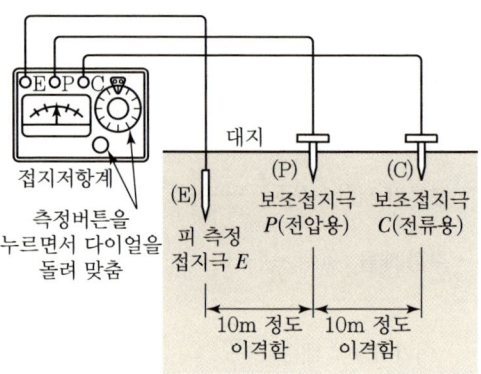

| 전위강하법 |

CHAPTER 05 승강기 전기이론

SECTION 01 직류회로

1. 용어 정리

① 분자 : 물질의 고유한 성질을 갖는 가장 작은 입자
② 원자 : 물질을 이루는 가장 작은 입자

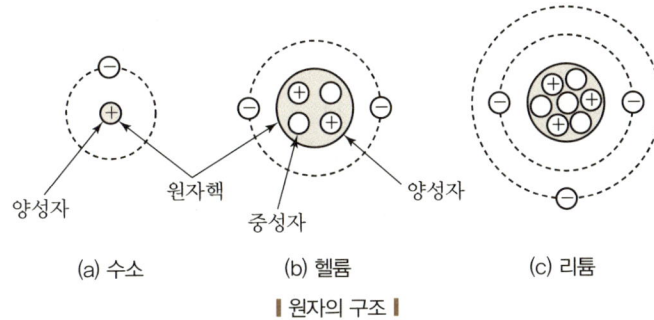

| 원자의 구조 |

③ 양성자 : 원자에서 양전하를 가지고 있으며 전자의 수와 동일
④ 전자 : 음전하를 가지고 있음
⑤ 자유전자 : 전자 중에서 가장 바깥 궤도의 전자를 말하며, 원자핵과의 결합력이 가장 약하기 때문에 외부 힘에 의해 쉽게 분리됨
⑥ 대전 : 어떤 물질이 전자의 과잉 또는 부족으로 양전기나 음전기를 띠는 현상
⑦ 전하 : 대전된 물체가 가지고 있는 전기
⑧ 전기량(Q) : 전하가 가지는 전기의 양으로 단위는 쿨롱(C)
⑨ 1C : 도선에 1초 동안 1A의 전류가 흐를 때의 전기량
⑩ 1개의 전자(전하)가 가지는 전기량 : 1.602×10^{-19}C
⑪ 전기회로 : 전압에 의해 전류가 흐르는 통로

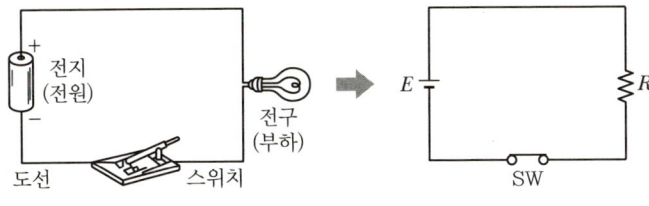

| 전기회로도 |

핵심문제 ★★★

다음 중 원자의 구속력이 가장 약한 것은?

① 양성자 ② 중성자
③ 전자   ❹ 자유전자

해설 자유전자
• 최외곽 궤도의 전자
• 원자핵과 결합력이 약함

핵심문제 ★★★

다음 중 전자 1개의 전기량은?

① 1.602×10^{-17}C
② 1.602×10^{-18}C
❸ 1.602×10^{-19}C
④ 1.602×10^{-20}C

해설 전자 1개의 전기량
1.602×10^{-19}C

핵심문제 ★★★

옴의 법칙을 설명한 내용으로 틀린 것은?

① 전압은 전류에 비례한다.
② 전압은 저항에 비례한다.
③ 저항은 전류에 비례한다.
❹ 전류는 저항에 비례한다.

해설 옴의 법칙
$V = IR[\text{V}]$

핵심문제 ★★★

도체에 2C의 전하가 두 점 사이를 이동하여 10J의 일을 했을 때의 전압은?

① 0.2V   ❷ 5V
③ 10V   ④ 20V

해설 전압
$V = \dfrac{W}{Q}[\text{V}]$

핵심문제 ★★★

도체에 2초 동안 10C의 전하가 이동했을 때 전류는?

① 0.2A   ❷ 5A
③ 10A   ④ 20A

해설 전류
$I = \dfrac{Q}{t}[A], \ Q = It\,[C]$
※ 시간에 유의

핵심문제 ★★★

저항값을 작게 하는 방법이 아닌 것은?

① 고유저항이 작은 도체를 사용한다.
❷ 도체의 길이를 늘인다.
③ 도체의 단면적을 크게 한다.
④ 도체의 길이를 줄인다.

해설 저항
$R = \rho\dfrac{l}{A}[\Omega]$

2. 옴의 법칙

① 회로에 흐르는 전류의 크기는 전압에 비례하고 저항에 반비례
② 관계식

$$V = IR[\text{V}], \ I = \dfrac{V}{R}[A], \ R = \dfrac{V}{I}[\Omega]$$

여기서, $V[\text{V}]$: 전압
$I[A]$: 전류
$R[\Omega]$: 저항

3. 전압, $V[\text{V}]$

① 회로의 두 지점 사이의 전위차를 의미하며, 전류를 흐르게 하는 원천
② 1V : 도체에 1C의 전하가 두 점 사이를 이동하여 1J의 일을 했을 때를 의미하며, 단위는 V, J/C

$$V = \dfrac{W[\text{J}]}{Q[\text{C}]}[\text{V}], \ W = V \cdot Q[\text{J}]$$

4. 전류, $I[A]$

① 회로에 단위시간당 통과한 전기(전하)량
② 1A : 도체를 통해 1초 동안 1C의 전하가 이동했음을 의미하며, 단위는 A, C/s

$$I = \dfrac{Q[\text{C}]}{t[\text{s}]}[A], \ Q = It\,[C]$$

여기서, Q : 전기량(C)
I : 전류(A)
t : 시간(sec)

5. 저항, $R[\Omega]$

① 전류의 흐름을 방해하는 요소로, 단위는 Ω
② 저항의 특징 : 도체 길이(l)에 비례하고 단면적(A)에 반비례

$$R = \rho\dfrac{l}{A}[\Omega]$$

여기서, ρ : 전선 자체의 고유저항($\Omega \cdot \text{m}$)

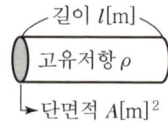

▌저항의 개념 ▌

6. 저항의 연결

1) 저항의 직렬연결

전류는 일정하며, 전압은 저항에 비례해서 분배

① 직렬 합성저항 : $R = R_1 + R_2 [\Omega]$

② R_1의 단자 전압 : $V_1 = IR_1 = \dfrac{V}{R}R_1 = \dfrac{V}{R_1+R_2}R_1$

$= \dfrac{R_1}{R_1+R_2} V [V]$

③ R_2의 단자 전압 : $V_2 = IR_2 = \dfrac{V}{R}R_2 = \dfrac{V}{R_1+R_2}R_2$

$= \dfrac{R_2}{R_1+R_2} V [V]$

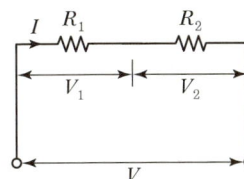

▎저항의 직렬연결 회로도 ▎

2) 저항의 병렬연결

전압은 일정하며, 전류는 저항에 반비례해서 분배

① 병렬 합성저항 : $R = \dfrac{R_1 R_2}{R_1 + R_2}[\Omega]$, $R = \dfrac{1}{\dfrac{1}{R_1}+\dfrac{1}{R_2}}[\Omega]$

② R_1에 흐르는 전류 : $I_1 = \dfrac{R_2}{R_1+R_2}I [A]$

③ R_2에 흐르는 전류 : $I_2 = \dfrac{R_1}{R_1+R_2}I [A]$

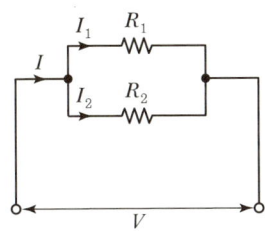

▎저항의 병렬연결 회로도 ▎

핵심문제 ★★★

도체에 10A의 전류가 2초 동안 흘렀을 때 이동 전기량은?

① 0.2C   ② 5C
③ 10C   ❹ 20C

[해설]
$Q = It = 10 \times 2 = 20C$

핵심문제 ★★★

저항 R_1, R_2를 병렬로 접속하면 합성저항은?

① $R_1 + R_2$ ② $\dfrac{1}{R_1+R_2}$
❸ $\dfrac{R_1 R_2}{R_1+R_2}$ ④ $\dfrac{R_1+R_2}{R_1 R_2}$

[해설] 병렬의 합성저항
$R = \dfrac{1}{\dfrac{1}{R_1}+\dfrac{1}{R_2}}[\Omega]$

$R = \dfrac{R_1 R_2}{R_1+R_2}[\Omega]$

핵심문제 ★★★

저항 30Ω이 3개가 있는 경우 만들 수 있는 가장 작은 저항값은?

① 5Ω   ❷ 10Ω
③ 30Ω   ④ 90Ω

[해설]
• 직렬연결 시
  $30+30+30 = 90\Omega$ (최댓값)
• 병렬연결 시
  $\dfrac{1}{R} = \dfrac{1}{\dfrac{1}{30}+\dfrac{1}{30}+\dfrac{1}{30}}$
  $= \dfrac{1}{\dfrac{3}{30}} = 10\Omega$ (최솟값)

7. 전력 P[W]

① 단위시간당 전기에너지가 할 수 있는 일의 양
② 기호 : P
③ 단위 : 와트(Watt, W)

$$P = VI = I^2R = \frac{V^2}{R}[W]$$

> **핵심문제** ★★★
>
> 1Wh는 몇 J인가?
> ① 60J ② 360J
> ❸ 3,600J ④ 7,200J
>
> **해설** 전력량
> $W = VI \cdot t = P \cdot t \, [J = W \cdot sec]$

8. 전력량 W[Ws]

단위시간 동안 소비한 전기에너지의 양

$$W = VIt = Pt \, [J = W \cdot sec]$$

9. 키르히호프의 법칙

① 제1법칙(KCL, 전류법칙) : 회로의 접속점에 흘러들어오는 전류와 흘러나가는 전류의 양은 같으므로, 접속점에서 전류의 총합은 0이 됨
② 제2법칙(KVL, 전압법칙) : 기전력의 합은 폐회로 내에서의 전압강하의 총합과 동일

SECTION 02 정전용량

1. 정전기

① 종류가 다른 두 물체를 마찰시키면 대전이 일어나며, 한쪽에는 양(+)의 전기, 다른 쪽에는 음(−)의 전기가 나타나는 현상
② 정전기에 작용하는 힘(정전력) : 같은 극의 전하에는 반발력, 다른 극의 전하에는 흡인력이 작용

> **핵심문제** ★★★
>
> 다음 중 쿨롱의 법칙을 식으로 바르게 표현한 것은?
> ① $F = 9 \times 10^9 \times \frac{Q_1 Q_2}{r}[N]$
> ❷ $F = 9 \times 10^9 \times \frac{Q_1 Q_2}{r^2}[N]$
> ③ $F = 8.855 \times 10^9 \times \frac{Q_1 Q_2}{r}[N]$
> ④ $F = 8.855 \times 10^9 \times \frac{Q_1 Q_2}{r^2}[N]$
>
> **해설** 쿨롱의 법칙
> $F = 9 \times 10^9 \times \frac{Q_1 Q_2}{r^2}[N]$

2. 쿨롱의 법칙

① 두 점전하 사이에 작용하는 정전력의 크기
② 관계식

$$F = K \cdot \frac{Q_1 Q_2}{r^2}[N], \quad K = \frac{1}{4\pi\varepsilon} \fallingdotseq 9 \times 10^9$$

여기서, ε(유전율) : 진공 중의 유전율과 절연물의 비유전율 크기

$$\varepsilon = \varepsilon_0 \times \varepsilon_s$$

ε_0 : 진공 중의 유전율

$\varepsilon_0 = 8.85 \times 10^{-12} \text{F/m}$

ε_s : 비유전율(공기, 진공 ≒ 1)

③ 전하(Q)의 부호가 같으면 반발력, 부호가 다르면 흡인력

3. 정전용량 Q[F]

1) 정전용량

① 전압 V[V]에 의해 축적된 전하를 Q[C]라고 하면, Q는 V에 비례하고 정전용량 C(Capacitance)와 비례

② 관계식

$$Q = CV [\text{C}]$$
$$C = \varepsilon \frac{S[\text{m}^2]}{d[\text{m}]} [\text{F}]$$

여기서, S : 극판의 면적(m²)
　　　　d : 극판의 거리(m)

③ 전하를 축적하는 능력의 정도를 나타내는 상수로 단위로는 패럿(Farad, F)을 사용

④ 1F : 1V의 전압을 가해 1C의 전하가 축적되는 정전용량

2) 정전 에너지

① 콘덴서에 전압 V[V]가 가해져서 Q[C]의 전하가 충전될 때 콘덴서에 저장되는 에너지

② 관계식

$$W = \frac{1}{2}QV = \frac{1}{2}CV^2 [\text{J}]$$

3) 콘덴서

두 개의 전극 사이에 유전체(ε_s)를 넣어 절연함으로써 전하를 충전할 수 있게 만든 전기 재료

핵심문제 ★★★

진공의 유전율을 바르게 표현한 것은?

① $\varepsilon_0 = 8.85 \times 10^{-10} \text{F/m}$
② $\varepsilon_0 = 8.85 \times 10^{-11} \text{F/m}$
❸ $\varepsilon_0 = 8.85 \times 10^{-12} \text{F/m}$
④ $\varepsilon_0 = 8.85 \times 10^{-13} \text{F/m}$

해설 진공의 유전율
$\varepsilon_0 = 8.85 \times 10^{-12} \text{F/m}$

핵심문제 ★★★

콘덴서 용량이 2배가 되는 경우가 아닌 것은?

① 유전율이 2배인 절연체를 사용한다.
❷ 극판 거리를 2배로 한다.
③ 극판 면적을 2배로 한다.
④ 극판 거리를 1/2배로 한다.

해설
콘덴서 극판 거리를 2배로 하면 콘덴서 용량은 1/2배가 된다.

핵심문제 ★★★

콘덴서에 전압 100V가 인가되어 1C의 전하가 충전될 때 콘덴서에 저장되는 에너지는?

① 500J　　② 1,000J
❸ 50J　　④ 10,000J

해설 정전 에너지
$W = \frac{1}{2}QV = \frac{1}{2}CV^2 [\text{J}]$

핵심문제 ★★★

10F 두 개의 콘덴서를 직렬로 연결할 때 합성 정전용량은?

❶ 5F ② 10F
③ 20F ④ 40F

해설 콘덴서 직렬 접속
$C_0 = \dfrac{C_1 C_2}{C_1 + C_2}[\text{F}]$

4. 콘덴서의 접속

1) 콘덴서의 직렬 접속

① 합성 정전용량 : $C_0 = \dfrac{C_1 C_2}{C_1 + C_2}[\text{F}]$

② 저항의 병렬 접속과 같음

┃ 콘덴서의 직렬접속 ┃

2) 콘덴서의 병렬 접속

① 합성 정전용량 : $C_0 = C_1 + C_2[\text{F}]$

② 저항의 직렬 접속과 같음

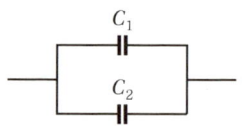

┃ 콘덴서의 병렬접속 ┃

핵심문제 ★★★

전기력선의 성질이 아닌 것은?

① 전기력선은 양전하(+)에서 나와서 음전하(-)로 끝난다.
② 도체 표면에서 수직으로 출입하며, 등전위면과 직교한다.
③ 전기력선은 그 자신만으로 폐곡선이 되는 일이 없다.
❹ 전기력선은 서로 교차한다.

해설 전기력선의 성질
• 양전하에서 나와 음전하로 끝남
• 전기력선의 접선 방향은 그 점의 전장 방향과 같음
• 도체에 수직으로 출입
• 서로 교차하지 않음
• 혼자 폐곡선이 되지 않음

5. 전기력선의 성질

① 전기력선은 양전하(+)에서 나와서 음전하(-)로 끝남
② 전기력선의 접선 방향은 그 점의 전장 방향과 같음
③ 도체 표면에서 수직으로 출입하며, 등전위면과 직교
④ 전기력선은 그 자신만으로 폐곡선이 되는 일이 없음
⑤ 전기력선은 서로 교차하지 않음

   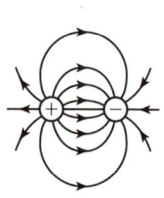

(a) 단독 정전하   (b) 단독 부전하   (c) 정부전하

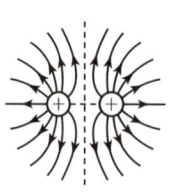   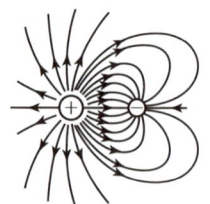   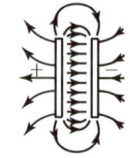

(d) 2개의 정전하   (e) 크기가 다른 정부전하   (f) 평행한 정부전하

┃ 여러 가지 전기력선의 모양 ┃

SECTION 03 교류회로

1. 교류회로

1) 직류와 교류

① 직류(DC) : 시간에 따라 크기와 방향이 일정한 전압 또는 전류
② 교류(AC) : 시간에 따라 크기와 방향이 주기적으로 변화하는 전류 또는 전압

2) 교류의 파형

① 주파수 : 초당 교류의 방향이 바뀌는 주기로, 단위는 Hz

$$f = \frac{1}{T}[\text{Hz}]$$

② 주기 : 교류의 1회 변화를 1 사이클(Cycle)이라 하며, 1 사이클이 변화하는 데 걸리는 시간을 주기 T라고 함

$$T = \frac{1}{f}[\text{S}]$$

③ 각속도(ω) : 회전기가 1초 동안 회전한 각도

$$\omega = 2\pi f [\text{rad/s}]$$

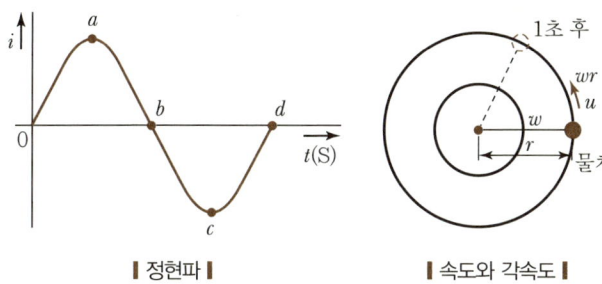

| 정현파 | | 속도와 각속도 |

핵심문제 ★★★

교류 순싯값이 $v = 100\sin(50\pi t - 30°)$V라면 이 교류의 주기는 몇 sec 인가?

① 0.01sec ② 0.02sec
③ 0.03sec ❹ 0.04sec

해설 주기

$f = \frac{\omega}{2\pi} = \frac{50\pi}{2\pi} = 25\text{Hz}$

$T = \frac{1}{f}[\text{S}] = \frac{1}{25} = 0.04\text{sec}$

핵심문제 ★★★

각속도 $\omega = 377$rad/sec인 교류의 주파수(Hz)는?

① 30Hz ❷ 60Hz
③ 120Hz ④ 240Hz

해설 각속도

$\omega = 2\pi f [\text{rad/sec}]$

$f = \frac{\omega}{2\pi} = \frac{377}{2\pi} = 60\text{Hz}$

2. 교류의 표현 방법

1) 순싯값

① 임의의 순간에서 교류의 전압 또는 전류의 크기
② 시간에 따라 변하는 교류의 크기를 나타낸 값으로 임의의 시간 t에서 소문자 v, i 값으로 표시
③ 관계식

$$v(t) = V_m \sin \omega t [V]$$
$$i(t) = I_m \sin \omega t [A]$$

2) 최댓값

교류 순싯값 중에서 가장 큰 값을 의미하며 V_m, I_m으로 표현

3) 평균값

① 교류 순싯값의 반주기에 대해 평균을 계산한 값
② 관계식

$$V_a = \frac{2}{\pi} V_m \fallingdotseq 0.637 V_m [V]$$

4) 실횻값

① 교류의 크기를 교류와 같은 일을 하는 직류의 크기로 환산한 값
② 관계식

$$V = \frac{1}{\sqrt{2}} V_m \fallingdotseq 0.707 V_m [V]$$

5) 파고율

교류 파형의 최댓값을 실횻값으로 나눈 값

$$파고율 = \frac{최댓값}{실횻값} = 1.414$$

6) 파형률

교류 파형의 실횻값을 평균값으로 나눈 값

$$파형률 = \frac{실횻값}{평균값} = 1.11$$

핵심문제 ★★★

교류 사인 파형에서 평균값은?

① $\dfrac{V_m}{2}$ ② $\dfrac{V_m}{\sqrt{3}}$
❸ $\dfrac{2V_m}{\pi}$ ④ $\dfrac{V_m}{\pi}$

[해설] 평균값
교류 순싯값 반주기의 평균
$V_a = \dfrac{2}{\pi} V_m \fallingdotseq 0.637 V_m [V]$

핵심문제 ★★★

교류 사인 파형에서 실횻값은?

① $\dfrac{V_m}{2}$ ② $\dfrac{V_m}{\sqrt{3}}$
❸ $\dfrac{V_m}{\sqrt{2}}$ ④ $\dfrac{V_m}{\pi}$

[해설] 실횻값
교류의 크기를 직류와 동일한 일을 하는 직류의 크기로 환산한 값
$V = \dfrac{1}{\sqrt{2}} V_m \fallingdotseq 0.707 V_m [V]$

핵심문제 ★★★

교류 순싯값 전류가 $i = 141.4\sin(100\pi t)$A일 때 실횻값은?

❶ 100A ② 141A
③ 241A ④ 282A

[해설]
$I_s = \dfrac{I_m}{\sqrt{2}} = \dfrac{141.4}{\sqrt{2}} \fallingdotseq 100$A

3. 교류의 회로소자

1) 저항(R) 회로

① 전압

$$v(t) = V_m \sin \omega t [\text{V}]$$

② 전류

$$i(t) = I_m \sin \omega t [\text{A}]$$

③ 위상 및 벡터도 : 전압과 전류는 동상

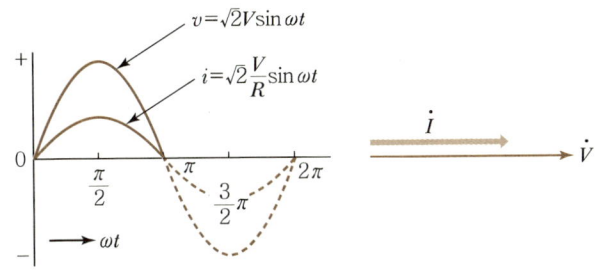

| 저항(R)회로의 위상 및 벡터도 |

2) 코일, 인덕턴스(L) 회로

① 임피던스

$$X_L = \omega L = 2\pi f L [\Omega]$$

여기서, $X_L [\Omega]$: 유도성 리액턴스

② 전류

$$I = \frac{V}{X_L} = \frac{V}{\omega L} = \frac{V}{2\pi f L} [\text{A}]$$

여기서, L : 인덕턴스(H)

③ 위상 및 벡터도 : 전압의 위상은 전류보다 $\frac{\pi}{2}$rad만큼 빠름(진상)

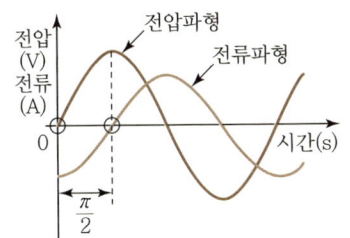
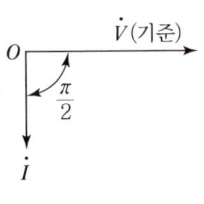

| 인덕턴스(L) 회로의 위상 및 벡터도 |

핵심문제 ★★★

임의의 교류회로에 전압을 인가하니 $\frac{\pi}{2}$rad 느린 전류가 흘렀다. 이 회로는 어떤 회로인가?

① R 회로
❷ L 회로
③ C 회로
④ $R-L$ 직렬회로

해설 L 회로 위상

전압이 $\frac{\pi}{2}$rad 진상(빠름)

3) 콘덴서, 정전용량(C) 회로

① 임피던스

$$X_C = \frac{1}{wC} = \frac{1}{2\pi fC}[\Omega]$$

여기서, C : 캐패시턴스(F)

② 전류

$$I = \frac{V}{X_C} = \frac{V}{\frac{1}{\omega C}} = \frac{V}{\frac{1}{2\pi fC}} = 2\pi fCV[A]$$

여기서, $X_C[\Omega]$: 용량성 리액턴스

③ 위상 및 벡터도 : 전압의 위상은 전류보다 $\frac{\pi}{2}$ rad만큼 느림(지상)

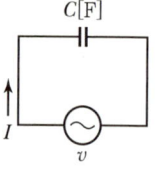

| 회로도 |

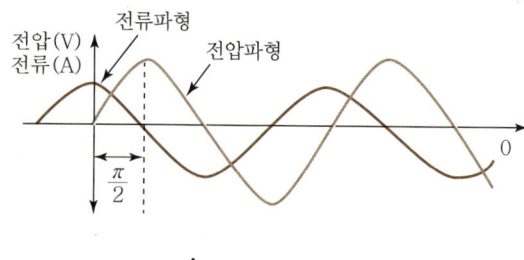

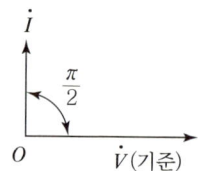

| 정전용량(C) 회로의 위상 및 벡터도 |

4. 교류임피던스회로

1) $R-L$ 직렬회로

① 임피던스 : $Z = R + jX_L = \sqrt{R^2 + X_L^2} = \sqrt{R^2 + \omega L^2}\,[\Omega]$

② 전류 : $I = \frac{V}{Z} = \frac{V}{\sqrt{R^2 + \omega L^2}}[A]$

③ 역률 : $\cos\theta = \frac{R}{Z} = \frac{R}{\sqrt{R^2 + \omega L^2}}$

④ 위상 : $\tan\theta = \frac{V_L}{V_R} = \frac{\omega LI}{RI} = \frac{\omega L}{R}$

⑤ $\theta = \tan^{-1}\frac{V_L}{V_R} = \tan^{-1}\frac{\omega L}{R}$[rad]

⑥ 전압의 위상은 전류보다 θ[rad]만큼 빠름(진상)

핵심문제 ★★★

교류 순싯값 $v = V_m\sin(\omega t + 45°)$V, $i = I_m\sin(\omega t - 45°)$A일 때 전압 기준으로 전류의 위상은?

① 0° ② 45° 느리다.
❸ 90° 느리다. ④ 90° 앞선다.

해설
$\theta = 45° - (-45°) = 90°$
전압은 0° 기준으로 45° 앞서고 전류는 0° 기준으로 45° 느리며 전압기준으로 전류는 $45-(-45)=90°$ 느리다.

핵심문제 ★★★

$R-L$ 직렬회로의 임피던스로 바른 것은?

① $R + X_L[\Omega]$
② $\sqrt{R + X_L}\,[\Omega]$
③ $R^2 + X_L^2[\Omega]$
❹ $\sqrt{R^2 + X_L^2}\,[\Omega]$

해설 $R-L$ 직렬회로
$Z = R + jX_L$
$= \sqrt{R^2 + X_L^2}$
$= \sqrt{R^2 + \omega L^2}\,[\Omega]$

핵심문제 ★★★

$R-L$ 직렬회로의 위상차로 바른 것은?

① $\tan\frac{X_L}{R}$ ② $\tan\frac{R}{X_L}$
❸ $\tan^{-1}\frac{X_L}{R}$ ④ $\tan^{-1}\frac{R}{X_L}$

해설 $R-L$ 직렬회로
$\theta = \tan^{-1}\frac{V_L}{V_R}$
$= \tan^{-1}\frac{X_L}{R}$[rad]

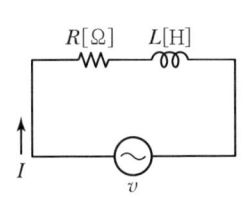

| $R-L$ 회로 |

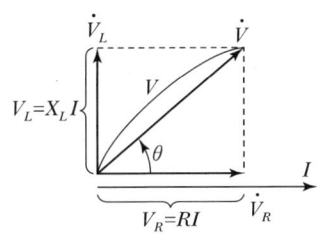

| 전압과 전류 벡터도 |

2) $R-C$ 직렬회로

① 임피던스 : $Z = R + jX_C = \sqrt{R^2 + \left(\dfrac{1}{\omega C}\right)^2}$ [Ω]

② 전류 : $I = \dfrac{V}{Z} = \dfrac{V}{\sqrt{R^2 + \left(\dfrac{1}{\omega C}\right)^2}}$ [A]

③ 역률 : $\cos\theta = \dfrac{R}{Z} = \dfrac{R}{\sqrt{R^2 + X_C^2}} = \dfrac{R}{\sqrt{R^2 + \left(\dfrac{1}{\omega C}\right)^2}}$

④ 위상 : $\tan\theta = \dfrac{V_C}{V_R} = \dfrac{X_C I}{RI} = \dfrac{X_C}{R} = \dfrac{1/\omega C}{R} = \dfrac{1}{\omega CR}$

⑤ $\theta = \tan^{-1}\dfrac{V_C}{V_R} = \tan^{-1}\dfrac{1}{\omega CR}$ [rad]

⑥ 전압의 위상은 전류보다 θ[rad]만큼 느림(지상)

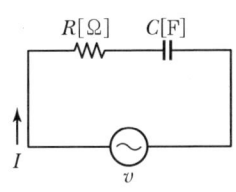

| $R-C$ 회로 | | 전압과 전류 벡터도 |

3) $R-L-C$ 직렬회로

① 임피던스 : $Z = R + jX = R + j(X_L - X_C)$
$= \sqrt{R^2 + \left(\omega L - \dfrac{1}{\omega C}\right)^2}$ [Ω]

② 전류 : $I = \dfrac{V}{Z} = \dfrac{V}{\sqrt{R^2 + \left(\omega L - \dfrac{1}{\omega C}\right)^2}}$ [A]

③ 역률 : $\cos\theta = \dfrac{R}{Z} = \dfrac{R}{\sqrt{R^2 + \left(\omega L - \dfrac{1}{\omega C}\right)^2}}$

④ $X_L > X_C$: 유도성 회로로 전압이 전류보다 θ만큼 빠름
⑤ $X_L < X_C$: 용량성 회로로 전압이 전류보다 θ만큼 느림

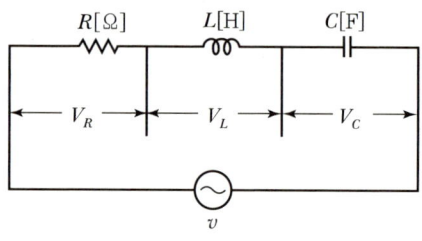

❙ $R-L-C$ 회로 ❙

핵심문제 ★★★

$R-L-C$ 직렬회로의 공진 주파수로 옳은 것은?

① $f_0 = \dfrac{1}{2\sqrt{LC}}$

② $f_0 = \dfrac{1}{2\pi\sqrt{LC^2}}$

❸ $f_0 = \dfrac{1}{2\pi\sqrt{LC}}$

④ $f_0 = \dfrac{1}{4\pi\sqrt{LC}}$

해설 공진 주파수

$f_0 = \dfrac{1}{2\pi\sqrt{LC}}$

핵심문제 ★★★

$R-L-C$ 직렬회로의 공진 시 최소가 되는 것은?

❶ 임피던스 ② 전류
③ 저항   ④ 리액턴스

해설 직렬공진의 특징
• 임피던스 : 최소
• 전류 : 최대

핵심문제 ★★★

$R-L-C$ 직렬회로에서 $\omega L = \dfrac{1}{\omega C}$ 일 경우 바른 설명은?

① 임피던스가 최대가 된다.
② 리액턴스가 최대가 된다.
❸ 직렬공진이 일어난다.
④ 전류가 최소가 된다.

해설
임피던스는 $Z = \sqrt{R^2 + \left(\omega L - \dfrac{1}{\omega C}\right)^2}$
이며 문제 조건은 공진 상태를 의미한다.
직렬공진 상태에서 전류는 최대, 임피던스는 최솟값을 가짐

5. 공진

R, L, C가 연결된 회로에서 L과 C가 상쇄되어 저항만 남은 상태를 공진이라고 함

1) 공진 조건($X_L = X_C$)

$$\omega L = \dfrac{1}{\omega C},\ \omega L - \dfrac{1}{\omega C} = 0$$

2) 임피던스(저항만의 회로)

$$Z = \sqrt{R^2 + \left(\omega L - \dfrac{1}{\omega C}\right)^2} = \sqrt{R^2 + (0)^2} = R[\Omega]$$

3) 회로전류 : 직렬회로 시 전류 최대

$$I_0 = \dfrac{V}{Z} = \dfrac{V}{R}[A]$$

4) 공진 주파수

$$f_0 = \dfrac{1}{2\pi\sqrt{LC}}[\text{Hz}]$$

5) 회로별 공진 특성

구분	전류	임피던스
직렬공진	최대	최소
병렬공진	최소	최대

6. 단상 교류 전력

1) 유효전력

① 전원에서 공급한 전력이 부하 저항에서 소비되는 전력

② 관계식

$$P = VI\cos\theta = I^2R[\text{W}]$$

③ 역률

$$\frac{\text{유효전력}}{\text{피상전력}} = \frac{VI\cos\theta}{VI} = \cos\theta$$

2) 무효전력

① 아무런 일을 하지 않고 전원과 부하 사이를 왕복하는 전력

② 관계식

$$Q = VI\sin\theta = I^2X[\text{Var}]$$

③ 무효율

$$\frac{\text{무효전력}}{\text{피상전력}} = \frac{VI\sin\theta}{VI} = \sqrt{1-\cos^2\theta} = \sin\theta$$

3) 피상전력

① 전압과 전류의 곱으로 표시

② 관계식

$$S = VI = \sqrt{P^2+Q^2} = I^2Z[\text{VA}]$$

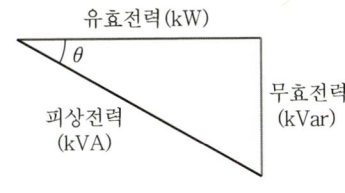

▮ 전력의 벡터도 관계 ▮

7. 3상 교류 전력

1) 3상 교류

① 크기와 주파수가 같으며, 120°의 위상차를 가진 교류 전압 또는 전류

② 3상 상전압의 표기

$$v_a = V_m\sin\omega t = \sqrt{2}\,V\sin\omega t$$

핵심문제 ★★★

어떤 단상회로에 교류전압 100V를 가하니 45° 느린 전류 10A가 흘렀다. 이 회로의 유효전력은 얼마인가?

① 약 70.7W
❷ 약 707W
③ 약 1,000W
④ 약 1,707W

해설 유효전력
$P = VI\cos\theta[\text{W}]$
$= 100 \times 10 \times \cos 45°$
$\fallingdotseq 707\text{W}$

$$v_b = V_m \sin\left(\omega t - \frac{2}{3}\pi\right) = \sqrt{2}\, V \sin\left(\omega t - \frac{2}{3}\pi\right)$$

$$v_c = V_m \sin\left(\omega t - \frac{4}{3}\pi\right) = \sqrt{2}\, V \sin\left(\omega t - \frac{4}{3}\pi\right)$$

$$= \sqrt{2}\, V \sin\left(\omega t + \frac{2}{3}\pi\right)$$

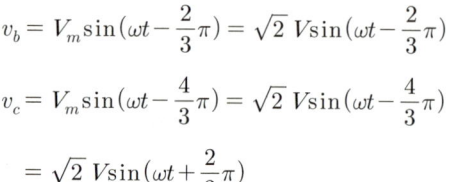

┃3상 교류 파형┃

③ 평형 교류에서 3상 각 상의 벡터 합은 0이 됨($\dot{v}_a + \dot{v}_b + \dot{v}_c = 0$)

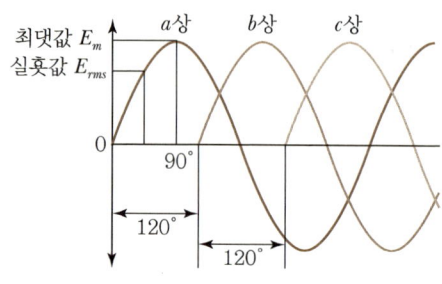

┃3상 교류 벡터 표시┃

2) 3상 교류 전력

① 유효전력 : $P = \sqrt{3}\, VI\cos\theta\,[\text{W}]$

② 무효전력 : $Q = \sqrt{3}\, VI\sin\theta\,[\text{Var}]$

③ 피상전력 : $S = \sqrt{3}\, VI\,[\text{VA}]$

8. 3상 교류 결선 방법

1) Y결선

① 선간전압은 상전압보다 위상이 30° 빠름

② 전압의 크기는 선간전압이 상전압의 $\sqrt{3}$ 배가 됨

③ 선전류와 상전류의 위상 및 크기는 같음

핵심문제 ★★★

어떤 3상 회로에 교류전압 380V를 가하니 45° 느린 전류 10A가 흘렀다. 이 회로의 유효전력은 얼마인가?

① 약 1,200W ② 약 3,800W
❸ 약 4,654W ④ 약 6,581W

해설 3상 전력
$P = \sqrt{3}\, VI\cos\theta\,[\text{W}]$
$= \sqrt{3} \times 380 \times 10 \times \cos 45°$
$\fallingdotseq 4,654\text{W}$

핵심문제 ★★★

Y결선에서 선전류는 상전류의 몇 배인가?

❶ 1배 ② $\sqrt{3}$ 배
③ 2배 ④ $\sqrt{2}$

해설 Y결선
• 선간전압은 상전압의 $\sqrt{3}$ 배
• 선전류＝상전류

2) Δ결선

① 선간전압과 상전압의 위상 및 크기는 같음
② 선전류는 상전류보다 위상이 30° 느림
③ 전류의 크기는 선전류가 상전류의 $\sqrt{3}$ 배가 됨

3) 결선 비교

구분	선간전압	선전류
Y결선	상전압의 $\sqrt{3}$ 배	상전류와 동일
Δ결선	상전압과 동일	상전류의 $\sqrt{3}$ 배

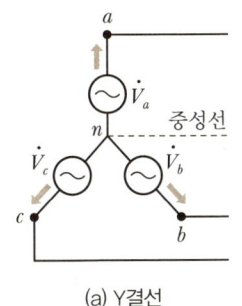

(a) Y결선   (b) Δ결선

| 결선도 |

핵심문제 ★★★

Δ결선에서 선전류는 상전류의 몇 배인가?

① 1배   ❷ $\sqrt{3}$ 배
③ 2배   ④ $\sqrt{2}$

해설 Δ결선
• 선전류는 상전류의 $\sqrt{3}$ 배
• 선간전압 = 상전압

SECTION 04 자기회로

1. 자기력선의 성질

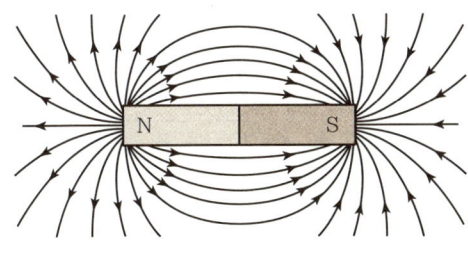

| 자기력선의 분포 |

① 자력선은 N극에서 나와 S극에서 끝남
② 자력선 그 자신은 수축하려고 함
③ 같은 방향의 자력선끼리는 서로 반발함
④ 임의의 한 점에서 자기력선의 접선 방향이 그 점의 자장 방향이 됨

핵심문제 ★★★

자기력선의 설명 중 옳지 못한 것은?

① 자력선 그 자신은 수축하려고 한다.
❷ 같은 방향의 자력선끼리는 서로 당긴다.
③ 자력선은 서로 만나거나 교차하지 않는다.
④ 한 점에서 자기력선의 접선 방향이 그 점에서의 자장의 방향이다.

해설 자기력선의 성질
• N극에서 나와 S극에서 끝남
• 수축하려고 함
• 같은 방향은 서로 반발함
• 접선 방향이 자장의 방향
• 자력선 밀도는 자장의 세기
• 서로 만나거나 교차하지 않음

⑤ 자장 내 임의의 한 점에서의 자력선 밀도는 그 점 자장의 세기를 나타냄
⑥ 자력선은 서로 만나거나 교차하지 않음

2. 전기자기이론

1) 앙페르의 오른나사 법칙

① 오른나사의 회전 방향으로 전류에 의한 자장의 방향 결정
② 오른나사의 진행 방향 : 전류의 방향
③ 오른나사의 회전 방향 : 자력선의 방향

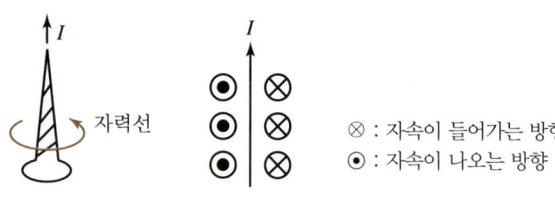

┃오른나사의 법칙┃

2) 비오 – 사바르의 법칙

① 도선에 I[A]의 전류가 흐를 때 도선의 미소 부분 Δl에서 r[m] 떨어진 Δl과 이루는 각도 θ인 점 P에서 Δl에 의한 자장의 세기 ΔH[AT/m]를 정의

② 관계식

$$\Delta H = \frac{I \Delta l}{4\pi r^2} \sin\theta \, [\text{AT/m}]$$

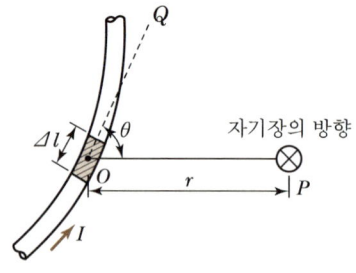

┃비오 – 사바르의 법칙┃

3) 무한 직선 전류에 의한 자장

① 무한 직선의 도체에 I[A]의 전류가 흐를 때 도선에서 r[m] 떨어진 점의 자장 세기는 도선을 중심으로 반지름이 r[m]인 원주 위 모든 점의 자장 세기와 같고 그 방향은 원의 접선 방향임

핵심문제 ★★★

전류에 의한 자장의 방향을 정의한 법칙은?

① 패러데이의 법칙
② 렌츠의 법칙
❸ 앙페르의 오른나사 법칙
④ 비오 – 사바르의 법칙

해설 **앙페르의 오른나사 법칙**
• 전류에 의한 자장의 방향을 결정
• 진행 방향 : 전류의 방향
• 회전 방향 : 자력선의 방향

핵심문제 ★★★

전류와 자장의 세기와의 관계를 정의한 법칙은?

① 패러데이의 법칙
② 렌츠의 법칙
③ 앙페르의 오른나사 법칙
❹ 비오 – 사바르의 법칙

해설 **비오 – 사바르의 법칙**
도선에 흐르는 전류와 자장의 세기와의 관계
$\Delta H = \frac{I \Delta l}{4\pi r^2} \sin\theta \, [\text{AT/m}]$

② 관계식

$$H \times 2\pi r = I$$
$$H = \frac{I}{2\pi r} [\text{AT/m}]$$

> $H[\text{AT/m}]$
>
> 접선 P점의 자장 세기

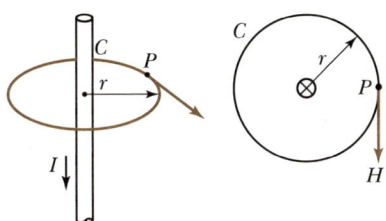

▌무한 직선 전류에 의한 자장▐

4) 환상 솔레노이드에 의한 자장

① 환상 솔레노이드에 $I[\text{A}]$의 전류가 흐를 때 평균 반지름을 $r[\text{m}]$, 감은 횟수를 N이라 하면, 환상 솔레노이드의 평균 길이는 $2\pi r$이 됨. 이것과 쇄교하는 전류는 NI로 환상 솔레노이드 내부의 자장 세기는 H로 정의

② 관계식

$$2\pi r H = NI$$
$$H = \frac{NI}{2\pi r} [\text{AT/m}]$$

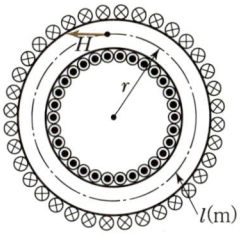

▌환상 솔레노이드 단면▐

5) 플레밍의 왼손 법칙

자기장 내 전류가 흐르는 도체가 받는 힘의 방향을 나타내는 법칙

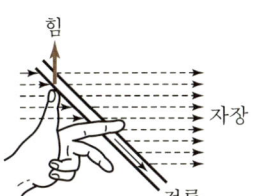

- 엄지 : F(운동 방향)
- 검지 : B(자속, 자장의 방향)
- 중지 : I(전류의 방향)

▌전동기의 원리▐

6) 플레밍의 오른손 법칙

자장 내에서 도체가 운동할 때 도체에 생기는 유도 기전력의 방향을 나타내는 법칙

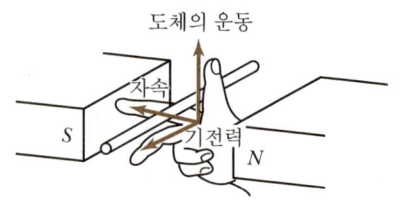

- 엄지 : F(운동 방향)
- 검지 : B(자장의 방향)
- 중지 : I, e(전류, 기전력의 방향)

┃발전기의 원리┃

7) 패러데이의 법칙

회로에서의 유도 기전력은 그 회로를 통과하는 자기력선에 대한 시간 변화율에 비례

8) 렌츠의 법칙

① 전자유도에 의해 생기는 전압의 방향은 자신의 발생 원인이 되는 자속의 변화를 방해하는 방향으로 발생

② 관계식

$$e = -N\frac{d\phi}{dt} = -L\frac{di}{dt} [V]$$

여기서, ϕ : 자속
　　　　t : 시간(s)
　　　　L : 인덕턴스
　　　　N : 코일권수

3. 자기회로와 전기회로의 비교

자기회로	전기회로
기자력(NI)[AT]	기전력(E)[V]
자속(ϕ)[Wb]	전류(I)[A]
자기저항(R)[AT/Wb]	저항(R)[Ω]

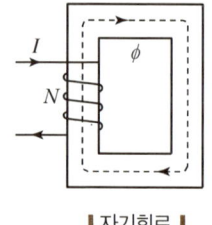

┃자기회로┃　　┃전기회로┃

핵심문제 ★★★

유도 기전력의 크기를 정의한 법칙은?
❶ 패러데이의 법칙
② 렌츠의 법칙
③ 앙페르의 오른나사 법칙
④ 비오–사바르의 법칙

 패러데이의 법칙
- 유도 기전력의 크기를 결정
- 변압기 원리

핵심문제 ★★★

유도 기전력의 방향을 정의한 법칙은?
① 패러데이의 법칙
❷ 렌츠의 법칙
③ 앙페르의 오른나사 법칙
④ 비오–사바르의 법칙

해설 렌츠의 법칙
- 유기 기전력의 방향 결정
- 변압기 원리

핵심문제 ★★★

자기저항의 단위는?
① H/m　　❷ AT/Wb
③ AT/m　　④ Wb/m²

핵심문제 ★★★

기자력의 단위는?
❶ AT　　② AT/Wb
③ AT/m　　④ Wb/m²

4. 인덕턴스(L)

회로를 흐르고 있는 전류의 변화에 따른 전자유도로 생기는 역기전력의 비율을 나타내는 양

1) 관계식

$$e = L\frac{di}{dt} = N\frac{d\phi}{dt} [\text{V}]$$

$$LI = N\phi$$

$$L = \frac{N\phi}{I} [\text{H}]$$

여기서, ϕ : 자속
t : 시간(s)
L : 인덕턴스
N : 코일권수

2) 인덕턴스 가동접속

① 코일을 같은 방향으로 감고, 전류를 흘리면 자속도 같은 방향으로 발생
② 관계식

$$L_0 = L_1 + L_2 + 2M [\text{H}]$$

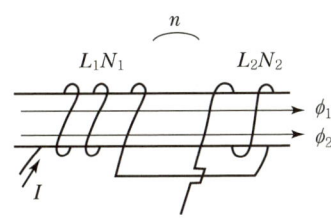

| 가동접속 |

3) 인덕턴스 차동접속

① 코일을 다른 방향으로 감고, 전류를 흘리면 자속도 다른 방향으로 발생
② 관계식

$$L_0 = L_1 + L_2 - 2M [\text{H}]$$

핵심문제 ★★★

인덕턴스의 가동접속을 바르게 나타낸 것은?

① $L_0 = L_1 + L_2 - 2M[\text{H}]$
❷ $L_0 = L_1 + L_2 + 2M[\text{H}]$
③ $L_0 = L_1 + L_2 \times 2M[\text{H}]$
④ $L_0 = L_1 - L_2 + 2M[\text{H}]$

해설 인덕턴스 가동접속
$L_0 = L_1 + L_2 + 2M[\text{H}]$

핵심문제 ★★★

상호 인덕턴스를 바르게 나타낸 것은?

① $M = K\sqrt{L_1^2 L_2^2}$ [H]
❷ $M = K\sqrt{L_1 L_2}$ [H]
③ $M = KL_1 L_2$ [H]
④ $M = K\sqrt{L_1 + L_2}$ [H]

해설 상호 인덕턴스
$M = K\sqrt{L_1 L_2}$ [H]

핵심문제 ★★★

r[m] 떨어진 두 평행한 도체에 각각 I_1, I_2[A]의 전류가 흐를 때 전선 단위 길이당 작용하는 힘(N/m)은?

① $\dfrac{I_1 I_2}{r} \times 10^{-7}$ ❷ $\dfrac{2I_1 I_2}{r} \times 10^{-7}$
③ $\dfrac{I_1 I_2}{r^2} \times 10^{7}$ ④ $\dfrac{2I_1 I_2}{r^2} \times 10^{7}$

해설 평행 도체에 발생하는 힘의 크기
$F = \dfrac{2I_1 I_2}{r} \times 10^{-7}$ N/m

핵심문제 ★★★

두 평행한 도체에 흐르는 전류의 방향이 같을 때 작용하는 힘은?

❶ 흡인력   ② 반발력
③ 인장력   ④ 회전력

해설 평행 도체에 발생하는 힘
- 전류의 방향이 같을 때 : 흡인력
- 전류의 방향이 다를 때 : 반발력

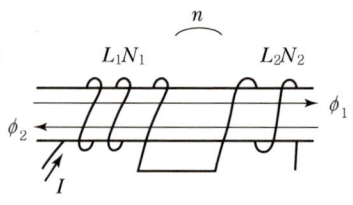

▮차동접속▮

4) 상호 인덕턴스

① 두 개 이상의 전자기회로가 근접하여 전류값이 변할 때 발생하는 상호영향

② 관계식

$$M = K\sqrt{L_1 L_2} \text{ [H]}$$

여기서, K : 결합계수(누설자속이 없으면 $K=1$)

5. 평행 도체에 발생하는 힘

1) 힘의 방향

① 전류의 방향이 같을 때 : 흡인력
② 전류의 방향이 다를 때 : 반발력

2) 힘의 크기

$$F = \dfrac{2I_1 I_2}{r} \times 10^{-7} \text{ N/m}$$

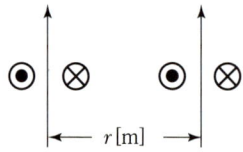

⊗ : 자속이 들어가는 방향
⊙ : 자속이 나오는 방향

▮도체 1m당 작용하는 힘▮

CHAPTER 06 승강기 전동기의 종류 및 특성

SECTION 01 직류 전동기

1. 직류 전동기의 구성요소

전기적 에너지를 기계적 회전 에너지로 변환시키는 기기로 플레밍의 왼손법칙으로 회전함

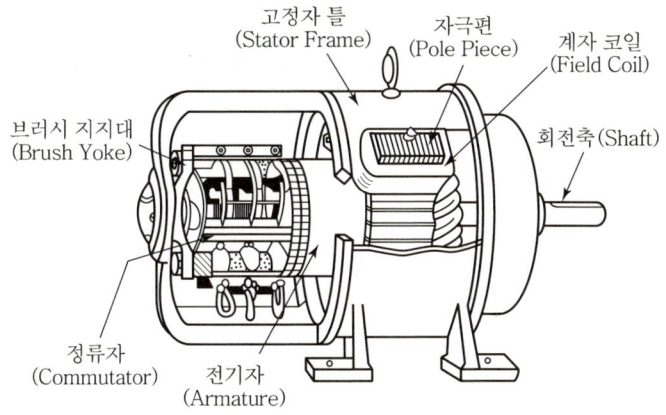

┃직류 전동기의 내부 구조┃

1) 계자

① 철심에 감겨 있으며, 전류가 흐르면 자속이 발생하는 부분
② 구성 : 권선, 철심, 자극편, 계철 등으로 구성

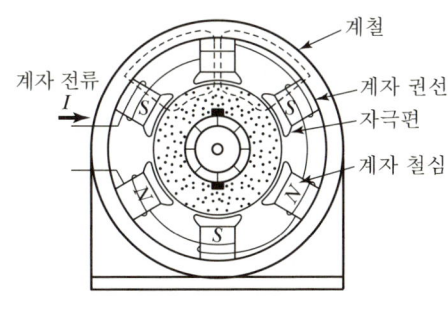

┃6극 직류 전동기의 계자┃

핵심문제 ★★★

직류 전동기의 구성요소가 아닌 것은?

① 계자　　❷ 임피던스
③ 전기자　　④ 정류자

해설 직류 전동기 구성요소
- 계자
- 전기자
- 정류자(브러시)

> **핵심문제** ★★★
>
> 직류 전동기에서 회전력을 발생시키는 부분은?
>
> ① 계자　② 브러시
> ❸ 전기자　④ 정류자
>
> [해설] **전기자**
> • 회전력 발생
> • 철심, 권선, 정류자 및 회전축 등으로 구성

2) 전기자

① 계자에서 발생하는 자속을 받아 회전력을 발생시키는 부분
② 철심, 권선, 정류자 및 회전축 등으로 구성
③ 전기자 철심은 두께 0.35~0.5mm의 규소강판을 성층하여 제작
④ 맴돌이 전류와 히스테리시스 현상에 의한 철손을 작게 하기 위해 성층 철심 사용

| 전기자의 구성 |

3) 정류자

① 전자의 흐름 방향을 제어하고, 직류로 변환하여 전동기의 회전 방향을 제어하는 장치
② 운전 중 항상 브러시와 접촉하여 마찰이 생겨 마모 및 불꽃 등으로 높은 온도가 될 수 있으므로 전기적·기계적 강도가 높아야 함

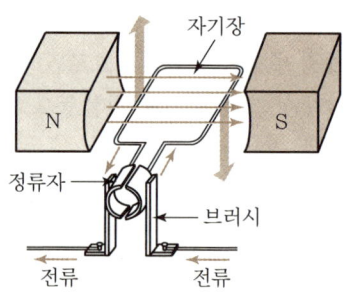

| 직류 전동기 동작원리 |

4) 브러시

① 정류자에 접촉하여 전기자 권선과 외부 회로를 연결시켜 주는 장치
② 요구 조건 : 접촉저항이 적당하고, 마모성이 적으며, 기계적 강도가 높을 것

> **핵심문제** ★★★
>
> 브러시의 요구조건이 아닌 것은?
>
> ① 마모성이 적어야 한다.
> ② 접촉저항이 적당해야 한다.
> ③ 기계적으로 튼튼해야 한다.
> ❹ 접촉저항이 클수록 좋다.
>
> [해설] **브러시의 요구조건**
> • 마모성이 적을 것
> • 접촉저항이 적당할 것
> • 기계적으로 튼튼할 것

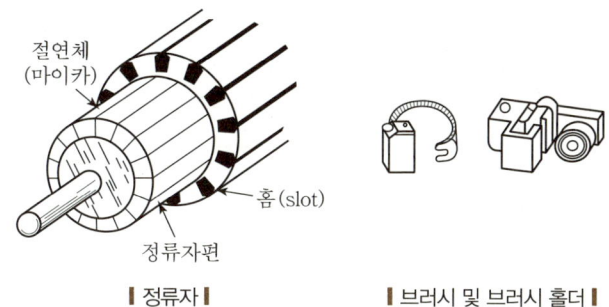

| 정류자 | | 브러시 및 브러시 홀더 |

2. 직류 전동기의 종류

1) 타여자 전동기
① 여자 회로가 분리되어 있어 계자 권선과 전기자 권선이 각기 다른 전원에 접속
② 여자회로 극성을 바꾸면 회전 방향이 반대로 됨

2) 자여자 전동기
① 분권 전동기
  ㉠ 계자 권선과 전기자 권선이 전원에 병렬로 접속
  ㉡ 특징 : 정속도 특성을 갖는 전동기
  ㉢ 용도 : 공작기계, 압연기 등
② 직권 전동기
  ㉠ 계자 권선과 전기자 권선이 전원에 직렬로 접속
  ㉡ 특징 : 부하 변동이 심하고, 큰 기동 토크를 요구하는 부하에 적합
  ㉢ 용도 : 전기 철도, 크레인 등
③ 복권 전동기
  ㉠ 분권 계자 권선과 직권 계자 권선이 전원에 병렬로 접속하는 전동기
  ㉡ 가동 복권 전동기 : 직권 계자 권선에 의하여 발생되는 자속이 분권 계자 권선에 의하여 발생되는 자속과 같은 방향이 되어 합성 자속이 증가하는 구조의 전동기로 크레인, 승강기에 사용
  ㉢ 차동 복권 전동기 : 분권 계자 권선과 직권 계자 권선의 자속이 서로 반대가 되어 상쇄되도록 하는 구조의 전동기로 부하 전류가 증가함에 따라 자속의 방향이 반대가 되어 역회전하는 경우가 있기 때문에 특수한 부하 이외에는 사용하지 않음

핵심문제 ★★★

직류 전동기의 종류가 아닌 것은?
① 타여자 전동기
② 분권 전동기
③ 직권 전동기
❹ 이중 직권 전동기

해설 직류 전동기의 종류
• 타여자 전동기
• 자여자 전동기(분권, 직권, 복권)

핵심문제 ★★★

자여자 직류 전동기 중 정속도 특징을 갖는 전동기는?
① 타여자 전동기
❷ 분권 전동기
③ 직권 전동기
④ 복권 전동기

해설 분권 전동기의 특징
• 정속도 특징이 있음
• 공작기계, 압연기

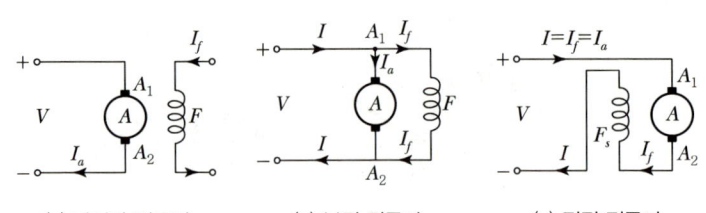

(a) 타여자 전동기　　(b) 분권 전동기　　(c) 직권 전동기

(d) 가동 복권 전동기　　(e) 차동 복권 전동기

- A : 전기자
- F_s : 직권 계자 권선
- I_a : 전기자 전류
- F : 분권 또는 타여자 계자 권선
- I : 전동기 전류
- I_f : 분권 또는 타여자 계자 전류

▮ 직류 전동기의 종류 ▮

3. 직류 전동기의 계산

1) 역기전력

관계식

$$E_0 = V - I_a R_a = \frac{p}{a} Z \phi \frac{N}{60} = K \phi N [\text{V}]$$

여기서, p : 전동기의 자극 수
$\phi[\text{Wb}]$: 1극당의 자속
Z : 도체수
a : 병렬회로수
$N[\text{rpm}]$: 매분의 회전수
$E_0[\text{V}]$: 역기전력

2) 속도

① 관계식

$$N = K \frac{(V - I_a R_a)}{\phi} [\text{rpm}]$$

여기서, R_a : 전기자 저항
I_a : 전기자 전류
V : 단자 전압

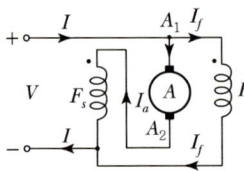

핵심문제 ★★★

직류 전동기의 속도제어 종류가 아닌 것은?

① 계자제어　❷ 전류제어
③ 저항제어　④ 전압제어

[해설] 전동기 속도제어
- 계자제어
- 저항제어
- 전압제어

② 속도제어 방법
  ㉠ 계자제어
   - ϕ를 변화시키는 방법
   - 손실 및 부하 변동에 대한 속도 변동이 작음
  ㉡ 저항제어
   - 전기자에 가변 직렬 저항 $R[\Omega]$을 추가하여 전기자 회로의 저항을 조정
   - 저항 손실 및 부하 변동에 대한 속도 변동이 큼
  ㉢ 전압제어
   - 전압을 제어하여 속도를 제어
   - 광범위한 속도제어 가능, 정토크 제어

3) 회전 토크

$$T = \frac{60 I_a (V - I_a R_a)}{2\pi N} = \frac{PZ}{2\pi a} \phi I_a [\text{N} \cdot \text{m}]$$

여기서, 토크(회전력) : T
전기자 전류 : $I_a[\text{A}]$
1극당의 자속 : $\phi[\text{Wb}]$

4. 전동기의 제동 방법

1) 발전제동
운전 중인 전동기를 전원에서 분리하여 단자에 저항을 접속하고 이것을 발전기로 동작시켜 부하 전류로 역 토크에 의해 제동하는 방법

2) 회생제동
전동기를 발전기로 동작시켜 그 유도 기전력을 전원 전압보다 크게 하여 전력을 전원에 되돌려 보내서(회생전력) 제동시키는 방법

3) 역상제동(플러깅)
전동기의 전기자 접속을 반대로 바꾸어 원래의 회전 방향과 반대의 토크를 발생시켜 갑자기 정지 또는 역전시키는 방법

5. 전기자 반작용
전기에 전류가 흘러 발생된 자속이 주 자속의 분포에 영향을 미치는 현상

핵심문제 ★★★
직류 전동기에서 자속이 증가하면 속도는?
① 증가 ② 일정
❸ 감소 ④ 정지

해설 직류 전동기의 속도
$$N = K \frac{(V - I_a R_a)}{\phi} [\text{r pm}]$$

핵심문제 ★★★
직류 전동기에서 자속이 증가하면 토크는?
❶ 증가 ② 일정
③ 감소 ④ 정지

해설 직류 전동기의 토크
$$T = \frac{60 I_a (V - I_a R_a)}{2\pi N}$$
$$= \frac{PZ}{2\pi a} \phi I_a [\text{N} \cdot \text{m}]$$

핵심문제 ★★★
전동기 제동방법의 종류가 아닌 것은?
① 발전제동 ② 회생제동
❸ 저항제동 ④ 역상제동

해설 전동기 제동법
- 발전제동
- 회생제동
- 역상제동

핵심문제 ★★★
전기자 반작용 발생 시 현상으로 바른 것은?
① 주 자속 중성축이 유지된다.
② 토크가 증가한다.
③ 정류가 원활하다.
❹ 유도 기전력이 감소한다.

해설 전기자 반작용 현상
- 중성축 이동
- 토크 감소
- 불꽃 발생 및 정류 불량
- 유도 기전력 감소

> **핵심문제** ★★★
> 전기자 반작용 발생 시 대책으로 설치하는 것은?
> ❶ 보상권선　② 브러시
> ③ 전기자　　④ 정류자
>
> **해설** 전기자 반작용 대책
> • 보상권선
> • 보극

1) 영향
① 주 자속의 분포를 찌그러뜨려 중성 축을 이동시킴
② 토크 감소
③ 브러시에 불꽃 발생으로 정류 불량
④ 주 자속을 감소시켜 유도 기전력을 감소시킴

2) 대책
① 보상권선 설치
② 보극 설치

SECTION 02 유도 전동기

1. 유도 전동기의 개념

유도 전동기의 회전 원리는 회전 자기장에 의해 회전자 코일에 유도된 전류와 회전 자기장과의 상호작용에 의하여 전자력이 발생되고 회전자를 회전시킴

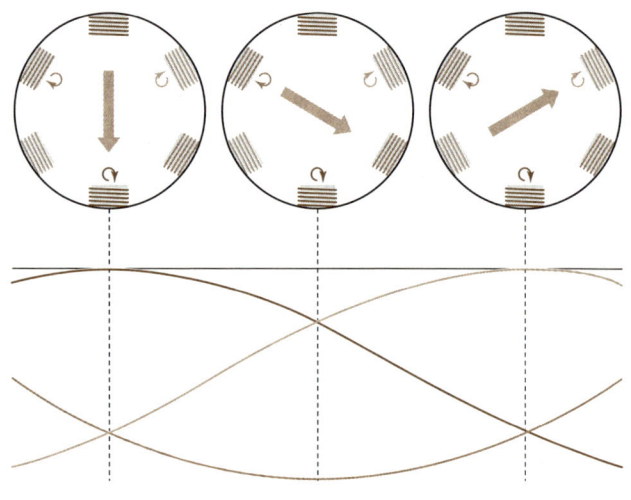

❘ 3상 유도 전동기의 회전자계 ❘

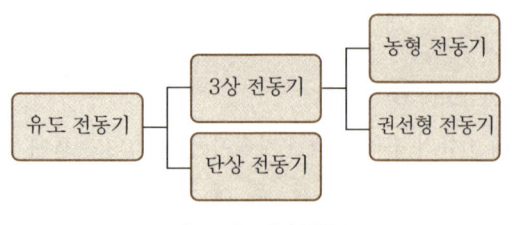

❘ 유도 전동기의 분류 ❘

2. 3상 유도 전동기의 기동

전동기는 기동 시 기동전류가 전부하 전류의 5~10배까지 흘러 전압 강하를 일으키므로, 차단기의 부담이 매우 크기 때문에 차단기의 부담을 경감시키고 위험을 줄이기 위하여 여러 가지 기동 방식을 채용

1) 농형 유도 전동기

(1) 전전압(직입) 기동
  ① 직접 전원 전압을 인가하여 기동하는 방법
  ② 기동전류가 약 5~10배까지 흐르며 기동시간이 짧고 빈번한 기동 시에는 코일이 과열되기도 함
  ③ 소용량 전동기에만 사용

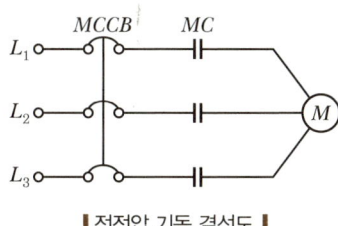

▌전전압 기동 결선도 ▌

(2) $Y-\Delta$ 기동
  ① 전동기 기동 시 Y로 접속하고, 정격 전압을 인가하여 기동 후 Δ접속으로 변환하여 운전
  ② 기동 시 각 상에 정격 전압의 $1/\sqrt{3}$이 가해지고 기동전류가 전전압 기동에 비해 1/3이 되며 기동 토크도 1/3로 줄어듦
  ③ 기동전류는 전 부하 전류의 200~250%로 제한

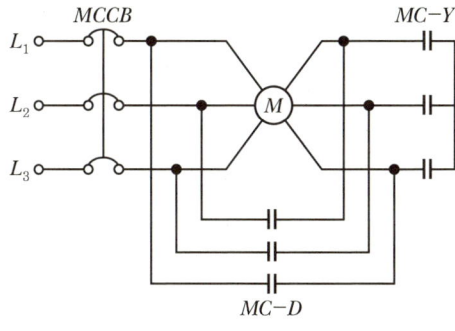

▌$Y-\Delta$ 기동 결선도 ▌

(3) 리액터 기동
  ① 전동기의 전원 측에 직렬로 리액터를 접속하여 전원 전압을 낮게 감압하여 기동
  ② 기동 후에는 가속하고, 정격 속도에 도달하면 단락시킴

핵심문제 ★★★

농형 전동기의 기동 방법이 아닌 것은?

① 전전압 기동
② $Y-\Delta$ 기동
③ 리액터 기동
❹ 2차 저항 기동

해설 농형 전동기 기동 방법
• 전전압 기동   • $Y-\Delta$ 기동
• 리액터 기동   • 기동보상기 기동
• 인버터 기동

핵심문제 ★★★

$Y-\Delta$ 기동 시 기동전류는 전전압 기동의 몇 배인가?

① $1/\sqrt{3}$ 배   ② $\sqrt{3}$ 배
❸ 1/3배   ④ 3배

해설 $Y-\Delta$ 기동
• 기동 시 전압 : $1/\sqrt{3}$
• 기동 시 전류 : 1/3
• 기동 시 토크 : 1/3

③ $Y-\Delta$ 기동이 곤란한 것, 기동 시 충격을 방지할 필요가 있는 것 등에 적합

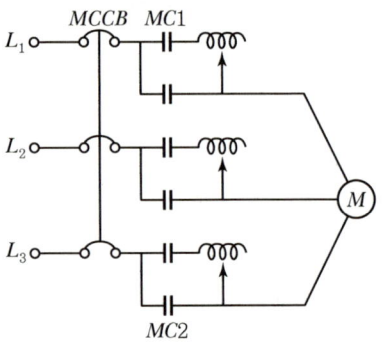

| 리액터 기동 결선도 |

(4) 기동 보상기 기동

고압의 농형 전동기에서는 3상 단권 변압기를 써서 기동 전압을 떨어뜨려 사용

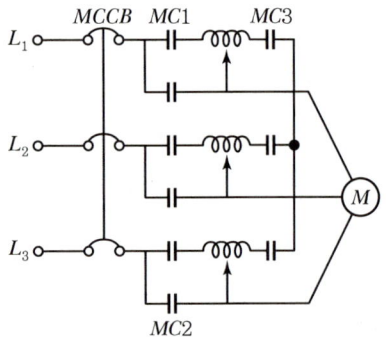

| 기동 보상기 기동 결선도 |

2) 권선형 유도 전동기

(1) 기동 저항기 기동

① 기동 시 저항을 조정하여 기동 전류를 억제하고 속도가 커지기 때문에 저항을 원위치시킴
② 기동 특성이 농형 유도 전동기에 비해 우수

3) 3상 유도 전동기의 속도제어

(1) 동기속도

① 회전 자장의 속도를 유도 전동기의 동기속도(N_s)라 하면, 동기속도는 전원 주파수의 증가와 함께 비례하여 증가하고 극수의 증가와 함께 반비례하여 감소

핵심문제 ★★★

권선형 전동기의 기동 방법은?
① 전전압 기동 ② $Y-\Delta$ 기동
③ 리액터 기동 ❹ 2차 저항 제어

》》 $Y-\Delta$ 기동

· 기동 시 전압 : $1/\sqrt{3}$
· 기동 시 전류 : 1/3
· 기동 시 토크 : 1/3

② 관계식

$$N_s = \frac{120f}{P} [\text{rpm}]$$

여기서, f : 전원의 주파수(Hz)
P : 전동기의 극수

(2) 슬립(Slip)

① 유도 전동기는 회전 자장의 동기속도 N_s와 회전자의 속도 N 사이에 차이가 생기게 되며, 이 차이의 값으로 전동기의 속도를 나타냄
② 이때 속도의 차이와 동기속도 N_s의 비를 슬립이라고 함
③ 슬립 관계식

$$s = \frac{\text{동기 속도} - \text{회전자 속도}}{\text{동기 속도}} = \frac{N_s - N}{N_s}$$

④ 슬립의 범위 : $0 \leq s \leq 1$
⑤ 전동기 회전자속도(실제속도)

$$N = (1-s)N_s = (1-s)\frac{120f}{P} [\text{rpm}]$$

(3) 속도제어 방법

① 농형 전동기
   ㉠ 극수 변환 : 유도 전동기의 극수를 바꾸는 방법
   ㉡ 전압제어 : 입력 전압에 따른 토크(회전력)를 제어
   ㉢ 주파수제어 : 전원 주파수 f[Hz]를 변화시키면 동기속도가 f에 비례하여 변화
   ㉣ 인버터(VVVF)제어 : 전압과 주파수를 동시에 제어하는 방법

② 권선형 전동기
   ㉠ 2차 저항제어 : 권선형 유도 전동기에만 사용할 수 있는 방법으로 2차 회로의 저항 변화에 의한 토크 속도 특성의 비례추이를 응용한 것
   ㉡ 2차 여자제어 : 2차 회로에 2차 주파수와 같은 적당한 크기의 전압을 가하는 방법

(4) 3상 전동기 회전 방향 변경 방법

① 3상 교류전동기 단자에서 3개의 단자 중 임의의 2개 단자를 서로 바꾸어 접속
② 1차 권선에 흐르는 상회전 방향이 반대가 되어 회전 방향도 바뀌어 역회전함

핵심문제 ★★★

동기속도 N_s, 회전자의 속도 N일 때 슬립을 바르게 나타낸 것은?

① $s = \frac{N_s - N}{N_s^2}$ ② $s = \frac{N_s - N}{N}$
③ $s = \frac{N - N}{N}$ ❹ $s = \frac{N_s - N}{N_s}$

[해설] 슬립
$s = \frac{N_s - N}{N_s}$

≫ 운전 상태별 슬립

• 정지 시 : $s = 1$
• 동기속도 운전 시 : $s = 0$
• 기동 시 : $s > 1$
• 부하 시 : $0 \leq s \leq 1$

핵심문제 ★★★

동기속도 $N_s = 1,800$, 회전자의 속도 $N = 1,780$일 때 슬립은?

❶ 0.1 ② 0.2
③ 0.3 ④ 0.4

[해설] 슬립
$s = \frac{N_s - N}{N_s}$
$= \frac{1,800 - 1,780}{1,800} ≒ 0.1$

핵심문제 ★★★

유도 전동기의 회전 방향을 바꾸는 방법은?

① 극수를 변경한다.
② 주파수를 변경한다.
❸ 임의의 두 단자의 접속을 바꾼다.
④ 슬립을 변경한다.

[해설] 전동기 회전 방향 변경 방법
단자 3개 중 임의의 단자 2개를 서로 바꾸어 접속

4) 3상 유도 전동기의 특징

(1) 농형 유도 전동기
① 구조가 견고하고 취급 방법이 간단
② 가격이 저렴
③ 슬립링이 없어서 불꽃이 없음
④ 엘리베이터, 권상기, 컨베이어, 공작기계, 펌프, 송풍기 등

(2) 권선형 유도 전동기
① 슬립링을 통해서 회전자 회로에 저항을 삽입할 수 있음
② 구조 및 수리가 복잡하고 고가
③ 슬립링에서 불꽃이 나올 우려가 있음

3. 단상 유도 전동기의 기동

1) 반발 기동형
① 회전자 속도가 일정 속도 이상 되면 원심력 장치로 정류자를 단락하여 농형 회전자가 됨
② 기동 토크가 제일 큼
③ 같은 정격의 분상 기동형에 비해서 치수가 크고 무거움

2) 콘덴서 기동형
① 기동 권선에 직렬로 콘덴서를 접속하여 주권선 전류보다 기동 전류를 90° 앞서게 하므로 기동전류와 기동 토크가 작고 역률이 매우 좋음
② 표준형 전동기이며 400W까지 가능

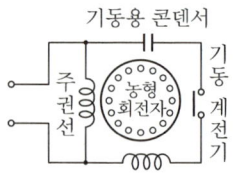

| 콘덴서 기동형 |

>>> 단상 유도 전동기 기동 토크 크기

반발 기동형 > 콘덴서 기동형 > 분상 기동형 > 셰이딩 코일형

핵심문제 ★★★

단상 유도 전동기의 기동 방식이 아닌 것은?
① 반발 기동
② 콘덴서 기동
❸ 2차 저항 기동
④ 셰이딩 코일형

[해설] 단상 유도 전동기 종류
• 반발 기동형
• 콘덴서 기동형
• 영구 콘덴서 기동형
• 분상 기동형
• 셰이딩 코일형

핵심문제 ★★★

단상 유도 전동기 중 기동 토크가 가장 큰 것은?
❶ 반발 기동 ② 콘덴서 기동
③ 분상 기동 ④ 셰이딩 코일형

[해설] 기동 토크 크기
반발 기동형 > 콘덴서 기동형 > 분상 기동형 > 셰이딩 코일형

3) 영구 콘덴서 기동형

기동 토크는 작으나 운전 중 역률이 좋으며 회전이 부드러움

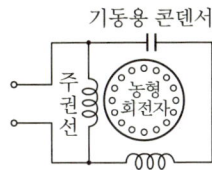

❙ 영구 콘덴서 기동형 ❙

4) 분상 기동형

① 주 권선과 직각으로 기동 권선(보조 권선)을 감고 동기속도의 약 80%에서 보조 권선이 전원에서 분리됨
② 기동 전류에 비해 기동 토크가 작아 200W 이하에 사용

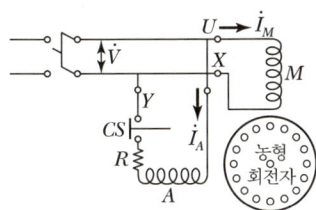

❙ 분상 기동형 ❙

5) 셰이딩 코일형

① 회전 방향을 바꿀 수 없음
② 구조는 간단하나 기동 토크가 작고 효율과 역률이 좋지 않음

SECTION 03 동기 전동기

1. 동기 전동기 속도

① 동기 전동기는 전원의 자계와 동기속도로 회전
② 관계식

$$N_s = \frac{120f}{P} \text{rpm}$$

여기서, P : 극수
f : 주파수

핵심문제 ★★★

4극 60Hz의 3상 유도 전동기의 동기속도(rpm)는 얼마인가?

① 800rpm   ② 1,000rpm
❸ 1,800rpm ④ 2,400rpm

해설 동기속도
$N_s = \frac{120f}{P}$

핵심문제 ★★★

주파수 60Hz, 회전수 1,200rpm인 동기기의 극수는?

① 2극 ② 4극
❸ 6극 ④ 8극

해설

$N_S = \dfrac{120}{P}f$ 에서

$P = \dfrac{120}{N_S}f = \dfrac{120}{1,200} \times 60 = 6$ 극

핵심문제 ★★★

다음 중 단자 전압이 증가하는 것은?

❶ 증자작용 ② 감자작용
③ 직축반작용 ④ 횡출반작용

해설 증자작용

주자속의 방향과 전기자자속의 방향이 같아 합성자속이 증가하여 단자전압이 증가하는 것

핵심문제 ★★★

동기 전동기의 난조를 방지하는 방법은?

① 극수를 작게 한다.
❷ 제동권선을 설치한다.
③ 회전자의 관성을 작게 한다.
④ 주파수를 변경한다.

해설 난조 대책

- 제동권선 설치
- 관성모멘트 확대

2. 전동기의 전기자 권선법

(1) 분포권

　누설 리액턴스 감소로 기전력의 파형 개선

(2) 단절권

　동량과 철량의 감소로 기전력의 파형 개선

3. 전기자 반작용

3상 부하 전류에 의한 자속이 주자속에 영향을 주는 현상

(1) 횡축 반작용(교차자화작용)

　기전력과 전기자전류가 동 위상

(2) 직축 반작용

　① 감자작용 : 발전기는 위상이 뒤질 때, 전동기는 위상이 앞설 때
　② 증자작용 : 발전기는 위상이 앞설 때, 전동기는 위상이 뒤질 때

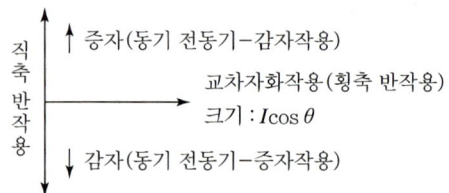

| 전기자 반작용 |

4. 난조현상

부하의 급변으로 회전자 속도가 동기속도를 중심으로 진동하는 현상

(1) 원인

　① 원동기의 과속조절기 감도가 예민할 때
　② 부하의 급변
　③ 전기 저항이 너무 클 때
　④ 원동기 토크에 고조파가 포함될 때

(2) 난조 대책

　① 제동권선 설치
　② 관성모멘트를 크게 함

5. 동기 전동기의 특징

① 정속도 전동기
② 역률 1로 조정 가능
③ 유도 전동기에 비해 전부하 효율이 양호
④ 기동이 어렵고, 설비비가 고가

6. 안정도 증가 방법

① 관성 모멘트를 크게 함
② 단락비가 큰 기계를 사용
③ 과속조절기 동작을 신속하게 함

핵심문제 ★★★

동기 전동기의 안정도를 증가시키는 방법은?
① 관성모멘트를 작게 한다.
❷ 단락비를 크게 한다.
③ 과속조절기 동작을 느리게 한다.
④ 주파수를 변경한다.

해설 안정도 증가 방법
- 관성모멘트를 크게 함
- 단락비를 크게 함
- 과속조절기 동작을 신속하게 함

CHAPTER 07 승강기 제어시스템 원리

SECTION 01 자동제어

제어란 어떤 장치(물체, 전기, 기계, 프로세스 등)가 미리 희망하는 값 또는 수시로 주어지는 목표의 값으로 동작하거나 유지하도록 조작을 가하는 것을 말함

1. 제어의 종류

1) 수동제어
수동으로 움직이는 제어

2) 자동제어

(1) 귀환제어(Feedback)
개루프 제어(Open Loop Control)에 대한 되먹임(Feedback) 제어의 표현으로, 폐루프 제어(Closed Loop Control)라고도 함

(2) 시퀀스 제어
정해진 순서에 따라 제어의 각 단계가 순차적으로 진행되는 제어

2. 제어의 3요소

1) 검출부
제어의 대상 및 환경 또는 목표에서 제어에 필요한 신호를 만들어 내는 부분으로, 디지털 신호와 아날로그 신호가 있음

2) 조절부
되먹임 자동제어에서 신호를 분석하여 필요한 제어량을 신호로 만들어 조작부에 보내는 부분

3) 조작부
조절부에서 신호를 받아 조작량으로 신호를 바꾸어 제어대상에 동작신호를 보내는 부분

핵심문제 ★★★

정해진 순서에 따라 순차적으로 진행되는 제어는?
① 프로세스 제어
❷ 시퀀스 제어
③ 되먹임 제어
④ 추치제어

해설
① 프로세스 제어 : 장치를 이용해 결과물을 만드는 공정제어
③ 되먹임 제어 : 입출력 비교부를 구성하여 제어
④ 추치제어 : 목푯값의 물리량을 제어

3. 자동제어의 분류

1) 제어량의 성질에 의한 분류

① 프로세스(Process) 제어 : 장치를 이용하여 결과물을 만드는 방법, 장치 또는 장치계
　　예 온도 · 압력 제어

② 서보제어 : 제어량이 기계적인 위치 또는 속도인 제어

③ 자동 조정 : 전류, 전압, 주파수, 속도, 장력 등을 제어량으로 하며, 응답속도가 매우 빠름
　　예 자동 주파수 제어, 증기 터빈의 과속조절기, 수차

2) 제어 목적에 의한 분류

① 정치제어 : 목푯값이 시간의 변화에 관계없이 일정하게 유지되는 제어=자동조정
　　예 프로세스 제어, 자동 전압조정, 자동 압력조정, 터빈의 속도 제어

② 추치제어 : 목푯값이 시간에 따라 임의로 변화하는 제어
　　예 서보제어

　ㄱ 추종제어 : 목푯값이 시간에 대한 미지함수인 경우의 제어
　　　예 대공포의 포신 제어, 자동 평형계기, 자동 아날로그 선반

　ㄴ 프로그램 제어 : 목푯값이 시간적으로 미리 정해진 대로 변화하고 제어량이 이것에 일치되도록 하는 제어
　　　예 온도 제어, 무인운전 등

　ㄷ 비율제어 : 목푯값이 다른 어떤 양에 비례하는 경우의 제어
　　　예 자동 연소 제어, 물질 합성 프로세스 제어 등

4. 제어계의 구성 및 요소

1) 블록선도

① 제어계에서 제어시스템의 구성요소를 블록으로 표시하고, 신호의 흐름을 선으로 표시한 것

② 전달요소 : 입력 신호를 받아서 변환된 출력 신호를 만드는 신호 전달요소는 직사각형 안에 표현하며, 신호의 흐르는 방향을 화살표로 나타냄

③ 블록선도의 예

$$B(s) = G(s) \cdot A(s)$$

여기서, $A(s)$: 입력, $B(s)$: 출력

핵심문제 ★★★

제어량이 기계적인 위치 또는 속도인 제어는?

① 프로세스제어
② 시퀀스제어
③ 되먹임제어
❹ 서보제어

해설
서보제어는 제어량이 기계적인 위치 또는 속도인 제어

핵심문제 ★★★

다음 가산점 블록선도를 나타내는 식은?

$A(s) \xrightarrow{+} \bigcirc \xrightarrow{B(s)}$
　　　　$\pm$
　　　$C(s)$

❶ $B(s) = A(s) \pm C(s)$
② $B(s) = G(s) \cdot A(s)$
③ $B(s) = G(s) \times A(s)$
④ $B(s) = G(s) \div A(s)$

해설
입력 $A(s)$에 가산점의 신호 $\pm C(s)$가 들어오므로 출력 $B(s) = A(s) \pm C(s)$

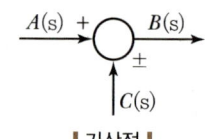

┃가산점┃

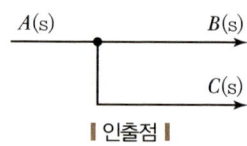

┃인출점┃

> **핵심문제** ★★★
>
> 직류 전동기를 전압제어로 속도제어 시 전압 요소는?
> ① 변환기　② 귀환요소
> ❸ 조작량　④ 목푯값
>
> [해설]
> 조작량은 제어요소(전압)가 제어대상(전동기)에게 주는 양을 뜻함

> **핵심문제** ★★★
>
> 피드백 제어에서 가장 중요한 장치는?
> ① 입력을 증폭하는 장치
> ❷ 입력과 출력을 비교하는 장치
> ③ 제어량을 안정하게 보내는 장치
> ④ 목푯값을 일정하게 유지하는 장치
>
> [해설]
> 목푯값을 정확하게 제어하기 위해 입력과 출력을 비교하는 장치가 가장 중요

④ 가산점 : 두 가지 이상의 신호가 있을 때 이들 신호의 합과 차를 만드는 가산점은 화살표 옆에 +, −의 기호를 붙여 합 또는 차를 나타냄

$$B(s) = A(s) \pm C(s)$$

⑤ 인출점 : 동일한 신호를 두 군데 이상에서 사용하기 위해 인출하는 점

2) 귀환제어의 구성

① 목푯값 : 제어계 밖에서 제어량이 그 값을 갖도록 제어계에 주어지는 신호로 설정값이라고도 함
② 기준 입력 : 제어계를 동작시키는 기준, 직접 폐회로에 가해지는 신호
③ 비교부 : 목푯값과 제어량에서 인출신호를 서로 비교해서 제어동작을 일으키는 데 필요한 정보를 가진 신호를 만들어 냄
④ 제어요소 : 동작 신호를 조작량으로 변환시키는 요소, 조절부와 조작부로 구성
⑤ 제어량 : 제어대상의 양, 즉 측정되어 제어되는 것을 말하며, 출력량이라고도 함
⑥ 제어대상 : 제어량을 발생시키는 장치로서 제어계에서 직접 제어를 받는 장치
⑦ 조작량 : 제어요소가 제어대상에 주는 양
⑧ 조절부 : 기준 입력과 검출부 출력과의 합이 되는 신호를 받아서 제어계가 정해진 작용을 하는 데 필요한 신호를 만들어서 조작부에 보내는 부분으로 제어장치의 중심을 이룸
⑨ 귀환요소 : 제어량에서 주 귀환을 생성하는 요소이며, 검출부라고도 함
⑩ 제어편차 : 목푯값에서 제어량을 뺀 값으로 이 신호가 그대로 동작신호가 되기도 함
⑪ 외란 : 제어량에 좋지 않은 영향을 주는 외적 입력
⑫ 변환기 : 한 형태의 에너지를 다른 형태의 에너지로 변환시키는 장치(전압을 전류로 또는 전류를 전압으로 변환)

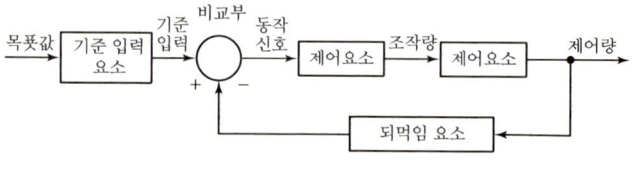

┃귀환제어계의 기본 구성┃

SECTION 02 시퀀스 제어

1. 조작 스위치

1) 누름 버튼 스위치(Push Button Switch)

버튼을 누르면 접점 상태가 변하여 조작되며, 내장된 복귀 스프링에 의해 초기 상태로 자동 복귀하는 스위치

① a접점 : 상시 열려 있고 버튼을 누를 때 닫히는 접점, 메이크 접점(Make Contact)이라고 함

② b접점 : 상시 닫혀 있고 버튼을 누를 때 열리는 접점, 브레이크 접점(Brake Contact)이라고 함

> **핵심문제** ★★★
>
> 상시 열려 있고 입력이 들어오면 닫히는 접점은?
> ① 한시동작 순시복귀 접점
> ❷ a접점
> ③ b접점
> ④ c접점
>
> **해설** a접점
> 입력이 없는 상태에서 열린 접점

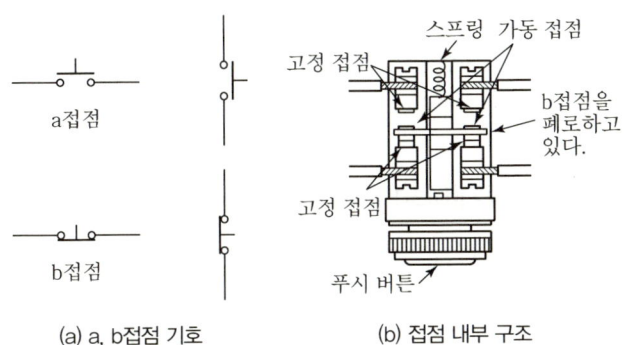

(a) a, b접점 기호   (b) 접점 내부 구조

| 누름 버튼 스위치 |

2) 유지형 스위치

① 조작을 가한 후 반대의 조작이 있을 때까지 접점 상태를 유지하는 스위치

② 토글 스위치, 셀렉터 스위치, 텀블러 스위치 등

2. 검출 스위치

1) 접촉 스위치

① 마이크로 스위치 : 소형의 스위치로 계측장치의 검출기용으로 사용

② 리밋 스위치 : 케이스에 마이크로 스위치가 내장된 것으로 밀봉되어 있음

| 리밋 스위치 |

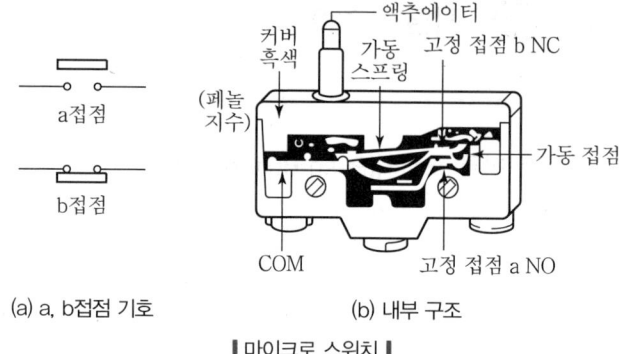

|마이크로 스위치|

2) 비접촉 스위치
① 광전 스위치 : 발광기와 수광기로 구성되어 물체가 빛을 차단하여 접점이 동작
② 근접 스위치 : 물체에 의해 전기장이나 자기장을 변화시켜서 접점이 개폐됨

3. 전자 접촉기(Magnetic Contactor)
① **작동 원리** : 전자 코일에 전류가 흐르면, 고정 철심이 전자석으로 되어 가동 철심을 흡입하고, 가동 철심이 연동하여 주 접점 및 보조 접점이 힘을 받아 주 접점이 닫힘(폐로)과 함께 보조 접점도 동시에 개폐 동작을 실시
② **주 접점** : 주 회로에 큰 전류가 흘러도 안전한 대전류 용량의 접점
③ **보조 접점** : 작은 전류 용량의 접점

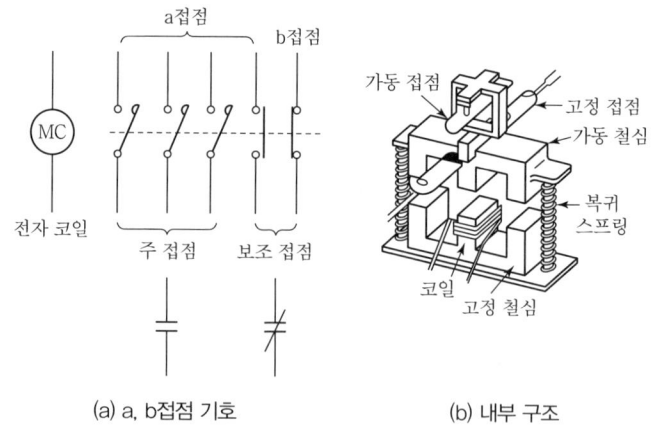

|전자 접촉기|

4. 전자 계전기(Electromagnetic Relay)

① 전자 코일에 전류가 흐르면 고정 철심이 전자석으로 되어 철편이 흡입되고, 가동 접점은 고정 접점에 접촉됨
② 전자력을 잃게 되면 가동 접점은 스프링의 힘으로 복귀되어 원상태로 됨
③ 접점의 개폐능력은 정격전류 1~15A 정도로 낮음
④ 응답시간은 5~15mA 정도로 빠름
⑤ 제어회로의 신호전달뿐만 아니라 통신기기에서 폭넓게 적용

>>> 전자 계전기(MC) 구조

몰드 케이스, 고정 철심, 가동 철심, 전자 코일, 소호 장치, 주접점, 보조접점, 스프링 등으로 구성

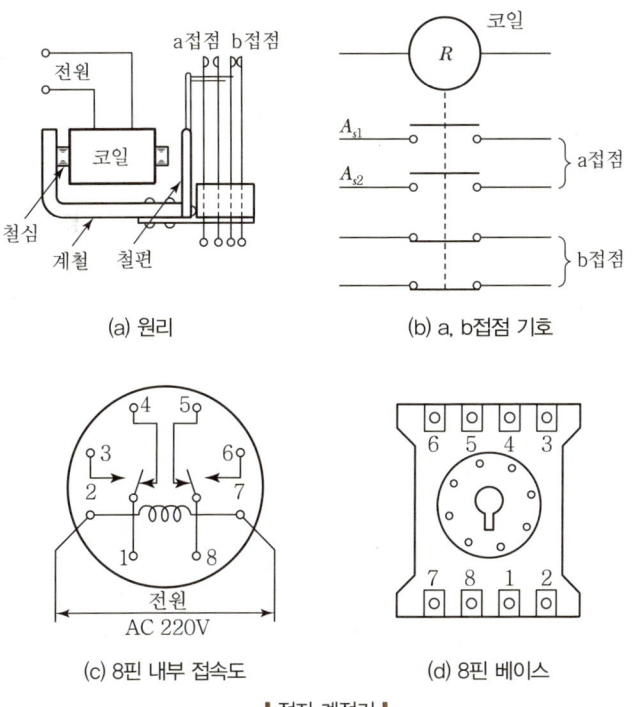

| 전자 계전기 |

5. 타이머(Timer)

1) 한시동작 순시복귀(동작 지연 타이머)

입력이 '1'이 된 다음에 일정 시간 경과 후 출력이 '1'이 되고, 입력이 '0'이 되고 순간 출력도 '0'이 되는 계전기

2) 순시동작 한시복귀(복귀 지연 타이머)

입력이 '1'이 되면 출력도 동시에 '1'이 되고, 입력이 '0'으로 복귀했을 때 일정 시간 경과 후 출력도 '0'이 되는 회로

>>> 한시동작 순시복귀

코일 여자 후 일정 시간이 경과하면 접점이 동작하고 전원이 OFF 되면 동시에 출력 접점도 복귀

>>> 순시동작 한시복귀

코일이 여자되면 즉시 접점이 동작하고, 전원이 OFF 되면 일정 시간 경과 후 출력 접점이 복귀

6. 시퀀스 회로의 접점 및 동작

신호		접점 기호	타임차트
입력 신호(코일)			여자 / 무여자 / 여자
접촉기 릴레이	a접점		폐 / 개 / 폐
	b접점		
타이머 (시한동작)	a접점		τ
	b접점		개 / 폐 / 개
타이머 (시한복귀)	a접점		τ
	b접점		

핵심문제 ★★★

다음 중 논리곱 회로의 논리식은?
① $\overline{A \cdot B} = X$ ❷ $A \cdot B = X$
③ $A + B = X$ ④ $\overline{A} = X$

해설
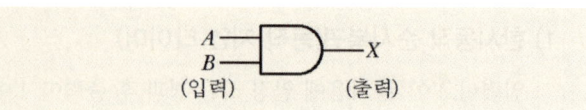
$X = A \cdot B = AB$

핵심문제 ★★★

다음 중 논리곱 회로의 설명으로 바른 것은?
① 입력신호 중 하나가 '1'이면 출력신호가 '1'이 된다.
② 입력신호 중 하나가 '0'이면 출력신호가 '1'이 된다.
❸ 입력신호가 모두 '1'일 경우에만 출력신호가 '1'이 된다.
④ 입력신호가 모두 '0'일 경우에만 출력신호가 '1'이 된다.

7. 논리 회로

1) AND 회로(논리곱)

① 모든 입력(1)이 있을 때만 출력(1)이 나타나는 회로
② 시퀀스의 직렬 스위치 회로와 같음
③ 논리식

$$X = A \cdot B = AB$$

④ 논리기호

A ──┐
B ──┤ ⟩── X
(입력)   (출력)

⑤ 진리표

입력		출력
A	B	X
0	0	0
0	1	0
1	0	0
1	1	1

2) OR 회로(논리합)

① 하나 이상의 입력(1)이 있을 때 출력(1)이 나타나는 회로
② 시퀀스의 병렬 스위치 회로와 같음
③ 논리식

$$X = A + B$$

④ 논리기호

⑤ 진리표

입력		출력
A	B	X
0	0	0
0	1	1
1	0	1
1	1	1

3) NOT 회로(부정)

① 출력과 입력이 반대로 되는 반전 회로
② 논리식

$$X = \overline{A}$$

③ 논리기호

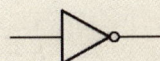

④ 진리표

입력	출력
A	X
0	1
1	0

4) NAND 회로(부정 논리곱)

① 논리곱(AND) 회로와 부정(NOT) 회로의 합으로 이루어진 회로
② 모든 입력이 1일 때만 출력이 0이 되고, 그 외의 경우에는 출력이 1이 되는 회로

③ 논리식

$$X = \overline{A \cdot B} = \overline{A} + \overline{B}$$

④ 논리기호

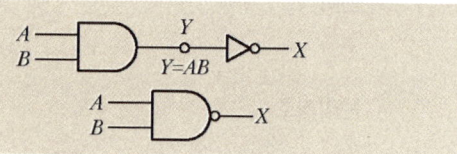

> **핵심문제** ★★★
>
> 입력이 모두 '1'일 때만 출력이 '0'이 되는 논리회로는?
>
> ① AND 회로 ② OR 회로
> ③ NOT 회로 ❹ NAND 회로

⑤ 진리표

입력		출력
A	B	X
0	0	1
0	1	1
1	0	1
1	1	0

5) NOR 회로(부정 논리합)

① 입력이 모두 0일 때만 출력이 1이 되는 회로
② 논리식

$$X = \overline{A + B} = \overline{A} \cdot \overline{B}$$

③ 논리기호

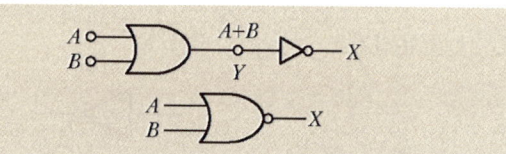

④ 진리표

입력		출력
A	B	X
0	0	1
0	1	0
1	0	0
1	1	0

6) XOR 회로(배타적 논리합)

① 입력이 같을 때 출력이 '0', 입력이 다를 때 출력이 '1'이 되는 회로

② 논리식

③ 논리기호

③ 논리기호의 기호 그림

④ 진리표

입력		출력
A	B	X
0	0	0
0	1	1
1	0	1
1	1	0

핵심문제 ★★★

다음 논리기호의 이름은?

① AND　② OR
③ NOR　❹ XOR

7) XNOR 회로

① 배타적 논리합(XOR)의 반대 출력이 되는 회로로 두 입력이 같을 때만 출력이 '1'이 됨

② 논리식

③ 논리기호

③ XNOR 논리기호 그림

④ 진리표

입력		출력
A	B	X
0	0	1
0	1	0
1	0	0
1	1	1

SECTION 03 반도체

1. 반도체의 정의
물질에는 전류가 흐르기 쉬운 도체와 흐르기 어려운 절연체(부도체)가 있으며, 이 두 가지의 중간 성질을 반도체라고 함. 반도체는 조건에 따라서 전류를 흘리거나 흘리지 않음

2. 반도체의 종류

1) n형 반도체
① 전하를 옮기는 캐리어로 자유전자가 사용되는 반도체
② 음전하를 가지는 자유전자가 캐리어로서 이동해서 전류가 발생
③ 원자가 전자가 4개인 규소에 원자가 전자가 5개인 인(P), 비소(As), 안티몬(Sb) 등을 첨가하면 5개의 원자가 전자 중 4개는 규소와 결합하고, 남는 전자 1개가 원자에 약하게 속박되어 자유롭게 이동이 가능. 이때 전자가 전하 운반자 역할을 함
④ **자유전자** : 원자가 띠에 있던 전자가 띠 간격 이상의 에너지를 얻어 전도띠로 전이된 전자. 작은 에너지만 얻어도 자유롭게 이동 가능

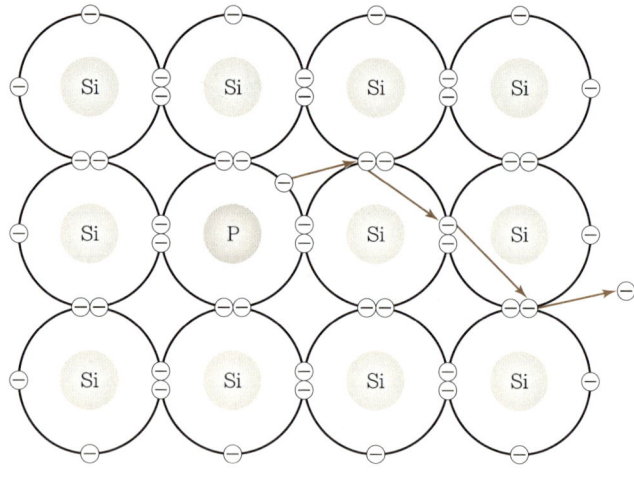

▎N형 반도체의 구조 ▎

2) p형 반도체
① 정공이 전하의 운반자 역할을 하는 반도체
② 실리콘에 가전자가 3개인 붕소(B) 원자를 혼합한 결정

핵심문제 ★★★

n형 반도체가 전류를 흐르게 하는 요소는?

❶ 자유전자   ② 정공
③ 정류   ④ 게이트

해설 n형 반도체
자유전자가 전하를 이동

③ 원자가 전자가 4개인 규소에 원자가 3개인 붕소(B), 알루미늄(Al), 갈륨(Ga), 인듐(In) 등을 첨가하면, 이때 규소 원자에 비해 전자 1개가 부족하여 정공이 생기게 됨. 주변의 전자가 정공을 채우면 전자가 빠져나간 자리에 새로운 정공이 생김
④ 정(양)공 : 원자가 띠에 전자가 채워질 수 있는 빈자리로 이웃한 전자가 채워지면서 움직일 수 있기 때문에 양전하를 띤 입자와 같은 역할을 함

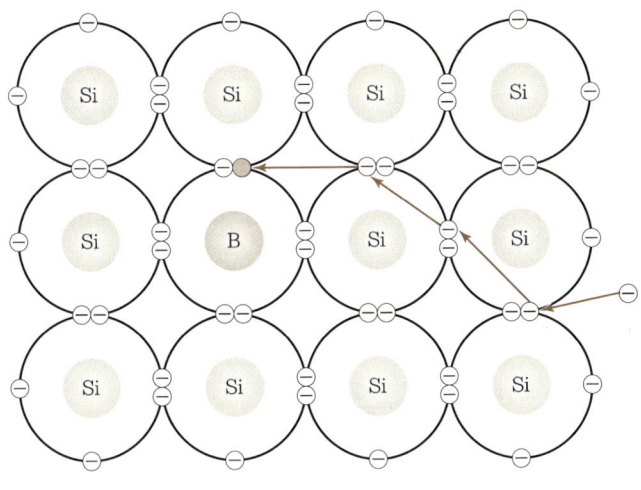

▮P형 반도체의 구조▮

3. 다이오드(Diode)

1) 다이오드의 역할 및 구조

① 전류를 한 방향으로만 흐르게 하고, 반대 방향으로 흐르는 전류는 차단하는 반도체 소자
② p형 반도체와 n형 반도체를 접합하여 순 방향 특성을 갖는 부품으로 pn 접합 다이오드라고 함
③ 일반적으로 실리콘, 게르마늄과 같은 반도체로 구성되며, P영역과 N영역으로 나뉨

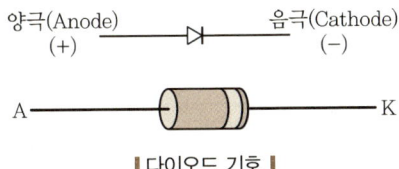

▮다이오드 기호▮

> **핵심문제** ★★★
> pn 접합 다이오드 작용은?
> ❶ 정류작용   ② 발전작용
> ③ 증폭작용   ④ 변조작용
>
> **해설**
> 다이오드는 정류작용을 함

>>> **다이오드**

전류 방향이 순 방향이면 ON이 되고, 역 방향이면 OFF로 되는 스위치 소자

2) 다이오드의 특성

① 순 방향 특성
- ㉠ p형 반도체 쪽에는 '+'를 접속하고, n형 반도체 쪽에는 '−'를 접속하며 전류가 흐름
- ㉡ 전압을 조금 올리면 전류가 급격히 증가(지수적 곡선)

② 역 방향 특성
- ㉠ 순 방향의 반대로 접속하였을 때를 의미하며, 전류가 흐르지 않음
- ㉡ 역 방향으로 일정전압 이상이 인가되면 다이오드가 파괴됨

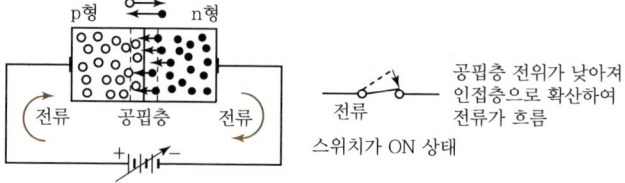

(a) 순 방향 바이어스

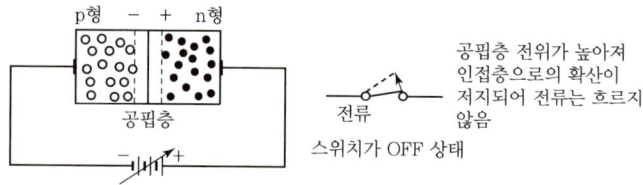

(b) 역 방향 바이어스

┃ 다이오드의 특성 ┃

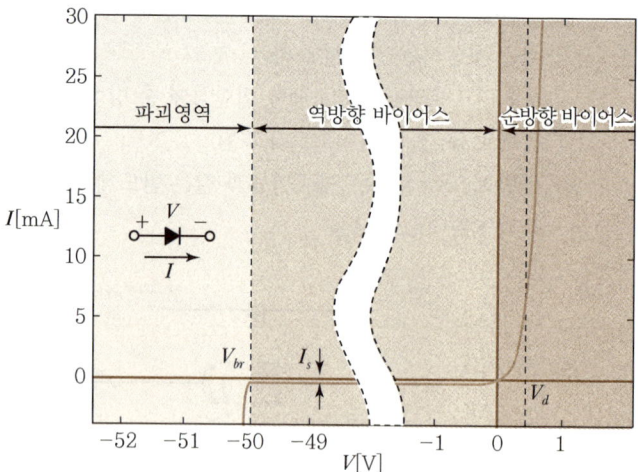

┃ 다이오드의 전압전류 특성 ┃

4. 트랜지스터(Transistor)

1) 트랜지스터의 구조

① pn 접합 2개를 맞대어 붙인 형태
② 그림 (a)에서 npn 접합 가운데 맨 왼쪽의 n층을 이미터(Emitter)라 하고, 가운데 층을 베이스(Base), 오른쪽 층을 컬렉터(Collector)라 부름

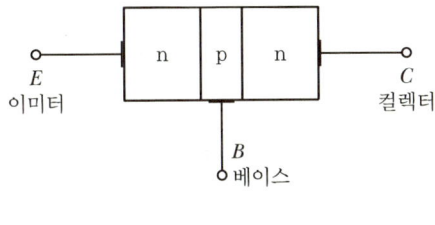

(a) npn형 트랜지스터

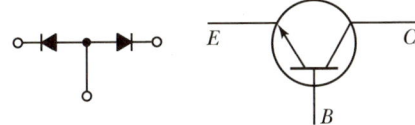

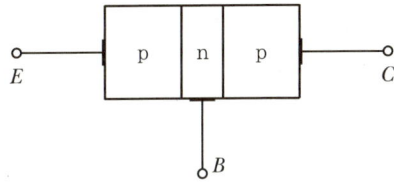

(b) pnp형 트랜지스터

┃트랜지스터의 구성┃

2) 트랜지스터의 동작

① npn형 트랜지스터에 흐르는 전류는 컬렉터 단자에서 들어가 이미터 단자로 흐름
② 전류의 크기는 베이스 단자의 전압 V_{BE} 또는 베이스 단자의 전류 I_B를 조절하여 제어 가능

핵심문제 ★★★

pnp 구조로 스위칭과 증폭작용을 하는 소자는?

① 트라이악   ② 다이오드
❸ 트랜지스터   ④ 다이악

해설 트랜지스터
- pnp 구조, npn 구조로 분류
- 베이스(B)로 출력을 조절
- 스위칭과 증폭작용 역할

>>> 사이리스터

- pnpn 구조
- 게이트(G)로 출력을 조절

5. 사이리스터(Thyristor)

1) 사이리스터의 구조

① pnpn의 4층 구조를 기본 구조로 하는 반도체 소자
② 대표적인 소자는 실리콘 제어 정류기(SCR : Silicon Controlled Rectifier)이며, p층에 게이트(제어용 전극)가 위치해 있음

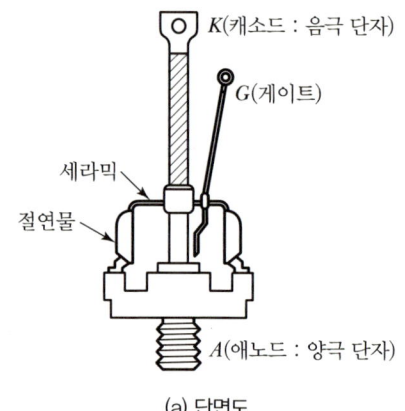

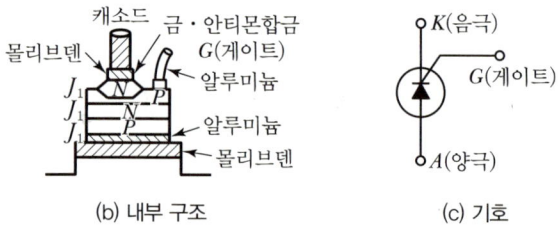

| 사이리스터의 구조 및 기호 |

2) SCR의 특성

① ON 상태에서 전압강하가 적고 효율이 우수
② OFF 상태에서 누설 전류가 적음
③ 소전류로 대전류를 제어할 수 있음
④ 스위칭이 매우 빠름

6. 다이악(Diac)

1) 다이악의 구조

① 4층 다이오드 2개를 역병렬로 결합시켜 양 방향 대칭 5층짜리 반도체 소자로 만든 것
② 양 방향 전류를 제어하는 목적으로 제작

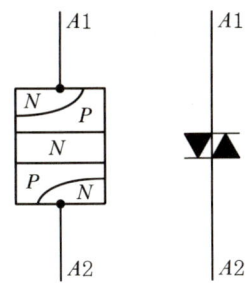

▌다이악의 구성 및 기호 ▌

2) 다이악의 특징

① 전압은 그림에 표시된 극성을 가지며, 전압이 일정전압 이상으로 되면 왼쪽이 ON 되어 그림 (c)에 표시된 것처럼 왼쪽은 단락됨
② 전압의 극성이 그림 (a)에 표시된 것과 반대로 인가되면 전압이 일정전압 이상이 될 때 오른쪽이 단락됨
③ 유지 전류 이하로 전류를 감소시킬 때 개방됨

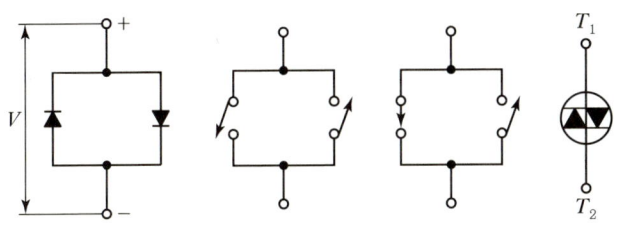

(a) 4층 다이오드가 연결된 등가회로   (b) 등가회로   (c) 왼쪽 래치 단락   (d) 기호

▌다이악 ▌

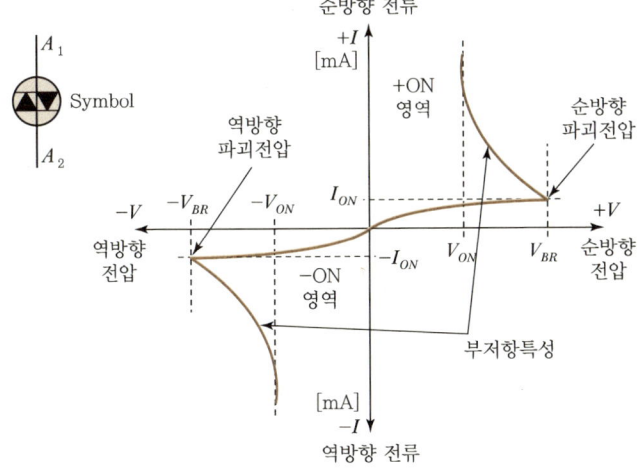

▌다이악의 동작 특성곡선 ▌

> **핵심문제** ★★★
>
> 트라이악 소자에서 전류를 제어하는 단자 이름은?
>
> ① 애노드　② 캐소드
> ③ 베이스　❹ 게이트
>
> [해설]
> 트라이악은 게이트로 출력을 조절함

7. 트라이악(TRIAC : Triode AC Switch)

1) 트라이악의 구조

① 2개의 사이리스터를 역병렬로 접속하여 쌍 방향 전류를 흘릴 수 있도록 한 소자
② 직류와 교류에 모두 사용 가능

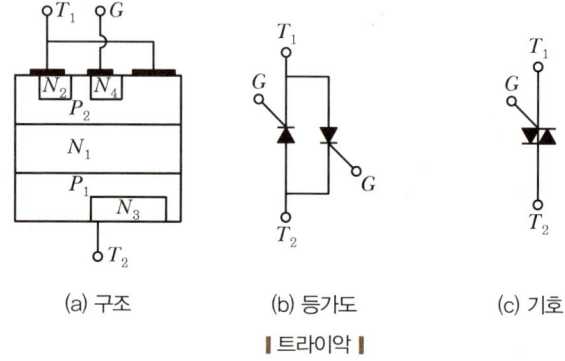

(a) 구조　　(b) 등가도　　(c) 기호

| 트라이악 |

2) 트라이악의 특징

① SCR을 역병렬로 연결한 회로에 게이트를 추가하여 방향에 상관없이 전력제어가 가능
② 주 전류는 양 방향으로 흐를 수 있음
③ 전력의 교류 제어에서 위상 제어에 사용되며 ON/OFF 제어에도 널리 사용됨

8. 반도체의 응용

집적회로(IC : Integrated Circuit)는 많은 전자회로 소자가 하나의 기판 위 또는 기판 자체에 분리 불가능한 상태로 결합되어 있는 초소형 구조의 복합적 전자소자 또는 시스템이며, 대표적인 소자에는 롬(ROM)과 램(RAM)이 있음

1) 롬(ROM : Read Only Memory)

① 전원이 차단되어도 기억된 내용을 계속 유지
② 데이터의 읽기만 가능
③ 비휘발성 메모리

2) 램(RAM : Random Access Memory)

① 전원이 차단되면 데이터가 모두 지워짐
② 데이터를 동시에 읽고 쓸 수 있음
③ 휘발성 메모리

| 집적회로 |

3) IC의 특징

① 초소형이므로 소형 전자기기를 만들 수 있음
② 가동부가 없어 고장이 적고 신뢰성이 높음
③ 대량 생산이 가능하며 대량 생산 시 경제성이 있음
④ 하나의 부품에 복잡한 회로를 구성할 수 있음
⑤ 신호 전달이 매우 빠름

> **핵심문제** ★★★
> IC의 특징이 아닌 것은?
> ① 고장이 적고 신뢰성이 높다.
> ❷ 대량생산 시 경제성이 떨어진다.
> ③ 신호전달이 빠르다.
> ④ 작은 부품에 복잡한 회로 구성이 가능하다.
>
> **해설** IC의 특징
> • 초소형으로 소형 전자기기에 이용
> • 고장이 적고 신뢰성이 높음
> • 대량생산이 가능하여 경제성이 높음
> • 작은 부품에 복잡한 회로 구성이 가능
> • 신호전달이 빠름

SECTION 04 정류회로

교류 전원으로부터 직류 전원을 얻어내는 과정을 '정류'라고 하고, 그 회로를 '정류회로'라고 함. 크게 반파 정류회로와 전파 정류회로로 구분

1. 반파 정류회로

① 교류 입력의 반주기 도통 특성을 나타내는 회로
② 교류 입력 전압 V_1을 가하면 다이오드 D에는 (+)반파일 때에만 직류 출력 전류 i_d가 흐르므로, 부하 저항 R_L에는 그림과 같이 (+) 반파의 직류 출력 전압 V_0가 나타남

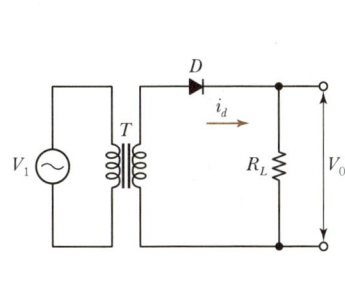
┃반파 정류회로┃

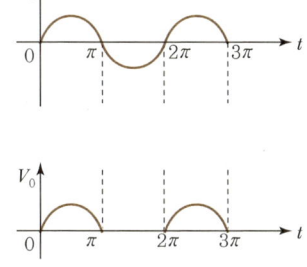
┃반파 정류회로의 파형┃

③ 출력 전압

$$E_{do} = \frac{\sqrt{2}}{\pi} E = 0.45E$$

2. 전파 정류회로

① 교류 입력의 전주기 도통 특성을 나타내는 회로
② 양(+)의 반주기 동안은 다이오드 D_1이 도통되고 D_2는 도통하지 않아 전류 i_1만 흐르고, 음(−)의 반주기 동안은 다이오드 D_1이 도통되지 않고 D_2가 도통되어 전류 i_2만 흐름

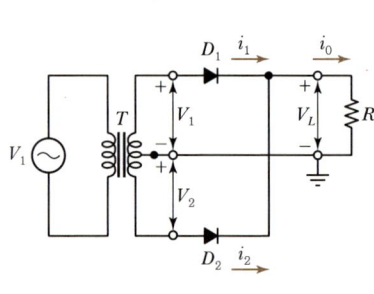

| 전파 정류회로 |

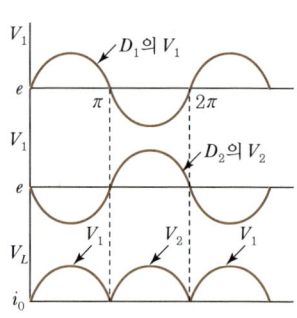

| 전파 정류회로의 파형 |

③ 출력 전압

$$E_{do} = \frac{2\sqrt{2}}{\pi}E = 0.9E$$

3. 브리지 정류회로

① 교류 입력의 전주기 도통 특성을 나타내는 회로로 4개의 다이오드를 사용하는 전파정류 회로
② 반 주기 동안 D_1, D_3이 도통하며 반대 반 주기 동안 D_2, D_4가 도통하여 부하에 전력을 공급
③ 효율이 매우 뛰어남

핵심문제 ★★★

다음의 그림 회로에 교류 인가 시 출력 파형은?

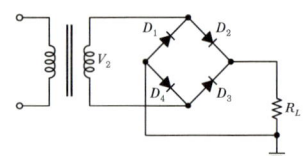

①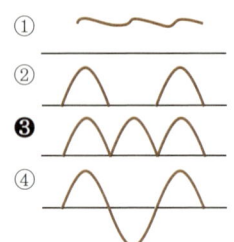
②
❸
④

해설

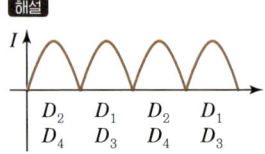

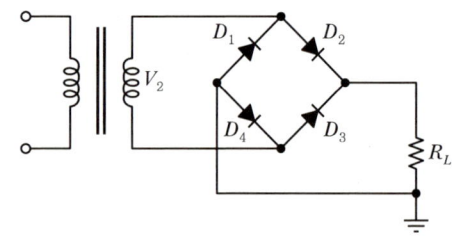

| 브리지 정류회로 구성 |

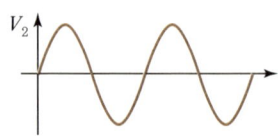

| 브리지 정류회로 교류입력 파형 |

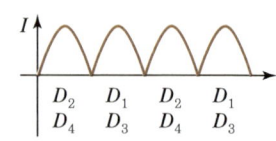

| 브리지 정류회로 출력 파형 |

PART 03 안전관리

CHAPTER 01 승강기 안전관리법
CHAPTER 02 안전관리
CHAPTER 03 승강기 안전기준
CHAPTER 04 에스컬레이터 안전기준

CHAPTER 01 승강기 안전관리법

SECTION 01 승강기 안전관리법의 목적과 정의

1. 승강기 안전관리법의 목적

승강기의 제조·수입 및 설치에 관한 사항과 승강기의 안전인증 및 안전관리에 관한 사항 등을 규정함으로써 승강기의 안전성을 확보하고, 승강기 이용자 등의 생명·신체 및 재산을 보호함을 목적으로 함

2. 승강기 안전관리법의 정의

1) 승강기
건축물이나 고정된 시설물에 설치되어 일정한 경로에 따라 사람이나 화물을 승강장으로 옮기는 데 사용되는 설비

2) 승강기부품
승강기를 구성하는 제품이나 그 부분품 또는 부속품

3) 제조
승강기나 승강기부품을 판매·대여하거나 설치할 목적으로 생산·조립하거나 가공하는 것

4) 설치
승강기의 설계도면 등 기술도서에 따라 승강기를 건축물이나 고정된 시설물에 장착(교체를 포함)하는 것

5) 유지관리
설치검사를 받은 승강기가 그 설계에 따른 기능 및 안전성을 유지할 수 있도록 하는 다음의 안전관리 활동

① 주기적인 점검
② 승강기 또는 승강기부품의 수리
③ 승강기 부품의 교체
④ 그 밖에 행정안전부장관이 승강기의 기능 및 안전성의 유지를 위하여 필요하다고 인정하여 고시하는 안전관리 활동

6) 승강기 사업자
① 승강기나 승강기부품의 제조업 또는 수입업을 하기 위하여 등록을 한 자
② 승강기의 유지관리를 업(業)으로 하기 위하여 등록을 한 자
③ 건설업의 등록을 한 자로서 대통령령으로 정하는 승강기 설치 공사업에 종사하는 자

7) 승강기 관리주체
① 승강기 소유자
② 법령에 따라 승강기 관리자로 규정된 자
③ 계약에 따라 승강기를 안전하게 관리할 책임과 권한을 부여받은 자

SECTION 02 승강기 설치 및 안전관리

1. 승강기 설치신고
설치공사업자는 승강기의 설치를 끝냈을 때는 행정안전부령으로 정하는 바에 따라 관할 시·도지사에게 그 사실을 신고하여야 함

2. 승강기의 설치검사
① 승강기의 제조·수입업자는 설치를 끝낸 승강기에 대하여 행정안전부령으로 정하는 바에 따라 행정안전부장관이 실시하는 설치검사(이하 "설치검사"라 한다)를 받아야 함
② 승강기의 제조·수입업자 또는 관리주체는 설치검사를 받지 아니하거나 설치검사에 불합격한 승강기를 운행하게 하거나 운행하여서는 안 됨

3. 승강기 안전관리자
① 관리주체는 승강기 운행에 대한 지식이 풍부한 사람을 승강기 안전관리자로 선임하여 승강기를 관리하게 하여야 함
② 관리주체는 승강기 안전관리자를 선임하였을 때에는 행정안전부령으로 정하는 바에 따라 3개월 이내에 행정안전부장관에게 그 사실을 통보하여야 함

③ 관리주체는 승강기 안전관리자가 안전하게 승강기를 관리하도록 지도·감독하여야 함
④ 관리주체는 승강기 안전관리자로 하여금 선임 후 3개월 이내에 행정안전부령으로 정하는 기관이 실시하는 승강기 관리에 관한 교육을 받게 하여야 함

4. 승강기 관리주체의 의무

관리주체는 승강기의 소유자 또는 소유자로부터 유지관리에 대한 책임을 위임받은 자를 말함

① 승강기 자체 점검 실시
② 승강기 정기검사 수검
③ 승강기 안전에 관한 일상관리(운행관리자의 선임 등)
④ 승강기 안전에 관한 보수(보수업체 선정 등)
⑤ 사고 보고 의무

> **핵심문제** ★★★
> 승강기 관리주체의 의무가 아닌 것은?
> ① 승강기 자체 점검 실시
> ② 승강기 정기검사 수검
> ③ 승강기 안전에 관한 일상관리
> ❹ 승강기 안전 필증 발급
>
> **해설** 승강기 관리주체의 의무
> • 자체 점검 • 정기점검
> • 일상관리   • 유지보수
> • 사고 보고

5. 승강기 안전관리자의 직무

① 관리하는 승강기의 안전운행을 위해 「승강기 안전관리법 시행규칙」에 따른 승강기 안전관리자의 직무를 성실히 수행해야 함
② 다음 각 호의 사항을 확인하기 위한 일상점검을 실시해야 함. 이 경우 승강기의 안전운행에 지장이 있다고 판단하는 경우에는 즉시 해당 승강기의 운행을 중지시키고 관리주체에게 보고해야 함
  ㉠ 기계실 출입문의 잠금 상태
  ㉡ 기계실 온도 및 환기장치의 작동 상태
  ㉢ 엘리베이터·휠체어리프트 호출버튼 및 등록버튼의 작동 상태
  ㉣ 표준부착물의 부착 상태
  ㉤ 엘리베이터 비상통화장치의 작동 상태
  ㉥ 기계실 출입문 및 승강장 문 등 비상열쇠의 관리 상태
  ㉦ 그 밖에 관리주체가 승강기 안전운행에 필요하다고 정하는 사항

6. 승강기 유지관리

① 관리주체는 다음 각 호의 안전관리 활동을 통해 승강기를 유지관리해야 함
  ㉠ 자체 점검
  ㉡ 승강기 또는 승강기부품의 수리
  ㉢ 승강기부품의 교체
  ㉣ 승강기에 갇힌 이용자의 신속한 구출을 위한 활동

ⓜ 청소 등 승강기의 청결 상태 유지
ⓗ 승강기 안전검사의 입회 및 보조 활동
② 관리주체는 각 호의 안전관리 활동을 유지관리업자에게 대행하게 할 수 있음
③ 유지관리 업무를 대행하는 유지관리업자는 유지관리 업무에 관한 사항을 매월 관리주체에게 보고해야 하며, 관리주체는 유지관리업자가 유지관리 업무를 철저히 수행하도록 관리·감독해야 함
④ 유지관리업자는 유지관리 업무 수행 중에 이용자가 유지관리 중임을 인지할 수 있는 안내표지판을 승강장 입구 1개소 이상 및 운반구 내부에 비치 또는 설치하여야 함

7. 승강기 자체 점검

① 관리주체는 승강기의 안전에 관한 자체 점검을 월 1회 이상하고, 그 결과를 승강기안전종합정보망에 입력하여야 함
② 관리주체는 자체 점검 결과 승강기에 결함이 있다는 사실을 알았을 경우에는 즉시 보수하여야 하며, 보수가 끝날 때까지 해당 승강기의 운행을 중지하여야 함
③ 관리주체는 자체 점검을 스스로 할 수 없다고 판단하는 경우에는 승강기의 유지관리를 업으로 하기 위하여 등록을 한 자로 하여금 이를 대행하게 할 수 있음

8. 승강기 안전검사

1) 정기검사
① 설치검사 후 정기적으로 하는 검사
② 검사주기는 2년 이하

2) 수시검사
① 승강기의 종류, 제어 방식, 정격속도, 정격용량 또는 왕복운행 거리를 변경한 경우
② 승강기의 제어반 또는 구동기를 교체한 경우
③ 승강기에 사고가 발생하여 수리한 경우
④ 관리주체가 요청하는 경우

3) 정밀안전검사
다음의 어느 하나에 해당하는 경우에 하는 검사. 이 경우 ③에 해당할 때에는 정밀안전검사를 받고, 그 후 3년마다 정기적으로 정밀안전검사를 받아야 함

핵심문제 ★★★

승강기 검사의 종류가 아닌 것은?
① 정기검사 ② 수시검사
③ 정밀안전검사 ❹ 진단검사

해설 승강기 검사
- 정기검사
- 수시검사
- 정밀안전검사

핵심문제 ★★★

승강기 검사 주기에 따라 하는 검사는?
❶ 정기검사 ② 수시검사
③ 정밀안전검사 ④ 진단검사

해설 정기검사
주기적으로 하는 검사

핵심문제 ★★★

승강기 설비 교체 및 수리 후 수행하는 검사는?
① 정기검사 ❷ 수시검사
③ 정밀안전검사 ④ 진단검사

해설 수시검사
- 설비교체 및 수리 후
- 관리주체 요청 시

| 핵심문제 | ★★★ |

승강기 정밀안전검사가 필요하지 않은 경우는?

① 수시검사 결과 결함의 원인이 불명확할 경우
② 중대한 사고 또는 중대한 고장이 발생한 경우
❸ 설치검사를 받은 날부터 10년이 지난 경우
④ 승강기 이용자의 안전을 위협할 우려가 있는 경우

해설 정밀안전검사
- 결함의 원인이 불명확할 경우
- 승강기 결함으로 사고 발생 시
- 설치검사 후 15년 경과
- 안전을 위협할 우려가 있는 경우

① 정기검사 또는 수시검사 결과 결함의 원인이 불명확하여 사고 예방과 안전성 확보를 위하여 행정안전부장관이 정밀안전검사가 필요하다고 인정하는 경우
② 승강기의 결함으로 중대한 사고 또는 중대한 고장이 발생한 경우
③ 설치검사를 받은 날부터 15년이 지난 경우
④ 그 밖에 승강기 성능의 저하로 승강기 이용자의 안전을 위협할 우려가 있어 행정안전부장관이 정밀안전검사가 필요하다고 인정한 경우

9. 승강기 설치검사와 안전검사의 대행

행정안전부장관은 설치검사 또는 안전검사의 업무를 다음의 자로 하여금 대행하게 할 수 있음

① 한국승강기안전공단
② 정기검사 업무의 대행기관으로 지정받은 법인·단체 또는 기관

SECTION 03 승강기 운행 및 사고조사

1. 승강기 이용자의 준수사항

1) 엘리베이터 이용자의 준수사항

① 엘리베이터 출입문에 충격을 가하지 않아야 함
② 엘리베이터 출입문에 손이나 발을 대지 않아야 함
③ 엘리베이터 출입문을 강제로 열지 않아야 함
④ 엘리베이터 출입문이 완전히 열린 후에 타거나 내려야 함
⑤ 엘리베이터에서는 뛰거나 장난치지 않아야 함
⑥ 정원 또는 정격하중을 준수하여 엘리베이터를 이용해야 함
⑦ 어린이나 노약자는 보호자와 함께 엘리베이터를 이용해야 함
⑧ 엘리베이터에 갇힌 경우에는 임의로 판단하여 탈출을 시도하지 않아야 함. 이 경우 비상통화장치를 통해 외부에 구출을 요청하고 차분히 기다려야 하며, 구출활동 중에는 구출자의 지시에 따라야 함
⑨ 검사에 불합격하였거나 운행이 정지된 엘리베이터의 경우에는 임의로 이용하지 않아야 함

⑩ 화재 또는 지진 등 재난이 발생한 경우에는 엘리베이터를 이용하지 않아야 함. 다만, 피난용 엘리베이터의 경우에는 승강기 안전관리자 등 통제자의 지시에 따라 이용할 수 있음
⑪ 화물용 엘리베이터의 경우에는 화물 취급자 또는 조작자 한 명만 탑승해야 함
⑫ 소형화물용 엘리베이터의 경우에는 탑승하지 않아야 함
⑬ 자동차용 엘리베이터의 경우에는 출입문과 충돌하지 않도록 운전에 주의해야 함
⑭ 줄넘기, 애완동물의 목줄 등이 엘리베이터의 출입문에 끼이지 않도록 주의해야 함
⑮ 그 밖에 이물질을 버리거나 담배를 피우는 등 타인에 피해가 되는 행위를 하지 않아야 함

2) 에스컬레이터 및 무빙워크 이용자의 준수사항

① 에스컬레이터 또는 무빙워크에서는 뛰지 않아야 함
② 에스컬레이터 또는 경사형 무빙워크에서는 걷지 않아야 함
③ 디딤판의 노란 안전선 안에 탑승하여 에스컬레이터 또는 무빙워크를 이용해야 함
④ 에스컬레이터 또는 경사형 무빙워크를 이용할 때에는 손잡이를 잡고 이용해야 함. 다만, 쇼핑카트를 실을 수 있도록 특수하게 제작된 경사형 무빙워크의 경우에는 쇼핑카트 손잡이를 잡고 이용해야 함
⑤ 쇼핑카트를 가지고 무빙워크를 이용하는 경우에는 출구에서 힘껏 쇼핑카트를 밀어주어야 함
⑥ 에스컬레이터 또는 무빙워크 손잡이 난간 밖으로 몸을 내밀지 않아야 함
⑦ 에스컬레이터 또는 무빙워크 손잡이 난간에 몸을 기대지 않아야 함
⑧ 에스컬레이터 또는 무빙워크가 운행하는 반대 방향으로 탑승하지 않아야 함
⑨ 유모차 또는 수레 등을 가지고 에스컬레이터 또는 무빙워크에 탑승하지 않아야 함. 다만, 유모차 또는 수레 등을 실을 수 있도록 특수하게 제작된 에스컬레이터 또는 무빙워크의 경우에는 승강기 안전관리자 등 관리자의 안내에 따라 이용해야 함
⑩ 휠체어 또는 전동 스쿠터 등에 탑승한 사람은 에스컬레이터 또는 무빙워크를 이용하지 않아야 함. 다만, 휠체어 또는 전동 스쿠터 등을 실을 수 있도록 특수하게 제작된 에스컬레이터 또는

무빙워크의 경우에는 승강기 안전관리자 등 관리자의 안내에 따라 이용할 수 있음
⑪ 검사에 불합격하였거나 운행이 정지된 에스컬레이터 또는 무빙워크의 경우에는 임의로 이용하지 않아야 함
⑫ 에스컬레이터 또는 무빙워크 비상정지 버튼을 임의로 누르지 않아야 함
⑬ 그 밖에 이물질을 버리거나 담배를 피우는 등 타인에 피해가 되는 행위를 하지 않아야 함

2. 사고조사

① 관리주체는 관리하는 승강기로 인하여 다음의 어느 하나에 해당하는 사고 또는 고장이 발생한 경우에는 행정안전부령으로 정하는 바에 따라 한국승강기안전공단에 통보하여야 함
　㉠ 사람이 죽거나 다치는 등 대통령령으로 정하는 중대한 사고
　㉡ 출입문이 열린 상태에서 승강기가 운행되는 경우 등 대통령령으로 정하는 중대한 고장
② 중대한 사고가 발생한 경우에는 사고현장 또는 중대한 사고와 관련되는 물건을 이동시키거나 변경 또는 훼손하여서는 아니 됨. 다만, 인명구조 등 긴급한 사유가 있는 경우에는 그러하지 아니함
③ 한국승강기안전공단은 통보받은 내용을 행정안전부장관, 시·도지사 및 승강기사고조사위원회에 보고하여야 함
④ 행정안전부장관은 보고받은 승강기 사고의 재발 방지 및 예방을 위하여 필요하다고 인정할 경우에는 승강기 사고의 원인 및 경위 등에 관한 조사를 할 수 있음

3. 승강기 운행정지 명령

① 행정안전부장관은 승강기가 다음의 어느 하나에 해당하는 경우에는 그 사실을 특별자치시장·특별자치도지사 또는 시장·군수·구청장에게 통보하여야 함
　㉠ 설치검사를 받지 아니하거나 설치검사에 불합격한 경우
　㉡ 안전검사를 받지 아니하거나 안전검사에 불합격한 경우
② 특별자치시장·특별자치도지사 또는 시장·군수·구청장은 승강기가 다음의 어느 하나에 해당하는 경우에는 그 사유가 없어질 때까지 해당 승강기의 운행정지를 명할 수 있음
　㉠ 설치검사를 받지 아니한 경우
　㉡ 자체 점검을 하지 아니한 경우

ⓒ 위반하여 승강기의 운행을 중지하지 아니하는 경우
　　ⓔ 안전검사를 받지 아니한 경우
　　ⓜ 안전검사가 연기된 경우
　　ⓗ 그 밖에 승강기로 인하여 중대한 위해가 발생하거나 발생할 우려가 있다고 인정하는 경우
③ 특별자치시장·특별자치도지사 또는 시장·군수·구청장은 제2항에 따라 승강기의 운행정지를 명할 때에는 관리주체에게 행정안전부령으로 정하는 운행정지 표지를 발급하여야 함
④ 관리주체는 제3항에 따라 발급받은 표지를 행정안전부령으로 정하는 바에 따라 이용자가 잘 볼 수 있는 곳에 즉시 붙이고 훼손되지 아니하게 관리하여야 함

CHAPTER 02 안전관리

SECTION 01 산업재해

핵심문제 ★★★

산업재해 중 두 물체 사이에 끼이는 사고는?
① 추락   ❷ 협착
③ 감전   ④ 전도

해설 협착
두 물체 사이에 끼임 사고

1. 산업재해 형태

① 추락 : 근로자가 건축물, 기계, 사다리 등에서 떨어지는 것
② 충돌 : 근로자가 정지된 물체에 부딪힌 경우
③ 전도 : 근로자가 평면상에 넘어졌을 때
④ 낙하, 비래 : 근로자가 떨어지거나 날아오는 물체에 맞았을 경우
⑤ 협착 : 두 물체 사이에 끼임 사고
⑥ 감전 : 전기 접촉이나 전격에 의해 사람이 다치는 경우

2. 산업재해 발생순서

① 유전적 요소와 사회적 환경
② 인적 결함
③ 불안전한 행동이나 상태
④ 사고
⑤ 재해

핵심문제 ★★★

상해 중 8일 이상 노동상실이 된 상해는?
① 무상해   ② 경상해
❸ 중상해   ④ 사망

해설 상해의 종류
• 무상해 : 통원치료
• 경상해 : 1~7일 이하의 노동상실
• 중상해 : 8일 이상 노동상실
• 사망

3. 상해의 종류

① 무상해 : 응급처치 이하의 상처로 통원치료를 받는 상해
② 경상해 : 부상으로 1일 이상 7일 이하의 노동상실을 가져온 상해
③ 중상해 : 부상으로 인해 8일 이상의 노동상실을 가져온 상해
④ 사망 : 업무상 목숨을 잃게 되는 경우

4. 중대사고의 범위

① 사망자가 발생한 경우
② 사고 발생으로부터 7일 이내 실시된 의사의 최초 진단결과 1주 이상의 입원치료 또는 3주 이상의 치료가 필요한 상해를 입은 경우

SECTION 02 재해방지

1. 하인리히 사고방지 5단계

큰 사고는 갑작스럽게 발생하는 것이 아니라 이전에 경미한 사고들이 발생하며 수십, 수백 개의 징후가 나타나는데, 하인리히 법칙 또는 1 : 29 : 300 법칙이라고 부름. 이를 방지할 수 있는 5단계 방법은 다음과 같음

① 제1단계 : 안전관리조직
② 제2단계 : 사실의 발견(현상 파악)
③ 제3단계 : 분석 평가(원인 규명)
④ 제4단계 : 대책의 선정(인사조정, 교육 및 훈련 방법 개선 등)
⑤ 제5단계 : 대책의 적용(기술, 교육, 관리), 3E, 3S
   ㉠ 3E : Engineering(기술), Education(교육), Enforcement(규제)
   ㉡ 3S : Standardization(표준화), Specialization(전문화), Simplification(단순화)
   ㉢ 4M : Man(인간 : 인간적 요인), Machine(기계 : 방호설비), Media(매체 : 작업 방법 및 환경), Management(관리 : 교육훈련, 안전장비)

2. 재해 예방의 원칙

① 손실우연의 원칙 : 사고발생 조건에 따라 손실이 달라지므로 우연에 의해 재해손실이 결정
② 예방 가능의 원칙 : 천재를 제외한 모든 인재는 예방 가능
③ 원인연계의 원칙 : 사고와 손실은 우연, 사고와 원인은 필연
④ 대책 선정의 원칙 : 원인을 정확히 규명하여 대책을 선정

3. 재해 발생 시 행동순서

① 재해 발생
② 긴급처리(기계 정지 → 피해자 구출 → 응급조치 → 병원 후송 → 관계자 통보 → 2차 재해방지 → 현장보존)
③ 원인 조사
④ 원인 분석
⑤ 대책 수립
⑥ 실시
⑦ 평가

핵심문제 ★★★

하인리히 사고방지 중 4단계에 해당되는 내용은?
① 안전관리조직 ② 현상 파악
❸ 대책 선정 ④ 원인 규명

해설 하인리히 사고방지
- 제1단계 : 안전관리조직
- 제2단계 : 현상 파악
- 제3단계 : 원인 규명
- 제4단계 : 대책 선정
- 제5단계 : 대책 적용

핵심문제 ★★★

다음 중 3E에 해당하지 않는 내용은?
① 기술 ② 교육
❸ 정보 ④ 규제

해설 3E
- Engineering(기술)
- Education(교육)
- Enforcement(규제)

핵심문제 ★★★

다음 중 재해 예방의 원칙이 아닌 것은?
① 손실우연의 원칙
② 예방 가능의 원칙
③ 원인연계의 원칙
❹ 사고필연의 원칙

해설 재해 예방의 원칙
손실우연, 예방 가능, 원인연계, 대책 선정

핵심문제 ★★★

다음 중 재해 발생 시 행동순서로 바른 것은?
❶ 재해 발생 → 긴급처리 → 원인 조사 → 원인 분석 → 대책 수립 → 실시 → 평가
② 재해 발생 → 긴급처리 → 원인 분석 → 대책 수립 → 원인 조사 → 실시 → 평가
③ 재해 발생 → 원인 분석 → 대책 수립 → 원인 조사 → 긴급처리 → 실시 → 평가
④ 재해 발생 → 원인 조사 → 긴급처리 → 원인 분석 → 대책 수립 → 실시 → 평가

SECTION 03 재해(사고)분석 방법

핵심문제 ★★★
재해의 특성으로 볼 수 없는 것은?
① 본질은 공간적인 것이 아니고, 시간적이다.
② 우연처럼 보이지만 법칙에 따라 발생하기 때문에 미리 방지할 수 있다.
③ 인간의 사고는 복잡하고 행동의 자유성이 있으므로 사고의 기회를 조성한다.
❹ 사고는 재현이 가능하다.

해설 재해의 특성
• 사고는 시간적 • 우연의 법칙
• 필연 중의 우연 • 재현의 불가능

핵심문제 ★★★
사고조사 시 고려사항이 아닌 것은?
① 목격자의 진술은 사고 직후에 기록한다.
② 목격자 진술 시 사실을 은폐시키지 않도록 주의한다.
③ 목격자의 추측보다는 사실 수집에 중점을 둔다.
❹ 중대재해는 직접 조사한다.

해설 사고조사
판단하기 어려운 특수재해나 중대재해는 전문가에게 조사를 의뢰한다.

핵심문제 ★★★
재해 분석 방법 중 개별적 분석 방법의 특징이 아닌 것은?
① 재해를 하나하나 분석하는 방법
② 재해의 원인을 상세히 분석한다.
③ 사고 건수가 적은 사업장에 적용한다.
❹ 사고의 분석을 통계적으로 분석한다.

해설 재해 원인 분석 방법
• 개별적 : 상세히 규명, 중대사고
• 통계적 : 거시적 분석

1. 재해(사고)의 특성

① 사고의 시간 : 본질은 공간적인 것이 아니고, 시간적인 것
② 우연의 법칙 : 우연처럼 보이지만 법칙에 따라 발생하기 때문에 미리 방지할 수 있음
③ 필연 중의 우연 : 인간의 사고는 복잡하고 행동의 자유성이 있으므로 사고의 기회를 조성
④ 재현의 불가능 : 사고는 재현이 불가능

2. 재해(사고) 분석

1) 재해(사고)조사 목적
사고의 원인을 정확히 규명하여 유사 재해의 재발을 방지하기 위함

2) 재해(사고) 분석 방법
① 현장보존 : 사고 발생 후 긴급처리가 끝나면 현장을 그대로 보존
② 사고현장은 즉시 조사(변경이나 은폐 방지)
③ 사고현장의 기록을 사진 촬영하여 보관하고 기록
④ 물적 증거와 관계자료를 수집
⑤ 피해자, 목격자, 감독자 등의 진술을 수집
⑥ 목격자의 추측보다는 사실 수집에 집중

3) 재해(사고)조사 시 고려사항
① 목격자의 진술은 사고 직후에 기록
② 목격자 진술 시 사실을 은폐시키지 않도록 주의
③ 목격자의 추측보다는 사실 수집에 중점
④ 조사의 목적은 원인을 규명하고 사고의 재발 방지에 있다는 태도를 확실히 함
⑤ 판단하기 어려운 특수재해나 중대재해는 전문가에게 조사를 의뢰

4) 재해(사고) 원인 분석 방법
① 개별적 원인분석 : 개개의 재해를 하나하나 분석하는 것으로 상세히 원인을 규명하며, 중대재해 및 건수가 적은 사업장에 적용
② 통계적 원인분석 : 재해 요인의 상호관계와 분포 상태 등을 거시적으로 분석하는 방법으로 통계적인 분석에 적용

SECTION 04 안전사고

1. 안전사고 발생 원인
안전사고의 발생 원인은 직접 원인과 간접 원인으로 나뉨

1) 직접 원인
(1) 불안전한 행동(인적 원인)
① 안전장치를 제거, 무효화
② 불안전한 상태 방치
③ 운전 중인 기계, 장치 등의 청소, 주유, 수리, 점검
④ 위험장소에의 접근
⑤ 잘못된 동작 자세
⑥ 복장, 보호구의 잘못 사용
⑦ 불안전한 조작
⑧ 안전조치의 불이행

(2) 불안전한 상태(물적 원인)
① 기계 자체 결함
② 방호장치 결함
③ 작업환경의 결함
④ 보호구 또는 복장의 결함
⑤ 자연적 불안전한 상태 지속
⑥ 생산공정 결함

2) 간접 원인
① 기술적 원인 : 기계 및 장비의 방호설비, 보호구 정비 등 기술적 결함
② 교육적 원인 : 훈련 미숙, 무지, 경시, 안전지식 부족
③ 신체적 원인 : 질병, 피로
④ 정신적 원인 : 태만, 불만, 반항, 긴장
⑤ 관리적 원인 : 책임감 부족, 작업기준 불명확, 부적절한 배치, 근로 의욕 저감

2. 산업 안전심리 5요소
① 동기　② 기질　③ 감정　④ 습성　⑤ 습관

핵심문제 ★★★

다음 중 불안전한 행동이 아닌 것은?
① 안전장치를 제거, 무효화
② 운전 중인 기계, 장치 등의 청소, 주유, 수리, 점검
❸ 보호구 또는 복장의 결함
④ 안전조치의 불이행

해설 안전사고 직접 원인
• 불안전한 행동(인적 요인)
• 불안전한 상태(물적 요인)

핵심문제 ★★★

다음 중 불안전한 상태가 아닌 것은?
① 기계 자체 결함
② 방호장치 결함
③ 보호구 또는 복장의 결함
❹ 안전조치의 불이행

핵심문제 ★★★

다음 중 안전사고 간접 원인의 종류가 아닌 것은?
① 기술적 원인　② 교육적 원인
③ 관리적 원인　❹ 개별적 원인

해설 안전사고 간접 원인의 종류
• 기술적 원인　• 교육적 원인
• 신체적 원인　• 정신적 원인
• 관리적 원인

SECTION 05 안전점검

1. 안전점검

1) 안전점검의 개념
안전점검은 안전에 관한 사항을 점검하는 것을 말함

2) 안전점검의 목적
① 결함이나 불안전한 조건의 제거
② 기계설비의 성능 유지
③ 합리적인 생산관리

2. 안전점검의 종류

1) 정기점검
① 일정 기간마다 실시
② 매주, 매월, 매 분기 등 법적 기준에 맞도록 또는 자체 기준에 따라 해당 책임자가 실시

2) 수시점검(일상점검)
① 매일 작업 전, 작업 중, 작업 후에 일상적으로 실시하는 점검
② 작업자, 작업책임자, 관리감독자가 행하는 사업주의 순찰도 넓은 의미에서 포함

3) 특별점검
① 기계·기구 또는 설비의 신설·변경 또는 고장·수리 등으로 비정기적인 점검
② 기술책임자가 수행

4) 임시점검
① 기계·기구 또는 설비의 이상 발견 시 임시로 실시하는 점검
② 정기점검 실시 후 다음 정기점검일 이전에 임시로 실시하는 점검

3. 안전점검의 효과
① 현상파악
② 결함의 발견
③ 개선대책의 선정
④ 대책의 실행

핵심문제 ★★★

안전점검의 종류가 아닌 것은?
① 정기점검 ② 일상점검
③ 특별점검 ❹ 긴급점검

해설 안전점검의 종류
• 정기점검
• 수시점검(일상점검)
• 특별점검
• 임시점검

4. 안전점검 순서

① 실태 파악
② 결함 발견
③ 대책 결정
④ 대책 실시

5. 안전점검의 방법

① 육안점검
② 기기점검
③ 기능점검
④ 정밀점검

6. 안전점검 시 고려사항

① 여러 가지 점검 방법을 병용
② 점검자의 능력에 상응하는 점검을 실시
③ 과거의 재해 발생 부분은 그 원인이 배제되었는지 확인
④ 불량한 부분이 발견된 경우에는 다른 동종 설비도 점검
⑤ 발견된 불량 부분은 원인을 조사하고 필요한 대책을 수립
⑥ 점검은 안전수칙의 향상을 목적으로 하는 것임을 염두에 두어야 함

7. 안전점검 점검표(Checklist)

1) 작성항목

① 점검부분
② 점검 항목 및 점검 방법
③ 점검시기
④ 판정기준
⑤ 조치사항

2) 작성 시 고려사항

① 각 사업장에 적합한 독자적인 내용일 것
② 일정 양식을 정하여 점검대상을 정할 것
③ 위험성이 높은 것부터 순서대로 작성할 것
④ 정기적으로 검토하여 재해방지에 실효성 있게 개조된 내용일 것
⑤ 점검표의 양식은 이해하기 쉽도록 표현하고 구체적일 것

8. 안전점검 결과처리 방법

1) 결과처리 방법

① 성실한 검사 업무 수행
② 검사 계획의 작성
③ 검사자 체크리스트의 작성
④ 검사 방법의 결정과 검사 기관 선정

핵심문제 ★★★

안전점검의 순서로 바른 것은?
① 실태 파악 → 대책 결정 → 대책 실시 → 결함 발견
② 결함 발견 → 대책 결정 → 대책 실시 → 실태 파악
❸ 실태 파악 → 결함 발견 → 대책 결정 → 대책 실시
④ 대책 결정 → 대책 실시 → 실태 파악 → 결함 발견

해설 안전점검의 순서
실태 파악 → 결함 발견 → 대책 결정 → 대책 실시

핵심문제 ★★★

안전점검의 방법이 아닌 것은?
① 육안점검
② 기기점검
❸ 음향점검
④ 정밀점검

해설 안전점검의 방법
• 육안점검   • 기기점검
• 기능점검   • 정밀점검

핵심문제 ★★★

안전점검 시 고려사항이 아닌 것은?
❶ 한 가지 점검 방법을 적용한다.
② 점검자의 능력에 상응하는 점검을 실시한다.
③ 과거의 재해 발생 부분은 그 원인이 배제되었는지 확인한다.
④ 불량한 부분이 발견된 경우에는 다른 동종 설비도 점검한다.

해설 안전점검 시 고려사항
• 여러 가지 방법 병용
• 점검자에 상응하는 점검 실시
• 과거원인 배제 확인
• 불량설비는 동종설비도 점검

> **핵심문제** ★★★
>
> 안전점검 점검표 작성 시 고려사항이 아닌 것은?
>
> ① 각 사업장에 적합한 독자적인 내용일 것
> ② 일정 양식을 정하여 점검대상을 정할 것
> ❸ 위험성이 낮은 것부터 순서대로 작성할 것
> ④ 점검표의 양식은 이해하기 쉽도록 표현하고 구체적일 것
>
> **해설** 점검표 작성 시 고려사항
> • 사업장에 적합한 독자적 내용
> • 일정 양식을 정함
> • 위험성 높은 것부터 작성
> • 실효성 있는 내용
> • 양식은 이해하기 쉽게 구성

⑤ 검사 결과 조치
⑥ 작업 방법 지도

2) 검사 결과 보고

① 검사 체크리스트
② 검사 결과에 대한 개선책
③ 개선에 필요한 소요 예산과 기관
④ 개선 책임자

3) 법정 보고

① 검사 일시
② 검사자 이름
③ 검사 결과 내용
④ 검사 결과 개선 계획
⑤ 검사 점검리스트

SECTION 06 설비의 위험방지

1. 안전화 방법

1) 설비 외관의 안전화

① 날카로운 부분, 감전 우려가 있는 부분, 운동 부분 덮개 설치
② 필요한 부분은 안전색채 사용

2) 설비의 기능적 안전화

① 전압강하 또는 정전 시 오동작 방지
② 릴레이 고장 시 오동작 방지
③ 상태변화에 따른 오동작 방지

3) 설비 구조의 안전화

① 재료의 결함 방지
② 설계 오류 방지
③ 제작 및 가공 오류 방지

4) 작업의 안전화

① 안전작업에 필요한 설비 : 안전한 배치, 잠금장치, 연동장치 등
② 안전한 작업환경 : 조명 설치, 소음 개선, 작업공간 확보

2. 전기재해

1) 전기재해의 종류
① 감전 : 충전부에 접촉하여 발생하는 재해, 추락 등으로 이어짐
② 고온물체와 접촉 : 아크로 인한 화상
③ 폭발 : 전기에너지가 점화원으로 작용하여 발생
④ 화재 : 아크 또는 누전으로 화재 발생

2) 전기화재의 원인
① 누전 : 절연성능이 저하된 전로에서 전류가 나오는 현상
② 단락 : 도체끼리 접촉되어 큰 전류가 흘러 불꽃 또는 아크 발생
③ 과전류 : 정격전류 이상의 전류가 흘러 발열 발생

3) 감전 사고의 원인
① 충전부 직접 접촉
② 기계 기구의 열화 및 손상
③ 콘덴서 및 고압 케이블의 잔류전하
④ 지락전류 발생 시 접촉
⑤ 지락전류에 의한 전위 경도에 노출
⑥ 정전유도, 전자유도
⑦ 낙뢰

4) 감전전류의 종류
① 감지전류 : 인체가 감지할 수 있는 전류
② 한계전류 : 근육은 의지대로 움직일 수 있으나 고통이 큼
③ 불수전류 : 근육경련이 일어나며 의지대로 움직일 수 없음
④ 심실세동전류 : 심장이 마비되며 호흡도 정지

5) 감전사고 시 대책
① 전기공급 차단
② 부도체를 사용해 전원으로부터 분리
③ 환자 상태 확인 후 심폐소생술 실시
④ 환자에게 물을 먹이면 호흡을 방해할 우려가 있기 때문에 위험

3. 정전작업 방법
① 작업책임자 임명
② 작업 시작 전 정전범위 및 절연용 보호구의 점검
③ 전로 또는 설비의 정전순서 확인

핵심문제 ★★★

근육경련이 일어나며 의지대로 움직일 수 없는 감전의 종류는?
① 감지전류
② 한계전류
❸ 불수전류
④ 심실세동전류

해설 감전의 종류
• 감지전류 : 인체 감지
• 한계전류 : 고통 수반
• 불수전류 : 근육경련
• 심실세동전류 : 심장마비

핵심문제 ★★★

감전사고 시 대책으로 바르지 못한 것은?
① 전기공급 차단
② 부도체를 사용해 전원으로부터 분리
③ 환자 상태 확인 후 심폐소생술 실시
❹ 환자에게 물을 먹인다.

해설 감전사고 시 대책
• 전기공급 차단
• 부도체를 사용해 전원으로부터 분리
• 환자 확인 후 심폐소생술 실시

> **핵심문제** ★★★
>
> 콘덴서에 설치하여 잔류전하에 의한 감전방지를 위한 설비는?
> ❶ 방전코일　② 직렬 리액터
> ③ 차단기　　④ 누전차단기
>
> **해설** 방전코일
> 콘덴서에 설치하여 잔류전하에 의한 감전사고 방지

> **핵심문제** ★★★
>
> 정전기 제거 방법이 아닌 것은?
> ① 공기 가습
> ② 외함 접지
> ❸ 절연체 충전
> ④ 정전기 방지 도색
>
> **해설** 정전기 제거 방법
> • 가습
> • 접지
> • 정전기 방지 도색

> **핵심문제** ★★★
>
> 추락 예방대책으로 바르지 못한 것은?
> ❶ 2.5m 이상 작업 시 대책을 강구
> ② 발판 설치
> ③ 추락방지망 설치
> ④ 안전대 착용
>
> **해설** 추락 예방대책
> • 2m 이상 높이에서 작업 시 대책 강구
> • 발판, 비계, 추락방지망, 안전대

> **핵심문제** ★★★
>
> 1개 걸이 안전대는 몇 종인가?
> ① 1종　　❷ 2종
> ③ 3종　　④ 4종
>
> **해설** 안전대 종류
> • 1종 : U자 걸이
> • 2종 : 1개 걸이
> • 3종 : 1개 U자 걸이 공용
> • 4종 : 안전블록
> • 5종 : 추락 방지대

④ 개폐기 관리 및 표지판 부착
⑤ 단락 접지 실시(감전보호)
⑥ 점검 또는 시운전을 위한 임시운전
⑦ 교대 근무자에게 인수인계

4. 기타 전기설비

1) 방전코일

콘덴서에 설치하여 콘덴서 개방 시 잔류전하에 의한 인체 감전을 방지하는 설비

2) 접지

감전보호를 위해 기기외함(노출도전부)에 설치

3) 정전기 제거 방법

① 주변 공기를 가습
② 설비의 금속부분을 접지
③ 정전기 방지 도색

5. 추락방지

1) 추락의 개념

추락은 사람이 중간단계 접촉 없이 낙하하는 사고를 말함

2) 추락 예방대책

① 2m 이상의 높이에서 작업 시 예방대책 조치
② 비계, 발판, 추락방지망 설치
③ 근로자 안전대 착용

3) 안전대의 종류

① 1종 : U자 걸이
② 2종 : 1개 걸이
③ 3종 : 1개 U자 걸이 공용
④ 4종 : 안전블록
⑤ 5종 : 추락방지대

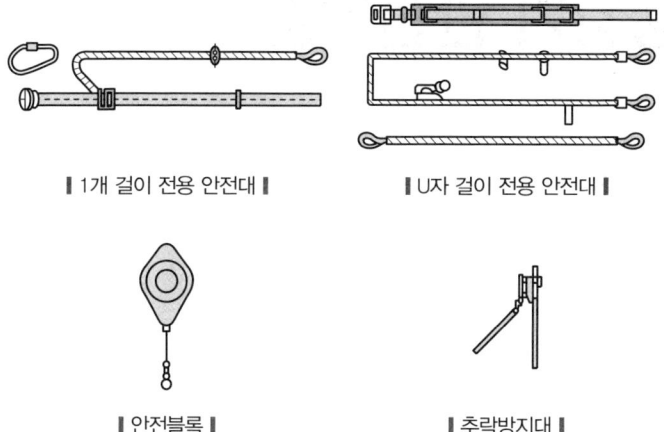

| 1개 걸이 전용 안전대 | U자 걸이 전용 안전대 |
| 안전블록 | 추락방지대 |

4) 사다리 안전수칙

① 균열이 있거나 변형된 사다리는 사용금지
② 10kg 이상의 중량물 취급금지
③ 보행자 통행로 및 문이 열리는 곳에서 작업을 금지하고 부득이 한 경우 감시자 배치
④ 감전의 위험이 있는 곳은 부도체 사다리 사용
⑤ 사다리 상단은 걸쳐놓은 지점부터 60cm 이상 올라가도록 설치

CHAPTER 03 승강기 안전기준

SECTION 01 안전기준 적용 범위

>>> 승강기안전부품 안전기준 및 승강기 안전기준

[별표 22] 엘리베이터 안전기준(제4조 제1호 관련)

① 수직에 대해 15° 이하의 경사진 주행안내 레일을 따라 사람이나 화물을 운송하기 위한 카를 미리 정해진 승강장으로 운행시키는 엘리베이터에 적용
② 다음 중 어느 하나에 해당하는 엘리베이터는 제외
- 정격속도가 0.15m/s 이하의 엘리베이터
- 정격속도가 1m/s를 초과하는 유압식 엘리베이터

SECTION 02 승강로, 기계실·기계류 공간 및 풀리실

핵심문제 ★★★

승강기 기계실 작업공간의 조도는 몇 lx 이상인가?
① 50lx ② 150lx
❸ 200lx ④ 250lx

해설 승강기 조도
- 카 지붕 위 1m : 50lx
- 피트 바닥 위 1m : 50lx
- 기계실 이동공간 : 50lx
- 기계실 작업공간 : 200lx

1. 엘리베이터 설비의 배치

① 모든 엘리베이터 설비는 승강로, 기계실, 풀리실에 위치해야 함
② 승강로, 기계실 및 풀리실은 엘리베이터 전용으로 사용
③ 승강로, 기계실·기계류 공간 및 풀리실은 엘리베이터 이외 용도의 환기실로 사용되지 않아야 함

2. 조명

1) 승강로 전 구간
① 카 지붕에서 수직 위로 1m 떨어진 곳 : 50lx
② 피트 바닥에서 수직 위로 1m 떨어진 곳 : 50lx

핵심문제 ★★★

승강기 관련 실 조도로 바르지 못한 것은?
① 카 상부 지붕 위 작업공간은 50lx 이상
② 피트 바닥 위 1m에서 50lx 이상
❸ 승강기 기계실 이동공간에서 200lx 이상
④ 기계실 작업공간에서 200lx 이상

2) 기계실
① 작업공간의 바닥 면 : 200lx
② 작업공간 간 이동공간의 바닥 면 : 50lx

3. 벽, 바닥 및 천장의 재질

① 기계실은 건축물의 다른 부분과 내화구조 또는 방화구조로 구획
② 기계실의 내장은 준불연재료 이상으로 마감
③ 피트는 물이 침투되지 않는 구조

4. 피트 출입수단

① 2.5m를 초과하는 경우 : 피트 출입문
② 2.5m 이하인 경우 : 피트 출입문 또는 승강로 내부의 사다리

5. 출입문 및 비상문

① 기계실, 승강로 및 피트 출입문 : 높이 1.8m 이상, 폭 0.7m 이상
② 비상문 : 높이 1.8m 이상, 폭 0.5m 이상
③ 점검문 : 높이 0.5m 이하, 폭 0.5m 이하
④ 비상문과 점검문은 승강기 외부로 열려야 함

6. 카 지붕의 피난공간 및 틈새

① 카가 최고 위치에 있을 때 피난공간을 수용할 수 있는 유효 구역이 1개 이상 카 지붕에 있어야 함
② 피난공간의 크기

유형	자세	피난공간 크기	
		수평 거리(m×m)	높이(m)
1	서 있는 자세	0.4×0.5	2
2	웅크린 자세	0.5×0.7	1

7. 피트의 피난공간 및 틈새

① 카가 최저 위치에 있을 때, 피난공간이 1개 이상 있어야 함
② 피난공간의 크기

유형	자세	피난공간 크기	
		수평 거리(m×m)	높이(m)
1	서 있는 자세	0.4×0.5	2
2	웅크린 자세	0.5×0.7	1
3	누운 자세	0.7×1	0.5

8. 기계실의 크기 등 치수

① 기계실 작업구역의 유효 높이는 2.1m 이상
② 제어반 및 캐비닛 전면의 유효 수평거리
 • 깊이는 외함 표면에서 측정하여 0.7m 이상
 • 제어반 폭이 0.5m 미만인 경우 : 0.5m 폭
 • 제어반 폭이 0.5m 이상인 경우 : 제어반 폭
③ 움직이는 부품의 점검 시 0.5m×0.6m 이상

핵심문제 ★★★

피트의 깊이가 2.5m 초과 시 출입수단은?

❶ 출입문   ② 사다리
③ 계단   ④ 밧줄

해설 피트 출입수단
• 2.5m 이하 : 사다리, 출입문
• 2.5m 초과 : 출입문

▶▶ 주택용 엘리베이터 기계실 출입문
높이 0.6m 이상, 폭 0.6m 이상 가능

핵심문제 ★★★

승강기 기계실 작업구역의 유효 높이는?

① 1.8m 이상   ② 2.0m 이상
❸ 2.1m 이상   ④ 2.2m 이상

해설 기계실 치수
• 작업구역 유효 높이 : 2.1m 이상
• 움직이는 부품 : 0.5m×0.6m 이상
• 이동통로 유효 높이 : 1.8m 이상
• 회전부품 위 : 0.3m 이상
• 바닥 단차 0.5m 이상 : 사다리, 난간

핵심문제 ★★★

승강기 기계실 내 이동통로의 유효 높이는?

❶ 1.8m 이상   ② 2.0m 이상
③ 2.1m 이상   ④ 2.2m 이상

> **핵심문제** ★★★
> 승강기 기계실 바닥 단차가 몇 m를 초과할 때 계단을 설치하는가?
> ① 0.3m   ② 0.4m
> ❸ 0.5m   ④ 0.6m
>
> **[해설]**
> 기계실 바닥에 0.5m를 초과하는 단차가 있는 경우 고정된 사다리 또는 보호 난간이 있는 계단이나 발판을 설치해야 함

④ 이동통로의 유효 높이 1.8m 이상, 유효 폭은 0.5m 이상
⑤ 회전부품 위로 0.3m 이상의 유효 수직거리
⑥ 바닥에 0.5m를 초과하는 단차가 있는 경우, 고정된 사다리 또는 보호난간이 있는 계단이나 발판 설치

SECTION 03 승강장 문 및 카 문

1. 일반사항

2개 이상의 카 문이 있는 경우, 어떠한 경우라도 2개의 문이 동시에 열리지 않아야 함

2. 출입문의 높이 및 폭

승강장 문 및 카 문의 출입구 유효 높이는 2m 이상. 다만, 주택용 엘리베이터의 경우 1.8m 이상 가능

3. 카 문의 개방

① 잠금해제구간에서 정지한다면 그 힘은 300N을 초과하지 않아야 함
② 카가 운행 중일 때 카 문을 개방하려면 50N 이상의 힘이 요구됨

4. 승강장 문과 카 문

① 승강장도어 및 카도어의 출입구 유효 높이 : 2m 이상
② 승강장 도어의 출입구 유효 폭 : 카 출입구 폭 이상~ +50mm 이하
③ 카도어의 문턱과 승강장 도어의 문턱 사이의 수평거리 : 35mm 이하
④ 카도어의 앞부분과 승강장도어 사이의 수평거리 : 0.12m 이하
⑤ 도어가 닫혀 있을 경우 문짝 간 틈새나 문짝과 문틀 또는 문짝 사이 틈새 : 6mm 이하
⑥ 2개 이상의 도어가 있는 경우 동시 개문 금지

SECTION 04 카, 균형추 및 평형추

1. 카의 높이

카 내부의 유효 높이는 2m 이상. 다만, 주택용 엘리베이터의 경우 1.8m 이상 가능

2. 카의 유효 면적

① 자동차용 엘리베이터의 경우 카의 유효면적은 1m² 당 150kg으로 계산한 값 이상
② 주택용 엘리베이터의 경우 카의 유효 면적은 1.4m² 이하

3. 카의 정원

다음 식에서 계산된 값을 가장 가까운 정수로 버림한 값

$$정원 = \frac{정격하중}{75}$$

4. 에이프런

① 에이프런의 폭은 마주하는 승강장 유효 출입구의 전체 폭 이상
② 하단의 모서리 부분은 수평면에 대해 승강로 방향으로 60° 이상 구부러져야 하며, 구부러진 곳의 수평면에 대한 투영 길이는 20mm 이상
③ 에이프런의 수직 부분 높이는 0.75m 이상

5. 비상구출문

① 카 천장에 비상구출문 유효 개구부의 크기는 0.4m×0.5m 이상
② 카 천장의 비상구출문은 카 외부에서 열쇠 없이 열려야 하고, 카 내부에서는 비상잠금해제 삼각열쇠로 열려야 함
③ 카 천장의 비상구출문은 카 내부 방향으로 열리지 않아야 함
④ 하나의 승강로에 2대 이상의 엘리베이터가 있는 경우, 카 벽에 비상구출문을 설치할 수 있음. 다만, 카 간의 수평거리는 1m를 초과할 수 없음
⑤ 카 벽에 설치된 비상구출문의 크기는 폭 0.4m 이상, 높이 1.8m 이상

핵심문제 ★★★

승강기 카의 유효 높이는 몇 m 이상인가?

① 1.8m ❷ 2.0m
③ 2.1m ④ 2.2m

해설 승강기 카
- 유효 높이는 2m 이상
- 유효면적은 1m² 당 150kg으로 계산한 값

핵심문제 ★★★

정격하중이 1,000kg일 때 몇 인승인가?

① 11인승 ② 12인승
❸ 13인승 ④ 14인승

해설 카의 정원
- $정원 = \dfrac{정격하중}{75}$
- $정원 = \dfrac{1,000}{75} = 13.3333$

핵심문제 ★★★

에이프런의 설명으로 바르지 못한 것은?

① 폭은 마주하는 승강장 유효 출입구의 전체 폭 이상이어야 한다.
② 모서리 부분은 수평면에 대해 승강로 방향으로 60° 이상 구부러져야 한다.
❸ 구부러진 곳의 수평면에 대한 투영 길이는 30mm 이상이어야 한다.
④ 에이프런의 수직 부분 높이는 0.75m 이상이어야 한다.

해설 에이프런
- 승강장 유효출입구 폭 이상
- 승강로 방향으로 60° 이상, 길이는 20mm 이상
- 수직 부분 높이는 0.75m 이상

핵심문제 ★★★

천장 비상구출문의 설명으로 바르지 못한 것은?

① 유효 개구부의 크기는 0.4m×0.5m 이상
② 카 외부에서 열쇠 없이 열려야 한다.
❸ 카 내부에서 열쇠 없이 열려야 한다.
④ 카 천장의 비상구출문은 카 내부 방향으로 열리지 않아야 한다.

해설 천장 비상구출문
- 0.4m×0.5m 이상
- 카 밖으로 열릴 것
- 내부 : 삼각열쇠 이용
- 외부 : 열쇠 없이 열림

핵심문제 ★★★

카 내부 조명의 설명으로 바르지 못한 것은?

① 카 바닥 위로 1m 모든 지점에 100lx 이상 비춘다.
❷ 조명장치에는 2개 이상의 등을 직렬 설치한다.
③ 비상등은 5lx 이상의 조도를 유지한다.
④ 비상등은 1시간 동안 전원이 공급되어야 한다.

해설 ② 2개 이상의 전등을 병렬 구성

핵심문제 ★★★

비상등이 조명되어야 하는 부분의 설명으로 바르지 못한 것은?

① 카 내부에 있는 비상통화장치의 작동 버튼
② 카 지붕에 있는 비상통화장치의 작동 버튼
③ 카 바닥 위 1m 지점의 카 중심부
❹ 카 지붕 바닥 위 1.5m 지점의 카 지붕 중심부

해설 ④ 카 지붕 바닥 위 1m 지점의 카 지붕 중심부

---

⑥ 카 벽의 비상구출문은 카 외부에서 열쇠 없이 열려야 하고, 카 내부에서는 비상잠금해제 삼각열쇠로 열려야 함
⑦ 카 벽의 비상구출문은 카 외부 방향으로 열리지 않아야 함

6. 조명

① 카에는 카 조작반 및 카 벽에서 100mm 이상 떨어진 카 바닥 위로 1m 모든 지점에 100lx 이상으로 비추는 전기조명장치가 영구적으로 설치되어야 함
② 조명장치에는 2개 이상의 등(燈)을 병렬로 연결
③ 비상전원공급장치에 의해 5lx 이상의 조도로 1시간 동안 전원이 공급되는 비상등이 있어야 함
④ 비상등은 다음과 같은 장소에 조명되어야 한다.
- 카 내부 및 카 지붕에 있는 비상통화장치의 작동 버튼
- 카 바닥 위 1m 지점의 카 중심부
- 카 지붕 바닥 위 1m 지점의 카 지붕 중심부

SECTION 05 매다는 장치(현수), 보상수단 및 관련 보호수단

1. 매다는 장치(현수)

1) 특징
① 공칭 직경 8mm 이상
② 로프 또는 체인 등의 가닥수는 2가닥 이상
③ 권상 도르래·풀리 또는 드럼의 피치직경과 로프(벨트)의 공칭 직경 사이의 비율은 로프(벨트)의 가닥수와 관계없이 40 이상. 다만, 주택용 엘리베이터의 경우 30 이상

2) 안전율
① 3가닥 이상 로프(벨트)에 의해 구동 : 12 이상
② 3가닥 이상의 6mm 이상 8mm 미만의 로프 : 16 이상
③ 체인에 의해 구동 : 10 이상
④ 로프가 있는 드럼 구동 및 유압식 엘리베이터 : 12 이상

3) 매다는 장치 끝부분
① 자체 조임 쐐기형 소켓, 압착링 매듭법(Ferrule Secured Eyes), 주물 단말처리(Swage Terminals)
② 매다는 장치의 최소 파단하중의 80% 이상

핵심문제 ★★★
현수로프의 공칭 직경은 몇 mm 이상인가?
① 6mm ❷ 8mm
③ 12mm ④ 40mm

핵심문제 ★★★
현수로프의 설명 중 바르지 못한 것은?
① 공칭 직경이 8mm 이상
❷ 로프 또는 체인 등의 가닥수는 1가닥 이상
③ 체인에 의해 구동 시 안전율 10 이상
④ 매다는 장치의 최소 파단하중의 80% 이상

해설 현수(주) 로프
• 공칭 직경이 8mm 이상
• 2가닥 이상
• 공칭 직경비 40 이상
• 안전율 12 이상(체인 10 이상)
• 파단하중의 80% 이상

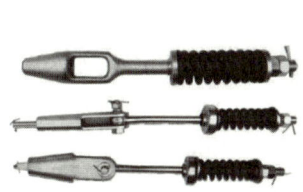

| 매다는 장치 |

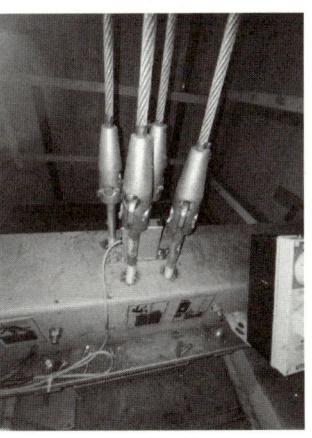

| 상부체대 소켓 이음 |

2. 도르래 · 풀리 및 스프라켓의 보호수단

① 도르래, 풀리, 스프라켓, 과속조절기, 인장추 풀리에 대해 위험을 방지하기 위해 보호장치가 설치되어야 함

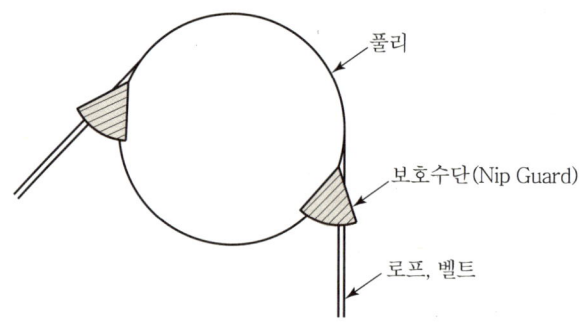

┃보호수단(Nip Guard)의 예┃

> **핵심문제** ★★★
> 도르래에 설치한 보호수단이 잘못된 것은?
> ① ❷ ③ ④
>
>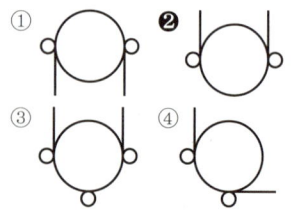

② 도르래, 풀리의 수평축 아래에 60° 이상의 감김 각도로 감겨 있고, 총 감김 각도가 120° 이상인 경우에는 하나 이상의 중간 고정장치를 추가

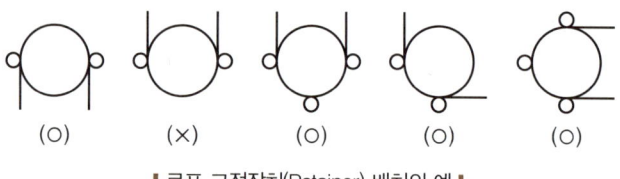

(O) (×) (O) (O) (O)

┃로프 고정장치(Retainer) 배치의 예┃

SECTION 06 자유낙하 · 과속 · 개문출발 및 크리핑에 대한 예방조치

1. 권상 구동 및 포지티브 구동 엘리베이터의 보호수단

위험 상황	보호수단	작동수단
카의 자유낙하 및 하강과속	추락방지 안전장치	과속조절기
균형추 또는 평형추의 자유낙하	추락방지 안전장치	과속조절기 또는 정격속도가 1m/s 이하인 경우, 매다는 장치의 파손에 의한 작동 또는 안전로프에 의한 작동
상승과속(권상 구동 엘리베이터에 한정)	상승과속 방지장치	상승과속방지장치
개문출발	개문출발 방지장치	개문출발방지장치

2. 추락방지안전장치

1) 사용조건
① 카의 추락방지안전장치는 점차 작동형을 사용
② 정격속도가 0.63m/s 이하인 경우에는 즉시 작동형 사용 가능
③ 균형추 또는 평형추에 여러 개의 추락방지안전장치가 있는 경우, 그 추락방지안전장치들은 점차 작동형 사용
④ 정격속도가 1m/s를 초과한 경우 균형추 또는 평형추의 추락방지안전장치는 점차 작동형 사용
⑤ 정격속도가 1m/s 이하인 경우에는 즉시 작동형 사용 가능
⑥ 점차 작동형 추락방지안전장치의 평균 감속도는 $0.2 \sim 1g_n$ 사이

2) 과속조절기 동작
① 정격속도의 115% 이상의 속도 및 다음 구분에 따른 어느 하나에 해당하는 속도 미만에서 작동
  - 즉시 작동형 추락방지안전장치 : 0.8m/s
  - 정격속도 1m/s 이하에 사용되는 점차 작동형 추락방지안전장치 : 1.5m/s
  - 정격속도 1m/s 초과에 사용되는 점차 작동형 추락방지안전장치 : $1.25 \cdot V + \dfrac{0.25}{V}$ m/s

② 과속조절기 로프는 8 이상의 안전율을 가져야 함
③ 과속조절기의 도르래 피치 직경과 과속조절기 로프의 공칭직경 사이의 비는 30 이상

3) 현수장치의 파손에 의한 작동
추락방지안전장치의 작동을 위해 가해지는 인장력은 적어도 다음의 두 값 중 큰 값 이상이어야 함

① 추락방지안전장치가 작동되는 데 필요한 힘의 2배
② 300N

3. 럽처 밸브
① 럽처 밸브는 하강하는 정격하중의 카를 정지시키고, 카의 정지 상태를 유지할 수 있어야 함
② 하강속도가 정격속도에 0.3m/s를 더한 속도에 도달하기 전 작동되어야 함

핵심문제 ★★★

추락방지장치의 평균 감속도는?
① $0.1g_n$에서 $1g_n$ 사이
❷ $0.2g_n$에서 $1g_n$ 사이
③ $0.2g_n$에서 $2g_n$ 사이
④ $0.1g_n$에서 $2g_n$ 사이

해설 추락방지안전장치
- 1m/s 이하 : 즉시 작동형
- 1m/s 초과 : 점차 작동형
- 평균 감속도 : $0.2 \sim 1g_n$

핵심문제 ★★★

과속조절기의 설명 중 바르지 못한 것은?
① 정격속도의 115% 이상의 속도에서 동작한다.
② 과속조절기 로프는 8 이상의 안전율을 가져야 한다.
③ 도르래 피치 직경과 과속조절기 로프의 공칭직경 사이의 비는 30 이상이어야 한다.
❹ 체인에 의해 구동 시 안전율은 10 이상이어야 한다.

해설 과속조절기
- 정격속도의 115%
- 공칭직경비 30 이상
- 안전율 8 이상

③ 평균 감속도가 $0.2 \sim 1g_n$ 사이가 되도록 선택되어야 함
④ $2.5g_n$ 이상의 감속도는 0.04초 이상 지속되지 않아야 함

4. 개문출발방지장치

① 승강장 문이 잠기지 않고 카 문이 닫히지 않은 상태로 카가 승강장으로부터 벗어나는 개문출발을 방지하거나 카를 정지시킬 수 있는 장치가 설치되어야 함
② 다음과 같은 거리에서 카를 정지시켜야 함
- 승강장으로부터 1.2m 이하
- 승강장 문 문턱과 카 에이프런의 가장 낮은 부분 사이의 수직거리는 200mm 이하
- 승강장 문 문턱에서 카 문 상인방까지의 수직거리는 1m 이상

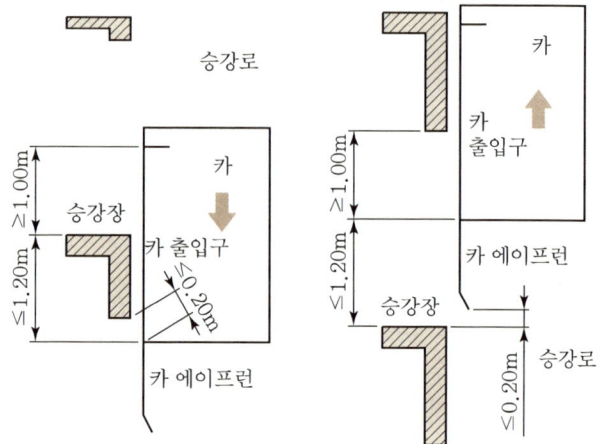

┃ 상승 및 하강 움직임에 대한 개문출발방지장치 정지 요건 ┃

> **핵심문제** ★★★
> 개문출발방지장치의 정지위치 설명 중 바르지 못한 것은?
> ① 승강장으로부터 1.2m 이하
> ② 승강장 문 문턱과 카 에이프런의 가장 낮은 부분 사이의 수직거리는 200mm 이하
> ③ 승강장 문 문턱에서 카 문 상인방까지의 수직거리는 1m 이상
> ❹ 승강장으로부터 2.1m 이하
>
> **해설** 개문출발방지장치 정지위치
> - 승강장으로부터 1.2m 이하
> - 문턱과 에이프런 200mm 이하
> - 카 문 상인방까지 1m 이상

SECTION 07 완충기

1. 에너지 축적형 완충기

① 행정은 정격속도의 115%에 상응하는 중력 정지거리의 2배($0.135 v^2$ m) 이상
② 감속도는 $1g_n$ 이하
③ $2.5g_n$을 초과하는 감속도는 0.04초보다 길지 않아야 함
④ 작동 후에는 영구적인 변형이 없어야 함

2. 에너지 분산형 완충기

① 완충기의 가능한 총 행정은 정격속도 115%에 상응하는 중력 정지 거리($0.0674v^2$m) 이상
② 감속도는 $1g_n$ 이하
③ $2.5g_n$을 초과하는 감속도는 0.04초보다 길지 않아야 함

SECTION 08 구동기 및 관련 설비

1. 구동기

엘리베이터에는 1개 이상의 자체 구동기가 있어야 함

1) 구동 방식 종류
① 권상(도르래와 로프의 사용)
② 포지티브 방식

2) 특징
권상 구동 엘리베이터는 정격하중의 균형량(오버밸런스율)에 따른 하중을 카에 적재하고 정격속도로 상승할 때와 하강할 때의 전류 차이가 설계치의 범위 이내가 되도록 설치되어야 함

2. 브레이크 시스템

① 엘리베이터에는 브레이크 시스템이 있어야 하며, 다음이 차단될 경우 자동으로 작동해야 함
  ㉠ 주동력 전원공급
  ㉡ 제어회로에 전원공급
② 카가 정격속도로 정격하중의 125%를 싣고 하강 방향으로 운행될 때 구동기를 정지시킬 수 있어야 함
③ 제동 작용에 관여하는 브레이크의 모든 기계적 부품은 최소한 2세트로 설치되어야 함

3. 비상운전

① 전원 공급은 고장이 발생한 후 1시간 이내에는 정격하중의 카를 인접한 승강장으로 이동시킬 수 있도록 충분한 용량을 가져야 함
② 속도는 0.3m/s 이하이어야 함

핵심문제 ★★★

브레이크 설명 중 바르지 못한 것은?
① 주동력 전원공급 차단 시 자동 동작해야 한다.
② 제어회로 전원공급 차단 시 자동 동작해야 한다.
❸ 정격하중의 115%를 싣고 하강 운행될 때 구동기를 정지시킬 수 있어야 한다.
④ 모든 기계적 부품은 최소한 2세트로 설치되어야 한다.

해설 브레이크 조건
• 주동력, 제어회로 전원공급 차단 시 동작
• 정격하중의 125% 정지 가능
• 기계적 부품은 2세트 구성

> **핵심문제** ★★★
>
> 비상운전 시 바르지 못한 설명은?
> ① 가장 가까운 승강장으로 운행한다.
> ❷ 승강장에 도착하면 승강장 문 및 카 문이 수동으로 열려야 한다.
> ③ 승객이 나가고 10초 이상 지나면 승강장 문 및 카 문은 자동으로 닫히고 이후 정지 상태가 유지되어야 한다.
> ④ 정전으로 인한 정지는 전원이 복구되면 정상운행으로 자동복귀된다.
>
> [해설] **비상운전 방법**
> • 가까운 승강장으로 운행
> • 카 문 자동 열림
> • 10초 후 문 닫히고 정지
> • 호출버튼 무효화

③ 비상운전을 작동하기 위한 수단은 다음 중 하나에 위치
　㉠ 기계실
　㉡ 기계류 공간
　㉢ 비상운전 및 작동시험을 위한 장치
④ 정상 운행 중인 엘리베이터가 갑자기 정지 시 다음 사항을 만족해야 함
　㉠ 자동으로 카를 가장 가까운 승강장으로 운행
　㉡ 승강장에 도착하면 승강장 문 및 카 문이 자동으로 열려야 함
　㉢ 승객이 안전하게 빠져나가면(10초 이상) 승강장 문 및 카 문은 자동으로 닫히고 이후 정지 상태 유지
　㉣ 승강장 호출 버튼의 작동은 무효화
　㉤ 정전으로 인한 정지는 전원이 복구되면 정상운행으로 자동복귀

4. 유압제어 및 안전장치

1) 차단 밸브
① 실린더에 체크 밸브와 하강 밸브를 연결하는 회로에 설치
② 차단 밸브는 구동기의 다른 밸브와 가까이 위치해야 함

2) 체크 밸브
① 펌프와 차단 밸브 사이의 회로에 설치
② 공급압력이 최소 작동 압력 아래로 떨어질 때 정격하중을 실은 카를 어떤 위치에서든지 유지할 수 있어야 함

3) 릴리프 밸브
① 펌프와 체크 밸브 사이의 회로에 연결
② 밸브가 열리면 작동유는 탱크로 되돌려 보내져야 함
③ 전 부하 압력의 140%까지 제한하도록 맞추어 조절

4) 필터
필터 또는 유사한 장치는 다음 사이에 있는 회로에 설치되어야 함

① 탱크와 펌프
② 차단 밸브
③ 체크 밸브와 하강 밸브

> **핵심문제** ★★★
>
> 릴리프 밸브는 전부하 압력의 몇 %까지 제한하는가?
> ① 110%　② 120%
> ③ 130%　❹ 140%
>
> [해설] **릴리프 밸브**
> 전부하 압력의 140% 제한

5) 유압승강기 속도

상승 또는 하강 정격속도는 1m/s 이하

6) 유압승강기 비상운전

① 정전이 되더라도 승객이 카에서 내릴 수 있도록 카를 승강장 바닥까지 내릴 수 있는 수동조작 비상하강 밸브 설치
② 카의 속도는 0.3m/s 이하

SECTION 09 전기설비 및 전기기기

1. 적용범위

① 동력회로 및 관련 회로의 주 개폐기
② 카 조명 및 관련 회로 개폐기
③ 승강로 조명 및 관련 회로

2. 감전보호

1) 외함의 기호표시

2) 30mA 이하 누전차단기 설치장소

① 회로의 콘센트
② 전압이 50V AC 이상인 착상, 위치표시기, 안전회로 관련 제어 회로
③ 전압이 50V AC 이상인 카의 회로

핵심문제 ★★★

누전차단기 설치장소가 아닌 것은?
① 회로의 콘센트
② 전압이 50V AC 이상인 제어회로
③ 전압이 50V AC 이상인 카의 회로
❹ 전압이 50V DC 이상인 카의 회로

> **핵심문제** ★★★
>
> 공칭전압이 380V인 회로의 절연저항은 얼마 이상이어야 하는가?
>
> ① 0.1MΩ　② 0.2MΩ
> ③ 0.5MΩ　❹ 1.0MΩ

3. 절연저항

① 절연저항 값은 다음 표에 적합해야 함

▼ 절연저항

공칭 회로 전압(V)	시험 전압/직류(V)	절연저항(MΩ)
SELV 및 PELV	250	≥ 0.5
≤ 500, FELV	500	≥ 1.0
> 500	1,000	≥ 1.0

- SELV : 안전 초저압(Safety Extra Low Voltage)
- PELV : 보호 초저압(Protective Extra Low Voltage)
- FELV : 기능 초저압(Functional Extra Low Voltage)

② 제어회로 및 안전회로의 경우, 전도체와 전도체 사이 또는 전도체와 접지 사이의 직류 전압 평균값 및 교류 전압 실횻값은 250V 이하이어야 함

4. 주 개폐기

각 엘리베이터에는 엘리베이터에 공급되는 모든 전도체의 전원을 차단할 수 있는 주 개폐기가 있어야 함

1) 개폐기는 다음 장치에 공급되는 회로를 차단하지 않아야 함

① 카 조명과 환기장치
② 카 지붕의 콘센트
③ 기계류 공간 및 풀리실의 조명
④ 기계류 공간, 풀리실 및 피트의 콘센트
⑤ 승강로 조명

2) 개폐기 설치장소

① 기계실이 있는 경우 : 기계실
② 기계실이 없는 경우 : 제어반
③ 제어반이 승강로에 위치할 경우, 비상운전 및 작동시험을 위한 패널

SECTION 10 승강기 운전제어

1. 정상운전제어
① 시각적인 표시 또는 신호는 카 내에 있는 사람이 엘리베이터가 어느 층에 정지했는지 알 수 있어야 함
② 착상 정확도는 ±10mm 이내

2. 과부하제어
① 과부하는 정격하중의 10%(최소 75kg)를 초과하기 전에 검출
② 과부하의 경우
　㉠ 청각 및 시각적인 신호에 의해 카 내 이용자에게 알려야 함
　㉡ 자동 동력 작동식 문은 완전히 개방
　㉢ 수동 작동식 문은 잠금해제 상태를 유지
　㉣ 예비운전은 무효화

3. 점검운전제어

1) 점검운전 스위치의 작동조건
① 정상운전제어를 무효화
② 비상운전을 무효화
③ 착상 및 재착상이 불가능해야 함
④ 카 속도는 0.63m/s 이하
⑤ 종단의 정지 위치를 초과하여 운행되지 않아야 함

2) 점검운전 조작반
① '정상(NORMAL)' 및 '점검(INSPECTION)'을 점검 운전 스위치나 그 주변에 표시
② 이동 방향은 다음 표에 따라 색깔로 표시

제어	버튼 색상	기호 색상	기호
상승(UP)	흰색	검은색	↑
하강(DOWN)	검은색	흰색	↓
운전(RUN)	파란색	흰색	↕

핵심문제 ★★★

과부하제어 설명 중 옳지 못한 것은?
① 과부하는 정격하중의 10%(최소 75kg)를 초과하기 전에 검출된다.
② 청각 및 시각적인 신호에 의해 카 내 이용자에게 알려야 한다.
❸ 수동 작동식 문은 잠금 상태를 유지한다.
④ 예비운전은 무효화한다.

해설 과부하제어
- 정격하중의 10% 초과 전에 검출
- 시각적인 신호 알림
- 문은 완전히 개방 및 잠금해제
- 예비운전은 무효화

핵심문제 ★★★

점검운전제어 설명 중 바르지 못한 것은?
① 정상운전제어를 무효화
❷ 비상운전 대기
③ 착상 및 재착상이 불가능해야 한다.
④ 카 속도는 0.63m/s 이하

해설 점검운전제어
- 정상운전제어를 무효화
- 비상운전을 무효화
- 착상 및 재착상이 불가능
- 카 속도는 0.63m/s 이하

핵심문제 ★★★

점검운전 조작반 버튼 중 상승 버튼 색상은?
❶ 흰색　　② 검정
③ 파랑　　④ 녹색

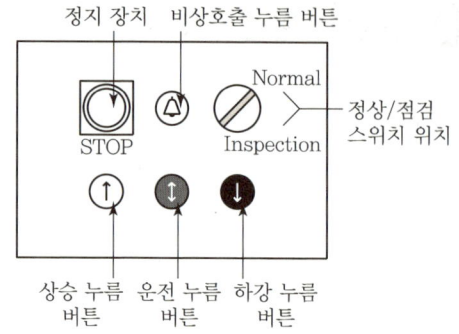

※ 점검운전 조작반 내 경보 버튼은 선택 사항

| 점검운전 조작반 구성의 예 |

| 점검운전 조작반 |

4. 전기적 비상운전제어

① 전기적 비상운전 수단이 필요할 경우, 전기적 비상운전 스위치가 설치되어야 함
② 정상적인 주전원 또는 예비전원으로부터 전력을 공급받아야 함

③ 전기적 비상운전 스위치는 다음의 전기 장치를 무효화해야 함
　㉠ 늘어진 로프나 체인을 확인하는 전기 장치
　㉡ 카 추락방지안전장치에 설치된 전기 장치
　㉢ 과속조절기에 설치된 전기 장치
　㉣ 카 상승과속방지장치에 설치된 전기 장치
　㉤ 완충기의 복귀를 확인하는 전기 장치
　㉥ 파이널 리밋 스위치

5. 파이널 리밋 스위치

① 주행로의 최상부 및 최하부에서 작동하도록 설치되어야 함
② 카(또는 균형추)가 완충기 또는 램 등 완충장치에 충돌하기 전에 작동되어야 함
③ 파이널 리밋 스위치와 일반 종단정지장치는 독립적으로 작동되어야 함

6. 비상통화장치

① 구출활동 중에 지속적으로 통화할 수 있는 양 방향 음성통신이어야 함
② 비상전원공급장치에 의해 전원을 공급받는 내부통화 시스템 또는 유사한 장치가 설치되어야 함
③ 비상통화장치가 엘리베이터가 있는 건축물이나 고정된 시설물의 관리 인력이 상주하는 장소(경비실, 전기실, 중앙관리실 등) 2곳 이상에 설치되어야 함
④ 비상통화장치는 다음과 같이 작동되어야 함
　㉠ 버튼을 한 번만 눌러도 작동
　㉡ 버튼을 누르면 전송을 알리는 음향 또는 통화신호가 작동되고 노란색 표시의 등이 점등
　㉢ 비상통화가 연결되면 녹색 표시의 등이 점등

핵심문제 ★★★

비상통화장치에 대한 설명 중 바르지 못한 것은?
① 구출활동 중에 지속적으로 통화할 수 있는 양 방향 음성통신이어야 한다.
② 시설물의 관리 인력이 상주하는 장소 2곳 이상에 설치되어야 한다.
③ 비상전원공급장치에 의해 전원이 공급되어야 한다.
❹ 피난통화할 수 있는 단 방향 음성통신이어야 한다.

해설 비상통화장치
• 양 방향 음성통신
• 비상전원공급장치로 전원공급
• 상주인원 2곳 이상 설치

핵심문제 ★★★

비상통화장치 동작 설명 중 바르지 못한 것은?
① 버튼을 한 번만 눌러도 작동되어야 한다.
② 버튼을 누르면 전송을 알리는 음향 또는 통화신호가 작동되고 노란색 표시의 등이 점등되어야 한다.
③ 비상통화가 연결되면 녹색 표시의 등이 점등되어야 한다.
❹ 버튼을 두 번 누를 시 작동되어야 한다.

해설 비상통화장치 작동
• 한 번만 눌러도 작동
• 통화신호 작동 시 노란색 표시등 점등
• 통화 연결 시 녹색 표시등 점등

SECTION 11 장애인용 엘리베이터의 추가요건

핵심문제 ★★★

장애인용 승강기에 대한 설명 중 바르지 못한 것은?

❶ 승강기의 전면에는 1.5m×1.5m 이상의 활동공간 확보
② 승강장 바닥과 승강기 바닥의 틈은 0.03m 이하
③ 승강기 내부의 유효바닥면적은 폭 1.6m 이상, 깊이 1.35m 이상
④ 출입문의 통과 유효 폭은 0.8m 이상

해설 장애인용 승강기
① 전면 공간은 1.4m×1.4m 이상 확보

핵심문제 ★★★

장애인용 승강기 조작설비 설치 위치는?

① 바닥면으로부터 0.7m 이상, 1.0m 이하
② 바닥면으로부터 0.8m 이상, 1.0m 이하
③ 바닥면으로부터 0.7m 이상, 1.2m 이하
❹ 바닥면으로부터 0.8m 이상, 1.2m 이하

핵심문제 ★★★

장애인용 승강기 내부 조도는?

① 50lx 이상 ② 10lx 이상
❸ 150lx 이상 ④ 200lx 이상

1. 일반사항

① 승강기의 전면에는 1.4m×1.4m 이상의 활동공간 확보
② 승강장 바닥과 승강기 바닥의 틈은 0.03m 이하
③ 승강기 내부의 유효바닥면적은 폭 1.6m 이상, 깊이 1.35m 이상
④ 출입문의 통과 유효 폭은 0.8m 이상

2. 이용자 조작설비

① 모든 스위치의 높이는 바닥면으로부터 0.8m 이상, 1.2m 이하의 위치에 설치
② 카 내부의 휠체어 사용자용 조작반은 진입 방향 우측면에 설치
③ 카 내부의 유효바닥면적이 1.4m×1.4m 이상인 경우에는 진입 방향 좌측면에 설치될 수 있음
④ 조작설비의 형태는 버튼식으로 하되, 시각장애인 등이 감지할 수 있도록 층수 등이 점자로 표시되어야 함

3. 기타 설비

① 수평손잡이
- 카 바닥에서 0.8m 이상, 0.9m 이하의 위치에 견고하게 설치
- 수평손잡이는 측면과 후면에 각각 설치

② 카 내부의 유효바닥면적이 1.4m×1.4m 미만인 경우에는 카 내부 후면에 견고한 재질의 거울 설치
③ 호출 버튼에 의하여 카가 정지하면 10초 이상 문이 열린 채로 대기해야 함
④ 카 내부 바닥의 어느 부분에서든 150lx 이상의 조도 확보

SECTION 12 소방구조용 엘리베이터의 추가요건

1. 일반사항

① 모든 승강장 문 전면에 방화 구획된 로비를 포함한 승강로 내에 설치되어야 함
② 소방운전 시 건축물에 요구되는 2시간 이상 동안 다음 조건에 따라 정확하게 운전되도록 설계되어야 함

㉠ 전기/전자 장치는 0~65℃까지의 주위 온도 범위에서 정상적으로 작동될 수 있도록 설계
㉡ 소방구조용 엘리베이터의 주 전원공급과 보조 전원공급의 전선은 방화구획이 되어야 하고 서로 구분되어야 히며, 다른 전원공급장치와도 구분되어야 함

2. 기본 요건

① 폭 1,100mm, 깊이 1,400mm 이상
② 출입구 유효 폭은 800mm 이상
③ 엘리베이터 문이 닫힌 이후부터 60초 이내에 가장 먼 층에 도착되어야 함
④ 운행속도는 1m/s 이상이어야 함

3. 비상구출문

카 지붕에 0.5m×0.7m 이상

4. 소방운전 스위치

소방운전 스위치는 다음과 같이 1, 2단계로 구분

① 1단계 : 소방구조용 엘리베이터에 대한 우선 호출
② 2단계 : 소방운전 제어 조건 아래에서 엘리베이터의 이용

5. 소방구조용 엘리베이터의 전원공급

① 엘리베이터 및 조명의 전원공급시스템은 주 전원공급장치 및 보조(비상, 대기 또는 대체) 전원공급장치로 구성되어야 함
② 정전 시에는 보조 전원공급장치에 의하여 엘리베이터를 다음과 같이 운행시킬 수 있어야 함
  ㉠ 60초 이내에 엘리베이터 운행에 필요한 전력용량을 자동으로 발생
  ㉡ 2시간 이상 운행시킬 수 있어야 함

핵심문제 ★★★

소방구조용 승강기에 대한 설명 중 바르지 못한 것은?

① 폭 1,100mm, 깊이 1,400mm 이상
② 출입구 유효 폭은 800mm 이상
③ 엘리베이터 문이 닫힌 이후부터 60초 이내에 가장 먼 층에 도착되어야 한다.
❹ 운행속도는 1m/s 이하이어야 한다.

해설 소방용 승강기 기본 요건
• 폭 1,100mm, 깊이 1,400mm 이상
• 출입구 유효 폭은 800mm 이상
• 60초 이내에 가장 먼 층에 도착
• 운행속도는 1m/s 이상
• 비상구출문 0.5m×0.7m 이상
• 정전 시 60초 이내 전원공급
• 비상전원은 2시간 이상

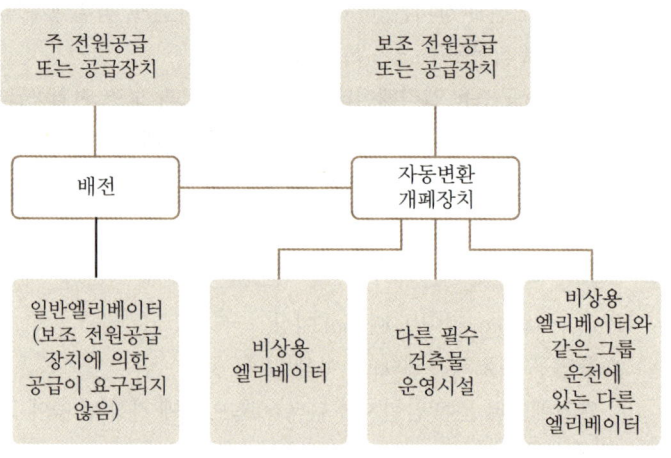

▍소방구조용 엘리베이터의 전원공급에 대한 예 ▍

SECTION 13 피난용 엘리베이터의 추가요건

핵심문제 ★★★

피난용 승강기 하중은 몇 kg 이상 인가?

① 900kg   ❷ 1,000kg
③ 1,100kg   ④ 1,200kg

해설 피난용 승강기 기본 요건
- 폭 900mm, 하중 1,000kg 이상
- 연기가 침투되지 않는 구조
- 0~65℃에서 정상 동작

1. 일반사항

① 출입문의 유효 폭은 900mm 이상, 정격하중은 1,000kg 이상
② 의료시설의 경우에는 출입문 폭 1,100mm, 카 폭 1,200mm, 카 깊이 2,300mm 이상
③ 승강로 내부는 연기가 침투되지 않는 구조
④ 전기/전자 장치는 0~65℃까지의 주위 온도 범위에서 정상적으로 작동될 수 있도록 설계되어야 함
⑤ 2개의 카 출입문이 있는 경우 피난운전 시 어떠한 경우라도 2개의 출입문이 동시에 열리지 않아야 함

2. 제어시스템

① "피난용 호출"이라고 명확히 표시된 '피난호출 스위치'가 지정된 피난 층에 위치되어야 함
② 피난 호출스위치는 승강장 문 끝부분에서 수평으로 2m 이내에 위치
③ 바닥 위로 높이 1.4m부터 2.0m 이내에 위치
④ 피난호출 스위치는 전면이 보이는 재질로 된 박스로 보호

3. 피난운전

① 승강장에 문을 열고 대기하고 있는 피난용 엘리베이터는 문을 닫고 피난 층까지 멈추지 않고 이동되어야 함
② 경보음은 문이 닫힐 때까지 카 내에서 울려야 함
③ 승강장 문이 실제 열려 있는 시간이 15초를 초과하기 전에 문닫힘 안전장치는 무효화되고, 감소된 동력 조건하에 닫히기 시작해야 함
④ 피난 층에 도착한 피난용 엘리베이터의 승강장 문 및 카 문은 열린 상태로 계속 유지되어야 함
⑤ 탑승시간이 종료되면 카의 부하가 정격하중의 100%에 이르지 않더라도 피난용 엘리베이터는 즉시 문을 닫고 피난 층으로 복귀되어야 함
⑥ 카가 피난 층에 도착하면 출입문이 열리고 약 15초 이상 열려 있어야 함
⑦ 주 전원 또는 보조 전원공급장치에 의해 초고층 건축물의 경우에는 2시간 이상, 준초고층 건축물의 경우에는 1시간 이상 '피난운전'시킬 수 있어야 함

CHAPTER 04 에스컬레이터 안전기준

SECTION 01 안전기준 적용 범위

>>> 승강기 안전부품 안전기준 및 승강기 안전기준

[별표 24] 에스컬레이터 안전기준(제4조 제3호 관련)

1. 적용 범위

이 기준은 일정한 통로에 승객을 수송하기 위해 설치되는 에스컬레이터 및 무빙워크에 대해 적용

1) 용어 및 정의

① 경사도(Angle of Inclination) : 디딤판 움직임의 수평에 대한 최대 각도
② 공칭속도(Nominal Speed) : 공칭주파수, 공칭전압 및 무부하 상태에서 제조사가 제시한 디딤판의 움직이는 방향의 속도
③ 난간(Balustrade) : 움직이는 부분으로부터 보호 및 손잡이 지지로 안정성을 제공함으로써 이용자의 안전을 보장하는 에스컬레이터/무빙워크의 부품
④ 뉴얼(Newel) : 난간의 끝부분으로 콤 교차선부터 손잡이 곡선 반환부까지의 난간 구역
⑤ 스커트(Skirting) : 디딤판과 연결되는 난간의 수직 부분
⑥ 외부패널(Exterior Panel) : 에스컬레이터 또는 무빙워크를 둘러싸고 있는 외부 측 부분
⑦ 층고(Rise) : 상부 바닥마감면과 하부 바닥마감면 사이의 수직 거리
⑧ 콤(Comb) : 홈에 맞물리는 각 승강장의 갈라진 부분
⑨ 콤 플레이트(Comb Plate) : 콤이 부착되어 있는 각 승강장의 플랫폼
⑩ 손잡이(Handrail) : 손으로 잡을 수 있는 전동식 이동 레일

2. 경사도

① 에스컬레이터의 경사도 α는 30° 이하이어야 함
② 층고가 6m 이하이고, 공칭속도가 0.5m/s 이하인 경우는 경사도를 35°까지 증가시킬 수 있음
③ 무빙워크의 경사도는 12° 이하이어야 함

핵심문제 ★★★

에스컬레이터의 경사도는 일반적으로 얼마 이하인가?

① 10° 이하　② 12° 이하
❸ 30° 이하　④ 35° 이하

[해설] 경사도
• 에스컬레이터 30° 이하
• 무빙워크 12° 이하

핵심문제 ★★★

무빙워크의 경사도는 일반적으로 얼마 이하인가?

① 10° 이하　❷ 12° 이하
③ 30° 이하　④ 35° 이하

SECTION 02 디딤판(스텝)

1. 디딤판의 특징
① 에스컬레이터 및 무빙워크의 공칭 폭은 0.58m 이상, 1.1m 이하
② 경사도가 6° 이하인 무빙워크의 폭은 1.65m까지 허용

2. 디딤판(스텝) 규격
① 스텝 트레드는 운행 방향에 ±1°의 공차로 수평해야 함
② 스텝 높이는 0.24m 이하
③ 스텝 깊이는 0.38m 이상
④ 스텝 트레드 표면은 진행 방향으로 콤의 빗살과 맞물리는 홈이 있어야 함
⑤ 홈의 폭은 5mm 이상, 7mm 이하
⑥ 홈의 깊이는 10mm 이상
⑦ 스텝은 트레드 표면 중앙의 두께 25mm 이상이고 크기 0.2m×0.3m의 강판에 트레드 표면에 수직으로 3,000N의 단일 힘을 가하여 휨에 대해 시험되어야 함

> **핵심문제** ★★★
> 에스컬레이터 디딤판의 설명으로 바르지 못한 것은?
> ① 스텝 트레드는 운행 방향에 ±1°의 공차로 수평해야 한다.
> ❷ 스텝 높이는 0.24m 이상이어야 한다.
> ③ 스텝 깊이는 0.38m 이상이어야 한다.
> ④ 표면은 진행 방향으로 콤의 빗살과 맞물리는 홈이 있어야 한다.
>
> **해설** 스텝 규격
> • ±1°의 공차로 수평
> • 높이는 0.24m 이하
> • 깊이는 0.38m 이상

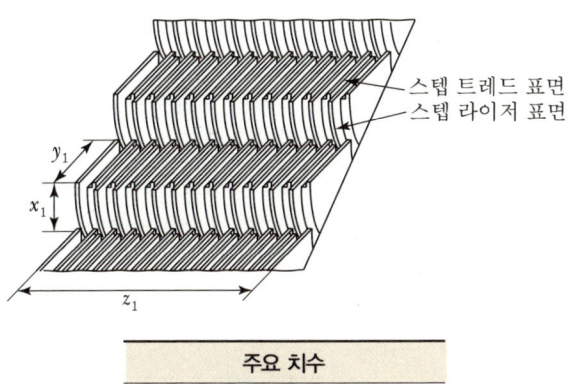

스텝 트레드 표면
스텝 라이저 표면

주요 치수
$x_1 \leq 0.24m$
$y_1 \geq 0.38m$
z_1 0.58m에서 1.1m

| 스텝, 주요 치수 |

3. 디딤판(스텝) 주행안내
① 스텝 또는 팔레트의 측면 변위는 각각 4mm 이하
② 양쪽 측면에서 측정된 틈새의 합은 7mm 이하
③ 수직 변위는 4mm 이하이고 벨트의 수직 변위는 6mm 이하

SECTION 03 구동장치

핵심문제 ★★★

에스컬레이터의 속도에 대한 설명 중 바르지 못한 것은?

① 공칭전압에서 공칭속도로부터 ±5%를 초과하지 않아야 한다.
❷ 경사도 α가 30° 이하인 에스컬레이터는 0.75m/s 이상
③ 경사도 α가 30°를 초과하고 35° 이하인 에스컬레이터는 0.5m/s 이하
④ 1.6m 이상의 수평주행구간이 있는 경우 공칭속도는 0.9m/s까지 허용

핵심문제 ★★★

경사도 α가 30°를 초과하고 35° 이하인 에스컬레이터의 속도는?

❶ 0.5m/s 이하
② 0.75m/s 이하
③ 1.0m/s 이하
④ 1.75m/s 이하

1. 속도

① 하나의 구동장치는 2대 이상의 에스컬레이터 또는 무빙워크를 작동하지 않아야 함
② 속도
  ㉠ 무부하 시 속도는 공칭주파수 및 공칭전압에서 공칭속도로부터 ±5%를 초과하지 않아야 함
  ㉡ 경사도 α가 30° 이하인 에스컬레이터는 0.75m/s 이하
  ㉢ 경사도 α가 30°를 초과하고 35° 이하인 에스컬레이터는 0.5m/s 이하
  ㉣ 무빙워크의 공칭속도는 0.75m/s 이하
  ㉤ 팔레트 또는 벨트의 폭이 1.1m 이하이고, 승강장에서 팔레트 또는 벨트가 콤에 들어가기 전 1.6m 이상의 수평주행구간이 있는 경우 공칭속도는 0.9m/s까지 허용
③ 구동부품의 안전율은 정적 계산으로 5 이상

2. 브레이크 시스템

1) 운전조건

① 정상 개방은 지속적인 전류의 흐름에 의함
② 브레이크 회로가 개방되면 즉시 작동
③ 제동력은 안내되는 압축 스프링에 의해 이루어짐
④ 개방장치의 전기적 자체여자의 발생은 불가능해야 함

2) 에스컬레이터의 제동부하

공칭 폭	스텝당 제동부하
0.6m 이하	60kg
0.6m 초과 0.8m 이하	90kg
0.8m 초과 1.1m 이하	120kg

3) 에스컬레이터의 정지거리

공칭속도 v	정지거리
0.50m/s	0.20~1.00m까지
0.65m/s	0.30~1.30m까지
0.75m/s	0.40~1.50m까지

4) 무빙워크의 제동부하

공칭 폭	0.4m 길이당 제동부하
0.6m 이하	50kg
0.6m 초과 0.8m 이하	75kg
0.8m 초과 1.1m 이하	100kg
1.10m 초과 1.40m 이하	125kg
1.40m 초과 1.65m 이하	150kg

5) 무빙워크의 정지거리

공칭속도	정지거리
0.50m/s	0.20~1.00m까지
0.65m/s	0.30~1.30m까지
0.75m/s	0.40~1.50m까지
0.90m/s	0.55~1.70m까지

SECTION 04 난간과 스커트

1. 난간

① 경사진 부분 스텝 앞부분에서 손잡이 꼭대기까지 수직 높이는 0.9m 이상, 1.1m 이하
② 내부패널 사이의 틈새는 4mm 이하
③ 모서리는 둥글거나 경사져야 함
④ 난간 폭별 최대 수송능력

디딤판 폭(m)	공칭속도 v(m/s)		
	0.5	0.65	0.75
0.6	3,600명/h	4,400명/h	4,900명/h
0.8	4,800명/h	5,900명/h	6,600명/h
1	6,000명/h	7,300명/h	8,200명/h

2. 스커트

스커트의 상부 끝부분과 스텝 표면 사이의 수직거리는 25mm 이상

핵심문제 ★★★

에스컬레이터 디딤판 폭 0.6m, 속도 0.75m/s의 수송능력은?

① 3,600명/h ② 4,400명/h
❸ 4,900명/h ④ 5,900명/h

1) 스커트 디플렉터(끼임방지)
  ① 견고한 부분과 유연한 부분(브러시 또는 고무 재질 등)으로 구성
  ② 스커트 패널의 수직면으로부터 수평 방향으로 최소 33mm, 최대 50mm 돌출

2) 디딤판과 스커트 사이의 틈새
  ① 수평 틈새는 각 측면에서 4mm 이하
  ② 반대되는 두 지점의 양 측면에서 측정된 틈새의 합은 7mm 이하

3. 손잡이 시스템

운전조건은 다음과 같음

① 디딤판의 속도와 −0%에서 +2%의 허용오차
② 정상운행 중 운행 방향의 반대편에서 450N의 힘으로 당겨도 정지되지 않아야 함
③ 손잡이를 포함한 뉴얼은 콤 교차선을 지나 이동 방향의 수평 방향으로 0.6m 이상 돌출
④ 뉴얼 안에 들어가는 손잡이 입구의 최하점은 마감된 바닥으로부터 0.1m 이상, 0.25m 이하
⑤ 손잡이가 도달되는 가장 먼 지점과 뉴얼 안에 들어가는 입구 사이의 수평거리는 0.3m 이상

핵심문제 ★★★

손잡이의 허용오차는?
① −2%에서 +2%
② −1%에서 +2%
❸ −0%에서 +2%
④ −0%에서 +3%

해설 손잡이 오차
−0%에서 +2%의 허용오차

SECTION 05 승강장

1. 표면 특징

① 승강장은 콤의 빗살에서 측정하여 0.85m 이상
② 안전한 발판을 제공하는 표면을 가져야 함

2. 디딤판의 구성

① 승강장에서 콤을 떠나는 스텝의 전면 끝부분 및 콤에 들어가는 스텝의 후면 끝부분의 지점에서 측정하여 길이 0.8m 이상으로 수평하게 운행
② 공칭속도가 0.5m/s를 초과하고 0.65m/s 이하이거나 층고가 6m를 초과하는 경우, 이 길이는 1.2m 이상

3. 콤

① 쉽게 교체될 수 있어야 함
② 콤 빗살의 폭은 트레드 표면에서 측정하여 2.5mm 이상
③ 빗살 끝의 반경은 2mm 이하

4. 조명 및 콘센트

1) 특징

① 별도의 차단기에 의해 모든 조명 및 콘센트의 전원공급 차단이 가능해야 함
② 구동기의 전원공급과는 독립적이어야 함

2) 조명기준

① 내부의 구동·순환 장소 및 기기 공간 중 한 곳에 영구적으로 사용 가능한 휴대용 조명 비치
② 각 장소에는 1개 이상의 콘센트 제공
③ 작업공간의 조도는 200lx 이상

3) 콘센트 기준

① 2P+PE(2극+접지), 250V로 직접 공급
② 안전 초저전압(SELV)으로 공급

SECTION 06 안전장치

1. 개요

① 안전 스위치의 작동은 접점의 확실한 기계적 분리에 의해 작동
② 위험을 최소화할 수 있도록 설계
③ 어떠한 고장도 그 자체에 의해 위험한 상황을 유발시키지 않아야 함

2. 안전장치 종류

① 과속 감지 : 공칭속도의 1.2배를 초과하기 전에 과속을 감지
② 운행 방향의 역전 감지 : 에스컬레이터와 경사형($\alpha \geq 6°$) 무빙워크의 의도되지 않은 역전을 즉시 감지
③ 디딤판을 직접 구동하는 부품의 파손 또는 과도한 늘어짐 감지

핵심문제 ★★★

에스컬레이터의 안전장치에 대한 설명으로 바르지 못한 것은?

① 공칭속도의 1.2배를 초과하기 전에 과속을 감지
❷ 수평 무빙워크의 의도되지 않은 역전을 즉시 감지
③ 디딤판을 직접 구동하는 부품의 파손 감지
④ 콤 끼임 감지

해설 에스컬레이터 안전장치
• 과속 감지 : 공칭속도의 1.2배
• 역전 감지 : 에스컬레이터와 경사형($\alpha \geq 6°$) 무빙워크

④ 인장장치의 움직임 감지 : 구동장치와 인장장치 사이의 거리가 20mm 초과 시 감지
⑤ 콤 끼임 감지 : 끼인 물체를 감지
⑥ 손잡이 입구에서의 끼임 감지
⑦ 손잡이의 속도 편차 감지 : 5~15초 내에 디딤판에 대해 ±15% 이상의 손잡이 속도 편차 시 정지
⑧ 추락방지안전장치
  ㉠ 비상상황 시 에스컬레이터 또는 무빙워크를 정지시키기 위한 추락방지안전장치를 설치
  ㉡ 비상상황 시 에스컬레이터 또는 무빙워크를 정지시키기 위한 추락방지안전장치를 설치
  ㉢ 표시
    • 지름 80mm 이상
    • 적색
    • 흰색 글씨로 "정지"라고 표시
    • 난간 높이 h_1의 중간 이상에 위치
  ㉣ 추락방지안전장치 사이의 거리
    • 에스컬레이터의 경우에는 30m 이하
    • 무빙워크의 경우에는 40m 이하

▌추락방지안전장치 표시의 예 ▐

> **핵심문제** ★★★
> 에스컬레이터 추락방지안전장치 사이 거리는?
> ① 10m 이하 ② 20m 이하
> ❸ 30m 이하 ④ 40m 이하
>
> **해설** 에스컬레이터 추락방지안전장치 거리
> • 에스컬레이터 : 30m 이하
> • 무빙워크 : 40m 이하

SECTION 07 표시 및 경고장치

1. 일반사항

① 모든 표시, 안내 및 문구는 견고한 재질로 눈에 띄는 위치에 명확하게 읽을 수 있는 한글로 작성되어야 함
② 주의표시는 80mm×100mm 이상의 크기여야 함

2. 주의표시 규격

구분		기준규격(mm)	색상
최소 크기		80×100	–
바탕		–	흰색
	원	40×40	–
	바탕	–	황색
	사선	–	적색
	도안	–	흑색
		10×10	녹색(안전) 황색(위험)
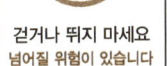		10×10	흑색
주의 문구	대	19Pt	흑색
	소	14Pt	적색

> **핵심문제** ★★★
>
> 에스컬레이터의 주의표시 최소 크기는?
>
> ① 60mm×100mm 이상
> ② 70mm×100mm 이상
> ❸ 80mm×100mm 이상
> ④ 80mm×120mm 이상

3. 삼각부 막는 조치 및 안전 보호판

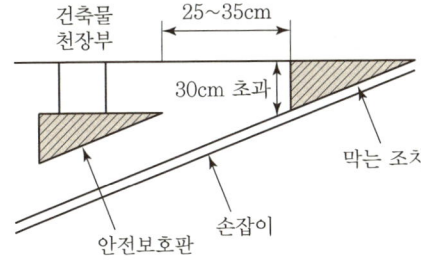

MEMO

PART 04

과년도 기출문제

01 2014년
02 2015년
03 2016년
04 2017년
05 2018년
06 2019년
07 2020년
08 2021년
09 2022년
10 2023년
11 2024년
12 2025년

[학습 전에 알아두어야 할 사항]
승강기기능사 필기시험은 2016년 5회 시험부터 CBT (Computer-Based Training) 방식으로 시행되어, 수험생 개개인별로 문제가 다르게 출제되며, 시험문제는 비공개입니다.
본 기출문제 풀이는 시험에 응시한 수험생의 기억에 의해 재구성한 것입니다.

2014년 1회 기출문제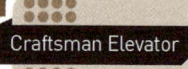

01 교류 엘리베이터의 제어 방법이 아닌 것은?

① 워드레오나드 제어
② 교류 1단 속도제어
③ 교류 2단 속도제어
④ 교류 귀환제어

해설
승강기 교류제어 방식
- 교류(AC) 1단 속도제어 방식
- 교류(AC) 2단 속도제어 방식
- 교류(AC) 귀환 속도제어 방식
- VVVF 제어 방식

02 기계식 주차설비의 설치기준에서 모든 자동차의 입출고 시간으로 맞는 것은?

① 입고시간 60분 이내, 출고시간 60분 이내
② 입고시간 90분 이내, 출고시간 90분 이내
③ 입고시간 120분 이내, 출고시간 120분 이내
④ 입고시간 150분 이내, 출고시간 150분 이내

해설
기계식 주차설비 입출고 시간
- 입고시간 : 2시간 이내
- 출고시간 : 2시간 이내

03 엘리베이터 기계실의 구조에 대한 설명으로 적합하지 않은 것은?

① 기계실 내부에 공간이 있어서 옥상 물탱크의 양수설비를 하였다.
② 당해 건축물의 다른 부분과 내화구조로 구획하였다.
③ 바닥면적은 승강로의 수평투영면적의 배로 하였다.
④ 천장에는 기기를 양정하기 위한 고리를 설치하였다.

해설
승강로 기계실 구비조건
- 내화 및 방화구조 구획
- 유효 높이 2.1m 이상
- 바닥조명 200lx 이상
- 기계실 내 온도 5~40℃
- 승강기 관련 없는 설비 제외
- 출입문 0.7m×1.8m 이상
- 잠금장치 설치
- 유지보수용 콘센트 설치

04 다음 중 회전운동을 하는 유희시설이 아닌 것은?

① 해적선   ② 로터
③ 비행탑   ④ 워터슈트

해설
워터슈트는 놀이공원에 있는 고가의 유희시설로, 비탈길에 궤도를 설치하고 높은 곳에서 보트를 미끄러지게 하는 원리

05 정전 시 비상전원장치의 비상조명 점등조건은?

① 정전 시에 자동으로 점등
② 고장 시 카가 급정지하면 점등
③ 정전 시 비상등스위치를 켜야 점등
④ 항상 점등

해설
비상조명은 전원이 차단되면 자동으로 즉시 점등되어야 함

정답 01 ① 02 ③ 03 ① 04 ④ 05 ①

06 구조에 따라 분류한 유압 엘리베이터의 종류가 아닌 것은?

① 직접식 ② 간접식
③ 팬터 그래프식 ④ VVVF식

> 해설

유압식 승강기의 종류
- 직접식 유압 승강기
- 간접식 유압 승강기
- 팬터 그래프식 유압 승강기

07 에스컬레이터의 비상정지스위치의 설치 위치를 바르게 설명한 것은?

① 디딤판과 콤이 맞물리는 지점에 설치한다.
② 리밋 스위치에 설치한다.
③ 상부 및 하부의 승강구에 설치한다.
④ 승강로의 중간부에 설치한다.

> 해설

에스컬레이터 비상정지장치
- 상하부 승강구에 설치
- 에스컬레이터 : 30m 이하
- 무빙워크 : 40m 이하

08 엘리베이터의 분류법에 해당하지 않는 것은?

① 구동 방식에 의한 분류
② 속도에 의한 분류
③ 연도에 의한 분류
④ 용도 및 종류에 의한 분류

> 해설

엘리베이터의 분류
- 용도에 의한 분류
- 사용 형태에 의한 분류
- 구동 방식에 의한 분류
- 속도에 의한 분류
- 제어 방식에 의한 분류
- 설치 형태에 의한 분류

09 피트에 설치되지 않는 것은?

① 인장 도르래 ② 조속기
③ 완충기 ④ 균형추

> 해설

균형추
카의 반대 측 로프에 매단 중량물로 카의 상하 이동 시 중량의 균형을 이루기 위해 설치

10 조속기의 캐치가 작동되었을 때 로프의 인장력에 대한 설명으로 적합한 것은?

① 300N 이상과 비상정지장치를 거는 데 필요한 힘의 1.5 배를 비교하여 큰 값 이상
② 300N 이상과 비상정지장치를 거는 데 필요한 힘의 2배를 비교하여 큰 값 이상
③ 400N 이상과 비상정지장치를 거는 데 필요한 힘의 1.5배를 비교하여 큰 값 이상
④ 400N 이상과 비상정지장치를 거는 데 필요한 힘의 2배를 비교하여 큰 값 이상

> 해설

조속기 캐치 동작 시 인장력
비상정지장치를 작동시키는 데 필요한 힘의 2배(300N 이상)

11 조속기의 종류가 아닌 것은?

① 롤 세이프티형 조속기
② 디스크형 조속기
③ 플렉시블형 조속기
④ 플라이 볼형 조속기

> 해설

조속기의 종류
- 디스크형
- 마찰정지형(롤 세이프티형)
- 플라이 볼형

12 균형 로프의 주된 사용 목적은?

① 카의 소음진동을 보상
② 카의 위치 변화에 따른 주 로프의 무게를 보상
③ 카의 밸런스 보상
④ 카의 적재하중 변화를 보상

> 해설

견인비 보상 방법
카 하부에서 균형체인(저속) 또는 균형 로프(고속)를 설치하여 보상

13 엘리베이터의 도어 시스템에 관한 설명 중 틀린 것은?

① 승강장 도어 로크 장치와는 별도로 카 도어 로크 장치를 설치하는 것도 허용된다.
② 승강장 도어는 비상시를 대비하여 일반 공구로 쉽게 열리도록 한다.
③ 승강기 도어용 모터로 직류 모터뿐만 아니라 교류 모터도 사용된다.
④ 자동차용이나 대형화물용 엘리베이터는 상하 개폐 방식이 많이 사용된다.

> 해설

승강장 도어
열쇠(비상용 열쇠)는 특수한 것으로 해야 하고 일반 공구로 열리지 못하도록 해야 함

14 무빙워크의 공칭속도(m/s)는 얼마 이하로 하여야 하는가?

① 0.55 　　　　② 0.65
③ 0.75 　　　　④ 0.95

> 해설

무빙워크(수평보행기)
• 경사도 : 12° 이하
• 속도 : 0.75m/s 이하

15 전망용 엘리베이터의 카에 주로 사용하는 유리의 기준으로 옳은 것은?

① 반사유리 　　② 거울유리
③ 강화유리 　　④ 방음유리

> 해설

승강기 유리 사용기준
카 벽 전체 또는 일부에 사용되는 유리는 KS L 2004에 적합한 접합유리 및 강화 접합유리를 사용

16 카의 실속도와 지령속도를 비교하여 사이리스터의 점호 각을 바꿔 유도 전동기의 속도를 제어하는 방식은?

① 교류 1단속도제어
② 교류 2단속도제어
③ 교류 귀환전압제어
④ 가변전압 가변주파수 방식

> 해설

교류(AC) 귀환 속도제어 방식
• 제어속도와 실제속도 비교
• SCR 점호각 제어

17 엘리베이터의 완충기에 대한 설명 중 옳지 않은 것은?

① 엘리베이터 피트 부분에 설치한다.
② 케이지나 균형추의 자유낙하를 완충한다.
③ 스프링 완충기와 유압 완충기가 가장 많이 사용된다.
④ 스프링 완충기는 엘리베이터의 속도가 느린 경우에 주로 사용된다.

> 해설

완충기의 설치 목적
승강기의 카 또는 균형추가 최하층을 통과하여 피트로 떨어졌을 때 충격 완화

정답 　12 ② 　13 ② 　14 ③ 　15 ③ 　16 ③ 　17 ②

18 무기어식 엘리베이터의 종합효율은?

① 0.3~0.5 ② 0.5~0.85
③ 0.7~0.85 ④ 0.85~0.90

> **해설**
>
> **종합효율**
> - 웜 기어 방식의 권상기 : 0.5~0.7
> - 헬리컬 기어 권상기 : 0.8~0.85
> - 무기어식 권상기 : 0.85~0.90

19 재해발생과정의 요건이 아닌 것은?

① 사회적 환경과 유전적인 요소
② 개인적 결함
③ 사고
④ 안전한 행동

> **해설**
>
> **재해발생순서**
> 유전적 요소 및 환경 → 인적 결함 → 불안전한 행동, 상태 → 사고 → 재해

20 안전점검 중 어떤 일정 기간을 정해 두고 행하는 점검은?

① 수시점검 ② 정기점검
③ 임시점검 ④ 특별점검

> **해설**
>
> **안전점검의 종류**
> - 정기점검
> - 수시점검(일상점검)
> - 특별점검
> - 임시점검

21 현장 내에 안전표지판을 부착하는 이유로 가장 적합한 것은?

① 작업 방법을 표준화하기 위하여
② 작업환경을 표준화하기 위하여
③ 기계나 설비를 통제하기 위하여
④ 비능률적인 작업을 통제하기 위하여

> **해설**
>
> 작업환경의 표준화를 위해 안전표지판 부착

22 그림과 같은 경고표지는?

① 낙하물 경고 ② 고온 경고
③ 방사성물질 경고 ④ 고압전기 경고

23 승강기 안전관리자의 임무가 아닌 것은?

① 승강기 비상열쇠 관리
② 자체 검검자 선임
③ 운행관리규정의 작성 및 유지관리
④ 승강기 사고 시 사고 보고 관리

> **해설**
>
> **안전관리자의 직무**
> - 관리하는 승강기의 안전운행을 위해 「승강기 안전관리법 시행규칙」에 따른 승강기 안전관리자의 직무를 성실히 수행해야 함
> - 다음의 사항을 확인하기 위한 일상점검을 실시해야 하며, 이 경우 승강기의 안전운행에 지장이 있다고 판단하는 경우에는 즉시 해당 승강기의 운행을 중지시키고 관리 주체에게 보고해야 함
>   - 기계실 출입문의 잠금 상태
>   - 기계실 온도 및 환기장치의 작동 상태
>   - 엘리베이터·휠체어리프트 호출 버튼 및 등록 버튼의 작동 상태
>   - 표준부착물의 부착 상태
>   - 엘리베이터 비상통화장치의 작동 상태
>   - 기계실 출입문 및 승강장 문 등 비상열쇠의 관리 상태
>   - 그 밖에 관리 주체가 승강기 안전운행에 필요하다고 정하는 사항

정답 18 ④ 19 ④ 20 ② 21 ② 22 ④ 23 ②

24 안전 작업모를 착용하는 목적에 있어서 안전관리와 관계가 없는 것은?

① 종업원의 표시
② 화상의 방지
③ 감전의 방지
④ 비산물로 인한 부상 방지

> 해설

안전모 착용 목적
- 낙하물에 의한 피해 방지
- 화상 방지
- 감전 방지
- 충격 방지

25 휠체어리프트 이용자가 승강기의 안전운행과 사고방지를 위하여 준수해야 할 사항과 거리가 먼 것은?

① 전동 휠체어 등을 이용할 경우 운전자가 직접 이용할 수 있다.
② 정원 및 적재하중의 초과는 고장이나 사고의 원인이 되므로 엄수하여야 한다.
③ 휠체어 사용자 전용이므로 보조자 이외의 일반인은 탑승하여서는 안 된다.
④ 조작반의 비상정지스위치 등을 불필요하게 조작하지 않아야 한다.

> 해설

휠체어리프트 이용자의 준수사항
경사형 휠체어리프트의 경우에는 임의로 조작하지 않아야 하며, 승강기 안전관리자 등 관리자의 도움을 받아 이용 가능

26 추락대책수립의 기본 방향에서 인적 측면에서의 안전대책과 관련이 없는 것은?

① 작업 지휘자를 지명하여 집단작업을 통제한다.
② 작업의 방법과 순서를 명확히 하여 작업자에게 주지시킨다.
③ 작업자의 능력과 체력을 고려하여 적정한 배치를 한다.
④ 작업대와 통로 주변에는 보호대를 설치한다.

> 해설

장비의 사용은 물적 측면에서의 안전대책이다.

27 감전이나 전기화상을 입을 위험이 있는 작업에 반드시 갖추어야 할 것은?

① 보호구
② 구급 용구
③ 위험 신호장치
④ 구명구

> 해설

보호구
작업자가 신체에 직접 착용하여 각종 물리적·기계적·화학적 위험요소로부터 몸을 보호하기 위한 보호장구

28 안전점검 시 에스컬레이터의 운전 중 점검확인 사항에 해당하지 않는 것은?

① 운전 중 소음과 진동 상태
② 스텝에 작용하는 부하의 상태
③ 콤의 빗살과 스텝 홈의 물림 상태
④ 핸드레일과 스텝의 속도 차이 유무

> 해설

에스컬레이터 운전 중 점검사항
- 소음 및 진동
- 핸드레일의 속도
- 스텝의 클리트와 콤의 인입

29 승객용 엘리베이터의 시브가 편마모되었을 때 그 원인을 제거하기 위해 어떤 것을 보수, 조정하여야 하는가?

① 완충기
② 조속기
③ 균형체인
④ 로프 장력

정답 24 ① 25 ① 26 ④ 27 ① 28 ② 29 ④

> **해설**
>
> **시브의 편마모 원인**
> 로프의 장력에 의한 하중분산이 제대로 되지 않아 시브에 작용하는 마찰이 한쪽으로 치우쳐 발생

30 카가 최하층에 수평으로 정지할 때 카와 완충기의 거리에 완충기의 행정을 더한 수치는?

① 균형추의 꼭대기 틈새보다 작아야 한다.
② 균형추 꼭대기 틈새의 배여야 한다.
③ 균형추의 꼭대기 틈새와 같아야 한다.
④ 균형추 꼭대기 틈새의 배여야 한다.

> **해설**
>
> **카의 위치에 따른 행정**
> 카가 최하층에 수평으로 정지되어 있을 때 카와 완충기의 거리에 완충기의 행정을 더한 수치는 균형추의 꼭대기 틈새보다 작아야 함

31 엘리베이터가 정격속도를 현저히 초과할 때 모터에 가해지는 전원을 차단하여 카를 정지시키는 장치는?

① 권상기 브레이크
② 가이드레일
③ 권상기 드라이버
④ 조속기

> **해설**
>
> **조속기 기능**
> • 속도가 115% 이상 동작 시 전원 차단
> • 카의 속도 및 가속도 검출
> • 비상정지장치 동작

32 주차설비 중 자동차를 운반하는 운반기의 일반적인 호칭으로 사용되지 않는 것은?

① 카고, 리프트
② 케이지, 카트
③ 트레이, 팰릿
④ 리프트, 호이스트

> **해설**
>
> **호이스트**
> 중량물을 들어올리는 장치로, 전동기와 기어박스 및 와이어로프 또는 체인을 감는 드럼으로 구성됨

33 스텝체인 절단 검출장치의 점검항목이 아닌 것은?

① 검출 스위치의 동작 상태
② 검출 스위치 또는 캠의 설치 상태
③ 암, 레버 장치의 설치 상태
④ 종동장치 텐션 스프링의 올바른 치수

> **해설**
>
> **암(Arm)**
> 승강기 도어시스템의 일부분

34 승강기의 제어반에서 점검할 수 없는 것은?

① 전동기회로의 절연 상태
② 주 접촉자의 접촉 상태
③ 결선 단자의 조임 상태
④ 조속기 스위치의 작동 상태

> **해설**
>
> **제어반 점검사항**
> • 결선 단자의 조임
> • 전동기 회로의 절연
> • 스위치 접점 및 작동 상태
> • 접속 단자의 연결 상태와 파손 및 소손
> • 전선 및 접속 부분의 손상
> • 계전기 및 기기의 발열과 마모
> • 회로의 절연저항

35 피트 내에서 행하는 검사가 아닌 것은?

① 피트 스위치 동작 여부
② 하부 파이널 스위치 동작 여부
③ 완충기 설치 상태 양호 여부
④ 상부 파이널 스위치 동작 여부

정답 30 ① 31 ④ 32 ④ 33 ③ 34 ④ 35 ④

> [해설]
> 상부 파이널 리밋 스위치는 승강로의 상부에 위치

36 엘리베이터용 모터에 부착된 로터리 엔코더의 역할은?

① 모터의 소음 측정　② 모터의 진동 측정
③ 모터의 토크 측정　④ 모터의 속도 측정

> [해설]
> 엔코더
> • 회전축의 기계적인 변화량을 전기적인 신호로 변환하여 출력하는 광학 장치
> • 로터리 엔코더는 회전속도를 검출
> • 리니어 엔코더는 직선 이동량을 검출

37 스프링 완충기를 사용한 경우 카가 최상층에 수평으로 정지되어 있을 때 균형추와 완충기와의 최대거리는?

① 800mm　② 600mm
③ 900mm　④ 1,200mm

> [해설]
> 카가 최상층에서 정지 시 균형추와 완충기의 최대거리
> • 카 측 : 600mm
> • 균형추 측 : 900mm

38 정격 속도가 분당 120m인 승객용 엘리베이터 조속기의 과속스위치 작동속도는 정격 속도의 몇 배 이하에서 작동하도록 조정되어야 하는가?

① 1.2배　② 1.15배
③ 1.4배　④ 1.5배

> [해설]
> 과속스위치(조속기)의 기능
> • 카의 속도 및 가속도 검출
> • 속도가 115% 이상 동작 시 전원차단

39 에스컬레이터의 구동 전동기의 용량을 결정하는 요소로 거리가 가장 먼 것은?

① 속도　② 경사각도
③ 적재하중　④ 디딤판의 높이

> [해설]
> 에스컬레이터 전동기 용량
> $$P = \frac{G \cdot V \cdot \sin\theta}{6{,}120 \cdot \eta} \times \beta [\text{kW}]$$
> 여기서, P : 전동기 용량(kW)
> 　　　　G : 적재하중(kg)
> 　　　　V : 속도(m/min)
> 　　　　θ : 경사각(°)
> 　　　　η : 에스컬레이터 총효율
> 　　　　β : 승객 승입률(0.85)

40 스크루(Screw) 펌프에 대한 설명으로 옳은 것은?

① 나사로 된 로터가 서로 맞물려 돌 때, 축 방향으로 기름을 밀어내는 펌프
② 2개의 기어가 회전하면서 기름을 밀어내는 펌프
③ 케이싱의 캠링 속에 편심한 로터에 수개의 베인이 회전하면서 밀어내는 펌프
④ 2개의 플런저를 동작시켜서 밀어내는 펌프

> [해설]
> ② 기어 펌프
> ③ 베인 펌프
> ④ 플런저 펌프

41 비상정지장치가 작동된 후 승강기 카 바닥면적의 수평 기준은 얼마인가?

① $\frac{1}{10}$ 이내　② $\frac{1}{15}$ 이내
③ $\frac{1}{20}$ 이내　④ $\frac{1}{30}$ 이내

정답　36 ④　37 ③　38 ②　39 ④　40 ①　41 ③

> [해설]
> 카 비상정지장치가 동작 시 정격하중이 균일하게 분포된 부하 상태의 카 바닥은 정상적인 위치에서 5%를 초과하여 기울어지지 않아야 함

42 스텝체인 안전장치에 대한 설명으로 알맞은 것은?

① 스커트 가드 판과 스텝 사이에 이물질의 끼임을 감지하여 안전 스위치를 작동시키는 장치이다.
② 스텝과 레일 사이에 이물질의 끼임을 감지하는 장치이다.
③ 스텝체인이 절단되거나 늘어남을 감지하는 장치이다.
④ 상부 기계실 내 작업 시에 전원이 투입되지 않도록 하는 장치이다.

> [해설]
> **스텝체인 안전장치**
> 스텝체인이 파단되거나 과다하게 늘어났을 경우 에스컬레이터를 정지시키는 장치

43 압력배관에 대한 설명으로 옳지 않은 것은?

① 건물벽 관통부에는 가급적 사용하지 않는다.
② 파워 유닛에서 실린더까지는 압력배관으로 연결하도록 한다.
③ 진동이 건물에 전달되지 않도록 방진고무를 넣어서 건물에 고정시킨다.
④ 압력 고무호스는 여유가 없어야 하며 일직선으로 연결되어 있어야 한다.

> [해설]
> 고압 고무호스는 운전 시 압력이 변동되면서 길이 방향의 인장력이 발생하므로 길이에 여유가 있어야 함

44 에스컬레이터에 바르게 타도록 디딤판 위의 황색 또는 적색으로 표시한 안전마크는?

① 스텝체인　② 데크보드
③ 데마케이션　④ 스커트가드

> [해설]
> **데마케이션 마크**
> 디딤판 위에 황색으로 표시하여 안전한 디딤 부분을 표시

45 간접식 유압 엘리베이터의 주 로프 본 수는 카 1대에 대하여 몇 본 이상인가?

① 1　② 2
③ 3　④ 4

> [해설]
> 간접식 유압승강기의 주 로프 본수는 안전을 위해 카 1대에 2본 이상으로 함

46 유압 엘리베이터의 파워 유닛(Power Unit)의 점검사항으로 적당하지 않은 것은?

① 기름의 유출 상태
② 작동유의 온도 상승 상태
③ 과전류계전기의 이상 유무
④ 전동기와 펌프의 이상 소음 상태

> [해설]
> 과전류계전기의 위치는 기계실 제어반에 있으며 파워 유닛에는 포함되지 않음

47 엘리베이터에서 기계적으로 작동시키는 스위치가 아닌 것은?

① 도어 스위치　② 조속기 스위치
③ 인덕터 스위치　④ 승강로 종점 스위치

> [해설]
> 인덕터 스위치는 인덕턴스(코일)를 사용한 비접촉식 스위치

정답 42 ③　43 ④　44 ③　45 ②　46 ③　47 ③

48 입력신호 A, B가 모두 '1'일 때만 출력값이 '1'이 되고, 그 외에는 '0'이 되는 회로는?

① AND 회로
② OR 회로
③ NOT 회로
④ NOR 회로

해설

AND 회로의 진리표

입력		출력
A	B	X
0	0	0
0	1	0
1	0	0
1	1	1

49 전력량 1kWh는 몇 J인가?

① 3.6×10^4J
② 3.6×10^5J
③ 3.6×10^6J
④ 3.6×10^7J

해설

$1\text{kWh} = 1,000 \times 3,600\text{Ws} = 3.6 \times 10^6 \text{J}$
$W = VIt = Pt \ (\text{J} = \text{Wsec})$

50 3상 농형 유도 전동기 기동 시 공급전압을 낮추어 기동하는 방식이 아닌 것은?

① 전전압 기동법
② Y−Δ 기동법
③ 리액터 기동법
④ 기동 보상기 기동법

해설

3상 농형 유도 전동기의 기동 방식
- 전전압 기동
- Y−Δ 기동(감전압 기동)
- 리액터 기동(감전압 기동)
- 기동 보상기 기동(감전압 기동)

51 3Ω, 4Ω, 6Ω의 저항을 병렬접속할 때 합성저항은 몇 Ω인가?

① $\dfrac{1}{3}$
② $\dfrac{4}{3}$
③ $\dfrac{5}{6}$
④ $\dfrac{3}{4}$

해설

병렬합성저항

- 풀이 1

$$R = \frac{R_1 \cdot R_2 \cdot R_3}{R_1 R_2 + R_2 R_3 + R_3 R_1}$$

$$= \frac{3 \times 4 \times 6}{(3 \times 4) + (4 \times 6) + (6 \times 4)} = \frac{72}{54} = \frac{4}{3}$$

- 풀이 2

$$\frac{1}{R_T} = \frac{1}{3} + \frac{1}{4} + \frac{1}{6} = \frac{4+3+2}{12} = \frac{9}{12} = \frac{3}{4}$$

$$\therefore R_T = \frac{4}{3}$$

52 회전축에 가해지는 하중이 마찰저항을 작게 받도록 지지하여 주는 기계요소는?

① 클러치
② 베어링
③ 커플링
④ 축

해설

회전축 기계요소
- 회전체의 중심·동력 전달 : 축
- 회전축 마찰저항 감소 : 베어링
- 원동축과 중동축을 연결하여 동력 전달 : 커플링, 클러치

53 $R-L-C$ 직렬회로에서 최대전류가 흐르게 되는 조건은?

① $\omega L^2 - \dfrac{1}{\omega C} = 0$
② $\omega L^2 + \dfrac{1}{\omega C} = 0$
③ $\omega L - \dfrac{1}{\omega C} = 0$
④ $\omega L + \dfrac{1}{\omega C} = 0$

정답 48 ① 49 ③ 50 ① 51 ② 52 ② 53 ③

> **해설**

최대전류가 흐르기 위해서는 임피던스가 최소여야 함

∴ $\omega L - \dfrac{1}{\omega C} = 0$

54 하중이 작용하는 방향에 따른 분류에 속하지 않는 것은?

① 압축하중
② 인장하중
③ 교번하중
④ 전단하중

> **해설**

하중의 종류
- 하중이 작용하는 방향 : 압축하중, 인장하중, 전단하중
- 하중이 물체에 작용하는 속도 : 정하중, 동하중(반복하중, 교번하중, 충격하중)

55 배선용 차단기의 기호(약호)는?

① S
② DS
③ THR
④ MCCB

> **해설**

약호 의미
- S(Switch) : 스위치
- MCCB(Molded Case Circuit Breaker) : 배선용 차단기
- DS(Disconnect Switch) : 단로기
- THR(Thermal Relay) : 열동형 계전기

56 직류 전동기의 속도제어 방법이 아닌 것은?

① 저항제어
② 전압제어
③ 계자제어
④ 주파수제어

> **해설**

직류 전동기 속도

$N = K \dfrac{(V - I_a R_a)}{\phi}$ [rpm]

57 되먹임 제어에서 가장 필요한 장치는?

① 입력과 출력을 비교하는 장치
② 응답속도를 느리게 하는 장치
③ 응답속도를 빠르게 하는 장치
④ 안정도를 좋게 하는 장치

> **해설**

되먹임 제어
입력신호와 출력신호를 비교하여 오차를 다시 입력신호로 보내 제어하므로, 입력과 출력신호를 비교하는 비교장치가 필수

58 그림과 같은 기호의 명칭은?

① TRIAC
② SCR
③ DIODE
④ DIAC

> **해설**

사이리스터(SCR)
- pnpn 구조
- 게이트(G)로 출력 조절

59 권수가 400인 코일에서 0.1초 사이에 0.5Wb의 자속이 변화한다면 유도 기전력의 크기는 몇 V인가?

① 100
② 200
③ 1,000
④ 2,000

> **해설**

$e = L\dfrac{\Delta I}{\Delta t} = N\dfrac{\Delta_\phi}{\Delta t} = 400 \times \dfrac{0.5}{0.1} = 2{,}000\text{V}$

여기서, e : 유기 기전력
L : 인덕턴스
ΔI : 전류의 변화량
Δt : 시간의 변화량
Δ_ϕ : 자속의 변화량

정답 54 ③ 55 ④ 56 ④ 57 ① 58 ② 59 ④

60 엘리베이터 전원공급 배선 회로의 절연저항 측정으로 가장 적당한 측정기는?

① 휘트스톤 브리지
② 메거
③ 콜라우시 브리지
④ 켈빈더블 브리지

해설

① 휘트스톤 브리지 : 정밀저항 측정
③ 콜라우시 브리지 : 접지저항 측정
④ 켈빈더블 브리지 : 저저항 정밀측정(1Ω 이하)

정답 60 ②

2014년 2회 기출문제

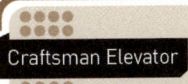

01 직접식 엘리베이터의 장점이 되는 항목은?

① 실린더를 보호하기 위한 보호관을 설치할 필요가 없다.
② 승강로의 소요평면 치수가 크다.
③ 부하에 의한 카 바닥의 빠짐이 크다.
④ 비상정지장치가 필요하지 않다.

해설

직접식 유압승강기의 특징
- 플런저 상부에 카 설치
- 비상정지장치 필요 없음
- 실린더 보호관이 필요함
- 승강로 면적이 작음
- 카 바닥 빠짐이 적음

02 기종 및 용도를 표시하는 엘리베이터 기호 연결이 옳지 않은 것은?

① P : 로프식 일반 승객용
② R : 로프식 주택용
③ B : 로프식 침대용
④ S : 로프식 비상용

해설

승강기의 용도 표시 방법
- P : 로프식 일반 승객용
- R : 로프식 주택용
- RT : 로프식 주택용 트렁크 부착
- B : 로프식 침대용
- E : 로프식 비상용
- HP : 유압식 일반 승객용
- HR : 유압식 주택용
- F : 화물용

03 회전운동을 하는 유희시설이 아닌 것은?

① 관람차   ② 비행탑
③ 회전목마   ④ 모노레일

해설

모노레일은 궤도를 타고 운행

04 구동체인이 늘어나거나 절단되었을 경우 아래로 미끄러지는 것을 방지하는 안전장치는?

① 스텝체인 안전장치
② 정지 스위치
③ 인입구 안전장치
④ 구동체인 안전장치

해설

구동체인 안전장치
- 체인이 늘어나거나 절단되었을 경우 동작
- 동력을 차단하고 역회전을 기계적으로 방지한 후 전기적으로 전원을 차단

05 3상 교류의 단속도 전동기에 전원을 공급하는 것으로 기동과 정속 운전을 하고 정지는 전원을 차단한 후 제동기에 의해 기계적으로 브레이크하는 제어 방식은?

① 교류 1단 속도제어
② 교류 2단 속도제어
③ VVVF 제어
④ 교류 귀환 전압제어

해설

가장 간단한 제어 방식으로 교류 단속도 모터에 전원을 공급하여 ON/OFF로 기동 및 운전

정답 01 ④ 02 ④ 03 ④ 04 ④ 05 ①

06 전기식 엘리베이터 기계실의 조도는 기기가 배치된 바닥에서 몇 lx 이상이어야 하는가?

① 150　　　　　② 250
③ 200　　　　　④ 300

> **해설**
> **승강기 조도**
> - 카 지붕 위 1m : 50lx
> - 피트 바닥 위 1m : 50lx
> - 기계실 이동공간 : 50lx
> - 기계실 작업공간 : 200lx

07 승강장 도어 측면 개폐 방식의 기호는?

① A　　　　　② CO
③ S　　　　　④ T

> **해설**
> **엘리베이터 도어 개폐 방식**
> - 중앙 개폐 방식(Center Opening) : CO
> - 측면 개폐 방식(Side Opening) : S
> - 상승 개폐 방식(Up Opening) : UP

08 전기식 엘리베이터 기계실의 구비조건으로 틀린 것은?

① 기계실의 작업구역에서의 유효 높이는 2.5m 이상이어야 한다.
② 기계실에는 소요설비 이외의 것을 설치하거나 두어서는 안 된다.
③ 유지관리에 지장이 없도록 조명 및 환기 시설은 승강기 검사기준에 적합하여야 한다.
④ 출입문은 외부인의 출입을 방지할 수 있도록 잠금장치를 설치하여야 한다.

> **해설**
> **승강로 기계실 구비조건**
> - 내화 및 방화구조 구획
> - 유효 높이 2.1m 이상
> - 바닥조명 200lx 이상
> - 기계실 내 온도 5~40℃
> - 출입문 0.7m×1.8m 이상
> - 잠금장치 설치
> - 유지보수용 콘센트 설치

09 트랙션머신 시브를 중심으로 카 반대편의 로프에 매달리게 하여 카 중량에 대한 평형을 맞추는 것은?

① 조속기　　　　② 균형체인
③ 완충기　　　　④ 균형추

> **해설**
> **균형추 설치 목적**
> 카의 무게를 보상하기 위해 카와 반대에 설치되어 균형을 유지

10 카가 어떤 원인으로 최하층을 통과하여 피트에 도달했을 때, 카의 충격을 완화시켜 주는 장치는?

① 완충기　　　　② 비상정지장치
③ 조속기　　　　④ 과부하감지장치

> **해설**
> **완충기의 설치 목적**
> 승강기의 카 또는 균형추가 최하층을 통과하여 피트로 떨어졌을 때 충격 완화

11 승객과 운전자의 마음을 편하게 해 주기 위하여 설치하는 장치는?

① 파킹장치　　　② 통신장치
③ 조속기장치　　④ BGM 장치

> **해설**
> **BGM(Back Ground Music)**
> 좁은 공간의 협소 공포나 범죄 예방 및 이용자의 정서함양을 목적으로 카 내부에 방송이나 음악을 보내는 장치

정답 06 ③ 07 ③ 08 ① 09 ④ 10 ① 11 ④

12 T형 가이드레일의 공칭 규격이 아닌 것은?

① 8K   ② 14K
③ 18K ④ 24K

해설

T형 가이드레일 공칭 규격
8K, 13K, 18K, 24K 등

13 유압 완충기의 부품이 아닌 것은?

① 완충 고무   ② 플런저
③ 스프링   ④ 유량 조절 밸브

해설

유압 완충기
- 승강기 속도에 관계없이 설치
- 유체저항을 통해 완충
- 스프링을 통해 복귀
- 유량 조절 밸브는 파워 유닛에 설치된 설비

14 도어 인터로크 장치의 구조로 가장 옳은 것은?

① 도어 스위치가 확실히 걸린 후 도어 인터로크가 들어가야 한다.
② 도어 스위치가 확실히 열린 후 도어 인터로크가 들어가야 한다.
③ 도어 로크 장치가 확실히 걸린 후 도어 스위치가 들어가야 한다.
④ 도어 로크 장치가 확실히 열린 후 도어 스위치가 들어가야 한다.

해설

도어 인터로크의 구조
- 도어 로크가 걸린 후 → 도어 스위치가 닫히는 구조
- 도어 스위치가 열린 후 → 도어 로크가 열리는 구조

15 조속기에서 과속스위치의 작동원리는 무엇을 이용한 것인가?

① 회전력   ② 원심력
③ 조속기 로프   ④ 승강기의 속도

해설

조속기 동작원리
- 속도 및 가속도 감지
- 원심력에 의해 동작
- 비상정지장치 동작

16 소방용 엘리베이터에 대한 설명으로 옳지 않은 것은?

① 평상시는 승객용 또는 승객·화물용으로 사용할 수 있다.
② 카는 비상운전 시 반드시 모든 승강장의 출입구마다 정지할 수 있어야 한다.
③ 별도의 비상전원장치가 필요하다.
④ 도어가 열려 있으면 카를 승강시킬 수 없다.

해설

소방용 승강기의 기본 요건
- 폭 1,100mm, 깊이 1,400mm 이상
- 출입구 유효 폭은 800mm 이상
- 60초 이내 가장 먼 층에 도착
- 운행속도는 1m/s 이상
- 비상구출문 0.5m×0.7m 이상
- 정전 시 60초 이내 전원 공급
- 비상전원은 2시간 이상 작동

17 트랙션 권상기의 설명 중 옳지 않은 것은?

① 기어식과 무기어식 권상기가 있다.
② 행정거리의 제한이 없다.
③ 소요동력이 크다.
④ 지나치게 감기는 현상이 일어나지 않는다.

정답 12 ② 13 ④ 14 ③ 15 ② 16 ④ 17 ③

> [해설]

트랙션식(권상식) 권상기
- 균형추를 사용하며 미끄러짐이나 마모가 일어나기 쉬움
- 소요동력이 적고 승강기 행정의 제한이 없음

18 엘리베이터에 반드시 운전자(Operator)가 있어야 운행이 가능한 조작 방식은?

① 반자동식(ATT : Attendant) 방식
② 단식자동(Single Automatic) 방식
③ 승합전자동(Selective Collective) 방식
④ ATT 조작 방식과 단식 자동 방식

> [해설]

반자동식 승강기에는 반드시 운전원이 있어야 하며, 카 스위치 방식, 신호 방식이 사용됨

19 추락으로 근로자에게 위험이 미칠 우려가 있을 때 비계를 조립하는 등의 방법으로 작업 발판을 시설하게 되어 있다. 높이가 몇 m 이상인 장소에서 작업하는 경우에 설치하는가?

① 2   ② 3
③ 4   ④ 3

> [해설]

추락 예방대책
- 작업장소가 2m 이상 높이인 경우 예방대책 강구
- 발판, 비계, 추락 방지망, 안전대 등 설치

20 다음 중 불안전한 행동이 아닌 것은?

① 방호조치의 결함   ② 안전조치의 불이행
③ 위험한 상태의 조장   ④ 안전장치의 무효화

> [해설]

안전사고의 직접 원인
- 불안전한 행동(인적 원인)
  - 안전장치를 제거, 무효화, 불안전한 상태 방치
  - 운전 중인 기계, 장치 등의 청소, 주유, 수리, 점검
  - 위험장소에의 접근
  - 잘못된 동작 자세
  - 복장, 보호구의 잘못 사용
  - 불안전한 조작
  - 안전조치의 불이행
- 불안전한 상태(물적 원인)
  - 기계 자체 결함
  - 방호장치 결함
  - 작업환경의 결함
  - 보호구 또는 복장의 결함
  - 자연적 불안전한 상태 지속
  - 생산공정 결함

21 다음 중 정기점검에 해당하는 점검은?

① 일상점검   ② 월간점검
③ 수시점검   ④ 특별점검

> [해설]

안전점검의 종류
- 정기점검
- 수시점검(일상점검)
- 특별점검
- 임시점검

22 작업자의 재해 예방에 대한 일반적인 대책으로 맞지 않는 것은?

① 계획의 작성
② 엄격한 작업감독
③ 위험요인의 발굴 대처
④ 작업지시에 대한 위험예지의 실시

> [해설]

재해 예방의 원칙
- 손실우연
- 예방 가능
- 원인연계
- 대책 선정

23 안전사고의 발생 요인으로 심리적인 요인에 해당하는 것은?

① 감정   ② 극도의 피로감
③ 육체적 능력 초과   ④ 신경계통의 이상

정답 18 ① 19 ① 20 ① 21 ② 22 ② 23 ①

해설
②, ③, ④는 신체적 요인

24 인체에 전격의 위험을 결정하는 주된 인자가 아닌 것은?
① 통전전류 크기 ② 통전 경로
③ 음파 크기 ④ 통전 시간

해설
음파는 감전과 관련 없음

25 엘리베이터로 인하여 인명사고가 발생했을 경우 안전관리자의 대처 사항으로 부적합한 것은?
① 의약품, 들것, 사다리 등의 구급 용구를 준비하고 장소를 명시한다.
② 구급을 위해 의료기관과의 비상연락체계를 확립한다.
③ 전문 기술자와의 비상연락체계를 확립한다.
④ 자체 점검에 관한 사항을 숙지하고 기술적인 사고 요인을 검사하여 고장 요인을 제거한다.

해설
④ 사고 발생 전 관리 주체의 의무사항으로 응급상황과 관련 없음

26 다음 중 방호장치의 기본 목적으로 가장 옳은 것은?
① 먼지 흡입 방지
② 기계 위험 부위의 접촉 방지
③ 작업자 주변의 사람 접근 방지
④ 소음과 진동 방지

해설
방호장치의 설치 목적
- 기계 위험 부위의 접촉 방지
- 작업자 보호
- 인적·물적 손실 방지

27 재해의 직접 원인에 해당하는 것은?
① 안전지식의 부족 ② 안전수칙의 오해
③ 작업기준의 불명확 ④ 복장, 보호구의 결함

해설
문제 20번 해설 참조

28 다음 중 엘리베이터 자체 점검 시의 점검항목으로 크게 중요하지 않은 사항은?
① 브레이크 장치
② 와이어로프 상태
③ 비상정지장치
④ 각종 계전기의 명판 부착 상태

해설
자체 점검 기준
- 비상정지장치, 과부하방지장치 등 방호장치의 이상
- 브레이크 및 제어장치의 이상
- 와이어로프의 손상
- 가이드레일의 손상
- 비상통화장치, 환경, 완충기, 승강장 도어 등

29 카의 구조에 관한 설명 중 옳지 않은 것은?
① 구조상 경미한 부분을 제외하고는 불연재료를 사용하여야 한다.
② 카 천장에 비상구출구를 설치하여야 한다.
③ 승객용 카의 출입구에는 정전기 장애가 없도록 방전코일을 설치하여야 한다.
④ 승객용은 한 개의 카에 두 개의 출입구를 설치할 수 있는 경우도 있다.

해설
정전기 장애는 카의 성능과 관련이 없으며, 방전코일은 콘덴서 감전사고를 방지하기 위해 설치

정답 24 ③ 25 ④ 26 ② 27 ④ 28 ④ 29 ③

30 에스컬레이터의 유지관리에 관한 설명으로 옳은 것은?

① 계단식 체인은 굴곡반경이 작으므로 피로와 마모가 크게 문제시된다.
② 계단식 체인은 주행속도가 크기 때문에 피로와 마모가 크게 문제시된다.
③ 구동체인은 속도, 전달동력 등을 고려할 때 마모는 발생하지 않는다.
④ 구동체인은 녹이 슬거나 마모가 발생하기 쉬우므로 주의해야 한다.

31 기계실 내 작업구역에서의 유효 높이는 몇 m 이상인가?

① 2.1   ② 1.8
③ 1.5   ④ 1.2

[해설]
문제 8번 해설 참조

32 승강장 도어 인터로크의 설정 방법으로 옳은 것은?

① 인터로크가 잠기기 전에 스위치 접점이 구성되어야 한다.
② 인터로크가 잠김과 동시에 스위치 접점이 구성되어야 한다.
③ 인터로크가 잠긴 후 스위치 접점이 구성되어야 한다.
④ 스위치에 관계없이 잠금 역할만 확실히 하면 된다.

[해설]
도어 인터로크
• 도어 닫힐 때 : 도어 로크 → 도어 스위치
• 도어 로크 : 카가 정지하지 않는 층의 도어는 전용열쇠를 사용하지 않으면 열리지 않도록 하는 장치
• 도어 스위치 : 문이 닫혀 있지 않으면 운전이 불가능하도록 하는 장치

33 핸드레일 인입구에 손이나 이물질이 끼었을 때 즉시 작동하여 에스컬레이터를 정지시키는 장치는?

① 핸드레일 안전장치
② 구동체인 안전장치
③ 조속기
④ 핸드레일 인입구 안전장치

[해설]
① 핸드레일 안전장치 : 핸드레일의 늘어남을 감지하여 운행을 정지
② 구동체인 안전장치 : 구동체인이 늘어남을 감지하여 운행을 정지
③ 조속기 : 카와 연결된 조속기 로프를 통하여 카의 속도를 감지하여 작동

34 다음 중 에스컬레이터를 수리할 때 지켜야 할 사항으로 적절하지 않은 것은?

① 상부 및 하부에 사람이 접근하지 못하도록 단속한다.
② 작업 중 움직일 때는 반드시 상부 및 하부를 확인하고 복명복창한 후 움직인다.
③ 주행하고자 할 때는 작업자가 안전한 위치에 있는지 확인한다.
④ 작동시간을 게시한 후 시간이 되면 작동시킨다.

[해설]
수리를 완료하고 확인 후 동작

35 유압 장치의 보수, 점검, 수리 시에 사용되고, 일명 게이트 밸브라고도 하는 것은?

① 스톱 밸브   ② 사일런서
③ 체크 밸브   ④ 필터

[해설]
스톱(차단) 밸브
• 유지 보수 시 사용
• 작동유 역류 방지

정답 30 ④ 31 ① 32 ③ 33 ④ 34 ④ 35 ①

- 게이트 밸브라고도 함

36 승객의 구출 및 구조를 위한 카 상부 비상구 출문의 크기는 얼마 이상이어야 하는가?

① 0.2m×0.2m
② 0.4m×0.5m
③ 0.5m×0.5m
④ 0.25m×0.3m

> 해설

천장 비상구출문
- 0.4m×0.5m 이상
- 카 밖으로 열릴 것
- 내부 : 삼각열쇠로 열림
- 외부 : 열쇠 없이 열림
- 개방 시 정지

37 전기식 엘리베이터 로프는 공칭직경 몇 mm 이상으로 몇 가닥 이상이어야 하는가?

① 8mm, 2가닥
② 8mm, 3가닥
③ 12mm, 2가닥
④ 12mm, 3가닥

> 해설

현수(주) 로프
- 공칭직경이 8mm 이상
- 2가닥 이상
- 공칭직경비 40 이상
- 안전율 12 이상(체인 10 이상)
- 파단하중의 80% 이상

38 유압 엘리베이터의 카가 심하게 떨거나 소음이 발생하는 경우의 조치에 해당하지 않는 것은?

① 실린더 내부의 공기 완전 제거
② 실린더 로드면의 굴곡 상태 확인
③ 리밋 스위치의 위치 수정
④ 릴리프 세팅, 압력 조정

> 해설

리밋 스위치는 엘리베이터가 최상층 이상 및 최하층 이하로 운행되지 않도록 방지

39 간접식 유압 엘리베이터의 특징이 아닌 것은?

① 부하에 의한 카의 빠짐이 비교적 작다.
② 실린더의 점검이 쉽다.
③ 승강로는 실린더를 수용할 부분만큼 더 커지게 된다.
④ 비상정지장치가 필요하다.

> 해설

유압승강기의 종류별 비교

구분	직접식	간접식
비상정지장치	불필요	필요
보호관	필요(지중시설)	불필요
실린더 점검	어렵다(지중시설)	쉬움
승강로 면적	작음(지중시설)	큼
부하에 의한 카 바닥 빠짐	적음	많음

40 승강기에 균형체인을 설치하는 목적은?

① 균형추의 낙하 방지를 위하여
② 주행 중 카의 진동과 소음을 방지하기 위하여
③ 카의 무게중심을 위하여
④ 이동케이블과 로프의 이동에 따라 변화되는 무게를 보상하기 위하여

> 해설

견인비 보상 방법
카 하부에서 균형체인(저속) 또는 균형로프(고속)를 설치하여 보상

41 유압용 엘리베이터에서 가장 많이 사용하는 펌프는?

① 기어 펌프
② 스크루 펌프
③ 베인 펌프
④ 피스톤 펌프

> 해설

맥동이 작고 진동과 소음이 작은 스크루 펌프를 많이 사용

정답 36 ② 37 ① 38 ③ 39 ① 40 ④ 41 ②

42 가이드레일의 역할이 아닌 것은?

① 카 자체의 기울어짐을 방지
② 비상정지장치가 작동 시 수직 하중을 유지
③ 승강로의 기계적 강도를 보강
④ 균형추의 승강로 평면 내 위치를 규제

> **해설**
> **가이드레일 설치 목적**
> • 승강로 내 위치 규제
> • 카의 기울어짐 방지
> • 비상정지 시 수직 하중 유지

43 승강기 회로의 사용전압이 440V인 전동기 주회로의 절연저항은 몇 MΩ 이상이어야 하는가?

① 1.5 ② 1.0
③ 0.5 ④ 0.1

> **해설**
> **전기설비의 절연저항**
>
> | 공칭회로 전압(V) | 시험 전압(V) | 절연저항(MΩ) |
> |---|---|---|
> | SELV 및 PELV | 250 | ≥ 0.5 |
> | FELV, 500V 이하 | 500 | ≥ 1.0 |
> | 500V 초과 | 1,000 | ≥ 1.0 |

44 승강기에 적용하는 가이드레일의 규격을 결정하는 데 관계가 가장 적은 것은?

① 조속기의 속도
② 지진 발생 시 건물의 수평진동력
③ 비상정지장치 작동 시 작용할 수 있는 좌굴하중
④ 불균형한 큰 하중이 적재될 때 작용하는 회전 모멘트

> **해설**
> **가이드레일 규격 결정 시 고려사항**
> • 비상정지 시 좌굴하중 고려
> • 수평 지진력 고려
> • 화물 적재 시 회전모멘트 고려

45 2대 이상의 엘리베이터가 동일 승강로에 설치되어 인접한 카에서 구출할 경우 서로 다른 카 사이의 수평거리는 몇 m 이하이어야 하는가?

① 0.35 ② 0.5
③ 0.75 ④ 0.9

> **해설**
> 하나의 승강로에 2대 이상의 엘리베이터가 있는 경우, 카 벽에 비상구출문 설치 가능. 다만, 카 간의 수평거리는 0.75m를 초과할 수 없음

46 카 위의 비상구출구가 개방되었을 때 발생되는 현상 중 옳은 것은?

① 주행 중에 비상구출구가 개방되어도 계속 운전한다.
② 비상구출구가 개방되면 카는 언제든지 중단되는 구조이다.
③ 비상구출구가 개방되면 카 내에 조명이 꺼진다.
④ 비상구출구 개방 유무에 관계없이 운행에 영향을 주지 않는다.

> **해설**
> 문제 36번 해설 참조

47 훅의 법칙을 옳게 설명한 것은?

① 응력과 변형률은 반비례 관계이다.
② 응력과 탄성계수는 반비례 관계이다.
③ 응력과 변형률은 비례 관계이다.
④ 응력과 탄성계수는 비례 관계이다.

> **해설**
> **훅의 법칙**
> 비례한도 내에서 응력과 응력에 의해 생기는 변형률은 비례함
> 응력도(σ) = 탄성계수(E) × 변형률(ε)

48 다음 중 저압 전로의 사용전압이 500V 이하인 경우 절연저항값은 몇 MΩ 이상인가?

① 0.2MΩ　　② 1.0MΩ
③ 0.5MΩ　　④ 1.5MΩ

[해설] 문제 43번 해설 참조

49 다음 중 유도 전동기의 제동 방법이 아닌 것은?

① 극수제동　　② 회생제동
③ 발전제동　　④ 단상제동

[해설] 전동기 제동법
- 발전제동
- 회생제동
- 역상제동
- 단상제동

50 전기기기의 충전부와 외함 사이의 저항은 어떤 저항인가?

① 브리지저항　　② 접지저항
③ 접촉저항　　　④ 절연저항

51 교류회로에서 유효전력이 P[W]이고, 피상전력이 P_a[VA]일 때 역률은?

① $\sqrt{P+P_a}$　　② $\dfrac{P}{P_a}$
③ $\dfrac{P_a}{P}$　　④ $\dfrac{P}{P+P_a}$

[해설]
- 유효전력 : $P = VI\cos\theta$
- 역률 $\cos\theta$: $\dfrac{P}{P_a} = \dfrac{VI\cos\theta}{VI} = \cos\theta$

52 정밀성을 요구하는 판의 두께를 측정하는 것은?

① 줄자　　② 직각자
③ 게이지　④ 마이크로미터

[해설] 마이크로미터
버니어 캘리퍼스보다 정밀한 측정을 요구하는 곳에 사용

53 회전운동을 직선운동, 반복운동, 진동 등으로 변환시켜주는 기구로서 두 개의 부품이 결합된 구조를 가지는 것은 무엇인가?

① 링크기구　② 슬라이더
③ 캠　　　　④ 크랭크

54 안전상 허용할 수 있는 최대응력을 무엇이라 하는가?

① 안전율　　② 허용응력
③ 상용응력　④ 탄성한도

55 $R-L-C$ 소자의 교류회로에 대한 설명 중 틀린 것은?

① R만의 회로에서 전압과 전류의 위상은 동상이다.
② L만의 회로에서 저항성분을 유도성 리액턴스 X_L이라 한다.
③ C만의 회로에서 전류는 전압보다 위상이 90° 앞선다.
④ 유도성 리액턴스 $X_L = \dfrac{1}{\omega L}$이다.

[해설]
$X_L = \omega L = 2\pi f L [\Omega]$
여기서, L : 인덕턴스(H)
X_L : 유도 리액턴스(Ω)

정답　48 ②　49 ①　50 ④　51 ②　52 ④　53 ③　54 ②　55 ④

56 동기발전기의 전기자 권선법 중 분포권의 장점이 아닌 것은?

① 기전력 파형 개선 ② 누설 리액턴스 감소
③ 과열 방지 ④ 기전력 감소

해설
분포권의 특징
- 누설 리액턴스 감소
- 기전력의 파형 개선
- 열을 고르게 분산시켜 과열 방지

57 엘리베이터의 권상기에서 일반적으로 저속용에는 적은 용량의 전동기를 사용하여 큰 힘을 내도록 하는 동력전달 방식은?

① 웜 및 웜 기어 ② 헬리컬 기어
③ 스퍼 기어 ④ 피니언과 랙 기어

해설
웜 기어의 특징

장점	단점
• 부하용량이 큼	• 미끄럼이 크고 교환성이 없음
• 큰 감속비를 얻을 수 있음 (1/10~1/100)	• 진입각이 작으면 효율이 낮음
• 소음과 진동이 적음	• 웜 휠은 연삭할 수 있음
• 역전 방지를 할 수 있음	• 추력이 발생함
	• 가격이 고가임

58 전지 내부저항 0.5Ω이고 기전력 1.5V인 전지를 부하저항 2.5Ω에 연결할 때, 전지 양단의 전압 V는?

① 1.25 ② 2
③ 2.5 ④ 3

해설
$I = \dfrac{V}{r+R} = \dfrac{1.5}{0.5+2.5} = 0.5\text{A}$
$V = I \times R = 0.5 \times 2.5 = 1.25\text{V}$

59 다음 중 절연저항을 측정하는 계기는?

① 회로 시험기 ② 메거
③ 훅온미터 ④ 휘트스톤 브리지

해설
① 회로의 전압, 전류, 저항을 측정하는 계기
③ 활선 상태에서 전류를 측정하는 계기
④ 4개의 저항으로 브리지를 만들어 검류계를 적용하는 계기

60 물질 내에서 원자핵의 구속력을 벗어나 자유로이 이동할 수 있는 것은?

① 분자 ② 자유전자
③ 양자 ④ 중성자

해설
자유전자
전자 중에서 가장 바깥쪽 궤도에 위치하는 전자로 원자의 구속력이 약해 외부 에너지에 의해 쉽게 움직임

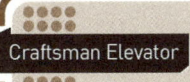

2014년 5회 기출문제

01 기계실에 설치할 설비가 아닌 것은?

① 완충기　　② 권상기
③ 조속기　　④ 제어반

> [해설]
> **완충기**
> • 피트 바닥에 설치
> • 카가 최하층을 통과하여 피트로 떨어졌을 때 충격 완화

02 가변전압 가변주파수 제어 방식과 관계가 없는 것은?

① PAM　　② VVVF
③ 인버터　　④ MG 세트

> [해설]
> **VVVF 제어**
> • 전압과 주파수를 동시에 가변하여 제어하는 방식
> • 제어 방법 : PWM, PAM
> • 인버터 제어라고도 함

03 엘리베이터가 최상단층과 최하단층을 통과하였을 때 엘리베이터를 정지시키며 상승, 하강 양방향 모두 운행이 불가능하게 하는 안전장치는?

① 슬로다운 스위치
② 파킹 스위치
③ 피트 정지 스위치
④ 파이널 리밋 스위치

> [해설]
> ① 슬로다운 스위치 : 카가 감속하지 못하고 최상·최하층을 지나칠 때 강제로 감속·정지시키는 장치
> ② 파킹 스위치 : 카를 휴지시키기 위해 설치된 스위치
> ③ 피트 정지 스위치 : 피트 점검 시 스위치를 정지 위치로 하여 작업 중 카의 운행 방지

04 일반적인 에스컬레이터 경사도는 몇 도를 초과하지 않아야 하는가?

① 25°　　② 30°
③ 35°　　④ 40°

> [해설]
> **에스컬레이터 경사도**
>
> | 경사도 | 공칭속도 |
> | --- | --- |
> | 30° 이하 | 0.75m/s 이하 |
> | 30° 초과 35° 이하 | 0.5m/s 이하 |

05 사람이 출입할 수 없도록 정격하중이 300kg 이하이고 정격속도가 1m/s인 승강기는?

① 덤웨이터
② 비상용 엘리베이터
③ 승객 화물용 엘리베이터
④ 수직형 휠체어리프트

> [해설]
> **덤웨이터**
> • 정격하중 : 300kg 이하　• 정격속도 : 1m/s 이하
> • 바닥면적 : 1m² 이하　• 사람은 탑승 불가

06 에스컬레이터의 안전율에 대한 기준으로 옳은 것은?

① 트러스와 빔에 대해서는 5 이상
② 트러스와 빔에 대해서는 10 이상
③ 체인류에 대해서는 6 이상
④ 체인류에 대해서는 8 이상

> [해설]
> **에스컬레이터 안전율**
> 각 부분에 대하여 안전율 5 적용

정답　01 ①　02 ④　03 ④　04 ②　05 ①　06 ①

07 전동기의 회전을 감속시키고 암이나 로프 등을 구동시켜 승강기 문을 개폐시키는 장치는?

① 도어 인터로크
② 도어 머신
③ 도어 스위치
④ 도어 클로저

08 고속의 엘리베이터에 이용되는 경우가 많은 조속기는?

① 롤 세이프티형
② 디스크형
③ 플렉시블형
④ 플라이 볼형

> 해설
>
> **플라이 볼형 조속기**
> - 플라이 볼의 원심력 이용
> - 검출감도가 높음
> - 고속 승강기에 적용

09 에스컬레이터 또는 수평 보행기에 모두 설치해야 하는 것이 아닌 것은?

① 제동기
② 스커트 가드 안전장치
③ 디딤판체인 안전장치
④ 구동체인 안전장치

> 해설
>
> **구동체인 안전장치**
> 구동체인이 파손되었을 때 승객의 하중에 의해 하강 운전으로 인한 사고를 방지

10 권상기 도르래홈에 대한 설명 중 옳지 않은 것은?

① 마찰계수의 크기는 U홈 < 언더컷 홈 < V홈 순이다.
② U홈은 로프와의 면압이 작으므로 로프의 수명은 길어진다.
③ 언더컷 홈의 중심각이 작으면 트랙션 능력이 크다.
④ 언더컷 홈은 U홈과 V홈의 중간적 특성을 갖는다.

> 해설
>
> **도르래 홈의 마찰력 크기**
> U홈 < 언더컷 홈 < V홈
>
> **홈의 종류별 특징**
>
> | 구분 | U홈 | V홈 | 언더컷 |
> |---|---|---|---|
> | 마찰력 | 작음 | 큼 | 중간 |
> | 면압 | 작음 | 큼 | 중간 |
> | 로프마모 | 작음 | 큼 | 중간 |
> | 로프 수명 | 긺 | 짧음 | 중간 |

11 화재 시 소화 및 구조활동에 적합하게 제작된 엘리베이터는?

① 덤웨이터
② 소방용 엘리베이터
③ 전망용 엘리베이터
④ 승객 화물용 엘리베이터

> 해설
>
> **소방용 승강기**
> - 승강로 내 방화구획
> - 운전시간 2시간 이상
> - 0~65℃에서 정상 동작
> - 주/보조 전원 방화구획 및 구분

12 승강장 문의 유효 출입구 폭은 카 출입구 폭 이상으로 하되, 양쪽 측면 모두 카 출입구 측면의 폭보다 몇 mm를 초과하지 않아야 하는가?

① 50
② 60
③ 70
④ 80

> 해설
>
> **승강기 도어**
> - 승강장 도어 및 카 도어의 출입구 유효 높이 : 2m 이상
> - 승강장 도어의 출입구 유효 폭 : 카 출입구 폭 이상~ +50mm 이하
> - 카 도어의 문턱과 승강장 도어의 문턱 사이 수평거리 : 35mm 이하
> - 카 도어의 앞부분과 승강장 도어 사이의 수평거리 : 0.12m 이하

정답 07 ② 08 ④ 09 ④ 10 ③ 11 ② 12 ①

- 도어가 닫혀 있을 경우 문짝 간 틈새나 문짝과 문틀 또는 문짝 사이 틈새 : 6mm 이하
- 2개 이상의 도어가 있는 경우 동시 개문 금지

13 유압 회로의 구성요소 중 체크 밸브의 설명으로 올바른 것은?

① 압력맥동이 적고 소음과 진동이 적은 스크루 펌프가 많이 사용된다.
② 회로의 압력이 상용압력의 125% 이상 높아지면 바이패스 회로를 열어 압력 상승을 방지한다.
③ 탱크로 되돌려지는 유량을 제어하여 플런저의 상승 속도를 간접적으로 처리하는 밸브이다.
④ 한쪽 방향으로만 기름이 흐르도록 하는 밸브로서 기름이 역류하여 카가 낙하하는 것을 방지한다.

14 로프식(전기식) 엘리베이터에서 카에 여러 개의 비상정지장치가 설치된 경우의 비상정지장치는?

① 평시작동형　　② 즉시작동형
③ 점차작동형　　④ 순간작동형

[해설]
카에 다수의 비상정지장치가 설치된 경우는 모두 점차작동형을 적용

점진식(순차적) 작동형
- 플렉시블 가이드 클램프형
- 플렉시블 웨지 클램프형

15 다음 중 비상정지장치(추락방지장치) 중 FGC형의 장점은?

① 베어링을 사용하기 때문에 접촉이 확실하다.
② 구조가 간단하고 복구가 용이하다.
③ 레일을 죄는 힘이 초기에는 약하나, 하강함에 따라 강해진다.
④ 평균 감속도를 0.5g으로 제한한다.

[해설]
플렉시블 가이드 클램프
- 카 정지 시까지 비상정지장치가 레일을 죄는 힘이 일정
- 구조가 간단
- 평균 감속도는 $0.2 \sim 1.0 g_n$

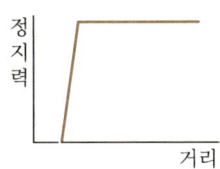

■플렉시블 가이드 클램프의 거리에 따른 정지력■

16 승강로의 점검문과 비상문에 관한 내용으로 틀린 것은?

① 이용자의 안전과 유지 보수 이외에는 사용하지 않는다.
② 비상문은 폭 0.5m 이상, 높이 1.8m 이상이어야 한다.
③ 점검문 및 비상문은 승강로 내부로 열려야 한다.
④ 트랩 방식의 점검문일 경우는 폭 0.5m 이하, 높이 0.5m 이하이어야 한다.

[해설]
출입문
- 기계실, 승강로 및 피트 출입문 : 높이 1.8m 이상, 폭 0.7m 이상
- 비상문 : 높이 1.8m 이상, 폭 0.5m 이상
- 점검문 : 높이 0.5m 이하, 폭 0.5m 이하
- 점검문 및 비상문은 승강로 외부로 열려야 함

17 정전 시 카 내 예비조명장치에 관한 설명으로 틀린 것은?

① 조도는 5lx 이상이어야 한다.
② 조도는 램프 바닥에서 1m 지점의 수직면 조도이다.
③ 정전 후 60초 이내에 점등되어야 한다.
④ 1시간 동안 전원이 공급되어야 한다.

정답　13 ④　14 ③　15 ②　16 ③　17 ③

> **해설**
>
> 정전 후 즉시 자동으로 점등되어야 함

18 감전에 영향을 주는 1차적 감전 요소가 아닌 것은?

① 감전 시간 ② 감전전류의 크기
③ 인체의 조건 ④ 전원의 종류

> **해설**
>
> **1차적 감전 요인**
> 감전전류의 크기, 감전 시간, 감전 경로, 전원의 종류
>
> **2차적 감전 요인**
> 인체의 조건(저항), 전압, 계절

19 엘리베이터의 문닫힘 안전장치 중에서 카 도어의 끝단에 설치되며 이물질이 접촉되면 도어의 힘을 중지하고 도어를 반전시키는 접촉식 보호장치는?

① 광전장치 ② 초음파장치
③ 세이프티 슈 ④ 가이드 슈

> **해설**
>
> **문닫힘 안전장치 종류**
> • 세이프티 슈 : 접촉식
> • 세이프티 레이 : 광전식(비접촉식)
> • 초음파장치 : 초음파식(비접촉식)
>
> **가이드 슈**
> • 카의 레일 이탈을 방지
> • 저속용 : 슬라이딩 가이드 슈
> • 고속용 : 롤러 가이드 슈

20 재해 발생의 원인 중 가장 높은 빈도를 차지하는 것은?

① 열량의 과잉 억제
② 설비의 배치 착오
③ 과부하
④ 작업자의 작업 행동 부주의

> **해설**
>
> • 산업재해의 원인은 인적 원인이 대부분을 차지
> • 인적 원인 : 인적 관리 결함, 심리적 결함, 생리적 결함 등

21 승강기의 안전점검 시 체크 사항과 가장 거리가 먼 것은?

① 각종 안전장치가 유효하게 작동될 수 있도록 조정되어 있는지의 여부
② 정격용량을 초과한 과부하의 적재 여부
③ 소비전력량의 정도
④ 승강기 운전 및 사용법 숙지 여부

> **해설**
>
> 소비전력량의 정도는 안전점검과 관련 없음

22 엘리베이터의 소유자나 안전(운행)관리자에 대한 교육내용이 아닌 것은?

① 엘리베이터에 관한 일반지식
② 엘리베이터에 관한 법령 등의 지식
③ 엘리베이터의 운행 및 취급에 관한 지식
④ 엘리베이터의 구입 및 가격에 관한 지식

> **해설**
>
> **승강기 관리교육**
> • 승강기 일반지식
> • 승강기에 관한 법령
> • 승강기 운행 및 취급요령
> • 화재 및 고장 등 긴급사항 발생 시 조치사항
>
> ④ 승강기 가격은 관련 없음

정답 18 ③ 19 ③ 20 ④ 21 ③ 22 ④

23 사고원인이 잘못 설명된 것은?

① 인적 원인 : 불안전한 행동
② 물적 원인 : 불안전한 상태
③ 교육적 원인 : 안전지식 부족
④ 간접 원인 : 고의에 의한 사고

> 해설
> ④ 고의에 의한 사고는 간접 원인의 종류에 해당하지 않음

24 다음 중 전기재해에 해당하는 것은?

① 동상   ② 협착
③ 전도   ④ 감전

> 해설
> **감전**
> 전기 접촉이나 방전에 사람이 충격을 받은 경우

25 승강기 보수의 자체 점검 시 취해야 할 안전 조치 사항이 아닌 것은?

① 보수작업 소요시간 표시
② 보수 계약 기간 표시
③ 보수 중이라는 사용금지 표시
④ 작업자 명과 연락처의 전화번호

> 해설
> **보수점검 시 안전관리 사항**
> • '보수 중' 사용금지 표시
> • 점검 개소 및 소요시간 표시
> • 점검자 이름, 점검자 연락처
> • 탑승 금지 장치 설치

26 전기식 엘리베이터에서 현수 로프 안전율은 몇 이상이어야 하는가?

① 8   ② 9
③ 11   ④ 12

> 해설
> **현수(주) 로프**
> • 공칭직경이 8mm 이상, 2가닥 이상
> • 공칭직경비 40 이상
> • 안전율 12 이상(체인 10 이상)
> • 파단 하중의 80% 이상

27 작업 시 이상 상태를 발견한 경우 처리절차가 옳은 것은?

① 작업 중단 → 관리자에 통보 → 이상 상태 제거 → 재발방지대책 수립
② 관리자에 통보 → 작업 중단 → 이상 상태 제거 → 재발방지대책 수립
③ 작업 중단 → 이상 상태 제거 → 관리자에 통보 → 재발방지대책 수립
④ 관리자에 통보 → 이상 상태 제거 → 작업 중단 → 재발방지대책 수립

> 해설
> **재해 발생 시 행동 순서**
> 재해 발생 → 작업중단 → 긴급처리(관리자에 통보) → 이상상태 제거 → 재발방지대책 수립

28 기계실에서 승강기를 보수하거나 검사 시의 안전수칙에 어긋나는 것은?

① 전기 장치를 검사할 경우는 모든 전원 스위치를 온(On)시키고 검사한다.
② 규정 복장을 착용하고 소매 끝이 회전물체에 말려 들어가지 않도록 주의한다.
③ 가동 부분은 필요한 경우를 제외하고는 움직이지 않도록 한다.
④ 브레이크 라이너를 점검할 경우는 전원 스위치를 오프(Off)시킨 상태에서 점검하도록 한다.

> 해설
> 전기설비 검사 또는 점검 시 전원 스위치를 오프시킨 상태에서 개폐기를 잠금장치하고 진행

정답 23 ④ 24 ④ 25 ② 26 ④ 27 ① 28 ①

29 기계설비의 위험방지를 위해 보전성을 개선하기 위한 사항과 거리가 먼 것은?

① 안전사고 예방을 위해 주기적인 점검을 해야 한다.
② 고가의 부품인 경우는 고장 발생 직후에 교환한다.
③ 가동률을 높이고 신뢰성을 향상시키기 위해 안전 모니터링 시스템을 도입하는 것은 바람직하다.
④ 보전용 통로나 작업장의 안전 확보는 필요

> 해설
> 사고방지를 위해 부품의 가격에 관계없이 예방보전의 원칙에 따라서 고장 발생 전이라도 교체주기에 맞추어 교체

30 카 상부에 탑승하여 작업할 때 지켜야 할 사항으로 옳지 않은 것은?

① 정전 스위치를 차단한다.
② 카 상부에 탑승하기 전 작업등을 점등한다.
③ 탑승 후에는 외부 문부터 닫는다.
④ 자동스위치를 점검 쪽으로 전환한 후 작업한다.

> 해설
> 정전 스위치 차단은 관계없음

31 소방구조용(비상용) 엘리베이터에 사용되는 권상기의 도르래 교체 기준으로 부적합한 것은?

① 도르래에 균열이 발생한 경우
② 제조사가 권장하는 클리프량을 초과하지 않은 경우
③ 도르래 홈의 마모로 인해 슬립이 발생한 경우
④ 도르래 홈에 로프 자국이 심한 경우

> 해설
> **도르래 교체 기준**
> - 균열이 없을 것
> - 정지 시 미끄러움 및 마모가 없을 것
> - 도르래 홈의 언더 컷 잔여량은 1mm 이상
> - 주 로프 가닥끼리 높이차는 2mm 이하
> - 제조사가 권장하는 클리프량을 초과한 경우

32 기계실이 있는 엘리베이터의 승강로 내에 설치되지 않는 것은?

① 균형추 ② 완충기
③ 이동케이블 ④ 조속기

> 해설
> 조속기는 기계실에 설치

33 다음 중 저압 전로의 사용전압이 500V 이하인 경우 절연저항값은 몇 MΩ 이상인가?

① 0.2MΩ ② 1.0MΩ
③ 0.5MΩ ④ 1.5MΩ

> 해설
> **전기설비의 절연저항**
>
> | 공칭회로 전압(V) | 시험 전압/직류(V) | 절연저항(MΩ) |
> |---|---|---|
> | SELV 및 PELV | 250 | ≥ 0.5 |
> | FELV, 500V 이하 | 500 | ≥ 1.0 |
> | 500V 초과 | 1,000 | ≥ 1.0 |

34 카와 균형추에 대한 로프 거는 방법으로 2 : 1 로핑 방식을 사용하는 경우 그 목적으로 가장 적절한 것은?

① 로프의 수명을 연장하기 위하여
② 속도를 줄이거나 적재하중을 증가시키기 위하여
③ 로프를 교체하기 쉽도록 하기 위하여
④ 무부하로 운전할 때를 대비하기 위하여

> 해설
> **2 : 1 로핑 방식**
> - 대용량 또는 화물용으로 사용
> - 로프에 걸리는 장력 1/2
> - 카의 속도는 로프속도의 1/2
> - 종합효율이 떨어짐

정답 29 ② 30 ① 31 ② 32 ④ 33 ② 34 ②

35 에스컬레이터의 핸드레일에 관한 설명 중 틀린 것은?

① 핸드레일은 디딤판과 속도가 일치해야 하며 역방향으로 승강하여야 한다.
② 핸드레일이 동작 시 가이드에서 벗어나지 않아야 한다.
③ 핸드레일 인입구에 적절한 보호장치가 설치되어 있어야 한다.
④ 핸드레일 인입구에 이물질 및 어린이의 손이 끼이지 않도록 안전스위치가 있어야 한다.

해설
핸드레일과 디딤판은 같은 방향으로 승강하여야 함

36 롤 세이프티형 조속기의 점검 방법에 대한 설명으로 틀린 것은?

① 각 지점의 부착 상태, 급유 상태 및 조정 스프링에 약화 등이 없는지 확인한다.
② 조속기 스위치를 끊어 놓고 안전회로가 차단됨을 확인한다.
③ 카 위에 타고 점검운전을 하면서 조속기 로프의 마모 및 파단 상태를 확인하지만, 로프 텐션의 상태는 확인할 필요가 없다.
④ 시브 홈의 마모 상태를 확인한다.

해설
점검운전 시 조속기 로프의 마모 및 파단 상태와 로프 텐션의 상태도 확인해야 함

37 카 내에서 행하는 검사에 해당되지 않는 것은?

① 카 시브의 안전 상태
② 카 내의 조명 상태
③ 비상통화장치
④ 운전반 버튼의 동작 상태

해설
시브(도르래)의 안전 상태는 기계실에서 검사

38 피트 바닥과 카의 가장 낮은 부품 사이의 수직거리는 몇 m 이상이어야 하는가?

① 2.0
② 1.5
③ 0.5
④ 1.0

해설
피트 바닥과 카의 가장 낮은 부품 사이의 수직거리는 0.5m 이상이어야 함

39 유압식 엘리베이터의 전동기는?

① 상승 시에만 구동된다.
② 하강 시에만 구동된다.
③ 상승 시와 하강 시 모두 구동된다.
④ 부하의 조건에 따라 상승 시 또는 하강 시에 구동된다.

해설
유압식 엘리베이터는 상승 시 펌프를 구동하여 카를 밀어 올리고, 하강 시 실린더 내의 기름을 조절하여 탱크로 되돌려 보내 카를 하강시킴

40 플라이 볼형 조속기의 구성요소에 해당하지 않는 것은?

① 플라이 웨이트
② 로프캐치
③ 플라이 볼
④ 베벨 기어

41 승강기용 제어반에 사용되는 릴레이의 교체 기준으로 부적합한 것은?

① 릴레이 접점표면에 부식이 심한 경우
② 릴레이 접점이 마모, 전이 및 열화된 경우
③ 채터링이 발생된 경우
④ 리밋 스위치 레버가 심하게 손상된 경우

정답 35 ① 36 ③ 37 ① 38 ③ 39 ① 40 ① 41 ④

42 일종의 압력조정 밸브로 회로의 압력이 상용 압력의 125% 이상 높아지게 되면 바이패스 회로를 여는 밸브는?

① 사일런서 ② 스톱 밸브
③ 릴리프 밸브 ④ 체크 밸브

해설

릴리프 밸브
- 상용압력의 125% 동작
- 압력회로 압력 상승 방지
- 전 부하압력의 140% 제한

43 에스컬레이터의 안전장치에 관한 설명으로 틀린 것은?

① 승강장에서 디딤판의 승강을 정지시키는 것이 가능한 장치이다.
② 사람이나 물건이 핸드레일 인입구에 꼈을 때 디딤판의 승강을 자동적으로 정지시키는 장치이다.
③ 상하 승강장에서 디딤판과 콤플레이트 사이에 사람이나 물건이 끼이지 않도록 하는 장치이다.
④ 디딤판체인이 절단되었을 때 디딤판의 승강을 수동으로 정지시키는 장치이다.

해설

안전장치는 이상 상태 발생 시 자동으로 감지하여 동작해야 함

44 유압 엘리베이터의 속도제어에서 주 회로에 유량제어 밸브를 설치하여 유량을 직접 제어하는 회로로서 비교적 정확한 속도제어가 가능한 유압 회로는?

① 미터오프 회로 ② 미터인 회로
③ 블리드오프 회로 ④ 블리디아 회로

해설

유압제어 밸브에 의한 속도제어

구분	미터인	블리드오프
유량제어	직접제어	간접제어
속도제어	정확	부정확
효율	낮음	높음

45 와이어로프 클립(Wire Rope Clip)의 체결 방법으로 옳은 것은?

①  ②
③  ④

해설

클립 체결 방법
- 3개 이상 체결
- 클립 사이거리 로프 직경의 5배 이상 유지
- U−볼트(U−Bolt) 부분이 절단된 로프 쪽 설치

46 에스컬레이터 구동기의 공칭속도는 몇 %를 초과하지 않아야 하는가?

① ±1 ② ±3
③ ±5 ④ ±8

해설

공칭주파수 및 공칭전압에서 ±5% 이하

47 전류 I와 전하 Q 및 시간 t와의 상관관계를 옳게 나타낸 식은?

① $I=\dfrac{Q}{t}$ [A] ② $I=\dfrac{t}{Q}$ [A]
③ $I=\dfrac{Q^2}{t}$ [A] ④ $I=\dfrac{Q}{t^2}$ [A]

해설

$I=\dfrac{Q[C]}{t[s]}$ [A], $Q=It$ [C]

여기서, Q : 전기량(C)
　　　　I : 전류(A)
　　　　t : 시간(sec)

48 전기력선의 성질 중 옳지 않은 것은?

① 양전하에서 시작하여 음전하에서 끝난다.
② 전기력선의 접선 방향이 전장의 방향이다.
③ 전기력선은 등전위면과 직교한다.
④ 두 전기력선은 서로 교차한다.

해설

전기력선의 성질
• 양전하에서 나와 음전하로 끝남
• 전기력선 접선 방향이 전장의 방향
• 도체에 수직으로 축입
• 서로 교차하지 않음
• 혼자 폐곡선이 되지 않음

49 끝이 고정된 와이어로프 한쪽을 당길 때 와이어로프에 작용하는 하중은?

① 인장하중　　② 압축하중
③ 반복하중　　④ 충격하중

해설

종류	특징
인장하중	물체의 방향으로 늘어나게 하는 하중
압축하중	물체를 누르는 하중
전단하중	물체의 단면을 절단하는 힘에 의해 면에 나란한 방향으로 작용하는 하중
휨하중	물체가 휘어지도록 작용하는 하중
비틀림하중	물체가 비틀어지도록 작용하는 하중
좌굴하중	기둥에 가한 압력에 의해 굽힘이 일어나는 하중

50 무부하 시 위험 속도가 되지 않고 토크가 커서 크레인, 엘리베이터, 공작기계, 공기압축기 등의 운전에 가장 적합한 전동기는?

① 직권전동기　　② 분권전동기
③ 타여자 전동기　　④ 복권전동기

해설

가동복권 전동기
직권 계자 권선에 의하여 발생되는 자속이 분권 계자 권선에 의하여 발생되는 자속과 같은 방향이 되어 합성 자속이 증가하는 구조의 전동기로 크레인, 승강기에 사용

51 응력을 옳게 표현한 것은?

① 단위길이에 대한 늘어남
② 단위체적에 대한 질량
③ 단위면적에 대한 변형률
④ 단위면적에 대한 힘

해설

응력
외부에서 가해지는 힘에 대한 물체 내부의 저항력

$$\sigma = \frac{P[\text{kg}]}{A[\text{cm}^2]}$$

여기서, σ : 응력(kg/cm²)
　　　　P : 축하중(kg)
　　　　A : 단면적(cm²)

52 입력이 모두 '1'일 때만 출력이 '1'이 되고 그 이외에는 출력이 '0'이 되는 논리회로는?

① NOT 회로　　② AND 회로
③ OR 회로　　④ NAND 회로

해설

AND 회로 진리표

입력		출력
A	B	X
0	0	0
0	1	0
1	0	0
1	1	1

정답　48 ④　49 ①　50 ④　51 ④　52 ②

53 다음과 같은 그림 기호는 무엇인가?

① 플로트레스 스위치 ② 리밋 스위치
③ 텀블러 스위치 ④ 누름버튼 스위치

해설

리밋 스위치 기호
- a접점 :
- b접점 :

54 기어, 풀리, 플라이휠을 고정시켜 회전력을 전달시키는 기계요소는?

① 키 ② 와셔
③ 베어링 ④ 클러치

해설

키
회전체를 축과 고정하여 회전력을 전달시키는 기계요소

55 푸아송 비에 대한 설명으로 옳은 것은?

① 세로변형률을 가로변형률로 나눈 값이다.
② 가로변형률을 세로변형률로 나눈 값이다.
③ 세로변형률과 가로변형률을 곱한 값이다.
④ 세로변형률과 가로변형률을 더한 값이다.

해설

푸아송 비
가로 방향 변형률과 세로 방향 변형률의 비

56 다음 중 직류전압의 측정범위를 확대하여 측정할 수 있는 계기는?

① 변압기 ② 배율기
③ 분류기 ④ 변류기

해설

- 배율기 저항 : $R_m = (n-1)r\,[\Omega]$
- 측정 배율 : $n = \dfrac{R_m}{r} + 1$

여기서, n : 배수 $= \dfrac{V_0}{V}$

V_0 : 최대 측정전압(V)
V : 전압계 지시전압(V)
r : 전압계 내부저항(Ω)

57 직류기 권선법에서 전기자 내부 병렬회로수 a와 극수 P의 관계는?(단, 권선법은 중권이다.)

① $a = 2$ ② $a = \dfrac{1}{2}P$
③ $a = P$ ④ $a = 2P$

해설

중권과 파권 비교

구분	중권	파권
전기자 병렬회로 수	극수와 동일	2
브러시 수	극수와 동일	2
동일 조건	저전압, 대전류	고전압, 저전류

58 3상 유도 전동기의 회전 방향을 바꾸는 방법으로 옳은 것은?

① 3상 전원의 주파수를 바꾼다.
② 3상 전원 중 순차적으로 상전원선을 바꾼다.
③ 3상 전원에 사이리스터를 접속한다.
④ 3상 전원 중 임의의 2상의 접속을 바꾼다.

해설

전동기 회전 방향 변경 방법
3개 단자 중 임의의 단자 2개를 서로 바꾸어 접속

정답 53 ② 54 ① 55 ② 56 ② 57 ③ 58 ④

59 자극 수 4, 전기자 도체 수 400, 각 자극의 유효자속 수 0.01Wb, 회전수 600rpm인 직류발전기가 있다. 전기자권수가 파권인 경우 유기기전력 V는?

① 40
② 70
③ 80
④ 100

해설

$$E = \frac{P}{a}Z\phi\frac{N}{60} = \frac{4}{2} \times 400 \times 0.01 \times \frac{600}{60} = 80\text{V}$$

60 하중의 시간 변화에 따른 분류가 아닌 것은?

① 충격하중
② 반복하중
③ 전단하중
④ 교번하중

해설

시간에 따른 하중
- 정하중
- 동하중(충격, 반복, 교번)

정답 59 ③ 60 ③

2015년 1회 기출문제

01 전기식 엘리베이터 기계실의 실온 범위는?

① 5~70℃ ② 5~60℃
③ 5~50℃ ④ 5~40℃

해설

승강로 기계실 구비조건
- 내화 및 방화구조 구획
- 유효 높이 2.1m 이상
- 바닥조명 200lx 이상
- 기계실 내 온도 5~40℃
- 출입문 0.7m×1.8m 이상
- 잠금장치 설치
- 유지보수용 콘센트 설치

02 교류 엘리베이터의 제어 방식이 아닌 것은?

① 교류 1단 속도 제어 방식
② 교류귀환 전압 제어 방식
③ 가변전압 가변주파수(VVVF) 제어 방식
④ 교류상환 속도 제어 방식

해설

승강기 교류제어 방식
- 교류(AC) 1단 속도제어 방식
- 교류(AC) 2단 속도제어 방식
- 교류(AC) 귀환 속도제어 방식
- VVVF 제어 방식

03 전기식 엘리베이터에서 카 비상정지장치의 작동을 위한 조속기는 정격속도 몇 % 이상의 속도에서 작동되어야 하는가?

① 220 ② 200
③ 115 ④ 100

해설

조속기 기능
- 카의 속도 검출
- 속도 115% 이상 동작
- 카의 속도 및 가속도 검출
- 비상정지장치 동작

04 엘리베이터의 가이드레일에 대한 치수를 결정할 때 유의해야 할 사항이 아닌 것은?

① 수평진동에 의한 레일의 휘어짐을 고려한다.
② 안전장치가 작동할 때 레일에 걸리는 좌굴하중을 고려한다.
③ 케이지에 회전모멘트가 걸렸을 때 레일이 지지할 수 있는지 여부를 고려한다.
④ 레일에 이물질이 끼었을 때 배출을 고려한다.

해설

가이드레일 설치 목적
- 승강로 내 위치 규제
- 카의 기울어짐 방지
- 비상정지 시 수직 하중 유지

05 카가 최상층 및 최하층을 지나쳐 주행하는 것을 방지하는 것은?

① 리밋 스위치 ② 정지스위치
③ 인터로크 장치 ④ 균형추

해설

리밋 스위치
- 파이널 리밋 스위치 전 설치
- 카의 감속 및 정지

정답 01 ④ 02 ④ 03 ③ 04 ④ 05 ①

06 다음 중 승강기 도어 시스템과 관계없는 부품은?

① 브레이스 로드 ② 행거
③ 캠 ④ 연동로프

> **해설**
>
> **카틀의 구성**
> 카, 카주, 상/하부체대, 브레이스 로드 등

07 사람이 탑승하지 않으면서 적재용량 300kg 이하의 소형 화물 운반에 적합하게 제작된 엘리베이터는?

① 덤웨이터
② 승객용 엘리베이터
③ 비상용 엘리베이터
④ 화물용 엘리베이터

> **해설**
>
> **덤웨이터**
> - 적재용량 300kg 이하
> - 정격속도 1m/s 이하
> - 바닥면적 1m² 이하
> - 승객 탑승 금지

08 승강기에 사용되는 전동기의 소요동력을 결정하는 요소가 아닌 것은?

① 종합효율 ② 정격속도
③ 정격적재하중 ④ 건물 길이

> **해설**
>
> $P = \dfrac{M \cdot V \cdot S}{6,120\eta}$ [kW]
>
> 여기서, P : 전동기 용량(kW)
> M : 정격적재하중(kg)
> V : 정격속도(m/min)
> S : 오버밸런스율[$S = 1 - F$(오버밸런스율(%))]
> η : 종합효율

09 유압 엘리베이터의 동력전달 방법에 따른 종류가 아닌 것은?

① 팬터그래프식 ② 직접식
③ 간접식 ④ 스크루식

> **해설**
>
> **유압식 승강기의 종류**
> - 직접식 유압 승강기
> - 간접식 유압 승강기
> - 팬터그래프식 유압 승강기

10 카의 실제 속도와 속도지령장치의 지령속도를 비교하여 사이리스터의 점호각을 바꿔 유도 전동기의 속도를 제어하는 방식은?

① 사이리스터 레오나드 방식
② 교류 귀환 전압제어 방식
③ 워드 레오나드 방식
④ 가변전압 가변주파수 방식

> **해설**
>
> **교류(AC) 귀환 속도제어 방식**
> - 제어속도와 실제속도 비교
> - SCR 점호각 제어

11 유압 엘리베이터의 유압 파워 유닛과 압력배관에 설치되며, 이것을 닫으면 실린더의 기름이 파워 유닛으로 역류되는 것을 방지하는 밸브는?

① 스톱 밸브 ② 럽처 밸브
③ 릴리프 밸브 ④ 체크 밸브

> **해설**
>
> **스톱(차단) 밸브**
> - 유지 보수 시 사용
> - 작동유 역류 방지
> - 게이트 밸브

정답 06 ① 07 ① 08 ④ 09 ④ 10 ② 11 ①

12 상승하던 에스컬레이터가 갑자기 하강 방향으로 움직일 수 있는 상황을 방지하는 안전장치는?

① 핸드레일
② 스텝체인
③ 구동체인 안전장치
④ 스커트 가드 안전장치

> 해설

구동체인 절단 안전장치
구동체인이 늘어나거나 파손되었을 때 동작하여 사고방지

13 승강장 문의 유효 출입구 높이는 몇 m 이상이어야 하는가?(단, 자동차용 엘리베이터는 제외)

① 1
② 1.5
③ 2
④ 2.5

> 해설

승강장 및 카 문
- 2개의 문이 동시에 열리면 안 됨
- 유효 높이 2m 이상

14 와이어로프의 꼬는 방법 중 보통꼬임에 해당하는 것은?

① 스트랜드의 꼬는 방향과 로프의 꼬는 방향이 반대인 것
② 스트랜드의 꼬는 방향과 로프의 꼬는 방향이 같은 것
③ 스트랜드의 꼬는 방향과 로프의 꼬는 방향이 전체 길이의 반은 같고 반은 반대인 것
④ 스트랜드의 꼬는 방향과 로프의 꼬는 방향이 일정 구간 같았다가 반대이었다가 하는 것

> 해설

보통꼬임
- 소선과 스트랜드 꼬임 방향이 다름
- 꼬임이 풀리기 어려움

15 승객용 엘리베이터에서 일반적으로 균형체인 대신 균형로프를 사용하는 정격속도의 범위는?

① 120m/min 이상
② 120m/min 미만
③ 150m/min 이상
④ 150m/min 미만

> 해설

120m/min 이상 시 균형로프를 적용

16 무빙워크의 경사도는 몇 ° 이하이어야 하는가?

① 30
② 20
③ 15
④ 12

> 해설

수평 보행기(무빙워크)
- 경사도 : 12° 이하
- 공칭속도 : 0.75m/s 이하

17 다음 중 승강기 제동기의 구조에 해당되지 않는 것은?

① 브레이크 슈
② 라이닝
③ 코일
④ 워터슈트

> 해설

승강기 제동기
코일, 브레이크 슈, 브레이크 라이닝, 브레이크 드럼 등

18 수직순환식 주차장치를 승입 방식에 따라 분류할 때 해당되지 않는 것은?

① 상부 승입식
② 하부 승입식
③ 중간 승입식
④ 원형 승입식

> 해설

수직순환식 주차장
- 자동차를 승입시키는 위치에 따라 분류
- 상부 승입식, 중간 승입식, 하부 승입식

정답 12 ③ 13 ③ 14 ① 15 ① 16 ④ 17 ④ 18 ④

19 다음 중 안전사고 발생 요인이 가장 높은 것은?

① 불안전한 상태와 행동　② 개인의 개성
③ 개인의 감정　　　　　　④ 환경과 유전

> **해설**
>
> **재해의 원인**
> - 불안전한 행동(인적 요인) : 심리적 원인, 관리 원인, 생리적 원인
> - 불안전한 상태(물적 요인)

20 인체에 통전되는 전류가 더욱 증가되면 전류의 일부가 심장 부분을 흐르게 된다. 이때 심장이 정상적인 맥동을 못하며 불규칙적으로 세동을 하게 되어 결국 혈액이 순환에 큰 장애를 일으키게 되는 현상(전류)을 무엇이라 하는가?

① 심실세동전류　② 고통한계전류
③ 가수전류　　　④ 불수전류

> **해설**
>
> **감전의 종류**
> - 감지전류 : 인체감지
> - 한계전류 : 고통수반
> - 불수전류 : 근육경련
> - 심실세동전류 : 심장마비

21 추락을 방지하기 위한 2종 안전대의 사용법은?

① U자 걸이 전용
② 1개 걸이 전용
③ 2개 걸이 전용
④ 1개 걸이, U자 걸이 겸용

> **해설**
>
> **안전대 종류**
> - 1종 : U자 걸이
> - 2종 : 1개 걸이
> - 3종 : 1개 걸이, U자 걸이 공용
> - 4종 : 안전블록
> - 5종 : 추락 방지대

22 설비재해의 물적 원인에 속하지 않는 것은?

① 교육적 결함(안전교육의 결함, 표준작업 방법의 결여 등)
② 설비나 시설에 위험이 있는 것(방호 불충분 등)
③ 환경의 불량(정리정돈 불량, 조명 불량 등)
④ 작업복, 보호구의 불량

> **해설**
>
> 문제 19번 해설 참조

23 감전사고로 의식불명이 된 환자가 물을 요구할 때의 방법으로 적당한 것은?

① 냉수를 주도록 한다.
② 온수를 주도록 한다.
③ 설탕물을 주도록 한다.
④ 물을 천에 묻혀 입술에 적셔만 준다.

> **해설**
>
> 감전된 환자가 물을 요구할 경우 천에 물을 흡수시켜 입만 적시기

24 전기(로프)식 엘리베이터의 안전장치와 거리가 먼 것은?

① 비상정지장치　② 조속기
③ 도어 인터로크　④ 스커트 가드

> **해설**
>
> **스커트 가드**
> 에스컬레이터 스커트 가드판과 스텝 사이에 물체 및 신체의 일부 등이 끼어 걸려 들어가는 것을 방지하는 장치

정답　19 ①　20 ①　21 ②　22 ①　23 ④　24 ④

25 승강기 자체 점검의 결과 결함이 있는 경우 조치가 옳은 것은?

① 즉시 보수하고, 보수가 끝날 때까지 운행을 중지
② 주의표지 부착 후 운행
③ 점검결과를 기록하고 운행
④ 제한적으로 운행하고 보수

> **해설**
> 승강기 결함으로 판단 시 즉시 운행을 중지시키고 보수

26 에스컬레이터의 이동용 손잡이에 대한 안전점검사항이 아닌 것은?

① 균열 및 파손 등의 유무
② 손잡이의 안전마크 유무
③ 디딤판과의 속도차 유지 여부
④ 손잡이가 드나드는 구멍의 보호장치 유무

> **해설**
> **핸드레일의 안전점검사항**
> • 디딤판의 속도와 이동손잡이 속도의 동일 유무
> • 균열 및 파손 등의 유무

27 작업 감독자의 직무에 관한 사항이 아닌 것은?

① 작업감독 지시
② 사고보고서 작성
③ 작업자 지도 및 교육 실시
④ 산업재해 시 보상금 기준 작성

> **해설**
> **작업 감독자의 직무**
> 작업자 지도, 작업자 교육, 작업지시, 재해에 관한 보고 등

28 산업재해 중에서 다음에 해당하는 경우를 재해 형태별로 분류하면 무엇에 해당하는가?

> 전기 접촉이나 방전에 의해 사람이 충격을 받은 경우

① 감전
② 전도
③ 추락
④ 화재

29 전기식 엘리베이터의 카 내 환기시설에 관한 내용 중 틀린 것은?

① 구멍이 없는 문이 설치된 카에는 카의 위·아랫부분에 환기구를 설치한다.
② 구멍이 없는 문이 설치된 카에는 반드시 카의 윗부분에만 환기구를 설치한다.
③ 카의 윗부분에 위치한 자연환기구의 유효면적은 카의 허용면적의 1% 이상이어야 한다.
④ 카의 아랫부분에 위치한 자연환기구의 유효면적은 카의 허용면적의 1% 이상이어야 한다.

> **해설**
> **환기구**
> • 구멍이 없는 문이 설치된 카에 설치
> • 설치 위치 : 카 상부와 하부

30 엘리베이터 전동기에 요구되는 특성으로 옳지 않은 것은?

① 충분한 제동력을 가져야 한다.
② 운전 상태가 정숙하고 고진동이어야 한다.
③ 카의 정격속도를 만족하는 회전 특성을 가져야 한다.
④ 높은 기동빈도에 의한 발열에 대응하여야 한다.

> **해설**
> **전동기 구비조건**
> • 발열 고려(발열이 낮을 것)
> • 제동력이 충분할 것
> • 정격에 맞는 회전 특성이 있을 것
> • 진동과 소음이 적을 것

정답 25 ① 26 ② 27 ④ 28 ① 29 ② 30 ②

31 급유가 필요하지 않은 곳은?

① 호이스트 로프(Hoist Rope)
② 조속기(Governor) 로프
③ 가이드레일(Guide Rail)
④ 웜 기어(Worm Gear)

> 해설
> 로프는 슬립이 발생하면 안 됨

32 로프식(전기식) 엘리베이터용 조속기의 점검사항이 아닌 것은?

① 진동·소음 상태 ② 베어링 마모 상태
③ 캐치 작동 상태 ④ 라이닝 마모 상태

> 해설
> 엘리베이터 조속기 점검
> • 베어링 등의 마모 및 소음
> • 캐치 작동 여부 등

33 유압식 엘리베이터에서 고장을 수리할 때 가장 먼저 차단해야 하는 밸브는?

① 체크 밸브   ② 스톱 밸브
③ 복합 밸브   ④ 다운 밸브

> 해설
> 문제 11번 해설 참조

34 엘리베이터에서 와이어로프를 사용하여 카의 상승과 하강에 전동기를 이용한 동력장치는?

① 권상기   ② 조속기
③ 완충기   ④ 제어반

> 해설
> 권상기
> 로프를 이용하여 카를 상하 이동시키는 설비

35 3상 유도 전동기에 전류가 흐르지 않을 때의 고장 원인으로 볼 수 있는 것은?

① 1차 측 전선 또는 접속선 중 한 선이 단선되었다.
② 1차 측 전선 또는 접속선 2선 또는 3선이 단선되었다.
③ 1차 측 또는 2차 측 전선이 접지되었다.
④ 전자접촉기의 접점이 한 개 마모되었다.

> 해설
> 전선이 2가닥 이상 단선 시 전류가 흐르지 않음

36 장애인용 엘리베이터의 경우 호출버튼에 의하여 카가 정지하면 몇 초 이상 문이 열린 채로 대기하여야 하는가?

① 8초 이상   ② 10초 이상
③ 12초 이상   ④ 15초 이상

37 카 도어 로크가 설치되어 사람의 힘으로 열 수 없는 경우나 화물용 엘리베이터의 경우를 제외하고 엘리베이터의 카 바닥 앞부분과 승강로 벽과의 수평거리는 일반적인 경우 그 기준을 몇 mm 이하로 하도록 하고 있는가?

① 30mm   ② 55mm
③ 100mm   ④ 125mm

> 해설
> 엘리베이터의 승강로 벽과 카 바닥 앞부분의 수평거리는 125mm 이하

38 승강기의 트랙션비를 설명한 것 중 옳지 않은 것은?

① 카 측 로프가 매달고 있는 중량과 균형추 측 로프가 매달고 있는 중량의 비율이다.
② 트랙션비를 낮게 선택해도 로프의 수명과는 전혀 관계가 없다.

정답 31 ② 32 ④ 33 ② 34 ① 35 ② 36 ② 37 ④ 38 ②

③ 카측과 균형추 측에 매달리는 중량의 차를 적게 하면 권상기의 전동기 출력을 적게 할 수 있다.
④ 트랙션비는 1.0 이상의 값이 된다.

해설

견인비
카 측 중량과 균형추 측 중량비

39 무빙워크 이용자의 주의표시를 위한 표시판 또는 표지 내에 표시되는 내용이 아닌 것은?

① 손잡이를 꼭 잡으세요.
② 카트는 탑재하지 마세요.
③ 걷거나 뛰지 마세요.
④ 안전선 안에 서 주세요.

40 공칭속도 0.5m/s, 무부하 상태의 에스컬레이터 및 하강 방향으로 움직이는 제동부하 상태의 에스컬레이터의 정지거리는?

① 0.1~1.0m 사이
② 0.2~1.0m 사이
③ 0.3~1.3m 사이
④ 0.4~1.5m 사이

해설

무부하 시 에스컬레이터 및 하강 방향의 제동부하 정지거리

공칭속도(v)	정지거리
0.50m/s	0.20m부터 1.00m까지
0.65m/s	0.30m부터 1.30m까지
0.75m/s	0.40m부터 1.50m까지

41 과부하감지장치에 대한 설명으로 틀린 것은?

① 과부하감지장치가 작동하는 경우 경보음이 울려야 한다.
② 엘리베이터 주행 중에는 과부하감지장치의 작동이 무효화되어서는 안 된다.
③ 과부하감지장치가 작동한 경우에는 출입문의 닫힘을 저지하여야 한다.
④ 과부하감지장치는 초과하중이 해소되기 전까지 작동하여야 한다.

해설

과부하감지장치
- 정격하중의 10%(최소 75kg) 검출
- 운행 시 무효화
- 시각 및 음향으로 경보

42 유압식 엘리베이터에서 바닥맞춤 보정장치는 몇 mm 이내에서 작동 상태가 양호하여야 하는가?

① 25
② 50
③ 75
④ 90

해설

유압식 엘리베이터의 바닥맞춤 보정장치
75mm 이내에서 작동

43 로프식(전기식) 엘리베이터에 있어서 기계실 내의 조명, 환기 상태 점검 시에 운전을 정지하고 긴급수리를 해야 하는 경우는?

① 천장, 창 등에 우수가 침입하여 기기에 악영향을 미칠 염려가 있는 경우
② 실내에 엘리베이터 관계 이외의 물건이 있는 경우
③ 조도, 환기가 부족한 경우
④ 실온 0℃ 이하 또는 40℃ 이상인 경우

해설

우수가 침입하면 전기설비 합선이 발생할 수 있음

44 전자접촉기 등의 조작회로를 접지하였을 경우, 당해 전자 접촉기 등이 폐로될 염려가 있는 것의 접속 방법으로 옳은 것은?

① 코일과 접지 측 전선 사이에 반드시 개폐기가 있을 것
② 코일의 일단을 접지 측 전선에 접속할 것
③ 코일의 일단을 접지하지 않는 쪽의 전선에 접속할 것

정답 39 ② 40 ② 41 ② 42 ③ 43 ① 44 ②

④ 코일과 접지 측 전선 사이에 반드시 퓨즈를 설치할 것

해설
위험 전압 발생을 방지(감전보호)하기 위해 접지 전선(보호도체) 사이에는 개폐기, 퓨즈를 설치하지 않는다.

45 T형 레일의 13K 레일 높이는 몇 mm인가?

① 35 ② 40
③ 56 ④ 62

해설
가이드레일의 규격

구분	8K	13K	18K	24K	30K
A	56	62	89	89	108
B	78	89	114	127	140
C	10	16	16	16	19
D	26	32	38	50	51
E	6	7	8	12	13

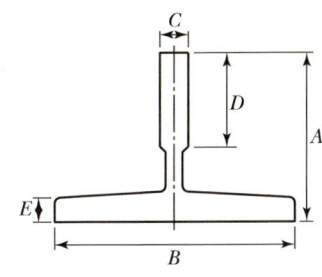

┃가이드레일의 단면도┃

46 스텝과 스커트 사이에 끼임의 위험을 최소화하기 위한 장치는?

① 스커트 ② 뉴얼
③ 콤 ④ 스커트 디플렉터

해설
스커트 디플렉터
스텝과 스커트 사이에 신체 일부나 신발 등이 끼임 방지

47 전동기를 동력원으로 많이 사용하는데 그 이유가 될 수 없는 것은?

① 부하에 알맞은 것을 쉽게 선택할 수 있다.
② 제어조작이 비교적 쉽다.
③ 소손사고가 발생하지 않는다.
④ 안전도가 비교적 높다.

해설
전동기는 회전형 전기기기로 절연 열화로 단락 지락사고 등이 발생할 수 있음

48 일감의 평행도, 원통의 진원도, 회전체의 흔들림 정도 등을 측정할 때 사용하는 측정기기는?

① 버니어 캘리퍼스 ② 마이크로미터
③ 하이트 게이지 ④ 다이얼 게이지

해설
다이얼 게이지
• 미세한 길이 측정
• 물체의 평행도, 회전체의 흔들림, 원통의 진원도 등을 측정

49 정전용량이 같은 두 개의 콘덴서를 병렬로 접속하였을 때의 합성용량은 직렬로 접속하였을 때의 몇 배인가?

① 2 ② 4
③ $\frac{1}{2}$ ④ $\frac{1}{4}$

해설
• 정전용량 병렬접속 시 $C_0 = C + C = 2C[\text{F}]$
• 정전용량 직렬접속 시 $C_0 = \frac{C \times C}{C + C} = \frac{1}{2}C[\text{F}]$

정답 45 ④ 46 ④ 47 ③ 48 ④ 49 ②

50 유도 전동기의 동기속도가 N_s, 회전수가 N이라면 슬립(s)은?

① $\dfrac{N_s - N}{N} \times 100$ ② $\dfrac{N_s - N}{N_s} \times 100$

③ $\dfrac{N_s}{N_s - N} \times 100$ ④ $\dfrac{N_s}{N_s + N} \times 100$

> **해설**
> 슬립
> $s = \dfrac{N_s - N}{N_s}$
> 여기서, N_s : 전동기 동기속도
> N : 전동기 실제 회전속도

51 다음과 같은 지침형(아날로그형) 계기로 측정하기에 가장 알맞은 것은?(단, R은 지침의 0점을 조절하기 위한 가변저항이다.)

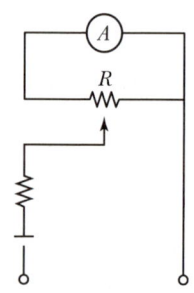

① 전압 ② 전력
③ 저항 ④ 전류

> **해설**
> R은 가변저항으로 아날로그 계측기 저항 측정기

52 물체에 외력을 가해서 변형을 일으킬 때 탄성한계 내에서 변형의 크기는 외력에 대해 어떻게 나타나는가?

① 탄성한계 내에서 변형의 크기는 외력에 대하여 반비례한다.
② 탄성한계 내에서 변형의 크기는 외력에 대하여 비례한다.
③ 탄성한계 내에서 변형의 크기는 일정하다.
④ 탄성한계 내에서 변형의 크기는 외력과 무관하다.

> **해설**
> 훅의 법칙
> 비례한도 내에서는 응력과 응력에 의해 생기는 변형률은 비례

53 권수 N의 코일에 I[A]의 전류가 흘러 권선 1회의 코일에서 자속 ϕ[Wb]가 생겼다면 자기인덕턴스(L)는 몇 H인가?

① $L = \dfrac{\phi I}{N}$ ② $L = IN\phi$

③ $L = \dfrac{N\phi}{I}$ ④ $L = \dfrac{IN}{\phi}$

> **해설**
> 인덕턴스
> $L = \dfrac{N\phi}{I}$ [H]

54 직류 분권전동기에서 보극의 역할은?

① 회전력을 증가시킨다.
② 기동토크를 증가시킨다.
③ 정류를 양호하게 한다.
④ 회전수를 일정하게 한다.

> **해설**
> 보극
> 자속이 한쪽으로 치우치는 것을 방지하여 정류를 양호하게 함

55 다음 강도 중 상대적으로 값이 가장 작은 것은?

① 항복응력 ② 극한강도
③ 파괴강도 ④ 허용응력

정답 50 ② 51 ③ 52 ② 53 ③ 54 ③ 55 ④

해설
허용응력은 안전을 기준하는 값이며, 나머지는 극한값

$$\therefore V = \frac{\pi DN}{1,000} \cdot i = \frac{3.14 \times 500 \times 56}{1,000}$$
$$= 87.92 \text{m/min} \fallingdotseq 90 \text{m/min}$$

56 저항이 50Ω 인 도체에 100V의 전압을 가할 때 그 도체에 흐르는 전류는 몇 A인가?

① 2　　　② 4
③ 8　　　④ 10

해설
$I = \dfrac{V}{R} = \dfrac{100}{50} = 2\text{A}$

57 A, B는 입력, X를 출력이라 할 때 OR 회로의 논리식은?

① $\overline{A \cdot B} = X$　　② $A \cdot B = X$
③ $A + B = X$　　④ $\overline{A} = X$

해설
OR 회로
$X = A + B$

58 엘리베이터의 권상기 시브 직경이 500mm 이고 주 와이어로프의 직경이 12mm이며, 1 : 1 로핑 방식을 사용하고 있다면 권상기 시브의 회전속도가 1분당 약 56회일 경우 엘리베이터 운행속도는 약 몇 m/min가 되겠는가?

① 45　　　② 60
③ 90　　　④ 120

해설
엘리베이터 속도 $V = \dfrac{\pi DN}{1,000} \cdot i$ [m/min]

여기서, D : 권상기 도르래 지름(mm)
　　　　N : 전동기 회전수 = $\dfrac{120f}{P}$ [rpm]
　　　　i : 감속비

59 시퀀스 회로에서 일종의 기억회로라고 할 수 있는 것은?

① AND 회로　　② NOT 회로
③ OR 회로　　　④ 자기유지회로

해설
자기유지회로
일종의 기억회로로 입력신호를 주면 그 신호를 유지

60 그림과 같은 활차장치의 옳은 설명은?(단, 그 활차의 직경은 같다.)

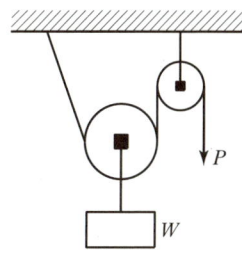

① 힘의 크기는 $W = P$ 이고, W의 속도는 P속도의 $\dfrac{1}{2}$이다.

② 힘의 크기는 $W = P$ 이고, W의 속도는 P속도의 $\dfrac{1}{4}$이다.

③ 힘의 크기는 $W = 2P$ 이고, W의 속도는 P속도의 $\dfrac{1}{2}$이다.

④ 힘의 크기는 $W = 2P$ 이고, W의 속도는 P속도의 $\dfrac{1}{4}$이다.

해설
움직 도르래 1개 사용으로 $W = 2P$이므로 $P = \dfrac{1}{2}W$

정답　56 ①　57 ③　58 ③　59 ④　60 ③

2015년 2회 기출문제

01 VVVF 제어란?

① 전압을 변환시킨다.
② 주파수를 변환시킨다.
③ 전압과 주파수를 변환시킨다.
④ 전압과 주파수를 일정하게 유지시킨다.

해설

VVVF 제어 방식
- 전압과 주파수를 동시에 제어
- 회생 전력 발생
- 승강기 성능이 좋음

02 유압장치의 보수, 점검 또는 수리 등을 할 때 사용되는 것은?

① 안전 밸브   ② 필터
③ 스톱 밸브   ④ 유량제어 밸브

해설

스톱(차단) 밸브
- 유지 보수 시 사용
- 작동유 역류 방지
- 게이트 밸브

03 카의 문을 열고 닫는 도어머신에서 성능상 요구되는 조건이 아닌 것은?

① 작동이 원활하고 정숙하여야 한다.
② 카 상부에 설치하기 위하여 소형이며 가벼워야 한다.
③ 어떠한 경우라도 수동조작에 의하여 카 도어가 열려서는 안 된다.
④ 작동 횟수가 승강기 기동 횟수의 2배이므로 보수가 쉬워야 한다.

해설

도어머신 요구조건
- 작은 소음
- 소형 경량
- 보수 용이
- 가격 저렴

04 단식 자동 방식(Single Automatic)에 관한 설명 중 맞는 것은?

① 같은 방향의 호출은 등록된 순서에 따라 응답하면서 운행한다.
② 승강장 버튼은 오름, 내림 공용이다.
③ 1개의 호출에 의한 운행 중 다른 호출 방향이 같으면 응답한다.
④ 주로 승객용에 사용된다.

해설

단식 자동식
먼저 눌린 호출에만 응답

05 승강장 도어가 닫혀 있지 않으면 엘리베이터 운전이 불가능하도록 하는 것은?

① 승강장 도어 스위치
② 승강장 도어 인터로크
③ 승강장 도어 행거
④ 도어 슈

06 에스컬레이터에 관한 설명 중 틀린 것은?

① 1,200형 에스컬레이터의 1시간당 수송인원은 9,000명이다.
② 승강 양정(길이)으로 고양정은 10m 이상이다.
③ 정격속도는 30m/min 이하로 되어 있다.
④ 경사도는 수평으로 25° 이내이어야 한다.

정답 01 ③ 02 ③ 03 ③ 04 ③ 05 ① 06 ④

해설

경사도에 따른 속도
- 30° 이하 : 0.75m/s 이하
- 30° 초과 35° 이하 : 0.5m/s 이하

07 고속 엘리베이터의 속도는 몇 m/s인가?

① 4m/s 이하 ② 4m/s 초과
③ 5m/s 이하 ④ 5m/s 초과

해설

승강기 속도 분류
- 고속엘리베이터 : 4m/s 초과
- 비상용엘리베이터 : 1m/s 이상

08 다음 중 에스컬레이터의 종류를 수송 능력별로 구분한 형태로 옳은 것은?

① 1,200형과 900형 ② 1,200형과 800형
③ 900형과 800형   ④ 800형과 600형

해설

난간폭에 의한 분류
- 1,200형 : 9,000명/h
- 800형 : 6,000명/h

09 승강로의 벽 일부에 한국산업표준에 알맞은 유리를 사용할 경우 다음 중 적합하지 않은 것은?

① 망유리   ② 강화유리
③ 접합유리 ④ 감광유리

해설

감광유리는 방사선에 의한 착색효과를 내는 특수 유리

10 유압식 엘리베이터의 특징으로 틀린 것은?

① 기계실을 승강로와 떨어져 설치할 수 있다.
② 플런저에 스토퍼가 설치되어 있기 때문에 오버헤드가 작다.
③ 적재량이 크고 승강행정이 짧은 경우에 유압식이 적당하다.
④ 소비전력이 비교적 작다.

해설

유압식 승강기의 특징
- 기계실 배치가 자유로움
- 건물 상부 하중이 없음
- 행정거리가 한정됨
- 속도가 느림

11 카가 어떤 원인으로 최하층을 통과하여 피트에 도달했을 때 카에 충격을 완화시켜 주는 장치는?

① 완충기   ② 비상정지장치
③ 조속기   ④ 리밋 스위치

해설

완충기
카가 피트로 떨어졌을 때 충격을 완화시키는 장치

12 승강기의 조속기란?

① 카의 속도를 검출하는 장치이다.
② 플런저를 뜻한다.
③ 균형추의 속도를 검출한다.
④ 비상정지장치를 뜻한다.

해설

조속기 기능
- 카의 속도 검출
- 속도 115% 이상 동작
- 카의 속도 및 가속도 검출
- 비상정지장치 동작

정답 07 ② 08 ② 09 ④ 10 ④ 11 ① 12 ①

13 로프식 엘리베이터에서 도르래의 구조와 특징에 대한 설명으로 틀린 것은?

① 직경은 주 로프의 50배 이상으로 하여야 한다.
② 주 로프가 벗겨질 우려가 있는 경우에는 로프 이탈 방지장치를 설치하여야 한다.
③ 도르래 홈의 형상에 따라 마찰계수의 크기는 U홈＜언더컷홈＜V홈의 순이다.
④ 마찰계수는 도르래 홈의 형상에 따라 다르다.

> **해설**
> **현수(주) 로프**
> - 공칭직경이 8mm 이상
> - 2가닥 이상
> - 공칭직경비 40 이상
> - 안전율 12 이상(체인 10 이상)
> - 파단 하중의 80% 이상

14 카 문턱 끝과 승강로 벽의 간격으로 알맞은 것은?

① 11.5cm 이하 ② 12.5cm 이하
③ 13.5cm 이하 ④ 14.5cm 이하

15 승강장의 문이 열린 상태에서 모든 제약이 해제되면 자동적으로 닫히게 하여 문의 개방 상태에서 생기는 2차 재해를 방지하는 문의 안전장치는?

① 도어 인터로크 ② 도어 컨트롤
③ 도어 클로저   ④ 시그널 컨트롤

> **해설**
> **도어 클로저**
> - 카가 없을 때는 승강장 문이 스스로 닫히게 하여 2차 재해를 방지
> - 추형, 스프링형

16 가이드레일의 역할에 대한 설명 중 틀린 것은?

① 카와 균형추를 승강로 평면 내에서 일정 궤도상의 위치를 규제한다.
② 일반적으로 가이드레일은 H형이 가장 많이 사용된다.
③ 카의 자중이나 화물에 의한 카의 기울어짐을 방지한다.
④ 비상 멈춤이 작동할 때의 수직하중을 유지한다.

> **해설**
> 엘리베이터용 가이드레일은 T형 레일이 기본

17 과부하 감지장치의 용도는?

① 속도 변환용   ② 과하중 경보용
③ 속도 제어용   ④ 종점 확인용

> **해설**
> **과부하 감지장치**
> - 정격하중의 10%(최소 75kg) 검출
> - 운행 시 무효화
> - 시각 및 음향으로 경보

18 전동 덤웨이터와 구조적으로 가장 유사한 것은?

① 수평 보행기   ② 엘리베이터
③ 에스컬레이터 ④ 간이 리프트

19 재해조사의 요령으로 바람직한 방법이 아닌 것은?

① 재해 발생 직후에 행한다.
② 현장의 물리적 증거를 수집한다.
③ 재해 피해자로부터 상황을 듣는다.
④ 의견 충돌을 피하기 위하여 반드시 1인이 조사하도록 한다.

정답 13 ① 14 ② 15 ③ 16 ② 17 ② 18 ④ 19 ④

> **[해설]**
>
> **재해조사 시 고려사항**
> - 사고 직후 목격자 진술 기록
> - 진술 시 사실 은폐방지
> - 진술 시 추측보다 사실 수집
> - 원인 규명 및 재발 방지 태도
> - 판단이 어려운 경우 전문가 의뢰

20 작업의 특수성으로 인해 발생하는 직업병으로서 작업조건에 의하지 않는 것은?

① 먼지　　　　② 유해가스
③ 소음　　　　④ 작업자세

21 승강기 관리 주체가 행하여야 할 사항으로 틀린 것은?

① 안전(운행)관리자를 선임하여야 한다.
② 승강기에 관한 전반적인 관리를 하여야 한다.
③ 안전(운행)관리자가 선임되면 관리 주체는 별다른 관리를 할 필요가 없다.
④ 승강기의 유지보수에 대한 위임 용역 및 감독을 하여야 한다.

> **[해설]**
>
> **승강기 관리 주체**
> - 승강기 소유자
> - 승강기 관리자로 규정된 자
> - 관리 책임 권한을 부여받은 자

22 사업장에서 승강기의 조립 또는 해체작업을 할 때 조치하여야 할 사항과 거리가 먼 것은?

① 작업을 지휘하는 자를 선임하여 지휘자의 책임하에 작업을 실시할 것
② 작업할 구역에는 관계근로자 외의 자의 출입을 금지시킬 것
③ 기상 상태의 불안정으로 인하여 날씨가 몹시 나쁠 때에는 그 작업을 중지시킬 것
④ 사용자의 편의를 위하여 야간작업을 하도록 할 것

23 승강기 설치 및 보수 작업 시 발생하는 위험에 해당하지 않는 것은?

① 물리적 위험　　② 접촉적 위험
③ 화학적 위험　　④ 구조적 위험

24 안전사고의 발생 요인으로 볼 수 없는 것은?

① 피로감　　　　② 임금
③ 감정　　　　　④ 날씨

> **[해설]**
>
> ② 임금은 안전사고의 발생요인과 거리가 멂

25 재해 원인의 분류에서 불안전한 상태(물적 원인)가 아닌 것은?

① 안전방호장치의 결함
② 작업환경의 결함
③ 생산공정의 결함
④ 불안전한 자세 결함

> **[해설]**
>
> **안전사고의 직접 원인**
> - 불안전한 행동(인적 원인)
>   - 안전장치를 제거, 무효화, 불안전한 상태 방치
>   - 운전 중인 기계, 장치 등의 청소, 주유, 수리, 점검
>   - 위험장소에의 접근
>   - 잘못된 동작 자세
>   - 복장, 보호구의 잘못 사용
>   - 불안전한 조작
>   - 안전조치의 불이행
> - 불안전한 상태(물적 원인)
>   - 기계 자체 결함
>   - 방호장치 결함
>   - 작업환경의 결함
>   - 보호구 또는 복장의 결함
>   - 자연적 불안전한 상태 지속
>   - 생산공정 결함

정답　20 ④　21 ③　22 ④　23 ③　24 ②　25 ④

26 전기 감전에 의해 넘어진 사람에 대한 중요 관찰사항과 거리가 먼 것은?

① 의식 상태　　② 호흡 상태
③ 맥박 상태　　④ 골절 상태

해설
골절 상태는 추락으로 인한 관찰사항

27 안전사고의 통계를 보고 알 수 없는 것은?

① 사고의 경향
② 안전업무의 정도
③ 기업이윤
④ 안전사고 감소목표 수준

28 인체의 전기저항에 대한 것으로 피부저항은 피부에 땀이 나 있는 경우, 건조 시에 비해 어떻게 되는가?

① 2배 증가　　② 4배 증가
③ $\frac{1}{12} \sim \frac{1}{20}$ 감소　　④ $\frac{1}{25} \sim \frac{1}{30}$ 감소

해설
- 피부에 땀이 나 있는 경우는 건조 시의 약 $\frac{1}{12} \sim \frac{1}{20}$
- 물에 젖은 경우는 $\frac{1}{25}$로 저하

29 승강기의 문(Door)에 관한 설명 중 틀린 것은?

① 문닫힘 도중에도 승강장의 버튼을 동작시키면 다시 열려야 한다.
② 문이 완전히 열린 후 최소 일정 시간 이상 유지되어야 한다.
③ 착상구역 이외의 위치에서는 카 내의 문 개방 버튼을 동작시켜도 절대로 개방되지 않아야 한다.
④ 문이 일정 시간 후 닫히지 않으면 그 상태를 계속 유지하여야 한다.

해설
문제 15번 해설 참조

30 조속기(Governor)의 작동 상태를 잘못 설명한 것은?

① 카가 하강 과속하는 경우에는 일정 속도를 초과하기 전에 조속기 스위치가 동작해야 한다.
② 조속기의 캐치는 일단 동작하고 난 후 자동으로 복귀되어서는 안 된다.
③ 조속기의 스위치는 작동 후 자동 복귀된다.
④ 조속기 로프가 장력을 잃게 되면 전동기의 주 회로를 차단시키는 경우도 있다.

해설
문제 12번 해설 참조

31 가이드레일의 보수·점검 항목이 아닌 것은?

① 브래킷 취부의 앵커볼트 이완 상태
② 레일 및 브래킷의 오염 상태
③ 레일의 급유 상태
④ 레일 길이의 신축 상태

해설
가이드레일의 점검항목
- 레일의 손상 및 급유 상태
- 브래킷 조임 상태 및 오염 상태 등

32 비상용 승강기는 화재 발생 시 화재 진압용으로 사용하기 위하여 고층빌딩에 많이 설치하고 있다. 비상용 승강기에 반드시 갖추지 않아도 되는 조건은?

① 비상용 소화기
② 비상운전 표시등
③ 전용 승강장 이외의 부분과 방화구획
④ 예비전원

정답　26 ④　27 ③　28 ③　29 ④　30 ③　31 ④　32 ①

33 실린더를 검사하는 것에 해당되지 않는 것은?

① 패킹으로부터 누유된 기름을 제거하는 장치
② 더스트 와이퍼의 상태
③ 공기 또는 가스의 배출구 상태
④ 압력배관의 고무호스 여유 상태

34 승강장 도어 문턱과 카 문턱과의 수평거리는 몇 mm 이하이어야 하는가?

① 125 ② 120
③ 50   ④ 35

해설

승강기 도어
- 승강장 도어 및 카도어의 출입구 유효 높이 : 2m 이상
- 승강장 도어의 출입구 유효 폭 : 카 출입구 폭 이상~+50mm 이하
- 카도어의 문턱과 승강장 도어 문턱 사이의 수평거리 : 35mm 이하
- 카도어의 앞부분과 승강장 도어 사이의 수평거리 : 0.12m 이하
- 도어가 닫혀 있을 경우 문짝 간 틈새나 문짝과 문틀 또는 문짝 사이 틈새 : 6mm 이하

35 정전 시 램프 중심부로부터 2m 떨어진 수직 면상의 조도는 몇 lx 이상이어야 하는가?

① 100 ② 50
③ 10   ④ 5

해설

비상등
- 5lx 이상으로 1시간 동안 전원 공급
- 정전 시 즉시 자동으로 점등

36 로프식 엘리베이터의 카 틀에서 브레이스 로드의 분담 하중은 대략 어느 정도 되는가?

① $\frac{1}{8}$ ② $\frac{3}{8}$

③ $\frac{1}{3}$ ④ $\frac{1}{16}$

해설

브레이스 로드의 분담하중은 약

37 간접식 유압 엘리베이터의 특징이 아닌 것은?

① 실린더를 설치하기 위한 보호관이 필요하지 않다.
② 실린더 점검이 용이하다.
③ 비상정지장치가 필요하다.
④ 로프의 늘어짐과 작동유의 압축성 때문에 부하에 의한 카 바닥의 빠짐이 비교적 적다.

해설

간접식 유압 승강기의 특징
- 플런저에 도르래 설치 후 로프 이용
- 비상정지장치 필요
- 실린더 보호관 필요 없음
- 승강로 면적이 큼
- 카 바닥 빠짐이 큼

38 유압잭의 부품이 아닌 것은?

① 사일런서   ② 플런저
③ 패킹   ④ 더스트 와이퍼

해설

사일런서
파워 유닛 출구에 설치하며 진동·소음을 감소시킴

39 에스컬레이터 승강장의 주의표지판에 대한 설명 중 옳은 것은?

① 주의표지판은 충격을 흡수하는 재질로 만들어야 한다.
② 주의표지판은 영문으로 읽기 쉽게 표기되어야 한다.
③ 주의표지판의 크기는 80mm×80mm 이하의 그림으로 표시되어야 한다.

정답 33 ④ 34 ④ 35 ④ 36 ② 37 ④ 38 ① 39 ④

④ 주의표지판의 바탕은 흰색, 도안은 흑색, 사선은 적색이다.

해설

에스컬레이터 또는 무빙워크 출입구 근처 주의표시

구분		기준 규격 (mm)	색상
최소 크기		80×100	–
바탕		–	흰색
	원	40×40	–
	바탕	–	황색
	사선	–	적색
	도안	–	흑색
		10×10	• 녹색(안전) • 황색(위험)
안전, 위험		10×10	흑색
주의 문구	대	19Pt	흑색
	소	14Pt	적색

40 조속기의 보수·점검 등에 관한 사항과 거리가 먼 것은?

① 층간 정지 시, 수동으로 돌려 구출하기 위한 수동 핸들의 작동검사 및 보수
② 볼트, 너트, 핀의 이완 유무
③ 조속기 시브와 로프 사이의 미끄럼 유무
④ 과속스위치 점검 및 작동

해설
조속기는 승객을 구출하기 위한 설비가 아님

41 전기식 엘리베이터에서 자체 점검주기가 가장 긴 것은?

① 권상기의 감속 기어　② 수동조작 핸들
③ 권상기 베어링　　　④ 고정 도르래

해설
• 권상기 감속 기어 3월에 1회
• 수동조작 핸들 6월에 1회
• 권상기 베어링 6월에 1회
• 고정 도르래 12월에 1회

42 정격 속도 60m/min을 초과하는 엘리베이터에 사용되는 비상정지장치의 종류는?

① 점차 작동형　　　② 즉시 작동형
③ 디스크 작동형　　④ 플라이 볼 작동형

해설
정격속도가 60m/min을 초과 시 점차 작동형 사용

43 보수 기술자의 올바른 자세로 볼 수 없는 것은?

① 신속, 정확 및 예의 바르게 보수 처리한다.
② 보수를 할 때는 안전기준보다는 경험을 우선시한다.
③ 항상 배우는 자세로 기술 향상에 적극 노력한다.
④ 안전에 유의하면서 작업하고 항상 건강에 유의한다.

해설
점검기준에 의한 보수를 우선시

44 다음 중 엘리베이터 감시반에 필요하지 않은 장치는?

① 현재 엘리베이터의 하중 표시장치
② 엘리베이터의 이상 유무 확인 표시장치
③ 현재 엘리베이터의 위치 표시장치
④ 현재 엘리베이터의 운행 방향 표시장치

해설
감시반 표시장치에는 하중을 표시하지 않음

정답 40 ① 41 ④ 42 ① 43 ② 44 ①

45 에스컬레이터의 디딤판과 스커트 가드와의 틈새는 양쪽 모두 합쳐서 최대 얼마이어야 하는가?

① 5mm 이하 ② 7mm 이하
③ 9mm 이하 ④ 10mm 이하

> **해설**
>
> **디딤판(스텝)**
> - 스텝 또는 팔레트의 측면 변위는 각각 4mm 이하
> - 양쪽 측면에서 측정된 틈새의 합은 7mm 이하
> - 수직 변위는 4mm 이하이고, 벨트의 수직 변위는 6mm 이하

46 조속기 로프의 공칭직경은 몇 mm 이상이어야 하는가?

① 5 ② 6
③ 7 ④ 8

> **해설**
>
> **조속기(과속조절기)**
> - 정격속도의 115%
> - 로프 공칭직경이 6mm 이상
> - 공칭직경비 30 이상
> - 안전율 8 이상

47 평행판 콘덴서에 있어서 콘덴서의 정전용량은 판 사이의 거리와 어떤 관계인가?

① 반비례 ② 비례
③ 불변   ④ 2배

> **해설**
>
> **콘덴서 정전용량**
> $C = \dfrac{\varepsilon A}{d}$ [F]
> 여기서, A : 극판의 단면적(m²)
> d : 극판 간격(m)
> C : 정전용량(F)
> ε : 유전율(F/m)

48 헬리컬 기어의 설명으로 적절하지 않은 것은?

① 진동과 소음이 크고 운전이 정숙하지 않다.
② 스퍼 기어보다 가공이 힘들다.
③ 회전 시에 축압이 생긴다.
④ 이의 물림이 좋고 연속적으로 접촉한다.

> **해설**
>
> - 운전이 원활하여 진동 및 소음이 적음
> - 고속 또는 큰 동력을 요구하는 곳에 사용
> - 물림이 좋음
> - 추력이 발생
> - 제작 및 검사가 어려움

49 유도 전동기에서 슬립이 1이란 전동기의 어느 상태인가?

① 유도 전동기가 전부하 운전 상태이다.
② 유도 제동기의 역할을 한다.
③ 유도 전동기가 정지 상태이다.
④ 유도 전동기가 동기속도로 회전한다.

> **해설**
>
> **슬립**
> $s = \dfrac{N_s - N}{N_s}$
>
> **슬립의 범위**
> $0 \leq s \leq 1$

50 반지름 r[m], 권수 N의 원형 코일에 I[A]의 전류가 흐를 때 원형 코일 중심점의 자기장의 세기(AT/m)는?

① $\dfrac{NI}{r}$ ② $\dfrac{NI}{2r}$
③ $\dfrac{NI}{2\pi r}$ ④ $\dfrac{NI}{4\pi r}$

> **해설**
>
> **원형 코일 중심의 자장 세기**
> $H = \dfrac{NI}{2r}$ [AT/m]

정답 45 ② 46 ② 47 ① 48 ① 49 ③ 50 ②

여기서, r : 반지름(m)
N : 코일권수(회)
I : 전류(A)

51 복활차에서 하중 W인 물체를 올리기 위해 필요한 힘 P는?(단, n은 동활차의 수이다.)

① $P = W + 2^n$ ② $P = W - 2^n$
③ $P = W \times 2^n$ ④ $P = W/2^n$

해설

복활차 하중
$W = F \times 2^n$
여기서, W : 하중(kg)
F : 인장력(kg)
n : 동활차의 수

52 유도 전동기의 동기 속도는 무엇에 의하여 정하여지는가?

① 전원의 주파수와 전동기의 극수
② 전력과 저항
③ 전원의 주파수와 전압
④ 전동기의 극수와 전류

해설

동기속도
$N_s = \dfrac{120f}{P}$
여기서, f : 주파수, P : 극수

53 영(Young)률이 커지면 어떠한 특성을 보이는가?

① 안전하다.   ② 위험하다.
③ 늘어나기 쉽다.   ④ 늘어나기 어렵다.

해설

영률
- 물체가 늘어나는 정도를 나타내는 것
- 영률이 커지면 늘어나기 어렵다는 뜻

54 유도 전동기의 속도제어 방법이 아닌 것은?

① 전원 전압을 변화시키는 방법
② 극수를 변화시키는 방법
③ 주파수를 변화시키는 방법
④ 계자저항을 변화시키는 방법

해설

유도 전동기 속도제어
- 농형 : 주파수변환법, 극수변환법, 전압제어법, VVVF
- 권선형 : 2차 저항법, 2차 여자법

55 다음 중 교류전동기는?

① 차동복권 전동기   ② 타여자 전동기
③ 유도 전동기   ④ 분권 전동기

56 와이어로프 사용 하중이 5,000kgf이고, 파괴하중이 25,000kgf일 때 안전율은?

① 2.5   ② 5.0
③ 0.2   ④ 0.5

해설

안전율 = $\dfrac{\text{파단강도}}{\text{허용응력}} = \dfrac{25,000}{5,000} = 5$

57 자동제어계의 상태를 교란시키는 외적인 신호는?

① 제어량   ② 외란
③ 목표량   ④ 피드백 신호

해설

외란
입력 외에 제어량에 변화를 주는 원인

정답 51 ④ 52 ① 53 ④ 54 ④ 55 ③ 56 ② 57 ②

58 운동을 전달하는 장치로 옳은 것은?

① 절이 진동하는 것을 캠이라 한다.
② 절이 요동하는 것을 슬라이더라 한다.
③ 절이 회전하는 것을 크랭크라 한다.
④ 절이 왕복하는 것을 레버라 한다.

해설

링크 기구
몇 개의 막대를 핀으로 연결하여 회전할 수 있도록 만든 기구

링크 구성 및 운동
- 크랭크 : 회전운동
- 레버 : 요동운동
- 슬라이더 : 미끄럼운동
- 고정링크 : 고정

59 $50\mu F$의 콘덴서에 200V, 60Hz의 교류 전압을 인가했을 때 흐르는 전류(A)는?

① 약 2.56   ② 약 3.77
③ 약 4.56   ④ 약 5.28

해설

$Z = X_c = \dfrac{1}{W_c} = \dfrac{1}{2\pi f_c} = \dfrac{1}{2\pi \times 60 \times 50 \times 10^{-6}} = 53\,\Omega$

$i = \dfrac{V}{X_c} = \dfrac{200}{53} = 3.77\text{A}$

60 물체에 하중이 작용할 때, 그 재료 내부에 생기는 저항력을 내력이라 하고 단위면적당 내력의 크기를 응력이라 하는데 이 응력을 나타내는 식은?

① $\dfrac{단면적}{하중}$ ② $\dfrac{하중}{단면적}$

③ 단면적×하중   ④ 하중−단면적

해설

응력

$\sigma = \dfrac{P[\text{kg}]}{A[\text{cm}^2]}$

여기서, σ : 응력(kg/cm²)
P : 축하중(kg)
A : 단면적(cm²)

정답 58 ③ 59 ② 60 ②

2015년 4회 기출문제

01 가변전압 가변주파수(VVVF) 제어 방식에 관한 설명 중 틀린 것은?

① 고속의 승강기까지 적용 가능하다.
② 저속의 승강기에만 적용하여야 한다.
③ 직류 전동기와 동등한 제어 특성을 낼 수 있다.
④ 유도 전동기의 전압과 주파수를 변환시킨다.

해설

VVVF 제어 방식
- 전압과 주파수를 동시에 제어
- 회생 전력 발생
- 고속 승강기까지 적용 가능
- 승강기 성능이 좋음

02 엘리베이터 완충기에 대한 설명으로 적합하지 않은 것은?

① 정격속도 1m/s 초과 엘리베이터에 유압 완충기를 사용하였다.
② 정격속도 19m/s 이하의 엘리베이터에 스프링 완충기를 사용하였다.
③ 유압 완충기의 플런저 복귀시험은 완전히 압축한 상태에서 완전복귀할 때까지의 시간이 90초 이하이다.
④ 유압 완충기에서 최소적용중량은 카 자중＋적재하중으로 한다.

해설

유압 완충기의 적용중량

항목	최소적용중량	최대적용중량
카용	카 자중＋65kg	카 자중＋적재하중
균형추용	균형추의 중량	

03 엘리베이터 기계실에 관한 설명으로 틀린 것은?

① 기계실이 정상부에 위치할 경우 꼭대기 틈새의 높이는 2m 이상을 두어야 한다.
② 기계실의 위치는 반드시 정상부에 위치하지 않아도 된다.
③ 기계실의 크기는 승강로 수평투영면적의 2배 이상으로 하는 것이 적합하다.
④ 기계실이 있는 경우 기계실의 크기는 승강로의 크기와 같아야 한다.

해설

승강기 기계실 구비조건
- 내화 및 방화구조 구획
- 유효 높이 2.1m 이상
- 바닥조명 200lx 이상
- 기계실 내 온도 5～40℃
- 출입문 0.7m×1.8m 이상
- 잠금장치 설치

04 기계실의 작업구역에서 유효 높이는 몇 m 이상으로 하여야 하는가?

① 1.8 ② 2.1
③ 2.5 ④ 3

해설

문제 3번 해설 참조

정답 01 ② 02 ④ 03 ④ 04 ②

05 균형로프(Compensating Rope)의 역할로 적합한 것은?

① 주 로프가 열화되지 않도록 한다.
② 균형추의 이탈을 방지한다.
③ 주 로프와 이동케이블의 이동으로 변화된 하중을 보상한다.
④ 카의 낙하를 방지한다.

[해설]
균형로프
카의 위치에 따라 메인로프의 무게 불균형(트랙션비)을 보상하기 위해 설치

06 교류 2단 속도제어에 관한 설명으로 틀린 것은?

① 기동 시 저속 권선 사용
② 주행 시 고속 권선 사용
③ 감속 시 저속 권선 사용
④ 착상 시 저속 권선 사용

[해설]
교류 2단 속도제어
- 기동과 주행은 고속권선
- 감속과 착상은 저속권선

07 승객용 엘리베이터의 적재하중 및 최대정원을 계산할 때 1인당 하중의 기준은 몇 kg인가?

① 63   ② 65
③ 67   ④ 75

[해설]
카의 정원
- 정원 = $\dfrac{정격하중}{75}$
- 승객용 엘리베이터 최대 정원은 1인당 75kg 기준

08 평면의 디딤판을 동력으로 오르내리게 한 것으로, 경사도가 12° 이하로 설계된 것은?

① 덤웨이터   ② 수평 보행기
③ 경사형 리프트   ④ 에스컬레이터

09 레일의 규격호칭은 소재 1m 길이당 중량을 라운드 번호로 하여 레일에 붙여 쓰고 있다. 일반적으로 쓰이고 있는 T형 레일의 공칭이 아닌 것은?

① 8K 레일   ② 13K 레일
③ 16K 레일   ④ 24K 레일

[해설]
가이드레일의 규격
- 레일 규격의 호칭 : 마무리 가공 전 소재의 1m당 중량
- T형 레일의 공칭 규격 : 8, 13, 18, 24, 30K 등
- 레일의 표준 길이 : 5m

가이드레일의 규격 및 단면도

구분	8K	13K	18K	24K	30K
A	56	62	89	89	108
B	78	89	114	127	140
C	10	16	16	16	19
D	26	32	38	50	51
E	6	7	8	12	13

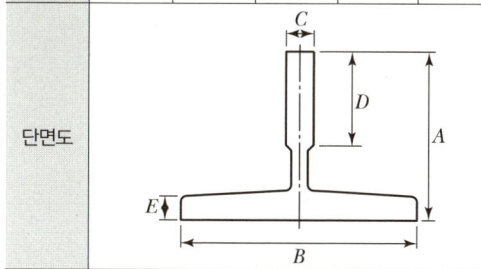

단면도

10 다음 중 엘리베이터 도어용 부품과 거리가 먼 것은?

① 행거롤러   ② 업스러스트롤러
③ 도어레일   ④ 가이드롤러

11 유압식 승강기의 종류를 분류할 때 적합하지 않은 것은?

① 직접식 ② 간접식
③ 팬터그래프식 ④ 밸브식

> **해설**
> **유압식 승강기의 종류**
> • 직접식 유압 승강기
> • 간접식 유압 승강기
> • 팬터그래프식 유압 승강기

12 주차구획을 평면상에 배치하여 운반기의 왕복 이동에 의하여 주차를 행하는 방식은?

① 평면 왕복식 ② 다층 순환식
③ 수평 순환식 ④ 승강기식

> **해설**
> **평면 왕복식 주차장**
> 평면상에 배치하고 운반기의 왕복이동에 의하여 주차를 하는 방식

13 정지로 작동시키면 승강기의 버튼 등록이 정지되고 자동으로 지정 층에 도착하여 운행이 정지되는 것은?

① 리밋 스위치
② 슬로다운 스위치
③ 파킹 스위치
④ 피트 정지 스위치

> **해설**
> **파킹 스위치**
> • 주기적인 점검 시 카를 지정된 층으로 이동하고 카의 정상운전장치는 무효화
> • 승강장, 관리실, 경비실 등에 설치

14 승강기에 사용하는 가이드레일 1본의 길이는 몇 m로 정하고 있는가?

① 1 ② 3
③ 5 ④ 7

> **해설**
> 문제 9번 해설 참조

15 로프 이탈방지장치를 설치하는 목적으로 부적절한 것은?

① 지진의 진동에 의해 주 로프가 벗겨질 우려가 있는 경우
② 급제동 시 진동에 의해 주 로프가 벗겨질 우려가 있는 경우
③ 기타의 진동에 의해 주 로프가 벗겨질 우려가 있는 경우
④ 주 로프의 파단으로 이탈할 경우

> **해설**
> **로프 이탈방지장치**
> 로프가 벗겨질 경우를 대비하여 설치

16 에스컬레이터의 핸드레일(Hand Rail) 속도는 어떻게 해야 하는가?

① 30m/min 이하로 한다.
② 45m/min 이하로 한다.
③ 발판(Step) 속도와 같게 한다.
④ 발판(Step) 속도와 핸드레일의 속도는 10% 정도로 한다.

> **해설**
> 에스컬레이터 핸드레일 속도는 디딤판의 속도와 동일해야 함

17 에스컬레이터의 역회전 방지장치가 아닌 것은?

① 기계 브레이크　　② 구동체인 안전장치
③ 조속기　　　　　　④ 스커트 가드

> **해설**
>
> **스커트 가드**
> 에스컬레이터 내측 스텝에 인접한 부분으로 스테인리스 판으로 제작

18 유압 엘리베이터에서 압력 릴리프 밸브는 압력을 전 부착압력의 몇 %까지 제한하도록 맞추어 조절해야 하는가?

① 115　　　　　　　② 125
③ 140　　　　　　　④ 150

> **해설**
>
> **릴리프 밸브**
> • 상용압력의 125% 동작
> • 압력회로 압력상승 방지
> • 전 부하압력의 140% 제한

19 전류의 흐름을 안전하게 하기 위하여 전선 굵기를 결정하는 요인으로 다음 중 거리가 가장 먼 것은?

① 전압강하　　　　② 기계적 강도
③ 허용전류　　　　④ 외부 온도

20 감전의 위험이 있는 장소의 전기를 차단하여 수신, 점검 등의 작업을 할 때는 작업 중 스위치에 어떤 장치를 하여야 하는가?

① 통전장치　　　　② 복개장치
③ 시건(잠금)장치　④ 접지장치

> **해설**
>
> 전기설비 점검 시 잠금장치를 하여 관리자 외에는 제한 실시

21 높은 열로 전선의 피복이 연소되는 것을 방지하기 위해 사용되는 재료는?

① 고무　　　　　　② 석연
③ 종이　　　　　　④ PVC

> **해설**
>
> 석연코팅을 사용하여 연소를 방지

22 재해 원인의 분석 방법 중 개별적 원인 분석은?

① 각각의 재해 원인을 규명하면서 하나하나 분석하는 것이다.
② 사고의 유형, 기인물 등을 분류하여 큰 순서대로 도표화하는 것이다.
③ 특성과 요인관계를 도표로 하여 물고기 모양으로 세분화하는 것이다.
④ 월별 재해 발생수를 그래프화하여 관리선을 선정하여 관리하는 것이다.

> **해설**
>
> **재해 원인 분석 방법**
> • 개별적 : 상세히 규명, 중대사고
> • 통계적 : 거시적 분석

23 승강기 관리 주체의 의무사항이 아닌 것은?

① 승강기 완성검사를 받아야 한다.
② 자체 점검을 하여야 한다.
③ 승강기의 안전에 관한 일상관리를 하여야 한다.
④ 승강기의 안전에 관한 보수를 하여야 한다.

> **해설**
>
> 완성검사는 승강기 설치 후 받는 검사이므로 승강기 관리자의 의무사항과 관련이 없음

정답　17 ④　18 ③　19 ④　20 ③　21 ②　22 ①　23 ①

24 카 내에 승객이 갇혔을 때의 조치내용 중 부적절한 것은?

① 우선 인터폰을 통해 승객을 안심시킨다.
② 카의 위치를 확인한다.
③ 층 중간에 정지하여 구출이 어려운 경우에는 기계실에서 정지층에 위치하도록 관상기를 수동으로 조작한다.
④ 반드시 카 상부의 지상 구출구를 통해서 구출한다.

[해설]
다양한 방법으로 구출 가능

25 방호장치에 대하여 근로자가 준수할 사항이 아닌 것은?

① 방호장치에 이상이 있을 때 근로자가 즉시 수리한다.
② 방호장치를 해체하고자 할 경우에는 사업주의 허가를 받아 해체한다.
③ 방호장치의 해체 사유가 소멸된 때에는 지체 없이 원상으로 회복시킨다.
④ 방호장치의 기능이 상실된 것을 발견하면 지체 없이 사업주에게 신고한다.

[해설]
방호장치의 기본 목적
• 작업자의 보호
• 인적, 물적 손실의 방지
• 기계 위험 부위의 접촉 방지

26 승강기 안전점검에서 신설·변경 또는 고장수리 등의 작업을 한 후에 실시하는 것은?

① 사전점검 ② 특별점검
③ 수시점검 ④ 정지점검

[해설]
특별점검
• 기계·기구 또는 설비의 신설·변경 또는 고장·수리 등으로 비정기적인 점검
• 기술책임자가 수행

27 합리적인 사고의 발견 방법으로 타당하지 않은 것은?

① 육감진단 ② 예측판단
③ 장미진단 ④ 육안진단

28 작업표준의 목적이 아닌 것은?

① 작업의 효율화   ② 위험요인의 제거
③ 손실요인의 제거 ④ 재해책임의 추궁

[해설]
작업표준의 목적
• 표준화된 작업절차
• 작업의 효율화
• 위험요인의 제거

29 승강기의 주 로프 로핑(Ropping) 방법에서 로프의 장력은 부하 측(카 및 균형추) 중력의 $\frac{1}{2}$로 되며, 부하 측의 속도가 로프 속도의 $\frac{1}{2}$이 되는 로핑 방법은 어느 것인가?

①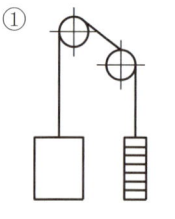
②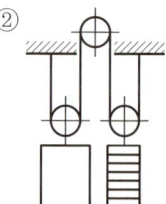
③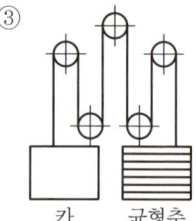
카 균형추
④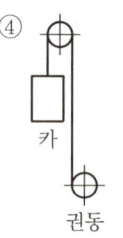
카
권동

정답 24 ④ 25 ① 26 ② 27 ① 28 ④ 29 ②

30 로프식 엘리베이터에서 도르래의 직경은 로프 직경의 몇 배 이상으로 하여야 하는가?

① 25
② 30
③ 35
④ 40

> **해설**
>
> **현수(주) 로프**
> - 공칭직경 8mm 이상
> - 2가닥 이상
> - 공칭직경비 40 이상
> - 안전율 12 이상(체인 10 이상)
> - 파단하중의 80% 이상

31 기계식 주차장치에 있어서 자동차 중량의 전륜 및 후륜에 대한 배분 비는?

① 6 : 4
② 5 : 5
③ 7 : 3
④ 4 : 6

32 카 및 승강장 문의 유효 출입구의 높이(m)는 얼마 이상이어야 하는가?

① 1.8
② 1.9
③ 2.0
④ 2.1

> **해설**
>
> **승강장 및 카 문**
> - 2개의 문이 동시에 열리면 안 됨
> - 유효 높이 2m 이상

33 피트에서 하는 검사가 아닌 것은?

① 완충기의 설치 상태
② 하부 파이널 리밋 스위치류의 설치 상태
③ 균형로브 및 부착부의 설치 상태
④ 비상구출구의 설치 상태

> **해설**
>
> 비상구출구는 카 상부에서 검사

34 유압식 승강기의 특징으로 틀린 것은?

① 기계실 배치가 자유롭다.
② 실린더를 사용하기 때문에 행정거리와 속도에 한계가 있다.
③ 과부하 방지가 불가능하다.
④ 균형추를 사용하지 않기 때문에 모터의 출력과 소비전력이 크다.

> **해설**
>
> **유압식 승강기의 특징**
> - 기계실 배치가 자유로움
> - 건물 상부 하중이 없음
> - 행정거리가 한정됨
> - 속도가 느림

35 다음 중 조속기의 형태가 아닌 것은?

① 롤 세이프티(Roll Safety)형
② 디스크(Disk)형
③ 플라이 볼(Fly Ball)형
④ 카(Car)형

36 승강기의 파이널 리밋 스위치(Final Limit Switch)의 요건 중 틀린 것은?

① 작동 캠(CAM)은 금속으로 만든 것이어야 한다.
② 반드시 기계적으로 조작되는 것이 아니어야 한다.
③ 이 스위치가 동작하게 되면 권상전동기 및 브레이크 전원이 차단되어야 한다.
④ 이 스위치는 카가 승강로의 완충기에 충돌된 후에 작동되어야 한다.

> **해설**
>
> 파이널 리밋 스위치는 카가 종단층을 통과한 뒤 완충기에 충돌하기 전 전원이 엘리베이터 전동기 및 브레이크로부터 자동적으로 차단

정답 30 ④ 31 ① 32 ③ 33 ④ 34 ③ 35 ④ 36 ④

37 에스컬레이터(무빙워크 포함) 자체 점검 중 구동기 및 순환 공간에서 하는 점검에서 B(요주의)로 하여야 할 것이 아닌 것은?

① 전기안전장치의 기능을 상실한 것
② 운전, 유지보수 및 점검에 필요한 설비 이외의 것이 있는 것
③ 상부 덮개와 바닥면과의 이음부분에 현저한 차이가 있는 것
④ 구동기 고성 볼트 등의 상태가 불량한 것

> **해설**
> **점검 결과표 구분**
> A는 양호, B는 주의, C는 긴급수리

38 엘리베이터의 트랙션 머신에서 시브풀리의 홈 마모 상태를 표시하는 길이 H는 몇 mm 이하로 하는가?

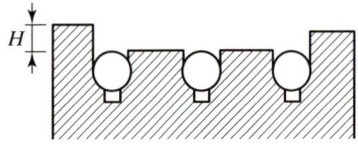

① 0.2
② 2
③ 3.5
④ 5

> **해설**
> 도르래 홈 마모 상태의 표시는 2mm 이하

39 전기식 엘리베이터의 자체 점검 중 카 위에서 하는 점검항목 장치가 아닌 것은?

① 카 위 안전스위치
② 도어잠금 및 접금해제장치
③ 비상구출구
④ 문닫힘 안전장치

> **해설**
> 문닫힘 안전장치는 카 내에서 점검

40 유압 승강기에 사용되는 안전 밸브(릴리프 밸브)의 설명으로 옳은 것은?

① 승강기의 속도를 자동으로 조절하는 역할을 한다.
② 압력배관이 과열되었을 때 작동하여 카의 낙하를 방지한다.
③ 카가 최상층으로 상승할 때 더 이상 상승하지 못하게 하는 안전장치이다.
④ 작동유의 압력이 정격압력 이상이 되었을 때 작동하여 압력이 상승하지 않도록 한다.

> **해설**
> **릴리프 밸브**
> • 상용압력의 125% 동작
> • 압력회로의 압력상승 방지
> • 전 부하압력의 140% 제한

41 다음 중 에스컬레이터의 일반구조에 대한 설명으로 틀린 것은?

① 일반적으로 경사도는 30° 이하로 하여야 한다.
② 핸드레일 속도가 디딤바닥과 동일한 속도를 유지하도록 한다.
③ 디딤바닥의 정격속도는 30m/min을 초과하여야 한다.
④ 물건이 에스컬레이터의 각 부분에 끼이거나 부딪히는 일이 없도록 안전한 구조이어야 한다.

> **해설**
> **경사도에 따른 속도**
> • 30° 이하 : 0.75m/s 이하
> • 30° 초과 35° 이하 : 0.5m/s 이하

정답 37 ① 38 ② 39 ④ 40 ④ 41 ③

42 승객용 엘리베이터에서 자동으로 동력에 의해 문을 닫는 방식에서의 문닫힘 안전장치의 기준에 부적합한 것은?

① 문닫힘 동작 시 사람 또는 물건이 끼일 때 문이 반전하여 열려야 한다.
② 문닫힘 안전장치의 연결전선이 끊어지면 문이 반전하여 닫혀야 한다.
③ 문닫힘 안전장치의 종류에는 세이프티 슈, 광전장치, 초음파장치 등이 있다.
④ 문닫힘 안전장치는 카 문이나 승강장 문에 설치되어야 한다.

> **해설**
> 문닫힘 안전장치의 전선이 단선되면, 문이 열려 있어야 엘리베이터가 운전하지 못함

43 승강기에 설치할 방호장치가 아닌 것은?

① 가이드레일
② 조속기
③ 출입문 인터로크
④ 파이널 리밋 스위치

> **해설**
> 가이드레일은 방호장치가 아님

44 레일을 싸고 있는 모양의 클램프와 레일 사이에 강체와 가까이 롤러를 물려서 정지시키는 비상정지장치의 종류는?

① 즉시 자동형 비상정지장치
② 플렉시블 가이드 클램프형 비상정지장치
③ 플렉시블 웨지 클램프형 비상정지장치
④ 점차 자동형 비상정지장치

> **해설**
> **순간식 비상정지장치**
> 레일을 싸고 있는 모양의 클램프와 레일 사이에 강체와 가까이 롤러를 물려서 정지시키는 방식

45 전기식 엘리베이터 자체 점검항목 중 점검주기가 가장 긴 것은?

① 비상정지장치 스위치의 기능상실 유무 확인
② 권상기 감속 기어의 윤활유(Oil) 누설 유무 확인
③ 송장버튼의 손상 유무 확인
④ 이동케이블의 손상 유무 확인

46 T형 가이드레일의 규격은 마무리 가공 전 소재의 ( )m당 중량을 반올림한 정수에 'K 레일'을 붙여서 호칭한다. 빈칸에 맞는 것은?

① 1
② 2
③ 3
④ 4

> **해설**
> 문제 9번 해설 참조

47 유도 전동기의 속도를 변화시키는 방법이 아닌 것은?

① 슬립 s를 변화시킨다.
② 극수 p를 변화시킨다.
③ 주파수 f를 변화시킨다.
④ 용량을 변화시킨다.

> **해설**
> **유도 전동기의 회전자 속도**
> $N = N_s(1-s) = \dfrac{120f}{p}(1-s)[\text{rpm}]$
> 여기서, s : 슬립
> $\qquad N_s$: 동기속도
> $\qquad p$: 극수
> $\qquad f$: 주파수

정답 42 ② 43 ① 44 ① 45 ④ 46 ① 47 ④

48 "회로망에서 임의의 접속점에 흘러 들어오고 흘러 나가는 전류의 대수합은 0이다."라는 법칙은?

① 키르히호프의 법칙 ② 줄의 법칙
③ 가우스의 법칙 ④ 쿨롱의 법칙

해설
- 키르히호프의 전류 법칙(KCL) : 회로망 내 접속점의 유출입 전류의 합은 0
- 키르히호프의 전압 법칙(KVL) : 폐회로 내에서 기전력의 합은 전압강하의 총합과 동일

49 유도 전동기에서 슬립이 1이면 전동기는 어느 상태인가?

① 유도 전동기가 동기속도로 회전한다.
② 유도 전동기가 전부하 운전 상태이다.
③ 유도 전동기가 정지 상태이다.
④ 유도 제동기의 역할을 한다.

해설
유도 전동기의 슬립 상태
- 정상 운전 시 : $0 < s < 1$
- 무부하 운전 시 : $s = 0$
- 정지 시 : $s = 1$

50 백열전등에 100V의 전압을 가하면 0.2A의 전류가 흐른다. 이 전등의 소비전력은 몇 W인가? (단, 부하의 역률은 1이다.)

① 10 ② 20
③ 30 ④ 40

해설
단상전력 $P = VI\cos\theta[W] = 100 \times 0.2 \times 1 = 20W$

51 웜 기어의 특징에 관한 설명으로 틀린 것은?

① 소음이 작다. ② 부하용량이 작다.
③ 가격이 비싸다. ④ 큰 감속비를 얻는다.

해설
웜 기어의 특징

장점	단점
• 부하용량이 큼 • 큰 감속비를 얻을 수 있음 • 소음과 진동이 적음 • 감속비가 크면 역전 방지 가능	• 미끄럼이 크고 교환성이 없음 • 진입각이 작으면 효율이 낮음 • 웜 휠은 연삭할 수 있음 • 추력이 발생 • 가격이 고가 • 웜 휠의 정도 측정이 곤란

52 대형 직류 전동기의 토크를 측정하는 데 가장 적당한 방법은?

① 와전류전동기 ② 프로니 브레이크법
③ 전기동력계 ④ 반환부하법

53 다음 설명 중 링크의 특징이 아닌 것은?

① 경쾌한 운동과 동력의 마찰손실이 크다.
② 전동이 매우 확실하다.
③ 제작이 용이하다.
④ 복잡한 운동을 간단한 장치로 할 수 있다.

해설
링크(Link)
- 막대를 핀으로 연결하고 회전할 수 있도록 만든 기구
- 크랭크, 레버, 슬라이더, 고정부

54 다음 중 OR 회로의 설명으로 옳은 것은?

① 입력신호가 모두 '0'이면 출력신호에 '1'이 됨
② 입력신호가 모두 '0'이면 출력신호에 '0'이 됨
③ 입력신호가 '1'과 '0'이면 출력신호에 '0'이 됨
④ 입력신호가 '0'과 '1'이면 출력신호에 '0'이 됨

> [해설]

OR 회로(논리합)
- 하나 이상의 입력(1)이 있을 때 출력(1)이 나타나는 회로
- 시퀀스의 병렬 스위치 회로와 동일
- 논리식 : $X = A + B$
- 논리기호

입력		출력
A	B	X
0	0	0
0	1	1
1	0	1
1	1	1

55 변형률이 가장 큰 것은?

① 비례한도 ② 인장 최대하중
③ 탄성한도 ④ 항복점

> [해설]

인장 최대하중은 인장하중시험에서 최대하중이므로 문제의 보기 중 변형률이 가장 큼

56 재료에 하중이 작용하면 재료를 구성하는 원자 사이에서 위치의 변화가 일어나고, 그 내부에 응력이 생기며, 외적으로는 변형이 나타난다. 이 변형량과 원치수와의 비를 변형률이라 하는데, 변형률의 종류가 아닌 것은?

① 전단변형률 ② 가로변형률
③ 세로변형률 ④ 중량변형률

> [해설]

변형률
변형된 길이와 원래 길이와의 비

변형률의 종류
가로변형률, 세로변형률, 전단변형률

57 진공 중에서 m[Wb]의 자극으로부터 나오는 총자력선의 수는 어떻게 표현되는가?

① $\dfrac{m}{4\pi\mu_0}$ ② $\dfrac{m}{\mu_0}$
③ $\mu_0 m$ ④ $\mu_0 m^2$

> [해설]

자기력선
- $N = \dfrac{m}{\mu} = \dfrac{m}{\mu_0 \cdot \mu_s} = \dfrac{m}{\mu_0}$ [개]
- 진공 중의 투자율 $\mu_0 = 4\pi \times 10^{-7}$ [H/m]
- 비투자율 $\mu_s =$ 진공, 공기일 때는 1
- 투자율 $\mu = \mu_0 \times \mu_s$

58 주 전원이 380V인 엘리베이터에서 110V 전원을 사용하고자 가압 트랜스를 사용하던 중 트랜스가 소손되었다. 원인 규명을 위해 회로시험기를 사용하여 전압을 확인하고자 할 경우 회로시험기의 전압 측정범위 선택 스위치의 최초선택 위치로 옳은 것은?

① 회로시험기의 110V 미만
② 회로시험기의 110V 이상 220V 미만
③ 회로시험기의 220V 이상 380V 미만
④ 회로시험기의 가장 큰 범위

> [해설]

회로시험기의 전압 측정 시 회로시험기의 최대측정전압을 선택하고 측정

59 2진수 001101과 100101을 더하면 합은 얼마인가?

① 101010 ② 110010
③ 011010 ④ 110100

> [해설]

$$\begin{array}{r} 001101 \\ +100101 \\ \hline 110010 \end{array} \quad \therefore 110010_{(2)}$$

정답 55 ② 56 ④ 57 ② 58 ④ 59 ②

60 다음 중 전압계에 대한 설명으로 옳은 것은?

① 부하와 병렬로 연결한다.
② 부하와 직렬로 연결한다.
③ 전압계는 극성이 없다.
④ 교류전압계에는 극성이 있다.

> **해설**
> - 전압계 : 부하와 병렬접속
> - 전류계 : 부하와 직렬접속

정답 60 ①

2015년 5회 기출문제

01 조속기에 관한 사항으로 틀린 것은?

① 조속기 로프의 공칭직경은 8mm 이상이어야 한다.
② 조속기에는 비상정지장치의 작동과 일치하는 회전 방향이 표시되어야 한다.
③ 조속기는 조속기 용도로 설계된 와이어로프에 의해 구동되어야 한다.
④ 조속기 로프 폴리의 피치 직경과 조속기 로프의 공칭직경 사이의 비는 30 이상이어야 한다.

해설

조속기(과속조절기)
- 정격속도의 115%
- 로프 공칭직경이 6mm 이상
- 공칭직경비 30 이상
- 안전율 8 이상

02 전기식 엘리베이터 기계실의 구조에서 구동기의 회전부품 위로 몇 m 이상의 유효 수직거리가 있어야 하는가?

① 0.2 ② 0.3
③ 0.4 ④ 0.5

해설

기계실 치수
- 작업구역 유효 높이 : 2.1m 이상
- 움직이는 부품 : 0.5×0.6m 이상
- 이동통로 유효 높이 : 1.8m 이상
- 회전부품 위 유효 수직거리 : 0.3m 이상
- 0.5m를 초과하는 바닥 단차 : 계단, 발판 설치

03 균형추의 중량을 결정하는 계산식은?(단, 여기서 L은 정격하중, F는 오버밸런스율이다.)

① 균형추의 중량=카 자체 하중+$(L \cdot F)$
② 균형추의 중량=카 자체 하중×$(L \cdot F)$
③ 균형추의 중량=카 자체 하중+$(L+F)$
④ 균형추의 중량=카 자체 하중+$(L-F)$

해설

균형추의 무게
카 자체 하중+$(L \times F)$
   여기서, L : 정격적재하중
         F : 오버밸런스율

04 승강기가 최하층을 통과했을 때 주전원을 차단시켜 승강기를 정지시키는 것은?

① 완충기   ② 비상정지장치
③ 조속기   ④ 파이널 리밋 스위치

해설

파이널 리밋 스위치(FLS)
- 리밋 스위치 고장 시 카가 승강로 최상 또는 최하층을 지나쳐 상하부 충돌을 방지하기 위해 설치
- 카의 주행 방향 기준으로 리밋 스위치 후단에 설치
- 하부 리밋 스위치는 카가 완충기에 충돌하기 전에 검출해야 함

05 엘리베이터의 정격속도 계산 시 무관한 항목은?

① 감속비   ② 편향도르래
③ 권상도르래의 직경 ④ 전동기 회전수

해설

엘리베이터의 정격속도
$V = \dfrac{\pi DN}{1,000} \cdot i \, [\text{m/min}]$
   여기서, D : 권상기 도르래의 지름(mm)
         N : 전동기 회전수(rpm)
         i : 감속비

정답 01 ① 02 ② 03 ① 04 ④ 05 ②

06 엘리베이터용 도어머신에 요구되는 성능이 아닌 것은?

① 가격이 저렴할 것
② 보수가 용이할 것
③ 작동이 원활하고 정숙할 것
④ 기동횟수가 많으므로 대형일 것

해설

도어머신 요구조건
- 작은 소음
- 소형 경량
- 보수 용이
- 가격 저렴

07 여러 층으로 배치되어 있는 고정된 주차구획에 아래, 위로 이동할 수 있는 운반기에 의하여 자동차를 자동으로 운반 이동하여 주차하도록 설계한 주차장치는?

① 2단식
② 승강기식
③ 수직순환식
④ 승강기슬라이드식

해설

승강기식 주차장
승강기와 같이 위아래로 이동하여 주차하는 방식

08 다음 중 도어 시스템의 종류가 아닌 것은?

① 2짝 문 상하열기 방식
② 2짝 문 중앙열기(CO) 방식
③ 2짝 문 가로열기(2S) 방식
④ 가로열기와 상하열기 겸용 방식

해설

도어 시스템의 종류
- 중앙개폐 방식 : CO(Center Open)
- 가로개폐 방식 : S(Side Open)
- 상하개폐 방식 : 2UP(DN)

09 전기식 엘리베이터의 속도에 의한 분류 방식 중·고속엘리베이터의 기준은?

① 2m/s 이상
② 2m/s 초과
③ 3m/s 이상
④ 4m/s 초과

해설

승강기 속도 분류
- 고속엘리베이터 : 4m/s 초과(유지관리업 등록기준)
- 중저속엘리베이터 : 4m/s 이하(유지관리업 등록기준)
- 소방활동 목적의 비상용 승강기에 대한 속도 기준은 1m/s 이상

10 에스컬레이터의 구동체인이 규정치 이상으로 늘어났을 때 일어나는 현상은?

① 안전레버가 작동하여 브레이크가 작동하지 않는다.
② 안전레버가 작동하여 하강은 되나 상승은 되지 않는다.
③ 안전레버가 작동하여 안전회로 차단으로 구동되지 않는다.
④ 안전레버가 작동하여 무부하 시에는 구동되나 부하 시에는 구동되지 않는다.

해설

구동체인이 늘어났을 때 구동체인 안전장치가 동작하여 전원을 차단하고 정지

11 승강기 정밀안전검사 시 과부하 방지장치의 작동치는 정격 적재하중의 몇 %를 권장치로 하는가?

① 5
② 10
③ 15
④ 20

해설

과부하 감지장치
- 정격하중의 10%(최소 75kg) 검출
- 운행 시 무효화
- 시각 및 음향으로 경보

정답 06 ④ 07 ② 08 ④ 09 ④ 10 ③ 11 ②

12 사이리스터의 점호각을 바꿈으로써 회전수를 제어하는 것은?

① 귀환제어
② 일단속도제어
③ 주파수변환제어
④ 정지레오나드제어

해설
교류(AC) 귀환 속도제어 방식
- 제어속도와 실제속도 비교
- SCR 점호각 제어

13 와이어로프 가공 방법 중 효과가 가장 우수한 것은?

①
②
③
④

14 실린더에 이물질이 흡입되는 것을 방지하기 위하여 펌프의 흡입 측에 부착하는 것은?

① 더스트와이퍼
② 사일런서
③ 스트레이너
④ 필터

해설
이물질 유입 방지
- 펌프 흡입 측 : 스트레이너
- 압력배관 : 라인필터

15 직류 가변전압식 엘리베이터에서는 권상전동기에 직류 전원을 공급한다. 필요한 발전기 용량은 약 몇 kW인가?(단, 권상전동기의 효율은 80%, 1시간 정격은 연속정격의 56%, 엘리베이터용 전동기의 출력은 20kW이다.)

① 11
② 14
③ 17
④ 20

해설
$P = \dfrac{20}{0.8} \times 0.56 = 14\text{kW}$

16 교류 엘리베이터의 제어 방식이 아닌 것은?

① 교류 귀환 전압제어 방식
② 교류 1단 속도제어 방식
③ 워드 레오나드 방식
④ VVVF 제어 방식

해설
교류(AC) 속도제어
- 교류 1단 제어
- 교류 2단 제어
- 귀환제어
- VVVF제어

17 카 비상정지장치의 작동을 위한 조속기는 정격속도의 몇 % 이상의 속도에서 작동해야 하는가?

① 105
② 110
③ 115
④ 120

해설
조속기 기능
- 카의 속도 검출
- 속도 115% 이상 동작
- 카의 속도 및 가속도 검출
- 비상정지장치 동작

18 간접식 유압 엘리베이터의 특징으로 틀린 것은?

① 실린더의 점검이 용이하다.
② 비상정지장치가 필요하지 않다.
③ 승강로는 실린더를 수용할 부분만큼 더 커지게 된다.
④ 실린더를 설치하기 위한 보호관이 필요하지 않다.

해설
유압 엘리베이터 특징

구분	직접식	간접식
비상정지장치	불필요	필요
보호관	필요(지중시설)	불필요
실린더 점검	어려움(지중시설)	쉬움
승강로 면적	작음(지중시설)	큼
부하에 의한 카 바닥 빠짐	적음	많음

정답 12 ① 13 ① 14 ③ 15 ② 16 ③ 17 ③ 18 ②

19 전기기기의 외함 등이 절연이 나빠져서 전류가 누설되어도 감전사고의 위험이 적도록 하기 위해서는 어떤 조치를 하여야 하는가?

① 접지를 한다.
② 도금을 한다.
③ 퓨즈를 설치한다.
④ 영상변류기를 설치한다.

> 해설
> 충전부 누설전류에 의한 감전사고 방지를 위해 접지공사(보호도체)를 해야 함

20 재해 누발자의 유형이 아닌 것은?

① 상황성 누발자 ② 미숙성 누발자
③ 습관성 누발자 ④ 자발성 누발자

> 해설
> **재해 누발자의 유형**
> • 미숙성 누발자   • 상황성 누발자
> • 습관성 누발자   • 소질성 누발자

21 카 내에 갇힌 사람들이 외부와 연락할 수 있는 장치는?

① 차임벨   ② 인터폰
③ 위치표시램프 ④ 리밋 스위치

> 해설
> 인터폰은 긴급상황 시 외부와 연락할 수 있음

22 추락에 의한 위험 방지 중 유의사항으로 틀린 것은?

① 승강로 내 작업 시에는 작업공구, 부품 등이 낙하하여 다른 사람을 해하지 않도록 할 것
② 카 상부 작업 시 중간층에는 균형추의 움직임에 주의하여 충돌하지 않도록 할 것
③ 카 상부 작업 시에는 신체가 카 상부 보호대를 넘지 않도록 하며 로프를 잡을 것
④ 승강장 도어 키를 사용하여 도어를 개방할 때는 몸의 중심을 뒤에 두고 개방하여 반드시 카 유무를 확인하고 탑승할 것

> 해설
> ③ 카 상부 작업 시에는 로프를 잡으면 안 됨

23 안전보호기구의 점검, 관리 및 사용 방법으로 틀린 것은?

① 청결하고 습기가 없는 장소에 보관한다.
② 한 번 사용한 것은 재사용을 하지 않도록 한다.
③ 보호구는 항상 세척하고 완전히 건조시켜 보관한다.
④ 적어도 한 달에 1회 이상 책임 있는 감독자가 점검한다.

> 해설
> **안전보호기구의 점검 및 관리**
> • 보호기구는 세척하고 건조시켜서 보관
> • 한 달에 1회 이상 감독자가 점검

24 작업장에서 작업복을 착용하는 가장 큰 이유는?

① 방한   ② 복장 통일
③ 작업능률 향상 ④ 작업 중 위험 감소

> 해설
> 작업복을 착용하여 작업 중 위험을 감소시킴

25 재해 원인 중 생리적인 원인은?

① 작업자의 피로   ② 작업자의 무지
③ 안전장치의 고장 ④ 안전장치 사용의 미숙

정답 19 ① 20 ④ 21 ② 22 ③ 23 ② 24 ④ 25 ①

26 기계 운전 시 기본안전수칙이 아닌 것은?

① 작업 범위 이외의 기계는 허가 없이 사용한다.
② 방호장치는 유효 적절히 사용하며, 허가 없이 무단으로 떼어놓지 않는다.
③ 기계가 고장이 났을 때에는 정지, 고장 표시를 반드시 기계에 부착한다.
④ 공동작업을 할 경우 시동할 때는 남에게 위험이 없도록 확실한 신호를 보내고 스위치를 넣는다.

해설
작업 범위 이외의 기계는 허가 없이 사용할 수 없음

27 승강기 보수작업 시 승강기의 카와 건물의 벽 사이에 작업자가 끼인 재해의 발생 형태에 의한 분류는?

① 협착   ② 접촉
③ 방심   ④ 전도

해설
협착
작업자의 신체 일부가 동작부 틈새에 말려든(끼인) 상태의 경우

28 감전 상태에 있는 사람을 구출할 때의 행위로 틀린 것은?

① 즉시 잡아당긴다.
② 전원 스위치를 내린다.
③ 절연물을 이용하여 떼어 낸다.
④ 변전실에 연락하여 전원을 끈다.

해설
감전 구호조치
• 전원을 차단하거나 또는 부도체로 떼어 놓기
• 구조대에 신고

29 운행 중인 에스컬레이터가 어떤 요인에 의해 갑자기 정지하였다. 점검해야 할 에스컬레이터 안전장치로 틀린 것은?

① 승객검출장치
② 스텝체인 안전장치
③ 스커트 가드 안전 스위치
④ 인렛(Inlet) 스위치

해설
승객검출장치는 이용자가 없을 때 정지시켜 에너지를 절약하는 설비

30 승강기 완성검사 시 에스컬레이터의 공칭속도가 0.5m/s인 경우 제동기의 정지거리는 몇 m 이어야 하는가?

① 0.20m에서 1.00m 사이
② 0.30m에서 1.30m 사이
③ 0.40m에서 1.50m 사이
④ 0.55m에서 1.70m 사이

해설
무부하 상태 에스컬레이터 및 하강 방향의 제동부하 정지거리

공칭속도	정지거리
0.5m/s	0.2~1m 사이
0.65m/s	0.3~1.3m 사이
0.75m/s	0.4~1.5m 사이

31 로프식 승용승강기에 대한 사항 중 틀린 것은?

① 카 내에는 외부와 연락되는 통화장치가 있어야 한다.
② 카 내에는 용도, 적재하중(최대 정원) 및 비상시 조치 내용의 표찰이 있어야 한다.
③ 카 바닥과 끝단과 승강로 벽 사이 거리는 150mm를 초과하여야 한다.
④ 카 바닥은 수평이 유지되어야 한다.

> **해설**
>
> 승강기 카 바닥 앞부분과 승강로 벽과의 수평거리는 125mm 이하

32 버니어 캘리퍼스를 사용한 와이어로프의 직경 측정 방법으로 알맞은 것은?

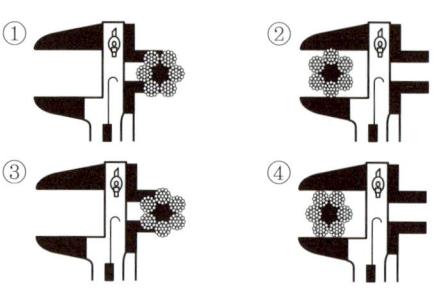

> **해설**
>
> 가장 높은 부분을 측정

33 전기식 엘리베이터 자체 점검항목 중 피트에서 완충기 점검항목 중 B로 하여야 할 것은?

① 전기안전장치가 불량한 것
② 스프링식에서는 스프링이 손상되어 있는 것
③ 완충기의 부착이 불확실한 것
④ 유압식으로 유량이 부족한 것

> **해설**
>
> ①, ②, ③은 C

34 조속기 로프의 공칭 지름(mm)은 얼마 이상이어야 하는가?

① 6   ② 8
③ 10   ④ 12

> **해설**
>
> **조속기(과속조절기)**
> • 정격속도의 115%
> • 로프 공칭직경이 6mm 이상

• 공칭직경비 30 이상
• 안전율 8 이상

35 가이드레일의 규격(호칭)에 해당되지 않는 것은?

① 8K   ② 13K
③ 15K   ④ 18K

> **해설**
>
> **가이드레일의 규격**
> • 레일 규격의 호칭 : 마무리 가공 전 소재의 1m당 중량
> • T형 레일의 공칭 규격 : 8, 13, 18, 24, 30K 등
> • 레일의 표준 길이 : 5m
>
> **가이드레일의 규격 및 단면도**
>
> | 구분 | 8K | 13K | 18K | 24K | 30K |
> |---|---|---|---|---|---|
> | A | 56 | 62 | 89 | 89 | 108 |
> | B | 78 | 89 | 114 | 127 | 140 |
> | C | 10 | 16 | 16 | 16 | 19 |
> | D | 26 | 32 | 38 | 50 | 51 |
> | E | 6 | 7 | 8 | 12 | 13 |
>
>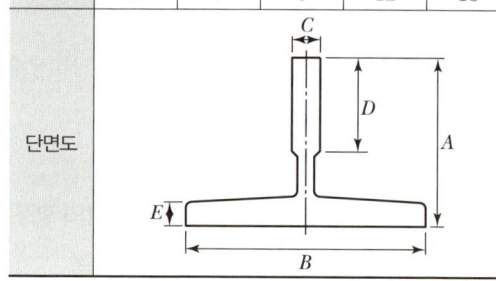
> 단면도

36 승강기 완성검사 시 전기식 엘리베이터에서 기계실의 조도는 기기가 배치된 바닥면에서 몇 lx 이상인가?

① 50   ② 100
③ 150   ④ 200

> **해설**
>
> **승강기 조도**
> • 카 지붕 위 1m : 50lx
> • 기계실 이동공간 : 50lx
> • 피트 바닥 위 1m : 50lx
> • 기계실 작업공간 : 200lx

정답 32 ② 33 ④ 34 ① 35 ③ 36 ④

37 유압식 엘리베이터의 제어 방식에서 펌프의 회전수를 소정의 상승속도에 상당하는 회전수로 제어하는 방식은?

① 가변전압 가변주파수 제어
② 미터인회로 제어
③ 블리드오프회로 제어
④ 유량 밸브 제어

> 해설
> 가변전압 가변주파수 제어 방식(VVVF)
> 인버터 제어 방식으로 전동기의 회전수를 피드백 받아 주파수와 전압을 조절하여 속도를 조절

38 베어링(Bearing)에 가압력을 주어 축에 삽입할 때 가장 올바른 방법은?

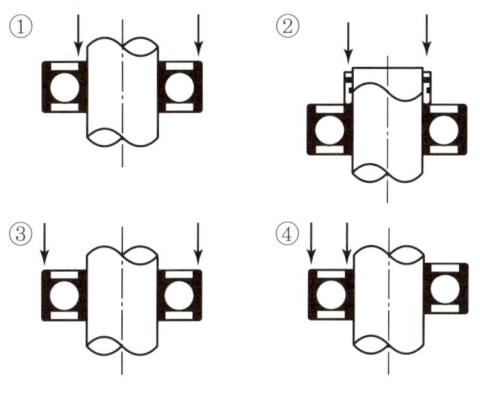

> 해설
> 축과 가장 가까운 대칭점에 압력을 주어 삽입

39 도어 시스템(열리는 방향)에서 S로 표현되는 것은?

① 중앙열기 문   ② 가로열기 문
③ 외짝 문 상하열기   ④ 2짝 문 상하열기

> 해설
> 도어 시스템의 종류
> • 중앙개폐 방식 : CO(Center Open)
> • 가로개폐 방식 : S(Side Open)
> • 상하개폐 방식 : 2UP(DN)

40 다음 중 카 상부에서 하는 검사가 아닌 것은?

① 비상구출구 스위치의 작동 상태
② 도어개폐장치의 설치 상태
③ 조속기 로프의 설치 상태
④ 조속기 로프 인장장치의 작동 상태

> 해설
> 조속기 로프 인장장치는 피트에서 검사

41 디스크형 조속기의 점검 방법으로 틀린 것은?

① 로프잡이의 움직임은 원활하며 지점부에 발청이 없고 급유 상태가 양호한지 확인한다.
② 레버가 올바른 위치에 설정되어 있는지 확인한다.
③ 플라이 볼을 손으로 열어서 각 연결 레버의 움직임에 이상이 없는지 확인한다.
④ 시브 홈의 마모를 확인한다.

> 해설
> 플라이 볼은 플라이 볼형 조속기의 부품에 해당

42 감속기의 기어 치수가 제대로 맞지 않을 때 일어나는 현상이 아닌 것은?

① 기어의 강도에 악영향을 준다.
② 진동 발생의 주요 원인이 된다.
③ 카가 전도할 우려가 있다.
④ 로프의 마모가 현저히 크다.

43 전기식 엘리베이터 자체 점검 중 피트에서 하는 점검항목에서 과부하 감지장치에 대한 점검 주기(회/월)는?

① 1/1   ② 1/3
③ 1/4   ④ 1/6

> 해설
> 과부하 감지장치는 1개월에 1회 주기로 점검

정답 37 ① 38 ② 39 ② 40 ④ 41 ③ 42 ④ 43 ①

44 도르래의 로프홈에 언더컷(Under Cut)을 하는 목적은?

① 도르래의 경량화 ② 윤활 용이
③ 마찰계수 향상 ④ 로프의 중심 균형

해설
언더컷을 사용하여 도르래의 마찰계수를 올려 슬립을 방지

45 비상용 엘리베이터의 운행속도는 몇 m/min 이상으로 하여야 하는가?

① 30 ② 45
③ 60 ④ 90

해설
승강기 속도 분류
- 고속엘리베이터 : 4m/s 초과
- 비상용 엘리베이터 : 1m/s 이상

46 에스컬레이터의 스텝 폭이 1m이고 공칭속도가 0.5m/s인 경우 수송능력(명/h)은?

① 5,000 ② 5,500
③ 6,000 ④ 6,500

해설
난간 폭별 최대 수송능력

디딤판 폭 (m)	공칭속도 v(m/s)		
	0.5	0.65	0.75
0.6	3,600명/h	4,400명/h	4,900명/h
0.8	4,800명/h	5,900명/h	6,600명/h
1	6,000명/h	7,300명/h	8,200명/h

47 유도 전동기의 속도제어법이 아닌 것은?

① 1차 주파수제어법 ② 1차 계자제어법
③ 2차 저항제어법 ④ 2차 여자제어법

해설
유도 전동기의 속도제어
- 농형 : 주파수 제어, 극수 제어, 전압 제어, VVVF
- 권선형 : 2차 저항제어, 2차 여자제어

48 그림과 같이 자기장 안에서 도선에 전류가 흐를 때, 도선에 작용하는 힘의 방향은?(단, 전선 가운데 점 표시는 전류의 방향을 나타낸다.)

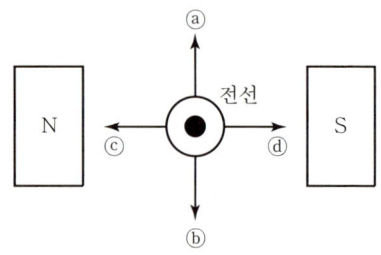

① ⓐ 방향 ② ⓑ 방향
③ ⓒ 방향 ④ ⓓ 방향

해설
플레밍의 왼손법칙
- 엄지 : 힘(F)
- 검지 : 자속(B)
- 중지 : 전류(I)

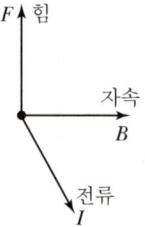

49 6극, 50Hz의 3상 유도 전동기의 동기속도(rpm)는?

① 500 ② 1,000
③ 1,200 ④ 1,800

해설
동기속도
$N_s = \dfrac{120f}{p} = \dfrac{120}{6} \times 50 = 1,000\mathrm{rpm}$

정답 44 ③ 45 ③ 46 ③ 47 ② 48 ① 49 ②

50 다음 중 역률이 가장 좋은 단상 유도 전동기로서 널리 사용되는 것은?

① 분상 기동형 ② 반발 기동형
③ 콘덴서 기동형 ④ 셰이딩 코일형

해설
콘덴서 기동형 전동기는 역률이 우수

51 $Q[C]$의 전하에서 나오는 전기력선의 총수는?

① Q ② εQ
③ $\dfrac{\varepsilon}{Q}$ ④ $\dfrac{Q}{\varepsilon}$

해설
전기력선의 총수
- $N = \dfrac{Q}{\varepsilon}$ 개 $= \dfrac{Q}{\varepsilon_0 \cdot \varepsilon_s}$ 개
- 진공 중의 유전율 $\varepsilon_0 = 8.85 \times 10^{-12}$ F/m
- 비유전율 ε_s = 진공, 공기 중에서는 1

52 그림에서 지름 400mm의 바퀴가 원주 방향으로 25kg의 힘을 받아 200rpm으로 회전하고 있다면, 이때 전달되는 동력은 몇 kg·m/sec인가? (단, 마찰계수는 무시한다.)

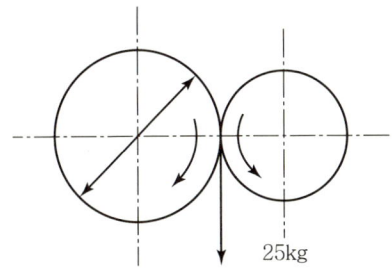

① 10.47 ② 78.5
③ 104.7 ④ 785

해설
$W = F \cdot S$[kg·m/s]
이동거리 $= 2 = 2 \times 0.2 = 1.25$m
회전수 $n = \dfrac{210\,\text{rpm}}{60\,\text{s}} = 3.33\,\text{rps}$
총거리는 $1.25\text{m} \times 3.33\,\text{rps} = 4.2\text{m}$
∴ 힘 $W = F \cdot S = 25\text{kg} \times 4.2\text{m} = 105\text{kg} \cdot \text{m/s}$

53 다음 중 다이오드의 순 방향 바이어스 상태를 의미하는 것은?

① P형 쪽에 (−), N형 쪽에 (+) 전압을 연결한 상태
② P형 쪽에 (+), N형 쪽에 (−) 전압을 연결한 상태
③ P형 쪽에 (−), N형 쪽에도 (−) 전압을 연결한 상태
④ P형 쪽에 (+), N형 쪽에도 (+) 전압을 연결한 상태

해설
PN 접합 다이오드는 P(+)−N(−)이 순 방향 바이어스 상태

54 요소를 측정하는 측정기구의 연결로 틀린 것은?

① 전류 : 암미터
② 전압 : 볼트미터
③ 길이 : 버니어 캘리퍼스
④ 접지저항 : 메거

해설
④ 메거 : 절연저항 측정기

55 교류회로에서 전압과 전류의 위상이 동상인 회로는?

① 저항만의 조합회로
② 저항과 콘덴서의 조합회로
③ 저항과 코일의 조합회로
④ 콘덴서만의 조합회로

정답 50 ③ 51 ④ 52 ③ 53 ② 54 ④ 55 ①

[해설]

교류회로
- R만의 회로 : 전압과 전류가 동상
- L만의 회로 : 전류가 전압보다 $\frac{\pi}{2}$[rad] 지상
- C만의 회로 : 전류가 전압보다 $\frac{\pi}{2}$[rad] 진상

56 아래의 회로도와 같은 논리기호는?

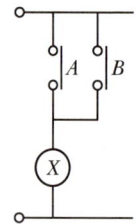

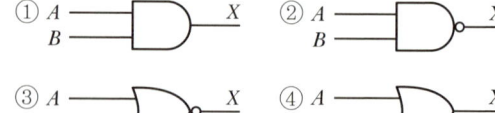

[해설]

OR 회로(논리합)
- 하나 이상의 입력(1)이 있을 때 출력(1)이 나타나는 회로
- 시퀀스의 병렬 스위치 회로와 같음
- 논리식 : $X = A + B$
- 논리기호

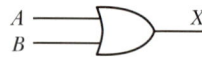

57 구름 베어링의 특징에 관한 설명으로 틀린 것은?

① 설치가 까다롭다.
② 마찰저항이 작다.
③ 고속회전이 가능하다.
④ 충격에 강하다.

[해설]

베어링의 특징

구분	미끄럼베어링	구름베어링
구조	간단	복잡
동력손실	큼	작음
마찰저항	큼	작음
소음 및 진동	작음	큼
보수점검	어려움	쉬움
회전속도	저속대응	고속대응
윤활성	나쁨	좋음
가격	저렴	고가

58 전선의 길이를 고르게 2배로 늘리면 단면적은 $\frac{1}{2}$로 된다. 이때의 저항은 처음의 몇 배가 되는가?

① 4배　　② 3배
③ 2배　　④ 1.5배

[해설]

저항

$R = \rho \dfrac{l}{A}[\Omega]$

여기서, l : 도선의 길이(m)
　　　　A : 도선의 단면적(m²)
　　　　ρ : 고유저항(Ω·m)

$R = \dfrac{2}{\frac{1}{2}} = 4$배

59 응력(Stress)의 단위는?

① kcal/h　　② %
③ kg·cm　　④ kg/cm²

[해설]

응력
외부에서 가해지는 힘에 대한 물체 내부의 저항력

$\sigma = \dfrac{P[\text{kg}]}{A[\text{cm}^2]}$

정답　56 ④　57 ④　58 ①　59 ④

60 동력을 수시로 이어주거나 끊어주는 데 사용할 수 있는 기계요소는?

① 클러치   ② 리벳
③ 키   ④ 체인

> **해설**
>
> **클러치**
> - 축의 회전운동을 통해 동력을 전달하는 장치
> - 속도 조절에 사용

2016년 1회 기출문제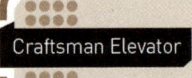

01 엘리베이터 도어 사이에 끼이는 물체를 검출하기 위한 안전장치로 틀린 것은?

① 광전장치 ② 도어클로저
③ 세이프티 슈 ④ 초음파장치

[해설]
문닫힘 안전장치 종류
- 세이프티 슈 : 접촉식
- 세이프티 레이 : 광전식(비접촉식)
- 초음파장치 : 초음파식(비접촉식)

02 압력맥동이 적고 소음이 작아서 유압식 엘리베이터에 주로 사용되는 펌프는?

① 기어 펌프 ② 베인 펌프
③ 스크루 펌프 ④ 플런저 펌프

[해설]
① 기어 펌프 : 기어의 맞물림을 사용하여 양변위로 유체를 펌핑
② 베인 펌프 : 케이싱에 접하여 베인(날개)을 회전시킴으로써 흡입한 액체를 토출 측으로 밀어내는 형식
④ 플런저 펌프 : 플런저가 실린더 내를 왕복운동함으로써 액체를 흡입하여 소요 압력으로 압축하여 토출하는 펌프

03 다음 중 주유를 해서는 안 되는 부품은?

① 균형추 ② 가이드 슈
③ 가이드레일 ④ 브레이크 라이닝

[해설]
브레이크 라이닝에는 주유(기름칠)를 해선 안 됨

04 중앙개폐 방식의 승강장 도어를 나타내는 기호는?

① 2S ② CO
③ UP ④ SO

[해설]
도어 시스템의 종류
- 중앙개폐 방식 : CO(Center Open)
- 가로개폐 방식 : S(Side Open)
- 상하개폐 방식 : 2UP(DN)

05 작동유의 압력맥동을 흡수하여 진동, 소음을 감소시키는 것은?

① 펌프 ② 필터
③ 사일런서 ④ 역류제지 밸브

06 기계식 주차설비를 할 때 승강기식인 경우 시브 또는 드럼의 직경은 와이어로프 직경의 몇 배 이상으로 하는가?

① 10 ② 15
③ 20 ④ 30

[해설]
승강기식 주차설비의 시브 또는 드럼의 직경은 와이어로프 직경의 30배 이상

07 트랙션 권상기의 특징으로 틀린 것은?

① 소요동력이 작다.
② 행정거리의 제한이 없다.
③ 주 로프 및 도르래의 마모가 일어나지 않는다.
④ 권과(지나치게 감기는 현상)를 일으키지 않는다.

> **해설**
> 시브와 로프의 마찰에 의해 마모 발생

08 아파트 등에서 주로 야간에 카 내의 범죄활동 방지를 위해 설치하는 것은?

① 파킹 스위치
② 슬로다운 스위치
③ 록다운 비상정지 장치
④ 각 층 강제 정지운전 스위치

09 정지 레오나드 방식 엘리베이터의 내용으로 틀린 것은?

① 워드 레오나드 방식에 비하여 손실이 적다.
② 워드 레오나드 방식에 비하여 유지보수가 어렵다.
③ 사이리스터를 사용하여 교류를 직류로 변환한다.
④ 모터의 속도는 사이리스터의 점호각을 바꾸어 제어한다.

> **해설**
> 정지 레오나드 방식은 보수가 쉬움

10 가장 먼저 누른 호출버튼에 응답하고 운전이 완료될 때까지 다른 호출에 응답하지 않는 운전 방식은?

① 승합 전자동식
② 단식 자동 방식
③ 카 스위치 방식
④ 하강 승합 전자동식

> **해설**
> 단식 자동식은 먼저 눌린 호출에만 응답함

11 유압식 엘리베이터의 구동 방식에 의한 분류로 틀린 것은?

① 직접식
② 간접식
③ 스크루식
④ 팬터그래프식

> **해설**
> 유압식 종류
> • 직접식
> • 간접식
> • 팬터그래프식

12 3상 유도 전동기의 회전 방향을 바꾸는 방법으로 옳은 것은?

① 3상 전원의 주파수를 바꾼다.
② 3상 전원 중 1상을 단선시킨다.
③ 3상 전원 중 2상을 단락시킨다.
④ 3상 전원 중 임의의 2상의 접속을 바꾼다.

> **해설**
> **전동기 회전 방향 변경 방법**
> 3개 단자 중 임의의 단자 2개를 서로 바꾸어 접속

13 에스컬레이터 각 난간의 꼭대기에는 정상운행 조건하에서 스텝, 팔레트 또는 벨트의 실제 속도와 관련하여 동일 방향으로 몇 %의 공차가 있는 속도로 움직이는 핸드레일이 설치되어야 하는가?

① 0~2
② 4~5
③ 7~9
④ 10~12

> **해설**
> **핸드레일 오차**
> 0%에서 +2%의 허용오차

14 에스컬레이터의 역회전 방지장치로 틀린 것은?

① 조속기
② 스커트 가드
③ 기계 브레이크
④ 구동체인 안전장치

> **해설**
> **스커트 가드**
> 에스컬레이터 내측 스텝에 인접한 부분으로 스테인리스 판으로 제작

정답 08 ④ 09 ② 10 ② 11 ③ 12 ④ 13 ① 14 ②

15 레일의 규격을 나타낸 그림이다. 빈칸 ⓐ, ⓑ에 맞는 것은 몇 kg인가?

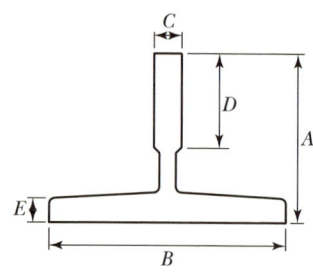

공칭 mm	8kg	ⓐ	18kg	ⓑ	30kg
A	56	62	89	89	108
B	78	89	114	127	140
C	10	16	16	16	19
D	26	32	38	50	51
E	6	7	8	12	13

① ⓐ : 10, ⓑ : 26   ② ⓐ : 12, ⓑ : 22
③ ⓐ : 13, ⓑ : 24   ④ ⓐ : 15, ⓑ : 27

해설

가이드레일의 규격
- 레일 규격의 호칭 : 마무리 가공 전 소재의 1m당 중량
- T형 레일의 공칭 규격 : 8, 13, 18, 24, 30K 등
- 레일의 표준 길이 : 5m

16 권상도르래, 풀리 또는 드럼과 현수 로프의 공칭직경 사이의 비는 스트랜드 수와 관계없이 얼마 이상이어야 하는가?

① 10   ② 20
③ 30   ④ 40

해설

현수(주) 로프
- 공칭직경이 8mm 이상
- 2가닥 이상
- 공칭직경비 40 이상
- 안전율 12 이상(체인 10 이상)
- 파단하중의 80% 이상

17 기계실을 승강로의 아래쪽에 설치하는 방식은?

① 정상부형 방식   ② 횡인 구동 방식
③ 베이스먼트 방식   ④ 사이드머신 방식

18 가이드레일의 사용 목적으로 틀린 것은?

① 집중하중 작용 시 수평하중 유지
② 비상정지장치 작동 시 수직하중 유지
③ 카와 균형추의 승강로 평면 내의 위치 규제
④ 카의 자중이나 화물에 의한 카의 기울어짐 방지

해설

가이드레일 설치 목적
- 승강로 내 위치 규제
- 카의 기울어짐 방지
- 비상정지 시 수직하중 유지

19 안전점검의 목적에 해당되지 않는 것은?

① 합리적인 생산관리
② 생산 위주의 시설 가동
③ 결함이나 불안전 조건의 제거
④ 기계·설비의 본래 성능 유지

해설

안전점검 목적
- 설비의 본래 성능 유지
- 결함이나 불안전 조건 제거
- 합리적 생산관리

20 전기식 엘리베이터의 자체 점검항목이 아닌 것은?

① 브레이크   ② 스커트 가드
③ 가이드레일   ④ 비상정지장치

해설

② 스커트 가드는 에스컬레이터의 자체 점검항목

정답 15 ③   16 ④   17 ③   18 ①   19 ②   20 ②

21 추락 방지를 위한 물적 측면의 안전대책과 관련이 없는 것은?

① 발판, 작업대 등은 파괴 및 동요되지 않도록 견고하고 안정된 구조이어야 한다.
② 안전교육훈련을 통해 작업자에게 추락의 위험을 인식시킴과 동시에 자율적 규제를 촉구한다.
③ 작업대와 통로는 미끄러지거나 발에 걸려 넘어지지 않게 평평하고 미끄럼 방지성이 뛰어난 것으로 한다.
④ 작업대와 통로 주변에는 난간이나 보호대를 설치해야 한다.

22 안전점검 체크리스트 작성 시의 유의사항으로 가장 타당한 것은?

① 일정한 양식으로 작성할 필요가 없다.
② 사업장에 공통적인 내용으로 작성한다.
③ 중점도가 낮은 것부터 순서대로 작성한다.
④ 점검표의 내용은 이해하기 쉽도록 표현하고 구체적이어야 한다.

[해설]
점검표 작성 시 고려사항
- 사업장에 적합한 독자적 내용으로 작성
- 일정 양식을 지정
- 위험성 높은 것부터 작성
- 실효성 있는 내용으로 구성
- 양식은 이해하기 쉽게 구성

23 산업재해의 발생원인 중 불안전한 행동이 많은 사고의 원인이 되고 있다. 이에 해당되지 않는 것은?

① 위험장소 접근
② 작업장소 불량
③ 안전장치 기능 제거
④ 복장, 보호구의 잘못된 사용

[해설]
안전사고의 직접 원인
- 불안전한 행동(인적 원인)
  - 안전장치를 제거, 무효화, 불안전한 상태 방치
  - 운전 중인 기계, 장치 등의 청소, 주유, 수리, 점검
  - 위험장소에의 접근
  - 잘못된 동작 자세
  - 복장, 보호구의 잘못 사용
  - 불안전한 조작
  - 안전조치의 불이행
- 불안전한 상태(물적 원인)
  - 기계 자체 결함
  - 방호장치 결함
  - 작업환경의 결함
  - 보호구 또는 복장의 결함
  - 자연적 불안전한 상태 지속
  - 생산공정 결함

24 높은 곳에서 전기작업을 위한 사다리작업을 할 때 안전을 위하여 절대 사용해서는 안 되는 사다리는?

① 니스(도료)를 칠한 사다리
② 셸락(Shellac)을 칠한 사다리
③ 도전성이 있는 금속제 사다리
④ 미끄럼 방지장치가 있는 사다리

[해설]
전기작업 시 부도체 재질의 사다리를 사용해야 함

25 재해의 직접 원인 중 작업환경의 결함에 해당하는 것은?

① 위험장소의 접근
② 작업순서의 잘못
③ 과다한 소음 발산
④ 기술적·육체적 무리

[해설]
문제 23번 해설 참조

26 화재 시 조치사항에 대한 설명 중 틀린 것은?

① 비상용 엘리베이터는 소화활동 등 목적에 맞게 동작시킨다.
② 빌딩 내에서 화재가 발생할 경우 반드시 엘리베이터를 이용해 비상탈출을 시켜야 한다.
③ 승강로에서의 화재 시 전선이나 레일의 윤활유가 탈 때 발생되는 매연에 질식되지 않도록 주의한다.
④ 기계실에서의 화재 시 카 내의 승객과 연락을 취하면서 주전원 스위치를 차단한다.

해설
② 탈출 시 엘리베이터를 이용하면 안 됨

27 전기화재의 원인으로 직접적인 관계가 되지 않는 것은?

① 저항　　② 누전
③ 단락　　④ 과전류

해설
① 전기저항은 전류의 흐름을 방해하는 정도를 나타내는 물리량으로서 전기화재와 직접적인 관계는 없음

28 다음에서 일상점검의 중요성이 아닌 것은?

① 승강기의 품질 유지
② 승강기의 수명 연장
③ 보수자의 편리 도모
④ 승강기의 안전한 운행

29 전기식 엘리베이터의 경우 기계실에서 검사하는 항목과 관계없는 것은?

① 전동기
② 인터로크 장치
③ 권상기의 도르래
④ 권상기의 브레이크 라이닝

해설
도어 인터로크는 도어 개폐 시 안전장치이며 승강장에서 검사

30 와이어로프의 구성요소가 아닌 것은?

① 소선　　② 심강
③ 킹크　　④ 스트랜드

31 기계실에 대한 설명으로 틀린 것은?

① 출입구 자물쇠의 잠금장치는 없어도 된다.
② 관리 및 검사에 지장이 없도록 조명 및 환기는 적절해야 한다.
③ 주 로프, 조속기 로프 등은 기계실 바닥의 관통부분과 접촉이 없어야 한다.
④ 권상기 및 제어반은 기둥 및 벽에서 보수관리에 지장이 없어야 한다.

해설
기계실 출입구에 잠금장치를 설치해야 함

32 고속 엘리베이터에 많이 사용되는 조속기는?

① 점차 작동형 조속기
② 롤 세이프티형 조속기
③ 디스크형 조속기
④ 플라이 볼형 조속기

해설
플라이 볼형(Fly Ball Governor)
- 조속기에 연결된 바벨 기어로 회전축을 변환하여 상부에 연결된 플라이 볼의 원심력으로 정지시키는 방식
- 검출 감도가 높고 고속의 엘리베이터에 많이 적용

33 유압식 엘리베이터에 있어서 정상적인 작동을 위하여 유지하여야 할 오일의 온도 범위는?

① 5~60℃ ② 20~70℃
③ 30~80℃ ④ 40~90℃

34 에스컬레이터(무빙워크 포함) 점검항목 및 방법 중 제어 패널, 캐비닛, 접촉기, 릴레이, 제어기 판에서 'B로 하여야 할 것'에 해당하지 않는 것은?

① 잠금장치가 불량한 것
② 환경 상태(먼지, 이물)가 불량한 것
③ 퓨즈 등에 규격 외의 것이 사용되고 있는 것
④ 접촉기, 릴레이 – 접촉기 등의 손모가 현저한 것

해설
③은 C에 해당

35 파워 유닛을 보수 · 점검 또는 수리할 때 사용하면 불필요한 작동유의 유출을 방지할 수 있는 밸브는?

① 사이런스 ② 체크 밸브
③ 스톱 밸브 ④ 릴리프 밸브

해설
스톱(차단) 밸브
- 유지 보수 시 사용
- 작동유 역류 방지
- 게이트 밸브

36 에스컬레이터의 경사도가 30° 이하일 경우에 공칭속도는?

① 0.75m/s 이하 ② 0.80m/s 이하
③ 0.85m/s 이하 ④ 0.90m/s 이하

해설
경사도에 따른 속도
- 30° 이하 : 0.75m/s 이하
- 30° 초과 35° 이하 : 0.5m/s 이하

37 웜 기어 오일(Worm Gear Oil)에 관한 설명으로 틀린 것은?

① 매월 교체하여야 한다.
② 반드시 지정된 것만 사용한다.
③ 규정된 수준을 유지하여야 한다.
④ 웜 기어가 분말이나 먼지로 혼탁해지면 교체한다.

해설
① 웜 기어 오일은 1년 정도마다 보충 · 교체

38 승강기 완성검사 시 전기식 엘리베이터의 카 문턱과 승강장 문턱 사이의 수평거리는 몇 mm 이하이어야 하는가?

① 35 ② 45
③ 55 ④ 65

39 유압식 엘리베이터의 피트 내에서 점검을 실시할 때 주의해야 할 사항으로 틀린 것은?

① 피트 내 비상정지스위치를 작동 후 들어갈 것
② 피트 내 조명을 점등한 후 들어갈 것
③ 피트에 들어갈 때는 승강로 문을 닫을 것
④ 피트에 들어갈 때 기름에 미끄러지지 않도록 주의할 것

해설
피트에 들어갈 때 승강로 문을 닫으면 안 됨

40 승강로에 관한 설명 중 틀린 것은?

① 승강로는 안전한 벽 또는 울타리에 의하여 외부 공간과 격리되어야 한다.
② 승강로는 화재 시 승강로를 거쳐서 다른 층으로 연소될 수 있도록 한다.
③ 엘리베이터에 필요한 배관 설비 외의 설비는 승강로 내에 설치하여서는 안 된다.

정답 33 ① 34 ③ 35 ③ 36 ① 37 ① 38 ① 39 ③ 40 ②

④ 승강로 피트 하부를 사무실이나 통로로 사용할 경우 균형추에 비상정지장치를 설치한다.

해설
승강로는 화재 시 연소의 통로를 제공하면 안 됨

41 전기식 엘리베이터의 자체 점검 중 피트에서 하는 점검항목 장치가 아닌 것은?

① 완충기
② 측면 구출구
③ 하부 파이널 리밋 스위치
④ 조속기 로프 및 기타의 당김 도르래

해설
구출구는 카 내부에서 할 수 있는 검사

42 전동 덤웨이터의 안전장치에 대한 설명 중 옳은 것은?

① 도어 인터로크 장치는 설치하지 않아도 된다.
② 승강로의 모든 출입구 문이 닫혀야만 카를 승강시킬 수 있다.
③ 출입구 문에 사람의 탑승금지 등의 주의사항은 부착하지 않아도 된다.
④ 로프는 일반 승강기와 같이 와이어로프 소켓을 이용한 체결을 하여야만 한다.

43 카 상부에서 행하는 검사가 아닌 것은?

① 완충기 점검 ② 주 로프 점검
③ 가이드 슈 점검 ④ 도어개폐장치 점검

해설
완충기는 피트에 위치함

44 전기식 엘리베이터의 가이드레일 설치에서 패킹(보강재)이 설치된 경우는?

① 가이드레일이 짧게 설치되어 보강할 경우
② 가이드레일 양 폭의 너비를 조정 작업할 경우
③ 레일브래킷의 간격이 필요 이상 한계를 초과하여 레일의 뒷면에 강재를 붙여서 보강하는 경우
④ 레일브래킷의 간격이 필요 이상 한계를 초과하여 레일의 앞면에 강재를 붙여서 보강하는 경우

45 에스컬레이터(무빙워크 포함)에서 6개월에 1회 점검하는 사항이 아닌 것은?

① 구동기의 베어링 점검
② 구동기의 감속 기어 점검
③ 중간부의 스텝 레일 점검
④ 핸드레일 시스템의 속도 점검

해설
④ 1개월에 1회 점검

46 에스컬레이터(무빙워크 포함)의 비상정지 스위치에 관한 설명으로 틀린 것은?

① 색상은 적색으로 하여야 한다.
② 상하 승강장의 잘 보이는 곳에 설치한다.
③ 버튼 또는 버튼 부근에는 '정지' 표시를 하여야 한다.
④ 장난 등에 의한 오조작 방지를 위하여 잠금장치를 설치하여야 한다.

해설
잠금장치를 설치하면 비상시 사용할 수 없으므로 설치 금지

47 체크 밸브(Non-Return Valve)에 관한 설명 중 옳은 것은?

① 하강 시 유량을 제어하는 밸브이다.
② 오일의 압력을 일정하게 유지하는 밸브이다.
③ 오일의 방향이 한쪽 방향으로만 흐르도록 하는 밸브이다.
④ 오일의 방향이 양 방향으로 흐르는 것을 제어하는 밸브이다.

해설
체크 밸브
- 이상현상 시 작동유 역류 방지
- 동작 시 카 정지

48 유도 전동기에서 동기속도 N_s와 극수 P의 관계로 옳은 것은?

① $N_s \propto P$
② $N_s \propto \dfrac{1}{P}$
③ $N_s \propto P^2$
④ $N_s \propto \dfrac{1}{P^2}$

해설
동기속도
$N_s = \dfrac{120f}{P}$ [rpm]

49 안전율의 정의로 옳은 것은?

① $\dfrac{허용응력}{극한 강도}$
② $\dfrac{극한 강도}{허용응력}$
③ $\dfrac{허용응력}{탄성한도}$
④ $\dfrac{탄성한도}{허용응력}$

50 직류발전기의 구조로서 3대 요소에 속하지 않는 것은?

① 계자
② 보극
③ 전기자
④ 정류자

51 평행판 콘덴서에 있어서 판의 면적을 동일하게 하고 정전용량은 반으로 줄이려면 판 사이의 거리는 어떻게 하여야 하는가?

① $\dfrac{1}{4}$로 줄인다.
② 반으로 줄인다.
③ 2배로 늘린다.
④ 4배로 늘린다.

해설
정전용량
$C = \varepsilon \dfrac{A}{l}$ [F]에서 $C \propto \dfrac{1}{l} = \dfrac{1}{2}$, $l = 2$배

52 정속도 전동기에 속하는 것은?

① 직권 전동기
② 분권 전동기
③ 차동복권 전동기
④ 가동복권 전동기

해설
직류기 정속도 전동기
분권 전동기, 타여자 전동기

53 높이 50mm의 둥근 봉이 압축하중을 받아 0.004의 변형률이 생겼다고 하면, 이 봉의 높이는 몇 mm인가?

① 49.80
② 49.90
③ 49.98
④ 49.99

해설
변형률
- 변형된 길이와 원래 길이와의 비
- 압축길이 = 50×0.004 = 0.2mm
- 총길이 = 50 − 0.2 = 49.8mm

54 측정계기의 오차 원인으로서 장시간의 통전 등에 의한 스프링의 탄성피로에 의하여 생기는 오차를 보정하는 방법으로 가장 알맞은 것은?

① 정전기 제거
② 자기 가열
③ 저항 접속
④ 영점 조정

정답 47 ③ 48 ② 49 ② 50 ② 51 ③ 52 ② 53 ① 54 ④

55 그림과 같은 회로의 역률은 약 얼마인가?

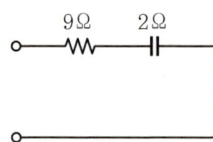

① 0.74　　② 0.80
③ 0.86　　④ 0.98

해설

역률

$\cos\theta = \dfrac{R}{Z} = \dfrac{R}{\sqrt{R^2+X_L^2}} = \dfrac{9}{\sqrt{9^2+2^2}} \fallingdotseq 0.98$

56 그림과 같은 논리기호의 논리식은?

① $X = \overline{A} + \overline{B}$　　② $X = \overline{A} \cdot \overline{B}$
③ $X = A \cdot B$　　④ $X = A + B$

해설

OR 회로(논리합)
- 하나 이상의 입력(1)이 있을 때 출력(1)이 나타나는 회로
- 시퀀스의 병렬 스위치 회로와 같음
- 논리식 : $X = A + B$
- 논리기호

57 전기기기에서 E종 절연의 최고 허용온도는 몇 ℃인가?

① 90　　② 105
③ 120　　④ 130

해설

절연물의 허용온도

절연물 종류	허용온도
Y	90℃
A	105℃
E	120℃
B	130℃
F	155℃
H	180℃
200	200℃
220	220℃
250	250℃

58 기어의 언더컷에 관한 설명으로 틀린 것은?

① 이의 간섭현상이다.
② 접촉 면적이 넓어진다.
③ 원활한 회전이 어렵다.
④ 압력각을 크게 하여 방지한다.

해설

언더컷을 방지하기 위해 기어의 이 높이를 줄이며 이로 인해 이 사이의 접촉 면적이 작아짐

59 기계 부품 측정 시 각도를 측정할 수 있는 기기는?

① 사인바　　② 옵티컬플랫
③ 다이얼 게이지　　④ 마이크로미터

60 직류 전동기의 회전수를 일정하게 유지하기 위하여 전압을 변화시킬 때 전압은 어디에 해당되는가?

① 조작량　　② 제어량
③ 목푯값　　④ 제어대상

2016년 2회 기출문제

01 엘리베이터용 트랙션식 권상기의 특징이 아닌 것은?

① 소요동력이 작다.
② 균형추가 필요 없다.
③ 행정거리에 제한이 없다.
④ 권과를 일으키지 않는다.

해설

트랙션식 권상기
• 견인비에 따른 균형추가 필요
• 균형추를 사용하여 동력이 작아짐
• 로프를 사용하므로 거리 제한이 없음

02 스텝 폭 0.8m, 공칭속도 0.75m/s인 에스컬레이터로 수송할 수 있는 최대 인원의 수는 시간당 몇 명인가?

① 3,600
② 4,800
③ 6,000
④ 6,600

해설

난간 폭별 최대 수송능력

디딤판 폭 (m)	공칭속도 v(m/s)		
	0.5	0.65	0.75
0.6	3,600명/h	4,400명/h	4,900명/h
0.8	4,800명/h	5,900명/h	6,600명/h
1	6,000명/h	7,300명/h	8,200명/h

03 카가 최상층 및 최하층을 지나쳐 주행하는 것을 방지하는 것은?

① 균형추
② 정지 스위치
③ 인터로크 장치
④ 리밋 스위치

해설

리밋 스위치
• 운행 시 최상·최하층을 지나치지 않도록 하는 장치
• 파이널 리밋 스위치 전 설치
• 카의 감속 및 정지 기능

04 소방용 엘리베이터의 정전 시 예비전원의 기능에 대한 설명으로 옳은 것은?

① 30초 이내에 엘리베이터 운행에 필요한 전력용량을 자동적으로 발생하여 1시간 이상 작동하여야 한다.
② 40초 이내에 엘리베이터 운행에 필요한 전력용량을 자동적으로 발생하여 1시간 이상 작동하여야 한다.
③ 60초 이내에 엘리베이터 운행에 필요한 전력용량을 자동적으로 발생하여 2시간 이상 작동하여야 한다.
④ 90초 이내에 엘리베이터 운행에 필요한 전력용량을 자동적으로 발생하여 2시간 이상 작동하여야 한다.

해설

소방용 승강기 기본 요건
• 폭 1,100mm, 깊이 1,400mm 이상
• 출입구 유효 폭은 800mm 이상
• 60초 이내에 가장 먼 층에 도착
• 운행속도는 1m/s 이상
• 비상구출문 0.5m×0.7m 이상
• 정전 시 60초 이내 전원 공급
• 비상전원은 2시간 이상 작동

정답 01 ② 02 ④ 03 ④ 04 ③

05 주차구획이 3층 이상으로 배치되어 있고 출입구가 있는 층의 모든 주차구획을 주차장치 출입구로 사용할 수 있는 구조로서 그 주차 구획을 아래 위 또는 수평으로 이동하여 자동차를 주차하도록 설계한 주차 장치는?

① 수평순환식 ② 다층순환식
③ 다단식 주차장치 ④ 승강기 슬라이드식

해설
다단식 주차설비는 주차공간을 3단 이상으로 적용

06 도어 인터로크에 관한 설명으로 옳은 것은?

① 도어 닫힘 시 도어 로크가 걸린 후, 도어 스위치가 들어가야 한다.
② 카가 정지하지 않는 층은 도어 로크가 없어도 된다.
③ 도어 로크는 비상시 열기 쉽도록 일반공구로 사용 가능해야 한다.
④ 도어 개방 시 도어 로크가 열리고, 도어 스위치가 끊어지는 구조이어야 한다.

해설
도어 인터로크
- 도어 로크 + 도어 스위치
- 승강장 도어가 열렸을 때는 카가 운행할 수 없으며, 카가 정지하지 않는 층에서는 전용 열쇠가 없으면 외부에서 도어를 열 수 없도록 하는 장치
- 도어 닫힘 시 도어 로크가 걸린 후 도어 스위치가 동작

07 승객이나 운전자의 마음을 편하게 해 주는 장치는?

① 통신장치
② 관제운전장치
③ 구출운전장치
④ BGM(Back Ground Music) 장치

08 조속기 로프의 공칭직경은 몇 mm 이상이어야 하는가?

① 6 ② 8
③ 10 ④ 12

해설
조속기(과속조절기)
- 정격속도의 115%
- 로프 공칭직경은 6mm 이상
- 공칭직경비 30 이상
- 안전율 8 이상

09 카 문턱과 승강장 문턱 사이의 수평거리는 몇 mm 이하이어야 하는가?

① 12 ② 15
③ 35 ④ 125

10 기계실에서 이동을 위한 공간의 유효 높이는 바닥에서부터 천장의 빔 하부까지 측정하여 몇 m 이상이어야 하는가?

① 1.2 ② 1.8
③ 2.0 ④ 2.5

해설
기계실 치수
- 작업구역 유효 높이 : 2.1m 이상
- 움직이는 부품 : 0.5×0.6m 이상
- 이동통로 유효 높이 : 1.8m 이상
- 회전부품 위 유효 수직거리 : 0.3m 이상
- 0.5m를 초과하는 바닥 단차 : 계단, 난간 설치

11 펌프의 출력에 대한 설명으로 옳은 것은?

① 압력과 토출량에 비례한다.
② 압력과 토출량에 반비례한다.
③ 압력에 비례하고, 토출량에 반비례한다.
④ 압력에 반비례하고, 토출량에 비례한다.

정답 05 ③ 06 ① 07 ④ 08 ① 09 ③ 10 ② 11 ①

12 엘리베이터를 3~8대 병설하여 운행관리하며 1개의 승강장 부름에 대하여 1대의 카가 응답하고 교통수단의 변동에 대하여 변경되는 조작 방식은?

① 군관리 방식
② 단식 자동 방식
③ 군승합 전자동식
④ 방향성 승합 전자동식

13 교류 2단 속도제어에서 가장 많이 사용되는 속도비는?

① 2 : 1   ② 4 : 1
③ 6 : 1   ④ 8 : 1

14 일반적으로 사용되고 있는 승강기의 레일 중 13K, 18K, 24K 레일 폭의 규격에 대한 사항으로 옳은 것은?

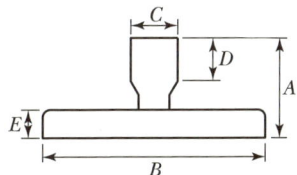

① 3종류 모두 같다.
② 3종류 모두 다르다.
③ 13K와 18K는 같고 24K는 다르다.
④ 18K와 24K는 같고 13K는 다르다.

해설

가이드레일의 규격

구분	8kg	13kg	18kg	24kg	30kg
A	56	62	89	89	108
B	78	89	114	127	140
C	10	16	16	16	19
D	26	32	38	50	51
E	6	7	8	12	13

15 엘리베이터의 속도가 규정치 이상이 되었을 때 작동하여 동력을 차단하고 비상정지를 작동시키는 기계장치는?

① 구동기   ② 조속기
③ 완충기   ④ 도어 스위치

해설

조속기 기능
• 카의 속도 검출
• 속도 115% 이상 동작
• 카의 속도 및 가속도 검출
• 비상정지장치 동작
• 자동동작 수동복귀

16 승객(공동주택)용 엘리베이터에 주로 사용되는 도르래 홈의 종류는?

① U홈   ② V홈
③ 실홈   ④ 언더컷 홈

17 가요성 호스 및 실린더와 체크 밸브 또는 하강 밸브 사이의 가요성 호스 연결장치는 전 부하 압력의 몇 배의 압력을 손상 없이 견뎌야 하는가?

① 2   ② 3
③ 4   ④ 5

해설

유압회로 장치는 부하 압력의 5배 압력을 견뎌야 함

18 에스컬레이터와 무빙워크의 일반적인 경사도는 각각 몇 ° 이하인가?

① 20°, 5°   ② 30°, 8°
③ 30°, 12°   ④ 45°, 20°

정답 12 ① 13 ② 14 ② 15 ② 16 ④ 17 ④ 18 ③

19 파괴검사 방법이 아닌 것은?

① 인장검사 ② 굽힘검사
③ 육안검사 ④ 경도검사

20 안전 작업모를 착용하는 주요 목적이 아닌 것은?

① 화상 방지
② 감전 방지
③ 종업원 표시
④ 비산물로 인한 부상 방지

21 전기재해의 직접적인 원인과 관련이 없는 것은?

① 회로 단락 ② 충전부 노출
③ 접속부 과열 ④ 접지판 매설

> 해설
> 접지판 매설은 지락(누전) 시 전류를 대지로 방류하기 위한 통로

22 사용전압 380V의 전동기를 사용하는 경우 접지공사는?

① 제1종 접지공사 ② 제2종 접지공사
③ 제3종 접지공사 ④ 특별 제3종 접지공사

> 해설
> KEC(한국전기설비규정)에 따라 2021년부터 종별 접지공사는 삭제됨

23 재해의 발생 과정에 영향을 미치는 것에 해당되지 않는 것은?

① 개인의 성격적 결함
② 사회적 환경과 신체적 요소
③ 불안전한 행동과 불안전한 상태
④ 개인의 성별·직업 및 교육의 정도

24 승강기시설 안전관리법의 목적은 무엇인가?

① 승강기 이용자의 보호
② 승강기 이용자의 편리
③ 승강기 관리주체의 수익
④ 승강기 관리주체의 편리

> 해설
> **승강기 안전관리법 목적**
> 승강기의 제조·수입 및 설치에 관한 사항과 승강기의 안전인증 및 안전관리에 관한 사항 등을 규정함으로써 승강기의 안전성을 확보하고, 승강기 이용자 등의 생명·신체 및 재산을 보호함을 목적으로 함

25 재해 조사의 목적으로 가장 거리가 먼 것은?

① 재해에 알맞은 시정책 강구
② 근로자의 복리후생을 위하여
③ 동종 재해 및 유사재해 재발 방지
④ 재해 구성요소를 조사, 분석, 검토하고 그 자료를 활용하기 위하여

26 감전과 전기화상을 입을 위험이 있는 작업에서 구비해야 하는 것은?

① 보호구 ② 구명구
③ 운동화 ④ 구급용구

> 해설
> 감전보호를 위해 보호구 착용 필수

정답 19 ③ 20 ③ 21 ④ 22 ④ 23 ④ 24 ① 25 ② 26 ①

27 감전에 의한 위험대책 중 부적합한 것은?

① 일반인 이외에는 전기기계 및 기구에 접촉 금지
② 전선의 절연피복을 보호하기 위한 방호조치가 있어야 함
③ 이동전선의 상호 연결은 반드시 접속기구를 사용할 것
④ 배선의 연결부분 및 나선부분은 전기절연용 접착테이프로 테이핑하여야 함

해설
일반인은 전기기계 접촉 금지

28 '엘리베이터 사고 속보'란 사고 발생 후 몇 시간 이내인가?

① 7시간　　　　② 9시간
③ 18시간　　　 ④ 24시간

해설
엘리베이터 사고 속보는 사고 발생 후 24시간 이내

29 에스컬레이터의 스커트 가드판과 스텝 사이에 인체의 일부나 옷, 신발 등이 끼었을 때 에스컬레이터를 정지시키는 안전장치는?

① 스텝체인 안전장치
② 구동체인 안전장치
③ 핸드레일 안전장치
④ 스커트 가드 안전장치

해설
스커트 가드 안전 스위치
스커트 가드판과 스텝 사이에 힘이 가해지면 안전 스위치가 작동

30 유압장치의 보수·점검 및 수리 등을 할 때 사용되는 장치로서 이것을 닫으면 실린더의 기름이 파워 유닛으로 역류하는 것을 방지하는 장치는?

① 제지 밸브　　　② 스톱 밸브
③ 안전 밸브　　　④ 럽쳐 밸브

해설
스톱(차단) 밸브
• 유지 보수 시 사용
• 작동유 역류 방지
• 게이트 밸브

31 피트 정지 스위치의 설명으로 틀린 것은?

① 이 스위치가 작동하면 문이 반전하여 열리도록 하는 기능을 한다.
② 점검자나 검사자의 안전을 확보하기 위해서는 작업 중 카의 움직임을 방지하여야 한다.
③ 수동으로 조작되고 스위치가 열리면 전동기 및 브레이크에 전원 공급이 차단되어야 한다.
④ 보수·점검 및 검사를 위해 피트 내부의 '정지' 위치로 두어야 한다.

해설
피트 정지 스위치
• 피트 내부로 보수점검 및 검사를 위하여 들어가기 전에 피트 정지 스위치를 정지 위치로 함으로써 작업 중 카가 움직이는 것을 방지
• 승강기의 전동기 및 제동기에 전력이 차단
• 수동조작 장치

32 유압식 엘리베이터의 카 문턱에는 승강장 유효 출입구 전폭에 걸쳐 에이프런이 설치되어야 한다. 수직면의 아랫부분은 수평면에 대해 몇 ° 이상으로 아래 방향을 향하여 구부러져야 하는가?

① 15°　　　　② 30°
③ 45°　　　　④ 60°

정답　27 ①　28 ④　29 ④　30 ②　31 ①　32 ④

> **해설**

에이프런 설치 기준
- 승강장 유효출입구 폭 이상
- 승강로 방향으로 60° 이상, 길이는 20mm 이상
- 수직 부분 높이는 0.75m 이상

33 도어에 사람의 끼임을 방지하는 장치가 아닌 것은?

① 광전장치 ② 세이프티 슈
③ 초음파장치 ④ 도어 인터로크

> **해설**

문닫힘 안전장치의 종류
- 세이프티 슈 : 접촉식
- 세이프티 레이 : 광전식(비접촉식)
- 초음파장치 : 초음파식(비접촉식)

34 승강기 정밀안전 검사기준에서 전기식 엘리베이터 주 로프의 끝 부분은 몇 가닥마다 로프소켓에 배빗(Babbitt) 채움을 하거나 체결식 로프소켓을 사용하여 고정하여야 하는가?

① 1가닥 ② 2가닥
③ 3가닥 ④ 5가닥

> **해설**

1가닥 1꼬임 피치 내에서 파단 수로 결정

35 정전으로 인하여 카가 층 중간에 정지될 경우 카를 안전하게 하강시키기 위하여 점검자가 주로 사용하는 밸브는?

① 체크 밸브
② 스톱 밸브
③ 릴리프 밸브
④ 하강용 유량제어 밸브

36 유압 펌프에 관한 설명 중 틀린 것은?

① 압력맥동이 커야 한다.
② 진동과 소음이 작아야 한다.
③ 일반적으로 스크루 펌프가 사용된다.
④ 펌프의 토출량이 크면 속도도 커진다.

> **해설**

압력맥동이 작아야 진동과 소음이 감소

37 유압식 엘리베이터의 자체 점검 시 피트에서 하는 점검항목 장치가 아닌 것은?

① 체크 밸브
② 램(플런저)
③ 이동케이블 및 부착부
④ 하부 파이널 리밋 스위치

> **해설**

① 체크 밸브는 기계실에서 점검 실시

38 전기식 엘리베이터 자체 점검 시 기계실, 구동기 및 풀리 공간에서 하는 점검항목 장치가 아닌 것은?

① 조속기 ② 권상기
③ 고정 도르래 ④ 과부하 감지장치

39 승강장에서 스텝 뒤쪽 끝부분을 황색 등으로 표시하여 설치되는 것은?

① 스텝체인 ② 데크 보드
③ 데마케이션 ④ 스커트 가드

> **해설**

데마케이션 마크
스텝 둘레에 황색선을 표시해 안전한 디딤 부분을 표시

40 전기식 엘리베이터 자체 점검 시 제어 패널, 캐비닛 접촉기, 릴레이 제어 기판에서 'B로 하여야 할 것'이 아닌 것은?

① 기판의 접촉이 불량한 것
② 발열, 진동 등이 현저한 것
③ 접촉기, 릴레이 – 접촉기 등의 손모가 현저한 것
④ 전기설비의 절연저항이 규정값을 초과하는 것

해설

①은 C에 해당

41 기계실에는 바닥면에서 몇 lx 이상을 비출 수 있는 영구적으로 설치된 전기조명이 있어야 하는가?

① 2
② 50
③ 100
④ 200

해설

승강기 조도
- 카 지붕 위 1m : 50lx
- 피트 바닥 위 1m : 50lx
- 기계실 이동공간 : 50lx
- 기계실 작업공간 : 200lx

42 콤에 대한 설명으로 옳은 것은?

① 홈에 맞물리는 각 승강장의 갈라진 부분
② 전기안전장치로 구성된 전기적인 안전시스템의 부분
③ 에스컬레이터 또는 무빙워크를 둘러싸고 있는 외부 측 부분
④ 스텝, 팔레트 또는 벨트와 연결되는 난간의 수직 부분

43 로프의 미끄러짐 현상을 줄이는 방법으로 틀린 것은?

① 권부각을 크게 한다.
② 카 자중을 가볍게 한다.
③ 가감속도를 완만하게 한다.
④ 균형체인이나 균형 로프를 설치한다.

해설

로프의 미끄러짐 방지 대책
- 권부각을 크게
- 가속 및 감속을 작게
- 균형체인 및 균형 로프 적용
- 큰 마찰계수 적용

44 균형체인과 균형 로프의 점검사항이 아닌 것은?

① 이상소음이 있는지 점검
② 이완 상태가 있는지 점검
③ 연결부위의 이상 마모가 있는지 점검
④ 양쪽 끝단은 카의 양측에 균등하게 연결되어 있는지 점검

45 고장 및 정전 시 카 내의 승객을 구출하기 위해 카 천장에 설치된 비상구출문에 대한 설명으로 틀린 것은?

① 카 천장에 설치된 비상구출문은 카 내부 방향으로 열리지 않아야 한다.
② 카 내부에서는 열쇠를 사용하지 않으면 열 수 없는 구조이어야 한다.
③ 비상구출구의 크기는 0.3m×0.3m 이상이어야 한다.
④ 카 천장에 설치된 비상구출문은 열쇠 등을 사용하지 않고 카 외부에서 간단한 조작으로 열 수 있어야 한다.

정답 40 ① 41 ④ 42 ① 43 ② 44 ④ 45 ③

> **해설**
>
> **천장 비상구출문**
> - 비상구출문 크기 0.4×0.5m 이상
> - 카 밖으로 열릴 것
> - 내부 : 삼각열쇠를 이용해야 열림
> - 외부 : 열쇠 없이 열림

46 자동차용 엘리베이터에서 운전자가 항상 전진 방향으로 차량을 입출고할 수 있도록 해주는 방향전환장치는?

① 턴 테이블 ② 카 리프트
③ 차량 감지기 ④ 출차 주의등

47 한 쌍의 기어를 맞물렸을 때 치면 사이에 생기는 틈새를 무엇이라 하는가?

① 백래시 ② 이사이
③ 이뿌리면 ④ 지름피치

> **해설**
>
> 기어 접속부분의 치면 틈새를 백래시라고 함

48 변형량과 원래 치수와의 비를 변형률이라 하는데 다음 중 변형률의 종류가 아닌 것은?

① 가로변형률 ② 세로변형률
③ 전단변형률 ④ 전체변형률

> **해설**
>
> 변형률 = 변형된 길이 / 원래의 길이

49 직류 전동기에서 전기자 반작용의 원인이 되는 것은?

① 계자 전류
② 전기자 전류
③ 와류손 전류
④ 히스테리시스손의 전류

> **해설**
>
> **전기자 반작용**
> 전기자 전류에 의한 자속이 주 자속에 영향을 주는 현상

50 공작물을 제작할 때 공차 범위라고 하는 것은?

① 영점과 최대 허용치수의 차이
② 영점과 최소 허용치수의 차이
③ 오차가 전혀 없는 정확한 치수
④ 최대 허용치수와 최소 허용치수의 차이

51 논리식 $A(A+B)+B$를 간단히 하면?

① 1 ② A
③ $A+B$ ④ $A \cdot B$

> **해설**
>
> $A(A+B)+B = AA+AB+B = A+AB+B = A+B$

52 전압계의 측정 범위를 7배로 하려 할 때 배율기의 저항은 전압계 내부저항의 몇 배로 하여야 하는가?

① 7 ② 6
③ 5 ④ 4

> **해설**
>
> **배율기 저항**
> $R_m = (n-1)r = (7-1)r = 6r$

53 논리회로에 사용되는 인버터(Inverter)란?

① OR 회로 ② NOT 회로
③ AND 회로 ④ X−OR 회로

정답 46 ① 47 ① 48 ④ 49 ② 50 ④ 51 ③ 52 ② 53 ②

54 물체에 하중을 작용시키면 물체 내부에 저항력이 생긴다. 이때 생긴 단위면적에 대한 내부 저항력을 무엇이라 하는가?

① 보
② 하중
③ 응력
④ 안전율

> 해설

응력
외부에서 가해지는 힘에 대한 물체 내부의 저항력

$$\sigma = \frac{P[\text{kg}]}{A[\text{cm}^2]}$$

55 100V를 인가하여 전기량 30C을 이동시키는 데 5초 걸렸다. 이때의 전력(kW)은?

① 0.3
② 0.6
③ 1.5
④ 3

> 해설

전하량
$Q = It[\text{C}]$ 에서 $I = \dfrac{Q}{t} = \dfrac{30}{5} = 6\text{A}$

전력량
$W = VI[\text{W}] = 100 \times 6 = 600\text{W} = 0.6\text{kW}$

56 다음 중 측정계기의 눈금이 균일하고, 구동 토크가 커서 감도가 좋으며 외부의 영향을 적게 받아 가장 많이 쓰이는 아날로그 계기 눈금의 구동 방식은?

① 충전된 물체 사이에 작용하는 힘
② 두 전류에 의한 자기장 사이의 힘
③ 자기장 내에 있는 철편에 작용하는 힘
④ 영구자석과 전류에 의한 자기장 사이의 힘

57 $R-L-C$ 직렬회로에서 최대전류가 흐르게 되는 조건은?

① $wL^2 - \dfrac{1}{wC} = 0$
② $wL^2 + \dfrac{1}{wC} = 0$
③ $wL - \dfrac{1}{wC} = 0$
④ $wL + \dfrac{1}{wC} = 0$

> 해설

직렬공진의 특징
• 임피던스 : 최소
• 전류 : 최대
• 공진 조건 : $wL - \dfrac{1}{wC} = 0$

58 직류발전기의 기본 구성요소에 속하지 않는 것은?

① 계자
② 보극
③ 전기자
④ 정류자

59 3상 유도 전동기를 역회전 동작시키고자 할 때의 대책으로 옳은 것은?

① 퓨즈를 조사한다.
② 전동기를 교체한다.
③ 3선을 모두 바꾸어 결선한다.
④ 3선의 결선 중 임의의 2선을 바꾸어 결선한다.

60 웜(Worm) 기어의 특징이 아닌 것은?

① 효율이 좋다.
② 부하용량이 크다.
③ 소음과 진동이 적다.
④ 큰 감속비를 얻을 수 있다.

> 해설

① 효율이 비교적 낮음

정답 54 ③ 55 ② 56 ④ 57 ③ 58 ② 59 ④ 60 ①

2016년 4회 기출문제

01 유압식 엘리베이터에서 T형 가이드레일이 사용되지 않는 엘리베이터의 구성품은?

① 카
② 도어
③ 유압실린더
④ 균형추(밸런싱 웨이트)

02 전기식 엘리베이터에서 기계실 출입문의 크기는?

① 폭 0.7m 이상, 높이 1.8m 이상
② 폭 0.7m 이상, 높이 1.9m 이상
③ 폭 0.6m 이상, 높이 1.8m 이상
④ 폭 0.6m 이상, 높이 1.9m 이상

03 엘리베이터의 도어머신에 요구되는 성능과 거리가 먼 것은?

① 보수가 용이할 것
② 가격이 저렴할 것
③ 직류 모터만 사용할 것
④ 작동이 원활하고 정숙할 것

> 해설
> 도어머신에 직류 모터만 사용해야 하는 제약은 없음

04 건물에 에스컬레이터를 배열할 때 고려할 사항으로 틀린 것은?

① 엘리베이터 가까운 곳에 설치한다.
② 바닥 점유 면적을 되도록 작게 한다.
③ 승객의 보행거리를 줄일 수 있도록 배열한다.
④ 건물의 지지보 등을 고려하여 하중을 균등하게 분산시킨다.

> 해설
> 에스컬레이터를 엘리베이터 근처에 설치하면 승객이 한 장소에 집결되므로 이송에 제약이 있음. 이에 통상적으로 에스컬레이터는 엘리베이터와 가까운 곳에 설치하지 않음

05 교류 이단속도(AC-2)제어 승강기에서 카 바닥과 각 층의 바닥면이 일치되도록 정지시켜 주는 역할을 하는 장치는?

① 시브
② 로프
③ 브레이크
④ 전원 차단기

06 에스컬레이터의 안전장치에 해당되지 않는 것은?

① 스프링(Spring) 완충기
② 인렛 스위치(Inlet Switch)
③ 스커트 가드(Skirt Guard) 안전 스위치
④ 스텝체인 안전 스위치(Step Chain Safety Switch)

> 해설
> 스프링(Spring) 완충기는 엘리베이터 안전장치에 해당

07 유압식 승강기의 밸브 작동 압력을 전 부하 압력의 140%까지 맞추어 조절해야 하는 밸브는?

① 체크 밸브
② 스톱 밸브
③ 릴리프 밸브
④ 업(Up) 밸브

정답 01 ④ 02 ① 03 ③ 04 ① 05 ③ 06 ① 07 ③

> **해설**
>
> **릴리프 밸브**
> 압력조정 밸브로 회로의 압력이 상용압력의 125% 이상 높아지면 바이패스(Bypass) 회로를 열어 기름을 탱크로 돌려보내어 더 이상의 압력 상승을 방지

08 문닫힘 안전장치의 종류로 틀린 것은?

① 도어 레일 ② 광전장치
③ 세이프티 슈 ④ 초음파장치

09 군관리 방식에 대한 설명으로 틀린 것은?

① 특정 층의 혼잡 등을 자동적으로 판단한다.
② 카를 불필요한 동작 없이 합리적으로 운행 관리한다.
③ 교통수요의 변화에 따라 카의 운전 내용을 변화시킨다.
④ 승강장 버튼의 부름에 대하여 항상 가장 가까운 카가 응답한다.

> **해설**
>
> 교통수요의 변화에 따라 카의 운전 내용을 변화시키기 때문에 가장 가까운 카가 응답한다고 단정지을 수 없음

10 기계실 바닥에 몇 m를 초과하는 단차가 있을 경우에는 보호난간이 있는 계단 또는 발판이 있어야 하는가?

① 0.3 ② 0.4
③ 0.5 ④ 0.6

11 다음 중 조속기의 종류에 해당되지 않는 것은?

① 웨지형 조속기
② 디스크형 조속기
③ 플라이 볼형 조속기
④ 롤 세이프티형 조속기

12 엘리베이터용 전동기의 구비조건이 아닌 것은?

① 전력소비가 클 것
② 충분한 기동력을 갖출 것
③ 운전 상태가 정숙하고 저진동일 것
④ 고기동 빈도에 의한 발열에 충분히 견딜 것

> **해설**
>
> 전력소비가 작을 것

13 승강기의 안전에 관한 장치가 아닌 것은?

① 조속기(Governor)
② 세이프티 블록(Safety Block)
③ 용수철완충기(Spring Buffer)
④ 누름 버튼 스위치(Push Button Switch)

> **해설**
>
> ④ 누름 버튼 스위치는 신호를 보내는 입력장치에 해당

14 가이드레일의 규격과 거리가 먼 것은?

① 레일의 표준길이는 5m로 한다.
② 레일의 표준길이는 단면으로 결정한다.
③ 일반적으로 공칭 8, 13, 18, 24 및 30K 레일을 쓴다.
④ 호칭은 소재 1m당의 중량을 라운드 번호로 하여 K레일을 붙인다.

> **해설**
>
> ② 레일의 표준길이는 1m당 중량으로 결정

15 승강기의 카 내에 설치되어 있는 것의 조합으로 옳은 것은?

① 조작반, 이동 케이블, 급유기, 조속기
② 비상조명, 카 조작반, 인터폰, 카 위치표시기
③ 카 위치표시기, 수전반, 호출 버튼, 비상정지장치
④ 수전반, 승강장 위치표시기, 비상 스위치, 리밋 스위치

정답 08 ① 09 ④ 10 ③ 11 ① 12 ① 13 ④ 14 ② 15 ②

16 엘리베이터 카에 부착되어 있는 안전장치가 아닌 것은?

① 조속기 스위치   ② 카 도어 스위치
③ 비상정지스위치   ④ 세이프티 슈 스위치

해설
① 조속기 스위치는 기계실에 위치

17 다음 장치 중에서 작동되어도 카의 운행에 관계없는 것은?

① 통화장치   ② 조속기 캐치
③ 승강장 도어의 열림   ④ 과부하 감지 스위치

18 비상용 승강기에 대한 설명 중 틀린 것은?

① 예비전원을 설치하여야 한다.
② 외부와 연락할 수 있는 전화를 설치하여야 한다.
③ 정전 시에는 예비전원으로 작동할 수 있어야 한다.
④ 승강기의 운행속도는 90m/min 이상으로 해야 한다.

해설
④ 비상용 승강기의 운행속도는 60m/min

19 사고 예방 대책 기본원리 5단계 중 3E를 적용하는 단계는?

① 1단계   ② 2단계
③ 3단계   ④ 5단계

해설
안전사고 방지 기본원리
• 1단계 : 안전관리조직
• 2단계 : 사실의 발견
• 3단계 : 분석평가
• 4단계 : 시정 방법의 선정
• 5단계 : 시정책 및 3E(교육, 기술, 규제) 적용

20 승강기 안전관리자의 직무 범위에 속하지 않는 것은?

① 보수계약에 관한 사항
② 비상열쇠 관리에 관한 사항
③ 구급체계의 구성 및 관리에 관한 사항
④ 운행관리규정의 작성 및 유지에 관한 사항

해설
보수계약에 관한 사항은 시공사, 설치업자와의 계약에 해당

21 저압 부하설비의 운전조작 수칙에 어긋나는 사항은?

① 퓨즈는 비상시라도 규격품을 사용하도록 한다.
② 정해진 책임자 이외에는 허가 없이 조작하지 않는다.
③ 개폐기는 땀이나 물에 젖은 손으로 조작하지 않도록 한다.
④ 개폐기의 조작은 왼손으로 하고 오른손은 만약의 사태에 대비한다.

해설
부하설비의 운전조작 시에는 오른손을 사용

22 재해 발생 시의 조치내용으로 볼 수 없는 것은?

① 안전교육계획의 수립
② 재해 원인 조사와 분석
③ 재해 방지대책의 수립과 실시
④ 피해자를 구출하고 2차 재해 방지

해설
안전교육계획의 수립은 재해예방 방지대책에 해당

정답 16 ① 17 ① 18 ④ 19 ④ 20 ① 21 ④ 22 ①

23 관리주체가 승강기의 유지관리 시 유지관리자로 하여금 유지관리 중임을 표시하도록 하는 안전조치로 틀린 것은?

① 사용금지 표시
② 위험요소 및 주의사항
③ 작업자 성명 및 연락처
④ 유지관리 개소 및 소요시간

24 전기에서는 위험성이 가장 큰 사고의 하나가 감전이다. 감전사고를 방지하기 위한 방법이 아닌 것은?

① 충전부 전체를 절연물로 차폐한다.
② 충전부를 덮은 금속체를 접지한다.
③ 가연물질과 전원부의 이격거리를 일정하게 유지한다.
④ 자동차단기를 설치하여 선로를 차단할 수 있게 한다.

> 해설
> 가연물질과 전원부의 이격거리를 일정하게 유지하는 것은 위험물로부터 사고를 예방하는 것이므로 감전사고와는 별도의 관계

25 재해의 직접 원인에 해당되는 것은?

① 물적 원인
② 교육적 원인
③ 기술적 원인
④ 작업관리상 원인

26 안전점검 시의 유의사항으로 틀린 것은?

① 여러 가지의 점검 방법을 병용하여 점검한다.
② 과거의 재해발생 부분은 고려할 필요 없이 점검한다.
③ 불량 부분이 발견되면 다른 동종의 설비도 점검한다.
④ 발견된 불량 부분은 원인을 조사하고 필요한 대책을 강구한다.

> 해설
> 안전점검 시에는 과거의 재해발생 부분을 고려하여 점검

27 안전점검 중에서 5S 활동의 생활화로 틀린 것은?

① 정리   ② 정돈
③ 청소   ④ 불결

> 해설
> **안전점검 중 5S 활동**
> 정리, 정돈, 청소, 청결, 습관화

28 재해의 간접 원인 중 관리적 원인에 속하지 않는 것은?

① 인원 배치의 부적당
② 생산 방법의 부적당
③ 작업 지시의 부적당
④ 안전관리 조직의 결함

29 전기식 엘리베이터의 정기검사에서 하중시험은 어떤 상태로 이루어져야 하는가?

① 무부하
② 정격하중의 50%
③ 정격하중의 100%
④ 정격하중의 125%

정답 23 ② 24 ③ 25 ① 26 ② 27 ④ 28 ② 29 ①

30 전기식 엘리베이터의 과부하 방지장치에 대한 설명으로 틀린 것은?

① 과부하 방지장치의 작동치는 정격적재하중의 110%를 초과하지 않아야 한다.
② 과부하 방지장치의 작동 상태는 초과하중이 해소되기까지 계속 유지되어야 한다.
③ 적재하중 초과 시 경보가 울리고 출입문의 닫힘이 자동적으로 제지되어야 한다.
④ 엘리베이터 주행 중에는 오동작을 방지하기 위해 과부하 방지장치의 작동은 유효화되어 있어야 한다.

> 해설
> 엘리베이터 주행 중에는 과부하 방지장치의 작동을 무효화해야 함

31 균형추를 구성하고 있는 구조재 및 연결재의 안전율은 균형추가 승강로의 꼭대기에 있고, 엘리베이터가 정지한 상태에서 얼마 이상으로 하는 것이 바람직한가?

① 3
② 5
③ 7
④ 9

32 에스컬레이터의 스텝체인의 늘어남을 확인하는 방법으로 가장 적합한 것은?

① 구동체인을 점검한다.
② 롤러의 물림 상태를 확인한다.
③ 라이저의 마모 상태를 확인한다.
④ 스텝과 스텝 간의 간격을 측정한다.

33 비상정지장치의 작동으로 카가 정지할 때까지 레일이 죄는 힘이 처음에는 약하다가 하강함에 따라 강해지고 얼마 후 일정한 값으로 도달하는 방식은?

① 슬랙로프 세이프티
② 순간식 비상정지장치
③ 플렉시블 가이드 방식
④ 플렉시블 웨지 클램프 방식

34 제어반에서 점검할 수 없는 것은?

① 결선단자의 조임 상태
② 스위치 접점 및 작동 상태
③ 조속기 스위치의 작동 상태
④ 전동기 제어회로의 절연 상태

35 전기식 엘리베이터에서 카 지붕에 표시되어야 할 정보가 아닌 것은?

① 최종점검일지 비치
② 정지장치에 "정지"라는 글자 표시
③ 점검운전 버튼 또는 근처에 운행 방향 표시
④ 점검운전 스위치 또는 근처에 "정상" 및 "점검"이라는 글자 표시

> 해설
> ① 최종점검일지의 비치는 승강기 관리자의 직무에 해당

36 조속기의 점검사항으로 틀린 것은?

① 소음의 유무
② 브러시 주변의 청소 상태
③ 볼트 및 너트의 이완 유무
④ 조속기 로프와 클립 체결 상태의 양호 유무

> 해설
> 브러시 주변의 청소 상태는 발전기, 전동기의 점검사항

37 승강기의 정밀안전 검사 시 전기식 엘리베이터에서 권상기 도르래 홈의 언더컷의 잔여량은 몇 mm 미만일 때 도르래를 교체하여야 하는가?

① 1
② 2
③ 3
④ 4

> [해설]
> 정밀안전 검사 시 전기식 엘리베이터에서 권상기 도르래 홈의 언더컷의 잔여량은 1mm 미만일 때 도르래 교체

38 이동식 핸드레일은 운행 중 전 구간에서 디딤판과 핸드레일의 동일 방향 속도 공차가 몇 %인가?

① 0~2%
② 3~4%
③ 5~6%
④ 7~8%

> [해설]
> 이동식 핸드레일은 운행 중 전 구간에서 디딤판과 핸드레일의 동일 방향 속도 공차가 2% 미만

39 유압식 엘리베이터에서 실린더의 점검사항으로 틀린 것은?

① 스위치의 기능 상실 여부
② 실린더 패킹의 누유 여부
③ 실린더 패킹의 녹 발생 여부
④ 구성부품, 재료의 부착에 의한 늘어짐 여부

40 에스컬레이터의 스텝구동장치에 대한 점검사항이 아닌 것은?

① 링크 및 핀의 마모 상태
② 핸드레일 가드 마모 상태
③ 구동체인의 늘어짐 상태
④ 스프라켓의 마모 상태

41 전기식 엘리베이터의 기계실에 설치된 고정 도르래의 점검내용이 아닌 것은?

① 이상음의 발생 여부
② 로프 홈의 마모 상태
③ 브레이크 드럼의 마모 상태
④ 도르래의 원활한 회전 여부

42 가이드레일 또는 브래킷의 보수·점검사항이 아닌 것은?

① 가이드레일의 녹 제거
② 가이드레일의 요철 제거
③ 가이드레일과 브래킷의 체결볼트 점검
④ 가이드레일 고정용 브래킷 간의 간격 조정

43 엘리베이터에서 현수로프의 점검사항이 아닌 것은?

① 로프의 직경
② 로프의 마모 상태
③ 로프의 꼬임 방향
④ 로프의 변형·부식 유무

44 유압식 엘리베이터의 점검 시 플런저 부위에서 특히 유의하여 점검하여야 할 사항은?

① 플런저의 토출량
② 플런저의 승강행정 오차
③ 제어 밸브에서의 누유 상태
④ 플런저 표면조도 및 작동유 누설 여부

45 비상정지장치가 없는 균형추의 가이드레일 검사 시 최대 허용 휨의 양은 양 방향으로 몇 mm인가?

① 5
② 10
③ 15
④ 20

정답 37 ① 38 ① 39 ① 40 ② 41 ③ 42 ④ 43 ③ 44 ④ 45 ②

> **해설**
> 비상정지장치가 없는 균형추의 가이드레일 검사 시 최대 허용 휨의 양은 양 방향으로 10mm

46 전동기의 점검항목이 아닌 것은?

① 발열이 현저한 것
② 이상음이 있는 것
③ 라이닝의 마모가 현저한 것
④ 연속으로 운전하는 데 지장이 생길 염려가 있는 것

47 18－8 스테인리스강의 특징에 대한 설명 중 틀린 것은?

① 내식성이 뛰어나다.
② 녹이 잘 슬지 않는다.
③ 자성체의 성질을 갖는다.
④ 크롬 18%와 니켈 8%를 함유한다.

> **해설**
> ③ 자성체의 성질을 갖지 않음

48 기계요소 설계 시 일반 체결용에 주로 사용되는 나사는?

① 삼각나사　　② 사각나사
③ 톱니나사　　④ 사다리꼴나사

49 직류기 권선법에서 전기자 내부 병렬회로수 a와 극수 p의 관계는?(단, 권선법은 중권이다.)

① $a = 2$　　② $a = (1/2)p$
③ $a = p$　　④ $a = 2p$

> **해설**
> • 중권 : $a = p = b$
> • 파권 : $a = 2 = b$

50 다음 논리회로의 출력값 표시는?

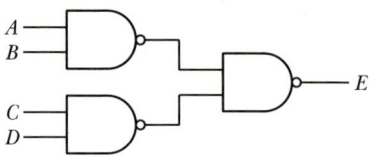

① $\overline{A \cdot B} + \overline{C \cdot D}$　　② $A \cdot B + C \cdot D$
③ $A \cdot B \cdot C \cdot D$　　④ $(A+B) \cdot (C+D)$

> **해설**
> $\overline{\overline{AB} \cdot \overline{CD}} = AB + CD$

51 직류 전동기에서 자속이 감소되면 회전수는 어떻게 되는가?

① 정지　　② 감소
③ 불변　　④ 상승

> **해설**
> 직류 전동기에서 자속이 감소되면 회전수는 증가

52 회전하는 축을 지지하고 원활한 회전을 유지하도록 하며, 축에 작용하는 하중 및 축의 자중에 의한 마찰저항을 가능한 한 적게 하도록 하는 기계요소는?

① 클러치　　② 베어링
③ 커플링　　④ 스프링

53 계측기와 관련된 문제, 환경적 영향 또는 관측 오차 등으로 인해 발생하는 오차는?

① 절대오차　　② 계통오차
③ 과실오차　　④ 우연오차

정답 46 ③　47 ③　48 ①　49 ③　50 ②　51 ④　52 ②　53 ②

54 유도 기전력의 크기는 코일의 권수와 코일을 관통하는 자속의 시간적인 변화율의 곱에 비례한다는 법칙은 무엇인가?

① 패러데이의 전자유도 법칙
② 앙페르의 주회 적분의 법칙
③ 전자력에 관한 플레밍의 법칙
④ 유도 기전력에 관한 렌츠의 법칙

해설

패러데이의 전자유도 법칙
$e = N \dfrac{d\phi}{d_t}$ [V]

55 직류 전동기의 속도 제어 방법이 아닌 것은?

① 저항 제어법
② 계자 제어법
③ 주파수 제어법
④ 전압 제어법

56 그림은 마이크로미터로 어떤 치수를 측정한 것이다. 치수는 약 몇 mm인가?

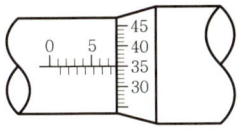

① 5.35
② 5.85
③ 7.35
④ 7.85

해설

슬리브 눈금 7.5mm + 심블(Thimble) 0.35mm = 7.85mm

57 다음 중 응력을 가장 크게 받는 것은?(단, 다음 그림은 기둥의 단면 모양이며, 가해지는 하중 및 힘의 방향은 같다.)

힘의 방향

①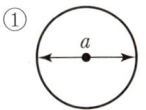
②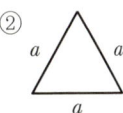
③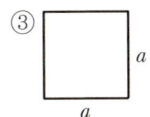
④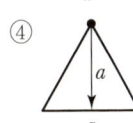

58 다음 그림과 같은 제어계의 전체 전달함수는?(단, $H_{(s)} = 1$이다.)

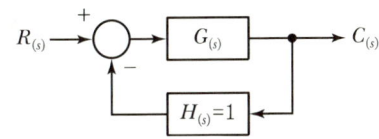

① $\dfrac{1}{G_{(s)}}$
② $\dfrac{1}{1+G_{(s)}}$
③ $\dfrac{G_{(s)}}{1+G_{(s)}}$
④ $\dfrac{G_{(s)}}{1-G_{(s)}}$

해설

전달함수 = $\dfrac{출력}{입력}$ = $\dfrac{G_{(s)}}{1+G_{(s)}}$

정답 54 ① 55 ③ 56 ④ 57 ② 58 ③

59 인덕턴스가 5mH인 코일에 50Hz의 교류를 사용할 때 유도 리액턴스는 약 몇 Ω인가?

① 1.57   ② 2.50
③ 2.53   ④ 3.14

해설

$X_L = wL = 2\pi fL = 2\pi \times 50 \times 5 \times 10^{-3} = 1.57\Omega$
$L = 5\text{mH} = 5 \times 10^{-3}\,[\text{H}]$

60 저항 100Ω의 전열기에 5A의 전류를 흘렸을 때 전력은 몇 W인가?

① 20   ② 100
③ 500   ④ 2,500

해설

$P = I^2 R = 5^2 \times 100 = 2,500\text{W}$

정답 59 ① 60 ④

2017년 1회 기출문제

01 물체에 하중을 작용시키면 물체 내부에 저항력이 생긴다. 이때 생긴 단위 면적에 대한 내부 저항력을 무엇이라 하는가?

① 보
② 하중
③ 응력
④ 안전율

[해설]
응력의 종류
- 인장응력
- 압축응력
- 전단응력
- 굽힘응력
- 비틀림응력

02 에스컬레이터(무빙워크 포함)에서 6개월에 1회 점검하는 사항이 아닌 것은?

① 구동기의 베어링 점검
② 구동기의 감속 기어 점검
③ 중간부의 스텝 레일 점검
④ 핸드레일 시스템의 속도 점검

[해설]
에스컬레이터의 손잡이(핸드레일) 시스템의 속도 점검 주기는 월 1회

03 다음 그림과 같은 논리회로는?

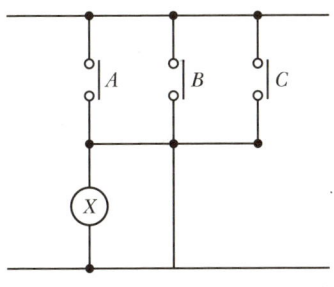

① AND 회로
② OR 회로
③ NOT 회로
④ NAND 회로

[해설]
논리회로 및 논리기호

회로 구분	시퀀스회로	진리표	논리회로 (논리식)
AND		입력 A B / 출력 X 0 0 0 0 1 0 1 0 0 1 1 1	$X = A \cdot B$
OR		입력 A B / 출력 X 0 0 0 0 1 1 1 0 1 1 1 1	$X = A + B$
NOT		A X 0 1 1 0	$X = \overline{A}$
NAND		입력 A B / 출력 X 0 0 1 0 1 1 1 0 1 1 1 0	$X = \overline{(A \cdot B)} = \overline{AB}$ $= \overline{A} + \overline{B}$ (드모르간 정리)

04 안전사고의 발생 요인으로 심리적인 요인에 해당되는 것은?

① 감정
② 극도의 피로감
③ 육체적 능력 초과
④ 신경계통의 이상

[해설]
- 심리적 요인 : 감정, 착각, 무의식 행위, 불만 등
- 생리적 요인 : 육체적 피로, 스트레스, 작업의 적합성 여부 등

정답 01 ③ 02 ④ 03 ② 04 ①

05 아크용접기의 감전 방지를 위해서 부착하는 것은?

① 자동전격방지장치
② 중성점접지장치
③ 과전류계전장치
④ 리밋 스위치

> 해설
>
> **자동전격방지장치**
> 아크 용접기 무부하 시 홀더와 어스 사이에 높은 전압이 인가되어 감전의 위험이 높으므로 자동전격방지장치를 부착하여 감전으로부터 보호

06 다음 중 에스컬레이터의 일반구조에 대한 설명으로 옳지 않은 것은?

① 일반적으로 경사도는 30° 이하로 하여야 한다.
② 핸드레일의 속도가 디딤바닥과 동일한 속도를 유지하도록 한다.
③ 디딤바닥의 정격속도는 0.5m/s 이상이어야 한다.
④ 물건이 에스컬레이터의 각 부분에 끼이거나 부딪치는 일이 없도록 안전한 구조이어야 한다.

> 해설
>
> **경사도에 따른 속도**
> - 30° 이하 : 0.75m/s 이하
> - 30° 초과 35° 이하 : 0.5m/s 이하

07 트랙션 권상기의 특징으로 틀린 것은?

① 소요동력이 작다.
② 행정거리의 제한이 없다.
③ 주 로프 및 도르래의 마모가 일어나지 않는다.
④ 권과(지나치게 감기는 현상)를 일으키지 않는다.

> 해설
>
> **트랙션 권상기**
> 트랙션 권상기는 소요동력이 작고 행정거리의 제한이 없으며 지나치게 감기는 현상이 일어나지 않음

08 권상도르래, 폴리 또는 드럼과 현수로프의 공칭직경 사이의 비는 스트랜드의 수와 관계없이 얼마 이상이어야 하는가?

① 10
② 20
③ 30
④ 40

09 버니어 캘리퍼스를 사용하여 측정이 가능한 것은?

① 길이
② 각도
③ 전류
④ 원통의 진원도

> 해설
>
> **버니어 캘리퍼스**
> 길이(외형) 측정을 비롯해 내경이나 단차 등을 계측 가능 어미자와 아들자의 눈금을 조합하여 측정

10 와이어로프 가공 방법 중 효과가 가장 우수한 것은?

①
②
③
④

> 해설
>
> **와이어로프의 단말가공 형태**
>
> | 종류 | 형태 | 효율 |
> |---|---|---|
> | 소켓(Socket) | Open / Closed | 100% |
> | 심블(Thimble) | | 24mm : 95%
26mm : 92.5% |
> | 웨지(Wedge) | | 75~90% |
> | 아이스플라이스
(Eye Splice) | | • 6mm : 90%
• 9mm : 88%
• 12mm : 86%
• 18mm : 82% |
> | 클립(Clip) | | 75~806mm : 90% |

11 균형추의 중량을 결정하는 계산식은?(단, 여기서 L은 정격하중, F는 오버밸런스율이다)

① 균형추의 중량=카 자체 하중×$(L \cdot F)$
② 균형추의 중량=카 자체 하중+$(L+F)$
③ 균형추의 중량=카 자체 하중÷$(L \cdot F)$
④ 균형추의 중량=카 자체 하중+$(L \cdot F)$

[해설]

균형추
카의 무게를 일정 비율 보상하기 위하여 카 측과 반대편에 주철 혹은 콘크리트로 제작된 균형추를 설치

균형추의 총중량=카 자체하중+$L \cdot F$
 여기서, L : 정격하중(kg)
   F : 오버밸런스율(35~50%)

12 유도 전동기에서 슬립이 1이란 전동기의 어느 상태인가?

① 유도 제동기의 역할을 한다.
② 유도 전동기가 전부하 운전 상태이다.
③ 유도 전동기가 정지 상태이다.
④ 유도 전동기가 동기속도로 회전한다.

[해설]

유도 전동기 슬립
이론적인 동기속도와 실제 회전속도 차이의 비율

- 무부하 운전 시 : s=0
- 정지 시 : s=1
- 경부하, 정격부하 : 0<s<1

13 승강기에 설치할 방호장치가 아닌 것은?

① 가이드레일 ② 출입문 인터로크
③ 조속기   ④ 파이널 리밋 스위치

[해설]

가이드레일 설치 목적
- 승강로 내 위치 규제
- 카의 기울어짐 방지
- 비상정지 시 수직 하중 유지

가이드레일 규격
- 1m당 중량으로 표시
- 레일의 표준길이는 5m
- 공칭 규격 : 8, 13, 18, 24, 30K

14 전기식 엘리베이터 자체 점검 중 카 위에서 하는 점검항목 장치가 아닌 것은?

① 비상구출구
② 도어잠금 및 잠금해제장치
③ 카 위 안전스위치
④ 문닫힘 안전장치

[해설]

카 위(상부)에서 하는 점검항목
- 비상구출구, 문의 개폐장치, 전동기, 벨트/체인, 도어 기판
- 도어잠금 및 잠금해제장치, 카 위 안전스위치
- 상부 도르래, 풀리, 스프라켓, 비상정지스위치
- 조속기 로프, 카의 가이드 슈, 주 로프 및 부착부
- 과부하 감지장치, 가이드레일, 브래킷, 균형추 각부
- 균형추 측 비상정지스위치, 균형추 상부 도르래, 풀리, 승강로 조명, 비상통화장치 등

15 승객용 엘리베이터의 적재하중 및 최대정원을 계산할 때 1인당 하중의 기준은 몇 kg인가?

① 63   ② 75
③ 67   ④ 70

16 직류 전동기의 속도제어 방법이 아닌 것은?

① 저항제어법 ② 계자제어법
③ 주파수제어법 ④ 전기자 전압제어법

[해설]

전동기 속도제어
$$N = K \frac{(V - I_a R_a)}{\phi} [\text{rpm}]$$

정답 11 ④ 12 ③ 13 ① 14 ④ 15 ② 16 ③

17 직류회로에서 저항 400Ω에 0.5A의 전류가 흘렀다면 이때의 전압은?

① 20　　② 200
③ 80　　④ 800

> **해설**
> 옴의법칙에서 $V=IR$이므로, $0.5 \times 400 = 200\text{V}$

18 조속기의 종류가 아닌 것은?

① 롤 세이프티형 조속기
② 디스크형 조속기
③ 플렉시블형 조속기
④ 플라이 볼형 조속기

19 다음 중 카 실내에서 검사하는 사항이 아닌 것은?

① 전동기 주 회로의 절연저항
② 승강장 출입구 바닥 앞부분과 카 바닥 앞부분과의 틈의 너비
③ 도어 스위치의 작동 상태
④ 외부와 연결하는 통화장치의 작동 상태

> **해설**
> **카 실내에서 하는 점검항목**
> 카 실내 주 벽, 천장 및 바닥, 카의 문 및 문틀, 카 도어 스위치, 문닫힘 안전장치, 카 조작반 및 표시기 버튼, 스위치류, 비상통화장치, 정지스위치, 조명, 측면 구출구 등

20 교류 엘리베이터의 전동기 특성으로 적당하지 않은 것은?

① 고빈도로 단속 사용하는 데 적합한 것이어야 한다.
② 기동토크가 커야 한다.
③ 기동전류가 작아야 한다.
④ 회전부분의 관성모멘트가 커야 한다.

> **해설**
> **교류 엘리베이터 전동기 특성**
> • 고빈도 사용에 적합할 것
> • 기동토크가 클 것
> • 기동전류가 작을 것
> • 관성모멘트가 작을 것

21 직류 전동기 회로에서 분류기의 위치로 옳은 것은?

①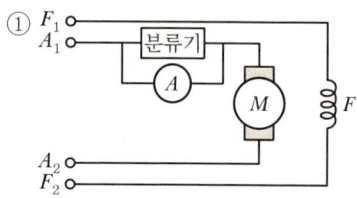

②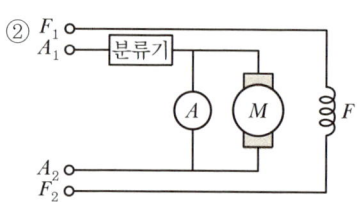

③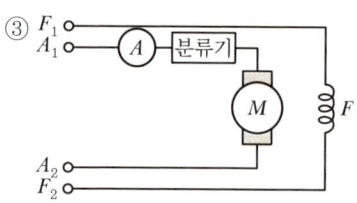

④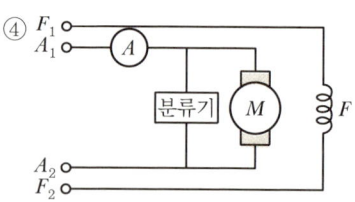

> **해설**
> **분류기**
> 전류계에 병렬접속
> $R_s = \dfrac{r}{n-1}[\Omega]$
> $n = \dfrac{r}{R_s} + 1$

22 다음 중 직류 직권전동기의 용도로 가장 적합한 것은?

① 엘리베이터 ② 컨베이어
③ 크레인 ④ 에스컬레이터

> **해설**
> **직류 직권전동기**
> • 부하 변동이 심하고, 큰 기동토크를 요구하는 부하에 적합
> • 용도 : 전기 철도, 크레인 등

23 안전 작업모를 착용하는 목적에 있어서 안전관리와 관계가 없는 것은?

① 종업원의 표시
② 화상의 방지
③ 감전의 방지
④ 비산물로 인한 부상 방지

> **해설**
> **안전모 착용 목적**
> 물체의 낙하, 비래, 충돌, 추락, 감전에 의한 머리에 가해지는 위험 방지

24 재해의 직접 원인에 해당되는 것은?

① 안전지식의 부족
② 안전수칙의 오해
③ 작업기준의 불명확
④ 복장, 보호구의 결함

> **해설**
> **안전사고의 직접 원인**
> • 불안전한 행동(인적 원인)
>   - 안전장치를 제거, 무효화, 불안전한 상태 방치
>   - 운전 중인 기계, 장치 등의 청소, 주유, 수리, 점검
>   - 위험장소에의 접근
>   - 잘못된 동작 자세
>   - 복장, 보호구의 잘못 사용
>   - 불안전한 조작
>   - 안전조치의 불이행
> • 불안전한 상태(물적 원인)
>   - 기계 자체 결함
>   - 방호장치 결함
>   - 작업환경의 결함
>   - 보호구 또는 복장의 결함
>   - 자연적 불안전한 상태 지속
>   - 생산공정 결함

25 승강장의 문이 열린 상태에서 모든 제약이 해제되면 자동적으로 닫히게 하여 문의 개방에서 생기는 2차 재해를 방지하는 것은?

① 도어 인터로크 ② 도어 클로저
③ 도어 머신 ④ 도어 행거

> **해설**
> **도어 클로저(Door Closer)**
> 승강장의 문이 열린 상태에서 모든 제약이 해제되면 자동적으로 닫히게 하여 문의 개방 상태에서 생기는 2차 재해를 방지하는 안전장치

26 카 도어 로크가 설치되어 사람의 힘으로 열 수 없는 경우나 화물엘리베이터의 경우를 제외하고 엘리베이터의 카 바닥 앞부분과 승강로 벽과의 수평거리는 일반적인 경우 그 기준을 몇 mm 이하로 하도록 하고 있는가?

① 30mm ② 55mm
③ 125mm ④ 150mm

> **해설**
> 승강로 내측과 카 문턱, 카 문틀 또는 카 문의 닫히는 모서리 사이의 수평거리는 승강로 전체 높이에 걸쳐 0.15m 이하이어야 함

27 균형로프(Compensating Rope)의 역할로 적합한 것은?

① 카의 낙하를 방지한다.
② 균형추의 이탈을 방지한다.

정답 22 ③ 23 ① 24 ④ 25 ② 26 ④ 27 ③

③ 주 로프와 이동케이블의 이동으로 변화된 하중을 보상한다.
④ 주 로프가 열화되지 않도록 한다.

해설

균형로프
카의 위치에 따라 메인로프의 무게 불균형이 커질 때 이것을 보상하기 위한 로프 및 체인

28 엘리베이터가 급정지 시 균형로프가 튀어 오르는 것(관성에 의해)을 방지하기 위해 설치하는 장치는?

① 파킹 스위치
② 슬로다운 스위치
③ 록다운 비상정지장치
④ 각 층 강제 정지 운전 스위치

29 에스컬레이터의 층고가 6m 이하일 때의 경사도는 몇 도 이하로 할 수 있는가?

① 15°
② 25°
③ 35°
④ 45°

해설

에스컬레이터 경사도
층고가 6m 이하이고 공칭속도가 0.5m/s 이하인 경우에는 경사도 35°까지 가능함

경사도	공칭속도
30° 이하	0.75m/s 이하
30° 초과 35° 이하 (층고 6m 이하)	0.5m/s 이하

30 방호장치 중 과도한 한계를 벗어나 계속적으로 작동하지 않도록 제한하는 장치는?

① 크레인
② 리밋 스위치
③ 윈치
④ 호이스트

해설

리밋 스위치
엘리베이터 운행 시 승강로 최상 또는 최하층을 지나쳐 상하부 충돌을 방지하기 위해 설치

31 비상용 승강기에 대한 설명 중 틀린 것은?

① 예비전원을 설치하여야 한다.
② 외부와 연락할 수 있는 전화를 설치하여야 한다.
③ 정전 시에는 예비전원으로 작동할 수 있어야 한다.
④ 승강기의 운행속도는 90m/min 이상으로 해야 한다.

해설

비상용 승강기가 갖추어야 할 조건
- 비상운전 표시등
- 전용 승강장 이외 부분과 방화구획
- 예비전원을 갖출 것
- 운행속도는 60m/min 이상일 것

32 화재 시 조치사항에 대한 설명 중 틀린 것은?

① 비상용 엘리베이터는 소화활동 등 목적에 맞게 동작시킨다.
② 빌딩 내에서 화재가 발생할 경우 반드시 엘리베이터를 이용해 비상탈출을 시켜야 한다.
③ 승강로에서의 화재 시 전선이나 레일의 윤활유가 탈 때 발생되는 매연에 질식되지 않도록 주의한다.
④ 기계실에서의 화재 시 카 내의 승객과 연락을 취하면서 주전원 스위치를 차단한다.

해설

화재 시 조치사항
- 비상용 엘리베이터는 소화활동 등의 목적에 따라 동작
- 빌딩 내에서 화재 시 계단을 이용하여 탈출
- 승강로 화재 시 매연에 질식하지 않도록 주의

33 간접식 유압 엘리베이터의 특징이 아닌 것은?

① 부하에 의한 카 바닥의 빠짐이 비교적 작다.
② 비상정지장치가 필요하다.
③ 실린더 설치를 위한 보호관이 필요하지 않다.
④ 실린더의 점검이 용이하다.

해설

유압 엘리베이터

구분	직접식	간접식
비상정지장치	불필요	필요
보호관	지중에 시설	불필요
실린더 점검	어려움	쉬움
승강로 면적	작음	큼
부하에 의한 카 바닥 빠짐	적음	많음

34 엘리베이터 전동기에 요구되는 특성으로 옳지 않은 것은?

① 충분한 제동력을 가져야 한다.
② 운전 상태가 정숙하고 고진동이어야 한다.
③ 카의 정격속도를 만족하는 회전 특성을 가져야 한다.
④ 높은 기동빈도에 의한 발열에 대응하여야 한다.

해설

전동기(권상기용) 구비조건
- 기동빈도가 높으므로(시간당 약 300회) 발열을 고려할 것
- 제동력이 충분할 것
- 카의 정격속도에 맞는 회전 특성을 가질 것
- 진동과 소음이 적을 것

35 엘리베이터의 소유자나 안전(운행)관리자에 대한 교육내용이 아닌 것은?

① 엘리베이터에 관한 일반지식
② 엘리베이터에 관한 법령 등의 지식
③ 엘리베이터의 운행 및 취급에 관한 지식
④ 엘리베이터의 구입 및 가격에 관한 지식

해설

승강기 관리교육의 내용
- 승강기 일반지식
- 승강기에 관한 법령 등의 지식
- 승강기 운행 및 취급에 관한 지식
- 화재 및 고장 등 긴급사항 발생 시 조치사항

36 감전사고의 원인이 되는 것과 관계없는 것은?

① 기계기구의 빈번한 기동 및 정지
② 전기기계기구나 공구의 절연파괴
③ 콘덴서의 방전코일이 없는 상태
④ 정전작업 시 접지가 없어 유도전압이 발생

37 전기기기의 충전부와 외함 사이의 저항은?

① 절연저항   ② 접지저항
③ 고유저항   ④ 브리지저항

해설

절연저항
- 절연체로 절연된 전로와 전로(대지 포함) 사이의 저항 (전기가 흘러서는 안 되는 부분의 저항)
- 절연저항이 저하하면 감전이나 과열에 의한 화재 및 쇼크 등의 사고 발생

38 단수(1대) 엘리베이터의 조작 방식과 관계가 없는 것은?

① 단식 자동식
② 하강승합 전자동식
③ 군승합 자동식
④ 승합 전자동식

해설

엘리베이터의 조작 방식
- 단식 자동식(Single Automatic)
  - 가장 먼저 눌려진 부름에만 응답하고, 그 운전이 완료되기 전에는 다른 호출을 받지 않음
  - 화물용, 카 리프트용 등에 사용

정답 33 ① 34 ② 35 ④ 36 ① 37 ① 38 ③

- 하강승합 전자동식(Down Collective)
  - 2층 혹은 그 위층의 승강장에서는 하강 방향 단추만 있음
  - 중간층에서 위층으로 갈 때에는 1층으로 내려온 후 올라가야 함
- 승합 전자동식(Selective Collective)
  - 승강장의 누름단추는 상승용, 하강용의 양쪽 모두 동작
  - 카는 그 진행 방향의 카 단추와 승강장의 단추에 응답하면서 승강
- 군승합 자동식(2CAR, 3CAR)
  - 2~3대가 병행되었을 때 사용하는 조작 방식
  - 한 개의 승강장 버튼의 부름에 대하여 한 대의 카만 응답
- 군관리 방식(Supervisory Control) : 엘리베이터를 3~8대 병설할 때 각 카를 불필요한 동작 없이 합리적으로 운영하는 조작 방식

39 다음 중 변형률이 가장 큰 것은?

① 비례한도　　② 최대인장하중
③ 탄성한도　　④ 항복점

해설

최대인장하중은 인장하중시험에서의 최대하중이므로 변형률이 가장 큼

40 에스컬레이터의 안전장치에 관한 설명으로 틀린 것은?

① 승강장에서 디딤판의 승강기는 도어 인터로크를 설치한다.
② 사람이나 물건이 핸드레일 인입구에 꼈을 때 디딤판의 승강을 자동적으로 정지시키는 장치이다.
③ 상하 승강장에서 디딤판과 콤플레이트 사이에 사람이나 물건이 끼이지 않도록 하는 장치이다.
④ 디딤판체인이 절단되었을 때 디딤판의 승강을 수동으로 정지시키는 장치이다.

41 유압승강기에 사용되는 안전 밸브의 설명으로 옳은 것은?

① 승강기의 속도를 자동으로 조절하는 역할을 한다.
② 압력배관이 과열되었을 때 작동하여 카의 낙하를 방지한다.
③ 카가 최상층으로 상승할 때 더 이상 상승하지 못하게 하는 안전장치이다.
④ 작동유의 압력이 정격압력 이상이 되었을 때 작동하여 압력이 상승하지 않도록 한다.

해설

릴리프 밸브(안전 밸브)
일반 회로의 압력이 설정 압력에 도달하면 유체의 일부 또는 전량을 배출시켜 회로 내의 압력을 설정값 이하로 유지하는 압력제어 밸브이며, 1차 압력 설정용 밸브를 말함

42 감기거나 말려들기 쉬운 동력전달장치가 아닌 것은?

① 기어　　　　② 벤딩
③ 컨베이어　　④ 체인

해설

② 벤딩은 굽힘 작업으로 감기거나 말려들기가 어려움

43 플라이 볼형 조속기의 구성요소에 해당되지 않는 것은?

① 플라이 웨이트　　② 로프캐치
③ 플라이 볼　　　　④ 베벨 기어

해설

플라이 볼형 조속기는 플라이 웨이트 대신 플라이 볼을 사용

정답　39 ②　40 ④　41 ④　42 ②　43 ①

44 재해 발생의 원인 중 가장 높은 빈도를 차지하는 것은?

① 열량의 과잉 억제
② 설비의 배치 착오
③ 과부하
④ 작업자의 작업행동 부주의

해설
인적 요인인 작업자의 작업행동 부주의가 가장 높은 재해의 원인

45 승강장 문의 유효 출입구 폭은 카 출입구의 폭 이상으로 하되, 양쪽 측면 모두 카 출입구 측면의 폭보다 몇 mm를 초과하지 않아야 하는가?

① 50
② 60
③ 70
④ 80

46 접지저항계를 이용한 접지저항 측정 방법으로 틀린 것은?

① 전환 스위치를 이용하여 내장 전지의 양부(+, −)를 확인한다.
② 전환 스위치를 이용하여 E, P 간의 전압을 측정한다.
③ 전환 스위치를 저항값에 두고 검류계의 밸런스를 잡는다.
④ 전환 스위치를 이용하여 절연저항과 접지저항을 비교한다.

해설
접지저항계
- 대지와 접지된 접지극의 저항을 측정
- 측정 방법 : 전위강하법(3전극법)으로 측정
- E극 : 측정 접지극
- P극 : 전압 보조극
- C극 : 전류 보조극

47 2대 이상의 엘리베이터가 동일 승강로에 설치되어 인접한 카에서 구출할 경우 서로 다른 카 사이의 수평거리는 몇 m 이하이어야 하는가?

① 0.35
② 0.5
③ 1
④ 0.9

해설
- 하나의 승강로에 2대 이상의 엘리베이터가 있는 경우 카 벽에 비상구출문을 설치할 수 있음
- 카 간 수평거리는 1m를 초과할 수 없음

48 도어 인터로크 장치의 구조로 가장 옳은 것은?

① 도어 스위치가 확실히 걸린 후 도어 인터로크가 들어가야 한다.
② 도어 스위치가 확실히 열린 후 도어 인터로크가 들어가야 한다.
③ 도어 로크 장치가 확실히 걸린 후 도어 스위치가 들어가야 한다.
④ 도어 로크 장치가 확실히 열린 후 도어 스위치가 들어가야 한다.

49 변화하는 위치에 대한 제어에 적합한 제어방식은?

① 프로세스제어
② 서보기구
③ 프로그램제어
④ 자동조정

해설
서보기구
시스템의 제어량이 기계적인 위치 또는 속도인 제어

50 현장 내에 안전표지판을 부착하는 이유로 가장 적합한 것은?

① 작업 방법을 표준화하기 위하여
② 작업환경을 표준화하기 위하여
③ 기계나 설비를 통제하기 위하여
④ 비능률적인 작업을 통제하기 위하여

정답 44 ④ 45 ① 46 ④ 47 ③ 48 ③ 49 ② 50 ②

51 엘리베이터의 도어 인터로크에 대한 설명 중 옳지 않은 것은?

① 카가 정지하고 있지 않은 층계의 문은 반드시 전용 열쇠로만 열려져야 한다.
② 문이 닫혀 있지 않으면 운전이 불가능하도록 하는 도어 스위치가 있어야 한다.
③ 시건장치 후에 도어 스위치가 ON되고, 도어 스위치가 OFF된 후에 시건장치가 빠지는 구조로 되어야 한다.
④ 승강장에서는 비상시에 대비하여 자물쇠가 일반 공구로도 열려지게 설계되어야 한다.

해설
카가 정지하지 않는 층에서는 전용 열쇠가 없으면 외부에서 도어를 열 수 없도록 하는 장치

52 다음에 제시된 명칭과 설명이 바르게 묶인 것은?

[명칭]
㉠ 정치제어　　㉡ 프로그램제어
㉢ 추치제어　　㉣ 시퀀스제어

[설명]
ⓐ 목푯값이 미리 정해져 있는 프로그램을 시간 변화에 따라 실행하는 제어
ⓑ 목푯값이 시간적으로 일정한 자동 제어
ⓒ 목푯값이 시간의 경과에 따라 변화하는 경우의 자동 제어
ⓓ 일정한 순서에 따라 제어의 각 단계를 순차 진행해 가는 자 제어

① ㉠ - ⓑ　　② ㉡ - ⓐ
③ ㉢ - ⓒ　　④ ㉣ - ⓓ

해설
시퀀스 제어(Sequence Control)
시계나 장치의 시동, 정지, 운전 상태의 변경 또는 제어계에서 얻고자 하는 목푯값의 변경 등을 미리 정해진 순서에 따라 제어의 각 단계가 순차적으로 진행되는 제어

53 다음 중 M10 나사에 대한 설명으로 옳은 것은?

① 나사의 외경이 10mm이다.
② 나사의 반지름이 10mm이다.
③ 나사의 피치가 1.0mm이다.
④ 나사의 길이가 1cm이다.

해설
- 미터 보통 나사 : M
- 미터 사다리꼴나사 : Tr
- 유니파이 보통 나사 : UNC
- 관용테이퍼 수나사 : R

54 18-8 스테인리스강의 특징에 대한 설명 중 틀린 것은?

① 내식성이 뛰어나다.
② 녹이 잘 슬지 않는다.
③ 자성체의 성질을 갖는다.
④ 크롬 18%와 니켈 8%를 함유한다.

해설
스테인리스강
- 철(Fe)에 크롬을 넣어서 만들고 필요에 따라 탄소, 니켈, 규소, 망간, 몰리브덴을 소량씩 함유
- 내식성 및 내마모성, 내화, 내열성이 우수
- 녹이 잘 슬지 않음

55 기계요소 설계 시 일반 체결용에 주로 사용되는 나사는?

① 삼각나사　　② 톱니나사
③ 사각나사　　④ 사다리꼴나사

해설
나사의 종류
- 삼각나사 : 나사산이 삼각형인 나사로 주로 체결용 나사로 쓰임
- 사각나사 : 나사산이 직사각형인 나사, 축 방향으로 큰 힘을 전달할 수 있고, 마찰이 적기 때문에 바이스, 프레스 잭 등 힘을 전달하는 기계의 부품으로 사용. 사각나

정답　51 ④　52 ④　53 ①　54 ③　55 ①

사는 공작이 어려움
- 톱니나사 : 나사산의 단면이 톱니 모양이며 삼각나사와 사각나사의 장점을 모두 가짐. 한쪽 방향으로 강력한 축하중을 전달하는 경우에 적합. 힘을 받는 면은 축에서 직각이고 나사산의 각도는 30°와 45°의 두 가지가 있음
- 사다리꼴나사 : 나사산이 사다리꼴인 나사. 사각나사가 공작하기 어려우므로 사다리꼴나사를 많이 사용. 29° 사다리꼴나사(인치계), 30° 사다리꼴나사(미터계)가 있음. 공작기계의 리드나사, 피드나사에 사용됨

56 회전하는 축을 지지하고 원활한 회전을 유지하도록 하며, 축에 작용하는 하중 및 축의 자중에 의한 마찰저항을 가능한 한 적게 하도록 하는 기계요소는?

① 클러치　　② 베어링
③ 커플링　　④ 스프링

57 중앙개폐 방식 승강장 도어를 나타내는 기호는?

① 2S　　② UP
③ CO　　④ SO

> 해설

엘리베이터 도어 개폐 방식
- 중앙개폐식 : CO(일반 APT에 사용)
- 측면개폐식 : S(병원 등에 사용)
- 상승개폐식 : UP(주차장, 차고 등에 사용)

58 카가 최하층에 정지하였을 때 균형추 상단과 기계실 하부와의 거리는 카 하부와 완충기와의 거리보다 어떤 상태이어야 하는가?

① 작아야 한다.
② 커야 한다.
③ 같아야 한다.
④ 크거나 작거나 관계없다.

> 해설

균형추 상단과 기계실 하부와의 거리가 카 하부와 완충기와의 거리보다 커야 함

59 승강기가 최하층을 통과했을 때 주전원을 차단시켜 승강기를 정지시키는 것은?

① 완충기　　② 조속기
③ 비상정지장치　　④ 파이널 리밋 스위치

> 해설

파이널 리밋 스위치
- 리밋 스위치 고장 시 카가 승강로 천장이나 피트 바닥에 충돌하는 것을 방지하기 위한 스위치
- 우발적인 작동의 위험 없이 가능한 한 최상층 및 최하층에 근접하여 설치
- 카가 완충기에 충돌하기 전에 작동해야 함

60 재해 발생 과정의 요건이 아닌 것은?

① 사회적 환경과 유전적인 요소
② 개인적 결함
③ 사고
④ 안전한 행동

> 해설

재해 발생 순서
유전적 요소와 사회적 환경 → 인적 결함 → 불안전안 행동과 상태 → 사고 → 재해

정답 56 ② 57 ③ 58 ② 59 ④ 60 ④

2017년 2회 기출문제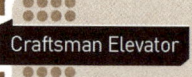

01 전기식 엘리베이터 기계실의 실온 범위는?

① 5~70℃ ② 5~60℃
③ 5~50℃ ④ 5~40℃

해설

기계실 온도의 실온은 원칙적으로 5~40℃ 사이 유지

02 사람이 탑승하지 않으면서 적재용량이 300kg 이하인 것으로서 소형화물 운반에 적합하게 제작된 엘리베이터는?

① 덤웨이터
② 화물용 엘리베이터
③ 비상용 엘리베이터
④ 승객용 엘리베이터

해설

덤웨이터
- 사람이 탑승하지 않으면서 적재용량 300kg 이하이고, 정격속도가 1m/s 이하인 소형 화물 엘리베이터
- 경사도 15° 이하의 경사진 가이드레일 사이에서 권상이 또는 유압 장치에 의해 로프(체인)으로 이동하는 소형 화물을 수송하기 위해 설치

덤웨이터 치수
- 바닥면적 : 1m² 이하
- 깊이 : 1m 이하
- 높이 : 1.2m 이하

03 직접식 유압 엘리베이터의 장점이 되는 항목은?

① 실린더를 보호하기 위한 보호관을 설치할 필요가 없다.
② 승강로의 소요평면 치수가 크다.
③ 부하에 의한 카 바닥의 빠짐이 크다.
④ 비상정지장치가 필요하지 않다.

해설

유압 엘리베이터의 특징

구분	직접식	간접식
비상정지장치	불필요	필요
보호관	지중에 시설	불필요
실린더 점검	어려움	쉬움
승강로 면적	작음	큼
부하에 의한 카 바닥 빠짐	적음	많음

04 가변전압 가변주파수(VVVF) 제어 방식에 관한 설명 중 틀린 것은?

① 고속의 승강기까지 적용 가능하다.
② 저속의 승강기에만 적용하여야 한다.
③ 직류 전동기와 동등한 제어 특성을 낼 수 있다.
④ 유도 전동기의 전압과 주파수를 변환시킨다.

해설

VVVF(가변전압 가변주파수) 제어 방식
- 유도 전동기에 인가되는 전압과 주파수를 동시에 변환시켜 직류 전동기와 동등한 제어성능을 얻을 수 있는 방식으로, 3상의 교류는 컨버터로 일단 DC전원으로 변환하고 재차 가변전압 및 가변주파수의 3상 교류로 변환하여 전동기에 급전함
- 효율이 좋고 원활한 속도제어를 할 수 있기에 엘리베이터의 속도제어에 사용하게 되어 저속에서 고속까지 폭 넓게 이용
- 중저속 엘리베이터에서 승차감과 성능이 크게 향상
- 보수가 용이하고 전력회생을 통해 에너지 절감 가능

정답 01 ④ 02 ① 03 ④ 04 ②

05 비상정지장치의 작동으로 카가 정지할 때까지 레일이 죄는 힘이 처음에는 약하게 그리고 하강함에 따라 강해지다가 얼마 후 일정치로 도달하는 방식은?

① 순간식 비상정지장치
② 슬랙로프 세이프티
③ 플렉시블 가이드 방식
④ 플렉시블 웨지 클램프 방식

[해설]

점진식(순차적) 비상정지장치
- 플렉시블 웨지 클램프(FWC : Flexible Wedge Clamp)형 : 레일을 죄는 힘이 처음에는 약하고 하강함에 따라 강해지다가 얼마 후 일정하게 유지. 구조가 복잡하여 거의 사용하지 않음
- 플렉시블 가이드 클램프(FGC : Flexible Guide Clamp)형 : 비상정지장치의 작동으로 카가 정지할 때의 레일을 죄는 힘이 동작 시부터 정지 시까지 일정. 구조가 간단하고 설치면적이 작으며 복귀가 용이함. 정격속도 45m/min 초과에서 현재 많이 사용

06 기계식 주차장치의 일반적 분류 방법에 해당되지 않는 것은?

① 수직순환, 다층순환
② 다층순환, 수평순환
③ 수평순환, 엘리베이터 방식
④ 곤돌라 방식, 수직전환

[해설]

기계식 주차설비 종류
- 입체 주차설비
- 2단식 주차설비
- 다단식 주차설비
- 수직순환식 주차설비
- 수평순환식 주차설비
- 다층순환식 주차설비
- 승강기식 주차설비
- 승강기 슬라이드식 주차설비
- 평면 왕복식 주차설비

07 조속기의 종류가 아닌 것은?

① 롤 세이프티형 조속기
② 디스크형 조속기
③ 플렉시블형 조속기
④ 플라이 볼형 조속기

[해설]

조속기의 종류
- 디스크형
- 마찰정지형(롤 세이프티형)
- 플라이 볼형

08 승강기에 사용하는 가이드레일 1본의 길이는 몇 m로 정하고 있는가?

① 1
② 3
③ 5
④ 7

[해설]

가이드레일 1본의 길이는 5m를 표준으로 함

09 카가 어떤 원인으로 최하층을 통과하여 피트에 도달했을 때 카에 충격을 완화시켜 주는 장치는?

① 완충기
② 비상정지장치
③ 조속기
④ 리밋 스위치

[해설]

엘리베이터 안전장치
- 비상정지장치 : 승강기에서 과속이 발생했을 때(하강방향으로) 과속을 감지하여 카를 안전하게 정지시키는 안전장치
- 조속기 : 카에 일정 속도 이상의 이상속도가 발생할 때 카의 속도를 검출하여 전기적·기계적으로 차단시키는 장치
- 리밋 스위치 : 승강기가 최상층 이상 및 최하층 이하로 운행되지 않도록 엘리베이터의 초과운행을 방지하는 장치

정답 05 ④ 06 ④ 07 ③ 08 ③ 09 ①

10 균형추의 중량을 결정하는 계산식은?(단, L은 정격하중, F는 오버밸런스율이다.)

① 균형추의 중량＝카 자체 하중＋$(L \cdot F)$
② 균형추의 중량＝카 자체 하중×$(L \cdot F)$
③ 균형추의 중량＝카 자체 하중＋$(L+F)$
④ 균형추의 중량＝카 자체 하중＋$(L-F)$

> 해설

균형추
카의 무게를 일정 비율 보상하기 위하여 카 측과 반대편에 주철 혹은 콘크리트로 제작된 균형추를 설치

균형추의 총중량＝카 자체 하중＋$L \cdot F$
여기서, L : 정격하중(kg)
F : 오버밸런스율(35～50%)

11 교류 엘리베이터의 제어 방식이 아닌 것은?

① 교류 1단 속도제어 방식
② 교류 귀환 전압제어 방식
③ 워드 레오나드 방식
④ VVVF제어 방식

> 해설

교류 엘리베이터의 속도제어
- 교류 2단 속도제어 방식 : 기동과 주행은 고속권선으로 하고 감속과 착상은 저속권선으로 함
- 교류 1단 속도제어 방식 : 가장 간단한 제어 방식으로 정지할 때는 전원을 끊은 후 제동기에 의해서 기계적으로 브레이크를 거는 방식
- 교류 귀환제어 방식 : 카의 실속도와 지령속도를 비교하여 사이리스터의 점호각을 바꿔 유도 전동기의 속도를 제어하는 방식으로 미리 정해진 지령속도에 따라 정확하게 제어되므로, 승차감 및 착상 정도 모두가 1·2단 제어보다 좋음
- VVVF(가변전압 가변주파수)제어 방식 : 유도 전동기에 인가되는 전압과 주파수를 동시에 변환시켜 직류 전동기와 동등한 제어성능을 얻을 수 있는 방식으로, 3상의 교류는 컨버터로 일단 DC전원으로 변환하고 재차 가변전압 및 가변주파수의 3상 교류로 변환하여 전동기에 급전

12 카 및 승강장 문의 유효 출입구의 높이(m)는 얼마 이상이어야 하는가?

① 1.8　　② 1.9
③ 2.0　　④ 2.1

> 해설

카의 유효 높이 : 2m 이상(주택용 1.8m 이상)

13 다음 중 카 상부에서 하는 검사가 아닌 것은?

① 비상구출구 스위치의 작동 상태
② 도어개폐장치의 설치 상태
③ 조속기 로프의 설치 상태
④ 조속기 로프 인장장치의 작동 상태

> 해설

카 위(상부)에서 하는 점검항목
- 비상구출구, 문의 개폐장치, 전동기, 벨트/체인, 도어기판
- 도어잠금 및 잠금해제장치, 카 위 안전스위치
- 상부 도르래, 풀리, 스프라켓, 비상정지스위치
- 조속기 로프, 카의 가이드 슈, 주 로프 및 부착부
- 과부하 감지장치, 가이드레일, 브래킷, 균형추 각부
- 균형추 측 비상정지스위치, 균형추 상부 도르래, 풀리, 승강로 조명, 비상통화장치 등

14 레일의 규격을 나타낸 그림이다. 빈칸 ⓐ, ⓑ에 맞는 것은 몇 kg인가?

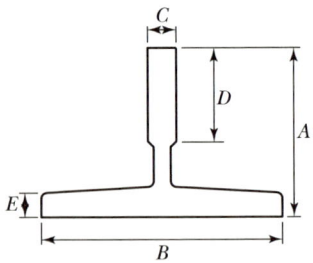

공칭 mm	8kg	ⓐ	18kg	ⓑ	30kg
A	56	62	89	89	108
B	78	89	114	127	140
C	10	16	16	16	19
D	26	32	38	50	51
E	6	7	8	12	13

① ⓐ 10, ⓑ 26
② ⓐ 12, ⓑ 22
③ ⓐ 13, ⓑ 24
④ ⓐ 15, ⓑ 27

15 전기식 엘리베이터의 가이드레일 설치에서 패킹(보강재)이 설치된 경우는?

① 가이드레일이 짧게 설치되어 보강할 경우
② 가이드레일 양 폭의 너비를 조정 작업할 경우
③ 레일 브래킷의 간격이 필요 이상 한계를 초과하여 레일의 뒷면에 강재를 붙여서 보강하는 경우
④ 레일 브래킷의 간격이 필요 이상 한계를 초과하여 레일의 앞면에 강재를 붙여서 보강하는 경우

해설
레일 브래킷의 간격이 기준 이상 한계를 초과하여 멀리 떨어져 있을 경우 레일의 뒷면에 패킹을 붙여서 보강해야 함

16 전기식 엘리베이터 주 로프의 끝부분은 몇 가닥마다 로프소켓에 배빗 채움을 하거나 체결식 로프소켓을 사용하여 고정하여야 하는가?

① 1가닥
② 2가닥
③ 3가닥
④ 5가닥

해설
로프 1가닥을 기준으로 단말을 견고히 처리해야 함

17 주차구획이 3층 이상으로 배치되어 있고 출입구가 있는 층의 모든 주차구획을 주차장치 출입구로 사용할 수 있는 구조로서 그 주차구획을 아래위 또는 수평으로 이동하여 자동차를 주차하도록 설계한 주차장치는?

① 수평순환식
② 다층순환식
③ 다단식 주차장치
④ 승강기 슬라이드식

해설
다단식 주차설비
- 주차장을 3단 이상으로 한 방식으로 출입구가 있는 층의 모든 주차구획을 주차장치 출입구로 사용할 수 있는 구조
- 종류 : 승강식, 승강 횡행식 등

18 비상용 엘리베이터의 정전 시 예비전원의 기능에 대한 설명으로 옳은 것은?

① 30초 이내에 엘리베이터 운행에 필요한 전력용량을 자동적으로 발생하여 1시간 이상 작동하여야 한다.
② 40초 이내에 엘리베이터 운행에 필요한 전력용량을 자동적으로 발생하여 1시간 이상 작동하여야 한다.
③ 60초 이내에 엘리베이터 운행에 필요한 전력용량을 자동적으로 발생하여 2시간 이상 작동하여야 한다.
④ 90초 이내에 엘리베이터 운행에 필요한 전력용량을 자동적으로 발생하여 2시간 이상 작동하여야 한다.

해설
비상전원
- 정전 시 60초 이내에 엘리베이터 운행에 필요한 전력을 발생시킬 것
- 2시간 이상 운행시킬 수 있을 것

정답 15 ③ 16 ① 17 ③ 18 ③

19 카 내에 갇힌 사람들이 외부와 연락할 수 있는 장치는?

① 차임벨　　　　② 인터폰
③ 리밋 스위치　　④ 위치표시램프

> 해설

인터폰
- 비상시(승강기 고장, 화재 등)에 카 내부에서 외부로 연결하는 통신장치
- 상용전원 및 비상전원이 필요
- 카 내부에서 관리실, 경비실, 기계실과 통화가 가능할 것

20 전기식 엘리베이터에서 권상기 도르래 홈의 언더컷 잔여량은 몇 mm 미만일 때 도르래를 교체하여야 하는가?

① 1　　② 2
③ 3　　④ 4

> 해설

도르래는 심한 마모가 없어야 하며, 권상기 도르래 홈의 언더컷 잔여량은 1mm 이상이어야 함

21 전기식 엘리베이터에서 기계실 출입문의 크기는?

① 폭 0.7m 이상, 높이 1.8m 이상
② 폭 0.7m 이상, 높이 1.9m 이상
③ 폭 0.6m 이상, 높이 1.8m 이상
④ 폭 0.6m 이상, 높이 1.9m 이상

22 기계실에는 바닥면에서 몇 lx 이상을 비출 수 있는 영구적으로 설치된 전기 조명이 있어야 하는가?

① 2　　② 50
③ 100　④ 200

> 해설

승강기 기계실의 구비조건
- 바닥면에서 200lx 이상을 비출 수 있는 영구 조명이 있을 것
- 건축물의 다른 부분과 내화구조 또는 방화구조로 구획
- 기계실 크기 : 작업구역에서의 유효 높이는 2.1m 이상
- 기계실 온도 : 실온은 원칙적으로 5~40℃ 사이 유지
- 출입문 : 폭 0.7m 이상, 높이 1.8m 이상의 금속제이고 외부로 열릴 것
- 출입문은 열쇠로 조작되는 잠금장치가 있을 것
- 1개 이상의 콘센트가 있을 것

23 승객용 엘리베이터에서 자동으로 동력에 의해 문을 닫는 방식에서의 문닫힘 안전장치의 기준에 부적합한 것은?

① 문닫힘 동작 시 사람 또는 물건이 끼일 때 문이 반전하여 열려야 한다.
② 문닫힘 안전장치 연결전선이 끊어지면 문이 반전하여 닫혀야한다.
③ 문닫힘 안전장치의 종류에는 세이프티 슈, 광전장치, 초음파장치 등이 있다.
④ 문닫힘 안전장치는 카 문이나 승강장 문에 설치되어야 한다.

> 해설

문닫힘 안전장치
도어가 닫히는 순간에 승객이 출입하는 경우 충돌사고의 원인이 되므로 도어 끝단에 검출장치를 부착하여 도어를 반전시키는 장치

24 카가 정지하고 있지 않는 층의 문이 열리지 않도록 하고, 각 층의 문이 닫혀 있지 않으면 운전을 불가능하게 하는 장치는?

① 도어 인터로크　② 도어 세이프티
③ 도어 오픈　　　④ 도어 클로저

정답　19 ②　20 ①　21 ①　22 ④　23 ②　24 ①

해설

도어 인터로크
승강장 도어 안전장치로서 승강장 도어가 열렸을 때는 카가 운행할 수 없으며, 카가 정지하지 않는 층에서는 전용 열쇠가 없으면 외부에서 도어를 열 수 없도록 하는 장치

25 에스컬레이터의 경사도가 30° 이하일 경우에 공칭속도는?

① 0.75m/s 이하　② 0.80m/s 이하
③ 0.85m/s 이하　④ 0.90m/s 이하

해설

에스컬레이터 경사도별 공칭속도
- 경사도 30° 이하 : 0.75m/s 이하
- 경사도 30° 초과 35° 이하 : 0.5m/s 이하

26 에스컬레이터(무빙워크 포함)의 비상정지스위치에 관한 설명으로 틀린 것은?

① 색상은 적색으로 하여야 한다.
② 상하 승강장이 잘 보이는 곳에 설치한다.
③ 버튼 또는 버튼 부근에는 '정지' 표시를 하여야 한다.
④ 장난 등에 의한 오조작 방지를 위하여 잠금장치를 설치하여야 한다.

해설

비상정지스위치
사고 발생 시 신속히 정지시켜야 하므로 상하의 승강구에 비상정지스위치를 설치하며 승강장 또는 승강장 근처에 눈에 띄고 쉽게 접근할 수 있어야 함

27 에스컬레이터의 핸드레일(Hand Rail) 속도는?

① 30m/min 이하로 하고 있다.
② 45m/min 이하로 하고 있다.
③ 발판(Step) 속도와 2/3 정도로 하고 있다.
④ 발판(Step) 속도와 같게 하고 있다.

해설

핸드레일의 속도
각 난간의 꼭대기에는 정상운행 조건하에서 스텝 팔릿 또는 벨트의 실제 속도와 관련하여 동일 방향으로 0~2%의 공차가 있는 속도로 움직이는 핸드레일이 설치되어야 함

28 평면의 디딤판을 동력으로 오르내리게 한 것으로, 경사도가 12° 이하로 설계된 것은?

① 에스컬레이터　② 무빙워크
③ 경사형 리프트　④ 덤웨이터

해설

- 무빙워크 : 경사도 12° 이하
- 에스컬레이터 : 경사도 30° 이하(최대 35° 이하)

29 이동식 핸드레일은 운행 중에 전 구간에서 디딤판과 레일의 동일 방향 속도공차는 몇 %인가?

① 0~2　② 3~4
③ 5~6　④ 7~8

해설

문제 27번 해설 참조

30 스텝 폭 0.8m, 공칭속도 0.75m/s인 에스컬레이터로 수송할 수 있는 최대인원의 수는 시간당 몇 명인가?

① 3,600　② 4,800
③ 6,000　④ 6,600

해설

에스컬레이터 및 무빙워크의 선택 및 설계

스텝·팰릿 폭(m)	공칭속도(m/s)		
	0.5	0.65	0.75
0.6	3,600명/h	4,400명/h	4,900명/h
0.8	4,800명/h	5,900명/h	6,600명/h
1	6,000명/h	7,300명/h	8,200명/h

31 승강장에서 스텝 뒤쪽 끝부분을 황색 등으로 표시하여 설치되는 것은?

① 스텝체인 ② 테크보드
③ 데마케이션 ④ 스커트 가드

> 해설

데마케이션 마크
스텝 둘레에 황색선을 표시해 안전한 디딤 부분을 표시

32 유압식 엘리베이터의 특징으로 틀린 것은?

① 기계실을 승강로와 떨어져 설치할 수 있다.
② 플런저에 스토퍼가 설치되어 있기 때문에 오버헤드가 작다.
③ 적재량이 크고 승강행정이 짧은 경우에 유압식이 적당하다.
④ 소비전력이 비교적 작다.

> 해설

유압식 승강기의 특징
- 장점
  - 기계실의 배치가 자유로움
  - 하부 기계실 설치 시 건물 상부에 하중이 걸리지 않음
  - 승강로 상부의 꼭대기 틈새가 작아도 됨
- 단점
  - 기계식 실린더를 사용하기 때문에 행정 거리가 한정적
  - 속도가 비교적 느림

33 유압장치의 보수, 점검 또는 수리 등을 할 때 사용되는 것은?

① 안전 밸브 ② 유량제어 밸브
③ 스톱 밸브 ④ 필터

> 해설

스톱(차단) 밸브
- 실린더의 기름이 파워 유닛으로 역류하는 것을 방지
- 유압 파워 유닛의 보수, 점검 시 사용
- 파워 유닛과 실린더 사이의 압력 배관에 설치
- 게이트 밸브라고도 함

34 파워 유닛을 보수·점검 또는 수리할 때 사용하면 불필요한 작동유의 유출을 방지할 수 있는 밸브는?

① 사일런스 ② 체크 밸브
③ 스톱 밸브 ④ 릴리프 밸브

> 해설

밸브의 종류
- 사일런스 : 작동유의 압력 맥동을 흡수하여 진동·소음을 감소시키는 역할
- 체크 밸브 : 유체를 한쪽 방향으로만 흐르게 하고 반대 방향으로는 흐르지 못하도록 하는 밸브로, 액체의 역류를 방지
- 스톱 밸브 : 밸브 시트에 밀착할 수 있는 밸브 본체를 나사 봉에 설치하여, 이것에 핸들을 설치하고 밸브 본체의 상하 움직임이 가능하도록 하여 유체의 흐름을 완전하게 개폐하도록 한 밸브
- 릴리프 밸브 : 일반 회로의 압력이 설정 압력에 도달하면 유체의 일부 또는 전량을 배출시켜 회로 내의 압력을 설정값 이하로 유지하는 압력제어 밸브이며, 1차 압력 설정용 밸브를 말함

35 작동유의 압력맥동을 흡수하여 진동, 소음을 감소시키는 것은?

① 펌프 ② 필터
③ 사일런서 ④ 역류제지 밸브

36 전기식 엘리베이터 기계실의 구조에서 구동기의 회전부품 위로 몇 m 이상의 유효 수직거리가 있어야 하는가?

① 0.2 ② 0.3
③ 0.4 ④ 0.5

> 해설

보호되지 않은 회전부품 위로 0.3m 이상의 유효 수직거리가 있어야 함

정답 31 ③ 32 ② 33 ③ 34 ③ 35 ③ 36 ②

37 전기식 엘리베이터 자체 점검 중 카 위에서 하는 점검항목 장치가 아닌 것은?

① 비상구출구
② 도어잠금 및 잠금해제장치
③ 카 위 안전스위치
④ 문닫힘 안전장치

해설
문닫힘 안전장치는 카 내에서 점검

38 감전의 위험이 있는 장소의 전기를 차단하여 수신, 점검 등의 작업을 할 때는 작업 중 스위치에 어떤 장치를 하여야 하는가?

① 접지장치
② 복개장치
③ 시건장치
④ 통전장치

해설
감전의 위험이 있는 전기설비에는 시건장치를 하여 관리자 외에는 제한

39 승강장의 문이 열린 상태에서 모든 제약이 해제되면 자동적으로 닫히게 하여 문의 개방 상태에서 생기는 2차 재해를 방지하는 문의 안전장치는?

① 시그널 컨트롤
② 도어 컨트롤
③ 도어 클로저
④ 도어 인터로크

해설
도어 클로저(Door Closer)
승강장의 문이 열린 상태에서 모든 제약이 해제되면 자동적으로 닫히게 하여 문의 개방 상태에서 생기는 2차 재해를 방지하는 안전장치

40 작업의 특수성으로 인해 발생하는 직업병으로서 작업 조건에 의하지 않은 것은?

① 먼지
② 유해가스
③ 소음
④ 작업자세

41 승강기 안전관리자의 직무가 아닌 것은?

① 고장 및 수리에 관한 기록 유지
② 사고발생에 대비한 비상연락망의 작성 및 관리
③ 사고 시의 사고 보고
④ 고장 시의 긴급수리

해설
안전관리자의 직무(산업안전)
- 안전보건관리규정 및 취업규칙에서 정한 직무
- 산업재해 발생 원인 조사 및 재발 방지를 위한 기술적 지도 조언
- 안전교육계획의 수립 및 실시
- 방호장치, 기계기구 및 설비, 보호구 중 안전에 관련된 보호구 구입 시 적격품 선정
- 사업장 순회점검, 지도 및 조치의 건의
- 산업재해에 관한 통계의 유지관리를 위한 지도 조언
- 안전에 관한 사항을 위반한 근로자에 대한 조치의 건의
- 기타 안전에 관한 사항으로 노동부장관이 정한 사항

42 아파트 등에서 주로 야간에 카 내의 범죄활동 방지를 위해 설치하는 것은?

① 파킹스위치
② 슬로다운 스위치
③ 록다운 비상정지장치
④ 각 층 강제 정지운전 스위치

해설
각 층 강제 운전장치
- 카가 목표 층까지 이동 시 층마다 정지하며 이동
- 범죄 예방을 위한 운전 방식

정답 37 ④ 38 ③ 39 ③ 40 ④ 41 ④ 42 ④

43 승강기 보수 작업 시 승강기의 카와 건물의 벽 사이에 작업자가 끼인 재해의 발생 형태에 의한 분류는?

① 협착   ② 전도
③ 방심   ④ 접촉

> **해설**
>
> **산업재해 형태**
> - 협착 : 작업자 손이 물건에 끼워지거나 말려든 상태의 경우
> - 감전 : 작업자가 전기 접촉, 방전에 의해 충격을 받은 경우
> - 전도 : 작업자가 미끄러진 경우
> - 추락 : 작업자가 건축물, 사다리, 나무 등에서 떨어진 경우
> - 낙하 : 물체에 작업자가 맞은 경우

44 재해가 발생되었을 때의 조치 순서로서 가장 알맞은 것은?

① 긴급처리 → 재해조사 → 원인강구 → 대책수립 → 실시 → 평가
② 긴급처리 → 원인강구 → 대책수립 → 실시 → 평가 → 재해조사
③ 긴급처리 → 재해조사 → 대책수립 → 실시 → 원인강구 → 평가
④ 긴급처리 → 재해조사 → 평가 → 대책수립 → 원인강구 → 실시

45 기어의 언더컷에 관한 설명으로 틀린 것은?

① 이의 간섭현상이다.
② 접촉면적이 넓어진다.
③ 원활한 회전이 어렵다.
④ 압력각을 크게 하여 방지한다.

> **해설**
>
> 언더컷의 마모에 의해 U홈 상태로 바뀌는 것은 면압을 감소시키고, 이로 인해 마찰력이 적어져서 미끄러짐이 발생

46 안전율의 정의로 옳은 것은?

① 허용응력 / 극한강도   ② 극한강도 / 허용응력
③ 허용응력 / 탄성한도   ④ 탄성한도 / 허용응력

> **해설**
>
> **안전율**
> 재료의 파단(극한)강도와 허용응력의 비(외부의 하중에 견딜 수 있는 정도를 수치화한 것)
>
> $$\text{안전율} = \frac{\text{인장(파단)강도}}{\text{허용응력}}$$
>
> **와이어로프의 안전율**
>
> $$\text{안전율} = \frac{\text{로프 가닥 수} \times \text{파단강도}}{\text{허용하중}}$$

47 파괴검사 방법이 아닌 것은?

① 인장검사   ② 굽힘검사
③ 육안검사   ④ 경도검사

> **해설**
>
> **파괴검사**
> - 시험편에 그것이 파괴되기까지 하중, 열, 전류, 전압 등을 가한다든지, 화학 분석 등을 해서 그 특성을 구하는 검사
> - 재료시험 중 인장시험, 압축시험, 굽힘시험, 비틀림시험, 층밀리기시험, 충격시험, 크리프시험, 피로시험 등은 특정한 목적 이외에서 여기에 속함
> - ③ 육안검사는 비파괴검사

48 공작물을 제작할 때 공차 범위라고 하는 것은?

① 영점과 최대허용치수와의 차이
② 영점과 최소허용치수와의 차이
③ 오차가 전혀 없는 정확한 치수
④ 최대허용치수와 최소허용치수와의 차이

> **해설**
>
> **공차 범위**
> 어느 기준값에 대한 최대허용값과 최소허용값의 차이

정답 43 ① 44 ① 45 ② 46 ② 47 ③ 48 ④

49 엘리베이터 전동기 주 회로의 사용전압이 380V이면 절연저항은 몇 MΩ 이상이어야 하는가?

① 0.1
② 0.2
③ 0.3
④ 1.0

> [해설]
>
> **전기설비의 절연저항**
>
> | 공칭회로 전압(V) | 시험 전압/직류(V) | 절연저항(MΩ) |
> |---|---|---|
> | SELV 및 PELV | 250 | ≥ 0.5 |
> | FELV, 500V 이하 | 500 | ≥ 1.0 |
> | 500V 초과 | 1,000 | ≥ 1.0 |
>
> - SELV(Safety Extra Low Voltage)
> - PELV(Protective Extra Low Voltage)
> - FELV(Functional Extra Low Voltage)

50 유도 기전력의 크기는 코일의 권수와 코일을 관통하는 자속의 시간적인 변화율과의 곱에 비례한다는 법칙은 무엇인가?

① 패러데이의 전자유도법칙
② 앙페르의 주회 적분의 법칙
③ 전자력에 관한 플레밍의 법칙
④ 유도 기전력에 관한 렌츠의 법칙

> [해설]
>
> **패러데이의 전자유도 법칙**
> 유도 기전력의 크기는 코일의 권수와 코일을 관통하는 자속의 시간적인 변화율의 곱에 비례
>
> $e = N\dfrac{d\phi}{dt}$ [V]

51 시퀀스회로에서 일종의 기억회로라고 할 수 있는 것은?

① AND 회로
② OR 회로
③ NOT 회로
④ 자기유지회로

> [해설]
>
> **자기유지회로**
> 입력신호를 주면 그 신호를 유지하는 회로로 일종의 기억회로

52 평행판 콘덴서에 있어서 판의 면적을 동일하게 하고 정전용량은 반으로 줄이려면 판 사이의 거리는 어떻게 하여야 하는가?

① 1/4로 줄인다.
② 반으로 줄인다.
③ 2배로 늘린다.
④ 4배로 늘린다.

> [해설]
>
> 정전용량 $C = \dfrac{\varepsilon A}{d}$, $C \times \dfrac{1}{2} = \dfrac{\varepsilon A}{d \times 2}$ [F]
>
> 여기서, A : 단면적
> d : 간격(거리)
> C : 정전용량(F)
>
> 단면적이 동일할 때, 정전용량을 반으로 줄이려면, 거리를 2배 증가시켜야 함

53 유도 전동기에서 슬립이 1이란 전동기의 어느 상태인가?

① 유도 제동기의 역할을 한다.
② 유도 전동기가 전부하 운전 상태이다.
③ 유도 전동기가 정지 상태이다.
④ 유도 전동기가 동기속도로 회전한다.

> [해설]
>
> **슬립(Slip)**
> 3상 유도 전동기는 항상 회전 자기장의 동기 속도 N_s와 회전자의 속도 N 사이에 차이가 생기게 되며, 이 차이의 값으로 전동기의 속도를 나타냄. 이때 속도의 차이와 동기 속도 N_s와의 비를 슬립이라고 함
>
> $s = \dfrac{\text{동기속도} - \text{회전자속도}}{\text{동기속도}} = \dfrac{N_s - N}{N_s}$
>
> - 슬립 0 : 동기속도로 회전하는 상태
> - 슬립 1 : 정지 상태(회전자 속도 = 0)

정답 49 ④ 50 ① 51 ④ 52 ③ 53 ③

54 전류의 흐름을 안전하게 하기 위하여 전선의 굵기를 결정하는 요인으로 다음 중 거리가 가장 먼 것은?

① 전압강하 ② 허용전류
③ 기계적 강도 ④ 외부온도

> **해설**
>
> **전선의 구비조건**
> 허용전류, 전압강하, 기계적 강도

55 물체의 외력을 가해서 변형을 일으킬 때 탄성한계 내에서 변형의 크기는 외력에 대해 어떻게 나타나는가?

① 탄성한계 내에서 변형의 크기는 외력에 대하여 반비례한다.
② 탄성한계 내에서 변형의 크기는 외력에 대하여 비례한다.
③ 탄성한계 내에서 변형의 크기는 외력과 무관하다.
④ 탄성한계 내에서 변형의 크기는 일정하다.

> **해설**
>
> • 탄성 : 외력을 받아 변형된 물체가 그 외력을 제거하면, 원래의 모양으로 되돌아가는 성질
> • 소성 : 외력을 제거한 후에도 영구변형이 남게 되어 본래의 모양으로 되돌아가지 않는 성질

56 버니어 캘리퍼스를 사용하여 와이어로프의 직경 측정 방법으로 알맞은 것은?

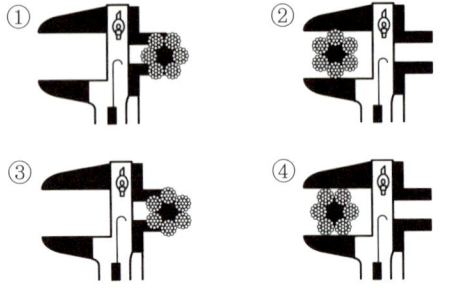

57 100V를 인가하여 전기량 30C을 이동시키는 데 5초가 걸렸다. 이때의 전력(kW)은?

① 0.3 ② 0.6
③ 1.5 ④ 0.3

> **해설**
>
> 전기량 $Q = It\,[\text{C}]$에서 $I = \dfrac{Q}{t} = \dfrac{30}{5} = 6\text{A}$
> 전력량 $P = VI\,[\text{W}] = 100 \times 6 = 600\text{W} = 0.6\text{kW}$

58 변형량과 원래 치수와의 비를 변형률이라 하는데 다음 중 변형률의 종류가 아닌 것은?

① 가로변형률 ② 세로변형률
③ 전단변형률 ④ 전체변형률

> **해설**
>
> **변형률의 종류**
> 가로변형률, 세로변형률, 전단변형률

59 그림은 마이크로미터로 어떤 치수를 측정한 것이다. 치수는 약 몇 mm인가?

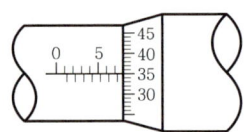

① 5.35 ② 5.85
③ 7.35 ④ 7.85

> **해설**
>
> 7.5 + 0.35 = 7.85mm

정답 54 ① 55 ② 56 ② 57 ② 58 ④ 59 ④

60 기계요소 설계 시 일반 체결용에 주로 사용되는 나사는?

① 삼각나사
② 사각나사
③ 톱니나사
④ 사다리꼴나사

해설

- 삼각나사 : 나사산이 삼각형인 나사로 주로 체결용 나사로 쓰임
- 사각나사 : 나사산이 직사각형인 나사, 축 방향으로 큰 힘을 전달할 수 있고, 마찰이 적기 때문에 바이스, 프레스 잭 등 힘을 전달하는 기계의 부품으로 사용. 사각나사는 공작이 어려움
- 톱니나사 : 나사산의 단면이 톱니 모양으로 삼각나사와 사각나사의 장점을 모두 가지고 있으며, 한쪽 방향으로 강력한 축하중을 전달하는 경우에 적합. 힘을 받는 면은 축에서 직각이고 나사산의 각도는 30°와 45°의 두 가지가 있음
- 사다리꼴나사 : 나사산이 사다리꼴인 나사, 사각나사가 공작하기 어려우므로 사다리꼴나사를 많이 사용. 29° 사다리꼴나사(인치계), 30° 사다리꼴나사(미터계)가 있으며, 공작기계의 리드나사, 피드 나사에 사용됨

정답 60 ①

2017년 5회 기출문제

01 카가 최상층 및 최하층을 지나쳐 주행하는 것을 방지하는 것은?

① 균형추
② 정지 스위치
③ 인터로크 장치
④ 리밋 스위치

> **해설**
> 리밋 스위치
> • 운행 시 최상·최하층을 지나치지 않도록 하는 장치
> • 파이널 리밋 스위치 전 설치
> • 카의 감속 및 정지

02 스텝 폭 0.8m, 공칭속도 0.75m/s인 에스컬레이터로 수송할 수 있는 최대 인원의 수는 시간당 몇 명인가?

① 3,600
② 4,800
③ 6,000
④ 6,600

> **해설**
> 난간 폭별 최대 수송능력
>
> | 디딤판 폭 (m) | 공칭속도 v(m/s) | | |
> |---|---|---|---|
> | | 0.5 | 0.65 | 0.75 |
> | 0.6 | 3,600명/h | 4,400명/h | 4,900명/h |
> | 0.8 | 4,800명/h | 5,900명/h | 6,600명/h |
> | 1 | 6,000명/h | 7,300명/h | 8,200명/h |

03 주차구획이 3층 이상으로 배치되어 있고 출입구가 있는 층의 모든 주차구획을 주차장치 출입구로 사용할 수 있는 구조로서 그 주차 구획을 아래 위 또는 수평으로 이동하여 자동차를 주차하도록 설계한 주차 장치는?

① 수평순환식
② 다층순환식
③ 다단식 주차장치
④ 승강기 슬라이드식

> **해설**
> 다단식 주차설비
> 주차공간을 3단 이상으로 적용

04 도어 인터로크에 관한 설명으로 옳은 것은?

① 도어 닫힘 시 도어 로크가 걸린 후, 도어 스위치가 들어가야 한다.
② 카가 정지하지 않는 층은 도어 로크가 없어도 된다.
③ 도어 로크는 비상시 열기 쉽도록 일반공구로 사용 가능해야 한다.
④ 도어 개방 시 도어 로크가 열리고, 도어 스위치가 끊어지는 구조이어야 한다.

> **해설**
> 도어 인터로크
> • 도어 로크 + 도어 스위치
> • 승강장 도어가 열렸을 때는 카가 운행할 수 없으며, 카가 정지하지 않는 층에서는 전용 열쇠가 없으면 외부에서 도어를 열 수 없도록 하는 장치
> • 도어 닫힘 시 도어 로크가 걸린 후 도어 스위치가 동작

05 기계실에서 이동을 위한 공간의 유효 높이는 바닥에서부터 천장의 빔 하부까지 측정하여 몇 m 이상이어야 하는가?

① 1.2
② 1.8
③ 2.0
④ 2.5

> **해설**
> 기계실 치수
> • 작업구역 유효 높이 : 2.1m 이상
> • 움직이는 부품 : 0.5×0.6m 이상
> • 이동통로 유효 높이 : 1.8m 이상
> • 회전부품 위 : 0.3m 이상
> • 계단 및 난간의 바닥 단차 : 0.5m 이상

정답 01 ④ 02 ④ 03 ③ 04 ① 05 ②

06 조속기 로프의 공칭직경은 몇 mm 이상이어야 하는가?

① 6
② 8
③ 10
④ 12

해설

조속기(과속조절기)
- 정격속도의 115%
- 로프 공칭직경이 6mm 이상
- 공칭직경비 30 이상
- 안전율 8 이상

07 펌프의 출력에 대한 설명으로 옳은 것은?

① 압력과 토출량에 비례한다.
② 압력과 토출량에 반비례한다.
③ 압력에 비례하고, 토출량에 반비례한다.
④ 압력에 반비례하고, 토출량에 비례한다.

해설

펌프의 출력은 압력과 토출량에 비례

08 카 문턱과 승강장 문턱 사이의 수평거리는 몇 mm 이하이어야 하는가?

① 12
② 15
③ 35
④ 125

09 엘리베이터의 속도가 규정치 이상이 되었을 때 작동하여 동력을 차단하고 비상정지를 작동시키는 기계장치는?

① 구동기
② 조속기
③ 완충기
④ 도어 스위치

해설

조속기 기능
- 카의 속도 검출
- 속도 115% 이상 동작
- 카의 속도 및 가속도 검출
- 비상정지장치 동작
- 자동 동작 수동복귀

10 승강기 정밀안전 검사 시 과부하 방지장치의 작동치는 정격 적재하중의 몇 %를 권장치로 하는가?

① 95~100
② 105~110
③ 115~120
④ 125~130

해설

과부하 감지장치
- 정격하중의 10%(최소 75kg) 검출
- 운행 시 무효화
- 시각 및 음향으로 경보

11 균형추의 중량을 결정하는 계산식은?(단, 여기서 L은 정격하중, F는 오버밸런스율이다.)

① 균형추의 중량=카 자체 하중 $\times (L \cdot F)$
② 균형추의 중량=카 자체 하중 $+ (L \cdot F)$
③ 균형추의 중량=카 자체 하중 $\times (L - F)$
④ 균형추의 중량=카 자체 하중 $+ (L + F)$

해설

균형추
균형추의 총중량=카 자중 $+ (L \times F)$
여기서, L : 정격하중(kg)
F : 오버밸런스율(35~50%)

12 에스컬레이터의 계단(디딤판)에 대한 설명 중 옳지 않은 것은?

① 디딤판 윗면은 수평으로 설치되어야 한다.
② 디딤판의 주행 방향의 길이는 400mm 이상이다.
③ 발판 사이의 높이는 215mm 이하이다.
④ 디딤판 상호 간 틈새는 8mm 이하이다.

정답 06 ① 07 ① 08 ③ 09 ② 10 ② 11 ② 12 ④

> **해설**
>
> 디딤판(스텝) 주행안내
> - 스텝 또는 팔레트의 측면 변위는 각각 4mm 이하
> - 양쪽 측면에서 측정된 틈새의 합은 7mm 이하
> - 수직 변위는 4mm 이하이고 벨트의 수직 변위는 6mm 이하

13 엘리베이터의 문닫힘 안전장치 중에서 카 도어의 끝단에 설치하여 이물체가 접촉되면 도어의 닫힘이 중단되는 안전장치는?

① 광전스위치   ② 초음파장치
③ 세이프티 슈   ④ 가이드 슈

> **해설**
>
> 문닫힘 안전장치 종류
> - 세이프티 슈 : 접촉식
> - 세이프티 레이 : 광전식(비접촉식)
> - 초음파장치 : 초음파식(비접촉식)

14 가요성 호스 및 실린더와 체크 밸브 또는 하강 밸브 사이의 가요성 호스 연결장치는 전 부하 압력의 몇 배의 압력을 손상 없이 견뎌야 하는가?

① 2   ② 3
③ 4   ④ 5

> **해설**
>
> 유압회로 장치는 부하 압력의 5배 압력을 견뎌야 함

15 안전 작업모를 착용하는 주요 목적이 아닌 것은?

① 화상 방지
② 감전의 방지
③ 종업원의 표시
④ 비산물로 인한 부상 방지

16 감전에 의한 위험대책 중 부적합한 것은?

① 일반인 이외에는 전기기계 및 기구에 접촉 금지
② 전선의 절연피복을 보호하기 위한 방호조치가 있어야 함
③ 이동전선의 상호 연결은 반드시 접속기구를 사용할 것
④ 배선의 연결부분 및 나선부분은 전기절연용 접착테이프로 테이핑하여야 함

> **해설**
>
> ① 일반인이 전기기계를 만지면 안 됨

17 에스컬레이터의 스커트 가드판과 스텝 사이에 인체의 일부나 옷, 신발 등이 끼었을 때 에스컬레이터를 정지시키는 안전장치는?

① 스텝체인 안전장치
② 구동체인 안전장치
③ 핸드레일 안전장치
④ 스커트 가드 안전장치

> **해설**
>
> 스커트 가드 안전스위치
> 스커트 가드판과 스텝 사이에 힘이 가해지면 안전스위치가 작동

18 정전으로 인하여 카가 층 중간에 정지될 경우 카를 안전하게 하강시키기 위하여 점검자가 주로 사용하는 밸브는?

① 체크 밸브
② 스톱 밸브
③ 릴리프 밸브
④ 하강용 유량제어 밸브

> **해설**
>
> 하강용 유량제어 밸브는 정전 시 카 수동 하강

정답 13 ③ 14 ④ 15 ③ 16 ① 17 ④ 18 ④

19 재해의 발생 순서로 옳은 것은?

① 이상 상태 – 불안전 행동 및 상태 – 사고 – 재해
② 이상 상태 – 사고 – 불안전 행동 및 상태 – 재해
③ 이상 상태 – 재해 – 사고 – 불안전 행동 및 상태
④ 재해 – 이상 상태 – 사고 – 불안전 행동 및 상태

해설
재해 발생 순서
유전적 요소 및 환경 → 인적 결함 → 불안전한 행동, 상태 → 사고 → 재해

20 로프식 엘리베이터에서 도르래의 직경은 로프 직경의 몇 배 이상으로 하여야 하는가?

① 25 ② 30
③ 35 ④ 40

해설
현수(주) 로프
- 공칭직경이 8mm 이상
- 2가닥 이상
- 공칭직경비 40 이상
- 안전율 12 이상(체인 10 이상)
- 파단하중의 80% 이상

21 엘리베이터 카 도어머신에 요구되는 성능이 아닌 것은?

① 작동이 원활하고 정숙할 것
② 카 상부에 설치하기 위해 소형 경량일 것
③ 동작횟수가 엘리베이터 기동횟수의 2배이므로 보수가 용이할 것
④ 어떠한 경우라도 수동으로 카 도어가 열려서는 안 될 것

해설
도어머신은 비상시 수동으로 카 도어가 개폐 가능해야 함

22 유압 펌프에 관한 설명 중 틀린 것은?

① 압력맥동이 커야 한다.
② 진동과 소음이 작아야 한다.
③ 일반적으로 스크루 펌프가 사용된다.
④ 펌프의 토출량이 크면 속도도 커진다.

해설
압력맥동이 작아야 진동과 소음이 작음

23 로프의 미끄러짐 현상을 줄이는 방법으로 틀린 것은?

① 권부각을 크게 한다.
② 카 자중을 가볍게 한다.
③ 가감속도를 완만하게 한다.
④ 균형체인이나 균형로프를 설치한다.

해설
로프의 미끄러짐 방지 대책
- 권부각을 크게
- 가속 및 감속을 작게
- 균형체인 및 균형로프 적용
- 큰 마찰계수 적용

24 로프식 엘리베이터의 카 상부에서 실시하는 검사가 아닌 것은?

① 레일 클립의 조임 상태
② 카 도어 스위치 동작 상태
③ 조속기의 작동 상태
④ 비상구출구 스위치 동작 상태

해설
조속기는 기계실에서 검사

정답 19 ① 20 ④ 21 ④ 22 ① 23 ② 24 ③

25 유압식 엘리베이터의 속도제어에서 주 회로에 유량제어 밸브를 삽입하여 유량을 직접 제어하는 회로는?

① 미터오프 회로 ② 미터인 회로
③ 블리드오프 회로 ④ 블리드인 회로

> **해설**
>
> **미터인 회로와 블리드오프 회로의 비교**
>
> | 구분 | 미터인 | 블리드오프 |
> |---|---|---|
> | 유량제어 | 직접제어 | 간접제어 |
> | 속도제어 | 정확 | 부정확 |
> | 효율 | 낮음 | 높음 |

26 유압승강기의 안전장치에 대한 설명으로 옳지 않은 것은?

① 플런저 리밋 스위치는 플런저의 상한 행정을 제한하는 안전장치이다.
② 플런저 리밋 스위치 작동 시 상승 방향의 전력을 차단하며, 반대 방향으로 주행이 가능하도록 회로가 구성되어야 한다.
③ 작동유 온도 검출 스위치는 기름 탱크의 온도 규정치 80℃를 초과하면 이를 감지하여 카 운행을 중지시키는 장치이다.
④ 전동기 공전 방치장치는 타이머에 설정된 시간을 초과하면 전동기를 정지시키는 장치이다.

> **해설**
>
> **유압 엘리베이터 작동 유**
> • 온도 범위 : 45~55℃
> • 부속설비에 따라 최대 60℃, 초과 시 운행 정지

27 승객의 구출 및 구조를 위한 카 상부 비상구출문의 크기는 얼마 이상이어야 하는가?

① 0.2m×0.2m ② 0.4m×0.5m
③ 0.5m×0.5m ④ 0.25m×0.3m

> **해설**
>
> **천장 비상구출문**
> • 0.4m×0.5m 이상
> • 카 밖으로 열릴 것
> • 내부 : 삼각열쇠 이용
> • 외부 : 열쇠 없이 열림

28 전기식 엘리베이터 자체 점검 시 제어 패널, 캐비닛 접촉기, 릴레이 제어 기판에서 'B로 하여야 할 것'이 아닌 것은?

① 기판의 접촉이 불량한 것
② 발열, 진동 등이 현저한 것
③ 접촉기, 릴레이 – 접촉기 등의 손모가 현저한 것
④ 전기설비의 절연저항이 규정값을 초과하는 것

> **해설**
>
> ①은 C에 해당

29 기계실에는 바닥면에서 몇 lx 이상을 비출 수 있는 영구적으로 설치된 전기조명이 있어야 하는가?

① 2 ② 50
③ 100 ④ 200

> **해설**
>
> **승강기 조도**
> • 카 지붕 위 1m : 50lx
> • 피트 바닥 위 1m : 50lx
> • 기계실 이동공간 : 50lx
> • 기계실 작업공간 : 200lx

30 산업재해의 발생원인 중 불안전한 행동이 많은 사고의 원인이 되고 있다. 이에 해당되지 않는 것은?

① 위험장소 접근
② 작업 장소 불량

정답 25 ② 26 ③ 27 ② 28 ① 29 ④ 30 ②

③ 안전장치 기능 제거
④ 복장 보호구 잘못 사용

해설

안전사고의 직접 원인
- 불안전한 행동(인적 원인)
  - 안전장치를 제거, 무효화, 불안전한 상태 방치
  - 운전 중인 기계, 장치 등의 청소, 주유, 수리, 점검
  - 위험장소에의 접근
  - 잘못된 동작 자세
  - 복장, 보호구의 잘못 사용
  - 불안전한 조작
  - 안전조치의 불이행
- 불안전한 상태(물적 원인)
  - 기계 자체 결함
  - 방호장치 결함
  - 작업환경의 결함
  - 보호구 또는 복장의 결함
  - 자연적 불안전한 상태 지속
  - 생산공정 결함

31 고장 및 정전 시 카 내의 승객을 구출하기 위한 비상 천장 구출구에 대한 설명으로 옳지 않은 것은?

① 카 안에서는 열 수 없도록 잠금장치를 하여야 한다.
② 카 위에서는 공구 등을 사용하지 않고 간단한 조작에 의해 용이하게 열 수 있어야 한다.
③ 승객의 구조활동에 장애가 없도록 충분한 공간이 확보되는 위치에 설치한다.
④ 구출구의 크기는 최소 폭 0.3m, 면적 0.1m² 이상이어야 한다.

해설

천장 비상구출문
- 0.4m × 0.5m 이상
- 카 밖으로 열릴 것
- 내부 : 삼각열쇠 이용
- 외부 : 열쇠 없이 열림

벽 비상구출문
- 0.4m × 1.8m 이상
- 카 안쪽으로 열릴 것
- 내부 : 삼각열쇠 이용
- 외부 : 열쇠 없이 열림

32 승강로에 관한 설명 중 틀린 것은?

① 승강로는 안전한 벽 또는 울타리에 의하여 외부 공간과 격리되어야 한다.
② 승강로는 화재 시 승강로를 거쳐서 다른 층으로 연소될 수 있도록 한다.
③ 엘리베이터에 필요한 배관 설비 외의 설비는 승강로 내에 설치하여서는 안 된다.
④ 승강로 피트 하부를 사무실이나 통로로 사용할 경우 균형추에 비상정지장치를 설치한다.

해설

승강로의 구조
- 승강로의 주벽이나 개구부는 방화 구조로 할 것
- 승강로 내에는 엘리베이터와 관계없는 급배수관·가스관 및 전선관 등을 설치하지 않을 것
- 승강로 내에는 각 층을 나타내는 표기가 있을 것
- 화재 시 승강로를 통해 다른 층이 연소되지 않을 것

33 와이어로프 클립(Wire Rope Clip)의 체결 방법으로 가장 적합한 것은?

①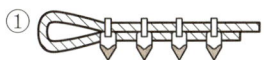
②
③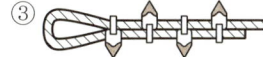
④

해설

클립 체결 방법
- 3개 이상 체결
- 클립 사이 거리 로프 직경의 5배 이상
- U볼트(U-Bolt) 부분이 절단된 로프 쪽 설치

34 다음 중 에스컬레이터의 일반구조에 대한 설명으로 옳지 않은 것은?

① 일반적으로 경사도는 30° 이하로 하여야 한다.
② 핸드레일의 속도가 디딤바닥과 동일한 속도를 유지하도록 한다.
③ 디딤바닥의 정격속도는 0.5m/s 이상이어야 한다.
④ 물건이 에스컬레이터 각 부분에 끼이거나 부딪치는 일이 없도록 안전한 구조이어야 한다.

[해설]
경사도에 따른 속도
- 30° 이하 : 0.75m/s 이하
- 30° 초과 35° 이하 : 0.5m/s 이하

35 유압식 엘리베이터의 카 문턱에는 승강장 유효 출입구 전폭에 걸쳐 에이프런이 설치되어야 한다. 수직면의 아랫부분은 수평면에 대해 몇 ° 이상으로 아래 방향을 향하여 구부러져야 하는가?

① 15° ② 30°
③ 45° ④ 60°

[해설]
에이프런
- 승강장 유효출입구 폭 이상
- 승강로 방향으로 60° 이상, 길이는 20mm 이상
- 수직 부분 높이는 0.75m 이상

36 유압식 엘리베이터의 자체 점검 시 피트에서 하는 점검항목 장치가 아닌 것은?

① 체크 밸브
② 램(플런저)
③ 이동케이블 및 부착부
④ 하부 파이널 리밋 스위치

[해설]
체크 밸브는 기계실에서 점검 실시

37 전기식 엘리베이터 자체 점검 시 기계실, 구동기 및 풀리 공간에서 하는 점검항목 장치가 아닌 것은?

① 조속기 ② 권상기
③ 고정 도르래 ④ 과부하 감지장치

38 승강장에서 스텝 뒤쪽 끝부분을 황색 등으로 표시하여 설치되는 것은?

① 스텝체인 ② 테크보드
③ 데마케이션 ④ 스커트 가드

[해설]
데마케이션 마크
스텝 둘레에 황색선을 표시해 안전한 디딤 부분을 표시

39 입체(실체) 캠이 아닌 것은?

① 원통 캠 ② 경사판 캠
③ 판 캠 ④ 구면 캠

[해설]
- 평면 캠 : 판 캠, 홈 캠, 확동 캠, 직동 캠
- 입체 캠 : 경사판 캠, 원통 캠, 원뿔 캠, 구면 캠

40 유도 전동기에서 슬립이 1이란 전동기의 어느 상태인가?

① 유도 제동기의 역할을 한다.
② 유도 전동기가 전부하 운전 상태이다.
③ 유도 전동기가 정지 상태이다.
④ 유도 전동기가 동기속도로 회전한다.

[해설]
슬립(Slip)
$$s = \frac{동기속도 - 회전자속도}{동기속도} = \frac{N_s - N}{N_s}$$

운전 상태별 슬립
- 정지 시 : $s = 1$

정답 34 ③ 35 ④ 36 ① 37 ④ 38 ③ 39 ③ 40 ③

- 동기속도 운전 시 : $s=0$
- 기동 시 : $s>1$
- 부하 시 : $0 \leq s \leq 1$

41 변형량과 원래 치수와의 비를 변형률이라 하는데 다음 중 변형률의 종류가 아닌 것은?

① 가로변형률 ② 세로변형률
③ 전단변형률 ④ 전체변형률

해설
변형률
변형된 길이와 원래의 길이와의 비

42 직류 전동기에서 전기자 반작용의 원인이 되는 것은?

① 계자 전류
② 전기자 전류
③ 와류손 전류
④ 히스테리시스손의 전류

해설
전기자 반작용
전기자 전류에 의한 자속이 주 자속에 영향을 주는 현상

43 공작물을 제작할 때 공차 범위라고 하는 것은?

① 영점과 최대 허용치수와의 차이
② 영점과 최소 허용치수와의 차이
③ 오차가 전혀 없는 정확한 치수
④ 최대 허용치수와 최소 허용치수의 차이

44 전압계의 측정범위를 7배로 하려 할 때 배율기의 저항은 전압계 내부저항의 몇 배로 하여야 하는가?

① 7 ② 6
③ 5 ④ 4

해설
배율기 저항
$R_m = (n-1)r = (7-1)r = 6r$

45 논리회로에 사용되는 인버터(Inverter)란?

① OR 회로   ② NOT 회로
③ AND 회로   ④ X-OR 회로

해설
논리게이트 회로에서 인버터는 NOT과 같음

46 물체에 하중을 작용시키면 물체 내부에 저항력이 생긴다. 이때 생긴 단위면적에 대한 내부 저항력을 무엇이라 하는가?

① 보   ② 하중
③ 응력 ④ 안전율

해설
응력
외부에서 가해지는 힘에 대한 물체 내부의 저항력
$\sigma = \dfrac{P[\text{kg}]}{A[\text{cm}^2]}$

47 직류발전기의 기본 구성요소에 속하지 않는 것은?

① 계자   ② 보극
③ 전기자 ④ 정류자

해설
보극
별도의 자극을 설치하여 전기자 반작용을 상쇄

정답 41 ④ 42 ② 43 ④ 44 ② 45 ② 46 ③ 47 ②

48 $R-L-C$ 직렬회로에서 최대전류가 흐르게 되는 조건은?

① $\omega L^2 - \dfrac{1}{\omega C} = 0$
② $\omega L^2 + \dfrac{1}{\omega C} = 0$
③ $\omega L - \dfrac{1}{\omega C} = 0$
④ $\omega L + \dfrac{1}{\omega C} = 0$

해설

직렬공진 특징
- 임피던스 : 최소
- 전류 : 최대
- 공진 조건 : $\omega L - \dfrac{1}{\omega C} = 0$

49 $R-L-C$ 소자의 교류회로에 대한 설명 중 틀린 것은?

① R만의 회로에서 전압과 전류의 위상은 동상이다.
② L만의 회로에서 저항성분을 유도성 리액턴스 X_L이라 한다.
③ C만의 회로에서 전류는 전압보다 위상이 90° 앞선다.
④ 유도성 리액턴스 $X_L = 1/\omega L$이다.

해설

유도성 리액턴스
$X_L = \omega L = 2\pi f L [\Omega]$

50 길이 1m의 봉이 인장력을 받고 0.2mm 만큼 늘어났다. 인장변형률은 얼마인가?

① 0.0001 ② 0.0002
③ 0.0004 ④ 0.0005

해설

변형률
$\dfrac{\text{변형된 길이}}{\text{원래의 길이}} = \dfrac{0.2\text{mm}}{1{,}000\text{mm}} = 0.0002$

51 다음 중 4절 링크 기구를 구성하고 있는 요소로 알맞은 것은?

① 고정링크, 크랭크, 레버, 슬라이더
② 가변링크, 크랭크, 기어, 클러치
③ 고정링크, 크랭크, 고정레버, 클러치
④ 가변링크, 크랭크, 기어, 슬라이더

해설

링크 기구
몇 개의 막대를 핀으로 연결하여 회전할 수 있도록 만든 기구

링크 구성 및 운동
- 크랭크 : 회전운동
- 레버 : 요동운동
- 슬라이더 : 미끄럼운동
- 고정링크 : 고정

52 직류 전동기에서 자속이 감소되면 회전수는 어떻게 되는가?

① 정지 ② 감소
③ 불변 ④ 상승

해설

직류 전동기 회전속도
$N = K\dfrac{(V - I_a R_a)}{\phi}[\text{rpm}]$

여기서, R_a : 전기자 저항
I_a : 전기자 전류
V : 단자 전압
ϕ : 자속
N : 회전속도

53 크레인, 엘리베이터, 공작기계, 공기압축기 등의 운전에 가장 적합한 전동기는?

① 직권전동기 ② 분권전동기
③ 차동복권전동기 ④ 가동복권전동기

해설

가동복권전동기
직권 계자 권선에 의하여 발생되는 자속이 분권 계자 권선에 의하여 발생되는 자속과 같은 방향이 되어 합성 자속이 증가하는 구조의 전동기로, 크레인, 승강기에 사용

54 기계 부품 측정 시 각도를 측정할 수 있는 기기는?

① 사인바
② 옵티컬플랫
③ 다이얼 게이지
④ 마이크로미터

55 그림과 같은 논리기호의 논리식은?

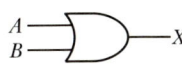

① $X = \overline{A} + \overline{B}$
② $X = \overline{A} \cdot \overline{B}$
③ $X = A \cdot B$
④ $X = A + B$

해설

OR 회로(논리합)
- 하나 이상의 입력(1)이 있을 때 출력(1)이 나타나는 회로
- 시퀀스의 병렬 스위치 회로와 같음
- 논리식 : $X = A + B$
- 논리기호

- 진리표

입력		출력
A	B	X
0	0	0
0	1	1
1	0	1
1	1	1

56 유압 엘리베이터의 파워 유닛(Power Unit)의 점검사항으로 적당하지 않은 것은?

① 기름의 유출 유무
② 작동유(Oil)의 온도 상승 상태
③ 과전류계전기의 이상 유무
④ 전동기와 펌프의 이상음 발생 유무

해설

유압 파워 유닛
유압 펌프, 전동기, 오일탱크, 제어반, 밸브류 등을 하나의 패키지로 만든 것

57 다음 진리표에 맞는 논리회로는?

입력		출력
0	0	1
0	1	0
1	0	0
1	1	0

① OR
② NOR
③ AND
④ NAND

해설

NOR 회로(부정 논리합)
- 하나 이상의 입력(1)이 있을 때 출력(1)이 나타나는 회로
- 시퀀스의 병렬 스위치 회로와 같음
- 논리식 : $X = \overline{A + B} = \overline{A} \cdot \overline{B}$
- 논리기호

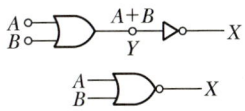

- 진리표

입력		출력
A	B	X
0	0	1
0	1	0
1	0	0
1	1	0

정답 54 ① 55 ④ 56 ③ 57 ②

58 3상 유도 전동기를 역회전 동작시키고자 할 때의 대책으로 옳은 것은?

① 퓨즈를 조사한다.
② 전동기를 교체한다.
③ 3선을 모두 바꾸어 결선한다.
④ 3선의 결선 중 임의의 2선을 바꾸어 결선한다.

59 웜(Worm) 기어의 특징이 아닌 것은?

① 효율이 좋다.
② 부하용량이 크다.
③ 소음과 진동이 적다.
④ 큰 감속비를 얻을 수 있다.

60 100V를 인가하여 전기량 30C을 이동시키는 데 5초 걸렸다. 이때의 전력(kW)은?

① 0.3
② 0.6
③ 1.5
④ 3

해설

전하량
$Q = It\,[C]$ 에서 $I = \dfrac{Q}{t} = \dfrac{30}{5} = 6A$

전력량
$W = VI\,[W] = 100 \times 6 = 600W = 0.6kW$

정답 58 ④ 59 ① 60 ②

2018년 1회 기출문제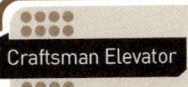

01 승강기 정밀안전 검사 시 과부하방지장치의 작동치는 정격 적재하중의 몇 %를 권장치로 하는가?

① 95~100
② 105~110
③ 115~120
④ 125~130

해설
과부하 감지장치
- 정격하중의 10%(최소 75kg) 검출
- 운행 시 무효화
- 시각 및 음향으로 경보

02 균형로프(Compensating Rope)의 역할로 적합한 것은?

① 카의 낙하를 방지한다.
② 균형추의 이탈을 방지한다.
③ 주 로프와 이동케이블의 이동으로 변화된 하중을 보상한다.
④ 주 로프가 열화되지 않도록 한다.

해설
견인비 보상 방법
카 하부에서 균형체인(저속) 또는 균형로프(고속)를 설치하여 보상

03 와이어로프의 꼬임 방향에 의한 분류로 옳은 것은?

① Z꼬임, S꼬임
② Z꼬임, T꼬임
③ S꼬임, T꼬임
④ H꼬임, T꼬임

해설
보통꼬임
- 소선과 스트랜드 꼬임 방향이 다름
- 꼬임이 풀리기 어려움

랭꼬임
- 소선과 스트랜드 꼬임 방향이 같음
- 꼬임이 풀리기 쉬움

04 기계실의 위치에 의한 엘리베이터 분류에서 기계실을 승강로의 아래쪽 방향에 설치하는 방식은?

① 기어드 방식
② 횡인구동 방식
③ 베이스먼트 방식
④ 사이드머신 방식

해설
기계실 위치에 따른 방식
- 기계실 하부 설치 : 베이스먼트 방식
- 기계실 상부 설치 : 오버헤드머신 방식
- 기계실 중간 설치 : 사이드머신 방식

05 승강기가 어떤 원인으로 피트에 떨어졌을 때 충격을 완화하기 위하여 설치하는 것은?

① 조속기
② 비상정지장치
③ 완충기
④ 제동기

해설
완충기의 설치 목적
승강기의 카 또는 균형추가 고장으로 최하층을 통과하여 피트로 떨어졌을 때 충격을 완화하기 위하여 설치

06 엘리베이터의 속도제어 중 VVVF 제어 방식의 특징으로 잘못 설명된 것은?

① 소비전력을 줄일 수 있고 보수가 용이하다.
② 저속의 승강기에만 적용 가능하다.
③ 유도 전동기의 전압과 주파수를 변환시킨다.
④ 직류 전동기와 동등한 제어 특성을 낼 수 있다.

정답 01 ② 02 ③ 03 ① 04 ③ 05 ③ 06 ②

> 해설

VVVF 제어 방식
- 전압과 주파수를 동시에 제어
- 회생 전력 발생
- 승강기 성능이 좋음

07 일반적으로 기계실의 바닥면적은 승강로 수평투영면적의 몇 배 이상으로 하여야 하는가?

① 1.5 ② 2.0
③ 2.5 ④ 3.0

08 엘리베이터 전원이 정전이 될 경우 카 내 예비 조명장치에 관한 설명 중 타당하지 않은 것은?

① 조도는 램프로부터 2m 떨어진 거리에서 측정한다.
② 조도는 1lx 미만이어야 한다.
③ 자동차용 엘리베이터는 설치하지 않아도 된다.
④ 카 내 조작반이 없는 화물용 엘리베이터는 설치하지 않아도 된다.

> 해설

카 내부 비상조명
- 비상조명은 5lx 이상 1시간 작동
- 비상통화장치 작동 버튼
- 바닥 위 1m 지점

09 고속용 승강기에 가장 적합한 조속기는?

① 롤 세프티형(GR형)
② 디스크형(GD형)
③ 플라이 볼형(GF형)
④ 플렉시블형(FGC형)

> 해설

플라이 볼형 조속기
- 플라이 볼의 원심력을 이용
- 검출감도가 높음
- 고속 승강기 적용

10 중앙개폐 방식 승강장 도어를 나타내는 기호는?

① 2S ② CO
③ UP ④ SO

> 해설

도어 시스템의 종류
- 중앙개폐 방식 : CO(Center Open)
- 가로개폐 방식 : S(Side Open)
- 상하개폐 방식 : 2UP(DN)

11 유압식 엘리베이터의 유압 파워 유닛(Power Unit)의 구성요소가 아닌 것은?

① 펌프 ② 유압실린더
③ 유량제어 밸브 ④ 체크 밸브

> 해설

② 유압기기의 실린더는 피트에 위치

12 승강기가 최하층을 통과했을 때 주전원을 차단시켜 승강기를 정지시키는 것은?

① 완충기 ② 조속기
③ 비상정지장치 ④ 파이널 리밋 스위치

> 해설

파이널 리밋 스위치(FLS)
- 리밋 스위치 고장 시 카가 승강로 최상 또는 최하층을 지나쳐 상하부 충돌을 방지하기 위해 설치
- 카의 주행 방향 기준으로 리밋 스위치 후단에 설치
- 하부 리밋 스위치는 카가 완충기에 충돌하기 전에 검출해야 함

13 레일의 규격호칭은 소재 1m 길이당 중량을 라운드 번호로 하여 레일에 붙여 쓰고 있다. 일반적으로 쓰이고 있는 T형 레일의 공칭이 아닌 것은?

① 8K 레일 ② 13K 레일
③ 16K 레일 ④ 24K 레일

정답 07 ② 08 ② 09 ③ 10 ② 11 ② 12 ④ 13 ③

> **해설**
>
> **가이드레일 규격**
> - 1m당 중량으로 표시
> - 레일의 표준길이는 5m
> - 공칭규격 : 8, 13, 18, 24, 30K

14 균형추의 중량을 결정하는 계산식은?(단, 여기서 L은 정격하중, F는 오버밸런스율이다.)

① 균형추의 중량=카 자체 하중×$(L \cdot F)$
② 균형추의 중량=카 자체 하중+$(L \cdot F)$
③ 균형추의 중량=카 자체 하중×$(L-F)$
④ 균형추의 중량=카 자체 하중+$(L+F)$

> **해설**
>
> **균형추**
> 균형추의 총중량=카 자중+$(L \times F)$
>   여기서, L : 정격하중(kg)
> F : 오버밸런스율(35~50%)

15 에스컬레이터의 경사도가 30° 이하일 경우에 공칭속도는?

① 0.75m/s 이하 ② 0.80m/s 이하
③ 0.85m/s 이하 ④ 0.90m/s 이하

> **해설**
>
> **경사도에 따른 속도**
> - 30° 이하 : 0.75m/s 이하
> - 30° 초과 35° 이하 : 0.5m/s 이하

16 에스컬레이터 각 난간의 꼭대기에는 정상운행 조건하에서 스텝, 팰릿 또는 벨트의 실제 속도와 관련하여 동일 방향으로 몇 %의 공차가 있는 속도로 움직이는 핸드레일이 설치되어야 하는가?

① 0~2   ② 4~5
③ 7~9   ④ 10~12

> **해설**
>
> **핸드레일 오차**
> -0%에서 +2%의 허용오차

17 안전점검 및 진단 순서가 맞는 것은?

① 실태파악 → 결함발견 → 대책결정 → 대책실시
② 실태파악 → 대책결정 → 결함발견 → 대책실시
③ 결함발견 → 실태파악 → 대책실시 → 대책결정
④ 결함발견 → 실태파악 → 대책결정 → 대책실시

18 다음 장치 중 보조 안전 스위치(장치) 설치와 무관한 것은?

① 균형추
② 유압 완충기
③ 조속기 로프 인장장치
④ 균형로프 도르래

> **해설**
>
> **균형추 설치 목적**
> 카의 무게를 보상하기 위해 카와 반대에 설치되어 균형을 유지

19 에스컬레이터의 계단(디딤판)에 대한 설명 중 옳지 않은 것은?

① 디딤판 윗면은 수평으로 설치되어야 한다.
② 디딤판의 주행 방향의 길이는 400mm 이상이다.
③ 발판 사이의 높이는 215mm 이하이다.
④ 디딤판 상호 간 틈새는 8mm 이하이다.

> **해설**
>
> **디딤판(스텝) 주행안내**
> - 스텝 또는 팔레트의 측면 변위는 각각 4mm 이하
> - 양쪽 측면에서 측정된 틈새의 합은 7mm 이하
> - 수직 변위는 4mm 이하이고 벨트의 수직 변위는 6mm 이하

정답 14 ② 15 ① 16 ① 17 ① 18 ① 19 ④

20 전동 덤웨이터의 안전장치에 대한 설명 중 옳은 것은?

① 도어 인터로크 장치는 설치하지 않아도 된다.
② 승강로의 모든 출입구 문이 닫혀야만 카를 승강시킬 수 있다.
③ 출입구 문에 사람의 탑승금지 등의 주의사항은 부착하지 않아도 된다.
④ 로프는 일반 승강기와 같이 와이어로프 소켓을 이용한 체결을 하여야만 한다.

21 균형추의 전체 무게를 산정하는 방법으로 옳은 것은?

① 카의 전 중량에 정격 적재량의 35~50%를 더한 무게로 한다.
② 카의 전 중량에 정격 적재량을 더한 무게로 한다.
③ 카의 전 중량과 같은 무게로 한다.
④ 카의 전 중량에 정격 적재량의 110%를 더한 무게로 한다.

[해설]
문제 14번 해설 참조

22 안전점검 중에서 5S 활동 생활화로 틀린 것은?

① 정리 ② 정돈
③ 청소 ④ 불결

[해설]
5S
정리, 정돈, 청소, 청결화, 습관화

23 엘리베이터의 문닫힘 안전장치 중에서 카도어의 끝단에 설치하여 이물체가 접촉되면 도어의 닫힘이 중단되는 안전장치는?

① 광전스위치 ② 초음파장치
③ 세이프티 슈 ④ 가이드 슈

[해설]
문닫힘 안전장치 종류
- 세이프티 슈 : 접촉식
- 세이프티 레이 : 광전식(비접촉식)
- 초음파 장치 : 초음파식(비접촉식)

24 작업의 특수성으로 인해 발생하는 직업병으로서 작업 조건에 의하지 않는 것은?

① 먼지 ② 유해가스
③ 소음 ④ 작업자세

25 파괴검사 방법이 아닌 것은?

① 인장검사 ② 굽힘검사
③ 견고도검사 ④ 육안검사

[해설]
파괴검사의 종류
인장검사, 굽힘검사, 경도(견고도)검사

26 카 실(Cage)의 구조에 관한 설명 중 옳지 않은 것은?

① 구조상 경미한 부분을 제외하고는 불연재료를 사용하여야 한다.
② 카 천장에 비상구출구를 설치하여야 한다.
③ 승객용 카의 출입구에는 정전기 장애가 없도록 방전코일을 설치하여야 한다.
④ 승객용은 한 개의 카에 두 개의 출입구를 설치할 수 있는 경우도 있다.

[해설]
방전코일(DC)
콘덴서 회로 개방 시 콘덴서의 잔류전하를 방전시켜 감전을 방지

27 휠체어리프트 이용자가 승강기의 안전운행과 사고방지를 위하여 준수해야 할 사항과 거리가 먼 것은?

① 전동휠체어 등을 이용할 경우에는 운전자가 직접 이용할 수 있다.
② 정원 및 적재하중의 초과는 고장이나 사고의 원인이 되므로 엄수하여야 한다.
③ 휠체어 사용자 전용이므로 보조자 이외의 일반인은 탑승하여서는 안 된다.
④ 조작반의 비상정지스위치 등을 불필요하게 조작하지 말아야 한다.

[해설]
휠체어리프트 이용자의 준수사항
- 수직형 휠체어리프트 출입문에 충격을 가하지 말 것
- 수직형 휠체어리프트 출입문에 손이나 발을 대지 말 것
- 수직형 휠체어리프트 출입문 또는 경사형 휠체어리프트 보호대를 강제로 열지 말 것
- 수직형 휠체어리프트 출입문이 완전히 열린 후에 타거나 내릴 것
- 휠체어리프트에서는 뛰거나 장난치지 말 것
- 휠체어리프트를 이용할 때는 정원 또는 정격하중을 준수
- 휠체어리프트에는 화물을 싣지 말 것
- 휠체어리프트에 갇히는 등 비상시에는 임의로 판단하여 탈출을 시도하지 않아야 하며, 이 경우 비상통화장치를 통해 외부에 구출을 요청하고 차분히 기다릴 것. 또한 구출활동 중에는 구출자의 지시에 따를 것
- 경사형 휠체어리프트의 경우에는 임의로 조작하지 않아야 하며, 승강기 안전관리자 등 관리자의 도움을 받아 이용할 것
- 전동 스쿠터 또는 전동 휠체어에 탑승한 이용자는 휠체어리프트에 탑승하면 전동 스쿠터 또는 전동 휠체어의 시동을 끌 것
- 검사에 불합격하였거나 운행이 정지된 휠체어리프트의 경우에는 임의로 이용하지 말 것
- 정전이나 고장 등으로 휠체어리프트가 움직이지 않는 경우에는 비상경보장치나 비상통화장치 등으로 구조 요청을 한 후 침착하게 기다려야 하며, 임의로 탈출을 시도하지 말 것
- 그 밖에 이물질을 버리거나 담배를 피우는 등 타인에 피해가 되는 행위를 하지 말 것

28 재해의 발생 순서로 옳은 것은?

① 이상 상태 – 불안전 행동 및 상태 – 사고 – 재해
② 이상 상태 – 사고 – 불안전 행동 및 상태 – 재해
③ 이상 상태 – 재해 – 사고 – 불안전 행동 및 상태
④ 재해 – 이상 상태 – 사고 – 불안전 행동 및 상태

[해설]
재해 발생 순서
유전적 요소 및 환경 → 인적 결함 → 불안전한 행동, 상태 → 사고 → 재해

29 기계설비의 위험방지를 위해 보전성을 개선하기 위한 사항과 거리가 먼 것은?

① 안전사고 예방을 위해 주기적인 점검을 해야 한다.
② 고가의 부품인 경우는 고장 발생 직후에 교환한다.
③ 가동률을 높이고 신뢰성을 향상시키기 위해 안전 모니터링 시스템을 도입하는 것은 바람직하다.
④ 보전용 통로나 작업장의 안전 확보는 필요하다.

[해설]
주기적인 점검 및 교체로 고장이 발생하기 전에 고장을 방지

30 산업재해의 발생원인 중 불안전한 행동이 많은 사고의 원인이 되고 있다. 이에 해당되지 않는 것은?

① 위험장소 접근
② 작업 장소 불량
③ 안전장치 기능 제거
④ 복장 보호구 잘못 사용

[해설]
안전사고의 직접 원인
- 불안전한 행동(인적 원인)
  - 안전장치를 제거, 무효화, 불안전한 상태 방치
  - 운전 중인 기계, 장치 등의 청소, 주유, 수리, 점검
  - 위험장소에의 접근
  - 잘못된 동작 자세

정답 27 ① 28 ① 29 ② 30 ②

- 복장, 보호구의 잘못 사용
- 불안전한 조작
- 안전조치의 불이행
• 불안전한 상태(물적 원인)
  - 기계 자체 결함
  - 방호장치 결함
  - 작업환경의 결함
  - 보호구 또는 복장의 결함
  - 자연적 불안전한 상태 지속
  - 생산공정 결함

31 유압 엘리베이터의 체크 밸브에 대한 설명으로 옳은 것은?

① 작동유의 압력이 150%를 넘지 않도록 하는 밸브
② 수동으로 카를 하강시키기 위한 밸브
③ 카의 정지 중이나 운행 중 작동유의 압력이 떨어져 카가 역행하는 것을 방지하는 밸브
④ 안전 밸브와 역저지 밸브 사이에 설치

해설

체크 밸브
• 이상현상 시 작동유 역류 방지
• 동작 시 카는 정지

32 로프식 엘리베이터에서 도르래의 직경은 로프 직경의 몇 배 이상으로 하여야 하는가?

① 25 ② 30
③ 35 ④ 40

해설

현수(주) 로프
• 공칭직경이 8mm 이상
• 2가닥 이상
• 공칭직경비 40 이상
• 안전율 12 이상(체인 10 이상)
• 파단하중의 80% 이상

33 기계실에 대한 설명으로 틀린 것은?

① 출입구 자물쇠의 잠금장치는 없어도 된다.
② 관리 및 검사에 지장이 없도록 조명 및 환기는 적절해야 한다.
③ 주 로프, 조속기 로프 등은 기계실 바닥의 관통부분과 접촉이 없어야 한다.
④ 권상기 및 제어반은 기둥 및 벽에서 보수관리에 지장이 없어야 한다.

해설

기계실은 일반인이 접근할 수 없도록 잠금장치가 되어 있음

34 기계실에서 점검할 항목이 아닌 것은?

① 수전반 및 주 개폐기 ② 가이드 롤러
③ 절연저항 ④ 제동기

해설

가이드 롤러는 카 상부에서의 점검항목

35 승강기의 파이널 리밋 스위치(Final Limit Switch)의 요건 중 틀린 것은?

① 반드시 기계적으로 조작되는 것이어야 한다.
② 작동 캠(CAM)은 금속으로 만든 것이어야 한다.
③ 이 스위치가 동작하게 되면 권상전동기 및 브레이크 전원이 차단되어야 한다.
④ 이 스위치는 카가 승강로의 완충기에 충돌된 후에 작동되어야 한다.

해설

파이널 리밋 스위치
• 완충기 충돌 전 카를 정지
• 리밋 스위치 후단 설치

정답 31 ③ 32 ④ 33 ① 34 ② 35 ④

36 유압식 엘리베이터의 속도제어에서 주 회로에 유량제어 밸브를 삽입하여 유량을 직접 제어하는 회로는?

① 미터오프 회로   ② 미터인 회로
③ 블리드오프 회로   ④ 블리드인 회로

[해설]
미터인 회로와 블리드오프 회로의 비교

구분	미터인	블리드오프
유량제어	직접제어	간접제어
속도제어	정확	부정확
효율	낮음	높음

37 카 상부에 탑승하여 작업할 때 지켜야 할 사항으로 옳지 않은 것은?

① 정전 스위치를 차단한다.
② 카 상부에 탑승하기 전 작업등을 점등한다.
③ 탑승 후에는 외부 문부터 닫는다.
④ 자동스위치를 점검 쪽으로 전환한 후 작업한다.

[해설]
① 정전 스위치를 차단해선 안 됨

38 엘리베이터 사용자의 안전을 위하여 400V 미만의 전압이 인가된 저압용 기기의 외함에는 제 몇 종 접지공사를 하여야 하는가?

① 제1종   ② 제2종
③ 제3종   ④ 특별 제3종

[해설]
종별 접지저항 기준은 KEC에서 폐지

39 로프식 엘리베이터의 카 상부에서 실시하는 검사가 아닌 것은?

① 레일 클립의 조임 상태
② 카 도어 스위치 동작 상태
③ 조속기의 작동 상태
④ 비상구출구 스위치 동작 상태

[해설]
조속기는 기계실에서 검사

40 엘리베이터 카 도어머신에 요구되는 성능이 아닌 것은?

① 작동이 원활하고 정숙할 것
② 카 상부에 설치하기 위해 소형 경량일 것
③ 동작횟수가 엘리베이터 기동횟수의 2배이므로 보수가 용이할 것
④ 어떠한 경우라도 수동으로 카 도어가 열려서는 안 될 것

[해설]
④ 도어 머신은 비상시 수동으로 카 도어가 개폐 가능해야 함

41 간접식 유압 엘리베이터의 특징이 아닌 것은?

① 부하에 의한 카의 빠짐이 비교적 작다.
② 실린더 점검이 용이하다.
③ 승강로는 실린더를 수용할 부분만큼 더 커지게 된다.
④ 비상정지장치가 필요하다.

[해설]
간접식 유압 승강기의 특징

구분	직접식	간접식
비상정지장치	불필요	필요
보호관	지중에 시설	불필요
실린더 점검	어려움	쉬움
승강로 면적	작음	큼
부하에 의한 카 바닥 빠짐	적음	많음

42 카가 최하층에 수평으로 정지되어 있는 경우 카와 완충기의 거리에 완충기의 행정을 더한 수치는?

① 균형추의 꼭대기 틈새보다 작아야 한다.
② 균형추의 꼭대기 틈새의 2배이어야 한다.
③ 균형추의 꼭대기 틈새와 같아야 한다.
④ 균형추의 꼭대기 틈새의 3배이어야 한다.

해설
카가 최하층에 정지되어 있을 때 카와 완충기의 거리에 완충기의 충격 정도를 더한 거리는 균형추의 꼭대기 틈새보다 작아야 함

43 유압 승강기의 안전장치에 대한 설명으로 옳지 않은 것은?

① 플런저 리밋 스위치는 플런저의 상한 행정을 제한하는 안전장치이다.
② 플런저 리밋 스위치 작동 시 상승 방향의 전력을 차단하며, 반대 방향으로 주행이 가능하도록 회로가 구성되어야 한다.
③ 작동유 온도 검출 스위치는 기름 탱크의 온도 규정치 80℃를 초과하면 이를 감지하여 카 운행을 중지시키는 장치이다.
④ 전동기 공전 방지장치는 타이머에 설정된 시간을 초과하면 전동기를 정지시키는 장치이다.

해설
유압 엘리베이터 작동유
• 온도 범위 : 45~55℃
• 부속설비에 따라 최대 60℃, 초과 시 운행 정지

44 승객의 구출 및 구조를 위한 카 상부 비상구출문의 크기는 얼마 이상이어야 하는가?

① 0.2m×0.2m ② 0.4m×0.5m
③ 0.5m×0.5m ④ 0.25m×0.3m

해설
천장 비상구출문
• 0.4m×0.5m 이상
• 카 밖으로 열릴 것
• 내부 : 삼각열쇠 이용
• 외부 : 열쇠 없이 열림

45 에스컬레이터 구동장치 보수 점검사항에 해당되지 않는 것은?

① 구동체인의 이완 여부
② 브레이크 작동 상태
③ 스텝과 핸드레일 속도 차이
④ 각부의 볼트 및 너트의 풀림 상태

해설
스텝과 핸드레일 속도 차이는 에스컬레이터 상부 승강장에서의 점검사항

46 $R-L-C$ 소자의 교류회로에 대한 설명 중 틀린 것은?

① R만의 회로에서 전압과 전류의 위상은 동상이다.
② L만의 회로에서 저항성분을 유도성 리액턴스 X_L이라 한다.
③ C만의 회로에서 전류는 전압보다 위성이 90° 앞선다.
④ 유도성 리액턴스 $X_L = 1/\omega L$이다.

해설
유도성 리액턴스
$X_L = \omega L = 2\pi f L [\Omega]$

47 길이 1m의 봉이 인장력을 받고 0.2mm 만큼 늘어났다. 인장변형률은 얼마인가?

① 0.0001 ② 0.0002
③ 0.0004 ④ 0.0005

정답 42 ① 43 ③ 44 ② 45 ③ 46 ④ 47 ②

[해설]

변형률

$$\frac{\text{변형된 길이}}{\text{원래 길이}} = \frac{0.2\text{mm}}{1,000\text{mm}} = 0.0002$$

48 다음 중 4절 링크 기구를 구성하고 있는 요소로 알맞은 것은?

① 고정링크, 크랭크, 레버, 슬라이더
② 가변링크, 크랭크, 기어, 클러치
③ 고정링크, 크랭크, 고정레버, 클러치
④ 가변링크, 크랭크, 기어, 슬라이더

[해설]

링크 기구
몇 개의 막대를 핀으로 연결하여 회전할 수 있도록 만든 기구

링크 구성 및 운동
- 크랭크 : 회전 운동
- 레버 : 요동 운동
- 슬라이더 : 미끄럼 운동
- 고정링크 : 고정

49 다음 논리회로의 출력값 표는?

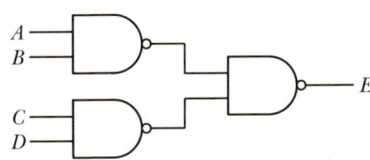

① $\overline{A \cdot B} + \overline{C \cdot D}$
② $A \cdot B + C \cdot D$
③ $A \cdot B \cdot C \cdot D$
④ $(A+B) \cdot (C+D)$

[해설]

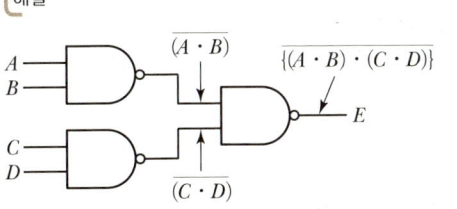

$\overline{\{(A \cdot B) \cdot (C \cdot D)\}} = \overline{\{(A \cdot B) \cdot (C \cdot D)\}}$
$= \overline{(A+B)} + \overline{(C+D)} = (A \cdot B) + (C \cdot D)$

50 시퀀스 회로에서 일종의 기억회로라고 할 수 있는 것은?

① AND 회로
② OR 회로
③ 자기유지회로
④ NOT 회로

[해설]

자기유지회로
접점으로 입력신호를 주면 그 신호를 유지하는 회로

51 공작물을 제작할 때 공차범위라고 하는 것은?

① 영점과 최대허용치수와의 차이
② 영점과 최소허용치수와의 차이
③ 오차가 전혀 없는 정확한 치수
④ 최대허용치수와 최소허용치수와의 차이

[해설]

공차
기준값에 대한 최대허용값과 최소허용값의 차이

52 저항 100Ω에 5A의 전류가 흐르게 하는 데 필요한 전압은?

① 220V
② 300V
③ 400V
④ 500V

[해설]

옴의 법칙

$V = IR[\text{V}], \quad I = \frac{V}{R}[\text{A}], \quad R = \frac{V}{I}[\Omega]$

여기서, $V[\text{V}]$: 전압
$I[\text{A}]$: 전류
$R[\Omega]$: 저항

$V = IR = 5 \times 100 = 500\,\text{V}$

53 측정계기의 오차의 원인으로서 장시간의 통전 등에 의한 스프링의 탄성피로에 의하여 생기는 오차를 보정하는 방법으로 가장 알맞은 것은?

① 정전기 제거
② 자기 가열

③ 저항 접속   ④ 영점 조정

해설

영점 조정
계측기의 오차 등을 보정하기 위해 조정하는 것

54 직류 전동기에서 자속이 감소되면 회전수는 어떻게 되는가?

① 정지   ② 감소
③ 불변   ④ 상승

해설

$$N = K\frac{(V - I_a R_a)}{\phi}[\text{rpm}]$$

여기서, R_a : 전기자 저항
I_a : 전기자 전류
V : 단자 전압
ϕ : 자속

위 식에서 자속(ϕ)이 감소되면 회전수는 상승

55 크레인, 엘리베이터, 공작기계, 공기압축기 등의 운전에 가장 적합한 전동기는?

① 직권전동기   ② 분권전동기
③ 차동복권전동기 ④ 가동복권 전동기

해설

가동복권 전동기
직권 계자 권선에 의하여 발생되는 자속이 분권 계자 권선에 의하여 발생되는 자속과 같은 방향이 되어 합성 자속이 증가하는 구조의 전동기로, 크레인, 승강기에 사용

56 웜(Worm) 기어의 특징이 아닌 것은?

① 효율이 좋다.
② 부하 용량이 크다.
③ 소음과 진동이 적다.
④ 큰 감속비를 얻을 수 있다.

57 2단자 반도체 소자로 서지 전압에 대한 회로 보호용으로 사용되는 것은?

① 터널 다이오드   ② 서미스터
③ 바리스터   ④ 바렉터 다이오드

해설

바리스터(Varistor)
회로에서 서지 전압을 흡수하는 목적으로 사용

58 되먹임 제어에서 가장 필요한 장치는?

① 입력과 출력을 비교하는 장치
② 응답속도를 느리게 하는 장치
③ 응답속도를 빠르게 하는 장치
④ 안정도를 좋게 하는 장치

해설

피드백 제어(되먹임 제어)
입력신호와 출력신호를 비교하는 비교장치가 있어 제어를 함

59 다음 진리표에 맞는 논리회로는?

입력		출력
0	0	1
0	1	0
1	0	0
1	1	0

① OR   ② NOR
③ AND   ④ NAND

해설

NOR 회로(부정 논리합)
- 하나 이상의 입력(1)이 있을 때 출력(1)이 나타나는 회로
- 시퀀스의 병렬 스위치 회로와 같음
- 논리식 : $X = \overline{A+B} = \overline{A} \cdot \overline{B}$
- 논리기호

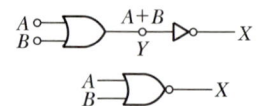

정답 54 ④ 55 ④ 56 ① 57 ③ 58 ① 59 ②

• 진리표

입력		출력
A	B	X
0	0	1
0	1	0
1	0	0
1	1	0

60 회전축에서 베어링과 접촉하고 있는 부분을 무엇이라고 하는가?

① 저널
② 체인
③ 베어링
④ 핀

해설

베어링과 접촉하고 있는 축 부분을 저널(Journal)이라고 함

정답 60 ①

2018년 2회 기출문제

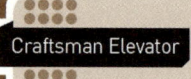

01 도어 인터로크에 대한 설명으로 틀린 것은?

① 모든 승강장 문에는 전용열쇠를 사용하지 않으면 열리지 않도록 하여야 한다.
② 도어가 닫혀 있지 않으면 운전이 불가능하여야 한다.
③ 닫힘 동작 시 도어 스위치가 들어간 다음 도어 로크가 확실히 걸리는 구조이어야 한다.
④ 도어 로크를 열기 위한 열쇠는 특수한 전용키이어야 한다.

해설

도어 인터로크
- 도어 로크 + 도어 스위치
- 승강장 도어가 열렸을 때는 카가 운행할 수 없으며 카가 정지하지 않는 층에서는 전용 열쇠가 없으면 외부에서 도어를 열 수 없도록 하는 장치
- 도어 로크가 걸린 후 도어 스위치가 들어가며 도어 스위치가 끊어진 후 도어 로크가 열림

02 균형로프(Compensating Rope)의 역할로 적합한 것은?

① 카의 낙하를 방지한다.
② 균형추의 이탈을 방지한다.
③ 주 로프와 이동케이블의 이동으로 변화된 하중을 보상한다.
④ 주 로프가 열화되지 않도록 한다.

해설

견인비 보상 방법
카 하부에서 균형체인(저속) 또는 균형로프(고속)를 설치하여 보상

03 가장 먼저 누른 호출버튼에 응답하고 운전이 완료될 때까지 다른 호출에 응답하지 않는 운전 방식은?

① 승합전자동식
② 단식 자동 방식
③ 카 스위치 방식
④ 하강 승합 전자동식

04 에스컬레이터 스텝체인의 안전율은 얼마 이상이어야 하는가?

① 5
② 10
③ 15
④ 20

해설

에스컬레이터 구동부품 안전율은 5 이상

05 간접식 유압 엘리베이터의 특징이 아닌 것은?

① 실린더를 설치하기 위한 보호관이 필요하지 않다.
② 실린더 점검이 용이하다.
③ 비상정지장치가 필요하다.
④ 로프의 늘어짐과 작동유의 압축성 때문에 부하에 의한 카 바닥의 빠짐이 비교적 작다.

해설

간접식 유압 승강기의 특징

구분	직접식	간접식
비상정지장치	불필요	필요
보호관	지중에 시설	불필요
실린더 점검	어려움	쉬움
승강로 면적	작음	큼
부하에 의한 카 바닥 빠짐	적음	많음

정답 01 ③ 02 ③ 03 ② 04 ① 05 ④

06 기계실의 작업구역에서 유효 높이는 몇 m 이상으로 하여야 하는가?

① 1.8
② 2.1
③ 2.5
④ 3

해설

승강로 기계실 구비조건
- 내화 및 방화구조 구획
- 유효 높이는 2.1m 이상
- 바닥조명 : 200lx 이상
- 기계실 내 온도 : 5~40℃
- 출입문 0.7m×1.8m 이상
- 잠금장치 설치
- 유지보수용 콘센트 설치

07 직류 가변전압식 엘리베이터에서는 권상전동기에 직류전원을 공급한다. 필요한 발전기 용량은?(단, 권상전동기의 효율은 80%, 1시간 정격은 연속정격의 56%, 엘리베이터용 전동기의 출력은 20kW이다.)

① 약 11kW
② 약 17kW
③ 약 14kW
④ 약 20kW

해설

발전기 용량

$P_2 = \dfrac{P_1}{y_2} \times C \text{[kW]}$

여기서, P_1 : 권상용 전동기 용량(kW)
P_2 : 직류 발전기 용량(kW)
y_2 : 권상용 전동기 효율(%)
C : 한 시간 동안의 정격(%)

$P_2 = \dfrac{P_1}{y_2} \times C = \dfrac{20\text{kW}}{80\%} \times 56\% = 14\text{kW}$

08 2단으로 배열된 운반기 중 임의의 상단의 자동차를 출고시키고자 하는 경우 하단의 운반기를 수평 이동시켜 상단의 운반기가 하강이 가능하도록 한 입체 주차설비는?

① 평면왕복식 주차장치
② 승강기식 주차장치
③ 2단식 주차장치
④ 수직순환식 주자장치

해설

2단식 주차장치
- 주차공간을 2단으로 하여 면적을 2배로 이용하는 방식
- 조작이 간단하고 유지 보수가 용이
- 입출고 시간이 짧고 경제적
- 소규모 주차장에 적용 가능

09 권상도르래, 풀리 또는 드럼과 현수로프의 공칭직경 사이의 비는 스트랜드의 수와 관계없이 얼마 이상이어야 하는가?

① 10
② 20
③ 30
④ 40

해설

현수(주) 로프
- 공칭직경이 8mm 이상
- 2가닥 이상
- 공칭직경비 40 이상
- 안전율 12 이상(체인 10 이상)
- 파단하중의 80% 이상

10 군관리 방식에 대한 설명으로 틀린 것은?

① 특정 층의 혼잡 등을 자동적으로 판단한다.
② 카를 불필요한 동작 없이 합리적으로 운행·관리한다.
③ 교통수요의 변화에 따라 카의 운전 내용을 변화시킨다.
④ 승강장 버튼의 부름에 대하여 항상 가장 가까운 카가 응답한다.

정답 06 ② 07 ③ 08 ③ 09 ④ 10 ④

> **해설**
>
> **군관리 방식**
> - 엘리베이터를 3~8대 병설할 때 각 엘리베이터를 효율적으로 운영하는 조작 방식
> - 수요의 변화에 따라 엘리베이터의 운전내용을 변화시켜 대응(출퇴근 시, 점심시간, 회의 종료 시 등)
> - 운영 시 서비스 효율을 높일 수 있고, 불필요한 에너지 낭비를 방지

11 조속기의 캐치가 작동되었을 때 로프의 인장력에 대한 설명으로 적합한 것은?

① 300N 이상과 비상정지장치를 거는 데 필요한 힘의 1.5배를 비교하여 큰 값 이상
② 300N 이상과 비상정지장치를 거는 데 필요한 힘의 2배를 비교하여 큰 값 이상
③ 400N 이상과 비상정지장치를 거는 데 필요한 힘의 1.5배를 비교하여 큰 값 이상
④ 400N 이상과 비상정지장치를 거는 데 필요한 힘의 2배를 비교하여 큰 값 이상

> **해설**
>
> **과속조절기(조속기) 로프 인장력**
> 다음 두 값 중 큰 값 이상이어야 함
> - 최소한 비상정지장치가 물리는 데 필요한 값의 2배
> - 300N

12 3상 교류의 단속도 전동기에 전원을 공급하는 것으로 기동과 정속운전을 하고 정지는 전원을 차단한 후 제동기에 의해 기계적으로 브레이크를 거는 제어 방식은?

① 교류 1단 속도제어
② 교류 2단 속도제어
③ VVVF 제어
④ 교류귀환 전압제어

> **해설**
>
> **교류(AC) 1단 속도제어 방식**
> - 교류 단속도 모터에 전원을 공급하는 방식
> - ON/OFF로 기동과 정속 운전
> - 정지 시 전원 차단 후 기계적 브레이크로 제동
> - 착상 오차가 큼
> - 저속 승강기 적용

13 엘리베이터용 전동기의 구비조건이 아닌 것은?

① 전력소비가 클 것
② 충분한 기동력을 갖출 것
③ 운전 상태가 정숙하고 저진동일 것
④ 고기동 빈도에 의한 발열에 충분히 견딜 것

> **해설**
>
> **전동기 구비조건**
> - 발열 고려(발열이 낮을 것)
> - 제동력이 충분할 것
> - 정격에 맞는 회전 특성이 있을 것
> - 진동과 소음이 적을 것

14 엘리베이터 완충기에 대한 설명으로 적합하지 않은 것은?

① 정격속도 1m/s 이하의 엘리베이터에 스프링 완충기를 사용하였다.
② 정격속도 1m/s 초과의 엘리베이터에 유압 완충기를 사용하였다.
③ 유압 완충기의 플런저 복귀시험은 완전히 압축한 상태에서 완전 복귀할 때까지의 시간은 120초 이하이다.
④ 유압 완충기에서 최소적용중량은 카 자중 + 적재하중으로 한다.

> **해설**
>
> **유압 완충기의 적용중량**
>
> | 항목 | 최소적용중량 | 최대적용중량 |
> | --- | --- | --- |
> | 카용 | 카 자중+65kg | 카 자중+적재하중 |
> | 균형추용 | 균형추의 중량 ||

15 소방용 엘리베이터의 정전 시 예비전원의 기능에 대한 설명으로 옳은 것은?

① 30초 이내에 엘리베이터 운행에 필요한 전력용량을 자동적으로 발생하여 1시간 이상 작동하여야 한다.
② 40초 이내에 엘리베이터 운행에 필요한 전력용량을 자동적으로 발생하여 1시간 이상 작동하여야 한다.
③ 60초 이내에 엘리베이터 운행에 필요한 전력용량을 자동적으로 발생하여 2시간 이상 작동하여야 한다.
④ 90초 이내에 엘리베이터 운행에 필요한 전력용량을 자동적으로 발생하여 2시간 이상 작동하여야 한다.

> 해설
> **소방용 승강기 기본 요건**
> - 폭 1,100mm, 깊이 1,400mm 이상
> - 출입구 유효 폭은 800mm 이상
> - 60초 이내에 가장 먼 층에 도착
> - 운행속도는 1m/s 이상
> - 비상구출문 0.5m×0.7m 이상
> - 정전 시 60초 이내 전원공급
> - 비상전원은 2시간 이상

16 재해가 발생되었을 때의 조치 순서로서 가장 알맞은 것은?

① 긴급처리 → 재해조사 → 원인강구 → 대책수립 → 실시 → 평가
② 긴급처리 → 원인강구 → 대책수립 → 실시 → 평가 → 재해조사
③ 긴급처리 → 재해조사 → 대책수립 → 실시 → 원인강구 → 평가
④ 긴급처리 → 재해조사 → 평가 → 대책수립 → 원인강구 → 실시

> 해설
> **재해 발생 시 행동 순서**
> 재해 발생 → 긴급처리 → 원인조사 → 원인분석 → 대책수립 → 실시 → 평가

17 1 : 1 로핑 방식에 비해 2 : 1, 3 : 1, 4 : 1 로핑 방식의 설명 중 옳지 않은 것은?

① 와이어로프의 수명이 짧다.
② 와이어로프의 총길이가 길다.
③ 승강기의 속도가 빠르다.
④ 종합효율이 저하된다.

> 해설
> **2 : 1 로핑**
> - 1 : 1 로핑 장력의 1/2
> - 도르래에 걸리는 부하는 1 : 1로핑의 1/2

18 균형추를 사용한 승객용 엘리베이터에서 제동기(Brake)의 제동력은 적재하중의 몇 %까지는 위험 없이 정지가 가능하여야 하는가?

① 100% ② 110%
③ 120% ④ 125%

> 해설
> **제동기의 능력**
> - 승용 엘리베이터 125%의 부하(화물용 엘리베이터 등은 120%) 조건에서 하강 운전 중 위험 없이 감속, 정지가 가능한 구조
> - 감속도가 크면 승차감이 떨어지거나 로프 슬립을 일으킬 수 있음

19 승강기 완성검사 시 전기식 엘리베이터의 카 문턱과 승강장 문턱 사이의 수평거리는 몇 mm 이하이어야 하는가?

① 35 ② 45
③ 55 ④ 65

정답 15 ③ 16 ① 17 ③ 18 ④ 19 ①

> **해설**

출입문
카 문의 문턱과 승강장 문의 문턱 사이의 수평거리 : 35mm 이하

20 승강기 완성검사 시 전기식 엘리베이터에서 기계실의 조도는 기기가 배치된 바닥면에서 몇 lx 이상인가?

① 50
② 100
③ 150
④ 200

> **해설**

승강로 기계실 구비조건
- 내화 및 방화구조 구획
- 유효 높이는 2.1m 이상
- 바닥조명 : 200lx 이상
- 기계실 내 온도 : 5~40℃
- 출입문 0.7m×1.8m 이상
- 잠금장치 설치
- 유지보수용 콘센트 설치

21 사고예방대책 기본 원리 5단계 중 3E를 적용하는 단계는?

① 1단계
② 2단계
③ 3단계
④ 5단계

> **해설**

하인리히 사고방지
- 제1단계 : 안전관리조직
- 제2단계 : 현상 파악
- 제3단계 : 원인 규명
- 제4단계 : 대책 선정
- 제5단계 : 대책 적용(3E)

3E
- Engineering(기술)
- Education(교육)
- Enforcement(규제)

22 추락을 방지하기 위한 2종 안전대의 사용법은?

① U자 걸이 전용
② 1개 걸이 전용
③ 1개 걸이, U자 걸이 겸용
④ 2개 걸이 전용

> **해설**

안전대 종류
- 1종 : U자 걸이
- 2종 : 1개 걸이
- 3종 : 1개 걸이, U자 걸이 공용
- 4종 : 안전블록
- 5종 : 추락 방지대

23 에스컬레이터의 절연저항에 관한 설명이다. 다음 중 가장 알맞은 것은?

① 전동기 주 회로의 300V 이하의 것은 1.0MΩ 이상
② 전동기 주 회로의 400V를 초과하는 것은 0.3MΩ 이상
③ 승강로 내 안전회로의 150V 이하의 것은 0.2MΩ 이상
④ 승강로 내 안전회로의 150V 초과 300V 이하의 것은 0.3MΩ 이상

> **해설**

전기설비의 절연저항

공칭회로 전압(V)	시험 전압/직류(V)	절연저항(MΩ)
SELV 및 PELV	250	≥ 0.5
FELV, 500V 이하	500	≥ 1.0
500V 초과	1,000	≥ 1.0

- SELV(Safety Extra Low Voltage)
- PELV(Protective Extra Low Voltage)
- FELV(Functional Extra Low Voltage)

정답 20 ④ 21 ④ 22 ② 23 ①

24 카 내에 갇힌 사람이 외부와 연락할 수 있는 장치는?

① 차임벨 ② 인터폰
③ 위치표시램프 ④ 리밋 스위치

[해설]

인터폰
승강기 고장, 정전 또는 화재 시 카 내부에서 외부로 연결하는 통신장치

25 안전점검을 할 때 어떤 일정 기간을 두고서 행하는 점검은?

① 수시점검 ② 임시점검
③ 특별점검 ④ 정기점검

[해설]

안전점검의 종류
- 정기점검 : 일정 기간마다 점검
- 수시점검(일상점검) : 매일 작업 전, 작업 중, 작업 후에 일상적으로 실시하는 점검
- 특별점검 : 설비의 신설·변경 또는 고장·수리 등으로 실시하는 비정기적인 점검
- 임시점검 : 설비 이상 발생 시 임시로 실시하는 점검

26 소방용 승강기에 대한 설명 중 틀린 것은?

① 예비전원을 설치하여야 한다.
② 외부와 연락할 수 있는 전화를 설치하여야 한다.
③ 정전 시에는 예비전원으로 작동할 수 있어야 한다.
④ 승강기의 운행속도는 90m/min 이상으로 해야 한다.

[해설]

문제 15번 해설 참조

27 재해의 직접 원인 중 작업환경의 결함에 해당되는 것은?

① 위험장소 접근
② 작업순서의 잘못
③ 과다한 소음 발산
④ 기술적, 육체적 무리

[해설]

안전사고의 직접 원인
- 불안전한 행동(인적 원인)
  - 안전장치를 제거, 무효화, 불안전한 상태 방치
  - 운전 중인 기계, 장치 등의 청소, 주유, 수리, 점검
  - 위험장소에의 접근
  - 잘못된 동작 자세
  - 복장, 보호구의 잘못 사용
  - 불안전한 조작
  - 안전조치의 불이행
- 불안전한 상태(물적 원인)
  - 기계 자체 결함
  - 방호장치 결함
  - 작업환경의 결함
  - 보호구 또는 복장의 결함
  - 자연적 불안전한 상태 지속
  - 생산공정 결함

28 인체에 통전되는 전류가 더욱 증가되면 전류의 일부가 심장 부분을 흐르게 된다. 이때 심장이 정상적인 맥동을 못하며 불규칙적으로 세동을 하게 되어 결국 혈액 순환에 큰 장애를 일으키게 되는 현상을 무엇이라 하는가?

① 심실세동전류 ② 고통한계전류
③ 가수전류 ④ 불수전류

[해설]

감전의 종류
- 감지전류 : 인체감지
- 한계전류 : 고통수반
- 불수전류 : 근육경련
- 심실세동전류 : 심장마비

정답 24 ② 25 ④ 26 ④ 27 ③ 28 ①

29 가요성 호스 및 실린더와 체크 밸브 또는 하강 밸브 사이의 가요성 호스 연결장치는 전 부하 압력의 몇 배의 압력을 손상 없이 견뎌야 하는가?

① 2
② 3
③ 4
④ 5

30 산업재해 중에서 다음에 해당하는 경우를 재해 형태별로 분류하면 무엇인가?

> 전기접촉이나 방전에 의해 사람이 충격을 받은 경우

① 감전
② 전도
③ 추락
④ 화재

31 레일에 녹 발생을 방지하고 카 이동 시 마찰 저항을 최소화하기 위하여 설치하는 기름통의 위치는?

① 레일 상부
② 카 상부프레임 중간
③ 중간 스토퍼
④ 카의 상하좌우

해설
카의 상하좌우에 기름통 설치

32 스프링완충기를 사용한 경우 카가 최상층에 수평으로 정지되어 있을 때 균형추와 완충기와의 최대거리는?

① 300mm
② 600mm
③ 900mm
④ 1,200mm

해설
• 카 측 : 600mm
• 균형추 측 : 900mm

33 고장 및 정전 시 카 내의 승객을 구출하기 위한 천장 비상구출구에 대한 설명으로 옳지 않은 것은?

① 카 안에서는 열 수 없도록 잠금장치를 하여야 한다.
② 카 위에서는 공구 등을 사용하지 않고 간단한 조작에 의해 용이하게 열 수 있어야 한다.
③ 승객의 구조활동에 장애가 없도록 충분한 공간이 확보되는 위치에 설치한다.
④ 구출구의 크기는 최소 폭 0.3m, 면적 0.1m² 이상이어야 한다.

해설
천장 비상구출문
• 0.4m×0.5m 이상
• 카 밖으로 열릴 것
• 내부 : 삼각열쇠 이용
• 외부 : 열쇠 없이 열림

벽 비상구출문
• 0.4m×1.8m 이상
• 카 안쪽으로 열릴 것
• 내부 : 삼각열쇠 이용
• 외부 : 열쇠 없이 열림

34 유압식 엘리베이터 자체 점검 시 피트에서 하는 점검항목 장치가 아닌 것은?

① 체크 밸브
② 램(플런저)
③ 이동케이블 및 부착부
④ 하부 파이널 리밋 스위치

해설
① 체크 밸브는 파워 유닛의 구성요소

35 핸드레일이 난간 하부로 들어가는 곳에 물체가 끼인 경우에 에스컬레이터를 정지할 목적으로 핸드레일 인입구에 설치하는 안전장치는?

① 인렛 스위치
② 스커트 가드 안전스위치
③ 구동체인 안전장치
④ 스텝 이상 검출장치

> **해설**
>
> **핸드레일 인입구 안전장치**
> • 물건이 걸려 들어가는 사고를 방지
> • 인렛 스위치(Inlet Switch)

36 유압 엘리베이터의 유압 파워 유닛과 압력배관에 설치되며, 이것을 닫으면 실린더의 기름이 파워 유닛으로 역류되는 것을 방지하는 밸브는?

① 스톱 밸브
② 럽처 밸브
③ 체크 밸브
④ 릴리프 밸브

> **해설**
>
> **스톱(차단) 밸브**
> • 유지 보수 시 사용
> • 작동유 역류 방지
> • 게이트 밸브

37 엘리베이터의 안정된 사용 및 정지를 위하여 승강장·중앙관리실 또는 경비실 등에 설치되어 카 이외의 장소에서 엘리베이터 운행의 정지조작과 재개조작이 가능한 안전장치는?

① 자동/수동 전환스위치
② 도어 안전장치
③ 파킹 스위치
④ 카 운행정지 스위치

> **해설**
>
> **파킹(Parking) 스위치**
> • 주기적인 점검 시 카를 지정된 층으로 이동하고 카의 정상운전장치는 무효화되어야 함
> • 파킹 스위치는 승강장, 관리실, 경비실 등에 설치

38 승강로에 관한 설명 중 틀린 것은?

① 승강로는 안전한 벽 또는 울타리에 의하여 외부 공간과 격리되어야 한다.
② 승강로는 화재 시 승강로를 거쳐서 다른 층으로 연소될 수 있도록 한다.
③ 엘리베이터에 필요한 배관 설비 외의 설비는 승강로 내에 설치하여서는 안 된다.
④ 승강로 피트 하부를 사무실이나 통로로 사용할 경우 균형추에 비상정지장치를 설치한다.

> **해설**
>
> **승강로의 구조**
> • 승강로의 주벽이나 개구부는 방화 구조로 할 것
> • 승강로 내에는 엘리베이터와 관계없는 급배수관·가스관 및 전선관 등을 설치하지 않을 것
> • 승강로 내에는 각 층을 나타내는 표기가 있을 것
> • 화재 시 승강로를 통해 다른 층이 연소되지 않을 것

39 유압 승강기의 안전장치에 대한 설명으로 옳지 않은 것은?

① 플런저 리밋스위치는 플런저의 상한 행정을 제한하는 안전장치이다.
② 플런저 리밋스위치 작동 시 상승 방향의 전력을 차단하며, 반대 방향으로 주행이 가능토록 회로가 구성되어야 한다.
③ 작동유 온도 검출 스위치는 기름탱크의 온도 규정치 80℃를 초과하면 이를 감지하여 카운행을 중지시키는 장치이다.
④ 전동기 공전 방지장치는 타이머에 설정된 시간을 초과하면 전동기를 정지시키는 장치이다.

> **해설**
>
> **유압 엘리베이터 작동유**
> • 온도 범위 : 45~55℃
> • 부속설비에 따라 최대 60℃, 초과 시 운행 정지

정답 35 ① 36 ① 37 ③ 38 ② 39 ③

40 유압식 엘리베이터의 부품 및 특징에 대한 설명으로 옳지 않은 것은?

① 역저지 밸브 : 정전이나 그 외의 원인으로 펌프의 토출압력이 떨어져 실린더의 기름이 역류하여 카가 자유낙하하는 것을 방지하는 역할을 한다.
② 스톱 밸브 : 유압 파워 유닛과 실린더 사이의 압력배관에 설치되며 이것을 닫으면 실린더의 기름이 파워 유닛으로 역류하는 것을 방지한다.
③ 스트레이너 : 역할은 필터와 같으나 일반적으로 펌프 출구 쪽에 붙인 것을 말한다.
④ 사이렌서 : 자동차의 머플러와 같이 작동유의 압력 맥동을 흡수하여 진동, 소음을 감소시키는 역할을 한다.

해설

스트레이너, 라인필터
- 실린더에 이물질이 들어가는 것을 방지
- 탱크와 펌프 사이의 회로에 설치
- 일반적으로 펌프의 흡입 측에 스트레이너, 배관 중간에 라인필터를 설치

41 와이어로프 클립(Wire Rope Clip)의 체결 방법으로 가장 적합한 것은?

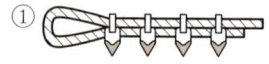
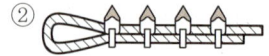
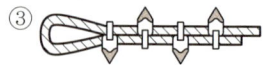
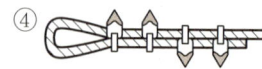

해설

클립 체결 방법
- 3개 이상 체결
- 클립 사이 거리 로프직경의 5배 이상
- U볼트(U-Bolt) 부분이 절단된 로프 쪽 설치

42 다음 중 도어 사이에 이물질이 있을 경우 반전시키는 보호장치가 아닌 것은?

① 세이프티 슈   ② 비상정지장치
③ 광전장치   ④ 초음파장치

해설

문닫힘 안전장치 종류
- 세이프티 슈 : 접촉식
- 세이프티 레이 : 광전식(비접촉식)
- 초음파장치 : 초음파식(비접촉식)

43 다음 중 에스컬레이터의 일반구조에 대한 설명으로 옳지 않은 것은?

① 일반적으로 경사도는 30° 이하로 하여야 한다.
② 핸드레일의 속도가 디딤바닥과 동일한 속도를 유지하도록 한다.
③ 디딤바닥의 정격속도는 0.5m/s 이상이어야 한다.
④ 물건이 에스컬레이터의 각 부분에 끼이거나 부딪치는 일이 없도록 안전한 구조이어야 한다.

해설

경사도에 따른 속도
- 30° 이하 : 0.75m/s 이하
- 30° 초과 35° 이하 : 0.5m/s 이하

44 다음 중 카 상부에서 하는 검사가 아닌 것은?

① 비상구출구 스위치의 작동 상태
② 도어개폐장치의 설치 상태
③ 조속기 로프의 설치 상태
④ 조속기 로프 인장장치의 작동 상태

해설

조속기 로프 인장장치는 피트에서 검사

정답 40 ③ 41 ② 42 ② 43 ③ 44 ④

45 엘리베이터 제어반 등의 회로 절연에 있어서 절연저항이 가장 커야 할 곳은?

① 전동기 주 회로
② 승강로 내 안전회로
③ 승강로 내 신호회로
④ 승강로 내 조명회로

[해설]
전압이 높을수록 절연저항이 커야 함

46 비상정지장치가 작동한 경우에 검사하여야 할 사항과 거리가 먼 것은?

① 조속기 로프의 연결부위 손상 유무
② 조속기의 손상 유무
③ 가이드레일의 손상 유무
④ 메인 로프의 연결부위 손상 유무

[해설]
비상장치가 작동한 경우 검사항목
- 조속기 로프의 연결부위 손상 유무
- 조속기 손상 유무
- 가이드레일의 손상 유무

47 제어계에 사용하는 비접촉식 입력요소로만 짝지어진 것은?

① 누름 버튼 스위치, 광전 스위치
② 근접 스위치, 리밋 스위치
③ 리밋 스위치, 광전 스위치
④ 근접 스위치, 광전 스위치

[해설]
누름 버튼 스위치, 리밋 스위치는 접촉식 센서

48 다음 회로에서 A, B 간의 합성용량은 몇 μF인가?

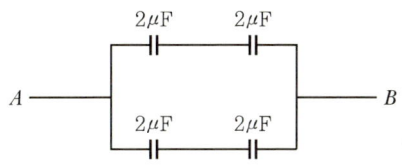

① 1
② 2
③ 4
④ 8

[해설]
- 콘덴서 직렬 접속 : $C = \dfrac{C_1 C_2}{C_1 + C_2}$
- 콘덴서 병렬 접속 : $C = C_1 + C_2$
- $C = \dfrac{2 \times 2}{2+2} = 1$, $C_0 = 1 + 1 = 2\mu F$

49 유도 전동기에서 슬립이 1이란 전동기의 어느 상태인가?

① 유도 제동기의 역할을 한다.
② 유도 전동기가 전부하 운전 상태이다.
③ 유도 전동기가 정지 상태이다.
④ 유도 전동기가 동기속도로 회전한다.

[해설]
운전 상태별 슬립
- 정지 시 : $s = 1$
- 동기속도 운전 시 : $s = 0$
- 기동 시 : $s > 1$
- 부하 시 : $0 \leq s \leq 1$

50 베어링의 구비조건이 아닌 것은?

① 마찰저항이 적을 것
② 강도가 클 것
③ 가공수리가 쉬울 것
④ 열전도도가 적을 것

> **해설**
>
> **베어링의 구비조건**
> - 마찰계수가 작을 것
> - 내구성이 클 것
> - 열변형이 작을 것
> - 열전도율이 클 것
> - 가공이 쉬울 것
> - 내식성이 우수할 것

51 입체(실체) 캠이 아닌 것은?

① 원통 캠 ② 경사판 캠
③ 판 캠   ④ 구면 캠

> **해설**
>
> - 평면 캠 : 판 캠, 홈 캠, 확동 캠, 직동 캠
> - 입체 캠 : 경사판 캠, 원통 캠, 원뿔 캠, 구면 캠

52 다음 그림과 같은 제어계의 전체 전달함수는?(단, $H(s) = 1$이다.)

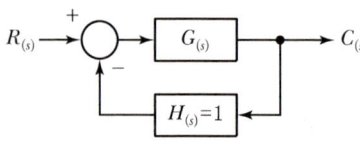

① $\dfrac{1}{G_{(s)}}$ ② $\dfrac{1}{1+G_{(s)}}$

③ $\dfrac{G_{(s)}}{1+G_{(s)}}$ ④ $\dfrac{G_{(s)}}{1-G_{(s)}}$

> **해설**
>
> **전달함수**
>
> $\dfrac{출력}{입력} = \dfrac{G_{(s)}}{1+G_{(s)}}$

53 기계 부품 측정 시 각도를 측정할 수 있는 기기는?

① 사인바   ② 옵티컬플랫
③ 다이얼 게이지 ④ 마이크로미터

54 전류의 열작용과 관계있는 법칙은?

① 옴의 법칙   ② 줄의 법칙
③ 플레밍의 법칙   ④ 키르히호프의 법칙

> **해설**
>
> **줄의 법칙**
> 도체 내에 흐르는 정상 전류에 의하여 일정한 시간 내에 발생하는 줄열의 양은 전류의 제곱과 도체의 저항에 비례

55 유도 전동기의 속도제어법이 아닌 것은?

① 2차 여자제어법   ② 1차 계자제어법
③ 2차 저항제어법   ④ 1차 주파수제어법

> **해설**
>
> **농형 유도 전동기의 속도제어 방법**
> - 주파수 변환
> - 극수 변환
> - 2차 여자법
> - VVVF 제어
>
> **권선형 유도 전동기의 속도제어 방법**
> - 2차 저항제어(비례추이)
> - 2차 여자제어
>
> **직류 전동기 속도제어**
>
> $N = K\dfrac{(V-I_aR_a)}{\phi}[\text{rpm}]$
>
> - 계자제어
> - 저항제어
> - 전압제

56 끝이 고정된 와이어로프 한쪽을 당길 때 와이어로프에 작용하는 하중은?

① 인장하중   ② 압축하중
③ 반복하중   ④ 충격하중

> **해설**
>
> 길이 증가 방향의 인장하중

정답 51 ③ 52 ③ 53 ① 54 ② 55 ② 56 ①

57 그림과 같은 논리기호의 논리식은?

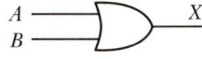

① $X = \overline{A} + \overline{B}$
② $X = \overline{A} \cdot \overline{B}$
③ $X = A \cdot B$
④ $X = A + B$

[해설]

OR 회로(논리합)
- 하나 이상의 입력(1)이 있을 때 출력(1)이 나타나는 회로
- 시퀀스의 병렬 스위치 회로와 같음
- 논리식 : $X = A + B$
- 논리기호

  A ──┐
      ├──▷── X
  B ──┘

- 진리표

입력		출력
A	B	X
0	0	0
0	1	1
1	0	1
1	1	1

58 다음 응력에 대한 설명 중 옳은 것은?

① 단면적이 일정한 상태에서 외력이 증가하면 응력은 작아진다.
② 단면적이 일정한 상태에서 하중이 증가하면 응력은 증가한다.
③ 외력이 일정한 상태에서 단면적이 작아지면 응력은 작아진다.
④ 외력이 증가하고 단면적이 커지면 응력은 증가한다.

[해설]

응력
외부에서 가해지는 힘에 대한 물체 내부의 저항력

 $\sigma = \dfrac{P[\text{kg}]}{A[\text{cm}^2]}$

59 다음 중 PNP형 트랜지스터의 기호로 알맞은 것은?

① 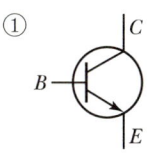 ②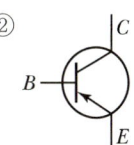

③ 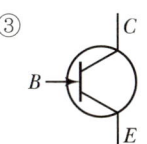 ④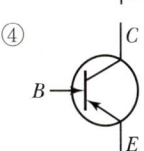

60 유압 엘리베이터의 파워 유닛(Power Unit)의 점검사항으로 적당하지 않은 것은?

① 기름의 유출 유무
② 작동유(Oil)의 온도 상승 상태
③ 과전류계전기의 이상 유무
④ 전동기와 펌프의 이상음 발생 유무

[해설]

③ 과전류계전기는 제어반에 설치

정답 57 ④ 58 ② 59 ② 60 ③

2018년 5회 기출문제

01 다음 중 승강기 도어 시스템과 관계없는 부품은?

① 브레이스 로드 ② 연동로프
③ 캠 ④ 행거

해설

브레이스 로드
- 카의 바닥과 카주를 연결하는 부분
- 하중을 분산시켜 전 하중의 3/8을 분담

02 다음 중 비상정지장치(추락방지장치) 중 FGC형의 특징으로 맞는 것은?

① 구조가 간단하고 복귀가 쉽다.
② 레일을 죄는 힘이 처음에는 약하게 하강함에 따라 강해지다가 얼마 후 일정 값에 도달한다.
③ 점차작동식으로 1m/s 이하의 속도에서 주로 사용한다.
④ 점차작동형 추락방지안전장치의 평균 감속도는 $0.1g_n$ 이하여야 한다.

해설

FGC(플렉시블 가이드 클램프형)
- 구조가 간단하고 설치면적이 작으며 복귀가 용이함
- 레일을 죄는 힘이 동작에서 정지까지 일정
- 정격속도 45m/min 초과에서 많이 사용
- 점차 작동형의 평균 감속도 : $0.2 \sim 1.0g_n$

03 승강장의 문이 열린 상태에서 모든 제약이 해제되면 자동적으로 닫히게 하여 문의 개방 상태에서 생기는 2차 재해를 방지하는 문의 안전장치는?

① 시그널 컨트롤 ② 도어 행거
③ 도어 로크 ④ 도어 클로저

해설

도어 클로저(Door Closer)
- 승강장의 문이 열린 상태에서 모든 제약이 해제되면 자동적으로 닫히게 하여 문의 개방 상태에서 생기는 2차 재해를 방지하는 안전장치
- 추형과 스프링형이 있음

04 유압기기에서 릴리프 밸브의 설명으로 옳은 것은?

① 설정 압력 이상으로 유압이 계속 높아질 때 폭발을 방지하는 안전 밸브이다.
② 기름을 통과시키거나 정지시키거나 혹은 방향을 바꾸는 밸브이다.
③ 유량을 조절하고 정지시키는 밸브이다.
④ 압유의 유량을 바꿈으로서 유압모터가 실린더의 움직이는 속도를 바꾸는 밸브이다.

해설

릴리프 밸브(Relief Valve)
- 압력배관을 보호하기 위해 압력을 제한하는 밸브
- 압력이 상용압력의 125% 이상 상승하면 바이패스(Bypass) 회로를 열어 기름을 탱크로 돌려보내 추가 압력상승을 방지
- 전 부하 압력의 140%까지 제한

05 재해가 발생되었을 때의 조치 순서로서 가장 알맞은 것은?

① 긴급처리 → 재해조사 → 원인강구 → 대책수립 → 실시 → 평가
② 긴급처리 → 원인강구 → 대책수립 → 실시 → 평가 → 재해조사
③ 긴급처리 → 재해조사 → 대책수립 → 실시 → 원인강구 → 평가

정답 01 ① 02 ① 03 ④ 04 ① 05 ①

④ 긴급처리 → 재해조사 → 평가 → 대책수립 → 원인강구 → 실시

해설

재해 발생 시 행동 순서
재해 발생 → 긴급처리 → 원인조사 → 원인분석 → 대책수립 → 실시 → 평가

06 다음 보호구 중에서 머리를 보호하는 것은?

① 안전대 ② 안전모
③ 안전화 ④ 보안경

07 다음 그림과 같이 무게 W가 움직이는 도르래에 매달려 있다. 물체를 끌어올리는 힘을 P라고 했을 때 P와 W의 관계식으로 옳은 것은?(단, 도르래와 로프의 무게는 없다고 본다.)

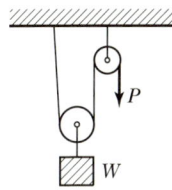

① $P = W$ ② $P = \dfrac{1}{2}W$
③ $P = \dfrac{1}{3}W$ ④ $P = \dfrac{1}{4}W$

해설

동활차
$W = F \times 2$
여기서, W : 하중(kg)
F : 인장력(kg)

08 문닫힘 안전장치의 종류로 틀린 것은?

① 초음파장치 ② 도어 레일
③ 광전장치 ④ 세이프티 슈

해설

문닫힘 안전장치 종류
• 세이프티 슈 : 접촉식
• 세이프티 레이 : 광전식(비접촉식)
• 초음파장치 : 초음파식(비접촉식)

09 승강기의 조속기란?

① 카의 속도를 검출하는 장치이다.
② 비상정지장치를 뜻한다.
③ 균형추의 속도를 검출한다.
④ 플런저를 뜻한다.

해설

조속기 기능
• 카의 속도 검출
• 속도 115% 이상 동작
• 카의 속도 및 가속도 검출
• 비상정지장치 동작
• 자동동작 수동복귀

10 주행안내(가이드) 레일의 규격 호칭은 1m 길이당 중량을 라운드 번호로 하여 레일에 붙여 쓰고 있다. 보통 일반적으로 사용하는 T형 주행안내 레일의 규격에 해당하지 않는 것은?

① 8K ② 13K
③ 16K ④ 24K

해설

가이드레일의 규격
• 레일 규격 : 마무리 가공 전 소재의 1m당 중량으로 하며, 레일의 표준 길이는 5m
• T형 레일의 공칭규격 : 8, 13, 18, 24, 30K 등

11 엘리베이터의 전동기 소요전력을 산출하기 위해 필요한 요소가 아닌 것은?

① 정격속도 ② 로프의 하중
③ 정격하중 ④ 오버밸런스율

> **해설**

전동기 용량

$$P = \frac{M \cdot V \cdot S}{6,120\eta} [\text{kW}]$$

여기서, P : 전동기 용량(kW)
M : 정격적재하중(kg)
V : 정격속도(min)
S : 오버밸런스율은 균형추의 중량을 결정할 때 사용하는 계수 $S = 1 - F$(오버밸런스율(%))]

12 엘리베이터에서 과부하인 경우는 청각 및 시각적인 신호에 의해 카 내 이용자에게 알려야 하며 정격하중의 몇 %(최소 75kg)를 초과하기 전에 검출되어야 하는가?

① 5% ② 10%
③ 15% ④ 20%

> **해설**

과부하 감지장치
- 승강기 카에 과부하 발생 시 운행을 정지하는 장치
- 정격하중의 10%(최소 75kg)를 초과하기 전에 과부하 검출
- 카가 운행 시 과부하 감지장치는 무효화되어야 함
- 과부하 발생 시 음향 및 시각신호를 통해 승객에게 알리기

13 카가 정지하고 있지 않는 층의 문이 열리지 않도록 하고, 각 층의 문이 닫혀 있지 않으면 운전을 불가능하게 하는 장치는?

① 도어 인터로크 ② 도어 세이프티
③ 도어 오픈 ④ 도어 클로저

> **해설**

도어 인터로크(Door Interlock)
도어 인터로크는 도어 로크와 도어 스위치로 구성

- 도어 로크(Door Lock) : 카가 정지하지 않는 층의 도어는 전용 열쇠를 사용하지 않으면 열리지 않도록 하는 장치
- 도어 스위치(Door Switch) : 승강장 문이 닫혀 있지 않으면 운전이 불가능하도록 하는 장치

14 전기식 엘리베이터에 필요한 안전장치에 해당하지 않는 것은?

① 완충기 ② 조속기
③ 리밋 스위치 ④ 인렛 안전장치

> **해설**

핸드레일 인입구 안전장치
- 물건이 걸려 들어가는 사고를 방지
- 인렛 스위치(Inlet Switch)

15 엘리베이터용 가이드레일의 역할이 아닌 것은?

① 카와 균형추의 승강로 내 위치 규제
② 승강로의 기계적 강도를 보강해 주는 역할
③ 카의 자중이나 화물에 의한 카의 기울어짐 방지
④ 집중하중이나 비상정지장치 작동 시 수직하중 유지

> **해설**

가이드레일 설치 목적
- 승강로 내 위치 규제
- 카의 기울어짐 방지
- 비상정지 시 수직 하중 유지

16 엘리베이터용 전동기의 구비조건이 아닌 것은?

① 전력 소비가 클 것
② 충분한 기동력을 갖출 것
③ 운전 상태가 정숙하고 저진동일 것
④ 고기동 빈도에 의한 발열에 충분히 견딜 것

> **해설**

전동기 구비조건
- 발열 고려(발열이 낮을 것)
- 제동력이 충분할 것
- 정격에 맞는 회전 특성이 있을 것
- 진동과 소음이 적을 것

정답 12 ② 13 ① 14 ④ 15 ② 16 ①

17 사고 예방 대책 기본원리 5단계 중 3E를 적용하는 단계는?

① 1단계 ② 2단계
③ 3단계 ④ 5단계

해설

하인리히 사고방지 5단계
- 제1단계 : 안전관리조직
- 제2단계 : 사실의 발견(현상 파악)
- 제3단계 : 분석 평가(원인 규명)
- 제4단계 : 대책의 선정(인사조정, 교육 및 훈련 방법 개선 등)
- 제5단계 : 대책의 적용(기술, 교육, 관리), 3E, 3S

3E
- Engineering(기술)
- Education(교육)
- Enforcement(규제)

3S
- Standardization(표준화)
- Specialization(전문화)
- Simplification(단순화)

18 재해의 직접 원인에 해당되는 것은?

① 물적 원인
② 교육적 원인
③ 기술적 원인
④ 작업관리상 원인

해설

안전사고의 직접 원인
- 불안전한 행동(인적 원인)
  - 안전장치를 제거, 무효화, 불안전한 상태 방치
  - 운전 중인 기계, 장치 등의 청소, 주유, 수리, 점검
  - 위험장소에의 접근
  - 잘못된 동작 자세
  - 복장, 보호구의 잘못 사용
  - 불안전한 조작
  - 안전조치의 불이행
- 불안전한 상태(물적 원인)
  - 기계 자체 결함
  - 방호장치 결함
  - 작업환경의 결함
  - 보호구 또는 복장의 결함
  - 자연적 불안전한 상태 지속
  - 생산공정 결함

19 비상정지장치의 작동으로 카가 정지할 때까지 레일이 죄는 힘이 처음에는 약하다가 하강함에 따라 강해지고 얼마 후 일정한 값으로 도달하는 방식은?

① 슬랙로프 세이프티
② 순간식 비상정지장치
③ 플렉시블 가이드 방식
④ 플렉시블 웨지 클램프 방식

해설

플렉시블 웨지 클램프
- 레일 죄는 힘이 강해지다가 일정
- 구조가 복잡
- 평균 감속도는 $0.2 \sim 1.0 g_n$

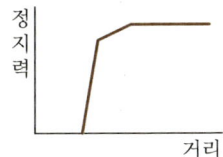

20 제어반에서 점검할 수 없는 것은?

① 결선단자의 조임 상태
② 스위치 접점 및 작동 상태
③ 조속기 스위치의 작동 상태
④ 전동기 제어회로의 절연 상태

해설

조속기는 기계실에 있으며 제어반에서 검사할 수 없음

21 전기식 엘리베이터에서 카 지붕에 표시되어야 할 정보가 아닌 것은?

① 최종점검일지 비치
② 정지장치에 '정지'라는 글자 표시
③ 점검운전 버튼 또는 근처에 운행 방향 표시
④ 점검운전 스위치 또는 근처에 '정상' 및 '점검'이라는 글자 표시

> **해설**
> ① 최종점검일지의 비치는 승강기 관리자의 직무

22 무빙워크의 경사도는 몇 ° 이하이어야 하는가?

① 30° ② 20°
③ 15° ④ 12°

> **해설**
> **수평 보행기(무빙워크)**
> • 공항이나 지하철에서 이동 거리가 긴 통로에 설치하며 승객의 보행을 돕는 목적으로 설치
> • 금속제 스텝과 고무벨트 스텝을 적용
> • 경사도 12° 이하 공칭속도 0.75m/s 이하로 설치

23 균형추의 중량을 결정하는 계산식은?(단, 여기서 L은 정격하중, F는 오버밸런스율이다.)

① 균형추의 중량=카 자체 하중×$(L \cdot F)$
② 균형추의 중량=카 자체 하중+$(L + F)$
③ 균형추의 중량=카 자체 하중−$(L - F)$
④ 균형추의 중량=카 자체 하중+$(L \cdot F)$

> **해설**
> **균형추 중량**
> 균형추의 총중량=카 자체 하중+$L \cdot F$
> 여기서, L : 정격하중(kg)
> F : 오버밸런스율(%)
>
> ※ 문제 조건에서 없을 경우 50% 적용

24 직류 전동기의 속도제어 방법이 아닌 것은?

① 저항제어 ② 전압제어
③ 계자제어 ④ 주파수제어

> **해설**
> **전동기 속도제어**
> $$N = K\frac{(V - I_a R_a)}{\phi}[\text{rpm}]$$

25 승강기 안전관리자의 직무가 아닌 것은?

① 고장 및 수리에 관한 기록 유지
② 사고 발생에 대비한 비상연락망의 작성 및 관리
③ 사고 시의 사고 보고
④ 고장 시의 긴급 수리

> **해설**
> **승강기 안전관리자의 직무 범위**
> • 승강기 운행 및 관리에 관한 규정 작성
> • 승강기 사고 또는 고장 발생에 대비한 비상연락망의 작성 및 관리
> • 유지관리업자로 하여금 자체 점검을 대행하게 한 경우 유지관리업자에 대한 관리 감독
> • 중대한 사고 또는 중대한 고장의 통보
> • 승강기 내에 갇힌 이용자의 신속한 구출을 위한 승강기 조작(승강기 관리교육을 받은 경우만 해당)
> • 피난용 엘리베이터의 운행(승강기관리교육을 받은 경우만 해당)
> • 그 밖에 승강기 관리에 필요한 사항으로서 행정안전부 장관이 정하여 고시하는 업무

26 다음 중 절연저항을 측정하는 계기는?

① 휘트스톤 브리지 ② 회로시험기
③ 메거 ④ 훅온미터

> **해설**
> ① 4개의 저항으로 브리지를 만들어 검류계를 적용하는 계기
> ② 회로의 전압, 전류, 저항을 측정하는 계기
> ④ 활선 상태에서 전류를 측정하는 계기

정답 21 ① 22 ④ 23 ④ 24 ④ 25 ④ 26 ③

27 동력으로 운전하는 기계에 작업자의 안전을 위하여 기계마다 설치하는 장치는?

① 수동 스위치장치 ② 동력차단장치
③ 동력장치 ④ 동력전도장치

> 해설

산업안전보건기준
작업자의 안전을 위하여 동력차단장치를 설치

28 유압식 엘리베이터의 점검 시 플런저 부위에서 특히 유의하여 점검하여야 할 사항은?

① 플런저의 토출량
② 플런저의 승강행정 오차
③ 제어 밸브에서의 누유 상태
④ 플런저 표면조도 및 작동유 누설 여부

> 해설

플런저 점검 시 유의사항은 플런저 표면조도 및 작동유 누설 여부

29 직류기 권선법에서 전기자 내부 병렬회로수 a와 극수 p의 관계는?(단, 권선법은 중권이다.)

① $a = 2$ ② $a = (1/2)p$
③ $a = p$ ④ $a = 2p$

> 해설

권선법별 병렬회로수와 극수와의 관계
- 중권 : $a = p = b$
- 파권 : $a = 2 = b$

30 덤웨이터(소형화물용 엘리베이터)의 자체 점검기준에서 카의 점검 항목이 아닌 것은?

① 자동 받침대 문턱이 설치된 경우 작동 상태
② 에이프런의 설치 상태
③ 문 틈새의 설치 상태
④ 승강로 벽과 충돌방지 수단의 설치 상태

> 해설

덤웨이터 카의 자체 점검기준
- 카의 재질 및 변형 상태(1/1개월)
- 에이프런의 설치 상태(1/3개월)
- 자동 받침대 문턱 설치 상태(1/3개월)
- 화물이 승강로벽과 충돌되는 것을 방지하기 위한 수단의 설치 상태(1/1개월)

31 안전대의 등급과 사용 구분이 올바르게 짝지어진 것은?

① 1종 : U자 걸이 전용
② 2종 : 1개 걸이, U자 걸이 공용
③ 3종 : 안전블록
④ 4종 : 1개 걸이 전용

> 해설

안전대 종류
- 1종 : U자 걸이
- 2종 : 1개 걸이
- 3종 : 1개 걸이, U자 걸이 공용
- 4종 : 안전블록
- 5종 : 추락 방지대

32 유압식 엘리베이터에서 럽처 밸브에 대한 내용 중 틀린 것은?

① 실린더의 구성 부품으로 일체형으로 설치될 수 있다.
② 직접 및 견고하게 플런저에 설치되어 있다.
③ 실린더 근처에 짧고 단단한 배관으로 용접되어 설치될 수 없다.
④ 실린더에 나사로 체결될 수 있다.

> 해설

럽처 밸브(Rupture Valve)
- 압력배관 파손 시 하강하는 정격하중의 카를 정지시키고 정지 상태를 유지
- 실린더 측에 설치
- 럽처 밸브는 실린더 근처에 짧고 단단한 배관으로 용접되고 플런저 또는 나사로 체결되어야 함

정답 27 ② 28 ④ 29 ③ 30 ③ 31 ① 32 ③

33 눈금이 어미자와 아들자의 구성으로 되어 있는 기구가 아닌 것은?

① 다이얼 게이지 ② 하이트 게이지
③ 버니어 캘리퍼스 ④ 마이크로미터

해설

다이얼 게이지
면의 요철이나 축의 진폭, 기계 가공에서의 움직인 거리 등 극히 미세한 길이를 측정하는 기구

34 입력이 모두 '1'일 때만 출력이 '1'이 되고 그 이외에는 출력이 '0'이 되는 논리회로는?

① AND 회로 ② NOT 회로
③ OR 회로 ④ NAND 회로

해설

AND 회로(논리곱)
- 모든 입력(1)이 있을 때만 출력(1)이 나타나는 회로
- 시퀀스의 직렬 스위치 회로와 같음
- 논리식 : $X = A \cdot B = AB$
- 논리기호

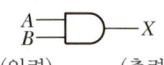

(입력)　(출력)

- 진리표

입력		출력
A	B	X
0	0	0
0	1	0
1	0	0
1	1	1

35 2V의 전위차를 가지고 80J의 일을 했다면 두 점 사이를 이동하는 전하량은 몇 C인가?

① 10 ② 20
③ 40 ④ 60

해설

$W = V \cdot Q$

$Q = \dfrac{W}{V} = \dfrac{80}{2} = 40C$

36 하중이 작용하는 방법을 상태에 따라 분류한 것이 아닌 것은?

① 인장하중 ② 압축하중
③ 비틀림하중 ④ 충격하중

해설

하중의 작용 상태에 따른 분류
- 인장하중
- 압축하중
- 전단하중
- 휨하중
- 비틀림하중
- 좌굴하중

37 카 측의 총중량이 2,400kgf이고, 카 주 2본의 단면적이 24cm²일 때, 카 주의 안전율은?(단, 파단강도는 4,100kgf/cm²이다.)

① 37 ② 41
③ 45 ④ 48

해설

안전율

허용응력 $= \dfrac{하중}{단면적} = \dfrac{2,400}{24} = 100$

안전율 $= \dfrac{인장(파괴)강도}{허용응력} = \dfrac{4,100}{100} = 41$

38 전기에 의한 발화의 원인으로 볼 수 없는 것은?

① 단락에 의한 발화
② 과전류에 의한 발화
③ 접속 불량의 과열에 의한 발화
④ 용접기의 자동전격방지장치에 의한 발화

해설

전기 발화 원인
단락, 과전류, 접속 불량의 과열, 아크, 지락 사고

정답　33 ①　34 ①　35 ③　36 ④　37 ②　38 ④

39 사다리 작업의 안전지침으로 적당하지 않은 것은?

① 상부와 하부가 움직이지 않도록 고정되어야 한다.
② 사다리를 다리처럼 사용해서는 안 된다.
③ 부서지기 쉬운 벽돌 등을 받침대로 사용해서는 안 된다.
④ 사다리 상단은 작업장으로부터 120cm 이상 올라가야 한다.

> 해설

사다리 안전수칙
- 균열이 있거나 변형된 사다리는 사용 금지
- 10kg 이상의 중량물 취급 금지
- 보행자 통행로 및 문이 열리는 곳에서 작업을 금지하고 부득이한 경우는 감시자를 배치
- 감전의 위험이 있는 곳은 부도체 사다리 사용
- 사다리 상단은 걸쳐 놓은 지점부터 60cm 이상 올라가도록 설치

40 전동기의 점검항목이 아닌 것은?

① 발열이 현저한 것
② 이상음이 있는 것
③ 라이닝의 마모가 현저한 것
④ 연속으로 운전하는 데 지장이 생길 염려가 있는 것

41 회전하는 축을 지지하고 원활한 회전을 유지하도록 하며, 축에 작용하는 하중 및 축의 자중에 의한 마찰저항을 가능한 한 적게 하도록 하는 기계요소는?

① 클러치   ② 베어링
③ 커플링   ④ 스프링

42 유도 기전력의 크기는 코일의 권수와 코일을 관통하는 자속의 시간적인 변화율의 곱에 비례한다는 법칙은 무엇인가?

① 패러데이의 전자유도 법칙
② 앙페르의 주회 적분의 법칙
③ 전자력에 관한 플레밍의 법칙
④ 유도 기전력에 관한 렌츠의 법칙

> 해설

패러데이의 전자유도 법칙
$e = N \dfrac{d\phi}{d_t} [V]$

43 인덕턴스가 5mH인 코일에 50Hz의 교류를 사용할 때 유도 리액턴스는 약 몇 Ω인가?

① 1.57   ② 2.50
③ 2.53   ④ 3.14

> 해설

인덕턴스
$X_L = wL = 2\pi fL [\Omega]$
$X_L = wL = 2\Pi fL = 2\Pi \times 50 \times 5 \times 10^{-3} = 1.57\Omega$
$L = 5mH = 5 \times 10^{-3} H$

44 저항 100Ω의 전열기에 5A의 전류를 흘렸을 때 전력은 몇 W인가?

① 20   ② 100
③ 500   ④ 2,500

> 해설

유효전력
$P = VI\cos\theta = I^2 R [W]$
$P = I^2 R \cos\theta = 5^2 \times 100 \times 1 = 2,500W$

45 일반적으로 교류의 감전 전류값이 100mA일 때의 인체에 미치는 영향 정도는?

① 약간의 자극을 느낀다.
② 상당한 고통이 온다.
③ 근육에 경련이 일어난다.
④ 심장은 마비증상을 일으키며 호흡도 정지한다.

정답 39 ④ 40 ③ 41 ② 42 ① 43 ① 44 ④ 45 ④

> 해설

감전의 종류
- 감지전류(1mA) : 인체감지
- 한계전류(6~8mA) : 고통수반
- 불수전류(10~15mA) : 근육경련
- 심실세동전류(100mA 이상) : 심장마비

46 자기저항에 관한 설명 중 옳은 것은?(단, 자기회로=l, 자로의 단면적=A, 투자율=μ이다.)

① 자기회로의 l에 반비례하고 A와 μ의 곱에 비례한다.
② 자기회로의 l에 비례하고 A와 μ의 곱에 비례한다.
③ 자기회로의 l에 반비례하고 A와 μ의 곱에 반비례한다.
④ 자기회로의 l에 비례하고 A와 μ의 곱에 반비례한다.

> 해설

자기회로와 전기회로

자기회로	전기회로
기자력(NI)[AT]	기전력(E)[V]
자속(ϕ)[Wb]	전류(I)[A]
자기저항(R)[AT/Wb]	저항(R)[Ω]

자기저항 $R = \dfrac{l}{\mu A}$

여기서, l : 길이
μ : 투자율
A : 단면적

47 불 대수식 $Y = ABC + AC$를 간소화시키면?

① ABC ② AC
③ BC ④ AB

> 해설

$Y = ABC + AC = AC(B+1) = AC \cdot 1 = AC$

48 승강기 자체 점검기준에서 유압시스템의 점검에 포함되지 않는 것은?

① 소화설비 비치 및 표기 상태
② 윤활유의 유량 및 노후 상태
③ 잭 및 관련 부품의 설치 및 작동 상태
④ 유압유의 온도감지장치 작동 상태

> 해설

유압시스템의 자체 점검기준
- 유압시스템 관련 밸브 설치 및 작동 상태
- 로프, 체인 이완감지장치 설치 및 작동 상태
- 배관, 밸브 등의 부식 및 누유 상태
- 유압탱크 설치 상태 및 유량 상태
- 배관, 밸브 등의 이음 및 고정 상태
- 수동 펌프 설치 및 작동 상태
- 소화설비 비치 및 표기 상태
- 잭 및 관련 부품의 설치 및 작동 상태

49 수직개폐식 도어의 특징으로 잘못된 것은?

① 화물용과 차량용만으로 사용한다.
② 문짝의 평균 닫힘 속도는 0.5m/s 이하이어야 한다.
③ 문닫힘 안전장치는 문이 닫히는 동안 문 앞의 일정한 거리에서 움직이는 사람이나 물체를 감지하면 자동으로 문이 다시 열리기 시작해야 한다.
④ 반자동 동력 작동식 문의 경우 카 문은 승강장 문이 닫히기 시작하기 전에 2/3 이상 닫혀야 한다.

> 해설

수직개폐식 도어 문짝의 평균 닫힘 속도는 0.3m/s 이하

50 엘리베이터 트랙션비를 낮게 선택하면 어떤 효과가 있는가?

① 엘리베이터의 속도가 빨라진다.
② 엘리베이터의 진동이 감소한다.
③ 엘리베이터의 외관이 아름다워진다.
④ 엘리베이터의 로프 수명이 길어진다.

정답 46 ④ 47 ② 48 ② 49 ② 50 ④

> **해설**

견인비
카 측 중량과 균형추 측 중량비

견인비 보상 방법
- 카 하부에서 균형체인(저속) 또는 균형로프(고속)를 설치하여 보상
- 견인비가 낮게 선택되면 로프와 도르래 사이의 트랙션 능력, 즉 마찰력이 작아도 됨(로프의 수명 연장)

51 압력 맥동이 적고 소음이 적어서 유압식 엘리베이터에 주로 사용되는 펌프는?

① 기어 펌프 ② 베인 펌프
③ 스크루 펌프 ④ 릴리프 펌프

> **해설**

펌프(Pump)
- 압력의 작용으로 액체 또는 기체를 빨아올리거나 이동시키는 장치
- 펌프 종류 : 기어 펌프, 베인 펌프, 스크루 펌프
- 맥동이 작고 진동과 소음이 작은 스크루 펌프를 많이 사용

52 장애인용 엘리베이터의 경우 호출버튼에 의하여 카가 정지하면 몇 초 이상 문이 열린 채로 대기하여야 하는가?

① 8 ② 10
③ 12 ④ 15

> **해설**

장애인용 엘리베이터는 호출버튼 또는 등록버튼에 의해서 카가 정지하면 10초 이상 문이 열린 채로 대기해야 함

53 급유가 필요하지 않은 곳은?

① 호이스트 로프 ② 조속기 로프
③ 가이드레일 ④ 웜 기어

> **해설**

- 조속기 로프는 급유를 하면 안 됨
- 슬립(미끄러짐)에 의해 조속기 역할을 할 수 없음

54 중저속 엘리베이터의 기준은 얼마 이하이어야 하는가?

① 1m/s 이하 ② 2m/s 이하
③ 3m/s 이하 ④ 4m/s 이하

> **해설**

속도에 따른 분류
- 고속엘리베이터 : 4m/s 초과(유지관리업 등록기준)
- 중저속엘리베이터 : 4m/s 이하(유지관리업 등록기준)
- 소방활동 목적의 비상용 승강기에 대한 속도 기준은 1m/s 이상

55 소방구조용(비상용) 엘리베이터는 정전 시에는 보조 전원공급 장치에 의하여 60초 이내에 엘리베이터 운행에 필요한 전력용량을 자동으로 발생시키도록 하되 수동으로 전원을 작동시킬 수 있어야 한다. 또한 그 운행가능시간은 얼마 이상이어야 하는가?

① 1시간 ② 2시간
③ 3시간 ④ 4시간

> **해설**

소방용 승강기 기본 요건
- 폭 1,100mm, 깊이 1,400mm 이상
- 출입구 유효 폭은 800mm 이상
- 60초 이내에 가장 먼 층에 도착
- 운행속도는 1m/s 이상
- 비상구출문 0.5m×0.7m 이상
- 정전 시 60초 이내 전원공급
- 비상전원은 2시간 이상

정답 51 ③ 52 ② 53 ② 54 ④ 55 ②

56 정격하중을 적재한 카 또는 균형추/평형추가 자유 낙하할 때 점차 작동형 추락방지안전장치의 평균 감속도는 얼마 정도여야 하는가?

① $0.1 \sim 0.5g_n$ 사이
② $0.1 \sim 1.0g_n$ 사이
③ $0.2 \sim 0.5g_n$ 사이
④ $0.2 \sim 1.0g_n$ 사이

해설

점진식(순차적) 작동형
- 플렉시블 가이드 클램프형
- 플렉시블 웨지 클램프형
- 평균 감속도는 $0.2 \sim 1.0g_n$

57 재해 원인의 분석 방법 중 개별적 원인분석은?

① 각각의 재해 원인을 규명하면서 하나하나 분석하는 것이다.
② 사고의 유형, 기인물 등을 분류하여 큰 순서대로 도표화하는 것이다.
③ 특성과 요인관계를 도표로 하여 물고기 모양으로 세분화하는 것이다.
④ 월별 재해 발생 수를 그래프화하여 관리선을 선정하여 관리하는 것이다.

해설

재해(사고) 원인 분석 방법
- 개별적 원인분석 : 개개의 재해를 하나하나 분석하는 것으로 상세히 원인을 규명하며, 중대재해 및 건수가 적은 사업장에 적용
- 통계적 원인분석 : 재해 요인의 상호관계와 분포 상태 등을 거시적으로 분석하는 방법으로 통계적인 분석을 적용한다.

58 튀어 오름방지장치(록다운 비상정지장치)에 대한 설명으로 틀린 것은?

① 비상정지장치 작동 시 필요하다.
② 균형로프 사용 시 필요하다.
③ 순간작동식으로 작동되어야 한다.
④ 비상정지장치 작동 시 카의 상승을 막기 위해 필요하다.

해설

록다운 비상정지장치
비상정지장치 작동 시 균형추와 로프의 급격한 상승을 막기 위해 설치

59 와이어로프 클립(Wire Rope Clip)의 체결 방법으로 옳은 것은?

①
②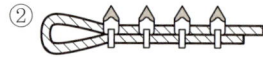
③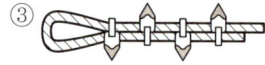
④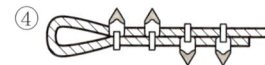

해설

클립 체결 방법
- 3개 이상 체결
- 클립 사이 거리 로프직경의 5배 이상
- U볼트(U-Bolt) 부분이 절단된 로프 쪽 설치

60 엘리베이터의 자체 점검항목 중 승강장 문 및 카 문의 시험에서 점검주기가 가장 긴 것은?

① 문 열림버튼의 작동 상태
② 승강장 문닫힘 확인장치 설치 및 작동 상태
③ 카 문 잠금장치 설치 및 작동 상태
④ 수동개폐식 문의 '카 있음' 표시

해설

- 문 열림버튼의 작동 상태 : 1/1개월(시험)
- 승강장 문닫힘 확인장치 설치 및 작동 상태 : 1/1개월(시험)
- 카 문 잠금장치 설치 및 작동 상태 : 1/1개월(시험)
- 수동개폐식 문의 '카 있음' 표시 : 1/6개월(육안)

정답 56 ④ 57 ① 58 ④ 59 ② 60 ④

2019년 1회 기출문제

01 회로망의 임의의 접속점에 유입되는 전류는 $\Sigma I = 0$이라는 법칙은?

① 쿨롱의 법칙
② 패러데이의 법칙
③ 키르히호프의 제1법칙
④ 키르히호프의 제2법칙

해설
- 키르히호프의 전류 법칙(KCL) : 회로망 내 접속점의 유출입 전류의 합은 0
- 키르히호프의 전압 법칙(KVL) : 폐회로 내에서 기전력의 합은 전압강하의 총합

02 과속조절기(조속기) 로프의 최소 안전율은?

① 4 이상   ② 6 이상
③ 7 이상   ④ 8 이상

해설
조속기(과속조절기)
- 정격속도의 115%
- 로프 공칭직경이 6mm 이상
- 공칭직경비 30 이상
- 안전율 8 이상

03 경고나 주의를 표시할 때 사용하는 색채로 가장 알맞은 것은?

① 파랑   ② 보라
③ 노랑   ④ 녹색

해설
색상별 표시
- 노랑 : 경고
- 보라 : 방사능
- 파랑 : 지시
- 녹색 : 안내

04 안전모의 목적과 거리가 먼 것은?

① 감전의 방지
② 추락에 의한 부상 방지
③ 종업원의 표시
④ 비산물로 인한 부상 방지

05 $R - L - C$ 직렬회로에서 최대전류가 흐르게 되는 조건은?

① $\omega L^2 - \dfrac{1}{\omega C} = 0$ ② $\omega L^2 + \dfrac{1}{\omega C} = 0$
③ $\omega L - \dfrac{1}{\omega C} = 0$ ④ $\omega L + \dfrac{1}{\omega C} = 0$

해설
공진
R, L, C가 연결된 회로에 회로 조건에 따라 L과 C가 상쇄되어 저항만의 회로가 되는 상태
- 공진 조건($X_L = X_C$) : $\omega L = \dfrac{1}{\omega C}$, $\omega L - \dfrac{1}{\omega C} = 0$
- 공진 주파수 : $f_0 = \dfrac{1}{2\pi\sqrt{LC}}$[Hz]

회로별 공진 특성

구분	전류	임피던스
직렬공진	최대	최소
병렬공진	최소	최대

06 다음 그림과 같은 기어는?

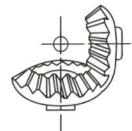

① 랙과 피니언   ② 베벨 기어
③ 스퍼 기어   ④ 헬리컬 기어

정답 01 ③ 02 ④ 03 ③ 04 ③ 05 ③ 06 ②

> **해설**

베벨 기어
두 축이 교차하는 경우

07 자기저항의 단위로 알맞은 것은?

① Ω ② AT/Wb
③ Wb/AT ④ ϕ

> **해설**

자기회로와 전기회로

자기회로	전기회로
기자력(NI)[AT]	기전력(E)[V]
자속(ϕ)[Wb]	전류(I)[A]
자기저항(R)[AT/Wb]	저항(R)[Ω]

08 안전사고의 요인 중 심리적 요인에 해당하는 것은?

① 감정 ② 극도의 피로감
③ 육체적 능력 초과 ④ 신경계통의 이상

> **해설**

심리적 요인
정신력 부족, 무기력, 경솔, 불만, 갈등, 감정 등

09 작업자의 재해 예방에 대한 일반적인 대책으로 맞지 않는 것은?

① 계획의 작성
② 엄격한 작업감독
③ 위험요인의 발굴 대처
④ 작업 지시에 대한 위험예지의 실시

10 규소강판을 전기자철심에 성층하는 요인은?

① 동손을 줄이기 위해
② 철손을 줄이기 위해
③ 기계손을 줄이기 위해
④ 가공하기 용이하므로

> **해설**

철심의 와전류(맴돌이 전류)와 히스테리시스 현상에 의한 철손을 줄이기 위해 얇은(0.35~0.5mm) 규소강판을 성층하여 제작

11 균형추의 중량을 결정하는 계산식은?(단, 여기서 L은 정격하중, F는 오버밸런스율이다.)

① 균형추의 중량=카 자체 하중×($L \cdot F$)
② 균형추의 중량=카 자체 하중+($L \cdot F$)
③ 균형추의 중량=카 자체 하중÷($L \cdot F$)
④ 균형추의 중량=카 자체 하중-($L \cdot F$)

> **해설**

균형추 중량
균형추의 총중량=카 자체 하중+($L \times F$)
　여기서, L : 정격하중(kg)
　　　　　F : 오버밸런스율(%)

12 슬라이딩 베어링은 무슨 접촉인가?

① 면 접촉 ② 선 접촉
③ 점 접촉 ④ 기어 접촉

> **해설**

베어링의 특성 비교

구분	미끄럼베어링	구름베어링
구조	간단	복잡
동력손실	큼	작음
마찰저항	큼	작음
소음 및 진동	작음	큼
보수점검	쉬움	어려움
회전속도	저속대응	고속대응
윤활성	나쁨	좋음
가격	저렴	고가

정답 07 ② 08 ① 09 ② 10 ② 11 ② 12 ①

13 다음 회로에서 High는 1, Low는 0으로 나타낼 때, V_i가 1일 때의 a, b, c, d를 옳게 나타낸 것은?

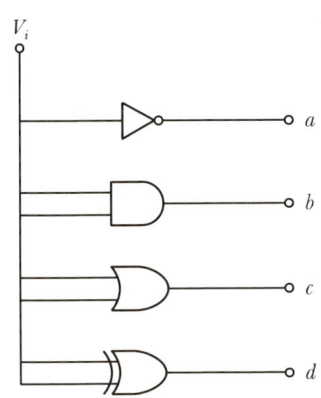

① 1, 1, 0, 0
② 0, 0, 1, 1
③ 0, 1, 1, 0
④ 1, 0, 0, 0

해설

NOT 회로(부정)
• 논리기호
• 진리표

입력	출력
A	X
0	1
1	0

AND 회로(논리곱)
• 논리기호
• 진리표

입력		출력
A	B	X
0	0	0
0	1	0
1	0	0
1	1	1

OR 회로(논리합)
• 논리기호
• 진리표

입력		출력
A	B	X
0	0	0
0	1	1
1	0	1
1	1	1

XOR 회로(배타적 논리합)
• 논리기호
• 진리표

입력		출력
A	B	X
0	0	0
0	1	1
1	0	1
1	1	0

14 여러 층으로 배치되어 있는 고정된 주차구획에 아래위로 이동할 수 있는 운반기에 의하여 자동차를 자동으로 운반 이동하여 주차하도록 설계한 주차장치는?

① 2단식
② 승강기식
③ 수직순환식
④ 승강기슬라이드식

해설

승강기식 주차설비
• 다수의 층으로 설치되어 있는 고정된 주차구획에 주차 플레이트를 상하로 이동할 수 있는 승강기로 차량을 운반하여 주차
• 횡식, 종식, 승강 선회식 등

15 직류기 권선법에서 전기자 내부 병렬회로수 a와 극수 p의 관계는?(단, 권선법은 중권이다.)

① $a = 2$
② $a = \frac{1}{2}P$
③ $a = P$
④ $a = 2P$

해설

중권과 파권

구분	중권	파권
전기자 병렬회로 수	극수와 동일	2
브러시 수	극수와 동일	2
동일 조건	저전압, 대전류	고전압, 저전류

정답 13 ③ 14 ② 15 ③

16 카 바닥 앞부분과 승강로 벽과의 수평거리는 일반적으로 몇 mm 이하이어야 하는가?

① 125mm   ② 150mm
③ 175mm   ④ 200mm

> **해설**
> 승강로 내측과 카 문턱, 카 문틀 또는 카 문의 닫히는 모서리 사이의 수평거리는 승강로 전체 높이에 걸쳐 150mm 이하

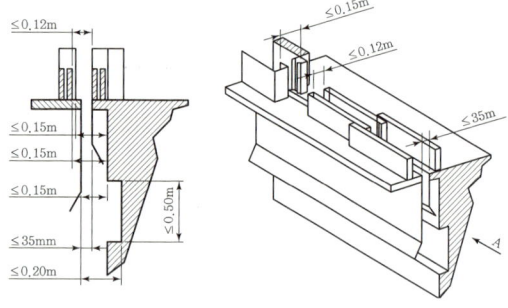

┃카와 승강로 각 부분의 이격거리┃

17 다음 중 카 상부에서 하는 검사가 아닌 것은?

① 비상구출구 스위치의 작동 상태
② 도어개폐장치의 설치 상태
③ 조속기 로프의 설치 상태
④ 조속기 로프 인장장치의 작동 상태

> **해설**
> 조속기 로프 인장장치는 피트에서 검사

18 승객용 엘리베이터에서 자동으로 동력에 의해 문을 닫는 방식에서의 문닫힘 안전장치의 기준에 부적합한 것은?

① 문닫힘 동작 시 사람 또는 물건이 끼일 때 문이 반전하여 열려야 한다.
② 문닫힘 안전장치 연결전선이 끊어지면 문이 반전하여 닫혀야 한다.
③ 문닫힘 안전장치의 종류에는 세이프티 슈, 광전장치, 초음파장치 등이 있다.
④ 문닫힘 안전장치는 카 문이나 승강장 문에 설치되어야 한다.

19 재해가 발생되었을 때의 조치순서로서 가장 알맞은 것은?

① 긴급처리 → 재해조사 → 원인강구 → 대책수립 → 실시 → 평가
② 긴급처리 → 원인강구 → 대책수립 → 실시 → 평가 → 재해조사
③ 긴급처리 → 재해조사 → 대책수립 → 실시 → 원인강구 → 평가
④ 긴급처리 → 재해조사 → 평가 → 대책수립 → 원인강구 → 실시

> **해설**
> **재해 발생 시 행동 순서**
> 재해 발생 → 긴급처리 → 원인조사 → 원인분석 → 대책수립 → 실시 → 평가

20 승강기가 어떤 원인으로 피트에 떨어졌을 때 충격을 완화하기 위하여 설치하는 것은?

① 조속기   ② 비상정지장치
③ 완충기   ④ 제동기

> **해설**
> **완충기의 설치 목적**
> 승강기의 카 또는 균형추가 고장으로 최하층을 통과하여 피트로 떨어졌을 때 충격을 완화하기 위하여 설치

21 휠체어리프트 이용자가 승강기의 안전운행과 사고방지를 위하여 준수해야 할 사항과 거리가 먼 것은?

① 전동휠체어 등을 이용할 경우에는 운전자가 직접 이용할 수 있다.
② 정원 및 적재하중의 초과는 고장이나 사고의 원인이 되므로 엄수하여야 한다.

정답 16 ② 17 ④ 18 ② 19 ① 20 ③ 21 ①

③ 휠체어 사용자 전용이므로 보조자 이외의 일반인은 탑승하여서는 안 된다.
④ 조작반의 비상정지스위치 등을 불필요하게 조작하지 말아야 한다.

> [해설]
> 전동휠체어 등을 이용하는 경우에는 안전관리자의 협조를 받아야 함

22 재해의 발생 순서로 옳은 것은?

① 이상 상태 – 불안전 행동 및 상태 – 사고 – 재해
② 이상 상태 – 사고 – 불안전 행동 및 상태 – 재해
③ 이상 상태 – 재해 – 사고 – 불안전 행동 및 상태
④ 재해 – 이상 상태 – 사고 – 불안전 행동 및 상태

> [해설]
> **재해 발생 순서**
> 유전적 요소와 사회적 환경 → 불안전안 행동과 상태 → 사고 → 재해

23 도어가 열리면 엘리베이터의 운행이 중지되게 하는 스위치는?

① 파이널 리밋 스위치
② 비상정지스위치
③ 도어 스위치
④ 조속기 스위치

> [해설]
> **도어 인터로크(Door Interlock)**
> 도어 인터로크는 도어 로크와 도어 스위치로 구성
>
> • 도어 로크(Door Lock) : 카가 정지하지 않는 층의 도어는 전용 열쇠를 사용하지 않으면 열리지 않도록 하는 장치
> • 도어 스위치(Door Switch) : 승강장 문이 닫혀 있지 않으면 운전이 불가능하도록 하는 장치

24 3상 유도 전동기의 회전 방향을 바꾸는 방법으로 옳은 것은?

① 3상 전원의 주파수를 바꾼다.
② 3상 전원 중 1상을 단선시킨다.
③ 3상 전원 중 2상을 단락시킨다.
④ 3상 전원 중 임의의 2상의 접속을 바꾼다.

25 엘리베이터에서 사고가 발생하였을 때의 조치사항이 아닌 것은?

① 응급조치 등의 필요한 조치
② 소방서와 의료기관 등에 연락
③ 피해자의 동료에게 연락
④ 전문 기술자에게 연락

> [해설]
> **사고 발생 시 조치사항**
> • 인명구조에 필요한 구급 조치
> • 승강기 검사기관, 유지보수업체, 119구조대 등에 비상 연락
> • 피해자 가족에게 연락

26 안전관리자의 직무가 아닌 것은?

① 안전보건관리규정에서 정한 직무
② 산업재해 발생의 원인 조사 및 대책
③ 안전교육계획의 수립 및 조사
④ 근로환경보건에 관한 연구 및 조사

> [해설]
> **안전관리자의 직무(산업안전)**
> • 안전보건관리규정 및 취업규칙에서 정한 직무
> • 산업재해 발생 원인 조사 및 재발 방지를 위한 기술적 지도 조언
> • 안전교육계획의 수립 및 실시
> • 방호장치, 기계기구 및 설비, 보호구 중 안전에 관련된 보호구 구입 시 적격품 선정
> • 사업장 순회점검, 지도 및 조치의 건의
> • 산업재해에 관한 통계의 유지관리를 위한 지도 조언
> • 안전에 관한 사항을 위반한 근로자에 대한 조치의 건의
> • 기타 안전에 관한 사항으로 노동부장관이 정한 사항

정답 22 ① 23 ③ 24 ④ 25 ③ 26 ④

27 블리드 오프 유압회로 방식의 특징이 아닌 것은?

① 카의 기동 시 유량조정이 어렵다.
② 상승 운전 시의 효율이 높다.
③ 작동유의 온도(점도) 변화 및 압력 변화 등의 영향을 받기 쉽다.
④ 정확한 속도 제어가 곤란하다.

해설

블리드오프 회로
- 유량제어 밸브 간접 설치
- 유량 간접제어
- 정확한 속도제어 불가
- 높은 효율

미터인 회로
- 유량제어 밸브 직접 설치
- 유량 직접제어
- 정확한 속도제어 가능
- 낮은 효율

28 사업장에 승강기의 조립 또는 해체작업을 할 때 조치하여야 할 사항과 거리가 먼 것은?

① 작업을 지휘하는 자를 선임하여 지휘자의 책임 하에 작업을 실시할 것
② 작업할 구역에는 관계근로자 외의 자의 출입을 금지시킬 것
③ 기상 상태의 불안정으로 인하여 날씨가 몹시 나쁠 때에는 그 작업을 중지시킬 것
④ 사용자의 편의를 위하여 야간작업을 하도록 할 것

해설

승강기의 설치·조립·수리·점검 또는 해체 작업 시 고려사항
- 작업관리자를 선임하여 그 지휘하에 작업을 실시할 것
- 작업을 할 구역에 관계근로자 아닌 사람의 출입을 금지하고 그 취지를 보기 쉬운 장소에 표시할 것
- 비·눈 그 밖의 기상 상태의 불안정으로 날씨가 몹시 나쁜 경우에는 그 작업을 중지시킬 것

29 스텝체인 안전장치에 대한 설명으로 알맞은 것은?

① 스커트 가드 판과 스텝 사이에 이물질의 끼임을 감지하는 장치이다.
② 스텝체인의 늘어남 또는 파단을 감지하는 장치이다.
③ 스텝과 레일 사이에 이물질의 끼임을 감지하는 장치이다.
④ 상부 기계실 내 작업 시에 전원이 투입되지 않도록 하는 장치이다.

해설

스텝체인(안전장치이완감지 스위치)
스텝체인이 절단되거나 심하게 늘어날 경우 구동기 모터의 전원을 차단하여 에스컬레이터를 정지시키는 장치

30 에스컬레이터의 경사도는 주로 몇 ° 이하로 설치되고 있는가?

① 15   ② 25
③ 30   ④ 45

해설

에스컬레이터의 경사도
경사도는 30°를 초과하지 않아야 한다. 단, 층고가 6m 이하이고 공칭속도가 0.5m/s 이하인 경우 경사도는 35°까지 가능

31 승강장 문, 카 문 표면에 인테리어용으로 유리를 덧붙이는 경우에 사용하는 유리로 적합한 것은?

① 강화유리
② 접합유리
③ 비산방지필름이 부착된 강화유리
④ 비산방지필름이 부착된 접합유리

해설

승강장 문, 카 문 표면에 인테리어용으로 유리를 덧붙이는 경우에는 KS L 2002에 적합하거나 동등 이상의 강화유리가 사용되고 비산방지 필름 등이 부착되어야 함

정답 27 ① 28 ④ 29 ② 30 ③ 31 ③

32 에스컬레이터 이용자의 준수사항과 관련이 없는 것은?

① 옷이나 물건 등이 틈새에 끼이지 않도록 주의하여야 한다.
② 화물은 디딤판 위에 반드시 올려놓고 타야 한다.
③ 디딤판 가장자리에 표시된 황색 안전선 밖으로 발이 벗어나지 않도록 하여야 한다.
④ 핸드레일을 잡고 있어야 한다.

> **해설**
>
> **에스컬레이터에 이용자의 준수사항**
> - 화물운반금지, 비상시 사용 금지
> - 역방향 탑승 금지
> - 손잡이 꼭 잡고 탑승하고, 인입구 주의
> - 유모차 탑승 금지, 길이가 긴 물건 운반 금지
> - 맨발 탑승 금지 및 디딤판에 앉지 말 것
> - 스커트 가드와 디딤판 사이 옷, 신발 끼임 주의
> - 콤 끝단 주의, 미끄럼 금지
> - 비상정지스위치 장난 금지

33 정전 시 비상전원장치의 비상조명의 점등조건은?

① 정전 시에 자동으로 점등
② 고장 시 카가 급정지하면 점등
③ 정전 시 비상등스위치를 켜야 점등
④ 항상 점등

> **해설**
>
> 전원이 차단되면 자동으로 즉시 점등

34 엘리베이터의 완충기에 대한 설명 중 옳지 않은 것은?

① 엘리베이터 피트에 설치한다.
② 케이지나 균형추의 자유낙하를 완충한다.
③ 스프링 완충기와 유압 완충기가 가장 많이 사용된다.
④ 스프링 완충기는 엘리베이터의 속도가 낮은 경우에 주로 사용된다.

> **해설**
>
> **완충기의 설치 목적**
> 승강기의 카 또는 균형추가 최하층을 통과하여 피트로 떨어졌을 때 충격 완화
>
> **완충기의 종류**
> - 스프링 완충기
> - 우레탄 완충기
> - 유압 완충기
>
> **플런저의 복귀시간**
> 플런저를 완전히 압축한 상태에서 5분간 유지 후 완전 복귀 위치까지 요하는 시간은 120초

35 피트 내에서 행하는 검사가 아닌 것은?

① 피트 스위치 동작 여부
② 하부 파이널 스위치 동작 여부
③ 완충기 취부 상태 양호 여부
④ 상부 파이널 스위치 동작 여부

> **해설**
>
> 상부 파이널 리밋 스위치는 승강로 윗부분에 설치

36 무빙워크의 경사도는 몇 ° 이하이어야 하는가?

① 30°   ② 20°
③ 15°   ④ 12°

> **해설**
>
> **수평 보행기**
> - 공항이나 지하철에서 이동 거리가 긴 통로에 설치하며 승객의 보행을 돕는 목적으로 설치
> - 금속제 스텝과 고무벨트 스텝을 적용
> - 경사도 12° 이하, 공칭속도 0.75m/s 이하로 설치

정답 32 ② 33 ① 34 ② 35 ④ 36 ④

37 감전사고로 의식불명이 된 환자가 물을 요구할 때의 방법으로 적당한 것은?

① 냉수를 주도록 한다.
② 온수를 주도록 한다.
③ 설탕물을 주도록 한다.
④ 물을 천에 묻혀 입술에 적시어만 준다.

38 유도 전동기의 속도제어법이 아닌 것은?

① 2차 여자제어법 ② 1차 계자제어법
③ 2차 저항제어법 ④ 1차 주파수제어법

> 해설

유도 전동기의 속도제어법
- 농형 : 주파수변환법, 극수변환법, 전압제어법, VVVF
- 권선형 : 2차 저항법, 2차 여자법

39 전선의 길이를 고르게 2배로 늘리면 단면적은 1/2로 된다. 이때 저항은 처음의 몇 배가 되는가?

① 4배 ② 3배
③ 2배 ④ 1.5배

> 해설

저항

$R = \rho \dfrac{l}{A} [\Omega]$

여기서, l : 도선의 길이(m)
A : 도선의 단면적(m²)
ρ : 고유저항(Ω·m)

∴ $R = \rho \dfrac{l}{A} = \dfrac{2}{\frac{1}{2}} = 4$배

40 가이드레일의 사용 목적으로 틀린 것은?

① 집중하중 작용 시 수평 하중을 유지
② 비상정지장치 작동 시 수직 하중을 유지
③ 카와 균형추의 승강로 평면 내의 위치 규제
④ 카의 자중이나 화물에 의한 카의 기울어짐 방지

> 해설

가이드레일의 설치 목적
- 승강로 내 위치 규제
- 카의 기울어짐 방지
- 비상정지 시 수직 하중 유지

41 화재 시 조치사항에 대한 설명 중 틀린 것은?

① 비상용 엘리베이터는 소화활동 등 목적에 맞게 동작시킨다.
② 빌딩 내에서 화재가 발생할 경우 반드시 엘리베이터를 이용해 비상탈출을 시켜야 한다.
③ 승강로에서의 화재 시 전선이나 레일의 윤활유가 탈 때 발생되는 매연에 질식되지 않도록 주의한다.
④ 기계실에서의 화재 시 카 내의 승객과 연락을 취하면서 주전원 스위치를 차단한다.

> 해설

화재 발생 시 가까운 출구로 탈출하며 반드시 엘리베이터로 비상탈출할 필요는 없음

42 고속 엘리베이터에 많이 사용되는 조속기는?

① 점차 작동형 조속기
② 롤 세이프티형 조속기
③ 디스크형 조속기
④ 플라이 볼형 조속기

> 해설

플라이 볼형 조속기
- 플라이 볼 원심력 이용
- 검출감도가 높음
- 고속 승강기 적용

정답 37 ④ 38 ② 39 ① 40 ① 41 ② 42 ④

43 에스컬레이터의 스커트 가드판과 스텝 사이에 인체의 일부나 옷, 신발 등이 끼었을 때 동작하여 에스컬레이터를 정지시키는 안전장치는?

① 스텝체인 안전장치
② 구동체인 안전장치
③ 핸드레일 안전장치
④ 스커트 가드 안전장치

해설

스커트 가드 안전장치(스위치)
에스컬레이터 스커트 가드판과 스텝 사이에 물체 및 신체의 일부 등이 끼어 걸려 들어가는 것을 방지하는 장치

44 안전점검 시의 유의사항으로 틀린 것은?

① 여러 가지의 점검 방법을 병용하여 점검한다.
② 과거의 재해 발생 부분은 고려할 필요 없이 점검한다.
③ 불량 부분이 발견되면 다른 동종의 설비도 점검한다.
④ 발견된 불량 부분은 원인을 조사하고 필요한 대책을 강구한다.

해설

과거의 재해 발생 부분을 고려하여 점검

45 에스컬레이터의 특징으로 틀린 것은?

① 하중이 건축물의 각 층에 분담되어 있다.
② 기다림 없이 연속적으로 승객 수송이 가능하다.
③ 일반적으로 엘리베이터에 비해 수송능력이 7~10배이다.
④ 사용 전력량이 많지만 전동기의 구동 횟수는 엘리베이터에 비해 극히 적다.

해설

에스컬레이터의 특징
- 기다리는 시간 없이 연속적으로 수송이 가능
- 건축적으로 점유 면적이 적고 기계실이 필요하지 않으며, 건물에 걸리는 하중이 각 층에 분산됨
- 엘리베이터에 비해 수송능력이 7~10배
- 에스컬레이터는 경사진 계단을 움직이므로 카를 수직으로 움직이는 엘리베이터에 비해 전원설비 부담이 상대적으로 작음

46 그림은 마이크로미터로 어떤 치수를 측정한 것이다. 치수는 약 몇 mm인가?

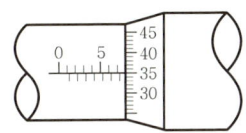

① 5.35
② 5.85
③ 7.35
④ 7.85

해설

$7.5 + 0.35 = 7.85mm$

47 카 내에 갇힌 사람들이 외부와 연락할 수 있는 장치는?

① 차임벨
② 인터폰
③ 리밋 스위치
④ 위치표시램프

해설

인터폰
비상시에 카 내부에서 외부로 연결하는 통신장치

48 안전율의 정의로 옳은 것은?

① 허용응력 / 극한강도
② 극한강도 / 허용응력
③ 허용응력 / 탄성한도
④ 탄성한도 / 허용응력

해설

안전율
재료의 파단강도와 허용응력의 비

정답 43 ④ 44 ② 45 ④ 46 ④ 47 ② 48 ②

49 유도 전동기에서 슬립이 1이란 전동기의 어느 상태인가?

① 유도 제동기의 역할을 한다.
② 유도 전동기가 전부하 운전 상태이다.
③ 유도 전동기가 정지 상태이다.
④ 유도 전동기가 동기속도로 회전한다.

해설

슬립(Slip)
- 유도 전동기는 회전 자장의 동기속도 N_s 와 회전자의 속도 N 사이에 차이가 생기게 되며, 이 차이의 값으로 전동기의 속도를 나타냄
- 속도의 차이와 동기속도 N_s 의 비를 슬립이라고 함
- 슬립 관계식
$$s = \frac{\text{동기 속도} - \text{회전자 속도}}{\text{동기 속도}} = \frac{N_s - N}{N_s}$$

운전 상태별 슬립
- 정지 시 : $s = 1$
- 동기속도 운전 시 : $s = 0$
- 기동 시 : $s > 1$
- 부하 시 : $0 \leq s \leq 1$

50 승강기의 파이널 리밋 스위치(Final Limit Switch)의 요건 중 틀린 것은?

① 반드시 기계적으로 조작되는 것이어야 한다.
② 작동 캠(CAM)은 금속으로 만든 것이어야 한다.
③ 이 스위치가 동작하게 되면 권상전동기 및 브레이크 전원이 차단되어야 한다.
④ 이 스위치는 카가 승강로의 완충기에 충돌된 후에 작동되어야 한다.

해설

파이널 리밋 스위치
- 완충기 충돌 전 카를 정지
- 리밋 스위치 후단 설치

51 카 천장에 비상구출문이 설치된 경우, 유효 개구부의 크기는 얼마 이상이어야 하는가?

① 0.2m×0.3m ② 0.3m×0.4m
③ 0.4m×0.5m ④ 0.5m×0.6m

해설

천장 비상구출문
- 0.4m×0.5m 이상
- 카 밖으로 열릴 것
- 내부 : 삼각열쇠 이용
- 외부 : 열쇠 없이 열림

52 시퀀스회로에서 일종의 기억회로라고 할 수 있는 것은?

① AND 회로 ② OR 회로
③ 자기유지회로 ④ NOT 회로

해설

자기유지회로
입력신호를 주면 그 신호를 유지하는 회로

53 균형추를 사용한 승객용 엘리베이터에서 제동기(Brake)의 제동력은 적재하중의 몇 %까지는 위험 없이 정지가 가능하여야 하는가?

① 100% ② 110%
③ 120% ④ 125%

해설

제동기(Brake)의 능력
- 승객용 엘리베이터 125%의 부하, 화물용 엘리베이터 등은 120%의 부하로 전속 하강 중 위험 없이 감속, 정지할 수 있어야 함
- 제동력이 너무 크면 감속도가 크게 되어 승차감이 저해되거나 로프 슬립을 일으킬 수 있으므로, 감속도는 0.1G 정도로 함

정답 49 ③ 50 ④ 51 ③ 52 ③ 53 ④

54 에스컬레이터의 절연저항에 관한 설명이다. 다음 중 가장 알맞은 것은?

① 전동기 주 회로의 300V 이하의 것은 1.0MΩ 이상
② 전동기 주 회로의 400V를 초과하는 것은 0.3MΩ 이상
③ 승강로 내 안전회로의 150V 이하의 것은 0.2MΩ 이상
④ 승강로 내 안전회로의 150V 초과 300V 이하의 것은 0.3MΩ 이상

해설

전기설비의 절연저항

공칭회로 전압(V)	시험 전압/직류(V)	절연저항(MΩ)
SELV 및 PELV	250	≥ 0.5
FELV, 500V 이하	500	≥ 1.0
500V 초과	1,000	≥ 1.0

- SELV(Safety Extra Low Voltage)
- PELV(Protective Extra Low Voltage)
- FELV(Functional Extra Low Voltage)

55 그림과 같은 논리기호의 논리식은?

① $Y = \overline{A} + \overline{B}$
② $Y = \overline{A} \cdot \overline{B}$
③ $Y = A \cdot B$
④ $Y = A + B$

해설

OR 회로(논리합)
- 하나 이상의 입력(1)이 있을 때 출력(1)이 나타나는 회로
- 시퀀스의 병렬 스위치 회로와 같음
- 논리식 : $Y = A + B$

56 직류엘리베이터의 속도제어 방식에서 발전기의 계자전류를 제어하는 방식은?

① 워드 레오나드 방식
② 정지 레오나드 방식
③ 귀환 전압제어 방식
④ VVVF제어 방식

해설

워드 레오나드 방식(DC)
- 발전기의 계자 전류를 계자 저항으로 조절하여 발전기 전압을 변화시켜 모터 속도를 제어하는 방식(MG Set)
- 계자 회로에 계자 저항을 접속하여 계자 전류를 제어해서 자속에 따른 전압제어를 수행

57 엘리베이터용 주 로프는 일반 와이어로프에서 볼 수 없는 몇 가지 특징이 있다. 이에 해당되지 않는 것은?

① 반복적인 벤딩에 소선이 끊어지지 않을 것
② 유연성이 클 것
③ 파단강도가 높을 것
④ 마모에 견딜 수 있도록 탄소량을 많게 할 것

해설

로프의 마모에 견딜 수 있도록 탄소량을 많게 할 수는 없음

58 저항 120Ω에 6A의 전류가 흐르게 하는 데 필요한 전압은?

① 500V ② 520V
③ 700V ④ 720V

해설

옴의 법칙
$V = IR = 6 \times 120 = 720V$

59 엘리베이터 사용자의 안전을 위하여 400V 미만의 전압이 인가된 저압용 기기의 외함에는 제 몇 종 접지공사를 하여야 하는가?

① 제1종 ② 제2종
③ 제3종 ④ 특별 제3종

해설

종별 접지공사는 KEC에서 폐지됨

정답   54 ①   55 ④   56 ①   57 ④   58 ④   59 ③

60 직렬로 접속되어 있는 2개 코일의 자기 인덕턴스가 각각 L_1, L_2이며, 상호 인덕턴스가 M, 2개의 코일이 만드는 자속의 방향이 동일할 경우 합성 인덕턴스 L은?

① $L = L_1 + L_2 + M$
② $L = L_1 + L_2 + 2M$
③ $L = L_1 + L_2 - M$
④ $L = L_1 + L_2 - 2M$

> **해설**
> - 인덕턴스 가동접속 : 코일을 같은 방향으로 감고, 전류를 흘리면 자속도 같은 방향으로 발생
> $L_0 = L_1 + L_2 + 2M [\text{H}]$
> - 인덕턴스 차동접속 : 코일을 다른 방향으로 감고, 전류를 흘리면 자속도 다른 방향으로 발생
> $L_0 = L_1 + L_2 - 2M [\text{H}]$

정답 60 ②

2019년 2회 기출문제

01 그림과 같은 회로에서 $A-B$ 단자에서의 등가저항은 몇 Ω 인가?

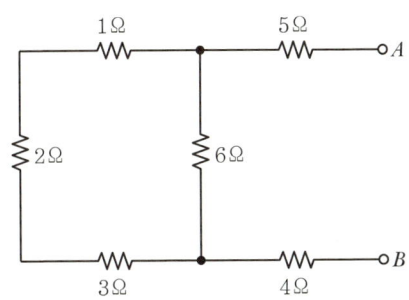

① 6 ② 85
③ 10 ④ 12

해설

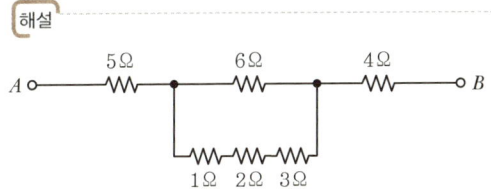

$R = 5 + \dfrac{6 \times 6}{6+6} + 4 = 5 + 3 + 4 = 12\,\Omega$

02 다음 그림과 같은 회로의 합성저항 R은 몇 Ω 인가?

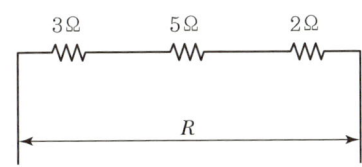

① $\dfrac{3}{10}$ ② $\dfrac{10}{3}$
③ 3 ④ 10

해설

합성저항
$R = R1 + R2 + R3 = 3 + 5 + 2 = 10\,\Omega$

03 재해가 발생되었을 때의 조치 순서로서 가장 알맞은 것은?

① 긴급처리 → 재해조사 → 원인강구 → 대책수립 → 실시 → 평가
② 긴급처리 → 원인강구 → 대책수립 → 실시 → 평가 → 재해조사
③ 긴급처리 → 재해조사 → 대책수립 → 실시 → 원인강구 → 평가
④ 긴급처리 → 재해조사 → 평가 → 대책수립 → 원인강구 → 실시

해설

재해 발생 시 행동순서
재해 발생 → 긴급처리 → 원인조사 → 원인분석 → 대책수립 → 실시 → 평가

04 다음 그림과 같이 무게 W가 움직이는 도르래에 매달려 있다. 물체를 끌어 올리는 힘을 P라고 했을 때 P와 W의 관계식으로 옳은 것은?(단, 도르래와 로프의 무게는 없다고 본다.)

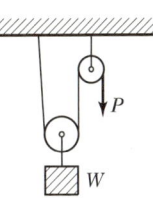

① $P = W$ ② $P = \dfrac{1}{2}W$
③ $P = \dfrac{1}{3}W$ ④ $P = \dfrac{1}{4}W$

해설

동활차
$W = F \times 2$
여기서, W : 하중(kg), F : 인장력(kg)

정답 01 ④ 02 ④ 03 ① 04 ②

05 다음 보호구 중에서 머리를 보호하는 것은?
① 안전대　　　　② 안전모
③ 안전화　　　　④ 보안경

06 휠체어리프트 이용자가 승강기의 안전운행과 사고방지를 위하여 준수해야 할 사항과 거리가 먼 것은?
① 전동휠체어 등을 이용할 경우에는 운전자가 직접 이용할 수 있다.
② 휠체어 사용자 전용이므로 보조자 이외의 일반인은 탑승하여서는 안 된다.
③ 정원 및 적재하중의 초과는 고장이나 사고의 원인이 되므로 엄수하여야 한다.
④ 조작반의 비상정지스위치 등을 불필요하게 조작하지 말아야 한다.

> **해설**
> ① 전동휠체어 등을 이용할 경우에는 안전관리자의 협조를 받아야 함

07 카 또는 균형추가 승강로 바닥에 충돌하였을 때 카 내의 사람이 안전하도록 충격을 완화시키는 장치는?
① 완충기　　　　② 조속기
③ 리밋 스위치　　④ 순간비상정지장치

> **해설**
> **완충기**
> 카가 피트로 떨어졌을 때 충격을 완화시키는 장치

08 1J은 몇 cal인가?
① 0.12　　　　② 0.24
③ 0.5　　　　　④ 1

> **해설**
> 1J=0.24cal

09 에스컬레이터의 경사도가 30° 이하일 경우에 공칭속도는?
① 0.75m/s 이하　　② 0.80m/s 이하
③ 0.85m/s 이하　　④ 0.90m/s 이하

> **해설**
> **경사도에 따른 속도**
> • 30° 이하 : 0.75m/s 이하
> • 30° 초과 35° 이하 : 0.5m/s 이하

10 에스컬레이터의 경사도가 30° 이하이고 층고가 6m인 경우 디딤판의 속도는 몇 m/s인가?
① 0.25　　　　② 0.5
③ 0.75　　　　④ 1

> **해설**
> • 경사도는 30°를 초과하지 않아야 함
> • 단, 층고가 6m 이하이고, 공칭속도가 0.5m/s 이하인 경우에는 경사도 35°까지 가능

11 문닫힘 안전장치의 종류로 틀린 것은?
① 초음파장치　　② 도어 레일
③ 광전장치　　　④ 세이프티 슈

> **해설**
> **문닫힘 안전장치 종류**
> • 세이프티 슈 : 접촉식
> • 세이프티 레이 : 광전식(비접촉식)
> • 초음파장치 : 초음파식(비접촉식)

12 전기자 반작용에 해당하는 것은?
① 철손　　　　② 히스테리시스손
③ 와류손　　　④ 전기자전류

> **해설**
> **전기자 반작용**
> • 회전기의 전기자전류에 의해서 발생하는 자속이 주계자자속에 미치는 반작용

- 전기자 반작용은 주계자의 자기 분포를 일그러지게 하고, 전동기 속도 및 발전기의 전압 변동률 등에 영향을 미침

13 일반적인 안전대책의 수립 방법으로 가장 알맞은 것은?

① 계획적 ② 경험적
③ 사무적 ④ 통계적

[해설]

개별적 원인분석
개개의 재해를 하나하나 분석하는 것으로 상세히 원인을 규명하며, 중대재해 및 건수가 적은 사업장에 적용

통계적 원인분석
재해 요인의 상호관계와 분포 상태 등을 거시적으로 분석하는 방법으로 통계적인 분석을 적용

14 카 내에서 행하는 검사에 해당되지 않는 것은?

① 카 시브의 안전 상태
② 카 내의 조명 상태
③ 비상통화장치
④ 운전반 버튼의 동작 상태

[해설]
① 카 시브의 안전 상태는 카 상부에서 점검

15 승강기의 자체 점검 항목이 아닌 것은?

① 기계실의 면적
② 브레이크 및 제어 장치
③ 와이어로프
④ 과부하방지장치

[해설]

승강기 안전운행 및 관리에 관한 운영규정
- 추락방지안전장치(비상정지장치), 과부하방지장치, 그 밖의 방호장치의 이상 유무
- 브레이크 및 제어장치의 이상 유무
- 와이어로프의 손상 유무
- 주행안내 레일(가이드레일)의 상태
- 옥외에 설치된 화물용 승강기의 가이드로프를 연결한 부위의 이상 유무
- 비상통화장치, 환경, 완충기, 승강장 문

16 승강기의 조속기란?

① 카의 속도를 검출하는 장치이다.
② 비상정지장치를 뜻한다.
③ 균형추의 속도를 검출한다.
④ 플런저를 뜻한다.

[해설]

조속기 기능
- 카의 속도 검출
- 속도 115% 이상 동작
- 카의 속도 및 가속도 검출
- 비상정지장치 동작
- 자동동작 수동복귀

17 직류 전동기 회로에서 분류기의 위치로 옳은 것은?

①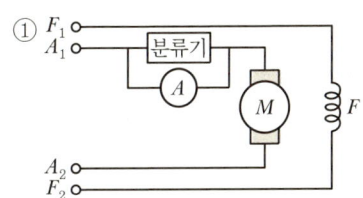

②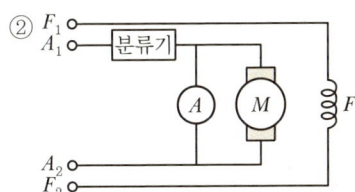

③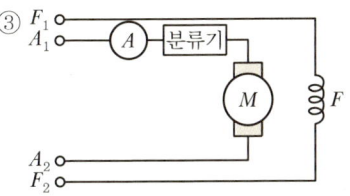

정답 13 ④ 14 ① 15 ① 16 ① 17 ①

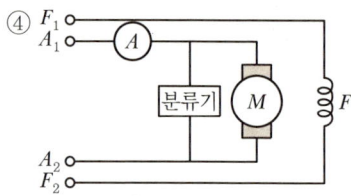

> [해설]

분류기
전류계에 병렬로 접속하여 전류의 측정 범위를 넓게 하는 저항기

18 카가 정지하고 있지 않는 층의 문이 열리지 않도록 하고, 각 층의 문이 닫혀 있지 않으면 운전을 불가능하게 하는 장치는?

① 도어 인터로크 ② 도어 세이프티
③ 도어 오픈 ④ 도어 클로저

> [해설]

도어 인터로크(Door Interlock)
도어 인터로크는 도어 로크(Door Lock)와 도어 스위치(Door Switch)로 구성

- 도어 로크 : 카가 정지하지 않는 층의 도어는 전용 열쇠를 사용하지 않으면 열리지 않도록 하는 장치
- 도어 스위치 : 승강장 문이 닫혀 있지 않으면 운전이 불가능하도록 하는 장치

19 전기식 엘리베이터에 필요한 안전장치에 해당하지 않는 것은?

① 완충기 ② 조속기
③ 리밋 스위치 ④ 인렛 안전장치

> [해설]

핸드레일 인입구 안전장치
- 물건이 걸려 들어가는 사고를 방지
- 인렛 스위치(Inlet Switch)

20 엘리베이터용 가이드레일의 역할이 아닌 것은?

① 카와 균형추의 승강로 내 위치 규제
② 승강로의 기계적 강도를 보강해 주는 역할
③ 카의 자중이나 화물에 의한 카의 기울어짐 방지
④ 집중하중이나 비상정지장치 작동 시 수직하중 유지

> [해설]

가이드레일의 설치 목적
- 승강로 내 위치 규제
- 카의 기울어짐 방지
- 비상정지 시 수직 하중 유지

21 에스컬레이터 디딤판체인 및 구동체인의 안전율로 알맞은 것은?

① 5 이상 ② 7 이상
③ 8 이상 ④ 10 이상

> [해설]

에스컬레이터의 모든 구동부품의 안전율은 정적 계산으로 5 이상이어야 함

22 장애인용 엘리베이터의 경우 호출버튼에 의하여 카가 정지하면 몇 초 이상 문이 열린 채로 대기하여야 하는가?

① 8초 이상 ② 10초 이상
③ 12초 이상 ④ 15초 이상

23 다음 장치 중에서 작동되어도 카의 운행에 관계없는 것은?

① 통화장치
② 조속기 캐치
③ 승강장 도어의 열림
④ 과부하 감지 스위치

정답 18 ① 19 ④ 20 ② 21 ① 22 ② 23 ①

24 무빙워크의 경사도는 몇 ° 이하이어야 하는가?

① 30° ② 20°
③ 15° ④ 12°

해설

수평 보행기(무빙워크)
- 공항이나 지하철에서 이동 거리가 긴 통로에 설치하며 승객의 보행을 돕는 목적으로 설치
- 금속제 스텝과 고무벨트 스텝을 적용
- 경사도 12° 이하 공칭속도 0.75m/s 이하로 설치

25 균형추의 중량을 결정하는 계산식은?(단, 여기서 L은 정격하중, F는 오버밸런스율이다.)

① 균형추의 중량＝카 자체 하중×$(L \cdot F)$
② 균형추의 중량＝카 자체 하중＋$(L + F)$
③ 균형추의 중량＝카 자체 하중－$(L - F)$
④ 균형추의 중량＝카 자체 하중＋$(L \cdot F)$

해설

균형추 중량
균형추의 총중량＝카 자체 하중＋$L \cdot F$
  여기서, L : 정격하중(kg)
       F : 오버밸런스율(%)

※ 문제조건에서 없을 경우 50% 적용

26 사고원인에 대한 사항으로 틀린 것은?

① 교육적인 원인 : 안전지식 부족
② 인적 원인 : 불안전한 행동
③ 간접적인 원인 : 고의에 의한 사고
④ 직접적인 원인 : 환경 및 설비의 불량

해설

재해의 간접원인
- 관리적 요인
- 기술적 요인
- 교육적 요인
- 신체적 요인
- 정신적 요인

27 마찰차의 종류가 아닌 것은?

① 원뿔 마찰차 ② 변속 마찰차
③ 홈붙이 마찰차 ④ 이붙이 마찰차

해설

마찰차의 종류
- 원통 마찰차
- 홈붙이 마찰차(V자 모양의 홈)
- 원뿔 마찰차
- 무단 변속장치(CVT)

28 블리드 오프(Bleed Off) 유압회로에 대한 설명으로 틀린 것은?

① 정확한 속도제어가 곤란하다.
② 유량제어 밸브를 주 회로에서 분기된 바이패스 회로에 삽입한 것이다.
③ 회전수를 가변하여 펌프에 가압되어 토출되는 작동유를 제어하는 방식이다.
④ 부하에 필요한 압력 이상의 압력을 발생시킬 필요가 없어 효율이 높다.

해설

블리드오프 회로
- 유량제어 밸브 간접 설치
- 유량 간접제어
- 정확한 속도제어 불가
- 높은 효율

29 직류 전동기의 속도제어 방법이 아닌 것은?

① 저항제어 ② 전압제어
③ 계자제어 ④ 주파수제어

해설

전동기 속도제어
$$N = K\frac{(V - I_a R_a)}{\phi}[\text{rpm}]$$

정답 24 ④ 25 ④ 26 ③ 27 ④ 28 ③ 29 ④

30 승강로의 벽 일부에 한국산업규격에 알맞은 유리를 사용할 경우 다음 중 적합하지 않은 것은?

① 망유리
② 강화유리
③ 접합유리
④ 감광유리

> **해설**
> 감광유리는 방사선(자외선·X선·Y선)에 의한 착색효과가 민감하게 나타나도록 만든 특수한 유리로 승강로의 벽에 적합하지 않음

31 커피 버튼을 누르면 선택된 커피가 커피자판기에서 나오는 회로와 같은 제어는?

① 서보 제어
② 되먹임 제어
③ 피드백 제어
④ 시퀀스 제어

> **해설**
> **시퀀스 제어**
> 미리 정해진 순서에 따라 제어의 각 단계가 순차적으로 진행되는 제어

32 승강기 안전관리자의 직무가 아닌 것은?

① 고장 및 수리에 관한 기록 유지
② 사고 발생에 대비한 비상연락망의 작성 및 관리
③ 사고 시의 사고 보고
④ 고장 시의 긴급 수리

> **해설**
> **승강기 안전관리자의 직무 범위**
> - 승강기 운행 및 관리에 관한 규정 작성
> - 승강기 사고 또는 고장 발생에 대비한 비상연락망의 작성 및 관리
> - 유지관리업자로 하여금 자체 점검을 대행하게 한 경우 유지관리업자에 대한 관리 감독
> - 중대한 사고 또는 중대한 고장의 통보
> - 승강기 내에 갇힌 이용자의 신속한 구출을 위한 승강기 조작(승강기 관리교육을 받은 경우만 해당)
> - 피난용 엘리베이터의 운행(승강기관리교육을 받은 경우만 해당)
> - 그 밖에 승강기 관리에 필요한 사항으로서 행정안전부 장관이 정하여 고시하는 업무

33 다음 그림의 리밋 스위치의 접점 명칭은?

① 전기적 a접점
② 전기적 b접점
③ 기계적 a접점
④ 기계적 b접점

34 중속 엘리베이터의 속도는 몇 m/s 이하인가?

① 2
② 3
③ 4
④ 5

> **해설**
> **속도에 따른 분류**
> - 고속엘리베이터 : 4m/s 초과(유지관리업 등록기준)
> - 중저속엘리베이터 : 4m/s 이하(유지관리업 등록기준)
> - 소방활동 목적의 비상용 승강기에 대한 속도 기준은 1m/s 이상

35 직류 전동기의 회전수를 일정하게 유지하기 위하여 전압을 변화시킬 때 전압은 어디에 해당되는가?

① 제어대상
② 조작량
③ 제어량
④ 목푯값

> **해설**
> **조작량**
> 제어를 실행하기 위해 제어 대상에 가해서 제어량을 변화시키는 양

36 다음 중 절연저항을 측정하는 계기는?

① 휘트스톤 브리지
② 회로시험기
③ 메거
④ 훅온미터

> **해설**
> ① 4개의 저항으로 브리지를 만들어 검류계를 적용하는 계기
> ② 회로의 전압, 전류, 저항을 측정하는 계기
> ④ 활선 상태에서 전류를 측정하는 계기

정답 30 ④ 31 ④ 32 ④ 33 ③ 34 ③ 35 ② 36 ③

37 엘리베이터 제어반에 설치되는 기기가 아닌 것은?

① 배선용 차단기 ② 전자접촉기
③ 리밋 스위치 ④ 제어용 계전기

해설
리밋 스위치
- 승강로 내 파이널 리밋 스위치 전 설치
- 카의 감속 및 정지

38 승강장 도어가 닫혀 있지 않으면 엘리베이터 운전이 불가능하도록 하는 것은?

① 승강장 도어 스위치
② 승강장 도어 행거
③ 승강장 도어 인터로크
④ 도어 슈

해설
문제 18번 해설 참조

39 에스컬레이터의 역회전 방지장치가 아닌 것은?

① 구동체인 안전장치
② 기계 브레이크
③ 조속기
④ 스커트 가드

해설
스커트 가드
에스컬레이터 내측 스텝에 인접한 부분으로 스테인리스 판으로 제작

40 유압식 엘리베이터에 있어서 정상적인 작동을 위하여 유지하여야 할 오일의 온도 범위는?

① 5~60℃ ② 20~70℃
③ 30~80℃ ④ 40~90℃

해설
유압 엘리베이터의 작동유 관리온도
5℃ 이상 60℃ 이하

41 승강장의 문이 열린 상태에서 모든 제약이 해제되면 자동적으로 닫히게 하여 문의 개방 상태에서 생기는 2차 재해를 방지하는 문의 안전장치는?

① 시그널 컨트롤 ② 도어 컨트롤
③ 도어 클로저 ④ 도어 인터로크

해설
도어 클로저
- 카가 없을 때는 승강장 문이 스스로 닫히게 하여 2차 재해를 방지
- 추형, 스프링형

42 에스컬레이터의 구동장치에 관한 설명으로 틀린 것은?

① 스텝 구동장치와 핸드레일 구동장치는 서로 연동되어 같은 속도로 이동하여야 한다.
② 스텝체인 안전장치가 설치되어 체인이 끊어지면 전원을 차단하여야 한다.
③ 감속기는 효율이 높아 에너지를 절약할 수 있는 웜 기어를 사용하며, 헬리컬 기어는 사용하지 않는다.
④ 구동장치에는 브레이크를 설치하여야 한다.

해설
헬리컬 기어는 웜 기어보다 효율이 높다.

43 카 측의 총중량이 2,400kgf이고, 카 주 2본의 단면적이 24cm²일 때, 카 주의 안전율은?(단, 파단강도는 4,100kgf/cm²이다.)

① 37 ② 41
③ 45 ④ 48

정답 37 ③ 38 ① 39 ④ 40 ① 41 ③ 42 ③ 43 ②

해설

안전율

허용응력 = $\dfrac{\text{하중}}{\text{단면적}} = \dfrac{2,400}{24} = 100$

안전율 = $\dfrac{\text{인장(파괴)강도}}{\text{허용응력}} = \dfrac{4,100}{100} = 41$

44 동력으로 운전하는 기계에 작업자의 안전을 위하여 기계마다 설치하는 장치는?

① 수동 스위치장치
② 동력차단장치
③ 동력장치
④ 동력전도장치

해설

산업안전보건기준
작업자의 안전을 위하여 동력차단장치를 설치

45 엘리베이터로 인하여 인명 사고가 발생했을 경우 안전관리자의 대처사항으로 부적합한 것은?

① 의약품, 들것, 사다리 등의 구급용구를 준비하고 장소를 명시한다.
② 구급을 위해 의료기관과의 비상연락체계를 확립한다.
③ 전문 기술자와의 비상연락체계를 확립한다.
④ 자체 검사에 관한 사항을 숙지하고 기술적인 사고요인을 검사하여 고장 요인을 제거한다.

해설

관리 주체 의무사항
자체 검사에 관한 사항을 숙지하고 기술적인 사고 요인을 검사하여 고장 요인을 제거하는 것

46 전기에 의한 발화의 원인으로 볼 수 없는 것은?

① 단락에 의한 발화
② 과전류에 의한 발화
③ 접속 불량의 과열에 의한 발화
④ 용접기의 자동전격방지장치에 의한 발화

해설

전기 발화 원인
단락, 과전류, 접속 불량의 과열, 아크, 지락 사고

47 다음 (㉠), (㉡)에 들어갈 내용으로 옳은 것은?

> 에스컬레이터는 난간폭에 따라 800형과 1,200형이 있다. 시간당 수송능력은 800형은 (㉠)명 1,200형은 (㉡)명이다.

① ㉠ 800, ㉡ 1,200
② ㉠ 4,000, ㉡ 6,000
③ ㉠ 5,000, ㉡ 1,200
④ ㉠ 6,000, ㉡ 9,000

해설

난간 폭에 의한 분류
• 1,200형 : 9,000명/h
• 800형 : 6,000명/h

48 엘리베이터의 전동기출력(P_m)의 계산식으로 옳은 것은?(단, L : 정격하중, V : 정격속도, $S : 1-F$(F : 오버밸런스율), η : 종합효율이다.)

① $P_m = \dfrac{LVS}{6,120\eta}$
② $P_m = \dfrac{\eta NS}{6,120V}$
③ $P_m = \dfrac{6,120\eta}{LVS}$
④ $P_m = \dfrac{LVS\eta}{6,120}$

해설

전동기 용량

$P = \dfrac{L \cdot V \cdot S}{6,120\eta}$ [kW]

여기서, P : 전동기 용량(kW)
L : 정격적재하중(kg)
V : 정격속도(min)
S : 오버밸런스율은 균형추의 중량을 결정할 때 사용하는 계수[$S=1-F$(오버밸런스율(%))]
η : 종합효율

49 기계실을 승강로의 아래쪽에 설치하는 방식은?

① 정상부형 방식
② 횡인 구동 방식
③ 베이스먼트 방식
④ 사이드머신 방식

> 해설

기계실 설치 위치
- 기계실 하부 설치 : 베이스먼트 방식
- 기계실 상부 설치 : 오버헤드머신 방식
- 기계실 중간 설치 : 사이드머신 방식

50 사다리 작업의 안전지침으로 적당하지 않은 것은?

① 상부와 하부가 움직이지 않도록 고정되어야 한다.
② 사다리를 다리처럼 사용해서는 안 된다.
③ 부서지기 쉬운 벽돌 등을 받침대로 사용해서는 안 된다.
④ 사다리 상단은 작업장으로부터 120cm 이상 올라가야 한다.

> 해설

사다리 안전수칙
- 균열이 있거나 변형된 사다리는 사용 금지
- 10kg 이상의 중량물 취급 금지
- 보행자 통행로 및 문이 열리는 곳에서 작업을 금지하고 부득이한 경우는 감시자를 배치
- 감전의 위험이 있는 곳은 부도체 사다리 사용
- 사다리 상단은 걸쳐 놓은 지점부터 60cm 이상 올라가도록 설치

51 엘리베이터 기계실에 관한 설명으로 틀린 것은?

① 바닥면적은 일반적으로 승강로 수평투영면적의 2배 이상으로 한다.
② 기계실의 바로 위층 또는 인접한 벽면에 물탱크실을 설치할 수 없다.
③ 실온은 원칙적으로 40℃ 이하를 유지할 수 있어야 한다.
④ 기계실에는 일반적으로 엘리베이터와 관계없는 설비를 설치하지 않아야 한다.

> 해설

기계실의 인접한 곳에 물탱크실이 있을 경우, 물이 범람하는 경우에 대비하여 침수방지조치를 시행

52 에스컬레이터와 층 바닥이 교차하는 곳에 손이나 머리가 끼이거나 충돌하는 것을 방지하기 위한 안전장치는?

① 셔터운전 안전장치
② 스커트 가드 안전장치
③ 스텝체인 안전장치
④ 삼각부 보호판

> 해설

삼각부 보호대
건물의 바닥부분이 이루는 삼각부에서 사람의 신체 일부가 끼이는 것을 방지하기 위한 보호대

53 승객용 엘리베이터에서 카(Car)와 카 틀(Car Frame)의 구조로 옳은 것은?

① 카 상부 틀(Top Beam)에 카가 고정되어 있다.
② 카 세로 틀(Car Shaft)에 카가 고정되어 있다.
③ 카 틀(Car Frame)과 카는 분리시켜 고무 쿠션(Cushion)으로 지지토록 되어 있다.
④ 카 틀(Car Frame) 전체에 카가 고정되어 있다.

54 에스컬레이터의 하중시험을 하고자 할 때 옳은 방법은?

① 적재하중 50%의 하중을 싣고 운행
② 적재하중 100%의 하중을 싣고 운행
③ 적재하중 110%의 하중을 싣고 운행
④ 적재하중을 싣지 않고 운행

> **해설**
>
> **에스컬레이터 하중시험**
> 무부하(적재하중을 싣지 않고) 시 속도 및 전류 측정

55 불 대수식 $Y = ABC + AC$를 간소화시키면?

① ABC
② AC
③ BC
④ AB

> **해설**
>
> $Y = ABC + AC = AC(B+1) = AC \cdot 1 = AC$

56 카가 주행 중일 때의 도어시스템 기능에 대한 설명으로 맞는 것은?

① 보통 문 닫는 힘을 내기 위하여 도어 모터에 전류를 흘려 토크를 내고 있다.
② 주행 중에는 카 도어가 절대 열려서는 안 된다.
③ 공동 주택용에서 저속의 도어를 손으로 억지로 여는 데 필요한 힘은 30kg 이상으로 규정하고 있다.
④ 주행 중이라도 카 도어는 고장 시 구출을 위하여 쉽게 열릴 수 있어야 한다.

57 방호장치 중 과도한 한계를 벗어나 계속적으로 작동하지 않도록 제한하는 장치는?

① 크레인
② 리밋 스위치
③ 윈치
④ 호이스트

> **해설**
>
> **리밋 스위치**
> 엘리베이터가 운행 시 최상·최하층을 지나치지 않도록 하는 장치

58 그림의 회로와 같은 내용의 논리기호는?

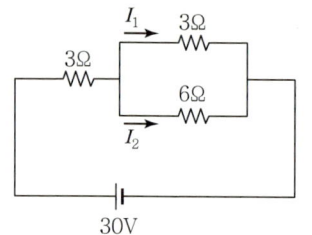

> **해설**
>
> **OR 회로(논리합)**
> • 하나 이상의 입력(1)이 있을 때 출력(1)이 나타나는 회로
> • 시퀀스의 병렬 스위치 회로와 같음
> • 논리식 : $X = A + B$
> • 논리기호
>
>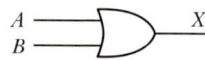
>
> • 진리표
>
> | 입력 | | 출력 |
> |---|---|---|
> | A | B | X |
> | 0 | 0 | 0 |
> | 0 | 1 | 1 |
> | 1 | 0 | 1 |
> | 1 | 1 | 1 |

59 자기저항에 관한 설명 중 옳은 것은?(단, 자기회로=l, 자로의 단면적=A, 투자율=μ이다.)

① 자기회로의 l에 반비례하고 A와 μ의 곱에 비례한다.
② 자기회로의 l에 비례하고 A와 μ의 곱에 비례한다.
③ 자기회로의 l에 반비례하고 A와 μ의 곱에 반비례한다.
④ 자기회로의 l에 비례하고 A와 μ의 곱에 반비례한다.

정답 55 ② 56 ① 57 ② 58 ② 59 ④

해설

자기회로와 전기회로

자기회로	전기회로
기자력(NI)[AT]	기전력(E)[V]
자속(ϕ)[Wb]	전류(I)[A]
자기저항(R)[AT/Wb]	저항(R)[Ω]

60 일반적으로 교류의 감전 전류값이 100mA 일 때의 인체에 미치는 영향 정도는?

① 약간의 자극을 느낀다.
② 상당한 고통이 온다.
③ 근육에 경련이 일어난다.
④ 심장은 마비증상을 일으키며 호흡도 정지한다.

해설

감전의 종류
- 감지전류(1mA) : 인체감지
- 한계전류(6~8mA) : 고통수반
- 불수전류(10~15mA) : 근육경련
- 심실세동전류(100mA 이상) : 심장마비

정답 60 ④

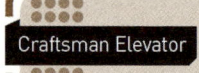

2019년 5회 기출문제

01 소방용 엘리베이터에 대한 설명으로 옳지 않은 것은?

① 평상시는 승객용 또는 승객·화물용으로 사용할 수 있다.
② 카는 비상운전 시 반드시 모든 승강장의 출입구마다 정지할 수 있어야 한다.
③ 별도의 비상전원장치가 필요하다.
④ 도어가 열려 있으면 카를 승강시킬 수 없다.

해설

소방용 승강기 기본 요건
- 폭 1,100mm, 깊이 1,400mm 이상
- 출입구 유효 폭은 800mm 이상
- 60초 이내에 가장 먼 층에 도착
- 운행속도는 1m/s 이상
- 비상구출문 0.5m×0.7m 이상
- 정전 시 60초 이내 전원공급
- 비상전원은 2시간 이상 작동

02 간접식 유압 엘리베이터의 특징이 아닌 것은?

① 실린더의 점검이 용이하다.
② 비상정지장치가 필요하다.
③ 실린더 설치를 위한 보호관이 필요하지 않다.
④ 부하에 의한 카 바닥의 빠짐이 비교적 작다.

해설

유압 엘리베이터의 특징
- 직접식 : 플런저의 직상부에 카를 설치한 것
- 간접식 : 플런저의 선단에 도르래를 놓고 로프 또는 체인을 통해 카를 올리고 내리는 간접 방식
- 팬터그래프식 : 카는 팬터그래프의 상부에 설치하고, 피스톤에 의해 팬터그래프를 개폐하여 승강시키는 방식으로(공장, 창고 작업용)

03 엘리베이터의 전동기 점검항목인 것은?

① 오일쿨러 설치 및 작동 상태
② 이상 소음 및 진동 발생 상태
③ 바닥 개구부 낙하방지수단의 설치 상태
④ 양중용 지지대 및 고리에 허용하중 표시 상태

해설

전동기 점검항목
- 전동기 및 관련 부품의 노후 및 작동 상태 점검
- 이상 소음 상태 점검
- 진동 발생 상태 점검 등

04 엘리베이터 기계실의 구조에 대한 설명으로 적합하지 않은 것은?

① 기계실 내부에 공간이 있어서 옥상 물탱크의 양수설비를 하였다.
② 당해 건축물의 다른 부분과 내화구조로 구획하였다.
③ 기계실에는 잠금장치를 설치하였다.
④ 천장에는 기기를 양정하기 위한 고리를 설치하였다.

해설

승강로 기계실 구비조건
- 내화 및 방화구조 구획
- 유효 높이는 2.1m
- 바닥조명 200lx 이상
- 기계실 내 온도 5~40℃
- 승강기 관련 없는 설비 제외
- 출입문 0.7m×1.8m 이상
- 잠금장치 설치
- 유지보수용 콘센트 설치

정답 01 ④ 02 ④ 03 ② 04 ①

05 엘리베이터가 정격속도를 현저히 초과할 때 모터에 가해지는 전원을 차단하여 카를 정지시키는 장치는?

① 권상기 브레이크　② 가이드레일
③ 권상기 드라이버　④ 조속기

해설

조속기 기능
- 카의 속도 검출
- 카의 속도 및 가속도 검출
- 속도 115% 이상 동작
- 비상정지장치 동작

06 직류 전동기의 속도제어 방법이 아닌 것은?

① 저항제어　② 전압제어
③ 계자제어　④ 주파수제어

해설

직류 전동기 속도제어

$$N = K \frac{(V - I_a R_a)}{\phi} [\text{rpm}]$$

07 전기식 엘리베이터 기계실의 조도는 기기가 배치된 바닥에서 몇 lx 이상이어야 하는가?

① 150　② 250
③ 200　④ 300

해설

승강기 조도
- 카 지붕 위 1m : 50lx
- 피트 바닥 위 1m : 50lx
- 기계실 이동공간 : 50lx
- 기계실 작업공간 : 200lx

08 유압 완충기의 부품이 아닌 것은?

① 완충 고무　② 플런저
③ 스프링　④ 유량 조절 밸브

해설

유량 조절 밸브는 파워 유닛에 설치된 설비

09 다음 중 정기점검에 해당하는 점검은?

① 일상점검　② 월간점검
③ 수시점검　④ 특별점검

해설

안전점검의 종류
- 정기점검
- 수시점검(일상점검)
- 특별점검
- 임시점검

10 다음 중 엘리베이터 자체 점검 시의 점검항목으로 크게 중요하지 않은 사항은?

① 브레이크 장치
② 와이어로프 상태
③ 비상정지장치
④ 각종 계전기의 명판 부착 상태

해설

자체 점검기준
- 비상정지장치, 과부하방지장치 등 방호장치의 이상
- 브레이크 및 제어장치의 이상
- 와이어로프의 손상
- 가이드레일의 손상
- 비상통화장치, 환경, 완충기, 승강장 도어 등

11 다음 중 저압 전로의 사용전압이 500V 이하인 경우 절연저항값은 몇 MΩ 이상인가?

① 0.2MΩ　② 1.0MΩ
③ 0.5MΩ　④ 1.5MΩ

해설

전기설비의 절연저항

공칭회로 전압(V)	시험 전압/직류(V)	절연저항(MΩ)
SELV 및 PELV	250	≥ 0.5
FELV, 500V 이하	500	≥ 1.0
500V 초과	1,000	≥ 1.0

정답 05 ④　06 ④　07 ③　08 ④　09 ②　10 ④　11 ②

12 $R-L-C$ 소자의 교류회로에 대한 설명 중 틀린 것은?

① R만의 회로에서 전압과 전류의 위상은 동상이다.
② L만의 회로에서 저항성분을 유도성 리액턴스 X_L이라 한다.
③ C만의 회로에서 전류는 전압보다 위상이 90° 앞선다.
④ 유도성 리액턴스 $X_L = \dfrac{1}{\omega L}$ 이다.

해설

$X_L = \omega L = 2\pi f L [\Omega]$
여기서, L : 인덕턴스(H)
X_L : 유도 리액턴스(Ω)

13 유압 장치의 보수, 점검, 수리 시에 사용되고, 일명 게이트 밸브라고도 하는 것은?

① 스톱 밸브
② 사일런서
③ 체크 밸브
④ 필터

해설

스톱(차단) 밸브
• 유지 보수 시 사용
• 작동유 역류 방지
• 게이트 밸브

14 카의 구조에 관한 설명 중 옳지 않은 것은?

① 구조상 경미한 부분을 제외하고는 불연재료를 사용하여야 한다.
② 카 천장에 비상 구출구를 설치하여야 한다.
③ 승객용 카의 출입구에는 정전기 장애가 없도록 방전코일을 설치하여야 한다.
④ 승객용은 한 개의 카에 두 개의 출입구를 설치할 수 있는 경우도 있다.

해설

정전기 장애는 카의 성능과 관련이 없으며, 방전 코일은 콘덴서에 감전사고를 방지하기 위해 설치

15 승객의 구출 및 구조를 위한 카 상부 비상구 출문의 크기는 얼마 이상이어야 하는가?

① 0.2m×0.2m
② 0.4m×0.5m
③ 0.5m×0.5m
④ 0.25m×0.3m

해설

천장 비상구출문
• 0.4m×0.5m 이상
• 카 밖으로 열릴 것
• 내부 : 삼각열쇠 이용
• 외부 : 열쇠 없이 열림

16 다음 중 전류를 측정하는 계기는?

① 회로 시험기
② 메거
③ 훅온미터
④ 휘트스톤 브리지

해설

훅온미터
활선 상태에서 전류를 측정하는 계기

17 승강기 관리 주체의 의무가 아닌 것은?

① 승강기 자체 점검 실시
② 승강기 정기검사 수검
③ 승강기 안전에 관한 일상관리
④ 승강기 안전 필증 발급

해설

승강기 관리 주체의 의무
• 자체 점검
• 정기점검
• 일상관리
• 유지보수
• 사고보고

18 승강기 정밀안전검사가 필요하지 않은 경우는?

① 수시검사 결과 결함의 원인이 불명확할 경우
② 중대한 사고 또는 중대한 고장이 발생한 경우
③ 설치검사를 받은 날부터 10년이 지난 경우
④ 승강기 이용자의 안전을 위협할 우려가 있는 경우

정답 12 ④ 13 ① 14 ③ 15 ② 16 ③ 17 ④ 18 ③

> **[해설]**
>
> **정밀안전검사**
> - 결함의 원인이 불명확할 경우
> - 승강기 결함으로 사고 발생 시
> - 설치검사 후 15년 경과
> - 안전을 위협할 우려가 있는 경우

19 훅의 법칙을 옳게 설명한 것은?

① 응력과 변형률은 반비례 관계이다.
② 응력과 탄성계수는 반비례 관계이다.
③ 응력과 변형률은 비례 관계이다.
④ 응력과 탄성계수는 비례 관계이다.

> **[해설]**
>
> **훅의 법칙**
> 비례한도 내에서는 응력과 응력에 의해 생기는 변형률은 비례
>
> 응력도(σ) = 탄성계수(E) × 변형률(ε)

20 정밀성을 요구하는 판의 두께를 측정하는 것은?

① 줄자   ② 직각자
③ 게이지   ④ 마이크로미터

> **[해설]**
>
> **마이크로미터**
> 버니어 캘리퍼스보다 정밀한 측정을 요구하는 곳에 사용

21 다음 중 유도 전동기의 제동 방법이 아닌 것은?

① 극수제동   ② 회생제동
③ 발전제동   ④ 역상제동

22 유압용 엘리베이터에서 가장 많이 사용하는 펌프는?

① 기어 펌프   ② 스크루 펌프
③ 베인 펌프   ④ 피스톤 펌프

> **[해설]**
>
> 유압 엘리베이터의 펌프는 맥동이 작고 진동과 소음이 적은 스크루 펌프를 많이 사용

23 기계실 내 작업구역에서의 유효 높이는 몇 m 이상인가?

① 2.1   ② 1.8
③ 1.5   ④ 1.2

> **[해설]**
>
> **승강로 기계실 구비조건**
> - 내화 및 방화구조 구획
> - 유효 높이는 2.1m
> - 바닥조명 200lx 이상
> - 기계실 내 온도 5~40℃
> - 출입문 0.7m×1.8m 이상
> - 잠금장치 설치
> - 유지보수용 콘센트 설치

24 다음 중 방호장치의 기본 목적으로 가장 옳은 것은?

① 먼지 흡입방지
② 기계 위험 부위의 접촉방지
③ 작업자 주변의 사람 접근방지
④ 소음과 진동방지

> **[해설]**
>
> **방호장치의 설치 목적**
> - 기계 위험 부위의 접촉방지
> - 작업자의 보호
> - 인적 · 물적 손실의 방지

정답 19 ③ 20 ④ 21 ① 22 ② 23 ① 24 ②

25 엘리베이터에 반드시 운전자(Operator)가 있어야 운행이 가능한 조작 방식은?

① 반자동식(ATT : Attendant) 방식
② 단식자동(Single Automatic) 방식
③ 승합전자동(Selective Collective) 방식
④ ATT조작 방식과 단식자동 방식

26 구동체인이 늘어나거나 절단되었을 경우 아래로 미끄러지는 것을 방지하는 안전장치는?

① 스텝체인 안전장치
② 정지 스위치
③ 인입구 안전장치
④ 구동체인 안전장치

[해설]
구동체인 안전장치
- 체인이 늘어나거나 절단되었을 경우 동작
- 동력을 차단하고 역회전을 기계적으로 방지 후 전기적으로 전원을 차단

27 기종 및 용도를 표시하는 엘리베이터 기호 연결이 옳지 않은 것은?

① P : 로프식 일반 승객용
② R : 로프식 주택용
③ B : 로프식 침대용
④ S : 로프식 비상용

[해설]
승강기의 용도 표시 방법
- P : 로프식 일반 승용
- R : 로프식 주택용
- RT : 로프식 주택용 트렁크 부착
- B : 로프식 침대용
- E : 로프식 비상용
- HP : 유압식 일반 승객용
- HR : 유압식 주택용
- F : 화물용

28 하인리히 사고방지 중 4단계에 해당되는 내용은?

① 안전관리조직
② 현상파악
③ 대책선정
④ 원인규명

[해설]
하인리히 사고방지
- 제1단계 : 안전관리조직
- 제2단계 : 현상파악
- 제3단계 : 원인규명
- 제4단계 : 대책선정
- 제5단계 : 대책적용

29 다음 중 재해 예방의 원칙이 아닌 것은?

① 손실우연의 원칙
② 예방가능의 원칙
③ 원인연계의 원칙
④ 사고필연의 원칙

[해설]
재해 예방의 원칙
- 손실우연
- 예방가능
- 원인연계
- 대책선정

30 그림과 같은 활차장치의 옳은 설명은?(단, 그 활차의 직경은 같다.)

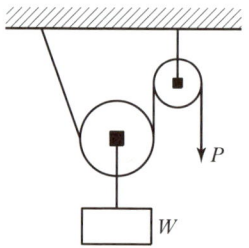

① 힘의 크기는 $W = P$이고, W의 속도는 P 속도의 $\frac{1}{2}$이다.

② 힘의 크기는 $W = P$이고, W의 속도는 P 속도의 $\frac{1}{4}$이다.

③ 힘의 크기는 $W=2P$ 이고, W 의 속도는 P 속도의 $\frac{1}{2}$ 이다.

④ 힘의 크기는 $W=2P$ 이고, W 의 속도는 P 속도의 $\frac{1}{4}$ 이다.

해설

움직 도르래 1개 사용으로 $W=2P$ 이므로 $P=\frac{1}{2}W$

31 직류 분권전동기에서 보극의 역할은?

① 회전력을 증가시킨다.
② 기동토크를 증가시킨다.
③ 정류를 양호하게 한다.
④ 회전수를 일정하게 한다.

해설

보극
자속이 한쪽으로 치우치는 것을 방지하여 정류를 양호하게 함

32 T형 레일의 8K 레일 높이는 몇 mm인가?

① 35　　② 40
③ 56　　④ 62

해설

가이드레일의 규격 및 단면도

구분	8kg	13kg	18kg	24kg	30kg
A	56	62	89	89	108
B	78	89	114	127	140
C	10	16	16	16	19
D	26	32	38	50	51
E	6	7	8	12	13

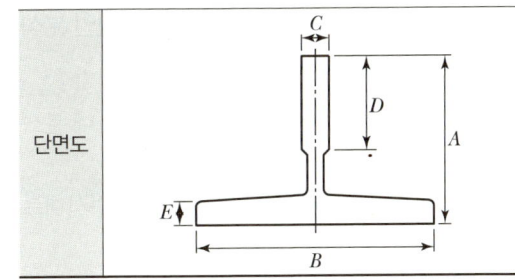

33 에스컬레이터의 이동용 손잡이에 대한 안전점검사항이 아닌 것은?

① 균열 및 파손 등의 유무
② 손잡이의 안전마크 유무
③ 디딤판과의 속도차 유지 여부
④ 손잡이가 드나드는 구멍의 보호장치 유무

해설

핸드레일의 안전점검사항
• 디딤판의 속도와 이동손잡이 속도의 동일 유무
• 균열 및 파손 등의 유무

34 엘리베이터 완충기에 대한 설명으로 적합하지 않은 것은?

① 정격속도 1m/s 초과 엘리베이터에 유압 완충기를 사용하였다.
② 정격속도 19m/s 이하의 엘리베이터에 스프링 완충기를 사용하였다.
③ 유압 완충기의 플런저 복귀시험은 완전히 압축한 상태에서 완전복귀할 때까지의 시간이 90초 이하이다.
④ 유압 완충기에서 최소적용 중량은 카 자중＋적재하중으로 한다.

해설

유압 완충기의 적용중량

항목	최소적용중량	최대적용중량
카용	카 자중＋65kg	카 자중＋적재하중
균형추용	균형추의 중량	

※ 유압 완충기 복귀시간 : 90초 이하

정답　31 ③　32 ③　33 ②　34 ④

35 재해 원인의 분석 방법 중 개별적 원인 분석은?

① 각각의 재해 원인을 규명하면서 하나하나 분석하는 것이다.
② 사고의 유형, 기인물 등을 분류하여 큰 순서대로 도표화하는 것이다.
③ 특성과 요인관계를 도표로 하여 물고기 모양으로 세분화하는 것이다.
④ 월별 재해 발생수를 그래프화하여 관리선을 선정하여 관리하는 것이다.

해설

재해 원인 분석 방법
- 개별적 : 상세히 규명, 중대사고
- 통계적 : 거시적 분석

36 레일을 싸고 있는 모양의 클램프와 레일 사이에 강체와 가까이 롤러를 물려서 정지시키는 비상정지장치의 종류는?

① 즉시 자동형 비상정지장치
② 플렉시블 가이드 클램프형 비상정지장치
③ 플렉시블 웨지 클램프형 비상정지장치
④ 점차 자동형 비상정지장치

해설

순간식(즉시 작동형) 비상정지장치
레일을 싸고 있는 모양의 클램프와 레일 사이에 강체와 가까이 롤러를 물려서 정지시키는 방식

37 유도 전동기의 속도를 변화시키는 방법이 아닌 것은?

① 슬립 s를 변화시킨다.
② 극수 p를 변화시킨다.
③ 주파수 f를 변화시킨다.
④ 용량을 변화시킨다.

해설

유도 전동기의 회전자 속도

$$n = n_s(1-s) = \frac{120f}{p}(1-s)[rpm]$$

여기서, s : 슬립
n_s : 동기속도
p : 극수
f : 주파수

38 재료에 하중이 작용하면 재료를 구성하는 원자 사이에서 위치의 변화가 일어나고, 그 내부에 응력이 생기며, 외적으로는 변형이 나타난다. 이 변형량과 원치수와의 비를 변형률이라 하는데, 변형률의 종류가 아닌 것은?

① 중량변형률
② 가로변형률
③ 세로변형률
④ 전단변형률

39 아래의 회로도와 같은 논리기호는?

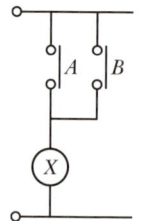

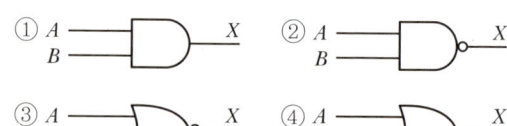

해설

OR 회로(논리합)
- 하나 이상의 입력(1)이 있을 때 출력(1)이 나타나는 회로
- 시퀀스의 병렬 스위치 회로와 같음
- 논리식 : $X = A + B$

정답 35 ① 36 ① 37 ④ 38 ① 39 ④

40 구름베어링의 특징에 관한 설명으로 틀린 것은?

① 충격에 강하다.　　② 마찰저항이 작다.
③ 고속회전이 가능하다.　④ 설치가 까다롭다.

> [해설]
> **베어링 특징**
>
> | 구분 | 미끄럼베어링 | 구름베어링 |
> |---|---|---|
> | 구조 | 간단 | 복잡 |
> | 동력손실 | 큼 | 작음 |
> | 마찰저항 | 큼 | 작음 |
> | 소음 및 진동 | 작음 | 큼 |
> | 보수점검 | 쉬움 | 어려움 |
> | 회전속도 | 저속대응 | 고속대응 |
> | 윤활성 | 나쁨 | 좋음 |
> | 가격 | 저렴 | 고가 |

41 버니어 캘리퍼스를 사용한 와이어로프의 직경 측정 방법으로 알맞은 것은?

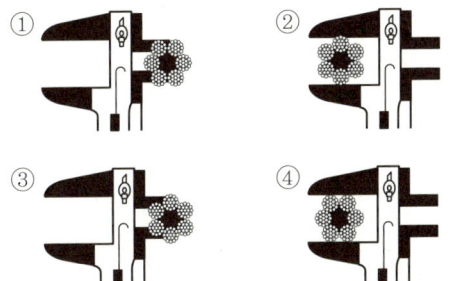

> [해설]
> 가장 높은 부분을 측정

42 에스컬레이터의 구동체인이 규정치 이상으로 늘어났을 때 일어나는 현상은?

① 안전레버가 작동하여 브레이크가 작동하지 않는다.
② 안전레버가 작동하여 하강은 되나 상승은 되지 않는다.
③ 안전레버가 작동하여 안전회로 차단으로 구동되지 않는다.
④ 안전레버가 작동하여 무부하 시에는 구동되나 부하 시에는 구동되지 않는다.

> [해설]
> 구동체인이 늘어나면 구동체인 안전장치가 동작하여 전원을 차단하고 정지시킴

43 조속기에 관한 사항으로 틀린 것은?

① 조속기 로프의 공칭직경은 8mm 이상이어야 한다.
② 조속기에는 비상정지장치의 작동과 일치하는 회전 방향이 표시되어야 한다.
③ 조속기는 조속기 용도로 설계된 와이어로프에 의해 구동되어야 한다.
④ 조속기 로프 폴리의 피치 직경과 조속기 로프의 공칭직경 사이의 비는 30 이상이어야 한다.

> [해설]
> **조속기(과속조절기)**
> • 정격속도의 115%
> • 로프 공칭직경이 6mm 이상
> • 공칭직경비 30 이상
> • 안전율 8 이상

44 정지 레오나드 방식 엘리베이터의 내용으로 틀린 것은?

① 워드 레오나드 방식에 비하여 손실이 적다.
② 워드 레오나드 방식에 비하여 유지보수가 어렵다.
③ 사이리스터를 사용하여 교류를 직류로 변환한다.
④ 모터의 속도는 사이리스터의 점호각을 바꾸어 제어한다.

> [해설]
> 정지 레오나드 방식은 보수가 쉬움

정답　40 ①　41 ②　42 ③　43 ①　44 ②

45 안전점검 체크리스트 작성 시의 유의사항으로 가장 타당한 것은?

① 일정한 양식으로 작성할 필요가 없다.
② 사업장에 공통적인 내용으로 작성한다.
③ 중점도가 낮은 것부터 순서대로 작성한다.
④ 점검표의 내용은 이해하기 쉽도록 표현하고 구체적이어야 한다.

> 해설
> **점검표 작성 시 고려사항**
> • 사업장에 적합한 독자적 내용
> • 일정 양식 정하기
> • 위험성 높은것부터 작성
> • 실효성 있는 내용
> • 양식은 이해하기 쉽게 구성

46 유압식 엘리베이터의 피트 내에서 점검을 실시할 때 주의해야 할 사항으로 틀린 것은?

① 피트 내 비상정지스위치를 작동 후 들어갈 것
② 피트 내 조명을 점등한 후 들어갈 것
③ 피트에 들어갈 때는 승강로 문을 닫을 것
④ 피트에 들어갈 때 기름에 미끄러지지 않도록 주의할 것

> 해설
> ③ 피트에 들어갈 때는 승강로 문을 닫지 않을 것

47 평행판 콘덴서에 있어서 판의 면적을 동일하게 하고 정전용량은 반으로 줄이려면 판 사이의 거리는 어떻게 하여야 하는가?

① $\frac{1}{4}$로 줄인다.　　② 반으로 줄인다.
③ 2배로 늘린다.　　④ 4배로 늘린다.

> 해설
> **정전용량**
> $C=\varepsilon\frac{A}{l}$ [F]에서 $C \propto \frac{1}{l} = \frac{1}{2}$, $l = 2$배

48 물체에 하중을 작용시키면 물체 내부에 저항력이 생긴다. 이때 생긴 단위면적에 대한 내부 저항력을 무엇이라 하는가?

① 보　　　　② 하중
③ 응력　　　④ 안전율

> 해설
> **응력의 종류**
> • 인장응력　　• 압축응력
> • 전단응력　　• 굽힘응력
> • 비틀림응력

49 전기식 엘리베이터 자체 점검 중 카 위에서 하는 점검항목 장치가 아닌 것은?

① 비상구출구
② 도어잠금 및 잠금해제장치
③ 카 위 안전스위치
④ 문닫힘 안전장치

> 해설
> **카 위(상부)에서 하는 점검항목**
> • 비상구출구, 문의 개폐장치, 전동기, 벨트/체인, 도어기판
> • 도어잠금 및 잠금해제장치, 카 위 안전스위치
> • 상부 도르래, 풀리, 스프라켓, 비상정지스위치
> • 조속기 로프, 카의 가이드 슈, 주 로프 및 부착부
> • 과부하 감지장치, 가이드레일, 브래킷, 균형추 각부
> • 균형추 측 비상정지스위치, 균형추 상부 도르래, 풀리, 승강로 조명, 비상통화장치 등

50 다음 중 카 실내에서 검사하는 사항이 아닌 것은?

① 전동기 주 회로의 절연저항
② 승강장 출입구 바닥 앞부분과 카 바닥 앞부분과의 틈 너비
③ 도어 스위치의 작동 상태
④ 외부와 연결하는 통화장치의 작동 상태

정답　45 ④　46 ③　47 ③　48 ③　49 ④　50 ①

> **해설**
>
> **카 실내에서 하는 점검항목**
> 카 실내 주 벽, 천장 및 바닥, 카의 문 및 문턱, 카 도어 스위치, 문닫힘 안전장치, 카 조작반 및 표시기 버튼, 스위치류, 비상통화장치, 정지스위치, 조명, 측면 구출구 등

51 승강장의 문이 열린 상태에서 모든 제약이 해제되면 자동적으로 닫히게 하여 문의 개방에서 생기는 2차 재해를 방지하는 것은?

① 도어 인터로크 ② 도어 클로저
③ 도어 머신   ④ 도어 행거

> **해설**
>
> **도어 클로저(Door Closer)**
> 승강장의 문이 열린 상태에서 모든 제약이 해제되면 자동적으로 닫히게 하여 문의 개방 상태에서 생기는 2차 재해를 방지하는 안전장치

52 단수(1대) 엘리베이터의 조작 방식과 관계가 없는 것은?

① 단식 자동식   ② 하강승합 전자동식
③ 군승합 자동식   ④ 승합 전자동식

> **해설**
>
> **엘리베이터의 조작 방식**
> - 단식 자동식(Single Automatic)
>   - 가장 먼저 눌려진 부름에만 응답하고, 그 운전이 완료되기 전에는 다른 호출을 받지 않음
>   - 화물용, 카 리프트용 등에 사용
> - 하강승합 전자동식(Down Collective)
>   - 2층 혹은 그 위층의 승강장에서는 하강 방향 단추만 있음
>   - 중간층에서 위층으로 갈 때에는 1층으로 내려온 후 올라가야 함
> - 승합 전자동식(Selective Collective)
>   - 승강장의 누름단추는 상승용, 하강용의 양쪽 모두 동작
>   - 카는 그 진행 방향의 카 단추와 승강장의 단추에 응답하면서 승강

- 군승합 자동식(2CAR, 3CAR)
  - 2~3대가 병행되었을 때 사용하는 조작 방식
  - 한 개의 승강장 버튼의 부름에 대하여 한 대의 카만 응답
- 군관리 방식(Supervisory Control) : 엘리베이터를 3~8대 병설할 때 각 카를 불필요한 동작 없이 합리적으로 운영하는 조작 방식

53 와이어로프의 꼬임 방향에 의한 분류로 옳은 것은?

① Z꼬임, S꼬임   ② Z꼬임, T꼬임
③ S꼬임, T꼬임   ④ H꼬임, T꼬임

> **해설**
>
> **와이어로프의 꼬임**
> - 보통꼬임
>   - 소선과 스트랜드 꼬임 방향이 다름
>   - 꼬임이 풀리기 어려움
> - 랭꼬임
>   - 소선과 스트랜드 꼬임 방향이 같음
>   - 꼬임이 풀리기 쉬움

54 엘리베이터 전원이 정전이 될 경우 카 내 예비 조명장치에 관한 설명 중 타당하지 않은 것은?

① 조도는 램프로부터 2m 떨어진 거리에서 측정한다.
② 조도는 5lx 미만이어야 한다.
③ 자동차용 엘리베이터는 설치하지 않아도 된다.
④ 카 내 조작반이 없는 화물용 엘리베이터는 설치하지 않아도 된다.

> **해설**
>
> **카 내부 비상조명**
> - 비상조명은 5lx 이상 1시간 작동
> - 비상통화장치 작동 버튼
> - 바닥 위 1m 지점

55 다음 중 4절 링크 기구를 구성하고 있는 요소로 알맞은 것은?

① 고정링크, 크랭크, 레버, 슬라이더
② 가변링크, 크랭크, 기어, 클러치
③ 고정링크, 크랭크, 고정레버, 클러치
④ 가변링크, 크랭크, 기어, 슬라이더

> **해설**
>
> **링크 기구**
> 몇 개의 막대를 핀으로 연결하여 회전할 수 있도록 만든 기구
>
> **링크 구성 및 운동**
> - 크랭크 : 회전운동
> - 레버 : 요동운동
> - 슬라이더 : 미끄럼운동
> - 고정링크 : 고정

56 크레인, 엘리베이터, 공작기계, 공기압축기 등의 운전에 가장 적합한 전동기는?

① 직권전동기 ② 분권전동기
③ 차동복권전동기 ④ 가동복권 전동기

> **해설**
>
> **가동복권 전동기**
> 직권 계자 권선에 의하여 발생되는 자속이 분권 계자 권선에 의하여 발생되는 자속과 같은 방향이 되어 합성 자속이 증가하는 구조의 전동기로, 크레인, 승강기에 사용

57 에스컬레이터의 핸드레일(손잡이)은 운행 방향 반대편에서 몇 N의 힘으로 당겨도 정지되지 않아야 하는가?

① 450N ② 400N
③ 350N ④ 300N

> **해설**
>
> **핸드레일 시스템**
> - 각 난간의 꼭대기에는 정상운행 조건 아래에서 스텝, 팔레트 또는 벨트의 실제 속도와 관련하여 동일 방향으로 0%에서 +2%의 공차가 있는 속도로 움직이는 핸드레일이 설치되어야 한다.
> - 핸드레일(손잡이)은 정상운행 중 운행 방향의 반대편에서 450N의 힘으로 당겨도 정지되지 않아야 한다.

58 승강기 안전관리자의 직무에서 일상점검 내용으로 옳지 않은 것은?

① 기계실 온도 및 환기장치의 작동 상태
② 표준부착물의 부착 상태
③ 엘리베이터 비상통화장치의 작동 상태
④ 승강기부품의 상태

> **해설**
>
> **승강기 안전관리자 일상점검 항목**
> - 기계실 온도 및 환기장치의 작동 상태
> - 표준부착물의 부착 상태
> - 엘리베이터 비상통화장치의 작동 상태

59 카 문턱과 승강장 문 문턱 사이의 수평거리는 몇 mm 이하이어야 하는가?

① 12 ② 15
③ 35 ④ 125

> **해설**
>
> **출입문 일반사항**
> - 문이 닫혀 있을 경우 문짝 간 틈새나 문짝과 문틀(측면) 또는 문짝 사이 틈새 : 6mm 이하
> - 2개 이상의 카 문이 있는 경우 동시 개문 금지
> - 승강장 문 및 카 문의 출입구 유효 높이 : 2m 이상
> - 승강장 문의 출입구 유효 폭 : 카 출입구 폭 이상(50mm 초과 금지)
> - 카 문의 문턱과 승강장 문의 문턱 사이의 수평거리 : 35mm 이하
> - 카 문의 앞부분과 승강장 문 사이의 수평거리 : 0.12m 이하

정답 55 ① 56 ④ 57 ① 58 ④ 59 ③

60 장애인용 엘리베이터의 경우 호출버튼에 의하여 카가 정지하면 몇 초 이상 문이 열린 채로 대기하여야 하는가?

① 8초 이상
② 10초 이상
③ 12초 이상
④ 15초 이상

> [해설]
> 호출버튼에 의해 카가 정지하면 10초 이상 문이 열린 채로 대기하여야 함

정답 60 ②

2020년 1회 기출문제

01 승강기의 자체 점검항목이 아닌 것은?

① 기계실의 면적
② 브레이크 및 제어장치
③ 와이어로프
④ 과부하감지장치

해설

승강기 자체 점검기준
- 브레이크 및 제어장치의 이상 유무
- 주 로프 및 조속기 로프의 마모 및 파손 유무
- 추락방지안전방치(비상정지장치), 과부하 감지장치, 그 외 방호장치의 이상 유무 등

02 에스컬레이터의 경사도가 30° 이하일 경우에 공칭속도는?

① 0.75m/s 이하
② 0.80m/s 이하
③ 0.85m/s 이하
④ 0.90m/s 이하

해설

에스컬레이터 경사도
- 경사도 30° 이하 : 0.75m/s 이하
- 경사도 30° 초과 35° 이하 : 0.5m/s 이하

03 $A-B$ 사이 콘덴서의 합성정전용량은 얼마인가?

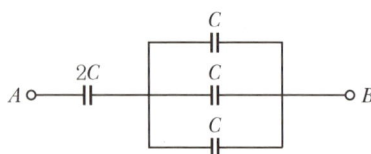

① $1C$
② $1.2C$
③ $2C$
④ $2.4C$

해설

- 콘덴서 직렬접속
$$C_0 = \frac{C_1 C_2}{C_1 + C_2}[\text{F}]$$
- 콘덴서 병렬접속
$$C_0 = C_1 + C_2\,[\text{F}]$$

※ 콘덴서 병렬접속의 합은 $3C$이고, $2C$의 콘덴서와 $3C$의 콘덴서가 직렬접속이므로 계산하면 $\dfrac{2C \times 3C}{2C+3C} = 1.2C$

04 다음 회로에서 a, b 간의 합성저항은?

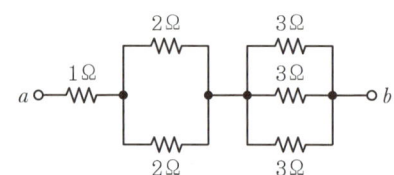

① 1
② 2
③ 3
④ 4

해설

- 합성저항 $R = 1 + \dfrac{2}{2} + \dfrac{3}{3} = 3\Omega$
- 직렬접속 시 합성저항
$R = R_1 + R_2\,[\Omega]$
- 병렬접속 시 합성저항
$$R = \frac{1}{\dfrac{1}{R_1}+\dfrac{1}{R_2}+\dfrac{1}{R_3}}[\Omega]$$

정답 01 ① 02 ① 03 ② 04 ③

05 전기식 엘리베이터 자체 점검항목 중 점검 주기가 가장 긴 것은?

① 승강로 조명의 점등 상태 및 조도
② 감속기 윤활유의 유량 및 노후 상태
③ 주 개폐기 설치 및 작동 상태
④ 안전표시 기계류 공간 등의 안전표시

> **해설**
> - 승강로 조명의 점등 상태 및 조도 : 1회/3개월
> - 감속기 윤활유의 유량 및 노후 상태 : 1회/3개월
> - 주 개폐기 설치 및 작동 상태 : 1회/3개월
> - 안전표시 기계류 공간 등의 안전표시 : 1회/6개월

06 균형추의 중량을 결정하는 계산식은?(단, 여기서 L은 정격하중, F는 오버밸런스율이다.)

① 균형추의 중량=카 자체 하중+$(L \cdot F)$
② 균형추의 중량=카 자체 하중×$(L \cdot F)$
③ 균형추의 중량=카 자체 하중+$(L+F)$
④ 균형추의 중량=카 자체 하중+$(L-F)$

> **해설**
> **균형추**
> 카의 무게를 일정 비율 보상하기 위하여 카 측과 반대편에 주철 혹은 콘크리트로 제작된 균형추를 설치
>
> 균형추의 총중량=카 자체 하중+$L \cdot F$
> 여기서, L : 정격하중(kg)
> F : 오버밸런스율(35~50%)

07 카 내에서 행하는 검사에 해당되지 않는 것은?

① 카 시브의 안전 상태
② 카 내의 조명 상태
③ 비상통화장치
④ 운전반 버튼의 동작 상태

> **해설**
> 카 시브의 안전 상태는 기계실 내부에서의 검사에 해당

08 승강장의 문이 열린 상태에서 모든 제약이 해제되면 자동적으로 닫히게 하여 문의 개방에서 생기는 2차 재해를 방지하는 것은?

① 도어 인터로크
② 도어 행거
③ 도어 머신
④ 도어 클로저

09 조속기(Governor)의 작동 상태를 잘못 설명한 것은?

① 카가 하강 과속하는 경우에는 일정속도를 초과하기 전에 조속기 스위치가 동작해야 한다.
② 조속기의 캐치는 일단 동작하고 난 후 자동으로 복귀되어서는 안 된다.
③ 조속기의 스위치는 작동 후 자동 복귀된다.
④ 조속기 로프가 장력을 잃게 되면 전동기의 주 회로를 차단시키는 경우도 있다.

> **해설**
> **조속기**
> - 카와 같은 속도로 움직이는 조속기 로프에 의해 회전되어 항상 카의 속도를 감지하여 가속도를 검출하는 장치
> - 과속스위치는 수동으로 복귀되며, 양 방향(상승, 하강)에서 작동되어야 함

10 기어의 잇수가 18, 피치원 지름이 108mm인 스퍼 기어의 모듈은?

① 2
② 6
③ 4
④ 8

> **해설**
> **모듈**
> 기어 이의 크기를 나타낸 것으로 피치원 직경을 기어의 잇수로 나눈 것
> $$MOD = \frac{PCD}{N} = \frac{108}{18} = 6$$

11 평면으로 배치된 여러 다층의 주차구획에 리프트의 수직 이동과 운반기의 평면왕복 동작에 의해 차량을 자동으로 운반하여 주차하도록 구성된 주차장치는?

① 수직순환식 ② 평면왕복식
③ 다층순환식 ④ 승강횡행식

> **해설**
>
> **평면왕복식 주차장치**
> 각 층에 평면으로 배치되어 있는 고정된 주차구획에 운반기에 의하여 자동차를 운반 이동하여 주차하도록 설계한 주차장치
>
> • 종류 : 운반식, 운반격납식 등
> • 일반적으로 빌딩의 지하 또는 상부에 설치
> • 중·대규모의 주차가 가능

12 다음 중 카 상부에서 하는 검사가 아닌 것은?

① 비상구출구 스위치의 작동 상태
② 도어개폐장치의 설치 상태
③ 조속기 로프의 설치 상태
④ 조속기 로프 인장장치의 작동 상태

> **해설**
>
> **카 위(상부)에서 하는 점검항목**
> • 비상구출구, 문의 개폐장치, 전동기, 벨트/체인, 도어 기판
> • 도어잠금 및 잠금해제장치, 카 위 안전스위치
> • 상부 도르래, 풀리, 스프라켓, 비상정지스위치
> • 조속기 로프, 카의 가이드 슈, 주 로프 및 부착부
> • 과부하 감지장치, 가이드레일, 브래킷, 균형추 각부
> • 균형추 측 비상정지스위치, 균형추 상부 도르래, 풀리, 승강로 조명, 비상통화장치 등

13 승강기 안전점검에서 신설·변경 또는 고장 수리 등의 작업을 한 후에 실시하는 것은?

① 사전점검 ② 특별점검
③ 수시점검 ④ 정지점검

> **해설**
>
> **특별점검**
> 승강기 설비의 신설, 사고 발생으로 인한 고장 수리가 있을 때 행하는 점검

14 다음 중 ( ) 안에 들어갈 내용으로 알맞은 것은?

> 카가 유압 완충기에 충돌했을 때 플런저가 하강하고 이에 따라 실린더 내의 기름이 좁은 ( )을(를) 통과하면서 생기는 유체저항에 의해 완충작용을 하게 된다.

① 오리피스 틈새 ② 실린더
③ 오일게이지   ④ 플런저

> **해설**
>
> **유압 완충기(Oil Buffer)**
> • 엘리베이터의 속도에 상관없이 설치 가능
> • 카가 하강 시 플런저를 누르게 되면 실린더 내부의 기름이 오리피스 틈새를 이동할 때 발생하는 유체저항에 의해 완충작용을 함
> • 복귀는 압축스프링에 의해 이루어짐

15 엘리베이터 완충기에 대한 설명으로 적합하지 않은 것은?

① 정격속도 1m/s 이하의 엘리베이터에 스프링 완충기를 사용하였다.
② 정격속도 1m/s 초과의 엘리베이터에 유압 완충기를 사용하였다.
③ 유압 완충기의 플런저 복귀시험은 완전히 압축한 상태에서 완전 복귀할 때까지의 시간은 120초 이하이다.
④ 유압 완충기에서 최소적용중량은 카 자중 + 적재하중으로 한다.

> **해설**
>
> **엘리베이터 완충기**
> • 최소적용중량 : 카 자중 + 75
> • 최대적용중량 : 카 자중 + 적재하중

정답 11 ② 12 ④ 13 ② 14 ① 15 ④

16 다음 조건에서 극수는?

- 20,000kVA
- 60Hz
- 1,200rpm

① 6극 ② 8극
③ 12극 ④ 14극

해설

$$P = \frac{120f}{N_s} = \frac{120 \times 60}{1,200} = 6극$$

17 추락을 방지하기 위한 2종 안전대의 사용법은?

① U자 걸이 전용
② 1개 걸이 전용
③ 1개 걸이, U자 걸이 겸용
④ 2개 걸이 전용

해설

안전대
작업자가 2m 이상에서 추락하는 것을 방지하기 위한 목적

- 1종 : U자 걸이 전용
- 2종 : 1개 걸이 전용
- 3종 : 1개 걸이(U자 걸이) 공용
- 4종 : 안전블록
- 5종 : 추락방지대

18 경고나 주의를 표시할 때 사용하는 색채로 가장 알맞은 것은?

① 파랑 ② 보라
③ 노랑 ④ 녹색

해설

- 노랑 : 경고
- 파랑 : 지시
- 보라 : 방사능
- 녹색 : 안내

19 가변전압 가변주파수(VVVF) 제어 방식에 관한 설명 중 틀린 것은?

① 고속의 승강기까지 적용 가능하다.
② 저속의 승강기에만 적용하여야 한다.
③ 직류 전동기와 동등한 제어 특성을 낼 수 있다.
④ 유도 전동기의 전압과 주파수를 변환시킨다.

해설

VVVF(가변전압 가변주파수) 제어 방식
- 유도 전동기에 인가되는 전압과 주파수를 동시에 변환시켜 직류 전동기와 동등한 제어성능을 얻을 수 있는 방식으로, 3상의 교류는 컨버터로 일단 DC전원으로 변환하고 재차 가변전압 및 가변주파수의 3상 교류로 변환하여 전동기에 급전
- 효율이 좋고 원활한 속도제어를 할 수 있기에 엘리베이터의 속도제어에 사용되며 저속에서 고속까지 폭넓게 이용
- 중저속 엘리베이터에서 승차감과 성능이 크게 향상
- 보수가 용이하고 전력회생을 통해 에너지 절감 가능

20 엘리베이터 기계실에 관한 설명으로 틀린 것은?

① 바닥면적은 일반적으로 승강로 수평투영면적의 2배 이상으로 한다.
② 기계실의 바로 위층 또는 인접한 벽면에 물탱크실을 설치할 수 없다.
③ 실온은 원칙적으로 40℃ 이하를 유지할 수 있어야 한다.
④ 기계실에는 일반적으로 엘리베이터와 관계없는 설비를 설치하지 않아야 한다.

해설

기계실의 바로 위층 또는 인접한 벽면에 물탱크실이 있을 경우에는 충분한 침수방지조치를 할 것

정답 16 ① 17 ② 18 ③ 19 ② 20 ②

21 카가 최상층 및 최하층을 지나쳐 주행하는 것을 방지하는 것은?

① 리밋 스위치 ② 균형추
③ 인터로크장치 ④ 정지 스위치

> 해설
>
> **리밋 스위치**
> - 엘리베이터 운행 시 최상·최하층을 지나쳐 충돌을 방지하기 위한 장치
> - 리밋 스위치 접촉 시 카를 감속 및 정지시킴
> - 엘리베이터 검출부가 리밋 스위치 동작부에 닿으면 접촉자가 움직여 접점이 동작하는 기계식 센서
>
> **파이널 리밋 스위치**
> - 리밋 스위치 고장 시 카가 승강로 천장이나 피트 바닥에 충돌하는 것을 방지하기 위한 스위치
> - 우발적인 작동의 위험 없이 가능한 최상층 및 최하층에 근접하여 설치
> - 카가 완충기에 충돌하기 전에 작동해야 함

22 간접식 유압 엘리베이터의 특징이 아닌 것은?

① 실린더를 설치하기 위한 보호관이 필요하지 않다.
② 실린더 점검이 용이하다.
③ 비상정지장치가 필요하다.
④ 로프의 늘어짐과 작동유의 압축성 때문에 부하에 의한 카 바닥의 빠짐이 비교적 작다.

> 해설
>
> **유압 엘리베이터**
> - 직접식 : 플런저의 직상부에 카를 설치한 것
> - 간접식 : 플런저의 선단에 도르래를 놓고 로프 또는 체인을 통해 카를 올리고 내리는 간접 방식
> - 팬터그래프식 : 카는 팬터그래프의 상부에 설치하고, 피스톤에 의해 팬터그래프를 개폐하여 승강시키는 방식(공장, 창고 작업용)

23 카실(Cage)의 구조에 관한 설명 중 옳지 않은 것은?

① 승객용 카의 출입구에는 정전기 장애가 없도록 방전코일을 설치하여야 한다.
② 카 천장에 비상구출구를 설치하여야 한다.
③ 구조상 경미한 부분을 제외하고는 불연재료를 사용하여야 한다.
④ 승객용은 한 개의 카에 두 개의 출입구 설치를 금지한다.

> 해설
>
> **방전코일(Discharging Coil)**
> 콘덴서의 잔류전하를 방전하여 인축의 감전사고를 예방

24 엘리베이터 전동기에 요구되는 특성으로 옳지 않은 것은?

① 충분한 제동력을 가져야 한다.
② 운전 상태가 정숙하고 고진동이어야 한다.
③ 카의 정격속도를 만족하는 회전 특성을 가져야 한다.
④ 높은 기동빈도에 의한 발열에 대응하여야 한다.

> 해설
>
> **전동기(권상기용) 구비조건**
> - 기동빈도가 높으므로(시간당 약 300회) 발열을 고려할 것
> - 제동력이 충분할 것
> - 카의 정격속도에 맞는 회전 특성을 가질 것
> - 진동과 소음이 적을 것

25 블리드 오프(Bleed Off) 유압회로에 대한 설명으로 틀린 것은?

① 정확한 속도제어가 곤란하다.
② 유량제어 밸브를 주 회로에서 분기된 바이패스 회로에 삽입한 것이다.
③ 회전수를 가변하여 펌프에 가압되어 토출되는 작동유를 제어하는 방식이다.
④ 부하에 필요한 압력 이상의 압력을 발생시킬 필요가 없어 효율이 높다.

> 해설

블리드 오프(Bleed Off) 회로
- 유량제어 밸브를 주 회로에서 분기된 바이패스(Bypass) 회로에 삽입하는 방식
- 정확한 속도 제어가 곤란
- 부하에 필요한 압력 이상의 압력을 발생시킬 필요가 없어 효율이 높음
- 기동·정지 시 쇼크가 작음
- 작동유 온도, 압력의 변화에 영향을 받기 쉬움

26 화재 시 조치사항에 대한 설명 중 틀린 것은?

① 비상용 엘리베이터는 소화활동 등 목적에 맞게 동작시킨다.
② 빌딩 내에서 화재가 발생할 경우 반드시 엘리베이터를 이용해 비상탈출을 시켜야 한다.
③ 승강로에서의 화재 시 전선이나 레일의 윤활유가 탈 때 발생되는 매연에 질식되지 않도록 주의한다.
④ 기계실에서의 화재 시 카 내의 승객과 연락을 취하면서 주전원 스위치를 차단한다.

> 해설

② 화재 시 엘리베이터는 전원차단 등으로 고립될 수 있으므로 절대 사용하지 말고 계단을 이용하여 대피

27 다음 중 안전사고 발생 요인이 가장 높은 것은?

① 불안전한 상태와 행동 ② 개인의 개성
③ 환경과 유전 ④ 개인의 감정

> 해설

안전사고의 직접 원인
- 불안전한 행동(인적 원인)
  - 안전장치를 제거, 무효화, 불안전한 상태 방치
  - 운전 중인 기계, 장치 등의 청소, 주유, 수리, 점검
  - 위험장소에의 접근
  - 잘못된 동작 자세
  - 복장, 보호구의 잘못 사용
  - 불안전한 조작
  - 안전조치의 불이행
- 불안전한 상태(물적 원인)
  - 기계 자체 결함
  - 방호장치 결함
  - 작업환경의 결함
  - 보호구 또는 복장의 결함
  - 자연적 불안전한 상태 지속
  - 생산공정 결함

28 작업 내용에 따라 지급해야 할 보호구로 옳지 않은 것은?

① 보안면 : 물체가 날아 흩어질 위험이 있는 작업
② 안전장갑 : 감전의 위험이 있는 작업
③ 방열복 : 고열에 의한 화상 등의 위험이 있는 작업
④ 안전화 : 물체의 낙하, 물체의 끼임 등이 있는 작업

> 해설

보안면
용접 시 불꽃 또는 물체가 흩날릴 위험이 있는 작업

29 되먹임 제어에서 꼭 필요한 장치는?

① 입력과 출력을 비교하는 장치
② 응답속도를 느리게 하는 장치
③ 응답속도를 빠르게 하는 장치
④ 안정도를 좋게 하는 장치

> 해설

되먹임 제어에는 입력신호가 변경될 수 있도록 출력신호를 다시 입력으로 돌릴 수 있는 되먹임 요소와 이를 비교하는 비교기가 있음

30 전선의 길이를 고르게 2배로 늘리면 단면적은 $\frac{1}{2}$로 된다. 이때의 저항은 처음의 몇 배가 되는가?

① 4배 ② 2배
③ 0.5배 ④ 0.25배

정답 26 ② 27 ① 28 ① 29 ① 30 ①

해설

전기저항 $R = \rho \dfrac{l}{A}[\Omega]$

여기서, l : 도선의 길이(m)
A : 도선의 단면적(m²)
ρ : 고유저항($\Omega \cdot$ m)

$\therefore R = \rho \dfrac{l}{A} = \dfrac{2}{\frac{1}{2}} = 4$배

31 반도체에서 공유결합을 할 때 과잉전자를 발생시키는 반도체는?

① P형 반도체
② N형 반도체
③ 진성 반도체
④ 불순물 반도체

해설

N형 반도체
- 전하를 옮기는 캐리어로 자유전자가 사용되는 반도체
- 음전하를 가지는 자유전자가 캐리어로서 이동하며 전류 발생
- 다수 캐리어가 전자가 되는 반도체
  예 실리콘과 동일한 4가 원소의 진성 반도체에, 미량의 5가 원소(인, 비소 등)을 불순물로 첨가해서 만들어짐
- N형 반도체를 만들기 위한 불순물을 도너라고 하며, 이 불순물에 의해서 형성된 준위를 도너 준위라고 함
- 음(Negative)전하를 가지는 자유전자가 다수 캐리어인 것으로부터, Negative의 머리글자를 취해서 N형 반도체로 부름

32 전력용 반도체 스위치의 온-오프 특성에 대한 설명으로 옳은 것은?

① GTO는 음의 게이트 전류 펄스에 의하여 턴오프가 가능하다.
② SCR은 게이트에 트리거 전압 이상의 충분한 전압을 인가해 주면 턴온된다.
③ MOSFET는 드레인 전류로 제어하고, 스위칭 속도가 느리며 수백 Hz 이하이다.
④ IGBT는 전류 제어소자로서 게이트와 이미터 사이의 전류 크기로 컬렉터 전류를 스위칭한다.

해설

② SCR(사이리스터) : 제어단자(G)로부터 음극에 전류를 흘리는 것으로, 양극과 음극 사이를 도통시킬 수 있는 3단자의 반도체 소자
③ MOSFET : 금속 산화막 반도체 전계효과 트랜지스터로 게이트 전압으로 소스와 드레인 사이의 전류를 제어
④ IGBT : 입력부가 MOSFET 구조로 출력부가 바이폴라 구조인 복합 디바이스로 전자와 정공의 2종류 캐리어를 사용, 고속 스위칭 특성과 대전류 제어 가능

33 과속조절기(조속기) 도르래의 회전을 베벨기어에 의해 수직축의 회전으로 변환하고, 이 축의 상부에서부터 링크기구에 의해 매달린 구형의 진자에 작용하는 원심력으로 추락방지안전장치(비상정지장치)를 작동시키는 과속조절기는?

① 디스크형
② 스프링형
③ 플라이 볼형
④ 롤 세이프티형

해설

조속기
조속기는 링크로 연결된 추(Weight)를 회전시키고, 그 원심력을 이용하여 기능을 수행

조속기 종류

롤 세이프티형	디스크형	플라이 볼형
저속용	고속 이하용	초고속용
화물용	승객용, 화물용	승객용, 화물용
진자 원심력 롤러관성 이용	진자 원심력 이용	볼 원심력 이용
도르래 마찰 작동	추, 슈 가압 작동	추 가압 작동

34 에스컬레이터 안전기준에 따라 공칭속도가 0.5m/s, 디딤판(스텝) 폭이 0.6m인 에스컬레이터에 대한 시간당 수송능력은?

① 3,000명/h
② 3,600명/h
③ 4,400명/h
④ 4,800명/h

정답 31 ② 32 ① 33 ③ 34 ②

해설

난간 폭별 최대수송능력

디딤판 폭 (m)	공칭속도 v(m/s)		
	0.5	0.65	0.75
0.6	3,600명/h	4,400명/h	4,900명/h
0.8	4,800명/h	5,900명/h	6,600명/h
1	6,000명/h	7,300명/h	8,200명/h

35 전기식 엘리베이터의 트랙션 능력에 대한 설명으로 틀린 것은?

① 가속도가 클수록 미끄러지기 쉽다.
② 와이어로프의 권부각이 클수록 미끄러지기 쉽다.
③ 와이어로프와 도르래의 마찰계수가 작을수록 미끄러지기 쉽다.
④ 카 측과 균형추 측의 장력비가 트랙션 능력에 근접할수록 미끄러지기 쉽다.

해설

로프 미끄러짐을 줄이기 위한 방법
• 권부각을 크게 함
• 가감속을 작게 함
• 균형체인, 균형로프를 사용
• 마찰계수를 크게 함

로프의 미끄러짐 발생 원인

구분	원인
로프가 감기는 각도(권부각)	각도가 작을수록 미끄러지기 쉬움
카의 가속과 감속	가속과 감속이 클수록 미끄러지기 쉬움
카와 균형추의 로프에 걸리는 중량비	중량비가 클수록 미끄러지기 쉬움
로프와 도르래 간 마찰계수	마찰계수가 작을수록 미끄러지기 쉬움

36 카 문의 문턱과 승강장 문의 문턱 사이의 수평거리는 몇 mm 이하이어야 하는가?

① 10
② 20
③ 25
④ 35

해설

출입문 일반사항
• 문이 닫혀 있을 경우 문짝 간 틈새나 문짝과 문틀(측면) 또는 문짝 사이 틈새 : 6mm 이하
• 승강장 문 및 카 문의 출입구 유효 높이 : 2m 이상
• 승강장 문의 출입구 유효 폭 : 카 출입구 폭 이상(50mm 초과 금지)
• 카 문의 문턱과 승강장 문 문턱 사이의 수평거리 : 35mm 이하
• 카 문의 앞부분과 승강장 문 사이의 수평거리 : 0.12m 이하

37 에너지 분산형 완충기(유입식)의 행정거리에 관한 설명 중 옳은 것은?

① 정격속도의 115%로 충돌할 때 평균 감속도 $0.1g_n$ 이하로 정지하기에 충분한 행정
② 정격속도의 140%로 충돌할 때 평균 감속도 $0.1g_n$ 이하로 정지하기에 충분한 행정
③ 정격속도의 115%로 충돌할 때 평균 감속도 $1.0g_n$ 이하로 정지하기에 충분한 행정
④ 정격속도의 140%로 충돌할 때 평균 감속도 $1.0g_n$ 이하로 정지하기에 충분한 행정

해설

에너지 분산형 완충기
• 승강기의 정격속도에 상관없이 사용할 수 있는 완충기 (유압 완충기 등)
• 정격속도의 115%로 충돌 시 평균 감속도 : $1.0g_n$ 이하

38 다음 중 개문출발(카의 안전한 운행을 좌우하는 구동기 또는 제어시스템의 결함으로 인해 승강장 문이 잠기지 않고 카 문이 닫히지 않은 상태로 카가 승강장으로부터 벗어나는 결함)을 방지하거나 카를 정지시킬 수 있는 엘리베이터 장치는?

① 상승과속방지장치
② 개문출발방지장치
③ 과속조절기(조속기)

정답 35 ② 36 ④ 37 ③ 38 ②

④ 추락방지안전장치(비상정지장치)

> **해설**
>
> **개문출발방지장치**
> 결함으로 인해 승강장 문이 잠기지 않고 카 문이 닫히지 않은 상태로 카가 승강장으로부터 벗어나는 개문출발을 방지하거나 카를 정지시키는 장치

39 다음 중 주행안내(가이드) 레일 규격으로 옳지 않은 것은?

① 8K ② 15K
③ 24K ④ 30K

> **해설**
>
> **가이드레일의 규격**
> - T형 레일의 공칭 규격 : 8, 13, 18, 24, 30K 등
> - 레일 규격의 호칭 : 마무리 가공 전 소재의 1m당 중량
> - 레일의 표준 길이 : 5m

40 기계실 크기는 설비, 특히 전기설비의 작업이 쉽고 안전하도록 하기 위하여 작업구역에서 유효 높이는 몇 m 이상이어야 하는가?

① 1.8 ② 2.1
③ 2.3 ④ 2.5

41 비상용 엘리베이터에서 정전 시 예비전원에 의하여 엘리베이터를 몇 시간 이상 가동할 수 있어야 하는가?

① 0.5 ② 1
③ 1.5 ④ 2

> **해설**
>
> **비상용 엘리베이터의 전원공급**
> - 정전 시 60초 이내에 엘리베이터 운행에 필요한 전력을 발생시켜야 함
> - 2시간 이상 전원이 공급되어야 함

42 로프의 꼬임 방법으로 승객용 엘리베이터에서 일반적으로 가장 많이 사용하는 방법은?

① 랭 S꼬임 ② 랭 Z꼬임
③ 보통 S꼬임 ④ 보통 Z꼬임

> **해설**
>
> **꼬임 방법에 의한 분류**
>
> | 종류 | 꼬임 방향 | 특징 |
> |---|---|---|
> | 보통꼬임 | 소선과 스트랜드 꼬임 방향이 다름 | 꼬임이 풀리기 어려움 |
> | 랭꼬임 | 소선과 스트랜드 꼬임 방향이 같음 | 꼬임이 풀리기 쉬움 |
>
>
>
> 보통 Z꼬임　보통 S꼬임　랭 Z꼬임　랭 S꼬임
>
> ▎로프의 꼬는 방법 ▎

43 와이어로프의 구성요소가 아닌 것은?

① 소선 ② 킹크
③ 심강 ④ 스트랜드

> **해설**
>
> **와이어로프의 구성**
> - 소선 : 로프를 구성하는 개개의 와이어선(경강선)
> - 스트랜드 : 다수의 소선을 꼬아 합친 것
> - 심강 : 로프의 중심부로, 마닐라, 삼 등 천연섬유나 합성섬유를 꼬아 로프 모양으로 만들고 그리스를 함유시켜 소선의 방청효과와 굴곡 시 소선끼리 미끄러지는 윤활작용도 함

44 비상용 엘리베이터 운행속도의 기준으로 옳은 것은?

① 0.5m/s 이상 ② 0.75m/s 이상
③ 1m/s 이상 ④ 1.5m/s 이상

해설

운행속도는 1m/s 이상으로 하여야 함

45 문짝수는 2이고 문은 측면 개폐 방식일 경우를 기호로 나타낸 것은?

① 1S
② 2S
③ 1CO
④ 2CO

해설

승강기의 표시 방법

P20 − CO 150 − 10S

- P(로프식 일반 승용)
- 20(인승)
- CO(중앙개폐식)
- 150(속도)
- 10S(정지층수)

46 그림과 같은 유압회로의 설명이 아닌 것은?

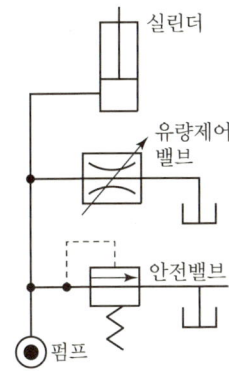

① 효율이 높다.
② 정확한 속도제어가 가능하다.
③ 블리드 오프(Bleed Off) 회로이다.
④ 유량제어 밸브를 주 회로에서 분기된 바이패스 회로에 삽입한 회로이다.

해설

블리드오프 회로
- 유량제어 밸브를 주 회로에서 분기된 바이패스(Bypass) 회로에 삽입
- 부하에 필요한 압력 이상의 압력을 발생시킬 필요가 없어 효율이 높음
- 정확한 속도제어가 곤란

47 안전율을 나타내는 식으로 옳은 것은?

① 인장강도/허용응력
② 사용응력/허용응력
③ 허용응력/인장강도
④ 허용응력/사용응력

해설

$$안전율 = \frac{인장(파단)강도}{허용응력}$$

48 교류전류의 흐름을 방해하는 소자는 저항 이외에도 유도코일, 콘덴서 등이 있다. 유도코일과 콘덴서 등에 대한 교류전류의 흐름을 방해하는 저항력을 갖는 것을 무엇이라고 하는가?

① 리액턴스
② 임피던스
③ 컨덕턴스
④ 어드미턴스

해설

리액턴스(Reactance)
교류 회로에서 코일과 콘덴서에 의해 발생하는 전기저항과 유사하게 전류 흐름을 방해하는 역할을 하는 물리량

49 다음 중 변형률(Strain)의 종류가 아닌 것은?

① 세로변형률
② 가로변형률
③ 전단변형률
④ 비틀림변형률

해설

변형률
단위길이당 변형량으로 세로변형률, 가로변형률, 전단(각)변형률, 체적변형률의 4가지 종류가 있음

정답 45 ② 46 ② 47 ① 48 ① 49 ④

50 다음 그림과 같은 로핑 방법은?

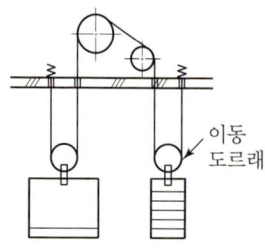

① 1 : 1 로핑   ② 2 : 1 로핑
③ 3 : 1 로핑   ④ 4 : 1 로핑

해설

카와 균형추의 로프 거는 방법(로핑)
- 1 : 1 로핑
  - 일반적인 승객용에 사용
  - 로프 장력은 카(또는 균형추)의 중량과 로프의 중량을 합한 것
- 2 : 1 로핑
  - 1 : 1 로핑 장력의 1/2이 됨
  - 시브에 걸리는 부하도 1 : 1의 1/2이 됨
  - 기어식 권상기에서는 30m/min 미만의 엘리베이터에서 많이 사용
- 3 : 1, 4 : 1, 6 : 1 로핑
  - 대용량의 저속 화물용 엘리베이터에 사용
  - 단점은 와이어로프의 총길이가 길어지고 수명이 짧아지며 종합효율이 저하됨

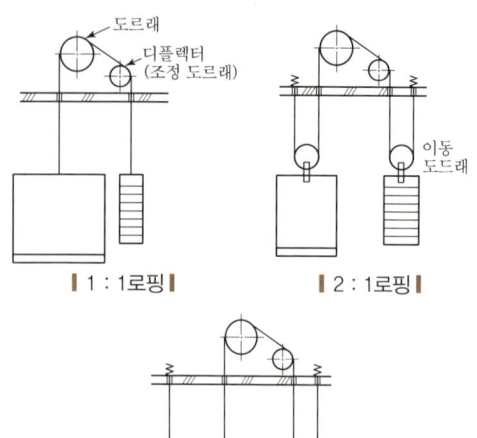

51 제어량을 어떤 일정한 목푯값으로 유지하는 것을 목적으로 하는 제어는?

① 추종 제어   ② 비율 제어
③ 정치 제어   ④ 프로그램 제어

해설

정치 제어
- 목표치가 시간의 변화에 관계없이 일정하게 유지되는 제어로서 자동조정이라고 함
- 프로세스 제어, 발전소의 자동 전압조정, 보일러의 자동 압력조정, 터빈의 속도 제어 등

52 전동기 정역회로를 구성할 때 기기의 보호와 조작자의 안전을 위하여 필수적으로 구성되어야 하는 회로는?

① 인터로크 회로
② 플립플롭 회로
③ 정지우선 자기유지회로
④ 기동우선 자기유지회로

해설

인터로크 회로
전동기의 정역회로에서 한쪽 방향으로 동작하는 경우 다른 쪽 회로에 입력이 있어도 동작을 차단하는 회로

53 카에는 자동으로 재충전되는 비상전원공급장치에 의해 몇 lx 이상의 조도로 몇 시간 동안 전원이 공급되는 비상등이 있어야 하는가?

① 2lx, 1시간   ② 2lx, 2시간
③ 5lx, 1시간   ④ 5lx, 2시간

해설

비상등(Emergency Light)
카 내부에 설치하여 정전 시 5lx 이상의 밝기로 1시간 이상 유지

정답   50 ②   51 ③   52 ①   53 ③

54 카 천장에 비상구출문이 설치된 경우, 유효 개구부의 크기는 얼마 이상이어야 하는가?

① 0.2m×0.3m
② 0.3m×0.4m
③ 0.4m×0.5m
④ 0.5m×0.6m

해설
- 승객의 구출 및 구조를 위한 비상구출문이 카 천장에 있는 경우 유효개구부 크기 : 0.4m×0.5m 이상이어야 함
- 공간이 허용될 경우 유효개구부 크기 : 0.5m×0.7m

55 3상 유도 전동기의 역상제동(Plugging)이란?

① 플러그를 사용하여 전원에 연결하는 방법
② 운전 중 2선의 접속을 바꾸어 접속함으로써 상회전을 바꾸어 제동하는 방식
③ 단상 상태로 기동할 때 일어나는 현상
④ 고정자와 회전자의 상수가 일치하지 않을 때 일어나는 현상

해설

역상제동
3상 중 2상을 바꾸어 역방향 토크를 발생시켜 제동하는 방법

56 감전사고의 원인이 되는 것과 관계없는 것은?

① 기계기구의 빈번한 기동 및 정지
② 전기기계기구나 공구의 절연 파괴
③ 콘덴서의 방전코일이 없는 상태
④ 정전작업 시 접지가 없어 유도전압이 발생

해설

감전사고 원인
- 전기기계기구의 절연 파괴
- 콘덴서 충전 상태에서 인체 접촉
- 접지가 정상적으로 되어 있지 않은 경우
- 안전 보호구 미착용

57 엘리베이터에서 사고가 발생하였을 때의 조치사항이 아닌 것은?

① 응급조치 등의 필요한 조치
② 소방서와 의료기관 등에 연락
③ 피해자의 동료에게 연락
④ 전문 기술자에게 연락

해설

사고 시 조치사항
- 재해자 응급조치
- 소방서와 의료기관 등에 연락
- 전문 기술자에게 연락
- 승강기 검사기관에 보고

58 안전사고의 발생 요인으로 볼 수 없는 것은?

① 피로감
② 임금
③ 감정
④ 날씨

해설

안전사고 발생 원인
직접 원인과 간접 원인으로 구분되며, 직접 원인은 불안전한 행동과 불안전한 상태로 나뉨

59 주행안내(가이드) 레일의 보수점검사항 중 틀린 것은?

① 녹이나 이물질이 있을 경우 제거한다.
② 레일 브래킷의 조임 상태를 점검한다.
③ 레일 클립의 변형 유무를 체크한다.
④ 레일면이 손상되었을 경우에는 방청페인트로 표면에 곱게 도장한다.

해설

④ 주행안내(가이드) 레일면이 손상되었을 경우에는 교체

정답 54 ③ 55 ② 56 ① 57 ③ 58 ② 59 ④

60 정지되어 있는 물체에 부딪쳤을 때의 재해 발생 형태는?

① 추락　　　　② 낙하
③ 충돌　　　　④ 전도

해설

재해 발생 형태
- 추락 : 사람이 건축물, 기계, 비계, 사다리, 계단 등에서 떨어지는 것
- 충돌 : 작업자가 정지된 물체에 부딪친 경우
- 전도 : 사람이 평면상에 넘어졌을 때
- 낙하, 비래 : 작업자가 떨어지거나 날아오는 물체에 맞았을 경우
- 협착 : 두 물체 사이 또는 움직이는 물체와 고정된 물체 사이에 끼임 사고
- 감전 : 전기 접촉이나 방전에 의해 사람이 충격을 받은 경우

정답　60 ③

2020년 2회 기출문제

01 카 도어의 끝단에 설치되며 이물체가 접촉되면 도어의 힘을 중지하고 도어를 반전시키는 접촉식 보호장치는?

① 도어 인터로크　② 세이프티 슈
③ 광전장치　　　④ 초음파장치

해설

승강기 안전장치
- 도어 안전장치(문닫힘 안전장치) : 도어가 닫히는 순간에 승객이 출입하는 경우 충돌사고의 원인이 되므로 도어 끝단에 검출장치를 부착하여 도어를 반전시키는 장치
- 세이프티 슈(Safety Shoe) : 도어의 끝에 설치하여 이물체나 사람이 접촉하면 도어의 닫힘을 중지하여 도어를 반전시키는 접촉식 보호장치
- 세이프티 레이(Safety Ray) : 광전 빔을 통하여 이것을 차단하는 물체를 광전장치(Photo Electric Device)에 의해서 검출하는 비접촉식 보호장치
- 초음파장치(Ultrasonic Door Sensor) : 초음파의 감지 각도를 조절하여 카 쪽의 이물체(유모차, 휠체어 등)나 사람을 검출하여 도어를 반전시키는 비접촉식 보호장치

02 승강장 도어구조에 해당되지 않는 것은?

① 착상 스위치함　② 도어 스위치
③ 행거 롤러　　　④ 도어 가이드 슈

해설

승강장 도어구조
- 도어 스위치, 행거 롤러, 도어 가이드 슈 등
- 착상 스위치함은 카 상부에 위치함

03 전기식 엘리베이터 자체 점검 중 피트에서 하는 점검항목에서 과부하 감지장치에 대한 점검주기(회/월)는?

① 1/1　② 1/3
③ 1/4　④ 1/6

해설

전기식 엘리베이터 자체 검사 중 피트에서 하는 검사항목에서 과부하 감지장치는 1개월에 1회 주기로 점검

04 도르래의 로프홈에 언더컷(Under Cut)을 하는 목적은?

① 로프의 중심 균형　② 윤활 용이
③ 마찰계수 향상　　④ 도르래의 경량화

해설

도르래 홈의 마찰력 크기
U홈 < 언더컷 < V홈

05 전선의 길이를 고르게 2배로 늘리면 단면적은 1/2로 된다. 이때의 저항은 처음의 몇 배가 되는가?

① 4배　② 3배
③ 2배　④ 1.5배

해설

전기저항 $R = \rho \dfrac{l}{A}[\Omega]$

여기서, l : 도선의 길이(m)
　　　　A : 도선의 단면적(m²)
　　　　ρ : 고유저항($\Omega \cdot$m)

$\therefore R = \rho \dfrac{l}{A} = \dfrac{2}{\frac{1}{2}} = 4$배

정답 01 ② 02 ① 03 ① 04 ③ 05 ①

06 산업재해의 발생원인 중 불안전한 행동이 많은 사고의 원인이 되고 있다. 이에 해당되지 않는 것은?

① 위험 장소 접근
② 작업 장소 불량
③ 안전장치 기능 제거
④ 복장, 보호구 잘못 사용

> 해설
>
> **불안전한 행동(인적 원인)**
> • 안전장치를 제거, 무효화
> • 불안전한 상태 방치
> • 운전 중인 기계, 장치 등의 청소, 주유, 수리, 점검
> • 위험장소에의 접근
> • 잘못된 동작 자세
> • 복장, 보호구의 잘못 사용
> • 불안전한 조작
> • 안전조치의 불이행

07 사업주가 근로자의 안전 또는 보건을 위하여 취하는 조치에 따라 근로자가 준수하여야 할 사항 중 옳지 않은 것은?

① 보호구 착용 ② 작업 중지
③ 대피   ④ 작업장 순회점검

> 해설
>
> ④ 작업장 순회점검은 관리자 준수사항에 해당

08 캠이 가장 많이 사용되는 경우는?

① 회전운동을 직선운동으로 할 때
② 왕복운동을 직선운동으로 할 때
③ 요동운동을 직선운동으로 할 때
④ 상하운동을 직선운동으로 할 때

> 해설
>
> **캠(Cam)**
> 회전운동을 직선운동, 왕복운동, 진동 등으로 변환하는 장치

09 승강기가 어떤 원인으로 피트에 떨어졌을 때 충격을 완화하기 위하여 설치하는 것은?

① 조속기(과속조절기)
② 비상정지 장치(추락방지안전장치)
③ 완충기
④ 제동기

> 해설
>
> **완충기(Buffer)**
> 주행의 종점에서 완충적인 정지, 그리고 유체 또는 스프링(또는 유사한 수단)을 사용한 것을 포함한 제동수단

10 엘리베이터 전원이 정전될 경우 카 내 예비조명장치에 관한 설명 중 타당하지 않은 것은?

① 조도는 램프로부터 1m 떨어진 거리에서 측정한다.
② 조도는 5lx 미만이어야 한다.
③ 자동차용 엘리베이터는 설치하지 않아도 된다.
④ 카 내 조작반이 없는 화물용 엘리베이터는 설치하지 않아도 된다.

> 해설
>
> **비상등(Emergency Light)**
> 카 내부에 설치하여 정전 시 5lx 이상의 밝기로 1시간 이상 유지해야 함

11 안전점검 및 진단순서가 맞는 것은?

① 실태파악 → 결함발견 → 대책결정 → 대책실시
② 실태파악 → 대책결정 → 결함발견 → 대책실시
③ 결함발견 → 실태파악 → 대책실시 → 대책결정
④ 결함발견 → 실태파악 → 대책결정 → 대책실시

12 재해 원인을 분류할 때 인적 요인에 해당되는 것은?

① 방호장치의 결함 ② 안전장치의 결함
③ 보호구의 결함   ④ 지식의 부족

정답 06 ② 07 ④ 08 ① 09 ③ 10 ② 11 ① 12 ④

해설

안전사고의 발생요인
- 인적 요인 : 사고의 발생 원인이 사람에 있는 경우에 경솔한 행동이나 신체적·정신적 이상 상태가 원인
- 관리적 요인 : 작업지식 부족, 작업 미숙, 작업 방법 불량 등
- 생리적 요인 : 체력부족, 신체적 결함, 피로, 수면부족 등
- 심리적 요인 : 주변적 동작, 걱정거리, 무의식 행동, 지름길 반응, 생략행위, 억측판단, 착오, 소질적 결함, 의식의 우회, 망각 등

13 기계실에 설치되지 않는 것은?
① 조속기
② 권상기
③ 제어반
④ 완충기

해설

완충기
피트 바닥에 설치되며, 카가 어떤 원인으로 최하층을 통과하여 피트로 떨어졌을 때 충격을 완화하기 위하여 설치

14 승객의 구출 및 구조를 위한 카 상부 비상구출문의 크기는 얼마 이상이어야 하는가?
① 0.2m×0.2m
② 0.35m×0.5m
③ 0.4m×0.5m
④ 0.25m×0.3m

해설
- 승객의 구출 및 구조를 위한 비상구출문이 카 천장에 있는 경우 유효개구부 크기 : 0.4m×0.5m 이상
- 공간이 허용될 경우 유효개구부 크기 : 0.5m×0.7m

15 카 측의 총중량이 3,600kgf이고, 카 주 2본의 단면적이 12cm²일 때, 카 주의 안전율은?(단, 파단강도는 4,800kgf/cm²이다.)
① 12
② 15
③ 16
④ 18

해설

허용응력 $= \dfrac{하중}{단면적} = \dfrac{3,600}{12} = 300$

안전율 $= \dfrac{인장(파괴)강도}{허용응력} = \dfrac{4,800}{300} = 16$

16 승강기의 자체 검사항목이 아닌 것은?
① 기계실의 면적
② 브레이크 및 제어장치
③ 와이어로프
④ 과부하방지장치

해설

자체 점검기준 항목
브레이크 및 제어장치, 와이어로프, 추락방지안전장치(비상정지장치), 과부하방지장치, 주행안내 레일(가이드 레일), 비상통화장치, 환경, 완충기, 승강장 문 등

17 기동과 주행은 고속권선으로 하고 감속과 착상은 저속으로 하며, 착상지점에 근접해지면 모든 접점을 끊고 동시에 브레이크를 거는 제어 방식은?
① VVVF 제어 방식
② 교류 1단 제어 방식
③ 교류 2단 제어 방식
④ 교류 귀환제어 방식

해설

교류 엘리베이터의 속도제어
- 교류 2단 속도제어 방식 : 기동과 주행은 고속권선으로 하고 감속과 착상은 저속권선으로 함
- 교류 1단 속도제어 방식 : 가장 간단한 제어 방식으로 정지할 때는 전원을 끊은 후 제동기에 의해서 기계적으로 브레이크를 거는 방식
- 교류 귀환제어 방식 : 카의 실속도와 지령속도를 비교하여 사이리스터의 점호각을 바꿔 유도 전동기의 속도를 제어하는 방식으로, 미리 정해진 지령속도에 따라 정확하게 제어되므로, 승차감 및 착상 정도 모두가 1·2단 제어보다 좋음

정답 13 ④ 14 ③ 15 ③ 16 ① 17 ③

- VVVF(가변전압 가변주파수) 제어 방식 : 유도 전동기에 인가되는 전압과 주파수를 동시에 변환시켜 직류 전동기와 동등한 제어성능을 얻을 수 있는 방식으로, 3상의 교류는 컨버터로 일단 DC전원으로 변환하고 재차 가변전압 및 가변주파수의 3상 교류로 변환하여 전동기에 급전함

18 기어장치에서 지름피치의 값이 커질수록 이의 크기는?

① 같다. ② 커진다.
③ 작아진다. ④ 무관하다.

[해설]
지름피치의 값이 커질수록 이의 크기는 감소

19 장애인용 엘리베이터의 경우 호출버튼에 의하여 카가 정지하면 몇 초 이상 문이 열린 채로 대기하여야 하는가?

① 8초 이상 ② 10초 이상
③ 12초 이상 ④ 15초 이상

20 에스컬레이터의 안전장치 중 다음에서 설명하는 것으로 옳은 것은?

| 스텝과 스커트 사이에 이물질이 끼었을 때 에스컬레이터를 정지시키는 장치 |

① 이상속도 안전장치
② 브레이크 안전장치
③ 스커트 가드의 안전장치
④ 스텝체인 안전장치

21 200Ω의 저항에서 전압은 15A일 때 소비전력은 몇 kW인가?

① 40kW ② 45kW
③ 50kW ④ 55kW

[해설]
전력 $P = VI = I^2R = \dfrac{V^2}{R}$ [W]

$P = 15^2 \times 200,\ P = 45,000,\ P = 45\text{kW}$

22 감전 상태에 있는 사람을 구출할 때의 행동으로 옳지 않은 것은?

① 즉시 잡아당긴다.
② 전원 스위치를 내린다.
③ 절연물을 이용하여 떼어 낸다.
④ 변전실에 연락하여 전원을 끈다.

[해설]
사고자를 직접 만지면 구조자도 감전될 수 있으므로 접촉 금지

23 유압 완충기에서 완전히 압축한 상태에서 완전히 복귀할 때까지 요하는 플런저의 복귀시간은 몇 초 이내이어야 하는가?

① 90 ② 100
③ 110 ④ 120

24 전선의 굵기 결정 시 고려사항으로 옳지 않은 것은?

① 기계적 강도 ② 전압강하
③ 외부 온도 ④ 허용전류

25 엘리베이터 점검 시 카의 속도는 몇 m/s 이하이어야 하는가?

① 0.63m/s ② 0.75m/s
③ 0.82m/s ④ 0.93m/s

정답 18 ③ 19 ② 20 ③ 21 ② 22 ① 23 ④ 24 ③ 25 ①

26 비상용 엘리베이터는 정전 시 몇 초 이내에 엘리베이터 운행에 필요한 전력용량이 자동적으로 발생되어야 하는가?

① 60　　② 90
③ 120　　④ 150

해설
비상용 엘리베이터의 전원공급
- 정전 시 60초 이내에 엘리베이터 운행에 필요한 전력을 발생시켜야 함
- 2시간 이상 전력을 공급시킬 수 있어야 함

27 에스컬레이터의 층고가 6m 이하일 때의 경사도는 몇 ° 이하로 할 수 있는가?

① 15°　　② 25°
③ 35°　　④ 45°

해설
에스컬레이터의 경사도 및 속도

경사도	공칭속도
30° 이하	0.75m/s 이하
30° 초과 35° 이하	0.5m/s 이하

28 기계요소 설계 시 일반 체결용에 주로 사용되는 나사는?

① 삼각나사　　② 사각나사
③ 톱니나사　　④ 사다리꼴나사

해설
나사의 분류
- 삼각나사 : 나사산이 삼각형인 나사로 주로 체결용 나사로 쓰임
- 사각나사 : 나사산이 직사각형인 나사, 축 방향으로 큰 힘을 전달할 수 있고, 마찰이 적기 때문에 바이스, 프레스 잭 등 힘을 전달하는 기계의 부품으로 사용되며, 공작이 어려움
- 톱니나사 : 나사산의 단면이 톱니 모양으로 삼각나사와 사각나사의 장점을 모두 가지고 있으며, 한쪽 방향으로 강력한 축하중을 전달하는 경우에 적합. 힘을 받는 면은 축에서 직각이고 나사산의 각도는 30°와 45°의 두 가지가 있음
- 사다리꼴나사 : 나사산이 사다리꼴인 나사로, 사각나사가 공작하기 어려우므로 사다리꼴나사를 많이 사용. 29° 사다리꼴나사(인치계), 30° 사다리꼴나사(미터계)가 있으며, 공작기계의 리드나사, 피드나사에 사용됨

29 전동 덤웨이터의 안전장치에 대한 설명 중 옳은 것은?

① 도어 인터로크 장치는 설치하지 않아도 된다.
② 승강로의 모든 출입구 문이 닫혀야만 카를 승강시킬 수 있다.
③ 출입구 문에 사람의 탑승금지 등의 주의사항은 부착하지 않아도 된다.
④ 로프는 일반 승강기와 같이 와이어로프 소켓을 이용한 체결을 하여야만 한다.

해설
덤웨이터 안전장치
- 모든 출입구 문이 닫혀 있지 않으면 카를 승강시킬 수 없는 안전장치를 설치
- 레일은 카와 균형추에 별도로 설치

30 기계실에서 점검할 항목이 아닌 것은?

① 제어반 및 주 개폐기　　② 가이드 롤러
③ 절연저항　　④ 제동기

해설
기계실 점검항목
- 제어반 및 주 개폐기
- 전기기기 및 케이블 절연저항
- 제동기
- 기계실 높이, 바닥, 누수 상태 등

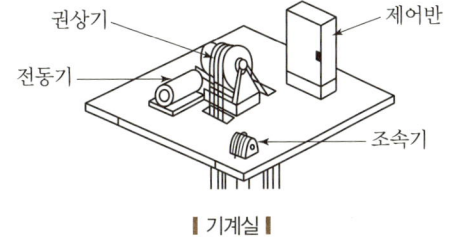

31 그림의 회로에서 전체의 저항값 R을 구하는 공식은?

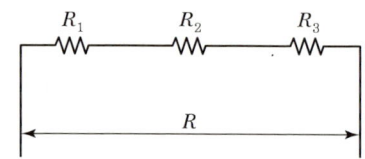

① $R = R_1 + R_2 + R_3$
② $R = \dfrac{1}{R_1} + \dfrac{1}{R_2} + \dfrac{1}{R_3}$
③ $R = \dfrac{R_1 + R_2 + R_3}{2}$
④ $R = R_1 \times R_2 \times R_3$

 해설

- 직렬 합성저항 : $R = R_1 + R_2 + R_3 \, [\Omega]$
- 병렬 합성저항 : $R = \dfrac{R_1 R_2}{R_1 + R_2} \, [\Omega]$, $R = \dfrac{1}{\dfrac{1}{R_1} + \dfrac{1}{R_2}} \, [\Omega]$

32 간접식 유압 엘리베이터의 특징이 아닌 것은?

① 실린더의 점검이 용이하다.
② 비상정지장치가 필요하다.
③ 실린더 설치를 위한 보호관이 필요하지 않다.
④ 부하에 의한 카 바닥의 빠짐이 비교적 작다.

해설

유압 엘리베이터의 특징

구분	직접식	간접식
비상정지장치	불필요	필요
보호관	지중에 시설	불필요
실린더 점검	어려움	쉬움
승강로 면적	작음	큼
부하에 의한 카 바닥 빠짐	적음	많음

33 그림과 같은 회로의 역률은 약 얼마인가?

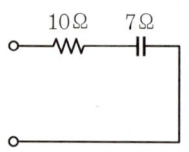

① 0.54
② 0.69
③ 0.71
④ 0.82

해설

역률 $\cos\theta$
Power Factor라고도 하며, 유효전력(실제 사용된 전력)을 피상전력(전원에서 공급되는 총전력)으로 나눈 값

$R-L$ 직렬회로에서의 역률
$$\cos\theta = \dfrac{R}{Z} = \dfrac{R}{\sqrt{R^2 + \omega L^2}} = \dfrac{10}{\sqrt{10^2 + 7^2}} = 0.82$$

34 카 문턱과 승강장 문 문턱 사이의 수평거리는 몇 mm 이하이어야 하는가?

① 12
② 15
③ 35
④ 125

해설

출입문 일반사항
- 문이 닫혀 있을 경우 문짝 간 틈새나 문짝과 문틀(측면) 또는 문짝 사이 틈새 : 6mm 이하
- 2개 이상의 카 문이 있는 경우 동시 개문 금지
- 승강장 문 및 카 문의 출입구 유효 높이 : 2m 이상
- 승강장 문의 출입구 유효 폭 : 카 출입구 폭 이상(50mm 초과 금지)
- 카 문턱과 승강장 문턱 사이의 수평거리 : 35mm 이하
- 카 문의 앞부분과 승강장 문 사이의 수평거리 : 0.12m 이하

35 엘리베이터 정전 시 승객이 안전하게 카에서 내릴 수 있도록 카를 승강장 바닥까지 내릴 수 있게 수동으로 조작할 수 있는 밸브는 무엇인가?

① 스톱 밸브
② 비상하강 밸브
③ 차단 밸브
④ 압력 릴리프 밸브

해설

비상하강 밸브
엘리베이터 정전 시 승객이 안전하게 카에서 내릴 수 있도록 카를 승강장 바닥까지 내릴 수 있게 수동으로 조작할 수 있는 밸브

36 기어의 언더컷에 관한 설명으로 틀린 것은?

① 이의 간섭현상이다.
② 접촉면적이 넓어진다.
③ 원활한 회전이 어렵다.
④ 압력각을 크게 하여 방지한다.

해설

언더컷의 마모에 의해 U홈 상태로 바뀌는 것은 면압을 감소시키고, 이로 인해 마찰력이 적어져서 미끄러짐이 발생

37 승강기의 관리 주체는 승객의 안전을 위해 승강장 문 또는 승강장 주위에 표지 또는 명판을 부착해야 하는데 '엘리베이터의 종류' 안내를 부착해야 하는 엘리베이터는 무엇인가?

① 소방구조용 엘리베이터
② 화물용 엘리베이터
③ 병원용 엘리베이터
④ 주택용 엘리베이터

해설

비상용 엘리베이터의 전원공급
- 정전 시 60초 이내에 엘리베이터 운행에 필요한 전력을 발생시킬 것
- 정전 시 2시간 이상 전원을 공급할 수 있어야 함

38 전자력 $F = BIl$[N]과 관계가 깊은 법칙은?

① 플레밍의 오른손법칙
② 오른나사의 법칙
③ 렌츠의 법칙
④ 플레밍의 왼손법칙

해설

플레밍의 왼손법칙
자기장 내에 전류가 흐르는 도체가 받는 힘의 방향을 나타내는 법칙(전동기 회전 원리)

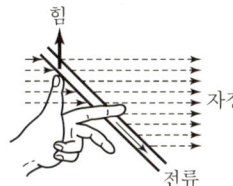

- 엄지 : F(운동 방향)
- 검지 : B(자속, 자장의 방향)
- 중지 : I(전류의 방향)

39 승강기에 적용하는 가이드레일의 규격을 결정하는 데 관계가 가장 적은 것은?

① 조속기의 속도
② 지진 발생 시 건물의 수평진동력
③ 비상정지장치 작동 시 작용할 수 있는 좌굴하중
④ 불균형한 큰 하중이 적재될 때 작용하는 회전모멘트

해설

가이드레일 결정 요소
- 비상정지장치가 작동했을 때 좌굴하중에 좌굴되는지 여부
- 지진 발생 시 수평진동력으로 레일에서 이탈하는지 여부
- 카 내 불균형한 큰 하중적재 시 걸리는 회전모멘트에 레일이 견디는지 여부

40 유압식 엘리베이터의 속도제어에서 주 회로에 유량제어 밸브를 삽입하여 유량을 직접 제어하는 회로는?

① 미터오프 회로
② 미터인 회로
③ 블리드오프 회로
④ 블리드인 회로

정답 35 ② 36 ② 37 ① 38 ④ 39 ① 40 ②

> **해설**
>
> **미터인 회로**
> - 유량제어 밸브 직접 설치
> - 유량 직접제어
> - 정확한 속도제어 가능
> - 낮은 효율

41 다음과 같은 그림기호가 의미하는 것은?

① 리밋 스위치 ② 차단기
③ 전자접촉기 주 접점 ④ 수동조작 접점

42 기계실의 작업구역에서 유효 높이는 몇 m 이상으로 하여야 하는가?

① 1.1 ② 1.8
③ 2.1 ④ 3.6

> **해설**
>
> **기계실의 구비 조건**
> - 기계실 크기 : 작업구역에서의 유효 높이는 2.1m 이상
> - 바닥면에서 200lx 이상을 비출 수 있는 영구 조명이 있을 것
> - 건축물의 다른 부분과 내화구조 또는 방화구조로 구획
> - 기계실 온도 : 실온은 원칙적으로 5~40℃ 사이 유지
> - 출입문 : 폭 0.7m 이상, 높이 1.8m 이상의 금속제이고 외부로 열릴 것
> - 출입문은 열쇠로 조작되는 잠금장치가 있을 것
> - 1개 이상의 콘센트가 있을 것

43 주차구획을 평면상에 배치하여 운반기의 왕복이동에 의하여 주차를 행하는 방식은?

① 평면왕복식 ② 다층순환식
③ 승강기식 ④ 수평순환식

> **해설**
>
> **평면왕복식 주차장치**
> 각 층에 평면으로 배치되어 있는 고정된 주차구획에 운반기에 의하여 자동차를 운반 이동하여 주차하도록 설계한 주차장치
> - 종류 : 운반식, 운반격납식 등
> - 일반적으로 빌딩의 지하 또는 상부에 설치
> - 중·대규모의 주차가 가능

44 에스컬레이터(무빙워크 포함)에서 6개월에 1회 점검하는 사항이 아닌 것은?

① 구동기의 베어링 점검
② 구동기의 감속 기어 점검
③ 중간부의 스텝 레일 점검
④ 핸드레일 시스템의 속도 점검

> **해설**
> 에스컬레이터의 핸드레일 속도 점검은 월 1회 실시

45 와이어로프의 구성요소가 아닌 것은?

① 소선 ② 심강
③ 킹크 ④ 스트랜드

> **해설**
>
> **와이어로프의 구성**
> - 소선 : 로프를 구성하는 개개의 와이어선(경강선)
> - 스트랜드 : 다수의 소선을 꼬아 합친 것
> - 심강 : 로프의 중심부로, 마닐라, 삼 등 천연섬유나 합성섬유를 꼬아 로프 모양으로 만들고 그리스를 함유시켜 소선의 방청효과와 굴곡 시 소선끼리 미끄러지는 윤활작용을 함

46 부하 1상의 임피던스가 $6+j5\,\Omega$ 인 Δ결선 회로에 200V의 전압을 가할 때 선전류는 약 몇 A인가?

① 26.8 ② 34.6
③ 44.3 ④ 58.1

> **해설**
>
> **Δ결선 회로**
> - 선간전압 = 상전압
> - 선전류는 상전류보다 위상이 30° 뒤지며, 크기는 상전류의 $\sqrt{3}$ 배
> - 선전류 = $\sqrt{3}$ × 상전류
>
> ∴ $\sqrt{3} \times \dfrac{200}{\sqrt{6+LSUP25^2}} = \sqrt{3} \times 25.6 = 44.3A$

47 유압 엘리베이터 작동유의 적정 온도 범위는?

① 30℃ 이상 70℃ 이하
② 30℃ 이상 80℃ 이하
③ 5℃ 이상 90℃ 이하
④ 5℃ 이상 60℃ 이하

48 피트에 설치되지 않는 것은?

① 인장 도르래
② 균형추
③ 완충기
④ 조속기

> **해설**
>
> **균형추**
> 승강기 카의 무게를 보상하기 위하여 설치하며 카와 반대 방향에 설치

49 승강기 안전관리자의 직무에서 일상점검 내용으로 옳지 않은 것은?

① 기계실 온도 및 환기장치의 작동 상태
② 표준부착물의 부착 상태
③ 엘리베이터 비상통화장치의 작동 상태
④ 승강기부품의 상태

50 측면 개폐 방식 승강장 도어를 나타내는 기호는?

① SO
② 2S
③ CO
④ UP

> **해설**
>
> **엘리베이터 도어 개폐 방식**
> - 측면 개폐식 : S 또는 SO(병원 등에 사용)
> - 중앙 개폐식 : CO(일반 APT에 사용)
> - 상승 개폐식 : UP(주차장, 차고 등에 사용)

51 다음 중 카 추락방지안전장치의 자체 점검 기준으로 옳지 않은 것은?

① 인장 풀리 설치 상태
② 전기안전장치 설치 및 작동 상태
③ 장치 작동 시 카의 수평도
④ 장치 설치 및 작동 상태

52 계측기의 오차 중 측정기 자체 결함과 측정 장치나 사용자에 대한 환경의 영향 등에 의한 오차는?

① 절대오차
② 과실오차
③ 계통오차
④ 우연오차

> **해설**
>
> **계통오차**
> - 계기오차 : 측정계기의 특성 때문에 발생하는 오차
> - 환경오차 : 측정할 때 온도, 습도 등 외부환경의 영향으로 발생하는 오차
> - 개인오차 : 측정자의 습관이나 선입견으로 발생하는 오차

53 무빙워크 이용자의 주의표시를 위한 표시판 또는 표지 내에 표시되는 내용이 아닌 것은?

① 손잡이를 꼭 잡으세요.
② 카트는 탑재하지 마세요.
③ 걷거나 뛰지 마세요.
④ 안전선 안에 서 주세요.

정답 47 ④ 48 ② 49 ④ 50 ① 51 ① 52 ③ 53 ②

54 다음 ( ) 안에 들어갈 내용으로 맞는 것을 묶은 것은?

> 카 내부의 유효 높이는 (㉠) 이상이어야 한다. 다만, 주택용 엘리베이터의 경우에는 (㉡) 이상으로 할 수 있으며, 자동차용 엘리베이터의 경우에는 제외한다.

① ㉠ 1.5m, ㉡ 2m
② ㉠ 1.5m, ㉡ 1.8m
③ ㉠ 2m, ㉡ 2m
④ ㉠ 2m, ㉡ 1.8m

해설

카의 유효 높이 : 2m 이상(주택용 1.8m 이상)

55 기계실을 승강로의 아래쪽에 설치하는 방식은?

① 정상부형 방식
② 횡인 구동 방식
③ 베이스먼트 방식
④ 사이드머신 방식

해설

승강기 기계실 설치장소 분류
- 기계실 상부 설치 : 오버헤드머신 방식
- 기계실 중간 설치 : 사이드머신 방식
- 기계실 하부 설치 : 베이스먼트 방식
- 기계실 없는 방식(MRL : Machine Room Less)

56 기계 부품 측정 시 각도를 측정할 수 있는 기기는?

① 사인바
② 옵티컬플랫
③ 다이얼 게이지
④ 마이크로미터

해설

② 옵티컬플랫 : 표면의 평면도를 측정하는 기구
③ 다이얼 게이지 : 면의 요철이나 축의 진폭, 기계 가공에서의 움직인 거리 등 극히 미세한 길이를 측정하는 기구
④ 마이크로미터 : 버니어 캘리퍼스보다 정밀한 측정을 요구하는 곳에 사용되며, 주로 외경, 안지름, 깊이 측정

57 에스컬레이터의 핸드레일(손잡이)은 운행 방향 반대편에서 몇 N의 힘으로 당겨도 정지되지 않아야 하는가?

① 450N
② 400N
③ 350N
④ 300N

해설

핸드레일 시스템
- 각 난간의 꼭대기에는 정상운행 조건 아래에서 스텝, 팔레트 또는 벨트의 실제 속도와 관련하여 동일 방향으로 0%에서 +2%의 공차가 있는 속도로 움직이는 핸드레일이 설치되어야 함
- 핸드레일(손잡이)은 정상운행 중 운행 방향의 반대편에서 450N의 힘으로 당겨도 정지되지 않아야 함

58 추락할 위험이 있는 장소에서 작업할 경우 사용하여야 할 보호구는 무엇인가?

① 안전화
② 방열복
③ 안전대
④ 귀마개

해설

① 안전화 : 물체의 낙하·충격, 물체에의 끼임, 감전 또는 정전기의 대전에 의한 위험이 있는 작업
② 방열복 : 고열에 의한 화상 등의 위험이 있는 작업 시 착용
④ 귀마개 : 소음으로부터 청력 보호

59 자동제어의 종류 중 피드백 제어에서 가장 중요한 장치는?

① 구동장치
② 응답속도를 빠르게 하는 장치
③ 안정도를 좋게 하는 장치
④ 입력과 출력을 비교하는 장치

해설

폐루프(피드백 제어)
- 검출부, 조절부, 조작부를 구성
- 폐루프 제어계에서는 피드백을 위한 입력과 출력을 비교하는 장치가 가장 중요

정답 54 ④ 55 ③ 56 ① 57 ① 58 ③ 59 ④

60 승강기의 주 로프 로핑(Rapping) 방법에서 로프의 장력은 부하 측(카 및 균형추) 중력의 1/2로 되며, 부하 측의 속도가 로프 속도의 1/2이 되는 로핑 방법은 어느 것인가?

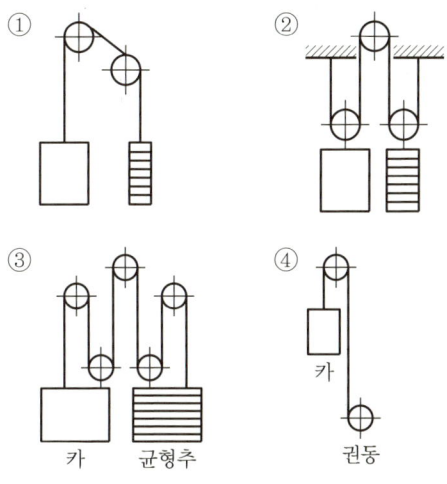

해설

2 : 1 로핑
- 1 : 1 로핑 장력의 1/2이 됨
- 시브에 걸리는 부하도 1 : 1의 1/2이 됨
- 기어식 권상기에서는 30m/min 미만의 엘리베이터에서 많이 사용

정답 60 ②

2020년 5회 기출문제

01 교류 엘리베이터의 제어 방법이 아닌 것은?

① 워드 레오나드 방식제어
② 교류 일단속도제어
③ 가변전압가변주파수제어
④ 교류 귀환제어

해설

엘리베이터의 제어 방법

교류제어	직류제어
• 교류 1단 제어 • 교류 2단 제어 • 교류 귀환제어 • 가변전압가변주파수제어 (VVVF)	• 워드 레오나드 (Ward Leonard) 방식 • 정지 레오나드 (Static Leonard) 방식

02 3~8대의 승강기를 병설할 경우 적당한 조작 방식은?

① 단식자동식
② 하강 전자동식
③ 군승합 자동식
④ 군관리 방식

해설

군관리 방식
• 엘리베이터가 3~8대 병설
• 수요에 따라 운전대응
• 운영서비스 효율 향상
• 에너지 세이빙

03 피트에 설치되지 않는 것은?

① 인장 도르래
② 조속기
③ 완충기
④ 균형추

해설

균형추
카의 반대 측 로프에 매단 중량물로 카의 상하 이동 시 중량의 균형을 이루기 위해 설치

04 엘리베이터의 도어 시스템에 관한 설명 중 틀린 것은?

① 승강장 도어 로크 장치와는 별도로 카 도어 로크 장치를 설치하는 것도 허용된다.
② 승강장 도어는 비상시를 대비하여 일반 공구로 쉽게 열리도록 한다.
③ 승강기 도어용 모터로 직류 모터뿐만 아니라 교류 모터도 사용된다.
④ 자동차용이나 대형화물용 엘리베이터는 상하 개폐 방식이 많이 사용된다.

해설

승강장 도어
열쇠(비상용 열쇠)는 특수한 것으로 해야 하고 일반 공구로 열리지 못하도록 해야 함

05 전선의 길이를 고르게 2배로 늘리면 단면적은 1/2로 된다. 이때의 저항은 처음의 몇 배가 되는가?

① 4배
② 3배
③ 2배
④ 1.5배

해설

전기저항 $R = \rho \dfrac{l}{A}[\Omega]$

여기서, l : 도선의 길이(m)
A : 도선의 단면적(m²)
ρ : 고유저항(Ω·m)

$\therefore R = \rho \dfrac{l}{A} = \dfrac{2}{\frac{1}{2}} = 4$배

정답 01 ① 02 ④ 03 ④ 04 ② 05 ①

06 에스컬레이터의 구동 전동기의 용량을 결정하는 요소로 거리가 가장 먼 것은?

① 속도
② 경사각도
③ 적재하중
④ 디딤판의 높이

> **해설**

에스컬레이터 전동기 용량

$$P = \frac{G \cdot V \cdot \sin\theta}{6{,}120 \cdot \eta} \times \beta \, [\text{kW}]$$

여기서, P : 전동기 용량(kW)
G : 적재하중(kg)
V : 속도(m/min)
θ : 경사각(°)
η : 에스컬레이터 총효율
β : 승객 승입률(0.85)

07 스크루(Screw) 펌프에 대한 설명으로 옳은 것은?

① 나사로 된 로터가 서로 맞물려 돌 때, 축 방향으로 기름을 밀어내는 펌프
② 2개의 기어가 회전하면서 기름을 밀어내는 펌프
③ 케이싱의 캠링 속에 편심한 로터에 수개의 베인이 회전하면서 밀어내는 펌프
④ 2개의 플런저를 동작시켜서 밀어내는 펌프

> **해설**

② 기어 펌프
③ 베인 펌프
④ 복동 플런저 펌프

08 되먹임 제어에서 가장 필요한 장치는?

① 입력과 출력을 비교하는 장치
② 응답속도를 느리게 하는 장치
③ 응답속도를 빠르게 하는 장치
④ 안정도를 좋게 하는 장치

> **해설**

되먹임 제어

- 입력신호와 출력신호를 비교하여 오차를 다시 입력신호로 보내 제어하며, 입력과 출력신호를 비교하는 비교장치가 필수
- 회전운동을 직선운동, 왕복운동, 진동 등으로 변환하는 장치

09 엘리베이터의 권상기에서 일반적으로 저속용에는 적은 용량의 전동기를 사용하여 큰 힘을 내도록 하는 동력전달 방식은?

① 웜 및 웜 기어
② 헬리컬 기어
③ 스퍼 기어
④ 피니언과 랙 기어

> **해설**

웜 기어의 특징

장점	단점
• 부하용량이 큼 • 큰 감속비를 얻을 수 있음 (1/10~1/100) • 소음과 진동이 적음 • 역전 방지 가능	• 미끄럼이 크고 교환성이 없음 • 진입각이 작으면 효율이 낮음 • 웜 휠은 연삭 가능 • 추력 발생 • 가격이 고가

10 훅의 법칙을 옳게 설명한 것은?

① 응력과 변형률은 반비례 관계이다.
② 응력과 탄성계수는 반비례 관계이다.
③ 응력과 변형률은 비례 관계이다.
④ 응력과 탄성계수는 비례 관계이다.

> **해설**

훅의 법칙

비례한도 내에서 응력과 응력에 의해 생기는 변형률은 비례

응력도(σ) = 탄성계수(E) × 변형률(ε)

정답 06 ④ 07 ① 08 ① 09 ① 10 ③

11 간접식 유압 엘리베이터의 특징이 아닌 것은?

① 부하에 의한 카의 빠짐이 비교적 작다.
② 실린더의 점검이 쉽다.
③ 승강로는 실린더를 수용할 부분만큼 더 커지게 된다.
④ 비상정지장치가 필요하다.

해설

직접식과 간접식 비교

구분	직접식	간접식
비상정지장치	불필요	필요
보호관	필요(지중시설)	불필요
실린더 점검	어려움(지중시설)	쉬움
승강로 면적	작음(지중시설)	큼
부하에 의한 카 바닥 빠짐	적음	많음

12 작업자의 재해 예방에 대한 일반적인 대책으로 맞지 않는 것은?

① 계획의 작성
② 엄격한 작업감독
③ 위험요인의 발굴 대처
④ 작업지시에 대한 위험예지의 실시

해설

재해 예방의 원칙
- 손실우연
- 예방가능
- 원인연계
- 대책선정

13 구동체인이 늘어나거나 절단되었을 경우 아래로 미끄러지는 것을 방지하는 안전장치는?

① 스텝체인 안전장치
② 정지 스위치
③ 인입구 안전장치
④ 구동체인 안전장치

해설

구동체인 안전장치
- 체인이 늘어나거나 절단되었을 경우 동작
- 동력을 차단하고 역회전을 기계적으로 방지한 후 전기적으로 전원을 차단

14 18-8 스테인리스강의 특징에 대한 설명 중 틀린 것은?

① 내식성이 뛰어나다.
② 녹이 잘 슬지 않는다.
③ 자성체의 성질을 갖는다.
④ 크롬 18%와 니켈 8%를 함유한다.

해설

18-8 스테인리스강의 특징
- 녹이 잘 슬지 않음
- 내식성이 뛰어남
- 크롬 18%와 니켈 8%를 함유
- 자성체의 성질을 갖지 않음

15 피트 정지 스위치의 설명으로 틀린 것은?

① 이 스위치가 작동하면 문이 반전하여 열리도록 하는 기능을 한다.
② 점검자나 검사자의 안전을 확보하기 위해서는 작업 중 카의 움직임을 방지하여야 한다.
③ 수동으로 조작되고 스위치가 열리면 전동기 및 브레이크에 전원 공급이 차단되어야 한다.
④ 보수·점검 및 검사를 위해 피트 내부의 '정지' 위치로 두어야 한다.

해설

피트 정지 스위치
- 피트 내부로 보수점검 및 검사를 위하여 들어가기 전에 피트 정지 스위치를 정지 위치로 함으로써 작업 중 카가 움직이는 것을 방지
- 승강기의 전동기 및 제동기에 전력이 차단됨
- 수동조작장치

16 주차구획을 평면상에 배치하여 운반기의 왕복이동에 의하여 주차를 행하는 방식은?

① 평면왕복식 ② 다층순환식
③ 승강기식   ④ 수평순환식

해설

평면왕복식 주차장치
각 층에 평면으로 배치되어 있는 고정된 주차구획에 운반기에 의하여 자동차를 운반 이동하여 주차하도록 설계한 주차장치

- 종류 : 운반식, 운반격납식 등
- 일반적으로 빌딩의 지하 또는 상부에 설치
- 중·대규모의 주차가 가능

17 엘리베이터의 속도가 규정치 이상이 되었을 때 작동하여 동력을 차단하고 비상정지를 작동시키는 기계장치는?

① 구동기   ② 조속기
③ 완충기   ④ 도어 스위치

해설

조속기 기능
- 카의 속도 검출
- 속도 115% 이상 동작
- 카의 속도 및 가속도 검출
- 비상정지장치 동작
- 자동동작 수동복귀

18 펌프의 출력에 대한 설명으로 옳은 것은?

① 압력과 토출량에 비례한다.
② 압력과 토출량에 반비례한다.
③ 압력에 비례하고, 토출량에 반비례한다.
④ 압력에 반비례하고, 토출량에 비례한다.

19 소방용 엘리베이터의 정전 시 예비전원의 기능에 대한 설명으로 옳은 것은?

① 30초 이내에 엘리베이터 운행에 필요한 전력용량을 자동적으로 발생하여 1시간 이상 작동하여야 한다.
② 40초 이내에 엘리베이터 운행에 필요한 전력용량을 자동적으로 발생하여 1시간 이상 작동하여야 한다.
③ 60초 이내에 엘리베이터 운행에 필요한 전력용량을 자동적으로 발생하여 2시간 이상 작동하여야 한다.
④ 90초 이내에 엘리베이터 운행에 필요한 전력용량을 자동적으로 발생하여 2시간 이상 작동하여야 한다.

해설

소방용 승강기 기본 요건
- 폭 1,100mm, 깊이 1,400mm 이상
- 출입구 유효 폭은 800mm 이상
- 60초 이내 가장 먼 층에 도착
- 운행속도는 1m/s 이상
- 비상구출문 0.5m×0.7m 이상
- 정전 시 60초 이내 전원 공급
- 비상전원은 2시간 이상 작동

20 와이어로프 클립(Wire Rope Clip)의 체결 방법으로 옳은 것은?

①  ②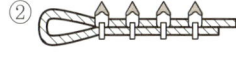
③  ④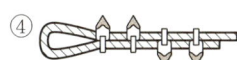

해설

클립 체결 방법
- 3개 이상 체결
- 클립 사이 거리 로프직경의 5배 이상
- U볼트(U-Bolt) 부분이 절단된 로프 쪽 설치

정답 16 ① 17 ② 18 ① 19 ③ 20 ②

21 릴리프 밸브에 대한 설명으로 옳은 것은?

① 유체를 배출함으로써 미리 설정된 값 이하로 압력을 제한하는 밸브
② 과도하게 유체 흐름이 증가하여 밸브를 통과하는 압력이 떨어지는 경우 자동으로 차단
③ 모든 방향의 유체 흐름을 허용하거나 차단할 수 있는 양 방향 수동 밸브
④ 한 방향으로만 유체를 흐르게 하는 밸브

[해설]

릴리프 밸브(Relief Valve)
- 압력배관을 보호하기 위해 압력을 제한하는 밸브
- 압력이 사용압력의 125% 이상 상승하면 바이패스(Bypass) 회로를 열어 기름을 탱크로 돌려보내 추가 압력상승을 방지
- 전 부하 압력의 140%까지 제한

22 전기식 엘리베이터 로프는 공칭직경 몇 mm 이상으로 몇 가닥 이상이어야 하는가?

① 8mm, 2가닥 ② 8mm, 3가닥
③ 12mm, 2가닥 ④ 12mm, 3가닥

[해설]

현수(주) 로프
- 공칭직경이 8mm 이상
- 2가닥 이상
- 공칭직경비 40 이상
- 안전율 12 이상(체인 10 이상)
- 파단하중의 80% 이상

23 입력신호 A, B가 모두 '1'일 때만 출력값이 '1'이 되고 그 이외에는 출력값이 '0'이 되는 회로는?

① AND 회로 ② OR 회로
③ NOT 회로 ④ NOR 회로

[해설]

AND 회로(논리곱)
- 모든 입력(1)이 있을 때만 출력(1)이 나타나는 회로
- 시퀀스의 직렬 스위치 회로와 같음
- 논리식 : $X = A \cdot B = AB$
- 논리기호

(입력)   (출력)

24 회전축에서 베어링과 접촉하고 있는 부분을 무엇이라고 하는가?

① 핀 ② 체인
③ 베어링 ④ 저널

[해설]

베어링과 접촉하고 있는 축 부분을 저널(Journal)이라고 함

25 에스컬레이터의 층고가 6m 이하일 때의 경사도는 몇 ° 이하로 할 수 있는가?

① 15° ② 25°
③ 35° ④ 45°

[해설]

층고가 6m 이하이고 공칭속도가 0.5m/s 이하인 경우 경사도는 35°까지 가능

26 공작물을 제작할 때 공차범위라고 하는 것은?

① 영점과 최대허용치수의 차이
② 영점과 최소허용치수의 차이
③ 오차가 전혀 없는 정확한 치수
④ 최대허용치수와 최소허용치수의 차이

[해설]

공차
기준값에 대한 최대허용값과 최소허용값의 차이

27 승객의 구출 및 구조를 위한 카 상부 비상구출문의 크기는 얼마 이상이어야 하는가?

① 0.2m×0.2m
② 0.4m×0.5m
③ 0.5m×0.5m
④ 0.25m×0.3m

> **해설**
>
> 천장 비상구출문
> - 0.4m×0.5m 이상
> - 카 밖으로 열릴 것
> - 내부 : 삼각열쇠 이용
> - 외부 : 열쇠 없이 열림

28 재해의 발생 순서로 옳은 것은?

① 이상 상태 – 불안전 행동 및 상태 – 사고 – 재해
② 이상 상태 – 사고 – 불안전 행동 및 상태 – 재해
③ 이상 상태 – 재해 – 사고 – 불안전 행동 및 상태
④ 재해 – 이상 상태 – 사고 – 불안전 행동 및 상태

> **해설**
>
> 재해 발생 순서
> 유전적 요소 및 환경 → 인적 결함 → 불안전한 행동 및 상태 → 사고 → 재해

29 기계실의 위치에 의한 엘리베이터 분류에서 기계실을 승강로의 아래쪽 방향에 설치하는 방식은?

① 기어드 방식
② 횡인구동 방식
③ 베이스먼트 방식
④ 사이드머신 방식

> **해설**
>
> 기계실 위치에 따른 방식
> - 기계실 하부 설치 : 베이스먼트 방식
> - 기계실 상부 설치 : 오버헤드머신 방식
> - 기계실 중간 설치 : 사이드머신 방식

30 에스컬레이터(무빙워크 포함)에서 6개월에 1회 점검하는 사항이 아닌 것은?

① 구동기의 베어링 점검
② 구동기의 감속 기어 점검
③ 중간부의 스텝 레일 점검
④ 핸드레일 시스템의 속도 점검

> **해설**
>
> 에스컬레이터의 핸드레일 속도 점검은 월 1회 주기로 실시

31 레일의 규격호칭은 소재 1m 길이당 중량을 라운드 번호로 하여 레일에 붙여 쓰고 있다. 일반적으로 쓰이고 있는 T형 레일의 공칭이 아닌 것은?

① 8K 레일
② 13K 레일
③ 16K 레일
④ 24K 레일

> **해설**
>
> 가이드레일의 규격
> - 1m당 중량으로 표시
> - 레일의 표준길이는 5m
> - 공칭규격 : 8, 13, 18, 24, 30K

32 전력용 반도체 스위치의 온-오프 특성에 대한 설명으로 옳은 것은?

① GTO는 음의 게이트 전류 펄스에 의하여 턴오프가 가능하다.
② SCR은 게이트에 트리거 전압 이상의 충분한 전압을 인가해 주면 턴온된다.
③ MOSFET는 드레인 전류로 제어하고, 스위칭 속도가 느리며 수백 Hz 이하이다.
④ IGBT는 전류 제어소자로서 게이트와 이미터 사이의 전류 크기로 컬렉터 전류를 스위칭한다.

> **해설**
>
> ② SCR(사이리스터) : 제어단자(G)로부터 음극에 전류를 흘리는 것으로, 양극과 음극 사이를 도통시킬 수 있는 3단자의 반도체 소자

정답 27 ② 28 ① 29 ③ 30 ④ 31 ③ 32 ①

③ MOSFET : 금속 산화막 반도체 전계효과 트랜지스터로 게이트 전압으로 소스와 드레인 사이의 전류를 제어
④ IGBT : 입력부가 MOSFET 구조로 출력부가 바이폴라 구조인 복합 디바이스로 전자와 정공의 2종류 캐리어를 사용, 고속 스위칭 특성과 대전류 제어 가능

33 기동과 주행은 고속권선으로 하고 감속과 착상은 저속으로 하며, 착상지점에 근접하면 모든 접점을 끊고 동시에 브레이크를 거는 제어 방식은?

① VVVF 제어 방식
② 교류 1단 제어 방식
③ 교류 2단 제어 방식
④ 교류귀환 제어 방식

해설

교류 엘리베이터의 속도제어 방식
- 교류 2단 속도제어 방식 : 기동과 주행은 고속권선으로 하고 감속과 착상은 저속권선으로 함
- 교류 1단 속도제어 방식 : 가장 간단한 제어 방식으로 정지할 때는 전원을 끊은 후 제동기에 의해서 기계적으로 브레이크를 거는 방식
- 교류귀환 제어 방식 : 카의 실속도와 지령속도를 비교하여 사이리스터의 점호각을 바꿔 유도 전동기의 속도를 제어하는 방식으로 미리 정해진 지령속도에 따라 정확하게 제어되므로, 승차감 및 착상 정도 모두가 1 · 2단 제어보다 좋음
- VVVF(가변전압 가변주파수) 제어 방식 : 유도 전동기에 인가되는 전압과 주파수를 동시에 변환시켜 직류 전동기와 동등한 제어성능을 얻을 수 있는 방식으로 3상의 교류는 컨버터로 일단 DC전원으로 변환하고 재차 가변전압 및 가변주파수의 3상 교류로 변환하여 전동기에 급전함

34 와이어로프의 구성요소가 아닌 것은?

① 소선
② 킹크
③ 심강
④ 스트랜드

해설

와이어로프의 구성
- 소선 : 로프를 구성하는 개개의 와이어선(경강선)
- 스트랜드 : 다수의 소선을 꼬아 합친 것
- 심강 : 로프의 중심부로, 마닐라, 삼 등 천연섬유나 합성섬유를 꼬아 로프 모양으로 만들고 그리스를 함유시켜 소선의 방청효과와 굴곡 시 소선끼리 미끄러지는 윤활작용을 함

35 제어량을 어떤 일정한 목푯값으로 유지하는 것을 목적으로 하는 제어는?

① 추종 제어
② 비율 제어
③ 정치 제어
④ 프로그램 제어

해설

정치 제어
- 목표치가 시간의 변화에 관계없이 일정하게 유지되는 제어로서 자동조정이라고 함
- 프로세스 제어, 발전소의 자동 전압조정, 보일러의 자동 압력조정, 터빈의 속도 제어 등

36 정지되어 있는 물체에 부딪쳤을 때의 재해 발생 형태는?

① 추락
② 낙하
③ 충돌
④ 전도

해설

재해 발생 형태
- 추락 : 사람이 건축물, 기계, 비계, 사다리, 계단 등에서 떨어지는 것
- 충돌 : 작업자가 정지된 물체에 부딪힌 경우
- 전도 : 사람이 평면상에 넘어졌을 때
- 낙하, 비래 : 작업자가 떨어지거나 날아오는 물체에 맞았을 경우
- 협착 : 두 물체 사이 또는 움직이는 물체와 고정된 물체 사이에 끼임 사고
- 감전 : 전기 접촉이나 방전에 의해 사람이 충격을 받은 경우

37 유압식 엘리베이터의 속도제어에서 주 회로에 유량제어 밸브를 삽입하여 유량을 직접 제어하는 회로는?

① 미터오프 회로 ② 미터인 회로
③ 블리드오프 회로 ④ 블리드인 회로

> **해설**
> **미터인 회로**
> - 유량제어 밸브 직접 설치
> - 유량 직접제어
> - 정확한 속도제어 가능
> - 낮은 효율

38 문짝수는 2이고 문은 측면 개폐 방식일 경우를 기호로 나타낸 것은?

① 1S ② 2S
③ 1CO ④ 2CO

> **해설**
> **승강기의 표시 방법**
>
> | P20 − CO 150 − 10S |
> |---|
>
> - P : 로프식 일반 승용
> - 20 : 인승
> - CO : 중앙개폐식
> - 150 : 속도
> - 10S : 정지층수

39 3상 유도 전동기를 역회전 동작시키고자 할 때의 대책으로 옳은 것은?

① 퓨즈를 조사한다.
② 전동기를 교체한다.
③ 3선을 모두 바꾸어 결선한다.
④ 3선의 결선 중 임의의 2선을 바꾸어 결선한다.

40 균형체인과 균형로프의 점검사항이 아닌 것은?

① 이상 소음이 있는지 점검
② 이완 상태가 있는지 점검
③ 연결 부위의 이상 마모가 있는지 점검
④ 양쪽 끝단은 카의 양측에 균등하게 연결되어 있는지 점검

41 스텝 폭 0.8m, 공칭속도 0.75m/s인 에스컬레이터로 수송할 수 있는 최대 인원의 수는 시간당 몇 명인가?

① 3,600 ② 4,800
③ 6,000 ④ 6,600

> **해설**
> **난간 폭별 최대 수송능력**
>
> | 디딤판 폭 (m) | 공칭속도 v(m/s) | | |
> |---|---|---|---|
> | | 0.5 | 0.65 | 0.75 |
> | 0.6 | 3,600명/h | 4,400명/h | 4,900명/h |
> | 0.8 | 4,800명/h | 5,900명/h | 6,600명/h |
> | 1 | 6,000명/h | 7,300명/h | 8,200명/h |

42 로프의 미끄러짐 현상을 줄이는 방법으로 틀린 것은?

① 권부각을 크게 한다.
② 카 자중을 가볍게 한다.
③ 가감속도를 완만하게 한다.
④ 균형체인이나 균형로프를 설치한다.

> **해설**
> **로프의 미끄러짐 방지 대책**
> - 권부각을 크게 할 것
> - 가속 및 감속을 작게 할 것
> - 균형체인 및 균형로프 적용
> - 큰 마찰계수 적용
> - 출입문은 열쇠로 조작되는 잠금장치가 있을 것
> - 1개 이상의 콘센트가 있을 것

정답 37 ② 38 ② 39 ④ 40 ④ 41 ④ 42 ②

43 직류발전기의 기본 구성요소에 속하지 않는 것은?

① 계자 ② 보극
③ 전기자 ④ 정류자

44 훅의 법칙에서 응력을 제거하면 원래로 돌아오는 구간은?

① 탄성한계 ② 비례한계
③ 항복점 ④ 종국응력

> **해설**
> ② 비례한계 : 응력과 변형률 사이 비례관계가 성립하는 최대점
> ③ 항복점 : 응력을 제거해도 변형이 남아 있는 구간
> ④ 종국응력 : 재료가 파단되기 전 견디는 최대 응력

45 다음 중 기어의 특징이 아닌 것은?

① 동력 전달이 확실하다.
② 정밀도가 높다.
③ 기계적 강도가 크다.
④ 호환성이 낮다.

46 부하 1상의 임피던스가 $6+j5\,\Omega$ 인 Δ 결선 회로에 200V의 전압을 가할 때 선전류는 약 몇 A인가?

① 26.8 ② 34.6
③ 44.3 ④ 58.1

> **해설**
> **Δ결선 회로**
> • 선간전압=상전압
> • 선전류는 상전류보다 위상이 30° 뒤지며, 크기는 상전류의 $\sqrt{3}$ 배
> • 선전류=$\sqrt{3}$×상전류
> $\therefore \sqrt{3} \times \dfrac{200}{\sqrt{6^2+5^2}} = \sqrt{3} \times 25.6 = 44.3A$

47 유압 엘리베이터 작동유의 적정 온도 범위는?

① 30℃ 이상 70℃ 이하
② 30℃ 이상 80℃ 이하
③ 5℃ 이상 90℃ 이하
④ 5℃ 이상 60℃ 이하

48 매다는 장치 중 체인에 의해 구동되는 엘리베이터의 경우 그 장치의 안전율이 최소 얼마 이상이어야 하는가?

① 7 ② 8
③ 9 ④ 10

49 승강기 안전관리자의 직무에서 일상점검내용으로 옳지 않은 것은?

① 기계실 온도 및 환기장치의 작동 상태
② 표준부착물의 부착 상태
③ 엘리베이터 비상통화장치의 작동 상태
④ 승강기부품의 상태

50 구름베어링의 특징에 관한 설명으로 틀린 것은?

① 설치가 까다롭다.
② 마찰저항이 작다.
③ 고속회전이 가능하다.
④ 충격에 강하다.

> **해설**
> **구름베어링**
> • 접촉면에 볼 또는 롤러를 사용하는 베어링
> • 미끄럼베어링보다 마찰손실이 적음
> • 윤활이나 보수가 용이
> • 큰 하중 및 충격에 약함

정답 43 ② 44 ① 45 ④ 46 ③ 47 ④ 48 ④ 49 ④ 50 ④

51 기계·기구 또는 설비의 신설 또는 변경, 고장, 수리 등으로 비정기적인 점검은 무엇인가?

① 정기점검
② 수시점검(일상점검)
③ 특별점검
④ 임시점검

해설

점검의 종류
- 정기점검
  - 일정 기간마다 실시
  - 매주, 매월, 매 분기 등 법적 기준에 맞도록 또는 자체 기준에 따라 해당 책임자가 실시
- 수시점검(일상점검)
  - 매일 작업 전, 작업 중, 작업 후에 일상적으로 실시하는 점검
  - 작업자, 작업책임자, 관리감독자가 행하는 사업주의 순찰도 넓은 의미에서 포함
- 특별점검
  - 기계·기구 또는 설비의 신설·변경 또는 고장·수리 등으로 비정기적인 점검
  - 기술책임자가 수행
- 임시점검
  - 기계·기구 또는 설비의 이상 발견 시에 임시로 실시하는 점검
  - 정기점검 실시 후 다음 정기점검일 이전에 임시로 실시

52 계측기의 오차 중 측정기 자체 결함과 측정장치나 사용자에 대한 환경의 영향 등에 의한 오차는?

① 절대오차
② 과실오차
③ 계통오차
④ 우연오차

해설

계통오차
- 계기오차 : 측정계기의 특성 때문에 발생하는 오차
- 환경오차 : 측정할 때 온도, 습도 등 외부환경의 영향으로 발생하는 오차
- 개인오차 : 측정자의 습관이나 선입견으로 발생하는 오차

53 근육의 경련 및 수축이 일어나며 의지대로 움직일 수 없는 감전 종류는?

① 감지전류
② 한계전류
③ 불수전류
④ 심실세동전류

해설

감전의 종류
- 감지전류 : 인체감지
- 한계전류 : 고통수반
- 불수전류 : 근육경련
- 심실세동전류 : 심장마비

54 추락할 위험이 있는 장소에서 작업할 경우 사용하여야 할 보호구는 무엇인가?

① 안전화
② 방열복
③ 안전대
④ 귀마개

해설

① 안전화 : 물체의 낙하·충격, 물체에의 끼임, 감전 또는 정전기의 대전에 의한 위험이 있는 작업
② 방열복 : 고열에 의한 화상 등의 위험이 있는 작업 시 착용
④ 귀마개 : 소음으로부터 청력 보호

55 $R-L-C$ 직렬회로에서 최대전류가 흐르게 되는 조건은?

① $\omega L^2 - \dfrac{1}{\omega C} = 0$
② $\omega L^2 + \dfrac{1}{\omega C} = 0$
③ $\omega L - \dfrac{1}{\omega C} = 0$
④ $\omega L + \dfrac{1}{\omega C} = 0$

해설

직렬공진 특징
- 임피던스 : 최소
- 전류 : 최대
- 공진 조건 : $\omega L - \dfrac{1}{\omega C} = 0$

정답 51 ③ 52 ③ 53 ③ 54 ③ 55 ③

56 기계실에는 바닥면에서 몇 lx 이상을 비출 수 있는 영구적으로 설치된 전기 조명이 있어야 하는가?

① 2
② 50
③ 100
④ 200

> 해설
>
> **승강기 조도**
> - 카 지붕 위 1m : 50lx
> - 피트 바닥 위 1m : 50lx
> - 기계실 이동공간 : 50lx
> - 기계실 작업공간 : 200lx

57 유압식 엘리베이터의 자체 점검 시 피트에서 하는 점검항목 장치가 아닌 것은?

① 체크 밸브
② 램(플런저)
③ 이동케이블 및 부착부
④ 하부 파이널 리밋 스위치

> 해설
>
> ① 체크 밸브는 기계실에서 실시

58 유압식 엘리베이터의 카 문턱에는 승강장 유효 출입구 전폭에 걸쳐 에이프런이 설치되어야 한다. 수직면의 아랫부분은 수평면에 대해 몇 ° 이상으로 아래 방향을 향하여 구부러져야 하는가?

① 15°
② 30°
③ 45°
④ 60°

> 해설
>
> **에이프런**
> - 승강장 유효출입구 폭 이상
> - 승강로 방향으로 60° 이상, 길이는 20mm 이상
> - 수직 부분 높이는 0.75m 이상

59 에스컬레이터의 스커트 가드판과 스텝 사이에 인체의 일부나 옷, 신발 등이 끼었을 때 에스컬레이터를 정지시키는 안전장치는?

① 스텝체인 안전장치
② 구동체인 안전장치
③ 핸드레일 안전장치
④ 스커트 가드 안전장치

> 해설
>
> **스커트 가드 안전스위치**
> 스커트 가드판과 스텝 사이에 힘이 가해지면 안전스위치가 작동

60 엘리베이터용 트랙션식 권상기의 특징이 아닌 것은?

① 소요동력이 작다.
② 균형추가 필요 없다.
③ 행정거리에 제한이 없다.
④ 권과를 일으키지 않는다.

> 해설
>
> **트랙션식 권상기**
> - 견인비에 따른 균형추가 요구됨
> - 균형추를 사용하여 동력이 작아짐
> - 로프를 사용하므로 거리 제한이 없음

정답 56 ④ 57 ① 58 ④ 59 ④ 60 ②

2021년 1회 기출문제

01 소형, 저속의 엘리베이터에서 로프에 걸리는 장력이 없어져 휘어짐이 생겼을 때 즉시 운전회로를 차단하고 추락방지안전장치를 작동시키는 것으로 과속조절기를 대체할 수 있는 장치는?

① 슬랙 로프 세이프티
② 플렉시블 웨지 클램프
③ 플렉시블 가이드 클램프
④ 점차 작동형 추락방지안전장치

해설

추락방지안전장치
- 즉시 작동형 추락방지안전장치 : 주행안내 레일에서 즉각적으로 충분한 제동 작용을 하는 추락방지안전장치
- 완충효과가 있는 즉시 작동형 추락방지안전장치 : 주행안내 레일에서 거의 즉각적으로 충분한 제동 작용을 하는 추락방지안전장치나 카 또는 균형추에서의 반작용이 중간의 완충시스템에 의해 제한되는 추락방지안전장치
- 점차 작동형 추락방지안전장치 : 주행안내 레일에서 제동 작용에 의해 감속을 주는 추락방지안전장치로 허용 가능한 값까지 카 또는 균형추의 작용하는 힘을 제한하기 위해 만들어진 안전장치

02 매다는 장치 중 체인에 의해 구동되는 엘리베이터의 경우 그 장치의 안전율이 최소 얼마 이상이어야 하는가?

① 7
② 8
③ 9
④ 10

03 에스컬레이터의 특징으로 틀린 것은?

① 기다리는 시간 없이 연속적으로 수송이 가능하다.
② 백화점과 마트 등 설치 장소에 따라 구매의욕을 높일 수 있다.
③ 전동기 기동 시 대전류에 의한 부하전류의 변화가 엘리베이터에 비하여 많아 전원설비 부담이 크다.
④ 건축상으로 점유면적이 적고 기계실이 필요하지 않으며, 건물에 걸리는 하중이 각 층에 분산되어 있다.

해설

에스컬레이터의 특징
- 대기시간이 거의 없고 엘리베이터에 비해 약 10배의 연속수송 가능
- 점유면적이 작음
- 기계실로 별도의 공간이 필요 없음
- 부하 전류의 변화가 작아 전원 설비 부담이 비교적 작음

04 일반적으로 기계실이 있는 엘리베이터에서 기계실에 설치되는 부품은?

① 완충기
② 균형추
③ 과속조절기
④ 리밋 스위치

해설

과속조절기(조속기)
- 카의 속도를 검출하는 장치로 원심력에 의해 작동
- 과속스위치는 수동으로 복귀되며, 양 방향(상승, 하강)에서 작동되어야 함

조속기의 동작
- 카 비상정지장치의 작동을 위한 조속기는 정격속도의 115% 이상의 속도에서 동작되어야 함
- 조속기 로프의 직경은 6mm 이상

05 엘리베이터에서 카 또는 승강장 출입구 문턱부터 아래로 평탄하게 내려진 수직부분의 앞 보호판을 나타내는 용어는?

① 슬링
② 피트
③ 스프라켓
④ 에이프런

정답 01 ① 02 ④ 03 ③ 04 ③ 05 ④

> **해설**

에이프런
- 승강장 또는 카 출입구의 문턱으로부터 아래로 내려진 평탄한 수직 부분
- 카 문턱에는 에이프런이 설치될 것
- 폭은 마주하는 승강장 유효출입구의 전체 폭 이상
- 하단 모서리 부분은 수평면에 대해 승강로 방향으로 60° 이상 구부러질 것(구부러진 곳의 수평면에 대한 투영길이는 20mm 이상)
- 수직부분 높이 : 0.75m 이상(주택용 0.54m 이상)

06 다음 중 교류 엘리베이터의 속도제어 방식에 속하지 않는 것은?

① 가변전압 가변주파수 제어(VVVF 제어)
② 교류 귀환제어
③ 교류 1단 속도제어
④ 워드 레오나드 방식

> **해설**

승강기의 교류 속도제어
- 교류 1단 속도제어
- 교류 2단 속도제어
- 교류 귀환 속도제어
- VVVF(가변전압 가변주파수) 제어

07 기계실 작업구역의 유효 높이는 최소 몇 m 이상이어야 하는가?

① 1.6m   ② 1.8m
③ 2.1m   ④ 2.5m

> **해설**

기계실 구비조건
- 건축물의 다른 부분과 내화구조 또는 방화구조로 구획
- 기계실 크기 : 작업구역에서의 유효 높이는 2.1m 이상
- 바닥면에서 200lx 이상을 비출 수 있는 영구 조명이 있을 것
- 기계실 온도 : 실온은 원칙적으로 5~40℃ 사이 유지
- 출입문 : 폭 0.7m 이상, 높이 1.8m 이상의 금속제이고 외부로 열릴 것
- 출입문은 열쇠로 조작되는 잠금장치가 있을 것
- 1개 이상의 콘센트가 있을 것

08 미리 설정한 방향으로 설정치를 초과한 상태로 과도하게 유체 흐름이 증가하여 밸브를 통과하는 압력이 떨어지는 경우 자동으로 차단하도록 설계된 밸브는?

① 체크 밸브   ② 럽처 밸브
③ 스톱 밸브   ④ 릴리프 밸브

> **해설**

① 체크 밸브(Check Valve) : 유체를 한쪽 방향으로만 흐르게 하고 반대 방향으로는 흐르지 못하도록 하는 밸브로 액체의 역류 방지
③ 스톱 밸브(Stop Valve) : 실린더의 기름이 파워 유닛으로 역류하는 것을 방지
④ 릴리프 밸브(Relief Valve) : 압력배관을 보호하기 위해 압력을 제한하는 밸브

09 트랙션비(Traction Ratio)에 대한 설명으로 맞는 것은?

① 카 측 로프에 걸린 중량과 균형추 측 로프에 걸린 중량의 합을 말한다.
② 무부하와 전부하 상태 모두 측정하여 트랙션비는 1.0 이하이어야한다.
③ 카 측과 균형추 측의 중량 차이를 크게 할수록 로프의 수명이 길어진다.
④ 일반적으로 트랙션비가 작으면 전동기의 출력을 작게 할 수 있다.

> **해설**

견인비(Traction Ratio)
- 권상기 시브를 기준으로 카 측 로프가 매달고 있는 중량과, 균형추 로프가 매달고 있는 중량의 비
- 전부하 시 또는 무부하시, 카의 위치에 따라 견인비가 달라짐
- 견인비가 낮게 선택되면 로프와 도르래 사이의 마찰력이 작아도 되며 로프의 수명이 연장됨

정답 06 ④ 07 ③ 08 ② 09 ④

10 다음 ( ) 안에 들어갈 내용으로 알맞은 것은?

> 승강로는 엘리베이터 전용으로 사용되어야 한다. 엘리베이터와 관계없는 배관, 전선 또는 그 밖에 다른 용도의 설비는 승강로에 설치되어서는 안 된다. 다만, 엘리베이터의 안전한 운행에 지장을 주지 않는다면 소방 관련 법령에 따라 기계실 천장에 설치되는 화재감지기 본체, ( ) 및 가스계 소화설비는 설치될 수 있다.

① 비상용 스피커 ② 비상용 소화기
③ 비상용 전화기 ④ 비상용 경보기

해설
엘리베이터의 안전한 운행에 지장을 주지 않는 범위에서 설치 가능한 설비는 엘리베이터를 위한 냉·난방 설비, 환기를 위한 덕트, 소방 관련 법령에 따른 화재감지기 본체, 비상용 스피커 및 가스계 소화설비 등이 있음

11 소방구조용 엘리베이터의 경우 정전 시에는 보조 전원공급 장치에 의하여 최대 몇 초 이내에 엘리베이터 운행에 필요한 전력용량을 자동으로 발생시키도록 해야 하는가?

① 60 ② 90
③ 120 ④ 240

해설
비상용 엘리베이터의 전원공급
- 정전 시 60초 이내에 엘리베이터 운행에 필요한 전력을 발생시킬 것
- 2시간 이상 전원을 공급할 수 있어야 할 것

12 유압식 엘리베이터에 사용되는 체크 밸브의 역할은?

① 오일이 역류하는 것을 방지한다.
② 오일에 있는 이물질을 걸러낸다.
③ 오일을 오직 하강 방향으로만 흐르도록 한다.
④ 오일의 최대 압력을 일정 압력 이하로 관리한다.

해설
체크 밸브
- 한쪽 방향으로만 기름이 흐르도록 하는 밸브로서, 상승 방향으로는 흐르지만, 역방향으로는 흐르지 않음
- 정전이나 그 외의 원인으로 펌프의 토출압력이 떨어져서 실린더의 기름이 역류하여 카가 자유낙하하는 것을 방지

13 승객이 출입하는 동안에 승객의 도어 끼임을 방지하기 위한 감지장치가 아닌 것은?

① 광전장치
② 세이프티 슈
③ 초음파 장치
④ 도어 인터로크 스위치

해설
도어 인터로크(Door Interlock)
- 도어 로크(Door Lock) : 카가 정지하지 않는 층의 도어는 전용 열쇠를 사용하지 않으면 열리지 않도록 하는 장치
- 도어 스위치(Door Switch) : 승강장 문이 닫혀 있지 않으면 운전이 불가능하도록 하는 장치
- 도어이탈방지장치 : 외부의 충격으로 인해 승강장 도어가 이탈하여 승객이 승강로로 추락하는 것을 방지하는 장치
- 손끼임방지장치 : 도어가 동작할 때 도어 틈 사이로 손이 끼는 것을 방지하는 장치

14 엘리베이터 주행안내 레일의 기준에 대한 설명으로 틀린 것은?

① 주행안내 레일은 압연강으로 만들어지거나 마찰면이 기계 가동되어야 한다.
② 카, 균형추 또는 평행추는 2개 이상의 견고한 금속제 주행안내 레일에 의해 각각 안내되어야 한다.
③ 추락방지안전장치가 없는 균형추 또는 평형추의 주행 안내 레일은 금속판을 성형하여 만들어서는 안 된다.

정답 10 ① 11 ① 12 ① 13 ④ 14 ③

④ 주행안내 레일의 브래킷 및 건축물에 고정하는 것은 정상적인 건축물의 침하 또는 콘크리트의 수축으로 인한 영향을 자동으로 또는 단순 조정에 의해 보상할 수 있어야 한다.

해설
추락방지안전장치가 없는 균형추 또는 평형추의 주행 안내 레일은 금속판을 성형하여 만들 수 있음

15 주택용 엘리베이터에 대한 설명으로 틀린 것은?

① 승강행정이 12m 이하이다.
② 화물용 엘리베이터를 포함한다.
③ 정격속도가 0.25m/s 이하이다.
④ 단독주택에 설치되는 엘리베이터에 적용한다.

해설
주택용 엘리베이터
- 정격속도 0.25m/s 이하
- 승강행정 12m 이하
- 단독주택에 설치되는 엘리베이터에 적용

16 승강장 문 및 카 문이 닫혀 있을 때 문짝 간 틈새나 문짝과 문틀(측면) 또는 문턱 사이의 틈새는 최대 몇 mm 이하이어야 하는가?

① 6   ② 8
③ 10 ④ 12

해설
출입문 일반사항
- 문이 닫혀 있을 경우 문짝 간 틈새나 문짝과 문틀(측면) 또는 문턱 사이 틈새 : 6mm 이하
- 2개 이상의 카 문이 있는 경우 동시 개문 금지
- 승강장 문 및 카 문의 출입구 유효 높이 : 2m 이상
- 승강장 문의 출입구 유효 폭 : 카 출입구 폭 이상(50mm 초과 금지)
- 카 문의 문턱과 승강장 문 문턱 사이의 수평거리 : 35mm 이하
- 카 문의 앞부분과 승강장 문 사이의 수평거리 : 0.12m 이하

17 소방구조용 엘리베이터의 안전기준 중에서 다음 ( ) 안에 들어갈 내용으로 알맞은 것은?

소방운전 시 건축물에서 요구되는 2시간 이상 동안 소방 접근 지정층을 제외한 승강장의 전기/전자장치는 0℃에서 ( )℃까지의 주위 온도 범위에서 정상적으로 작동될 수 있도록 설계한다.

① 45   ② 55
③ 65   ④ 100

18 기어의 종류 중에서 기어의 이 줄이 나선인 원통형 기어로서 기어의 두 축이 서로 평행한 기어는?

① 스퍼 기어   ② 웜 기어
③ 베벨 기어   ④ 헬리컬 기어

해설
기어의 종류
- 평행축 기어 : 평 기어, 헬리컬 기어, 랙 기어 등
- 교차축 기어 : 스퍼(직선) 베벨 기어, 헬리컬 베벨 기어, 스파이럴 베벨 기어, 크라운 기어 등
- 어긋난 기어 : 나사 기어, 웜 기어, 하이포이드 기어, 헬리컬 크라운 기어

19 엘리베이터 승강로에서 연속되는 상하 승강장 문의 문턱 간 거리가 11m를 초과한 경우에 필요한 비상문의 규격은?

① 높이 1.8m 이상, 폭 0.5m 이상
② 높이 1.8m 이상, 폭 0.6m 이상
③ 높이 1.7m 이상, 폭 0.5m 이상
④ 높이 1.7m 이상, 폭 0.6m 이상

해설
- 엘리베이터 출입문 및 비상문, 점검문의 규격
- 기계실, 승강로 및 피트 출입문 : 높이 1.8m 이상, 폭 0.7m 이상
- 비상문 : 높이 1.8m 이상, 폭 0.5m 이상

정답 15 ② 16 ① 17 ③ 18 ④ 19 ①

20 권상 도르래의 로프 홈에서 재질과 권부각이 동일할 경우 트랙션 능력의 크기 순서를 올바르게 나타낸 것은?

① U홈 < 언더컷홈 < V홈
② 언더컷홈 < U홈 < V홈
③ V홈 < U홈 < 언더컷홈
④ U홈 < V홈 < 언더컷홈

해설
- 도르래 홈의 형상은 마찰력이 큰 것이 바람직하지만 마찰력이 큰 형상은 로프와 도르래 홈의 접촉면 면압이 크기 때문에 로프와 도르래가 쉽게 마모될 수 있음
- 언더컷홈은 라운드홈을 사용하지 않는 도르래에 주로 사용. 그 특징은 V홈과 U홈의 중간으로 마찰계수가 적당하며, 권부각을 개선하여 도르래 및 로프의 수명을 연장시키는 장점이 있음
- 언더컷의 마모에 의해 U홈 상태로 바뀌는 것은 면압을 감소시키고 이로 인해 마찰력이 적어져서 미끄러짐 발생

21 기계 부품 측정 시 각도를 측정할 수 있는 기기는?

① 사인바   ② 옵티컬플랫
③ 다이얼 게이지 ④ 마이크로미터

해설
② 옵티컬플랫 : 표면의 평면도를 측정하는 기구
③ 다이얼 게이지 : 면의 요철이나 축의 진폭, 기계 가공에서의 움직인 거리 등 극히 미세한 길이를 측정하는 기구
④ 마이크로 미터 : 버니어 캘리퍼스보다 정밀한 측정을 요구하는 곳에 사용하며, 외경, 안지름, 깊이 측정

22 축 설계에 있어서 고려할 사항이 아닌 것은?

① 강도   ② 응력집중
③ 열응력   ④ 전기전도성

23 새들 키라고도 하며, 축에 키 홈 가공을 하지 않고 보스에만 키 홈을 가공한 것은?

① 묻힘키   ② 반달키
③ 안장키   ④ 접선키

해설
안장키
- 새들키라고도 하며 키에는 기울기가 없음
- 키 홈을 가공하지 않고, 보스에만 기울기 1/100의 테이퍼진 키 홈을 만듦
- 축의 강도 저하가 없고, 축의 임의의 위치에 부착시켜 적용하는 이점이 있으나, 큰 토크를 전달할 때는 미끄러지기 쉬움

24 나사의 종류 중 정밀기계 이송나사에 사용되는 것은?

① 사각나사   ② 볼나사
③ 너클나사   ④ 미터가는나사

해설
볼스크루(볼나사)
- 볼나사라고도 불리는 긴 수나사
- 수나사에 끼워진 암나사의 회전으로 직선운동을 만들어 내는 부품

25 도어가 열리면 엘리베이터의 운행이 중지되게 하는 스위치는?

① 파이널 리밋 스위치   ② 비상정지스위치
③ 도어 스위치   ④ 조속기 스위치

해설
① 리밋 스위치 고장 시 카가 상하부에 충돌하는 것을 방지하기 위한 스위치
② 엘리베이터를 정지시키는 수동 스위치
④ 카의 속도를 검출하는 장치

정답 20 ① 21 ① 22 ④ 23 ③ 24 ② 25 ③

26 카 도어의 끝단에 설치되며 이물체가 접촉되면 도어의 힘을 중지하고 도어를 반전시키는 접촉식 보호장치는?

① 도어 인터로크
② 세이프티 슈
③ 광전장치
④ 초음파장치

> **해설**
>
> **도어 안전장치(문닫힘 안전장치)**
> 도어가 닫히는 순간에 승객이 출입하는 경우 충돌사고의 원인이 되므로 도어 끝단에 검출장치를 부착하여 도어를 반전시키는 장치
>
> - 세이프티 슈(Safety Shoe) : 도어의 끝에 설치하여 이물체나 사람이 접촉하면 도어의 닫힘을 중지하여 도어를 반전시키는 접촉식 보호장치
> - 세이프티 레이(Safety Ray) : 광전 빔을 통하여 이것을 차단하는 물체를 광전장치(Photo Electric Device)에 의해서 검출하는 비접촉식 보호장치
> - 초음파장치(Ultrasonic Door Sensor) : 초음파의 감지 각도를 조절하여 카 쪽의 이물체(유모차, 휠체어 등)나 사람을 검출하여 도어를 반전시키는 비접촉식 보호장치

27 2~3대의 엘리베이터가 병설되었을 때 주로 사용되는 운전 방식은?

① 단식 자동식
② 양 방향 승합 전자동식
③ 군승합 전자동식
④ 군관리 방식

> **해설**
>
> **군승합 자동식(2CAR, 3CAR)**
> - 2~3대가 병행되었을 때 사용하는 조작 방식
> - 한 개의 승강장 버튼의 부름에 대하여 한 대의 카만 응답

28 위험기계기구의 방호장치 설치 의무가 있는 자는?

① 안전관리자
② 해당 작업자
③ 기계기구의 소유자
④ 현장작업의 책임자

> **해설**
>
> 위험기계기구의 사업자 또는 사업자와 소유자가 다른 경우 기계기구의 소유자에게 방호장치 설치의무가 있음

29 동력으로 운전하는 기계에 작업자의 안전을 위하여 기계마다 설치하는 장치는?

① 수동 스위치장치
② 동력차단장치
③ 동력장치
④ 동력전도장치

> **해설**
>
> 산업안전보건기준에 따라서 사업주는 동력으로 작동되는 기계에 스위치·클러치 및 벨트이동장치 등 동력차단장치를 설치하여야 함

30 엘리베이터용 주 로프는 일반 와이어로프에서 볼 수 없는 몇 가지 특징이 있다. 이에 해당되지 않는 것은?

① 반복적인 벤딩에 소선이 끊어지지 않을 것
② 유연성이 클 것
③ 파단강도가 높을 것
④ 마모에 견딜 수 있도록 탄소량을 많게 할 것

> **해설**
>
> 탄소량을 많게 할 수는 없음

31 주행안내 레일의 보수점검 사항 중 틀린 것은?

① 녹이나 이물질이 있을 경우 제거한다.
② 레일 브래킷의 조임 상태를 점검한다.
③ 레일 클립의 변형 유무를 체크한다.
④ 레일면이 손상되었을 경우에는 방청페인트로 표면에 곱게 도장한다.

> [해설]
>
> **주행안내 레일 보수점검**
> - 녹이나 이물질 여부
> - 레일 브래킷의 조임 상태 점검
> - 레일 클립의 변형 유무 점검
> - 레일면 손상 여부 점검

32 안전사고의 발생 요인으로 볼 수 없는 것은?

① 피로감　　② 임금
③ 감정　　　④ 날씨

> [해설]
>
> **안전사고의 발생 요인**
> - 인적 요인 : 사고의 발생 원인이 사람에 있는 경우에 경솔한 행동이나 신체적·정신적 이상 상태가 원인
> - 환경적 요인 : 사고 발생 원인이 환경에 있는 경우로 주로 불량한 환경 조건이 원인

33 정지되어 있는 물체에 부딪친 경우에 발생하는 재해 형태는?

① 추락　　② 낙하
③ 충돌　　④ 전도

> [해설]
>
> **재해 발생 형태**
> - 추락 : 사람이 건축물, 기계, 비계, 사다리, 계단 등에서 떨어지는 것
> - 충돌 : 작업자가 정지된 물체에 부딪친 경우
> - 전도 : 사람이 평면상에 넘어졌을 때
> - 낙하, 비래 : 작업자가 떨어지거나 날아오는 물체에 맞았을 경우
> - 협착 : 두 물체 사이 또는 움직이는 물체와 고정된 물체 사이에 끼임 사고
> - 감전 : 전기 접촉이나 방전에 의해 사람이 충격을 받은 경우

34 엘리베이터로 인하여 인명 사고가 발생했을 경우 안전관리자의 대처사항으로 부적합한 것은?

① 의약품, 들것, 사다리 등의 구급용구를 준비하고 장소를 명시한다.
② 구급을 위해 의료기관과의 비상연락체계를 확립한다.
③ 전문 기술자와의 비상연락체계를 확립한다.
④ 자체 검사에 관한 사항을 숙지하고 기술적인 사고 요인을 검사하여 고장 요인을 제거한다.

> [해설]
>
> 자체 검사에 관한 사항을 숙지하고 기술적인 사고 요인을 검사하여 고장 요인을 제거하는 것은 사고가 발생하기 전 관리 주체의 의무사항에 해당

35 3상 유도 전동기의 회전 방향을 바꾸는 방법으로 옳은 것은?

① 3상 전원의 주파수를 바꾼다.
② 3상 전원 중 순차적으로 상 전원선을 바꾼다.
③ 3상 전원에 사이리스터를 접속한다.
④ 3상 전원 중 임의의 2상의 접속을 바꾼다.

36 로프의 미끄러짐 현상을 줄이는 방법으로 틀린 것은?

① 권부각을 크게 한다.
② 가감속도를 완만하게 한다.
③ 균형체인이나 균형로프를 설치한다.
④ 카 자중을 가볍게 한다.

> [해설]
>
> ④ 카 자중은 무겁게 해야 함

37 카 바닥 앞부분과 승강로 벽과의 수평거리는 일반적으로 몇 m 이하이어야 하는가?

① 0.12m ② 0.13m
③ 0.14m ④ 0.15m

해설

승강로 내측과 카 문턱, 카 문틀 또는 카 문의 닫히는 모서리 사이의 수평거리는 승강로 전체 높이에 걸쳐 0.15m 이하이어야 함

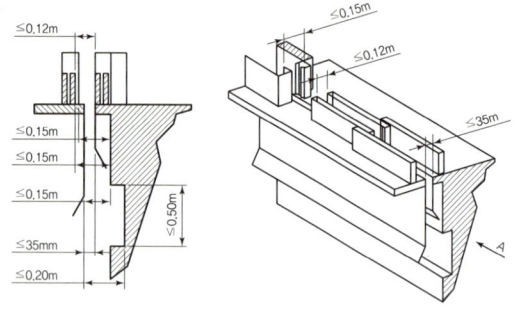

| 카와 승강로 각 부분의 이격거리 |

38 유압 엘리베이터의 주요 배관상에 유량제어 밸브를 설치하여 유량을 직접 제어하는 회로로서 비교적 정확한 속도제어가 가능한 유압회로는?

① 미터인 회로
② 블리드오프 회로
③ 미터아웃 회로
④ 유압 VVVF 제어회로

해설

미터인 회로
- 유량제어 밸브 직접 설치
- 유량 직접제어
- 정확한 속도제어 가능
- 낮은 효율

39 에스컬레이터의 구조에 대한 설명으로 잘못된 것은?

① 사람이 3각부에 충돌하는 것을 경고하기 위해 비고정식 안전보호판을 부착한다.
② 경사도는 일반적인 경우 30° 이하로 하여야 한다.
③ 디딤판은 이동손잡이의 속도에 반비례하도록 한다.
④ 디딤면의 폭은 0.58m 이상 1.1m 이하이어야 한다.

해설

각 난간의 상부에는 정상운행 조건하에서 디딤판의 속도와 0~2%의 허용오차로 같은 방향과 속도로 움직이는 손잡이가 설치되어야 함

40 엘리베이터의 도어 스위치 회로는 어떻게 구성하는 것이 좋은가?

① 병렬회로 ② 직렬회로
③ 직병렬회로 ④ 인터로크회로

해설

도어 스위치(Door Switch)
- 승강장 문이 닫혀 있지 않으면 운전이 불가능하도록 하는 장치
- 모든 도어를 직렬회로로 구성

41 직류 전동기의 속도제어 방식이 아닌 것은?

① 저항제어 ② 전압제어
③ 계자제어 ④ 전류제어

해설

① 저항제어
- 전기자에 가변저항 $R[\Omega]$을 추가하여 전기자 회로의 저항을 조정
- 저항손실이 크고 부하변동에 대한 속도변동이 큼
② 전압제어
- 전압을 제어하여 속도를 제어
- 광범위한 속도제어 가능, 정토크 제어

정답 37 ④ 38 ① 39 ③ 40 ② 41 ④

③ 계자제어
- 자속(ϕ)을 변화시키는 방법
- 손실이 작고 부하변동에 대한 속도변동이 작음

42 엘리베이터의 전동기 소요동력 계산식으로 옳은 것은?(단, M : 정격적재하중(kg), V : 정격속도(min), S : $1-F$[오버밸런스율(%)], η : 종합효율)

① $P=\dfrac{M \cdot V \cdot S}{6,120\eta}$ ② $P=\dfrac{\eta \cdot V \cdot S}{6,120 \cdot M}$

③ $P=\dfrac{6,120 \cdot \eta}{M \cdot V \cdot S}$ ④ $P=\dfrac{M \cdot V \cdot S \cdot \eta}{6,120}$

해설

전동기 용량

$P=\dfrac{M \cdot V \cdot S}{6,120\eta}$[kW]

여기서, P : 전동기 용량(kW)
 M : 정격적재하중(kg)
 V : 정격속도(min)
 S : 오버밸런스율은 균형추의 중량을 결정할 때 사용하는 계수[$S=1-F$(오버밸런스율(%))]
 η : 종합효율

43 수평 보행기의 스텝 구조에 따른 종류로 옳은 것은?

① 고무벨트식과 플라스틱 성형이 있다.
② 고무벨트식과 팔레트식이 있다.
③ 팔레트식과 베이클라이트식이 있다.
④ 고무벨트식과 베이클라이트식이 있다.

해설

무빙워크(수평 보행기)의 구조
- 개념 : 공항과 같이 이동거리가 긴 통로에 설치하여 승객의 보행을 돕는 목적으로 사용
- 종류 : 팔레트식, 고무 벨트식

44 엘리베이터 도어의 안전장치 중에서 접촉식 보호장치에 해당하는 것은?

① 세이프티 슈 ② 세이프티 레이
③ 광전장치 ④ 초음파장치

해설

① 세이프티 슈(Safety Shoe) : 도어의 끝에 설치하여 이물체나 사람이 접촉하면 도어의 닫힘을 중지하여 도어를 반전시키는 접촉식 보호장치
② 세이프티 레이(Safety Ray, 광전장치) : 광전 빔을 통하여 이것을 차단하는 물체를 광전장치(Photo Electric Device)에 의해서 검출하는 비접촉식 보호장치
④ 초음파 장치(Ultrasonic Door Sensor) : 초음파의 감지 각도를 조절하여 카 쪽의 이물체(유모차, 휠체어 등)나 사람을 검출하여 도어를 반전시키는 비접촉식 보호장치

45 기계실 위치에 의한 엘리베이터 분류에서 기계실을 승강로의 아래쪽 방향에 설치하는 방식은?

① 기어드 방식 ② 횡인구동 방식
③ 베이스먼트 방식 ④ 사이드머신 방식

해설

기계실 위치에 따른 방식
- 기계실 하부 설치 : 베이스먼트 방식
- 기계실 상부 설치 : 오버헤드머신 방식
- 기계실 중간 설치 : 사이드머신 방식

46 와이어로프의 꼬임 방향에 의한 분류로 옳은 것은?

① Z꼬임, S꼬임 ② Z꼬임, T꼬임
③ S꼬임, T꼬임 ④ H꼬임, T꼬임

해설

꼬임 방향에 의한 분류
- Z꼬임 : 오른 꼬임
- S꼬임 : 왼 꼬임

보통 Z꼬임　보통 S꼬임　랭 Z꼬임　랭 S꼬임

| 로프의 꼬는 방법 |

소선과 스트랜드의 꼬임 방향에 의한 분류

종류	꼬임 방향	특징
보통꼬임	소선과 스트랜드 꼬임 방향이 다름	꼬임이 풀리기 어려움
랭꼬임	소선과 스트랜드 꼬임 방향이 같음	꼬임이 풀리기 쉬움

47 도어 행거가 구비해야 할 조건 중 옳지 않은 것은?

① 행거 롤러는 도어레일과 접촉 시 내마모성과 함께 원활한 구동이 되어야 한다.
② 도어가 레일에서 벗어나는 것을 방지하는 장치가 있어야 한다.
③ 행거의 강도는 도어 무게의 2배에 해당하는 정지하중을 지탱하도록 제작되어야 한다.
④ 도어가 레일 끝을 이탈하는 것을 방지하는 스토퍼를 설치해야 한다.

해설
③ 도어 무게의 4배에 해당하는 정지하중을 기울어짐 없이 지탱하도록 제작되어야 함

48 작업자의 안전을 위하여 작업을 중지시킬 수 있는 조건으로 볼 수 없는 것은?

① 퇴근시간이 경과하였을 경우
② 우천, 강풍, 강설 등의 악천후일 때
③ 지상에서 작업원이 확실하게 보이지 않을 정도의 짙은 안개가 끼었을 때
④ 작업원이 감당하기 어려울 정도의 추위일 때

해설
산업안전보건기준에 관한 규칙
• 사업주는 폭발이나 화재에 의한 산업재해 발생의 급박한 위험이 있는 경우에는 즉시 작업을 중지하고 근로자를 안전한 장소로 대피시킬 것
• 비·눈 그 밖의 기상 상태의 불안정으로 날씨가 몹시 나쁠 경우에는 그 작업을 중지시킬 것
• 가스의 농도가 인화하한계값의 25% 이상으로 밝혀진 경우
• 작업 중에는 거푸집 동바리 등의 변형·변위 및 침하 유무 등을 감시할 수 있는 감시자를 배치하여 이상이 있으면 작업을 중지시키고 근로자를 대피시킬 것

49 레일은 5m 단위로 제조되는데 T형 주행안내 레일에서 13K, 18K, 24K, 30K를 바르게 설명한 것은?

① 주행안내 레일 형상
② 주행안내 레일 길이
③ 주행안내 레일 1m의 중량
④ 주행안내 레일 5m의 중량

해설
가이드레일의 규격
• 레일 규격의 호칭 : 마무리 가공 전 소재의 1m당 중량
• T형 레일의 공칭 규격 : 8, 13, 18, 24, 30K 등
• 레일의 표준 길이 : 5m

50 균형추의 무게 결정과 관계없는 것은?

① 카 자체 하중　② 정격 적재하중
③ 오버밸런스율　④ 속도

해설
균형추
카의 무게를 일정 비율 보상하기 위해 카 측과 반대편에 설치되어 카와의 균형을 유지하는 추

균형추의 총중량 = 카 자체 하중 + $L \cdot F$
여기서, L : 정격하중(kg)
　　　　F : 오버밸런스율(35~50%)

정답　47 ③　48 ①　49 ③　50 ④

51 되먹임 제어에서 가장 중요한 장치는?

① 입력과 출력을 비교하는 장치
② 응답속도를 느리게 하는 장치
③ 응답속도를 빠르게 하는 장치
④ 안정도를 좋게 하는 장치

해설

되먹임 제어에는 입력신호가 변경될 수 있도록 출력신호를 다시 입력으로 돌릴 수 있는 되먹임 요소와 이를 비교하는 비교기가 있음

52 계측기의 오차 중 측정기 자체 결함과 측정 장치나 사용자에 대한 환경의 영향 등에 의한 오차는?

① 절대오차
② 과실오차
③ 계통오차
④ 우연오차

해설

오차의 종류
- 계통오차
  - 계기오차 : 측정계기의 불완전성 때문에 발생하는 오차
  - 환경오차 : 측정할 때 온도, 습도 등 외부환경의 영향으로 발생하는 오차
  - 개인오차 : 개인이 가지고 있는 습관이나 선입견으로 발생하는 오차
- 절대오차 : 계산 결과에서 나온 직접적인 오차의 절댓값
- 과실오차 : 측정자의 취급 부주의로 발생되는 오차
- 우연오차 : 불규칙적이고 우발적인 원인으로 불가피하게 발생되는 오차

53 논리식 $ABC + AC$의 값을 간소화시킨 것은 다음 중 어느 것인가?

① A
② ABC
③ AB
④ AC

해설

불 대수 정리
$ABC + AC = AC(1+B) = AC \times 1 = AC$

54 10Ω의 저항에 5A의 전류가 흐른다면 저항에 걸리는 전압은 몇 V인가?

① 0.02
② 0.5
③ 5
④ 50

해설

옴의 법칙
- 전류의 크기는 저항에 반비례하고 전압에 비례
- $V = $ 전류$\times$저항 $= 5 \times 10 = 50$V

$V = IR$[V], $I = \dfrac{V}{R}$[A] : 전류와 저항은 반비례 관계

55 3Ω, 4Ω, 6Ω의 저항을 병렬로 접속했을 때 합성저항은 몇 Ω인가?

① $\dfrac{1}{3}$
② $\dfrac{3}{4}$
③ $\dfrac{5}{6}$
④ $\dfrac{4}{3}$

해설

병렬 합성저항

$$R = \dfrac{1}{\dfrac{1}{R_1}+\dfrac{1}{R_2}+\dfrac{1}{R_3}} = \dfrac{1}{\dfrac{1}{3}+\dfrac{1}{4}+\dfrac{1}{6}} = \dfrac{4}{3}\Omega$$

56 제어량에 따른 분류 중 프로세스 제어에 속하지 않는 것은?

① 압력
② 유량
③ 온도
④ 속도

해설

프로세스 제어
압력, 온도, 유량 등의 상태량을 제어

정답 51 ① 52 ③ 53 ④ 54 ④ 55 ④ 56 ④

57 공칭회로 전압 220V인 전기설비의 절연저항은 얼마 이상인가?

① 0.2MΩ ② 1.0MΩ
③ 1.2MΩ ④ 1.5MΩ

해설

전기설비의 절연저항

공칭회로 전압(V)	시험 전압/직류(V)	절연저항(MΩ)
SELV 및 PELV	250	≥ 0.5
FELV, 500V 이하	500	≥ 1.0
500V 초과	1,000	≥ 1.0

- SELV(Safety Extra Low Voltage)
- PELV(Protective Extra Low Voltage)
- FELV(Functional Extra Low Voltage)

58 전동기 회전 방향을 알기 위한 법칙은?

① 렌츠의 법칙
② 암페어의 법칙
③ 플레밍의 왼손 법칙
④ 플레밍의 오른손 법칙

해설

플레밍의 왼손 법칙
자기장 내에 전류가 흐르는 도체가 받는 힘의 방향을 나타내는 법칙(전동기 원리)

- 엄지 : F(운동 방향)
- 검지 : B(자속, 자장의 방향)
- 중지 : I(전류의 방향)

59 어떤 물질의 대전 상태를 설명한 것으로 옳은 것은?

① 중성임을 뜻한다.
② 물질이 안정된 상태이다.
③ 어떤 물질이 전자의 과부족으로 전기를 띠는 상태이다.
④ 원자핵이 파괴된 것이다.

해설

대전
어떤 물질이 전자의 과부족으로 전기를 띠는 현상

60 $R-L-C$ 직렬회로에서 최대 전류가 흐르게 되는 조건은?

① $\omega L^2 - \dfrac{1}{\omega C} = 0$ ② $\omega L^2 + \dfrac{1}{\omega C} = 0$
③ $\omega L - \dfrac{1}{\omega C} = 0$ ④ $\omega L + \dfrac{1}{\omega C} = 0$

해설

직렬 공진 조건
$\omega L = \dfrac{1}{\omega C}$, $\omega L - \dfrac{1}{\omega C} = 0$

- 임피던스는 저항만 존재
- 회로의 전류는 최대

공진 주파수(Resonance Frequency)
$\therefore \omega_0 L = \dfrac{1}{\omega_0 C}$, $(2\pi f_0)^2 = \dfrac{1}{LC}$, $\therefore f_0 = \dfrac{1}{2\pi\sqrt{LC}}$ [Hz]

2021년 2회 기출문제

01 다음 중 주택용 엘리베이터의 정원을 일반적으로 산출하는 식으로 옳은 것은?

① 정원(인) = $\dfrac{정격하중}{70kg}$

② 정원(인) = $\dfrac{정격하중}{75kg}$

③ 정원(인) = $\dfrac{정격하중}{80kg}$

④ 정원(인) = $\dfrac{정격하중}{85kg}$

해설
주택용 엘리베이터는 1인당 75kg 기준으로 산정

02 권상기 주 도르래의 로프홈에 언더컷형을 사용하는 이유로 가장 적절한 것은?

① 마모를 줄이기 위해서
② 로프의 직경을 줄이기 위해서
③ 트랙션 능력을 키우기 위해서
④ 제조 시 가공을 용이하게 하기 위해서

해설
- 도르래 홈의 형상은 마찰력이 큰 것이 바람직하지만 마찰력이 큰 형상은 로프와 도르래 홈의 접촉면 면압이 크기 때문에 로프와 도르래가 쉽게 마모될 수 있음
- 언더컷홈은 라운드홈을 사용하지 않는 도르래에 주로 사용. 그 특징은 V홈과 U홈의 중간으로 마찰계수가 적당하며, 권부각을 개선하여 도르래 및 로프의 수명을 연장시키는 장점이 있음
- 언더컷의 마모에 의해 U홈 상태로 바뀌는 것은 면압을 감소시키고 이로 인해 마찰력이 적어져서 미끄러짐이 발생

03 에스컬레이터의 경사도는 일반적으로 몇 °를 초과하지 않아야 하는가?(단, 층고가 6m 초과인 경우로 한정한다.)

① 20   ② 30
③ 40   ④ 50

해설
에스컬레이터
- 에스컬레이터의 경사도는 30°를 초과하지 않아야 함
- 단, 층고가 6m 이하이고 공칭속도가 0.5m/s 이하인 경우 35°까지 증가 가능

04 엘리베이터 안전기준상 승강로 출입문의 크기 기준으로 맞는 것은?

① 높이 1.5m 이상, 폭 0.5m 이상
② 높이 1.5m 이상, 폭 0.7m 이상
③ 높이 1.8m 이상, 폭 0.5m 이상
④ 높이 1.8m 이상, 폭 0.7m 이상

05 권상 도르래·풀리 또는 드럼의 피치직경과 로프의 공칭직경 사이의 비율은 로프의 가닥수와 관계없이 최소 몇 이상이어야 하는가?(단, 주택용 엘리베이터는 제외한다.)

① 10   ② 20
③ 30   ④ 40

06 카가 최상층 및 최하층을 지나쳐 주행하는 것을 방지하는 것은?

① 균형추   ② 정지스위치
③ 인터로크 장치   ④ 리밋 스위치

정답 01 ② 02 ③ 03 ② 04 ④ 05 ④ 06 ④

> [해설]

리밋 스위치
- 엘리베이터 운행 시 최상·최하층을 지나쳐 충돌을 방지하기 위한 장치
- 리밋 스위치 접촉 시 카를 감속 및 정지시킴
- 엘리베이터 검출부가 리밋 스위치 동작부에 닿으면 접촉자가 움직여 접점이 동작하는 기계식 센서

파이널 리밋 스위치
- 리밋 스위치 고장 시 카가 승강로 천장이나 피트 바닥에 충돌하는 것을 방지하기 위한 스위치
- 우발적인 작동의 위험 없이 가능한 최상층 및 최하층에 근접하여 설치
- 카가 완충기에 충돌하기 전에 작동해야 함

07 와이어로프를 소선강도에 따라 분류했을 때 다음 설명 중 옳은 것은?

① E종은 1,470N/mm² 급 강도의 소선으로 구성된 로프이다.
② B종은 강도와 경도가 A종보다 낮아서 정격하중이 작은 엘리베이터에 주로 사용된다.
③ G종은 소선의 표면에 도금한 것으로 습기가 많은 장소에 사용하기에 적합하다.
④ A종은 다른 종류와 비교하여 탄소량을 적게 하고 경도를 낮춘 것으로 소선강도가 1,320N/mm² 급이다.

> [해설]

소선 강도에 의한 분류

구분	내용
E종	비도금, 엘리베이터의 사용환경을 고려하여 제조
A종	도금 및 비도금, E종에 비해 강도가 높아 시브 측의 마모 대책을 고려, 초고층 엘리베이터에 적용
B종	도금 및 비도금, 강도가 A종보다 높아 엘리베이터에는 거의 적용하지 않음
G종	도금, 소선 표면에 아연도금을 하여 습기가 많은 환경에 적합

08 직접식에 비교한 간접식 유압 엘리베이터의 특징으로 맞는 것은?

① 부하에 의한 카 바닥의 빠짐이 작다.
② 실린더 보호관이 필요 없다.
③ 일반적으로 실린더의 점검이 곤란하다.
④ 승강로 소요평면 치수가 작고 구조가 간단하다.

> [해설]

유압 엘리베이터 비교

구분	직접식	간접식
비상정지장치	불필요	필요
보호관	지중에 시설	불필요
실린더 점검	어려움	쉬움
승강로 면적	작음	큼
부하에 의한 카 바닥 빠짐	적음	많음

09 일반적으로 무빙워크의 경사도는 최대 몇 ° 이하이어야 하는가?

① 9
② 12
③ 15
④ 25

10 소방구조용 엘리베이터의 운행속도는 최소 몇 m/s 이상이어야 하는가?

① 0.5
② 1
③ 2
④ 5

> [해설]

소방구조용 엘리베이터
- 소방관 접근 지정층에서 소방관이 조작하여 엘리베이터 문이 닫힌 이후부터 60초 이내에 가장 먼 층에 도착되어야 함
- 운행속도는 1m/s 이상이어야 함
- 소방운전 시 모든 승강장의 출입구마다 정지할 수 있어야 함

11 2단으로 배열된 운반기 중 임의의 상단의 자동차를 출고시키고자 하는 경우 하단의 운반기를 수평이동시켜 상단의 운반기가 하강이 가능하도록 한 입체 주차설비는?

① 수평순환식 주차장치
② 수직순환식 주차장치
③ 2단식 주차장치
④ 승강기식 주차장치

해설

2단식 주차장치
- 주차구획이 2단으로 배치되어 있고 출입구가 있는 층의 모든 부분을 주차장치 출입구로 사용할 수 있는 구조의 주차장치
- 승강식, 승강횡행식 등으로 세분

12 전압과 주파수를 동시에 제어하는 속도제어 방식은?

① VVVF 제어
② 교류 1단 속도제어
③ 교류 귀환 속도제어
④ 정지 레오나드 제어

해설

승강기의 교류 속도제어
- 교류 1단 속도제어
- 교류 2단 속도제어
- 교류 귀환 속도제어
- VVVF 제어

13 건물 내에 승강기를 분산배치하지 않고, 집중배치할 경우 발생할 수 있는 현상이 아닌 것은?

① 운전능률 향상
② 설비 투자비용 절감
③ 승객의 대기시간 단축
④ 승객의 망설임현상 발생

14 유압식 엘리베이터에서 실린더 또는 플런저의 직상부에 카를 설치하는 방식은?

① 직접식
② 간접식
③ 기어식
④ 팬터그래프식

해설

유압식 엘리베이터 종류
- 직접식 : 플런저의 직상부에 카를 설치한 것
- 간접식 : 플런저의 선단에 도르래를 놓고 로프 또는 체인을 통해 카를 올리고 내리는 간접 방식
- 팬터그래프식 : 카는 팬터그래프의 상부에 설치하고, 피스톤에 의해 팬터그래프를 개폐하여 승강시키는 방식(공장, 창고 작업용)

15 엘리베이터 파이널 리밋 스위치의 설치 및 작동 기준에 대한 설명으로 틀린 것은?

① 유압식 엘리베이터의 경우, 주행로의 최상부에서만 작동하도록 설치되어야 한다.
② 권상 및 포지티브 구동식 엘리베이터의 경우 주행로의 최상부 및 최하부에서 작동하도록 설치되어야 한다.
③ 파이널 리밋 스위치와 일반 종단정지장치는 서로 연결되어 종속적으로 작동되어야 한다.
④ 파이널 리밋 스위치의 작동은 완충기가 압축되어 있거나, 램이 완충장치에 접촉되어 있는 동안 지속적으로 유지되어야 한다.

해설

③ 파이널 리밋 스위치와 일반 종단정지장치는 독립적으로 작동되어야 함

16 엘리베이터용 과속조절기의 종류가 아닌 것은?

① 디스크형
② 플라이 휠형
③ 플라이 볼형
④ 마찰정지형

정답 11 ③ 12 ① 13 ④ 14 ① 15 ③ 16 ②

[해설]

조속기의 종류
- 디스크형
- 마찰정지형(롤 세이프티형)
- 플라이 볼형

17 가변전압 가변주파수 제어 방식과 관계 없는 것은?

① PAM ② VVVF
③ 인버터 ④ MG세트

[해설]

VVVF(가변전압 가변주파수) 제어
- 전압과 주파수를 동시에 가변하여 제어하는 방식
- VVVF 제어 = 인버터 제어
- 인버터 제어 방법 : PWM, PAM

18 엘리베이터 보호난간의 안전기준에 대한 설명으로 틀린 것은?

① 보호난간은 손잡이와 보호난간의 1/2 높이에 있는 중간 봉으로 구성되어야 한다.
② 보호난간은 카 지붕의 가장자리로부터 0.15m 이내에 위치되어야 한다.
③ 보호난간의 손잡이 바깥쪽 가장자리와 승강로의 부품(균형추, 스위치, 레일, 브래킷 등) 사이의 수평거리는 0.1m 이상이어야 한다.
④ 보호난간 상부의 어느 지점마다 수직으로 1,000N의 힘을 수평으로 가할 때 30mm를 초과하는 탄성 변형 없이 견딜 수 있어야 한다.

[해설]

보호난간 상부의 어느 지점마다 수직으로 1,000N의 힘을 수평으로 가할 때, 50mm를 초과하는 탄성 변형 없이 견딜 수 있어야 함

19 일반적으로 구름베어링에 비교한 미끄럼베어링의 장점은?

① 윤활유가 적게 필요하다.
② 초기 작동 시 마찰이 작다.
③ 표준화 및 규격화가 되어 있어 호환성이 좋다.
④ 진동이 있는 기계류에 사용 시 효과가 좋다.

[해설]

구름베어링과 미끄럼베어링의 비교

구분	구름베어링	미끄럼베어링
구조	복잡	간단
동력손실	작음	큼
마찰저항	작음	큼
소음 및 진동	큼	작음
보수점검	어려움	용이함
회전속도	고속	저속
윤활성	좋음	나쁨
가격	저렴	고가

20 엘리베이터에 사용되는 와이어로프 중 소선의 표면에 아연도금을 실시한 로프로 다습한 환경에 설치되는 것은?

① E종 ② G종
③ A종 ④ B종

[해설]

소선 강도에 의한 분류

구분	내용
E종	비도금, 엘리베이터의 사용환경을 고려하여 제조
A종	도금 및 비도금, E종에 비해 강도가 높아 시브 측의 마모 대책을 고려, 초고층 엘리베이터에 적용
B종	도금 및 비도금, 강도가 A종보다 높아 엘리베이터에는 거의 적용하지 않음
G종	도금, 소선 표면에 아연도금을 하여 습기가 많은 환경에 적합

정답 17 ④ 18 ④ 19 ④ 20 ②

21 베어링 메탈 재료의 구비조건으로 적절하지 않은 것은?

① 내식성이 좋아야 한다.
② 열전도도가 좋아야 한다.
③ 축의 재료보다 단단해야 한다.
④ 축과의 마찰계수가 작아야 한다.

> **해설**
>
> **베어링 구비조건**
> - 축과의 마찰계수가 작고 내구성이 클 것
> - 열변형이 작고 열전도율이 우수할 것
> - 강도가 크고 충격하중에 강할 것
> - 가공이 쉽고 내식성이 우수할 것
>
> ③ 베어링이 축(저널)의 재료보다 단단하면 축이 마모됨

22 에스컬레이터 설계 시 안전기준에 대한 설명으로 틀린 것은?(단, 설치검사를 기준으로 설계한다.)

① 승강장에 근접하여 설치한 방화셔터가 완전히 닫힌 후에 에스컬레이터의 운전이 정지하도록 한다.
② 손잡이는 상운행 중 운행 방향의 반대편에서 450N의 힘으로 당겨도 정지되지 않아야 한다.
③ 콤의 끝은 둥글게 하고 콤과 디딤판 사이에 끼이는 위험을 최소로 하는 형상이어야 한다.
④ 승강장 플레이트 및 플레이트는 눈·비 등 젖었을 때 미끄러지지 않게 안전한 발판으로 설계되어야 한다.

> **해설**
>
> 에스컬레이터(무빙워크) 승강장에 대면하는 방화셔터가 손잡이 반환부의 선단에서 2m 이내에 설치된 경우 방화셔터가 닫히기 시작할 때 연동하여 자동으로 정지시키는 장치가 설치되어야 함

23 에스컬레이터의 공칭속도가 0.75m/s인 경우 정지거리 기준은?

① 0.3m부터 1.5m까지
② 0.4m부터 1.5m까지
③ 0.4m부터 1.7m까지
④ 0.5m부터 1.5m까지

> **해설**
>
> **에스컬레이터 공칭속도별 정지거리**
>
> | 공칭속도 | 정지거리 |
> |---|---|
> | 0.5m/s | 0.2~1m 사이 |
> | 0.65m/s | 0.3~1.3m 사이 |
> | 0.75m/s | 0.4~1.5m 사이 |

24 권상기 도르래와 로프의 미끄러짐 관계에 대한 설명으로 옳은 것은?

① 권부각이 작을수록 미끄러지기 어렵다.
② 카의 가감속도가 클수록 미끄러지기 어렵다.
③ 카 측과 균형추 측에 걸리는 중량비가 클수록 미끄러지기 어렵다.
④ 로프와 도르래 사이의 마찰계수가 클수록 미끄러지기 어렵다.

> **해설**
>
> ① 권부각이 클수록 미끄러지기 어렵다.
> ② 카의 가감속도가 작을수록 미끄러지기 어렵다.
> ③ 카 측과 균형추 측에 걸리는 중량비가 작을수록 미끄러지기 어렵다.

25 엘리베이터 카가 제어시스템에 의해 지정된 층에 도착하고 문이 완전히 열린 위치에 있을 때, 카 문턱과 승강장 문턱 사이의 수직거리인 착상 정확도는 몇 mm 이내이어야 하는가?

① ±5
② ±10
③ ±15
④ ±20

해설

착상 정확도
엘리베이터 카가 제어시스템에 의해 지정된 층에 도착하고 문이 완전히 열린 위치에 있을 때, 카 문턱과 승강장 문턱 사이의 수직거리인 착상 정확도는 ±10mm 이내이어야 함

26 비선형 특성을 갖는 에너지 축적형 완충기가 카의 질량과 정격하중, 또는 균형추의 질량으로 정격속도의 115%의 속도로 완충기에 충돌할 때 만족해야 하는 기준으로 틀린 것은?

① $2.5g_n$를 초과하는 감속도는 0.04초보다 길지 않아야 한다.
② 카 또는 균형추의 복귀속도는 1m/s 이하이어야 한다.
③ 작동 후에는 영구적인 변형이 없어야 한다.
④ 최대 피크 감속도는 $7.5g_n$ 이하이어야 한다.

해설

비선형 특성을 갖는 완충기
비선형 특성을 갖는 에너지 축적형 완충기는 카의 질량과 정격하중, 또는 균형추의 질량으로 정격속도의 115%의 속도로 카 완충기에 충돌할 때에 다음 사항에 적합해야 함

- 감속도는 $1g_n$ 이하이어야 함
- $2.5g_n$를 초과하는 감속도는 0.04초보다 길지 않아야 함
- 카 또는 균형추의 복귀속도는 1m/s 이하이어야 함
- 작동 후에는 영구적인 변형이 없어야 함
- 최대 피크 감속도는 $6g_n$ 이하이어야 함

27 유도 전동기의 인버터 제어 방식에서 10kHz의 캐리어 주파수(Carrier Frequency)를 발생하여 운전 시 전동기 소음을 줄일 수 있는 인버터 전력용 스위칭 소자는?

① SCR
② IGBT
③ 다이오드
④ 평활콘덴서

해설

IGBT
입력부가 MOSFET 구조로 출력부가 바이폴라 구조인 복합 디바이스로 전자와 정공의 2종류 캐리어를 사용, 고속 스위칭 특성과 대전류 제어 가능

28 엘리베이터를 신호 방식에 따라 분류할 때 먼저 눌러져 있는 버튼의 호출에 응답하고, 그 운전이 완료될 때까지 다른 호출을 일체 받지 않는 방식은?

① 군관리 방식
② 승합 전자동식
③ 단식 자동 방식
④ 내리는 승합 전자동식

해설

엘리베이터의 신호 방식에 따른 분류

- 단식 자동식(Single Automatic)
  - 가장 먼저 눌러진 부름에만 응답하고, 그 운전이 완료되기 전에는 다른 호출을 받지 않음
  - 화물용, 카 리프트용 등에 사용
- 하강승합 전자동식(Down Collective)
  - 2층 혹은 그 위층의 승강장에서는 하강 방향 단추만 있음
  - 중간층에서 위층으로 갈 때에는 1층으로 내려온 후 올라가야 함
- 승합 전자동식(Selective Collective)
  - 승강장의 누름단추는 상승용, 하강용의 양쪽 모두 동작
  - 카는 그 진행 방향의 카 단추와 승강장의 단추에 응답하면서 승강
- 군승합 자동식(2CAR, 3CAR)
  - 2~3대가 병행되었을 때 사용하는 조작 방식
  - 한 개의 승강장 버튼의 부름에 대하여 한 대의 카만 응답
- 군관리 방식(Supervisory Control) : 엘리베이터를 3~8대 병설할 때 각 카를 불필요한 동작 없이 합리적으로 운영하는 조작 방식

정답 26 ④ 27 ② 28 ③

29 에스컬레이터 스텝의 구성 요소가 아닌 것은?

① 끼임방지 빗   ② 클리트
③ 라이저   ④ 디딤판

> 해설
> ① 끼임방지 빗은 디딤판의 이물질을 걸러내는 빗 모양의 판을 말함

30 카 또는 균형추가 승강로 바닥에 충돌하였을 때 카 내의 사람이 안전하도록 충격을 완화시키는 장치는?

① 조속기   ② 순간비상정지장치
③ 완충기   ④ 리밋 스위치

> 해설
> **완충기(Buffer)**
> 주행의 종점에서 완충적인 정지, 그리고 유체 또는 스프링(또는 유사한 수단)을 사용한 것을 포함한 제동수단
>
> - 유압 완충기 : 카 또는 균형추의 하강 운동에너지를 흡수 및 분산하기 위한 매체로 오일을 사용하는 완충기
> - 스프링 완충기 : 카 또는 균형추의 하강 운동에너지를 흡수 및 분산하기 위해 1개 또는 그 이상의 스프링을 사용하는 완충기

31 수평 보행기(무빙워크)의 안전장치에 해당되지 않는 것은?

① 스텝체인 안전스위치
② 스커트 가드 안전스위치
③ 비상정지스위치
④ 핸드레일 인입구 안전스위치

> 해설
> **스커트 가드 안전스위치**
> 에스컬레이터의 스커트 가드판과 스텝 사이에 신체의 일부나 옷, 신발 등이 끼어 말려들어가는 것을 방지하는 장치

32 일반적으로 무빙워크의 경사도는 최대 몇 ° 이하이어야 하는가?

① 9   ② 12
③ 15   ④ 25

33 사고원인에 대한 사항으로 틀린 것은?

① 교육적인 원인 : 안전지식 부족
② 인적 원인 : 불안전한 행동
③ 간접적인 원인 : 고의에 의한 사고
④ 직접적인 원인 : 환경 및 설비의 불량

> 해설
> **안전사고 직접 원인**
> - 불안전한 행동(인적 요인)
> - 불안전한 상태(물적 요인)
>
> **안전사고 간접 원인의 종류**
> - 기술적 원인   - 교육적 원인
> - 신체적 원인   - 정신적 원인
> - 관리적 원인

34 안전점검 시 일정 기간을 두고 행하는 점검은 무엇인가?

① 수시점검   ② 임시점검
③ 특별점검   ④ 정기점검

> 해설
> **안전점검의 종류**
> - 정기점검
>   - 일정 기간마다 실시
>   - 매주, 매월, 매 분기 등 법적 기준에 맞도록 또는 자체 기준에 따라 해당 책임자가 실시
> - 수시점검(일상점검)
>   - 매일 작업 전, 작업 중, 작업 후에 일상적으로 실시하는 점검
>   - 작업자, 작업책임자, 관리감독자가 행하는 사업주의 순찰도 넓은 의미에서 포함

정답 29 ① 30 ③ 31 ② 32 ② 33 ③ 34 ④

- 특별점검
  - 기계·기구 또는 설비의 신설·변경 또는 고장·수리 등으로 비정기적인 점검
  - 기술책임자가 수행
- 임시점검
  - 기계·기구 또는 설비의 이상 발견 시에 임시로 실시하는 점검
  - 정기점검 실시 후 다음 정기점검일 이전에 임시로 실시하는 점검

35 승강기 보수자가 승강기 카와 건물벽 사이에 끼었을 때 재해의 발생 형태는 무엇인가?

① 협착
② 전도
③ 마찰
④ 질식

해설

재해 발생 형태
- 추락 : 사람이 건축물, 기계, 비계, 사다리, 계단 등에서 떨어지는 것
- 충돌 : 작업자가 정지된 물체에 부딪친 경우
- 전도 : 사람이 평면상에 넘어졌을 때
- 낙하, 비래 : 작업자가 떨어지거나 날아오는 물체에 맞았을 경우
- 협착 : 두 물체 사이 또는 움직이는 물체와 고정된 물체 사이에 끼임 사고
- 감전 : 전기 접촉이나 방전에 의해 사람이 충격을 받은 경우

36 작업 내용에 따라 지급해야 할 보호구로 옳지 않은 것은?

① 보안면 : 물체가 날아 흩어질 위험이 있는 작업
② 절연장갑 : 감전의 위험이 있는 작업
③ 방열복 : 고열에 의한 화상 등의 위험이 있는 작업
④ 안전화 : 물체의 낙하, 물체의 끼임 등 있는 작업

해설

① 보안면은 용접 시 불꽃 또는 물체가 흩날릴 위험이 있는 작업에 착용하는 보호구

37 다음 중 안전사고 발생 요인이 가장 높은 것은?

① 불안전한 상태와 행동
② 개인의 개성
③ 환경과 유전
④ 개인의 감정

해설

안전사고의 직접 원인
- 불안전한 행동(인적 원인)
  - 안전장치를 제거, 무효화
  - 불안전한 상태 방치
  - 운전 중인 기계, 장치 등의 청소, 주유, 수리, 점검
  - 위험장소에의 접근
  - 잘못된 동작 자세
  - 복장, 보호구의 잘못 사용
  - 불안전한 조작
  - 안전조치의 불이행
- 불안전한 상태(물적 원인)
  - 기계 자체 결함
  - 방호장치 결함
  - 작업환경의 결함
  - 보호구 또는 복장의 결함
  - 자연적 불안전한 상태 지속
  - 생산공정 결함

38 승강기의 안전장치에 관한 설명으로 틀린 것은?

① 작업 형편상 경우에 따라 일시 제거해도 좋다.
② 카의 출입문이 열려 있는 경우 움직이지 않는다.
③ 불량할 때는 즉시 보수한 다음 작업한다.
④ 반드시 작업 전에 점검한다.

해설

승강기의 안전장치
일시 안전장치를 제거할 경우에는 반드시 안전관리자 또는 안전관리책임자의 허가를 받아야 함

39 안전관리자의 직무사항이 아닌 것은?

① 안전작업 교육계획의 수립 및 실시
② 근로환경 보건에 관한 조사
③ 재해 원인의 조사와 대책 수립
④ 작업의 안전에 관한 교육 및 훈련

해설

안전관리자의 직무(산업안전)
- 사업장의 안전보건관리규정 및 취업규칙에서 정한 직무
- 방호장치, 기계기구 및 설비, 보호구 중 안전에 관련된 보호구 구입 시 적격품 선정
- 당해 사업장 안전교육계획의 수립 및 실시
- 사업장 순회점검, 지도 및 조치의 건의
- 산업재해 발생 원인 조사 및 재발방지를 위한 기술적 지도 조언
- 산업재해에 관한 통계의 유지관리를 위한 지도 조언
- 안전에 관한 사항을 위반한 근로자에 대한 조치의 건의
- 기타 안전에 관한 사항으로 노동부장관이 정한 사항

40 그림과 같은 활차장치의 설명으로 옳은 것은?

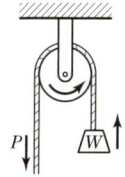

① 힘의 방향만 변환시키고, 크기는 $P=W$이다.
② 힘의 방향만 변환시키고, 크기는 $P=\dfrac{W}{2}$이다.
③ 힘의 크기만 변환시키고, 크기는 $P=\dfrac{W}{3}$이다.
④ 힘의 크기만 변환시키고, 크기는 $P=\dfrac{W}{4}$이다.

해설
- 정활차 : 힘의 방향만 바꿈(힘이 한 일과 도르래가 한 일이 같음)
- 동활차 : 1/2의 힘으로 하중을 위로 올리는 경우

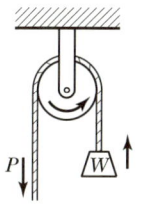 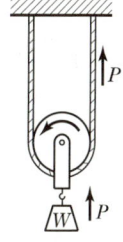

|정활차| |동활차|

41 다이얼 게이지의 보관 및 취급 시 주의사항으로 틀린 것은?

① 교정주기에 따라 교정 성적서를 발행한다.
② 측정 시 충격이 가지 않도록 한다.
③ 스핀들에 주유를 하여 보관한다.
④ 측정자를 잘 선택해야 한다.

해설

보관 및 취급 시 주의사항
- 직사광선에 노출되지 않을 것
- 먼지가 적게 발생하는 곳에 보관할 것
- 습기가 적고 통풍이 잘 되는 곳에 보관할 것
- 장기 보관 시에는 방청유를 헝겊에 묻혀서 골고루 방청 할 것(단, 본체 내부, 스핀들 등은 기름이 유입되지 않을 것)

42 금속재료를 압축하여 눌렀을 때 넓게 퍼지는 성질은?

① 인성   ② 연성
③ 취성   ④ 전성

해설
- 인성 : 잡아당기는 힘에 견디는 성질, 재료가 외력을 받으면 변형은 생기나 파괴되지 않는 성질
- 연성 : 가소성의 일종으로 탄성한계를 넘는 변형력으로도 물체가 파괴되지 않고 늘어나는 성질
- 취성 : 재료의 역학적 성질의 일종으로 부스러지기 쉬운 성질
- 전성 : 압축력에 대하여 물체가 부서지거나 구부러짐이 일어나지 않고, 물체가 얇게 영구변형이 일어나는 성질

정답 39 ② 40 ① 41 ③ 42 ④

43 너트의 풀림을 방지하는 방법으로 틀린 것은?

① 스프링 와셔를 사용
② 로크너트를 사용
③ 자동 죔 너트를 사용
④ 캡 너트를 사용

> 해설

너트의 풀림방지 방법
스프링 와셔, 로크너트, 자동 죔 너트 등

44 고온에 장시간 정하중을 받는 재료의 허용응력을 구하기 위한 기준강도로 가장 적합한 것은?

① 극한 강도
② 크리프 한도
③ 피로 한도
④ 최대 전단응력

> 해설

- 극한 강도 : 항복점이 명확하지 않은 재료에 정하중이 작용하는 경우
- 크리프 한도 : 고온에서 정하중이 작용하는 경우
- 피로 한도 : 반복 하중이 작용하는 경우 항복점 이하에서 파괴될 수 있으며 피로파괴를 일으키지 않는 범위의 최대응력
- 최대 전단응력 : 하중을 받아 보에 발생된 전단응력 중 그 절댓값이 가장 큰 응력

45 용기 내의 압력을 대기압력 이하의 저압으로 유지하기 위해 대기압력 쪽으로 기체를 배출하는 것은?

① 진공 펌프
② 압축기
③ 송풍기
④ 제습기

> 해설

진공 펌프
용기 내의 압력을 대기압 이하의 진공 상태로 유지하기 위해서 내부 공기를 빨아들여 대기압(외부) 쪽으로 배출하는 기구

46 몇 개의 막대가 서로 연결되어 회전, 요동, 왕복운동 등을 하도록 구성한 것은?

① 캠
② 커플링
③ 기어
④ 링크

> 해설

링크(Link) 기구
- 개념 : 몇 개의 강성한 막대를 핀으로 연결하고 회전할 수 있도록 만든 기구
- 구성 : 크랭크, 레버, 슬라이더, 고정부

캠(Cam) 기구
- 개념 : 회전운동을 직선운동, 왕복운동, 진동 등으로 변환하는 장치
- 평면 곡선을 이루는 캠 : 판 캠, 홈 캠, 확동 캠, 직동 캠
- 입체 캠 : 경사판 캠, 원통 캠, 원뿔 캠, 구면 캠

47 유도 전동기의 동기속도는 무엇에 의하여 정하여지는가?

① 전원의 주파수와 전동기의 극수
② 전원전압과 전류
③ 전원의 주파수와 전압
④ 전동기의 극수와 전류

> 해설

동기속도
$$N_S = \frac{120f}{P}[\text{rpm}]$$
여기서, N_S : 동기속도
f : 주파수
P : 전동기 극수

48 교류에서 저압의 범위로 맞는 것은?

① AC 220V 이하
② AC 380V 이하
③ AC 600V 이하
④ AC 1,000V 이하

> [해설]

전압의 범위

구분	교류	직류
저압	1,000V 이하	1,500V 이하
고압	• 1,000V 초과 • 7,000V 이하	• 1,500V 초과 • 7,000V 이하
특고압	7,000V 초과	

49 3상 유도 전동기의 역상제동이란?

① 플러그를 사용하여 전원에 연결하는 방법
② 운전 중 2선의 접속을 바꾸어 접속함으로써 상회전을 바꾸어 제동하는 법
③ 단상 상태로 기동할 때 일어나는 현상
④ 고정자와 회전자의 성수가 일치하지 않을 때 일어나는 현상

> [해설]

발전제동
운전 중인 전동기를 전원에서 분리하여 단자에 저항을 접속하고 이것을 발전기로 동작시켜 부하 전류로 역토크에 의해 제동하는 방법

회생제동
전동기를 발전기로 동작시켜 그 유도 기전력을 전원 전압보다 크게 하여 전력을 전원에 되돌려 보내서(회생전력) 제동시키는 방법

역상제동(플러깅)
전동기의 전기자 접속을 반대로 바꾸어 원래의 회전 방향과 반대의 토크를 발생시켜 갑자기 정지 또는 역전시키는 방법

50 전류 편차와 사이클링이 없고, 간헐현상이 나타나는 것이 특징인 제어 동작은?

① I 제어   ② D 제어
③ P 제어   ④ PI 제어

> [해설]

① I 제어(적분제어) : 에러값을 적분하여 제어하는 경우

② D 제어(미분제어) : 오차값의 변화를 보고 조작량을 결정하는 방법
③ P 제어(비례제어) : 에러값에 비례해서 제어량을 변화시키는 방법

51 작업자가 감전되었을 경우의 대처 방법으로 틀린 것은?

① 절연봉 등을 이용하여 사고자를 전로로부터 떼어 놓는다.
② 전원을 차단 후 사고자를 떼어놓는다.
③ 관리자 등에게 연락하여 전원을 차단한 후 구출한다.
④ 즉시 맨손으로 직접 떼어놓는다.

> [해설]

④ 맨손으로 직접 접촉할 경우 함께 감전될 위험이 있으므로 절연봉 등으로 사고자를 분리

52 목표치가 시간에 관계없이 일정한 경우로 정전압 장치, 일정 속도제어 등에 해당하는 제어는?

① 정치제어   ② 비율제어
③ 추종제어   ④ 프로그램 제어

> [해설]

① 정치제어 : 목푯값이 시간의 변화에 관계없이 일정하게 유지되는 제어(예 프로세스 제어, 자동 전압조정, 자동 압력조정, 터빈의 속도제어)
② 비율제어 : 목푯값이 다른 어떤 양에 비례하는 경우의 제어(예 자동 연소제어, 물질 합성 프로세스 제어 등)
③ 추종제어 : 목푯값이 시간에 대한 미지함수인 경우의 제어(예 대공포의 포신제어, 자동 평형계기, 자동 아날로그 선반)
④ 프로그램 제어 : 목푯값이 시간적으로 미리 정해진 대로 변화하고 제어량이 이것에 일치되도록 하는 제어(예 온도제어, 무인운전 등)

정답 49 ② 50 ④ 51 ④ 52 ①

53 다음 중 전류계에 대한 설명으로 틀린 것은?

① 전류계의 내부저항이 전압계의 내부저항보다 작다.
② 전류계를 회로에 병렬접속하면 계기가 손상될 수 있다.
③ 직류용 계기에는 (+), (−)의 단자가 구별되어 있다.
④ 전류계의 측정 범위를 확장하기 위해 직렬로 접속한 저항을 분류기라고 한다.

해설
- 배율기 : 전압계에 직렬로 접속하여 전압의 측정 범위를 넓게 하는 저항기
- 분류기 : 전류계에 병렬로 접속하여 전류의 측정 범위를 넓게 하는 저항기

54 제어계의 구성도에서 개루프 제어계에는 없고 폐루프 제어계에만 있는 제어 구성요소는?

① 검출부 ② 조작량
③ 목푯값 ④ 제어대상

해설
폐루프(피드백 제어)
- 구성 : 검출부, 조절부, 조작부
- 폐루프 제어계에서는 피드백을 위한 검출부가 반드시 필요

55 100V를 인가하여 전기량 30C을 이동시키는 데 5초가 걸렸다. 이때의 전력(kW)은?

① 0.3 ② 0.6
③ 1.5 ④ 3

해설
전기량 $Q = It[C]$에서 $I = \dfrac{Q}{t} = \dfrac{30}{5} = 6A$
전력량 $P = VI[W] = 100 \times 6 = 600W = 0.6kW$

56 논리식 $A(A+B)+B$를 간단히 하면?

① 1 ② A
③ $A+B$ ④ $A \cdot B$

해설
$A(A+B)+B = AA+AB+B = A+AB+B = A+B$

57 전류계와 전압계는 내부저항이 존재한다. 이 내부저항은 전압 또는 전류를 측정하고자 하는 부하의 저항에 비하여 어떤 특성을 가져야 하는가?

① 내부저항이 전류계는 가능한 한 커야 하며, 전압계는 가능한 한 작아야 한다.
② 내부저항이 전류계는 가능한 한 커야 하며, 전압계도 가능한 한 커야 한다.
③ 내부저항이 전류계는 가능한 한 작아야 하며, 전압계는 가능한 한 커야 한다.
④ 내부저항이 전류계는 가능한 한 작아야 하며, 전압계도 가능한 한 작이야 한다.

해설
- 전류계 : 내부저항이 0인 것이 이상적
- 전압계 : 내부저항이 무한대인 것이 이상적

58 PLC(Programmable Logic Controller)에 대한 설명 중 틀린 것은?

① 시퀀스 제어 방식과는 함께 사용할 수 없다.
② 무접점 제어 방식이다.
③ 산술연산, 비교연산을 처리할 수 있다.
④ 계전기, 타이머, 카운터의 기능까지 쉽게 프로그램할 수 있다.

해설
PLC의 특징
- 배선 및 설치가 간단
- 배선이나 릴레이 등 물리적 변경 없이 제어회로의 수정이 가능
- 컴퓨터와 정보 교환이 가능하며 수명이 반영구적

정답 53 ④ 54 ① 55 ② 56 ③ 57 ③ 58 ①

- 무접점 제어 방식
- 산술연산, 비교연산 처리 가능
- 제조사마다 다른 언어를 사용
- 기존 시퀀스 회로 방식보다 가격이 고가

59 코일에 전류가 흘러 그 말단에 역기전력을 일으킬 때의 전류의 방향과 유도 기전력의 방향에 관계되는 법칙은?

① 렌츠의 법칙 ② 플레밍의 왼손법칙
③ 키르히호프의 법칙 ④ 패러데이의 법칙

[해설]

렌츠의 법칙
전자기 유도 현상이 일어날 때 그 유도되는 전류의 방향은, 변화하는 방향의 반대 방향으로 유도 전류의 방향이 형성된다는 것

60 인덕턴스가 5mH인 코일에 50Hz의 교류를 사용할 때 유도 리액턴스는 약 몇 Ω 인가?

① 1.57 ② 2.50
③ 2.53 ④ 3.14

[해설]

$L = 5mH = 5 \times 10^{-3} [H]$
$X_L = \omega L = 2\pi f L = 2\pi \times 50 \times 5 \times 10^{-3} = 1.57 \Omega$

정답 59 ① 60 ①

2021년 3회 기출문제

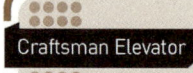

01 단독주택의 거주자를 운송하기 위한 카를 정해진 승강장으로 운행시키기 위해 설치되는 정격속도 0.25m/s 이하, 높이 12m 이하인 엘리베이터는?

① 소방구조용 ② 소형
③ 화물용   ④ 승객용

해설
소형 엘리베이터의 적용 범위
수직에 대해 15° 이하로 경사진 가이드레일 사이에서 권상이나 포지티브 구동장치 또는 유압장치에 의해 로프 또는 체인으로 현수되는 단독주택의 거주자를 운송하기 위한 카를 정해진 승강장으로 운행시키기 위하여 설치되는 전기식 또는 유압식 소형 엘리베이터
- 정격속도 0.25m/s 이하
- 승강 행정 12m 이하

02 유압 엘리베이터 작동유의 적정온도 범위는?

① 5℃ 이상 90℃ 이하   ② 30℃ 이상 60℃ 이하
③ 30℃ 이상 90℃ 이하   ④ 5℃ 이상 60℃ 이하

03 엘리베이터 자체 점검항목에서 완충기의 점검사항으로 옳은 것은?

① 피트 콘센트 설치 상태
② 로프 또는 체인 이완의 발생 여부
③ 전기안전장치 작동 상태
④ 레일의 고정 및 설치 상태

해설
완충기 점검사항은 전기안전장치 작동 상태, 고정 상태, 설치 상태 등이 있음

04 장애인용 엘리베이터의 경우 호출버튼에 의하여 카가 정지하면 몇 초 이상 문이 열린 채로 대기하여야 하는가?

① 8   ② 10
③ 12   ④ 15

해설
장애인용 엘리베이터의 추가 요건
- 호출버튼 또는 등록버튼에 의하여 카가 정지하면 10초 이상 문이 열린 채로 대기해야 함
- 카 내부 바닥의 어느 부분에서든 150lx 이상의 조도가 확보되어야 함
- 카 내부에는 수평손잡이를 카 바닥에서 0.8m 이상 0.9m 이하의 위치에 견고하게 설치되고, 수평손잡이는 측면과 후면에 각각 설치되어야 함
- 승강기의 전면에는 1.4m×1.4m 이상의 활동공간이 확보되어야 함
- 승강장 바닥과 승강기 바닥의 틈은 0.03m 이하이어야 함
- 승강기 내부의 유효바닥면적은 폭 1.6m 이상, 깊이 1.35m 이상이어야 함
- 출입문의 통과 유효 폭은 0.8m 이상으로 하되, 신축한 건물의 경우에는 출입문의 통과 유효 폭을 0.9m 이상으로 할 수 있음

05 엘리베이터 자체 점검항목에서 기계실 내 기계류의 점검항목에 해당하는 것은?

① 양중용 지지대 및 고리에 허용하중 표시 상태
② 점검문의 설치 및 작동 상태
③ 도르래 홈의 마모 상태
④ 비상등 조도 및 작동 상태

해설
기계실 내 기계류의 점검항목
- 용도 이외의 설비 비치 여부
- 출입문의 설치 및 잠금 상태

정답 01 ② 02 ④ 03 ③ 04 ② 05 ①

- 바닥 개구부 낙하방지수단 설치 상태
- 환기 상태, 조명 점등 상태 및 조도
- 콘센트의 설치 상태
- 양중용 지지대 및 고리에 허용하중 표시 상태

06 도르래의 로프홈에 언더컷을 하는 목적은?

① 로프의 중심 균형 ② 윤활 용이
③ 마찰계수 향상   ④ 도르래의 경량화

[해설]

도르래에 언더컷을 하는 이유는 도르래의 마찰계수를 올리기 위함

07 엘리베이터 자체 점검기준 중에서 전기안전장치에 관한 점검사항이 아닌 것은?

① 구동시간 제한 장치 작동 상태
② 조명, 콘센트의 과전류 보호 상태
③ 과열, 온도상승 시 전동기 정지장치 작동 상태
④ 이동케이블 설치 상태

[해설]

이동케이블 설치 상태는 전기적 보호 중 전기배선의 점검항목에 해당

08 교류 전력을 측정하기 위해서 필요한 계측기 중 필요하지 않은 것은?

① 전압계   ② 전류계
③ 역률계   ④ 주파수계

[해설]

유효전력
- 전원에서 공급한 전력이 부하 저항에서 소비되는 전력 $P = VI\cos\theta$ [W]
- 교류 전력 측정을 위해서는 전압계, 전류계, 역률계가 필요

09 그림과 같은 논리기호의 논리식은?

① $X = \overline{A} + \overline{B}$ ② $X = \overline{A} \cdot \overline{B}$
③ $X = A \cdot B$ ④ $X = A + B$

[해설]

논리합 회로
- 하나 이상의 입력(1)이 있을 때 출력(1)이 나타나는 회로
- 시퀀스의 병렬 스위치 회로와 같음
- 논리식 : $X = A + B$
- 진리표

입력		출력
A	B	X
0	0	0
0	1	1
1	0	1
1	1	1

10 다음 중 서보기구의 제어량에 해당하는 것은?

① 전압   ② 유량
③ 위치   ④ 주파수

[해설]

- 서보기구 제어량 : 위치, 자세, 방위 등
- 자동조정 제어량 : 전압, 주파수 등
- 프로세스제어 제어량 : 온도, 압력, 유량 등

11 가이드레일의 종류 중 일반적으로 승강기의 가이드레일에 사용되는 것은?

① Y형   ② H형
③ I형   ④ T형

[해설]

가이드레일의 규격
- 레일 규격의 호칭 : 마무리 가공 전 소재의 1m당 중량
- T형 레일의 공칭 규격 : 8, 13, 18, 24, 30K 등

정답 06 ③ 07 ④ 08 ④ 09 ④ 10 ③ 11 ④

• 레일의 표준 길이 : 5m

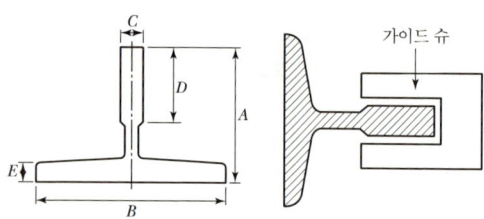

구분	8K	13K	18K	24K	30K
A	56	62	89	89	108
B	78	89	114	127	140
C	10	16	16	16	19
D	26	32	38	50	51
E	6	7	8	12	13

12 승강기에 적용하는 가이드레일의 규격을 결정하는 데 관계가 가장 적은 것은?

① 피트의 충격하중　② 좌굴하중
③ 수평 진동력　　　④ 회전모멘트

> 해설
> **가이드레일의 규격 결정 시 고려사항**
> • 비상정지 시 레일에 인가되는 좌굴하중을 고려
> • 지진 발생 시 수평 지진력으로 인한 휘어짐을 고려
> • 화물 적재 시 발생하는 회전모멘트를 고려

13 직류 전동기의 전기자 권선법에 해당되는 것은?

① 분권과 직권　　② 파권과 직권
③ 파권과 중권　　④ 분권과 중권

> 해설
> **직류 전동기 전기자 권선법**
>
> | 구분 | 중권 | 파권 |
> |------|------|------|
> | 전기자 병렬회로 수 | 극수와 동일 | 2 |
> | 브러시 수 | 극수와 동일 | 2 |
> | 동일 조건 | 저전압, 대전류 | 고전압, 저전류 |

14 하중의 시간 변화에 따른 분류가 아닌 것은?

① 충격하중　② 반복하중
③ 전단하중　④ 교번하중

> 해설
> • 하중의 시간 변화에 따른 분류
>   - 정하중
>   - 동하중 : 충격하중, 반복하중, 교번하중, 이동하중
> • 하중의 작용 상태에 의한 분류 : 인장하중, 압축하중, 전단하중

15 훅의 법칙을 옳게 설명한 것은?

① 응력과 변형률은 반비례 관계이다.
② 응력과 탄성계수는 반비례 관계이다.
③ 응력과 변형률은 비례 관계이다.
④ 응력과 탄성계수는 비례 관계이다.

> 해설
> **훅(Hook)의 법칙**
> 재료의 응력값은 어느 한도(비례한도) 이내에서는 응력과 이로 인해 생기는 변형률은 비례한다는 것
> 응력도(σ) = 탄성계수(E) × 변형률(ε)

16 두 축이 만나는(교차하는) 기어는?

① 나사(스크루) 기어　② 베벨 기어
③ 웜 기어　　　　　　④ 하이포이드 기어

> 해설
> **기어의 종류**
> • 평행축 기어 : 평 기어, 헬리컬 기어, 랙 기어 등
> • 교차축 기어 : 스퍼(직선) 베벨 기어, 헬리컬 베벨 기어 등
> • 어긋난 기어 : 나사 기어, 웜 기어, 하이포이드 기어, 헬리컬 크라운 기어

정답　12 ①　13 ③　14 ③　15 ③　16 ②

17 아파트 등의 엘리베이터에서 야간의 범죄예방을 위해 사용하는 방식은?

① 워드레오나드 방식
② 종단층 강제속도장치 방식
③ 록다운 비상정지 방식
④ 각 층 강제 정지운전 방식

[해설]

각 층 강제 정지운전 방식
• 카가 목표 층까지 이동 시 층마다 정지하며 이동
• 범죄 예방 운전 방식

18 감전에 영향을 주는 1차적 감전요소가 아닌 것은?

① 감전 시간
② 감전전류의 크기
③ 인체의 조건
④ 전원의 종류

[해설]

• 1차적 요인 : 통전전류의 크기, 통전시간, 통전경로, 전원의 종류
• 2차적 요인 : 인체의 조건, 주변환경

19 안전대의 등급과 사용 구분이 올바르게 짝지어진 것은?

① 1종 : U자 걸이 전용
② 2종 : 1개 걸이, U자 걸이 공용
③ 3종 : 안전블록
④ 4종 : 1개 걸이 전용

[해설]

안전대의 등급
• 1종 : U자 걸이 전용
• 2종 : 1개 걸이
• 3종 : U자 걸이와 1개 걸이
• 4종 : 안전블록

20 유압식 엘리베이터에서 기동 시에 동작하지 않는 경우 그 원인이 될 수 없는 것은?

① 차단 밸브가 잠긴 경우
② 실린더에서 공기가 완전히 제거되지 않은 경우
③ 릴리프 밸브의 조절값이 낮은 경우
④ 브레이크가 작동된 경우

[해설]

실린더 공기가 완전히 제거되지 않는 경우는 고장의 원인이 됨

21 10Ω의 저항과 15Ω의 저항이 병렬로 연결되어 있는 회로에서 50A의 전류가 흐를 때 10Ω에 흐르는 전류는 몇 A인가?

① 10
② 20
③ 30
④ 40

[해설]

저항의 병렬접속
전압 일정, 전류는 저항에 반비례해서 분배

R_1에 흐르는 전류
$$I_1 = \frac{R_2}{R_1 + R_2} I = \frac{15}{10+15} \times 50 = 30A$$

22 에스컬레이터(무빙워크) 자체 점검사항 중에서 추락방지수단의 점검항목이 아닌 것은?

① 접근금지 장치 설치 상태
② 미끄럼 방지장치 설치 상태
③ 기어오름 방지장치 설치 상태
④ 진입방지를 위한 접근방지대 설치 상태

[해설]

추락방지수단의 점검항목
• 기어오름 방지장치 설치 상태
• 접근금지 장치 설치 상태
• 미끄럼 방지장치 설치 상태

23 에스컬레이터(무빙워크) 자체 점검사항 중에서 끼임방지수단의 점검항목에 해당되는 것은?

① 손잡이와 구조 부품과의 간섭 여부
② 스커트 디플렉터 설치 상태
③ 디딤판과 구조 부품과의 간섭 여부
④ 기어오름 방지장치 설치 상태

> **해설**
>
> 에스컬레이터 끼임방지수단의 점검항목
> - 스커트 디플렉터 설치 상태
> - 점검 방법 : 육안점검
> - 점검주기 : 1회/3개월

24 하중이 작을 경우에 큰 변형이 일어나는 것은?

① 응력한계점   ② 항복점
③ 탄성한계점   ④ 피로한계점

> **해설**
>
> - 탄성한계점 : 응력을 제거하면 원래로 돌아오는 구간
> - 비례한계점 : 응력과 변형률 사이 비례관계가 성립하는 최대점
> - 항복점 : 응력을 제거해도 변형이 남아 있는 구간
> - 파괴점 : 재료가 파괴되는 지점

25 안전점검의 목적으로 옳은 것은?

① 안전작업표준의 적절성을 점검
② 시설장비의 설계를 점검
③ 결함이나 불안전 조건의 제거
④ 법기준에 따른 적합 여부의 확인

> **해설**
>
> 안전점검의 목적
> 현장조사 및 각종 시험에 의해 시설물의 물리적·기능적 결함과 내재되어 있는 위험요인을 발견하고, 이에 대한 신속하고 적절한 보수, 보강 방법 및 조치방안 등을 제시함으로써 안전을 확보하고 사고를 사전에 방지하기 위함

26 추락방지를 위한 물적 측면의 안전대책과 관련이 없는 것은?

① 발판, 작업대 등은 파괴 및 동요되지 않도록 견고하고 안정된 구조이어야 한다.
② 안전교육훈련을 통해 작업자에게 추락의 위험을 인식시킴과 동시에 자율적 규제를 촉구한다.
③ 작업대와 통로는 미끄러지거나 발에 걸려 넘어지지 않게 평평하고 미끄럼 방지성이 뛰어난 것으로 한다.
④ 작업대와 통로 주변에는 난간이나 보호대를 설치해야 한다.

> **해설**
>
> 추락 방지조치
> - 안전난간이나 손잡이를 설치
> - 덮개 등을 설치하거나 작업발판을 설치
> - 작업발판 설치가 곤란한 경우 안전망을 치거나 안전대 착용
> - 통로는 미끄러지거나 발에 걸려 넘어지지 않도록 평평하고 미끄럼 방지성을 가진 것으로 설치

27 과속조절기(조속기)의 보수 점검항목에 해당되지 않는 것은?

① 과속조절기(조속기) 스위치의 접점 청결 상태
② 세이프티 링크 스위치와 캠의 간격
③ 운전의 윤활성 및 소음 유무
④ 조속기 로프와 클립 체결 상태

> **해설**
>
> 조속기 보수 점검항목
> - 전기안전장치 작동 상태(1회/1개월)
> - 로프 마모 및 파단 상태(1회/6개월)

정답 23 ② 24 ② 25 ③ 26 ② 27 ②

28 재해의 발생 순서로 옳은 것은?

① 이상 상태 – 불안전 행동 및 상태 – 사고 – 재해
② 이상 상태 – 사고 – 불안전 행동 및 상태 – 재해
③ 불안전 행동 및 상태 – 이상 상태 – 사고 – 재해
④ 재해 – 이상 상태 – 사고 – 불안전 행동 및 상태

해설

재해 발생 순서
이상 상태 – 불안전 행동 및 상태 – 사고 – 재해

29 승강기에 사용되는 T형 가이드레일 1본의 길이는 몇 m인가?

① 3 ② 5
③ 8 ④ 10

해설
문제 11번 해설 참조

30 로프의 마모 상태가 소선의 파단이 균등하게 분포되어 있는 상태에서 1스트랜드의 1꼬임피치에서 파단수가 얼마이면 교체할 시기가 되었다고 판단하는가?

① 2 ② 3
③ 4 ④ 5

해설
로프의 마모 상태가 소선의 파단이 균등하게 분포되어 있는 상태에서 1스트랜드의 1꼬임피치에서 파단수는 4 이하일 것

31 조속기(과속조절기) 로프의 마모와 파손 상태에서 마모되지 않은 부분의 와이어로프 지름이 원래 지름의 몇 % 미만이 되어야 교체하는가?

① 90 ② 92
③ 95 ④ 97

32 정전으로 인하여 카가 층 중간에 정지될 경우 카를 안전하게 하강시키기 위하여 점검자가 주로 사용하는 밸브는?

① 체크 밸브 ② 상승 밸브
③ 릴리프 밸브 ④ 하강 밸브

해설

① 체크 밸브(Check Valve)
- 유체가 한쪽 방향으로만 흐르도록 하는 밸브
- 정전 또는 기타 원인으로 펌프의 토출 압력이 낮아져 실린더의 기름이 역류하여 카가 자유낙하하는 것을 방지

③ 릴리프 밸브(Relief Valve)
- 압력을 제한하기 위한 밸브
- 압력이 상용압력의 125% 이상 상승하면 바이패스(Bypass) 회로를 열어 기름을 탱크로 돌려보내 추가 압력 상승을 방지

33 교류전동기의 회전속도가 60Hz에서 1,200rpm이라면 주파수를 10% 상승시켰을 경우의 회전속도는 얼마가 되겠는가?

① 1,200 ② 1,320
③ 1,440 ④ 1,600

해설

동기속도
$$N_S = \frac{120f}{P}[\text{rpm}]$$

여기서, N_S : 동기속도
f : 주파수
P : 전동기 극수

위 식에서 교류전동기의 회전속도는 주파수에 비례함을 알 수 있음. 주파수가 10% 상승하면 회전속도도 10% 상승하므로
$1,200 \times 1.1 = 1,320$rpm

34 직류 전동기에서 일정한 전압을 가하고 부하의 변화에 대해서 가장 큰 속도 변화를 가지는 전동기는?

① 직권
② 분권
③ 타여자
④ 복권

> 해설

타여자 전동기
계자 권선과 전기자 권선이 각기 다른 전원에 접속

분권 전동기
- 계자 권선과 전기자 권선이 전원에 병렬로 접속
- 계자 저항기로 쉽게 회전속도를 조정할 수 있으므로, 공작기계, 압연기 등에 쓰임

직권 전동기
- 계자 권선과 전기자 권선이 전원에 직렬로 접속
- 기동 토크는 부하전류의 제곱에 비례하기 때문에 전동차나 크레인과 같이 부하 변동이 심하고, 기동 토크가 큰 것을 요구하는 부하의 운전에 적합

복권 전동기
분권 계자권선과 직권 계자권선으로 구성되어 전원에 병렬로 접속

35 교류 엘리베이터 제어 방식에 관한 설명 중 옳지 않은 것은?

① 교류 1단 속도제어는 30m/min 이하에 적용한다.
② VVVF 제어는 전압과 주파수를 동시에 제어하는 방식이다.
③ 교류 귀환제어는 사이리스터의 점호각을 바꾸어 유도 전동기의 속도를 제어하는 방식이다.
④ 교류 2단 속도제어 방식은 교류 1단 속도제어보다 착상 오차가 큰 것이 단점이다.

> 해설

- 교류 1단 속도제어 : 착상 오차가 크므로 저속에 적용
- 교류 2단 속도제어 : 착상 오차를 줄이기 위해 이단 속도 모터를 사용
- 교류 귀환제어 : 카의 실속도와 지령속도를 비교하여 사이리스터(Thyristor)의 점호각을 제어하여 유도 전동기의 속도를 제어하는 방식
- VVVF(가변 전압, 가변 주파수) 제어 : 모터에 인가되는 전압과 주파수를 동시에 변환시켜 속도를 제어

36 주차구획을 평면상에 배치하여 운반기의 왕복이동에 의하여 주차를 행하는 주차설비 방식은?

① 승강기 슬라이드식
② 수평순환식
③ 평면왕복식
④ 다층순환식

> 해설

평면왕복식 주차장치
각 층에 평면으로 배치되어 있는 고정된 주차구획에 운반기에 의하여 자동차를 운반 이동하여 주차하도록 설계한 주차장치

- 종류 : 운반식, 운반격납식 등
- 일반적으로 빌딩의 지하 또는 상부에 설치
- 중·대규모의 주차가 가능

37 승강장의 문이 열린 상태에서 모든 제약이 해제되면 자동적으로 닫히게 하여 문의 개방 상태에서 생기는 2차 재해를 방지하는 문의 안전장치는?

① 도어 컨트롤
② 도어 인터로크
③ 도어 클로저
④ 과부하 감지장치

> 해설

도어 클로저(Door Closer)
승강장의 문이 열린 상태에서 모든 제약이 해제되면 자동적으로 닫히게 하여 문의 개방 상태에서 생기는 2차 재해를 방지하는 안전장치

38 엘리베이터에서 자동착상장치의 고장 시 발생하는 현상이 아닌 것은?

① 정지할 층에 멈추지 않고 통과한다.
② 착상위치를 벗어난다.
③ 최하층을 지나서 완충기에 충돌한다.
④ 착상의 정확도가 떨어진다.

정답 34 ① 35 ④ 36 ③ 37 ③ 38 ③

39 엘리베이터가 최상단층과 최하단층을 과행 통과하였을 때 엘리베이터를 정지시키며 상승, 하강 양 방향 모두 운행이 불가능하게 하는 안전장치는?

① 슬로다운 스위치
② 파킹 스위치
③ 피트 정지 스위치
④ 파이널 리밋 스위치

해설

① 슬로다운 스위치 : 카가 어떤 원인으로 감속하지 못하고 최상·최하층을 지나칠 경우 이를 검출하여 강제적으로 감속 정지시키는 장치
② 파킹 스위치 : 카를 휴지시키기 위해 설치된 스위치로 기준층의 승강장에 키 스위치를 설치하여 승강장에 카를 휴지 또는 재가동시킬 수 있는 스위치
③ 피트 정지 스위치 : 보수점검 및 검사를 위하여 피트 내부로 들어가기 전 스위치를 정지 위치로 함으로써 작업 중 카가 움직이는 것을 방지
④ 파이널 리밋 스위치
  • 리밋 스위치 고장 시 카가 승강로 천장이나 피트 바닥에 충돌하는 것을 방지하기 위한 스위치
  • 우발적인 작동의 위험 없이 가능한 한 최상층 및 최하층에 근접하여 설치

40 에스컬레이터의 체인이 늘어나거나 파손되었을 경우 중대사고로부터 보호하는 안전장치는?

① 구동체인 안전장치
② 정지스위치
③ 인입구 안전장치
④ 스텝 안전장치

해설

구동체인 안전장치
체인이 늘어나거나 절단되었을 경우 동력을 차단하고 역회전을 기계적으로 방지하는 동시에 전기적으로 전원을 차단하는 장치

41 유압식 엘리베이터의 경우 승강로 천장의 가장 낮은 부분과 상승 방향으로 주행하는 램-헤드 조립체의 가장 높은 부분 사이의 유효 수직거리는 몇 m 이상이어야 하는가?

① 0.1 ② 0.3
③ 0.5 ④ 1.0

42 기계실에서 작업구역의 유효 높이는 몇 m 이상이어야 하는가?

① 1.5 ② 1.8
③ 2.1 ④ 2.5

해설

기계실 구비 조건
• 건축물의 다른 부분과 내화구조 또는 방화구조로 구획
• 기계실 크기 : 작업구역에서의 유효 높이는 2.1m 이상
• 바닥면에서 200lx 이상을 비출 수 있는 영구 조명이 있을 것
• 기계실 온도 : 실온은 원칙적으로 5~40℃ 사이 유지
• 출입문 : 폭 0.7m 이상, 높이 1.8m 이상의 금속제이고 외부로 열릴 것
• 출입문은 열쇠로 조작되는 잠금장치가 있을 것
• 1개 이상의 콘센트가 있을 것

43 홀 랜턴의 용도는 무엇인가?

① 카 내에서 카의 위치를 표시
② 군관리 방식에서 카의 위치를 표시
③ 2대 이상의 카의 위치를 표시
④ 단독 카인 경우 주로 사용하며 카의 위치를 표시

해설

홀 랜턴
군관리 방식에서 여러 대의 엘리베이터 중에서 어느 엘리베이터가 곧 도착할 예정인지 알려주는 방향등

정답 39 ④ 40 ① 41 ① 42 ③ 43 ②

44 엘리베이터 설치작업 시 작업장의 안전보건에 관한 규칙으로 올바른 것은?

① 작업장의 전기위험은 없으므로 소방시설을 설치할 필요가 없다.
② 복도에는 화물을 쌓아두지 않아야 한다.
③ 화물의 빠른 이동을 위해서 복도는 미끄러지게 하는 것이 좋다.
④ 작업장의 조명과 복도 조명의 명암 차이가 크게 한다.

해설
엘리베이터 설치작업 시 작업장 안전보건규칙
• 작업장에 소방시설을 설치할 것
• 복도는 미끄럽지 않게 할 것
• 복도에는 화물을 쌓아두지 말 것
• 작업장과 복도 조명의 명암 차이가 없도록 할 것

45 비상정지장치(추락방지안전장치)가 작동될 때, 무부하 상태의 카 바닥 또는 정격하중이 균일하게 분포된 부하 상태의 카 바닥은 정상적인 위치에서 몇 %를 초과하여 기울어지지 않아야 하는가?

① 2
② 3
③ 4
④ 5

46 유압식 엘리베이터의 점검 시 플런저 부위에서 특히 유의하여 점검하여야 할 사항은?

① 플런저의 승강행정 오차
② 제어 밸브에서의 누유 상태
③ 플런저의 토출량
④ 플런저 표면조도 및 작동유 누설 여부

47 사고 발생 빈도에 영향을 미치지 않는 것은?

① 작업시간
② 작업자의 연령
③ 작업숙련도
④ 작업자의 출생지

48 다음 ( ) 안에 들어갈 알맞은 내용은?

> 엘리베이터에는 브레이크 시스템인 전자 – 기계 브레이크(마찰 형식)가 있어야 한다. 이 브레이크는 자체적으로 카가 정격속도로 정격하중의 ( ) %를 싣고 하강 방향으로 운행될 때 구동기를 정지시킬 수 있어야 한다.

① 115
② 120
③ 125
④ 130

해설
• 브레이크 : 제동토크는 적용하중의 125% 이내 값으로 설계하여 전동기 토크의 2.5배를 초과하지 않도록 권장
• 브레이크 시스템 : 전자 – 기계 브레이크(마찰 형식)가 있어야 함

49 전기에 의한 발화의 원인으로 볼 수 없는 것은?

① 단락에 의한 발화
② 과전류에 의한 발화
③ 접속 불량의 과열에 의한 발화
④ 용접기의 자동전격방지장치에 의한 발화

해설
전기 발화 원인
• 단락에 의한 발화
• 과전류에 의한 발화
• 접속 불량의 과열에 의한 발화
• 아크에 의한 발화
• 지락 사고에 의한 발화

50 정전용량만으로 이루어진 회로에서 전압과 전류의 위상은 어떻게 되는가?

① 전압이 전류보다 $\frac{\pi}{2}$ [rad]만큼 위상이 앞선다.
② 전압이 전류보다 $\frac{\pi}{2}$ [rad]만큼 위상이 뒤진다.
③ 전압이 전류보다 π [rad]만큼 위상이 앞선다.
④ 전압이 전류보다 $\frac{\pi}{2}$ [rad]만큼 위상이 뒤진다.

정답 44 ② 45 ④ 46 ④ 47 ④ 48 ③ 49 ④ 50 ②

> **해설**
>
> - 호도법을 각도법으로 변환해 보면 $\frac{\pi}{2}=90°$, $\pi=180°$
> - 정전용량(콘덴서) 회로에서는 진상전류가 흐르므로 전압의 위상이 전류보다 $\frac{\pi}{2}(90°)$만큼 늦게 됨

51 다음 중 자동차용 엘리베이터나 대형 화물 엘리베이터에 주로 사용하는 도어 개폐 방식은?

① CO
② SO
③ UD
④ UP

> **해설**
>
> **도어 시스템의 종류**
> - 중앙 개폐(CO : Center Open) : 가운데서 양쪽으로 개폐(승용)(2P-CO, 4P-CO)
> - 가로 개폐(SO : Side Open) : 한쪽 끝에서 반대쪽으로 개폐(화물용)
> - 상승 개폐 : 위쪽 방향으로 개폐되는 방식(자동차, 대형화물용)(2UP, 3UP)
> - 상하 개폐 : 위아래로 개폐되는 방식

52 플러깅이란 무슨 장치를 말하는가?

① 전동기의 속도를 빠르게 조절하는 장치
② 전동기의 기동을 빠르게 하는 장치
③ 전동기를 정지시키는 장치
④ 전동기의 속도를 조절하는 장치

> **해설**
>
> **전동기 제동(정지) 방법의 종류**
> - 발전 제동 : 운전 중인 전동기를 전원에서 분리하여 단자에 적당한 저항을 접속하고 이것을 발전기로 동작시켜 부하 전류로 역토크에 의해 제동하는 방법
> - 회생 제동 : 전동기를 발전기로 동작시켜 그 유도 기전력을 전원 전압보다 크게 하여 전력을 전원에 되돌려 보내서 제동시키는 방법
> - 역상 제동(플러깅 제동) : 전원에 접속 중인 전동기의 전기자 접속을 반대로 바꾸어 회전 방향과 반대의 토크를 발생시켜 갑자기 정지 또는 역전시키는 방법

53 군관리 방식에 대한 설명으로 잘못된 것은?

① 특정 층의 혼잡 등을 자동적으로 판단한다.
② 카를 불필요한 동작 없이 합리적으로 운행 관리한다.
③ 교통수요의 변화에 따라 카의 운전 내용을 변화시킨다.
④ 승강장 버튼의 부름에 대하여 항상 가장 가까운 카가 응답한다.

> **해설**
>
> **군관리 방식(Supervisory Control)**
> - 엘리베이터를 3~8대 병설할 때 각 카를 불필요한 동작 없이 합리적으로 운영하는 조작 방식
> - 교통수요의 변화에 따라 카의 운전내용을 변화시켜 대응(출퇴근 시, 점심식사시간, 회의 종료 시 등)
> - 엘리베이터 운영의 전체 서비스 효율을 높일 수 있음

54 다음 중 승강기의 안전장치는 무엇인가?

① 파이널 리밋 스위치
② 가이드레일
③ 권상기
④ 전동기

> **해설**
>
> **승강기 안전장치 종류**
> - 리밋 스위치 : 엘리베이터 운행 시 최상·최하층을 지나쳐 충돌을 방지하기 위한 장치
> - 파이널 리밋 스위치 : 리밋 스위치 고장 시 카가 승강로 천장이나 피트 바닥에 충돌하는 것을 방지하기 위한 스위치
> - 슬로다운 스위치 : 카가 어떤 원인으로 감속하지 못하고 최상·최하층을 지나칠 경우 이를 검출하여 강제적으로 감속·정지시키는 장치
> - 피트 정지 스위치 : 보수점검 및 검사를 위하여 피트 내부로 들어가기 전 스위치를 정지 위치로 함으로써 작업 중 카가 움직이는 것을 방지
> - 역결상 검출장치 : 동력 전원의 상이 바뀌거나 결상이 되는 경우 전동기의 전원을 차단하고 브레이크를 작동시키는 장치
> - 로프 이완 감지 장치 : 주로프의 장력을 검출하여 이완된 경우 동력을 차단하는 장치
> - 파킹 스위치 : 카를 휴지시키기 위해 설치된 스위치로 기준층의 승강장에 키 스위치를 설치하여 승강장에 카를 휴지 또는 재가동시킬 수 있는 스위치

정답 51 ④ 52 ③ 53 ④ 54 ①

55 승강기를 보수점검할 경우 보수점검의 내용이 틀린 것은?

① 메인 로프와 시브의 마모를 줄이기 위해서 그리스를 주기적으로 충분히 주입한다.
② 권동기의 기어오일을 확인하고 부족 시 주유한다.
③ 레일 가이드 슈의 오일을 확인하여 부족 시 보충한다.
④ 도어 클로저, 체인 등에서 소음이 발생할 때 링크 부위에 그리스를 주입하고 볼트와 너트가 풀린 곳을 확인하고 조인다.

해설
① 메인 로프와 시브에 그리스를 주입하면 마찰력 감소

56 에스컬레이터의 스텝(디딤판)은 스텝체인에 의해 연결되어 순환되는데 이것을 안전하게 순환시키는 것은 스텝 자체의 구조와 그것에 설치되어 있는 것으로써 구동 롤러와 가이드 롤러를 안내하는 것은?

① 트러스
② 레일
③ 스프링
④ 라이저

해설
구동 롤러와 가이드 롤러를 안내하는 것은 레일

57 승강기에 설치할 방호장치가 아닌 것은?

① 가이드레일
② 도어 인터로크
③ 조속기
④ 파이널 리밋 스위치

해설
가이드레일의 사용 목적
• 카와 균형추의 승강로 평면 내의 위치를 규제
• 카의 자중이나 화물에 의한 카의 기울어짐을 방지
• 비상정지장치가 작동할 때의 수직 하중을 유지

58 균형추의 중량을 결정하는 계산식은?(단, L은 정격하중, F는 오버밸런스율이다.)

① 균형추의 중량＝카 자체 하중×$(L \cdot F)$
② 균형추의 중량＝카 자체 하중＋$(L + F)$
③ 균형추의 중량＝카 자체 하중＋$(L - F)$
④ 균형추의 중량＝카 자체 하중＋$(L \cdot F)$

해설
균형추
카의 무게를 일정 비율 보상하기 위하여 카 측과 반대편에 주철 혹은 콘크리트로 제작된 균형추를 설치

균형추의 총중량＝카 자체 하중＋$L \cdot F$
  여기서, L : 정격하중(kg)
        F : 오버밸런스율(35∼50%)

59 균형체인의 설치 목적은 무엇인가?

① 카의 진동을 방지하기 위해서 설치한다.
② 카의 추락을 방지하기 위해서 설치한다.
③ 이동 케이블과 로프의 이동에 따라 변화되는 하중을 보상하기 위해서 설치한다.
④ 균형추의 추락을 방지하기 위해서 설치한다.

해설
견인비(Traction Ratio)

견인비(Traction Ratio) = $\dfrac{\text{균형추 측 중량}}{\text{카 측 중량}}$

• 권상기 시브를 기준으로 카 측 로프가 매달고 있는 중량과, 균형추 로프가 매달고 있는 중량의 비
• 전부하 시 또는 무부하 시, 카의 위치에 따라 견인비가 달라짐
• 견인비가 낮게 선택되면 로프와 도르래 사이의 마찰력이 작아도 되며 로프의 수명이 연장됨

견인비 보상 방법
트랙션비를 보상하기 위해 균형체인 또는 균형로프를 설치

60 3상 유도 전동기의 회전 방향을 바꾸는 방법으로 옳은 것은?

① 전기자의 접속을 변경한다.
② 3선 중 2선의 접속을 서로 바꾼다.
③ 3선을 모두 바꾸어 접속한다.
④ 퓨즈를 바꾼다.

2021년 4회 기출문제

01 에스컬레이터(무빙워크)에서 1개월에 1회 점검하는 사항이 아닌 것은?

① 승강장 추락위험 예방조치의 설치 및 고정 상태
② 운행 방향 표시장치의 설치 및 작동 상태
③ 주행안내 시스템의 설치 상태
④ 접근금지 장치의 설치 및 고정 상태

[해설]
접근금지 장치의 설치 및 고정 상태(점검주기 : 1회/3개월)

02 Q[C]의 전하에서 나오는 전기력선의 총수는?

① εQ
② $\dfrac{Q}{\varepsilon}$
③ $\dfrac{\varepsilon}{Q}$
④ Q

[해설]
총전기력선 수 $= \dfrac{Q}{\varepsilon}$

03 엘리베이터의 추락방지안전장치(비상정지장치)에 대한 보수 점검사항이 아닌 것은?

① 세이프티 링크 기구에 이완이나 용접이 벗겨지는 일은 없는지 점검할 것
② 세이프티 링크 스위치와 캠의 간격 점검
③ 마찰 댐퍼의 스프링 및 볼트 변형 등 점검
④ 과속스위치 접점 및 작동 점검

[해설]
과속스위치의 접점 및 작동 점검은 과속조절기 보수 점검사항에 해당

04 과속조절기(조속기)의 보수 점검항목에 해당되지 않는 것은?

① 과속조절기(조속기) 스위치의 접점 청결 상태
② 세이프티 링크 스위치와 캠의 간격
③ 운전의 윤활성 및 소음 유무
④ 조속기 로프와 클립 체결 상태

[해설]
조속기 보수 점검항목
- 전기안전장치 작동 상태(1회/1개월)
- 로프 마모 및 파단 상태(1회/6개월)

05 승강기에서 카의 위치를 숫자로 표시하지 않고 접근하는 승강기를 램프로 표시하여 승객을 안내하는 것은?

① 홀 랜턴
② 사일런서
③ 제어판
④ 스피커

[해설]
- 홀 랜턴 : 군관리 방식에서 여러 대의 엘리베이터 중에서 어느 엘리베이터가 곧 도착할 예정인지 알려주는 방향등
- 사일런서 : 자동차의 머플러와 같이 작동유의 압력 맥동을 흡수하여 진동·소음을 감소시키는 역할

06 조속기(과속조절기) 로프의 마모와 파손 상태에서 마모되지 않은 부분의 와이어로프 지름이 원래 지름의 몇 % 미만이 되어야 교체하는가?

① 90
② 92
③ 95
④ 97

07 안전계수가 6이고, 파단강도가 180kgf일 경우 허용응력은 얼마인가?

① 30 ② 40
③ 50 ④ 60

해설
- 안전계수 = 파단강도 ÷ 허용응력
- 허용응력 = 파단강도 ÷ 안전계수 = 180 ÷ 6 = 30kgf

08 제어공학에서 '최종값의 특정 백분율 이내에 들어가는 데 필요한 시간'을 의미하는 것은?

① 상승시간 ② 지연시간
③ 정정시간 ④ 전달시간

해설
정정시간
계단응답이 감소하여 이후 응답이 응답 최종값의 특정 백분율 이내에 들어가는 데 필요한 시간

09 엘리베이터의 속도에 영향을 미치지 않는 것은?

① 편향 도르래의 직경 ② 감속기의 감속비
③ 전동기의 회전수   ④ 권상 도르래의 직경

해설
승강기의 정격 속도 = $\pi D n$ [m/s]
여기서, D : 권상 도르래의 직경(m)
       n : 전동기 회전수(rps)

10 주차설비의 통신장치와 안전장치의 설치기준이 아닌 것은?

① 사람이 동승하지 않는 경우에도 팔레트마다 외부와의 통신이 원활하여야 한다.
② 동승자와 함께 있는 경우 비상시 비상통화장치로 통신이 원활하여야 한다.
③ 간접유압식은 플런저이탈방지장치의 동작이 원활하여야 한다.
④ 비상시 비상정지장치의 동작이 원활하여야 한다.

해설
① 사람이 동승하지 않는 경우는 해당되지 않음

11 승강기에 적용하는 가이드레일의 규격을 결정하는 데 관계가 가장 적은 것은?

① 정격속도에서의 충격하중
② 비상정지 발생 시 레일에 걸리는 좌굴하중
③ 지진 발생 시 건물의 수평 진동력
④ 불균형한 큰 하중을 내리고 올릴 때 카에 발생하는 회전모멘트

해설
가이드레일의 규격 결정 시 고려사항
- 비상정지 시 레일에 인가되는 좌굴하중을 고려
- 지진 발생 시 수평 지진력으로 인한 휘어짐을 고려
- 화물 적재 시 발생하는 회전모멘트를 고려

12 주차구획을 평면상에 배치하여 운반기의 왕복이동에 의하여 주차를 행하는 주차설비 방식은?

① 승강기 슬라이드식 ② 수평순환식
③ 평면왕복식   ④ 다층순환식

해설
평면왕복식 주차장치
각 층에 평면으로 배치되어 있는 고정된 주차구획에 운반기에 의하여 자동차를 운반 이동하여 주차하도록 설계한 주차장치

- 종류 : 운반식, 운반격납식 등
- 일반적으로 빌딩의 지하 또는 상부에 설치
- 중·대규모의 주차 가능

정답 07 ① 08 ③ 09 ① 10 ① 11 ③ 12 ③

13 에스컬레이터(무빙워크)의 브레이크(제동기) 위치는 어디에 있는가?

① 구동장치의 축
② 구동체인
③ 구동 스프라켓(구동체인 기어)
④ 스텝체인

해설
드럼형 브레이크는 전동기 회전축에 연결되어 주 구동기를 정지시키는 구조

14 전선에 전류가 흐를 때 1시간에 7,200C의 전하가 이동한 경우 전류는 몇 A인가?

① 1   ② 2
③ 3   ④ 4

해설
$I = \dfrac{Q}{t} = \dfrac{7,200}{3,600} = 2A$

※ 이때, 시간은 초로 환산해서 계산(1시간 = 3,600초)

15 안전율에 해당하는 것은?

① 허용응력 / 극한강도
② 극한강도 / 허용응력
③ 허용응력 / 탄성한도
④ 탄성한도 / 허용응력

해설
안전율이란 재료의 파단강도와 허용응력의 비로 외부의 하중에 견딜 수 있는 정도를 수치화한 것

관계식

안전율 = $\dfrac{\text{인장(파단)강도}}{\text{허용응력}}$

와이어로프의 안전율 관계식

안전율 = $\dfrac{\text{로프 가닥 수} \times \text{파단강도}}{\text{허용하중}}$

16 승강기 조작 방식 중 가장 먼저 등록된 호출에만 응답하고 그 운전이 완료될 때까지는 다른 호출에는 응답하지 않는 방식으로 화물용에 주로 사용되는 방식은?

① 하강승합 전자동식   ② 단식 자동식
③ 복식 자동식   ④ 승합 전자동식

해설
엘리베이터의 신호 방식에 따른 분류
- 단식 자동식(Single Automatic)
  - 가장 먼저 눌려진 부름에만 응답하고, 그 운전이 완료되기 전에는 다른 호출을 받지 않음
  - 화물용, 카 리프트용 등에 사용
- 하강승합 전자동식(Down Collective)
  - 2층 혹은 그 위층의 승강장에서는 하강 방향 단추만 있음
  - 중간층에서 위층으로 갈 때에는 1층으로 내려온 후 올라가야 함
- 승합 전자동식(Selective Collective)
  - 승강장의 누름단추는 상승용, 하강용의 양쪽 모두 동작
  - 카는 그 진행 방향의 카 단추와 승강장의 단추에 응답하면서 승강
- 군승합 자동식(2CAR, 3CAR)
  - 2~3대가 병행되었을 때 사용하는 조작 방식
  - 한 개의 승강장 버튼의 부름에 대하여 한 대의 카만 응답
- 군관리 방식(Supervisory Control) : 엘리베이터를 3~8대 병설할 때 각 카를 불필요한 동작 없이 합리적으로 운영하는 조작 방식

17 엘리베이터 자체 점검항목 중 장애인용 엘리베이터 추가 요건에 해당하는 항목이 아닌 것은?

① 조작반, 통화장치 등에 점자표시 여부
② 신호장치, 표시장치 등의 작동 상태
③ 트레드 홈의 설치 상태
④ 문열림 대기시간

해설
③ 트레드 홈의 설치 상태는 에스컬레이터 디딤판 점검항목

정답 13 ① 14 ② 15 ② 16 ② 17 ③

18 승강기 제어회로에서 사이리스터로 점호각을 제어하는 경우 전동기가 최대 출력을 내기 위한 점호각은 몇 도인가?

① 0
② 30
③ 90
④ 180

> **해설**
>
> **사이리스터(Thyristor)**
> - 게이트(G)에서 캐소드(K)에 게이트 전류를 흘리면 아노드(A)와 캐소드(K) 사이에 전기가 통하게 할 수 있는 3단자 반도체 정류소자
> - 사이리스터의 점호각이 0도일 때 입력이 그대로 출력에 전달되므로 최대 출력을 낼 수 있음

19 균형체인의 설치 목적은 무엇인가?

① 카의 진동을 방지하기 위해서 설치한다.
② 카의 추락을 방지하기 위해서 설치한다.
③ 이동 케이블과 로프의 이동에 따라 변화되는 하중을 보상하기 위해서 설치한다.
④ 균형추의 추락을 방지하기 위해서 설치한다.

> **해설**
>
> **견인비(Traction Ratio)**
>
> 견인비(Traction Ratio) = $\dfrac{\text{균형추 측 중량}}{\text{카 측 중량}}$
>
> - 권상기 시브를 기준으로 카 측 로프가 매달고 있는 중량과, 균형추 로프가 매달고 있는 중량의 비
> - 전부하 시 또는 무부하시, 카의 위치에 따라 견인비가 달라짐
> - 견인비가 낮게 선택되면 로프와 도르래 사이의 마찰력이 작아도 되며 로프의 수명이 연장됨
>
> **견인비 보상 방법**
> 트랙션비를 보상하기 위해 균형체인 또는 균형로프를 설치

20 권상기의 브레이크 기능을 설명한 것으로 옳지 않은 것은?

① 승객용의 경우 카에 125% 부하 상태에서 정격 속도로 하강 중에도 안전하게 감속정지시켜야 한다.
② 화물용의 경우 카에 150% 부하 상태에서 정격 속도로 하강 중에도 안전하게 감속정지시켜야 한다.
③ 브레이크는 전동기, 카, 균형추 등 모든 장치의 관성을 저지하는 역할을 해야 한다.
④ 정지 후에는 부하에 의한 불균형 역구동이 되어 움직이는 일이 없어야 한다.

> **해설**
>
> 화물용 엘리베이터는 정격의 120% 부하로 정격 속도로 하강 중에도 안전하게 감속정지할 수 있어야 함

21 3상 유도 전동기의 회전 방향을 바꾸는 방법으로 옳은 것은?

① 전기자의 접속을 변경한다.
② 3선 중 2선의 접속을 서로 바꾼다.
③ 3선을 모두 바꾸어 접속한다.
④ 퓨즈를 바꾼다.

22 교류 엘리베이터의 제어 방식 중 VVVF 제어 방식이란 무엇인가?

① 가변전류 가변전압 제어
② 가변전압 가변주파수 제어
③ 가변전압 다이내믹브레이크 제어
④ 주파수 변화에 의한 제어

> **해설**
>
> **승강기의 교류 속도제어**
> - 교류 1단 속도제어
> - 교류 2단 속도제어
> - 교류 귀환 속도제어
> - VVVF(가변전압 가변주파수) 제어

정답 18 ① 19 ③ 20 ② 21 ② 22 ②

23 3상 유도 전동기에서 삐뚤어진 홈을 사용하는 이유가 아닌 것은?

① 전동기의 소음 감소
② 전동기의 진동 감소
③ 전동기의 속도 조절
④ 전동기의 기동 개선

24 길이 측정에 사용되는 측정기의 설명 중 옳지 않은 것은?

① 다이얼 게이지 – 기어를 이용
② 옵티미터 – 광학 확대장치 이용
③ 미니미터 – 전기용량의 변화를 이용
④ 마이크로미터 – 나사를 이용

> [해설]
>
> **미니미터**
> 톱니바퀴의 원리를 이용하여 위치 또는 길이의 변화를 측정하는 계기

25 엘리베이터의 카에는 자동으로 재충전되는 비상전원공급장치에 의해 5lx 이상의 조도로 얼마 동안 전원이 공급되는 비상등이 설치되어야 하는가?

① 1시간　　　　② 2시간
③ 3시간　　　　④ 4시간

> [해설]
>
> **비상등(Emergency Light, 예비전원설비)**
> 카 내부에 설치하여 정전 시 5lx 이상의 밝기로 1시간 이상 유지
>
> **비상용 엘리베이터의 전원공급**
> • 정전 시 60초 이내에 엘리베이터 운행에 필요한 전력을 발생시킬 것
> • 2시간 이상 운행 가능할 것

26 유압식 엘리베이터의 경우 승강로 천장의 가장 낮은 부분과 상승 방향으로 주행하는 램-헤드 조립체의 가장 높은 부분 사이의 유효 수직거리는 몇 m 이상이어야 하는가?

① 0.1　　　　② 0.2
③ 0.3　　　　④ 0.4

27 추락방지용 장비로 사용되는 2종 안전대의 종류로 옳은 것은?

① U자 걸이 전용
② 1개 걸이와 U자 걸이 공용
③ 안전블록
④ 1개 걸이 전용

> [해설]
>
> **안전대의 등급**
> • 1종 : U자 걸이 전용
> • 2종 : 1개 걸이
> • 3종 : U자 걸이와 1개 걸이
> • 4종 : 안전블록

28 승강장의 문이 열린 상태에서 모든 제약이 해제되면 자동적으로 닫히게 하여 문의 개방 상태에서 생기는 2차 재해를 방지하는 문의 안전장치는?

① 도어 컨트롤　　② 도어 인터로크
③ 도어 클로저　　④ 과부하 감지장치

29 카 내부의 적재하중을 감지하여 적재하중을 초과하면 경보를 울리고 출입문의 닫힘을 자동적으로 제지하는 장치는?

① 과부하 감지장치　　② 도어 안전장치
③ 도어 인터로크　　　④ 도어 클로저

정답　23 ③　24 ③　25 ①　26 ①　27 ④　28 ③　29 ①

> **해설**

과부하 감지장치
- 카에 과부하가 발생할 경우 정상운행을 방지하는 장치
- 과부하는 정격하중의 10%(최소 75kg)를 초과하기 전에 검출될 것

30 에스컬레이터의 핸드레일에 관한 설명 중 틀린 것은?

① 핸드레일 인입구에 이물질 및 어린이의 손이 끼이지 않도록 안전스위치가 있어야 한다.
② 핸드레일이 동작 시 가이드에서 벗어나지 않아야 한다.
③ 핸드레일 인입구에 적절한 보호장치가 설치되어 있어야 한다.
④ 핸드레일은 디딤판과 속도가 일치해야 하며 역방향으로 승강하여야 한다.

> **해설**

핸드레일과 디딤판은 속도가 일치해야 하며 같은 방향으로 승강하여야 함

31 카의 문을 열고 닫는 도어머신에서 성능상 요구되는 조건이 아닌 것은?

① 작동이 원활하고 정숙하여야 한다.
② 카 상부에 설치하기 위하여 소형이며 가벼워야 한다.
③ 어떠한 경우라도 수동조작에 의하여 카 도어가 열려서는 안 된다.
④ 작동 횟수가 승강기 기동 횟수의 2배이므로 보수가 쉬워야 한다.

> **해설**

사고 발생 시 수동조작으로 카 도어를 열 수 있어야 함

32 엘리베이터용 주 로프는 일반 와이어로프에서 볼 수 없는 몇 가지 특징이 있다. 이에 해당되지 않는 것은?

① 마모에 견딜 수 있도록 탄소량을 많게 할 것
② 유연성이 클 것
③ 파단강도가 높을 것
④ 반복적인 벤딩에 소선이 끊어지지 않을 것

> **해설**

엘리베이터용 주 로프는 로프의 마모에 견딜 수 있도록 탄소량을 많게 할 수는 없음

33 작업자가 감전되었을 경우의 대처 방법으로 틀린 것은?

① 절연봉 등을 이용하여 사고자를 전로로부터 떼어 놓는다.
② 전원을 차단 후 사고자를 떼어 놓는다.
③ 감전시간이 증가하면 위험하므로 즉시 맨손으로 직접 떼어놓는다.
④ 관리자 등에게 연락하여 전원을 차단한 후 구출한다.

> **해설**

맨손으로 직접 접촉할 경우 함께 감전될 위험이 있으므로 절연봉 등을 이용하여 사고자를 전로로부터 떼어 놓아야 함

34 안전점검 및 진단순서가 맞는 것은?

① 실태파악 → 결함발견 → 대책결정 → 대책실시
② 실태파악 → 대책결정 → 결함발견 → 대책실시
③ 결함발견 → 실태파악 → 대책실시 → 대책결정
④ 결함발견 → 실태파악 → 대책결정 → 대책실시

35 다음 중에서 물적 원인에 해당하는 것은?

① 복장, 보호구의 잘못 사용
② 정서불안
③ 작업환경의 결함
④ 위험물 취급 부주의

> **해설**
> - 불안전한 상태 : 재해의 물적 원인으로, 사고를 일으키게 하는 상태 또는 사고의 요인을 만들어 내고 있는 것과 같은 상태
> - 불안전한 행동 : 재해의 인적 원인으로, 재해의 요인으로 된 사람의 불안전한 행동

36 엘리베이터의 전동기 점검항목인 것은?

① 오일쿨러 설치 및 작동 상태
② 이상 소음 및 진동 발생 상태
③ 바닥 개구부 낙하방지수단의 설치 상태
④ 양중용 지지대 및 고리에 허용하중 표시 상태

> **해설**
> **전동기 점검항목**
> - 전동기 및 관련 부품의 노후 및 작동 상태 점검
> - 이상 소음 상태 점검
> - 진동 발생 상태 점검 등

37 다음 중 보호장구의 착용 목적으로 알맞은 것은?

① 작업 중 재해사고 방지
② 작업 효율의 향상
③ 작업 관리의 향상
④ 작업 시간의 단축

> **해설**
> 보호장구의 착용 목적은 작업 중 재해사고 방지

38 승강기 문턱과 승강로 벽 사이에 추락방지장치는?

① 에이프런
② 도어슈
③ 과부하 감지장치
④ 가이드레일

> **해설**
> **에이프런**
> - 개념 : 승강장 또는 카 출입구의 문턱으로부터 아래로 내려진 평탄한 수직 부분(추락방지장치)
> - 카 문턱에는 에이프런이 설치될 것
> - 폭은 마주하는 승강장 유효 출입구의 전체 폭 이상
> - 하단 모서리 부분은 수평면에 대해 승강로 방향으로 60° 이상 구부러질 것(구부러진 곳의 수평면에 대한 투영길이는 20mm 이상)
> - 수직부분 높이 : 0.75m 이상(주택용 0.54m 이상)

39 전선의 길이를 2배로 늘리면 단면적은 $\frac{1}{2}$로 된다. 이때의 저항은 처음의 몇 배가 되는가?

① 4배
② 3배
③ 2배
④ 1.5배

> **해설**
> 전기저항 $R = \rho \frac{l}{A} [\Omega]$
> 여기서, l : 도선의 길이(m)
> A : 도선의 단면적(m²)
> ρ : 고유저항($\Omega \cdot$ m)
> $\therefore R = \rho \frac{l}{A} = \frac{2}{\frac{1}{2}} = 4$배

40 3상 유도 전동기에서 선로를 차단하지 않고 전류를 측정하는 데 편리한 계기는?

① 클램프 미터
② 볼트 미터
③ 휘트스톤 브리지
④ 메거

> **해설**
> - 클램프 미터 : 선로를 차단하지 않고 전압, 전류를 측정

정답 35 ③ 36 ② 37 ① 38 ① 39 ① 40 ①

- 메거 : 절연저항 측정
- 볼트 미터 : 전압 측정
- 휘트스톤 브리지 : 저항 측정

41 아크 용접기의 감전방지를 위해 설치하는 것은?

① 과전류 차단기 ② 중성점 접지
③ 리밋 스위치 ④ 자동전격방지장치

해설

자동전격방지장치
용접 작업을 중지한 경우 0.06초 이내에 용접홀더 전압을 안전 전압인 25V 이하로 낮추어 주는 장치

42 엘리베이터 자체 점검항목에서 완충기의 점검사항에 해당되는 것은?

① 피트 콘센트 설치 상태
② 소화설비 비치 및 표기 상태
③ 전기안전장치 작동 상태
④ 비상정지장치의 표시 상태

해설

완충기 점검사항에는 전기안전장치 작동 상태, 고정 상태, 설치 상태 등이 있음

43 카 상부에서의 작업 시 안전수칙으로 잘못된 것은?

① 작업 개시 전에 작업등을 켠다.
② 이동 중에 로프를 손으로 잡지 않도록 한다.
③ 운전 선택 스위치는 자동으로 설치한다.
④ 안전스위치를 작동시켜 안전회로를 차단시킨다.

해설

운전 선택 스위치는 작업 시 사고 방지를 위해서 수동으로 해야 함

44 유압 엘리베이터의 카가 심하게 떨리거나 소음이 발생하는 경우의 조치에 해당되지 않는 것은?

① 실린더 내부의 공기 완전 제거
② 실린더 로드면에 굴곡 상태 확인
③ 리밋 스위치의 위치 수정
④ 릴리프 세팅 압력 조정

해설

유압 엘리베이터 진동 및 소음 원인 요소
- 실린더 내부 공기의 존재
- 실린더 로드면 굴곡
- 압력 이상

45 유압식 엘리베이터에서 기름을 배출하여 일정압력 이하로 조절하는 밸브는?

① 릴리프 밸브 ② 스톱 밸브
③ 럽쳐 밸브 ④ 상승 밸브

해설

릴리프 밸브(Relief Valve)
- 압력을 제한하기 위한 밸브
- 압력이 상용압력의 125% 이상 상승하면 바이패스(Bypass) 회로를 열어 기름을 탱크로 돌려보내 추가 압력 상승을 방지

46 작업 관리자의 직무가 아닌 것은?

① 사고 보상금 산출
② 사고 보고서 작성
③ 작업자 지도 및 교육 실시
④ 작업감독 지시

해설

관리감독자 직무 내용
- 기계기구 또는 설비의 안전보건점검 및 이상 유무 확인
- 근로자의 작업복 및 보호구, 방호장치 점검
- 산업재해에 관한 보고 및 응급조치
- 작업장 정리정돈 및 통로 확보에 대한 확인 및 감독
- 위험방지가 특히 필요한 작업에 대한 안전 및 보건업무

정답 41 ④ 42 ③ 43 ③ 44 ③ 45 ① 46 ①

47 에스컬레이터의 층고가 6m 이하이고, 공칭 속도가 0.5m/s 이하인 경우에는 경사도를 몇 도까지 증가시킬 수 있는가?

① 30 ② 35
③ 40 ④ 45

해설
공칭속도가 0.5m/s 이하인 경우에는 경사도를 35°까지 증가시킬 수 있음

48 유압 엘리베이터의 플런저를 구동시키는 원리는?

① 아르키메데스의 원리 ② 파스칼의 원리
③ 피타고라스의 원리 ④ 기전력의 원리

해설
파스칼의 원리
유체역학에서 폐관 속의 비압축성 유체의 어느 한 부분에 가해진 압력의 변화가 유체의 다른 부분에 그대로 전달된다는 원리

49 재해의 발생 순서로 옳은 것은?

① 이상 상태 – 불안전 행동 및 상태 – 사고 – 재해
② 이상 상태 – 사고 – 불안전 행동 및 상태 – 재해
③ 불안전 행동 및 상태 – 이상 상태 – 사고 – 재해
④ 재해 – 이상 상태 – 사고 – 불안전 행동 및 상태

50 승강기 보수자가 승강기 카와 건물 벽 사이에 끼었다. 이 재해의 발생 형태는?

① 협착 ② 전도
③ 마찰 ④ 질식

해설
재해 발생 형태
• 추락 : 사람이 건축물, 기계, 비계, 사다리, 계단 등에서 떨어지는 것
• 충돌 : 작업자가 정지된 물체에 부딪힌 경우
• 전도 : 사람이 평면상에 넘어졌을 때
• 낙하, 비래 : 작업자가 떨어지거나 날아오는 물체에 맞았을 경우
• 협착 : 두 물체 사이 또는 움직이는 물체와 고정된 물체 사이에 끼임 사고
• 감전 : 전기 접촉이나 방전에 의해 사람이 충격을 받은 경우

51 3상 유도 전동기의 슬립(s)의 범위로 맞는 것은?

① $s < 0$ ② $0 < s < 1$
③ $1 < s < 2$ ④ $-1 < s < 1$

해설
슬립(Slip)
• 유도 전동기의 계자가 회전계자를 만들면 회전자는 회전계자를 따라 회전하게 되나, 그 속도는 저항 성분으로 인하여 회전계자의 속도보다 적을 수밖에 없음
• 이론적인 동기속도와 실제 회전속도와의 차이비율
$$s = \frac{N_S - N}{N_S}$$
여기서, N_S : 동기속도
N : 실제 회전속도

52 에스컬레이터 자체 점검항목 중 조명에서 점검하는 항목에 해당하는 것은?

① 콤 교차점 바닥에서의 조도
② 작동 및 운행 방향 표시 상태
③ 야간조명의 작동 상태
④ 이동케이블 연결 콘센트의 설치 상태

해설
에스컬레이트 조명 점검항목
• 콤 교차점 바닥에서의 조도
• 구동, 순환 장소 및 기기 공간의 조명 점등 상태 및 조도

정답 47 ② 48 ② 49 ① 50 ① 51 ② 52 ①

53 엘리베이터의 전동기 특성으로 적당하지 않은 것은?

① 기동토크가 커야 한다.
② 회전부분의 관성모멘트가 커야 한다.
③ 기동전류가 적어야 한다.
④ 빈도가 높고 빈번한 사용에 적합해야 한다.

【해설】
엘리베이터 전동기 요구 특성
• 기동토크가 클 것
• 회전 관성모멘트가 작을 것
• 기동전류가 적을 것
• 빈도가 높고 빈번한 사용에 적합할 것

54 엘리베이터가 정전이나 사고로 잠금해지구간에서 정지한 경우 카 내에서 손으로 문을 열기 위해 필요한 힘은 몇 N을 초과하지 않아야 하는가?

① 100   ② 200
③ 300   ④ 400

【해설】
엘리베이터가 정전이나 사고로 잠금해지구간에서 정지한 경우 카 내에서 손으로 승강장 문 및 카 문을 열 수 있어야 하고 그 힘은 300N을 초과하지 않아야 함

55 3상 유도 전동기의 회전 방향을 바꾸는 방법으로 맞는 것은?

① 3상 중 임의의 2상 접속을 바꾼다.
② 기동보상기를 이용한다.
③ 전원 주파수를 변환한다.
④ 전원 극수를 변환한다.

56 압력맥동이 적고 소음이 적어서 유압식 엘리베이터에 많이 사용되는 펌프는?

① 기어 펌프   ② 베인 펌프
③ 스크루 펌프 ④ 릴리프 펌프

【해설】
펌프(Pump)
• 압력의 작용으로 액체 또는 기체를 빨아올리거나 이동시키는 장치
• 강제 송유식 펌프 종류 : 기어 펌프, 베인 펌프, 스크루 펌프
• 유압압력 맥동이 작고 진동과 소음이 작은 스크루 펌프를 많이 사용

57 250Ω의 저항에 2A의 전류가 1분간 흐를 때 발생하는 열량은 몇 cal인가?

① 240   ② 7,200
③ 14,400   ④ 30,000

【해설】
줄의 법칙
전류가 단위시간 동안 흘렀을 때 발생한 열량은 전류의 세기 제곱과 저항에 비례
$H = 0.24I^2Rt = 0.24 \times 2^2 \times 250 \times 60 = 14,400\,cal$

58 장애인용 엘리베이터의 구조에서 승강장 바닥과 승강기 바닥의 틈은 몇 cm 이하이어야 하는가?

① 1   ② 2
③ 3   ④ 4

【해설】
승강장 바닥과 승강기 바닥의 틈 : 0.03m 이하

59 와이어로프의 꼬는 방법 중 보통꼬임에 해당하는 것은?

① 스트랜드의 꼬는 방향과 로프의 꼬는 방향이 반대인 것
② 스트랜드의 꼬는 방향과 로프의 꼬는 방향이 같은 것
③ 스트랜드의 꼬는 방향과 로프의 꼬는 방향이 일정구간 같았다가 반대였다가 하는 것

정답 53 ② 54 ③ 55 ① 56 ③ 57 ③ 58 ③ 59 ①

④ 스트랜드의 꼬는 방향과 로프의 꼬는 방향이 전체 길이의 반은 같고 반은 반대인 것

해설

소선과 스트랜드의 꼬임 방향에 의한 분류

종류	꼬임 방향	특징
보통꼬임	소선과 스트랜드 꼬임 방향이 다름	꼬임이 풀리기 어려움
랭꼬임	소선과 스트랜드 꼬임 방향이 같음	꼬임이 풀리기 쉬움

보통 Z꼬임

보통 S꼬임

랭 Z꼬임

랭 S꼬임

▎로프의 꼬는 방법 ▎

60 엘리베이터가 최상단층과 최하단층을 과행 통과하였을 때 엘리베이터를 정지시키며 상승, 하강 양 방향 모두 운행이 불가능하게 하는 안전장치는?

① 리밋 스위치
② 비상정지스위치
③ 피트 정지 스위치
④ 파이널 리밋 스위치

해설

파이널 리밋 스위치
- 리밋 스위치 고장 시 카가 승강로 천장이나 피트 바닥에 충돌하는 것을 방지하기 위한 스위치
- 우발적인 작동의 위험 없이 가능한 한 최상층 및 최하층에 근접하여 설치

2022년 1회 기출문제

01 단독주택의 거주자를 운송하기 위한 카를 정해진 승강장으로 운행시키기 위해 설치되는 정격속도 0.25m/s 이하, 높이 12m 이하인 엘리베이터는?

① 소방구조용 ② 주택용(소형)
③ 화물용   ④ 승객용

해설

소형 엘리베이터의 적용 범위

수직에 대해 15° 이하로 경사진 가이드레일 사이에서 권상이나 포지티브 구동장치 또는 유압장치에 의해 로프 또는 체인으로 현수되는 단독주택의 거주자를 운송하기 위한 카를 정해진 승강장으로 운행시키기 위하여 설치되는 전기식 또는 유압식 소형 엘리베이터

- 정격속도 0.25m/s 이하
- 승강 행정 12m 이하

02 인덕턴스가 0.1H이고, 리액턴스가 377Ω인 회로의 주파수는 얼마인가?

① 6   ② 60
③ 600   ④ 6,000

해설

유도성 리액턴스

$X_L = \omega L = 2\pi f L$

$X_L = 377\Omega$, $L = 0.1H$

$f = \dfrac{X_L}{2\pi L} = \dfrac{377}{2 \cdot \pi \cdot 0.1} ≒ 600$

03 기계실 위치에 의한 엘리베이터 분류에서 기계실을 승강로의 아래쪽 방향에 설치하는 방식은?

① 기어드 방식   ② 횡인구동 방식
③ 베이스먼트 방식 ④ 사이드머신 방식

해설

기계실 설치 위치
- 기계실 하부 설치 : 베이스먼트 방식
- 기계실 상부 설치 : 오버헤드머신 방식
- 기계실 중간 설치 : 사이드머신 방식

04 다음 중 비상정지장치(추락방지장치) 중 FGC형의 특징으로 맞는 것은?

① 구조가 간단하고 복귀가 쉽다.
② 레일을 죄는 힘이 처음에는 약하게 하강함에 따라 강해지다가 얼마 후 일정 값에 도달한다.
③ 점차작동식으로 1m/s 이하의 속도에서 주로 사용한다.
④ 점차 작동형 추락방지안전장치의 평균 감속도는 $0.1g_n$ 이하여야 한다.

해설

플렉시블 가이드 클램프
- 카 정지 시까지 비상정지장치가 레일을 죄는 힘이 일정
- 구조가 간단
- 평균 감속도는 $0.2 \sim 1.0g_n$

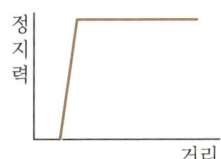

┃플렉시블 가이드 클램프의 거리에 따른 정지력┃

05 하중의 작용 상태에 따른 분류가 아닌 것은?

① 인장하중 ② 전단하중
③ 압축하중 ④ 교번하중

정답 01 ② 02 ③ 03 ③ 04 ① 05 ④

해설

하중의 분류
- 시간에 따른 하중
  - 정하중
  - 동하중(충격, 반복, 교번)
- 분포 상태에 따른 하중
  - 집중하중
  - 분포하중
- 작용 상태에 따른 하중
  - 인장하중
  - 압축하중
  - 전단하중
  - 휨하중
  - 비틀림하중
  - 좌굴하중

06 승강기 관리 주체가 행하여야 할 사항으로 틀린 것은?

① 안전관리자를 선임하여야 한다.
② 사고 또는 고장 내용을 즉시 보고한다.
③ 고장 시 직접 수리를 진행한다.
④ 승강기 안전검사를 신청한다.

해설

관리 주체의 의무
- 승강기 자체 점검 실시
- 승강기 정기검사 수검
- 승강기 안전에 관한 일상관리(운행관리자의 선임 등)
- 승강기 안전에 관한 보수(보수업체 선정 등)
- 사고 보고 의무

07 유압기기에서 릴리프 밸브의 설명으로 옳은 것은?

① 설정 압력 이상으로 유압이 계속 높아질 때 폭발을 방지하는 안전 밸브이다.
② 기름을 통과시키거나 정지시키거나 혹은 방향을 바꾸는 밸브이다.
③ 유량을 조절하고 정지시키는 밸브이다.
④ 압유의 유량을 바꿈으로써 유압모터가 실린더의 움직이는 속도를 바꾸는 밸브이다.

해설

릴리프 밸브(Relief Valve)
- 압력배관을 보호하기 위해 압력을 제한하는 밸브
- 압력이 상용압력의 125% 이상 상승하면 바이패스(Bypass) 회로를 열어 기름을 탱크로 돌려보내 추가 압력 상승을 방지
- 전 부하 압력의 140%까지 제한

08 조속기(과속조절기) 로프의 마모와 파손 상태에서 마모되지 않은 부분의 와이어로프의 지름이 원래 지름의 몇 % 미만이 되어야 교체하는가?

① 90
② 92
③ 95
④ 97

해설

90% 미만 시 교체

09 소방구조용(비상용) 엘리베이터에 사용되는 권상기의 도르래 교체 기준으로 부적합한 것은?

① 도르래에 균열이 발생한 경우
② 제조사가 권장하는 클리프량을 초과하지 않은 경우
③ 도르래 홈의 마모로 인해 슬립이 발생한 경우
④ 도르래 홈에 로프자국이 심한 경우

해설

권상기 도르래
- 몸체에 균열이 없을 것
- 자동정지 시 주 로프와의 사이에 심한 미끄러움 및 마모가 없을 것
- 권상기 도르래홈의 언더컷 잔여량은 1mm 이상일 것
- 권상기 도르래에 감긴 주 로프 가닥끼리의 높이차는 2mm 이하일 것
- 제조사가 권장하는 클리프량을 초과한 경우 교체

정답 06 ③ 07 ① 08 ① 09 ②

10 에스컬레이터의 층고가 6m 이하이고, 공칭속도가 0.5m/s 이하인 경우에는 경사도를 몇 도까지 증가시킬 수 있는가?

① 30
② 35
③ 40
④ 45

해설
경사도에 따른 속도
- 30° 이하 : 0.75m/s 이하
- 30° 초과 35° 이하 : 0.5m/s 이하
- 경사도는 30°를 초과하지 않아야 함. 단, 층고가 6m 이하이고 공칭속도가 0.5m/s 이하인 경우 35°까지 가능

11 직접식 유압 엘리베이터의 특징으로 옳은 것은?

① 부하에 의한 카 바닥의 빠짐이 크다.
② 추락방지안전장치(비상정지장치)가 필요하다.
③ 일반적으로 실린더의 점검이 용이하다.
④ 실린더를 설치하기 위한 보호관을 지중에 설치하여야 한다.

해설
유압 엘리베이터의 특징

구분	직접식	간접식
비상정지장치	불필요	필요
보호관	지중에 시설	불필요
실린더 점검	어려움	쉬움
승강로 면적	작음	큼
부하에 의한 카 바닥 빠짐	적음	많음

12 유압장치의 보수, 점검, 수리 시에 사용되고 일명 게이트 밸브라고도 하는 것은?

① 스톱 밸브
② 사일렌서
③ 체크 밸브
④ 필터

해설
스톱(차단) 밸브
- 실린더의 기름이 파워 유닛으로 역류하는 것을 방지
- 유압 파워 유닛의 보수, 점검 시 사용
- 파워 유닛과 실린더 사이의 압력 배관에 설치
- 게이트 밸브라고도 함

13 논리식 $ABC + AC$의 값을 간소화시킨 것은 다음 중 어느 것인가?

① A
② ABC
③ AB
④ AC

해설
$ABC + AC = AC(1+B) = AC$

14 추락에 의한 위험방지 중 유의사항으로 틀린 것은?

① 승강로 내 작업 시에는 작업공구, 부품 등이 낙하하여 다른 사람을 해하지 않도록 할 것
② 카 상부 작업 시 중간층에는 균형추의 움직임에 주의하여 충돌하지 않도록 할 것
③ 카 상부 작업 시에는 신체가 카 상부 보호대를 넘지 않도록 하며 로프를 잡을 것
④ 승강장 도어 카를 사용하여 도어를 개방할 때는 몸의 중심을 뒤에 두고 개방하여 반드시 카 유무를 확인하고 탑승할 것

해설
③ 점검 중 로프를 잡아서는 안 됨

15 다음 ( ) 안에 들어갈 알맞은 내용은?

> 엘리베이터에는 브레이크 시스템인 전자 – 기계 브레이크(마찰 형식)가 있어야 한다. 이 브레이크는 자체적으로 카가 정격속도로 정격하중의 ( )%를 싣고 하강 방향으로 운행될 때 구동기를 정지시킬 수 있어야 한다.

① 115
② 120
③ 125
④ 130

정답 10 ② 11 ④ 12 ① 13 ④ 14 ③ 15 ③

> [해설]

브레이크
제동토크는 적용하중의 125% 이내 값으로 설계하여 전동기 토크의 2.5배를 초과하지 않도록 권장

16 엘리베이터 자체 점검항목에서 완충기의 점검사항으로 옳은 것은?

① 피트 콘센트 설치 상태
② 소화설비 비치 및 표기 상태
③ 전기안전장치 작동 상태
④ 잭 및 관련 부품의 설치 및 작동 상태

> [해설]

완충기 점검사항
전기안전장치 작동 상태, 고정 상태, 설치 상태 등

17 사고 중 감전사고의 원인과 거리가 먼 것은?

① 기계기구를 장시간 사용한 경우
② 전기기구나 공구의 절연 파괴가 된 경우
③ 방전 코일이 없는 콘덴서를 사용한 경우
④ 정전작업 시 접지가 되지 않은 경우

> [해설]

기계기구를 장시간 사용하더라도 절연 상태에 문제가 없으면 감전사고의 직접적인 원인이 되지 않음

18 주행안내(가이드)레일의 규격 호칭은 1m 길이당 중량을 라운드 번호로 하여 레일에 붙여 쓰고 있다. 보통 일반적으로 사용하는 T형 주행안내레일의 규격에 해당하지 않는 것은?

① 8K
② 13K
③ 16K
④ 24K

> [해설]

가이드레일의 규격 및 단면도

구분	8kg	13kg	18kg	24kg	30kg
A	56	62	89	89	108
B	78	89	114	127	140
C	10	16	16	16	19
D	26	32	38	50	51
E	6	7	8	12	13

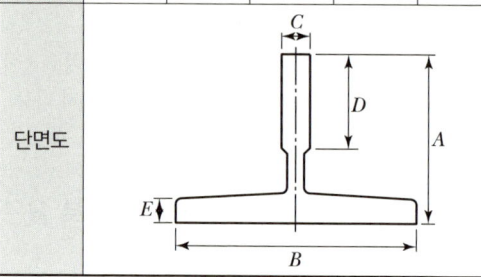

단면도

19 릴리프 밸브에 대한 설명으로 옳은 것은?

① 유체를 배출함으로써 미리 설정된 값 이하로 압력을 제한하는 밸브
② 과도하게 유체 흐름이 증가하여 밸브를 통과하는 압력이 떨어지는 경우 자동으로 차단
③ 모든 방향의 유체 흐름을 허용하거나 차단할 수 있는 양 방향 수동 밸브
④ 한 방향으로만 유체를 흐르게 하는 밸브

> [해설]

릴리프 밸브(Relief Valve)
• 압력배관을 보호하기 위해 압력을 제한하는 밸브
• 압력이 상용압력의 125% 이상 상승하면 바이패스(Bypass) 회로를 열어 기름을 탱크로 돌려보내 추가 압력 상승을 방지
• 전 부하 압력의 140%까지 제한

20 좌굴을 일으키는 원인이 아닌 것은?

① 축선이 휘었을 때
② 재질이 강철일 때
③ 재질이 불균일할 때
④ 편심하중이 작용할 때

> **해설**
>
> **좌굴 현상**
> 압축을 받는 물체가 어느 한계에 가면 적용하는 하중이 더 이상 증가하지 않아도 압축력의 수직 방향의 변형이 제거 후에도 비탄성 거동을 보여 변형이 회복되지 않은 현상
>
> **좌굴 현상의 원인**
> - 굽힘 하중을 받는 경우
> - 재질이 불균일할 때
> - 편심하중이 작용할 때

21 직류 엘리베이터의 속도제어 방식에서 발전기의 계자전류를 제어하는 방식은 무엇인가?

① VVVF 제어
② 귀환 전압제어 방식
③ 워드 레오나드 방식
④ 정지 레오나드 방식

> **해설**
>
> **워드 레오나드 방식(DC)**
> - 발전기의 계자 전류를 계자 저항으로 조절하여 발전기 전압을 변화시켜 모터 속도를 제어하는 방식(MG Set)
> - 계자 회로에 계자 저항을 접속하여 계자 전류를 제어해서 자속에 따른 전압제어를 수행

22 실린더와 체크 밸브 또는 하강 밸브 사이의 가요성 호스는 전부하 압력 및 파열 압력과 관련하여 안전율이 얼마 이상이어야 하는가?

① 2   ② 5
③ 6   ④ 8

> **해설**
>
> 실린더와 체크 밸브 또는 하강 밸브 사이의 가요성 호스는 전 부하 압력 및 파열 압력과 관련하여 안전율이 8 이상

23 안전점검 중에서 5S 활동 생활화가 아닌 것은?

① 청소   ② 정리
③ 불결   ④ 정돈

> **해설**
>
> **5S**
> 정리, 정돈, 청소, 청결, 습관화

24 감전의 위험이 있는 장소의 전기를 차단하여 수리, 점검 등의 작업을 할 경우에 작업 중 스위치에 어떤 장치를 하여야 하는가?

① 통전장치   ② 시건장치
③ 접지장치   ④ 복개장치

> **해설**
>
> **시건장치(잠금장치)**
> 전기 차단 후 수리, 점검 작업 시에는 자물쇠 장치를 하여 차단기를 투입하는 것을 방지

25 제동기의 구조 중 브레이크 슈의 특징이 아닌 것은?

① 윤활작용이 좋아야 한다.
② 높은 동작빈도에 잘 견디어야 한다.
③ 마찰계수가 안정되어 있어야 한다.
④ 라이닝에는 청동철사와 석면사를 넣어야 한다.

> **해설**
>
> **브레이크 슈**
> - 높은 동작 빈도에 견디고 마찰계수가 안정되어 있어야 함
> - 마찰에 의해 정지시켜야 하므로 윤활작용이 있으면 안 됨

정답 20 ② 21 ③ 22 ④ 23 ③ 24 ② 25 ①

26 엘리베이터의 전동기 소요전력을 산출하기 위해 필요한 요소가 아닌 것은?

① 정격속도 ② 로프의 하중
③ 정격하중 ④ 오버밸런스율

> 해설
>
> **전동기 용량**
> $P = \dfrac{M \cdot V \cdot S}{6,120\eta}$ [kW]
>
> 여기서, P : 전동기 용량(kW)
> M : 정격적재하중(kg)
> V : 정격속도(min)
> S : 오버밸런스율은 균형추의 중량을 결정할 때 사용하는 계수[$S = 1 - F$ (오버밸런스율(%))]

27 무빙워크의 구조물이 아닌 것은?

① 내측판 ② 스텝
③ 균형추 ④ 핸드레일

> 해설
>
> 균형추는 엘리베이터의 구조물

28 다음 ( ) 안에 들어갈 알맞은 내용은?

> 카가 유압 완충기에 충돌했을 때 플런저가 하강하고 이에 따라 실린더 내의 기름이 좁은 ( )을 (를) 통과하면서 생기는 유체 저항에 의해 완충작용을 하게 된다.

① 오리피스봉 ② 실린더
③ 오일게이지 ④ 플런져

> 해설
>
> **유압 완충기(Oil Buffer)**
> - 엘리베이터의 속도에 상관없이 설치 가능
> - 카가 하강 시 플런저를 누르게 되면 실린더 내부의 기름이 오리피스 틈새를 이동할 때 발생하는 유체저항에 의해 완충작용을 함
> - 복귀는 압축스프링에 의해 이루어짐

29 카의 구조에 해당되지 않는 것은?

① 카 내의 사람이나 물건에 의한 충격에 대해 견고할 것
② 구조상 경미한 부분을 제외하고는 불연재료로 할 것
③ 출입구에는 문이 꼭 있을 것
④ 주행안내(가이드) 레일은 견고할 것

> 해설
>
> 가이드레일은 승강로에 설치되며 카를 지지하는 역할

30 카 상부에서의 작업 시 안전수칙으로 잘못된 것은?

① 외부인이 접근하지 못하도록 해야 한다.
② 운전 선택스위치는 자동으로 설치한다.
③ 로프를 손으로 잡지 않도록 한다.
④ 신발은 미끄러지지 않는 작업화를 신어야 한다.

> 해설
>
> **운전 선택 스위치**
> 작업 시 사고 방지를 위해서 수동으로 조작

31 직류발전기의 기본 구성요소에 속하지 않는 것은?

① 계자 ② 보극
③ 전기자 ④ 정류자

> 해설
>
> **직류발전기 구성요소**
> 계자, 전기자, 정류자, 브러시

32 엘리베이터 제어반 등의 회로 절연에 있어서 절연저항의 최소값은 얼마 이상인가?

① 0.1MΩ ② 0.5MΩ
③ 1.0MΩ ④ 1.5MΩ

정답 26 ② 27 ③ 28 ① 29 ④ 30 ② 31 ② 32 ②

해설

전기설비의 절연저항

공칭회로 전압(V)	시험 전압/직류(V)	절연저항(MΩ)
SELV 및 PELV	250	≥ 0.5
FELV, 500V 이하	500	≥ 1.0
500V 초과	1,000	≥ 1.0

- SELV(Safety Extra Low Voltage)
- PELV(Protective Extra Low Voltage)
- FELV(Functional Extra Low Voltage)

33 220V 60Hz의 교류 전원에서 슬립이 4%인 2극 단상 유도 전동기의 속도 N은 몇 rpm인가?

① 6,912　　② 3,456
③ 3,744　　④ 1,056

해설

전동기 속도
- 동기속도
$$N_S = \frac{120f}{P} = \frac{120 \times 60}{2} = 3,600\,\text{rpm}$$
- 슬립에 의한 회전속도
$$N = (1-S)N_S = (1-0.04) \times 3,600 = 3,456\,\text{rpm}$$

34 입력신호 A, B가 모두 '1'일 때만 출력값이 '1'이 되고 그 이외에는 출력 값이 '0'이 되는 회로는?

① AND 회로　　② OR 회로
③ NOT 회로　　④ NOR 회로

해설

AND 회로(논리곱)
- 모든 입력(1)이 있을 때만 출력(1)이 나타나는 회로
- 시퀀스의 직렬 스위치 회로와 같음
- 논리식 : $X = A \cdot B = AB$
- 논리기호

- 진리표

입력		출력
A	B	X
0	0	0
0	1	0
1	0	0
1	1	1

35 정현파 교류의 실횻값은 최댓값의 몇 배인가?

① π　　② $\frac{2}{\pi}$
③ $\frac{1}{\sqrt{2}}$　　④ $\sqrt{2}$

해설

실횻값
교류의 크기를 직류와 동일한 일을 하는 직류의 크기로 환산한 값
$$V = \frac{1}{\sqrt{2}}V_m \fallingdotseq 0.707\,V_m\,[\text{V}]$$

36 승객용 엘리베이터에서 고장이나 정전 시 카 내에서 카 도어를 억지로 여는 데 필요한 힘은?

① 200N 이하　　② 300N 이하
③ 400N 이하　　④ 500N 이하

해설

엘리베이터가 잠금해제구간에서 정지하게 되었을 때 손으로 승강장 문 및 카 도어를 열 수 있어야 하고, 그 힘은 300N을 초과하지 않을 것

37 반지름 r[m], 권수 N의 원형 코일에서 전류 I[A]가 흐를 때 원형 코일 중심의 자기장의 세기(AT/m)는?

① $\frac{NI}{r}$　　② $\frac{NI}{2r}$
③ $\frac{NI}{2\pi r}$　　④ $\frac{NI}{4\pi r}$

> **해설**

원형 코일 중심의 자장 세기

$H = \dfrac{NI}{2r}$ [AT/m]

여기서, r : 반지름(m)
N : 코일 권회수(Turn)
I : 전류(A)

38 다이얼 게이지에 대하여 바르게 설명한 것은?

① 움직임을 지침의 회전 변위로 변환시켜 눈금을 읽을 수 있는 길이 측정기이다.
② 작은 무게의 단위를 확대하여 1/100까지 알 수 있는 측정기이다.
③ 소음을 10~1,000Hz까지 정확하게 알 수 있는 측정기이다.
④ 저항을 0.001~100Ω까지 정확하게 측정하는 측정기이다.

> **해설**

다이얼 게이지

면의 요철이나 축의 진폭, 기계 가공에서의 움직인 거리 등 극히 미세한 길이를 측정하는 기구

39 재해 원인의 분석 방법 중 개별적 원인분석은?

① 각각의 재해 원인을 규명하면서 하나하나 분석하는 것이다.
② 사고의 유형, 기인물 등을 분류하여 큰 순서대로 도표화하는 것이다.
③ 특성과 요인관계를 도표로 하여 물고기 모양으로 세분화하는 것이다.
④ 월별 재해 발생 수를 그래프화하여 관리선을 선정하여 관리하는 것이다.

> **해설**

재해(사고) 원인 분석 방법

• 개별적 원인분석 : 개개의 재해를 하나하나 분석하는 것으로 상세히 원인을 규명하며, 중대재해 및 건수가 적은 사업장에 적용

• 통계적 원인분석 : 재해 요인의 상호관계와 분포 상태 등을 거시적으로 분석하는 방법으로 통계적인 분석을 적용

40 다음 중 서보기구의 제어량으로 틀린 것은?

① 전압
② 위치
③ 회전속도
④ 방위

> **해설**

서보기구 제어량

위치, 자세, 방위, 회전속도 등

41 작업장에서 작업복을 착용하는 가장 큰 이유는?

① 방한
② 작업능률 향상
③ 작업 중 위험 감소
④ 복장 통일

42 그림과 같은 회로에서 입력이 단상 60Hz 전원일 때 출력 파형은?

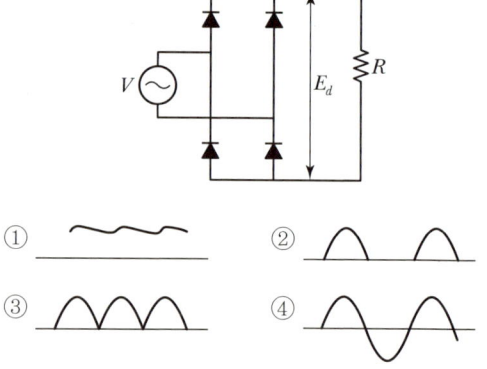

> **해설**

① 정류 및 평활 후 출력파형
② 반파 정류회로 출력파형
③ 전파 정류회로 출력파형
④ 교류 입력 파형

43 에스컬레이터 승강장의 주의표지판에 대한 설명 중 옳은 것은?

① 주의표지판은 충격을 흡수하는 재질로 만들어야 한다.
② 주의표지판은 영문으로 읽기 쉽게 표기되어야 한다.
③ 주의표지판의 크기는 80mm×80mm 이하의 그림으로 표시되어야 한다.
④ 주의표지판의 바탕은 흰색, 도안은 흑색, 사선은 적색이다.

> **해설**
>
> **에스컬레이터 승강장의 주의표지판**
>
> | 구분 | | 기준규격(mm) | 색상 |
> |---|---|---|---|
> | 최소 크기 | | 80×100 | – |
> | 바탕 | | – | 흰색 |
> | (원 그림) | 원 | 40×40 | – |
> | | 바탕 | – | 황색 |
> | | 사선 | – | 적색 |
> | | 도안 | – | 흑색 |
> | (삼각형 그림) | | 10×10 | • 녹색(안전)
• 황색(위험) |
> | 안전, 위험 | | 10×10 | 흑색 |
> | 주의 문구 | 대 | 19Pt | 흑색 |
> | | 소 | 14Pt | 적색 |

44 운동을 전달하는 장치로 옳은 것은?

① 절의 회전운동을 하는 것을 크랭크라 한다.
② 절의 요동운동을 하는 것을 슬라이더라 한다.
③ 절의 왕복운동을 하는 것을 레버라 한다.
④ 절의 진동운동을 하는 것을 캠이라 한다.

> **해설**
>
> **링크 기구**
> 몇 개의 막대를 핀으로 연결하여 회전할 수 있도록 만든 기구
>
> **링크 구성 및 운동**
> • 크랭크 : 회전운동
> • 레버 : 요동운동
> • 슬라이더 : 미끄럼운동
> • 고정링크 : 고정

45 동력전달장치 중 일반적으로 재해가 가장 많은 것은?

① 원동기
② 벨트
③ 차축
④ 치차

> **해설**
>
> 벨트장치는 작업자의 손 끼임 등 재해가 가장 많이 발생되는 동력전달장치

46 정격하중을 적재한 카 또는 균형추/평형추가 자유 낙하할 때 점차 작동형 추락방지안전장치의 평균 감속도는 얼마 정도여야 하는가?

① $0.1 \sim 0.5 g_n$ 사이
② $0.1 \sim 1.0 g_n$ 사이
③ $0.2 \sim 0.5 g_n$ 사이
④ $0.2 \sim 1.0 g_n$ 사이

> **해설**
>
> **점진식(순차적) 작동형**
> • 플렉시블 가이드 클램프형
> • 플렉시블 웨지 클램프형
> • 평균 감속도는 $0.2 \sim 1.0 g_n$

47 중저속엘리베이터의 기준은 얼마 이하이어야 하는가?

① 1m/s 이하
② 2m/s 이하
③ 3m/s 이하
④ 4m/s 이하

> **해설**
>
> **속도에 따른 분류**
> • 고속엘리베이터 : 4m/s 초과(유지관리업 등록기준)
> • 중저속엘리베이터 : 4m/s 이하(유지관리업 등록기준)
> • 소방활동 목적의 비상용 승강기에 대한 속도 기준은 1m/s 이상

정답 43 ④ 44 ① 45 ② 46 ④ 47 ④

48 질량 1g의 물체에 1cm/sec² 의 가속도를 주는 힘은?

① 1N
② 1J
③ 1erg
④ 1dyne

해설

1dyne은 힘의 CGS 단위로 질량 1g의 물체에 1cm/sec² 의 가속도를 주는 힘

49 훅의 법칙을 옳게 설명한 것은?

① 응력과 변형률은 반비례 관계이다.
② 응력과 탄성계수는 반비례 관계이다.
③ 응력과 변형률은 비례 관계이다.
④ 응력과 탄성계수는 비례 관계이다.

해설

훅의 법칙
비례한도 내에서는 응력과 응력에 의해 생기는 변형률은 비례

응력도(σ) = 탄성계수(E) × 변형률(ε)

50 엘리베이터의 밸런스를 보는 경우 카의 위치는 어디에 놓고 하는가?

① 최상층
② 최하층
③ 중간층
④ 피트의 2/3 지점

해설

엘리베이터의 밸런스를 보는 경우 카의 위치는 중간층에 놓고 실시

51 소방구조용(비상용) 엘리베이터는 정전 시에는 보조 전원공급 장치에 의하여 60초 이내에 엘리베이터 운행에 필요한 전력용량을 자동으로 발생시키도록 하되 수동으로 전원을 작동시킬 수 있어야 한다. 또한 그 운행가능시간은 얼마 이상이어야 하는가?

① 1시간
② 2시간
③ 3시간
④ 4시간

해설

소방용 승강기 기본 요건
- 폭 1,100mm, 깊이 1,400mm 이상
- 출입구 유효 폭은 800mm 이상
- 60초 이내에 가장 먼 층에 도착
- 운행속도는 1m/s 이상
- 비상구출문 0.5m×0.7m 이상
- 정전 시 60초이내 전원공급
- 비상전원은 2시간 이상 지속

52 엘리베이터의 문이 닫힘으로써 운행회로가 구성되는 스위치는?

① 도어 스위치
② 과속스위치
③ 비상정지스위치
④ 종점스위치

해설

도어 인터로크(Door Interlock)
도어 인터로크는 도어 로크(Door Lock)와 도어 스위치(Door Switch)로 구성

- 도어 로크 : 카가 정지하지 않는 층의 도어는 전용 열쇠를 사용하지 않으면 열리지 않도록 하는 장치
- 도어 스위치 : 승강장 문이 닫혀 있지 않으면 운전이 불가능하도록 하는 장치

53 엘리베이터 자체 점검 중 안전접점 및 회로에 관한 점검사항이 아닌 것은?

① 파이널 리밋 스위치의 설치 및 작동 상태
② 강제감속장치의 설치 및 작동 상태
③ 전기안전장치 작동 상태
④ 인장 풀리 설치 상태

해설

안전접점 및 회로에 관한 점검사항
- 파이널 리밋 스위치의 설치 및 작동 상태
- 강제감속장치의 설치 및 작동 상태
- 전기안전장치 작동 상태
- 정지장치의 설치 및 작동 상태

정답 48 ④ 49 ③ 50 ③ 51 ② 52 ① 53 ④

54 엘리베이터에서 과부하인 경우는 청각 및 시각적인 신호에 의해 카 내 이용자에게 알려야 하며 정격하중의 몇 %(최소 75kg)를 초과하기 전에 검출되어야 하는가?

① 5% ② 10%
③ 15% ④ 20%

[해설]
과부하 감지장치
- 승강기 카에 과부하 발생 시 운행을 정지하는 장치
- 정격하중의 10%(최소 75kg)를 초과하기 전에 과부하 검출
- 카가 운행 시 과부하 감지장치는 무효화되어야 함
- 과부하 발생 시 음향 및 시각신호에 의해 승객에게 알림

55 산업안전보건표지판의 항목 중 금지표지항목에 해당하지 않는 것은?

① 출입금지 ② 운행금지
③ 탑승금지 ④ 금연

[해설]
금지표지항목
사용금지, 출입금지, 보행금지, 차량통행금지, 탑승금지, 금연, 화기금지, 물체이동금지

56 과속조절기(조속기)의 보수 점검항목에 해당되지 않는 것은?

① 과속조절기(조속기) 스위치의 접점 청결 상태
② 세이프티 링크 스위치와 캠의 간격
③ 운전의 윤활성 및 소음 유무
④ 조속기 로프와 클립 체결 상태

[해설]
조속기 보수 점검 항목
전기안전장치 작동 상태, 인장 풀리 설치 상태, 로프 마모 및 파단 상태 등

57 엘리베이터 주행안내(가이드)레일의 자체 점검사항으로 옳은 것은?

① 주행안내 레일의 고정 및 설치 상태
② 에이프런 고정 및 설치 상태
③ 보호난간의 고정 상태
④ 로프 마모 및 파단 상태

[해설]
주행안내(가이드) 레일의 자체 점검사항
레일의 고정 및 설치 상태를 육안 점검

58 유압 엘리베이터가 하강할 때의 작동유 흐름 순서가 옳은 것은?

① 실린더 → 솔레노이드, 체크 밸브 → 유량제어 밸브 → 탱크
② 탱크 → 체크 밸브 → 유량제어 밸브 → 탱크
③ 실린더 → 탱크 → 체크 밸브
④ 탱크 → 유량제어 밸브 → 솔레노이드, 체크 밸브 → 실린더

59 엘리베이터의 자체 점검항목 중 승강장 문 및 카 문의 시험에서 점검주기가 가장 긴 것은?

① 문 열림버튼의 작동 상태
② 승강장 문닫힘 확인장치 설치 및 작동 상태
③ 카 문 잠금장치 설치 및 작동 상태
④ 수동개폐식 문의 '카 있음' 표시

[해설]
- 문 열림버튼의 작동 상태 : 1/1개월(시험)
- 승강장 문닫힘 확인장치 설치 및 작동 상태 : 1/1개월(시험)
- 카 문 잠금장치 설치 및 작동 상태 : 1/1개월(시험)
- 수동개폐식 문의 '카 있음' 표시 : 1/6개월(육안)

정답 54 ② 55 ② 56 ② 57 ① 58 ① 59 ④

60 와이어로프 클립(Wire Rope Clip)의 체결 방법으로 옳은 것은?

①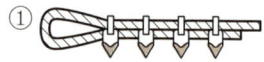
②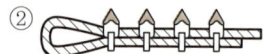
③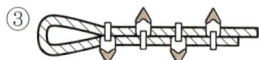
④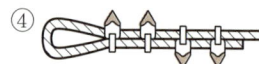

클립 체결 방법
- 3개 이상 체결
- 클립 사이 거리 로프직경의 5배 이상
- U볼트(U-Bolt) 부분이 절단된 로프(Rope) 쪽

2022년 2회 기출문제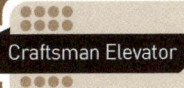

01 기계실 위치에 의한 엘리베이터 분류에서 기계실을 승강로의 아래쪽 방향에 설치하는 방식은?

① 기어드 방식　　② 횡인구동 방식
③ 베이스먼트 방식　④ 사이드머신 방식

해설
기계실 설치 위치
- 기계실 하부 설치 : 베이스먼트 방식
- 기계실 상부 설치 : 오버헤드머신 방식
- 기계실 중간 설치 : 사이드머신 방식

02 단독주택의 거주자를 운송하기 위한 카를 정해진 승강장으로 운행시키기 위해 설치되는 정격속도 0.25m/s 이하, 높이 12m 이하인 엘리베이터는?

① 소방구조용　　② 주택용(소형)
③ 화물용　　　　④ 승객용

해설
소형 엘리베이터의 적용 범위
수직에 대해 15° 이하로 경사진 가이드레일 사이에서 권상이나 포지티브 구동장치 또는 유압장치에 의해 로프 또는 체인으로 현수되는 단독주택의 거주자를 운송하기 위한 카를 정해진 승강장으로 운행시키기 위하여 설치되는 전기식 또는 유압식 소형 엘리베이터

- 정격속도 0.25m/s 이하
- 승강 행정 12m 이하

03 다음 중 비상정지장치(추락방지장치) 중 FGC형의 특징으로 맞는 것은?

① 구조가 간단하고 복귀가 쉽다.
② 레일을 죄는 힘이 처음에는 약하게 하강함에 따라 강해지다가 얼마 후 일정 값에 도달한다.
③ 점차작동식으로 1m/s 이하의 속도에서 주로 사용한다.
④ 점차 작동형 추락방지안전장치의 평균 감속도는 $0.1g_n$ 이하여야 한다.

해설
플렉시블 가이드 클램프
- 레일 죄는 힘이 정지 시까지 일정
- 구조가 간단
- 평균 감속도는 $0.2 \sim 1.0g_n$

04 승강기 관리 주체가 행하여야 할 사항으로 틀린 것은?

① 안전관리자를 선임하여야 한다.
② 사고 또는 고장 내용을 즉시 보고한다.
③ 고장 시 직접 수리를 진행한다.
④ 승강기 안전검사를 신청한다.

해설
관리 주체의 의무
- 승강기 자체 점검 실시
- 승강기 정기검사 수검
- 승강기 안전에 관한 일상관리(운행관리자의 선임 등)
- 승강기 안전에 관한 보수(보수업체 선정 등)
- 사고 보고 의무

05 장애인용 엘리베이터의 추가요건 중 승강장 바닥과 승강기 바닥의 틈은 얼마 이하(mm)여야 하는가?

① 10　　② 6
③ 4　　 ④ 3

해설
장애인용 엘리베이터의 추가요건
승강장 바닥과 승강기 바닥의 틈은 3mm 이하

정답　01 ③　02 ②　03 ①　04 ③　05 ④

06 직류 전동기의 정류자 흑화현상의 원인이 아닌 것은?

① 정류파편의 침식
② 전기자 내부의 단선
③ 전기자 이물질 부착
④ 정류자편 코일 납땜 용해

해설

정류자의 흑화현상 원인
- 정류자의 이물질이나 단락
- 기동전류 등의 큰 전류가 흐를 때 발생
- 전기자 이물질 부착과는 무관

07 승강장의 문이 열린 상태에서 모든 제약이 해제되면 자동적으로 닫히게 하여 문의 개방 상태에서 생기는 2차 재해를 방지하는 문의 안전장치는?

① 시그널 컨트롤　② 도어 행거
③ 도어 로크　　　④ 도어 클로저

해설

도어 클로저
- 카가 없을 때는 승강장 문이 스스로 닫히게 하여 2차 재해를 방지
- 추형, 스프링형

08 다음 중 승강기 도어시스템과 관계없는 부품은?

① 브레이스 로드　② 연동로프
③ 캠　　　　　　④ 행거

해설

브레이스 로드
- 카의 바닥과 카주를 연결하는 부분
- 하중을 분산시켜 전 하중의 3/8을 분담

09 엘리베이터 보상수단에 대한 점검사항으로 해당되는 것은 무엇인가?

① 인장 또는 튀어오름 방지장치의 설치 상태
② 바닥 개구부 낙하방지수단의 설치 상태
③ 점검문의 설치 및 잠금 상태
④ 양중용 지지대 및 고리에 허용하중 표시 상태

해설

보상수단에 대한 점검사항
- 보상수단의 고정 및 설치 상태(1/3개월 주기, 육안)
- 인장 또는 튀어오름 방지장치의 설치 상태(1/3개월 주기, 육안)

10 유압기기에서 릴리프 밸브의 설명으로 옳은 것은?

① 설정 압력 이상으로 유압이 계속 높아질 때 폭발을 방지하는 안전 밸브이다.
② 기름을 통과시키거나 정지시키거나 혹은 방향을 바꾸는 밸브이다.
③ 유량을 조절하고 정지시키는 밸브이다.
④ 압유의 유량을 바꿈으로써 유압모터가 실린더의 움직이는 속도를 바꾸는 밸브이다.

해설

릴리프 밸브
- 상용압력의 125% 동작
- 압력회로 압력상승 방지
- 전 부하압력의 140% 제한

11 되먹임 제어에서 가장 필요한 장치는?

① 입력과 출력을 비교하는 장치
② 응답속도를 느리게 하는 장치
③ 응답속도를 빠르게 하는 장치
④ 안정도를 좋게 하는 장치

정답　06 ③　07 ④　08 ①　09 ①　10 ①　11 ①

> [해설]

되먹임(피드백) 제어
출력신호를 다시 입력으로 돌릴 수 있는 되먹임 요소와 이를 비교하는 비교기가 있다.

12 안전상 허용할 수 있는 최대응력을 무엇이라 하는가?

① 안전율 ② 사용응력
③ 탄성한도 ④ 허용응력

> [해설]

허용응력
안전상 허용할 수 있는 최대응력

13 유리판이 있는 승강장 문의 경우 유리판에 표시되는 정보가 아닌 것은?

① 판매자명 및 상표 ② 유형
③ 가격 ④ 두께

> [해설]

판매자명 및 상표, 유리의 유형, 두께가 표시

14 에스컬레이터의 층고가 6m 이하이고, 공칭속도가 0.5m/s 이하인 경우에는 경사도를 몇 도까지 증가시킬 수 있는가?

① 30 ② 35
③ 40 ④ 45

> [해설]

경사도에 따른 속도
- 30° 이하 : 0.75m/s 이하
- 30° 초과 35° 이하 : 0.5m/s 이하
- 경사도는 30°를 초과하지 않아야 함. 단, 층고가 6m 이하이고 공칭속도가 0.5m/s 이하인 경우 35°까지 가능

15 직류 전동기의 속도제어 방법이 아닌 것은?

① 저항 제어 ② 주파수 제어
③ 전압 제어 ④ 계자 제어

> [해설]

직류 전동기 속도제어

$$N = K\frac{(V - I_a R_a)}{\phi}[\text{rpm}]$$

16 직접식 유압 엘리베이터의 특징으로 잘못된 것은?

① 부하에 의한 카 바닥의 빠짐이 적다.
② 추락방지안전장치(비상정지장치)가 불필요하다.
③ 실린더의 점검이 용이하다.
④ 실린더를 설치하기 위한 보호관을 지중에 설치하여야 한다.

> [해설]

유압 엘리베이터 분류

구분	직접식	간접식
비상정지장치	불필요	필요
보호관	지중에 시설	불필요
실린더 점검	어려움	쉬움
승강로 면적	작음	큼
부하에 의한 카 바닥 빠짐	적음	많음

17 무부하 시 위험 속도가 되지 않고 토크가 커서 크레인, 엘리베이터, 공작기계, 공기압축기 등의 운전에 가장 적합한 전동기는?

① 직권전동기 ② 분권전동기
③ 타여자 전동기 ④ 복권전동기

> [해설]

복권전동기
무부하 시 위험속도가 되지 않으며 크레인, 엘리베이터 등에 적합한 전동기

정답 12 ④ 13 ③ 14 ② 15 ② 16 ② 17 ④

18 "회로망에서 임의의 접속점에 흘러 들어오고 흘러 나가는 전류의 대수합은 0이다."라는 법칙은?

① 키르히호프의 법칙
② 가우스의 법칙
③ 줄의 법칙
④ 쿨롱의 법칙

해설
- 키르히호프의 전류 법칙(KCL) : 회로망 내의 접속점의 유출입 전류의 합은 0
- 키르히호프의 전압 법칙(KVL) : 폐회로 내에서 기전력의 합은 전압강하의 총합

19 에스컬레이터에 1분당 150명 수송, 1인당 75kg이고 양정(층 높이)이 3.5m, 전동기 종합효율이 60%인 경우 전동기 용량(kW)은 얼마인가?

① 8.8
② 10.7
③ 11.8
④ 13.6

해설
에스컬레이터 전동기 용량

$$\text{전동기 용량} = \frac{\text{1분간 수송인원} \times \text{1명의 중량} \times \text{양정}}{6{,}120 \times \text{총효율}}$$

$$= \frac{150 \times 75 \times 3.5}{6{,}120 \times 0.6} = 10.72 \text{kW}$$

20 $V_1 = 100\sin\left(\omega t - \frac{\pi}{6}\right)$, $V_2 = 150\sin\left(\omega t - \frac{\pi}{3}\right)$ 일 때 V_1과 V_2 중에서 어느 쪽이 얼만큼 위상이 뒤져 있는가?

① V_1이 V_2보다 $\frac{\pi}{6}$[rad]만큼 위상이 뒤진다.
② V_1이 V_2보다 $\frac{\pi}{3}$[rad]만큼 위상이 뒤진다.
③ V_2가 V_1보다 $\frac{\pi}{6}$[rad]만큼 위상이 뒤진다.
④ V_2가 V_1보다 $\frac{\pi}{3}$[rad]만큼 위상이 뒤진다.

해설
호도법을 각도법으로 변환하면 $\frac{\pi}{6} = 30°$, $\frac{\pi}{3} = 60°$

V_1은 $-30°$이므로 30° 늦고

V_2는 $-60°$이므로 60° 늦게 됨

그러므로 V_2가 V_1보다 $\frac{\pi}{6}(=30°)$만큼 위상이 늦음

21 주차설비의 통신장치와 안전장치의 설치기준이 아닌 것은?

① 사람이 동승하지 않는 경우에도 팔레트마다 외부와의 통신이 원활하여야 한다.
② 동승자와 함께 있는 경우 비상시 비상통화장치로 통신이 원활하여야 한다.
③ 간접유압식은 플런저이탈방지장치의 동작이 원활하여야 한다.
④ 비상시 비상정지장치의 동작이 원활하여야 한다.

해설
주차설비 운반기 내 사람이 동승하는 주차설비에서 운반기가 이동 도중 정지한 경우에 자동차 안에서 운반기 내에 설치된 연락장치로 연락을 취해야 하지만 동승하지 않는 경우는 제외

22 기계 부품 측정 시 각도를 측정할 수 있는 기기는?

① 사인바
② 옵티컬플랫
③ 다이얼 게이지
④ 마이크로미터

해설
사인바는 각도를 측정하는 도구

23 그림은 마이크로미터로 어떤 치수를 측정한 것이다. 치수는 약 몇 mm인가?

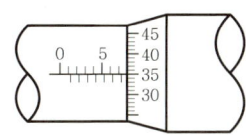

① 0.85 ② 7.35
③ 7.85 ④ 8.35

해설
7.5＋0.35＝7.85mm

24 재해 발생 과정의 요건이 아닌 것은?
① 사회적 환경과 유전적인 요소
② 개인적 결함
③ 사고
④ 안전한 행동

해설
재해 발생 순서
유전적 요소와 사회적 환경 → 인적 결함 → 불안전 행동 및 상태 → 사고 → 재해

25 유압장치의 보수, 점검, 수리 시에 사용되고 밸브를 닫으면 실린더에서 오일탱크로 오일이 역류하는 것을 방지하는 역할을 하는 밸브는?
① 스톱 밸브 ② 사일렌서
③ 체크 밸브 ④ 필터

해설
스톱(차단) 밸브
• 실린더의 기름이 파워 유닛으로 역류하는 것을 방지
• 유압 파워 유닛의 보수, 점검 시 사용
• 파워 유닛과 실린더 사이의 압력 배관에 설치
• 게이트 밸브라고도 함

26 추락에 의한 위험방지 중 유의사항으로 틀린 것은?
① 승강로 내 작업 시에는 작업공구, 부품 등이 낙하하여 다른 사람을 해하지 않도록 할 것
② 카 상부 작업 시 중간층에는 균형추의 움직임에 주의하여 충돌하지 않도록 할 것
③ 카 상부 작업 시에는 신체가 카 상부 보호대를 넘지 않도록 하며 로프를 잡을 것
④ 승강장 도어 카를 사용하여 도어를 개방할 때는 몸의 중심을 뒤에 두고 개방하여 반드시 카 유무를 확인하고 탑승할 것

해설
③ 로프를 잡아서는 안 됨

27 유압식 엘리베이터의 경우, 승강로 천장의 가장 낮은 부분과 상승 방향으로 주행하는 램－헤드 조립체의 가장 높은 부분 사이의 유효 수직거리는 몇 m 이상이어야 하는가?
① 0.1 ② 0.2
③ 0.3 ④ 0.4

해설
승강로 천장의 가장 낮은 부분과 상승 방향으로 주행하는 램－헤드 조립체의 가장 높은 부분 사이의 유효 수직거리는 0.1m 이상

28 다음 (　) 안에 들어갈 알맞은 내용은?

엘리베이터에는 브레이크 시스템인 전자－기계 브레이크(마찰 형식)가 있어야 한다. 이 브레이크는 자체적으로 카가 정격속도로 정격하중의 (　) %를 싣고 하강 방향으로 운행될 때 구동기를 정지시킬 수 있어야 한다.

① 115 ② 120
③ 125 ④ 130

> 해설

브레이크
제동토크는 적용하중의 125% 이내 값으로 설계하여 전동기 토크의 2.5배를 초과하지 않도록 권장

29 엘리베이터 자체 점검항목에서 완충기의 점검사항으로 옳은 것은?

① 카 정지 및 정지 유지 상태
② 튀어오름 방지장치의 설치 및 작동 상태
③ 완충기의 고정 및 설치 상태
④ 스프링식인 경우 압축 상태에서 작동 상태

> 해설

완충기 점검사항
- 완충기의 고정 및 설치 상태(1/1개월)
- 에너지 분산형 완충기 전기안전장치 작동 상태(1/1개월)

30 스텝(디딤판)체인 절단 검출장치의 점검항목이 아닌 것은?

① 검출스위치의 동작여부
② 검출스위치 및 캠의 취부 상태
③ 암, 레버장치의 취부 상태
④ 종동장치 텐션스프링의 올바른 치수 여부

> 해설

스텝체인 안전장치
스텝체인의 늘어남과 파단 시 전동기 전원을 차단하고 기계적 브레이크를 작동시켜 운행을 정지시키는 장치

31 사고 중 감전사고의 원인과 거리가 먼 것은?

① 기계기구를 장시간 사용한 경우
② 전기기구나 공구의 절연 파괴가 된 경우
③ 방전 코일이 없는 콘덴서를 사용한 경우
④ 정전작업 시 접지가 되지 않은 경우

> 해설

기계기구를 장시간 사용하더라도 절연 상태에 문제가 없으면 감전사고의 직접적인 원인이 되지 않음

32 주행안내(가이드)레일의 규격 호칭은 1m 길이당 중량을 라운드 번호로 하여 레일에 붙여 쓰고 있다. 보통 일반적으로 사용하는 T형 주행안내 레일의 규격에 해당하지 않는 것은?

① 8K   ② 13K
③ 16K   ④ 24K

> 해설

가이드레일의 규격
- 레일 규격 : 마무리 가공 전 소재의 1m당 중량
- 레일의 표준 길이 : 5m
- T형 레일의 공칭규격 : 8, 13, 18, 24, 30K 등

33 유압장치의 보수, 점검 또는 수리 등을 할 때 사용되는 것은?

① 스톱 밸브   ② 필터
③ 안전 밸브   ④ 유량제어 밸브

> 해설

문제 25번 해설 참조

34 직류 엘리베이터의 속도제어 방식에서 사이리스터를 사용하여 점호각을 제어하는 방식은 무엇인가?

① VVVF 제어   ② 귀환 전압제어 방식
③ 정지 레오나드 방식 ④ 워드 레오나드 방식

> 해설

직류(DC) 엘리베이터 속도제어
- 워드 레오나드(Ward-Leonard)(MG Set 이용)
- 정지 레오나드(사이리스터 점호각 제어)

정답 29 ③ 30 ④ 31 ① 32 ③ 33 ① 34 ③

35 구름 베어링이 회전 중에 견딜 수 있는 최대 하중을 무엇이라 하는가?

① 정정격하중
② 동정격하중
③ 정등가하중
④ 동등가하중

36 엘리베이터의 가이드레일에 대한 점검 중 연결부에 대한 점검항목이 아닌 것은?

① 브래킷 고정 상태 점검
② 클립 비틀림 및 볼트 조임 상태 점검
③ 연결부위 단차 및 면차는 규정값 이하인지 점검
④ 로프텐션의 균일 상태 점검

> **해설**
> 로프텐션의 균일 상태는 매다는(현수) 장치의 점검사항

37 에스컬레이터 자체 점검항목 중 조명에서 점검하는 항목에 해당하는 것은?

① 콤 교차점 바닥에서의 조도
② 작동 및 운행 방향 표시 상태
③ 야간조명의 작동 상태
④ 이동케이블 연결 콘센트의 설치 상태

> **해설**
> **에스컬레이터 조명 자체 점검항목**
> • 승강장 조명 설치 상태(1/1개월)
> • 콤 교차점 바닥에서의 조도(1/1개월)
> • 휴대용 조명 및 콘센트 설치 상태(1/3개월)

38 3상 유도 전동기의 회전 방향을 바꾸는 방법으로 옳은 것은?

① 3상 전원의 주파수를 바꾼다.
② 3상 전원 중 순차적으로 상 전원선을 바꾼다.
③ 3상 전원에 사이리스터를 접속한다.
④ 3상 전원 중 임의의 2상의 접속을 바꾼다.

> **해설**
> **전동기 회전 방향을 바꾸는 방법**
> 3개 단자 중 임의의 2개의 단자를 서로 바꾸어 접속

39 전기회로에 관한 내용으로 틀린 것은?

① 전류이동 방향과 전자이동 방향은 서로 반대이다.
② 전류계를 연결할 경우에 전원과 부하에 대하여 병렬로 연결한다.
③ 전류는 단위시간에 이동한 전하량이다.
④ 전류의 흐름은 전자의 이동현상이다.

> **해설**
> **전압계**
> • 회로의 전압측정
> • 회로에 병렬접속
>
> **전류계**
> • 회로의 전류측정
> • 회로에 직렬접속

40 안전점검 중에서 5S 활동 생활화가 아닌 것은?

① 청소
② 정리
③ 불결
④ 정돈

> **해설**
> **5S**
> 정리, 정돈, 청소, 청결, 습관화

41 감전의 위험이 있는 장소의 전기를 차단하여 수리, 점검 등의 작업을 할 경우에 작업 중 스위치에 어떤 장치를 하여야 하는가?

① 통전장치
② 시건장치
③ 접지장치
④ 복개장치

> **해설**
> **시건장치(잠금장치)**
> 전기 차단 후 수리, 점검 작업 시에는 자물쇠 장치를 해야 함

정답 35 ② 36 ④ 37 ① 38 ④ 39 ② 40 ③ 41 ②

42 유압 엘리베이터 작동유의 적정온도 범위는?

① 5℃ 이상 90℃ 이하   ② 30℃ 이상 60℃ 이하
③ 30℃ 이상 90℃ 이하   ④ 5℃ 이상 60℃ 이하

43 튀어오름방지장치(록다운 비상정지장치)에 대한 설명으로 틀린 것은?

① 비상정지장치 작동 시 필요하다.
② 균형로프 사용 시 필요하다.
③ 순간작동식으로 작동되어야 한다.
④ 비상정지장치 작동 시 카의 상승을 막기 위해 필요하다.

[해설]

록다운 비상정지장치
비상정지장치 작동 시 균형추와 로프의 급격한 상승을 막기 위해 설치

44 엘리베이터의 전동기 소요동력을 산출하기 위해 필요한 요소가 아닌 것은?

① 정격속도   ② 로프의 하중
③ 정격하중   ④ 오버밸런스율

[해설]

엘리베이터 전동기 용량
$$P = \frac{M \cdot V \cdot S}{6,120\eta} [\text{kW}]$$
여기서, P : 전동기 용량(kW)
　　　　M : 정격적재하중(kg)
　　　　V : 정격속도(min)
　　　　S : 오버밸런스율은 균형추의 중량을 결정할 때 사용하는 계수[$S = 1 - F$(오버밸런스율(%))]

45 모듈이 4, 잇수가 각각 20, 30개인 두 개의 표준 스퍼 기어가 맞물려 있을 때 축간거리는 몇 mm인가?

① 100   ② 110
③ 88   ④ 78

[해설]

축간거리
$$m\frac{(Z_1 + Z_2)}{2} = 모듈 \times \frac{잇수\ 1 + 잇수\ 2}{2}$$
$$= 4 \times \frac{(20 + 30)}{2} = 100$$

46 승강기에서 카의 위치를 숫자로 표시하지 않고 접근하는 승강기를 램프로 표시하여 승객을 안내하는 것은?

① 홀 랜턴   ② 사일런서
③ 제어판   ④ 스피커

[해설]

홀 랜턴
군관리 방식에서 여러 대의 엘리베이터 중에서 어느 엘리베이터가 곧 도착할 예정인지 알려주는 등화기구

47 무빙워크의 구조물이 아닌 것은?

① 내측판   ② 스텝
③ 균형추   ④ 핸드레일

[해설]
균형추는 엘리베이터의 부품

48 카 상부에서의 작업 시 안전수칙으로 잘못된 것은?

① 외부인이 접근하지 못하도록 해야 한다.
② 운전 선택스위치는 자동으로 설치한다.
③ 로프를 손으로 잡지 않도록 한다.
④ 신발은 미끄러지지 않는 작업화를 신어야 한다.

[해설]
운전 선택 스위치는 작업 시 사고 방지를 위해서 수동으로 설치

정답 42 ④ 43 ④ 44 ② 45 ① 46 ① 47 ③ 48 ②

49 균형체인의 설치 목적은 무엇인가?

① 카의 진동을 방지하기 위해서 설치한다.
② 카의 추락을 방지하기 위해서 설치한다.
③ 이동 케이블과 로프의 이동에 따라 변화되는 하중을 보상하기 위해서 설치한다.
④ 균형추의 추락을 방지하기 위해서 설치한다.

> **해설**
>
> **견인비 보상 방법**
> 카 하부에서 균형체인(저속) 또는 균형로프(고속)을 설치하여 보상

50 재해 원인의 분석 방법 중 개별적 원인분석은?

① 각각의 재해 원인을 규명하면서 하나하나 분석하는 것이다.
② 사고의 유형, 기인물 등을 분류하여 큰 순서대로 도표화하는 것이다.
③ 특성과 요인관계를 도표로 하여 물고기 모양으로 세분화하는 것이다.
④ 월별 재해 발생 수를 그래프화하여 관리선을 선정하여 관리하는 것이다.

> **해설**
>
> **재해(사고) 원인 분석 방법**
> • 개별적 원인분석 : 개개의 재해를 하나하나 분석하는 것으로 상세히 원인을 규명하며, 중대재해 및 건수가 적은 사업장에 적용
> • 통계적 원인분석 : 재해 요인의 상호관계와 분포 상태 등을 거시적으로 분석하는 방법으로 통계적인 분석을 적용

51 작업장에서 작업복을 착용하는 가장 큰 이유는?

① 방한
② 작업능률 향상
③ 작업 중 위험 감소
④ 복장 통일

> **해설**
>
> 사고 위험을 줄일 수 있음

52 엘리베이터에 공급되는 모든 전도체의 전원을 차단할 수 있는 주 개폐기의 설치 위치로 잘못된 것은?

① 제어반이 승강로에 위치할 경우 비상운전 및 작동시험을 위한 패널
② 기계실이 있는 경우에는 기계실에 설치
③ 기계실이 없는 경우에는 제어반에 설치
④ 기계실이 있는 경우라도 기계실에서 가장 가까운 곳에 위치한 제어반

> **해설**
>
> **주 개폐기의 설치 위치**
> • 기계실이 있는 경우 : 기계실에 설치
> • 기계실이 없는 경우 : 제어반에 설치
> • 제어반이 승강로에 위치할 경우 : 비상운전 및 작동시험을 위한 패널에 설치

53 에스컬레이터(무빙워크)의 자체 점검사항에서 옥외 추가요건이 아닌 것은?

① 배수 및 정화시설의 작동 상태
② 보조 브레이크의 설치 및 작동 상태
③ 지지설비의 부식 상태
④ 난방시스템의 작동 상태

> **해설**
>
> **옥외용 에스컬레이터 및 무빙워크 추가요건 자체 점검기준**
> • 에스컬레이터(무빙워크) 및 그 지지설비의 부식 상태
> • 강수에 대한 보호조치(보호덮개 및 미끄러지지 않는 디딤판의 설치)
> • 난방시스템의 작동 상태
> • 배수 및 정화시설의 작동 상태
> • 야간조명의 작동 상태

54 완충기 점검 시 확인 항목이 아닌 것은?

① 스프링 완충기는 녹 또는 부식 등이 없어야 한다.
② 완충기의 도르래 마모 상태를 확인한다.
③ 유압 완충기의 경우에는 유량이 적절하여야 한다.
④ 완충기 받침대 고정 및 설치 상태를 확인한다.

정답 49 ③ 50 ① 51 ③ 52 ④ 53 ② 54 ②

> **해설**
> 도르래는 완충기 구성이 아님

55 정격하중을 적재한 카 또는 균형추/평형추가 자유 낙하할 때 점차 작동형 추락방지안전장치의 평균 감속도는 얼마 정도여야 하는가?

① $0.1 \sim 0.5 g_n$ 사이
② $0.1 \sim 1.0 g_n$ 사이
③ $0.2 \sim 0.5 g_n$ 사이
④ $0.2 \sim 1.0 g_n$ 사이

> **해설**
> **점진식(순차적) 작동형**
> - 플렉시블 가이드 클램프형
> - 플렉시블 웨지 클램프형
> - 평균 감속도는 $0.2 \sim 1.0 g_n$

56 중저속엘리베이터의 기준은 얼마 이하이어야 하는가?

① 1m/s 이하
② 2m/s 이하
③ 3m/s 이하
④ 4m/s 이하

> **해설**
> **속도에 따른 분류**
> - 고속엘리베이터 : 4m/s 초과(유지관리업 등록기준)
> - 중저속엘리베이터 : 4m/s 이하(유지관리업 등록기준)
> - 소방활동 목적의 비상용 승강기에 대한 속도 기준은 1m/s 이상

57 소방구조용(비상용) 엘리베이터는 정전 시에는 보조 전원공급 장치에 의하여 60초 이내에 엘리베이터 운행에 필요한 전력용량을 자동으로 발생시키도록 하되 수동으로 전원을 작동시킬 수 있어야 한다. 또한 그 운행가능시간은 얼마 이상이어야 하는가?

① 1시간
② 2시간
③ 3시간
④ 4시간

> **해설**
> **소방용 승강기 기본 요건**
> - 폭 1,100mm, 깊이 1,400mm 이상
> - 출입구 유효 폭은 800mm 이상
> - 60초 이내에 가장 먼 층에 도착
> - 운행속도는 1m/s 이상
> - 비상구출문 0.5m×0.7m 이상
> - 정전 시 60초 이내 전원공급
> - 비상전원은 2시간 이상 지속

58 엘리베이터에서 과부하인 경우는 청각 및 시각적인 신호에 의해 카 내 이용자에게 알려야 하며 정격하중의 몇 %(최소 75kg)를 초과하기 전에 검출되어야 하는가?

① 5%
② 10%
③ 15%
④ 20%

> **해설**
> **과부하 감지장치**
> - 승강기 카에 과부하 발생 시 운행을 정지하는 장치
> - 정격하중의 10%(최소 75kg)를 초과하기 전에 과부하 검출
> - 카가 운행 시 과부하 감지장치는 무효화되어야 함
> - 과부하 발생 시 음향 및 시각신호에 의해 승객에게 알림

59 산업안전보건표지판의 항목 중 금지표지항목에 해당하지 않는 것은?

① 출입금지
② 차량통행금지
③ 적재금지
④ 금연

> **해설**
> **금지표지항목**
> 사용금지, 출입금지, 보행금지, 차량통행금지, 탑승금지, 흡연금지(금연), 화기금지, 물체이동금지

정답 55 ④ 56 ④ 57 ② 58 ② 59 ③

60 비상정지장치(추락방지안전장치)가 작동될 때, 무부하 상태의 카 바닥 또는 정격하중이 균일하게 분포된 부하 상태의 카 바닥은 정상적인 위치에서 몇 %를 초과하여 기울어지지 않아야 하는가?

① 2
② 3
③ 4
④ 5

해설

카 추락방지안전장치가 작동될 때, 무부하 상태의 카 바닥 또는 정격하중이 균일하게 분포된 부하 상태의 카 바닥은 정상적인 위치에서 5%를 초과하여 기울어지지 않아야 함

2022년 3회 기출문제

01 다음 중 비상정지장치(추락방지장치) 중 FGC형의 특징으로 맞는 것은?

① 구조가 간단하고 복귀가 쉽다.
② 레일을 죄는 힘이 처음에는 약하게 하강함에 따라 강해지다가 얼마 후 일정 값에 도달한다.
③ 점차작동식으로 1m/s 이하의 속도에서 주로 사용한다.
④ 점차 작동형 추락방지안전장치의 평균 감속도는 $0.1g_n$ 이하여야 한다.

[해설]
FGC(플렉시블 가이드 클램프형)
- 구조가 간단하고 설치면적이 작으며 복귀가 용이함
- 레일을 죄는 힘이 동작에서 정지까지 일정
- 정격속도 45m/min 초과에서 많이 사용
- 점차 작동형의 평균 감속도 : $0.2 \sim 1.0g_n$

02 기계실 위치에 의한 엘리베이터 분류에서 기계실을 승강로의 아래쪽 방향에 설치하는 방식은?

① 기어드 방식
② 횡인구동 방식
③ 베이스먼트 방식
④ 사이드머신 방식

[해설]
기계실 설치 위치
- 기계실 하부 설치 : 베이스먼트 방식
- 기계실 상부 설치 : 오버헤드머신 방식
- 기계실 중간 설치 : 사이드머신 방식

03 승강장의 문이 열린 상태에서 모든 제약이 해제되면 자동적으로 닫히게 하여 문의 개방 상태에서 생기는 2차 재해를 방지하는 문의 안전장치는?

① 시그널 컨트롤
② 도어 행거
③ 도어 로크
④ 도어 클로저

[해설]
도어 클로저(Door Closer)
- 승강장의 문이 열린 상태에서 모든 제약이 해제되면 자동적으로 닫히게 하여 문의 개방 상태에서 생기는 2차 재해를 방지하는 안전장치
- 추형과 스프링형이 있음

04 다음 중 승강기 도어시스템과 관계없는 부품은?

① 브레이스 로드
② 연동로프
③ 캠
④ 행거

[해설]
브레이스 로드
- 카의 바닥과 카주를 연결하는 부분
- 하중을 분산시켜 전 하중의 3/8을 분담

05 단독주택의 거주자를 운송하기 위한 카를 정해진 승강장으로 운행시키기 위해 설치되는 정격속도 0.25m/s 이하, 높이 12m 이하인 엘리베이터는?

① 소방구조용
② 주택용(소형)
③ 화물용
④ 승객용

[해설]
소형 엘리베이터의 적용 범위
수직에 대해 15° 이하로 경사진 가이드레일 사이에서 권상이나 포지티브 구동장치 또는 유압장치에 의해 로프 또는 체인으로 현수되는 단독주택의 거주자를 운송하기 위한 카를 정해진 승강장으로 운행시키기 위하여 설치되는 전기식 또는 유압식 소형 엘리베이터
- 정격속도 0.25m/s 이하
- 승강 행정 12m 이하

정답 01 ① 02 ③ 03 ④ 04 ① 05 ②

06 엘리베이터 보상수단에 대한 점검사항으로 해당되는 것은 무엇인가?

① 인장 또는 튀어오름 방지장치의 설치 상태
② 바닥 개구부 낙하방지수단의 설치 상태
③ 점검문의 설치 및 잠금 상태
④ 양중용 지지대 및 고리에 허용하중 표시 상태

해설

보상수단에 대한 점검사항
- 보상수단의 고정 및 설치 상태(1/3개월 주기, 육안)
- 인장 또는 튀어오름 방지장치의 설치 상태(1/3개월 주기, 육안)

07 유압기기에서 릴리프 밸브의 설명으로 옳은 것은?

① 설정 압력 이상으로 유압이 계속 높아질 때 폭발을 방지하는 안전 밸브이다.
② 기름을 통과시키거나 정지시키거나 혹은 방향을 바꾸는 밸브이다.
③ 유량을 조절하고 정지시키는 밸브이다.
④ 압유의 유량을 바꿈으로써 유압모터가 실린더의 움직이는 속도를 바꾸는 밸브이다.

해설

릴리프 밸브(Relief Valve)
- 압력배관을 보호하기 위해 압력을 제한하는 밸브
- 압력이 상용압력의 125% 이상 상승하면 바이패스(Bypass) 회로를 열어 기름을 탱크로 돌려보내 추가 압력상승을 방지
- 전 부하 압력의 140%까지 제한

08 에스컬레이터의 층고가 6m 이하이고, 공칭 속도가 0.5m/s 이하인 경우에는 경사도를 몇 도까지 증가시킬 수 있는가?

① 30 ② 35
③ 40 ④ 45

해설

경사도에 따른 속도
- 30° 이하 : 0.75m/s 이하
- 30° 초과 35° 이하 : 0.5m/s 이하
- 경사도는 30°를 초과하지 않아야 함. 단, 층고가 6m 이하이고 공칭속도가 0.5m/s 이하인 경우 35°까지 가능

09 직접식 유압 엘리베이터의 특징으로 잘못된 것은?

① 실린더의 점검이 용이하다.
② 추락방지안전장치(비상정지장치)가 불필요하다.
③ 부하에 의한 카 바닥의 빠짐이 적다.
④ 실린더를 설치하기 위한 보호관을 지중에 설치하여야 한다.

해설

유압 엘리베이터 분류

구분	직접식	간접식
비상정지장치	불필요	필요
보호관	지중에 시설	불필요
실린더 점검	어려움	쉬움
승강로 면적	작음	큼
부하에 의한 카 바닥 빠짐	적음	많음

10 에스컬레이터에 1분당 150명 수송, 1인당 75kg이고 양정(층 높이)이 3.6m, 전동기 종합효율이 60%인 경우 전동기 용량(kW)은 얼마인가?

① 8.8 ② 11.0
③ 17.4 ④ 24.3

해설

에스컬레이터 전동기 용량

$$\text{전동기 용량} = \frac{1\text{분간 수송인원} \times 1\text{명의 중량} \times \text{양정}}{6{,}120 \times \text{총효율}}$$

$$= \frac{150 \times 75 \times 3.6}{6{,}120 \times 0.6} = 11.03\text{kW}$$

정답 06 ① 07 ① 08 ② 09 ① 10 ②

11 정전용량만으로 이루어진 회로에서 전압과 전류의 위상은 어떻게 되는가?

① 전압이 전류보다 $\frac{\pi}{2}$[rad]만큼 위상이 뒤진다.
② 전압이 전류보다 $\frac{\pi}{2}$[rad]만큼 위상이 앞선다.
③ 전압이 전류보다 π[rad]만큼 위상이 뒤진다.
④ 전압이 전류보다 $\frac{\pi}{2}$[rad]만큼 위상이 앞선다.

해설

호도법을 각도법으로 변환하면 $\frac{\pi}{6}=30°$, $\frac{\pi}{3}=60°$
V_1은 $-30°$이므로 30° 늦고
V_2는 $-60°$이므로 60° 늦게 됨
그러므로 V_2가 V_1보다 $\frac{\pi}{6}(=30°)$만큼 위상이 늦음

12 그림은 마이크로미터로 어떤 치수를 측정한 것이다. 치수는 약 몇 mm인가?

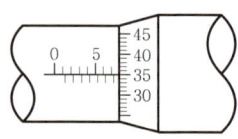

① 0.85
② 7.35
③ 7.85
④ 8.35

해설

7.5 + 0.35 = 7.85mm

13 다음 ( ) 안에 들어갈 알맞은 내용은?

> 엘리베이터에는 브레이크 시스템인 전자-기계 브레이크(마찰 형식)가 있어야 한다. 이 브레이크는 자체적으로 카가 정격속도로 정격하중의 ( )%를 싣고 하강 방향으로 운행될 때 구동기를 정지시킬 수 있어야 한다.

① 115
② 120
③ 125
④ 130

해설

브레이크
제동토크는 적용하중의 125% 이내 값으로 설계하여 전동기 토크의 2.5배를 초과하지 않도록 권장

14 사고 중 감전사고의 원인과 거리가 먼 것은?

① 전동기의 빈번한 기동과 정지
② 전기기구나 공구의 절연 파괴가 된 경우
③ 방전 코일이 없는 콘덴서를 사용한 경우
④ 정전작업 시 접지가 되지 않은 경우

해설

전동기를 빈번하게 기동 정지하더라도 절연 상태에 문제가 없으면 감전사고의 직접적인 원인이 되지 않음

15 주행안내(가이드)레일의 규격 호칭은 1m 길이당 중량을 라운드 번호로 하여 레일에 붙여쓰고 있다. 보통 일반적으로 사용하는 T형 주행안내 레일의 규격에 해당하지 않는 것은?

① 8K
② 13K
③ 16K
④ 24K

해설

가이드레일의 규격
- 레일 규격 : 마무리 가공 전 소재의 1m당 중량
- 레일의 표준 길이 : 5m
- T형 레일의 공칭규격 : 8, 13, 18, 24, 30K 등

16 유압기기에서 릴리프 밸브의 설명으로 옳은 것은?

① 유체를 배출함으로써 미리 설정된 값 이하로 압력을 제한하는 밸브이다.
② 과도하게 유체 흐름이 증가하여 밸브를 통과하는 압력이 떨어지는 경우 자동으로 차단한다.

③ 모든 방향의 유체 흐름을 허용하거나 차단할 수 있는 양 방향 수동 밸브이다.
④ 한 방향으로만 유체를 흐르게 하는 밸브이다.

해설

릴리프 밸브
- 상용압력의 125% 동작
- 압력회로 압력상승 방지
- 전 부하압력의 140% 제한

17 직류 엘리베이터의 속도제어 방식에서 발전기의 계자전류를 제어하는 방식은 무엇인가?

① VVVF 제어
② 귀환 전압제어 방식
③ 워드 레오나드 방식
④ 정지 레오나드 방식

해설

직류(DC) 엘리베이터 속도제어
- 워드 레오나드(Ward – Leonard)(MG Set 이용)
- 정지 레오나드(사이리스터 점호각 제어)

18 엘리베이터의 전동기 소요전력을 산출하기 위해 필요한 요소가 아닌 것은?

① 정격속도
② 로프의 하중
③ 정격하중
④ 오버밸런스율

해설

전동기 용량

$P = \dfrac{M \cdot V \cdot S}{6,120\eta}$ [kW]

여기서, P : 전동기 용량(kW)
M : 정격적재하중(kg)
V : 정격속도(min)
S : 오버밸런스율은 균형추의 중량을 결정할 때 사용하는 계수 $S = 1 - F$(오버밸런스율(%))]

19 무빙워크의 구조물이 아닌 것은?

① 내측판
② 스텝
③ 균형추
④ 핸드레일

해설

무빙워크(수평 보행기)
내측판, 스텝, 핸드레일, 구동롤러, 인렛 가드, 랜딩 플레이트, 트러스, 팔레트체인 등

20 정격하중을 적재한 카 또는 균형추/평형추가 자유 낙하할 때 점차 작동형 추락방지안전장치의 평균 감속도는 얼마 정도여야 하는가?

① $0.1 \sim 0.5 g_n$ 사이
② $0.1 \sim 1.0 g_n$ 사이
③ $0.2 \sim 0.5 g_n$ 사이
④ $0.2 \sim 1.0 g_n$ 사이

해설

점진식(순차적) 작동형
- 플렉시블 가이드 클램프형
- 플렉시블 웨지 클램프형
- 평균 감속도는 $0.2 \sim 1.0 g_n$

21 중저속엘리베이터의 기준은 얼마 이하이어야 하는가?

① 1m/s 이하
② 2m/s 이하
③ 3m/s 이하
④ 4m/s 이하

해설

속도에 따른 분류
- 고속엘리베이터 : 4m/s 초과(유지관리업 등록기준)
- 중저속엘리베이터 : 4m/s 이하(유지관리업 등록기준)
- 소방활동 목적의 비상용 승강기에 대한 속도 기준은 1m/s 이상

22 소방구조용(비상용) 엘리베이터는 정전 시에는 보조 전원공급 장치에 의하여 60초 이내에 엘리베이터 운행에 필요한 전력용량을 자동으로 발생시키도록 하되 수동으로 전원을 작동시킬 수 있어야 한다. 또한 그 운행가능시간은 얼마 이상이어야 하는가?

① 1시간
② 2시간

정답 17 ③ 18 ② 19 ③ 20 ④ 21 ④ 22 ②

③ 3시간　　　　　　　　④ 4시간

> [해설]
>
> **소방용 승강기 기본 요건**
> - 폭 1,100mm, 깊이 1,400mm 이상
> - 출입구 유효 폭은 800mm 이상
> - 60초 이내에 가장 먼 층에 도착
> - 운행속도는 1m/s 이상
> - 비상구출문 0.5m×0.7m 이상
> - 정전 시 60초 이내 전원공급
> - 비상전원은 2시간 이상 지속

23 엘리베이터에서 과부하인 경우는 청각 및 시각적인 신호에 의해 카 내 이용자에게 알려야 하며 정격하중의 몇 %(최소 75kg)를 초과하기 전에 검출되어야 하는가?

① 5%　　　　　　　② 10%
③ 15%　　　　　　 ④ 20%

> [해설]
>
> **과부하 감지장치**
> - 승강기 카에 과부하 발생 시 운행을 정지하는 장치
> - 정격하중의 10%(최소 75kg)를 초과하기 전에 과부하 검출
> - 카가 운행 시 과부하 감지장치는 무효화되어야 함
> - 과부하 발생 시 음향 및 시각신호에 의해 승객에게 알림

24 덤웨이터(소형화물용 엘리베이터)의 자체 점검기준에서 카의 점검항목이 아닌 것은?

① 자동 받침대 문턱이 설치된 경우 작동 상태
② 에이프런의 설치 상태
③ 문 틈새의 설치 상태
④ 승강로 벽과 충돌방지 수단의 설치 상태

> [해설]
>
> **덤웨이터 카의 자체 점검기준**
> - 카의 재질 및 변형 상태(1/1개월)
> - 에이프런의 설치 상태(1/3개월)
> - 자동 받침대 문턱 설치 상태(1/3개월)
> - 화물이 승강로벽과 충돌되는 것을 방지하기 위한 수단의 설치 상태(1/1개월)

25 에스컬레이터와 무빙워크의 자체 점검기준에서 디딤판 항목의 점검사항이 아닌 것은?

① 연속되는 2개의 스텝/팔레트의 틈새
② 디딤판과 스커트 각 측면의 틈새
③ 트레드 홈에 맞물리는 콤 깊이
④ 전류/온도 증가 시 전동기 전원차단 상태

> [해설]
>
> **에스컬레이터 및 무빙워크 디딤판 자체 점검기준**
> - 디딤판과 스커트 각 측면 변위의 틈새
> - 디딤판 벨트 트레드 웨이의 간격
> - 연속되는 2개의 스텝/팔레트 틈새
> - 디딤판과 스커트 각 측면의 틈새 및 틈새 합
> - 트레드 홈에 맞물리는 콤 깊이

26 엘리베이터의 자체 점검기준에서 피트 내 작업공간 항목의 점검사항이 아닌 것은?

① 기계적인 장치의 설치 및 작동 상태
② 피트 출입문의 경우 전기안전장치 작동 상태
③ 피트 탈출 수직틈새의 확보 상태
④ 점검문의 설치 및 작동 상태

> [해설]
>
> 점검문의 설치 및 작동 상태는 카 상부 작업공간 또는 승강로 외부 작업공간에서 점검 가능

27 엘리베이터 자체 점검기준 중에서 전기안전장치에 관한 점검사항이 아닌 것은?

① 정지스위치 설치 상태 및 작동 상태
② 구동 및 순환장소의 정지스위치 설치 및 작동 상태
③ 과부하 시 차단기 작동 상태
④ 이동케이블 설치 상태

정답 23 ② 24 ③ 25 ④ 26 ④ 27 ④

> **해설**
>
> 이동케이블 설치 상태는 전기적 보호의 전기배선의 점검 항목

28 과속조절기(조속기)의 보수 점검항목에 해당되지 않는 것은?

① 과속조절기(조속기) 스위치의 접점 청결 상태
② 세이프티 링크 스위치와 캠의 간격
③ 운전의 윤활성 및 소음 유무
④ 조속기 로프와 클립 체결 상태

> **해설**
>
> **조속기 보수 점검항목**
> 전기안전장치 작동 상태, 인장 풀리 설치 상태, 로프 마모 및 파단 상태 등

29 권상기의 점검사항이 아닌 것은?

① 진동, 소음, 운전의 원활성 등 운전상황의 이상 유무를 살핀다.
② Oil의 누설 유무를 점검하고 청소한다.
③ 브레이크 동작의 양호 여부를 점검하고 조정한다.
④ 과부하 검출장치의 동작 여부를 점검한다.

> **해설**
>
> 과부하 검출장치는 카 바닥에 위치

30 사고예방의 기본 4원칙이 아닌 것은?

① 원인 계기의 원칙   ② 대책 선정의 원칙
③ 예방 가능의 원칙   ④ 개별 분석의 원칙

> **해설**
>
> **재해 예방의 원칙**
> - 손실우연
> - 예방가능
> - 원인연계
> - 대책선정

31 다음 중에서 일상점검의 중요성이 아닌 것은?

① 승강기 품질유지
② 승강기의 수명연장
③ 보수자의 편리도모
④ 이용자의 안전도모

> **해설**
>
> 주기적인 일상점검으로 설비 수명을 연장 및 성능을 유지하며 사고발생방지 및 이용자의 안전을 지킬 수 있음

32 안전대의 등급과 사용 구분이 올바르게 짝지어진 것은?

① 1종 : U자 걸이 전용
② 2종 : 1개 걸이, U자 걸이 공용
③ 3종 : 안전블록
④ 4종 : 1개 걸이 전용

> **해설**
>
> **안전대 종류**
> - 1종 : U자 걸이
> - 2종 : 1개 걸이
> - 3종 : 1개 걸이, U자 걸이 공용
> - 4종 : 안전블록
> - 5종 : 추락 방지대

33 탄성계수를 구하는 공식은 무엇인가?

① 응력÷변형률   ② 변형률÷단면적
③ 단면적÷변형률   ④ 단면적÷응력

> **해설**
>
> **훅(Hook)의 법칙**
> 재료의 응력값은 어느 한도(비례한도) 이내에서는 응력과 이로 인해 생기는 변형률이 비례
>
> 응력도(σ) = 탄성계수(E) × 변형률(ε)

정답 28 ② 29 ④ 30 ④ 31 ③ 32 ① 33 ①

34 눈금이 어미자와 아들자의 구성으로 되어 있는 기구가 아닌 것은?

① 다이얼 게이지   ② 하트 게이지
③ 버니어 캘리퍼스   ④ 마이크로미터

> **해설**
>
> **다이얼 게이지**
> 면의 요철이나 축의 진폭, 기계 가공에서의 움직인 거리 등 극히 미세한 길이를 측정하는 기구

35 나사의 호칭이 M10일 때, 다음 설명 중 옳은 것은?

① 미터 보통 나사로서 호칭 지름이 10mm이다.
② 미터 사다리꼴나사로서 호칭 지름이 10mm이다.
③ 유니파이 보통 나사로서 호칭 지름이 10mm이다.
④ 관용테이퍼 수나사로서 호칭 지름이 10mm이다.

> **해설**
>
> **나사의 분류**
> - 미터 보통 나사 : M
> - 미터 사다리꼴나사 : Tr
> - 유니파이 보통 나사 : UNC
> - 관용테이퍼 수나사 : R

36 직류기 권선법에서 전기자 내부 병렬회로수 a와 극수 P의 관계는?(단, 권선법은 중권이다.)

① $a = 2$ ② $a = \frac{1}{2}P$
③ $a = P$ ④ $a = 2P$

> **해설**
>
> **중권과 파권**
>
> | 구분 | 중권 | 파권 |
> | --- | --- | --- |
> | 전기자 병렬회로 수 | 극수와 동일 | 2 |
> | 브러시 수 | 극수와 동일 | 2 |
> | 동일 조건 | 저전압, 대전류 | 고전압, 저전류 |

37 승강기 운전자가 준수하여야 할 사항으로 옳지 않은 것은?

① 술에 취한 채 또는 흡연하면서 운전하지 말아야 한다.
② 정원 또는 적재하중을 초과하여 태우지 말아야 한다.
③ 질병, 피로 등을 느꼈을 때는 즉시 약을 복용하고 근무한다.
④ 운전 중 사고가 발생한 때에는 즉시 운전을 중지하되 관리 주체에 보고한다.

> **해설**
>
> **승강기 운전자 준수사항**
> - 질병, 피로 등을 느꼈을 때는 운행관리자 또는 관리주체에게 그 사유를 보고하고 운전에 관계하지 않아야 함
> - 정원 또는 적재하중을 초과하지 말아야 함
> - 운전 중 고장사고가 발생한 때 또는 우려가 있다고 판단된 때에는 즉시 운전을 중지하고 운행관리자 또는 관리주체에게 보고한 후 그 지시에 따라야 함
> - 운전 종료 시는 정해진 층에 카를 정지시켜 정지스위치를 내리고, 출입문을 잠근 다음 운행관리자 또는 관리 주체에게 보고

38 유압식 엘리베이터에서 럽처 밸브에 대한 내용 중 틀린 것은?

① 실린더의 구성 부품으로 일체형으로 설치될 수 있다.
② 직접 및 견고하게 플런저에 설치되어 있다.
③ 실린더 근처에 짧고 단단한 배관으로 용접되어 설치될 수 없다.
④ 실린더에 나사로 체결될 수 있다.

> **해설**
>
> **럽처 밸브(Rupture Valve)**
> - 압력배관 파손 시 하강하는 정격하중의 카를 정지시키고 정지 상태를 유지
> - 실린더 측에 설치
> - 럽처 밸브는 실린더 근처에 짧고 단단한 배관으로 용접되고 플런저 또는 나사로 체결되어야 함

정답 34 ① 35 ① 36 ③ 37 ③ 38 ③

39 작업 현장 내에 안전표지판을 부착하는 이유로 가장 적합한 것은?

① 작업 방법을 표준화하기 위해
② 작업환경을 표준화하기 위해
③ 기계나 설비를 통제하기 위해
④ 비능률적인 작업을 통제하기 위해

해설

안전표지판
안전의식을 고취시키기 위한 그림이나 기호, 글자 등으로 제작되며 작업자가 예상되는 재해를 사전에 방지할 목적으로 작업환경을 표준화하기 위한 것

40 입력이 모두 '1'일 때만 출력이 '1'이 되고 그 이외에는 출력이 '0'이 되는 논리회로는?

① AND 회로
② NOT 회로
③ OR 회로
④ NAND 회로

해설

AND 회로(논리곱)
- 모든 입력(1)이 있을 때만 출력(1)이 나타나는 회로
- 시퀀스의 직렬 스위치 회로와 같음
- 논리식 : $X = A \cdot B = AB$
- 논리기호 :

- 진리표

입력		출력
A	B	X
0	0	0
0	1	0
1	0	0
1	1	1

41 직류 전동기에서 자속이 감소되면 전동기 회전수는 어떻게 되는가?

① 정지한다.
② 감소한다.
③ 불변이다.
④ 증가한다.

해설

$$N = K \frac{(V - I_a R_a)}{\phi} [\text{rpm}]$$

여기서, R_a : 전기자 저항
I_a : 전기자 전류
V : 단자 전압
ϕ : 자속

위 식에서 자속(ϕ)이 감소되면 회전수 N은 증가

42 전기로 인한 감전 등 전기사고 위험이 있는 작업 시 반드시 갖추어야 하는 것은?

① 구급용품
② 운동화
③ 보호구
④ 마스크

해설

- 전기사고를 예방하기 위해 반드시 보호구를 착용해야 함
- 보호구에는 절연장갑, 절연화, 활선경보기 등이 있음

43 케이블 단말처리가 불량한 경우 여러 가지 문제가 발생한다. 이러한 사례가 아닌 것은?

① 감전
② 누전
③ 절연불량
④ 통전

해설

통전은 도체에 전류가 흐르는 상태

44 2V의 전위차를 가지고 80J의 일을 했다면 두 점 사이를 이동하는 전하량은 몇 C인가?

① 10
② 20
③ 40
④ 60

해설

$W = V \cdot Q$
$Q = \dfrac{W}{V} = \dfrac{80}{2} = 40\text{C}$

정답 39 ② 40 ① 41 ④ 42 ③ 43 ④ 44 ③

45 하중이 작용하는 방법을 상태에 따라 분류한 것이 아닌 것은?

① 인장하중　　② 압축하중
③ 비틀림하중　④ 충격하중

> 해설

하중의 분류
- 시간에 따른 하중
  - 정하중
  - 동하중(충격, 반복, 교번)
- 분포 상태에 따른 하중
  - 집중하중
  - 분포하중
- 작용 상태에 따른 하중
  - 인장하중
  - 압축하중
  - 전단하중
  - 휨하중
  - 비틀림하중
  - 좌굴하중

46 장애인용 엘리베이터의 경우 호출버튼에 의하여 카가 정지하면 몇 초 이상 문이 열린 채로 대기하여야 하는가?

① 8　　② 10
③ 12　 ④ 15

47 급유가 필요하지 않은 곳은?

① 호이스트 로프　② 조속기 로프
③ 가이드레일　　 ④ 웜 기어

> 해설

- 조속기 로프는 급유하면 안 됨
- 슬립(미끄러짐)에 의해 조속기 역할을 할 수 없음

48 기어장치에서 지름피치의 값이 커질수록 이의 크기는 어떻게 변하는가?

① 같다.　　② 커진다.
③ 작아진다.④ 무관하다.

> 해설

기어의 지름피치가 클수록 이의 크기는 작아짐

49 에스컬레이터에는 핸드레일(손잡이) 속도 감시 장치가 설치되어야 하고, 5~15초 내 디딤판에 ±몇 % 이상의 핸드레일 속도 편차가 발생하는 경우 에스컬레이터 또는 무빙워크의 정지를 시작해야 하는가?

① 3%　　② 5%
③ 15%　 ④ 20%

> 해설

5~15초 내 디딤판에 15% 이상의 핸드레일 속도 편차가 발생하는 경우 에스컬레이터 정지를 시작

50 유압 엘리베이터의 카가 심하게 떨리거나 소음이 발생하는 경우의 조치에 해당되지 않는 것은?

① 실린더 내부의 공기 완전 제거
② 실린더 로드면의 굴곡 상태 확인
③ 리밋 스위치 위치 변경
④ 릴리프 세팅 압력 조정

> 해설

리밋 스위치의 위치는 소음 및 진동과 무관

정답　45 ④　46 ②　47 ②　48 ③　49 ③　50 ③

51 유압 엘리베이터에는 정전이 되더라도 승객이 카에서 내릴 수 있도록 카를 승강장 바닥까지 내릴 수 있는 수동조작 비상하강 밸브가 설치되어야 한다. 다음 중 비상하강 밸브가 위치되는 설비 공간이 아닌 곳은?

① 비상운전 및 작동시험을 위한 장치
② 기계실
③ 기계류 공간
④ 카 바닥

해설

수동조작 비상하강 밸브 위치
• 기계실
• 기계류 공간
• 비상운전 및 작동시험을 위한 장치

---

52 인덕턴스 0.2H인 코일에 0.01sec 동안 3A의 전류 변화가 생겼다면, 이때 유도 기전력의 크기는 몇 V인가?

① 6 ② 12
③ 60 ④ 120

해설

유도 기전력

$e = -L\dfrac{di}{dt} = -0.2 \times \dfrac{3}{0.01} = |60|[V]$

---

53 키르히호프의 제1법칙은 다음 중 무엇인가?

① $I = \dfrac{V}{R}$ ② $\sum I = 0$
③ $\sum IR = \sum E$ ④ $\sum IR = 0$

해설

키르히호프의 법칙
• 제1법칙(KCL, 전류 법칙) : 회로의 접속점에 흘러들어오는 전류와 흘러나가는 전류의 양이 동일. 즉, 접속점에서 전류의 총합은 0
• 제2법칙(KVL, 전압 법칙) : 기전력의 합은 폐회로 내에서의 전압강하의 총합과 동일

---

54 카 문의 문턱과 승강장 문의 문턱 사이의 수평 거리는 몇 mm 이하이어야 하는가?

① 20 ② 35
③ 125 ④ 150

해설

카 문의 문턱과 승강장 문 문턱 사이의 수평거리는 35mm 이하

---

55 승강기 자체 점검기준에서 유압시스템의 점검에 포함되지 않는 것은?

① 소화설비 비치 및 표기 상태
② 윤활유의 유량 및 노후 상태
③ 잭 및 관련 부품의 설치 및 작동 상태
④ 유압유의 온도감지장치 작동 상태

해설

유압시스템의 자체 점검기준
• 유압시스템 관련 밸브 설치 및 작동 상태
• 로프, 체인 이완감지장치 설치 및 작동 상태
• 배관, 밸브 등의 부식 및 누유 상태
• 유압탱크 설치 상태 및 유량 상태
• 배관, 밸브 등의 이음 및 고정 상태
• 수동 펌프 설치 및 작동 상태
• 소화설비 비치 및 표기 상태
• 잭 및 관련 부품의 설치 및 작동 상태

---

56 압력 맥동이 적고 소음이 적어서 유압식 엘리베이터에 주로 사용되는 펌프는?

① 기어 펌프 ② 베인 펌프
③ 스크루 펌프 ④ 릴리프 펌프

해설

펌프(Pump)
• 압력의 작용으로 액체 또는 기체를 빨아올리거나 이동시키는 장치
• 펌프 종류 : 기어 펌프, 베인 펌프, 스크루 펌프
• 맥동이 작고 진동과 소음이 작은 스크루 펌프를 많이 사용

정답 51 ④ 52 ③ 53 ② 54 ② 55 ② 56 ③

57 수직개폐식 도어의 특징으로 잘못된 것은?

① 화물용과 차량용만으로 사용한다.
② 문짝의 평균 닫힘 속도는 0.5m/s 이하이어야 한다.
③ 문닫힘안전장치는 문이 닫히는 동안 문 앞의 일정한 거리에서 움직이는 사람이나 물체를 감지하면 자동으로 문이 다시 열리기 시작해야 한다.
④ 반자동 동력 작동식 문의 경우 카 문은 승강장 문이 닫히기 시작하기 전에 2/3 이상 닫혀야 한다.

> 해설

수직개폐식 도어 문짝의 평균 닫힘 속도는 0.3m/s 이하이어야 함

58 엘리베이터 트랙션비를 낮게 선택하면 어떤 효과가 있는가?

① 엘리베이터의 속도가 빨라진다.
② 엘리베이터의 진동이 감소한다.
③ 엘리베이터의 외관이 아름다워진다.
④ 엘리베이터의 로프 수명이 길어진다.

> 해설

견인비
카 측 중량과 균형추 측 중량비

견인비 보상 방법
- 카 하부에서 균형체인(저속) 또는 균형로프(고속)을 설치하여 보상
- 견인비가 낮게 선택되면 로프와 도르래 사이의 트랙션 능력, 즉 마찰력이 작아도 됨(로프의 수명 연장)

59 비상구를 표시하는 색상은 무엇인가?

① 청색 ② 적색
③ 녹색 ④ 황색

60 회전운동을 직선운동, 반복운동, 진동 등으로 변환시켜주는 기구로서 두 개의 부품이 결합된 구조를 가지는 것은 무엇인가?

① 커플링 ② 링크
③ 캠 ④ 기어

> 해설

캠(Cam) 기구
회전운동을 직선운동, 왕복운동, 진동 등으로 변환하는 장치
- 평면 캠 : 판 캠, 홈 캠, 확동 캠, 직동 캠
- 입체 캠 : 경사판 캠, 원통 캠, 원뿔 캠, 구면 캠

정답 57 ② 58 ④ 59 ③ 60 ③

2023년 1회 기출문제

01 다음 중 먼저 눌려진 호출에만 응답하고, 운전이 완료 전에는 다른 호출에는 응답하지 않는 방식은?

① 단식 자동식
② 하강승합 전자동식
③ 군승합 자동식
④ 승합 전자동식

해설

엘리베이터의 신호 방식에 따른 분류
- 단식 자동식(Single Automatic)
  - 가장 먼저 눌려진 부름에만 응답하고, 그 운전이 완료되기 전에는 다른 호출을 받지 않음
  - 화물용, 카 리프트용 등에 사용
- 하강승합 전자동식(Down Collective)
  - 2층 혹은 그 위층의 승강장에서는 하강 방향 단추만 있음
  - 중간층에서 위층으로 갈 때에는 1층으로 내려온 후 올라가야 함
- 승합 전자동식(Selective Collective)
  - 승강장의 누름단추는 상승용, 하강용의 양쪽 모두 동작
  - 카는 그 진행 방향의 카 단추와 승강장의 단추에 응답하면서 승강
- 군승합 자동식(2CAR, 3CAR)
  - 2~3대가 병행되었을 때 사용하는 조작 방식
  - 한 개의 승강장 버튼의 부름에 대하여 한 대의 카만 응답
- 군관리 방식(Supervisory Control) : 엘리베이터를 3~8대 병설할 때 각 카를 불필요한 동작 없이 합리적으로 운영하는 조작 방식

02 헬리컬 기어의 설명으로 적절하지 않은 것은?

① 진동과 소음이 크고 운전이 정숙하지 않다.
② 스퍼 기어보다 가공이 힘들다.
③ 회전 시에 축압이 생긴다.
④ 이의 물림이 좋고 연속적으로 접촉한다.

해설

헬리컬 기어의 특징
- 운전이 원활하여 진동 및 소음이 적음
- 고속 또는 큰 동력을 요구하는 곳에 사용
- 물림이 좋음
- 추력이 발생
- 제작 및 검사가 어려움

03 엘리베이터용 전동기의 구비조건이 아닌 것은?

① 고기동 빈도에 의한 발열에 충분히 견딜 것
② 충분한 기동력을 갖출 것
③ 운전 상태가 정숙하고 저진동일 것
④ 전력소비가 클 것

해설

전동기 구비조건
- 발열 고려(발열이 낮을 것)
- 제동력이 충분할 것
- 정격에 맞는 회전 특성이 있을 것
- 진동과 소음이 적을 것

04 권상 도르래의 로프 홈에서 재질과 권부각이 동일할 경우 트랙션 능력의 크기 순서를 올바르게 나타낸 것은?

① 언더컷홈 < U홈 < V홈
② U홈 < 언더컷홈 < V홈
③ V홈 < U홈 < 언더컷홈
④ U홈 < V홈 < 언더컷홈

해설

- 도르래 홈의 형상은 마찰력이 큰 것이 바람직하지만 마찰력이 큰 형상은 로프와 도르래 홈의 접촉면 면압이 크기 때문에 로프와 도르래가 쉽게 마모될 수 있음

정답 01 ① 02 ① 03 ④ 04 ②

- 언더컷홈은 라운드홈을 사용하지 않는 도르래에 주로 사용. 그 특징은 V홈과 U홈의 중간으로 마찰계수가 적당하며, 권부각을 개선하여 도르래 및 로프의 수명을 연장시키는 장점이 있음
- 언더컷의 마모에 의해 U홈 상태로 바뀌는 것은 면압을 감소시키고 이로 인해 마찰력이 적어져서 미끄러짐이 발생

05 와이어로프의 꼬임 방향에 의한 분류로 옳은 것은?

① S꼬임, T꼬임　　② Z꼬임, T꼬임
③ Z꼬임, S꼬임　　④ H꼬임, T꼬임

해설

꼬임 방향에 의한 분류
- Z꼬임 : 오른 꼬임
- S꼬임 : 왼 꼬임

보통 Z꼬임　보통 S꼬임　랭 Z꼬임　랭 S꼬임

▍로프의 꼬는 방법▍

소선과 스트랜드의 꼬임 방향에 의한 분류

종류	꼬임 방향	특징
보통꼬임	소선과 스트랜드 꼬임 방향이 다름	꼬임이 풀리기 어려움
랭꼬임	소선과 스트랜드 꼬임 방향이 같음	꼬임이 풀리기 쉬움

06 로프의 로핑 방법 중 2 : 1 로핑의 특징이 아닌 것은?

① 대용량의 화물용으로 사용된다.
② 카의 속도와 로프의 속도가 같다.
③ 와이어로프가 1 : 1 로핑보다 길다.
④ 효율이 1 : 1 로핑보다 떨어진다.

해설

② 카의 속도와 로프의 속도가 같은 것은 1 : 1 로핑이다.

07 전기식 엘리베이터의 트랙션 능력에 대한 설명으로 틀린 것은?

① 가속도가 클수록 미끄러지기 쉽다.
② 와이어로프의 권부각이 클수록 미끄러지기 쉽다.
③ 와이어로프와 도르래의 마찰계수가 작을수록 미끄러지기 쉽다.
④ 카 측과 균형추 측의 장력비가 트랙션 능력에 근접할수록 미끄러지기 쉽다.

해설

로프의 미끄러짐을 줄이기 위한 방법
- 권부각을 크게 할 것
- 가감속을 작게 할 것
- 균형체인, 균형로프를 사용할 것
- 마찰계수를 크게 할 것

로프의 미끄러짐 발생 원인

구분	원인
로프가 감기는 각도(권부각)	각도가 작을수록 미끄러지기 쉬움
카의 가속과 감속	가속과 감속이 클수록 미끄러지기 쉬움
카와 균형추의 로프에 걸리는 중량비	중량비가 클수록 미끄러지기 쉬움
로프와 도르래 간 마찰계수	마찰계수가 작을수록 미끄러지기 쉬움

08 다음 중 주행안내(가이드) 레일 규격으로 옳지 않은 것은?

① 8K　　② 13K
③ 18K　　④ 20K

해설

가이드레일의 규격
- T형 레일의 공칭 규격 : 8, 13, 18, 24, 30K 등
- 레일 규격의 기준 : 마무리 가공 전 소재의 1m당 중량
- 레일의 표준 길이 : 5m

09 다음 중 비상정지장치(추락방지장치) 중 FGC형의 특징으로 맞는 것은?

① 구조가 간단하고 복귀가 쉽다.
② 레일을 죄는 힘이 처음에는 약하게 하강함에 따라 강해지다가 얼마 후 일정 값에 도달한다.
③ 점차작동식으로 1m/s 이하의 속도에서 주로 사용한다.
④ 점차 작동형 추락방지안전장치의 평균 감속도는 $0.1g_n$ 이하이어야 한다.

해설

FGC(플렉시블 가이드 클램프형)
- 구조가 간단하고 설치면적이 작으며 복귀가 용이
- 레일을 죄는 힘이 동작에서 정지까지 일정
- 정격속도 45m/min 초과에서 많이 사용
- 점차 작동형의 평균 감속도는 $0.2 \sim 1.0g_n$ 사이

10 다음 중 조속기의 종류가 아닌 것은?

① 롤 세이프티형 조속기
② 디스크형 조속기
③ 플렉시블형 조속기
④ 플라이 볼형 조속기

해설

과속조절기(조속기)의 종류
- 롤 세이프티형(GR형, Roll Safety Type)
- 디스크형(GD형, Disk Type)
- 플라이 볼형(GF형, Fly Ball Type)

11 엘리베이터의 전동기 소요동력 계산식으로 옳은 것은?(단, M : 정격적재하중(kg), V : 정격속도(min), $S : 1-F$[오버밸런스율(%)], η : 종합효율)

① $P = \dfrac{M \cdot V \cdot S}{6{,}120\eta}$ ② $P = \dfrac{\eta \cdot V \cdot S}{6{,}120 \cdot M}$

③ $P = \dfrac{6{,}120 \cdot \eta}{M \cdot V \cdot S}$ ④ $P = \dfrac{M \cdot V \cdot S \cdot \eta}{6{,}120}$

해설

전동기 용량
$$P = \frac{M \cdot V \cdot S}{6{,}120\eta}[\text{kW}]$$
여기서, P : 전동기 용량(kW)
　　　　M : 정격적재하중(kg)
　　　　V : 정격속도(min)
　　　　S : 오버밸런스율은 균형추의 중량을 결정할 때 사용하는 계수[$S = 1 - F$(오버밸런스율(%))]
　　　　η : 종합효율

12 균형추의 중량을 결정하는 계산식은?(단, L은 정격하중, F는 오버밸런스율이다.)

① 균형추의 중량=카 자체 하중×$(L \cdot F)$
② 균형추의 중량=카 자체 하중+$(L + F)$
③ 균형추의 중량=카 자체 하중+$(L - F)$
④ 균형추의 중량=카 자체 하중+$(L \cdot F)$

해설

균형추
카의 무게를 일정 비율 보상하기 위하여 카 측과 반대편에 주철 혹은 콘크리트로 제작된 균형추를 설치

균형추의 총중량=카 자체 하중+$L \cdot F$
여기서, L : 정격하중(kg)
　　　　F : 오버밸런스율(35~50%)

13 푸아송 비에 대한 설명으로 옳은 것은?

① 세로변형률을 가로변형률로 나눈 값이다.
② 가로변형률을 세로변형률로 나눈 값이다.
③ 세로변형률과 가로변형률을 곱한 값이다.
④ 세로변형률과 가로변형률을 더한 값이다.

해설

푸아송 비
재료가 인장력의 작용에 따라 그 방향으로 늘어날 때 가로 방향 변형도와 세로 방향 변형도 사이의 비율

푸아송 비 $= \dfrac{\text{횡 변형률}(\varepsilon')}{\text{종 변형률}(\varepsilon)}$

정답　09 ①　10 ③　11 ①　12 ④　13 ②

14 하중의 시간 변화에 따른 분류가 아닌 것은?

① 충격하중 ② 반복하중
③ 전단하중 ④ 교번하중

> **해설**
>
> **하중의 시간 변화에 따른 분류**
> - 정하중
> - 동하중 : 충격하중, 반복하중, 교번하중, 이동하중
>
> **하중의 작용 상태에 의한 분류**
> 인장하중, 압축하중, 전단하중

15 다음 중 직류전압의 측정 범위를 확대하여 측정할 수 있는 계기는?

① 변압기 ② 배율기
③ 분류기 ④ 변류기

> **해설**
>
> **배율기(Multiplier)**
> 전압계에 직렬로 접속해서 전압의 측정 범위를 넓히기 위해 사용하는 저항기
>
> $R_m = (n-1)r\,[\Omega]$
>
> 여기서, n : 배수 $= \dfrac{V_0}{V}$
>
> V_0 : 최대측정전압
> V : 전압계 지시전압
> r : 전압계 내부저항

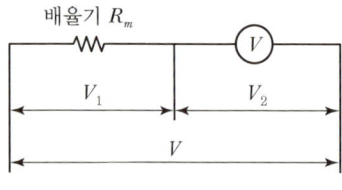

| 배율기 회로도 |

16 승강기 기계실 작업공간의 조도는 몇 lx 이상인가?

① 50   ② 150
③ 200 ④ 250

> **해설**
>
> **승강기 조도**
> - 카 지붕 위 1m : 50lx
> - 피트 바닥 위 1m : 50lx
> - 기계실 이동공간 : 50lx
> - 기계실 작업공간 : 200lx

17 승강장 문의 유효 출입구 폭은 카 출입구 폭 이상으로 하되, 양쪽 측면 모두 카 출입구 측면의 폭보다 몇 mm를 초과하지 않아야 하는가?

① 50   ② 60
③ 70   ④ 80

> **해설**
>
> **출입문 일반사항**
> - 문이 닫혀 있을 경우 문짝 간 틈새나 문짝과 문틀(측면) 또는 문짝 사이 틈새 : 6mm 이하
> - 2개 이상의 카 문이 있는 경우 동시 개문 금지
> - 승강장 문 및 카 문의 출입구 유효 높이 : 2m 이상
> - 승강장 문의 출입구 유효 폭 : 카 출입구 폭 이상(50mm 초과 금지)
> - 카 문의 문턱과 승강장 문 문턱 사이의 수평거리 : 35mm 이하
> - 카 문의 앞부분과 승강장 문 사이의 수평거리 : 0.12m 이하

18 다음 중 개문출발(카의 안전한 운행을 좌우하는 구동기 또는 제어시스템의 결함으로 인해 승강장 문이 잠기지 않고 카 문이 닫히지 않은 상태로 카가 승강장으로부터 벗어나는 결함)을 방지하거나 카를 정지시킬 수 있는 엘리베이터 장치는?

① 상승과속방지장치
② 개문출발방지장치
③ 과속조절기(조속기)
④ 추락방지안전장치(비상정지장치)

정답 14 ③ 15 ② 16 ③ 17 ① 18 ②

> **해설**

개문출발방지장치
결함으로 인해 승강장 문이 잠기지 않고 카 문이 닫히지 않은 상태로 카가 승강장으로부터 벗어나는 개문출발을 방지하거나 카를 정지시키는 장치

19 승강기 관리 주체가 행하여야 할 사항으로 틀린 것은?

① 안전관리자를 선임하여야 한다.
② 사고 또는 고장 내용을 즉시 보고한다.
③ 고장 시 직접 수리를 진행한다.
④ 승강기 안전검사를 신청한다.

> **해설**

관리 주체의 의무
- 승강기 자체 점검 실시
- 승강기 정기검사 수검
- 승강기 안전에 관한 일상관리(운행관리자의 선임 등)
- 승강기 안전에 관한 보수(보수업체 선정 등)
- 사고 보고 의무

20 다음 중 베어링 구비조건으로 잘못된 것은?

① 마찰계수가 작을 것
② 내구성이 클 것
③ 내식성이 우수할 것
④ 열전도율이 작을 것

> **해설**

베어링의 구비조건
- 마찰계수가 작을 것
- 내구성이 클 것
- 열변형이 작을 것
- 열전도율이 클 것
- 가공이 쉬울 것
- 내식성이 우수할 것

21 승강기 설비 교체 및 수리 후 수행하는 검사는?

① 정기검사
② 수시검사
③ 정밀안전검사
④ 진단검사

> **해설**

수시검사
- 설비교체 및 수리 후
- 관리 주체 요청 시

22 승강기 카 내에 설치되어 있는 것의 조합으로 옳은 것은?

① 조작반, 이동 케이블, 급유기, 조속기
② 비상조명, 카 조작반, 인터폰, 카 위치표시기
③ 카 위치표시기, 수전반, 호출버튼, 비상정지장치
④ 수전반, 승강장 위치표시기, 비상스위치, 리밋 스위치

23 다음 중 자동차용 엘리베이터나 대형 화물 엘리베이터에 주로 사용하는 도어 개폐 방식은?

① CO
② SO
③ UD
④ UP

> **해설**

도어 시스템의 종류
- 중앙 개폐(CO : Center Open) : 가운데서 양쪽으로 개폐(승용)(2P − CO, 4P − CO)
- 가로 개폐(SO : Side Open) : 한쪽 끝에서 반대쪽으로 개폐(화물용)
- 상승 개폐 : 위쪽 방향으로 개폐되는 방식(자동차, 대형화물용)(2UP, 3UP)
- 상하 개폐 : 위아래로 개폐되는 방식

정답 19 ③ 20 ④ 21 ② 22 ② 23 ④

24 교류 엘리베이터의 제어 방법이 아닌 것은?

① 워드 레오나드 방식제어
② VVVF 제어
③ 교류 이단속도제어
④ 교류 귀환제어

해설

교류제어	직류제어
• 교류 1단 제어 • 교류 2단 제어 • 교류 귀환제어 • 가변전압가변주파수제어 (VVVF)	• 워드 레오나드 (Ward Leonard) 방식 • 정지 레오나드 (Static Leonard) 방식

25 승강장의 문이 열린 상태에서 모든 제약이 해제되면 자동적으로 닫히게 하여 문의 개방 상태에서 생기는 2차 재해를 방지하는 문의 안전장치는?

① 시그널 컨트롤
② 도어 행거
③ 도어 로크
④ 도어 클로저

해설

도어 클로저(Door Closer)
승강장의 문이 열린 상태에서 모든 제약이 해제되면 자동적으로 닫히게 하여 문의 개방 상태에서 생기는 2차 재해를 방지하는 안전장치

26 기계실 위치에 의한 엘리베이터 분류에서 기계실을 승강로의 상부에 설치하는 방식은?

① 기어드 방식
② 베이스먼트 방식
③ 오버헤드머신 방식
④ 사이드머신 방식

해설
• 기계실 상부 설치 : 오버헤드머신 방식
• 기계실 중간 설치 : 사이드머신 방식
• 기계실 하부 설치 : 베이스먼트 방식

27 직접식 유압 엘리베이터의 특징으로 잘못된 것은?

① 실린더의 점검이 용이하다.
② 추락방지안전장치(비상정지장치)가 불필요하다.
③ 부하에 의한 카 바닥의 빠짐이 적다.
④ 실린더를 설치하기 위한 보호관을 지중에 설치하여야 한다.

해설

유압 엘리베이터의 분류

구분	직접식	간접식
비상정지장치	불필요	필요
보호관	지중에 시설	불필요
실린더 점검	어려움	쉬움
승강로 면적	작음	큼
부하에 의한 카 바닥 빠짐	적음	많음

28 다음 중 기계실 구비조건으로 잘못된 것은?

① 출입문은 잠금장치가 있을 것
② 기계실 온도는 5~40℃ 사이일 것
③ 바닥에서 150lx 이상을 비출 수 있는 영구적인 조명 설치
④ 1개 이상의 유지보수용 콘센트가 있을 것

해설

승강기 기계실의 구비조건
• 내화구조 또는 방화구조로 구획
• 작업구역에서의 유효 높이는 2.1m 이상
• 바닥에서 200lx 이상을 비출 수 있는 영구적인 조명 설치
• 기계실 온도는 5~40℃
• 출입문 크기는 폭 0.7m 이상, 높이 1.8m 이상
• 출입문은 외부로 열릴 것
• 출입문은 잠금장치가 있을 것
• 1개 이상의 유지보수용 콘센트가 있을 것

정답 24 ① 25 ④ 26 ③ 27 ① 28 ③

29 카가 최상층 및 최하층을 지나쳐 주행하는 것을 방지하는 것은?

① 균형추
② 정지스위치
③ 인터로크 장치
④ 리밋 스위치

해설

리밋 스위치
- 엘리베이터 운행 시 최상·최하층을 지나쳐 충돌을 방지하기 위한 장치
- 리밋 스위치 접촉 시 카의 감속 및 정지
- 엘리베이터 검출부가 리밋 스위치 동작부에 닿으면 접촉자가 움직여 접점이 동작하는 기계식 센서

파이널 리밋 스위치
- 리밋 스위치 고장 시 카가 승강로 천장이나 피트 바닥에 충돌하는 것을 방지하기 위한 스위치
- 우발적인 작동의 위험 없이 가능한 최상층 및 최하층에 근접하여 설치
- 카가 완충기에 충돌하기 전에 작동

30 유압장치의 보수, 점검, 수리 시에 사용되고, 일명 게이트 밸브라고도 하는 것은?

① 스톱 밸브
② 사일런서
③ 체크 밸브
④ 필터

해설

스톱 밸브(게이트 밸브)
유압 파워 유닛에서 실린더로 통하는 압력배관 도중에 설치되는 수동 밸브로서 이것을 닫으면 실린더의 기름이 파워 유닛으로 역류하는 것을 방지. 주로 유압장치의 보수·점검 또는 수리 등을 할 때 사용

31 유압식 엘리베이터의 속도제어에서 주 회로에 유량제어 밸브를 삽입하여 유량을 직접 제어하는 회로는?

① 미터오프 회로
② 미터인 회로
③ 블리드오프 회로
④ 블리드인 회로

해설

미터인 회로
- 유량제어 밸브를 주 회로에 삽입하여 유량을 직접 제어하는 회로
- 직접 제어하기 때문에 정확한 속도제어가 가능
- 낮은 효율

32 에스컬레이터의 특징 중 잘못된 것은?

① 대기시간이 거의 없고, 엘리베이터에 비해 약 10배 연속 수송이 가능하다.
② 점유면적이 작다.
③ 기계실로 별도 공간이 필요하다.
④ 부하전류의 변화가 작아 전원설비 부담이 비교적 작다.

해설

에스컬레이터는 별도의 기계실이 불필요

33 로프식 엘리베이터의 카 상부에서 실시하는 검사가 아닌 것은?

① 레일 클립의 조임 상태
② 카 도어 스위치 동작 상태
③ 조속기의 작동 상태
④ 비상구출구 스위치 동작 상태

해설

조속기는 기계실에서 검사 가능

34 다음 (㉠), (㉡)에 들어갈 내용으로 옳은 것은?

> 에스컬레이터는 난간폭에 따라 800형과 1,200형이 있다. 시간당 수송능력은 800형은 (㉠)명 1,200형은 (㉡)명이다.

① ㉠ 800, ㉡ 1,200
② ㉠ 4,000, ㉡ 6,000

정답 29 ④ 30 ① 31 ② 32 ③ 33 ③ 34 ④

③ ㉠ 5,000, ㉡ 1,200
④ ㉠ 6,000, ㉡ 9,000

[해설]

난간 폭에 의한 분류
- 난간 폭 1,200형 : 수송능력 9,000명/h
- 난간 폭 800형 : 수송능력 6,000명/h

35 변화하는 위치에 대한 제어에 적합한 제어방식은?

① 프로세스제어
② 서보기구
③ 프로그램제어
④ 자동조정

[해설]

서보기구
시스템의 제어량이 기계적인 위치 또는 속도인 제어를 말한다.

36 전기기기의 충전부와 외함 사이의 저항은?

① 절연저항
② 접지저항
③ 고유저항
④ 브리지저항

[해설]

절연저항
절연체로 절연된 전로와 전로(대지 포함) 사이의 저항(전기가 흘러서는 안 되는 부분의 저항)으로 절연저항이 저하하면 감전이나 과열에 의한 화재 및 쇼크 등의 사고 발생

37 크레인, 엘리베이터, 공작기계, 공기압축기 등의 운전에 가장 적합한 전동기는?

① 직권전동기
② 분권전동기
③ 차동복권전동기
④ 가동복권전동기

[해설]

가동복권전동기
직권 계자 권선에 의하여 발생되는 자속이 분권 계자 권선에 의하여 발생되는 자속과 같은 방향이 되어 합성 자속이 증가하는 구조의 전동기로 크레인, 승강기에 사용

38 웜(Worm) 기어의 특징이 아닌 것은?

① 효율이 좋다.
② 부하 용량이 크다.
③ 소음과 진동이 적다.
④ 큰 감속비를 얻을 수 있다.

39 파괴검사 방법이 아닌 것은?

① 인장검사
② 굽힘검사
③ 육안검사
④ 경도검사

[해설]

파괴검사
재료가 사용 목적과 조건에 부합하는지 확인하고, 안전한 하중의 한계를 확인하기 위해 재료를 파괴하여 상태를 검사(인장검사, 굽힘검사, 경도검사 등)

40 감전전류에 따른 생리적 영향에서 심장마비 증상을 일으키며 호흡이 정지되는 전류는?

① 감지전류
② 고통한계전류
③ 불수전류
④ 심실세동전류

[해설]

전류의 종류
- 감지전류 : 인체에 전류가 흐르는 것을 감지할 수 있는 최소전류
- 고통한계전류 : 고통은 수반하지만 근육 이탈 가능
- 불수전류 : 근육에 경련이 일어나며 수축이 발생
- 심실세동전류 : 심장마비 증상을 일으키며 호흡정지

41 직류기 권선법에서 전기자 내부 병렬회로수 a와 극수 P의 관계는?(단, 권선법은 중권이다.)

① $a = 2$
② $a = \dfrac{1}{2}P$
③ $a = P$
④ $a = 2P$

[해설]

- 중권 : a(병렬회로 수) $= P$(극수)

정답 35 ② 36 ① 37 ④ 38 ① 39 ③ 40 ④ 41 ③

• 파권 : a(병렬회로 수) = 2

구분	중권	파권
전기자 병렬회로 수	극수와 동일	2
브러시 수	극수와 동일	2
동일 조건	저전압, 대전류	고전압, 저전류

42 무빙워크의 경사도는 몇 ° 이하이어야 하는가?

① 30　　② 20
③ 15　　④ 12

43 유도 전동기의 동기속도가 N_s, 회전수가 N이라면 슬립(s)은?

① $\dfrac{N_s - N}{N} \times 100$　　② $\dfrac{N_s - N}{N_s} \times 100$

③ $\dfrac{N_s}{N_s - N} \times 100$　　④ $\dfrac{N_s}{N_s + N} \times 100$

> 해설

슬립(s)
동기속도 N_s와 회전자 속도 N의 비

슬립 $s = \dfrac{N_s - N}{N_s} \times 100\%$

44 다음 중 OR 회로의 설명으로 옳은 것은?

① 입력신호가 모두 '0'이면 출력신호에 '1'이 됨
② 입력신호가 모두 '0'이면 출력신호에 '0'이 됨
③ 입력신호가 '1'과 '0'이면 출력신호에 '0'이 됨
④ 입력신호가 '0'과 '1'이면 출력신호에 '0'이 됨

> 해설

OR 회로(논리합)
• 하나 이상의 입력(1)이 있을 때 출력(1)이 나타나는 회로
• 시퀀스의 병렬 스위치 회로와 같음
• 논리식 : $X = A + B$

45 주차구획을 평면상에 배치하여 운반기의 왕복 이동에 의하여 주차를 행하는 방식은?

① 평면 왕복식　　② 다층 순환식
③ 수평 순환식　　④ 승강기식

46 방호장치에 대하여 근로자가 준수할 사항이 아닌 것은?

① 방호장치에 이상이 있을 때 근로자가 즉시 수리한다.
② 방호장치를 해체하고자 할 경우에는 사업주의 허가를 받아 해체한다.
③ 방호장치의 해체 사유가 소멸된 때에는 지체 없이 원상으로 회복시킨다.
④ 방호장치의 기능이 상실된 것을 발견하면 지체 없이 사업주에게 신고한다.

> 해설

방호장치의 기본 목적
• 작업자의 보호
• 인적, 물적 손실의 방지
• 기계 위험 부위의 접촉 방지

47 에스컬레이터(무빙워크 포함) 자체 점검 중 구동기 및 순환 공간에서 하는 점검에서 B(요주의)로 하여야 할 것이 아닌 것은?

① 전기안전장치의 기능을 상실한 것
② 운전, 유지보수 및 점검에 필요한 설비 이외의 것이 있는 것
③ 상부 덮개와 바닥면과의 이음부분에 현저한 차이가 있는 것
④ 구동기 고정 볼트 등의 상태가 불량한 것

> 해설

점검 결과표 구분
• A는 양호, B는 주의, C는 긴급수리
• 전기안전장치의 기능을 상실한 경우 긴급수리 실시

정답　42 ④　43 ②　44 ②　45 ①　46 ①　47 ①

48 접지저항계를 이용한 접지저항 측정 방법으로 틀린 것은?

① 전환 스위치를 이용하여 내장 전지의 양부(+, −)를 확인한다.
② 전환 스위치를 이용하여 E, P 간의 전압을 측정한다.
③ 전환 스위치를 저항값에 두고 검류계의 밸런스를 잡는다.
④ 전환 스위치를 이용하여 절연저항과 접지저항을 비교한다.

해설

접지저항계
- 대지와 접지된 접지극의 저항을 측정
- 측정 방법 : 전위강하법(3전극법)으로 측정
- E극 : 측정 접지극
- P극 : 전압 보조극
- C극 : 전류 보조극

49 재해 발생의 원인 중 가장 높은 빈도를 차지하는 것은?

① 열량의 과잉 억제
② 설비의 배치 착오
③ 과부하
④ 작업자의 작업행동 부주의

해설

불안전한 행동(인적 원인)
- 안전장치를 제거, 무효화
- 불안전한 상태 방치
- 운전 중인 기계, 장치 등의 청소, 주유, 수리, 점검
- 위험장소에의 접근
- 잘못된 동작 자세
- 복장, 보호구의 잘못 사용
- 불안전한 조작
- 안전조치의 불이행

불안전한 상태(물적 원인)
- 기계 자체 결함
- 방호장치 결함
- 작업환경의 결함
- 보호구 또는 복장의 결함
- 자연적 불안전한 상태 지속
- 생산공정 결함

50 변형량과 원래 치수와의 비를 변형률이라 하는데 다음 중 변형률의 종류가 아닌 것은?

① 가로변형률   ② 세로변형률
③ 전단변형률   ④ 전체변형률

해설

변형률
- 재료에 하중이 가해지면 재료는 변형(늘어나거나 줄어든다)되는데, 이 변형량을 원리의 길이로 나눈 값
- 변형률의 종류 : 가로변형률, 세로변형률, 전단변형률
- 변형률 $= \dfrac{\text{변형된 길이}}{\text{원래 길이}}$

51 되먹임 제어에서 가장 필요한 장치는?

① 입력과 출력을 비교하는 장치
② 응답속도를 느리게 하는 장치
③ 응답속도를 빠르게 하는 장치
④ 안정도를 좋게 하는 장치

해설

피드백 제어(되먹임 제어)
입력신호와 출력신호를 비교하는 비교장치가 있어 이를 통해 제어

52 엘리베이터의 문닫힘 안전장치 중에서 카 도어의 끝단에 설치하여 이물체가 접촉되면 도어의 닫힘이 중단되는 안전장치는?

① 광전스위치   ② 초음파장치
③ 세이프티 슈   ④ 가이드 슈

정답 48 ④ 49 ④ 50 ④ 51 ① 52 ③

> [해설]
>
> **문닫힘 안전장치 종류**
> - 세이프티 슈 : 접촉식
> - 세이프티 레이 : 광전식(비접촉식)
> - 초음파장치 : 초음파식(비접촉식)

53 균형로프(Compensating Rope)의 역할로 적합한 것은?

① 카의 낙하를 방지한다.
② 균형추의 이탈을 방지한다.
③ 주 로프와 이동케이블의 이동으로 변화된 하중을 보상한다.
④ 주 로프가 열화되지 않도록 한다.

> [해설]
>
> **견인비 보상 방법**
> 카 하부에서 균형체인(저속) 또는 균형로프(고속)을 설치하여 보상

54 에스컬레이터의 경사도가 30° 이하일 경우에 공칭속도는?

① 0.75m/s 이하
② 0.80m/s 이하
③ 0.85m/s 이하
④ 0.90m/s 이하

> [해설]
>
> **에스컬레이터 경사도**
> - 경사도 30° 이하 : 0.75m/s 이하
> - 경사도 30° 초과 35° 이하 : 0.5m/s 이하

55 전기식 엘리베이터 자체 점검항목 중 점검주기가 가장 긴 것은?

① 승강로 조명의 점등 상태 및 조도
② 감속기 윤활유의 유량 및 노후 상태
③ 주 개폐기 설치 및 작동 상태
④ 안전표시 기계류 공간 등의 안전표시

> [해설]
>
> - 승강로 조명의 점등 상태 및 조도 : 1회/3개월
> - 감속기 윤활유의 유량 및 노후 상태 : 1회/3개월
> - 주 개폐기 설치 및 작동 상태 : 1회/3개월
> - 안전표시 기계류 공간 등의 안전표시 : 1회/6개월

56 조속기(Governor)의 작동 상태를 잘못 설명한 것은?

① 카가 하강 과속하는 경우에는 일정속도를 초과하기 전에 조속기 스위치가 동작해야 한다.
② 조속기의 캐치는 일단 동작하고 난 후 자동으로 복귀되어서는 안 된다.
③ 조속기의 스위치는 작동 후 자동 복귀된다.
④ 조속기 로프가 장력을 잃게 되면 전동기의 주 회로를 차단시키는 경우도 있다.

> [해설]
>
> **조속기**
> - 카와 같은 속도로 움직이는 조속기 로프에 의해 회전되어 항상 카의 속도를 감지하여 가속도를 검출하는 장치
> - 과속스위치는 수동으로 복귀되며, 양 방향(상승, 하강)에서 작동되어야 함

57 다음 중 카 상부에서 하는 검사가 아닌 것은?

① 비상구출구 스위치의 작동 상태
② 도어개폐장치의 설치 상태
③ 조속기 로프의 설치 상태
④ 조속기 로프 인장장치의 작동 상태

> [해설]
>
> **카 위(상부)에서 하는 점검항목**
> - 비상구출구, 문의 개폐장치, 전동기, 벨트/체인, 도어기판
> - 도어잠금 및 잠금해제장치, 카 위 안전스위치
> - 상부 도르래, 풀리, 스프라켓, 비상정지스위치
> - 조속기 로프, 카의 가이드 슈, 주 로프 및 부착부
> - 과부하 감지장치, 가이드레일, 브래킷, 균형추 각부
> - 균형추 측 비상정지스위치, 균형추 상부 도르래, 풀리, 승강로 조명, 비상통화장치 등

정답 53 ③ 54 ① 55 ④ 56 ③ 57 ④

58 추락을 방지하기 위한 2종 안전대의 사용법은?

① U자 걸이 전용
② 1개 걸이 전용
③ 1개 걸이, U자 걸이 겸용
④ 2개 걸이 전용

> **해설**
>
> **안전대**
> 작업자가 2m 이상에서 추락하는 것을 방지하기 위한 목적
>
> - 1종 : U자 걸이 전용
> - 2종 : 1개 걸이 전용
> - 3종 : 1개 걸이(U자 걸이) 공용
> - 4종 : 안전블록
> - 5종 : 추락방지대

59 작업 내용에 따라 지급해야 할 보호구로 옳지 않은 것은?

① 보안면 : 물체가 날아 흩어질 위험이 있는 작업
② 안전장갑 : 감전의 위험이 있는 작업
③ 방열복 : 고열에 의한 화상 등의 위험이 있는 작업
④ 안전화 : 물체의 낙하, 물체의 끼임 등이 있는 작업

> **해설**
>
> **보안면**
> 용접 시 불꽃 또는 물체가 흩날릴 위험이 있는 작업

60 전력용 반도체 스위치의 온-오프 특성에 대한 설명으로 옳은 것은?

① GTO는 음의 게이트 전류 펄스에 의하여 턴오프가 가능하다.
② SCR은 게이트에 트리거 전압 이상의 충분한 전압을 인가해 주면 턴온된다.
③ MOSFET는 드레인 전류로 제어하고, 스위칭 속도가 느리며 수백 Hz 이하이다.
④ IGBT는 전류 제어소자로서 게이트와 이미터 사이의 전류 크기로 컬렉터 전류를 스위칭한다.

> **해설**
>
> ② SCR(사이리스터) : 제어단자(G)로부터 음극에 전류를 흘리는 것으로, 양극과 음극 사이를 도통시킬 수 있는 3단자의 반도체 소자
> ③ MOSFET : 금속 산화막 반도체 전계효과 트랜지스터로 게이트 전압으로 소스와 드레인 사이의 전류를 제어
> ④ IGBT : 입력부가 MOSFET 구조로 출력부가 바이폴라 구조인 복합 디바이스로 전자와 정공의 2종류 캐리어를 사용, 고속 스위칭 특성과 대전류 제어 가능

정답 58 ② 59 ① 60 ①

2023년 2회 기출문제

01 구조에 따라 분류한 유압 엘리베이터의 종류가 아닌 것은?

① 직접식
② 간접식
③ 팬터그래프식
④ VVVF식

해설
유압식 엘리베이터의 구조
- 직접식 : 카 하부에 플런저를 직접 붙여 움직이는 방식
- 간접식 : 와이어로프나 체인 등을 통해 플런저의 움직임을 간접적으로 카에 전달하는 방식
- 팬터그래프식 : 플런저에 의해 팬터그래프를 개폐하여 카를 승강시키는 방식

02 에스컬레이터의 비상정지스위치의 설치 위치를 바르게 설한 것은?

① 디딤판과 콤(Comb)이 맞물리는 지점에 설치한다.
② 리밋 스위치에 설치한다.
③ 상하부의 승강구에 설치한다.
④ 승강로의 중간부에 설치한다.

해설
비상정지버튼스위치는 비상시 쉽게 작동할 수 있도록 상하 승강장의 잘 보이는 곳에 설치

03 기종 및 용도를 표시하는 엘리베이터 기호 연결이 옳지 않은 것은?

① P : 로프식 일반 승용
② R : 로프식 주택용
③ B : 로프식 침대용
④ S : 전기식 비상용

해설
승강기의 용도 표시 방법
- P(로프식 일반 승용)
- R(로프식 주택용)
- RT(로프식 주택용 트렁크 부착)
- B(로프식 침대용)
- E(로프식 비상용)
- HP(유압식 일반 승객용)
- HR(유압식 주택용)
- F(화물용)

04 엘리베이터에 반드시 운전자(Operator)가 있어야 운행이 가능한 조작 방식은?

① 반자동식(ATT : Attendant) 방식
② 단식자동(Single Automatic) 방식
③ 승합전자동(Selective Collective) 방식
④ ATT 조작 방식과 단식 자동 방식

05 소방용 엘리베이터에 대한 설명으로 옳지 않은 것은?

① 평상시는 승객용 또는 승객 · 화물용으로 사용할 수 있다.
② 카는 비상운전 시 반드시 모든 승강장의 출입구마다 정지할 수 있어야 한다.
③ 별도의 비상전원장치가 필요하다.
④ 도어가 열려 있으면 카를 승강시킬 수 없다.

해설
소방용 승강기 기본 요건
- 폭 1,100mm, 깊이 1,400mm 이상
- 출입구 유효 폭은 800mm 이상
- 60초 이내에 가장 먼 층에 도착
- 운행속도는 1m/s 이상
- 비상구출문 0.5m×0.7m 이상
- 정전 시 60초 이내 전원공급
- 비상전원은 2시간 이상 지속

정답 01 ④ 02 ③ 03 ④ 04 ① 05 ④

06 다음 중 불안전한 행동이 아닌 것은?

① 방호조치의 결함
② 안전조치의 불이행
③ 위험한 상태의 조장
④ 안전장치의 무효화

해설

안전사고의 직접 원인
- 불안전한 행동(인적 원인)
  - 안전장치를 제거, 무효화, 불안전한 상태 방치
  - 운전 중인 기계, 장치 등의 청소, 주유, 수리, 점검
  - 위험장소에의 접근
  - 잘못된 동작 자세
  - 복장, 보호구의 잘못 사용
  - 불안전한 조작
  - 안전조치의 불이행
- 불안전한 상태(물적 원인)
  - 기계 자체 결함
  - 방호장치 결함
  - 작업환경의 결함
  - 보호구 또는 복장의 결함
  - 자연적 불안전한 상태 지속
  - 생산공정 결함

07 다음 중 엘리베이터 자체 점검 시의 점검항목으로 크게 중요하지 않은 사항은?

① 브레이크 장치
② 와이어로프 상태
③ 비상정지장치
④ 각종 계전기의 명판 부착 상태

해설

자체 점검기준
- 비상정지장치, 과부하방지장치 등 방호장치의 이상
- 브레이크 및 제어장치의 이상
- 와이어로프의 손상
- 가이드레일의 손상
- 비상통화장치, 환경, 완충기, 승강장 도어 등

08 전기식 엘리베이터 로프는 공칭직경 몇 mm 이상으로 몇 가닥 이상이어야 하는가?

① 8mm, 2가닥   ② 8mm, 3가닥
③ 12mm, 2가닥 ④ 12mm, 3가닥

해설

현수(주) 로프
- 공칭직경이 8mm 이상
- 2가닥 이상
- 공칭직경비 40 이상
- 안전율 12 이상(체인 10 이상)
- 파단하중의 80% 이상

09 다음 중 저압 전로의 사용전압이 500V 이하인 경우 절연저항값은 몇 MΩ 이상인가?

① 0.2MΩ   ② 1.0MΩ
③ 0.5MΩ   ④ 1.5MΩ

해설

전기설비의 절연저항

공칭회로 전압(V)	시험 전압/직류(V)	절연저항(MΩ)
SELV 및 PELV	250	≥ 0.5
FELV, 500V 이하	500	≥ 1.0
500V 초과	1,000	≥ 1.0

10 물질 내에서 원자핵의 구속력을 벗어나 자유로이 이동할 수 있는 것은?

① 분자   ② 자유전자
③ 양자   ④ 중성자

해설

자유전자
전자 중에서 가장 바깥쪽 궤도에 위치하는 전자로 원자의 구속력이 약해 외부 에너지에 의해 쉽게 움직임

정답 06 ① 07 ④ 08 ① 09 ② 10 ②

11 사람이 출입할 수 없도록 정격하중이 300kg 이하이고 정격속도가 1m/s 이하인 승강기는?

① 덤웨이터
② 비상용 엘리베이터
③ 승객 화물용 엘리베이터
④ 수직형 휠체어리프트

해설

덤웨이터
- 정격하중 : 300kg 이하
- 정격속도 : 1m/s 이하
- 바닥면적 : 1m² 이하
- 사람은 탑승할 수 없음

12 화재 시 소화 및 구조활동에 적합하게 제작된 엘리베이터는?

① 덤웨이터
② 소방용 엘리베이터
③ 전망용 엘리베이터
④ 승객 화물용 엘리베이터

해설

소방용 승강기
- 승강로 내 방화구획
- 운전시간 2시간 이상
- 0~65℃에서 정상 동작
- 주/보조 전원 방화구획 및 구분

13 권상기 도르래홈에 대한 설명 중 옳지 않은 것은?

① 마찰계수의 크기는 U 홈 < 언더컷 홈 < V 홈 순이다.
② U 홈은 로프와의 면압이 작으므로 로프의 수명은 길어진다.
③ 언더컷 홈의 중심각이 작으면 트랙션 능력이 크다.
④ 언더컷 홈은 U 홈과 V 홈의 중간적 특성을 갖는다.

해설

도르래 홈의 마찰력 크기
U홈 < 언더컷 < V홈

홈의 종류별 특징

구분	U홈	V홈	언더컷
마찰력	작음	큼	중간
면압	작음	큼	중간
로프마모	작음	큼	중간
로프 수명	긺	짧음	중간

14 로프식(전기식) 엘리베이터에서 카에 여러 개의 비상정지장치가 설치된 경우의 비상정지장치는?

① 평시작동형
② 즉시작동형
③ 점차작동형
④ 순간작동형

해설

카에 다수의 비상정지장치가 설치된 경우는 모두 점차작동형을 적용

15 전기식 엘리베이터에서 현수로프 안전율은 몇 이상이어야 하는가?

① 8
② 9
③ 11
④ 12

해설

문제 8번 해설 참조

16 소방구조용(비상용) 엘리베이터에 사용되는 권상기의 도르래 교체 기준으로 부적합한 것은?

① 도르래에 균열이 발생한 경우
② 제조사가 권장하는 클리프량을 초과하지 않은 경우
③ 도르래 홈의 마모로 인해 슬립이 발생한 경우
④ 도르래 홈에 로프 자국이 심한 경우

정답 11 ① 12 ② 13 ③ 14 ③ 15 ④ 16 ②

도르래 교체기준
- 균열이 없을 것
- 정지 시 미끄러움 및 마모가 없을 것
- 도르래 홈의 언더컷 잔여량은 1mm 이상
- 주 로프 가닥끼리 높이차는 2mm 이하
- 제조사가 권장하는 클리프량을 초과한 경우

17 전기력선의 성질 중 옳지 않은 것은?

① 양전하에서 시작하여 음전하에서 끝난다.
② 전기력선의 접선 방향이 전장의 방향이다.
③ 전기력선은 등전위면과 직교한다.
④ 두 전기력선은 서로 교차한다.

전기력선의 성질
- 양전하에서 나와 음전하로 끝남
- 전기력선 접선 방향이 전장의 방향
- 도체에 수직으로 축입
- 서로 교차하지 않음
- 혼자 폐곡선이 되지 않음

18 끝이 고정된 와이어로프 한쪽을 당길 때 와이어로프에 작용하는 하중은?

① 인장하중　　② 압축하중
③ 반복하중　　④ 충격하중

하중의 종류

종류	특징
인장하중	물체의 방향으로 늘어나게 하는 하중
압축하중	물체를 누르는 하중
전단하중	물체의 양쪽에서 당기면 물체의 접선 방향으로 작용하는 하중
휨 하중	물체가 휘어지도록 작용하는 하중
비틀림하중	물체가 비틀어지도록 작용하는 하중
좌굴하중	기둥에 가한 압력에 의해 굽힘이 일어나는 하중

19 푸아송 비에 대한 설명으로 옳은 것은?

① 세로변형률을 가로변형률로 나눈 값이다.
② 가로변형률을 세로변형률로 나눈 값이다.
③ 세로변형률과 가로변형률을 곱한 값이다.
④ 세로변형률과 가로변형률을 더한 값이다.

푸아송의 비
가로 방향의 변형률과 세로 방향의 변형률의 비

$$\text{푸아송 비} = \frac{\text{가로변형률}}{\text{세로변형률}}$$

20 입력이 모두 '1'일 때만 출력이 '1'이 되고 그 이외에는 출력이 '0'이 되는 논리회로는?

① NOT 회로　　② AND 회로
③ OR 회로　　④ NAND 회로

AND 회로 진리표

입력		출력
A	B	X
0	0	0
0	1	0
1	0	0
1	1	1

21 그림과 같은 활차장치의 옳은 설명은?(단, 그 활차의 직경은 같다.)

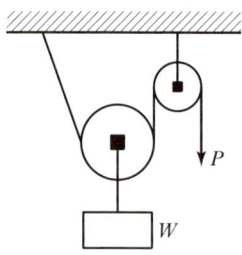

정답　17 ④　18 ①　19 ②　20 ②　21 ③

① 힘의 크기는 $W=P$ 이고, W 의 속도는 P 속도의 $\frac{1}{2}$ 이다.
② 힘의 크기는 $W=P$ 이고, W 의 속도는 P 속도의 $\frac{1}{4}$ 이다.
③ 힘의 크기는 $W=2P$ 이고, W 의 속도는 P 속도의 $\frac{1}{2}$ 이다.
④ 힘의 크기는 $W=2P$ 이고, W 의 속도는 P 속도의 $\frac{1}{4}$ 이다.

해설

움직 도르래 1개 사용으로
$W=2P$ 이므로 $P=\frac{1}{2}W$

22 권수 N 의 코일에 I[A]의 전류가 흘러 권선 1회의 코일에서 자속 ϕ[Wb]가 생겼다면 자기인덕턴스(L)는 몇 H인가?

① $L=\dfrac{\phi I}{N}$
② $L=IN\phi$
③ $L=\dfrac{N\phi}{I}$
④ $L=\dfrac{IN}{\phi}$

해설

인덕턴스
$LI=N\phi$ 식에 의해
자기 인덕턴스 $L=\dfrac{N\phi}{I}$[H]

23 전기식 엘리베이터의 카 내 환기시설에 관한 내용 중 틀린 것은?

① 구멍이 없는 문이 설치된 카에는 카의 위·아랫부분에 환기구를 설치한다.
② 구멍이 없는 문이 설치된 카에는 반드시 카의 윗부분에만 환기구를 설치한다.
③ 카의 윗부분에 위치한 자연환기구의 유효면적은 카의 허용면적의 1% 이상이어야 한다.
④ 카의 아랫부분에 위치한 자연환기구의 유효면적은 카의 허용면적의 1% 이상이어야 한다.

해설

환기구
• 구멍이 없는 문이 설치된 카에 설치
• 카 상부와 하부에 설치

24 승강기에 사용되는 전동기의 소요동력을 결정하는 요소가 아닌 것은?

① 종합효율
② 정격속도
③ 정격적재하중
④ 건물 길이

해설

$P=\dfrac{M \cdot V \cdot S}{6{,}120\eta}$[kW]

여기서, P : 전동기 용량(kW)
M : 정격적재하중(kg)
V : 정격속도(m/min)
S : 오버밸런스율[$S=1-F$(오버밸런스율(%))]
η : 종합효율

25 그림은 마이크로미터로 어떤 치수를 측정한 것이다. 치수는 약 몇 mm인가?

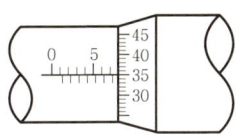

① 5.35
② 5.85
③ 7.35
④ 7.85

해설

슬리브 눈금 7.5mm + 심블(Thimble) 0.35mm
=7.85mm

26 유도 기전력의 크기는 코일의 권수와 코일을 관통하는 자속의 시간적인 변화율의 곱에 비례한다는 법칙은 무엇인가?

① 패러데이의 전자유도 법칙
② 앙페르의 주회 적분의 법칙
③ 전자력에 관한 플레밍의 법칙
④ 유도 기전력에 관한 렌츠의 법칙

해설

패러데이의 전자유도 법칙
유도 기전력의 크기는 코일의 권수와 코일을 관통하는 자속의 시간적인 변화율의 곱에 비례

$$e = -N\frac{d\phi}{d_t} \text{ [V]}$$

27 계측기의 오차 중 측정기 자체 결함과 측정장치나 사용자에 대한 환경의 영향 등에 의한 오차는?

① 절대오차   ② 과실오차
③ 계통오차   ④ 우연오차

해설

오차의 종류
• 계통오차
  - 계기오차 : 측정계기의 특성 때문에 발생하는 오차
  - 환경오차 : 측정할 때 온도, 습도 등 외부환경의 영향으로 발생하는 오차
  - 개인오차 : 측정자의 습관이나 선입견으로 발생하는 오차
• 절대오차 : 계산 결과에서 나온 직접적인 오차의 절댓값
• 과실오차 : 측정자의 취급 부주의로 발생되는 오차
• 우연오차 : 예상할 수 없는 원인으로 불가피하게 발생하는 오차

28 추락할 위험이 있는 장소에서 작업할 경우 사용하여야 할 보호구는 무엇인가?

① 안전화   ② 방열복
③ 안전대   ④ 귀마개

해설

① 안전화 : 물체의 낙하·충격, 물체에의 끼임 감전 또는 정전기의 대전에 의한 위험이 있는 작업
② 방열복 : 고열에 의한 화상 등의 위험이 있는 작업 시 착용
③ 안전대 : 작업자가 높이 또는 깊이 2m 이상에서 추락하는 것을 방지하기 위한 목적으로 사용
④ 귀마개 : 소음으로부터 청력을 보호

29 기계실의 작업구역에서 유효 높이는 몇 m 이상으로 하여야 하는가?

① 1.1   ② 1.8
③ 2.1   ④ 3.6

해설

기계실의 구비 조건
• 기계실 크기 : 작업구역에서의 유효 높이는 2.1m 이상
• 바닥면에서 200lx 이상을 비출 수 있는 영구 조명이 있을 것
• 건축물의 다른 부분과 내화구조 또는 방화구조로 구획
• 기계실 온도 : 실온은 원칙적으로 5~40℃ 사이 유지
• 출입문 : 폭 0.7m 이상, 높이 1.8m 이상의 금속제이고 외부로 열릴 것
• 출입문은 열쇠로 조작되는 잠금장치가 있을 것
• 1개 이상의 콘센트가 있을 것

30 승강기에 적용하는 가이드레일의 규격을 결정하는 데 관계가 가장 적은 것은?

① 조속기의 속도
② 지진 발생 시 건물의 수평진동력
③ 비상정지장치 작동 시 작용할 수 있는 좌굴하중
④ 불균형한 큰 하중이 적재될 때 작용하는 회전모멘트

해설

가이드레일 결정 요소
• 비상정지장치가 작동했을 때 좌굴하중에 좌굴되는지 여부
• 지진발생 시 수평진동력으로 레일에서 이탈하는지 여부

- 카 내 불균형한 큰 하중적재 시 걸리는 회전모멘트에 레일이 견디는지 여부

31 간접식 유압 엘리베이터의 특징이 아닌 것은?

① 실린더의 점검이 용이하다.
② 비상정지장치가 필요하다.
③ 실린더 설치를 위한 보호관이 필요하지 않다.
④ 부하에 의한 카 바닥의 빠짐이 비교적 작다.

해설

유압 엘리베이터의 종류

구분	직접식	간접식
비상정지장치	불필요	필요
보호관	지중에 시설	불필요
실린더 점검	어려움	쉬움
승강로 면적	작음	큼
부하에 의한 카 바닥 빠짐	적음	많음

32 그림의 회로에서 전체의 저항값 R을 구하는 공식은?

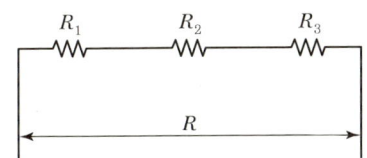

① $R = R_1 + R_2 + R_3$
② $R = \dfrac{1}{R_1} + \dfrac{1}{R_2} + \dfrac{1}{R_3}$
③ $R = \dfrac{R_1 + R_2 + R_3}{2}$
④ $R = R_1 \times R_2 \times R_3$

해설

- 직렬 합성저항 : $R = R_1 + R_2 + R_3 \,[\Omega]$
- 병렬 합성저항 : $R = \dfrac{R_1 R_2}{R_1 + R_2}\,[\Omega],\ R = \dfrac{1}{\dfrac{1}{R_1} + \dfrac{1}{R_2}}\,[\Omega]$

33 기계요소 설계 시 일반 체결용에 주로 사용되는 나사는?

① 삼각나사 ② 사각나사
③ 톱니나사 ④ 사다리꼴나사

해설

나사의 종류
- 삼각나사 : 나사산이 삼각형인 나사로, 주로 체결용 나사로 쓰임
- 사각나사 : 나사산이 직사각형인 나사, 축 방향으로 큰 힘을 전달할 수 있고, 마찰이 적기 때문에 바이스, 프레스 잭 등 힘을 전달하는 기계의 부품으로 사용되며, 공작이 어려움
- 톱니나사 : 나사산의 단면이 톱니 모양이며 삼각나사와 사각나사의 장점을 모두 가지고 있으며, 한쪽 방향으로 강력한 축하중을 전달하는 경우에 적합. 힘을 받는 면은 축에서 직각이고 나사산의 각도는 30°와 45°의 두 가지가 있음
- 사다리꼴나사 : 나사산이 사다리꼴인 나사. 사각나사가 공작하기 어려우므로 사다리꼴나사를 많이 사용. 29° 사다리꼴나사(인치계), 30° 사다리꼴나사(미터계)가 있으며, 공작기계의 리드나사, 피드 나사에 사용

34 안전점검 및 진단순서가 맞는 것은?

① 실태파악 → 결함발견 → 대책결정 → 대책실시
② 실태파악 → 대책결정 → 결함발견 → 대책실시
③ 결함발견 → 실태파악 → 대책실시 → 대책결정
④ 결함발견 → 실태파악 → 대책결정 → 대책실시

35 산업재해의 발생원인 중 불안전한 행동이 많은 사고의 원인이 되고 있다. 이에 해당되지 않는 것은?

① 위험 장소 접근
② 작업 장소 불량
③ 안전장치 기능 제거
④ 복장, 보호구 잘못 사용

정답 31 ④ 32 ① 33 ① 34 ① 35 ②

> **해설**
>
> **불안전한 행동(인적 원인)**
> - 안전장치를 제거, 무효화
> - 불안전한 상태 방치
> - 운전 중인 기계, 장치 등의 청소, 주유, 수리, 점검
> - 위험장소에의 접근
> - 잘못된 동작 자세
> - 복장, 보호구의 잘못 사용
> - 불안전한 조작
> - 안전조치의 불이행

36 승강장 도어 구조에 해당되지 않는 것은?

① 착상 스위치함　② 도어 스위치
③ 행거 롤러　　　④ 도어 가이드 슈

> **해설**
>
> 착상 스위치함은 카 상부에 위치함

37 소형, 저속의 엘리베이터에서 로프에 걸리는 장력이 없어져 휘어짐이 생겼을 때 즉시 운전회로를 차단하고 추락방지안전장치를 작동시키는 것으로 과속조절기를 대체할 수 있는 장치는?

① 슬랙 로프 세이프티
② 플렉시블 웨지 클램프
③ 플렉시블 가이드 클램프
④ 점차 작동형 추락방지안전장치

> **해설**
>
> **추락방지안전장치**
> - 즉시 작동형 추락방지안전장치 : 주행안내 레일에서 즉각적으로 충분한 제동 작용을 하는 추락방지안전장치
> - 완충효과가 있는 즉시 작동형 추락방지안전장치 : 주행안내 레일에서 거의 즉각적으로 충분한 제동 작용을 하는 추락방지안전장치나 카 또는 균형추에서의 반작용이 중간의 완충시스템에 의해 제한되는 추락방지안전장치
> - 점차 작동형 추락방지안전장치 : 주행안내 레일에서 제동 작용에 의해 감속을 주는 추락방지안전장치로 허용 가능한 값까지 카 또는 균형추의 작용하는 힘을 제한하기 위해 만들어진 안전장치

38 미리 설정한 방향으로 설정치를 초과한 상태로 과도하게 유체 흐름이 증가하여 밸브를 통과하는 압력이 떨어지는 경우 자동으로 차단하도록 설계된 밸브는?

① 체크 밸브　　　② 럽처 밸브
③ 스톱 밸브　　　④ 릴리프 밸브

> **해설**
>
> ① 체크 밸브(Check Valve) : 유체를 한쪽 방향으로만 흐르게 하고 반대 방향으로는 흐르지 못하도록 하는 밸브로 액체의 역류를 방지
> ③ 스톱 밸브(Stop Valve) : 실린더의 기름이 파워 유닛으로 역류하는 것을 방지
> ④ 릴리프 밸브(Relief Valve) : 압력배관을 보호하기 위해 압력을 제한하는 밸브

39 승객이 출입하는 동안에 승객의 도어 끼임을 방지하기 위한 감지장치가 아닌 것은?

① 광전장치　　　② 세이프티 슈
③ 초음파 장치　　④ 도어 인터로크 스위치

> **해설**
>
> **도어 인터로크(Door Interlock)**
> - 도어 로크(Door Lock) : 카가 정지하지 않는 층의 도어는 전용 열쇠를 사용하지 않으면 열리지 않도록 하는 장치
> - 도어 스위치(Door Switch) : 승강장 문이 닫혀 있지 않으면 운전이 불가능하도록 하는 장치
> - 도어이탈방지장치 : 외부의 충격으로 인해 승강장 도어가 이탈하여 승객이 승강로로 추락하는 것을 방지하는 장치
> - 손끼임방지장치 : 도어가 동작할 때 도어 틈 사이로 손이 끼는 것을 방지하는 장치

40 기어의 종류 중에서 기어의 이 줄이 나선인 원통형 기어로서 기어의 두 축이 서로 평행한 기어는?

① 스퍼 기어　　　② 웜 기어
③ 베벨 기어　　　④ 헬리컬 기어

> **해설**

기어의 종류
- 평행축 기어 : 평 기어, 헬리컬 기어, 랙 기어 등
- 교차축 기어 : 스퍼(직선) 베벨 기어, 헬리컬 베벨 기어, 스파이럴 베벨 기어, 크라운 기어 등
- 어긋난 기어 : 나사 기어, 웜 기어, 하이포이드 기어, 헬리컬 크라운 기어

헬리컬 기어
- 운전이 원활하고, 진동·소음이 적으며, 고속·대동력 전달에 사용
- 큰 회전비가 얻어지고 전동효율(98~99%)이 큼
- 축 방향으로 스러스트(Thrust)가 발생
- 제작 및 검사가 어려움

41 주행안내 레일의 보수점검 사항 중 틀린 것은?

① 녹이나 이물질이 있을 경우 제거한다.
② 레일 브래킷의 조임 상태를 점검한다.
③ 레일 클립의 변형 유무를 체크한다.
④ 레일면이 손상되었을 경우에는 방청페인트로 표면에 곱게 도장한다.

> **해설**

주행안내 레일 보수점검
- 녹이나 이물질 여부
- 레일 브래킷의 조임 상태 점검
- 레일클립의 변형 유무 점검
- 레일면 손상 여부 점검

42 직류 전동기의 속도제어 방식이 아닌 것은?

① 저항제어 ② 전압제어
③ 계자제어 ④ 전류제어

> **해설**

계자제어
- 자속(ϕ)을 변화시키는 방법
- 손실이 작고 부하변동에 대한 속도변동이 작음

저항제어
- 전기자에 가변저항 $R[\Omega]$을 추가하여 전기자 회로의 저항을 조정
- 저항손실이 크고 부하변동에 대한 속도변동이 큼

전압제어
- 전압을 제어하여 속도를 제어
- 광범위한 속도제어 가능, 정토크 제어

43 수평 보행기의 스텝 구조에 따른 종류로 옳은 것은?

① 고무벨트식과 플라스틱 성형이 있다.
② 고무벨트식과 팔레트식이 있다.
③ 팔레트식과 베이클라이트식이 있다.
④ 고무벨트식과 베이클라이트식이 있다.

> **해설**

무빙워크의 구조
- 개념 : 공항과 같이 이동거리가 긴 통로에 설치하여 승객의 보행을 돕는 목적으로 사용
- 종류 : 팔레트식, 고무 벨트식

무빙워크의 특징
- 무빙워크 경사각 : 12° 이하
- 무빙워크 공칭속도 : 0.75m/s 이하
- 스텝면이 고무제품과 금속의 표면을 가공하여 미끄럽지 않으면 15°까지 가능

44 레일은 5m 단위로 제조되는데 T형 주행안내 레일에서 13K, 18K, 24K, 30K를 바르게 설명한 것은?

① 주행안내 레일 형상
② 주행안내 레일 길이
③ 주행안내 레일 1m의 중량
④ 주행안내 레일 5m의 중량

> **해설**

가이드레일의 규격
- 레일 규격의 기준 : 마무리 가공 전 소재의 1m당 중량
- T형 레일의 공칭 규격 : 8, 13, 18, 24, 30K 등
- 레일의 표준 길이 : 5m

정답 41 ④ 42 ④ 43 ② 44 ③

45 $R-L-C$ 직렬회로에서 전류가 최대로 흐르게 되는 조건은?

① $\omega L^2 - \dfrac{1}{\omega C} = 0$
② $\omega L^2 + \dfrac{1}{\omega C} = 0$
③ $\omega L - \dfrac{1}{\omega C} = 0$
④ $\omega L + \dfrac{1}{\omega C} = 0$

해설

직렬 공진 조건
$\omega L = \dfrac{1}{\omega C}, \ \omega L - \dfrac{1}{\omega C} = 0$

- 임피던스는 저항만 존재
- 회로의 전류는 최대

공진 주파수(Resonance Frequency)
$\therefore \omega_0 L = \dfrac{1}{\omega_0 C}, \ (2\pi f_0)^2 = \dfrac{1}{LC}, \ \therefore f_0 = \dfrac{1}{2\pi\sqrt{LC}}$ [Hz]

46 균형체인의 설치 목적은 무엇인가?

① 카의 진동을 방지하기 위해서 설치한다.
② 카의 추락을 방지하기 위해서 설치한다.
③ 이동 케이블과 로프의 이동에 따라 변화되는 하중을 보상하기 위해서 설치한다.
④ 균형추의 추락을 방지하기 위해서 설치한다.

해설

견인비(Traction Ratio)
견인비(Traction Ratio) = $\dfrac{\text{균형추 측 중량}}{\text{카 측 중량}}$

- 권상기 시브를 기준으로 카 측 로프가 매달고 있는 중량과 균형추 로프가 매달고 있는 중량의 비
- 전부하 시 또는 무부하시, 카의 위치에 따라 견인비가 달라짐
- 견인비가 낮게 선택되면 로프와 도르래 사이의 마찰력이 작아도 되며 로프의 수명이 연장됨

견인비 보상 방법
트랙션비를 보상하기 위해 균형체인 또는 균형로프를 설치

47 다음 중 승강기의 안전장치는 무엇인가?

① 파이널 리밋 스위치
② 가이드레일
③ 권상기
④ 전동기

해설

승강기 안전장치 종류
- 리밋 스위치 : 엘리베이터 운행 시 최상·최하층을 지나쳐 충돌을 방지하기 위한 장치
- 파이널 리밋 스위치 : 리밋스위치 고장 시 카가 승강로 천장이나 피트 바닥에 충돌하는 것을 방지하기 위한 스위치
- 슬로다운 스위치 : 카가 어떤 원인으로 감속하지 못하고 최상·최하층을 지나칠 경우 이를 검출하여 강제적으로 감속·정지시키는 장치
- 피트 정지 스위치 : 보수점검 및 검사를 위하여 피트 내부로 들어가기 전 스위치를 정지 위치로 함으로써 작업 중 카가 움직이는 것을 방지
- 역 결상 검출장치 : 동력 전원의 상이 바뀌거나 결상이 되는 경우 전동기의 전원을 차단하고 브레이크를 작동시키는 장치
- 로프 이완 감지 장치 : 주 로프의 장력을 검출하여 이완된 경우 동력을 차단하는 장치
- 파킹 스위치 : 카를 휴지시키기 위해 설치된 스위치로 기준층의 승강장에 키 스위치를 설치하여 승강장에 카를 휴지 또는 재가동시킬 수 있는 스위치

48 전기에 의한 발화의 원인으로 볼 수 없는 것은?

① 단락에 의한 발화
② 과전류에 의한 발화
③ 접속 불량의 과열에 의한 발화
④ 용접기의 자동전격방지장치에 의한 발화

해설

전기 발화 원인
- 단락에 의한 발화
- 과전류에 의한 발화
- 접속 불량의 과열에 의한 발화
- 아크에 의한 발화
- 지락 사고에 의한 발화

정답 45 ③ 46 ③ 47 ① 48 ④

49 군관리 방식에 대한 설명으로 잘못된 것은?

① 특정 층의 혼잡 등을 자동적으로 판단한다.
② 카를 불필요한 동작 없이 합리적으로 운행 관리한다.
③ 교통수요의 변화에 따라 카의 운전 내용을 변화시킨다.
④ 승강장 버튼의 부름에 대하여 항상 가장 가까운 카가 응답한다.

해설

군관리 방식(Supervisory Control)
- 엘리베이터를 3~8대 병설할 때 각 카를 불필요한 동작 없이 합리적으로 운영하는 조작 방식
- 교통수요의 변화에 따라 카의 운전내용을 변화시켜 대응(출퇴근 시, 점심식사시간, 회의 종료 시 등)
- 엘리베이터 운영의 전체 서비스 효율을 높일 수 있음

50 승강기 보수자가 승강기 카와 건물 벽 사이에 끼었다. 이 재해의 발생 형태는?

① 협착 ② 전도
③ 마찰 ④ 질식

해설

재해 발생 형태
- 추락 : 사람이 건축물, 기계, 비계, 사다리, 계단 등에서 떨어지는 것
- 충돌 : 작업자가 정지된 물체에 부딪친 경우
- 전도 : 사람이 평면상에 넘어졌을 때
- 낙하, 비래 : 작업자가 떨어지거나 날아오는 물체에 맞았을 경우
- 협착 : 두 물체 사이 또는 움직이는 물체와 고정된 물체 사이에 끼임 사고
- 감전 : 전기 접촉이나 방전에 의해 사람이 충격을 받은 경우

51 압력맥동이 적고 소음이 적어서 유압식 엘리베이터에 많이 사용되는 펌프는?

① 기어 펌프 ② 베인 펌프
③ 스크루 펌프 ④ 릴리프 펌프

해설

펌프(Pump)
- 압력의 작용으로 액체 또는 기체를 빨아올리거나 이동시키는 장치
- 강제 송유식 펌프 종류 : 기어 펌프, 베인 펌프, 스크루 펌프
- 유압압력 맥동이 작고 진동과 소음이 작은 스크루 펌프를 많이 사용

52 엘리베이터의 전동기 점검항목인 것은?

① 오일쿨러 설치 및 작동 상태
② 이상 소음 및 진동 발생 상태
③ 바닥 개구부 낙하방지수단의 설치 상태
④ 양중용 지지대 및 고리에 허용하중 표시 상태

해설

전동기 점검항목
- 전동기 및 관련 부품의 노후 및 작동 상태 점검
- 이상 소음 상태 점검
- 진동 발생 상태 점검 등

53 추락방지용 장비로 사용되는 1종 안전대의 종류로 옳은 것은?

① U자 걸이 전용
② 1개 걸이와 U자 걸이 공용
③ 안전블록
④ 1개 걸이 전용

해설

안전대의 등급
- 1종 : U자 걸이 전용
- 2종 : 1개 걸이
- 3종 : U자 걸이와 1개 걸이
- 4종 : 안전블록

정답 49 ④ 50 ① 51 ③ 52 ② 53 ①

54 권상기의 브레이크 기능을 설명한 것으로 옳지 않은 것은?

① 승객용의 경우 카에 125% 부하 상태에서 정격 속도로 하강 중에도 안전하게 감속정지시켜야 한다.
② 화물용의 경우 카에 150% 부하 상태에서 정격 속도로 하강 중에도 안전하게 감속정지시켜야 한다.
③ 브레이크는 전동기, 카, 균형추 등 모든 장치의 관성을 저지하는 역할을 해야 한다.
④ 정지 후에는 부하에 의한 불균형 역구동이 되어 움직이는 일이 없어야 한다.

해설
화물용 엘리베이터는 정격의 120% 부하로 정격 속도로 하강 중에도 안전하게 감속정지할 수 있어야 함

55 조속기(과속조절기) 로프의 마모와 파손 상태에서 마모되지 않은 부분의 와이어로프 지름이 원래 지름의 몇 % 미만이 되어야 교체하는가?

① 90   ② 92
③ 95   ④ 97

해설
조속기의 마모되지 않은 부분의 와이어로프 지름이 원래 지름의 90% 이상이어야 함

56 과속조절기(조속기)의 보수 점검항목에 해당되지 않는 것은?

① 과속조절기(조속기) 스위치의 접점 청결 상태
② 세이프티 링크 스위치와 캠의 간격
③ 운전의 윤활성 및 소음 유무
④ 조속기 로프와 클립 체결 상태

해설
조속기 보수 점검항목
- 전기안전장치 작동 상태(1회/1개월)
- 로프 마모 및 파단 상태(1회/6개월)

57 와이어로프 클립(Wire Rope Clip)의 체결 방법으로 옳은 것은?

①
②
③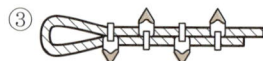
④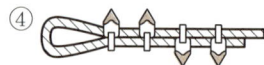

해설
클립 체결 방법
- 3개 이상 체결
- 클립 사이 거리 로프직경의 5배 이상
- U볼트(U-Bolt) 부분이 절단된 로프(Rope) 쪽

58 엘리베이터 자체 점검 중 안전접점 및 회로에 관한 점검사항이 아닌 것은?

① 파이널 리밋 스위치의 설치 및 작동 상태
② 강제감속장치의 설치 및 작동 상태
③ 전기안전장치 작동 상태
④ 인장 풀리 설치 상태

해설
안전접점 및 회로에 관한 점검사항
- 파이널 리밋 스위치의 설치 및 작동 상태
- 강제감속장치의 설치 및 작동 상태
- 전기안전장치 작동 상태
- 정지장치의 설치 및 작동 상태

59 릴리프 밸브에 대한 설명으로 옳은 것은?

① 유체를 배출함으로써 미리 설정된 값 이하로 압력을 제한하는 밸브
② 과도하게 유체 흐름이 증가하여 밸브를 통과하는 압력이 떨어지는 경우 자동으로 차단
③ 모든 방향의 유체 흐름을 허용하거나 차단할 수 있는 양 방향 수동 밸브

정답 54 ② 55 ① 56 ② 57 ② 58 ④ 59 ①

④ 한 방향으로만 유체를 흐르게 하는 밸브

해설

릴리프 밸브(Relief Valve)
- 압력배관을 보호하기 위해 압력을 제한하는 밸브
- 압력이 상용압력의 125% 이상 상승하면 바이패스(Bypass) 회로를 열어 기름을 탱크로 돌려보내 추가 압력상승을 방지
- 전 부하 압력의 140%까지 제한

60 에스컬레이터의 층고가 6m 이하이고, 공칭 속도가 0.5m/s 이하인 경우에는 경사도를 몇 도까지 증가시킬 수 있는가?

① 30
② 35
③ 40
④ 45

해설

경사도에 따른 속도
- 30° 이하 : 0.75m/s 이하
- 30° 초과 35° 이하 : 0.5m/s 이하
- 경사도는 30°를 초과하지 않아야 함. 단, 층고가 6m 이하이고 공칭속도가 0.5m/s 이하인 경우 35°까지 가능

정답 60 ②

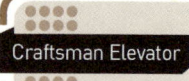

2023년 3회 기출문제

01 다음 중 용도별 승강기의 세부종류가 아닌 것은?

① 승객용 엘리베이터
② 장애인용 엘리베이터
③ 주택용 엘리베이터
④ 유압식 엘리베이터

[해설]

용도별 승강기의 세부종류
승강기 안전관리법 시행규칙 [별표 1]
승객용, 전망용, 병원용, 장애인용, 소방구조용, 피난용, 주택용, 승객화물용, 화물용, 자동차용, 소형화물용

02 소방구조용 엘리베이터의 속도 기준은 얼마인가?

① 1m/s 미만
② 1m/s 이상
③ 4m/s 미만
④ 4m/s 이상

[해설]

- 소방구조용 엘리베이터는 소방관 접근 지정층에서 소방관이 조작하여 엘리베이터 문이 닫힌 이후부터 60초 이내에 가장 먼 층에 도착되어야 함
- 운행속도는 1m/s 이상

03 승강기 조작방식에 의한 분류에서 단식 자동식에 대한 설명으로 옳은 것은?

① 먼저 눌린 호출에만 응답하고 운전이 완료되기 전에는 다른 호출에는 응답하지 않는다.
② 운전 및 정지를 운전자가 조작한다.
③ 카의 운전은 카 내부의 버튼이나 승강장 버튼에 의해서 조작한다.
④ 상승 시에는 정지하지 않고 하강 시에 호출신호에 응답한다.

[해설]

단식 자동식
먼저 눌린 호출에만 응답(화물용, 리프트용)

04 다음 중 웜(Worm)기어의 특징이 아닌 것은?

① 부하용량이 크다.
② 고속 또는 큰 동력을 요구하는 곳에 적용한다.
③ 소음과 진동이 적다.
④ 큰 감속비를 얻을 수 있다.

[해설]

웜 기어(Worm Gear)
- 부하 용량이 큼
- 큰 감속비를 얻을 수 있음
- 소음과 진동이 적음
- 웜휠은 연삭할 수 없음

05 엘리베이터용 전동기의 구비조건으로 옳지 않은 것은?

① 충분한 제동력을 가질 것
② 높은 기동빈도에 따른 발열을 고려할 것
③ 진동과 소음이 적을 것
④ 부하에 따른 회전 토크가 작을 것

[해설]

엘리베이터용 전동기 구비조건
- 발열을 고려(발열이 낮을 것)
- 제동력이 충분할 것
- 정격에 맞는 회전 특성을 가질 것
- 정격속도에 맞는 회전 특성(토크)을 가질 것
- 진동과 소음이 적을 것

정답 01 ④ 02 ② 03 ① 04 ② 05 ④

06 로프의 미끄러짐 발생 원인으로 옳지 않은 것은?

① 권부각이 작다.
② 카와 균형추의 중량비가 크다.
③ 로프 및 도르래의 마찰계수가 작다.
④ 카의 가속과 감속이 작다.

> **해설**
>
> **로프 미끄러짐 방지 대책**
> - 권부각을 크게
> - 가속 및 감속을 작게
> - 균형체인 및 균형로프 적용
> - 큰 마찰계수 적용

07 와이어 로프의 구성 요소 중 다수의 소선을 꼬아서 합친 것은 무엇인가?

① 소선   ② 스트랜드
③ 심강   ④ 랭꼬임

> **해설**
>
> **와이어 로프의 구조**
> - 소선 : 로프를 구성하는 개개의 강선
> - 스트랜드 : 다수의 소선을 꼬아 합친 구성
> - 심강 : 로프의 중심부에 위치해 방청효과와 로프의 형태를 유지하고 마모를 방지

08 전기식 엘리베이터의 매다는 장치인 로프에 대한 설명으로 옳지 않은 것은?

① 공칭 직경은 8mm 이상이어야 한다.
② 로프 또는 체인의 가닥수는 2가닥 이상이어야 한다.
③ 권상 도르래 풀리와 로프의 공칭 직경 사이 비율은 40 이상이어야 한다.
④ 3가닥 이상 로프 사용 시 안전율은 10 이상이어야 한다.

> **해설**
>
> **현수(주) 로프**
> - 공칭 직경이 8mm 이상
> - 2가닥 이상
> - 공칭 직경비 40 이상
> - 안전율 12 이상(체인 10 이상)
> - 파단하중의 80% 이상

09 다음 중 주행안내 레일의 규격에 해당되지 않는 것은 무엇인가?

① 8K   ② 14K
③ 18K   ④ 24K

> **해설**
>
> **주행안내 레일 규격**
> - 1m 당 중량으로 표시
> - 레일의 표준길이는 5m
> - 공칭규격 : 8K, 13K, 18K, 24K, 30K

10 과속조절기는 카의 속도가 정격속도의 몇 % 이상일 때에 동작하는가?

① 정격속도의 105%   ② 정격속도의 110%
③ 정격속도의 115%   ④ 정격속도의 120%

> **해설**
>
> **과속조절기 기능**
> - 카의 속도를 검출
> - 정격속도의 115% 이상에서 동작
> - 카의 속도 및 가속도를 검출
> - 비상정지장치 동작
> - 자동동작 수동복귀

11 승강기가 최하층을 통과했을 때 주전원을 차단시켜 승강기를 정지시키는 것은?

① 파이널 리밋스위치   ② 과속조절기
③ 추락방지안전장치   ④ 완충기

정답 06 ④ 07 ② 08 ④ 09 ② 10 ③ 11 ①

> **해설**

파이널 리밋스위치
- 개념 : 리밋스위치 고장 시 카가 승강로 천장이나 피트 바닥에 충돌하는 것을 방지하기 위한 스위치
- 우발적인 작동의 위험 없이 가능한 최상층 및 최하층에 근접하여 설치
- 카가 완충기에 충돌하기 전에 작동해야 함

12 균형추의 중량을 결정하는 계산식으로 옳은 것은? (단, 여기서 L은 정격하중, F는 오버밸런스율이다)

① 균형추의 중량＝카 자체하중＋$(L \cdot F)$
② 균형추의 중량＝카 자체하중×$(L \cdot F)$
③ 균형추의 중량＝카 자체하중＋$(L+F)$
④ 균형추의 중량＝카 자체하중＋$(L-F)$

> **해설**

균형추
카의 무게를 일정 비율 보상하기 위하여 카 측과 반대편에 주철 혹은 콘크리트로 제작된 균형추를 설치

균형추의 총 중량 = 카 자체하중 + $L \cdot F$
여기서, L : 정격하중[kg]
　　　　F : 오버 밸런스율(35~50[%])

13 다음 중 덤웨이터에 대한 설명으로 옳지 않은 것은?

① 사람이 탑승하지 않는다.
② 화물 적재용량 300kg 이하
③ 경사도 12° 이하
④ 바닥면적 1m² 이하

> **해설**

덤웨이터
- 사람이 탑승하지 않으면서 적재용량 300[kg] 이하이고 정격속도가 1m/s 이하인 소형 화물 엘리베이터
- 경사도 15° 이하의 경사진 가이드 레일 사이에서 권상이 또는 유압 장치에 의해 로프(체인)으로 이동하는 소형화물을 수송하기 위해 설치

덤웨이터 치수
- 바닥면적 : 1m² 이하
- 깊이 : 1m 이하
- 높이 : 1.2m 이하

14 다음 중 유압식 엘리베이터의 특징으로 옳지 않은 것은?

① 소비전력이 비교적 작다.
② 플런저 하단에 정지장치가 설치되어 있어 오버헤드가 작다.
③ 운행과 속도에 한계가 있다.
④ 기계실의 위치가 자유롭다.

> **해설**

유압식 승강기의 특징
- 장점
  - 기계실의 배치가 자유로움
  - 하부 기계실 설치 시 건물 상부에 하중이 걸리지 않음
  - 승강로 상부의 꼭대기 틈새가 작아도 됨
- 단점
  - 기계식 실린더를 사용하기 때문에 행정 거리가 한정됨
  - 속도가 비교적 느림
  - 소비전력이 다소 큼

15 승강기 도어에 설치하여 사람이나 물체가 접촉하면 도어의 닫힘을 중지하여 도어를 반전시키는 접촉식 보호장치는?

① 세이프티 슈
② 세이프티 레이
③ 초음파 센서
④ 도어 클로저

> **해설**

문 닫힘 안전장치 종류
- 세이프티 슈 : 접촉식
- 세이프티 레이 : 광전식(비접촉식)
- 초음파 장치 : 초음파식(비접촉식)

정답 12 ① 13 ③ 14 ① 15 ①

16 기계실 없는 엘리베이터의 특징으로 옳지 않은 것은?

① 기계실이 없어서 공간 절약이 가능하다.
② 건축물 내부 공간을 효율적으로 이용이 가능하다.
③ 제어반을 효과적으로 배치가 가능하다.
④ 소음과 진동이 적다.

> **해설**
>
> **MRL 특징**
> - 기계실이 없어 공간 절약
> - 제어반을 출입구 측면이나 승강로 벽면에 설치
> - 소음과 진동 발생
> - 공간을 효율적으로 이용 가능

17 다음 중 승강기 관리주체의 의무가 아닌 것은?

① 승강기 정기검사 수검
② 승강기 자체점검
③ 승강기 안전에 관한 보수
④ 승강기 안전 필증 발급

> **해설**
>
> **승강기 안전관리주체의 의무**
> - 승강기 자체점검
> - 승강기 정기검사 수검
> - 승강기 일상관리
> - 승강기 유지보수
> - 승강기 사고 보고

18 승강기의 정밀안전검사가 필요하지 않은 경우는?

① 수시검사 결과, 결함의 원인이 불명확할 경우
② 중대한 사고 또는 중대한 고장이 발생한 경우
③ 승강기 이용자의 안전을 위협할 우려가 있는 경우
④ 설치검사를 받은 날로부터 10년이 경과된 경우

> **해설**
>
> **정밀안전검사**
> - 결함의 원인이 불명확할 경우
> - 승강기 결함으로 사고가 발생할 경우
> - 승강기 설치검사 후 15년이 경과된 경우
> - 안전을 위협할 우려가 있는 경우

19 산업재해의 형태 중에서 근로자가 정지된 물체에 부딪힌 경우의 재해는?

① 전도
② 추락
③ 충돌
④ 비래

> **해설**
>
> **산업재해 형태**
> - 추락 : 근로자가 건축물, 기계, 사다리 등에서 떨어지는 것
> - 충돌 : 근로자가 정지된 물체에 부딪힌 경우
> - 전도 : 근로자가 평면상에 넘어졌을 때
> - 낙하, 비래 : 근로자가 떨어지거나 날아오는 물체에 맞았을 경우
> - 협착 : 두 물체 사이에 끼임 사고
> - 감전 : 전기 접촉이나 전격에 의해 사람이 다치는 경우

20 다음 중 재해 예방의 원칙으로 옳지 않은 것은?

① 예방 가능의 원칙
② 손실우연의 원칙
③ 사고필연의 원칙
④ 원인연계의 원칙

> **해설**
>
> **재해 예방의 원칙**
> - 손실우연의 원칙
> - 예방 가능의 원칙
> - 원인연계의 원칙
> - 대책 선정의 원칙

21 재해가 발생되었을 때의 조치 순서로서 가장 알맞은 것은?

① 긴급조치 → 원인조사 → 원인분석 → 대책수립 → 실시 → 평가
② 긴급조치 → 원인분석 → 대책수립 → 실시 → 평가 → 재해조사
③ 긴급조치 → 원인조사 → 대책수립 → 실시 → 원인분석 → 평가
④ 긴급조치 → 원인조사 → 평가 → 대책수립 → 원인분석 → 실시

정답 16 ④ 17 ④ 18 ④ 19 ③ 20 ③ 21 ①

> **해설**

재해 발생 시 행동 순서
재해 발생 → 작업중단 → 긴급처리(관리자에 통보) → 이상상태 제거 → 재발방지대책 수립

22 엘리베이터의 완충기에 대한 설명 중 옳지 않은 것은?

① 엘리베이터 피트에 설치한다.
② 케이지나 균형추의 자유낙하를 완충한다.
③ 스프링 완충기와 유압 완충기가 가장 많이 사용된다.
④ 스프링 완충기는 엘리베이터의 속도가 낮은 경우에 주로 사용된다.

> **해설**

완충기의 설치목적
승강기의 카 또는 균형추가 최하층을 통과하여 피트로 떨어졌을 때 충격을 완화

완충기의 종류
- 스프링 완충기
- 우레탄 완충기
- 유압 완충기

23 도어 인터록에 관한 설명으로 옳은 것은?

① 도어 닫힘 시 도어록이 걸린 후, 도어 스위치가 들어가야 한다.
② 카가 정지하지 않는 층은 도어록이 없어도 된다.
③ 도어록은 비상시 열기 쉽도록 일반공구로 사용 가능해야 한다.
④ 도어 개방 시 도어록이 열리고, 도어 스위치가 끊어지는 구조이어야 한다.

> **해설**

도어 인터록
- 도어록 + 도어 스위치
- 승강장 도어가 열렸을 때는 카가 운행할 수 없으며 카가 정지하지 않는 층에서는 전용 열쇠가 없으면 외부에서 도어를 열 수 없도록 하는 장치
- 도어 닫힘 시 도어록이 걸린 후 도어 스위치가 동작

24 승강기 기계실의 작업구역 유효높이는 몇 m 이상이어야 하는가?

① 1.8m 이상   ② 2.0m 이상
③ 2.1m 이상   ④ 2.2m 이상

> **해설**

기계실 치수
- 작업구역 유효높이 : 2.1m 이상
- 움직이는 부품 : 0.5m × 0.6m 이상
- 이동통로 유효높이 : 1.8m 이상
- 회전부품 위 : 0.3m 이상
- 사다리, 난간 : 바닥 단차 0.5m 이상

25 엘리베이터 조도 기준에 대한 설명으로 잘못된 것은?

① 카 지붕에서 수직 위로 1m 떨어진 곳 50lx 이상
② 피트 바닥에서 수직 위로 1m 떨어진 곳 50lx 이상
③ 작업공간의 바닥 면 조도 150lx 이상
④ 작업공간 간 이동공간의 바닥 면 50lx 이상

> **해설**

승강기 조도기준
- 카 지붕 위 1m : 50lx
- 피트 바닥 위 1m : 50lx
- 기계실 이동공간 : 50lx
- 기계실 작업공간 : 200lx

26 기계실 및 승강로 출입문 크기로 옳은 것은?

① 높이 1.5m, 폭 0.5m 이상
② 높이 1.8m, 폭 0.7m 이상
③ 높이 2.0m, 폭 0.8m 이상
④ 높이 2.0m, 폭 1.0m 이상

> **해설**

출입문 및 비상문 크기
- 기계실, 승강로 및 피트 출입문 : 높이 1.8m 이상, 폭 0.7m 이상
- 비상문 : 높이 1.8m 이상, 폭 0.5m 이상
- 점검문 : 높이 0.5m 이하, 폭 0.5m 이하

정답 22 ② 23 ① 24 ③ 25 ③ 26 ②

27 다음 중 카에 대한 설명으로 옳지 않은 것은?

① 카 내부의 유효높이는 2m 이상이어야 한다.
② 자동차용 엘리베이터 카의 유효면적은 1m² 당 150kg으로 계산한 값 이상이어야 한다.
③ 주택용 엘리베이터 카의 유효면적은 1.5m² 이하이어야 한다.
④ 카의 정원은 정격하중을 75kg으로 나눈 값이다.

> 해설
>
> **카의 유효면적**
> - 자동차용 엘리베이터 : 1m² 당 150kg으로 계산한 값 이상
> - 주택용 엘리베이터 : 1.4m² 이하

28 카 내부 조명의 설명으로 옳지 않은 것은?

① 카 바닥 위로 1m 모든 지점에 100lx 이상 비춘다.
② 조명장치에는 2개 이상의 등이 직렬로 연결된다.
③ 비상등은 5lx 이상의 조도를 유지한다.
④ 비상등은 1시간 동안 전원이 공급되어야 한다.

> 해설
>
> **카 내부 조명**
> - 바닥 위 1m에서 100lx 이상
> - 2개 이상의 등을 병렬로 구성

29 엘리베이터의 신호장치 중에서 홀 랜턴이란?

① 엘리베이터가 고장임을 나타내는 표시등
② 엘리베이터가 정상운행 중임을 나타내는 표시등
③ 엘리베이터의 현재 위치의 층을 나타내는 표시등
④ 엘리베이터의 올라감과 내려감을 나타내는 표시등

> 해설
>
> **홀 랜턴**
> - 승강장에서 여러 대의 엘리베이터 중에서 곧 도착 예정인 엘리베이터를 표시
> - 카의 도착을 예보함과 동시에 도착 후 운전 방향도 표시

30 고속 엘리베이터에 많이 사용되는 과속조절기는?

① 점차 작동형   ② 롤 세이프티형
③ 디스크형   ④ 플라이볼형

> 해설
>
> **플라이볼형 과속조절기**
> - 플라이볼 원심력 이용
> - 검출감도 높음
> - 고속 승강기 적용

31 엘리베이터의 비상운전에 대한 설명으로 옳지 않은 것은?

① 전원 공급은 고장 발생 후 1시간 이내에 카를 인접한 승강장으로 이동시킬 수 있도록 용량이 충분할 것
② 속도는 0.3m/s 이상이어야 한다.
③ 비상운전을 작동하기 위한 수단은 기계실 또는 기계류 공간에 위치하여야 한다.
④ 엘리베이터가 갑자기 정지 시 승강장 호출 버튼의 작동은 무효화되어야 한다.

> 해설
>
> **비상운전 조건**
> - 비상전원 공급은 1시간 이내
> - 속도는 0.3m/s 이하
> - 자동으로 카를 가장 가까운 승강장으로 운행
> - 승강장 도착 시 승강장문 및 카문 자동 열림
> - 승객이 빠져나가면 10초 후 문은 자동으로 닫히고 정지
> - 승강장 호출버튼 무효화

32 30mA(인체감전보호용) 이하 누전차단기 설치장소로 옳지 않은 것은?

① 콘센트 회로
② AC 50V 이상 안전회로 관련 제어회로
③ AC 50V 이상 카의 회로
④ 전동기 회로

> [해설]

④ 전동기 회로는 산업용 누전차단기 또는 MCCB(배선 차단기)와 EOCR(전자식 과전류 계전기)의 조합으로 감전 보호가 가능함

33 장애인용 엘리베이터에 대한 설명으로 옳지 않은 것은?

① 승강기의 전면에는 1.4m×1.4m 이상의 활동공간을 확보하여야 한다.
② 승강장 바닥과 승강기 바닥의 틈은 0.03m 이하이어야 한다.
③ 승강기 내부의 유효바닥 면적은 폭 1.5m 이상, 깊이 1.35m 이상이어야 한다.
④ 출입문의 통과 유효폭은 0.8m 이상이어야 한다.

> [해설]

장애인용 승강기
- 전면 활동공간 1.4m×1.4m 이상
- 바닥 틈 0.03m 이하
- 유효바닥 면적 폭 1.6m, 깊이 1.35m 이상
- 출입문의 유효폭 0.8m 이상

34 다음 중 소방구조용 엘리베이터에 대한 설명으로 옳지 않은 것은?

① 소방운전 시 1시간 이상 운전이 가능할 것
② 전기・전자 장치는 0~65℃까지 주위 온도 범위에서 정상적으로 작동될 것
③ 주 전원공급과 보조 전원공급의 전선은 방화구획이 되고 서로 구분될 것
④ 모든 승강장 문 전면에 방화구획된 로비를 포함한 승강로 내에 설치될 것

> [해설]

소방구조용 엘리베이터
- 승강로 내 방화구획
- 운전시간 2시간 이상
- 0℃~65℃에서 정상 동작
- 주/보조전원 방화구획 및 구분

35 소방구조용 엘리베이터의 기본요건 중 옳지 않은 것은?

① 폭은 1,100mm, 깊이는 1,400mm 이상이어야 한다.
② 출입구 유효 폭은 800mm 이상이어야 한다.
③ 엘리베이터 문이 닫힌 이후부터 60초 이내에 가장 먼 층에 도착되어야 한다.
④ 운행속도는 1m/s 이하이어야 한다.

> [해설]

소방구조용 엘리베이터 기본요건
- 폭 1,100mm, 깊이 1,400mm 이상
- 출입구 유효 폭은 800mm 이상
- 60초 이내에 가장 먼 층에 도착
- 운행속도는 1m/s 이상
- 비상구출문 0.5m×0.7m 이상
- 정전 시 60초 이내 전원공급
- 비상전원은 2시간 이상

36 절연등급의 종류를 최고 허용온도가 낮은 것부터 높은 순서로 나열한 것은?

① A종<Y종<E종<B종
② Y종<A종<E종<B종
③ E종<Y종<B종<A종
④ B종<A종<E종<Y종

> [해설]

기기 절연등급 별 최고 허용온도
- Y종 : 90℃
- E종 : 120℃
- F종 : 155℃
- A종 : 105℃
- B종 : 130℃

정답 33 ③ 34 ① 35 ④ 36 ②

37 에스컬레이터 안전기준에서 디딤판의 공칭 폭은 얼마인가?

① 0.5m 이상 1m 이하
② 0.55m 이상 1m 이하
③ 0.58m 이상 1.1m 이하
④ 0.68m 이상 1.2m 이하

해설

디딤판 규격
- 에스컬레이터 및 무빙워크의 공칭 폭 : 0.58m 이상 1.1m 이하
- 경사도가 6° 이하인 무빙워크의 폭 : 1.65m까지 허용

38 엘리베이터 기계류 공간의 점검항목 중 측정 점검이 필요한 항목은?

① 주개폐기 설치 및 작동상태
② 오일쿨러 설치 및 작동상태
③ 베어링 이상 소음 및 진동 발생상태
④ 도르래 홈의 마모상태

해설

엘리베이터 기계류 공간 자체점검기준
① 육안 점검
② 육안 점검
③ 육안 점검
④ 측정 점검

39 엘리베이터의 자체점검기준에서 피트 내 작업공간 항목의 점검사항이 아닌 것은?

① 기계적인 장치의 설치 및 작동상태
② 피트 출입문의 경우 전기안전장치 작동상태
③ 피트 탈출 수직틈새의 확보상태
④ 점검문의 설치 및 작동상태

해설

④ 점검문의 설치 및 작동상태는 카 상부 작업공간 또는 승강로 외부 작업공간에서 점검 가능함

40 전기식 엘리베이터 자체점검 항목 중 점검주기가 가장 긴 것은?

① 승강로 조명의 점등상태 및 조도
② 감속기 윤활유의 유량 및 노후상태
③ 안전표시 기계류 공간 등의 안전표시
④ 주개폐기 설치 및 작동상태

해설

- 승강로 조명의 점등상태 및 조도 : 1회/3개월
- 감속기 윤활유의 유량 및 노후상태 : 1회/3개월
- 주개폐기 설치 및 작동상태 : 1회/3개월
- 안전표시 기계류 공간 등의 안전표시 : 1회/6개월

41 다음 중 엘리베이터 카의 점검 항목으로 옳지 않은 것은?

① 전기안전장치 작동상태
② 과부하감지장치 설치 및 작동상태
③ 에이프런 고정 및 설치상태
④ 비상통화장치의 작동상태

해설

① 전기안전장치의 작동상태는 엘리베이터 안전회로의 점검항목

42 작업 내용에 따라 지급해야 할 보호구로 옳지 않은 것은?

① 보안면 : 물체가 날아 흩어질 위험이 있는 작업
② 절연장갑 : 감전의 위험이 있는 작업
③ 방열복 : 고열에 의한 화상 등의 위험이 있는 작업
④ 안전화 : 물체의 낙하, 물체의 끼임 등이 있는 작업

해설

보안면
용접 시 불꽃 또는 물체가 흩날릴 위험이 있는 작업

정답 37 ③ 38 ④ 39 ④ 40 ③ 41 ① 42 ①

43 압력맥동과 소음이 적어서 유압식 엘리베이터에 많이 사용되는 펌프는?

① 기어 펌프　　② 스크루 펌프
③ 베인 펌프　　④ 릴리프 펌프

> **해설**
> **펌프(Pump)**
> • 압력의 작용으로 액체 또는 기체를 빨아올리거나 이동시키는 장치
> • 강제 송유식 펌프 종류 : 기어펌프, 베인펌프, 스크루 펌프
> • 유압압력 맥동, 진동과 소음이 적은 스크루 펌프를 많이 사용

44 엘리베이터 자체점검 중 안전접점 및 회로에 관한 점검사항이 아닌 것은?

① 파이널 리밋 스위치의 설치 및 작동상태
② 강제감속장치의 설치 및 작동상태
③ 인장 풀리 설치상태
④ 전기안전장치 작동상태

> **해설**
> ③ 인장 풀리 설치상태는 카 측 과속조절기 점검항목임

45 승강기에 사고가 발생하여 수리한 경우나 설비를 교체한 경우 수행하는 검사 종류는?

① 정기검사
② 수시검사
③ 정밀안전검사
④ 진단검사

> **해설**
> **수시검사**
> • 승강기의 종류, 제어방식, 정격속도 등을 변경한 경우
> • 제어반 또는 구동기를 교체한 경우
> • 승강기 사고로 수리를 한 경우
> • 관리주체가 요청한 경우

46 상해의 종류 중에서 부상으로 1일 이상 7일 이하의 노동상실을 가져온 상해는?

① 무상해　　② 경상해
③ 중상해　　④ 사망

> **해설**
> **상해의 종류**
> • 무상해 : 통원치료
> • 경상해 : 1~7일 이하의 노동상실
> • 중상해 : 8일 이상 노동상실
> • 사망

47 전기에 의한 발화의 원인으로 볼 수 없는 것은?

① 단락에 의한 발화
② 과전류에 의한 발화
③ 접속 불량의 과열에 의한 발화
④ 접지에 의한 발화

> **해설**
> **전기 발화 원인**
> • 단락에 의한 발화
> • 과전류에 의한 발화
> • 접속 불량의 과열에 의한 발화
> • 아크에 의한 발화
> • 지락 사고에 의한 발화

48 다음 중 불안전한 상태의 종류로 옳지 않은 것은?

① 기계 자체의 결함
② 방호장치의 결함
③ 보호구 또는 복장의 결함
④ 복장, 보호구의 잘못된 사용

> **해설**
> **불안전한 상태**
> • 기계 자체의 결함
> • 방호장치의 결함
> • 작업환경의 결함

- 보호구 또는 복장의 결함
- 자연적 불안전한 상태 지속
- 생산공정 결함

④ 복장, 보호구의 잘못된 사용 : 불안전한 행동

49 안전사고 원인 중에서 간접 원인으로 볼 수 없는 것은?

① 물질적 원인　　② 교육적 원인
③ 신체적 원인　　④ 정신적 원인

> **해설**
>
> **간접 원인**
> - 기술적 원인　　• 교육적 원인
> - 신체적 원인　　• 정신적 원인
> - 관리적 원인

50 감전전류의 종류 중에서 근육경련이 발생하며 의지대로 움직일 수 없는 전류는 무엇인가?

① 감지전류　　② 한계전류
③ 불수전류　　④ 심실세동전류

> **해설**
>
> **감전전류의 종류**
> - 감지전류 : 인체 감지
> - 한계전류 : 고통 수반
> - 불수전류 : 근육경련
> - 심실세동전류 : 심장마비

51 쿨롱의 법칙에 대한 설명으로 옳지 않은 것은?

① 두 점전하 사이에 작용하는 정전력의 크기를 정의
② 정전력의 크기는 전하의 크기에 비례
③ 정전력의 크기는 두 점전하 사이의 거리에 반비례
④ 전하의 부호가 같으면 반발력, 부호가 다르면 흡인력이 발생

> **해설**
>
> **쿨롱의 법칙**
>
> $F = 9 \times 10^9 \times \dfrac{Q_1 Q_2}{r^2} [\text{N}]$
>
> 정전력의 크기는 두 점전하의 크기에 비례하고 거리의 제곱에 반비례

52 다음 중 작용 상태에 따른 하중의 종류 중에서 물체의 방향으로 늘어나게 하는 하중은?

① 인장하중　　② 압축하중
③ 전단하중　　④ 좌굴하중

> **해설**
>
> **작용 상태에 따른 하중의 분류**
> - 압축하중 : 물체를 누르는 하중
> - 전단하중 : 물체를 가로로 자르는 방향의 하중
> - 휨하중 : 물체를 휘어지도록 작용하는 하중
> - 비틀림하중 : 물체를 비틀어지도록 작용하는 하중
> - 좌굴하중 : 기둥에 가한 압력에 의해 굽힘이 일어나는 하중

53 다음 중 변형률의 종류로 옳지 않은 것은?

① 가로변형률　　② 세로변형률
③ 전단변형률　　④ 인장변형률

> **해설**
>
> **변형률의 종류** : 가로변형률, 세로변형률, 전단변형률

54 다음 중 기어의 특징으로 옳지 않은 것은?

① 동력 전달이 확실하다.
② 정밀도가 높다.
③ 기계적 강도가 크다.
④ 호환성이 낮다.

> **해설**
>
> **기어의 특징**
> - 동력전달이 확실　　• 정밀도 높음
> - 기계적 강도 큼　　• 호환성 높음

정답　49 ①　50 ③　51 ③　52 ①　53 ④　54 ④

55 옴의 법칙에 대한 설명으로 옳지 않은 것은?

① 전압은 전류와 저항에 비례한다.
② 전류는 전압에 비례한다.
③ 전류는 저항에 반비례한다.
④ 저항은 전류에 비례한다.

해설

$V = IR[V]$, $I = \dfrac{V}{R}[A]$, $R = \dfrac{V}{I}[\Omega]$

여기서, $V[V]$: 전압
$I[A]$: 전류
$R[\Omega]$: 저항

56 교류회로에서 전압과 전류의 위상이 동상인 회로는?

① 저항만의 조합회로
② 저항과 콘덴서의 조합회로
③ 저항과 코일의 조합회로
④ 콘덴서만의 조합회로

해설

교류회로
- R만의 회로 : 전압과 전류가 동상
- L만의 회로 : 전류가 전압보다 $\dfrac{\pi}{2}$[rad] 지상
- C만의 회로 : 전류가 전압보다 $\dfrac{\pi}{2}$[rad] 진상

57 시퀀스 회로에서 일종의 기억회로라고 할 수 있는 것은?

① AND 회로
② NOT 회로
③ 자기유지회로
④ OR 회로

해설

자기유지회로
일종의 기억회로로 입력신호를 주면 그 신호를 유지

58 되먹임 제어에서 가장 필요한 장치는?

① 안정도를 좋게 하는 장치
② 응답속도를 느리게 하는 장치
③ 응답속도를 빠르게 하는 장치
④ 입력과 출력을 비교하는 장치

해설

되먹임 제어
입력신호와 출력신호를 비교하여 오차를 다시 입력신호로 보내 제어를 하며, 입력과 출력신호를 비교하는 비교장치가 필수임

59 직류 전동기의 속도제어방법이 아닌 것은?

① 저항제어
② 전압제어
③ 주파수제어
④ 계자제어

해설

직류 전동기 속도제어

$N = K \dfrac{(V - I_a R_a)}{\phi}$ [rpm]

- 계자제어
- 저항제어
- 전압제어

60 권수가 300인 코일에서 0.1초 사이에 0.5[Wb]의 자속이 변화한다면 유도 기전력의 크기는 몇 [V]인가?

① 100
② 200
③ 1,000
④ 1,500

해설

패러데이의 전자유도법칙

$e = L\dfrac{\Delta I}{\Delta t} = N\dfrac{\Delta_\phi}{\Delta t} = 300 \times \dfrac{0.5}{0.1} = 1,500[V]$

여기서, e : 유기 기전력
L : 인덕턴스
ΔI : 전류의 변화량
Δt : 시간의 변화량
Δ_ϕ : 자속의 변화량

정답 55 ④ 56 ① 57 ③ 58 ④ 59 ③ 60 ④

2023년 4회 기출문제

01 다음 중 승강기의 동력원별 분류에서 유압식으로 옳지 않은 것은?

① 권상식 ② 직접식
③ 간접식 ④ 팬터그래프식

> **해설**
> **승강기 동력원별 분류**
> • 전기식 : 권상식, 권동식
> • 유압식 : 직접식, 간접식, 팬터그래프식

02 다음 중 고속 엘리베이터의 속도 기준은?

① 1m/s 초과 ② 2m/s 초과
③ 3m/s 초과 ④ 4m/s 초과

> **해설**
> **승강기 속도 분류**
> • 중저속 엘리베이터 : 4m/s 이하
> • 고속 엘리베이터 : 4m/s 초과
> • 비상용 엘리베이터 : 1m/s 이상

03 엘리베이터가 3~8대 병설할 때 각 엘리베이터를 효율적으로 운영하기 위한 조작 방식은?

① 단식 자동식 ② 승합 전자동식
③ 군 승합자동식 ④ 군 관리 방식

> **해설**
> **조작 방식에 의한 분류**
> • 단식 자동식 : 먼저 눌린 호출에만 응답(화물용, 리프트용)
> • 승합 전자동식 : 승객이 운전하는 엘리베이터로 목적층을 눌러 운전하거나 승강장으로부터 호출신호로 운전하는 방식
> • 군 승합자동식 : 2~3대가 병설되었을 때 사용하는 조작 방식

04 다음 중 권상기의 구성 요소로 옳지 않은 것은?

① 전동기 ② 완충기
③ 감속기 ④ 제동기

> **해설**
> **권상기**
> • 개념 : 로프를 이용하여 카를 상하로 이동시키는 장치
> • 구성요소 : 전동기, 제동기, 구동 시브, 감속기 등

05 헬리컬 기어의 특징으로 옳지 않은 것은?

① 진동 및 소음이 적다.
② 큰 동력을 전달할 수 있다.
③ 효율이 낮다.
④ 고속회전에 적합하다.

> **해설**
> ③ 헬리컬 기어는 효율이 90% 이상으로 매우 높은 편이다.

06 권상기 전동기 용량에 대한 설명으로 옳지 않은 것은?

① 효율에 반비례한다.
② 정격적재하중에 비례한다.
③ 정격속도에 비례한다.
④ 정격속도와는 관계없다.

> **해설**
> **전동기 용량**
> $$P = \frac{M \cdot V \cdot S}{6,120\eta} \text{ [kW]}$$
> 여기서, P : 전동기 용량 [kW]
> M : 정격적재하중 [kg]
> V : 정격속도 [m/min]
> S : 오버밸런스율은 균형추의 중량을 결정할 때 사용하는 계수($S=1-F$(오버밸런스율 [%]))
> η : 종합효율

정답 01 ① 02 ④ 03 ④ 04 ② 05 ③ 06 ④

07 로프의 로핑 방법 중에서 1 : 1 로핑의 특징으로 옳지 않은 것은?

① 카의 속도와 로프의 속도가 같다.
② 로프에 걸리는 장력은 카의 중량과 균형추 중량의 합이다.
③ 일반적으로 승객용으로 사용된다.
④ 대용량의 화물용으로 사용된다.

[해설]

1 : 1 로핑방식
- 일반적으로 승객용으로 사용
- 카의 속도와 로프의 속도가 같음
- 로프장력 = 카중량 + 로프중량

08 와이어 로프 클립(Wire Rope Clip)의 체결 방법으로 옳은 것은?

 ①
 ②
 ③
 ④

[해설]

클립 체결방법
- 3개 이상 체결
- 클립 사이 거리는 로프직경의 5배 이상
- U-볼트 부분이 절단된 로프 쪽에 있도록 체결

09 과속조절기의 작동상태를 잘못 설명한 것은?

① 카가 하강 과속하는 경우에는 일정속도를 초과하기 전에 과속조절기 스위치가 동작해야 한다.
② 과속조절기의 캐치는 일단 동작하고 난 후 자동으로 복귀되어서는 안 된다.
③ 과속조절기의 스위치는 작동 후 자동 복귀된다.
④ 과속조절기 로프가 장력을 잃게 되면 전동기의 주회로를 차단시키는 경우도 있다.

[해설]

과속조절기
- 카와 같은 속도로 움직이는 과속조절기 로프에 의해 회전되어 항상 카의 속도를 감지하여 가속도를 검출하는 장치
- 과속스위치는 수동으로 복귀되어야 함
- 양방향(상승, 하강)에서 작동되어야 함

10 전기식 엘리베이터의 트랙션 능력에 대한 설명으로 틀린 것은?

① 가속도가 클수록 미끄러지기 쉽다.
② 와이어로프의 권부각이 클수록 미끄러지기 쉽다.
③ 와이어로프와 도르래의 마찰계수가 작을수록 미끄러지기 쉽다.
④ 카의 균형추의 중량비가 클수록 미끄러지기 쉽다.

[해설]

로프 미끄러짐을 줄이기 위한 방법
- 권부각을 크게
- 가감속을 작게
- 균형체인, 균형로프를 사용
- 마찰계수를 크게

로프의 미끄러짐 발생 원인

구분	원인
로프가 감기는 각도 (권부각)	각도가 작을수록 미끄러지기 쉽다.
카의 가속과 감속	가속과 감속이 클수록 미끄러지기 쉽다.
카와 균형추의 로프에 걸리는 중량비	중량비가 클수록 미끄러지기 쉽다.
로프와 도르래 간 마찰계수	마찰계수가 작을수록 미끄러지기 쉽다.

11 과속조절기가 비상정지장치를 작동시키는 속도는 정격속도의 몇 %인가?

① 정격속도의 110% ② 정격속도의 115%
③ 정격속도의 120% ④ 정격속도의 125%

정답 07 ④ 08 ② 09 ③ 10 ② 11 ②

> [해설]
>
> **과속조절기 기능**
> - 카의 속도를 검출
> - 정격속도 115% 이상에서 동작
> - 비상정지장치 동작

12 도르래의 로프홈에 언더컷(Under Cut)을 하는 목적은?

① 로프의 중심 균형 ② 윤활 용이
③ 마찰계수 향상 ④ 도르래의 경량화

> [해설]
>
> **도르래 언더컷**
> 도르래의 마찰계수를 향상시키기 위함
>
> **도르래 홈의 마찰력 크기**
> U홈 < 언더컷 < V홈

13 균형추의 중량을 결정하는 계산식으로 옳은 것은? (단, 여기서 L은 정격하중, F는 오버밸런스율이다)

① 균형추의 중량=카 자체하중+$(L-F)$
② 균형추의 중량=카 자체하중×$(L \cdot F)$
③ 균형추의 중량=카 자체하중+$(L+F)$
④ 균형추의 중량=카 자체하중+$(L \cdot F)$

> [해설]
>
> **균형추**
> 카의 무게를 일정 비율 보상하기 위하여 카 측과 반대편에 주철 혹은 콘크리트로 제작된 균형추를 설치한다.
>
> 균형추의 총 중량 = 카 자체하중+$(L \cdot F)$
> 여기서, L : 정격하중[kg]
> F : 오버 밸런스율(35~50[%])

14 승강기가 어떤 원인으로 피트에 떨어졌을 때 충격을 완화하기 위하여 설치하는 것은?

① 과속조절기 ② 추락방지안전장치
③ 완충기 ④ 제동기

> [해설]
>
> **완충기(buffer)**
> 주행의 종점에서 완충적인 정지, 그리고 유체 또는 스프링(또는 유사한 수단)을 사용한 것을 포함한 제동수단

15 엘리베이터용 트랙션식 권상기의 특징이 아닌 것은?

① 소요동력이 작다.
② 균형추가 필요 없다.
③ 행정거리에 제한이 없다.
④ 권과를 일으키지 않는다.

> [해설]
>
> **트랙션식 권상기**
> - 견인비에 따른 균형추가 필요
> - 균형추를 사용하여 동력이 작아짐
> - 로프를 사용하므로 거리 제한이 없음

16 교류 엘리베이터의 제어방법이 아닌 것은?

① 워드 레오나드 방식
② 교류 1단속도제어
③ VVVF 제어
④ 교류 귀환속도제어

> [해설]
>
> | 교류제어 | 직류제어 |
> |---|---|
> | • 교류 1단속도제어
• 교류 2단속도제어
• 교류 귀환속도제어
• 가변전압속도가변주파수제어 (VVVF) | • 워드 레오나드 (Ward Leonard) 방식
• 정지 레오나드 (Static Leonard) 방식 |

17 다음 중 피트 내부 보수점검 및 검사 시에 작업 중 카가 움직이는 것을 방지하기 위한 안전장치는?

① 과부하 감지장치 ② 슬로 다운 스위치
③ 파킹 스위치 ④ 피트 정지 스위치

정답 12 ③ 13 ④ 14 ③ 15 ② 16 ① 17 ④

> **해설**

승강기 안전장치
- 과부하 감지장치 : 승강기 카에 과부하 발생 시 운행을 정지
- 슬로 다운 스위치 : 승강기 카가 이상 원인으로 인하여 최상 및 최하 착상층에서 감속하지 못하고 지나칠 경우 검출하여 카를 감속 정지
- 파킹 스위치 : 카 점검 시 지정된 층으로 이동시키는 장치

18 유압식 엘리베이터의 속도제어에서 주회로에 유량제어밸브를 삽입하여 유량을 직접 제어하는 회로는?

① 미터오프 회로
② 미터인 회로
③ 블리드오프 회로
④ 블리드인 회로

> **해설**

미터인 회로
- 유량제어밸브 직접 설치
- 유량 직접제어
- 정확한 속도제어 가능
- 효율이 낮음

블리드오프 회로
- 유량제어밸브 간접 설치
- 유량 간접제어
- 정확한 속도제어 불가
- 효율이 높음

19 유압 엘리베이터 작동유의 적정 온도 범위는?

① 5℃ 이상 60℃ 이하
② 10℃ 이상 70℃ 이하
③ 0℃ 이상 80℃ 이하
④ 0℃ 이상 60℃ 이하

> **해설**

유압 엘리베이터 작동유의 적정 온도 범위는 5~60℃이다.

20 다음 중 정전기 제거 방법으로 옳은 것은?

① 설비 주변 공기를 건조시킨다.
② 설비 주변에 자외선을 쐰다.
③ 설비의 마찰력을 크게 한다.
④ 설비 금속 부분을 접지한다.

> **해설**

정전기 제거 방법
- 설비 금속 부분(도체)을 접지
- 설비 또는 제품이 절연체인 경우 제전기 사용
- 공기 중의 습도를 높게 유지
- 마찰력을 작게

21 엘리베이터에 사용되는 컨버터와 인버터는?

① 컨버터 : 순변환기, 인버터 : 역변환기
② 컨버터 : 역변환기, 인버터 : 순변환기
③ 컨버터 : 역변환기, 인버터 : 결상변환기
④ 컨버터 : 순변환기, 인버터 : 결상변환기

> **해설**

- 컨버터
  교류(AC)를 직류(DC)로 변환하는 장치
- 인버터
  직류(DC)를 교류(AC)로 변환하는 장치

22 승강기 카의 자체점검항목 중 월 1회 이상 점검하여야 할 항목이 아닌 것은?

① 비상통화장치의 작동상태
② 비상등 조도 및 작동상태
③ 과부하감지장치 설치 및 작동상태
④ 카 내부의 표기상태

> **해설**

④ 카 내부의 표기상태 : 육안점검, 1회/3개월 점검

정답 18 ② 19 ① 20 ④ 21 ① 22 ④

23 주택용 엘리베이터에 대한 설명으로 틀린 것은?

① 승강행정이 12m 이하이다.
② 화물용 엘리베이터를 포함한다.
③ 정격속도가 0.25m/s 이하이다.
④ 단독주택에 설치되는 엘리베이터에 적용한다.

해설

주택용 엘리베이터
- 정격속도 0.25m/s 이하
- 승강행정 12m 이하
- 단독주택에 설치되는 엘리베이터에 적용

24 카 문의 앞부분과 승강장 문 사이의 수평거리는 몇 m 이하이어야 하는가?

① 0.1 ② 0.12
③ 0.15 ④ 0.2

해설

출입문 일반사항
- 문이 닫혀 있을 경우 문짝 간 틈새나 문짝과 문틀(측면) 또는 문적 사이 틈새 : 6mm 이하
- 2개 이상의 카 문이 있는 경우 동시 개문 금지
- 승강장 문 및 카 문의 출입구 유효 높이 : 2m 이상
- 승강장 문의 출입구 유효 폭 : 카 출입구 폭 이상(50mm 초과 금지)
- 카 문의 문턱과 승강장 문의 문턱 사이의 수평거리 : 35mm 이하
- 카 문의 앞부분과 승강장 문 사이의 수평거리 : 0.12m 이하

25 다음 중 방호장치의 기본 목적으로 가장 옳은 것은?

① 기계 위험 부위의 접촉방지
② 먼지 흡입방지
③ 작업자 주변의 사람 접근방지
④ 소음과 진동방지

해설

방호장치의 설치 목적
- 기계 위험 부위의 접촉방지
- 작업자의 보호
- 인적, 물적 손실의 방지

26 엘리베이터의 도어 시스템에 관한 설명 중 틀린 것은?

① 승강장 도어록 장치와는 별도로 카 도어록 장치를 설치하는 것도 허용된다.
② 승강장 도어는 비상시를 대비하여 일반 공구로 쉽게 열리도록 한다.
③ 승강기 도어용 모터로 직류 모터뿐만 아니라 교류 모터도 사용된다.
④ 자동차용이나 대형화물용 엘리베이터는 상하 개폐 방식이 많이 사용된다.

해설

승강장 도어
열쇠(비상용 열쇠)는 특수한 것으로 해야 하고 일반 공구로 열리지 못하도록 해야 함

27 카의 실속도와 지령속도를 비교하여 사이리스터의 점호 각을 바꿔 유도 전동기의 속도를 제어하는 방식은?

① 교류 1단속도제어
② 교류 2단속도제어
③ 교류 귀환속도제어
④ 가변전압 가변주파수제어

해설

교류(AC) 귀환속도제어 방식
- 제어속도와 실제속도 비교
- SCR 점호각 제어

정답 23 ② 24 ② 25 ① 26 ② 27 ③

28 승강기의 제어반에서 점검할 수 없는 것은?

① 과속조절기 스위치의 작동 상태
② 주 접촉자의 접촉 상태
③ 결선 단자의 조임 상태
④ 전동기 회로의 절연 상태

> 해설

제어반에서의 점검사항
- 결선 단자의 조임
- 전동기 회로의 절연
- 스위치 접점 및 작동 상태
- 접속 단자의 연결 상태와 파손 및 소손
- 전선 및 접속 부분의 손상
- 계전기 및 기기의 발열과 마모
- 회로의 절연저항

29 인체에 전격의 위험을 결정하는 주된 인자가 아닌 것은?

① 통전전류의 크기
② 인체 통전 경로
③ 인체 저항
④ 음파 크기

> 해설

전격 위험 결정 요인
- 통전 전류의 크기가 클수록 위험
- 인체 통전 경로가 심장에 가까울수록 위험
- 인체 저항이 낮을수록 위험
- 통전 시간이 길수록 위험

30 구동 체인이 늘어나거나 절단되었을 경우 아래로 미끄러지는 것을 방지하는 안전장치는?

① 스텝 체인 안전장치
② 정지 스위치
③ 인입구 안전장치
④ 구동 체인 안전장치

> 해설

구동 체인 안전장치
- 체인이 늘어나거나 절단되었을 경우에 동작
- 동력을 차단하고 역회전을 기계적으로 방지 후 전기적으로 전원을 차단

31 승강기 회로의 사용전압이 380V인 전동기 주회로의 절연저항은 몇 MΩ 이상이어야 하는가?

① 1.5
② 1.0
③ 0.5
④ 0.1

> 해설

전기설비의 절연저항

공칭 회로 전압(V)	시험 전압(V)	절연 저항(MΩ)
SELV 및 PELV	250	≥ 0.5
FELV, 500V 이하	500	≥ 1.0
500V 초과	1,000	≥ 1.0

32 훅의 법칙을 옳게 설명한 것은?

① 응력과 변형률은 반비례 관계이다.
② 응력과 탄성계수는 반비례 관계이다.
③ 응력과 변형률은 비례 관계이다.
④ 응력과 탄성계수는 관계없다.

> 해설

훅의 법칙
비례한도 내에서는 응력과 응력에 의해 생기는 변형률은 비례
응력도(σ) = 탄성계수(E) × 변형률(ε)

33 회전 운동을 직선운동, 반복운동 등으로 변환시켜주는 기구로서 두 개의 부품이 결합된 구조를 가지는 것은 무엇인가?

① 링크기구
② 슬라이더
③ 캠
④ 크랭크

> 해설

캠(Cam)
회전운동을 직선운동 및 왕복운동 등으로 변환하는 장치

정답 28 ① 29 ④ 30 ④ 31 ② 32 ③ 33 ③

34 안전상 허용할 수 있는 최대응력을 무엇이라 하는가?

① 안전율 ② 허용응력
③ 상용응력 ④ 탄성한도

> 해설

허용응력
안전상 허용할 수 있는 최대응력

35 RLC 소자의 교류회로에 대한 설명 중 옳지 않은 것은?

① R만의 회로에서 전압과 전류의 위상은 동상이다.
② L만의 회로에서 임피던스를 유도성 리액턴스 X_L이라 한다.
③ L만의 회로에서 전류는 전압보다 위상이 90° 늦다.
④ C만의 회로에서 전압은 전류보다 위상이 90° 빠르다.

> 해설

교류회로
- 저항(R) 회로 : 전압과 전류의 위상은 동상
- 인덕턴스(L) 회로 : 전압은 전류보다 위상이 90° 빠름
- 정전용량(C) 회로 : 전압은 전류보다 위상이 90° 늦음

36 물질 내에서 원자핵의 구속력을 벗어나 자유로이 이동할 수 있는 것은?

① 분자 ② 자유전자
③ 양자 ④ 중성자

> 해설

자유전자
전자 중에서 가장 바깥쪽 궤도에 위치하는 전자로 원자의 구속력이 약해 외부 에너지에 의해 쉽게 움직인다.

37 추락방지안전장치 중 F.G.C형의 장점은 무엇인가?

① 베어링을 사용하기 때문에 접촉이 확실하다.
② 구조가 간단하고 복구가 용이하다.
③ 레일을 죄는 힘이 초기에는 약하나, 하강함에 따라 강해진다.
④ 평균 감속도를 0.5g로 제한한다.

> 해설

플렉시블 가이드 클램프형
- 레일의 죄는 힘이 정지 시까지 일정
- 구조가 간단
- 평균 감속도는 $0.2 \sim 1.0 g_n$

38 작업 시 이상 상태를 발견한 경우 처리절차가 옳은 것은?

① 작업 중단 → 관리자에 통보 → 이상상태 제거 → 재발방지대책 수립
② 관리자에 통보 → 작업 중단 → 이상상태 제거 → 재발방지대책 수립
③ 작업 중단 → 이상상태 제거 → 관리자에 통보 → 재발방지대책 수립
④ 관리자에 통보 → 이상상태 제거 → 작업 중단 → 재발방지대책 수립

> 해설

재해 발생 시 행동 순서
재해 발생 → 작업중단 → 긴급처리(관리자에 통보) → 이상상태 제거 → 재발방지대책 수립

39 일종의 압력조정 밸브로 회로의 압력이 상용 압력의 125% 이상 높아지게 되면 바이패스 회로를 여는 밸브는?

① 사일런서 ② 스톱 밸브
③ 릴리프 밸브 ④ 체크 밸브

정답 34 ② 35 ④ 36 ② 37 ② 38 ① 39 ③

해설

릴리프 밸브
- 상용압력의 125% 동작
- 압력회로 압력 상승 방지
- 전 부하압력의 140% 제한

40 주행안내 레일의 보수점검 사항 중 틀린 것은?

① 녹이나 이물질이 있을 경우 제거한다.
② 레일 브래킷의 조임상태를 점검한다.
③ 레일 클립의 변형 유무를 체크한다.
④ 레일면이 손상되었을 경우에는 방청페인트로 표면에 곱게 도장한다.

해설

주행안내 레일 보수점검
- 녹이나 이물질 여부
- 레일 브래킷의 조임상태 점검
- 레일클립의 변형 유무 점검
- 레일면 손상여부 점검

41 계측기의 측정 오차 중에서 불규칙적이고 우발적인 원인으로 불가피하게 발생되는 오차는 무엇인가?

① 과실오차 ② 계통오차
③ 절대오차 ④ 우연오차

해설

오차의 종류
㉠ 계통오차
  - 계기오차 : 측정계기의 불완전성 때문에 발생하는 오차
  - 환경오차 : 측정할 때 온도, 습도 등 외부환경의 영향으로 발생하는 오차
  - 개인오차 : 개인이 가지고 있는 습관이나 선입견으로 발생하는 오차
㉡ 절대오차 : 계산 결과에서 나온 직접적인 오차의 절댓값
㉢ 과실오차 : 측정자의 취급 부주의로 발생되는 오차
㉣ 우연오차 : 불규칙적이고 우발적인 원인으로 불가피하게 발생되는 오차

42 와이어로프의 꼬임 방향에 의한 분류로 옳은 것은?

① Z꼬임, S꼬임 ② Z꼬임, T꼬임
③ S꼬임, T꼬임 ④ H꼬임, T꼬임

해설

꼬임 방향에 의한 분류
- Z꼬임 : 오른 꼬임
- S꼬임 : 왼 꼬임

보통 Z 꼬임 보통 S 꼬임 랭 Z 꼬임 랭 S 꼬임
로프의 꼬임 방법

소선과 스트랜드의 꼬임 방향에 의한 분류

종류	꼬임 방향	특징
보통꼬임	소선과 스트랜드 꼬임 방향이 다름	꼬임이 풀리기 어려움
랭꼬임	소선과 스트랜드 꼬임 방향이 같음	꼬임이 풀리기 쉬움

43 매다는 장치의 자체점검기준에서 점검 주기가 가장 긴 것은?

① 로프(벨트)의 마모 및 파단상태
② 매다는 장치의 이완감지 작동상태
③ 권상도르래의 마모상태
④ 브레이크의 권상/제동 상태

해설

매다는 장치 자체점검기준
- 로프(벨트)의 마모 및 파단상태 : 1회/3개월, 측정
- 매다는 장치의 이완감지 작동상태 : 1회/1개월, 시험
- 권상도르래의 마모상태 : 1회/1개월, 측정
- 브레이크의 권상/제동 상태 : 1회/1개월, 시험

정답 40 ④ 41 ④ 42 ① 43 ①

44 다음 중 전기적 보호를 위한 전기배선의 자체점검기준 항목으로 옳지 않은 것은?

① 전기배선(이동케이블 등) 설치 및 손상상태
② 모든 접지선의 연결상태
③ 카문 및 승강장문의 바이패스 기능
④ 호출버튼, 조작반, 통화장치 등의 작동상태

[해설]
호출버튼, 조작반, 통화장치 등의 작동상태는 조작설비의 자체점검항목임

45 에스컬레이터 틈새의 자체점검기준 항목 중에서 3개월에 1회 실시하여야 하는 항목은?

① 디딤판과 스커트 각 측면의 틈새
② 트레드 홈의 설치상태
③ 손잡이 측면과 가이드 측면 사이의 틈새
④ 연속되는 2개의 스텝/팔레트의 틈새

[해설]
에스컬레이터 틈새 자체점검기준
- 디딤판과 스커트 각 측면의 틈새 : 1회/1개월, 측정
- 트레드 홈의 설치상태 : 1회/1개월, 측정
- 손잡이 측면과 가이드 측면 사이의 틈새 : 1회/3개월, 측정
- 연속되는 2개의 스텝/팔레트의 틈새 : 1회/1개월, 측정

46 자기력선의 성질을 설명한 것 중 옳지 않은 것은?

① 자기력선은 자석의 N극에서 시작한다.
② 자기력선은 자석의 S극에서 끝난다.
③ 자기력선은 상호간에 교차하지 않는다.
④ 같은 방향의 자기력선끼리는 서로 끌어당긴다.

[해설]
자기력선의 성질
- N극에서 나와 S극에서 끝남
- 자기력선 자신은 수축하려고 함
- 같은 방향끼리는 서로 반발
- 임의의 한 점에서 접선 방향이 그 점에서 자장의 방향
- 자기력선 밀도는 자장의 세기를 말함
- 자기력선은 서로 만나거나 교차하지 않음

47 10Ω의 저항에 5A의 전류가 1분간 흐를 때 발생하는 열량은 몇 cal인가?

① 500   ② 1,800
③ 3,600   ④ 7,200

[해설]
줄의 법칙
전류가 단위 시간 동안 흘렀을 때 발생한 열량은 전류의 제곱과 저항에 비례
$H = 0.24 I^2 Rt = 0.24 \times 5^2 \times 10 \times 60 = 3,600 cal$

48 입력에 대한 출력의 오차가 발생하는 제어시스템에서 오차가 변화하는 속도에 비례하여 조작량을 가변하는 제어방식은?

① 미분제어   ② 적분제어
③ 비례제어   ④ 시퀀스제어

[해설]
- 미분제어 : 오차값의 변화를 보고 조작량을 결정하는 제어방식
- 적분제어 : 에러값을 적분하여 제어하는 방식
- 비례제어 : 에러값에 비례해서 제어량을 변화시키는 방식
- 시퀀스제어 : 미리 정해놓은 순서 또는 일정한 논리에 의하여 정해진 순서에 따라 각 단계를 순차적으로 진행하는 제어방식

49 승강기 제어회로에서 사이리스터로 점호각을 제어하는 경우 전동기가 최대 출력을 내기 위한 점호각은 몇 도인가?

① 0   ② 90
③ 180   ④ 270

정답 44 ④ 45 ③ 46 ④ 47 ③ 48 ① 49 ①

[해설]

사이리스터(Thyristor)
- 게이트(G)에서 캐소드(K)에 게이트 전류를 흘리면 아노드(A)와 캐소드(K) 사이에 전기가 통하게 할 수 있는 3단자 반도체 정류소자
- 사이리스터의 점호각이 0도일 때 입력이 그대로 출력에 전달되므로 최대 출력을 낼 수 있음

50 운동을 전달하는 장치의 설명으로 옳은 것은?

① 절의 회전운동을 하는 것을 크랭크라 한다.
② 절의 요동운동을 하는 것을 슬라이더라 한다.
③ 절의 왕복운동을 하는 것을 레버라 한다.
④ 절의 진동운동을 하는 것을 캠이라 한다.

[해설]

링크 기구
몇 개의 막대를 핀으로 연결하여 회전할 수 있도록 만든 기구

링크 구성 및 운동
- 크랭크 : 회전운동
- 레버 : 요동운동
- 슬라이더 : 미끄럼운동
- 고정링크 : 고정

51 정현파 교류의 실횻값은 최댓값의 몇 배인가?

① π ② $\dfrac{2}{\pi}$
③ $\dfrac{1}{\sqrt{2}}$ ④ $\sqrt{2}$

[해설]

실횻값
교류의 크기를 직류와 동일한 일을 하는 직류의 크기로 환산한 값

$V = \dfrac{1}{\sqrt{2}} V_m ≒ 0.707 V_m [V]$

여기서, V : 실횻값
V_m : 최댓값

52 입력신호 A, B가 모두 "1"일 때만 출력값이 "1"이 되고 그 외에는 출력값이 "0"이 되는 회로는?

① AND 회로 ② OR 회로
③ NOT 회로 ④ NOR 회로

[해설]

AND 회로(논리곱)
- 모든 입력(1)이 있을 때만 출력(1)이 나타나는 회로
- 논리식 : $X = A \cdot B = AB$
- 논리기호

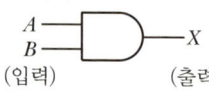
(입력)　　　　(출력)

- 진리표

입력		출력
A	B	X
0	0	0
0	1	0
1	0	0
1	1	1

53 "회로망 내에서 기전력의 합은 전압강하의 총합과 같다."라는 내용의 법칙은?

① 키르히호프의 전류 법칙
② 키르히호프의 전압 법칙
③ 가우스의 법칙
④ 쿨롱의 법칙

[해설]

키르히호프의 전류 법칙, KCL
회로망 내 접속점의 유출입 전류의 합은 0

키르히호프의 전압 법칙, KVL
폐회로 내에서 기전력의 합은 전압강하의 총합

54 직류기 권선법에서 전기자 내부 병렬회로수 a와 극수 P의 관계는? (단, 권선법은 파권이다.)

① $a = 2$ ② $a = \dfrac{1}{2}P$
③ $a = P$ ④ $a = 2P$

> **해설**
>
> **직류기의 중권과 파권**
>
> | 구분 | 중권 | 파권 |
> |---|---|---|
> | 전기자 병렬회로 수 | 극수와 동일 | 2 |
> | 브러시 수 | 극수와 동일 | 2 |
> | 동일 조건 | 저전압, 대전류 | 고전압, 저전류 |

55 50V의 전위차를 가지고 200J의 일을 했다면 두 점 사이를 이동하는 전하량은 몇 C인가?

① 1
② 2
③ 4
④ 6

> **해설**
>
> $W = V \cdot Q$
>
> 전하량 $Q = \dfrac{W}{V} = \dfrac{200}{50} = 4[C]$

56 유도전동기에서 슬립이 1이란 전동기의 어느 상태인가?

① 유도 전동기가 전부하 운전상태이다.
② 유도 제동기의 역할을 한다.
③ 유도 전동기가 정지상태이다.
④ 유도 전동기가 동기속도로 회전한다.

> **해설**
>
> 슬립 $s = \dfrac{N_s - N}{N_s}$
>
> 여기서, N_s : 동기속도
> N : 실제속도(현재속도)
>
> 유도 전동기 슬립이 1인 상태는 현재속도가 0인 정지 상태임

57 전기기기의 충전부와 외함 사이의 저항은 어떤 저항인가?

① 브리지저항
② 접지저항
③ 접촉저항
④ 절연저항

> **해설**
>
> **절연저항**
> • 전기기기 충전부(도체)와 외함 사이의 저항
> • 기기의 절연저항은 높을수록 좋음

58 다음 중 절연저항을 측정하는 계기는?

① 메거
② 회로 시험기
③ 훅온미터
④ 휘트스톤 브리지

> **해설**
>
> ② 회로의 전압, 전류, 저항을 측정하는 계기
> ③ 활선 상태에서 전류를 측정하는 계기
> ④ 4개의 저항으로 브리지 회로를 만들어 검류계를 적용하는 계기

59 평상시에는 닫혀 있다가 버튼을 누를 때 열리는 접점은 무엇인가?

① a접점
② b접점
③ c접점
④ d접점

> **해설**
>
> **누름 버튼 스위치**
> 손으로 누르고 있을 때만 접점 상태가 변하는 버튼(스위치)
> • a접점 : 평상시 열려있다가 버튼을 누르고 있는 동안 닫히는 접점
> • b접점 : 상시 닫혀있다가 버튼을 누르고 있는 동안 열리는 접점

60 다음 중 npn 또는 pnp 구조로 스위칭 작용과 증폭작용을 하는 소자는?

① 다이오드
② 트랜지스터
③ 사이리스터
④ 트라이악

> **해설**
>
> ① p형 반도체와 n형 반도체를 접합하여 순방향 특성을 갖는 반도체로 정류작용을 함
> ③ pnpn 4층 구조로 소전류로 대전류를 제어 가능
> ④ 2개의 사이리스터를 역병렬로 접속하여 직류와 교류 회로에 모두 사용 가능

정답 55 ③ 56 ③ 57 ④ 58 ① 59 ② 60 ②

2024년 1회 기출문제

01 사람이 탑승하지 않으면서 적재용량 300kg 이하의 소형 화물 운반에 적합하게 제작된 엘리베이터는?

① 덤웨이터
② 승객용 엘리베이터
③ 비상용 엘리베이터
④ 화물용 엘리베이터

해설

덤웨이터
- 적재용량 300kg 이하
- 정격속도 1m/s 이하
- 바닥면적 1m² 이하
- 승객 탑승 금지

02 교류 엘리베이터의 제어방식이 아닌 것은?

① 교류 1단 속도제어방식
② 교류 귀환 전압제어방식
③ 가변전압 가변주파수(VVVF) 제어방식
④ 교류 상환 속도제어방식

해설

승강기 교류제어 방식
- 교류(AC) 1단 속도제어방식
- 교류(AC) 2단 속도제어방식
- 교류(AC) 귀환 속도제어방식
- VVVF 제어방식

03 와이어로프의 꼬는 방법 중 보통꼬임에 해당하는 것은?

① 스트랜드의 꼬는 방향과 로프의 꼬는 방향이 반대인 것
② 스트랜드의 꼬는 방향과 로프의 꼬는 방향이 같은 것
③ 스트랜드의 꼬는 방향과 로프의 꼬는 방향이 전체 길이의 반은 같고 반은 반대인 것
④ 스트랜드의 꼬는 방향과 로프의 꼬는 방향이 일정 구간 같았다가 반대이었다가 하는 것

해설

보통꼬임
- 소선과 스트랜드 꼬임 방향이 다름
- 꼬임이 풀리기 어려움

04 주차구획을 평면상에 배치하여 운반기의 왕복이동에 의하여 주차를 행하는 주차설비방식은?

① 승강기 슬라이드식
② 수평순환식
③ 평면왕복식
④ 다층순환식

해설

평면왕복식 주차장치
각 층에 평면으로 배치되어 있는 고정된 주차구획에 운반기에 의하여 자동차를 운반하여 주차하도록 설계한 주차장치
- 종류 : 운반식, 운반격납식 등
- 일반적으로 빌딩의 지하 또는 상부에 설치
- 중·대규모의 주차가 가능

05 점차 작동형 추락방지안전장치를 사용하는 엘리베이터의 정격속도가 150m/min일 때 다음 중 과속조절기가 작동하여야 하는 엘리베이터의 속도로 적절한 것은?

① 160m/min
② 165m/min
③ 170m/min
④ 175m/min

해설

과속조절기
- 정격속도의 115% 이상 속도에서 추락방지안전장치를 동작
- 정격속도 150m/min × 1.15 = 172.5m/min 이상에서 동작

정답 01 ① 02 ④ 03 ① 04 ③ 05 ④

06 에스컬레이터의 특징으로 틀린 것은?

① 기다리는 시간 없이 연속적으로 수송이 가능하다.
② 백화점과 마트 등 설치 장소에 따라 구매의욕을 높일 수 있다.
③ 전동기 기동 시 대전류에 의한 부하전류의 변화가 엘리베이터에 비하여 많아 전원설비 부담이 크다.
④ 건축상으로 점유면적이 작고 기계실이 필요하지 않으며, 건물에 걸리는 하중이 각 층에 분산되어 있다.

> **해설**
>
> **에스컬레이터의 특징**
> • 대기시간이 거의 없고 엘리베이터에 비해 약 10배의 연속수송 가능
> • 점유면적이 작음
> • 기계실이라는 별도의 공간이 필요 없음
> • 부하 전류의 변화가 작아 전원 설비 부담이 비교적 적음

07 다음 중 주택용 엘리베이터의 정원을 일반적으로 산출하는 식으로 옳은 것은?

① 정원(인) = $\dfrac{\text{정격하중}}{70[kg]}$

② 정원(인) = $\dfrac{\text{정격하중}}{75[kg]}$

③ 정원(인) = $\dfrac{\text{정격하중}}{80[kg]}$

④ 정원(인) = $\dfrac{\text{정격하중}}{85[kg]}$

> **해설**
>
> 주택용 엘리베이터 : 1인당 75kg 기준으로 산정

08 승강기에 적용하는 주행안내 레일의 규격을 결정하는 데 관계가 가장 적은 것은?

① 피트의 충격하중　② 좌굴하중
③ 수평 지진력　　　④ 회전모멘트

> **해설**
>
> **주행안내 레일의 규격 결정 시 고려사항**
> • 비상정지 시 레일에 인가되는 좌굴하중을 고려
> • 지진 발생 시 수평 지진력으로 인한 휘어짐을 고려
> • 화물 적재 시 발생하는 회전모멘트를 고려

09 직접식 유압 엘리베이터의 특징으로 잘못된 것은?

① 부하에 의한 카 바닥의 빠짐이 적다.
② 추락방지안전장치(비상정지장치)가 불필요하다.
③ 실린더의 점검이 용이하다.
④ 실린더를 설치하기 위한 보호관을 지중에 설치하여야 한다.

> **해설**
>
> **유압 엘리베이터 분류**
>
> | 구분 | 직접식 | 간접식 |
> |---|---|---|
> | 비상정지장치 | 불필요 | 필요 |
> | 보호관 | 지중에 시설 | 불필요 |
> | 실린더 점검 | 어렵다 | 쉽다 |
> | 승강로 면적 | 작다 | 크다 |
> | 부하에 의한 카 바닥 빠짐 | 적다 | 많다 |

10 승객이 출입하는 동안에 승객의 도어 끼임을 방지하기 위한 감지장치가 아닌 것은?

① 광전장치
② 세이프티 슈
③ 초음파 장치
④ 도어 인터록 스위치

> **해설**
>
> **도어 인터록(Door Interlock)**
> • 도어록(Door Lock) : 카가 정지하지 않는 층의 도어는 전용 열쇠를 사용하지 않으면 열리지 않도록 하는 장치
> • 도어 스위치(Door Switch) : 승강장 문이 닫혀 있지 않으면 운전이 불가능하도록 하는 장치

정답　06 ③　07 ②　08 ①　09 ③　10 ④

11 유압 엘리베이터의 카가 심하게 떨리거나 소음이 발생하는 경우의 조치에 해당되지 않는 것은?

① 실린더 내부의 공기 완전제거
② 실린더 로드면의 굴곡 상태 확인
③ 리밋 스위치 위치 변경
④ 릴리프 세팅 압력 조정

> 해설
>
> 리밋 스위치의 위치는 소음 및 진동과 무관함

12 유도전동기의 속도제어법이 아닌 것은?

① 2차 여자제어법
② 1차 계자제어법
③ 2차 저항제어법
④ 주파수 제어법

> 해설
>
> **유도전동기의 속도제어법**
> - 농형 : 주파수 제어법, 극수 변환법, 전압 제어법, VVVF
> - 권선형 : 2차 저항법, 2차 여자법

13 엘리베이터의 전동기 소요전력을 산출하기 위해 필요한 요소가 아닌 것은?

① 정격속도   ② 로프의 하중
③ 정격하중   ④ 오버밸런스율

> 해설
>
> **전동기 용량**
>
> $P = \dfrac{M \cdot V \cdot S}{6,120\eta}$ [kW]
>
> 여기서, P : 전동기 용량[kW]
> M : 정격적재하중[kg]
> V : 정격속도[min]
> S : 오버밸런스율은 균형추의 중량을 결정할 때 사용하는 계수 ($S = 1 - F$(오버밸런스율[%])

14 2단으로 배열된 운반기 중 임의의 상단의 자동차를 출고시키고자 하는 경우 하단의 운반기를 수평 이동시켜 상단의 운반기가 하강이 가능하도록 한 입체 주차설비는?

① 평면왕복식 주차장치
② 승강기식 주차장치
③ 2단식 주차장치
④ 수직순환식 주차장치

> 해설
>
> **2단식 주차장치**
> - 주차공간을 2단으로 하여 면적을 2배로 이용하는 방식
> - 조작이 간단하고 유지 보수가 용이
> - 입출고 시간이 짧고 경제적임
> - 소규모 주차장에 적용 가능

15 군 관리방식에 대한 설명으로 틀린 것은?

① 특정 층의 혼잡 등을 자동적으로 판단한다.
② 카를 불필요한 동작 없이 합리적으로 운행·관리한다.
③ 교통수요의 변화에 따라 카의 운전 내용을 변화시킨다.
④ 승강장 버튼의 부름에 대하여 항상 가장 가까운 카가 응답한다.

> 해설
>
> **군 관리방식**
> - 엘리베이터를 3~8대 병설할 때 각 엘리베이터를 효율적으로 운영하는 조작방식
> - 수요의 변화에 따라 엘리베이터의 운전내용을 변화시켜 대응(출퇴근 시, 점심시간, 회의 종료 시 등)
> - 운영 시 서비스 효율을 높일 수 있고, 불필요한 에너지 낭비를 방지

16 에스컬레이터의 층고가 6m 이하일 때의 경사도는 몇 ° 이하로 할 수 있는가?

① 15°   ② 25°
③ 35°   ④ 45°

정답 11 ③   12 ②   13 ②   14 ③   15 ④   16 ③

> [해설]

에스컬레이터 경사도
층고가 6m 이하이고 공칭속도가 0.5m/s 이하인 경우에는 35° 이하까지 가능함

경사도	공칭속도
30° 이하	0.75m/s 이하
30° 초과 35° 이하 (층고 6m 이하)	0.5m/s 이하

17 기계실에서 이동을 위한 공간의 유효 높이는 바닥에서부터 천장의 빔 하부까지 측정하여 몇 m 이상이어야 하는가?

① 1.2
② 1.8
③ 2.0
④ 2.5

> [해설]

기계실 치수
- 작업구역 유효 높이 : 2.1m 이상
- 움직이는 부품 : 0.5×0.6m 이상
- 이동통로 유효 높이 : 1.8m 이상
- 회전부품 위 : 0.3m 이상

18 카 문턱과 승강장문 문턱 사이의 수평거리는 몇 mm 이하이어야 하는가?

① 12
② 15
③ 35
④ 125

> [해설]

카 문턱과 승강장 문턱의 간격은 35mm 이하

19 승강기 보수작업 시 승강기의 카와 건물의 벽 사이에 작업자가 끼인 재해의 발생 형태에 의한 분류는?

① 협착
② 접촉
③ 방심
④ 전도

> [해설]

협착
작업자의 신체의 일부가 동작부 틈새에 말려든(끼인) 상태의 경우

20 엘리베이터 기계실에 관한 설명으로 틀린 것은?

① 기계실이 정상부에 위치할 경우 꼭대기 틈새의 높이는 2m 이상을 두어야 한다.
② 기계실의 위치는 반드시 정상부에 위치하지 않아도 된다.
③ 기계실의 크기는 승강로 수평투영면적의 2배 이상으로 하는 것이 적합하다.
④ 기계실이 있는 경우 기계실의 크기는 승강로의 크기와 같아야 한다.

> [해설]

승강기 기계실 구비조건
- 내화 및 방화구조 구획
- 유효 높이 2.1m 이상
- 바닥조명 200lx 이상
- 기계실 내 온도 5~40℃
- 출입문 0.7m×1.8m 이상
- 잠금장치 설치

21 훅의 법칙을 옳게 설명한 것은?

① 응력과 변형률은 반비례 관계이다.
② 응력과 탄성계수는 반비례 관계이다.
③ 응력과 변형률은 비례 관계이다.
④ 응력과 탄성계수는 관계없다.

> [해설]

훅의 법칙
비례한도 내에서는 응력과 응력에 의해 생기는 변형률은 비례
응력도(σ) = 탄성계수(E) × 변형률(ε)

정답 17 ② 18 ③ 19 ① 20 ④ 21 ③

22 승객의 구출 및 구조를 위한 카 상부 비상구 출문의 크기는 얼마 이상이어야 하는가?

① 0.2m×0.2m
② 0.35m×0.5m
③ 0.4m×0.5m
④ 0.5m×0.5m

해설

천장 비상구출문
- 0.4m × 0.5m 이상
- 카 밖으로 열릴 것
- 내부 : 삼각열쇠 이용
- 외부 : 열쇠 없이 열림

23 과속조절기의 보수 점검항목에 해당되지 않는 것은?

① 과속조절기 스위치의 접점 청결상태
② 세이프티 링크 스위치와 캠의 간격
③ 운전의 윤활성 및 소음 유무
④ 조속기 로프와 클립 체결상태

해설

과속조절기 보수 점검항목
전기안전장치 작동상태, 인장 풀리 설치상태, 로프 마모 및 파단상태 등

24 승강기 자체점검기준에서 유압시스템의 점검에 포함되지 않는 것은?

① 소화설비 비치 및 표기상태
② 윤활유의 유량 및 노후상태
③ 잭 및 관련 부품의 설치 및 작동상태
④ 유압시스템 관련 밸브 설치 및 작동상태

해설

유압시스템의 자체점검기준
- 유압시스템 관련 밸브 설치 및 작동상태
- 로프, 체인 이완감지장치 설치 및 작동상태
- 배관, 밸브 등의 부식 및 누유상태
- 유압탱크 설치상태 및 유량상태
- 배관, 밸브 등의 이음 및 고정상태
- 수동펌프 설치 및 작동상태
- 소화설비 비치 및 표기상태
- 잭 및 관련 부품의 설치 및 작동상태

25 엘리베이터의 문 닫힘 안전장치 중에서 발광기와 수광기로 구성되어 광전빔을 이용한 안전장치는?

① 세이프티 레이
② 초음파장치
③ 세이프티 슈
④ 가이드 슈

해설

문 닫힘 안전장치 종류
- 세이프티 슈 : 접촉식
- 세이프티 레이 : 광전식(비접촉식)
- 초음파 장치 : 초음파식(비접촉식)

26 승강장문 및 카문이 닫혀 있을 때 문짝 간 틈새나 문짝과 문틀(측면) 또는 문턱 사이의 틈새는 최대 몇 mm 이하이어야 하는가?

① 6
② 8
③ 10
④ 12

해설

출입문 일반사항
- 문이 닫혀있을 경우 문짝 간 틈새나 문짝과 문틀(측면) 또는 문적 사이 틈새 : 6mm 이하
- 2개 이상의 카문이 있는 경우 동시 개문 금지
- 승강장문 및 카문의 출입구 유효 높이 : 2m 이상
- 승강장 문의 출입구 유효 폭 : 카 출입구 폭 이상(50mm 초과 금지)
- 카문의 문턱과 승강장 문의 문턱 사이의 수평거리 : 35mm 이하
- 카문의 앞부분과 승강장문 사이의 수평거리 : 0.12m 이하

27 유압식 엘리베이터의 자체점검 시 피트에서 하는 점검항목 장치가 아닌 것은?

① 체크밸브
② 램(플런저)
③ 이동케이블 및 부착부
④ 하부 파이널 리밋 스위치

해설

체크밸브는 기계실에서 점검 실시

정답 22 ③ 23 ② 24 ① 25 ① 26 ① 27 ①

28 다음 중 기계실에서 점검할 항목이 아닌 것은?

① 제어반 및 주개폐기   ② 가이드 롤러
③ 절연저항   ④ 제동기

> **해설**
>
> **기계실 점검 항목**
> • 제어반 및 주개폐기
> • 전기기기 및 케이블 절연저항
> • 제동기
> • 기계실 높이, 바닥, 누수상태 등

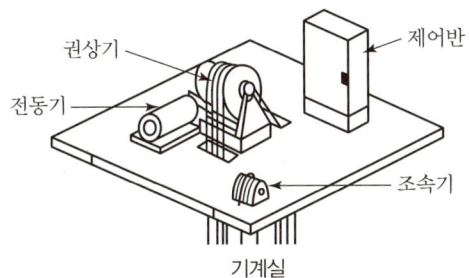

29 수평 보행기(무빙워크)의 안전장치에 해당되지 않는 것은?

① 스텝 체인 안전스위치
② 스커트 가드 안전스위치
③ 비상정지스위치
④ 핸드레일 인입구 안전스위치

> **해설**
>
> **스커트 가드 안전스위치**
> 에스컬레이터의 스커트 가드판과 스텝 사이에 신체의 일부나 옷, 신발 등이 끼어 말려 들어가는 것을 방지하는 장치

30 재해의 발생 순서로 옳은 것은?

① 이상상태 – 불안전 행동 및 상태 – 사고 – 재해
② 이상상태 – 사고 – 불안전 행동 및 상태 – 재해
③ 불안전 행동 및 상태 – 이상상태 – 사고 – 재해
④ 재해 – 이상상태 – 사고 – 불안전 행동 및 상태

> **해설**
>
> **재해 발생순서**
> 이상상태 – 불안전 행동 및 상태 – 사고 – 재해

31 동력을 수시로 이어주거나 끊어주는 데 사용할 수 있는 기계요소는?

① 클러치   ② 리벳
③ 키   ④ 체인

> **해설**
>
> **클러치**
> • 축의 회전운동을 통해 동력을 전달하는 장치
> • 속도 조절에 사용

32 구름 베어링의 특징에 관한 설명으로 틀린 것은?

① 설치가 까다롭다.
② 마찰저항이 작다.
③ 고속회전이 가능하다.
④ 충격에 강하다.

> **해설**
>
> **베어링의 특징**
>
> | 구분 | 미끄럼 베어링 | 구름 베어링 |
> |---|---|---|
> | 구조 | 간단 | 복잡 |
> | 동력손실 | 큼 | 작음 |
> | 마찰저항 | 큼 | 작음 |
> | 소음 및 진동 | 작음 | 큼 |
> | 보수점검 | 어려움 | 쉬움 |
> | 회전속도 | 저속대응 | 고속대응 |
> | 윤활성 | 나쁨 | 좋음 |
> | 가격 | 저렴 | 고가 |

33 하인리히 사고방지 중 4단계에 해당되는 내용은?

① 안전관리조직   ② 현상 파악
③ 대책 선정   ④ 원인 규명

> **해설**
>
> **하인리히 사고방지**
> - 제1단계 : 안전관리조직
> - 제2단계 : 현상 파악
> - 제3단계 : 원인 규명
> - 제4단계 : 대책 선정
> - 제5단계 : 대책 적용

34 다음 중 작용 상태에 따른 하중의 분류가 아닌 것은?

① 인장하중 ② 전단하중
③ 비틀림하중 ④ 교변하중

> **해설**
>
> **작용 상태에 따른 하중**
> - 인장하중
> - 압축하중
> - 전단하중
> - 휨하중
> - 비틀림하중
> - 좌굴하중

35 다음 중 변형률의 종류가 아닌 것은?

① 가로변형률 ② 세로변형률
③ 인장변형률 ④ 전단변형률

> **해설**
>
> **변형률의 종류**
> - 가로변형률
> - 세로변형률
> - 전단변형률

36 평형 3상 전원에서 각 상간 전압의 위상차(rad)는 얼마인가?

① $\dfrac{1}{2}\pi$ ② $\dfrac{1}{3}\pi$
③ $\dfrac{1}{6}\pi$ ④ $\dfrac{2}{3}\pi$

> **해설**
>
> **평형 3상 교류 전력**
> 크기와 주파수가 같으며, 120°의 위상차를 가진 교류 전압 또는 전류
>
>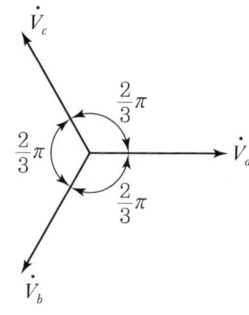
>
> 3상 교류 벡터 표시

37 되먹임 제어에서 가장 필요한 장치는?

① 입력과 출력을 비교하는 장치
② 응답속도를 느리게 하는 장치
③ 응답속도를 빠르게 하는 장치
④ 안정도를 좋게 하는 장치

> **해설**
>
> **되먹임 제어**
> 입력신호와 출력신호를 비교하여 오차를 다시 입력신호로 보내 제어를 하며, 입력과 출력신호를 비교하는 비교장치가 필수

38 RLC 직렬회로에서 최대전류가 흐르게 되는 조건은?

① $\omega L^2 - \dfrac{1}{\omega C} = 0$ ② $\omega L^2 + \dfrac{1}{\omega C} = 0$
③ $\omega L - \dfrac{1}{\omega C} = 0$ ④ $\omega L + \dfrac{1}{\omega C} = 0$

> **해설**
>
> **직렬공진**
> 최대전류가 흐르기 위해서는 임피던스가 최소가 되어야 함
> $\omega L - \dfrac{1}{\omega C} = 0$

정답 34 ④ 35 ③ 36 ④ 37 ① 38 ③

39 구동 체인이 늘어나거나 절단되었을 경우 아래로 미끄러지는 것을 방지하는 안전장치는?

① 스텝 체인 안전장치
② 정지 스위치
③ 인입구 안전장치
④ 구동 체인 안전장치

해설

구동 체인 안전장치
- 체인이 늘어나거나 절단되었을 경우에 동작
- 동력을 차단하고 역회전을 기계적으로 방지한 후 전기적으로 전원을 차단

40 다음 중 유도 전동기의 제동방법이 아닌 것은?

① 극수제동
② 회생제동
③ 발전제동
④ 역상제동

해설

전동기 제동법
- 발전제동
- 회생제동
- 역상제동

41 RLC 소자의 교류회로에 대한 설명 중 틀린 것은?

① R만의 회로에서 전압과 전류의 위상은 동상이다.
② L만의 회로에서 저항성분을 유도성 리액턴스 X_L이라 한다.
③ C만의 회로에서 전류는 전압보다 위상이 90° 앞선다.
④ 유도성 리액턴스 $X_L = \dfrac{1}{\omega L}$이다.

해설

$X_L = \omega L = 2\pi f L [\Omega]$

여기서, L : 인덕턴스[H]

$X_L[\Omega]$: 유도성 리액턴스

42 회전 운동을 직선운동, 왕복운동, 진동 등으로 변환시켜주는 기구로서 두 개의 부품이 결합된 구조를 가지는 것은 무엇인가?

① 링크기구
② 슬라이더
③ 캠
④ 크랭크

해설

캠(Cam)
회전운동을 직선운동, 왕복운동, 진동 등으로 변환하는 장치

43 전류 I와 전하 Q 및 시간 t와의 상관관계를 옳게 나타낸 식은?

① $I = \dfrac{Q}{t}$[A]
② $I = \dfrac{t}{Q}$[A]
③ $I = \dfrac{Q^2}{t}$[A]
④ $I = \dfrac{Q}{t^2}$[A]

해설

$I = \dfrac{Q[C]}{t[s]}[A]$, $Q = It [C]$

여기서, Q : 전기량[C]

I : 전류[A]

t : 시간[sec]

44 무부하 시 위험 속도가 되지 않고 토크가 커서 크레인, 엘리베이터, 공작기계, 공기압축기 등의 운전에 가장 적합한 전동기는?

① 직권전동기
② 분권전동기
③ 타여자 전동기
④ 기동복권전동기

해설

가동복권 전동기
- 직권 계자 권선에 의하여 발생 되는 자속이 분권 계자 권선에 의하여 발생 되는 자속과 같은 방향이 되어 합성 자속이 증가하는 구조의 전동기
- 크레인, 승강기에 사용

정답 39 ④ 40 ① 41 ④ 42 ③ 43 ① 44 ④

45 전기력선의 성질 중 옳지 않은 것은?

① 양전하에서 시작하여 음전하에서 끝난다.
② 전기력선의 접선 방향이 전장의 방향이다.
③ 전기력선은 등전위면과 직교한다.
④ 전기력선은 스스로 폐곡선이 된다.

해설

전기력선의 성질
- 양전하에서 나와 음전하로 끝남
- 전기력선 접선 방향이 전장의 방향
- 서로 교차하지 않음
- 스스로 폐곡선이 되지 않음

46 다음 중 안전사고 발생 요인이 가장 높은 것은?

① 불안전한 상태와 행동 ② 개인의 개성
③ 개인의 감정 ④ 환경과 유전

해설

재해의 원인
- 불안전한 행동(인적 요인) : 심리적 원인, 관리 원인, 생리적 원인
- 불안전한 상태(물적 요인) : 기계 자체 결함, 방호장치 결함, 보호구 또는 복장의 결함 등

47 추락을 방지하기 위한 2종 안전대의 사용법은?

① U자 걸이 전용
② 1개 걸이 전용
③ 2개 걸이 전용
④ 1개 걸이, U자 걸이 겸용

해설

안전대 종류
- 1종 : U자 걸이
- 2종 : 1개 걸이
- 3종 : 1개 U자걸이 공용
- 4종 : 안전블록
- 5종 : 추락 방지대

48 백열전등에 100V의 전압을 가하면 0.3A의 전류가 흐른다. 이 전등의 소비전력은 몇 W인가? (단, 부하의 역률은 0.8이다.)

① 10 ② 24
③ 30 ④ 34

해설

단상 전력 $P = VI\cos\theta$ [W] $= 100 \times 0.3 \times 0.8 = 24$W

49 "회로망에서 임의의 접속점에 흘러 들어오고 흘러 나가는 전류의 대수합은 0이다."라는 내용의 법칙은?

① 키르히호프의 법칙
② 줄의 법칙
③ 가우스의 법칙
④ 쿨롱의 법칙

해설

- 키르히호프의 전류 법칙(KCL) : 회로망 내 접속점의 유출입 전류의 합은 0
- 키르히호프의 전압 법칙(KVL) : 폐회로 내에서 기전력의 합은 전압강하의 총합

50 진공 중에서 m Wb의 자극으로부터 나오는 총 자력선의 수는 어떻게 표현되는가?

① $\dfrac{m}{4\pi\mu_0}$ ② $\dfrac{m}{\mu_0}$
③ $\mu_0 m$ ④ $\mu_0 m^2$

해설

자기력선

$N = \dfrac{m}{\mu} = \dfrac{m}{\mu_0 \cdot \mu_s} = \dfrac{m}{\mu_0}$ [개]

진공 중의 투자율 $\mu_0 = 4\pi \times 10^{-7}$ [H/m]
비투자율 $\mu_s = 1$ (단, 진공·공기 상태일 때)
투자율 $\mu = \mu_0 \times \mu_s$

정답 45 ④ 46 ① 47 ② 48 ② 49 ① 50 ②

51 도르래의 로프홈에 언더컷(Under Cut)을 하는 목적은?

① 도르래의 경량화
② 윤활 용이
③ 마찰계수 향상
④ 로프의 중심 균형

해설
언더컷을 사용하여 도르래의 마찰계수를 증가시켜 슬립을 방지

52 6극, 50Hz의 3상 유도전동기의 동기속도(rpm)는?

① 500
② 1,000
③ 1,200
④ 1,800

해설
동기속도
$$n_s = \frac{120}{p}f = \frac{120}{6} \times 50 = 1,000 [\text{rpm}]$$

53 다음 중 다이오드의 순방향 바이어스 상태를 의미하는 것은?

① P형 쪽에 (−), N형 쪽에 (+) 전압을 연결한 상태
② P형 쪽에 (+), N형 쪽에 (−) 전압을 연결한 상태
③ P형 쪽에 (−), N형 쪽에도 (−) 전압을 연결한 상태
④ P형 쪽에 (+), N형 쪽에도 (+) 전압을 연결한 상태

해설
PN 접합 다이오드
P(+), N(−)이 순방향 바이어스 상태

54 기계요소 설계 시 일반 체결용에 주로 사용되는 나사는?

① 삼각나사
② 사각나사
③ 톱니나사
④ 사다리꼴나사

해설
나사의 종류
- 삼각나사 : 나사산이 삼각형인 나사로 주로 체결용 나사로 사용
- 사각나사 : 나사산이 직사각형인 나사로 주로 힘을 전달하는 기계의 부품으로 사용
- 톱니나사 : 나사산의 단면이 톱니 모양이며 한쪽 방향으로 강력한 축하중을 전달하는 경우에 사용
- 사다리꼴나사 : 나사산이 사다리꼴 모양이며 공작기계의 리드나사, 피드나사에 사용

55 18−8 스테인리스강의 특징에 대한 설명 중 틀린 것은?

① 내식성이 뛰어나다.
② 녹이 잘 슬지 않는다.
③ 자성체의 성질을 갖는다.
④ 크롬 18%와 니켈 8%를 함유한다.

해설
18−8 스테인리스강의 특징
- 녹이 잘 슬지 않음
- 내식성이 뛰어남
- 크롬 18%와 니켈 8%를 함유
- 자성체의 성질을 갖지 않음

56 계측기와 관련된 문제, 환경적 영향 또는 개인 등으로 인해 발생하는 오차는?

① 절대오차
② 계통오차
③ 과실오차
④ 우연오차

해설
오차의 종류
- 계통오차
  - 계기오차 : 측정계기의 불완전성 때문에 발생하는 오차
  - 환경오차 : 측정할 때 온도, 습도 등 외부환경의 영향으로 발생하는 오차
  - 개인오차 : 개인이 가지고 있는 습관이나 선입견으로 발생하는 오차

정답 51 ③ 52 ② 53 ② 54 ① 55 ③ 56 ②

- 절대오차 : 계산 결과에서 나온 직접적인 오차의 절댓값
- 과실오차 : 측정자의 취급 부주의로 발생되는 오차
- 우연오차 : 불규칙적이고 우발적인 원인으로 불가피하게 발생되는 오차

57 다음 중 PNP형 트랜지스터의 기호로 알맞은 것은?

① 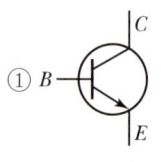   ②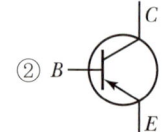

③ 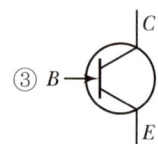   ④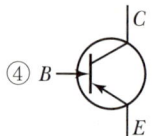

[해설]

트랜지스터
전기적 신호를 스위칭 하거나 증폭시키는 역할

NPN형	PNP형

58 전류의 열작용과 관계있는 법칙은?

① 옴의 법칙
② 줄의 법칙
③ 플레밍의 법칙
④ 키르히호프의 법칙

[해설]

줄의 법칙
도체 내에 흐르는 정상 전류에 의하여 일정한 시간 내에 발생하는 줄열의 양은 전류의 제곱과 도체의 저항에 비례

59 다음 중 전류계에 대한 설명으로 옳지 않은 것은?

① 전류계의 내부저항은 전압계의 내부저항보다 작다.
② 전류계는 회로에 직렬로 접속하여야 한다.
③ 직류용 계기에는 (+), (−)의 단자가 구별되어 있다.
④ 전류계의 측정 범위를 확장하기 위해 직렬로 접속한 저항을 분류기라고 한다.

[해설]

전류계
회로에 흐르는 전류를 측정하는 계측기
- 측정방법 : 회로에 직렬로 접속
- 전류계의 내부저항 : 0(전압계 내부저항 : 무한대)

분류기
전류계에 병렬로 접속하여 전류의 측정 범위를 넓게 하는 저항기

60 3상 유도전동기의 일정한 최대토크를 얻기 위하여 인버터를 사용하여 속도제어를 하고자 할 때 공급전압과 주파수의 관계로 옳은 것은?

① 공급전압과 주파수는 비례하여야 한다.
② 공급전압과 주파수는 반비례하여야 한다.
③ 주파수는 공급전압의 제곱에 반비례하여야 한다.
④ 주파수와 무관하게 공급전압은 항상 일정하여야 한다.

[해설]

3상 유도전동기 인버터 제어(VVVF)
인버터 제어방식은 일정한 최대토크를 얻기 위해서 공급전압과 주파수를 항상 비례하게 제어해야 함

정답 57 ② 58 ② 59 ④ 60 ①

2024년 2회 기출문제

01 승객용 엘리베이터의 분류가 아닌 것은?

① 화물용 엘리베이터
② 병원용 엘리베이터
③ 전망용 엘리베이터
④ 덤웨이터

해설

승객용 엘리베이터
- 승객용
- 병원용
- 피난용
- 전망용
- 장애인용
- 승객, 화물용
- 소방구조용

02 소방구조용 엘리베이터의 속도기준은?

① 1m/s 이상 ② 2m/s 이상
③ 3m/s 이상 ④ 4m/s 이상

해설

속도에 따른 분류
- 고속 엘리베이터 : 4m/s 초과
- 중저속 엘리베이터 : 4m/s 이하
- 소방구조용 엘리베이터 : 1m/s 이상

03 3~8대의 승강기를 병설할 경우 적당한 조작 방식은?

① 단식자동식 ② 하강 전자동식
③ 군 승합자동식 ④ 군 관리 방식

해설

군 관리 방식
- 엘리베이터의 3~8대 병설 시
- 수요에 따라 운전대응

- 운영서비스 효율 향상
- 에너지 세이빙 가능

04 엘리베이터 권상기의 주요 구성품이 아닌 것은?

① 감속기 ② 완충기
③ 전동기 ④ 브레이크 장치

해설

권상기
- 개념 : 로프를 이용하여 카를 상하로 이동시키는 장치
- 구성요소 : 전동기, 제동기, 구동 시브, 감속기 등

완충기
카가 피트로 떨어졌을 때 충격을 완화시키는 장치

05 기어의 종류 중 아래 그림과 같으며 부하용량이 크고 큰 감속비를 얻을 수 있는 특징이 있는 기어는?

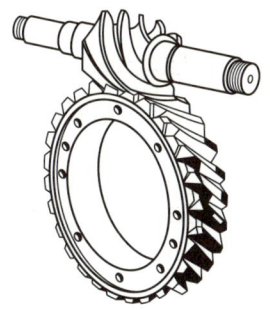

① 웜 기어 ② 헬리컬 기어
③ 스퍼 기어 ④ 베벨 기어

해설

웜 기어
- 부하용량이 큼
- 큰 감속비를 얻을 수 있음
- 소음과 진동이 적음

정답 01 ④ 02 ① 03 ④ 04 ② 05 ①

06 완충기의 종류 중에서 오리피스의 틈에 의한 유체저항으로 완충작용을 하는 것은?

① 우레탄 완충기
② 매트 완충기
③ 스프링 완충기
④ 유압 완충기

해설

유압 완충기
• 승강기 속도에 관계없이 설치
• 유체저항에 의해 완충
• 복귀는 스프링에 의함

07 일반적인 에스컬레이터 경사도는 몇 도를 초과하지 않아야 하는가?

① 25° ② 30°
③ 35° ④ 40°

해설

에스컬레이터 경사도

경사도	공칭속도
30° 이하	0.75[m/s] 이하
30° 초과 35° 이하	0.5[m/s] 이하

08 에스컬레이터 디딤판의 크기에 대한 설명 중 옳은 것은?

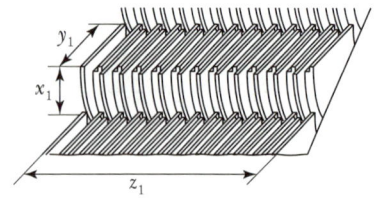

① 디딤판의 깊이(y_1)는 0.28m 이상이고, 디딤판의 높이(x_1)는 0.18m 이하이어야 한다.
② 디딤판의 깊이(y_1)는 0.36m 이상이고, 디딤판의 높이(x_1)는 0.22m 이하이어야 한다.
③ 디딤판의 깊이(y_1)는 0.38m 이상이고, 디딤판의 높이(x_1)는 0.24m 이하이어야 한다.
④ 디딤판의 깊이(y_1)는 0.42m 이상이고, 디딤판의 높이(x_1)는 0.28m 이하이어야 한다.

해설

디딤판(스텝) 규격
• 디딤판 깊이(y_1) : 0.38m 이상
• 디딤판 높이(x_1) : 0.24m 이하
• 홈의 폭 : 5mm 이상 7mm 이하
• 홈의 깊이 : 10mm 이상

09 다음 중 도어 시스템의 종류가 아닌 것은?

① 2짝 문 상하열기 방식
② 2짝 문 중앙열기(CO) 방식
③ 2짝 문 가로열기(2S) 방식
④ 가로열기와 상하열기 겸용방식

해설

도어 시스템의 종류
• 중앙개폐방식 : CO(Center Open)
• 가로개폐방식 : S(Side Open)
• 상하개폐방식 : 2UP(DN)

10 여러 층으로 배치되어 있는 고정된 주차구획에 위아래로 이동할 수 있는 운반기에 의하여 자동차를 자동으로 운반·이동하여 주차하도록 설계한 주차장치는?

① 2단식
② 승강기식
③ 수직순환식
④ 승강기슬라이드식

해설

승강기식 주차장
승강기와 같이 위아래로 이동하여 주차하는 방식

11 다음 중 에스컬레이터의 일반구조에 대한 설명으로 옳지 않은 것은?

① 일반적으로 경사도는 30° 이하로 하여야 한다.
② 손잡이의 속도가 디딤바닥과 동일한 속도를 유지하도록 한다.
③ 디딤바닥의 정격속도는 0.5m/s 이상이어야 한다.
④ 물건이 에스컬레이터의 각 부분에 끼이거나 부딪치는 일이 없도록 안전한 구조이어야 한다.

해설

경사도에 따른 속도
- 30° 이하 : 0.75m/s 이하
- 30° 초과 35° 이하 : 0.5m/s 이하

12 직류전동기의 속도제어방법이 아닌 것은?

① 저항제어법 ② 계자제어법
③ 주파수제어법 ④ 전압제어법

해설

전동기 속도제어

$$N = K\frac{(V-I_a R_a)}{\phi}[\text{rpm}]$$

- 저항제어법 : 전기자에 가변 직렬 저항을 추가하여 전기자 회로의 저항을 조정
- 계자제어법 : 자속(ϕ)를 변화시키는 방법
- 전압제어법 : 전압을 제어하여 광범위한 속도제어가 가능

13 직류 전동기에서 전기자 반작용의 원인이 되는 것은?

① 계자 전류
② 전기자 전류
③ 와류손 전류
④ 히스테리시스손의 전류

해설

전기자 반작용
전기자 전류에 의한 자속이 주 자속에 영향을 주는 현상

14 변형량과 원래 치수와의 비를 변형률이라 하는데 다음 중 변형률의 종류가 아닌 것은?

① 가로 변형률 ② 세로 변형률
③ 전단 변형률 ④ 전체 변형률

해설

변형률
변형된 길이와 원래의 길이와의 비
$= \dfrac{\text{변형된 길이}}{\text{원래의 길이}}$

변형률의 종류
가로 변형률, 세로 변형률, 전단 변형률

15 와이어로프의 꼬임 방향에 의한 분류로 옳은 것은?

① Z꼬임, S꼬임 ② Z꼬임, T꼬임
③ S꼬임, T꼬임 ④ H꼬임, T꼬임

해설

보통꼬임
- 소선과 스트랜드 꼬임 방향이 다름
- 꼬임이 풀리기 어려움

랭꼬임
- 소선과 스트랜드 꼬임 방향이 같음
- 꼬임이 풀리기 쉬움

16 다음 중 카 실내에서 검사하는 사항이 아닌 것은?

① 전동기 주회로의 절연저항
② 승강장 출입구 바닥 앞부분과 카 바닥 앞부분과의 틈의 너비
③ 도어 스위치의 작동상태
④ 외부와 연결하는 통화장치의 작동상태

해설

카 실내에서 하는 점검항목
카 실내 주 벽, 천장 및 바닥, 카의 문 및 문턱, 카 도어 스위치, 문닫힘안전장치, 카 조작반 및 표시기 버튼, 스위치류, 비상통화장치, 정지스위치, 조명, 측면 구출구 등

정답 11 ③ 12 ③ 13 ② 14 ④ 15 ① 16 ①

17 에스컬레이터를 하강방향으로 공칭속도 0.5m/s로 움직일 때 전기적 정지장치가 작동된 시간부터 측정할 경우 정지거리는 얼마를 만족하여야 하는가?

① 0.1m에서 0.8m 사이
② 0.2m에서 1.0m 사이
③ 0.3m에서 1.3m 사이
④ 0.4m에서 1.5m 사이

> **해설**
>
> **에스컬레이터의 정지거리**
>
> | 공칭속도 v | 정지거리 |
> |---|---|
> | 0.50m/s | 0.20~1.00m까지 |
> | 0.65m/s | 0.30~1.30m까지 |
> | 0.75m/s | 0.40~1.50m까지 |

18 비상용 엘리베이터는 정전 시 몇 초 이내에 엘리베이터 운행에 필요한 전력용량이 자동적으로 발생되어야 하는가?

① 60초
② 90초
③ 120초
④ 150초

> **해설**
>
> **비상용 엘리베이터의 전원공급**
> - 정전 시 60초 이내에 엘리베이터 운행에 필요한 전력을 발생시켜야 한다.
> - 2시간 이상 전력을 공급시킬 수 있어야 한다.

19 장애인용 엘리베이터의 경우 호출버튼에 의하여 카가 정지하면 몇 초 이상 문이 열린 채로 대기하여야 하는가?

① 8초 이상
② 10초 이상
③ 12초 이상
④ 15초 이상

> **해설**
>
> 호출버튼에 의해 카가 정지하면 10초 이상 문이 열린 채로 대기하여야 함

20 기어의 언더컷에 관한 설명으로 틀린 것은?

① 이의 간섭현상이다.
② 접촉면적이 넓어진다.
③ 원활한 회전이 어렵다.
④ 압력각을 크게 하여 방지한다.

> **해설**
>
> **도르래 홈의 마찰력 크기**
> U홈<언더컷홈<V홈
> - 도르래 홈의 형상은 마찰력이 큰 것이 바람직하지만 마찰력이 큰 형상은 로프와 도르래 홈의 접촉면 면압이 크기 때문에 로프와 도르래가 쉽게 마모될 수 있음
> - 언더컷홈은 라운드홈을 사용하지 않는 도르래에 주로 사용
> - 특징은 V홈과 U홈의 중간으로 마찰계수가 적당하며, 권부각을 개선하여 도르래 및 로프의 수명을 연장시키는 장점이 있음
> - 언더컷의 마모에 의해 U홈 상태로 바뀌는 것은 면압을 감소시키고 이로 인해 마찰력이 적어져서 미끄러짐이 발생

21 카 문턱과 승강장문 문턱 사이의 수평거리는 몇 mm 이하이어야 하는가?

① 12
② 15
③ 35
④ 125

> **해설**
>
> **출입문 일반사항**
> - 문이 닫혀있을 경우 문짝 간 틈새나 문짝과 문틀(측면) 또는 문짝 사이 틈새 : 6mm 이하
> - 2개 이상의 카문이 있는 경우 동시 개문 금지
> - 승강장문 및 카문의 출입구 유효 높이 : 2m 이상
> - 승강장 문의 출입구 유효 폭 : 카 출입구 폭 이상(50mm 초과 금지)
> - 카문의 문턱과 승강장 문의 문턱 사이의 수평거리 : 35mm 이하
> - 카문의 앞부분과 승강장문 사이의 수평거리 : 0.12m 이하

정답 17 ② 18 ① 19 ② 20 ② 21 ③

22 도어가 열리면 엘리베이터의 운행이 중지되게 하는 스위치는?

① 파이널 리밋 스위치 ② 비상정지 스위치
③ 도어 스위치 ④ 과속조절기 스위치

해설

도어 인터록(Door Interlock)
- 도어록(Door Lock) : 카가 정지하지 않는 층의 도어는 전용 열쇠를 사용하지 않으면 열리지 않도록 하는 장치
- 도어 스위치(Door Switch) : 승강장 문이 닫혀 있지 않으면 운전이 불가능하도록 하는 장치
- 도어이탈방지장치 : 외부의 충격으로 인해 승강장 도어가 이탈하여 승객이 승강로로 추락하는 것을 방지하는 장치
- 손끼임방지장치 : 도어가 동작할 때 도어 틈 사이로 손이 끼는 것을 방지하는 장치

23 블리드 오프 유압회로 방식의 특징이 아닌 것은?

① 카의 기동 시 유량조정이 어렵다.
② 상승 운전 시의 효율이 높다.
③ 작동유의 온도(점도) 변화 및 압력 변화 등의 영향을 받기 쉽다.
④ 정확한 속도 제어가 곤란하다.

해설

블리드오프 회로
- 유량제어밸브 간접 설치
- 유량 간접제어
- 정확한 속도제어 불가
- 효율이 높음

24 스텝체인 안전장치에 대한 설명으로 알맞은 것은?

① 스커트 가드 판과 스텝 사이에 이물질의 끼임을 감지하는 장치이다.
② 스텝체인의 늘어남 또는 파단을 감지하는 장치이다.
③ 스텝과 레일 사이에 이물질의 끼임을 감지하는 장치이다.
④ 상부 기계실 내 작업 시에 전원이 투입되지 않도록 하는 장치이다.

해설

스텝체인 안전장치 이완감지 스위치
스텝체인이 절단되거나 심하게 늘어날 경우 구동기 모터의 전원을 차단하여 에스컬레이터를 정지시키는 장치

25 다음 그림과 같이 무게 W가 움직이는 도르래에 매달려 있다. 물체를 끌어 올리는 힘을 P라고 했을 때 P와 W의 관계식으로 옳은 것은? (단, 도르래와 로프의 무게는 없다고 본다)

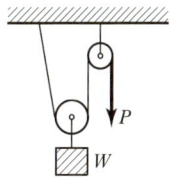

① $P = W$ ② $P = \dfrac{1}{2}W$
③ $P = \dfrac{1}{3}W$ ④ $P = \dfrac{1}{4}W$

해설

동활차
$W = P \times 2$
여기서, W : 하중[kg], P : 인장력[kg]

26 에스컬레이터의 손잡이는 운행방향 반대편에서 몇 N의 힘으로 당겨도 정지되지 않아야 하는가?

① 450N ② 400N
③ 350N ④ 300N

해설

손잡이(핸드레일) 시스템
- 각 난간의 꼭대기에는 정상운행 조건 아래에서 스텝, 팔레트 또는 벨트의 실제 속도와 관련하여 동일 방향으로 0%에서 +2%의 공차가 있는 속도로 움직이는 손잡이가 설치되어야 함

- 손잡이는 정상운행 중 운행방향의 반대편에서 450N의 힘으로 당겨도 정지되지 않아야 함

27 승강기 안전점검에서 신설·변경 또는 고장 수리 등의 작업을 한 후에 실시하는 것은?

① 사전점검　② 특별점검
③ 수시점검　④ 정지점검

해설

특별점검
승강기 설비의 신설, 사고 발생으로 인한 고장 수리가 있을 때 행하는 점검

28 엘리베이터 완충기에 대한 설명으로 적합하지 않은 것은?

① 정격속도 1m/s 이하의 엘리베이터에 스프링 완충기를 사용하였다.
② 정격속도 1m/s 초과의 엘리베이터에 유입완충기를 사용하였다.
③ 유입완충기의 플런저 복귀시험은 완전히 압축한 상태에서 완전 복귀할 때까지의 시간은 120초 이하이다.
④ 유입 완충기에서 최소적용중량은 카 자중＋적재하중으로 한다.

해설

엘리베이터 완충기
- 최소적용중량 : 카 자중＋75kg
- 최대적용중량 : 카 자중＋적재하중

29 다음 ( ) 안에 들어갈 내용으로 알맞은 것으로 짝지은 것은?

> 카 내부의 유효 높이는 (㉠) 이상이어야 한다. 다만, 주택용 엘리베이터의 경우에는 (㉡) 이상으로 할 수 있으며, 자동차용 엘리베이터의 경우에는 제외한다.

① ㉠ 1.5m, ㉡ 2m　② ㉠ 1.5m, ㉡ 1.8m
③ ㉠ 2m, ㉡ 2m　④ ㉠ 2m, ㉡ 1.8m

해설

카의 유효 높이 : 2m 이상 (주택용 1.8m 이상)

30 승강기의 주로프 로핑(Roping) 방법에서 로프의 장력은 부하 측(카 및 균형추) 중력의 1/2로 되며, 부하 측의 속도가 로프 속도의 1/2이 되는 로핑 방법은 어느 것인가?

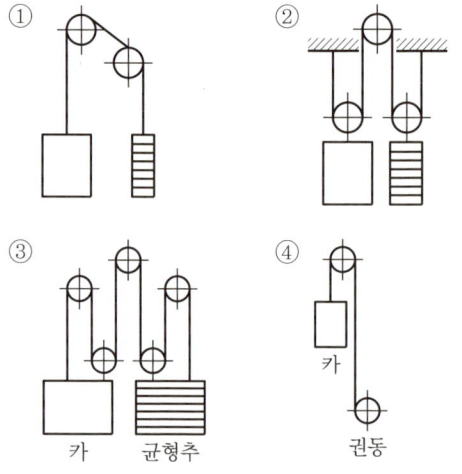

해설

카와 균형추의 로프 거는 방법(로핑)

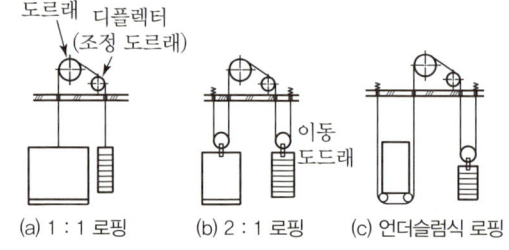

(a) 1 : 1 로핑　(b) 2 : 1 로핑　(c) 언더슬럼식 로핑

2 : 1 로핑
- 1 : 1 로핑 장력의 1/2이 된다.
- 시브에 걸리는 부하도 1 : 1의 1/2이 된다.
- 기어식 권상기에서는 30[m/min] 미만의 엘리베이터에서 많이 사용한다.

1 : 1 로핑
- 일반적인 승객용으로 사용

- 로프 장력 = 카(또는 균형추)의 중량 + 로프의 중량
- 카의 속도와 로프의 속도가 같음

언더슬럼식 로핑
- 2:1 로핑 방식과 유사하나 도르래가 카의 하단에 위치
- 거의 사용되지 않음

31 피트 정지 스위치의 설명으로 틀린 것은?

① 이 스위치가 작동하면 문이 반전하여 열리도록 하는 기능을 한다.
② 점검자나 검사자의 안전을 확보하기 위해서는 작업 중 카의 움직임을 방지하여야 한다.
③ 수동으로 조작되고 스위치가 열리면 전동기 및 브레이크에 전원 공급이 차단되어야 한다.
④ 보수 · 점검 및 검사를 위해 피트 내부의 "정지" 위치로 두어야 한다.

[해설]

피트 정지 스위치
- 피트 내부로 보수점검 및 검사를 위하여 들어가기 전에 피트 정지 스위치를 정지 위치로 함으로써 작업 중 카가 움직이는 것을 방지
- 승강기의 전동기 및 제동기에 전력이 차단
- 수동조작 장치

32 구동 체인이 늘어나거나 절단되었을 경우 아래로 미끄러지는 것을 방지하는 안전장치는?

① 스텝 체인 안전장치
② 정지 스위치
③ 인입구 안전장치
④ 구동 체인 안전장치

[해설]

구동 체인 안전장치
- 체인이 늘어나거나 절단되었을 경우 동작
- 동력을 차단하고 역회전을 기계적으로 방지 후 전기적으로 전원을 차단

33 소방구조용 엘리베이터의 정전 시 예비전원의 기능에 대한 설명으로 옳은 것은?

① 30초 이내에 엘리베이터 운행에 필요한 전력용량을 자동적으로 발생하여 1시간 이상 작동하여야 한다.
② 40초 이내에 엘리베이터 운행에 필요한 전력용량을 자동적으로 발생하여 1시간 이상 작동하여야 한다.
③ 60초 이내에 엘리베이터 운행에 필요한 전력용량을 자동적으로 발생하여 2시간 이상 작동하여야 한다.
④ 90초 이내에 엘리베이터 운행에 필요한 전력용량을 자동적으로 발생하여 2시간 이상 작동하여야 한다.

[해설]

소방구조용 승강기 기본요건
- 폭 1,100mm, 깊이 1,400mm 이상
- 출입구 유효 폭은 800mm 이상
- 60초 이내에 가장 먼 층에 도착
- 운행속도는 1m/s 이상
- 비상구출문 0.5m × 0.7m 이상
- 정전 시 60초 이내 전원 공급
- 비상전원은 2시간 이상

34 카 바닥 앞부분과 승강로 벽과의 수평거리는 일반적으로 몇 m 이하이어야 하는가?

① 0.12m
② 0.13m
③ 0.14m
④ 0.15m

[해설]

승강로 내측과 카 문턱, 카 문틀 또는 카문의 닫히는 모서리 사이의 수평거리는 승강로 전체 높이에 걸쳐 0.15m 이하이어야 함

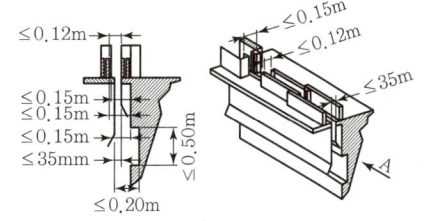

정답 31 ① 32 ④ 33 ③ 34 ④

35 유압 엘리베이터의 유량을 간접 제어하는 회로로서 정확한 속도제어가 불가능한 유압회로는?

① 미터 인 회로 ② 블리드 오프 회로
③ 미터 아웃 회로 ④ 유압 VVVF 제어회로

> **해설**
>
> **미터인 회로**
> • 유량제어밸브 직접 설치
> • 유량 직접제어
> • 정확한 속도제어 가능
> • 효율이 낮음
>
> **블리드오프 회로**
> • 유량제어밸브 간접 설치
> • 유량 간접제어
> • 정확한 속도제어 불가
> • 효율이 높음

36 하중의 시간변화에 따른 분류가 아닌 것은?

① 반복하중 ② 충격하중
③ 압축하중 ④ 교번하중

> **해설**
>
> **하중의 시간변화에 따른 분류**
> • 정하중 : 정지 상태의 하중으로 속도가 변하지 않음
> • 동하중 : 충격하중, 반복하중, 교번하중, 이동하중
>
> **하중의 작용상태에 의한 분류**
> 인장하중, 압축하중, 전단하중

37 10Ω의 저항과 15Ω의 저항이 병렬로 연결되어 있는 회로에서 50A의 전류가 흐를 때 10Ω에 흐르는 전류는 몇 A인가?

① 10 ② 20
③ 30 ④ 40

> **해설**
>
> **저항의 병렬 접속**
> 전압은 일정, 전류는 저항에 반비례해서 분배
>
> R_1에 흐르는 전류
> $$I_1 = \frac{R_2}{R_1+R_2} = \frac{15}{10+15} \times 50 = 30\text{A}$$

38 에스컬레이터(무빙워크) 자체점검사항 중에서 추락방지수단의 점검항목이 아닌 것은?

① 접근금지 장치 설치상태
② 미끄럼 방지장치 설치상태
③ 기어오름 방지장치 설치상태
④ 진입방지를 위한 접근방지대 설치상태

> **해설**
>
> **추락방지수단의 점검항목**
> • 기어오름 방지장치 설치상태
> • 접근금지 장치 설치상태
> • 미끄럼 방지장치 설치상태

39 균형체인의 설치 목적은 무엇인가?

① 카의 진동을 방지하기 위해서 설치한다.
② 카의 추락을 방지하기 위해서 설치한다.
③ 이동 케이블과 로프의 이동에 따라 변화되는 하중을 보상하기 위해서 설치한다.
④ 균형추의 추락을 방지하기 위해서 설치한다.

> **해설**
>
> **견인 비 보상방법**
> 트랙션비를 보상하기 위해 균형체인 또는 균형로프를 설치

40 승강기 제어회로에서 사이리스터로 점호각을 제어하는 경우 전동기가 최대 출력을 내기 위한 점호각은 몇 도인가?

① 0 ② 30
③ 90 ④ 180

정답 35 ② 36 ③ 37 ③ 38 ④ 39 ③ 40 ①

> [해설]

사이리스터(Thyristor)
- 게이트(G)에서 캐소드(K)에 게이트 전류를 흘리면 아노드(A)와 캐소드(K) 사이에 전기가 통하게 할 수 있는 3단자 반도체 정류소자이다.
- 사이리스터의 점호각이 0도일 때 입력이 그대로 출력에 전달되므로 최대 출력을 낼 수 있다.

41 엘리베이터 주행안내 레일의 자체점검사항으로 옳은 것은?

① 주행안내 레일의 고정 및 설치상태
② 에이프런 고정 및 설치상태
③ 보호난간의 고정상태
④ 로프 마모 및 파단상태

> [해설]

주행안내 레일의 자체점검사항
레일의 고정 및 설치상태를 육안 점검

42 개문출발방지장치에 대한 설명으로 옳지 않은 것은?

① 승강장문이 잠기지 않고 카문이 닫히지 않은 상태로 카가 승강장으로부터 벗어나는 것을 방지하는 장치
② 개문출발 시 승강장으로부터 1.0m 이하에서 정지시켜야 한다.
③ 승강장 문턱과 카 에이프런의 가장 낮은 부분 사이의 수직거리는 200mm 이하이어야 한다.
④ 승강장 문턱에서 카 문 상인방까지의 수직거리는 1.0m 이상이어야 한다.

> [해설]

② 개문출발 시 승강장으로부터 1.2m 이하에서 카를 정지시켜야 함

43 과속조절기의 보수 점검항목에 해당되지 않는 것은?

① 과속조절기 스위치의 접점 청결상태
② 세이프티 링크 스위치와 캠의 간격
③ 운전의 윤활성 및 소음 유무
④ 과속조절기 로프와 클립 체결상태

> [해설]

과속조절기 보수 점검항목
전기안전장치 작동상태, 인장 풀리 설치상태, 로프 마모 및 파단상태 등

44 나사의 호칭이 M10일 때, 다음 설명 중 옳은 것은?

① 미터 보통 나사로서 호칭 지름이 10mm이다.
② 미터 사다리꼴 나사로서 호칭 지름이 10mm이다.
③ 유니파이 보통 나사로서 호칭 지름이 10mm이다.
④ 관용테이퍼 수나사로서 호칭 지름이 10mm이다.

> [해설]

나사의 분류
- 미터 보통 나사 : M
- 미터 사다리꼴 나사 : Tr
- 유니파이 보통 나사 : UNC
- 관용테이퍼 수나사 : R

45 입력이 모두 "1"일 때만 출력이 "1"이 되고 그 외에는 출력이 "0"이 되는 논리회로는?

① AND 회로
② NOT 회로
③ OR 회로
④ NAND 회로

> [해설]

AND 회로(논리곱)
- 모든 입력(1)이 있을 때만 출력(1)이 나타나는 회로
- 시퀀스의 직렬 스위치 회로와 같음
- 논리식 : $X = A \cdot B = AB$

정답 41 ① 42 ② 43 ② 44 ① 45 ①

- 논리기호

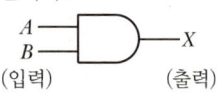

(입력)　　　(출력)

- 진리표

입력		출력
A	B	X
0	0	0
0	1	0
1	0	0
1	1	1

46 아크 용접기의 감전방지를 위해 설치하는 것은?

① 과전류 차단기
② 중성점 접지
③ 리밋 스위치
④ 자동전격방지장치

해설

자동전격방지장치
용접 작업을 중지한 경우 0.06초 이내에 용접홀더 전압을 안전 전압인 25V 이하로 낮추어 주는 장치

47 전기식 엘리베이터 자체점검 항목 중 점검주기가 가장 긴 것은?

① 승강로 조명의 점등상태 및 조도
② 감속기 윤활유의 유량 및 노후상태
③ 주개폐기 설치 및 작동상태
④ 안전표시 기계류 공간 등의 안전표시

해설

- 승강로 조명의 점등상태 및 조도 : 1회/3개월
- 감속기 윤활유의 유량 및 노후상태 : 1회/3개월
- 주개폐기 설치 및 작동상태 : 1회/3개월
- 안전표시 기계류 공간 등의 안전표시 : 1회/6개월

48 되먹임 제어에서 가장 필요한 장치는?

① 입력과 출력을 비교하는 장치
② 응답속도를 느리게 하는 장치
③ 응답속도를 빠르게 하는 장치
④ 안정도를 좋게 하는 장치

해설

되먹임(피드백) 제어
출력신호를 다시 입력으로 돌릴 수 있는 되먹임 요소와 이를 비교하는 비교기가 있다.

49 다음 중 응력의 단위로 옳은 것은?

① kg
② kg/m^2
③ kg/cm^2
④ kg · cm

해설

응력
- 외부에서 가해지는 힘에 대한 물체 내부의 저항력
- 종류 : 인장응력, 압축응력, 전단응력, 굽힘응력, 비틀림응력

$$\sigma = \frac{P[kg]}{A[cm^2]}$$

여기서, σ : 응력[kg/cm^2]
　　　　P : 축하중[kg]
　　　　A : 단면적[cm^2]

50 정현파 교류의 최댓값은 실횻값의 몇 배인가?

① π
② $\frac{2}{\pi}$
③ $\frac{1}{\sqrt{2}}$
④ $\sqrt{2}$

해설

$$V = \frac{1}{\sqrt{2}} V_m \fallingdotseq 0.707 V_m [V]$$

여기서, V : 실횻값
　　　　V_m : 최댓값

정답 46 ④ 47 ④ 48 ① 49 ③ 50 ④

51 전선에 전류가 흐를 때 1시간에 7,200C의 전하가 이동한 경우 전류는 몇 A인가?

① 1
② 2
③ 3
④ 4

해설

$I = \dfrac{Q}{t} = \dfrac{7,200}{3,600} = 2A$

시간은 초로 환산해서 계산해야 함(1시간=3,600초)

52 엘리베이터 카 도어머신에 요구되는 성능이 아닌 것은?

① 작동이 원활하고 정숙할 것
② 카 상부에 설치하기 위해 소형 경량일 것
③ 동작 횟수가 엘리베이터 기동횟수의 2배이므로 보수가 용이할 것
④ 어떠한 경우라도 수동으로 카 도어가 열려서는 안 될 것

해설

도어 머신은 비상시 수동으로 카 도어가 개폐 가능해야 함

53 그림과 같은 논리기호의 논리식은?

① $Y = \overline{A} + \overline{B}$
② $Y = \overline{A} \cdot \overline{B}$
③ $Y = A \cdot B$
④ $Y = A + B$

해설

OR 회로(논리합)
- 하나 이상의 입력(1)이 있을 때 출력(1)이 나타나는 회로
- 시퀀스의 병렬 스위치 회로와 같음
- 논리식 : $X = A + B$
- 논리기호

54 권수 N의 코일에 $I[A]$의 전류가 흘러 권선 1회의 코일에서 자속 $\phi[Wb]$가 생겼다면 자기인덕턴스(L)는 몇 [H]인가?

① $L = \dfrac{\phi I}{N}$
② $L = IN\phi$
③ $L = \dfrac{N\phi}{I}$
④ $L = \dfrac{IN}{\phi}$

해설

인덕턴스$(L) = \dfrac{N\phi}{I}$[H]

55 시퀀스 회로에서 일종의 기억회로라고 할 수 있는 것은?

① AND 회로
② NOT 회로
③ OR 회로
④ 자기유지회로

해설

자기유지회로
일종의 기억회로로 입력신호를 주면 그 신호를 유지

56 평행판 콘덴서에 있어서 콘덴서의 정전용량은 판 사이의 거리와 어떤 관계인가?

① 정전용량은 간격에 반비례한다.
② 정전용량은 간격에 비례한다.
③ 정전용량은 간격과 관계없다.
④ 정전용량은 간격의 2배에 반비례한다.

해설

콘덴서 정전용량

$C = \dfrac{\varepsilon A}{d}$[F]

여기서, A : 단면적
d : 간격(거리)
C : 정전용량[F]

정답 51 ② 52 ④ 53 ④ 54 ③ 55 ④ 56 ①

57 유도전동기의 슬립에 대한 설명으로 옳지 않은 것은?

① 부하가 증가할수록 슬립은 작아진다.
② 유도전동기가 정지 상태일 때의 슬립은 1이다.
③ 유도전동기가 동기속도로 회전할 때의 슬립은 0이다.
④ 슬립의 크기는 0에서 1사이의 범위이다.

해설

슬립
$$s = \frac{N_s - N}{N_s}$$
여기서, N_s : 동기속도
N : 실제속도

슬립의 범위
$0 \leq s \leq 1$
부하가 증가할수록 전동기의 실제 회전속도는 동기속도에 비해 감소하므로 슬립은 증가함

58 직류회로에서 저항 400Ω에 0.5A의 전류가 흘렀다면 이때의 전압은?

① 20
② 200
③ 80
④ 800

해설

옴의법칙에서 $V = IR$ 이므로, $0.5 \times 400 = 200V$

59 다음 진리표에 맞는 논리회로는?

입력		출력
0	0	1
0	1	0
1	0	0
1	1	0

① OR
② NOR
③ AND
④ NAND

해설

NOR 회로(부정 논리합)
- 하나 이상의 입력(1)이 있을 때 출력(1)이 나타나는 회로
- 시퀀스의 병렬 스위치 회로와 같음
- 논리식 : $X = \overline{A+B} = \overline{A} \cdot \overline{B}$
- 논리기호

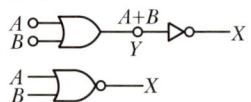

- 진리표

입력		출력
A	B	X
0	0	1
0	1	0
1	0	0
1	1	0

60 다음 중 검출기에서 검출된 온도를 전압으로 변환하는 요소의 종류는?

① 열전대
② 전자석
③ 벨로우즈
④ 광전다이오드

해설

열전대
- 두 개의 각각 다른 금속을 접속했을 때 두 개의 접점 온도가 다르면 기전력(전압)이 생겨서 회로에 전류가 흐름
- 열전대의 열기전력은 열전대를 구성하는 2종의 금속선의 종류와 두 접점의 온도에 의해서 달라짐

2024년 3회 기출문제

01 디딤판(스텝)을 동력으로 상행 및 하행 운전하여 승객을 이동시키는 수단은?

① 승객용 엘리베이터
② 장애인용 엘리베이터
③ 덤웨이터
④ 에스컬레이터

해설
용도별 승강기 종류
- 승객용 : 승객의 이동
- 장애인용 : 장애인(휠체어 사용자 포함)의 운송에 이용
- 덤웨이터 : 사람 탑승 불가, 적재용량 300kg 이하

02 엘리베이터 2~3대가 병설되었을 때 사용하는 조작 방식으로 한 층의 승강장 호출에 대하여 한 대의 엘리베이터만 응답하는 방식은?

① 카 스위치 방식
② 단식 자동식
③ 군 승합자동식
④ 군 관리 방식

해설
조작 방식에 의한 분류
- 카 스위치 방식 : 운전 및 정지를 운전자가 조작
- 단식 자동식 : 가장 먼저 눌린 호출에만 응답
- 군 관리 방식 : 3~8대를 병설할 때 엘리베이터를 효율적으로 운영하는 방식으로 수요 변화에 따라 운영

03 다음 중 로프를 이용하여 카를 상하 이동시키는 장치는 무엇인가?

① 권상기
② 전동기
③ 제동기
④ 감속기

해설
권상기
로프를 이용하여 카를 상하 이동시키는 장치

- 구성 : 전동기, 제동기(브레이크), 구동 시브(도르래), 감속기 등
- 승강기 기계실에 설치

04 권상 도르래의 로프 홈에서 재질과 권부각이 동일할 경우 트랙션 능력의 크기 순서를 올바르게 나타낸 것은?

① U홈＜언더컷홈＜V홈
② 언더컷홈＜U홈＜V홈
③ V홈＜U홈＜언더컷홈
④ U홈＜V홈＜언더컷홈

해설
- 도르래 홈의 형상은 마찰력이 큰 것이 바람직하지만 마찰력이 큰 형상은 로프와 도르래 홈의 접촉면 면압이 크기 때문에 로프와 도르래가 쉽게 마모될 수 있음
- 언더컷홈은 라운드홈을 사용하지 않는 도르래에 주로 사용된다. 그 특징은 V홈과 U홈의 중간으로 마찰계수가 적당하며, 권부각을 개선하여 도르래 및 로프의 수명을 연장시키는 장점이 있음
- 언더컷의 마모에 의해 U홈 상태로 바뀌는 것은 면압을 감소시키고 이로 인해 마찰력이 적어져서 미끄러짐이 발생

05 주행안내 레일을 8K, 13K, 18K 등으로 분류하는 기준은 무엇인가?

① 인장강도
② 단위길이의 중량
③ 가공정밀도
④ 단면적

해설
주행안내 레일 규격
- 1m당 중량으로 표시
- 레일의 표준길이는 5m
- 공칭규격 : 8, 13, 18, 24, 30K

정답 01 ④ 02 ③ 03 ① 04 ① 05 ②

06 소선의 강도에 따른 분류에서 A종 와이어로프의 공칭 인장강도는 몇 N/mm²인가?

① 1,320
② 1,470
③ 1,620
④ 1,770

> **해설**
>
> **와이어로프 소선 인장강도에 따른 분류**
> - E종 : 1,320N/mm²
> - G종 : 1,470N/mm²
> - A종 : 1,620N/mm²
> - B종 : 1,770N/mm²

07 승강기 도어시스템 중에서 양쪽으로 개폐되며 승객용에 주로 적용되는 방식은?

① CO
② S
③ UP(DN)
④ P

> **해설**
>
> **도어시스템 종류**
> - CO : 가운데서 양쪽으로 개폐되며 승객용에 주로 적용
> - S : 한쪽 끝에서 반대쪽으로 개폐되며 화물용 또는 병원용에 주로 적용
> - UP(DN) : 상하 개폐 방식으로 자동차용 또는 화물용에 적용

08 다음 중 승강장 문이 열린 상태에서 모든 제약이 해제되면 자동적으로 닫히게 하여 개방 상태에서 발생하는 2차 재해를 방지하기 위한 안전장치는?

① 도어머신
② 도어행거
③ 도어 클로저
④ 세이프티 슈

> **해설**
>
> **승강기 도어시스템**
> - 도어머신 : 승강기 카 상부에 설치되며 도어를 개폐하는 장치
> - 도어행거 : 도어가 레일을 벗어나는 것을 방지하는 장치
> - 세이프티 슈 : 승강기 도어에 설치하여 사람이나 물체가 접촉하면 도어의 닫힘을 중지하여 도어를 반전시키는 접촉식 보호장치

09 다음 중 승강로 내부에 설치되는 장치로 옳지 않은 것은?

① 주행안내 레일
② 로프
③ 리밋 스위치
④ 전동기

> **해설**
>
> **승강로 내부 장치**
> - 주행안내 레일
> - 로프
> - 균형추
> - 이동케이블
> - 리밋 스위치
>
> ④ 전동기는 기계실에 설치됨

10 다음 중 승강기 기계실 구비조건으로 옳지 않은 것은?

① 내화구조 또는 방화구조로 구획
② 작업구역에서의 유효 높이는 2.1m 이상
③ 바닥에서 200lx 이상을 비출 수 있는 영구적인 조명 설치
④ 기계실 온도는 5~60℃ 이내일 것

> **해설**
>
> **승강로 기계실 구비조건**
> - 내화구조 또는 방화구조로 구획
> - 유효 높이는 2.1m 이상
> - 바닥에서 200lx 이상 영구조명 설치
> - 기계실 온도는 5~40℃
> - 출입문 크기는 0.7m × 1.8m 이상
> - 잠금장치를 설치
> - 유지보수용 콘센트 1개 이상 설치

정답 06 ③ 07 ① 08 ③ 09 ④ 10 ④

11 아래 그림과 같이 사이리스터를 이용하여 교류를 직류로 변환시킴과 동시에 점호각을 제어하는 방식은?

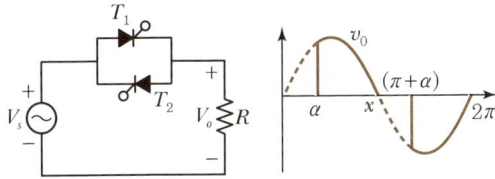

① 워드 레오나드 방식
② 정지 레오나드 방식
③ 교류 귀환 제어방식
④ VVVF 제어방식

해설
정지 레오나드 방식
- 사이리스터(SCR)를 사용하여 교류를 직류로 변환시킴과 동시에 점호각을 제어함으로써 출력을 변환하는 방식
- 워드 레오나드 방식에 비해 손실이 적음
- 보수가 비교적 간단

12 유압장치의 보수, 점검, 수리 시에 사용되고 일명 게이트 밸브라고도 하는 것은?

① 유압밸브　　　② 사일렌서
③ 체크밸브　　　④ 스톱밸브

해설
스톱(차단) 밸브
- 실린더의 기름이 파워 유닛으로 역류하는 것을 방지
- 유압 파워 유닛의 보수, 점검 시 사용
- 파워 유닛과 실린더 사이의 압력 배관에 설치
- 게이트 밸브라고도 함

13 다음 중 릴리프 밸브에 대한 설명으로 옳은 것은?

① 전 부하 압력의 120%까지 제한한다.
② 과도하게 유체 흐름이 증가하여 밸브를 통과하는 압력이 떨어지는 경우 자동으로 차단한다.
③ 모든 방향의 유체 흐름을 허용하거나 차단할 수 있는 양방향 수동밸브이다.
④ 유체를 배출함으로써 미리 설정된 값 이하로 압력을 제한하는 밸브이다.

해설
릴리프 밸브(Relief Valve)
- 압력배관을 보호하기 위해 압력을 제한하는 밸브
- 압력이 상용압력의 125[%] 이상 상승하면 바이패스(Bypass) 회로를 열어 기름을 탱크로 돌려보내 추가 압력상승을 방지
- 전 부하 압력의 140[%]까지 제한

14 직접식 유압 엘리베이터의 특징으로 옳은 것은?

① 부하에 의한 카 바닥의 빠짐이 적다.
② 추락방지안전장치(비상정지장치)가 필요하다.
③ 일반적으로 실린더의 점검이 용이하다.
④ 실린더를 설치하기 위한 보호관을 지중에 설치할 필요가 없다.

해설

구분	직접식	간접식
비상정지장치	불필요	필요
보호관	지중에 시설	불필요
실린더 점검	어렵다	쉽다
승강로 면적	작다	크다
부하에 의한 카 바닥 빠짐	적다	많다

15 소방구조용 엘리베이터에 대한 설명으로 옳지 않은 것은?

① 정전 시 60초 이내에 전원이 공급되어야 한다.
② 비상전원은 최소 1시간 이상 공급되어야 한다.
③ 비상구출문의 크기는 0.5m × 0.7m 이상이어야 한다.
④ 운행속도는 1m/s 이상이어야 한다.

정답　11 ②　12 ④　13 ④　14 ①　15 ②

> **[해설]**
>
> **소방구조용 엘리베이터 기본요건**
> - 폭 1,100mm, 깊이 1,400mm 이상
> - 출입구 유효 폭은 800mm 이상
> - 60초 이내에 가장 먼 층에 도착
> - 운행속도는 1m/s 이상
> - 비상구출문 0.5m × 0.7m 이상
> - 정전 시 60초 이내에 전원공급
> - 비상전원은 2시간 이상 공급되어야 함

16 유압식 엘리베이터에 사용되는 체크밸브의 역할은?

① 오일에 있는 이물질을 걸러낸다.
② 오일이 역류하는 것을 방지한다.
③ 오일을 오직 하강 방향으로만 흐르도록 한다.
④ 오일의 최대 압력을 일정 압력 이하로 관리한다.

> **[해설]**
>
> **체크밸브**
> - 한쪽 방향으로만 기름이 흐르도록 하는 밸브로서 상승 방향으로는 흐르지만, 역방향으로는 흐르지 않음
> - 정전이나 그 외의 원인으로 펌프의 토출압력이 떨어져서 실린더의 기름이 역류하여 카가 자유낙하하는 것을 방지

17 다음 중 면의 요철이나 축의 진폭, 기계 가동에서의 움직인 거리 등 미세한 길이를 측정하는 기구는?

① 사인바
② 옵티컬플랫
③ 다이얼게이지
④ 마이크로미터

> **[해설]**
>
> ① 사인바 : 각도를 측정하는 도구
> ② 옵티컬플랫 : 표면의 평면도를 측정하는 기구
> ④ 마이크로미터 : 버니어캘리퍼스보다 정밀한 측정을 요구하는 곳에 사용

18 엘리베이터의 전동기 소요동력 계산식으로 옳은 것은? (단, M : 정격적재하중[kg], V : 정격속도[min], $S : 1-F$(오버밸런스율[%]), η : 종합효율)

① $P = \dfrac{M \cdot V \cdot S}{6,120\eta}$

② $P = \dfrac{\eta \cdot V \cdot S}{6,120 \cdot M}$

③ $P = \dfrac{6,120 \cdot \eta}{M \cdot V \cdot S}$

④ $P = \dfrac{M \cdot V \cdot S \cdot \eta}{6,120}$

> **[해설]**
>
> **전동기 용량**
> $P = \dfrac{M \cdot V \cdot S}{6,120\eta}$ [kW]
>
> 여기서, P : 전동기 용량[kW]
> M : 정격적재하중[kg]
> V : 정격속도[min]
> S : 오버밸런스율은 균형추의 중량을 결정할 때 사용하는 계수($S=1-F$(오버밸런스율[%]))
> η : 종합효율

19 승강기 고장 또는 화재와 같은 비상시에 카 내부에서 외부로 연결하는 통신장치는 무엇인가?

① BGM
② 인터폰
③ 위치표시기
④ 홀 랜턴

> **[해설]**
>
> ① BGM : 승강기 카 내부에 음악을 방송하기 위한 장치
> ③ 위치표시기 : 승강장이나 카 내에서 현재 카의 위치를 알려주는 장치
> ④ 홀 랜턴 : 군 관리 방식에서 상승과 하강을 나타내는 방향등

정답 16 ② 17 ③ 18 ① 19 ②

20 다음 중 유압식 승강기의 특징으로 옳지 않은 것은?

① 기계실의 배치가 자유롭다.
② 승강로 상부 꼭대기 틈새가 작아도 된다.
③ 속도가 비교적 느리다.
④ 행정 거리에 비교적 제한이 없다.

해설

유압식 승강기의 특징
- 기계실 배치가 자유로움
- 건물 상부 하중이 없음
- 행정거리가 한정됨
- 속도가 느림
- 승강로 상부 꼭대기 틈새가 작아도 됨

21 에스컬레이터의 공칭 속도가 0.75m/s 이하인 경우 경사도는 몇 ° 이하이어야 하는가?

① 10° ② 20°
③ 30° ④ 40°

해설

에스컬레이터 경사도와 속도에 따른 분류
- 30° 이하 : 0.75m/s 이하
- 30° 초과 35° 이하 : 0.5m/s 이하
단, 층고가 6m 이하이고 공칭속도가 0.5m/s 이하인 경우에 경사도는 35°까지 가능

22 수평보행기의 경사도와 공칭속도로 옳은 것은?

① 경사도 12° 이하, 공칭속도 0.5m/s 이하
② 경사도 12° 이하, 공칭속도 0.75m/s 이하
③ 경사도 30° 이하, 공칭속도 0.5m/s 이하
④ 경사도 30° 이하, 공칭속도 0.75m/s 이하

해설

수평보행기
- 공항이나 지하철에서 이동 거리가 긴 통로에 설치하며 승객의 보행을 돕는 목적으로 설치
- 경사도 및 속도 : 12° 이하, 0.75m/s 이하

23 다음 중 MRL의 특징으로 옳지 않은 것은?

① 기계실이 없어 공간 절약이 가능하다.
② 제어반을 슬림하게 제작하여 승강로 벽면에 설치가 가능하다.
③ 소음과 진동이 없다.
④ 건축물 내부 공간을 효율적으로 사용 가능하다.

해설

기계실 없는 엘리베이터(MRL)
승강로 내부에 기계실이 위치하여 소음과 진동이 발생함

24 수직 순환식 주차설비 특징이 아닌 것은?

① 주차 수용 대수가 한정된다.
② 운용 유지비가 낮다.
③ 진동과 소음이 발생한다.
④ 고장 시 적재차량 모두가 파손 또는 입출차가 불가능하다.

해설

수직 순환식 주차설비
- 승강로 면적이 작음
- 입·출고 시간이 짧음
- 운용 유지비가 높음
- 진동과 소음이 발생
- 고장 시 적재차량 모두가 파손됨

25 승강기 기계실 작업공간의 조도는 몇 lx 이상이어야 하는가?

① 50lx   ② 100lx
③ 150lx ④ 200lx

해설

조도 기준
- 카 지붕 위 1m : 50lx 이상
- 피트 바닥 위 1m : 50lx 이상
- 기계실 이동공간 : 50lx 이상
- 기계실 작업공간 : 200lx 이상

정답 20 ④ 21 ③ 22 ② 23 ③ 24 ② 25 ④

26 승강장 문 및 카 문에 대한 설명으로 옳지 않은 것은?

① 2개 이상의 카 문이 있는 경우 반드시 동시에 개폐되어야 한다.
② 승강장 문 및 카 문의 출입구 유효 높이는 2m 이상이어야 한다.
③ 잠금해제구간에서 정지할 경우 그 힘은 300N을 초과하지 않아야 한다.
④ 카가 운행 중일 때 카문의 개방은 50N 이상의 힘이 요구된다.

> 해설
> ① 2개 이상의 카 문이 있는 경우 어떠한 경우에도 2개의 문이 동시에 열리지 않아야 함

27 엘리베이터용 전동기의 구비조건으로 옳지 않은 것은?

① 고기동 빈도에 의한 발열에 충분히 견딜 것
② 부하 토크보다 전동기의 토크가 작을 것
③ 운전상태가 정숙하고 저진동일 것
④ 제동력이 충분할 것

> 해설
> **전동기 구비조건**
> • 발열 고려(발열이 낮을 것)
> • 제동력이 충분할 것
> • 정격에 맞는 회전특성이 있을 것
> • 진동과 소음이 적을 것

28 다음 중 과속조절기의 종류가 아닌 것은?

① 롤세이프티형 조속기 ② 디스크형 조속기
③ 플라이볼형 조속기   ④ 플렉시블형 조속기

> 해설
> **과속조절기의 종류**
> • 롤세이프티형(Roll Safety Type, GR형)
> • 디스크형(Disk Type, GD형)
> • 플라이볼형(Fly Ball Type, GF형)

29 승강기 관리주체가 행하여야 할 사항으로 옳지 않은 것은?

① 안전관리자를 선임하여야 한다.
② 사고 또는 고장 내용을 즉시 보고한다.
③ 승강기 정기검사를 수검한다.
④ 승강기 고장 시 직접 수리하여야 한다.

> 해설
> **관리주체의 의무**
> • 승강기 자체 점검 실시
> • 승강기 정기검사 수검
> • 승강기 안전에 관한 일상관리(운행관리자의 선임 등)
> • 승강기 안전에 관한 보수(보수업체 선정 등)
> • 사고 보고 의무

30 전기식 엘리베이터 자체점검 항목 중 점검주기가 가장 긴 것은?

① 누수 및 청결상태
② 감속기 윤활유의 유량 및 노후상태
③ 주개폐기 설치 및 작동상태
④ 오일쿨러 설치 및 작동상태

> 해설
> • 누수 및 청결상태 : 1회/3개월
> • 감속기 윤활유의 유량 및 노후상태 : 1회/3개월
> • 주개폐기 설치 및 작동상태 : 1회/3개월
> • 오일쿨러 설치 및 작동상태 : 1회/6개월

31 전기식 엘리베이터에서 매다는 장치의 안전율은 얼마 이상이어야 하는가?

① 8   ② 10
③ 12   ④ 14

> 해설
> **현수(주) 로프**
> • 공칭 직경이 8mm 이상
> • 2가닥 이상
> • 공칭 직경비 40 이상
> • 안전율 12 이상(체인 10이상)
> • 파단 하중의 80% 이상

정답 26 ① 27 ② 28 ④ 29 ④ 30 ④ 31 ③

32 산업재해의 발생원인 중 불안전한 행동이 많은 사고의 원인이 되고 있다. 이에 해당되지 않는 것은?

① 불안전한 상태 방치
② 작업 장소 불량
③ 잘못된 동작 자세
④ 복장, 보호구의 잘못된 사용

> 해설

불안전한 행동(인적 원인)
• 안전장치를 제거, 무효화
• 불안전한 상태 방치
• 운전 중인 기계, 장치 등의 청소, 주유, 수리, 점검
• 위험장소에의 접근
• 잘못된 동작 자세
• 복장, 보호구의 잘못된 사용
• 불안전한 조작
• 안전조치의 불이행

33 RLC 직렬회로에서 전류가 최대로 흐르게 되는 조건은?

① $\omega L^2 - \dfrac{1}{\omega C} = 0$
② $\omega L^2 + \dfrac{1}{\omega C} = 0$
③ $\omega L - \dfrac{1}{\omega C} = 0$
④ $\omega L + \dfrac{1}{\omega C} = 0$

> 해설

직렬 공진 조건
$\omega L = \dfrac{1}{\omega C}$, $\omega L - \dfrac{1}{\omega C} = 0$
• 임피던스는 저항만 존재
• 회로의 전류는 최대

공진 주파수(Resonance Frequency)
∴ $\omega_0 L = \dfrac{1}{\omega_0 C}$, $(2\pi f_0)^2 = \dfrac{1}{LC}$ [Hz]
∴ $f_0 = \dfrac{1}{2\pi\sqrt{LC}}$ [Hz]

34 압력맥동이 적고 소음이 적어서 유압식 엘리베이터에 많이 사용되는 펌프는?

① 스크루 펌프
② 베인 펌프
③ 기어 펌프
④ 릴리프 펌프

> 해설

펌프(Pump)
• 압력의 작용으로 액체 또는 기체를 빨아올리거나 이동시키는 장치
• 강제 송유식 펌프 종류 : 기어펌프, 베인펌프, 스크루펌프
• 유압압력 맥동이 작고 진동과 소음이 적은 스크루 펌프를 많이 사용

35 추락방지용 장비로 사용되는 4종 안전대의 종류로 옳은 것은?

① U자걸이 전용
② 1개걸이와 U자걸이 공용
③ 안전블록
④ 1개걸이

> 해설

안전대의 등급
• 1종 : U자걸이 전용
• 2종 : 1개걸이
• 3종 : U자걸이와 1개걸이
• 4종 : 안전블록

36 출입문 및 비상문에 대한 설명으로 옳지 않은 것은?

① 기계실 출입문은 높이 1.8m 이상, 폭 1.0m 이상
② 비상문은 높이 1.8m 이상, 폭 0.5m 이상
③ 점검문은 높이 0.5m 이하, 폭 0.5m 이하
④ 비상문과 점검문은 승강기 외부로 열려야 함

> 해설

① 기계실, 승강로 및 피트 출입문 : 높이 1.8m 이상, 폭 0.7m 이상

정답 32 ② 33 ③ 34 ① 35 ③ 36 ①

37 엘리베이터 주행안내 레일의 자체점검사항으로 옳은 것은?

① 로프 마모 및 파단상태
② 에이프런 고정 및 설치상태
③ 보호난간의 고정상태
④ 주행안내 레일의 고정 및 설치상태

> 해설
> **주행안내 레일의 자체점검사항**
> 레일의 고정 및 설치상태를 육안 점검

38 다음 중 서보기구의 제어량으로 틀린 것은?

① 자세
② 위치
③ 방위
④ 전류

> 해설
> **서보기구 제어량**
> 위치, 자세, 방위 등

39 정현파 교류의 평균값은 최댓값의 몇 배인가?

① π
② $\dfrac{2}{\pi}$
③ $\dfrac{1}{\sqrt{2}}$
④ $\sqrt{2}$

> 해설
> **평균값**
> 교류 순싯값에 반주기 동안의 평균을 취한 값
> $V_a = \dfrac{2}{\pi} V_m ≒ 0.637 V_m [V]$

40 직류발전기의 기본 구성요소에 속하지 않는 것은?

① 계자
② 전기자
③ 인버터
④ 브러시

> 해설
> **직류발전기 구성요소**
> 계자, 전기자, 정류자, 브러시

41 안전점검 중에서 5S 활동 생활화가 아닌 것은?

① 정리
② 정돈
③ 청결
④ 제거

> 해설
> **5S**
> 정리, 정돈, 청소, 청결, 습관화

42 다음 ( ) 안에 들어갈 알맞은 내용은?

> 엘리베이터에는 브레이크 시스템인 전자-기계 브레이크(마찰 형식)가 있어야 한다. 이 브레이크는 자체적으로 카가 정격속도로 정격하중의 ( )%를 싣고 하강 방향으로 운행될 때 구동기를 정지시킬 수 있어야 한다.

① 105
② 115
③ 120
④ 125

> 해설
> • 브레이크 : 제동토크는 적용하중의 125% 이내 값으로 설계하여 전동기 토크의 2.5배를 초과하지 않도록 권장
> • 브레이크 시스템 : 전자-기계 브레이크(마찰 형식)가 있어야 함

43 교류 전동기의 주파수가 60Hz이고, 극수는 4극인 경우 동기속도는 얼마인가?

① 1,200rpm
② 1,320rpm
③ 1,800rpm
④ 2,400rpm

> 해설
> **유도 전동기 동기속도**
> $N_S = \dfrac{120f}{P} = \dfrac{120 \times 60}{4} = 1,800 [\text{rpm}]$
> 여기서, N_S : 동기속도, f : 주파수, P : 전동기 극수

정답 37 ④ 38 ④ 39 ② 40 ③ 41 ④ 42 ④ 43 ③

44 재해의 발생 순서로 옳은 것은?

① 이상상태 – 불안전 행동 및 상태 – 사고 – 재해
② 이상상태 – 사고 – 불안전 행동 및 상태 – 재해
③ 불안전 행동 및 상태 – 이상상태 – 사고 – 재해
④ 재해 – 이상상태 – 사고 – 불안전 행동 및 상태

해설

재해 발생순서
이상상태 – 불안전 행동 및 상태 – 사고 – 재해

45 하중의 시간변화에 따른 분류가 아닌 것은?

① 충격하중
② 반복하중
③ 압축하중
④ 교번하중

해설

하중의 시간변화에 따른 분류
- 정하중 : 정지 상태의 하중으로 속도가 변하지 않음
- 동하중 : 충격하중, 반복하중, 교번하중, 이동하중

하중의 작용상태에 의한 분류
인장하중, 압축하중, 전단하중

46 직류전동기의 전기자 권선법에 해당되는 것은?

① 분권과 직권
② 파권과 직권
③ 분권과 중권
④ 파권과 중권

해설

직류전동기 전기자 권선법

구분	중권	파권
전기자 병렬회로 수	극수와 동일	2
브러시 수	극수와 동일	2
동일 조건	저전압, 대전류	고전압, 저전류

47 코일에 전류가 흘러 그 말단에 역기전력을 일으킬 때의 전류의 방향과 유도기전력의 방향에 관계되는 법칙은?

① 렌츠의 법칙
② 플레밍의 왼손법칙
③ 키르히호프의 법칙
④ 패러데이의 법칙

해설

렌츠의 법칙
전자기 유도 현상이 일어날 때 그 유도되는 전류의 방향은 변화하는 방향의 반대 방향으로 유도 전류의 방향이 형성됨

48 엘리베이터 자체점검 항목에서 완충기의 점검사항으로 옳은 것은?

① 피트 콘센트 설치상태
② 로프 또는 체인 이완의 발생 여부
③ 레일의 고정 및 설치상태
④ 전기안전장치 작동상태

해설

완충기 점검사항은 전기안전장치 작동상태, 고정상태, 설치상태 등이 있음

49 인덕턴스가 5[mH]인 코일에 60[Hz]의 교류를 사용할 때 유도 리액턴스는 약 몇 [Ω]인가?

① 1.55
② 1.88
③ 2.23
④ 3.14

해설

$L = 5[\text{mH}] = 5 \times 10^{-3}[\text{H}]$
$X_L = wL = 2\pi f L = 2\pi \times 60 \times 5 \times 10^{-3} = 1.88[\Omega]$

50 교류에서 저압의 범위로 맞는 것은?

① AC 220V 이하
② AC 380V 이하
③ AC 600V 이하
④ AC 1,000V 이하

정답 44 ① 45 ③ 46 ④ 47 ① 48 ④ 49 ② 50 ④

해설

전압의 범위

구 분	교 류	직 류
저압	1,000V 이하	1,500V 이하
고압	1,000V 초과 7,000V 이하	1,500V 초과 7,000V 이하
특고압	7,000V 초과	

51 2단자 반도체 소자로 서지 전압에 대한 회로 보호용으로 사용되는 것은?

① 터널 다이오드
② 서미스터
③ 바렉터 다이오드
④ 바리스터

해설

바리스터(Varistor)
회로에서 서지 전압을 흡수하는 목적으로 사용

52 되먹임 제어에서 가장 필요한 장치는?

① 응답속도를 빠르게 하는 장치
② 응답속도를 느리게 하는 장치
③ 입력과 출력을 비교하는 장치
④ 안정도를 좋게 하는 장치

해설

되먹임(피드백) 제어
출력신호를 다시 입력으로 돌릴 수 있는 되먹임 요소와 이를 비교하는 비교기가 있다.

53 직류전동기에서 자속이 감소되면 회전수는 어떻게 되는가?

① 정지한다
② 감소한다
③ 불변한다
④ 상승한다

해설

직류 전동기 회전속도
$N = K\dfrac{(V - I_a R_a)}{\phi}$ [rpm]

여기서, R_a : 전기자 저항
I_a : 전기자 전류
V : 단자 전압
Φ : 자속
N : 회전수
K : 상수

54 반도체 메모리 중에서 전원이 차단되어도 기억된 내용을 계속 유지하는 비휘발성 메모리는?

① ROM
② RAM
③ SRAM
④ Flash Memory

해설

- ROM : 비휘발성 메모리, 데이터의 읽기만 가능
- RAM : 휘발성 메모리, 데이터를 읽고 쓸 수 있음

55 유도전동기에서 슬립이 0이란 전동기의 어느 상태인가?

① 유도전동기가 동기속도로 회전하는 상태이다.
② 유도전동기가 전부하 운전상태이다.
③ 유도전동기가 정지상태이다.
④ 유도전동기가 제동상태이다.

해설

슬립(Slip)
$s = \dfrac{\text{동기 속도} - \text{회전자 속도}}{\text{동기 속도}} = \dfrac{N_s - N}{N_s}$

- 정지 시 : $s = 1$
- 동기속도 운전 시 : $s = 0$
- 기동 시 : $s > 1$
- 부하운전 시 : $0 \leq s \leq 1$

56 전압계의 측정범위를 5배로 하려 할 때 배율기의 저항은 전압계 내부저항의 몇 배로 하여야 하는가?

① 3
② 4
③ 5
④ 6

정답 51 ④ 52 ③ 53 ④ 54 ① 55 ① 56 ②

> **해설**

배율기 저항
$R_m = (n-1)r = (5-1)r = 4r$

57 전기 회로에서 단위시간당 통과한 전기(전하)량은 다음 중 무엇인가?

① 저항
② 전류
③ 전압
④ 전력

> **해설**

① 저항 : 전류의 흐름을 방해하는 요소
③ 회로의 두 지점 사이의 전위차
④ 단위시간당 전기에너지가 할 수 있는 일의 양

58 교류 전력에 대한 설명으로 옳지 않은 것은?

① 실제 일을 하는 데 필요한 전력을 유효전력이라 한다.
② 아무런 일도 하지 않고 전원과 부하 사이를 왕복하는 전력을 무효전력이라 한다.
③ 피상전력에 대한 무효전력의 비를 역률이라 한다.
④ 저항회로의 역률은 1이다.

> **해설**

역률
$\dfrac{\text{유효 전력}}{\text{피상 전력}} = \dfrac{VI\cos\theta}{VI} = \cos\theta$

59 3상 교류 회로에서 Y결선에 대한 설명으로 옳지 않은 것은?

① 선간전압은 상전압보다 위상이 30° 앞선다.
② 선간전압은 상전압보다 $\sqrt{3}$ 배 크다.
③ 선전류와 상전류의 위상과 크기는 같다.
④ 선전류는 상전류보다 $\sqrt{3}$ 배 크다.

> **해설**

④ 델타 결선에 대한 설명이다.

60 다음 중 자기회로에서 전기회로의 전류에 대응되는 것은 무엇인가?

① 기자력
② 자속
③ 자기저항
④ 투자율

> **해설**

자기회로와 전기회로

자기회로	전기회로
기자력(NI)[AT]	기전력(E)[V]
자속(ϕ)[Wb]	전류(I)[A]
자기저항(R)[AT/Wb]	저항(R)[Ω]

정답 57 ② 58 ③ 59 ④ 60 ②

2024년 4회 기출문제

01 에스컬레이터의 공칭속도가 0.75m/s 이하일 때 경사도는 몇 ° 이하로 할 수 있는가?

① 25° ② 30°
③ 35° ④ 45°

해설

에스컬레이터 경사도

경사도	공칭속도
30° 이하	0.75m/s 이하
30° 초과 35° 이하(층고 6m 이하)	0.5m/s 이하

02 다음 중 무빙워크에 대한 설명으로 옳지 않은 것은?

① 경사도는 15° 이하
② 공칭속도는 0.75m/s 이하
③ 금속제와 고무 벨트 스텝을 적용
④ 공항이나 지하철에서 승객의 보행을 돕기 위해 설치

해설

수평 보행기(무빙워크)
경사도는 12° 이하로 해야 함

03 균형추의 중량을 결정하는 계산식으로 옳은 것은?(단, 여기서 L은 정격하중, F는 오버밸런스율이다.)

① 균형추의 중량=카 자체하중+$(L-F)$
② 균형추의 중량=카 자체하중×$(L \cdot F)$
③ 균형추의 중량=카 자체하중+$(L+F)$
④ 균형추의 중량=카 자체하중+$(L \cdot F)$

해설

균형추
카의 무게를 일정 비율 보상하기 위하여 카 측과 반대편에 주철 혹은 콘크리트로 제작된 균형추를 설치한다.
균형추의 중량=카 자체하중+$(L \cdot F)$
여기서, L : 정격하중[kg]
F : 오버 밸런스율(35~50[%])

04 과속조절기가 비상정지장치를 작동시키는 속도는 정격속도의 몇 %인가?

① 정격속도의 110%
② 정격속도의 115%
③ 정격속도의 120%
④ 정격속도의 125%

해설

과속조절기 기능
• 카의 속도를 검출
• 정격속도 115% 이상에서 동작
• 비상정지장치 동작

05 에스컬레이터 난간 폭과 수송능력이 알맞게 짝지어진 것은?

① 난간 폭 800형 : 수송능력 4,000명/h
② 난간 폭 800형 : 수송능력 6,000명/h
③ 난간 폭 1,200형 : 수송능력 6,000명/h
④ 난간 폭 1,200형 : 수송능력 8,000명/h

해설

난간 폭에 의한 분류
• 난간 폭 800형 : 수송능력 6,000명/h
• 난간 폭 1,200형 : 수송능력 9,000명/h

정답 01 ② 02 ① 03 ④ 04 ② 05 ②

06 유압식 엘리베이터의 특징으로 옳지 않은 것은?

① 소비전력이 비교적 작다.
② 플런저 하단에 정지장치가 설치되어 있어 오버헤드가 작다.
③ 운행과 속도에 한계가 있다.
④ 기계실의 위치가 자유롭다.

해설

유압식 엘리베이터의 특징

장점	단점
• 기계실의 배치가 자유로움 • 하부 기계실 설치 시 건물 상부에 하중이 걸리지 않음 • 승강로 상부의 꼭대기 틈새가 작아도 됨	• 기계식 실린더를 사용하기 때문에 행정 거리가 한정됨 • 속도가 비교적 느림 • 소비전력이 다소 큼

07 직접식 유압 엘리베이터의 특징으로 잘못된 것은?

① 부하에 의한 카 바닥의 빠짐이 적다.
② 추락방지안전장치(비상정지장치)가 불필요하다.
③ 실린더의 점검이 용이하다.
④ 실린더를 설치하기 위한 보호관을 지중에 설치하여야 한다.

해설

유압 엘리베이터 분류

구분	직접식	간접식
비상정지장치	불필요	필요
보호관	지중에 시설	불필요
실린더 점검	어렵다	쉽다
승강로 면적	작다	크다
부하에 의한 카 바닥 빠짐	적다	많다

08 다음 중 승강기의 직류(DC)제어 방식으로 옳은 것은?

① 워드 레오나드 방식
② 1단 속도제어 방식
③ 귀환 속도제어 방식
④ VVVF 제어 방식

해설

승강기 직류제어 방식
• 워드 레오나드 방식
• 정지 레오나드 방식

09 다음 중 승강장 문이 열린 상태에서 모든 제약이 해제되면 자동적으로 닫히게 하여 문의 개방 상태에서 생기는 2차 재해를 방지하는 안전장치는?

① 도어 로크
② 도어 클로저
③ 세이프티 레이
④ 세이프티 슈

해설

① 도어 로크 : 카가 정지하지 않는 층의 도어는 전용 열쇠를 사용하지 않으면 열리지 않도록 하는 장치
③ 세이프티 레이 : 승강기 도어에 설치하여 발광부와 수광부가 있으며 물체를 감지하여 검출하는 비접촉식 보호장치
④ 세이프티 슈 : 승강기 도어에 설치하여 사람이나 물체가 접촉하면 도어의 닫힘을 중지하여 도어를 반전시키는 접촉식 보호장치

10 카 또는 균형추가 피트 하부 바닥에 충돌할 경우 충격을 완화하기 위해 설치하는 것은?

① 비상정지장치
② 조속기
③ 균형체인
④ 완충기

해설

완충기
• 승강기의 카 또는 균형추가 피트로 떨어졌을 때 충격을 완화
• 종류 : 스프링 완충기, 우레탄 완충기, 유압 완충기

정답 06 ① 07 ③ 08 ① 09 ② 10 ④

11 과부하감지장치에 대한 설명으로 틀린 것은?

① 과부하감지장치가 작동하는 경우 경보음이 울려야 한다.
② 엘리베이터 주행 중에는 과부하감지장치의 작동이 무효화되어서는 안 된다.
③ 과부하감지장치가 작동한 경우에는 출입문의 닫힘을 저지하여야 한다.
④ 과부하감지장치는 초과하중이 해소되기 전까지 작동하여야 한다.

> **해설**
>
> **과부하 감지장치**
> - 정격하중의 110%(최소 75kg) 검출
> - 시각 및 음향으로 경보
> - 엘리베이터의 주행 중에는 오동작을 방지하기 위하여 과부하감지장치의 작동이 무효화되어야 함

12 권상도르래, 풀리 또는 드럼과 현수 로프의 공칭직경 사이의 비는 스트랜드의 수와 관계없이 얼마 이상이어야 하는가?

① 10
② 20
③ 30
④ 40

> **해설**
>
> **현수(주) 로프**
> - 공칭 직경이 8mm 이상
> - 2가닥 이상
> - 공칭 직경비 40 이상
> - 안전율 12 이상(체인 10 이상)
> - 파단하중의 80% 이상

13 기어의 종류 중에서 기어의 이 줄이 나선인 원통형 기어로서 기어의 두 축이 서로 평행한 기어는?

① 스퍼기어
② 웜기어
③ 베벨기어
④ 헬리컬기어

> **해설**
>
> **기어의 종류**
> - 평행축 기어 : 평기어, 헬리컬기어, 랙기어 등
> - 교차축 기어 : 스퍼(직선) 베벨기어, 헬리컬 베벨기어, 스파이럴 베벨기어, 크라운기어 등
> - 어긋난 기어 : 나사기어, 웜기어, 하이포이드기어, 헬리컬 크라운기어

14 에스컬레이터 자체점검항목 중 조명에서 점검하는 항목에 해당하는 것은?

① 콤 교차점 바닥에서의 조도
② 작동 및 운행방향 표시상태
③ 야간조명의 작동상태
④ 이동케이블 연결 콘센트의 설치상태

> **해설**
>
> **에스컬레이터 조명 자체점검항목**
> - 승강장 조명 설치상태(1회/1개월)
> - 콤 교차점 바닥에서의 조도(1회/1개월)
> - 휴대용 조명 및 콘센트 설치상태(1회/3개월)

15 에스컬레이터 안전기준에 따라 공칭속도가 0.5[m/s], 디딤판(스텝) 폭이 0.6[m]인 에스컬레이터에 대한 시간당 수송능력은?

① 3,000[명/h]
② 3,600[명/h]
③ 4,400[명/h]
④ 4,800[명/h]

> **해설**
>
> **디딤판 폭별 최대수송능력**
>
> | 디딤판 폭 (m) | 공칭속도 v(m/s) | | |
> |---|---|---|---|
> | | 0.5 | 0.65 | 0.75 |
> | 0.6 | 3,600명/h | 4,400명/h | 4,900명/h |
> | 0.8 | 4,800명/h | 5,900명/h | 6,600명/h |
> | 1 | 6,000명/h | 7,300명/h | 8,200명/h |

정답 11 ② 12 ④ 13 ④ 14 ① 15 ②

16 주차구획을 평면상에 배치하여 운반기의 왕복이동에 의하여 주차를 행하는 방식은?

① 평면왕복식   ② 다층순환식
③ 승강기식   ④ 수평순환식

> 해설

평면왕복식 주차장치
각 층에 평면으로 배치되어 있는 고정된 주차구획에 운반기로 자동차를 왕복 이동하여 주차하도록 설계한 주차장치
- 종류 : 운반식, 운반격납식 등
- 일반적으로 빌딩의 지하 또는 상부에 설치
- 중·대규모의 주차가 가능

17 다음 중 측면개폐식 승강장 도어를 나타내는 기호는?

① C   ② S
③ CO   ④ UP

> 해설

엘리베이터 도어 개폐방식
- 측면개폐식 : S(병원 등에 사용)
- 중앙개폐식 : CO(일반 APT에 사용)
- 상승개폐식 : UP(주차장, 차고 등에 사용)

18 엘리베이터의 전동기 소요동력 계산식으로 옳은 것은?(단, M : 정격적재하중[kg], V : 정격속도[min], S : $1-F$(오버밸런스율[%]), η : 종합효율)

① $P = \dfrac{M \cdot V \cdot S}{6{,}120\eta}$ [kW]

② $P = \dfrac{\eta \cdot V \cdot S}{6{,}120 \cdot M}$ [kW]

③ $P = \dfrac{6{,}120 \cdot \eta}{M \cdot V \cdot S}$ [kW]

④ $P = \dfrac{M \cdot V \cdot S \cdot \eta}{6{,}120}$ [kW]

> 해설

전동기 용량
$$P = \frac{M \cdot V \cdot S}{6{,}120\eta} [\text{kW}]$$

여기서, P : 전동기 용량[kW]
M : 정격적재하중[kg]
V : 정격속도[min]
S : 오버밸런스율은 균형추의 중량을 결정할 때 사용하는 계수($S = 1 - F$(오버밸런스율[%]))
η : 종합효율

19 주행안내(가이드) 레일의 규격 호칭은 1m 길이당 중량을 라운드 번호로 하여 레일에 붙여쓰고 있다. 일반적으로 사용하는 T형 주행안내 레일의 공칭규격에 해당하지 않는 것은?

① 8K   ② 13K
③ 16K   ④ 24K

> 해설

주행안내 레일의 규격
- 레일 규격은 마무리 가공 전 소재의 1m당 중량으로 하며 레일의 표준 길이는 5m이다.
- T형 레일의 공칭규격은 8, 13, 18, 24, 30[K] 등이 있다.

20 장애인용 엘리베이터의 경우 호출버튼에 의하여 카가 정지하면 몇 초 이상 문이 열린 채로 대기하여야 하는가?

① 8   ② 10
③ 12   ④ 15

> 해설

장애인용 엘리베이터의 추가 요건
- 호출버튼에 의하여 카가 정지하면 10초 이상 문이 열린 채로 대기해야 함
- 카 내부 바닥의 어느 부분에서든 150lx 이상의 조도가 확보되어야 함
- 카 내부에는 수평손잡이를 카 바닥에서 0.8m 이상 0.9m 이하의 위치에 견고하게 설치하고, 수평손잡이는 측면과 후면에 각각 설치되어야 함

정답 16 ① 17 ② 18 ① 19 ③ 20 ②

- 승강기의 전면에는 1.4m×1.4m 이상의 활동공간을 확보
- 승강장바닥과 승강기바닥의 틈은 0.03m 이하이어야 함
- 승강기 내부의 유효바닥면적은 폭 1.6m 이상, 깊이 1.35m 이상이어야 함

21 승강기 관리주체의 의무가 아닌 것은?

① 승강기 자체점검 실시
② 승강기 정기검사 수검
③ 승강기 안전에 관한 일상관리
④ 승강기 안전 필증 발급

[해설]

승강기 관리주체의 의무
- 자체점검
- 정기점검
- 일상관리
- 유지보수
- 사고보고

22 유도전동기의 속도를 변화시키는 방법이 아닌 것은?

① 슬립 s를 변화시킨다.
② 극수 p를 변화시킨다.
③ 주파수 f를 변화시킨다.
④ 용량을 변화시킨다.

[해설]

유도전동기의 회전 속도

$$n = n_s(1-s) = \frac{120}{p}f(1-s)[\text{rpm}]$$

여기서, s : 슬립, n_s : 동기속도, p : 극수, f : 주파수

23 승강기의 자체점검 항목이 아닌 것은?

① 기계실의 크기
② 브레이크 및 제어장치
③ 주로프
④ 과부하감지장치

[해설]

승강기 자체점검기준
- 브레이크 및 제어장치의 이상 유무
- 주로프 및 조속기 로프의 마모 및 파손 유무
- 추락방지안전장치(비상정지장치), 과부하감지장치, 그 밖의 방호장치의 이상 유무 등

24 승강기 보수자가 승강기 카와 건물벽 사이에 끼었을 때 재해의 발생 형태는 무엇인가?

① 질식　　　② 전도
③ 협착　　　④ 충돌

[해설]

재해 발생 형태
- 추락 : 작업자가 건축물, 기계, 비계, 사다리, 계단 등 높은 곳에서 떨어질 때
- 낙하 : 물체가 높은 곳에서 떨어질 경우
- 충돌 : 작업자가 정지된 물체에 부딪힌 경우
- 전도 : 작업자가 평면상에 넘어졌을 때
- 비래 : 작업자가 날아오는 물체에 맞았을 경우
- 협착 : 두 물체 사이 또는 움직이는 물체와 고정된 물체 사이에 끼일 때
- 감전 : 전기 접촉이나 방전에 의해 사람이 충격을 받은 경우

25 엘리베이터의 자체점검기준에서 피트 내 작업공간 항목의 점검사항이 아닌 것은?

① 기계적인 장치의 설치 및 작동상태
② 피트 출입문의 전기안전장치 작동상태
③ 피트 탈출 수직틈새의 확보상태
④ 점검문의 설치 및 작동상태

[해설]

점검문의 설치 및 작동상태는 카 상부 작업공간 또는 승강로 외부 작업공간에서 점검이 가능함

정답　21 ④　22 ④　23 ①　24 ③　25 ④

26 산업재해의 발생원인 중 불안전한 행동이 많은 사고의 원인이 되고 있다. 이에 해당되지 않는 것은?

① 위험 장소 접근 ② 작업 장소 불량
③ 안전장치 제거 ④ 복장, 보호구 잘못 사용

해설

불안전한 행동(인적 원인)
- 안전장치를 제거, 무효화
- 불안전한 상태 방치
- 운전 중인 기계, 장치 등의 청소, 주유, 수리, 점검
- 위험장소에의 접근
- 잘못된 동작 자세
- 복장, 보호구의 잘못 사용
- 불안전한 조작
- 안전조치의 불이행

27 재해가 발생되었을 때의 조치 순서로서 가장 알맞은 것은?

① 긴급처리 → 원인조사 → 원인분석 → 대책수립 → 실시 → 평가
② 긴급처리 → 원인분석 → 대책수립 → 실시 → 평가 → 원인조사
③ 긴급처리 → 원인조사 → 대책수립 → 실시 → 원인분석 → 평가
④ 긴급처리 → 원인조사 → 평가 → 대책수립 → 원인분석 → 실시

해설

재해 발생 시 행동순서
재해 발생 → 긴급처리 → 원인조사 → 원인분석 → 대책수립 → 실시 → 평가

28 안전점검을 할 때 어떤 일정 기간을 두고서 행하는 점검은?

① 수시점검 ② 임시점검
③ 특별점검 ④ 정기점검

해설

안전점검의 종류
- 정기점검 : 일정 기간마다 점검
- 수시점검(일상점검) : 매일 작업 전, 작업 중, 작업 후에 일상적으로 실시하는 점검
- 특별점검 : 설비의 신설·변경 또는 고장·수리 등으로 실시하는 비정기적인 점검
- 임시점검 : 설비 이상 발생 시 임시로 실시하는 점검

29 엘리베이터 기계실의 구조에 대한 설명으로 적합하지 않은 것은?

① 기계실 내부에 공간이 있어서 옥상 물탱크에 양수설비를 하였다.
② 당해 건축물의 다른 부분은 내화구조로 구획하였다.
③ 기계실에는 잠금장치를 설치하였다.
④ 유지보수를 위한 콘센트를 설치하였다.

해설

승강로 기계실 구비조건
- 내화 및 방화구조
- 유효 높이는 2.1[m]
- 200[lx] 이상, 5~40[℃]
- 승강기와 관련 없는 설비 제외
- 출입문 0.7[m]×1.8[m] 이상
- 잠금장치 설치
- 유지보수용 콘센트 설치

30 유압식 엘리베이터의 피트 내에서 점검을 실시할 때 주의해야 할 사항으로 틀린 것은?

① 피트 내 비상정지스위치가 작동한 후 들어갈 것
② 피트 내 조명을 점등한 후 들어갈 것
③ 피트에 들어갈 때는 승강로 문을 닫을 것
④ 피트에 들어갈 때 기름에 미끄러지지 않도록 주의할 것

해설

③ 피트에 들어갈 때는 승강로 문을 닫지 않을 것

31 재해의 발생 순서로 옳은 것은?

① 이상상태 – 불안전 행동 및 상태 – 사고 – 재해
② 이상상태 – 사고 – 불안전 행동 및 상태 – 재해
③ 불안전 행동 및 상태 – 이상상태 – 사고 – 재해
④ 재해 – 이상상태 – 사고 – 불안전 행동 및 상태

해설

재해 발생순서
이상상태 – 불안전 행동 및 상태 – 사고 – 재해

32 다음 중 전류계에 대한 설명으로 틀린 것은?

① 전류계의 내부저항이 전압계의 내부저항보다 작다.
② 전류계를 회로에 병렬접속하면 계기가 손상될 수 있다.
③ 직류용 계기에는 (+), (−)의 단자가 구별되어 있다.
④ 전류계의 측정 범위를 확장하기 위해 직렬로 접속한 저항을 분류기라고 한다.

해설

- 배율기 : 전압계에 직렬로 접속하여 전압의 측정 범위를 넓히는 저항기
- 분류기 : 전류계에 병렬로 접속하여 전류의 측정 범위를 넓히는 저항기

33 정밀성을 요구하는 판의 두께를 측정하는 것은?

① 줄자   ② 직각자
③ 게이지   ④ 마이크로미터

해설

마이크로미터
버니어 캘리퍼스보다 정밀한 측정을 요구하는 곳에 사용

34 직류회로에서 저항 200Ω에 0.4A의 전류가 흘렀다면 이때의 전압[V]은?

① 50   ② 500
③ 80   ④ 800

해설

옴의 법칙에서 V=IR이므로, 0.4×200=80V

35 유압용 엘리베이터에서 가장 많이 사용하는 펌프는?

① 스크루 펌프   ② 기어 펌프
③ 베인 펌프   ④ 피스톤 펌프

해설

유압 엘리베이터의 펌프는 맥동이 작고 진동과 소음이 작은 스크루 펌프를 많이 사용함

36 다음 중 유도 전동기의 제동방법이 아닌 것은?

① 회생제동   ② 극수제동
③ 발전제동   ④ 단상제동

해설

전동기 제동법
- 발전제동
- 회생제동
- 역상제동
- 단상제동

37 물질 내에서 원자핵의 구속력을 벗어나 자유로이 이동할 수 있는 것은?

① 자유전자   ② 전자
③ 양성자   ④ 분자

해설

자유전자
전자 중에서 가장 바깥쪽 궤도에 위치하는 전자로 원자의 구속력이 약해 외부 에너지에 의해 쉽게 움직임

정답 31 ① 32 ④ 33 ④ 34 ③ 35 ① 36 ② 37 ①

38 기계실 내 작업구역에서의 유효높이는 몇 m 이상인가?

① 1.2
② 1.5
③ 1.8
④ 2.1

> **해설**
>
> **승강로 기계실 구비조건**
> - 내화 및 방화구조
> - 유효 높이는 2.1m 이상
> - 조도 200lx 이상
> - 기계실 온도 5~40℃
> - 출입문 0.7m×1.8m 이상
> - 잠금장치 설치
> - 유지보수용 콘센트 설치

39 물체에 하중이 작용할 때, 그 재료 내부에 생기는 저항력을 내력이라 하고 단위면적당 내력의 크기를 응력이라 하는데 이 응력을 나타내는 식은?

① $\dfrac{단면적}{하중}$
② $\dfrac{하중}{단면적}$
③ 단면적×하중
④ 하중−단면적

> **해설**
>
> **응력**
>
> $\sigma = \dfrac{P[\text{kg}]}{A[\text{cm}^2]}$
>
> 여기서, σ : 응력[kg/cm²]
> P : 하중[kg]
> A : 단면적[cm²]

40 반지름 r[m], 권수 N의 원형 코일에 I[A]의 전류가 흐를 때 원형 코일 중심점의 자기장의 세기[AT/m]는?

① $\dfrac{NI}{r}$
② $\dfrac{NI}{2r}$
③ $\dfrac{NI}{2\pi r}$
④ $\dfrac{NI}{4\pi r}$

> **해설**
>
> **원형 코일 중심의 자기장 세기**
>
> $H = \dfrac{NI}{2r}$[AT/m]
>
> 여기서, r : 반지름[m], N : 코일권수[회], I : 전류[A]

41 다음 중 OR 회로의 설명으로 옳은 것은?

① 입력신호가 모두 "0"이면 출력신호 "1"이 됨
② 입력신호가 모두 "0"이면 출력신호 "0"이 됨
③ 입력신호가 "1"과 "0"이면 출력신호 "0"이 됨
④ 입력신호가 "0"과 "1"이면 출력신호 "0"이 됨

> **해설**
>
> **OR 회로(논리합)**
> 하나 이상의 입력(1)이 있을 때 출력(1)이 나타나는 회로로 시퀀스의 병렬 스위치 회로와 같다.
> - 논리식 : $X = A + B$
> - 논리기호 : $\begin{matrix}A\\B\end{matrix}$ ⫤ X
>
> | 입력 | | 출력 |
> |---|---|---|
> | A | B | X |
> | 0 | 0 | 0 |
> | 0 | 1 | 1 |
> | 1 | 0 | 1 |

42 유도전동기에서 슬립이 0이면 전동기는 어느 상태인가?

① 유도전동기가 동기속도로 회전한다.
② 유도전동기가 전부하 운전 상태이다.
③ 유도전동기가 정지 상태이다.
④ 유도제동기의 역할을 한다.

> **해설**
>
> **유도전동기의 슬립 상태**
> - 정상 운전 시 : $0 < s < 1$
> - 동기속도 운전 시 : $s = 0$
> - 정지 시 : $s = 1$
>   여기서, s : 슬립

정답 38 ④ 39 ② 40 ② 41 ② 42 ①

43 감전사고의 원인이 되는 것과 관계없는 것은?

① 안전 보호구 미착용
② 전기기계기구나 공구의 절연 파괴
③ 기계기구의 빈번한 기동 및 정지
④ 정전작업 시 접지가 없어 유도전압이 발생

해설

감전사고 원인
- 전기기계기구나 공구의 절연 파괴
- 콘덴서 충전 상태에서 인체 접촉
- 접지가 정상적으로 되어 있지 않은 경우
- 안전 보호구 미착용

44 다음 중 직류 직권전동기의 용도로 가장 적합한 것은?

① 엘리베이터 ② 크레인
③ 컨베이어 ④ 에스컬레이터

해설

직류 직권전동기
- 부하 변동이 심하고, 큰 기동 토크를 요구하는 부하에 적합
- 용도 : 전기 철도, 크레인 등

45 균형로프(Compensating Rope)의 역할로 적합한 것은?

① 카의 낙하를 방지한다.
② 균형추의 이탈을 방지한다.
③ 주로프가 열화되지 않도록 한다.
④ 주로프와 이동케이블의 이동으로 변화된 하중을 보상한다.

해설

균형로프
카의 위치에 따라 메인로프의 무게 불균형이 커질 때 이것을 보상하기 위한 로프 및 체인

46 엘리베이터 전동기에 요구되는 특성으로 옳지 않은 것은?

① 운전상태가 정숙하고 토크가 작아야 한다.
② 높은 기동빈도에 의한 발열에 대응하여야 한다.
③ 카의 정격속도를 만족하는 회전특성을 가져야 한다.
④ 충분한 제동력을 가져야 한다.

해설

전동기(권상기용) 구비조건
- 기동빈도가 높으므로(시간당 약 300회) 발열을 고려할 것
- 제동력이 충분할 것
- 카의 정격속도에 맞는 회전 특성을 가질 것
- 진동과 소음이 적을 것
- 충분한 토크를 가질 것

47 승강장 문의 유효 출입구 폭은 카 출입구의 폭 이상으로 하되, 양쪽 측면 모두 카 출입구 측면의 폭보다 몇 mm를 초과하지 않아야 하는가?

① 30 ② 40
③ 50 ④ 60

해설

승강장 문의 유효 출입구 폭은 카 출입구의 폭 이상으로 하되, 양쪽 측면 모두 카 출입구 측면의 폭보다 50mm를 초과하지 않아야 함

48 평행판 콘덴서에 있어서 판의 면적을 동일하게 하고 정전용량은 반으로 줄이려면 판 사이의 거리는 어떻게 하여야 하는가?

① $\frac{1}{4}$로 줄인다. ② 반으로 줄인다.
③ 2배로 늘린다. ④ 4배로 늘린다.

해설

정전용량
$C = \varepsilon \frac{A}{l}$ [F]에서 $C \propto \frac{1}{l} = \frac{1}{2}$, $l = 2$배

정답 43 ③ 44 ② 45 ④ 46 ① 47 ③ 48 ③

콘덴서의 정전용량은 유전율과 면적에 비례하고, 평행판 사이의 거리에 반비례함

49 주행안내 레일의 설치목적으로 틀린 것은?

① 집중하중 작용 시 수평하중 유지
② 비상정지장치 작동 시 수직하중 유지
③ 카와 균형추의 승강로 평면 내의 위치 규제
④ 카의 자중이나 화물에 의한 카의 기울어짐 방지

> 해설
>
> **주행안내 레일 설치목적**
> - 승강로 내 위치 규제
> - 카의 기울어짐 방지
> - 비상정지 시 수직 하중 유지

50 직류발전기의 기본 구성요소에 속하지 않는 것은?

① 보극　　　　　② 계자
③ 전기자　　　　④ 정류자

> 해설
>
> **직류발전기 구성요소**
> 전기자, 계자, 정류자

51 유압장치의 보수·점검 및 수리 등을 할 때 사용되는 장치로서 이것을 닫으면 실린더의 기름이 파워유닛으로 역류하는 것을 방지하는 장치는?

① 제지 밸브　　　② 럽처 밸브
③ 안전 밸브　　　④ 스톱 밸브

> 해설
>
> **스톱(차단) 밸브**
> - 유지 보수 시 사용
> - 작동유 역류 방지
> - 게이트 밸브

52 로프의 미끄러짐 현상을 줄이는 방법으로 틀린 것은?

① 권부각을 크게 한다.
② 카 자중을 가볍게 한다.
③ 가감속도를 완만하게 한다.
④ 균형체인이나 균형로프를 설치한다.

> 해설
>
> **로프 미끄러짐 방지 대책**
> - 권부각을 크게 함
> - 가속 및 감속을 완만하게 함
> - 균형체인 및 균형로프를 설치함
> - 큰 마찰계수를 적용함

53 물체에 하중을 작용시키면 물체 내부에 저항력이 생긴다. 이때 생긴 단위면적에 대한 내부 저항력을 무엇이라 하는가?

① 응력　　　　　② 하중
③ 보　　　　　　④ 안전율

> 해설
>
> **응력**
> 외부에서 가해지는 힘에 대한 물체 내부에서 저항하는 힘
> $$\sigma = \frac{P[\text{kg}]}{A[\text{cm}^2]}$$
> 여기서, σ : 응력[kg/cm²]
> 　　　　P : 하중[kg]
> 　　　　A : 단면적[cm²]

54 방호장치 중 과도한 한계를 벗어나 계속적으로 작동하지 않도록 제한하는 장치는?

① 크레인　　　　② 윈치
③ 리밋스위치　　④ 호이스트

> 해설
>
> **리밋스위치**
> 엘리베이터 운행 시 승강로 최상 또는 최하층을 지나쳐 상하부 충돌을 방지하기 위해 설치

정답 49 ① 50 ① 51 ④ 52 ② 53 ① 54 ③

55 M10 나사에 대한 설명으로 옳은 것은?

① 나사의 반지름이 10mm이다.
② 나사의 외경이 10mm이다.
③ 나사의 피치가 1.0mm이다.
④ 나사의 길이가 1cm이다.

해설

- 미터 보통 나사 : M
- 미터 사다리꼴 나사 : Tr
- 유니파이 보통 나사 : UNC
- 관용테이퍼 수나사 : R

나사의 표시방법

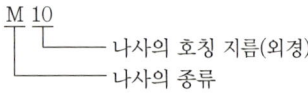

56 직렬로 접속되어 있는 2개 코일의 자기 인덕턴스가 각각 L_1, L_2이며, 상호 인덕턴스가 M, 2개의 코일이 만드는 자속의 방향이 동일할 경우 합성 인덕턴스 L은?

① $L = L_1 + L_2 + M$[H]
② $L = L_1 + L_2 + 2M$[H]
③ $L = L_1 + L_2 - M$[H]
④ $L = L_1 + L_2 - 2M$[H]

해설

인덕턴스 가동접속
코일을 같은 방향으로 감고, 전류를 흘리면 자속도 같은 방향으로 발생
$L = L_1 + L_2 + 2M$[H]

인덕턴스 차동접속
코일을 다른 방향으로 감고, 전류를 흘리면 자속도 다른 방향으로 발생
$L = L_1 + L_2 - 2M$[H]

57 안전율의 정의로 옳은 것은?

① 허용응력/극한강도
② 인장강도/허용응력
③ 허용응력/탄성한도
④ 탄성한도/허용응력

해설

안전율
재료의 파단강도와 허용응력의 비
$$안전율 = \frac{인장(파단)강도}{허용응력}$$

58 에스컬레이터의 스커트 가드판과 스텝 사이에 인체의 일부나 옷, 신발 등이 끼었을 때 동작하여 에스컬레이터를 정지시키는 안전장치는?

① 스텝체인 안전장치
② 구동체인 안전장치
③ 핸드레일 안전장치
④ 스커트 가드 안전장치

해설

스커트 가드 안전장치(스위치)
에스컬레이터 스커트 가드판과 스텝 사이에 물체 및 신체의 일부 등이 끼어 걸려 들어가는 것을 방지하는 장치

59 블리드 오프(Bleed Off) 유압회로에 대한 설명으로 틀린 것은?

① 정확한 속도제어가 곤란하다.
② 유량제어 밸브를 주 회로에서 분기된 바이패스 회로에 삽입한 것이다.
③ 회전수를 가변하여 펌프에 가압되어 토출되는 작동유를 제어하는 방식이다.
④ 부하에 필요한 압력 이상의 압력을 발생시킬 필요가 없어 효율이 높다.

해설

블리드오프 회로
- 유량제어밸브 간접 설치
- 유량 간접제어
- 정확한 속도제어 불가
- 높은 효율

60 소방용 엘리베이터에 대한 설명으로 옳지 않은 것은?

① 평상시는 승객용 또는 승객·화물용으로 사용할 수 있다.
② 카는 비상운전 시 반드시 모든 승강장의 출입구마다 정지할 수 있어야 한다.
③ 별도의 비상전원장치가 필요하다.
④ 도어가 열려 있으면 카를 승강시킬 수 없다.

> **해설**
>
> **소방용 엘리베이터 기본요건**
> - 폭 1,100mm, 깊이 1,400mm 이상
> - 출입구 유효 폭은 800mm 이상
> - 60초 이내에 가장 먼 층에 도착
> - 운행속도는 1m/s 이상
> - 비상구출문 0.5m×0.7m 이상
> - 정전 시 60초 이내 전원공급
> - 비상전원은 2시간 이상
> - 평상시 승객용으로 사용 가능
> - 비상운전 시 도어가 열린 상태로 운전 가능

정답   60 ④

2025년 1회 기출문제

01 엘리베이터 승강로 피트 내 작업공간의 점검 내용으로 옳지 않은 것은?

① 기계적인 장치의 설치 및 작동 상태
② 피트 출입문의 경우, 전기안전장치 작동 상태
③ 출입문의 잠금 및 설치 상태
④ 피트 탈출 수직틈새의 확보 상태

해설

피트 내 작업공간 점검 내용
- 기계적인 장치의 설치 및 작동 상태(점검주기 1회/1개월)
- 피트 출입문의 경우, 전기안전장치 작동 상태(점검주기 1회/1개월)
- 피트 탈출 수직틈새의 확보 상태(점검주기 1회/1개월)

02 유압 완충기에 대한 설명으로 옳지 않은 것은?

① 엘리베이터의 행정이 짧은 경우에 적용한다.
② 엘리베이터의 속도에 상관없이 설치가 가능하다.
③ 유체저항에 의해 완충 작용을 한다.
④ 완충기의 복귀는 압축스프링에 의해 이루어진다.

해설

① 엘리베이터의 행정이 짧은 경우에 적용하는 완충기는 스프링 완충기이다.

유압 완충기
- 엘리베이터의 속도에 상관없이 설치가 가능
- 카가 하강하면서 플런저를 누르게 되면 실린더 내부의 기름이 오리피스 틈새로 이동하면서 발생하는 유체저항에 의해 완충 작용을 함
- 복귀는 압축스프링에 의해 이루어짐

03 기계실 작업공간 바닥 면의 조도 기준으로 옳은 것은?

① 50lx
② 100lx
③ 150lx
④ 200lx

해설

승강기 조도 기준
- 카 지붕에서 수직 위로 1m 떨어진 곳 : 50lx
- 피트 바닥에서 수직 위로 1m 떨어진 곳 : 50lx
- 기계실 작업공간의 바닥 면 : 200lx
- 기계실 작업공간 간 이동공간의 바닥 면 : 50lx

04 다음 중 와이어로프의 직경 측정 방법으로 옳은 것은?

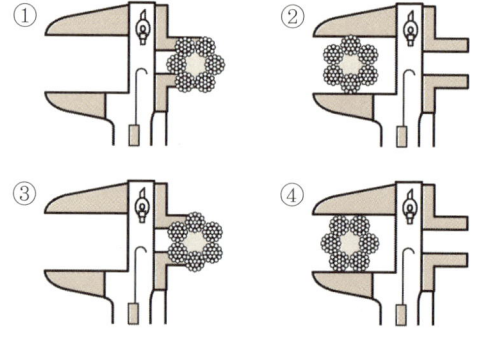

해설

와이어로프의 직경 측정 방법
- 버니어 캘리퍼스로 로프의 직경을 측정
- 로프의 직경을 측정할 수 있는 넓이를 가진 버니어 캘리퍼스 이용
- 측정 시 와이어로프의 끝단 최곳값을 측정

05 다음 중 매다는 장치(현수)의 설명으로 옳지 않은 것은?

① 로프 또는 체인의 가닥수는 2가닥 이상일 것
② 공칭 직경은 8mm 이상일 것
③ 드럼 피치직경과 로프의 공칭 직경 사이의 비율은 40 이상일 것
④ 체인에 의해 구동되는 경우 안전율은 12 이상일 것

정답 01 ③ 02 ① 03 ④ 04 ② 05 ④

> **해설**
>
> **매다는 장치(현수)**
> - 로프 또는 체인의 가닥수는 2가닥 이상
> - 공칭 직경은 8mm 이상
> - 공칭 직경비는 40 이상(주택용은 30 이상)
> - 안전율은 12 이상(체인의 경우 10 이상)

06 감전전류의 종류 중에서 근육경련이 일어나며 의지대로 움직일 수 없는 크기의 전류는?

① 감지전류
② 한계전류
③ 불수전류
④ 심실세동전류

> **해설**
>
> **감전전류의 종류**
> - 감지전류 : 인체가 감지할 수 있는 전류로 약 1mA 정도의 크기
> - 한계전류 : 근육은 의지대로 움직일 수 있으나 고통이 큰 크기의 전류로 5~10mA 정도의 크기
> - 불수전류 : 근육의 경련이 일어나며 의지대로 움직일 수 없는 상태로 약 20mA 정도의 크기
> - 심실세동전류 : 심장이 마비되며 호흡도 정지되는 전류로 50~100mA 정도의 크기

07 도르래 홈(컷)의 마찰력 크기 순서를 올바르게 나타낸 것은?

① U홈 < 언더컷홈 < V홈
② 언더컷홈 < U홈 < V홈
③ V홈 < U홈 < 언더컷홈
④ U홈 < V홈 < 언더컷홈

> **해설**
>
> **홈의 종류별 특징**
> 마찰력이 클수록 견인력은 좋아지지만 로프와 도르래 홈의 접촉면 압력이 커지기 때문에 로프와 도르래가 쉽게 마모될 수 있음
>
> | 구분 | U홈 | V홈 | 언더컷 |
> |---|---|---|---|
> | 마찰력 | 작음 | 큼 | 중간 |
> | 면압 | 작음 | 큼 | 중간 |
> | 로프 마모 | 작음 | 큼 | 중간 |
> | 로프 수명 | 김 | 짧음 | 중간 |

08 권상기 전동기 용량에 대한 설명으로 옳지 않은 것은?

① 효율에 비례한다.
② 정격적재하중에 비례한다.
③ 정격속도에 비례한다.
④ 전동기 용량의 단위는 [kW]를 사용한다.

> **해설**
>
> **전동기 용량**
> $$P = \frac{M \cdot V \cdot S}{6,120\eta} [\text{kW}]$$
> 여기서, P : 전동기 용량[kW]
> M : 정격적재하중[kg]
> V : 정격속도[m/min]
> S : 오버밸런스율은 균형추의 중량을 결정할 때 사용하는 계수($S = 1 - F$(오버밸런스율[%]))
> η : 종합효율

09 동활차(움직 도르래)의 하중에 관한 식으로 옳은 것은?[단, W는 하중(kg), F는 인장력(kg), n은 동활차의 수]

① $W = F$
② $W = F \times 2$
③ $W = F \times 2^2$
④ $W = F \times 2^n$

> **해설**
>
> **도르래(활차)**
> 도르래는 로프를 사용하여 힘의 방향을 바꾸거나 큰 힘을 얻을 수 있게 구성한 장치
> - 정활차(고정 도르래) : $W = F$
> - 동활차(움직 도르래) : $W = F \times 2$
> - 복활차 : $W = F \times 2^n$

10 10진수 15를 2진수로 변환한 것으로 옳은 것은?

① 1011
② 1101
③ 1110
④ 1111

정답 06 ③ 07 ① 08 ① 09 ② 10 ④

> **해설**

진수 변환(10진수 → 2진수)
십진수의 이진수 변환은 십진수를 2로 계속 나누면서 나머지를 아래부터 역순으로 읽어 얻을 수 있음
- 15 ÷ 2 = 7, 나머지 1
- 7 ÷ 2 = 3, 나머지 1
- 3 ÷ 2 = 1, 나머지 1
- 1 ÷ 2 = 0, 나머지 1

따라서, 15를 2진수로 변환하면 1111이 됨

11 2진수 1101과 101을 곱한 결과로 옳은 것은?

① 100000
② 1000001
③ 1101101
④ 1100001

> **해설**

2진수의 곱셈
- 2진수의 곱셈은 곱하는 수의 각 자릿수를 다른 곱해지는 수의 각 자릿수에 곱해야 함
- 자리 올림(Shift) : 10진수에서 자릿수가 올라갈 때 0을 뒤에 붙이는 것처럼 2진수에서도 결과값의 자릿수를 맞춰 0을 붙임

```
    1101 (13)
×    101 (5)
  ─────────
    1101   (1101 × 1)
   0000    (1101 × 0, 한 칸 왼쪽으로 밀어 씀)
  1101     (1101 × 1, 두 칸 왼쪽으로 밀어 씀)
 1000001 (65)
```

12 에스컬레이터의 난간 폭에 의한 분류로 옳은 것은?

① 난간 폭 800형(수송능력 5,000명/h)
② 난간 폭 1,000형(수송능력 6,000명/h)
③ 난간 폭 1,000형(수송능력 9,000명/h)
④ 난간 폭 1,200형(수송능력 9,000명/h)

> **해설**

에스컬레이터 난간 폭에 의한 분류
- 난간 폭 800형 : 수송능력 6,000명/h
- 난간 폭 1,200형 : 수송능력 9,000명/h

13 에스컬레이터의 정지거리에 대한 기준으로 옳은 것은?

① 공칭속도 0.5m/s(정지거리 0.2~1m까지)
② 공칭속도 0.65m/s(정지거리 0.2~1m까지)
③ 공칭속도 0.7m/s(정지거리 0.3~1.3m까지)
④ 공칭속도 0.75m/s(정지거리 0.5~1.5m까지)

> **해설**

에스컬레이터의 정지 거리

공칭속도 v	정지거리
0.50m/s	0.20~1.00m까지
0.65m/s	0.30~1.30m까지
0.75m/s	0.40~1.50m까지

14 에스컬레이터의 전자-기계 브레이크에 대한 설명으로 옳지 않은 것은?

① 정상 개방은 지속적인 전류의 흐름에 의해야 한다.
② 브레이크 회로가 개방되면 즉시 작동되어야 한다.
③ 제동력은 전기적인 전자력에 의해 발휘되어야 한다.
④ 브레이크 개방장치의 전기적 자체여자의 발생은 불가능해야 한다.

> **해설**

③ 제동력은 안내되는 압축 스프링에 의해 발휘되어야 함

에스컬레이터 전자-기계 브레이크 시스템
전자 브레이크와 기계식 브레이크를 함께 사용하여 에스컬레이터 운전 중 문제가 발생했을 때나 정전 시 즉시 제동을 걸어 승객의 안전을 확보하는 시스템을 말함

15 승강기 도어 안전장치 중에서 사람이나 물체가 접촉하였을 때 도어의 닫힘을 중지하여 도어를 반전시키는 접촉식 보호장치로 옳은 것은?

① 세이프티 슈
② 세이프티 레이
③ 초음파 센서
④ 가이드 슈

> **해설**
>
> **도어 안전장치**
> - 세이프티 슈 : 접촉식 센서
> - 세이프티 레이 : 광전식(비접촉식 센서)
> - 초음파 센서 : 초음파식(비접촉식 센서)

16 유압식 승강기에서 미터인 회로에 대한 설명으로 옳지 않은 것은?

① 유량제어 밸브를 주회로에 직접 삽입하여 유량을 제어한다.
② 직접 제어하므로 정확한 속도제어가 가능하다.
③ 효율이 낮다.
④ 부하에 필요한 압력 이상의 압력을 발생시킬 필요가 없다.

> **해설**
> ④ 블리드오프 회로에 대한 설명임
>
> **미터인 회로와 블리드 오프 회로의 비교**
>
> | 구분 | 미터인 | 블리드오프 |
> |---|---|---|
> | 유량제어 | 직접제어 | 간접제어 |
> | 속도제어 | 정확함 | 정확하지 않음 |
> | 효율 | 낮음 | 높음 |

17 과속조절기의 캐치가 작동되었을 때 로프의 인장력에 대한 설명으로 옳은 것은?

① 150N 이상과 비상정지장치를 거는 데 필요한 힘의 1.5배를 비교하여 큰 값 이상
② 200N 이상과 비상정지장치를 거는 데 필요한 힘의 1.5배를 비교하여 큰 값 이상
③ 300N 이상과 비상정지장치를 거는 데 필요한 힘의 2배를 비교하여 큰 값 이상
④ 400N 이상과 비상정지장치를 거는 데 필요한 힘의 2배를 비교하여 큰 값 이상

> **해설**
>
> **과속조절기 로프 인장력**
> 다음 두 값 중에서 큰 값 이상이어야 함
> - 300N
> - 비상정지장치를 거는 데 필요한 힘의 2배

18 튀어오름 방지장치의 설치 및 작동상태는 다음 중에서 어느 장소의 점검 항목인가?

① 기계실 내의 기계류
② 승강로 내 작업공간
③ 풀리실
④ 피트 내 설비

> **해설**
>
> 승강기 튀어오름 방지장치는 승강로 하부에 설치되며, 특히 승강기 카의 바닥과 승강로 바닥 사이에 설치되어 카가 과도하게 튀어오르는 것을 방지하는 역할을 함

19 다음 중에서 구름 베어링의 설명으로 옳지 않은 것은?

① 미끄럼 베어링보다 마찰저항이 작다.
② 소음 및 진동이 크다.
③ 가격이 고가이다.
④ 구조가 간단하다.

> **해설**
>
> **베어링 특성 비교**
>
> | 구분 | 미끄럼 베어링 | 구름 베어링 |
> |---|---|---|
> | 구조 | 간단 | 복잡 |
> | 동력손실 | 큼 | 작음 |
> | 마찰저항 | 큼 | 작음 |
> | 소음 및 진동 | 작음 | 큼 |
> | 보수점검 | 어려움 | 쉬움 |
> | 회전속도 | 저속 대응 | 고속 대응 |
> | 윤활성 | 나쁨 | 좋음 |
> | 가격 | 저렴 | 고가 |

20 에스컬레이터 손잡이 폭에 대한 범위로 옳은 것은?

① 50~70mm
② 50~100mm
③ 70~100mm
④ 70~120mm

정답 16 ④ 17 ③ 18 ④ 19 ④ 20 ③

> **해설**

에스컬레이터 손잡이 시스템
- 인접 표면으로부터 수평으로 80mm 이상, 수직으로 25mm 이상 떨어질 것
- 손잡이 외형과 주행안내 장치 또는 덮개 외형 사이의 거리는 8mm 이하일 것
- 손잡이 폭은 70mm와 100mm 사이일 것
- 손잡이와 난간 끝부분 사이의 거리는 50mm 이하일 것
- 손잡이 중심선 사이의 거리는 스커트 사이의 거리보다 0.45m를 초과하지 않을 것

21 엘리베이터 카의 비상구출문에 대한 설명으로 옳지 않은 것은?

① 카 천장 비상구출문은 카 내부 방향으로 열리지 않아야 한다.
② 카 내부에서 열쇠 없이 열려야 한다.
③ 카 천장 비상구출문 유효 개구부의 크기는 0.4m × 0.5m 이상이어야 한다.
④ 하나의 승강로에 2대 이상의 엘리베이터가 있는 경우 카 벽에 비상구출문을 설치할 수 있다.

> **해설**

비상구출문
- 카 천장 비상구출문 유효 개구부는 0.4m×0.5m 이상
- 카 천장 비상구출문은 카 외부에서 열쇠 없이 열려야 하고, 카 내부에서는 삼각열쇠로 열려야 함
- 카 천장 비상구출문은 카 내부 방향으로 열리지 않아야 함
- 하나의 승강로에 2대 이상의 엘리베이터가 있는 경우에 카 벽에 비상구출문을 설치할 수 있음
- 카 벽에 설치된 비상구출문의 크기는 폭 0.4m, 높이 1.8m 이상

22 다음의 논리식을 간소화한 것으로 옳은 것은?

$$Z = (A+B+C)A$$

① A ② AB
③ AC ④ A+AB

> **해설**

논리식의 간소화
$Z = (A+B+C)A$
$= AA + AB + AC$
$= A(1+B+C)$
$= A$

23 카 상부에서 작업 시 지켜야 할 사항으로 옳지 않은 것은?

① 운행할 때는 반드시 점검(수동) 모드로 전환하여 카가 자동 운행하는 것을 방지한다.
② 끼임 사고 방지를 위해 승강로의 여유 공간을 충분히 확보한다.
③ 카의 멈춤을 위한 비상정지스위치 및 안전장치 작동을 확인한다.
④ 정전 스위치를 차단한다.

> **해설**

정전 스위치의 차단과는 관계가 없음

24 에스컬레이터 주의표시 표지판의 최소 크기는 얼마 이상이어야 하는가?

① 40mm × 40mm ② 40mm × 50mm
③ 70mm × 100mm ④ 80mm × 100mm

> **해설**

표시 및 경고장치
- 모든 표시, 안내 및 문구는 견고한 재질로 눈에 띄는 위치에 명확하게 한글로 작성되어야 함
- 주의표시 크기 : 80mm × 100mm 이상

25 작동유가 한쪽 방향으로만 흐르게 하며 역류를 방지하기 위한 밸브로 옳은 것은?

① 스톱 밸브 ② 체크 밸브
③ 릴리프 밸브 ④ 럽처 밸브

정답 21 ④ 22 ① 23 ④ 24 ④ 25 ②

해설

유압 밸브
- 스톱 밸브 : 실린더의 기름이 파워 유닛으로 역류하는 것을 방지
- 체크 밸브 : 작동유가 한쪽 방향으로 흐르게 하며 역류를 방지
- 릴리프 밸브 : 압력 배관을 보호하기 위해 압력을 제한
- 럽처 밸브 : 압력 배관 파손 시 하강하는 정격하중의 카를 정지

26 유압용 엘리베이터에서 가장 많이 사용되는 펌프는?

① 베인 펌프 ② 기어 펌프
③ 스크루 펌프 ④ 피스톤 펌프

해설

유압 엘리베이터의 펌프로는 맥동이 작고 진동과 소음이 적은 스크루 펌프를 가장 많이 사용함

27 입력신호 A, B가 모두 '1'일 때만 출력값이 '1'이 되고 그 이외에는 출력값이 '0'이 되는 회로는?

① OR 회로 ② AND 회로
③ NOR 회로 ④ NOT 회로

해설

논리 회로
- OR 회로(논리합) : 입력 중 하나 이상의 입력이 '1' 일 때 출력이 '1'이 되는 회로
- AND 회로(논리곱) : 모든 입력이 '1'일 때만 출력이 '1'이 되는 회로
- NOT 회로(부정) : 입력과 출력이 반전되는 회로
- NOR 회로(부정 논리합) : 입력이 모두 '0'일 때만 출력이 '1'이 되는 회로

28 전류가 10A, 저항이 5Ω일 때 전력 P는 몇 W인가?

① 5W ② 50W
③ 500W ④ 5,000W

해설

전력
단위시간당 전기에너지가 할 수 있는 일의 양
- 기호 : P
- 단위 : 와트(Watt, W)

$$P = VI = I^2R = \frac{V^2}{R}[\text{W}]$$

여기서, V는 전압, I는 전류, R은 저항이다.

29 다음 중 옴의 법칙에 대한 설명으로 옳지 않은 것은?

① 전류는 저항에 반비례한다.
② 전류는 전압에 비례한다.
③ 저항은 전압에 반비례한다.
④ 전압은 전류에 비례한다.

해설

옴의 법칙
회로에 흐르는 전류의 크기는 전압에 비례하고 저항에 반비례
- 관계식

$$V = IR[\text{V}], \ I = \frac{V}{R}[\text{A}], \ R = \frac{V}{I}[\Omega]$$

여기서, $V[\text{V}]$: 전압, $I[\text{A}]$: 전류, $R[\Omega]$: 저항

30 RLC 직렬회로에서 최대전류가 흐르게 되는 조건으로 옳은 것은?

① $wL^2 - \frac{1}{wC} = 0$ ② $wL^2 + \frac{1}{wC} = 0$
③ $wL - \frac{1}{wC} = 0$ ④ $wL + \frac{1}{wC} = 0$

해설

직렬 공진
RLC 직렬회로에서 공진조건은 유도성 리액턴스와 용량성 리액턴스의 크기가 같아져 서로 상쇄될 때임
- 임피던스는 최소($Z = R$)
- 임피던스가 최소가 되므로 전류는 최대
- 직렬공진 조건 : $wL = \frac{1}{wC}, \ wL - \frac{1}{wC} = 0$

정답 26 ③ 27 ② 28 ③ 29 ③ 30 ③

31 재해의 발생 순서로 옳은 것은?

① 이상상태 – 불안전 행동 및 상태 – 사고 – 재해
② 이상상태 – 사고 – 불안전 행동 및 상태 – 재해
③ 불안전 행동 및 상태 – 이상상태 – 사고 – 재해
④ 재해 – 이상상태 – 사고 – 불안전 행동 및 상태

[해설]

재해 발생순서
이상상태 – 불안전 행동 및 상태 – 사고 – 재해

32 피난용 승강기 안전관리자의 자격요건으로 옳지 않은 것은?

① 국가기술자격법에 따른 승강기 기능사 이상
② 국가기술자격법에 따른 기계·전기 또는 전자 분야 기능사 이상의 자격
③ 고등교육법에 따른 승강기·기계·전기 그 밖에 이와 유사한 학과의 전문학사 학위 이상
④ 1년 이상의 승강기 설계·제조·설치·인증·검사 또는 유지관리에 관한 실무경력

[해설]

승강기 안전관리자의 자격요건
- 「승강기 안전관리법 시행규칙」 별표 9
- 국가기술자격법에 따른 승강기 기능사 이상의 자격
- 국가기술자격법에 따른 기계·전기 또는 전자 분야 기능사 이상의 자격
- 고등교육법에 따른 승강기·기계·전기 또는 전자 학과나 그 밖에 이와 유사한 학과의 전문학사 이상의 학위
- 6개월 이상의 승강기 설계·제조·설치·인증·검사 또는 유지관리에 관한 실무경력
- 행정안전부장관이 정하여 고시하는 승강기 기술에 관한 기본교육의 이수

위 자격요건 중 어느 하나에 해당하는 자격요건을 갖추어야 함

33 다음 중 4절 링크 기구를 구성하고 있는 요소로 알맞은 것은?

① 고정링크, 크랭크, 레버, 슬라이더
② 가변링크, 크랭크, 기어, 클러치
③ 고정링크, 크랭크, 고정레버, 클러치
④ 가변링크, 크랭크, 기어, 슬라이더

[해설]

링크 기구
몇 개의 막대를 핀으로 연결하여 회전할 수 있도록 만든 기구
- 크랭크 : 회전운동
- 레버 : 요동운동
- 슬라이더 : 미끄럼운동
- 고정링크 : 고정

34 회전운동을 직선운동, 왕복운동 등으로 변환하는 장치는?

① 링크   ② 크랭크
③ 슬라이더   ④ 캠

[해설]

캠(Cam) 기구
회전운동을 직선운동, 왕복운동, 진동 등으로 변환하는 장치
- 평면 캠 : 판 캠, 홈 캠, 확동 캠, 직동 캠
- 입체 캠 : 경사판 캠, 원통 캠, 원뿔 캠, 구면 캠

35 다음 중 1/2의 힘으로 하중을 위로 올릴 수 있는 도르래는?

① 정활차   ② 동활차
③ 복활차   ④ 직활차

[해설]

도르래의 종류
- 정활차 : 힘의 방향을 바꿈
- 동활차 : 1/2의 힘으로 하중을 위로 올릴 수 있음
- 복활차 : 정활차와 동활차를 조합하여 작은 힘으로 몇 배의 큰 하중도 들어 올릴 수 있음

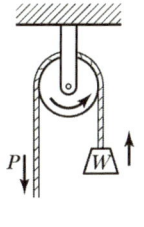
정활차

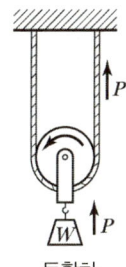
동활차

36 화물의 운반에 적합하게 제조·설치된 엘리베이터로서 조작자 또는 화물취급자가 탑승할 수 있는 엘리베이터는?(적재용량 300kg 미만은 제외)

① 소방구조용 엘리베이터
② 피난용 엘리베이터
③ 화물용 엘리베이터
④ 소형화물용 엘리베이터(덤웨이터)

해설

엘리베이터 종류
- 소방구조용 : 화재 등 비상시 소방관의 소화활동이나 구조활동에 적합하게 제조·설치된 엘리베이터
- 피난용 : 화재 등 재난 발생 시 거주자의 피난 활동에 적합하게 제조·설치된 엘리베이터로 평상시에는 승객용으로 사용
- 화물용 : 화물의 운반에 적합하게 제조·설치된 엘리베이터로서 조작자 또는 화물취급자가 탑승할 수 있는 엘리베이터(적재용량 300kg 미만은 제외)
- 소형화물용(덤웨이터) : 음식물이나 서적 등 소형 화물의 운반에 적합하게 제조·설치된 엘리베이터로서 사람의 탑승을 금지

37 카의 점검 내용 중에서 육안 점검 방법이 아닌 것은?

① 카 내부의 표기 상태
② 에이프런 고정 및 설치 상태
③ 카 내 층 표시장치 등 작동 상태
④ 카 내 버튼의 설치 및 작동 상태

해설

카의 점검 내용
- 유리가 사용된 카 벽의 손잡이 고정 설치 상태(육안)
- 카 내부의 표기 상태(육안)
- 비상통화장치의 작동 상태(시험)
- 조명의 점등 상태 및 조도(측정)
- 과부하감지장치 설치 및 작동 상태(시험)
- 에이프런 고정 및 설치 상태(육안)
- 카 내 버튼의 설치 및 작동 상태(시험)
- 카 내 층 표시장치 등 작동 상태(육안)

38 유압식 엘리베이터의 구동방식에 의한 분류로 옳지 않은 것은?

① 직접식
② 간접식
③ 스크루식
④ 팬터그래프식

해설

유압식 엘리베이터 종류
직접식, 간접식, 팬터그래프식

39 승강장 도어 문턱과 카 문턱과의 수평거리는 몇 mm 이하이어야 하는가?

① 30
② 35
③ 50
④ 60

해설

승강기 도어
- 승강장 도어 및 카도어의 출입구 유효 높이 : 2m 이상
- 승강장 도어의 출입구 유효 폭 : 카 출입구 폭 이상~ +50mm 이하
- 카도어의 문턱과 승강장 도어의 문턱 사이의 수평거리 : 35mm 이하
- 카도어의 앞부분과 승강장도어 사이의 수평거리 : 0.12m 이하
- 도어가 닫혀있을 경우 문짝 간 틈새나 문짝과 문틀 또는 문짝 사이 틈새 : 6mm 이하

40 다음 중 승강기 고장 시 행동 요령 및 조치사항으로 옳지 않은 것은?

① 비상 호출 버튼을 눌러 구조요청을 한다.
② 강제로 문을 열거나 탈출을 시도하지 않는다.
③ 비상 호출 버튼으로 연락이 안 될 경우 119로 직접 신고한다.
④ 카 상부의 구출구를 통해 신속히 탈출한다.

해설
승강기 이용자 행동 요령
- 당황하지 않고 침착하게 대기해야 함
- 비상 호출 버튼을 눌러 구조 요청을 함
- 연결이 안 될 경우 휴대전화로 119에 직접 신고
- 안전 손잡이를 잡고 낮은 자세를 취함
- 강제로 문을 열거나 탈출을 시도하지 않음

41 4개의 저항과 검류계를 이용해 미지의 저항값을 구하거나 작은 저항 변화를 측정하기 위한 계기는?

① 메거 ② 휘트스톤 브리지
③ 회로시험기 ④ 클램프 미터

해설
① 메거 : 전로의 절연저항을 측정하기 위한 계기
③ 회로시험기 : 회로의 전압이나 전류, 저항 등을 측정하기 위한 계기
④ 클램프 미터 : 활선 상태에서 전류를 측정하기 위한 계기

42 주차구획을 평면상에 배치하여 운반기의 왕복이동에 의하여 주차를 행하는 주차설비방식은?

① 승강기 슬라이드식 ② 수평순환식
③ 평면왕복식 ④ 다층순환식

해설
평면왕복식 주차장치
각 층에 평면으로 배치되어 있는 고정된 주차구획에 운반기에 의하여 자동차를 운반 이동하여 주차하도록 설계한 주차장치

- 종류 : 운반식, 운반격납식 등
- 일반적으로 빌딩의 지하 또는 상부에 설치
- 중·대규모의 주차가 가능

43 매다는 장치의 교체 작업에 대한 설명으로 옳지 않은 것은?

① 기계실, 카 상부, 피트에서의 작업을 위해 작업자를 위치시킨다.
② 카 상부 작업자와 피트 작업자는 상하 동시에 작업이 이루어져야 한다.
③ 기계실 작업자는 카 측 매다는 장치를 클램프를 사용하여 고정시킨다.
④ 피트 작업자는 카운터 웨이트에 접근하여 히치로부터 매다는 장치 소켓을 제거한다.

해설
② 카 상부 작업자는 피트 작업자가 작업을 하는 경우에는 카 상부 장비들이 낙하하지 않도록 조치하며 어떠한 작업도 해서는 안 됨(동시 작업 불가)

44 에스컬레이터에서 막는 조치의 끝부분에서 수평으로 어느 정도 거리의 전방에 안전 보호판이 설치되어야 하는가?

① 100~200mm ② 200~250mm
③ 200~300mm ④ 250~350mm

해설
삼각부 막는 조치 및 안전 보호판
- 막는 조치의 끝부분에서 수평으로 250~350mm 전방에 부드러운 재질의 비고정식 안전 보호판이 설치되어야 함
- 막는 조치 및 안전 보호판의 모서리나 끝부분은 날카롭지 않게 마감되어야 함

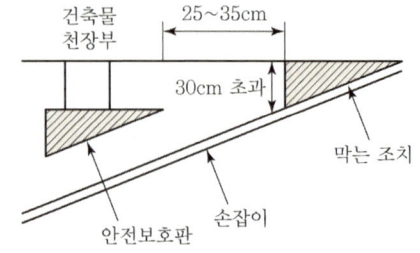

45 기계실의 위치에 의한 엘리베이터 분류에서 기계실을 승강로의 아래쪽 방향에 설치하는 방식은?

① 기어드 방식
② 베이스먼트 방식
③ 오버헤드머신 방식
④ 사이드머신 방식

> 해설

기계실 위치에 따른 방식
- 기계실 하부 설치 : 베이스먼트 방식
- 기계실 상부 설치 : 오버헤드머신 방식
- 기계실 중간 설치 : 사이드머신 방식

46 에스컬레이터 디딤판의 높이는 얼마 이하이어야 하는가?

① 0.2m 이하
② 0.24m 이하
③ 0.25m 이하
④ 0.3m 이하

> 해설

에스컬레이터 디딤판 규격
- 스텝 트레드는 운행 방향에 ±1°의 공차로 수평해야 함
- 스텝 높이는 0.24m 이하
- 스텝 깊이는 0.38m 이상
- 홈의 폭은 5mm 이상 7mm 이하
- 홈의 깊이는 10mm 이상

47 다음 중 저압 전로의 사용전압이 220V인 경우 절연저항 값은 몇 MΩ 이상이어야 하는가?

① 0.2MΩ
② 0.3MΩ
③ 0.5MΩ
④ 1.0MΩ

> 해설

전기설비의 절연저항

공칭회로 전압(V)	시험 전압/직류(V)	절연저항(MΩ)
SELV 및 PELV	250	≥0.5
FELV, 500V 이하	500	≥1.0
500V 초과	1,000	≥1.0

48 다음 중 추락을 방지하기 위한 2종 안전대의 사용법은?

① 1개 걸이 전용
② U자 걸이 전용
③ 1개 걸이, U자 걸이 겸용
④ 추락방지대

> 해설

안전대 종류
- 1종 : U자 걸이
- 2종 : 1개 걸이
- 3종 : 1개 U자 걸이 공용
- 4종 : 안전블록
- 5종 : 추락방지대

49 다음 중 사이리스터를 이용한 직류 엘리베이터의 제어 방식으로 옳은 것은?

① 워드 레오나드 방식
② 정지 레오나드 방식
③ 귀환 제어 방식
④ 가변전압 가변주파수 제어 방식

> 해설

엘리베이터 속도 제어 방식
- 직류 : 워드 레오나드 방식(MG set 이용), 정지 레오나드 방식(사이리스터 이용)
- 교류 : 교류 1단 속도제어, 교류 2단 속도제어, 귀환제어, 가변전압 가변주파수(VVVF) 제어

50 엘리베이터의 권상기에서 일반적으로 저속용에는 적은 용량의 전동기를 사용하여 큰 힘을 내도록 하는 동력전달방식은?

① 웜 기어
② 헬리컬 기어
③ 스퍼 기어
④ 피니언과 랙 기어

정답 45 ② 46 ② 47 ④ 48 ② 49 ② 50 ①

> **해설**
>
> **웜 기어의 특징**
>
> | 장점 | 단점 |
> |---|---|
> | • 부하 용량이 크다.
• 큰 감속비를 얻을 수 있다
  (1/10~1/100).
• 소음과 진동이 적다.
• 역전 방지를 할 수 있다. | • 미끄럼이 크고 교환성이 없다.
• 진입각이 작으면 효율이 낮다.
• 웜 휠은 연삭할 수 있다.
• 추력이 발생한다.
• 가격이 고가이다. |

51 4극, 60Hz의 3상 유도전동기의 동기속도 (rpm)는 얼마인가?

① 1,000 ② 1,200
③ 1,600 ④ 1,800

> **해설**
>
> **동기속도**
>
> $n_s = \dfrac{120}{p}f = \dfrac{120}{4} \times 60 = 1,800\,[\text{rpm}]$

52 한 쌍의 기어를 맞물렸을 때 치면 사이에 생기는 틈새를 무엇이라 하는가?

① 백래시 ② 슬립
③ 논슬립 ④ 지름 피치

> **해설**
>
> 기어 접속 부분의 치면 틈새를 백래시(Backlash)라고 함

53 인덕턴스 회로에서 전압과 전류의 위상차는 몇 도인가?

① 30° ② 45°
③ 90° ④ 120°

> **해설**
>
> **교류의 회로소자**
> • 저항(R) 회로 : 전압과 전류는 동상
> • 인덕턴스(L) 회로 : 전압이 전류보다 90° 빠름(진상)
> • 정전용량(C) 회로 : 전압이 전류보다 90° 느림(지상)

54 카 내에 갇힌 사람들이 외부와 연락할 수 있는 장치는?

① 차임벨 ② 인터폰
③ 리밋스위치 ④ 위치표시램프

> **해설**
>
> **인터폰**
> 비상시에 카 내부에서 외부로 연결하는 통신장치

55 로프의 미끄러짐 현상을 줄이는 방법으로 틀린 것은?

① 카 자중을 가볍게 한다.
② 권부각을 크게 한다.
③ 가감속도를 완만하게 한다.
④ 균형체인이나 균형로프를 설치한다.

> **해설**
>
> **로프 미끄러짐 방지 대책**
> • 권부각을 크게
> • 가속 및 감속을 작게
> • 균형체인 및 균형로프 적용
> • 큰 마찰계수 적용

56 유도전동기에서 슬립이 0이란 전동기의 어느 상태인가?

① 유도제동기의 역할을 한다.
② 유도전동기가 전부하 운전상태이다.
③ 유도전동기가 정지상태이다.
④ 유도전동기가 동기속도로 회전한다.

> **해설**
>
> **슬립(Slip)**
>
> $s = \dfrac{\text{동기 속도} - \text{회전자 속도}}{\text{동기 속도}} = \dfrac{N_s - N}{N_s}$
>
> **운전 상태별 슬립**
> • 전동기 정지 시 : $s = 1$
> • 전동기 동기속도로 운전 시 : $s = 0$
> • 전동기 부하 시 : $0 \leq s \leq 1$

정답 51 ④ 52 ① 53 ③ 54 ② 55 ① 56 ④

57 카가 최상층 및 최하층을 지나쳐 주행하는 것을 방지하는 것은?

① 균형추
② 정지 스위치
③ 인터록 장치
④ 리밋 스위치

해설

리밋 스위치
- 운행 시 최상·최하층을 지나치지 않도록 하는 장치
- 파이널 리밋 스위치 전 설치
- 카를 감속 및 정지

58 직류기 권선법에서 전기자 내부 병렬회로수 a와 극수 p의 관계는?(단, 권선법은 파권이다.)

① $a = 2$
② $a = \frac{1}{2}P$
③ $a = P$
④ $a = 2P$

해설

중권과 파권

구분	중권	파권
전기자 병렬회로수	극수와 동일	2
브러시 수	극수와 동일	2
동일 조건	저전압, 대전류	고전압, 저전류

59 조속기(Governor)의 작동상태를 잘못 설명한 것은?

① 카가 하강 과속하는 경우에는 일정속도를 초과하기 전에 조속기 스위치가 동작해야 한다.
② 조속기의 캐치는 일단 동작하고 난 후 자동으로 복귀되어서는 안 된다.
③ 조속기의 스위치는 작동 후 자동 복귀된다.
④ 조속기 로프가 장력을 잃게 되면 전동기의 주회로를 차단시키는 경우도 있다.

해설

조속기
- 카와 같은 속도로 움직이는 조속기 로프에 의해 회전되어 항상 카의 속도를 감지하여 가속도를 검출하는 장치
- 과속스위치는 수동으로 복귀되며, 양방향(상승, 하강)에서 작동되어야 함

60 엘리베이터를 3~8대 병설하여 운행관리하며 1개의 승강장 부름에 대하여 1대의 카가 응답하고 교통수단의 변동에 대하여 변경되는 조작방식은?

① 군 관리방식
② 단식 자동방식
③ 군 승합 전자동식
④ 방향성 승합 전자동식

해설

군 관리방식
- 여러 대의 엘리베이터를 통합적으로 제어함으로써 승객의 대기시간과 운행시간을 최소화하는 시스템
- 엘리베이터를 3~8대 병설 시 수요의 변화에 따라 운전 대응

정답 57 ④ 58 ① 59 ③ 60 ①

2025년 2회 기출문제

01 화재 등 재난 발생 시 거주자의 피난활동에 적합하게 설치된 엘리베이터로서 평상시에는 승객용으로 사용되는 엘리베이터는?

① 소방구조용 엘리베이터
② 피난용 엘리베이터
③ 승객용 엘리베이터
④ 승객화물용 엘리베이터

해설
① 소방구조용 엘리베이터 : 화재 등 비상시 소방관의 소화활동이나 구조활동에 적합하게 설치된 엘리베이터
③ 승객용 엘리베이터 : 사람의 운송에 적합하게 설치된 엘리베이터
④ 승객화물용 엘리베이터 : 사람의 운송과 화물 운반을 겸용하기에 적합하게 설치된 엘리베이터

02 엘리베이터의 구동 방식에 의한 분류로 옳지 않은 것은?

① 전기식 엘리베이터
② 유압식 엘리베이터
③ 스크루식(Screw) 엘리베이터
④ 기어식 엘리베이터

해설
동력원별 분류
- 전기식(로프식) : 와이어로프와 도르래 시스템으로 카를 움직이는 방식
- 유압식 : 압력 펌프 유닛으로 유체의 압력을 이용하여 카를 이동시키는 방식
- 스크루식 : 기둥에 나사 형태의 홈을 가공하여 회전시켜서 카를 승강시키는 방식
- 랙 & 피니언식 : 레일에 랙 기어를 설치하고 카에는 피니언을 설치하여 카를 승강시키는 방식

03 승강기 로프 철거 순서가 맞게 정리된 것은?

ㄱ. 피트 작업자는 카운터 웨이트의 매다는 장치 소켓을 제거한다.
ㄴ. 기계실 작업자는 카 측 부분의 매다는 장치를 클램프를 사용하여 고정시킨다.
ㄷ. 기계실 작업자는 카 쪽 매다는 장치를 기계실로 끌어올린다.
ㄹ. 기계실 작업자는 카운터 웨이트 쪽 매다는 장치를 기계실로 끌어올린다.

① ㄱ-ㄴ-ㄷ-ㄹ
② ㄴ-ㄱ-ㄹ-ㄷ
③ ㄷ-ㄴ-ㄱ-ㄹ
④ ㄹ-ㄱ-ㄴ-ㄷ

해설
승강기 로프 철거 순서
① 기계실, 카 상부, 피트에서의 작업을 위해 작업자를 위치시킴
② 기계실 작업자는 카 측 부분의 매다는 장치를 클램프를 사용하여 고정시킴
③ 피트 작업자는 카운터 웨이트에 접근해 매다는 장치 소켓을 제거
④ 기계실 작업자는 카운터 웨이트 쪽 매다는 장치를 기계실로 끌어올림
⑤ 카 상부 작업자는 매다는 장치 소켓을 제거
⑥ 기계실 작업자는 카 쪽 매다는 장치를 기계실로 끌어올림

04 에스컬레이터(무빙워크 포함)에서 6개월에 1회 점검하는 사항이 아닌 것은?

① 구동기의 베어링 점검
② 구동기의 감속기어 점검
③ 중간부의 스텝 레일 점검
④ 핸드레일 시스템의 속도 점검

해설
①, ②, ③ 1회/6개월
④ 1회/1개월

정답 01 ② 02 ④ 03 ② 04 ④

05 에스컬레이터 디딤판의 크기에 대한 설명 중 옳은 것은?

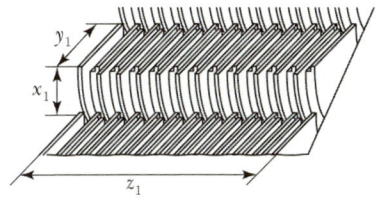

① 디딤판의 깊이(y_1)는 0.38m 이상이고, 디딤판의 높이(x_1)는 0.24m 이하이어야 한다.
② 디딤판의 깊이(y_1)는 0.24m 이상이고, 디딤판의 높이(x_1)는 0.38m 이하이어야 한다.
③ 디딤판 홈의 깊이는 8mm 이상이어야 한다.
④ 디딤판 홈의 폭은 5mm 이상, 8mm 이하이어야 한다.

해설

디딤판(스텝) 규격
- 디딤판 깊이(y_1) : 0.38m 이상
- 디딤판 높이(x_1) : 0.24m 이하
- 홈의 폭 : 5mm 이상, 7mm 이하
- 홈의 깊이 : 10mm 이상

06 엘리베이터 철거 및 설치 공정 순서로 맞게 정리된 것은?

> ㄱ. 주로프를 철거 및 작업용 윈치를 이용해 카를 최하층으로 하강시킨다.
> ㄴ. 구동기, 과속조절기, 제어반 등을 설치한다.
> ㄷ. 균형추는 최하층에, 카는 최상층에 위치시킨다.
> ㄹ. 작업용 윈치에 카 매달기 작업을 한다.

① ㄱ-ㄴ-ㄷ-ㄹ
② ㄹ-ㄱ-ㄷ-ㄴ
③ ㄹ-ㄷ-ㄱ-ㄴ
④ ㄷ-ㄹ-ㄱ-ㄴ

07 일반적인 에스컬레이터 경사도는 몇 도를 초과하지 않아야 하는가?

① 25°   ② 30°
③ 35°   ④ 40°

해설

에스컬레이터 경사도

경사도	공칭속도
30° 이하	0.75m/s 이하
30° 초과 35° 이하	0.5m/s 이하

08 전선의 단면적을 2배로 늘리면 전선의 저항은 처음의 몇 배가 되는가?

① $\frac{1}{2}$배   ② 2배
③ 3배   ④ 4배

해설

도체의 저항
$R = \rho \frac{l}{A} [\Omega]$

여기서, l : 도선의 길이[m]
A : 도선의 단면적[m²]
ρ : 고유저항[Ω·m]

$R = \rho \frac{l}{A} = \rho \frac{l}{2} = \frac{1}{2}$배

09 소방구조용 엘리베이터에 대한 설명으로 옳지 않은 것은?

① 평상시는 승객용 또는 승객·화물용으로 사용할 수 있다.
② 60초 이내에 가장 먼 층에 도착할 수 있어야 한다.
③ 정전 시 60초 이내에 전력을 공급받아 작동할 수 있어야 한다.
④ 비상전원은 최소 1시간 동안 작동이 가능해야 한다.

> **해설**
>
> **소방구조용 승강기 기본요건**
> - 폭 1,100mm, 깊이 1,400mm 이상
> - 출입구 유효 폭은 800mm 이상
> - 60초 이내에 가장 먼 층에 도착
> - 운행속도는 1m/s 이상
> - 비상구출문 0.5m × 0.7m 이상
> - 정전 시 60초 이내 전원공급
> - 비상전원은 2시간 이상

10 매다는 장치에서 로프나 체인의 가닥수는 몇 가닥 이상이어야 하는가?

① 2가닥 ② 3가닥
③ 4가닥 ④ 5가닥

> **해설**
>
> **매다는 장치(현수)**
> - 공칭 직경은 8mm 이상
> - 로프 또는 체인 등의 가닥수는 2가닥 이상
> - 공칭 직경비는 40 이상(주택용은 30 이상)
> - 안전율은 12 이상(체인 10 이상)

11 2진수 100111을 10진수로 변환한 것으로 옳은 것은?

① 15 ② 19
③ 25 ④ 39

> **해설**
>
> **2진수의 10진수 변환**
> 2진수의 각 자릿수에 해당하는 2의 거듭제곱을 곱한 후 모두 더하면 됨
> $(1 \times 2^5) + (0 \times 2^4) + (0 \times 2^3) + (1 \times 2^2) + (1 \times 2^1) + (1 \times 2^0)$
> $= 32 + 0 + 0 + 4 + 2 + 1$
> $= 39$

12 다음 중 추락방지안전장치의 평균 감속도로 옳은 것은?

① $0.1 \sim 0.2g_n$ 사이 ② $0.1 \sim 1g_n$ 사이
③ $0.2 \sim 1g_n$ 사이 ④ $0.2 \sim 2g_n$ 사이

> **해설**
>
> **추락방지안전장치**
> - 1m/s 이하 : 즉시 작동형
> - 1m/s 초과 : 점차 작동형
> - 평균 감속도 : $0.2 \sim 1g_n$ 사이

13 피트 바닥에서 수직 위로 1m 떨어진 곳의 조도는 몇 lx 이상이어야 하는가?

① 50lx ② 100lx
③ 100lx ④ 200lx

> **해설**
>
> **승강기 조도 기준**
> - 카 지붕에서 수직 위로 1m 떨어진 곳 : 50lx
> - 피트 바닥에서 수직 위로 1m 떨어진 곳 : 50lx
> - 기계실 작업공간의 바닥 면 : 200lx
> - 기계실 작업공간 간 이동공간의 바닥 면 : 50lx

14 승객이 출입하는 동안에 승객의 도어 끼임을 방지하기 위한 감지장치가 아닌 것은?

① 광전 스위치 ② 세이프티 슈
③ 초음파 장치 ④ 도어 인터록 스위치

> **해설**
>
> **도어 인터록(Door Interlock)**
> - 도어록(Door Lock) : 카가 정지하지 않는 층의 도어는 전용 열쇠를 사용하지 않으면 열리지 않도록 하는 장치
> - 도어 스위치(Door Switch) : 승강장 문이 닫혀 있지 않으면 운전이 불가능하도록 하는 장치
> - 도어이탈방지장치 : 외부의 충격으로 인해 승강장 도어가 이탈하여 승객이 승강로로 추락하는 것을 방지하는 장치
> - 손끼임방지장치 : 도어가 동작할 때 도어 틈 사이로 손이 끼는 것을 방지하는 장치

정답 10 ① 11 ④ 12 ③ 13 ① 14 ④

15 에스컬레이터를 하강 방향으로 공칭속도 0.65m/s로 움직일 때 전기적 정지장치가 작동된 시간부터 측정할 경우 정지거리는 얼마를 만족하여야 하는가?

① 0.1m에서 0.8m 사이 ② 0.2m에서 1.0m 사이
③ 0.3m에서 1.3m 사이 ④ 0.4m에서 1.5m 사이

해설

에스컬레이터의 정지거리

공칭속도 v	정지거리
0.50m/s	0.20~1.00m까지
0.65m/s	0.30~1.30m까지
0.75m/s	0.40~1.50m까지

16 단식 자동식 엘리베이터에 대한 설명으로 옳은 것은?

① 운전 및 정지를 운전자가 조작한다.
② 가장 먼저 눌린 호출에만 응답하고, 운전이 완료되기 전 다른 호출에는 응답하지 않는다.
③ 상승 시에는 정지하지 않고 하강 시 호출신호에 응답하며 운전한다.
④ 승객이 운전하는 엘리베이터로 목적층을 눌러 이동하거나 승강장으로부터 호출신호로 운전하는 방식이다.

해설

① 반자동식(카 스위치 방식)
③ 하강 승합 전자동식
④ 승합 전자동식

17 휠체어리프트의 이용 수칙으로 옳지 않은 것은?

① 출입문에 손이나 발을 대지 않아야 한다.
② 휠체어리프트 보호대를 강제로 열지 않아야 한다.
③ 휠체어리프트에는 화물을 실을 수 있다.
④ 임의로 조작하지 않아야 하며, 승강기 안전관리자 등 관리자의 도움을 받아 이용해야 한다.

해설

휠체어리프트
- 장애인의 편의를 위해 제작된 승강기
- 종류 : 수직형, 경사형
- 이용 수칙
  - 출입문에 충격을 가하지 않아야 함
  - 출입문에 손이나 발을 대지 않아야 함
  - 휠체어리프트 보호대를 강제로 열지 않아야 함
  - 출입문이 완전히 열린 후에 타거나 내려야 함
  - 화물을 싣지 않아야 함
  - 임의로 조작하지 않아야 하며, 승강기 안전관리자 등 관리자의 도움을 받아 이용해야 함

18 장애인용 엘리베이터 내부 유효 바닥면은 얼마 이상이어야 하는가?

① 폭 1.5m 이상, 깊이 1m 이상
② 폭 1.5m 이상, 깊이 1.2m 이상
③ 폭 1.6m 이상, 깊이 1.35m 이상
④ 폭 1.6m 이상, 깊이 1.5m 이상

해설

장애인용 엘리베이터의 추가 요건
- 호출버튼 또는 등록버튼에 의하여 카가 정지하면 10초 이상 문이 열린 채로 대기해야 함
- 카 내부 바닥의 어느 부분에서든 150lx 이상의 조도가 확보되어야 함
- 카 내부에 수평손잡이는 카 바닥에서 0.8m 이상 0.9m 이하의 위치에 견고하게 설치되고, 측면과 후면에 각각 설치되어야 함
- 승강기의 전면에는 1.4m × 1.4m 이상의 활동공간이 확보되어야 함
- 승강장 바닥과 승강기 바닥의 틈은 0.03m 이하
- 승강기 내부의 유효 바닥면적은 폭 1.6m 이상, 깊이 1.35m 이상이어야 함
- 출입문의 통과 유효 폭은 0.8m 이상으로 하되, 신축한 건물의 경우에는 출입문의 통과 유효 폭을 0.9m 이상으로 할 수 있음

19 장애인용 엘리베이터의 경우 호출버튼에 의하여 카가 정지하면 몇 초 이상 문이 열린 채로 대기하여야 하는가?

① 8초 이상 ② 10초 이상
③ 12초 이상 ④ 15초 이상

> **해설**
> 호출버튼에 의해 카가 정지하면 10초 이상 문이 열린 채로 대기하여야 함

20 과부하감지장치에 대한 설명으로 옳지 않은 것은?

① 승강기 카에 과부하가 발생하였을 경우 운행을 정지하는 장치이다.
② 정격하중의 10%를 초과하기 전에 과부하를 검출해야 한다.
③ 과부하감지장치가 작동한 경우에는 출입문의 닫힘을 저지하여야 한다.
④ 주행 중에는 과부하감지장치의 작동이 무효화되어서는 안 된다.

> **해설**
> **과부하감지장치**
> • 정격하중의 110%(최소 75kg) 검출
> • 시각 및 음향으로 경보
> • 엘리베이터의 주행 중에는 오동작을 방지하기 위하여 과부하감지장치의 작동이 무효화 되어야 함

21 매다는 장치에서 3가닥 이상의 6mm 이상 8mm 이하 로프를 사용하는 경우 안전율은 얼마 이상이어야 하는가?

① 10 ② 12
③ 16 ④ 20

> **해설**
> **매다는 장치(현수)의 안전율**
> • 3가닥 이상 로프(벨트)에 의한 구동 : 12 이상
> • 3가닥 이상의 6mm 이상 8mm 미만의 로프 : 16 이상
> • 체인에 의한 구동 : 10 이상
> • 로프가 있는 드럼 구동 및 유압식 엘리베이터 : 12 이상

22 엘리베이터가 정격속도를 현저히 초과할 때 모터에 가해지는 전원을 차단하여 카를 정지시키는 장치는?

① 권상기 브레이크 ② 가이드 레일
③ 권상기 드라이버 ④ 과속조절기

> **해설**
> **과속조절기(조속기)**
> • 카의 속도를 검출하는 장치
> • 정격속도의 115% 이상에서 동작
> • 카의 속도 및 가속도를 검출
> • 추락방지안전장치를 동작
> • 종류 : 디스크형, 마찰정지형(롤 세이프티형), 플라이볼형

23 카 측 과속조절기의 점검 내용으로 옳지 않은 것은?

① 추락방지안전장치 설치 및 작동 상태
② 전기안전장치 작동 상태
③ 인장 풀리 설치 상태
④ 로프 마모 및 파단 상태

> **해설**
> **카 측 과속조절기 점검 내용**
> • 과속조절기 전기안전장치 작동 상태(시험, 1회/1개월)
> • 인장 풀리 설치 상태(육안, 1회/1개월)
> • 로프 마모 및 파단 상태(측정, 1회/3개월)

24 콘덴서에 전압이 50V가 인가되어 2C의 전하가 충전되었을 때 콘덴서에 저장되는 에너지는 얼마인가?

① 50J ② 100J
③ 2,500J ④ 3,000J

정답 19 ② 20 ④ 21 ③ 22 ④ 23 ① 24 ①

> 해설

정전 에너지
콘덴서에 전압이 가해져 Q의 전하가 충전될 때 콘덴서에 저장되는 에너지

$$W = \frac{1}{2}QV = \frac{1}{2}CV^2 [J]$$
$$= \frac{1}{2} \times 2 \times 50 = 50[J]$$

25 안전 작업모를 착용하는 목적에 있어서 안전 관리와 관계가 없는 것은?

① 낙하물에 의한 부상 방지
② 감전의 방지
③ 화상의 방지
④ 종업원의 표시

> 해설

안전모 착용 목적
- 낙하물에 의한 피해 방지
- 화상 방지
- 감전 방지
- 충격 방지

26 다음 중 슬리브와 딤블을 이용하여 정밀한 측정을 요구하는 곳에 사용되는 것은?

① 버니어 캘리퍼스
② 마이크로미터
③ 하이트 게이지
④ 다이얼 게이지

> 해설

정밀측정기의 종류
- 버니어 캘리퍼스 : 어미자와 아들자를 사용하여 두 눈금을 조합하여 측정
- 마이크로미터 : 슬리브와 딤블을 이용하여 정밀한 측정을 요구하는 곳에 사용
- 하이트 게이지 : 정반 위에 설치하며, 선 긋기 또는 높이를 측정
- 다이얼 게이지 : 대상물의 면 부분 요철 또는 축의 진폭 등 미세한 길이를 측정

27 그림과 같은 활차장치의 설명으로 옳은 것은?(단, 그 활차의 직경은 같다.)

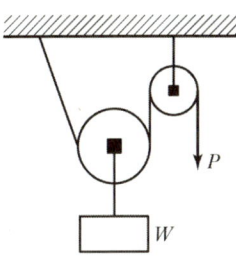

① 힘의 크기는 $W=P$이고, W의 속도는 P 속도의 $\frac{1}{2}$이다.
② 힘의 크기는 $W=P$이고, W의 속도는 P 속도의 $\frac{1}{4}$이다.
③ 힘의 크기는 $W=2P$이고, W의 속도는 P 속도의 $\frac{1}{2}$이다.
④ 힘의 크기는 $W=2P$이고, W의 속도는 P 속도의 $\frac{1}{4}$이다.

> 해설

도르래(활차)
고정 도르래와 움직 도르래를 1개씩 사용
$W=2P$이므로 $P=\frac{1}{2}W$, W의 속도는 $\frac{1}{2}P$

28 주행안내 레일은 5m 단위로 제조되는데 T형 주행안내 레일에서 13K, 18K, 24K, 30K를 바르게 설명한 것은?

① 주행안내 레일 5[m]의 중량
② 주행안내 레일 1[m]의 중량
③ 주행안내 레일 형상
④ 주행안내 레일 길이

> 해설

주행안내 레일의 규격
- 레일 규격의 호칭 : 마무리 가공 전 소재의 1m당 중량
- T형 레일의 공칭 규격 : 8, 13, 18, 24, 30K 등
- 레일의 표준 길이 : 5m

정답 25 ④ 26 ② 27 ③ 28 ②

29 주행안내 레일의 사용목적으로 틀린 것은?

① 카의 자중이나 화물에 의한 카의 기울어짐 방지
② 비상정지장치 작동 시 수직하중 유지
③ 카와 균형추의 승강로 평면 내의 위치 규제
④ 집중하중 작용 시 수평하중 유지

> 해설

주행안내 레일 설치목적
- 카와 균형추의 승강로 내의 평면 위치를 규제
- 카의 자중이나 화물 편하중에 의한 카의 기울어짐 방지
- 추락방지안전장치 작동 시 수직 하중을 유지

30 승강기 카 상부 점검자를 보호하기 위한 여유 거리를 무엇이라 하는가?

① 꼭대기 틈새   ② 피트 깊이
③ 오버헤드   ④ 기계실 유효 높이

> 해설

승강로 꼭대기 틈새와 피트 깊이
- 꼭대기 틈새 : 승강기 점검자가 카 상부에서 운전 작업 시 승강로 천장에 충돌하는 것을 방지하기 위한 거리
- 피트 깊이 : 카가 사고로 피트 바닥에 추락 시 카를 안전하게 감속 및 정지하여 충격을 완화하기 위해 규정된 거리

31 다음 중 승강로 내부에 설치된 장치로 옳지 않은 것은?

① 주행안내 레일
② 주 로프, 과속조절기 로프
③ 리밋 스위치, 파이널 리밋 스위치
④ 과속조절기

> 해설

승강로 내부장치
승강로는 엘리베이터 카가 상하로 움직이는 공간 또는 통로를 말함
- 주행안내 레일
- 주 로프, 과속조절기 로프
- 이동케이블
- 리밋 스위치, 파이널 리밋 스위치
- 균형추

32 다음 중 NAND 회로에 대한 설명으로 옳은 것은?

① 모든 입력이 '1'일 때만 출력이 '1'이 되는 회로
② 하나 이상의 입력이 '1'일 때 출력이 '1'이 되는 회로
③ 하나 이상의 입력이 '0'일 때 출력이 '1'이 되는 회로
④ 입력이 서로 다를 때 출력이 '1'이 되는 회로

> 해설

NAND 회로
- 논리곱(AND) 회로와 부정(NOT) 회로의 합으로 이루어진 회로
- 하나 이상의 입력이 '0'일 때 출력이 '1'이 되는 회로
- 논리식 : $X = \overline{A \cdot B} = \overline{A} + \overline{B}$
- 진리표

입력		출력
A	B	X
0	0	1
0	1	1
1	0	1
1	1	0

33 구동 체인이 늘어나거나 절단되었을 경우 아래로 미끄러지는 것을 방지하는 안전장치로 옳은 것은?

① 구동 체인 안전장치
② 정지 스위치
③ 인입구 안전장치
④ 스텝 체인 안전장치

> 해설

구동 체인 안전장치
- 체인이 늘어나거나 절단되었을 경우 동작
- 동력을 차단하고 역회전을 기계적으로 방지 후 전기적으로 전원을 차단

34 다음 중 전기식 엘리베이터 기계실의 구비조건으로 옳지 않은 것은?

① 기계실의 작업구역에서의 유효 높이는 2.1m 이상이어야 한다.
② 기계실에는 소요설비 이외의 것을 설치하거나 두어서는 안 된다.
③ 기계실 출입문의 크기는 0.8m × 1.7m 이상이어야 한다.
④ 출입문은 외부인의 출입을 방지할 수 있도록 잠금장치를 설치하여야 한다.

[해설]

승강로 기계실 구비조건
- 내화 및 방화구조
- 유효 높이는 2.1m 이상
- 조도 200lx 이상
- 기계실 온도 5~40℃
- 출입문 크기 0.7m × 1.8m 이상
- 잠금장치 설치
- 유지보수용 콘센트 설치

35 다음 중 응력의 단위로 옳은 것은?

① kg ② kg/m²
③ kg/cm² ④ kg · cm

[해설]

응력
- 외부에서 가해지는 힘에 대한 물체 내부의 저항력
- 종류 : 인장응력, 압축응력, 전단응력, 굽힘응력, 비틀림응력
- $\sigma = \dfrac{P[kg]}{A[cm^2]}$

  여기서, σ : 응력[kg/cm²]
  P : 축하중[kg]
  A : 단면적[cm²]

36 다음 중 하중의 작용상태에 따른 분류로 옳지 않은 것은?

① 인장하중 ② 전단하중
③ 압축하중 ④ 교번하중

[해설]

하중의 작용상태에 의한 분류
인장하중, 압축하중, 전단하중

하중의 시간변화에 따른 분류
- 정하중 : 정지 상태의 하중으로 속도가 변하지 않음
- 동하중 : 충격하중, 반복하중, 교번하중, 이동하중

37 다음 중 직류 전동기의 구성요소에 해당하지 않는 것은?

① 계자 ② 보극
③ 전기자 ④ 정류자

[해설]

직류 전동기의 3요소
- 계자 : 철심에 코일이 감긴 구조로, 전류에 의해 자속을 발생시키는 부분
- 전기자 : 전기자 철심과 권선 등으로 구성되며 계자에서 발생되는 자속을 받아 회전력을 발생시키는 부분
- 정류자 : 전기자에 공급되는 전류의 방향을 바꿔주는 역할

38 다음 중 도어 시스템의 종류로 옳지 않은 것은?

① 중앙개폐 방식 ② 세로개폐 방식
③ 가로개폐 방식 ④ 상하개폐 방식

[해설]

도어 시스템의 종류
- 중앙개폐 방식 : CO(Center Open)
- 가로개폐 방식 : S(Side Open)
- 상하개폐 방식 : 2UP(DN)

정답 34 ③ 35 ③ 36 ④ 37 ② 38 ②

39 견인비(Traction Ratio)에 대한 설명으로 옳지 않은 것은?

① 카 측 로프가 매달고 있는 중량과 중량추 로프가 매달고 있는 중량의 비를 말한다.
② 부하 및 카의 위치에 따라 견인비는 달라진다.
③ 견인비가 높을수록 로프의 수명은 연장된다.
④ 균형체인이나 균형로프는 견인비를 보상하기 위해 설치한다.

해설

견인비(Traction Ratio)
- 견인비 = $\dfrac{\text{균형추측중량}}{\text{카측중량}}$
- 권상기 시브를 기준으로 카 측 로프가 매달고 있는 중량과, 균형추 로프가 매달고 있는 중량의 비를 견인비 또는 트랙션비라고 함
- 전부하 시 또는 무부하 시, 카의 위치에 따라 견인비가 달라짐
- 견인비가 낮게 선택되면 로프와 도르래 사이의 마찰력이 작아도 되며 로프의 수명이 연장됨

견인비 보상방법
트랙션비를 보상하기 위해 균형체인 또는 균형로프를 설치

40 균형추의 중량을 결정하는 계산식은?[단, 여기서 L은 정격하중(kg), F는 오버밸런스율(%)이다.]

① 균형추의 중량=카 자체하중+$(L-F)$
② 균형추의 중량=카 자체하중×$(L \cdot F)$
③ 균형추의 중량=카 자체하중+$(L+F)$
④ 균형추의 중량=카 자체하중+$(L \cdot F)$

해설

균형추의 중량
카 자체하중+$(L \times F)$
    여기서, L : 정격적재하중
           F : 오버밸런스율

41 전동기 제동기의 구조 중에서 전자 코일에 의해 개방되며, 이상 시 스프링 힘에 의해 제동되는 것은?

① 브레이크
② 브레이크 슈
③ 브레이크 라이닝
④ 브레이크 코일

해설

제동기의 구조
- 브레이크 : 제동력은 상시 모터 전원이 공급되는 동안 전자 코일에 의해 개방되며, 이상 시 스프링 힘에 의해 제동
- 브레이크 슈 : 높은 동작 빈도에 견딜 것
- 브레이크 라이닝 : 청동 철사와 석면사로 구성

42 와이어로프의 구조에 대한 설명으로 옳지 않은 것은?

① 와이어로프를 구성하는 개개의 강선을 소선이라 한다.
② 다수의 소선을 꼬아 합친 것을 스트랜드라 한다.
③ 심선은 로프의 중심부에 섬유를 꼬아 로프 모양으로 만든 것으로 소선끼리 마찰력을 작게 하여 마모를 방지하는 역할을 한다.
④ 보통 꼬임은 소선과 스트랜드의 꼬임 방향이 다르고 풀기 어렵다.

해설

와이어로프 구조
- 소선 : 와이어로프를 구성하는 개개의 강선
- 스트랜드 : 다수의 소선을 꼬아 합친 구성
- 심강 : 로프의 중심부에 마닐라, 삼 등 천연섬유 또는 합성섬유를 꼬아 로프 모양으로 만들고 윤활유를 함유시켜 소선의 방청효과와 운전 시 소선끼리 마찰력을 작게 하여 마모를 방지

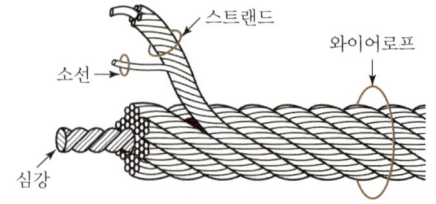

정답 39 ③ 40 ④ 41 ① 42 ③

43 비상정지장치(추락방지장치) 중 F.G.C형의 특징으로 맞는 것은?

① 레일을 죄는 힘이 처음에는 약하게 하강함에 따라 강해지다가 얼마 후 일정 값에 도달한다.
② 구조가 간단하고 설치 면적이 작으며 복귀가 용이하다.
③ 점차작동식으로 1m/s 이하의 속도에서 주로 사용한다.
④ 점차 작동형 추락방지안전장치의 평균 감속도는 $0.2g_n$ 이하여야 한다.

해설

F.G.C(플렉시블 가이드 클램프형)
- 구조가 간단하고 설치면적이 작으며 복귀가 용이함
- 레일을 죄는 힘이 동작에서 정지까지 일정
- 정격속도 45m/min 초과에서 많이 사용함
- 점차 작동형의 평균 감속도 : $0.2 \sim 1.0g_n$

44 스프링 완충기에 대한 설명으로 옳지 않은 것은?

① 승강기의 행정이 짧은 경우에 적용한다.
② 카 측 완충기는 카 자중과 정격하중을 더한 무게를 견뎌야 한다.
③ 균형추 측 완충기는 균형추의 무게를 견뎌야 한다.
④ 저속 엘리베이터에 주로 적용한다.

해설

완충기의 설치목적
승강기의 카 또는 균형추의 고장으로 최하층을 통과하여 피트로 떨어졌을 때 충격을 완화하기 위한 장치

스프링 완충기
- 엘리베이터의 행정이 짧은 경우에 적용
- 카 측 완충기는 카 자중과 정격하중을 더한 무게를 견뎌야 함
- 균형추 측 완충기는 균형추 무게를 견뎌야 함

45 다음 중 카 상부 설비 구성요소로 옳지 않은 것은?

① 운전조작반
② 카 상부 조작반
③ 비상구출구
④ 착상 스위치함

해설

① 운전조작반은 카의 내부에 위치함

카 상부 구조
엘리베이터 카의 상부에는 착상 스위치함, 조명 전원, 상부 조작반, 도어 머신 등이 있음

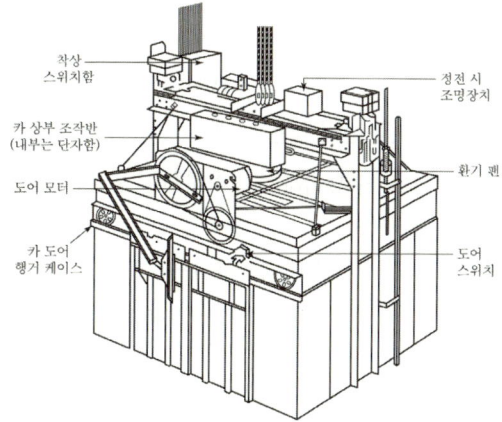

46 승강로의 구비조건으로 옳지 않은 것은?

① 주벽이나 개구부는 방화구조로 해야 한다.
② 승강로 내에는 각 층을 나타내는 표기가 있어야 한다.
③ 화재 시 승강로를 통해 연소확대가 되지 않아야 한다.
④ 기계 배관 및 전선관 등은 카 후면으로 설치해야 한다.

해설

승강로 구비조건
- 주벽이나 개구부는 방화구조로 할 것
- 승강기와 관계없는 기계 배관 및 전선관 등을 설치하지 않을 것
- 승강로 내에는 각 층을 나타내는 표기가 있을 것
- 화재 시 승강로를 통해 연소확대가 되지 않을 것

정답 43 ② 44 ④ 45 ① 46 ④

47 되먹임 제어에서 가장 필요한 장치로 옳은 것은?

① 입력과 출력을 비교하는 장치
② 응답속도를 느리게 하는 장치
③ 응답속도를 빠르게 하는 장치
④ 안정도를 좋게 하는 장치

해설

되먹임(피드백) 제어
출력신호를 다시 입력으로 돌릴 수 있는 되먹임 요소와 이를 비교하는 비교기가 있다.

48 가변전압 가변주파수(VVVF) 제어방식에 관한 설명 중 틀린 것은?

① 유지 보수가 용이하고 전력회생을 통해 에너지 절감이 가능하다.
② 저속의 승강기에만 적용하여야 한다.
③ 직류전동기와 동등한 제어특성을 낼 수 있다.
④ 유도전동기의 전압과 주파수를 동시에 변환시킨다.

해설

VVVF(가변전압 가변주파수) 제어방식
- 유도전동기에 인가되는 전압과 주파수를 동시에 변환시켜 직류전동기와 동등한 제어성능을 얻을 수 있는 방식으로 3상의 교류는 컨버터로 일단 DC전원으로 변환하고 재차 가변전압 및 가변주파수의 3상 교류로 변환하여 전동기에 급전함
- 한다. 이 방식은 효율이 좋고 원활한 속도제어를 할 수 있기에 엘리베이터의 속도제어에 사용하게 되어 저속에서 고속까지 폭넓게 이용
- 중저속 엘리베이터에서 승차감과 성능이 크게 향상
- 보수가 용이하고 전력회생을 통해 에너지 절감 가능

49 정현파 교류의 실횻값은 최댓값의 몇 배인가?

① π배
② $\frac{2}{\pi}$배
③ $\frac{1}{\sqrt{2}}$배
④ $\sqrt{2}$배

해설

$$V = \frac{1}{\sqrt{2}} V_m \fallingdotseq 0.707 V_m \, [\text{V}]$$

여기서, V : 실횻값, V_m : 최댓값

50 에스컬레이터의 특징으로 옳지 않은 것은?

① 기다림 없이 연속적으로 승객 수송이 가능하다.
② 하중이 건축물의 각 층에 분담되어 있다.
③ 일반적으로 엘리베이터에 비해 수송능력이 7~10배이다.
④ 전동기의 구동 횟수는 엘리베이터에 비해 극히 적다.

해설

에스컬레이터의 특징
- 기다리는 시간 없이 연속적으로 수송이 가능
- 건축적으로 점유 면적이 적고 기계실이 필요하지 않으며, 건물에 걸리는 하중이 각 층에 분산됨
- 엘리베이터에 비해 수송능력이 7~10배로 큼
- 에스컬레이터는 경사진 계단을 움직이므로 카를 수직으로 움직이는 엘리베이터에 비해 전원설비 부담이 상대적으로 적음

51 간접식 유압 엘리베이터의 특징이 아닌 것은?

① 부하에 의한 카의 빠짐이 비교적 작다.
② 실린더의 점검이 쉽다.
③ 승강로는 실린더를 수용할 부분만큼 더 커지게 된다.
④ 비상정지장치가 필요하다.

해설

직접식과 간접식 비교

구분	직접식	간접식
비상정지장치	불필요	필요
보호관	필요(지중시설)	불필요
실린더 점검	어려움(지중시설)	쉬움
승강로 면적	작음(지중시설)	큼
부하에 의한 카 바닥 빠짐	적음	많음

정답 47 ① 48 ② 49 ③ 50 ④ 51 ①

52 유도전동기에서 슬립에 관한 설명으로 옳지 않은 것은?

① 유도전동기의 동기 속도와 회전자 속도의 차이에 의해 발생한다.
② 동기 속도와 회전자 속도가 같은 경우 슬립은 '0'이 된다.
③ 유도전동기가 동기 속도보다 빠른 경우 슬립은 '1'이 된다.
④ 유도전동기에 부하가 접속된 상태에서 운전될 경우 슬립은 '0'에서 '1' 사이의 값이 된다.

해설

슬립(Slip)
- 유도 전동기는 회전 자장의 동기속도 N_s와 회전자의 속도 N 사이에 차이가 생기게 되며, 이 차이의 값으로 전동기의 속도를 나타냄
- 동기 속도와 회전자 속도의 차이와 동기 속도 N_s의 비를 슬립이라고 함
- 슬립 관계식

$$s = \frac{\text{동기 속도} - \text{회전자 속도}}{\text{동기 속도}} = \frac{N_s - N}{N_s}$$

운전 상태별 슬립
- 정지 상태 : $s = 1$
- 동기 속도 운전 상태 : $s = 0$
- 부하 운전 상태 : $0 \leq s \leq 1$

53 카 추락방지안전장치의 점검 내용으로 옳지 않은 것은?

① 추락방지안전장치 설치 및 작동 상태
② 추락방지안전장치 작동 시 카의 수평도
③ 전기안전장치 설치 및 작동 상태
④ 로프 마모 및 파단 상태

해설

카 추락방지안전장치 점검 내용
- 추락방지안전장치 설치 및 작동 상태(시험, 1회/1개월)
- 추락방지안전장치 작동 시 카의 수평도(측정, 1회/3개월)
- 전기안전장치 설치 및 작동 상태(시험, 1회/1개월)

54 다음 중 베어링 구비조건으로 옳지 않은 것은?

① 마찰계수가 작고 내구성이 커야 한다.
② 열변형 및 열전도율이 작아야 한다.
③ 강도가 크고 충격하중에 강해야 한다.
④ 가공이 쉽고 내식성이 우수해야 한다.

해설

베어링의 구비조건
- 마찰계수 작을 것
- 내구성 클 것
- 열변형 작을 것
- 열전도율 클 것
- 가공 쉬울 것
- 내식성 우수할 것

55 전기력선의 성질 중 옳지 않은 것은?

① 전기력선은 자신만으로 폐곡선이 된다.
② 전기력선의 접선 방향이 전장의 방향이다.
③ 전기력선은 등전위면과 직교한다.
④ 양전하에서 시작하여 음전하에서 끝난다.

해설

전기력선의 성질
- 전기력선은 양전하에서 나와 음전하로 끝남
- 전기력선의 접선 방향은 그 점의 전장 방향과 같음
- 도체 표면에서 수직으로 출입하며, 등전위면과 직교함
- 전기력선은 그 자신만으로 폐곡선이 되는 일이 없음
- 전기력선은 서로 교차하지 않음

56 승객용 엘리베이터에서 고장이나 정전 시 카 내에서 카 도어를 억지로 여는 데 필요한 힘은?

① 100N 이하 ② 200N 이하
③ 300N 이하 ④ 400N 이하

해설

엘리베이터가 잠금해제구간에서 정지하게 되었을 때 손으로 승강장문 및 카 도어를 열 수 있어야 하고 그 힘은 300N을 초과하지 않아야 함

정답 52 ③ 53 ④ 54 ② 55 ① 56 ③

57 릴리프 밸브에 대한 설명으로 옳은 것은?

① 유체를 배출함으로써 미리 설정된 값 이하로 압력을 제한하는 밸브이다.
② 과도하게 유체 흐름이 증가하여 밸브를 통과하는 압력이 떨어지는 경우 자동으로 차단한다.
③ 모든 방향의 유체 흐름을 허용하거나 차단할 수 있는 양방향 수동밸브이다.
④ 한 방향으로만 유체를 흐르게 하는 밸브이다.

해설

릴리프 밸브(Relief Valve)
- 압력배관을 보호하기 위해 압력을 제한하는 밸브
- 압력이 상용압력의 125% 이상 상승하면 바이패스(Bypass) 회로를 열어 기름을 탱크로 돌려보내 추가 압력상승을 방지
- 전 부하 압력의 140%까지 제한

58 균형추를 사용한 승객용 엘리베이터에서 제동기(Brake)의 제동력은 적재하중의 몇 %까지는 위험 없이 정지가 가능하여야 하는가?

① 110%
② 120%
③ 125%
④ 130%

해설

제동기(Brake)의 능력
- 승객용 엘리베이터는 125%의 부하, 화물용 엘리베이터 등은 120%의 부하로 전속 하강 중 위험 없이 감속, 정지할 수 있어야 함
- 제동력이 너무 크면 감속도가 크게 되어 승차감이 저해되거나 로프 슬립을 일으킬 수 있으므로 감속도는 0.1G 정도로 함

59 유도전동기의 속도제어 방법으로 옳지 않은 것은?

① 주파수 변환법
② 극수 변환법
③ VVVF 제어
④ 1차 저항법

해설

유도전동기의 속도제어법
- 농형 : 주파수 변환법, 극수 변환법, 전압 제어법, VVVF 제어
- 권선형 : 2차 저항법, 2차 여자법

60 3상 유도전동기의 회전 방향을 바꾸고자 할 때 다음 중 옳은 것은?

① 극수를 변경한다.
② 3상 전원 중에서 2선을 단락시킨다.
③ 3상 전원 중에서 3선을 모두 바꾸어 결선한다.
④ 3선의 결선 중 임의의 2선을 바꾸어 결선한다.

해설

유도전동기 회전 방향을 바꾸는 방법
3개 전원 단자 중에서 임의의 2개의 단자를 서로 바꾸어 접속하면 됨

2025년 3회 기출문제

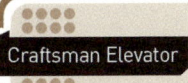

01 에스컬레이터 야외 설치 조건이 아닌 것은?

① 구조물의 부식 방지 설계
② 난방시스템 설치
③ 주간 조명
④ 미끄럼 방지 장치

해설

에스컬레이터 야외 설치 조건(에스컬레이터 및 무빙워크 안전기준)
- 보호 덮개 및 미끄럼 방지
- 동절기 대비 난방시스템 설치
- 부식 방지 설계
- 야간조명

02 감전사고의 원인이 되는 것과 관계없는 것은?

① 안전 보호구 미착용
② 전기기계기구나 공구의 절연 파괴
③ 기계기구의 빈번한 기동 및 정지
④ 정전작업 시 접지가 없어 유도전압이 발생

해설

감전사고 원인
- 전기기계기구의 절연 파괴
- 콘덴서 충전 상태에서 인체 접촉
- 접지가 정상적으로 되어 있지 않은 경우
- 안전 보호구 미착용

03 도르래의 로프홈에 언더컷(Under Cut)을 하는 목적은?

① 로프의 중심 균형   ② 윤활 용이
③ 마찰계수 향상   ④ 도르래의 경량화

해설

- 도르래 언더컷 : 도르래의 마찰계수를 향상시키기 위함
- 도르래 홈의 마찰력 크기 : U홈 < 언더컷 < V홈

04 엘리베이터의 전동기 소요전력을 산출하기 위해 필요한 요소가 아닌 것은?

① 정격속도   ② 로프의 하중
③ 정격하중   ④ 오버밸런스율

해설

전동기 용량

$$P = \frac{M \cdot V \cdot S}{6,120\eta} \text{[kW]}$$

여기서, P : 전동기 용량[kW]
M : 정격적재하중[kg]
V : 정격속도[min]
S : 오버밸런스율은 균형추의 중량을 결정할 때 사용하는 계수[$S = 1 - F$(오버밸런스율[%])]

05 엘리베이터의 완충기에 대한 설명 중 옳지 않은 것은?

① 엘리베이터 피트에 설치한다.
② 케이지나 균형추의 자유낙하를 완충한다.
③ 스프링 완충기와 유압 완충기가 가장 많이 사용된다.
④ 스프링 완충기는 엘리베이터의 속도가 낮은 경우에 주로 사용된다.

해설

완충기의 설치목적
승강기의 카 또는 균형추가 최하층을 통과하여 피트로 떨어졌을 때 충격을 완화

완충기의 종류
- 스프링 완충기
- 우레탄 완충기
- 유압 완충기

정답 01 ③ 02 ③ 03 ③ 04 ② 05 ②

06 승강기 기계실 작업공간의 조도는 몇 lx 이상이어야 하는가?

① 50lx
② 100lx
③ 150lx
④ 200lx

> **해설**
> **조도 기준**
> - 카 지붕 위 1m : 50lx 이상
> - 피트 바닥 위 1m : 50lx 이상
> - 기계실 이동공간 : 50lx 이상
> - 기계실 작업공간 : 200lx 이상

07 구름 베어링의 특징에 관한 설명으로 틀린 것은?

① 설치가 까다롭다.
② 마찰저항이 작다.
③ 고속회전이 가능하다.
④ 충격에 강하다.

> **해설**
> **베어링의 특징**
>
> | 구분 | 미끄럼 베어링 | 구름 베어링 |
> |---|---|---|
> | 구조 | 간단 | 복잡 |
> | 동력손실 | 큼 | 작음 |
> | 마찰저항 | 큼 | 작음 |
> | 소음 및 진동 | 작음 | 큼 |
> | 보수점검 | 어려움 | 쉬움 |
> | 회전속도 | 저속 대응 | 고속 대응 |
> | 윤활성 | 나쁨 | 좋음 |
> | 가격 | 저렴 | 고가 |

08 유압식 엘리베이터에 사용되는 체크밸브의 역할은?

① 오일에 있는 이물질을 걸러낸다.
② 오일이 역류하는 것을 방지한다.
③ 오일을 오직 하강 방향으로만 흐르도록 한다.
④ 오일의 최대 압력을 일정 압력 이하로 관리한다.

> **해설**
> **체크밸브**
> - 한쪽 방향으로만 기름이 흐르도록 하는 밸브로써 상승 방향으로는 흐르지만, 역방향으로는 흐르지 않음
> - 정전이나 그 외의 원인으로 펌프의 토출압력이 떨어져서 실린더의 기름이 역류하여 카가 자유낙하하는 것을 방지

09 균형추의 중량을 결정하는 계산식으로 옳은 것은?(단, 여기서 L은 정격하중, F는 오버밸런스율이다.)

① 균형추의 중량 = 카 자체하중 + $(L \cdot F)$
② 균형추의 중량 = 카 자체하중 × $(L \cdot F)$
③ 균형추의 중량 = 카 자체하중 + $(L + F)$
④ 균형추의 중량 = 카 자체하중 + $(L - F)$

> **해설**
> **균형추**
> 카의 무게를 일정 비율 보상하기 위하여 카 측과 반대편에 주철 혹은 콘크리트로 제작된 균형추를 설치
> - 균형추의 총 중량 = 카 자체하중 + $(L \cdot F)$
>   여기서, L : 정격하중[kg]
> F : 오버밸런스율[35~50%]

10 압력맥동이 적고 소음이 적어서 유압식 엘리베이터에 많이 사용되는 펌프는?

① 기어 펌프
② 스크루 펌프
③ 베인 펌프
④ 릴리프 펌프

> **해설**
> **펌프(Pump)**
> - 압력의 작용으로 액체 또는 기체를 빨아올리거나 이동시키는 장치
> - 강제 송유식 펌프 종류 : 기어 펌프, 베인 펌프, 스크루 펌프
> - 유압압력 맥동이 작고 진동과 소음이 작은 스크루 펌프를 많이 사용

정답 06 ④ 07 ④ 08 ② 09 ① 10 ②

11 감전전류의 종류 중에서 근육경련이 발생하며 의지대로 움직일 수 없는 전류는 무엇인가?

① 감지전류
② 한계전류
③ 불수전류
④ 심실세동전류

해설

감전전류의 종류
- 감지전류 : 인체 감지
- 한계전류 : 고통 수반
- 불수전류 : 근육경련
- 심실세동전류 : 심장마비

12 옴의 법칙에 대한 설명으로 옳지 않은 것은?

① 전압은 전류와 저항에 비례한다.
② 전류는 전압에 비례한다.
③ 전류는 저항에 반비례한다.
④ 저항은 전류에 비례한다.

해설

$V=IR[V]$, $I=\dfrac{V}{R}[A]$, $R=\dfrac{V}{I}[\Omega]$

여기서, $V[V]$: 전압, $I[A]$: 전류, $R[\Omega]$: 저항

13 다음 중 승강기의 동력원별 분류에서 유압식으로 옳지 않은 것은?

① 권상식
② 직접식
③ 간접식
④ 팬터그래프식

해설

승강기 동력원별 분류
- 전기식 : 권상식, 권동식
- 유압식 : 직접식, 간접식, 팬터그래프식

14 입력신호 A, B가 모두 "1"일 때만 출력 값이 "1"이 되고 그 이외에는 출력 값이 "0"이 되는 회로는?

① AND 회로
② OR 회로
③ NOT 회로
④ NOR 회로

해설

AND 회로(논리곱)
- 모든 입력(1)이 있을 때만 출력(1)이 나타나는 회로
- 논리식 : $X = A \cdot B = AB$
- 논리기호

$\begin{matrix} A \\ B \end{matrix}$ ⟶ X
(입력)　　　(출력)

- 진리표

입력		출력
A	B	X
0	0	0
0	1	0
1	0	0
1	1	1

15 RLC 직렬회로에서 최대전류가 흐르게 되는 조건은?

① $\omega L^2 - \dfrac{1}{\omega C} = 0$
② $\omega L^2 + \dfrac{1}{\omega C} = 0$
③ $\omega L - \dfrac{1}{\omega C} = 0$
④ $\omega L + \dfrac{1}{\omega C} = 0$

해설

직렬공진
최대전류가 흐르기 위해서는 임피던스가 최소가 되어야 함
$\omega L - \dfrac{1}{\omega C} = 0$

16 추락을 방지하기 위한 2종 안전대의 사용법으로 옳은 것은?

① U자 걸이 전용
② 1개 걸이 전용
③ 2개 걸이 전용
④ 1개 걸이, U자 걸이 겸용

해설

안전대 종류
- 1종 : U자 걸이
- 2종 : 1개 걸이
- 3종 : 1개 U자 걸이 공용
- 4종 : 안전블록
- 5종 : 추락방지대

정답　11 ③　12 ④　13 ①　14 ①　15 ③　16 ②

17 승강기 와이어로프의 구조에 따른 분류가 아닌 것은?

① 실형   ② 랭꼬임형
③ 워링톤형   ④ 필러형

> **해설**
>
> **와이어로프 구조에 따른 분류**
> - 실형(Strand Type)
> - 필러형(Filler Type)
> - 워링톤형(Warrington Type)

18 10진수 25를 2진수로 바꾸면?

① 10011   ② 10101
③ 11001   ④ 11000

> **해설**
>
> $25 \div 2 = 12 \cdots 1$
> $12 \div 2 = 6 \cdots 0$
> $6 \div 2 = 3 \cdots 0$
> $3 \div 2 = 1 \cdots 1$
> $1 \div 2 = 0 \cdots 1$
> 아래부터 읽으면 → $11001_{(2)}$

19 한 쌍의 기어를 맞물렸을 때 잇면 사이에 생기는 틈새를 무엇이라 하는가?

① 백래시
② 이사이
③ 이뿌리면
④ 지름피치

> **해설**
>
> **백래시(Backlash)**
> 백래시란 기어의 물림 면 사이에 존재하는 여유 공간을 말함

20 승강기 로프 철거 순서가 맞게 정리된 것은?

> ㄱ. 피트 작업자는 카운터 웨이트의 매다는 장치 소켓을 제거한다.
> ㄴ. 기계실 작업자는 카 측 부분의 매다는 장치를 클램프를 사용하여 고정시킨다.
> ㄷ. 기계실 작업자는 카 쪽 매다는 장치를 기계실로 끌어올린다.
> ㄹ. 기계실 작업자는 카운터 웨이트 쪽 매다는 장치를 기계실로 끌어올린다.

① ㄱ-ㄴ-ㄷ-ㄹ   ② ㄴ-ㄱ-ㄹ-ㄷ
③ ㄷ-ㄴ-ㄱ-ㄹ   ④ ㄹ-ㄱ-ㄴ-ㄷ

> **해설**
>
> **승강기 로프 철거 순서**
> ① 기계실, 카 상부, 피트에서의 작업을 위해 작업자를 위치시킴
> ② 기계실 작업자는 카 측 부분의 매다는 장치를 클램프를 사용하여 고정시킴
> ③ 피트 작업자는 카운터 웨이트에 접근해 매다는 장치 소켓을 제거
> ④ 기계실 작업자는 카운터 웨이트 쪽 매다는 장치를 기계실로 끌어올림
> ⑤ 카 상부 작업자는 매다는 장치 소켓을 제거
> ⑥ 기계실 작업자는 카 쪽 매다는 장치를 기계실로 끌어올림

21 매다는 장치에서 로프나 체인의 가닥수는 몇 가닥 이상이어야 하는가?

① 2가닥   ② 3가닥
③ 4가닥   ④ 5가닥

> **해설**
>
> **매다는 장치(현수)**
> - 공칭 직경은 8mm 이상
> - 로프 또는 체인 등의 가닥수는 2가닥 이상
> - 공칭 직경비는 40 이상(주택용은 30 이상)
> - 안전율은 12 이상(체인 10 이상)

정답 17 ② 18 ③ 19 ① 20 ② 21 ①

22 승강기 조작방식에 의한 분류에서 단식 자동식 대한 설명으로 옳은 것은?

① 먼저 눌린 호출에만 응답하고 운전이 완료되기 전에는 다른 호출에는 응답하지 않는다.
② 운전 및 정지를 운전자가 조작한다.
③ 카의 운전은 카 내부의 버튼이나 승강장 버튼에 의해서 조작한다.
④ 상승 시에는 정지하지 않고 하강 시에 호출신호에 응답한다.

> **해설**
>
> **단식 자동식**
> 먼저 눌린 호출에만 응답(화물용, 리프트용)

23 전기식 엘리베이터의 매다는 장치인 로프에 대한 설명으로 옳지 않은 것은?

① 공칭 직경은 8mm 이상이어야 한다.
② 로프 또는 체인의 가닥수는 2가닥 이상이어야 한다.
③ 권상 도르래 풀리와 로프의 공칭 직경 사이 비율은 40 이상이어야 한다.
④ 3가닥 이상 로프 사용 시 안전율은 10 이상이어야 한다.

> **해설**
>
> **현수(주) 로프**
> • 공칭 직경이 8 mm 이상
> • 2가닥 이상
> • 공칭 직경비 40 이상
> • 안전율 12 이상(체인 10 이상)
> • 파단하중의 80% 이상

24 과속조절기는 카의 속도가 정격속도의 몇 % 이상일 때에 동작하는가?

① 정격속도의 105%   ② 정격속도의 110%
③ 정격속도의 115%   ④ 정격속도의 120%

> **해설**
>
> **과속조절기 기능**
> • 카의 속도를 검출
> • 정격속도의 115% 이상에서 동작
> • 카의 속도 및 가속도를 검출
> • 비상정지장치 동작
> • 자동동작 수동복귀

25 엘리베이터용 전동기의 구비조건으로 옳지 않은 것은?

① 충분한 제동력을 가질 것
② 높은 기동빈도에 따른 발열을 고려할 것
③ 진동과 소음이 적을 것
④ 부하에 따른 회전 토크가 작을 것

> **해설**
>
> **엘리베이터용 전동기 구비조건**
> • 발열을 고려(발열이 낮을 것)
> • 제동력이 충분할 것
> • 정격속도에 맞는 회전 특성(토크)을 가질 것
> • 진동과 소음이 적을 것

26 승강기 도어에 설치하여 사람이나 물체가 접촉하면 도어의 닫힘을 중지하여 도어를 반전시키는 접촉식 보호장치는?

① 세이프티 슈
② 세이프티 레이
③ 초음파 센서
④ 도어 클로저

> **해설**
>
> **문 닫힘 안전장치 종류**
> • 세이프티 슈 : 접촉식
> • 세이프티 레이 : 광전식(비접촉식)
> • 초음파 장치 : 초음파식(비접촉식)

정답 22 ① 23 ④ 24 ③ 25 ④ 26 ①

27 다음 중 승강기 관리주체의 의무가 아닌 것은?

① 승강기 정기검사 수검
② 승강기 자체 점검
③ 승강기 안전에 관한 보수
④ 승강기 안전 필증 발급

해설

승강기 안전관리주체의 의무
- 승강기 자체점검
- 승강기 정기검사 수검
- 승강기 일상관리
- 승강기 유지보수
- 승강기 사고 보고

28 재해가 발생되었을 때의 조치 순서로서 가장 알맞은 것은?

① 긴급처리 → 재해조사 → 원인강구 → 대책수립 → 실시 → 평가
② 긴급처리 → 원인강구 → 대책수립 → 실시 → 평가 → 재해조사
③ 긴급처리 → 재해조사 → 대책수립 → 실시 → 원인강구 → 평가
④ 긴급처리 → 재해조사 → 평가 → 대책수립 → 원인강구 → 실시

해설

재해발생 시 재해조치 순서
재해 발생 → 긴급조치 → 원인조사 → 원인분석 → 대책수립 → 실시 → 평가

29 도어 인터록에 관한 설명으로 옳은 것은?

① 도어 닫힘 시 도어록이 걸린 후, 도어 스위치가 들어가야 한다.
② 카가 정지하지 않는 층은 도어록이 없어도 된다.
③ 도어록은 비상시 열기 쉽도록 일반공구로 사용 가능해야 한다.
④ 도어 개방 시 도어록이 열리고, 도어 스위치가 끊어지는 구조이어야 한다.

해설

도어 인터록
- 도어록 + 도어스위치
- 승강장 도어가 열렸을 때는 카가 운행할 수 없으며 카가 정지하지 않는 층에서는 전용 열쇠가 없으면 외부에서 도어를 열 수 없도록 하는 장치
- 도어 닫힘 시 도어록이 걸린 후 도어스위치가 동작

30 다음 중 추락방지안전장치의 평균 감속도로 옳은 것은?

① $0.1 \sim 0.2 g_n$ 사이
② $0.1 \sim 1 g_n$ 사이
③ $0.2 \sim 1 g_n$ 사이
④ $0.2 \sim 2 g_n$ 사이

해설

추락방지안전장치
- 1m/s 이하 : 즉시 작동형
- 1m/s 초과 : 점차 작동형
- 평균 감속도 : $0.2 \sim 1 g_n$ 사이

31 카 상부 설비 구성요소로 옳지 않은 것은?

① 운전조작반
② 카 상부 조작반
③ 비상구출구
④ 착상 스위치함

해설

① 운전조작반은 카의 내부에 위치함

카 상부 구조
엘리베이터 카의 상부에는 착상 스위치함, 조명 전원, 상부 조작반, 도어 머신 등이 있음

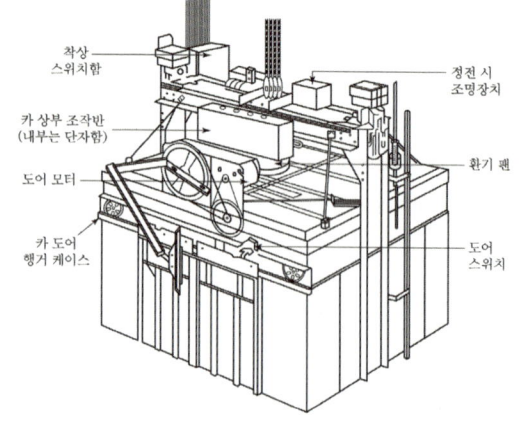

정답 27 ④ 28 ① 29 ① 30 ③ 31 ①

32 카 측 과속조절기의 점검 내용으로 옳지 않은 것은?

① 추락방지안전장치 설치 및 작동 상태
② 전기안전장치 작동 상태
③ 인장 풀리 설치 상태
④ 로프 마모 및 파단 상태

> **해설**
>
> **카 측 과속조절기 점검 내용**
> - 과속조절기 전기안전장치 작동 상태(시험, 1회/1개월)
> - 인장 풀리 설치 상태(육안, 1회/1개월)
> - 로프 마모 및 파단 상태(측정, 1회/3개월)

33 유도전동기에서 슬립에 관한 설명으로 옳지 않은 것은?

① 유도전동기의 동기 속도와 회전자 속도의 차이에 의해 발생한다.
② 동기 속도와 회전자 속도가 같은 경우 슬립은 '0'이 된다.
③ 유도전동기가 동기 속도보다 빠른 경우 슬립은 '1' 된다.
④ 유도전동기에 부하가 접속된 상태에서 운전될 경우 슬립은 '0'에서 '1' 사이의 값이 된다.

> **해설**
>
> **슬립(Slip)**
> - 유도 전동기는 회전 자장의 동기속도 N_s와 회전자의 속도 N 사이에 차이가 생기게 되며, 이 차이의 값으로 전동기의 속도를 나타냄
> - 동기 속도와 회전자 속도의 차이와 동기 속도 N_s의 비를 슬립이라고 함
> - 슬립 관계식
>
> $$s = \frac{\text{동기 속도} - \text{회전자 속도}}{\text{동기 속도}} = \frac{N_s - N}{N_s}$$
>
> **운전 상태별 슬립**
> - 정지 상태 : $s = 1$
> - 동기 속도 운전 상태 : $s = 0$
> - 부하 운전 상태 : $0 \leq s \leq 1$

34 장애인용 엘리베이터 내부 유효 바닥면은 얼마 이상이어야 하는가?

① 폭 1.5m 이상, 깊이 1m 이상
② 폭 1.5m 이상, 깊이 1.2m 이상
③ 폭 1.6m 이상, 깊이 1.35m 이상
④ 폭 1.6m 이상, 깊이 1.5m 이상

> **해설**
>
> **장애인용 엘리베이터의 추가 요건**
> - 호출버튼 또는 등록버튼에 의하여 카가 정지하면 10초 이상 문이 열린 채로 대기해야 함
> - 카 내부 바닥의 어느 부분에서든 150lx 이상의 조도가 확보되어야 함
> - 카 내부에 수평손잡이는 카 바닥에서 0.8m 이상 0.9m 이하의 위치에 견고하게 설치되고, 측면과 후면에 각각 설치되어야 함
> - 승강기의 전면에는 1.4m × 1.4m 이상의 활동공간이 확보되어야 함
> - 승강장 바닥과 승강기 바닥의 틈은 0.03m 이하
> - 승강기 내부의 유효 바닥면적은 폭 1.6m 이상, 깊이 1.35m 이상이어야 함
> - 출입문의 통과 유효 폭은 0.8m 이상으로 하되, 신축한 건물의 경우에는 출입문의 통과 유효 폭을 0.9m 이상으로 할 수 있음

35 절연등급의 종류를 최고 허용온도가 낮은 것부터 높은 순서로 나열한 것은?

① A종 < Y종 < E종 < B종
② Y종 < A종 < E종 < B종
③ E종 < Y종 < B종 < A종
④ B종 < A종 < E종 < Y종

> **해설**
>
> **기기 절연등급별 최고 허용온도**
> - Y종 : 90℃
> - A종 : 105℃
> - E종 : 120℃
> - B종 : 130℃
> - F종 : 155℃

36 비상정지장치(추락방지장치) 중 F.G.C형의 특징으로 맞는 것은?

① 레일을 죄는 힘이 처음에는 약하게 하강함에 따라 강해지다가 얼마 후 일정 값에 도달한다.
② 구조가 간단하고 설치면적이 작으며 복귀가 용이하다.
③ 점차작동식으로 1m/s 이하의 속도에서 주로 사용한다.
④ 점차 작동형 추락방지안전장치의 평균 감속도는 $0.2g_n$ 이하여야 한다.

> 해설
> F.G.C(플렉시블 가이드 클램프형)
> • 구조가 간단하고 설치면적이 작으며 복귀가 용이함
> • 레일을 죄는 힘이 동작에서 정지까지 일정
> • 정격속도 45m/min 초과에서 많이 사용함
> • 점차 작동형의 평균 감속도 : $0.2 \sim 1.0g_n$

37 엘리베이터의 자체점검기준에서 피트 내 작업공간 항목의 점검사항이 아닌 것은?

① 기계적인 장치의 설치 및 작동상태
② 피트 출입문의 경우 전기안전장치 작동상태
③ 피트 탈출 수직틈새의 확보상태
④ 점검문의 설치 및 작동상태

> 해설
> ④ 점검문의 설치 및 작동상태는 카 상부 작업공간 또는 승강로 외부 작업공간에서 점검 가능함

38 직류기 권선법에서 전기자 내부 병렬회로수 a와 극수 P의 관계는?(단, 권선법은 파권이다.)

① $a = 2$
② $a = \frac{1}{2}P$
③ $a = P$
④ $a = 2P$

> 해설
> 직류기의 중권과 파권
>
> | 구분 | 중권 | 파권 |
> |---|---|---|
> | 전기자 병렬회로수 | 극수와 동일 | 2 |
> | 브러시 수 | 극수와 동일 | 2 |
> | 동일 조건 | 저전압, 대전류 | 고전압, 저전류 |

39 다음 중 npn 또는 pnp 구조로 스위칭 작용과 증폭작용을 하는 소자는?

① 다이오드
② 트랜지스터
③ 사이리스터
④ 트라이악

> 해설
> ① p형 반도체와 n형 반도체를 접합하여 순방향 특성을 갖는 반도체로 정류작용을 함
> ③ pnpn 4층 구조로 소전류로 대전류를 제어 가능
> ④ 2개의 사이리스터를 역병렬로 접속하여 직류와 교류 회로에 모두 사용 가능

40 다음 중 운동을 전달하는 장치의 설명으로 옳은 것은?

① 절의 회전운동을 하는 것을 크랭크라 한다.
② 절의 요동운동을 하는 것을 슬라이더라 한다.
③ 절의 왕복운동을 하는 것을 레버라 한다.
④ 절의 진동운동을 하는 것을 캠이라 한다.

> 해설
> 링크 기구
> 몇 개의 막대를 핀으로 연결하여 회전할 수 있도록 만든 기구
>
> 링크 구성 및 운동
> • 크랭크 : 회전운동
> • 레버 : 요동운동
> • 슬라이더 : 미끄럼운동
> • 고정링크 : 고정

41 키르히호프의 제1법칙은 다음 중 무엇인가?

① $I = \dfrac{V}{R}$ ② $\sum V = 0$
③ $\sum I = 0$ ④ $\sum IR = \sum E$

해설

키르히호프의 법칙
- 제1법칙(KCL, 전류 법칙) : 회로의 접속점에 흘러들어오는 전류와 흘러나가는 전류의 양은 같음. 즉, 접속점에서 전류의 총합은 0임
- 제2법칙(KVL, 전압 법칙) : 기전력의 합은 폐회로 내에서의 전압강하의 총합과 같음

42 산업재해의 형태 중에서 근로자가 정지된 물체에 부딪힌 경우의 재해는?

① 전도 ② 추락
③ 충돌 ④ 비래

해설

산업재해 형태
- 추락 : 근로자가 건축물, 기계, 사다리 등에서 떨어지는 것
- 충돌 : 근로자가 정지된 물체에 부딪힌 경우
- 전도 : 근로자가 평면상에 넘어졌을 때
- 낙하, 비래 : 근로자가 떨어지거나 날아오는 물체에 맞았을 경우
- 협착 : 두 물체 사이에 끼임 사고
- 감전 : 전기 접촉이나 전격에 의해 사람이 다치는 경우

43 엘리베이터의 신호장치 중에서 홀 랜턴이란?

① 엘리베이터가 고장임을 나타내는 표시등
② 엘리베이터가 정상운행 중임을 나타내는 표시등
③ 엘리베이터의 현재 위치의 층을 나타내는 표시등
④ 엘리베이터의 올라감과 내려감을 나타내는 표시등

해설

홀 랜턴
- 승강장에서 여러 대의 엘리베이터 중에서 곧 도착 예정인 엘리베이터를 표시
- 카의 도착을 예보함과 동시에 도착 후 운전 방향도 표시

44 장애인용 엘리베이터에 대한 설명으로 옳지 않은 것은?

① 승강기의 전면에는 1.4m × 1.4m 이상의 활동공간을 확보하여야 한다.
② 승강장 바닥과 승강기 바닥의 틈은 0.03m 이하이어야 한다.
③ 승강기 내부의 유효 바닥면적은 폭 1.5m 이상, 깊이 1.35m 이상이어야 한다.
④ 출입문의 통과 유효 폭은 0.8m 이상이어야 한다.

해설

장애인용 승강기
- 전면 활동공간 1.4m×1.4m 이상
- 바닥 틈 0.03m 이하
- 유효 바닥면적 폭 1.6m, 깊이 1.35m 이상
- 출입문의 유효 폭 0.8m 이상

45 승강기에 사고가 발생하여 수리한 경우나 설비를 교체한 경우 수행하는 검사 종류는?

① 정기검사
② 수시검사
③ 정밀안전검사
④ 진단검사

해설

수시검사
- 승강기의 종류, 제어방식, 정격속도 등을 변경한 경우
- 제어반 또는 구동기를 교체한 경우
- 승강기 사고로 수리를 한 경우
- 관리주체가 요청한 경우

정답 41 ③ 42 ③ 43 ④ 44 ③ 45 ②

46 교류회로에서 전압과 전류의 위상이 동상인 회로는?

① 저항만의 조합회로
② 저항과 콘덴서의 조합회로
③ 저항과 코일의 조합회로
④ 콘덴서만의 조합회로

해설

교류회로
- R만의 회로 : 전압과 전류가 동상
- L만의 회로 : 전류가 전압보다 $\frac{\pi}{2}$ [rad] 지상
- C만의 회로 : 전류가 전압보다 $\frac{\pi}{2}$ [rad] 진상

47 와이어로프 클립(Wire Rope Clip)의 체결 방법으로 옳은 것은?

①
②
③
④

해설

클립 체결방법
- 3개 이상 체결
- 클립 사이 거리 로프직경의 5배 이상
- U볼트 부분이 절단된 로프 쪽에 있도록 체결

48 전기식 엘리베이터의 트랙션 능력에 대한 설명으로 틀린 것은?

① 가속도가 클수록 미끄러지기 쉽다.
② 와이어로프의 권부각이 클수록 미끄러지기 쉽다.
③ 와이어로프와 도르래의 마찰계수가 작을수록 미끄러지기 쉽다.
④ 카의 균형추의 중량비가 클수록 미끄러지기 쉽다.

해설

로프 미끄러짐을 줄이기 위한 방법
- 권부각을 크게
- 가감속을 작게
- 균형체인, 균형로프를 사용
- 마찰계수를 크게

로프의 미끄러짐 발생 원인

구분	원인
로프가 감기는 각도 (권부각)	각도가 작을수록 미끄러지기 쉬움
카의 가속과 감속	가속과 감속이 클수록 미끄러지기 쉬움
카와 균형추의 로프에 걸리는 중량비	중량비가 클수록 미끄러지기 쉬움
로프와 도르래 간 마찰계수	마찰계수가 작을수록 미끄러지기 쉬움

49 카 문의 앞부분과 승강장 문 사이의 수평거리는 몇 m 이하이어야 하는가?

① 0.1 ② 0.12
③ 0.15 ④ 0.2

해설

출입문 일반사항
- 문이 닫혀 있을 경우 문짝 간 틈새나 문짝과 문틀(측면) 또는 문적 사이 틈새 : 6mm 이하
- 2개 이상의 카 문이 있는 경우 동시 개문 금지
- 승강장 문 및 카 문의 출입구 유효 높이 : 2m 이상
- 승강장 문의 출입구 유효 폭 : 카 출입구 폭 이상(50mm 초과 금지)
- 카 문의 문턱과 승강장 문의 문턱 사이의 수평거리 : 35mm 이하
- 카 문의 앞부분과 승강장 문 사이의 수평거리 : 0.12m 이하

50 승강기 회로의 사용전압이 380V인 전동기 주회로의 절연저항은 몇 MΩ 이상이어야 하는가?

① 1.5 ② 1.0
③ 0.5 ④ 0.1

정답 46 ① 47 ② 48 ② 49 ② 50 ②

> [해설]

전기설비의 절연저항

공칭회로 전압(V)	시험 전압(V)	절연 저항(MΩ)
SELV 및 PELV	250	≥0.5
FELV, 500V 이하	500	≥1.0
500V 초과	1,000	≥1.0

51 회전 운동을 직선운동, 반복운동 등으로 변환시켜주는 기구로써 두 개의 부품이 결합된 구조를 가지는 것은 무엇인가?

① 링크기구　　② 슬라이더
③ 캠　　　　　④ 크랭크

> [해설]

캠(Cam)
회전운동을 직선운동 및 왕복운동 등으로 변환하는 장치

52 에스컬레이터 디딤판의 크기에 대한 설명 중 옳은 것은?

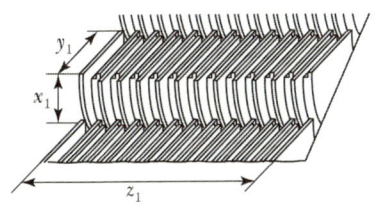

① 디딤판의 깊이(y_1)는 0.38m 이상이고, 디딤판의 높이(x_1)는 0.24m 이하이어야 한다.
② 디딤판의 깊이(y_1)는 0.24m 이상이고, 디딤판의 높이(x_1)는 0.38m 이하이어야 한다.
③ 디딤판 홈의 깊이는 8mm 이상이어야 한다.
④ 디딤판 홈의 폭은 5mm 이상, 8mm 이하이어야 한다.

> [해설]

디딤판(스텝) 규격
- 디딤판 깊이(y_1) : 0.38m 이상
- 디딤판 높이(x_1) : 0.24m 이하
- 홈의 폭 : 5mm 이상, 7mm 이하
- 홈의 깊이 : 10mm 이상

53 계측기의 측정 오차 중에서 불규칙적이고 우발적인 원인으로 불가피하게 발생되는 오차는 무엇인가?

① 과실오차　　② 계통오차
③ 절대오차　　④ 우연오차

> [해설]

오차의 종류
- 계통오차
  - 계기오차 : 측정계기의 불완전성 때문에 발생하는 오차
  - 환경오차 : 측정할 때 온도, 습도 등 외부환경의 영향으로 발생하는 오차
  - 개인오차 : 개인이 가지고 있는 습관이나 선입견으로 발생하는 오차
- 절대오차 : 계산 결과에서 나온 직접적인 오차의 절댓값
- 과실오차 : 측정자의 취급 부주의로 발생되는 오차
- 우연오차 : 불규칙적이고 우발적인 원인으로 불가피하게 발생되는 오차

54 매다는 장치의 자체점검기준에서 점검 주기가 가장 긴 것은?

① 로프(벨트)의 마모 및 파단상태
② 매다는 장치의 이완감지 작동상태
③ 권상도르래의 마모상태
④ 브레이크의 권상/제동 상태

> [해설]

매다는 장치 자체점검기준
- 로프(벨트)의 마모 및 파단상태 : 1회/3개월, 측정
- 매다는 장치의 이완감지 작동상태 : 1회/1개월, 시험
- 권상도르래의 마모상태 : 1회/1개월, 측정
- 브레이크의 권상/제동 상태 : 1회/1개월, 시험

정답　51 ③　52 ①　53 ④　54 ①

55 다음 중 전기적 보호를 위한 전기배선의 자체점검기준 항목으로 옳지 않은 것은?

① 전기배선(이동케이블 등) 설치 및 손상상태
② 모든 접지선의 연결상태
③ 카문 및 승강장문의 바이패스 기능
④ 호출버튼, 조작반, 통화장치 등의 작동상태

해설
④ 호출버튼, 조작반, 통화장치 등의 작동상태는 조작설비의 자체점검항목임

56 입력에 대한 출력의 오차가 발생하는 제어시스템에서 오차가 변화하는 속도에 비례하여 조작량을 가변하는 제어방식은?

① 미분제어 ② 적분제어
③ 비례제어 ④ 시퀀스 제어

해설
- 미분제어 : 오차값의 변화를 보고 조작량을 결정하는 제어방식
- 적분제어 : 에러값을 적분하여 제어하는 방식
- 비례제어 : 에러값에 비례해서 제어량을 변화시키는 방식
- 시퀀스 제어 : 미리 정해놓은 순서, 또는 일정한 논리에 의하여 정해진 순서에 따라 각 단계를 순차적으로 진행하는 제어방식

57 진공 중에서 m Wb의 자극으로부터 나오는 총 자력선의 수는 어떻게 표현되는가?

① $\dfrac{m}{4\pi\mu_0}$ ② $\dfrac{m}{\mu_0}$
③ $\mu_0 m$ ④ $\mu_0 m^2$

해설
자기력선
$N = \dfrac{m}{\mu} = \dfrac{m}{\mu_0 \cdot \mu_s} = \dfrac{m}{\mu_0}$ [개]

진공 중의 투자율 $\mu_0 = 4\pi \times 10^{-7}$ [H/m]

비투자율 μ_s = 진공, 공기일 때는 1
투자율 $\mu = \mu_0 \times \mu_s$

58 18-8 스테인리스강의 특징에 대한 설명 중 틀린 것은?

① 내식성이 뛰어나다.
② 녹이 잘 슬지 않는다.
③ 자성체의 성질을 갖는다.
④ 크롬 18%와 니켈 8%를 함유한다.

해설
18-8 스테인리스강의 특징
- 녹이 잘 슬지 않음
- 내식성이 뛰어남
- 크롬 18%와 니켈 8%를 함유
- 자성체의 성질을 갖지 않음

59 정현파 교류의 최댓값은 실횻값의 몇 배인가?

① π ② $\dfrac{2}{\pi}$
③ $\dfrac{1}{\sqrt{2}}$ ④ $\sqrt{2}$

해설
$V = \dfrac{1}{\sqrt{2}} V_m ≒ 0.707 V_m$ [V]

여기서, V : 실횻값, V_m : 최댓값

60 다음 중 검출기에서 검출된 온도를 전압으로 변환하는 요소의 종류는?

① 열전대 ② 전자석
③ 벨로우즈 ④ 광전다이오드

해설
열전대
- 두 개의 각각 다른 금속을 접속했을 때 두 개의 접점 온도가 다르면 기전력(전압)이 생겨서 회로에 전류가 흐름
- 열전대의 열기전력은 열전대를 구성하는 2종의 금속선의 종류와 두 접점의 온도에 의해서 달라짐

정답 55 ④ 56 ① 57 ② 58 ③ 59 ④ 60 ①

부록

APPENDIX

실기

01 실기시험 문제 안내
02 와이어로프 끝부분 처리작업
03 승강기 운전 제어회로 개요
04 시퀀스 제어 기본회로
05 Q-Net 공개문제

SECTION 01 실기시험 문제 안내

- 자격종목 : 승강기기능사
- 과제명 : 와이어로프 끝부분 처리작업 및 승강기 운전 제어회로 구성
- 시험 시간 : 3시간 30분
- 합격 기준 : 60점 이상(100점 만점)

1. 요구사항

가. 지급된 재료와 시험장 시설을 사용하여 제한 시간 내에 주어진 과제를 안전에 유의하여 완성하시오.
나. 작업순서는 와이어로프 끝부분 처리작업을 먼저 시작하여 작품을 제출한 후에 승강기 운전 제어회로를 구성하시오.

2. 수험자 유의사항

가. 시험 시작 전 지급된 재료의 이상 유무를 확인하고 이상이 있을 때에는 감독위원의 승인을 얻어 교환할 수 있습니다.(단, 시험 시작 후 파손된 재료는 수험자 부주의에 의해 파손된 것으로 간주되어 추가로 지급받지 못합니다.)
나. 전자접촉기, 타이머, 릴레이 등은 동작시험(채점) 시에 사용하므로 수험자는 전원을 투입하여 시험할 수 없으며, 회로시험기(멀티테스터), 벨시험기로만 배선점검이 가능합니다.
다. 전자접촉기, 타이머, 릴레이 등의 소켓(베이스)의 방향은 부품 내부 결선도 및 구성도를 참고하여 홈이 아래로 향하도록 배치하고, 소켓 번호에 유의하여 작업합니다.
  ※ 기구의 내부 결선도 및 구성도와 지급된 채점용 기기 및 소켓(베이스)이 상이할 경우 감독위원의 지시에 따라 작업합니다.
라. 8P 소켓을 사용하는 기구(타이머, 릴레이, 플리커릴레이 등)는 기구의 구분 없이 지급된 8P 소켓(베이스)을 적용하여 작업합니다.(각 기구에 해당하는 소켓을 고려하지 않고 모두 동일하게 적용합니다.)
마. 도면상의 전원(L1, L2, L3) 및 부하는 단자대로 대체하여 작업합니다.
바. 특별히 지정한 것 이외에는 일반 작업 방식에 의하되 외관이 보기 좋아야 하며 안전성이 있어야 합니다.
사. 시험 중 수험자는 반드시 안전 수칙을 준수해야 하며, 작업 복장 상태, 안전 사항 등이 채점대상이 됩니다.
아. 시험 종료 후 완성작품에 한해서만 작동 여부를 감독위원으로부터 확인받을 수 있습니다.

자. 다음 사항에 대해서는 채점대상에서 제외하니 특히 유의하시기 바랍니다.
  1) 기권
    (1) 과제 진행 중 수험자 스스로 작업에 대한 포기 의사를 표현한 경우
    (2) 실기시험 과정 중 1개 과정이라도 불참한 경우
  2) 실격
    (1) 지급재료 이외의 재료를 사용한 작품
    (2) 시험 중 시설, 장비의 조작 또는 재료의 취급이 미숙하여 위해를 일으킬 것으로 감독위원 전원이 합의하여 판단한 경우
    (3) 기능이 해당 등급 수준에 전혀 도달하지 못한 것으로 감독위원 전원이 합의하여 판단한 경우
    (4) 시험 관련 부정에 해당하는 장비(기기), 재료 등을 사용하는 것으로 감독위원 전원이 합의하여 판단한 경우(시험 전 사전 준비작업 및 범용 공구가 아닌 시험에 최적화된 공구는 사용할 수 없음)

SECTION 02 와이어로프 끝부분 처리작업

1. 요구사항

도면을 참조하여 와이어로프를 로프 소켓 안에 고정하시오.

(1) 와이어로프의 구부러진 부위가 로프 소켓의 입구(끝)보다 약간 튀어나오게 작업하시오.
(2) 와이어로프의 꼬임이 도면과 같이 국화꽃 모양으로 되게 작업하시오.
(3) 와이어로프의 꼬임이 풀리지 않도록 바인드선을 도면과 같이 작업하시오.(단, 작업된 바인드선은 로프 소켓에 가려져 보이지 않아야 합니다.)
(4) 와이어로프를 꼬아서 완전히 소켓에 잡아넣었을 때 끝부분이 소켓 양옆의 개방된 곳보다 5mm 이상 10mm 이하가 되도록 작업하시오.
(5) 와이어로프 끝부분을 손으로 잡고, 고무 또는 나무망치로 와이어소켓 머리 부분을 두들겨 더 이상 들어가지 않도록 작업하시오.(단, 고무 또는 나무망치 이외의 금속류 공구 사용을 금지합니다.)
(6) 견출지에 비번호를 기록하여 와이어로프의 나머지 중단 부분에 스카치테이프로 부착하시오.
(7) 와이어로프의 나머지 끝부분은 풀어지지 않도록 비닐 테이프로 감아서 처리하시오.

2. 오작판정(시험 시간 내에 제출된 작품이라도 다음과 같은 경우)

(1) 와이어로프의 꼬임이 국화꽃 모양이 아닌 경우(1/3 이상 모양이 같지 않은 경우)
(2) 와이어로프의 절단, 양쪽 꼬임작업 등 지정된 작업 이외에 형태를 변형시킨 경우
(3) 소켓 작업을 하지 않은 경우
(4) 바인드 작업을 하지 않은 경우

3. 와이어로프 끝부분 처리작업(Q-Net 공개자료)

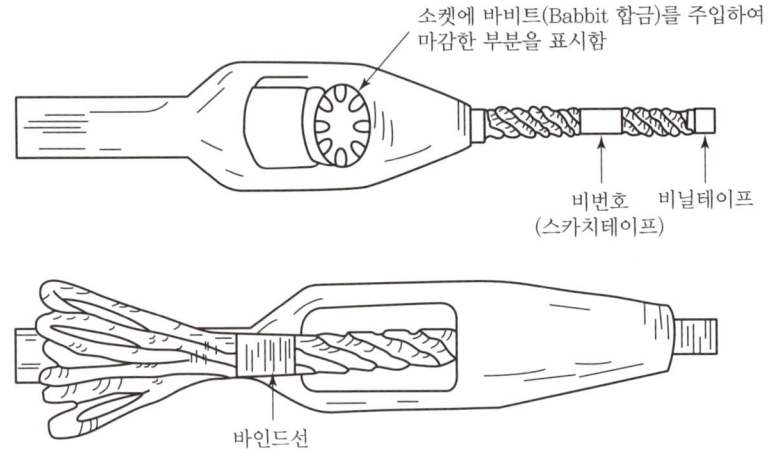

| 스트랜드의 끝단을 절곡하여 마감한 와이어로프 작업도면 |

4. 지급재료 목록

일련번호	재료명	규격	단위	수량	사진
1	견출지	소형(사무용)	쪽	1	
2	바인드선	0.5mm	m	1	

일련번호	재료명	규격	단위	수량	사진
3	비닐테이프	전기용 20mm×10m	개	1	
4	스카치테이프	20mm×10m	개	1	
5	승강기용 와이어로프	12mm×8×19(s)	m	1	
6	와이어소켓	12mm 와이어로프용	개	1	

5. 와이어로프 끝부분 처리작업

1) 필요 공구

니퍼	펜치	절연 테이프	자	장갑

2) 지급 재료

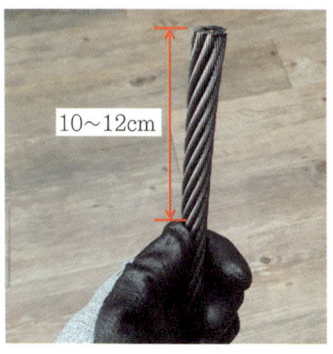

와이어로프

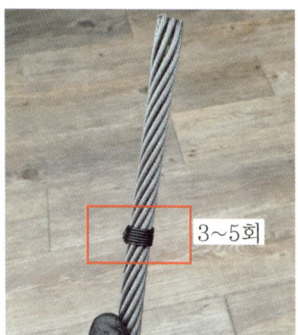

와이어로프 소켓

3) 와이어로프 작업

(1) 바인드선 작업

① 지급된 와이어로프의 한쪽 말단에서 10~12cm 떨어진 위치에 바인드선을 감는다.
② 바인드선은 3~5회 감아준 뒤 풀리거나 미끄러지지 않도록 매듭지어 마무리한다.
③ 와이어로프 반대편 끝부분은 풀어지지 않도록 비닐 테이프를 감아준다(너무 많이 감을 경우 소켓에 넣기 힘드므로 주의할 것).

(2) 스트랜드 풀기 작업

① 바인드선 작업을 완료한 방향 와이어로프 말단을 펜치나 손으로 잡고 시계 방향으로 돌려서 풀어낸다.
② 풀어진 와이어로프를 한 가닥씩 잡고 아래 가운데 사진과 같이 일정 간격으로 펼쳐준다.
③ 와이어로프를 모두 펼친 후에 니퍼를 이용하여 와이어로프 가운데 있는 심지를 최대한 짧게 잘라준다.

(3) 스트랜드 굽히기 작업

① 펼쳐진 와이어로프를 펜치나 손을 이용해 중심 부분으로 접어준다.
② 접은 상태에서 손으로 와이어로프 끝부분을 잡고 다시 펼쳐지지 않도록 펜치 둥근부분으로 눌러준다.
③ 접힌 스트랜드 끝부분을 아래 가운데 사진과 같이 8자 모양이 되도록 왼쪽 뒷부분으로 넘겨준다.
④ 앞의 방법과 동일하게 나머지 7개 스트랜드를 접어서 국화꽃 모양이 되도록 만들어준다.

 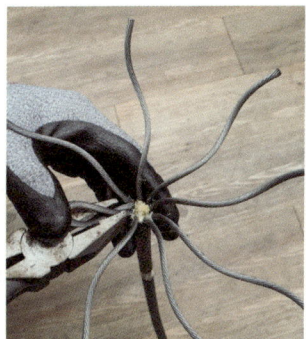 

(4) 와이어로프 소켓 삽입 작업
① 말단 처리하지 않은 반대편 와이어로프를 소켓에 삽입한다.
② 펼쳐진 국화꽃 모양의 스트랜드를 손으로 오므려서 소켓 안에 들어갈 수 있도록 한다.
③ 삽입할 때 바인드선이 감겨 있는 부분이 걸리지 않도록 누르면서 넣으면 쉽게 삽입할 수 있다.
④ 국화꽃 모양의 와이어로프를 소켓에 삽입했을 때 끝부분이 소켓 양옆의 개방된 곳보다 5mm 이상 10mm 이하가 되도록 작업한다.

SECTION 03 승강기 운전 제어회로 개요

1. 요구사항

지급된 재료를 사용하여 도면의 동작 사항에 맞게 승강기 제어회로를 구성하시오.

(1) 기구는 기구 배치도와 같이 균형 있게 배치하고 흔들림이 없도록 고정하시오.
(2) 소켓(베이스)에 채점용 기기가 들어갈 수 있도록 작업하시오.
(3) 도면상의 MCCB는 생략하고 직결하시오.
(4) 배선은 미관을 고려하여 전면에 노출 배선(수평, 수직)하고 전선의 꼬임, 흐트러짐 등이 없도록 케이블타이를 이용하여 균형 있게 배선하시오.(단, 제어판 배선 시 <u>기구와 기구 사이의 배선을 금지</u>합니다.)
(5) 주 회로 전선은 2.5mm²(7/0.67) 적색선을, 보조회로는 1.5mm²(1/1.38) 청색선을 사용하시오.
(6) 주 회로 전선은 압착단자 및 절연튜브를 사용하여 단자에 결선하시오.
(7) 보조회로 전선은 압착단자 및 절연튜브 없이 피복을 제거한 나선을 직접 단자에 결선하시오.
피복이 제거된 나선이 2mm 이상 보이지 않고, 피복이 단자에 물리지 않도록 나사를 견고하게 조입니다.(단, <u>한 단자에 전선 3가닥 이상 접속하는 것을 금지</u>합니다.)

(8) 푸시버튼 스위치, 램프의 색상은 다음 기준으로 작업하시오.(스위치 및 램프의 구성은 과제마다 다를 수 있습니다.)

기구	색상	재료명
PB0	녹색	푸시버튼 스위치
PB1	적색	푸시버튼 스위치
PB2	적색	푸시버튼 스위치
GL	녹색	램프
RL	적색	램프
YL	황색	램프

(9) 전원 측 전선은 약 100mm 정도 인출하고 피복은 전선 끝에서 약 10mm 정도 벗겨 놓으시오.

2. 오작판정(시험 시간 내에 제출된 작품이라도 다음과 같은 경우)

(1) 제출된 과제가 도면 및 배치도, 부품의 방향, 결선 상태 및 색상 등이 상이한 경우(전자접촉기, 타이머, 릴레이 등과 푸시버튼 스위치 및 램프의 색상 등)
(2) 주 회로 및 보조회로 배선의 전선 굵기 및 색상이 요구사항과 상이한 경우
(3) 제어판 내의 배선 상태나 기구 간격 불량으로 동작 확인이 불가한 경우
(4) 컨트롤박스 커버 등이 조립되지 않아 내부가 보이는 경우
(5) 제어판 내의 배선 시 기구와 기구 사이로 수직 배선한 경우
(6) 한 단자에 3가닥 이상 배선이 접속된 경우
(7) 작품의 외형상 전선의 흐트러짐, 기구 배치 및 고정, 킹크, 연결 상태 등이 미흡한 작품
(8) 시퀀스 도면의 동작사항과 불일치되는 경우

3. 기구 배치도 예시

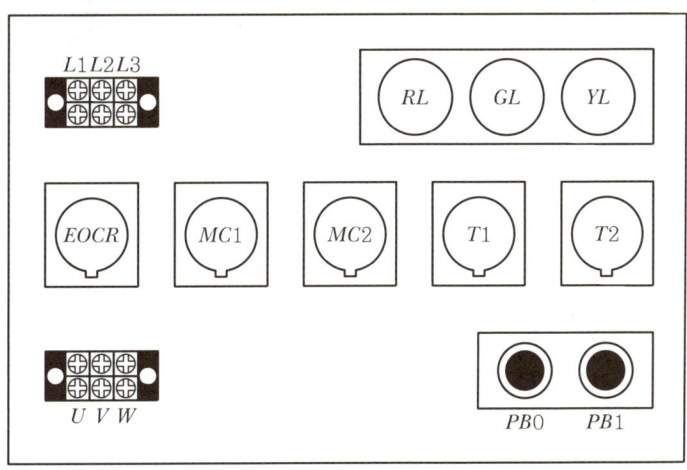

4. 기구 내부 결선도 및 구성도

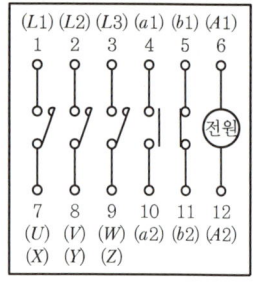

▮ 전자접촉기 내부 결선도 ▮

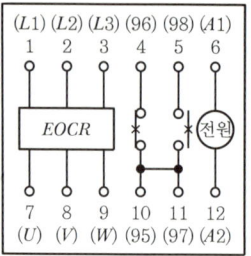

▮ EOCR 내부 결선도 ▮

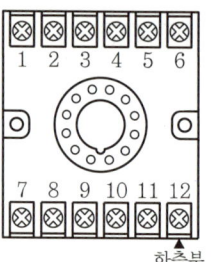

▮ 12P 소켓(베이스) 구성도 ▮

▮ 8P 소켓(베이스) 구성도 ▮

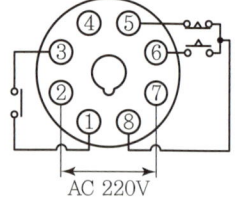

▮ 타이머 내부 결선도 ▮

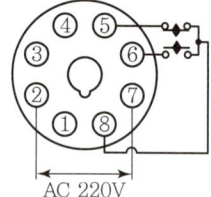

▮ FR 내부 결선도 ▮

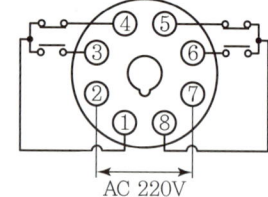

▮ 릴레이 내부 결선도 ▮

5. 지급재료 목록

일련번호	재료명	규격	단위	수량	사진
1	Y형 압착단자	2.5mm^2 – 4Y	개	40	
2	절연튜브 (압착단자용)	2.5mm^2	개	40	
3	케이블타이	100mm	개	25	

일련번호	재료명	규격	단위	수량	사진
4	보통합판	9×400×600mm	장	1	
5	나사못	4×12	개	25	
6		4×20	개	20	
7	단자대	3P 20A	개	2	
8	램프	25φ, 220V	개	3	
9	푸시버튼 스위치	25φ, 1a1b	개	2	
10	비닐절연전선	1.5mm^2(1/1.38), 청색	m	14	
11		2.5mm^2(7/0.67), 적색	m	5	

일련번호	재료명	규격	단위	수량	사진
12	컨트롤 박스	25φ, 3구	개	1	
13		25φ, 2구	개	1	
14	12P 소켓	12P	개	3	
15	8P 소켓	8P	개	2	
16	전자접촉기	AC 220V, 12P	개	2	
17	EOCR	AC 220V, 12P	개	1	

일련번호	재료명	규격	단위	수량	사진
18	타이머	AC 220V, 8P	개	2	
19	플리커 릴레이	AC 220V, 8P	개	1	

6. 배선재료 및 기구

(1) 단자대(Terminal Block)

① 제어함에서 전선이 인입, 인출 되는 곳에 사용한다.
② 승강기기능사 시험에서 도면상의 전원(L1, L2, L3) 및 부하(U, V, W)는 단자대로 대체하여 작업한다.
③ 단자대 규격은 단자 수와 정격전류로 표기한다.

❙ 고정식 단자대 ❙

❙ 조립식 단자대 ❙

(2) 램프

① 각 요소에 표시 램프를 접속하여 회로의 동작 상태 및 고장 유무를 표시한다.
② 램프는 기구 배치도를 참조하여 색상을 구분한 후 컨트롤 박스에 조립해야 한다.

기호	색상	동작 상태
RL	적색	운전표시
GL	녹색	정지표시
YL	황색	고장표시

| 적색 램프 |

| 녹색 램프 |

| 황색 램프 |

(3) 푸시버튼 스위치(수동조작 자동복귀)

① 사람이 물리적으로 힘을 가하고 있는 동안에만 ON 또는 OFF 상태가 유지되며, 손을 떼면 스프링 탄성에 의해 원 상태로 복귀되는 스위치이다.

② c접점 스위치는 a접점과 b접점이 하나의 스위치에 있어, 선택적으로 사용할 수 있다.

명칭	사진	심볼	
		a접점	b접점
수동조작 자동복귀 접점 푸시버튼 스위치			

(4) 전선

① 주 회로 전선은 2.5mm² 연선으로 압착단자로 압착 및 절연튜브를 사용하여 단자에 결선해야 한다.

② 보호회로 전선은 1.5mm² 단선으로 압착단자 및 절연튜브 없이 피복을 제거한 나선을 직접 단자에 결선한다.

명칭	규격	사진	비고
비닐절연전선	2.5mm²(7/0.67), 적색		주 회로에 사용
	1.5mm²(1/1.38), 청색		보조회로에 사용

(5) 8P, 12P 소켓

① 8P 소켓은 릴레이, 타이머, 플리커 릴레이 등을 꽂아서 사용한다.
② 12P 소켓은 전자식 과전류계전기(EOCR), 전자접촉기(M/C) 등을 꽂아서 사용한다.
③ 소켓(베이스)의 방향은 부품 내부 결선도 및 구성도를 참고하여 홈이 아래로 향하도록 배치해야 한다.

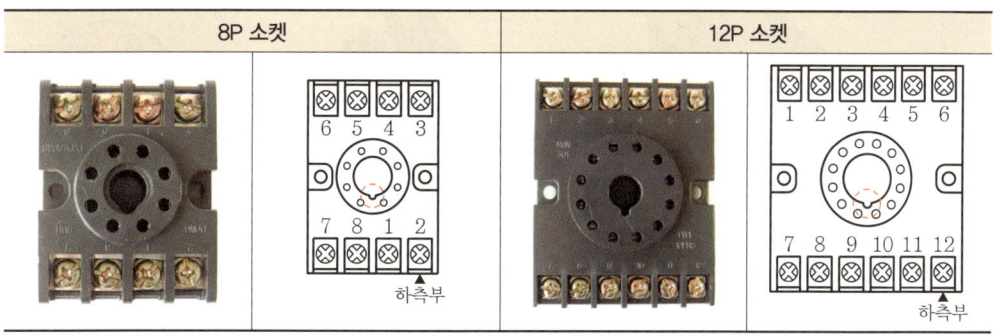

(6) 계전기(Relay)

① 계전기는 어떤 값 이상의 전기적 입력을 인식하여 다른 전기회로의 개폐를 제어하는 기기이다.
② 전자석(권선에 제어 입력 전류를 흘려 자화시킨 것)에 의해 접점을 물리적으로 움직이게 하여 접점을 개폐하는 릴레이이다.

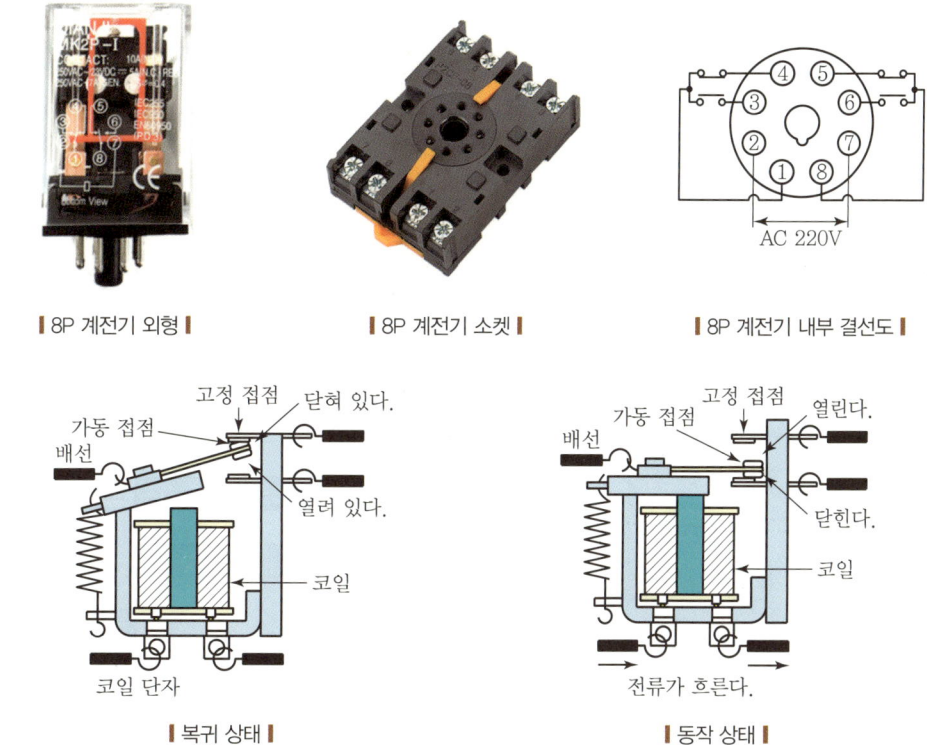

(7) 타이머(Timer)

① 타이머는 코일 단자에 전원이 입력되면 정해진 시간이 경과한 후에 접점이 개폐되는 계전기이다.
② 타이머의 종류에는 한시동작 순시복귀(On Delay Timer), 순시동작 한시복귀(Off Delay Timer), 한시동작 한시복귀형 등이 있다.

| 타이머 | 8P 계전기 소켓 | 8P 타이머 내부 결선도 |

명칭	심볼	
	a접점	b접점
계전기 순시 접점		
한시동작 순시복귀 접점 (On Delay)		
순시동작 한시복귀 접점 (Off Delay)		

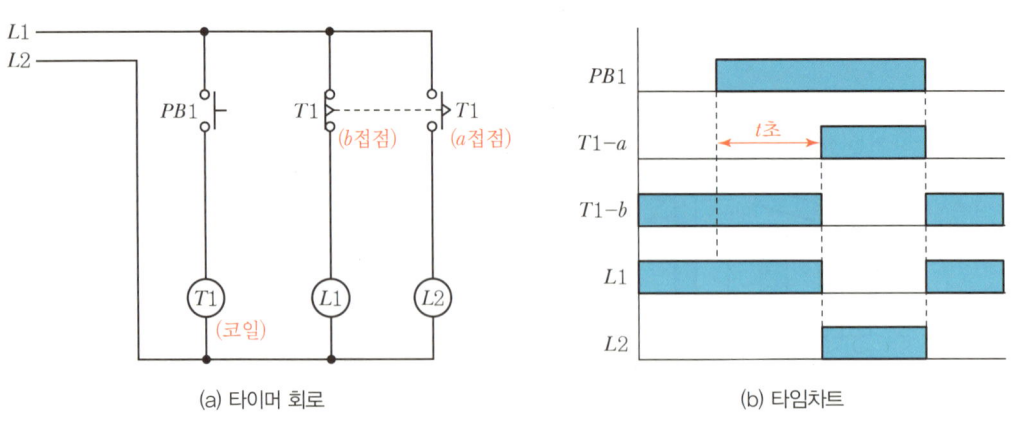

(a) 타이머 회로   (b) 타임차트

| 한시동작 순시복귀 타이머 회로 |

(8) 전자접촉기(Magnetic Contactor)
   ① 전자접촉기란 전자석에 의해 회로의 접점을 개폐하는 기기를 말한다.
   ② 코일(제어)전원, 주 접점, 보조 접점으로 구성되어 있으며, 주 접점은 전동기와 같은 대용량 부하를 ON/OFF 할 수 있고 보조 접점은 인터로크나 제어회로의 접점으로 활용된다.

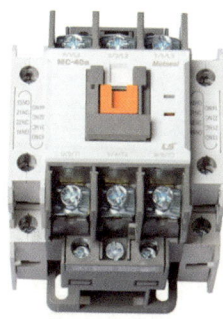
┃ 전자접촉기 ┃

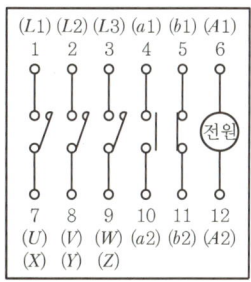
┃ 전자접촉기 내부 결선도 ┃

(9) 플리커 릴레이(Flicker Relay)
   코일이 여자되면 타이머처럼 시간을 설정해서 한시동작, 한시복귀 방식으로 코일에 전원이 차단될 때까지 접점이 붙었다 떨어졌다를 반복하는 계전기이다.

┃ 플리커 릴레이 ┃

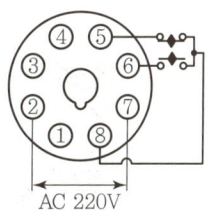
┃ 플리커 릴레이 내부 결선도 ┃

⑽ **전자식 과전류 계전기(EOCR : Electronic Over Current Relay)**
① 전동기 등의 회로에 설치하여 과전류를 검출 및 회로를 차단하여 부하를 보호하기 위한 계전기이다.
② 전류 검출부, 전원 단자, 보조 접점 단자 및 레버(Lever) 등으로 구성되어 있으며, 검출 전류의 크기, 지연시간 등을 설정할 수 있다.
③ 계전기 앞면에 보이는 용어의 뜻은 다음과 같다.
- PWR : 전원공급 표시 램프
- LOAD : 과전류 기준값 설정
- O-TIME : 과전류 검출 딜레이 시간 설정
- Test/Reset : 테스트 및 리셋 버튼

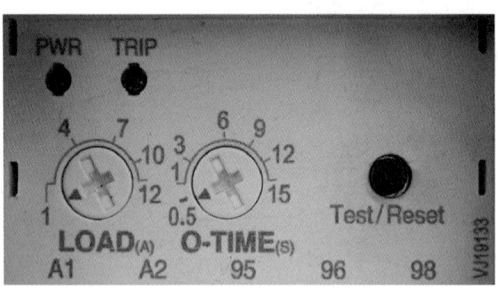

│ EOCR 기능 설정 │

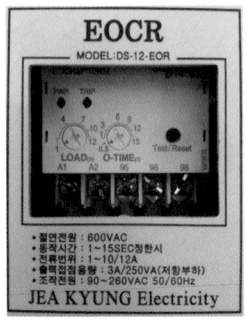

│ 전자식 과전류 계전기 │

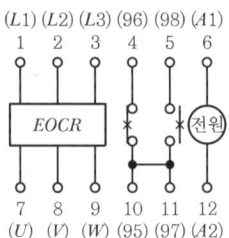

│ 전자식 과전류 계전기 내부 결선도 │

SECTION 04 시퀀스 제어 기본회로

1. 계전기 a접점 회로

1) 시퀀스 회로도

- 차단기를 ON시켜 전원을 투입하고 푸시버튼(PB)을 누르면 릴레이 코일 X가 여자된다.
- 동시에 릴레이 a접점이 닫히고, RL 램프가 점등된다.
- PB에서 손을 떼면 릴레이 코일이 소자되고, 릴레이 a접점이 열리면서 RL 램프가 소등된다.

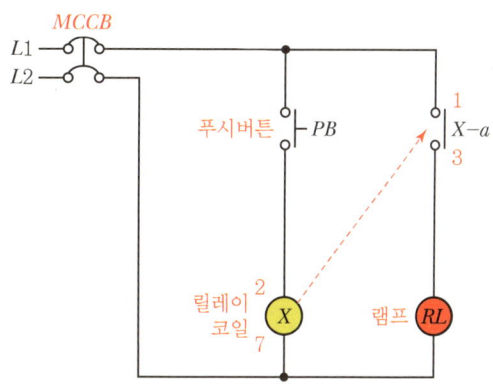

2) 타임차트

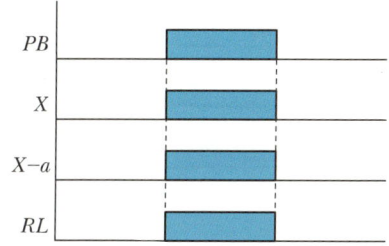

3) 배선도

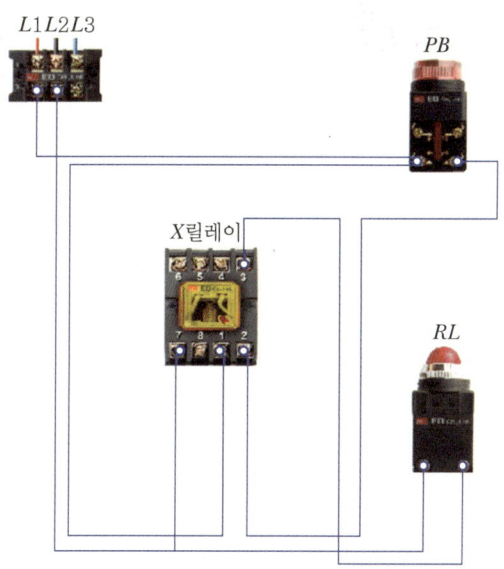

2. 계전기 b접점 회로

1) 시퀀스 회로도

- 차단기를 ON시켜 전원을 투입하면 GL 램프가 점등된다.
- 푸시버튼(PB)을 누르면 릴레이 코일 X가 여자되어 릴레이 b접점이 열리고 GL 램프가 소등된다.
- PB에서 손을 떼면 릴레이 코일이 소자되고, 릴레이 b접점이 닫히면서 GL 램프가 다시 점등된다.

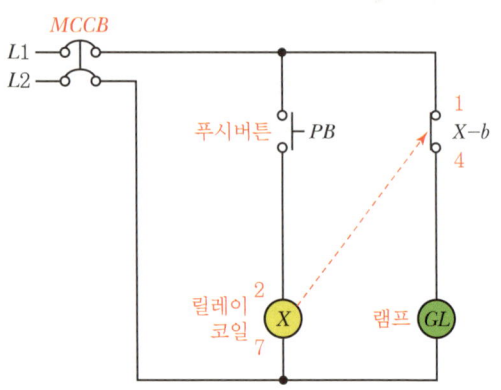

2) 타임차트

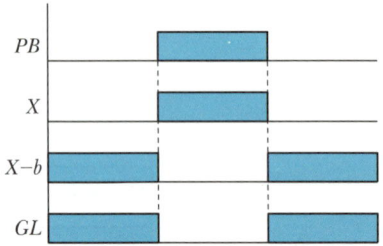

3) 배선도

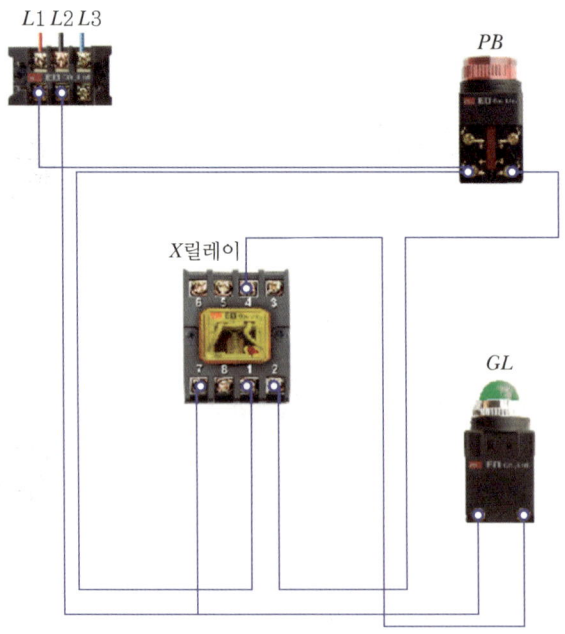

3. 자기유지회로

1) 시퀀스 회로도

- 차단기를 ON시켜 전원을 투입하고 푸시버튼($PB1$)을 누르면 릴레이 코일 X가 여자된다.
- $PB1$에서 손을 떼도 릴레이 a접점(1-3번)에 의해 자기유지가 된다.
- 이와 동시에 릴레이 a접점(8-6번)이 닫히면서 RL 램프가 점등된다.
- $PB2$(OFF S/W)를 누르면 릴레이 코일이 소자되고, 릴레이 a접점이 열리면서 RL 램프가 소등된다.

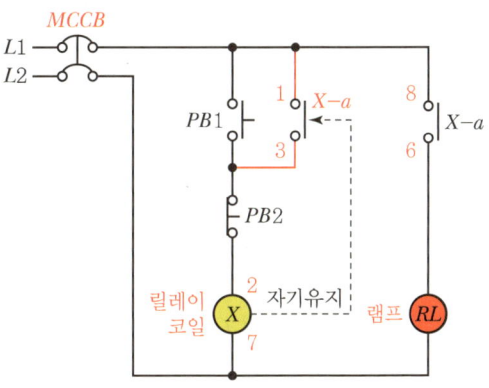

2) 타임차트

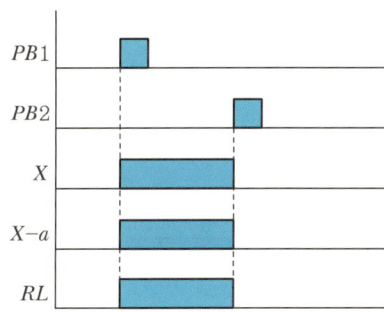

3) 배선도

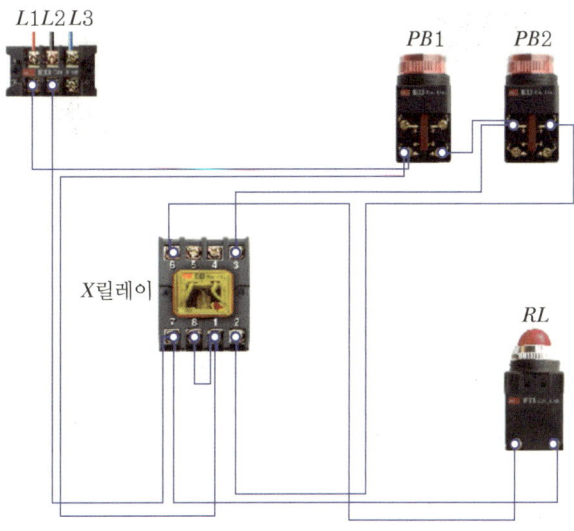

4. 타이머 회로

1) 시퀀스 회로도

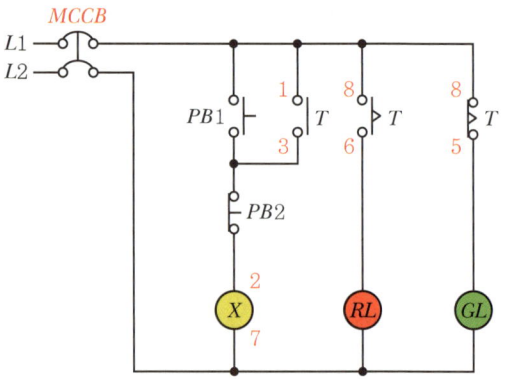

- 차단기를 ON시켜 전원을 투입하고 푸시버튼($PB1$)을 누르면 타이머 코일 T가 여자된다.
- $PB1$에서 손을 떼도 타이머 순시 a접점(1-3번)이 닫히면서 회로는 자기유지가 된다.
- 타이머 설정 시간이 경과하면 타이머 한시 접점이 동작하여 GL 램프는 소등되고, RL 램프가 점등된다.
- $PB2$(OFF S/W)를 누르면 타이머 코일이 소자되고, 타이머 접점은 순시 복귀한다.

2) 타임차트

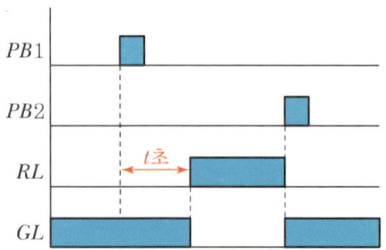

3) 배선도

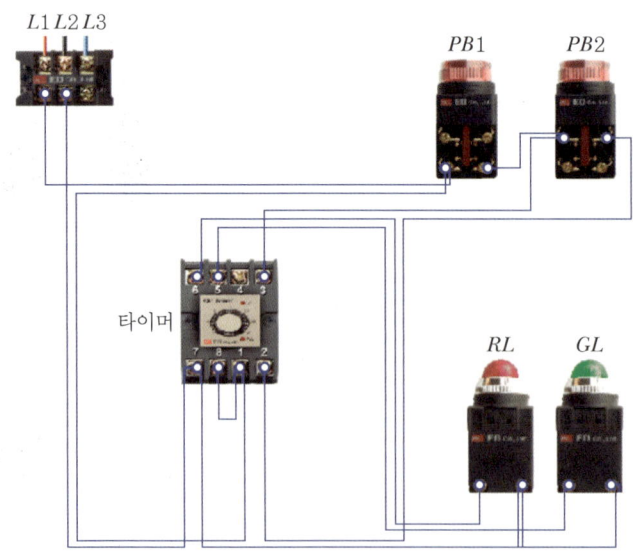

5. 전동기 직입기동 회로

1) 시퀀스 회로도

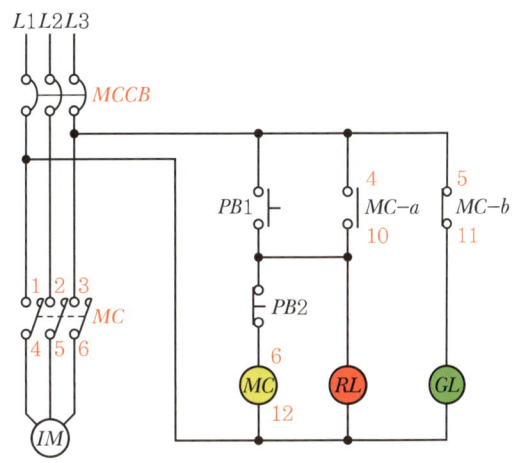

- 차단기를 ON시켜 전원을 투입하고 푸시 버튼($PB1$)을 누르면 전자접촉기 코일 MC가 여자된다.
- $PB1$에서 손을 떼도 MC a접점에 의해 자기유지가 된다.
- 이와 동시에 MC 주 접점이 닫히면서 유도 전동기가 회전한다.
- $PB2$(OFF S/W)를 누르면 MC 코일이 소자되고, MC 주접점이 열리면서 전동기는 정지한다.

2) 타임차트

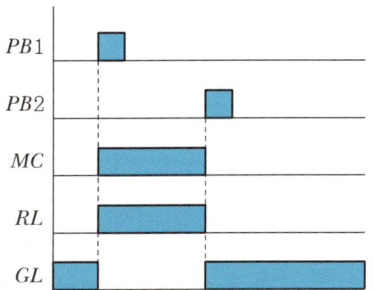

3) 배선도

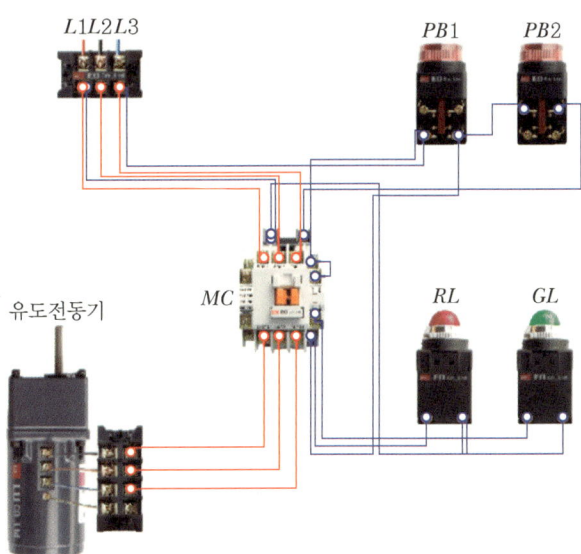

SECTION 05 Q-Net 공개문제

1. 공개문제 1

1) 시퀀스 회로도

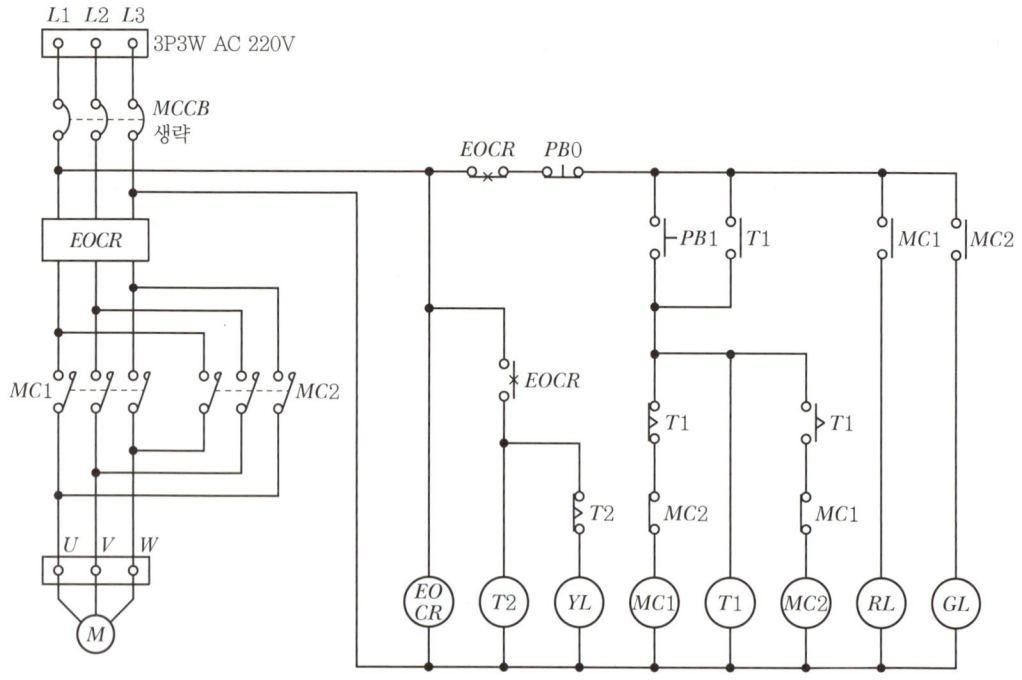

2) 시퀀스 회로도(핀번호 부여)

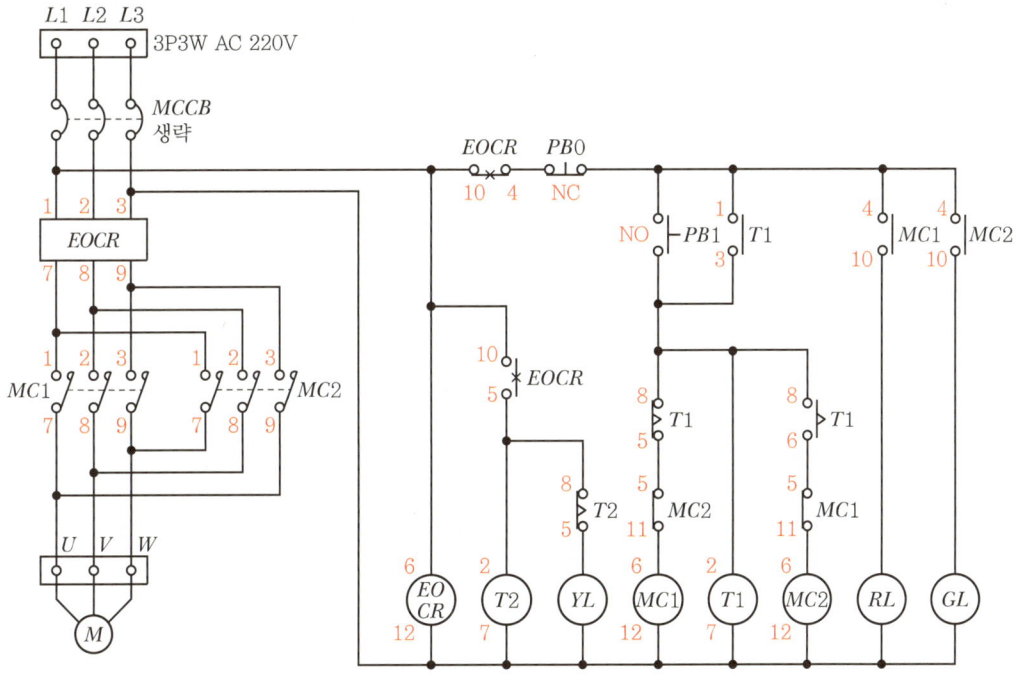

3) 타임차트

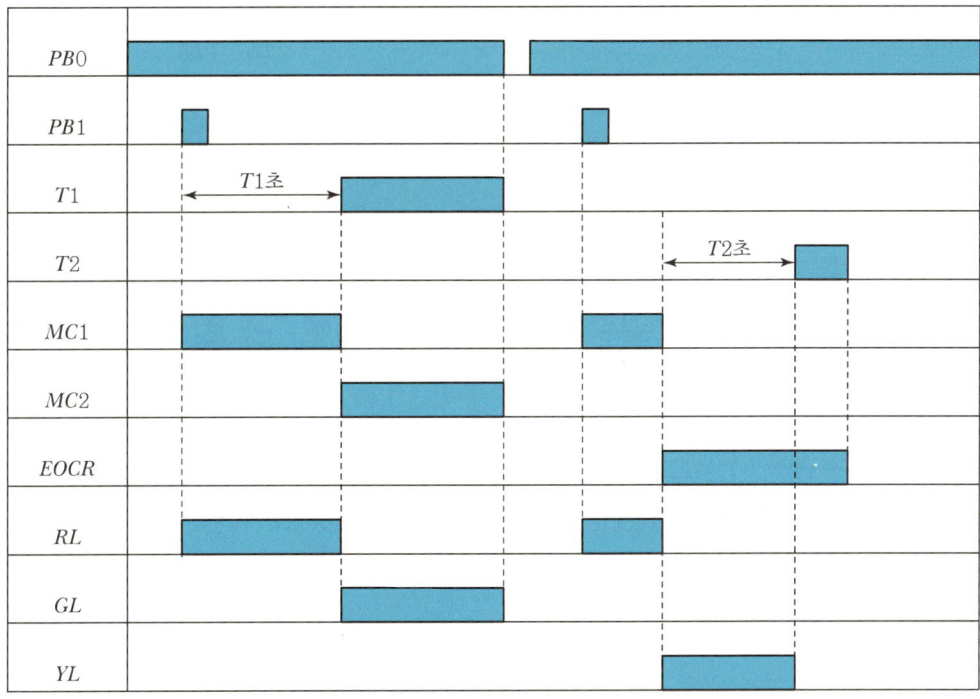

4) 동작 설명

① 전원을 투입하고 푸시버튼 $PB1$을 누르면 $MC1$과 $T1$이 여자된다($T1$에 의해 자기유지).
② $MC1$에 의해 전동기는 정회전하며, 동시에 RL 램프가 점등된다.
③ $T1$ 타이머 설정시간이 경과되면 $MC1$이 소자되고, $MC2$가 여자되어 전동기는 역회전한다.
④ MC 보조 접점에 의해 동시에 RL 램프가 소등되고, GL 램프는 점등된다.
⑤ 운전 중에 푸시버튼 $PB0$을 누르면 전동기는 정지하며 램프는 소등되고 회로는 초기화된다.
⑥ 전동기에 과전류가 흐르면 EOCR에 의해 제어회로 전원이 차단되고, $T2$가 여자되며, YL 램프가 점등된다.
⑦ 타이머 $T2$ 설정시간이 경과되면 YL 램프가 소등된다. EOCR이 리셋되면 회로는 초기화된다.

5) 기구 배치도

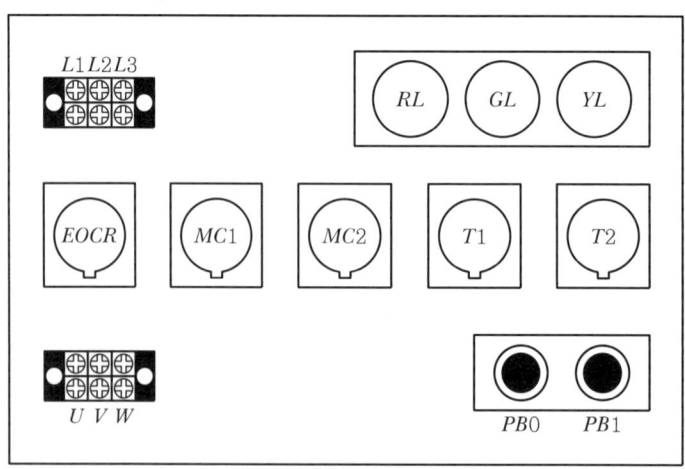

6) 기구 내부 결선도 및 구성도

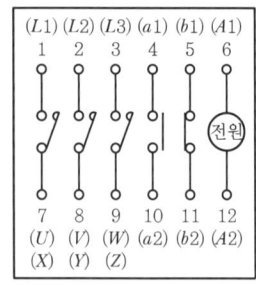
┃ 전자접촉기 내부 결선도 ┃

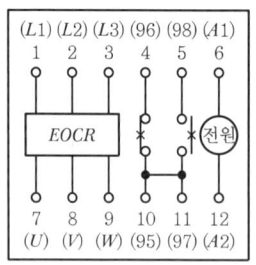
┃ EOCR 내부 결선도 ┃

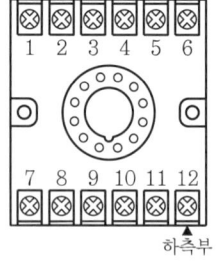
┃ 12P 소켓(베이스) 구성도 ┃ ┃ 8P 소켓(베이스) 구성도 ┃

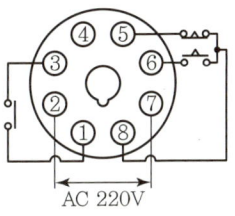

| 타이머 내부 결선도 |

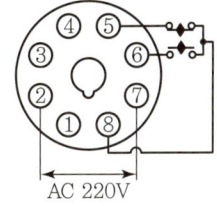

| FR 내부 결선도 |

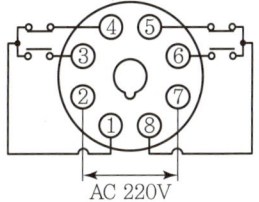

| 릴레이 내부 결선도 |

2. 공개문제 2

1) 시퀀스 회로도

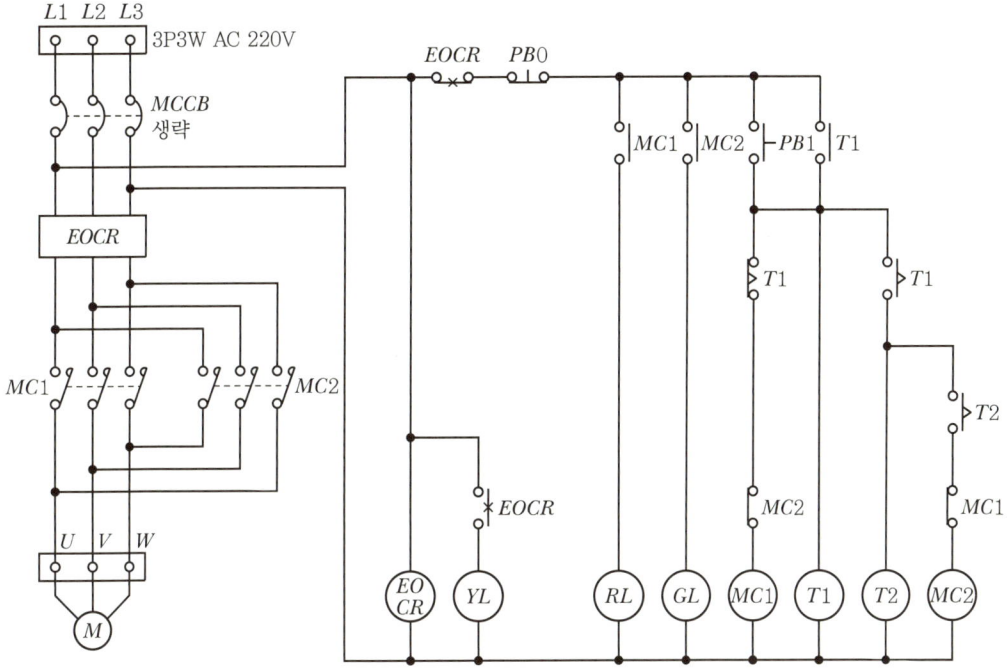

2) 시퀀스 회로도(핀번호 부여)

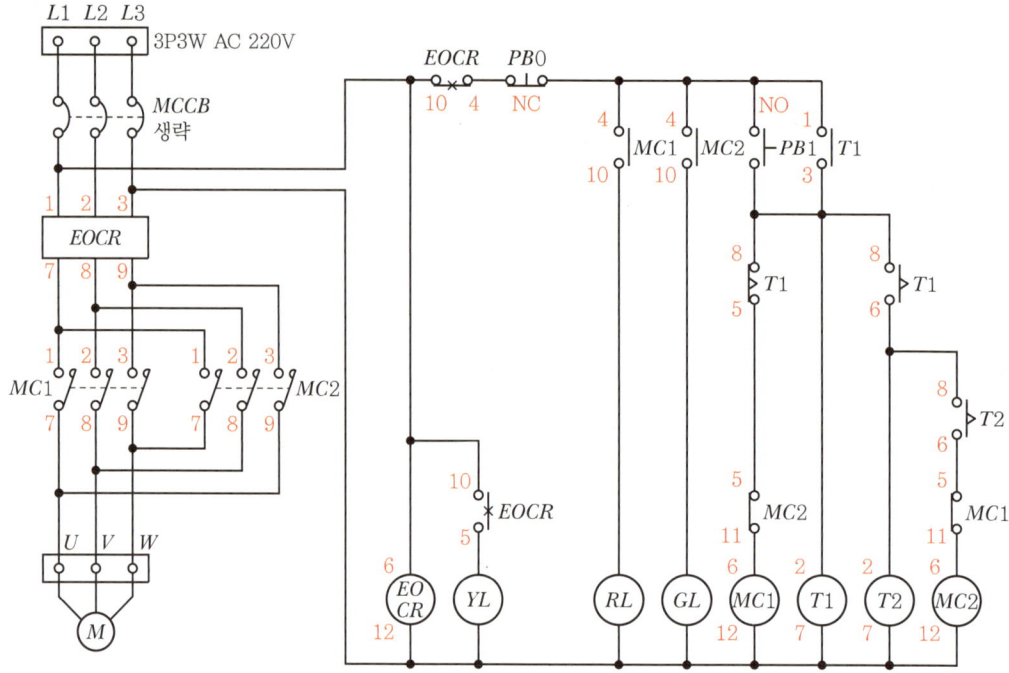

3) 타임차트

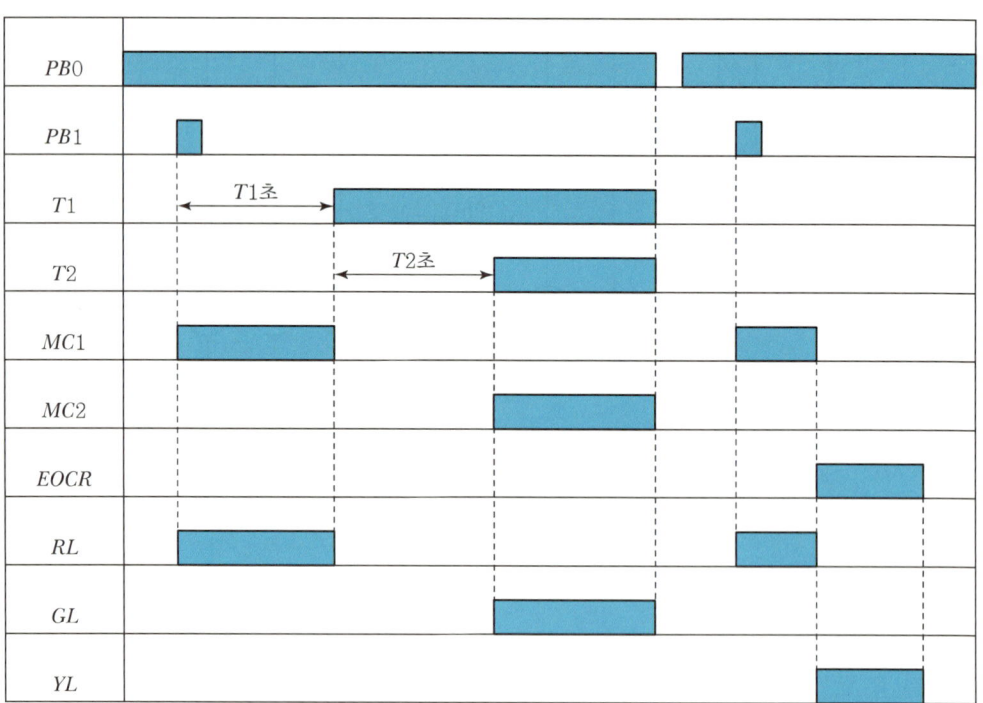

4) 동작 설명

① 전원을 투입하고 푸시버튼 $PB1$을 누르면 $MC1$과 $T1$이 여자된다($T1$에 의해 자기유지).
② $MC1$에 의해 전동기는 정회전하며, 동시에 RL 램프가 점등된다.
③ $T1$ 타이머 설정시간이 경과되면 $MC1$이 소자되고, $T2$가 여자되며, RL 램프는 소등된다.
④ $T2$ 타이머 설정시간이 경과되면 $MC2$가 여자되어 전동기가 역회전하고, GL 램프가 점등된다.
⑤ 운전 중에 푸시버튼 $PB0$을 누르면 전동기는 정지하며 램프는 소등되고 회로는 초기화된다.
⑥ 전동기에 과전류가 흐르면 EOCR에 의해 제어회로 전원이 차단되고, YL 램프가 점등된다.

5) 기구 배치도

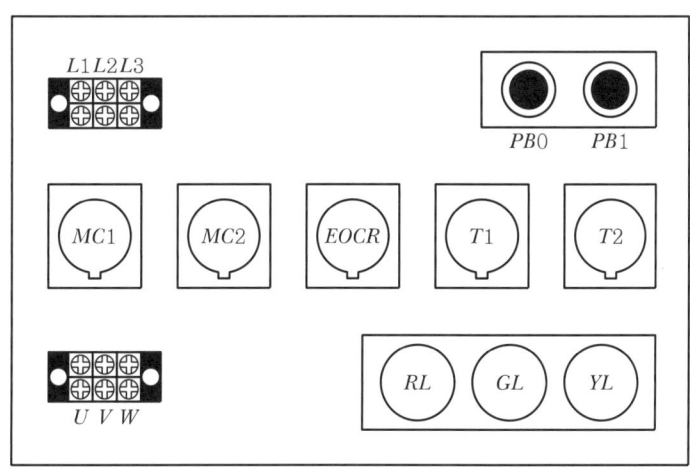

6) 기구 내부 결선도 및 구성도

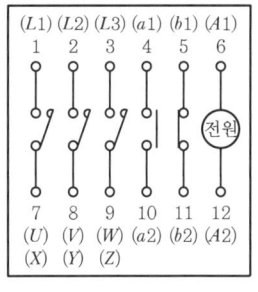
┃ 전자접촉기 내부 결선도 ┃

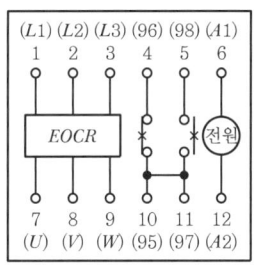
┃ EOCR 내부 결선도 ┃

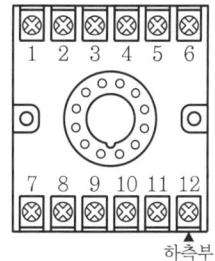
┃ 12P 소켓(베이스) 구성도 ┃

┃ 8P 소켓(베이스) 구성도 ┃

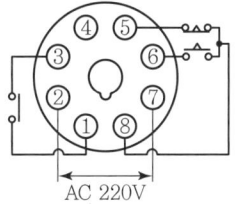
┃ 타이머 내부 결선도 ┃

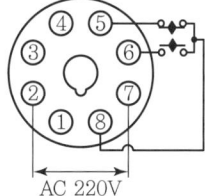
┃ FR 내부 결선도 ┃

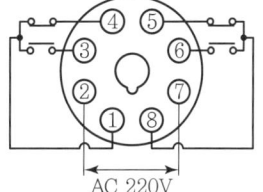
┃ 릴레이 내부 결선도 ┃

3. 공개문제 3

1) 시퀀스 회로도

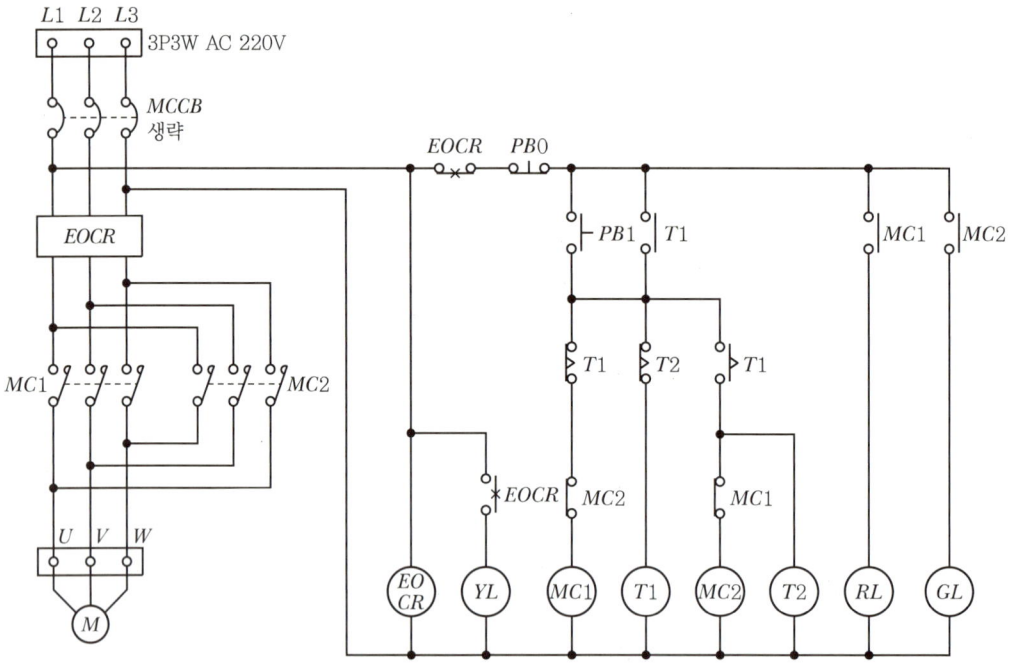

2) 시퀀스 회로도(핀번호 부여)

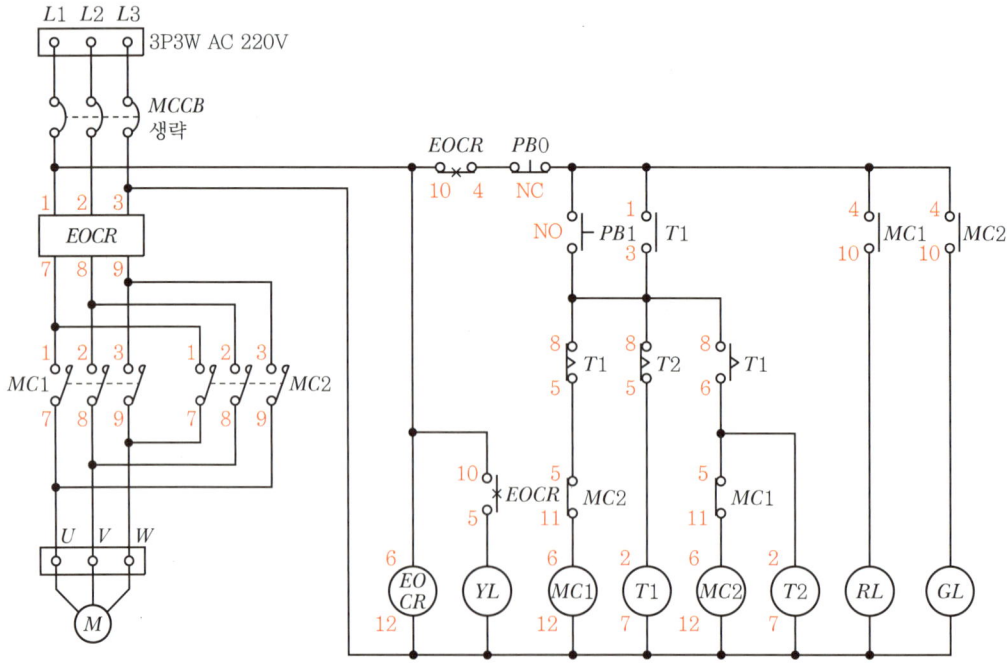

3) 타임차트

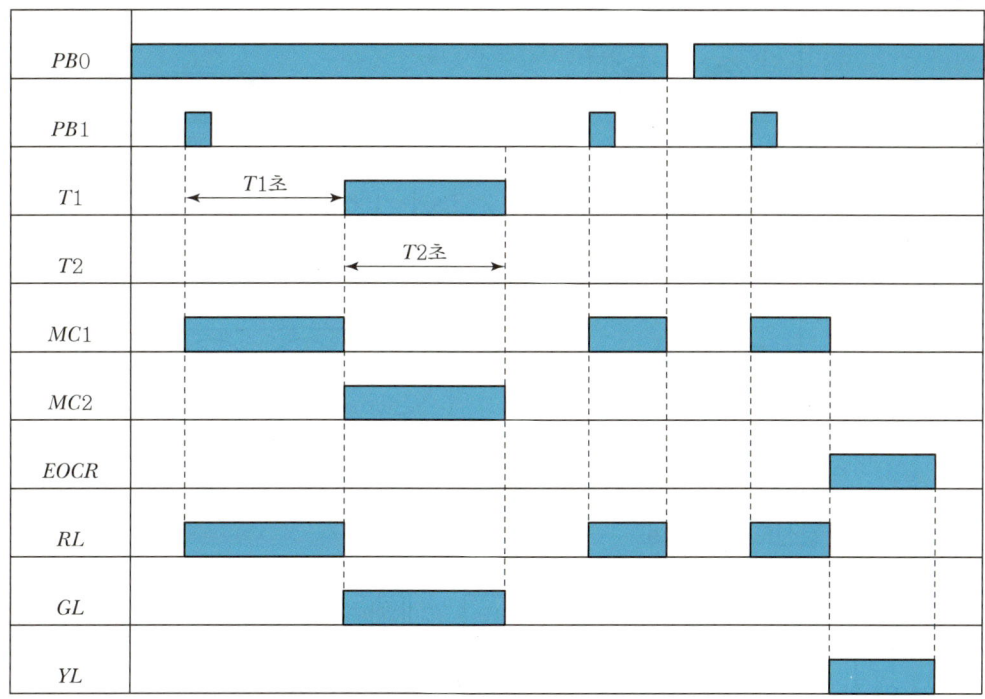

4) 동작 설명

① 전원을 투입하고 푸시버튼 $PB1$을 누르면 $MC1$과 $T1$이 여자된다($T1$에 의해 자기유지).
② $MC1$에 의해 전동기는 정회전하며, 동시에 RL 램프가 점등된다.
③ $T1$ 타이머 설정시간이 경과되면 $MC1$이 소자되고, $T2$가 여자되며, RL 램프는 소등된다.
④ 동시에 $MC2$가 여자되어 전동기가 역회전하고, GL 램프가 점등된다.
⑤ $T2$ 타이머 설정시간이 경과되면 $MC2$가 소자되고, 전동기는 정지하며, GL 램프는 소등된다.
⑥ 운전 중에 푸시버튼 $PB0$을 누르면 전동기는 정지하며 램프는 소등되고 회로는 초기화된다.
⑦ 전동기에 과전류가 흐르면 EOCR에 의해 제어회로 전원이 차단되고, YL 램프가 점등된다.

5) 기구 배치도

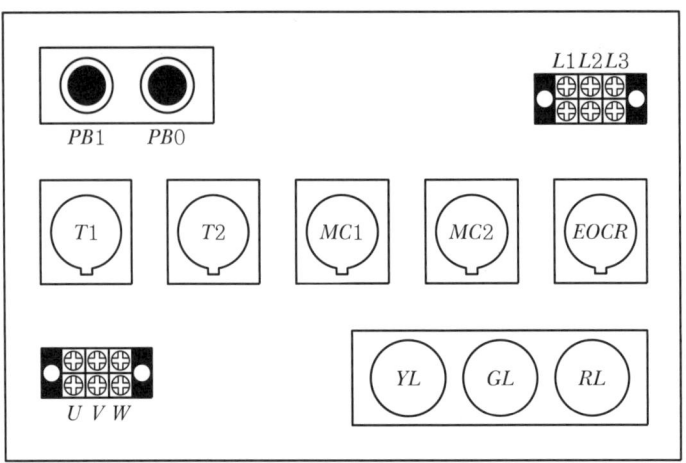

6) 기구 내부 결선도 및 구성도

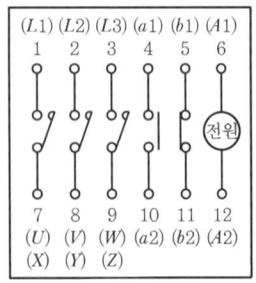

▮ 전자접촉기 내부 결선도 ▮

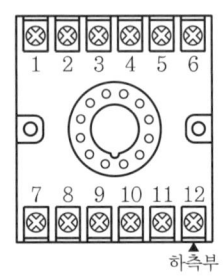

▮ EOCR 내부 결선도 ▮

▮ 12P 소켓(베이스) 구성도 ▮   ▮ 8P 소켓(베이스) 구성도 ▮

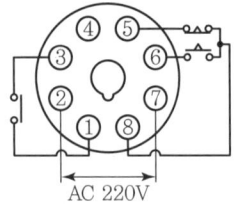

▮ 타이머 내부 결선도 ▮

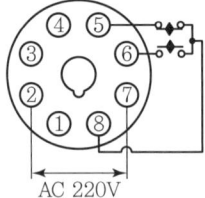

▮ FR 내부 결선도 ▮

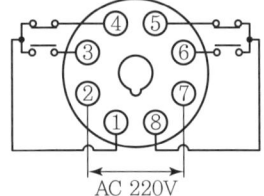

▮ 릴레이 내부 결선도 ▮

4. 공개문제 4

1) 시퀀스 회로도

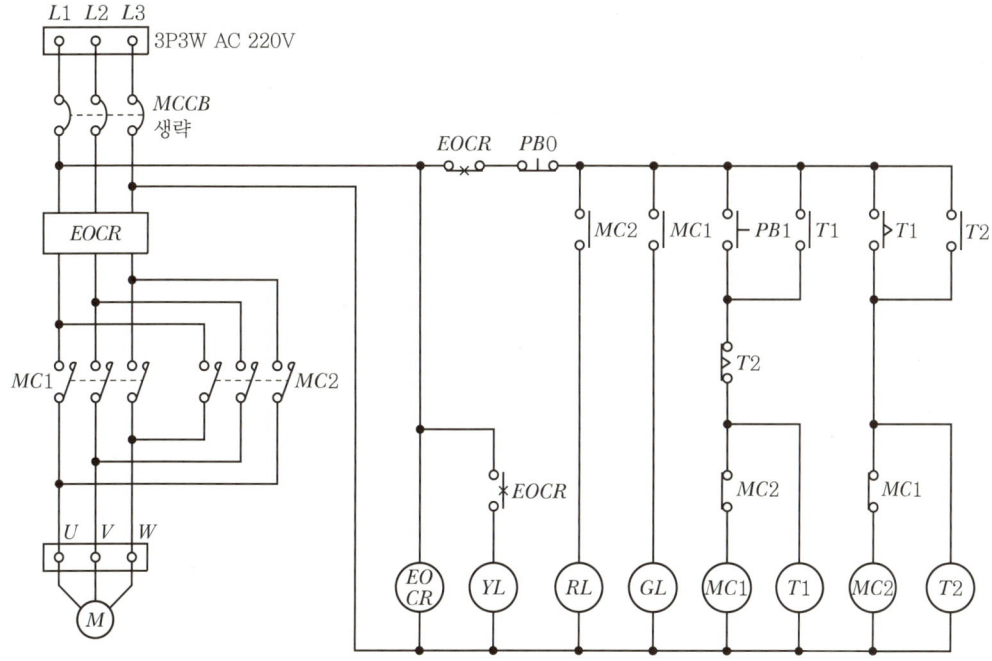

2) 시퀀스 회로도(핀번호 부여)

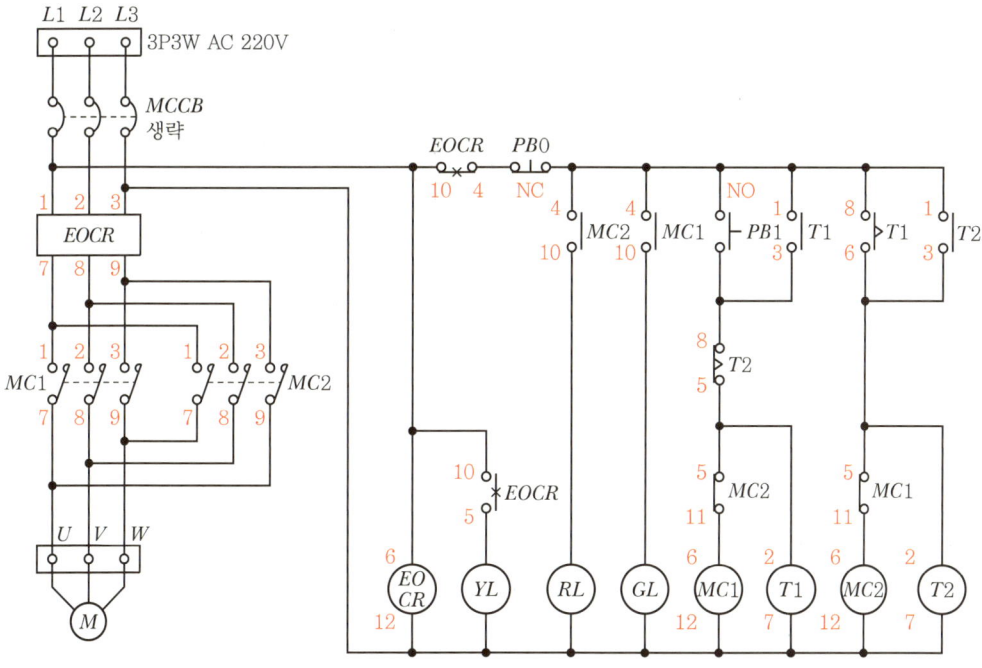

3) 타임차트

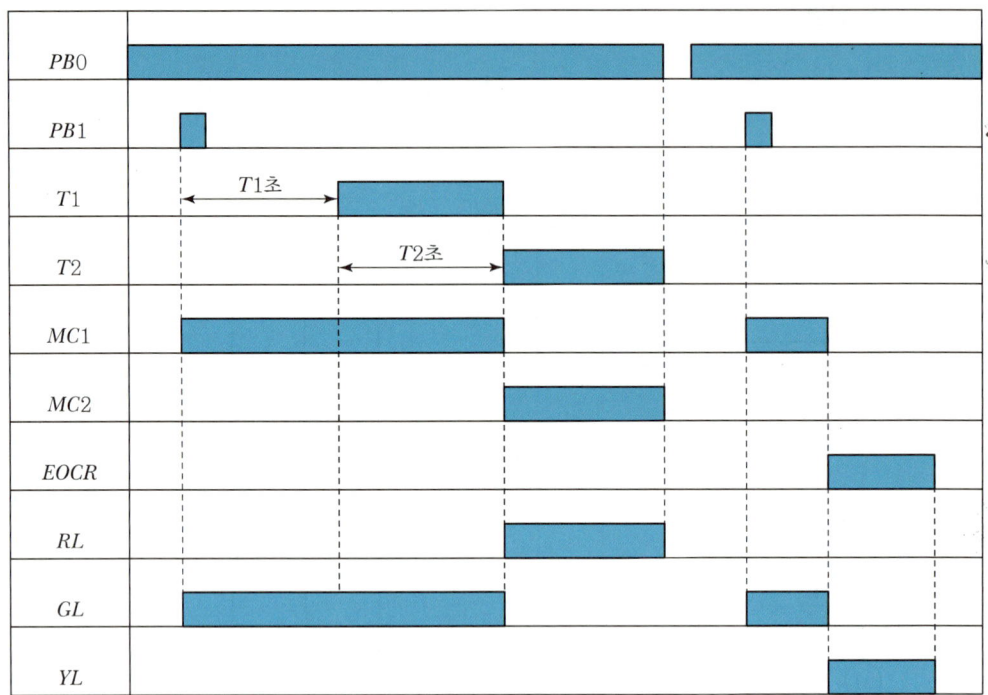

4) 동작 설명

① 전원을 투입하고 푸시버튼 $PB1$을 누르면 $MC1$과 $T1$이 여자된다($T1$에 의해 자기유지).
② $MC1$에 의해 전동기는 정회전하며, 동시에 GL 램프가 점등된다.
③ $T1$ 타이머 설정시간이 경과되면 $T2$ 타이머가 여자된다.
④ $T2$ 타이머 설정시간이 경과되면 $MC1$이 소자되고, GL 램프가 소등된다.
⑤ 동시에 $MC2$가 여자되어 전동기는 역회전하며, RL 램프가 점등된다.
⑥ 운전 중에 푸시버튼 $PB0$을 누르면 전동기는 정지하며 램프는 소등되고 회로는 초기화된다.
⑦ 전동기에 과전류가 흐르면 EOCR에 의해 제어회로 전원이 차단되고, YL 램프가 점등된다.

5) 기구 배치도

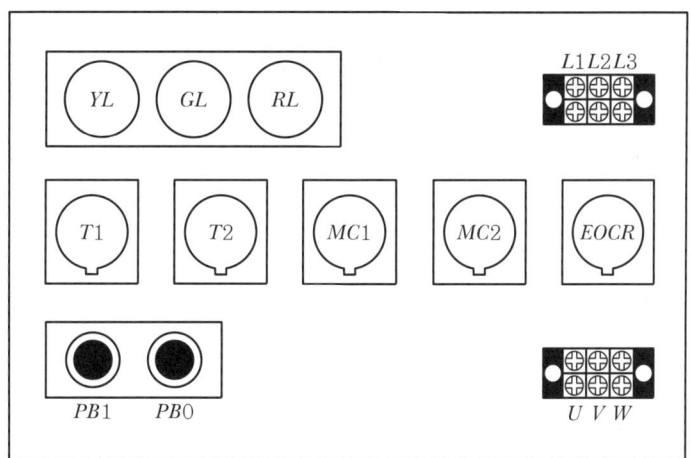

6) 기구 내부 결선도 및 구성도

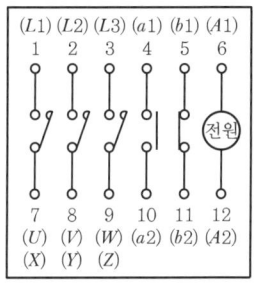
┃ 전자접촉기 내부 결선도 ┃

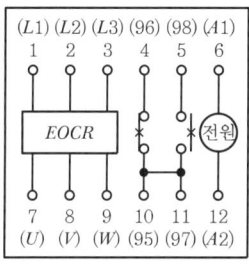
┃ EOCR 내부 결선도 ┃

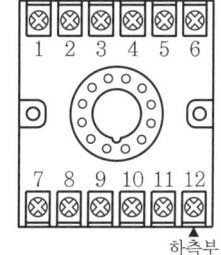
┃ 12P 소켓(베이스) 구성도 ┃

┃ 8P 소켓(베이스) 구성도 ┃

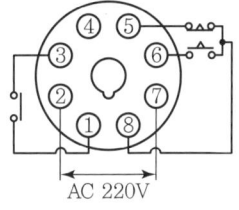
┃ 타이머 내부 결선도 ┃

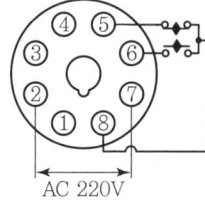
┃ FR 내부 결선도 ┃

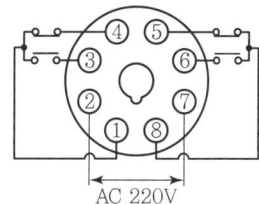
┃ 릴레이 내부 결선도 ┃

5. 공개문제 5

1) 시퀀스 회로도

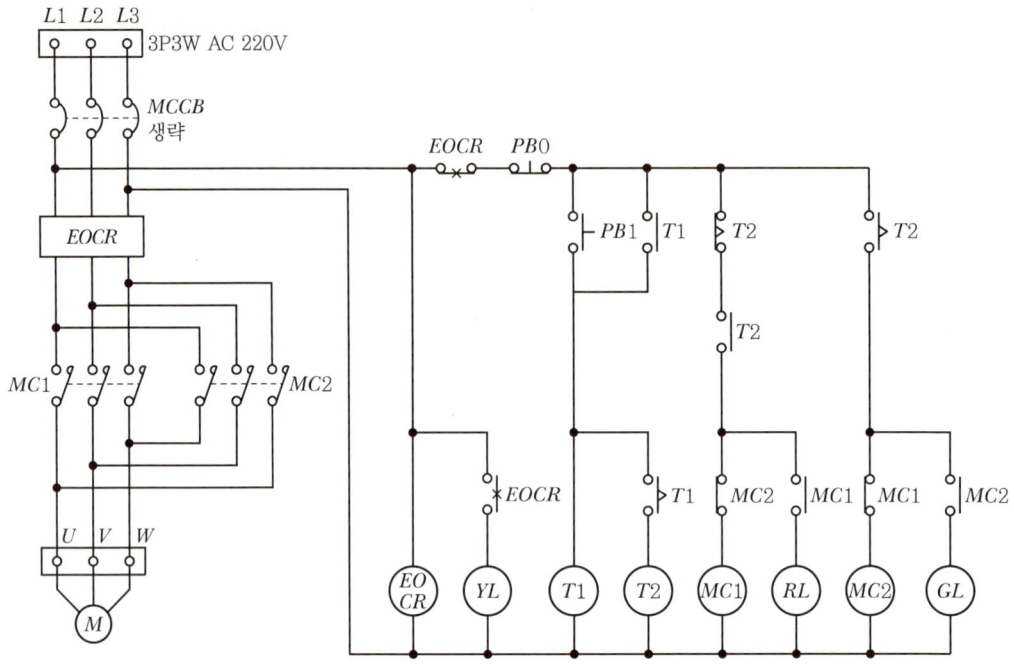

2) 시퀀스 회로도(핀번호 부여)

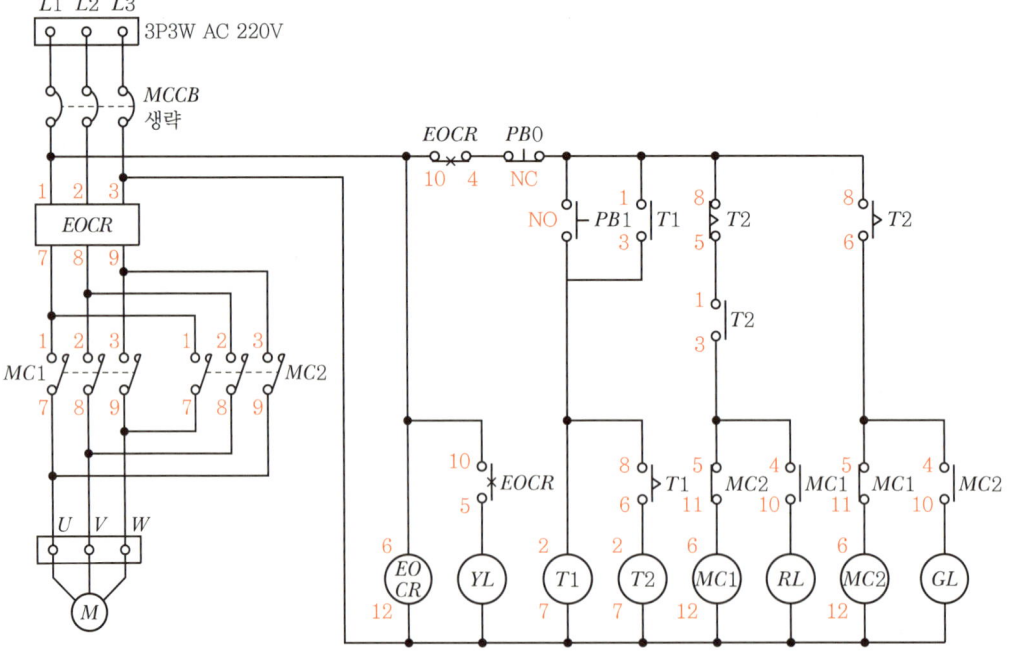

3) 타임차트

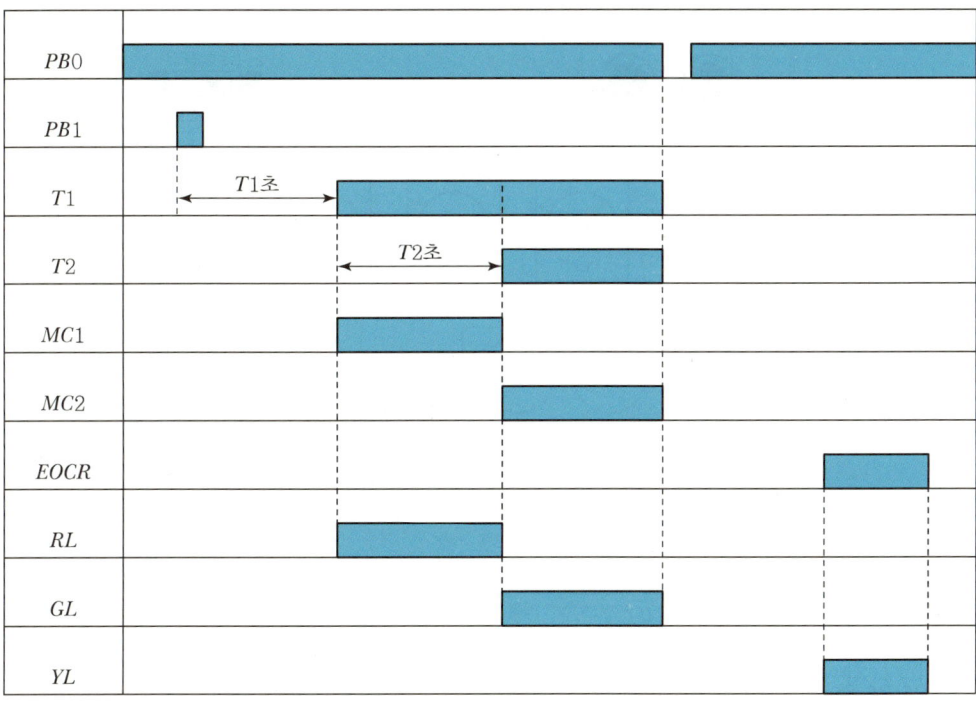

4) 동작 설명

① 전원을 투입하고 푸시버튼 $PB1$을 누르면 $T1$이 여자된다($T1$에 의해 자기유지).
② $T1$ 타이머 설정시간이 경과되면 $T2$ 및 $MC1$이 여자된다.
③ $MC1$에 의해 전동기는 정회전하며, 동시에 RL 램프가 점등된다.
④ $T2$ 타이머 설정시간이 경과되면 $MC1$이 소자되고, RL 램프가 소등된다.
⑤ 동시에 $MC2$가 여자되어 전동기는 역회전하며, GL 램프가 점등된다.
⑥ 운전 중에 푸시버튼 $PB0$을 누르면 전동기는 정지하며 램프는 소등되고 회로는 초기화된다.
⑦ 전동기에 과전류가 흐르면 EOCR에 의해 제어회로 전원이 차단되고, YL 램프가 점등된다.

5) 기구 배치도

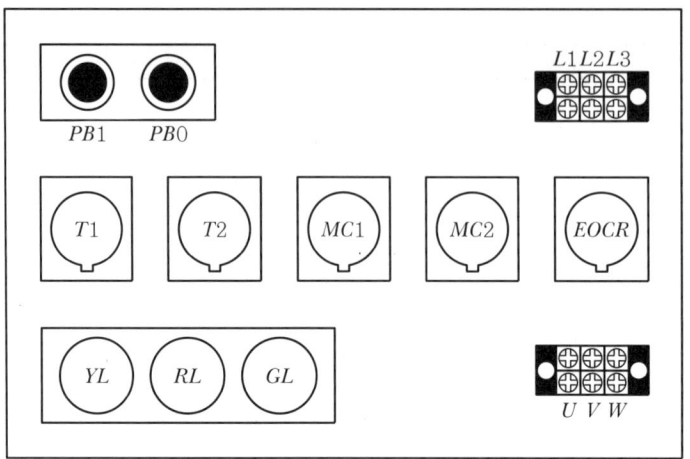

6) 기구 내부 결선도 및 구성도

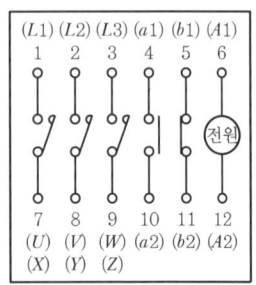

▮ 전자접촉기 내부 결선도 ▮

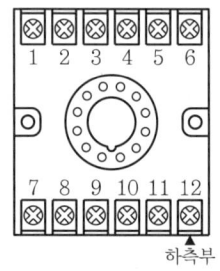

▮ EOCR 내부 결선도 ▮

▮ 12P 소켓(베이스) 구성도 ▮

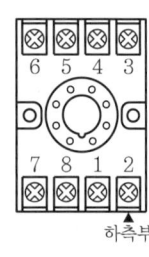

▮ 8P 소켓(베이스) 구성도 ▮

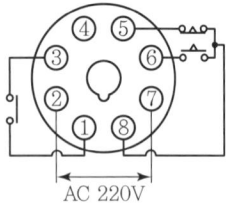

▮ 타이머 내부 결선도 ▮

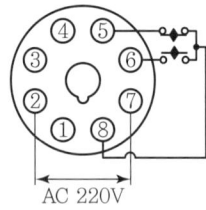

▮ FR 내부 결선도 ▮

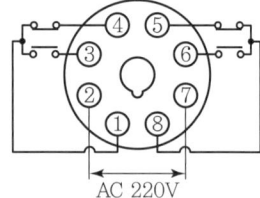

▮ 릴레이 내부 결선도 ▮

6. 공개문제 6

1) 시퀀스 회로도

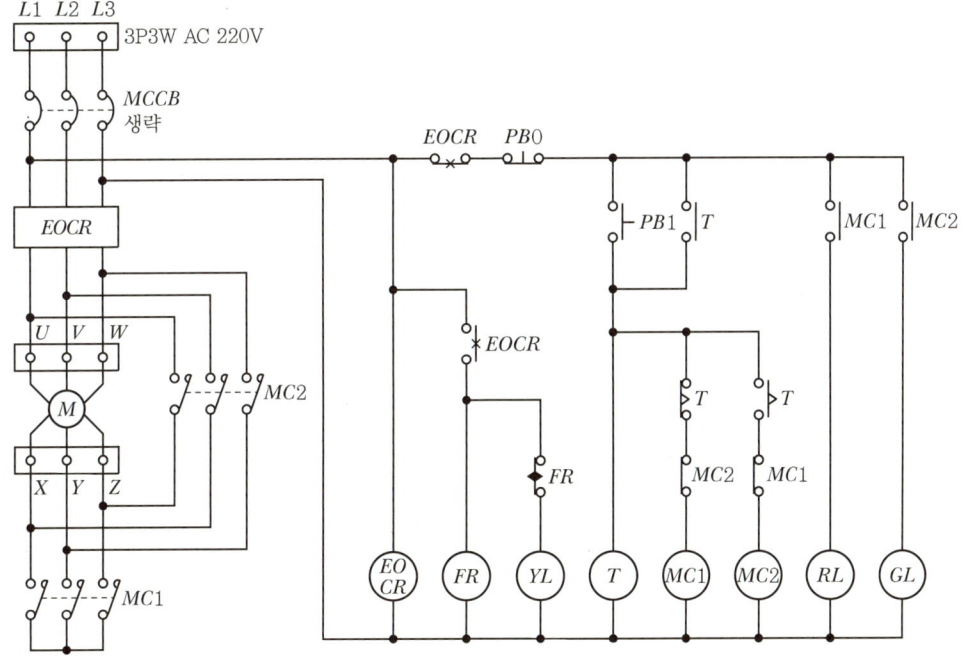

2) 시퀀스 회로도(핀번호 부여)

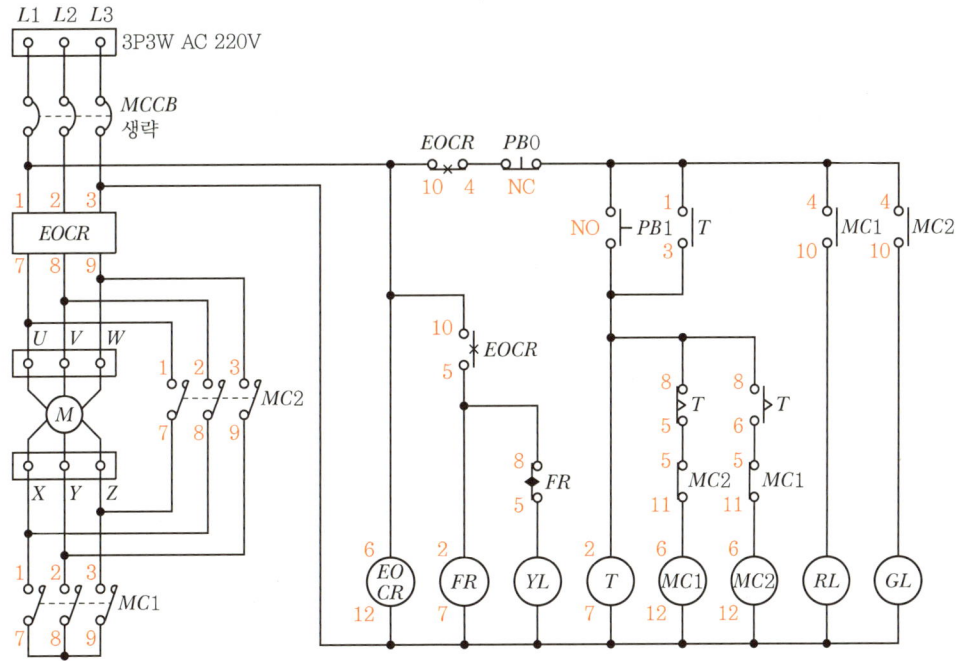

3) 타임차트

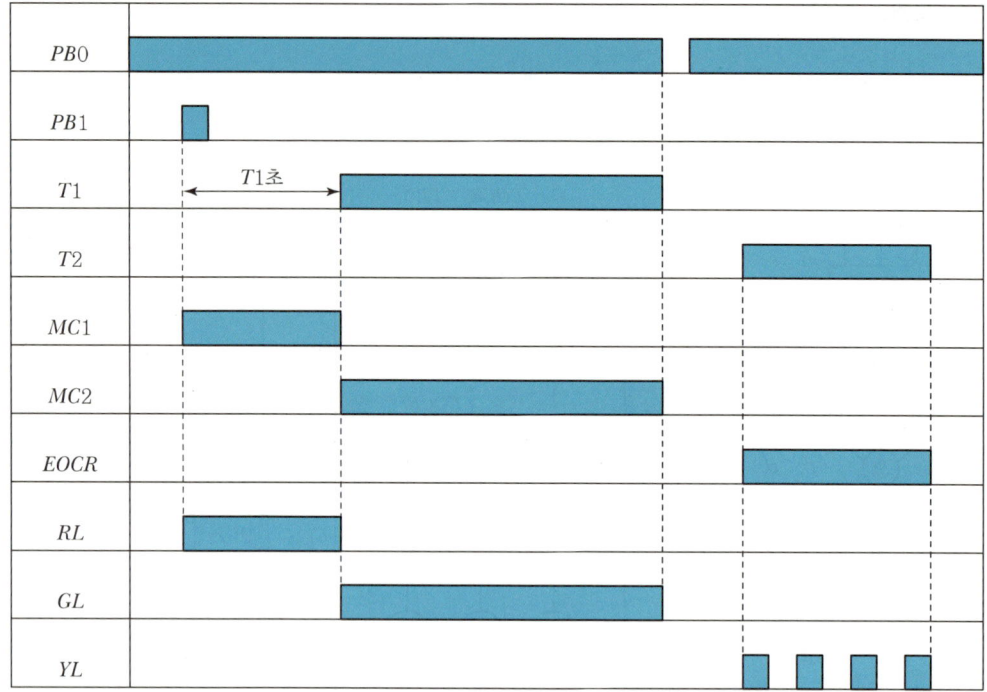

4) 동작 설명

① 전원을 투입하고 푸시버튼 $PB1$을 누르면 $MC1$과 T가 여자된다(T에 의해 자기유지).
② $MC1$에 의해 전동기는 Y결선으로 기동하며, 동시에 RL 램프가 점등된다.
③ T 타이머 설정시간이 경과되면 $MC1$이 소자되고, RL 램프가 소등된다.
④ 동시에 $MC2$가 여자되어 전동기는 Δ결선으로 운전하며, GL 램프가 점등된다.
⑤ 운전 중에 푸시버튼 $PB0$을 누르면 전동기는 정지하며 램프는 소등되고 회로는 초기화된다.
⑥ 전동기에 과전류가 흐르면 EOCR에 의해 제어회로 전원이 차단되고, 플리커 릴레이에 의해 YL 램프가 점멸된다.

5) 기구 배치도

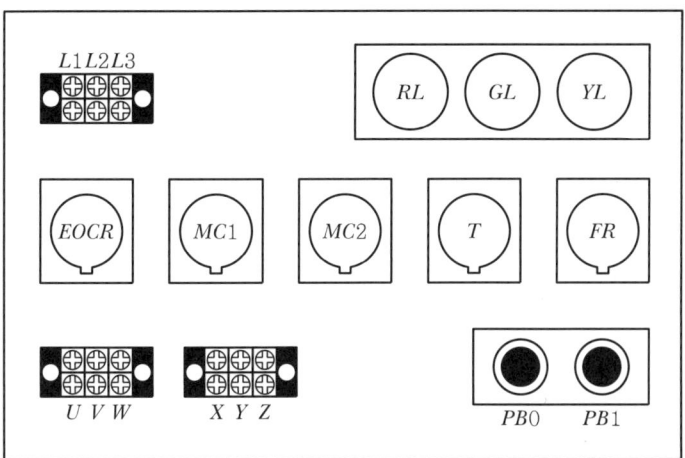

6) 기구 내부 결선도 및 구성도

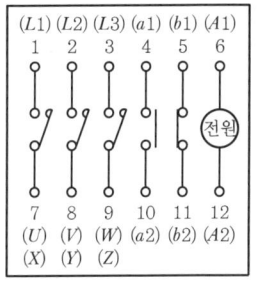

▌전자접촉기 내부 결선도 ▌

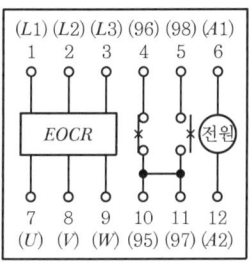

▌EOCR 내부 결선도 ▌

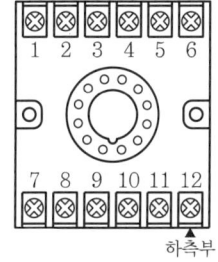

▌12P 소켓(베이스) 구성도 ▌

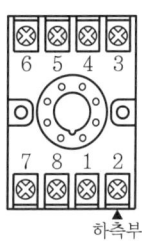

▌8P 소켓(베이스) 구성도 ▌

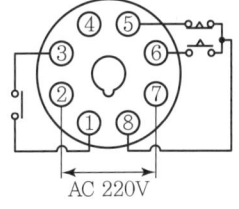

▌타이머 내부 결선도 ▌

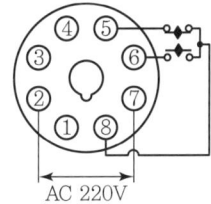

▌FR 내부 결선도 ▌

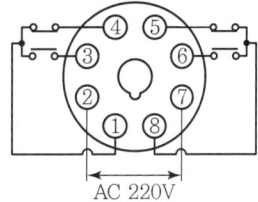

▌릴레이 내부 결선도 ▌

7. 공개문제 7

1) 시퀀스 회로도

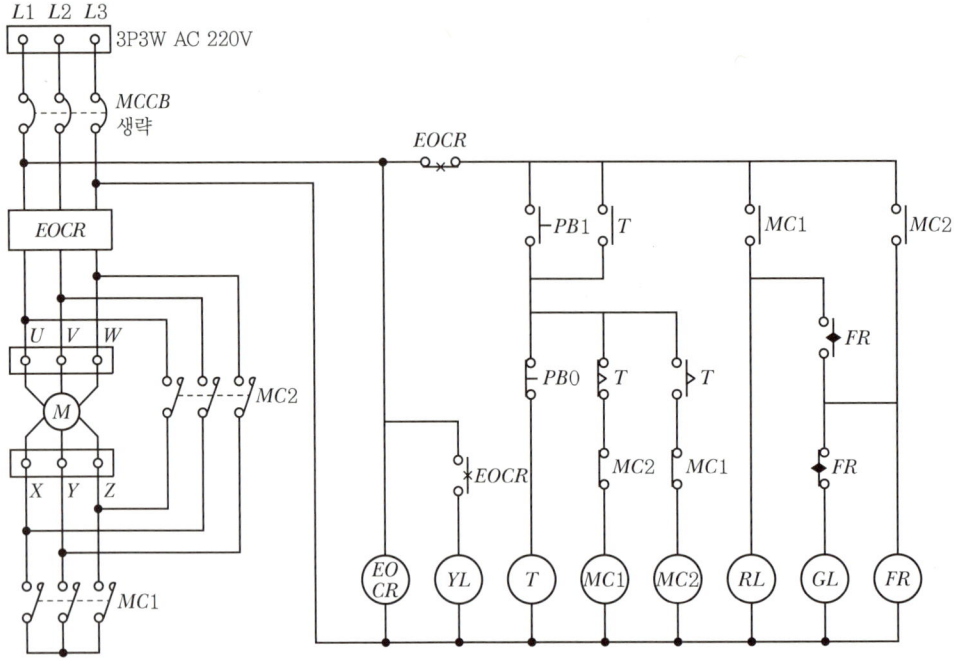

2) 시퀀스 회로도(핀번호 부여)

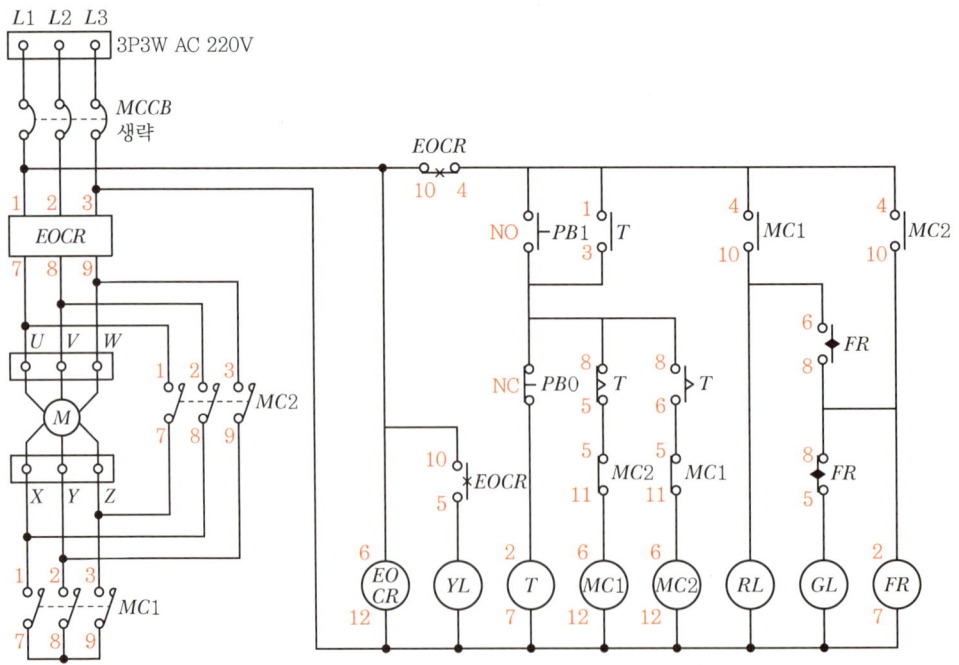

3) 타임차트

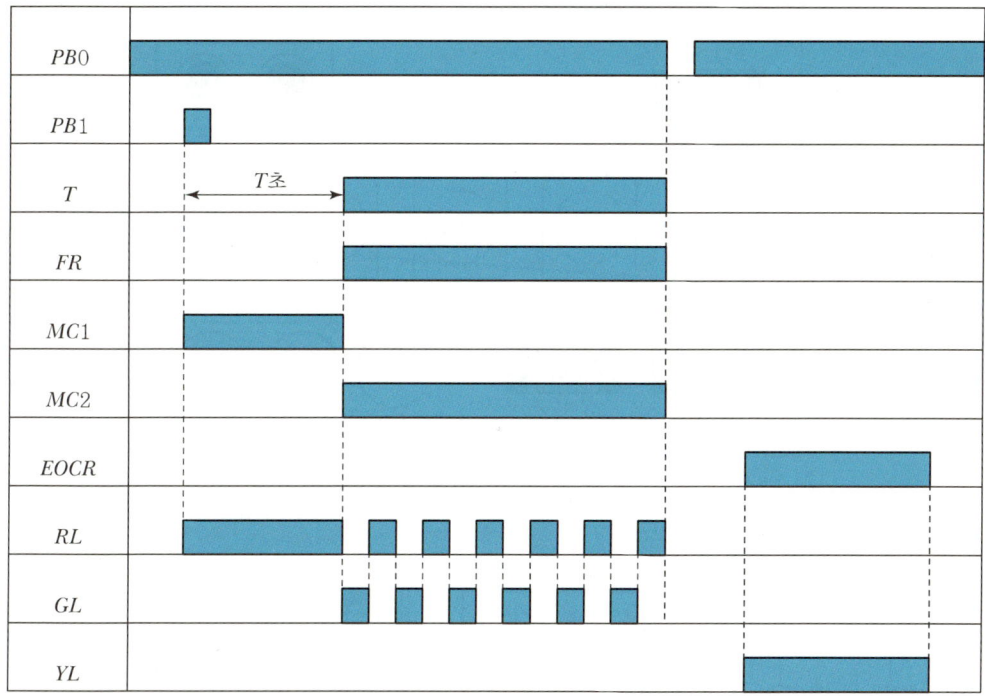

4) 동작 설명

① 전원을 투입하고 푸시버튼 $PB1$을 누르면 $MC1$과 T가 여자된다(T에 의해 자기유지).
② $MC1$에 의해 전동기는 Y결선으로 기동하며, 동시에 RL 램프가 점등된다.
③ T 타이머 설정시간이 경과되면 $MC1$이 소자되고, 동시에 $MC2$가 여자되어 전동기는 Δ결선으로 운전한다.
④ 플리커 릴레이에 의해 RL과 GL 램프가 교차 점멸한다.
⑤ 운전 중에 푸시버튼 $PB0$을 누르면 전동기는 정지하며 램프는 소등되고 회로는 초기화된다.
⑥ 전동기에 과전류가 흐르면 EOCR에 의해 제어회로 전원이 차단되고, YL 램프가 점등된다.

5) 기구 배치도

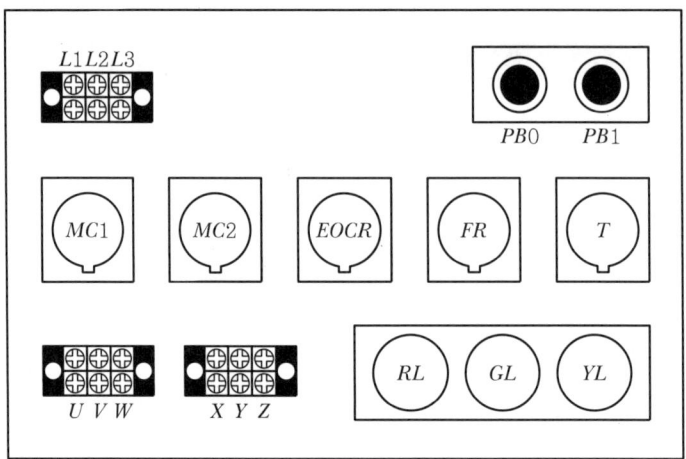

6) 기구 내부 결선도 및 구성도

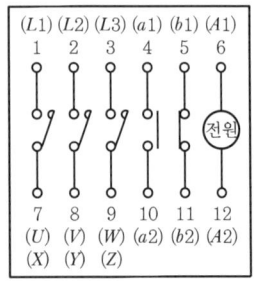
| 전자접촉기 내부 결선도 |

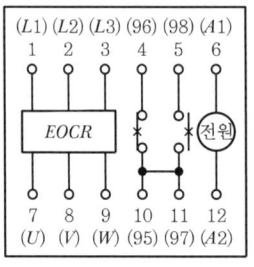
| EOCR 내부 결선도 |

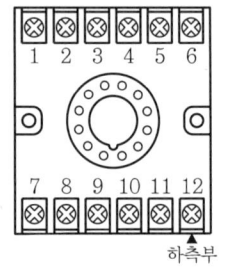
| 12P 소켓(베이스) 구성도 |

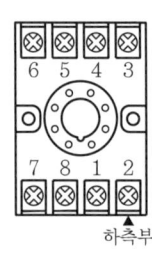
| 8P 소켓(베이스) 구성도 |

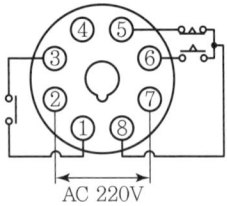
| 타이머 내부 결선도 |

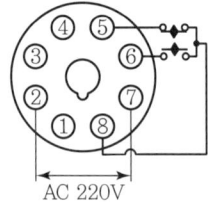
| FR 내부 결선도 |

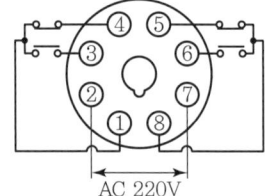
| 릴레이 내부 결선도 |

8. 공개문제 8

1) 시퀀스 회로도

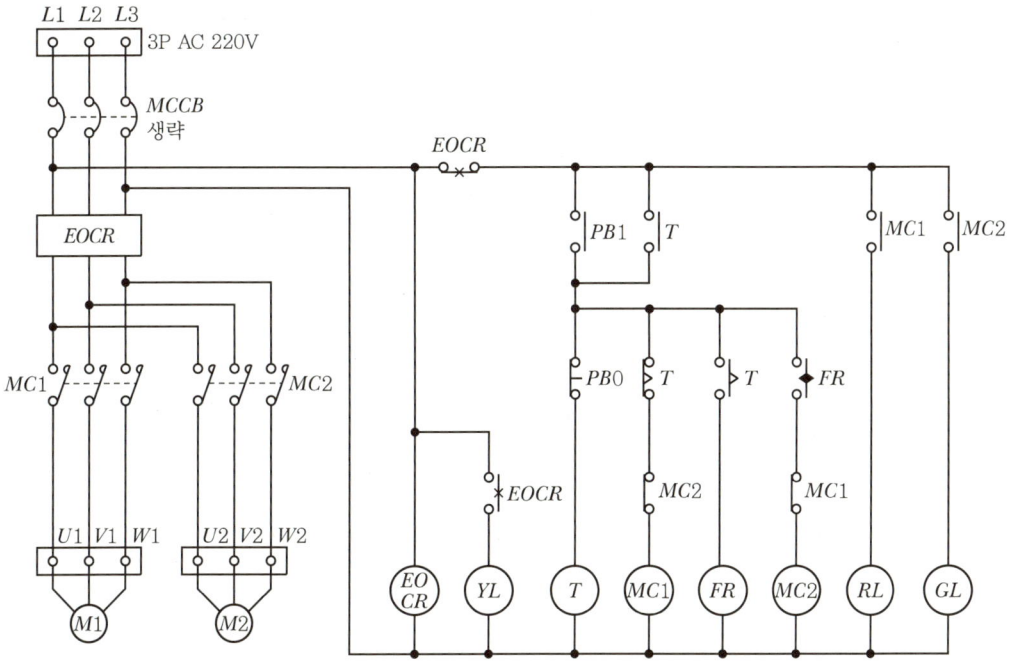

2) 시퀀스 회로도(핀번호 부여)

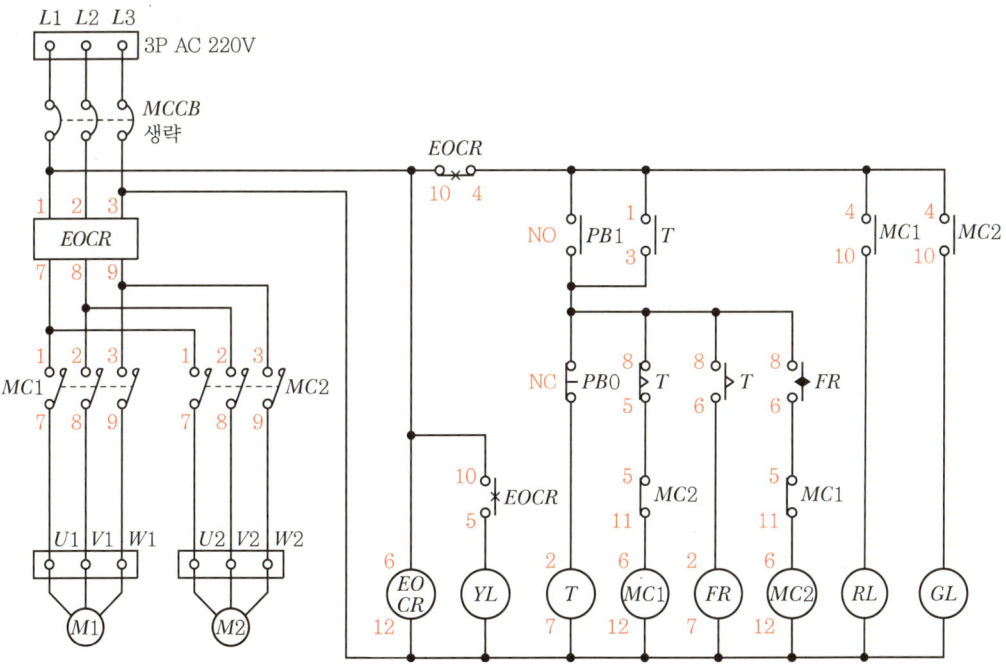

3) 타임차트

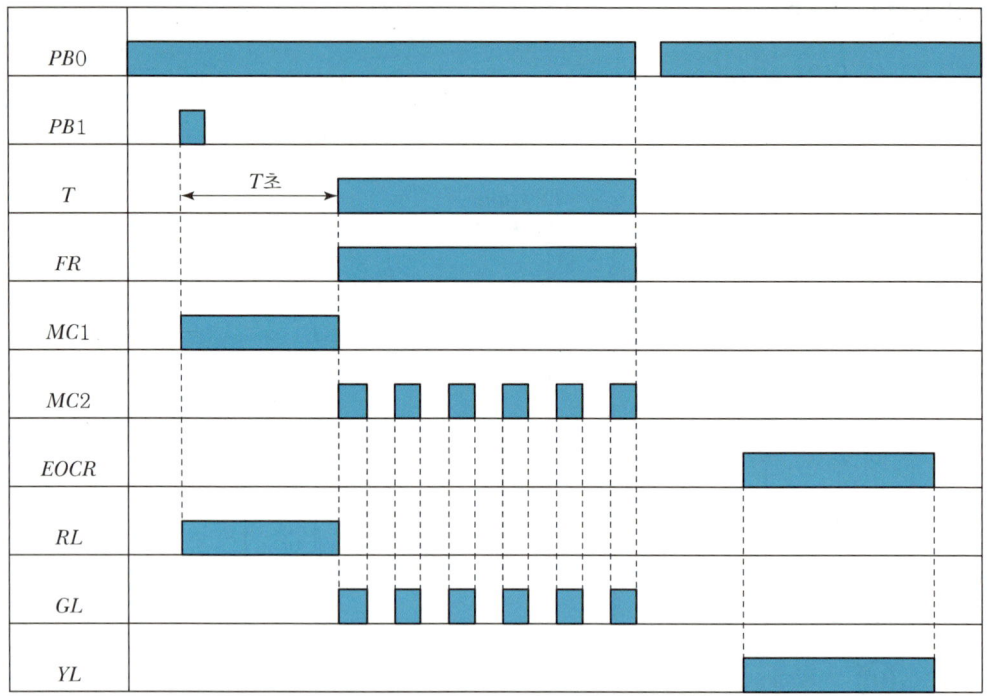

4) 동작 설명

① 전원을 투입하고 푸시버튼 $PB1$을 누르면 $MC1$과 T가 여자된다(T에 의해 자기유지).
② $MC1$에 의해 $M1$ 전동기가 회전하며, 동시에 RL 램프가 점등된다.
③ T 타이머 설정시간이 경과되면 $MC1$이 소자되어 $M1$ 전동기는 정지하고, RL 램프는 소등된다.
④ 동시에 플리커 릴레이가 여자되어 $MC2$에 의해 $M2$ 전동기는 회전 및 정지를 반복한다.
④ 또한 GL 램프도 동시에 점멸한다.
⑤ 운전 중에 푸시버튼 $PB0$을 누르면 전동기는 정지하며 램프는 소등되고 회로는 초기화된다.
⑥ 전동기에 과전류가 흐르면 EOCR에 의해 제어회로 전원이 차단되고, YL 램프가 점등된다.

5) 기구 배치도

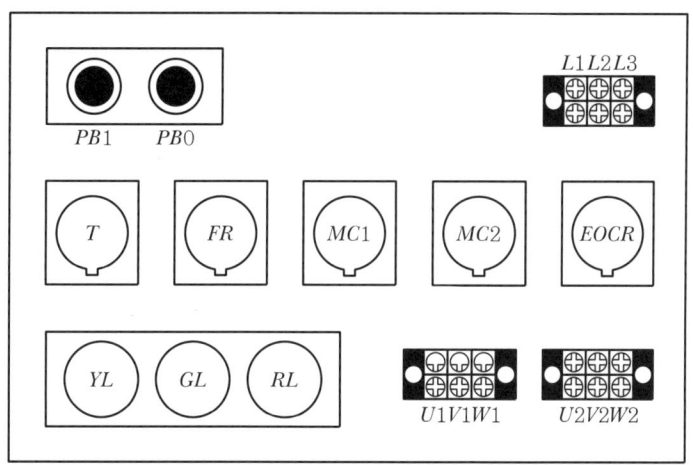

6) 기구 내부 결선도 및 구성도

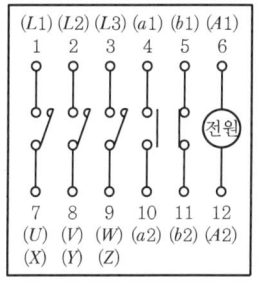
┃ 전자접촉기 내부 결선도 ┃

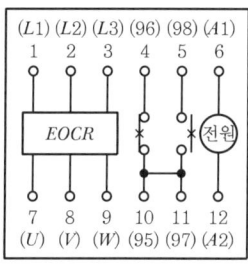
┃ EOCR 내부 결선도 ┃

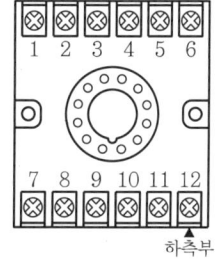
┃ 12P 소켓(베이스) 구성도 ┃

┃ 8P 소켓(베이스) 구성도 ┃

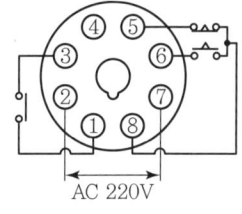
┃ 타이머 내부 결선도 ┃

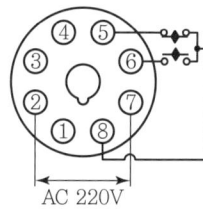
┃ FR 내부 결선도 ┃

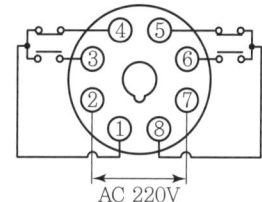
┃ 릴레이 내부 결선도 ┃

9. 공개문제 9

1) 시퀀스 회로도

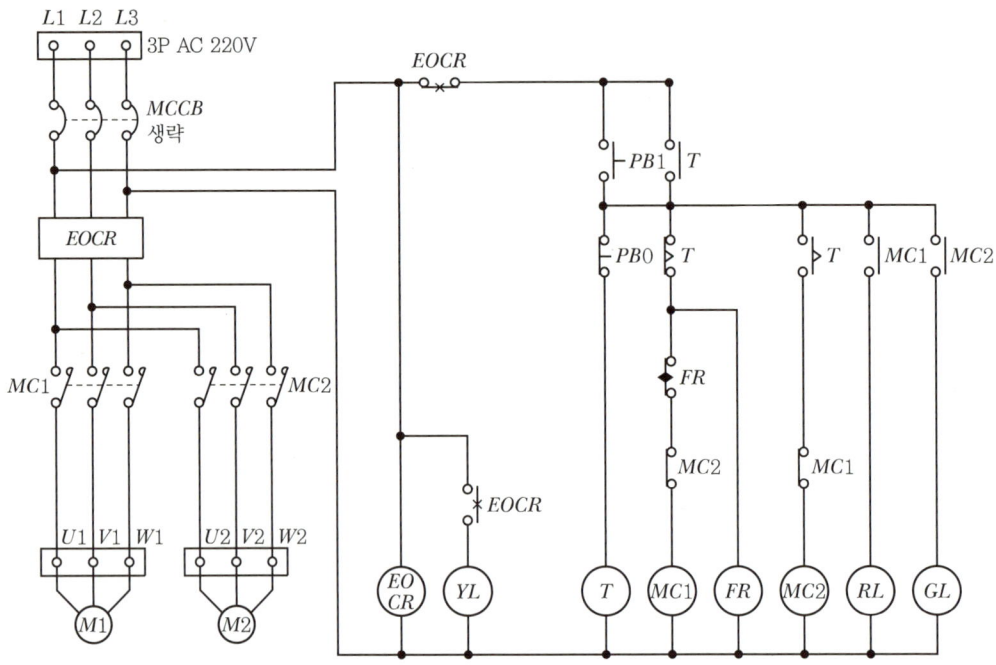

2) 시퀀스 회로도(핀번호 부여)

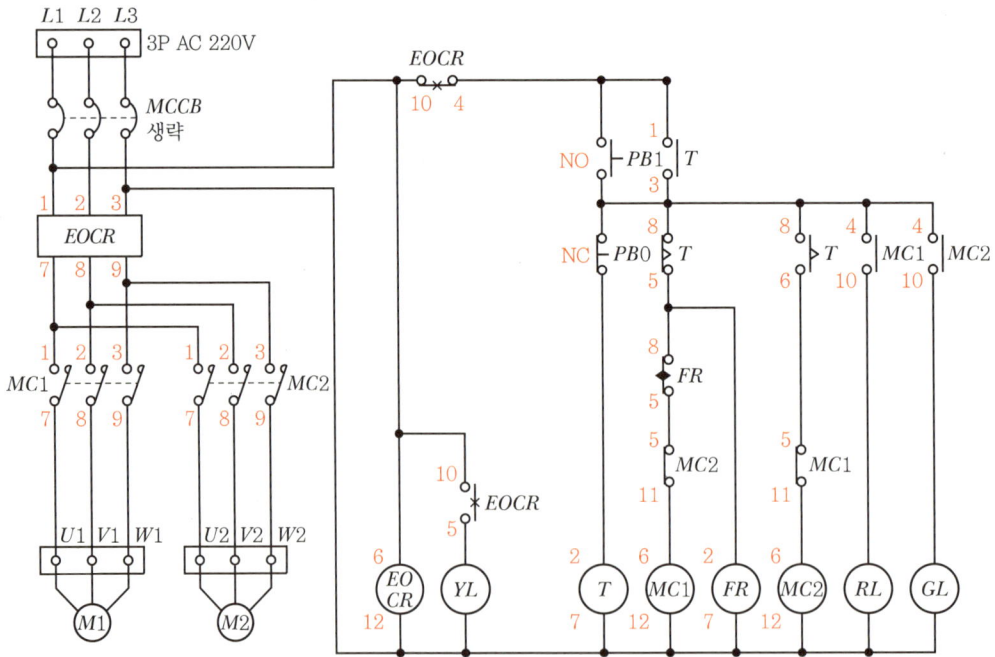

3) 타임차트

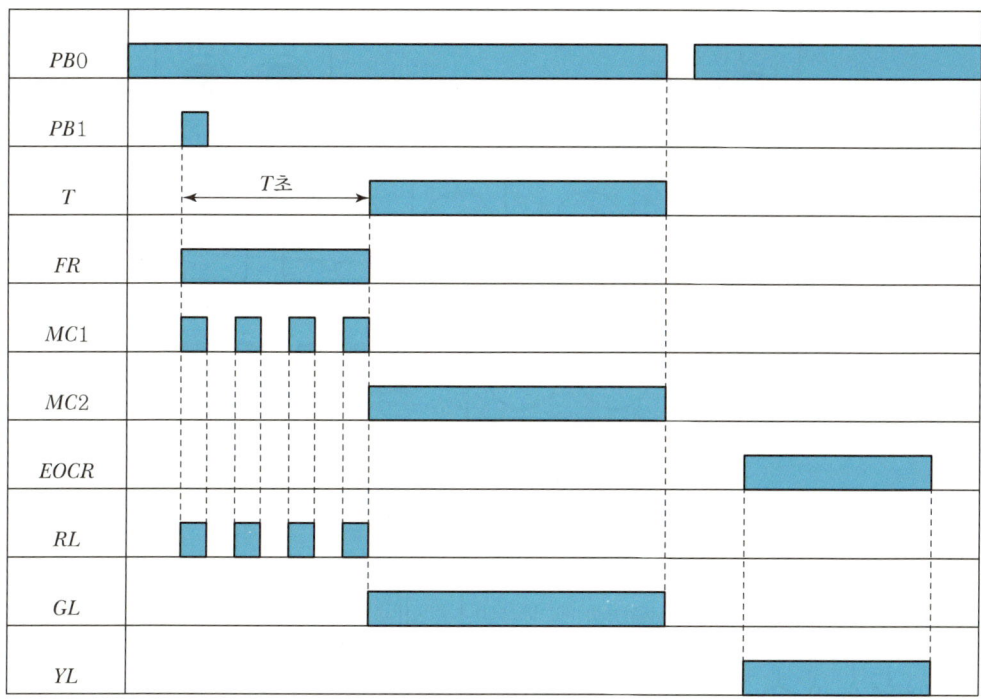

4) 동작 설명

① 전원을 투입하고 푸시버튼 $PB1$을 누르면 $MC1$과 T, FR이 여자된다(T에 의해 자기유지).
② FR에 의해 $M1$ 전동기가 회전 및 정지를 반복한다. 동시에 RL 램프가 점등 및 소등을 반복한다.
③ T 타이머 설정시간이 경과되면 FR이 소자되어 $M1$ 전동기는 정지하고, RL 램프는 소등된다.
④ 동시에 $MC2$가 여자되어 $M2$ 전동기는 회전하고 동시에 GL 램프는 점등된다.
④ 운전 중에 푸시버튼 $PB0$을 누르면 전동기는 정지하며 램프는 소등되고 회로는 초기화된다.
⑤ 전동기에 과전류가 흐르면 EOCR에 의해 제어회로 전원이 차단되고, YL 램프가 점등된다.

5) 기구 배치도

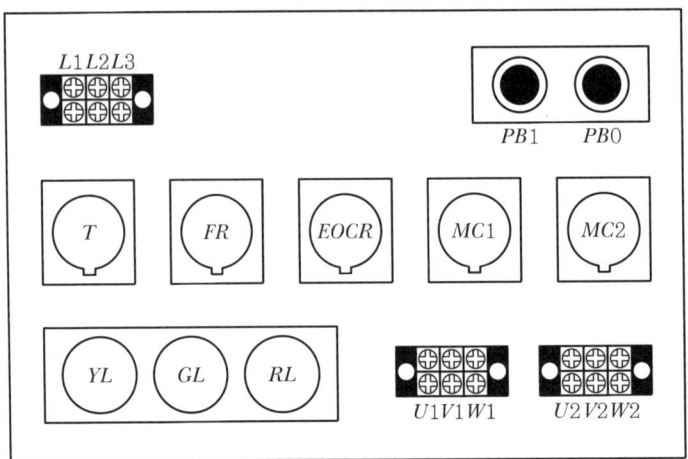

6) 기구 내부 결선도 및 구성도

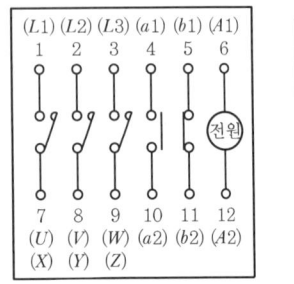
▮ 전자접촉기 내부 결선도 ▮

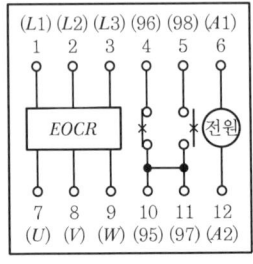
▮ EOCR 내부 결선도 ▮

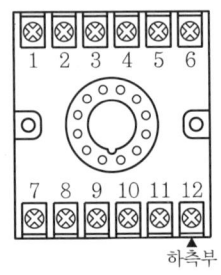
▮ 12P 소켓(베이스) 구성도 ▮

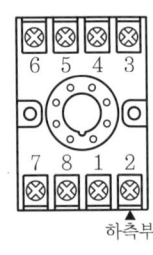
▮ 8P 소켓(베이스) 구성도 ▮

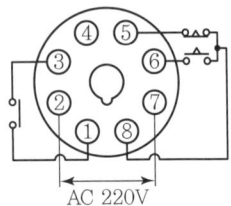
▮ 타이머 내부 결선도 ▮

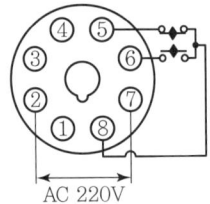
▮ FR 내부 결선도 ▮

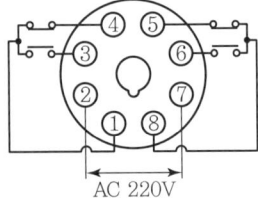
▮ 릴레이 내부 결선도 ▮

10. 공개문제 10

1) 시퀀스 회로도

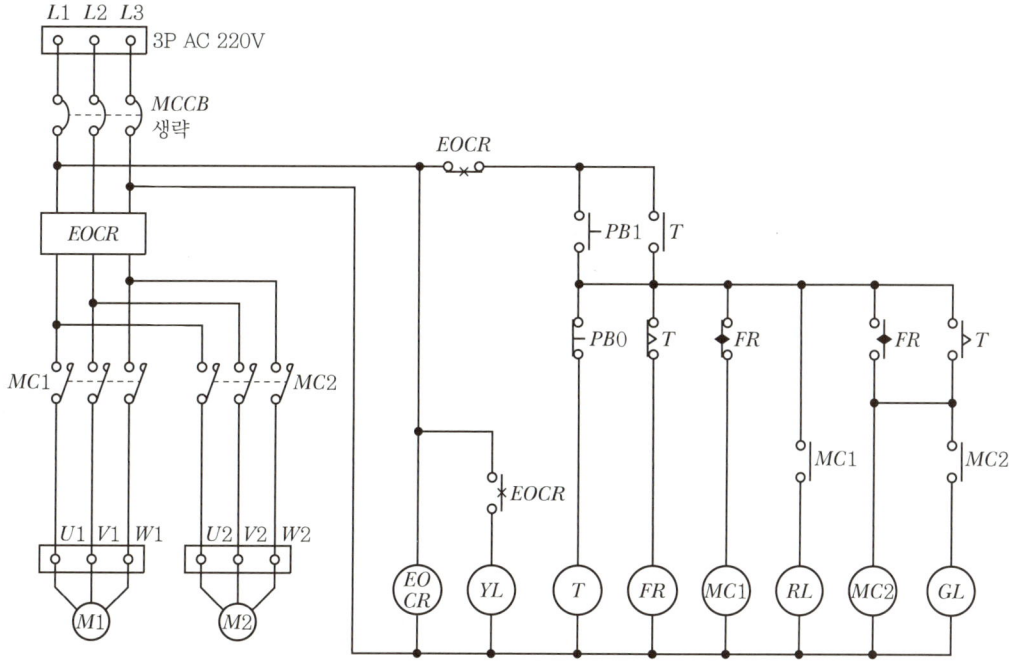

2) 시퀀스 회로도(핀번호 부여)

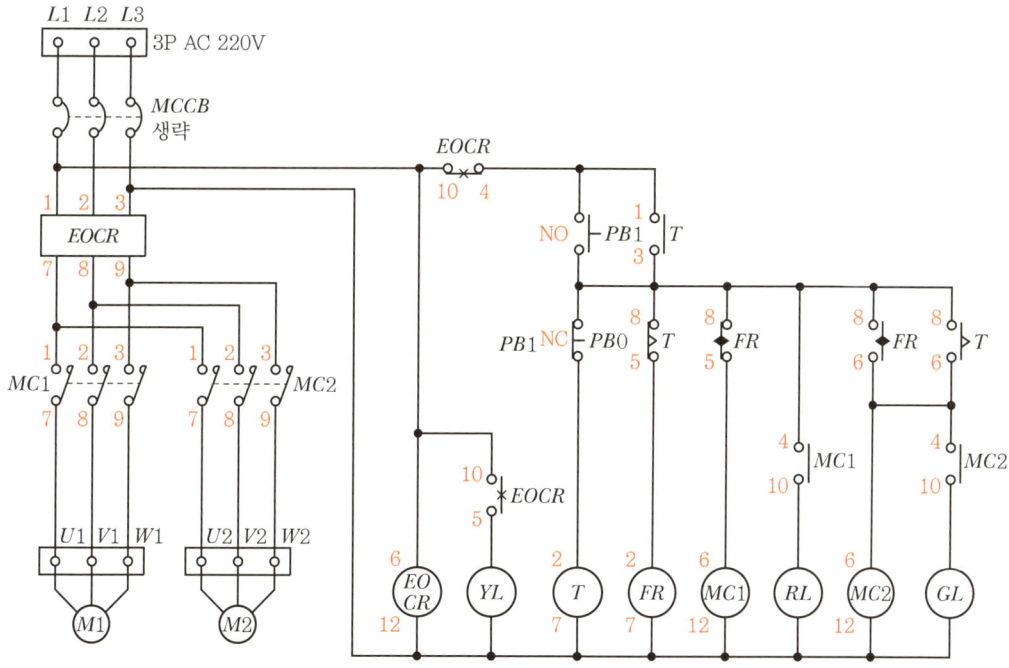

3) 타임차트

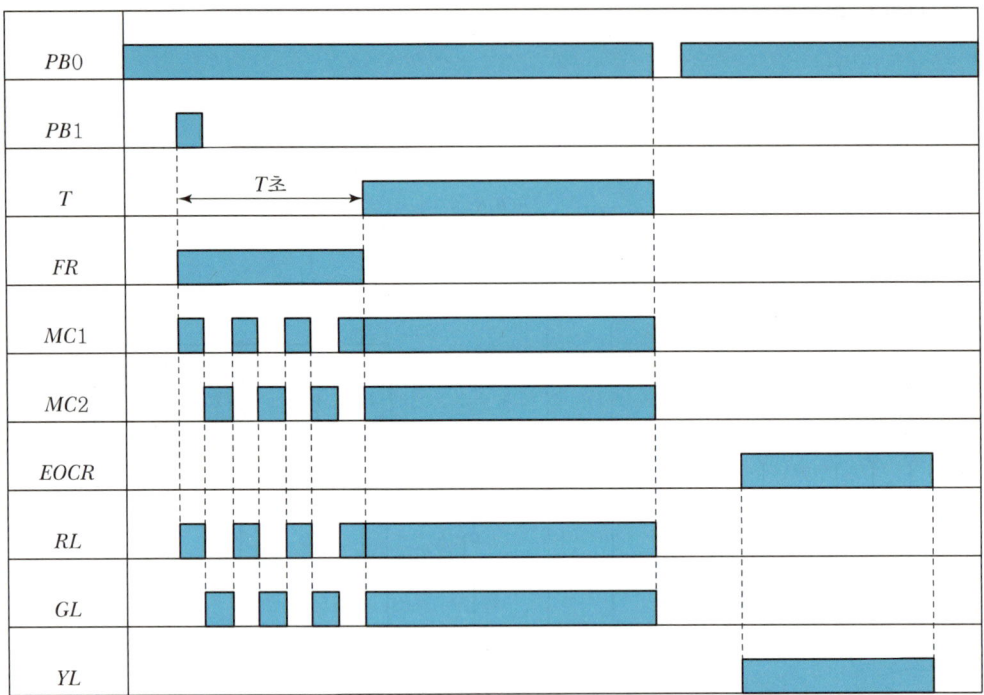

4) 동작 설명

① 전원을 투입하고 푸시버튼 $PB1$을 누르면 $MC1$과 T, FR이 여자된다(T에 의해 자기유지).
② FR에 의해 $MC1$과 $MC2$가 교대로 여자되어 $M1$과 $M2$ 전동기가 교대로 동작한다.
③ 동시에 RL과 GL 램프도 교대로 점멸된다.
④ T 타이머 설정시간이 경과되면 FR이 소자되어 $MC1$과 $MC2$가 모두 여자된다.
⑤ 이때 전동기 $M1$과 $M2$는 동시에 회전하며 RL과 GL 램프도 점등된다.
⑥ 운전 중에 푸시버튼 $PB0$을 누르면 전동기는 정지하며 램프는 소등되고 회로는 초기화된다.
⑦ 전동기에 과전류가 흐르면 EOCR에 의해 제어회로 전원이 차단되고, YL 램프가 점등된다.

5) 기구 배치도

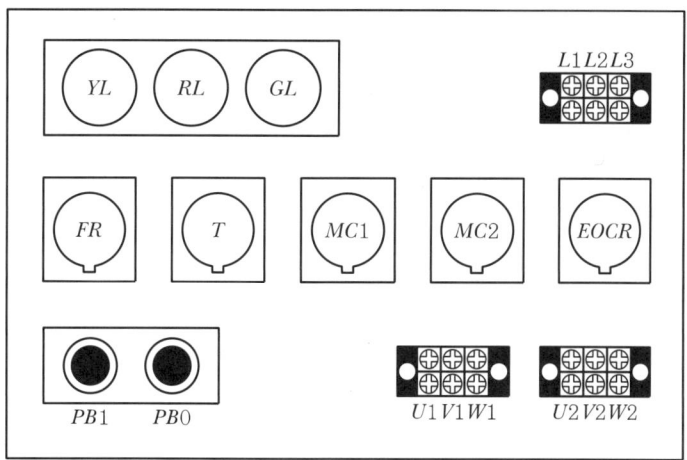

6) 기구 내부 결선도 및 구성도

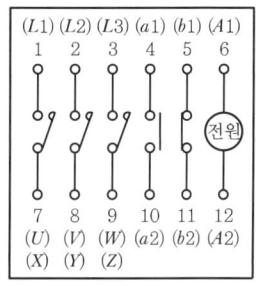

▮ 전자접촉기 내부 결선도 ▮

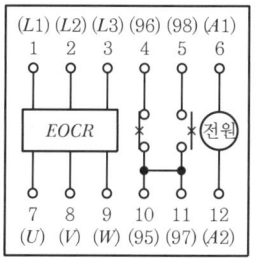

▮ EOCR 내부 결선도 ▮

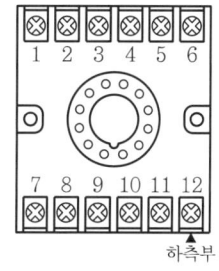

▮ 12P 소켓(베이스) 구성도 ▮

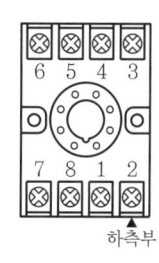

▮ 8P 소켓(베이스) 구성도 ▮

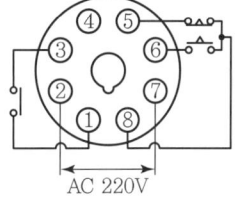

▮ 타이머 내부 결선도 ▮

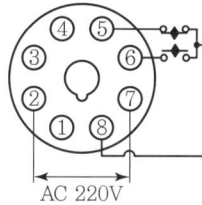

▮ FR 내부 결선도 ▮

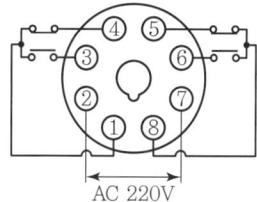

▮ 릴레이 내부 결선도 ▮

저자소개

■ 민찬식

한국폴리텍대학 성남캠퍼스 전기과 교수
한양대학교 공학대학원 전기공학과 석사 졸업
대한전기협회 기술기준위원회 위원
한국전기안전공사 안전위원회 위원
한국전기기술인협회, 한국전기공사협회 교육강사
건축전기설비기술사
전기공사기사
전기기능사

■ 김진만

㈜한길이앤씨 소장
한국폴리텍대학 성남캠퍼스 외래교수
건국대학교 산학대학원 전기공학과 석사 졸업
㈔한국건축전기설비기술사회 정회원
한국전기안전공사 안전위원회 위원
한국전기기술인협회, 한국전기공사협회 교육강사
건축전기설비기술사
전기기사, 전기공사기사
전기기능사, 승강기기능사

■ 임찬규

㈜소공 이사
한양대학교 공학대학원 전기공학과 석사 졸업
대한전기협회 IEC TC 81 전문위원회 위원
한국전기기술인협회 전문위원, 한국전기공사협회 교육강사
건축전기설비기술사
전기기능사, 승강기기능사

승강기기능사 필기+실기

한권 완성

발행일	2023. 9. 20	초판 발행	
	2025. 1. 10	개정 1판1쇄	
	2026. 1. 20	개정 2판1쇄	

저 자 | 민찬식 · 김진만 · 임찬규
발행인 | 정용수
발행처 | 예문사

주 소 | 경기도 파주시 직지길 460(출판도시) 도서출판 예문사
TEL | 031) 955-0550
FAX | 031) 955-0660
등록번호 | 11-76호

- 이 책의 어느 부분도 저작권자나 발행인의 승인 없이 무단 복제하여 이용할 수 없습니다.
- 파본 및 낙장은 구입하신 서점에서 교환하여 드립니다.
- 예문사 홈페이지 http://www.yeamoonsa.com

정가 : 28,000원

ISBN 978-89-274-5998-9 13550

승강기기능사
필기+실기
한권 완성

PART · 01 승강기 설치

01 동력 매체별(카를 움직이는 방법) 분류
- 로프식 : 와이어로프 또는 시브 시스템으로 카를 움직이는 방식(권상식, 권동식)
- 유압식 : 유체의 압력에 의해 카를 이동(직접식, 간접식, 팬터그래프식)
- 기어식(스크루식, 랙 & 피니언식)

02 카의 속도에 의한 분류
- 중저속 : 4m/s 이하
- 고속 : 4m/s 초과
- 비상용 : 1m/s 이상

03 용도에 의한 분류
- 승객용 : 사람의 운송 역할
- 화물용 : 화물 운반 전용(운전자 1인 탑승, 적재용량 300kg 미만은 제외)
- 덤웨이터 : 사람이 탑승하지 않으면서 적재용량 300kg 이하
- 에스컬레이터 : 계단형의 디딤판을 동력으로 오르내리게 한 것(계단형)
- 수평 보행기 : 평면의 디딤판을 동력으로 이동(평면형)

04 제어 방식에 의한 분류
- 로프식 : 교류 엘리베이터(1단 속도제어 방식, 2단 속도제어 방식, 귀환(Feed Back) 전압 제어 방식, 가변전압 가변 주파수(VVVF) 제어 방식), 직류 엘리베이터(워드 레오나드 방식, 정지형 레오나드 방식)
- 유압식 : 유량제어 방식, VVVF(인버터) 제어 방식

05 조작 방식에 의한 분류
- 한 대의 조작 방식 : 반자동식(카 스위치식, 신호 방식), 전자동식(단식 자동식, 하강 승합 전자동식, 승합 전자동식)
- 복수 엘리베이터 : 군 승합자동식(2Car, 3Car), 군 관리 방식

06 승강기 표시 방법

$$P20-CO\ 150-10S$$

- P(로프식 일반 승용), R(로프식 주택용), RT(로프식 주택용 트렁크 부착), B(로프식 침대용), E(로프식 비상용), HP(유압식 일반 승객용), HR(유압식 주택용), F(화물용)
- 20(인승)
- CO(중앙개폐식, 2S(측면 개폐식)]
- 150(속도)
- 10S(정지층 수)

07 웜 기어와 헬리컬 기어의 특징

구분	웜 기어	헬리컬 기어
효율	낮음	높음
소음	작음	큼
역구동	어려움	쉬움
적용 속도	120m/min	100m/min

08 전동기 용량

$$P = \frac{M \cdot V \cdot S}{6{,}120\eta}[kW]$$

여기서, P : 전동기 용량(kW)
M : 정격적재하중(kg)
V : 정격속도(m/min)
S : 오버밸런스율은 균형추의 중량을 결정할 때 사용하는 계수
      [$S = 1 - F$(오버밸런스율(%))]
η : 종합효율

09 제동기 능력

- 승용 엘리베이터 : 125% 부하
- 화물용 : 120% 부하

10 도르래 홈의 마찰력 크기

U홈 < 언더컷홈 < V홈

11 로프의 미끄러짐 발생 원인

구분	원인
로프가 감기는 각도(권부각)	각도가 작을수록 미끄러지기 쉬움
카의 가속과 감속	가속과 감속이 클수록 미끄러지기 쉬움
카와 균형추의 로프에 걸리는 중량비	중량비가 클수록 미끄러지기 쉬움
로프와 도르래 간 마찰계수	마찰계수가 작을수록 미끄러지기 쉬움

12 로프 미끄러짐 현상을 줄이는 방법

- 권부각을 크게 함
- 가감속을 작게 함
- 균형체인, 균형로프를 사용
- 마찰계수를 크게 함

13 와이어 로프

- 꼬임 방법에 의한 분류

종류	꼬임 방향	특징
보통꼬임	소선과 스트랜드 꼬임 방향이 다름	꼬임이 풀리기 어려움
랭꼬임	소선과 스트랜드 꼬임 방향이 같음	꼬임이 풀리기 쉬움

- 소선 강도에 의한 분류 : E종, G종, A종, B종

14 로프 거는 방법(로핑)

1 : 1 로핑, 2 : 1 로핑, 3 : 1, 4 : 1, 6 : 1 로핑

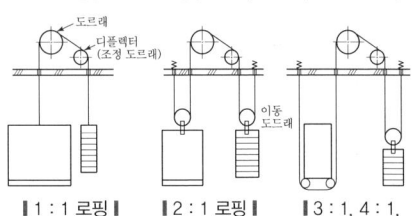

| 1 : 1 로핑 | | 2 : 1 로핑 | | 3 : 1, 4 : 1, 6 : 1 로핑 |

15 T형 주행안내 레일

- 레일 규격 : 레일 1m당 중량
- T형 레일의 공칭규격 : 8, 13, 18, 24, 30K 등
- 레일 표준 길이 : 5m

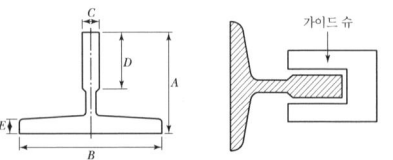

| 주행안내 레일의 단면도 | | 가이드 슈와 주행안내 레일 |

- 주행안내 레일의 치수

[단위 : mm]

구분	8K	13K	18K	24K	30K
A	56	62	89	89	108
B	78	89	114	127	140
C	10	16	16	16	19
D	26	32	38	50	51
E	6	7	8	12	13

16 추락방지안전장치

- 즉시 작동형(순간식) 추락방지안전장치
- 점진식(순차식) 추락방지안전장치 : 플렉시블 가이드 클램프형(FGC), 플렉시블 웨지 클램프형(FWC)

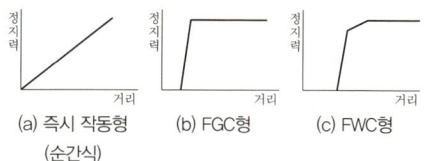

(a) 즉시 작동형 (순간식)　(b) FGC형　(c) FWC형

17 과속조절기 동작

카 추락방지안전장치의 작동을 위한 과속조절기는 정격속도의 115% 이상의 속도 그리고 다음과 같은 속도 미만에서 작동되어야 함

- 고정된 롤러 형식을 제외한 즉시 작동형 추락방지안전장치 : 0.8m/s
- 고정된 롤러 형식의 추락방지안전장치 : 1m/s
- 완충효과가 있는 즉시 작동형 추락방지안전장치 및 정격속도가 1m/s 이하인 엘리베이터에 사용되는 점차작동형 추락방지안전장치 : 1.5m/s
- 과속조절기 로프의 직경은 6mm 이상

18 과속조절기 종류

- 디스크형
- 플라이 볼형
- 롤 세이프티형(마찰정지형)
- 양 방향 과속조절기

롤 세이프티형	디스크형	플라이 볼형
저속용	고속 이하용	초고속용
화물용	승객용, 화물용	승객용, 화물용
진자 원심력 롤러관성 이용	진자 원심력 이용	볼 원심력 이용
도르래 마찰 작동	추, 슈 가압 작동	추 가압 작동

19 완충기 종류

- 스프링 완충기 : 엘리베이터 정격속도 60m/min 이하에 사용
- 유압 완충기 : 엘리베이터의 정격속도 60m/min 초과 사용

20 균형추 중량

균형추 중량 = 카 자체하중 + $(L \cdot F)$

여기서, L : 정격하중(kg)
F : 오버밸런스율(%)

21 견인비

- 카 측 로프가 매달고 있는 중량과, 균형추 로프가 매달고 있는 중량의 비
- 견인비가 낮으면 마찰력이 작아도 됨(로프의 수명 연장)
- 견인비 증가 대책 : 균형(보상)체인, 로프

22 카의 구조

- 카 : 엘리베이터에서 직접 승객이나 화물을 탑승시키는 부분
- 카 프레임 : 카 바닥에서 와이어로프까지 하중을 전달하는 구조체
- 구성 : 카 케이지, 카 틀(Frame), 카 도어, 카 벽, 천장, 카 바닥 등

23 도어 시스템

- 도어시스템 = 카 도어 + 승강장 도어
- 동작 : 카 도어와 승강장 도어는 기계적으로 연동되어 동시 개폐
- 중앙 개폐(CO, Center Open) : 가운데서 양쪽으로 개폐(2P - CO, 4P - CO)
- 가로 개폐(S, Side Open) : 한쪽 끝에서 반대쪽으로 개폐(1S, 2S, 3S)
- 상승 개폐 : 위쪽 방향으로 개폐되는 방식(자동차, 대형화물용)
- 상하 개폐 : 위, 아래로 개폐되는 방식

24 도어 머신

- 도어용 전동기의 회전을 감속하고 암이나 로프 등을 구동시켜 도어를 개폐시키는 장치
- 요구조건 : 소형 경량, 소음이 작을 것, 보수 용이, 가격 저렴

25 도어 인터로크

- 도어 로크 : 카가 정지하지 않는 층의 도어는 전용 열쇠를 사용하지 않으면 열리지 않도록 하는 장치
- 도어 스위치 : 승강장 문이 닫혀 있지 않으면 운전이 불가능하도록 하는 장치
- 도어이탈방지장치 : 외부의 충격으로 인해 승강장 도어가 이탈하여 승객이 승강로로 추락하는 것을 방지하는 장치
- 손끼임방지장치 : 도어가 동작할 때 도어 틈 사이로 손이 끼는 것을 방지하는 장치

26 도어 클로저

승강장의 문이 열린 상태에서 모든 제약이 해제되면 자동적으로 닫히게 하여 문의 개방 상태에서 생기는 2차 재해를 방지하는 안전장치

27 도어 안전장치(문닫힘 안전장치)

- 도어가 닫히는 순간에 승객이 출입하는 경우 충돌사고의 원인이 되므로 도어 끝단에 검출장치를 부착하여 도어를 반전시키는 장치
- 접촉식 : 세이프티 슈
- 비접촉식 : 세이프티 레이(광전식), 초음파장치

28 승강로 구조

- 승강로의 주벽이나 개구부는 방화구조로 할 것
- 승강로 내에는 급배수관·가스관 및 전선관 등을 설치하지 않을 것
- 승강로 내에는 각 층을 나타내는 표기가 있을 것
- 화재 시 승강로를 통해 다른 층이 연소되지 않을 것

29 승강기 기계실 구비조건

- 건축물의 다른 부분과 내화구조 또는 방화구조로 구획
- 작업구역에서의 유효 높이 : 2.1m 이상
- 바닥면에서 200lx 이상을 비출 수 있는 영구 조명이 있을 것
- 기계실 온도 : 실온 5~40℃ 사이 유지
- 출입문 : 폭 0.7m 이상, 높이 1.8m 이상의 금속제이고 외부로 열릴 것
- 출입문은 열쇠로 조작되는 잠금장치가 있을 것
- 1개 이상의 콘센트가 있을 것

30 승강기의 직류제어

- 워드 레오나드(Ward-Leonard) 방식 : 발전기의 계자 전류를 조절하여 발전기 전압을 연속적으로 변화시켜 모터 속도를 광범위하게 제어
- 정지 레오나드(Static Leonard) 방식 : 사이리스터(Thyristor)를 사용하여 교류를 직류로 변환시킴과 동시에 점호각을 제어함으로써 전압을 변환하는 방식

31 승강기의 교류제어

- 교류 1단 속도제어 : 3상 교류 단속도 모터에 전원을 공급하여 기동과 정속 운전 실시
- 교류 2단 속도제어 : 기동과 주행은 고속 권선으로 하고 감속과 착상은 저속 권선으로 하는 방식

- 교류 귀환 속도제어 : 카의 실속도와 지령속도를 비교하여 사이리스터(Thyristor)의 점호각을 제어하여 유도 전동기의 속도를 제어하는 방식
- VVVF(가변 전압, 가변 주파수) 제어 : 모터에 인가되는 전압과 주파수를 동시에 변환시켜 속도를 제어(승차감 및 성능이 향상됨, 현재 대부분 승강기에 적용)

32 승강기 안전장치

- 슬로다운 스위치 : 카가 어떤 원인으로 감속하지 못하고 최상·최하층을 지나칠 경우 이를 검출하여 강제적으로 감속 정지시키는 장치
- 리밋 스위치 : 엘리베이터 운행 시 최상·최하층을 지나쳐 충돌을 방지하기 위한 장치
- 파이널 리밋 스위치 : 리밋 스위치 고장 시 카가 승강로 천장이나 피트 바닥에 충돌하는 것을 방지하기 위한 스위치
- 피트 정지 스위치 : 보수점검 및 검사를 위하여 피트 내부로 들어가기 전 스위치를 정지 위치로 함으로써 작업 중 카가 움직이는 것을 방지
- 로프 이완 감지장치 : 주 로프의 장력을 검출하여 이완된 경우 동력을 차단하는 장치
- 파킹 스위치 : 기준층의 승강장에 키 스위치를 설치하여 승강장에 카를 휴지 또는 재가동시킬 수 있는 스위치

33 유압식 엘리베이터의 장단점

장점	단점
• 기계실의 배치가 자유로워 승강로 상부에 기계실을 설치할 필요가 없다. • 건물 꼭대기 부분에 하중이 걸리지 않는다. • 승강로의 꼭대기 틈새가 작아도 된다.	• 실린더를 사용하기 때문에 행정거리와 속도에 한계가 있다. • 균형추를 사용하지 않으므로 전동기의 소요동력이 커진다.

34 유압식 엘리베이터의 종류

- 직접식 : 플런저의 직상부에 카를 설치한 것
- 간접식 : 플런저의 선단에 도르래를 놓고 로프 또는 체인을 통해 카를 올리고 내리는 간접방식

[직접식·간접식 유압 승강기의 비교]

구분	직접식	간접식
추락방지안전장치	불필요	필요
보호관	필요	불필요
실린더 점검	어려움	쉬움
승강로 면적	작음	큼
부하에 의한 카 바닥 빠짐	적음	많음

- 팬터그래프식 : 카는 팬터그래프의 상부에 설치하고, 피스톤에 의해 팬터그래프를 개폐하여 승강시키는 방식으로(공장, 창고 작업용)

35 유압 펌프의 종류

- 기어 펌프, 베인 펌프, 스크루 펌프 등
- 유압압력 맥동이 작고 진동과 소음이 작은 스크루 펌프를 많이 사용

36 밸브의 종류

- 스톱 밸브(게이트 밸브) : 파워 유닛과 실린더 사이의 압력 배관에 설치하여 실린더의 기름이 파워 유닛으로 역류하는 것을 방지
- 체크 밸브 : 유체가 한쪽 방향으로만 흐르도록 하는 밸브로 정전 또는 기타 원인으로 펌프의 토출 압력이 낮아져 실린더의 기름이 역류하여 카가 자유낙하하는 것을 방지
- 릴리프 밸브 : 압력을 제한하기 위한 밸브로 상용압력의 125% 이상 상승하면 바이패스회로를 열어 기름을 탱크로 돌려보내 추가 압력 상승을 방지

- 상승용 유량제어 밸브 : 탱크로 되돌려지는 유량을 제어하여 플런저의 상승 속도를 간접 제어
- 하강용 유량제어 밸브 : 하강 시 탱크로 되돌아오는 유량을 제어하는 밸브로 수동 밸브가 부착되어 있어 정전 또는 기타 원인으로 카가 층 중간에 정지된 경우에 밸브를 열어 카를 안전하게 하강

37 유량제어 밸브에 의한 속도제어

미터인 회로	블리드오프 회로
• 유량제어 밸브를 주 회로에 삽입하여 유량을 직접 제어 • 정확한 속도제어가 가능 • 효율이 낮음	• 유량제어 밸브를 주 회로에서 분기된 바이패스(Bypass) 회로에 삽입 • 부하에 필요한 압력 이상의 압력을 발생시킬 필요가 없어 효율이 높음 • 정확한 속도제어가 곤란

38 에스컬레이터 구성

- 구동기 : 전동기, 감속기, 브레이크, 커플링 등을 포함한 장치로 스텝을 구동시키는 주 구동장치와 손잡이 구동장치로 구성(서로 연동)
- 스텝 : 사람이나 물건을 싣고 이동하는 구성품으로 이동하는 계단의 유닛
- 스텝체인 : 스텝을 주행시키는 역할을 하며 에스컬레이터의 좌우에 설치
- 난간과 손잡이 : 스텝 좌우에 승객이 떨어지지 않게 설치된 측면벽을 난간이라 하고 난간 윗면에 손잡이를 설치
- 제어반 : 에스컬레이터 운전을 위한 장치로 릴레이, 전자접촉기 등으로 구성

39 에스컬레이터 특징

- 대기시간이 없고 엘리베이터에 비해 약 10배의 연속수송 가능
- 점유면적이 작고 기계실이 필요 없음
- 부하전류의 변화가 작아 전원 설비 부담이 비교적 작음

40 에스컬레이터의 분류

- 난간 폭 1,200형 : 수송능력 9,000명/h
- 난간 폭 800형 : 수송능력 6,000명/h
- 경사도와 속도에 따른 분류

경사도	공칭속도
30° 이하	0.75m/s 이하
30° 초과 35° 이하	0.5m/s 이하

41 에스컬레이터의 경사도

경사도는 30°를 초과하지 않을 것(단, 층고가 6m 이하이고 공칭속도가 0.5m/s 이하인 경우에는 35°까지 증가 가능)

42 수평보행기(무빙워크)

- 공항과 같이 이동거리가 긴 통로에 설치하여 승객의 보행을 돕는 목적으로 사용
- 종류 : 팔레트식, 고무 벨트식
- 무빙워크 경사각 : 12° 이하
- 무빙워크 공칭속도 : 0.75m/s 이하

43 에스컬레이터 안전장치

- 구동체인 안전장치 : 구동체인이 늘어나거나 절단되었을 때 즉시 정지시켜 사고를 방지
- 스텝체인 안전장치 : 스텝체인이 절단되거나 심하게 늘어날 경우 구동기 모터의 전원을 차단하여 에스컬레이터를 정지시키는 장치

- 스텝 이상 검출장치 : 인접 스텝과의 사이에 신발이나 이물질이 끼어 스텝이 들뜨거나 스텝 롤러의 파손 등으로 인해 내려앉은 경우 이상 상태를 검출
- 손잡이 인입구 안전 스위치(인렛 스위치) : 손잡이의 입구에 설치하며, 이물질이 끼거나 손가락이 빨려들어가는 사고를 방지하는 장치
- 스커트 가드 안전 스위치 : 스커트 가드판과 스텝 사이에 신체의 일부나 옷, 신발 등이 끼어 말려들어가는 것을 방지하는 장치
- 비상정지스위치 : 상·하의 승강구에 비상정지스위치를 설치
- 과속조절기 : 상승 중 하강을 하거나 하강운전의 속도가 상승하는 것을 방지

44 덤웨이터

- 사람이 탑승하지 않으면서 적재용량 300kg 이하
- 정격속도 : 1m/s 이하
- 승강로의 모든 출입구 문이 닫혀 있지 않으면 카를 승강시킬 수 없는 안전장치가 있을 것

45 기계실 없는 엘리베이터(MRL)

- 기계실의 제어반, 견인 기계, 과속조절기 등을 엘리베이터 샤프트 상단 또는 샤프트 측면으로 이동
- 공간 절약 및 비용 절감이 가능
- 구동부와 제어반을 콤팩트하게 제작하여 출입구 측면이나 승강로 벽면에 설치 가능
- 건축물 내부에 기계실이 위치하므로 소음과 진동 발생
- 고효율 전동기 사용으로 에너지 절약 가능
- 건축물 내부 공간을 효율적으로 이용 가능

46 입체 주차설비

- 2단식 주차설비 : 주차실을 2단으로 하여 면적을 2배로 이용하는 것을 목적으로 한 방식
- 다단식 주차설비 : 주차장을 3단 이상으로 한 방식으로 출입구가 있는 층의 모든 주차구획을 주차장치 출입구로 사용할 수 있는 구조
- 수직 순환식 주차설비 : 주차 구획에 자동차가 들어간 후 주차구획을 수직으로 순환 이동하여 자동차를 주차하는 구조(하부 승입식, 중간 승입식, 상부 승입식)
- 수평 순환식 주차설비 : 다수의 운반기를 2열 또는 그 이상으로 배열하여 수평으로 순환시키는 방식
- 다층 순환식 주차설비 : 다수의 운반기를 2층 또는 그 이상으로 배열하여 임의의 두 층 간에 양단에서 운반기를 승강 이동하여 순환시키는 방식
- 승강기식 주차설비 : 여러 층으로 배치되어 있는 고정된 주차 구획에 상하로 이동할 수 있는 승강기로 자동차를 운반 이동하여 주차하도록 한 주차장치
- 승강기 슬라이드식 주차설비 : 대지가 넓은 곳에 설치하여 운반기가 해당 층에 도착 후 종횡 방향으로 이동하여 주차하도록 설계된 장치
- 평면 왕복식 주차설비 : 각 층에 평면으로 배치되어 있는 고정된 주차구획에 운반기에 의하여 자동차를 운반 이동하여 주차하도록 설계한 주차장치

47 엘리베이터 설치순서

형판작업 → 기계실 설치 → 체대 설치 → 로프 걸기 → 주행안내 레일 설치 → 출입구 설치 → 카 조립 → 배선 및 결선 → 시운전 → 자체 및 설치검사

48 엘리베이터 설치도면

- 승강로 평면도 : 주행안내 레일, 출입구 부품, 피트 내부 부품 등 승강로 내부 부품 설치와 크기 등을 표기
- 출입구 부품 설치도 : 문틀, 호출 버튼, 위치 표시기, 홀 랜턴 등을 표기
- 기계실 평면도 : 제어반, 분전반, 기계대, 구동기, 과속조절기 등 설치 위치 표기

49 주행안내 레일 부품

- 가이드 주행안내 레일 : 카와 균형추의 승강로 평면 내의 위치를 규제하는 역할
- 클립과 볼트 : 주행안내 레일을 브래킷에 고정(주물 고정형, 슬라이딩형)
- 주행안내 레일 브래킷 : 주행안내 레일을 고정하기 위해 구조물에 설치
- 완충기 받침대 : 카와 균형추용 가이드 주행안내 레일을 받쳐 주는 역할

50 임시 카 주요부품

- 설치 공법의 종류 : 폴스 카, 곤돌라, 본 자재 사용
- 임시 카 부품의 종류 : 추락방지안전장치 블록, 카 스타일, 임시 카 가이드 슈, 경광등, 부저, 균형추, 매다는 장치
- 주요 사용 장비 : 주행안내 레일 게이지, G 클램프, 전기 용접기 세트, 엔드리스 윈치, 스트레이트 에지, 티크니스 게이지

51 엘리베이터 기계실 부품

- 기계부품 : 기계대, 방진 고무, 구동기, 과속조절기
- 전기부품 : 제어반, 분전반, 구동기 모터 등

52 엘리베이터 승강장 부품

- 기계부품 : 승강장 실, 문 구동장치, 문, 인터록 장치
- 전기부품 : 카 위치 표시기, 승강장 카 호출 버튼, 홀 랜턴 등

53 카 케이지 구성

- 카 벽, 카 천장, 카 문, 카 조작반

54 엘리베이터 전기 배선

- 단선 : 도체가 한 가닥으로 구성
- 연선 : 도체가 여러 가닥으로 구성
- 절연전선과 케이블

구분	절연전선(Wire)	케이블(Cable)
구조	도체, 단심도체, 절연체	선심, 시스(외장)
특징	도체 바깥에 피복을 한 번 입힌 전선(도체+절연체)	도체 바깥에 피복을 두 번 이상 입힌 전선(도체+절연체+외부보호(시스))
종류	450/750 비닐절연전선, HFIX, GV, OW, OC, DV	난연성 CV, FR-8, HFCO 등

- UTP : 차폐 ×, 서로 꼬여 있음
- FTP : 알루미늄 실드, 서로 꼬여 있음
- STP : 이중 차폐, 서로 꼬여 있음
- EVVF-L : 텐션 멤버 없는 타입
- EVVF-H : 텐션 멤버 있는 타입

55 전기 공급방식의 종류

- 단상 2선식 : 2가닥의 전선으로 배전
- 단상 3선식 : 2가닥의 선도체+1가닥의 중성선으로 배전

- 3상 3선식 : 3가닥의 전선으로 배전
- 3상 4선식 : 3가닥의 선도체 + 1가닥의 중성선으로 배전

56 차단기의 종류
- 개념 : 과부하 및 단락, 지락(감전) 등 사고 시 자동적으로 전로를 차단하는 기구
- MCCB(산업용 배선차단기) : 과부하 보호, 단락 보호
- CBR(산업용 누전차단기) : 과부하 보호, 단락 보호, 지락 보호

57 에스컬레이터 설치순서
양중 → 트러스 조립 → 기계실 조립 → 승강로 조립 → 난간 조립 → 데크 조립 → 스텝 조립 → 손잡이 조립 → 전기 장치 조립 → 조정 → 확인 → 검사

58 현장 확인 양중
- 양중 : 무거운 물체를 위로 들어 올리는 것
- 승강로 양중 부품 : 트러스, 레일, 난간, 스텝, 데크, 손잡이
- 기계실 양중 부품 : 구동기, 스텝체인 스프라켓 등

59 트러스 조립
- 에스컬레이터 레일 : 스텝체인 상·하부 레일, 스텝롤러 상·하부 레일로 구성
- 난간과 손잡이 : 측벽에 난간과 상부에 손잡이 설치
- 스커트 가드 : 스텝과 인접한 측면 판

60 디딤판 장착
- 스텝 : 승객을 태우는 부품으로 스텝체인에 의해 순환
- 스텝체인 : 스텝을 주행시키는 역할
- 스텝 규격 확인 : 난간 형태 및 폭, 스텝 폭
- 스텝 설치 : 하부 기계실에서 조립
- 스텝 콤 치수 측정 : 기준값과 측정값을 비교
- 스텝과 스커트 가드 간격 측정

61 손잡이 설치
- 손잡이 구조 : 고무, 코팅부, 스틸코드, 보강층 등으로 구성
- 구동 원리 : 구동기 동력을 구동 스프라켓과 구동체인을 통해 전달
- 구동 방식 : 가압 롤러 방식, 가압 벨트 방식
- 손잡이 조립 순서 : 손잡이 프레임 설치 → 손잡이 설치 → 상하부 손잡이 장력 조정 → 손잡이 시험 구동 및 구동 상태 점검

62 전기장치 조립
- 구동기 : 전동기, 브레이크, 감속기
- 브레이크 : 드럼형, 디스크형, 밴드형
- 스텝체인 구동 장치 : 구동체인이 걸리는 스프라켓
- 손잡이 구동 장치 : 손잡이를 이동시킴

PART · 02 유지관리

01 하중

- 개념 : 물체의 무게 또는 물체에 작용하는 외부의 힘
- 하중의 종류

작용 상태에 따른 하중의 분류	• 인장하중 • 압축하중 • 전단하중 • 휨하중 • 비틀림하중 • 좌굴하중
분포 상태에 따른 하중의 분류	• 집중하중 • 분포하중
시간에 따라 변하는 하중의 분류	• 정하중 : 정지된 하중으로 크기가 일정 • 동하중(충격하중, 반복하중, 교번하중)

02 응력

- 개념 : 외부에서 주어지는 힘(외력)에 대한 재료 내부에서 저항하는 힘
- 종류 : 인장응력, 압축응력, 전단응력, 굽힘응력, 비틀림응력
- 응력 관계식

$$\sigma = \frac{P[\text{kg}]}{A[\text{cm}^2]}$$

여기서, σ : 응력(kg/cm²)
P : 축하중(kg)
A : 단면적(cm²)

03 변형률

재료에 하중이 걸리면 재료는 변형되며, 이 변형량을 원래의 길이로 나눈 값

$$\frac{변형된\ 길이}{원래의\ 길이}$$

04 훅(Hook)의 법칙

재료의 응력값은 어느 한도 이내에서는 응력과 이로 인해 생기는 변형률은 비례함

$$응력도(\sigma) = 탄성계수(E) \times 변형률(\varepsilon)$$

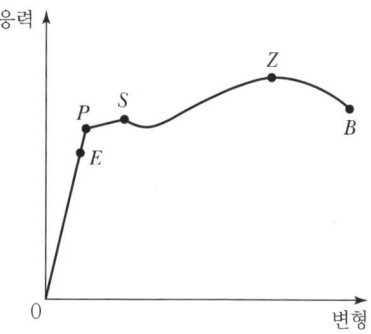

┃응력 – 변형률 곡선┃

05 푸아송 비

재료가 인장력의 작용에 따라 그 방향으로 늘어날 때 가로 방향 변형률과 세로 방향 변형률 사이의 비율

$$푸아송\ 비 = \frac{횡\ 변형률(\varepsilon')}{종\ 변형률(\varepsilon)}$$

06 안전율(안전계수)

- 재료의 파단강도와 허용응력의 비(외부의 하중에 견딜 수 있는 정도를 수치화한 것)

$$안전율 = \frac{인장(파단)강도}{허용응력}$$

- 와이어로프의 안전율

$$안전율 = \frac{로프\ 가닥수 \times 파단강도}{허용하중}$$

07 링크
- 링크 기구는 다수의 막대를 핀으로 연결하고 회전할 수 있도록 만든 기구
- 구성 : 크랭크, 레버, 슬라이더, 고정링크

08 캠
- 개념 : 회전운동을 직선운동, 왕복 운동, 진동 등으로 변환하는 장치
- 평면 캠 : 판 캠, 홈 캠, 확동 캠, 직동 캠
- 입체 캠 : 경사판 캠, 원통 캠, 원뿔 캠, 구면 캠

09 도르래(활차)
- 로프와 도르래를 조합하여 작은 힘으로 큰 하중을 움직일 수 있도록 한 것
- 정활차 : 힘의 방향만 바꿈
- 동활차 : 1/2의 힘으로 하중을 위로 올리는 경우

하중 $W = F \times 2$

- 복활차 : 정활차와 동활차를 조합하여 작은 힘으로 몇 배의 큰 하중도 들어올릴 수 있음

하중 $W = F \times 2^n$

10 기어의 종류
- 평행축 기어 : 평 기어, 헬리컬 기어, 랙 기어 등
- 교차축 기어 : 스퍼(직선) 베벨 기어, 헬리컬 베벨 기어, 스파이럴 베벨 기어, 크라운 기어 등
- 어긋난 기어 : 나사 기어, 웜 기어, 하이포이드 기어, 헬리컬 크라운 기어 등

11 베어링 구비조건
- 축과의 마찰계수가 작고 내구성이 클 것
- 열변형이 작고 열전도율이 우수할 것
- 강도가 크고 충격하중에 강할 것
- 가공이 쉽고 내식성이 우수할 것

12 베어링 특성 비교

구분	구름 베어링	미끄럼 베어링
구조	복잡	간단
동력손실	작음	큼
마찰저항	작음	큼
소음 및 진동	큼	작음
보수점검	쉬움	어려움
회전속도	고속	저속
윤활성	좋음	나쁨
가격	고가	저렴

13 측정
- 측정 : 측정 도구를 이용하여 계측한 결과를 수치화하는 것(길이, 온도, 무게, 압력 등)
- 오차 : 어떤 양을 측정하는 경우 참값과 측정 값 사이에 발생하는 차이

14 오차의 종류
- 계통오차
  - 계기오차 : 측정계기의 특성 때문에 발생하는 오차
  - 환경오차 : 측정할 때 온도, 습도 등 외부환경의 영향으로 발생하는 오차
  - 개인오차 : 개인이 가지고 있는 습관이나 선입견으로 발생하는 오차
- 절대오차 : 계산 결과에서 나온 직접적인 오차의 절댓값
- 과실오차 : 측정자의 취급 부주의로 발생되는 오차
- 우연오차 : 불규칙적이고 우발적인 원인으로 불가피하게 발생되는 오차

15 버니어 캘리퍼스

어미자에 아들자를 부착한 것으로 두 개의 눈금을 조합하여 측정

16 마이크로미터

- 버니어 캘리퍼스보다 정밀한 측정을 요구하는 곳에 사용
- 측정 방법 : 슬리브의 눈금은 7.5까지 나와 있고, 딤블의 눈금은 슬리브의 가로 눈금과 35에서 만나고 있으므로 측정하고자 하는 길이는 7.5+0.35=7.85mm가 됨

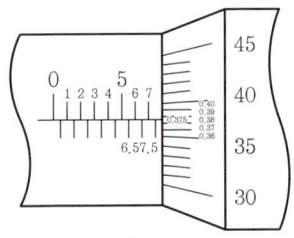

- 용도 : 외경, 안지름, 깊이 측정

17 하이트 게이지

정반 위에 설치하여 금긋기, 높이 측정

18 다이얼 게이지

축의 진폭, 기계 가공에서의 움직인 거리 등 극히 미세한 길이를 측정하는 기구

19 전압계

- 부하에 걸리는 전압을 측정하기 위한 계측기
- 측정 방법 : 전원 또는 부하에 병렬로 접속

20 전류계

- 전원 또는 부하에 흐르는 전류를 측정하기 위한 계측기
- 측정 방법 : 부하와 직렬로 접속

21 배율기

전압계에 직렬로 접속해서 전압의 측정범위를 넓히기 위해 사용하는 저항기

$$R_m = (n-1)r\,[\Omega]$$

22 분류기

전류계에 병렬 접속시켜서 전류계의 측정범위를 넓히기 위해 사용하는 저항기

$$R_s = \frac{r}{n-1}\,[\Omega]$$

23 물질과 전기

- 분자 : 물질의 고유한 성질을 갖는 가장 작은 단위 입자
- 원자 : 물질을 이루는 가장 작은 단위(원자핵 + 전자)
- 양성자의 수=전자의 수
- 양성자와 전자의 전기량은 크기가 같고 극성은 반대이므로 원자는 전기적으로 중성
- 자유전자 : 전자 중에서 가장 바깥쪽 궤도의 전자
- 대전 : 어떤 물질이 전자의 과부족으로 양전기나 음전기를 띠는 현상

24 전하와 전기량

- 전하 : 대전에 의해 물체가 띠고 있는 전기
- 전기량(Q) : 전하가 가지는 전기의 양으로 단위는 쿨롱(Coulomb, C)
- 도선에 1초 동안 1A의 전류가 흐를 때의 전기량이 1쿨롱(C)
- 1개의 전자(전하)가 가지는 전기량 : 1.602×10^{-19}C

25 옴의 법칙

회로에 흐르는 전류의 크기는 저항에 반비례하고 전압에 비례

$$V = IR[V], \quad I = \frac{V}{R}[A], \quad R = \frac{V}{I}[\Omega]$$

여기서, $V[V]$: 전압, $I[A]$: 전류,
$R[\Omega]$: 저항

26 전압

- 회로의 두 지점 사이의 전위차를 뜻하며 전류를 흐르게 하는 원인
- 어떤 도체에 1C의 전하가 두 점 사이를 이동하여 1J의 일을 했을 때 1볼트(V, J/C)라고 함

$$V = \frac{W[J]}{Q[C]}[V], \quad W = V \cdot Q[J]$$

27 전류

- 회로에 단위시간당 통과한 전기(전하)량
- 1A : 도체를 통해 1초 동안 1C의 전하가 이동했음을 의미하며 단위는 A, C/s

$$I = \frac{Q[C]}{t[s]}[A], \quad Q = It[C]$$

여기서, Q : 전기량(C), I : 전류(A)
t : 시간(sec)

28 저항

- 전류의 흐름을 방해하는 요소로 단위는 Ω
- 저항의 특징 : 도체 길이(l)에 비례하고 단면적(A)에 반비례

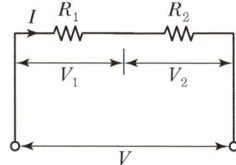

$$R = \rho \frac{l}{A}[\Omega]$$

여기서, ρ : 전선 자체의 고유저항($\Omega \cdot m$)

29 저항의 직렬연결

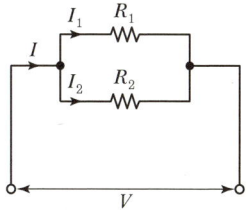

- 전류 일정, 전압은 저항에 비례해서 분배
- 합성 저항

$$R = R_1 + R_2[\Omega]$$

- R_1 양단의 전압

$$V_1 = IR_1 = \frac{V}{R}R_1 = \frac{V}{R_1 + R_2}R_1$$
$$= \frac{R_1}{R_1 + R_2}V[V]$$

- R_2 양단의 전압

$$V_2 = IR_2 = \frac{V}{R}R_2 = \frac{V}{R_1 + R_2}R_2$$
$$= \frac{R_2}{R_1 + R_2}V[V]$$

30 저항의 병렬연결

- 전압 일정, 전류는 저항에 반비례해서 분배

- 합성저항

$$R = \cfrac{1}{\cfrac{1}{R_1} + \cfrac{1}{R_2} + \cfrac{1}{R_3}} [\Omega]$$

- R_1에 흐르는 전류

$$I_1 = \frac{R_2}{R_1 + R_2} I [A]$$

- R_2에 흐르는 전류

$$I_2 = \frac{R_1}{R_1 + R_2} I [A]$$

31 전력

- 단위시간당 전기에너지가 할 수 있는 일의 양
- 기호 : P, 단위 : 와트(watt, W)

$$P = VI = I^2 R = \frac{V^2}{R} [W]$$

32 전력량

일정 시간 동안 소비한 전기에너지의 양

$$W = VI \cdot t = P \cdot t [J = W \cdot sec]$$

33 키르히호프의 법칙

- 제1법칙(전류 법칙) : 회로의 접속점에 흘러 들어오는 전류와 흘러나가는 전류의 양은 같음. 즉, 총합은 0임
- 제2법칙(전압 법칙) : 기전력의 합은 그 폐회로 내에서의 전압강하의 총합과 같음

34 정전기

- 대전 : 종류가 다른 두 물체를 마찰시키면 한쪽에는 양(+)의 전기, 다른 쪽에는 음(-)의 전기가 나타나 가벼운 물체를 끌어당기는 현상
- 정전력 : 대전된 전하는 정지된 상태이므로 정전기라 하고, 정전기에 의하여 작용하는 힘 (같은 종류의 전하에는 반발력, 다른 종류의 전하에는 흡인력이 작용)

35 쿨롱의 법칙

두 점전하 사이에 작용하는 정전력의 크기

$$F = \frac{1}{4\pi\varepsilon_0} \times \frac{Q_1 Q_2}{\varepsilon_s r^2}$$

$$= \frac{1}{4\pi \times 8.85 \times 10^{-12}} \times \frac{Q_1 \cdot Q_2}{r^2}$$

$$= 9 \times 10^9 \times \frac{Q_1 Q_2}{r^2} [N]$$

$$\therefore F = K \cdot \frac{Q_1 Q_2}{r^2} [N], \ K = 9 \times 10^9$$

36 정전용량

$$Q = CV [C], \ C = \varepsilon \frac{S[m^2]}{d[m]} [F]$$

여기서, S : 극판의 면적, d : 극판의 거리

- 전압 $V[V]$에 의해 축적된 전하를 $Q[C]$라고 하면, Q는 V에 비례하고 정전용량 C(Capacitance)와 비례
- 정전용량의 단위는 패럿(Farad, F)을 사용하며, 전하를 축적하는 능력의 정도를 나타내는 상수임
- 1F : 1V의 전압을 가해 1C의 전하가 축적되는 정전용량

37 정전 에너지

콘덴서에 전압 $V[V]$가 가해져서 $Q[C]$의 전하가 충전될 때 콘덴서에 저장되는 에너지

$$W = \frac{1}{2} QV = \frac{1}{2} CV^2 [J]$$

38 콘덴서의 직렬 접속

저항의 병렬 접속과 동일

합성 정전용량 $C_0 = \dfrac{C_1 C_2}{C_1 + C_2}$ [F]

39 콘덴서의 병렬 접속

저항의 직렬 접속과 동일

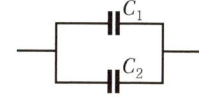

합성 정전용량 $C_0 = C_1 + C_2$ [F]

40 전기력선의 성질

- 전기력선은 양전하(+)에서 나와서 음전하(−)로 끝남
- 전기력선의 접선 방향은 그 점의 전장 방향과 같음
- 도체 표면에서 수직으로 출입하며, 등전위면과 직교
- 전기력선은 그 자신만으로 폐곡선이 되는 일이 없음
- 전기력선은 서로 교차하지 않음

41 직류와 교류

- 직류(DC) : 시간에 따라 크기와 방향이 일정한 전압, 전류
- 교류(AC) : 시간에 따라 크기와 방향이 주기적으로 변화하는 전류, 전압

42 교류의 파형

- 주파수(Frequency) : 초당 교류의 방향이 바뀌는 사이클 수(단위 : Hz)
- 주기(Period) : 교류의 1회 변화를 1 사이클이라 하며, 1 사이클이 변화하는데 걸리는 시간을 주기 T라고 함

$$T = \dfrac{1}{f}[\text{S}], \quad f = \dfrac{1}{T}[\text{Hz}]$$

- 각속도(ω) : 회전체가 1초 동안에 회전한 각도

$$\omega = 2\pi f [\text{rad/s}]$$

43 순싯값

- 어떤 임의의 순간에서 전압 또는 전류의 크기
- 교류의 사인파 곡선은 시시각각 변하고 있으므로 임의의 시간 t에서 얻어지는 v, i 값으로 소문자로 표시

$$v(t) = V_m \sin \omega t [\text{V}]$$

44 최댓값

순싯값 중에서 가장 큰 값을 의미하며 V_m, I_m으로 표시

45 평균값

교류 순싯값의 반주기에 대해 평균을 취한 값

$$V_a = \dfrac{2}{\pi} V_m \fallingdotseq 0.637 V_m [\text{V}]$$

46 실횻값

- 교류의 크기를 교류와 동일한 일을 하는 직류의 크기로 환산하여 나타낸 값

- 정현파 교류의 실횻값과 최댓값 사이의 관계

$$V = \frac{1}{\sqrt{2}} \cdot V_m \fallingdotseq 0.707 V_m \text{[V]}$$

47 파고율, 파형률

- 파고율 $= \dfrac{최댓값}{실횻값} = 1.414$
- 파형률 $= \dfrac{실횻값}{평균값} = 1.11$

48 교류 R, L, C 회로

- 저항(R)만의 회로
  - 전압 : $v(t) = V_m (\sqrt{2}\,V) \sin \omega t \text{[V]}$
  - 전류 : $i(t) = \dfrac{v}{R} = \dfrac{\sqrt{2}\,V}{R} \sin \omega t$
    $= \sqrt{2}\,I \sin wt = I_m \sin \omega t \text{[A]}$
  - 위상 관계 : 전압과 전류는 동상
- 인덕턴스(L)만의 회로 : 전압의 위상은 전류보다 $\dfrac{\pi}{2}$[rad]만큼 **빠름**(전압은 전류보다 진상)

$$X_L = \omega L = 2\pi fL [\Omega]$$
$$I = \frac{V}{X_L} = \frac{V}{\omega L} = \frac{V}{2\pi fL} \text{[A]}$$

- 콘덴서(C)만의 회로 : 전압의 위상은 전류보다 $\dfrac{\pi}{2}$[rad]만큼 늦음(전압은 전류보다 지상)

$$X_C = \frac{1}{\omega C} = \frac{1}{2\pi fc} [\Omega]$$
$$I = \frac{V}{X_C} = \frac{V}{\dfrac{1}{\omega c}} = \frac{V}{\dfrac{1}{2\pi fc}} = 2\pi fc V \text{[A]}$$

49 교류 R, L, C 직렬회로

- $R-L$ 직렬회로

$$Z = R + jX_L = \sqrt{R^2 + X_L^2}$$
$$= \sqrt{R^2 + \omega L^2} \,[\Omega]$$
$$I = \frac{V}{Z} = \frac{V}{\sqrt{R^2 + \omega L^2}} \text{[A]}$$

- 역률 : $\cos\theta = \dfrac{R}{Z} = \dfrac{R}{\sqrt{R^2 + \omega L^2}}$

- 위상 : $\tan\theta = \dfrac{V_L}{V_R} = \dfrac{\omega LI}{RI} = \dfrac{\omega L}{R}$

- $\theta = \tan^{-1} \dfrac{V_L}{V_R} = \tan^{-1} \dfrac{\omega L}{R} [rad]$

전압의 위상은 전류보다 θ[rad]만큼 **빠름**

- $R-C$ 직렬회로

$$Z = R + jX_C = \sqrt{R^2 + \left(\frac{1}{\omega C}\right)^2} \,[\Omega]$$
$$I = \frac{V}{Z} = \frac{V}{\sqrt{R^2 + \left(\dfrac{1}{\omega C}\right)^2}} \text{[A]}$$

- 역률 : $\cos\theta = \dfrac{R}{Z} = \dfrac{R}{\sqrt{R^2 + X_C^2}}$
  $= \dfrac{R}{\sqrt{R^2 + \left(\dfrac{1}{\omega C}\right)^2}}$

- 위상 : $\theta = \dfrac{V_C}{V_R} = \dfrac{X_C I}{RI} = \dfrac{X_C}{R}$
  $= \dfrac{1/\omega C}{R} = \dfrac{1}{\omega CR}$

$\theta = \tan^{-1} \dfrac{V_C}{V_R} = \tan^{-1} \dfrac{1}{\omega CR} [rad]$

※ 전압의 위상은 전류보다 θ[rad]만큼 늦음

- $R-L-C$ 직렬회로

$$Z = R + jX = R + j(X_L - X_C)$$
$$= \sqrt{R^2 + \left(\omega L - \frac{1}{\omega C}\right)^2} \, [\Omega]$$
$$I = \frac{V}{Z} = \frac{V}{\sqrt{R^2 + \left(\omega L - \frac{1}{\omega C}\right)^2}} \, [A]$$

- 역률 : $\cos\theta = \frac{R}{Z} = \frac{R}{\sqrt{R^2 + \left(\omega L - \frac{1}{\omega C}\right)^2}}$

- $X_L > X_C$: 전압이 전류보다 θ만큼 빠름 (유도성)
- $X_L < X_C$: 전압이 전류보다 θ만큼 느림 (용량성)

50 직렬공진

- 직렬공진 조건 : $X_L = X_C$

$$\omega L = \frac{1}{\omega C}, \quad \omega L - \frac{1}{\omega C} = 0$$

- 임피던스 : $Z = R$ (저항만 존재, 최소)

$$Z = \sqrt{R^2 + \left(\omega L - \frac{1}{\omega C}\right)^2}$$
$$= \sqrt{R^2 + (0)^2} = R \, [\Omega]$$

- 전류 : 전류 I_0은 최대

$$I_0 = \frac{V}{Z} = \frac{V}{R} \, [A]$$

- 역률 : $\cos\theta = 1$
- 위상 : 전압 V와 전류 I는 동상

구분	최대	최소
직렬공진	I	Z
병렬공진	Z	I

- 공진 주파수(Resonance Frequency) : f_0

$$\therefore \omega_0 L = \frac{1}{\omega_0 C}, \, (2\pi f_0)^2 = \frac{1}{LC}$$
$$\therefore f_0 = \frac{1}{2\pi\sqrt{LC}} [Hz]$$

51 유효전력

- 전원에서 공급하여 부하(저항)에서 소비되는 전력
- 역률 : $\frac{유효전력}{피상전력} = \frac{VI\cos\theta}{VI} = \cos\theta$

$$P = VI\cos\theta = I^2 R [W]$$

52 무효전력

- 아무런 일을 하지 않고 전원과 부하 사이를 왕복하는 전력
- 무효율 : $\frac{무효전력}{피상전력} = \frac{VI\sin\theta}{VI}$
$$= \sqrt{1 - \cos^2\theta} = \sin\theta$$

$$Q = VI\sin\theta = I^2 X [Var]$$

53 피상전력

전압과 전류의 곱으로 표시하고 겉보기 전력이라고도 하며, 교류 전원의 용량 등을 표시

$$S = VI = \sqrt{P^2 + Q^2} = I^2 Z [VA]$$

54 3상 교류

- 크기와 주파수가 같으며 각 상이 120°의 위상차를 가진 전압, 전류
- $v_a = V_m \sin\omega t = \sqrt{2} \, V\sin\omega t$
- $v_b = V_m \sin(\omega t - \frac{2}{3}\pi) = \sqrt{2} \, V\sin(\omega t - \frac{2}{3}\pi)$

- $v_c = V_m \sin(\omega t - \frac{4}{3}\pi)$

  $= \sqrt{2}\, V \sin(\omega t - \frac{4}{3}\pi)$

  $= \sqrt{2}\, V \sin(\omega t + \frac{2}{3}\pi)$

- $\dot{v}_a + \dot{v}_b + \dot{v}_c = 0$ (평형 3상 각 상의 벡터합은 0)

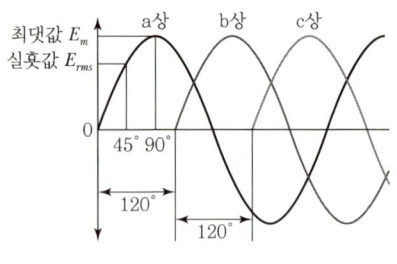

┃3상 교류 파형┃

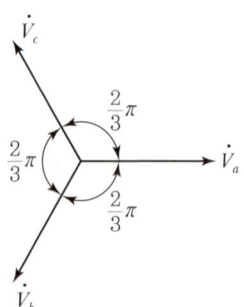

┃3상 교류 벡터 표시┃

55 3상 교류 전력

- 유효전력 : $P = \sqrt{3}\, VI \cos\theta\,[\text{W}]$
- 무효전력 : $Q = \sqrt{3}\, VI \sin\theta\,[\text{Var}]$
- 피상전력 : $S = \sqrt{3}\, VI\,[\text{VA}]$

56 3상 교류 결선 방법

- Y결선
  - 선간전압은 상전압보다 위상이 30° 앞서며, 크기는 상전압의 $\sqrt{3}$ 배
  - 선전류=상전류
- Δ결선
  - 선간전압=상전압
  - 선전류는 상전류보다 위상이 30° 뒤지며, 크기는 상전류의 $\sqrt{3}$ 배

57 자기력선의 성질

- 자력선은 N극에서 나와 S극에서 끝남
- 자력선 그 자신은 수축하려고 하며 같은 방향의 자력선끼리는 서로 반발하려고 함
- 임의의 한 점을 지나는 자기력선의 접선 방향이 그 점에서의 자장의 방향이 됨
- 자장 내의 임의의 한 점에서의 자력선 밀도는 그 점의 자장의 세기를 나타냄
- 자력선은 서로 만나거나 교차하지 않음

58 앙페르의 오른나사 법칙

- 전류에 의한 자장의 방향 결정
- 나사못의 회전 방향 : 자력선의 방향
- 나사못의 진행 방향 : 전류의 방향

59 비오-사바르의 법칙

도선에 $I\,[\text{A}]$의 전류가 흐를 때 도선의 미소 부분 Δl에서 $r\,[\text{m}]$ 떨어진 Δl과 이루는 각도 θ인 점 P에서 Δl에 의한 자장의 세기

$$\Delta H = \frac{I \Delta l}{4\pi r^2} \sin\theta\,[\text{AT/m}]$$

60 무한 직선 전류에 의한 자장

무한 직선의 도체에 $I\,[\text{A}]$의 전류가 흐를 때 도선에서 $r\,[\text{m}]$ 떨어진 점의 자장의 세기는 도선을 중심으로 반지름이 $r\,[\text{m}]$인 원주 위의 모든 점의 자장의 세기는 같고 그 방향은 원의 접선 방향임

$$H \times 2\pi r = I$$

$$\therefore H = \frac{I}{2\pi r} \text{[AT/m]}$$

61 환상 솔레노이드에 의한 자장

$$2\pi r H = NI$$

$$\therefore H = \frac{NI}{2\pi r} \text{[AT/m]}$$

62 플레밍의 왼손 법칙

자기장 내에 전류가 흐르는 도체가 받는 힘의 방향을 나타내는 법칙(전동기 원리)

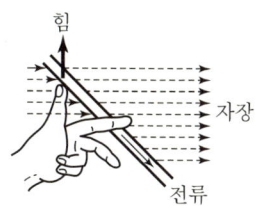

- 엄지 : F(운동 방향)
- 검지 : B(자속, 자장의 방향)
- 중지 : I(전류의 방향)

63 플레밍의 오른손 법칙

자장 내에서 도체가 운동할 때 도체에 생기는 유도 기전력의 방향을 결정(발전기 원리)

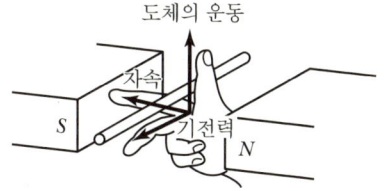

- 엄지 : F(운동 방향)
- 검지 : B(자장의 방향)
- 중지 : I, e(전류, 기전력의 방향)

64 패러데이의 전자유도 법칙

회로에서의 유도 기전력은 그 회로를 통과하는 자기력선에 대한 시간 변화율에 비례

65 렌츠의 법칙

전자유도에 의해 생기는 전압의 방향은 자신의 발생 원인이 되는 자속의 변화를 방해하는 방향으로 발생

$$e = -N\frac{d\phi}{dt} \text{[V]}$$

여기서, ϕ : 자속
N : 코일권수

66 자기회로와 전기회로의 비교

자기회로	전기회로
기자력(NI)[AT]	기전력(E)[V]
자속(ϕ)[Wb]	전류(I)[A]
자기저항(R)[AT/Wb]	저항(R)[Ω]

67 인덕턴스

- 자체 인덕턴스

$$e = L \cdot \frac{di}{dt} = N \cdot \frac{d\phi}{dt} \text{[V]}$$

$$LI = N\phi, \ L = \frac{N\phi}{I} \text{[H]}$$

- 가동접속 : 코일을 같은 방향으로 감고, 전류를 흘린 것으로 자속도 같은 방향으로 발생

$$L_0 = L_1 + L_2 + 2M \text{[H]}$$

- 차동접속 : 코일을 다른 방향으로 감고, 전류를 흘린 것으로 자속도 다른 방향으로 발생

$$L_0 = L_1 + L_2 - 2M \text{[H]}$$

- 상호 인덕턴스

$$M = K\sqrt{L_1 L_2}\,[\text{H}]$$

여기서, K : 결합계수
(누설자속이 없으면 $K=1$)

68 평행 도체에 발생하는 힘

- 전류의 방향이 같을 때 : 흡인력
- 전류의 방향이 다를 때 : 반발력
- 힘의 크기

$$F = \frac{2I_1 I_2}{r} \times 10^{-7}\,[\text{N/m}]$$

69 직류 전동기

- 구조 : 계자, 전기자, 정류자, 브러시
- 종류 : 타여자 전동기, 자여자 전동기(분권, 직권, 가동복권, 차동복권)
- 역기전력

$$E_0 = V - I_a R_a = \frac{p}{a} Z\phi \frac{N}{60} = K\phi N\,[\text{V}]$$

$$\left(K = \frac{pZ}{60a}\right)$$

- 속도(N) : 자속에 반비례

$$N = K\frac{(V - I_a R_a)}{\phi}\,[\text{rpm}]$$

- 토크(회전력)

$$T = \frac{60 I_a (V - I_a R_a)}{2\pi N} = \frac{PZ}{2\pi a}\phi I_a\,[\text{N} \cdot \text{m}]$$

- 속도제어 : 계자제어, 저항제어, 전압제어
- 전기제동 : 발전제동, 회생제동, 역상제동

70 유도 전동기

- 기동법(농형) : 전전압 기동, $Y-\Delta$ 기동, 리액터 기동, 기동 보상기 기동, 인버터 기동
- 기동법(권선형) : 기동 저항기에 의한 기동
- 전동기 회전 방향을 바꾸는 방법 : 3개 단자 중 2개 단자를 서로 바꾸어 접속
- 속도제어 : 2차 저항제어(권선형), 전원 주파수 변환, 극수 변환, 2차 여자
- 동기속도

$$N_s = \frac{120f}{P}\,[\text{rpm}]$$

- 슬립(Slip)

$$s = \frac{\text{동기 속도} - \text{회전자 속도}}{\text{동기 속도}} = \frac{N_s - N}{N_s}$$

- 슬립의 범위 : $0 \leq s \leq 1$
- 단상 유도 전동기 종류 : 분상 기동형, 콘덴서 기동형, 영구 콘덴서 기동형, 반발 기동형, 셰이딩 코일형

71 동기 전동기

- 동기속도

$$N_s = \frac{120f}{P}\,[\text{rpm}]$$

- 전기자 권선법
  - 분포권 : 누설 리액턴스 감소로 기전력의 파형 개선
  - 단절권 : 동량과 철량의 감소로 기전력의 파형 개선
- 횡축 전기자 반작용 : 기전력과 전기자전류가 동 위상, 크기는 $I\cos\theta$
- 직축 반작용
  - 감자작용 : 발전기는 위상이 뒤질 때, 전동기는 위상이 앞설 때
  - 증자작용 : 발전기는 위상이 앞설 때, 전동기는 위상이 뒤질 때

- 난조 대책 : 제동권선 설치 및 관성모멘트를 크게

72 자동제어
- 기계 또는 장치의 동작 상태를 목적에 따라 자동적으로 정정, 가감하여 움직이는 제어
- 귀환제어(Feedback Control) : 스스로 제어의 필요성을 판단하여 수정 동작을 하는 제어 방식
- 시퀀스 제어(Sequence Control) : 미리 정해진 순서에 따라 제어의 각 단계가 순차적으로 진행되는 제어 방식

73 제어 목적에 의한 분류
- 정치제어 : 목표치가 시간의 변화에 관계없이 일정하게 유지되는 제어
- 추치 제어 : 목표치가 시간에 따라 임의로 변화를 하는 제어
  - 추종제어 : 목표치가 시간에 대한 미지함수인 경우
  - 프로그램 제어 : 목표치가 시간적으로 미리 정해진 대로 변화하고 제어량이 이것에 일치되도록 하는 제어
  - 비율제어 : 목표치가 다른 어떤 양에 비례하는 경우

74 제어량의 성질에 의한 분류
- 프로세스 제어 : 어떤 장치를 이용하여 무엇을 만드는 방법, 장치 또는 장치계
- 서보 기구 : 제어량이 기계적인 위치 또는 속도인 제어
- 자동조정 : 서보 기구 등에 적용되지 않는 것으로 전류, 전압, 주파수, 속도, 장력 등을 제어량으로 하며, 응답속도가 매우 빠른 것이 특징

75 조작 스위치
- 누름 버튼 스위치(Push Button Switch)
  - a접점 : 초기 상태에서 열려 있고 접점 간에 통전되지 않는 상태이며, 조작할 때 닫히는 접점
  - b접점 : 조작하는 힘이 가해지지 않았을 때 통전된 상태를 말하는 접점
- 유지형 스위치 : 조작을 가한 후 반대의 조작이 있을 때까지 접점 상태를 유지하는 스위치

76 검출 스위치
- 접촉 스위치 : 마이크로 스위치, 리밋 스위치
- 비접촉 스위치 : 광전 스위치, 근접 스위치

전달 매체	물리현상	검출 스위치
전자장	검출 코일의 인덕턴스 변화	고주파 발진형 근접 스위치, 유도 브리지형 근접 스위치
정전장	캐패시턴스 변화	정전 유량형 근접 스위치
자기	자기력	자기형 근접 스위치
광	발광 효과, 광기전력 효과	광전 스위치
음파	도플러 효과	초음파 스위치

77 타이머(Timer)
- 동작 지연 타이머(한시동작 순시복귀 : On Delay Timer) : 입력이 '1'이 된 다음에 일정 시간 경과 후 출력이 '1'이 되고, 입력이 '0'이 되고 순간 출력도 '0'이 되는 계전기
- 복귀 지연 타이머(순시동작 한시복귀 : Off Delay Timer) : 입력이 '1'이 되면 출력도 동시에 '1'이 되고, 입력이 '0'으로 복귀했을 때 일정 시간 경과 후 출력도 '0'이 되는 회로

78 시퀀스 회로별 접점 및 논리 기호

신호		접점 기호	타임차트
입력 신호(코일)		○　○	여자 / 무여자 / 여자
접촉기 릴레이	a접점		폐 / 개 / 폐
	b접점		
타이머 (시한동작)	a접점		τ
	b접점		개 / 폐 / 개
타이머 (시한복귀)	a접점		τ
	b접점		

79 AND 회로(논리곱)

- 모든 입력(1)이 있을 때만 출력(1)이 나타나는 회로
- 시퀀스의 직렬 스위치 회로와 같음
- 논리식

$$X = A \cdot B = AB$$

- 논리기호

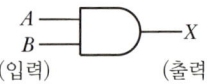

(입력)　　　(출력)

- 진리표

입력		출력
A	B	X
0	0	0
0	1	0
1	0	0
1	1	1

80 OR 회로(논리합)

- 하나 이상의 입력(1)이 있을 때 출력(1)이 나타나는 회로
- 시퀀스의 병렬 스위치 회로와 같음
- 논리식

$$X = A + B$$

- 논리기호

- 진리표

입력		출력
A	B	X
0	0	0
0	1	1
1	0	1
1	1	1

81 NOT 회로(부정)

- 출력과 입력이 반대로 되는 반전 회로
- 논리식

$$X = \overline{A}$$

- 논리기호

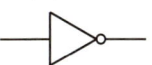

- 진리표

입력	출력
A	X
0	1
1	0

82 NAND 회로(부정 논리곱)

- 논리곱(AND) 회로와 부정(NOT) 회로의 합으로 이루어진 회로
- 모든 입력이 1일 때만 출력이 0이 되고, 그 외의 경우에는 출력이 1이 되는 회로
- 논리식

$$X = \overline{A \cdot B} = \overline{A} + \overline{B}$$

- 논리기호

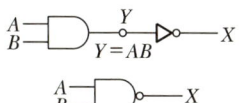

- 진리표

입력		출력
A	B	X
0	0	1
0	1	1
1	0	1
1	1	0

83 NOR 회로(부정 논리합)

- 입력이 모두 0일 때만 출력이 1이 되는 회로
- 논리식

$$X = \overline{A + B} = \overline{A} \cdot \overline{B}$$

- 논리기호

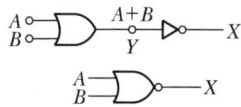

- 진리표

입력		출력
A	B	X
0	0	1
0	1	0
1	0	0
1	1	0

84 XOR 회로(배타적 논리합)

- 입력이 같을 때 출력이 '0', 입력이 다를 때 출력이 '1'이 되는 회로
- 논리식

$$X = A \oplus B$$

- 논리기호

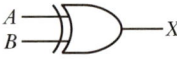

- 진리표

입력		출력
A	B	X
0	0	0
0	1	1
1	0	1
1	1	0

85 XNOR 회로

- 배타적 논리합(XOR)의 반대 출력이 되는 회로로 두 입력이 같을 때만 출력이 '1'
- 논리식

$$X = A \odot B$$

- 논리기호

- 진리표

입력		출력
A	B	X
0	0	1
0	1	0
1	0	0
1	1	1

86 반도체

- n형 반도체 : 순수한 반도체에 특정 불순물(5족 원소)을 첨가하여 전자(Electron)의 수를 증가시킨 반도체
- p형 반도체 : 순수한 반도체에 특정 불순물(3족 원소)을 첨가하여 정공(Hole)의 수를 증가시킨 반도체
- 도너(Doner) : n형 반도체에 혼합한 5가의 불순물 원소인 인, 비소, 안티몬 등의 원자
- 억셉터(Acceptor) : p형 반도체에 혼합한 3가의 불순물 원소인 붕소, 알루미늄, 인듐 등의 원자

87 다이오드

- 순 방향 특성 : p형 반도체 쪽에는 (+)의 전극을 접속, n형 반도체 쪽에는 (-)의 전극을 접속하여 전원을 연결하였을 때 전류가 잘 통하는 상태
- 역 방향 특성 : p형 반도체 쪽에는 (-)의 전극을 접속, n형 반도체 쪽에는 (+)의 전극을 접속, 전류가 흐르지 못하는 상태

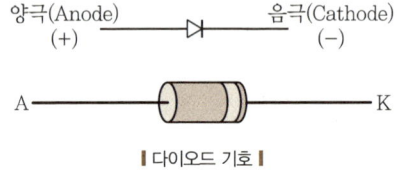

❙ 다이오드 기호 ❙

88 트랜지스터

- 트랜지스터의 구조는 pn 접합 2개를 맞대어 붙인 형태
- 역할 : 스위칭 작용, 증폭 작용

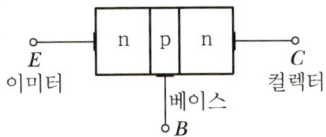

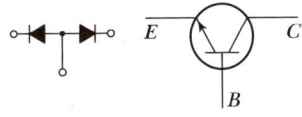

(a) npn형 트랜지스터

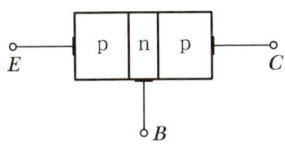

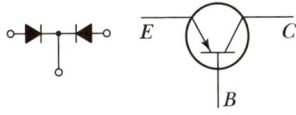

(b) pnp형 트랜지스터

┃ 트랜지스터의 구성 ┃

89 정류회로

- 교류 전원을 직류 전원으로 변환하는 역할
- 반파 정류회로 : 교류 입력을 가하면 다이오드에 (+)반파일 때만 출력시키는 회로

$$E_{do} = \frac{\sqrt{2}}{\pi} E = 0.45E$$

- 전파 정류회로

$$E_{do} = \frac{2\sqrt{2}}{\pi} E = 0.9E$$

PART · 03 안전관리

01 승강기 관리주체

- 승강기 소유자
- 법령에 따라 승강기 관리자로 규정된 자
- 계약에 따라 승강기를 안전하게 관리할 책임과 권한을 부여받은 자

02 승강기 관리주체의 의무

- 승강기 자체 점검 실시
- 승강기 정기검사 수검
- 승강기 안전에 관한 일상관리(운행관리자의 선임 등)
- 승강기 안전에 관한 보수(보수업체 선정 등)
- 사고 보고 의무

03 승강기 자체 점검

- 관리주체는 자체 점검을 월 1회 이상 실시, 그 결과를 승강기안전종합정보망에 입력
- 자체 점검 결과 승강기에 결함이 있다는 사실을 알았을 경우 즉시 보수해야 하며, 보수가 끝날 때까지 승강기 운행을 중지해야 함
- 관리주체는 자체 점검을 스스로 할 수 없는 경우 승강기 유지관리업으로 등록한 자로 하여금 대행하게 할 수 있음

04 승강기 안전검사

- 정기검사 : 승강기 설치 후 정기적으로 실시하는 검사(검사주기 : 2년 이하)
- 수시검사
  - 승강기의 종류, 제어 방식, 정격속도, 정격용량 또는 왕복 운행거리를 변경한 경우
  - 승강기의 제어반 또는 구동기를 교체한 경우

- 승강기에 사고가 발생하여 수리한 경우
- 관리주체가 요청하는 경우
• 정밀안전검사
  - 정기검사 또는 수시검사 결과 결함의 원인이 불명확하여 사고 예방과 안전성 확보를 위하여 정밀안전검사가 필요하다고 인정하는 경우
  - 승강기의 결함으로 중대한 사고 또는 중대한 고장이 발생한 경우
  - 설치검사를 받은 날부터 15년이 지난 경우
  - 승강기 성능의 저하로 이용자의 안전을 위협할 우려가 있는 경우

05 산업재해 형태
• 추락 : 사람이 건축물, 기계, 비계, 사다리, 계단 등에서 떨어지는 것
• 충돌 : 작업자가 정지된 물체에 부딪힌 경우
• 전도 : 사람이 평면상에 넘어졌을 때
• 낙하, 비래 : 작업자가 떨어지거나 날아오는 물체에 맞았을 경우
• 협착 : 두 물체 사이 또는 움직이는 물체와 고정된 물체 사이에 끼임 사고
• 감전 : 전기 접촉이나 방전에 의해 사람이 충격을 받은 경우

06 산업재해 발생순서
유전적 요소와 사회적 환경 → 인적 결함 → 불안전한 행동이나 상태 → 사고 → 재해

07 하인리히 사고방지 5단계
• 제1단계 : 안전관리조직
• 제2단계 : 사실의 발견(현상 파악)
• 제3단계 : 분석 평가(원인 규명)
• 제4단계 : 대책의 선정(인사조정, 교육 및 훈련 방법 개선 등)
• 제5단계 : 대책의 적용(기술, 교육, 관리), 3E, 3S

08 재해 예방의 4원칙
• 손실우연의 원칙
• 예방 가능의 원칙
• 원인연계의 원칙
• 대책 선정의 원칙

09 재해 발생 시 행동순서
재해 발생 → 긴급처리 → 원인 조사 → 원인 분석 → 대책 수립 → 실시 → 평가

10 재해(사고) 원인 분석 방법
• 개별적 원인분석
  - 개개의 재해를 하나하나 분석하는 것으로 상세히 원인을 규명
  - 특수재해나 중대재해 및 건수가 적은 사업장에 적용
• 통계적 원인분석
  - 각 요인의 상호관계와 분포 상태 등을 거시적으로 분석하는 방법
  - 파레토도, 특성요인도, 클로즈분석, 관리도 등을 활용

11 직접 원인
• 불안전한 행동(인적 원인)
• 불안전한 상태(물적 원인)

12 간접 원인
• 기술적 원인 : 기계 및 장비의 방호설비, 보호구 정비 등 기술적 결함
• 교육적 원인 : 훈련미숙, 무지, 경시, 안전지식 부족
• 신체적 원인 : 질병, 피로

- 정신적 원인 : 태만, 불만, 반항, 긴장
- 관리적 원인 : 책임감 부족, 작업기준 불명확, 부적절한 배치, 근로 의욕 저감

13 안전점검의 종류

- 정기점검
  - 일정 기간마다 실시
  - 매주, 매월, 매 분기 등 또는 자체 기준에 따라 해당 책임자가 실시
- 수시점검(일상점검) : 매일 작업 전, 작업 중, 작업 후에 일상적으로 실시하는 점검
- 특별점검
  - 기계·기구 또는 설비의 신설·변경 또는 고장·수리 등으로 비정기적인 점검
  - 기술책임자가 수행
- 임시점검
  - 기계·기구 또는 설비의 이상발견 시에 임시로 실시하는 점검
  - 정기점검 실시 후 다음 정기점검일 이전에 임시로 실시하는 점검

14 전기화재 원인

- 누전 : 절연성능이 저하된 전로에서 전류가 나오는 형상
- 단락 : 도체끼리 접촉되어 큰 전류가 흘러 불꽃 또는 아크 발생
- 과전류 : 정격전류 이상의 전류가 흘러 발열 발생

15 감전전류의 종류

- 감지전류 : 인체가 감지할 수 있는 전류
- 한계전류 : 근육은 의지대로 움직일 수 있으나 고통이 큼
- 불수전류 : 근육경련이 일어나며 의지대로 움직일 수 없음
- 심실세동전류 : 심장이 마비되며 호흡도 정지

16 추락방지 안전대의 종류

- 1종 : U자 걸이
- 2종 : 1개 걸이
- 3종 : 1개 U자 걸이 공용
- 4종 : 안전블록
- 5종 : 추락 방지대

17 승강로 및 기계실 조명

- 승강로 전 구간
  - 카 지붕에서 수직 위로 1m 떨어진 곳 : 50lx
  - 피트 바닥에서 수직 위로 1m 떨어진 곳 : 50lx
- 기계실
  - 작업공간의 바닥 면 : 200lx
  - 작업공간 간 이동공간의 바닥 면 : 50lx

18 피트 출입수단

- 2.5m를 초과하는 경우 : 피트 출입문
- 2.5m 이하인 경우 : 피트 출입문 또는 사다리

19 출입문 및 비상문

- 기계실, 승강로 및 피트 출입문 : 높이 1.8m 이상, 폭 0.7m 이상
- 비상문 : 높이 1.8m 이상, 폭 0.5m 이상
- 점검문 : 높이 0.5m 이하, 폭 0.5m 이하
- 비상문과 점검문은 승강기 외부로 열려야 함

20 기계실의 크기 등 치수

- 기계실 작업구역의 유효 높이는 2.1m 이상
- 제어반 및 캐비닛 전면의 유효 수평거리
  - 깊이는 외함 표면에서 측정하여 0.7m 이상
  - 제어반 폭이 0.5m 미만인 경우 : 0.5m 폭
  - 제어반 폭이 0.5m 이상인 경우 : 제어반 폭

- 움직이는 부품의 점검 시 0.5m × 0.6m 이상
- 이동통로의 유효 높이 1.8m 이상, 유효 폭은 0.5m 이상
- 회전부품 위로 0.3m 이상의 유효 수직거리
- 바닥에 0.5m를 초과하는 단차가 있는 경우, 고정된 사다리 또는 보호난간이 있는 계단이나 발판 설치

21 승강장 문 및 카 문

- 2개 이상의 카 문이 있는 경우, 어떠한 경우라도 2개의 문이 동시에 열리지 않아야 함
- 승강장 문 및 카 문의 출입구 유효 높이 : 2m 이상(주택용은 1.8m 이상 가능)
- 승강장 도어 및 카 도어의 출입구 유효 높이 : 2m 이상
- 승강장 도어의 출입구 유효 폭 : 카 출입구 폭 이상 ~ +50mm 이하
- 카 도어의 문턱과 승강장 도어 문턱 사이의 수평거리 : 35mm 이하
- 카 도어의 앞부분과 승강장 도어 사이의 수평거리 : 0.12m 이하
- 도어가 닫혀 있을 경우 문짝 간 틈새나 문짝과 문틀 또는 문짝 사이 틈새 : 6mm 이하

22 카

- 카 내부의 유효 높이는 2m 이상
- 자동차용 카의 유효면적 : 1m² 당 150kg으로 계산한 값 이상
- 주택용 엘리베이터 유효 면적 : 1.4m² 이하
- 카 정원 = $\dfrac{정격하중}{75}$
- 에이프런의 폭은 마주하는 승강장 유효 출입구의 전체 폭 이상
- 에이프런 하단의 모서리 부분은 수평면에 대해 승강로 방향으로 60° 이상 구부러져야 하며, 구부러진 곳의 수평면에 대한 투영 길이는 20mm 이상
- 에이프런의 수직 부분 높이는 0.75m 이상

23 카 비상구출문

- 카 천장 비상구출문 유효 개구부 크기 : 0.4m × 0.5m 이상
- 카 천장의 비상구출문은 카 외부에서 열쇠 없이 열려야 하고, 카 내부에서는 비상잠금해제 삼각열쇠로 열려야 함
- 카 천장의 비상구출문은 카 내부 방향으로 열리지 않아야 함
- 하나의 승강로에 2대 이상의 엘리베이터가 있는 경우, 카 벽에 비상구출문을 설치할 수 있음. 다만, 카 간의 수평거리는 1m를 초과할 수 없음
- 카 벽에 설치된 비상구출문의 크기는 폭 0.4m 이상, 높이 1.8m 이상
- 카 벽의 비상구출문은 카 외부에서 열쇠 없이 열려야 하고, 카 내부에서는 비상잠금해제 삼각열쇠로 열려야 함
- 카 벽의 비상구출문은 카 외부 방향으로 열리지 않아야 함

24 카 조명

- 카 조작반 및 카 벽에서 100mm 이상 떨어진 카 바닥 위로 1m 모든 지점에 100lx 이상으로 비추는 전기조명장치가 영구적으로 설치되어야 함
- 조명장치에는 2개 이상의 등(燈)이 병렬로 연결
- 비상전원공급장치에 의해 5lx 이상의 조도로 1시간 동안 전원이 공급되는 비상등이 있어야 함
- 비상등은 다음과 같은 장소에 조명되어야 함
  - 카 내부 및 카 지붕에 있는 비상통화장치의 작동 버튼

- 카 바닥 위 1m 지점의 카 중심부
- 카 지붕 바닥 위 1m 지점의 카 지붕 중심부

25 매다는 장치(현수)

- 공칭 직경 : 8mm 이상
- 로프 또는 체인 등의 가닥수 : 2가닥 이상
- 권상 도르래 · 풀리 또는 드럼의 피치직경과 로프(벨트)의 공칭직경 사이의 비율은 로프(벨트)의 가닥수와 관계없이 40 이상(주택용 : 30 이상)
- 안전율
  - 3가닥 이상 로프(벨트)에 의해 구동 : 12 이상
  - 가닥 이상의 6mm 이상 8mm 미만의 로프 : 16 이상
  - 체인에 의해 구동 : 10 이상

26 추락방지안전장치 사용조건

- 점차 작동형일 것 (정격속도가 0.63m/s를 초과하지 않는 경우 즉시 작동형 사용 가능)
- 평균 감속도 : $0.2 \sim 1g_n$ 사이에 있을 것
- 복귀 : 카, 균형추 또는 평형추를 들어 올리는 것에 의해서만 가능

27 과속조절기

- 종류 : 마찰정지형, 디스크형, 플라이 볼형, 양 방향 과속조절기
- 정격속도의 115 % 이상의 속도 및 다음 구분에 따른 어느 하나에 해당하는 속도 미만에서 작동
  - 즉시 작동형 추락방지안전장치 : 0.8m/s
  - 정격속도 1m/s 이하에 사용되는 점차 작동형 추락방지안전장치 : 1.5m/s
  - 정격속도 1m/s 초과에 사용되는 점차 작동형 추락방지안전장치 : $1.25 \cdot V + \dfrac{0.25}{V}$ m/s

- 과속조절기 로프 안전율 : 8 이상
- 과속조절기의 도르래 피치 직경과 과속조절기 로프의 공칭직경 사이의 비 : 30 이상

28 개문출발방지장치

다음과 같은 거리에서 카를 정지시킬 것

- 승강장으로부터 1.2m 이하
- 승강장 문 문턱과 카 에이프런의 가장 낮은 부분 사이의 수직거리는 200mm 이하
- 승강장 문 문턱에서 카 문 상인방까지의 수직거리는 1m 이상

29 완충기

- 에너지 축적형 완충기
  - 행정은 정격속도의 115%에 상응하는 중력 정지거리의 2배($0.135v^2$m) 이상
  - 감속도 : $1g_n$ 이하
  - $2.5g_n$을 초과하는 감속도는 0.04초보다 길지 않아야 함
  - 작동 후에는 영구적인 변형이 없어야 함
- 에너지 분산형 완충기
  - 행정은 정격속도 115%에 상응하는 중력 정지거리($0.0674v^2$m) 이상
  - 감속도 : $1g_n$ 이하
  - $2.5g_n$을 초과하는 감속도는 0.04초보다 길지 않아야 함

30 브레이크 시스템

- 주동력 또는 제어회로 전원공급이 차단될 경우 자동으로 작동해야 함
- 카가 정격속도로 정격하중의 125%를 싣고 하강 운행 시 구동기를 정지시킬 수 있어야 함
- 브레이크의 모든 기계적 부품은 최소 2세트로 설치

31 비상운전

- 전원 공급은 고장이 발생한 후 1시간 이내에는 정격하중의 카를 인접한 승강장으로 이동시킬 수 있도록 충분한 용량을 가져야 함
- 속도 : 0.3m/s 이하
- 정상 운행 중인 엘리베이터가 갑자기 정지 시 다음 사항을 만족해야 함
  - 자동으로 카를 가장 가까운 승강장으로 운행
  - 승강장에 도착하면 승강장 문 및 카 문이 자동으로 열려야 함
  - 승객이 안전하게 빠져나가면(10초 이상) 승강장 문 및 카 문은 자동으로 닫히고 이후 정지 상태 유지
  - 승강장 호출 버튼의 작동은 무효화
  - 정전으로 인한 정지는 전원이 복구되면 정상운행으로 자동복귀

32 절연저항 기준

공칭회로 전압 (V)	시험 전압/직류 (V)	절연저항 (MΩ)
SELV 및 PELV	250	≥ 0.5
FELV, 500V 이하	500	≥ 1.0
500V 초과	1,000	≥ 1.0

33 부하제어

- 과부하는 정격하중의 10%(최소 75kg)를 초과하기 전에 검출
- 과부하의 경우
  - 청각 및 시각적인 신호에 의해 카 내 이용자에게 알려야 함
  - 자동 동력 작동식 문은 완전히 개방
  - 수동 작동식 문은 잠금해제 상태를 유지
  - 예비운전은 무효화

34 점검운전제어

- 점검운전 스위치의 작동조건
  - 정상운전제어 및 비상운전을 무효화
  - 착상 및 재착상이 불가능해야 함
  - 카 속도 : 0.63m/s 이하
  - 종단의 정지 위치를 초과하여 운행되지 않아야 함

35 장애인용 엘리베이터

- 승강기의 전면에는 1.4m × 1.4m 이상의 활동 공간 확보
- 승강장 바닥과 승강기 바닥의 틈 : 0.03m 이하
- 승강기 내부의 유효바닥면적은 폭 1.6m 이상, 깊이 1.35m 이상
- 출입문의 통과 유효 폭 : 0.8m 이상
- 모든 스위치의 높이는 바닥면으로부터 0.8m 이상 1.2m 이하의 위치에 설치
- 카 내부의 휠체어 사용자용 조작반은 진입 방향 우측면에 설치
- 카 내부의 유효바닥면적이 1.4m × 1.4m 이상인 경우에는 진입 방향 좌측면에 설치될 수 있음
- 조작설비의 형태는 버튼식으로 하되, 시각장애인 등이 감지할 수 있도록 층수 등이 점자로 표시되어야 함
- 호출버튼에 의하여 카가 정지하면 10초 이상 문이 열린 채로 대기해야 함
- 카 내부 바닥의 어느 부분에서든 150lx 이상의 조도 확보

36 소방구조용 엘리베이터

- 모든 승강장 문 전면에 방화 구획된 로비를 포함한 승강로 내에 설치되어야 함
- 정전 시 2시간 이상 운행시킬 수 있어야 함

- 전기전자 장치는 0~65℃까지의 온도 범위에서 정상적으로 작동될 수 있도록 설계
- 폭 1,100mm, 깊이 1,400mm 이상
- 출입구 유효 폭 : 800mm 이상
- 엘리베이터 문이 닫힌 이후부터 60초 이내에 가장 먼 층에 도착되어야 함
- 운행속도 : 1m/s 이상
- 정전 시 60초 이내에 엘리베이터 운행에 필요한 전력용량을 자동으로 발생

37 피난용 엘리베이터

- 출입문의 유효 폭은 900mm 이상, 정격하중은 1,000kg 이상
- 의료시설의 경우에는 출입문 폭 1,100mm, 카 폭 1,200mm, 카 깊이 2,300mm 이상
- 승강로 내부는 연기가 침투되지 않는 구조일 것
- 전기전자 장치는 0~65℃까지의 온도 범위에서 정상적으로 작동될 수 있도록 설계
- 2개의 카 출입문이 있는 경우, 피난운전 시 어떠한 경우라도 2개의 출입문이 동시에 열리지 않아야 함
- "피난용 호출"이라고 명확히 표시된 '피난호출 스위치'가 지정된 피난 층에 위치되어야 함
- 피난 호출스위치는 승강장 문 끝부분에서 수평으로 2m 이내에 위치
- 바닥 위로 높이 1.4m부터 2.0m 이내에 위치
- 카가 피난 층에 도착하면 출입문이 열리고 약 15초 이상 열려있어야 함
- 주 전원 또는 보조 전원공급장치에 의해 초고층 건축물의 경우에는 2시간 이상, 준초고층 건축물의 경우에는 1시간 이상 '피난운전' 시킬 수 있어야 함

38 에스컬레이터 경사도

- 에스컬레이터의 경사도 : 30° 이하
- 층고 6m 이하, 공칭속도 0.5m/s 이하인 경우는 경사도를 35°까지 증가시킬 수 있음
- 무빙워크의 경사도 : 12° 이하

39 에스컬레이터 속도

- 공칭주파수 및 공칭전압에서 공칭속도로부터 ±5%를 초과하지 않아야 함
- 경사도 30° 이하인 에스컬레이터 : 0.75m/s 이하
- 경사도 30°를 초과하고 35° 이하인 에스컬레이터 : 0.5m/s 이하
- 무빙워크의 공칭속도 : 0.75m/s 이하
- 구동부품의 안전율은 정적 계산으로 5 이상

40 에스컬레이터 손잡이 시스템

- 디딤판 속도와 허용오차 : -0%에서 +2%
- 정상운행 중 운행 방향의 반대편에서 450N의 힘으로 당겨도 정지되지 않아야 함

41 에스컬레이터 안전장치

- 공칭 속도의 1.2배를 초과하기 전에 과속을 감지
- 에스컬레이터와 경사형($\alpha \geq 6°$) 무빙워크의 의도되지 않은 역전을 즉시 감지
- 디딤판을 직접 구동하는 부품의 파손 또는 과도한 늘어짐 감지
- 인장 장치의 움직임 감지 : 구동장치와 인장 장치 사이의 거리가 20mm 초과 시 감지
- 추락방지안전장치 사이의 거리
  - 에스컬레이터 : 30m 이하
  - 무빙워크 : 40m 이하